D1620491

Martin Korda (Hrsg.)

Städtebau

Martin Korda (Hrsg.)

Städtebau

Technische Grundlagen

5., neubearbeitete Auflage 2005

mit 316 Abbildungen und 131 Tabellen

Herausgegeben von:
Prof. Dipl.-Ing. Martin Korda, Münster

Bearbeitet von:
Dipl.-Ing. Wolfgang Bischof, verstorben
Dr.-Ing. Arch. Barbara Braun, Dresden
Prof. Dr.-Ing. Klaus Habermehl, Fachhochschule Darmstadt
Prof. Dipl.-Ing. Martin Korda, Fachhochschule Münster
Prof. Dr.-Ing. Hartmut Münch, Fachhochschule Erfurt
Dr.-Ing. Wolfgang Storm, verstorben
Prof. Dipl.-Ing. Helmut Weckwerth, Technische Universität Berlin

Teubner

B. G. Teubner Stuttgart · Leipzig · Wiesbaden

Bibliografische Information Der Deutschen Bibliothek
Die Deutsche Bibliothek verzeichnet diese Publikation in der Deutschen Nationalbibliografie;
detaillierte bibliografische Daten sind im Internet über <http://dnb.ddb.de> abrufbar.

Prof. Dipl.-Ing. Martin Korda (Hrsg.) ist Lehrbeauftragter für Städtebau im Fachbereich Architektur der Fachhochschule Münster sowie Mitglied im Beratenden Ausschuss für die Architektenausbildung der EU in Brüssel. Sein außergewöhnliches Engagement für den Aufbau und die Internationalisierung der Hochschule wurde 2004 mit dem Verdienstkreuz am Bande ausgezeichnet.

Email: korda_staedtebau@fh-muenster.de
Internet: www.fh-muenster.de/architektur/

1. Auflage 1970
2. Auflage 1979
3. Auflage 1992
4. Auflage 1999
5., neubearb. Auflage Mai 2005

Alle Rechte vorbehalten
© B. G. Teubner Verlag / GWV Fachverlage GmbH, Wiesbaden 2005

Lektorat: Dipl.-Ing. Ralf Harms / Sabine Koch
Technische Redaktion: Gabriele McLemore

Der B. G. Teubner Verlag ist ein Unternehmen von Springer Science+Business Media.
www.teubner.de

Umschlaggestaltung: Ulrike Weigel, www.CorporateDesignGroup.de
Druck und buchbinderische Verarbeitung: Strauss Offsetdruck, Mörlenbach
Gedruckt auf säurefreiem und chlorfrei gebleichtem Papier.

ISBN 3-519-45001-1

Vorwort

Das seit 1970 als Handbuch für Architekten und Bauingenieure etablierte Standardwerk STÄDTEBAU erscheint jetzt in der auf den neuesten Stand gebrachten Fassung in seiner 5. Auflage. Der Erfolg der letzten Auflage hat den Herausgeber und den Verlag bestätigt und zu einer Überarbeitung ermutigt. Damit steht dieses Fachbuch wieder allen Planerinnen und Planern und den Studierenden in den Baufächern in einer aktualisierten Form zur Verfügung.

Für das Zusammenleben der Menschen in einem nicht mehr unbeschränkten Lebensraum ist die Regelung des Planens und Bauens und der Konsens aller Beteiligten unerlässlich. Vorbedingung dafür ist ein Verständnis für die Belange der Betroffenen, also der Planer wie der „Beplanten", der Bauherren wie der Nutzer. Gegenseitige Rücksichtnahme und das Wissen um die historischen, die gegenwärtigen und möglicherweise auch die zukünftigen Bedingungen sind für einen Interessenausgleich notwendig.

Die wesentlichen Aspekte städtebaulicher Planung und Gestaltung werden in den Eingangskapiteln behandelt. Dabei ist dem europäischen Raum eine besondere Bedeutung zugekommen. Technische Voraussetzungen für eine integrierte Planung wie der Verkehr sowie Ver- und Entsorgung sind in eigenen Kapiteln dargestellt. Der Aspekt Freizeit und Erholung in der Stadt bzw. in einer stadtnahen Landschaft stellt durch die Erfahrungen der letzten 50 Jahre einen erheblichen Faktor unserer Lebensqualität dar.
Die Aussagen über Freiraumplanung und Umweltqualität tragen dieser Problematik Rechnung.

Die Verfasser der Beiträge sind ausgewiesene Hochschullehrer mit einer umfangreichen Erfahrung in der Praxis. Ich freue mich, dass sie bereit waren, ihre Fachkenntnis und ihre Kompetenz in die Neuauflage dieses Handbuchs einzubringen. Anregungen, die aus dem Nutzerkreis gekommen sind, konnte ich in die Überarbeitung einbeziehen. Das engagierte Verfasserteam ist auch weiterhin für konstruktive Kritik dankbar.

Frau Ellen Wiewelhove (M. A. Arch.) danke ich für umfassende Recherchen und die Koordination der Beiträge sowie für die Zusammenstellung der Texte. Dem Verlag sage ich Dank für die vertrauensvolle Zusammenarbeit.

Ich bin sicher, dass das Handbuch STÄDTEBAU allen Studierenden in der neu gegliederten Studienstruktur helfen wird, das nötige Wissen in einer überschaubaren Form abrufbar bereitzuhalten. Für die städtebauliche Praxis bleibt es ein unentbehrliches Nachschlagewerk.

Münster, im März 2005   *Martin Korda*

Inhaltsverzeichnis

1 Historische Siedlungsformen (*M. Korda*)

Im Laufe der Geschichte haben sich – bedingt durch die Entwicklung des menschlichen Zusammenlebens – unterschiedliche Siedlungsformen herausgebildet. Die Lage, der Grundriß und der Aufbau einer Siedlung sagen etwas aus über die gesellschaftlichen und wirtschaftlichen Bedingungen in der jeweiligen Entstehungszeit. Zum besseren Verständnis der heutigen Situation im Städtebau liegt der Schwerpunkt dieser kurzen Darstellung auf der Geschichte mitteleuropäischer Siedlungsformen und deren Veränderungen in der Erscheinungsform.

1.1 Frühe Entwicklungen

In Nord- und Mitteleuropa um 2500 v. Chr. gibt es nur punktuelle Fundstätten, die etwas über das Leben der Steinzeitmenschen aussagen. Zur gleichen Zeit sind in Asien (Indusgebiet, China) und insbesondere im Mittelmeergebiet Kulturräume unterschiedlicher Ausprägung nachzuweisen, die je nach wirtschaftlicher oder sozialer Entwicklung auch differenzierte Siedlungsformen zeigen. In Asien, im Euphrat-Tigris-Gebiet und im gesamten Mittelmeerraum sind in dieser Zeit gebietstypische Siedlungs- und Stadtkulturen überliefert, die sehr deutlich den Zusammenhang gesellschaftlicher Entwicklung der Bewohner und der Stadtform zeigen:

- Der hierarchische Aufbau der gesellschaftlichen Strukturen wird in der Erschließung der öffentlichen Räume und der Disposition der öffentlichen Gebäude deutlich.
- Die Notwendigkeit der Verteidigung führte zu Befestigungsanlagen unter Ausnutzung topographischer Vorteile.
- Die „offene Stadt" in additiver Bauweise, die wachsen und schrumpfen konnte, entstand dort, wo das Verteidigungsbedürfnis gering war.
- Kolonialstädte zur Sicherung eroberter Gebiete wurden planmäßig, als militärische Stützpunkte oder/und als Handelsplätze, in sehr kurzer Zeit errichtet.

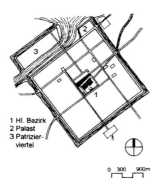

1 HI. Bezirk
2 Palast
3 Patrizier-
  viertel

0   300   900m

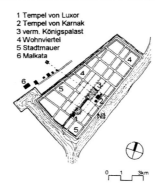

1 Tempel von Luxor
2 Tempel von Karnak
3 verm. Königspalast
4 Wohnviertel
5 Stadtmauer
6 Malkata

Nil

0   1   3km

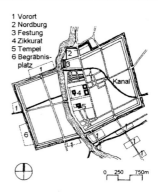

1 Vorort
2 Nordburg
3 Festung
4 Zikkurat
5 Tempel
6 Begräbnis-
  platz

Kanal

0   250   750m

Bild 1.1   Borsippa
(Mesopotamien, Babyloni-
sche Zeit 600-500 v. Chr.)
Quadratischer Grundriß mit
Mauer und Graben, Straßenraster mit heiligem Bezirk in
der Mitte. Palast und Patri-
zierviertel in Randlage. Die
Anlage zeugt von der hoch-
entwickelten organisatori-
schen und ästhetischen
Kultur der Zeit.

Bild 1.2   Karnak
(Ägypten, Neues Reich
1550-1100 v. Chr.)
Neugründung am Nil. Fluß-
lauf und Himmelsrichtung
bestimmen den Grundriß,
zentrale Lage der Heiligtümer und Grabanlagen, Was-
ser als Verkehrsweg und
kultischer Weg. Stadtviertel
in hierarchischer Gliederung.

Bild 1.3   Babylon
(Mesopotamien, neubabylo-
nische Zeit 680-560 v. Chr.)
Im älteren östlichen Teil geplante Stadtanlage als
schiefes Rechteck mit doppelter Mauer und kanali-
siertem Graben. In der Mitte
am Fluß Tempelanlage mit
Zikkurat. Burganlage für den
Herrscher. Neustadt auf
westlichem Euphrat-Ufer so
ergänzt, daß Tempelanlage
mittig liegt. Unterschiedlich
große Wohnquartiere für
hierarchische Gesellschafts-
struktur.

A HI.Bezirk
B Zikkurat
1 Hafen
2 Festung
3 Palast
4 Tempel
5 Wohnviertel

0   100   300m

Bild 1.4   Ur
(Sumerische Stadt 2000 v. Chr.)
Lage auf einem Hügel an der Euphrat Mündung.
Ovale Anlage, Wall mit Mauer und kanalisiertem
Graben. Grundriß rechtwinklig mit zwei Haupt-
achsen. Ausgewiesener Tempelbezirk, spätere
Palastanlage. Wohnviertel unregelmäßig im regel-
mäßigem Straßennetz. Unterschiedliche Haus-
größen lassen soziale Mischung vermuten.

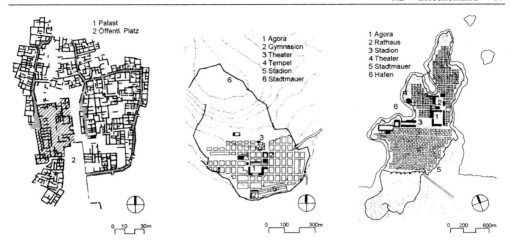

Bild 1.5 Gurnia
(Kreta 2000-1700 v. Chr.)
Offene Stadtanlage, da ausreichend natürlicher Schutz,
additive Bauweise, stark
durchmischt. Palast und öffentlicher Platz in den Stadtkörper integriert. Freirhythmische Gliederung von
Straßen und Plätzen.

Bild 1.6 Priene
(Ca. 350 v. Chr. zwischen
Klassik und Hellenismus)
Ursprünglich Gründung als
Hafenstadt, Straßen parallel
zum Hang, Treppen senk-
recht zum Hang. Agora tan-
gential erschlossen, Theater
in den Hang und in das
Straßenraster eingefügt.
Mauer unter Einschluß einer
Oberstadt. Regelmäßige
Siedlungsrechtecke lassen
Häuser unterschiedlicher
Größe zu.

Bild 1.7 Milet
(479 v. Chr. Hellenistische
Kolonialzeit)
Geplant und ausgeführt von
Hippodamos. Sein Name ist
mit diesem neuen Stil verbunden. Halbinsel mit
Buchten, die sich als Häfen
eignen. Rasterförmige Anlage ohne Bezug zur Topo-
graphie. Stadterweiterung
mit Mauer am Hang. Agora
mittig mit tangentialer Erschließung.

1.2 Griechenland

Im griechisch-kleinasiatischen Mittelmeerraum sieht man den Zusammenhang zwischen
kulturell-wirtschaftlicher und gesellschaftspolitischer Entwicklung einerseits und Stadtstruktur andererseits ganz deutlich. Die griechische Festlandstadt 5. - 4. Jahrhundert v. Chr.
ist auch die politische Einheit, sie ist überschaubar und geprägt von Verantwortung gegenüber der Gemeinschaft, die erkennbar ist in den Prinzipien:
- Verteidigung (Mauern, Akropolis als Fluchtburg, Ausnutzung der Topographie)
- Selbstverwaltung (Platz als Raum für Handel und öffentliches Leben)
- Religion (Tempel und Heiligtümer an exponierten Stellen auch im Stadtraum)

Typisch für den Stadtgrundriß ist die freirhythmische Gliederung der Gesamtanlage, die Veränderungs- und Erweiterungsfähigkeit und die Anpassung an die landschaftlichen und topographischen Gegebenheiten.

Im Hellenismus (350 - 100 v. Chr.) erweiterte sich durch die Eroberungsfeldzüge Alexanders des Großen der griechische Machtbereich. Er war darauf angewiesen, schnell und planmäßig Siedlungen als Handelsplätze und Stützpunkte anzulegen. Das führte zur Anlage von Städten in allen Teilen des kolonialen Weltreichs. Diese Städte waren geprägt durch eine gerasterte Grundform und ein einheitliches Muster von Blockstrukturen. Plätze und öffentliche Gebäude wurden in diese Struktur eingefügt und einander zugeordnet. So behielt die Stadt das Prinzip der freirhythmischen Gliederung und der sehr plastisch wirksamen Einzelgebäude im Stadtgrundriß trotz einer sehr streng wirkenden, geplanten Anlage bei. Stadtmauern orientierten sich nach den topographischen und militärischen Voraussetzungen.

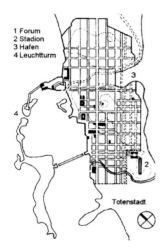

1 Forum
2 Stadion
3 Hafen
4 Leuchtturm

Totenstadt

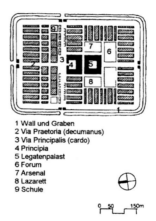

1 Wall und Graben
2 Via Praetoria (decumanus)
3 Via Principalis (cardo)
4 Principia
5 Legatenpalast
6 Forum
7 Arsenal
8 Lazarett
9 Schule

0   50   150m

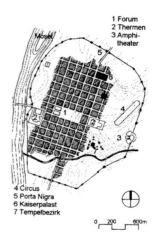

1 Forum
2 Thermen
3 Amphi-
theater

Mosel

4 Circus
5 Porta Nigra
6 Kaiserpalast
7 Tempelbezirk

0   200   600m

Bild **1**.8 Alexandria
(Ägypten, 331 v. Chr.)
Von Alexander d. Großen
gegründet. Nilmündungsge-
biet mit Hafenanlage. Haupt-
straße verbindet Hafen am
See mit Hafen am Meer mit
Agora und Theater.

Bild **1**.9 Legionslager Neuß
(bis 100 n. Chr.)
Klassisches Römerlager mit
differenzierter Anlage, Ach-
senkreuz der Straßen decu-
manus und cardo, Forum am
Schnittpunkt mit Praetorium.
In den Quartieren Depots,
Magazine, Unterkünfte für
Offiziere und Mannschaften.
Vorbild für Kolonialstädte.

Bild **1**.10   Trier
(43 n. Chr. als Stadt ausgebaut)
Moseluferstraße und Fluß-
übergang mit alter Treverer-
siedlung. Mittig gelegenes
Forum, am Hang Theater,
Thermen, Stadion. Stadt-
mauer aus dem 4. Jh. n.
Chr.

1.3 Römisches Reich

Etwa im 5. Jahrhundert v. Chr. bildete sich in Mittelitalien eine neue Kraft, die von Rom aus den westlichen und später auch den östlichen Mittelmeerraum beherrschte und an politischer und militärischer Potenz Griechenland allmählich weit überflügelte.
Das römische Imperium umfaßte vor dem Beginn der Völkerwanderung ganz Westeuropa mit Britannien; die nördliche Grenze in Mitteleuropa bildeten der Rhein, der Limes zwischen Koblenz (confluentes) und Regensburg (castra regina) sowie die Donau bis zur Mündung, dazu gehörte Kleinasien und der gesamte arabische und afrikanische mittelmeerische Küstenbereich. Wieder zeigt sich, daß der soziale und kulturelle Entwicklungsstand in der Anlage bestehender Städte und der Planung neuer Städte sehr deutlich ablesbar sind.

Die gewachsene Stadt der frühen römischen Zeit hat ihre Wurzeln in der etruskischen Stadt Mittelitaliens (3. Jahrhundert v. Chr.), in der Verteidigungsanlagen, Tore, Brücken und technische Bauten schon einen hohen Standard hatten. Griechische Baukunst und der hellenistische Hintergrund wurden in die römische Kultur und Zivilisation einbezogen. Dabei spielten die Straßen und Platzräume und die öffentlichen Gebäude eine wichtige Rolle. Die Ausdehnung des römischen Imperiums machte auch bei den Römern die planmäßige Anlage von Städten zur Konsolidierung von Machtstrukturen notwendig. Dieser regelhafte Städtebau bedeutet ein wichtiges Mittel der Identifikation des Römers mit der Stadt und ein leichtes Zurechtfinden der Soldaten in den Kolonialstädten:
Nord-Süd-Achse (cardo) und Ost-West-Achse (decumanus) teilen die von einer Mauer – mit Wall und Graben – eingefaßten rechteckigen Stadtflächen in Quartiere. Durch vier befestigte Stadttore erreicht man die Mitte, die als Forum (Markt, politisch-gesellschaftlicher Freiraum, mit baulicher Fassung) oder als Herrschaftssitz (Praetorianum) definiert ist. Die Regelmäßigkeit des Stadtgrundrisses haben die griechischen Kolonialstädte und die römischen geplanten Städte gemeinsam, unterschiedlich ist jedoch ihre Auffassung von Platzraum und der Stellung öffentlicher Gebäude.
Auch hier zeigt sich in der Stadtstruktur die gesellschaftliche Entwicklung: Trotz aller Regelmäßigkeit des hippodamischen Systems der griechischen Kolonialstädte erleben wir in der Platzfolge das Prinzip von Erwartung und Erfüllung, von Spannung und Lösung, von Enge und Aufweitung und bei der Plazierung von Denkmälern oder öffentlichen Gebäuden und Kultstätten einen gewissen Überraschungseffekt und ein hohes Maß an Plastizität.
Die römische Stadt macht den hierarchischen Aufbau der Herrschaftsstruktur deutlich in dem axialen Aufbau der Erschließung, dem Hinführen auf die Mitte, den Sitz der Macht.
Die axiale Annäherung auf ein Gebäude (Praetorianum, Tempel) bedeutet psychologisch ein sich unterwerfen unter den Machtanspruch des Herrschenden. Je größer das Gebäude im Maßstab bei der Annäherung erscheint, desto eindringlicher erscheint auch der Bedeutungsunterschied. Diese Erkenntnis wird im römischen Städtebau bewußt oder unbewußt angewandt, um Machtstrukturen deutlich zu machen und die Obrigkeit sichtbar werden zu lassen.

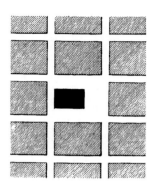

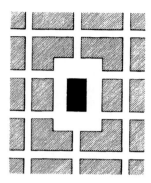

Bild **1**.11   Platz griechisch
Der Platz wird tangential erschlossen, aus der engen
Straße betritt man den Platz.
Das Gebäude auf dem Platz
wird plastisch, „über Eck" erlebt.

Bild **1**.12   Platz römisch
Die römische Platzanlage wird
axial erschlossen. Von Weitem
nähert man sich dem Zentral-
gebäude mit Respekt.

Ein Einbeziehen der Bewohner des beherrschten Umlandes findet nicht statt. Die Stadt wird bewußt als Gegensatz zum Land begriffen. In Mitteleuropa entstanden jeweils vor den Garnisonsstädten bzw. befestigten Lagern Siedlungen der Germanen, die in römischen Diensten standen und Leistungen erbrachten. Den Germanen war die Stadt als Lebensform nicht angemessen, ja in ihrem machtpolitischem Anspruch auch suspekt.

1.4   Germanische Siedlungsformen

Im mitteleuropäischen Raum in der Zeit nomadisierender Jäger (1000 v. Chr.) sind nur vorübergehend benutzte Rastplätze nachweisbar. Erst in keltischer Zeit (seit 700 v. Chr.) mit der Seßhaftwerdung der Sippen und Stämme haben wir dauerhafte Siedlungen in denen Menschen Ackerbau betreiben, Vieh halten und sich Arbeit nach ihren Fähigkeiten teilen. Je wohlhabender und unabhängiger diese Gruppen wurden, desto notwendiger wurde es, sich gegen Gefahr von außen zu verteidigen. Das führte – unabhängig von den Erfahrungen der Völker in anderen Kulturräumen – zur befestigten Siedlung. Die Verschiebungen während der Völkerwanderungszeit, die Überlagerungen der Siedlungsstrukturen durch germanische und slawische Völker und Stämme führte zur Auflösung des römischen Staatenverbandes und dessen Kolonien.
In Mitteleuropa findet zwischen 300 und 500 n. Chr. ein Kampf statt um die neue Ordnung verschiedener germanischer, slawischer, romanischer Völkerstämme, die allmählich das Machtvakuum nach dem Abzug der Römer füllen. Bestehende Siedlungsansätze sind erkennbar aus germanischer vorchristlicher Zeit, so z.B. an Kreuzungen von Handelsstraßen, Flußübergängen, Talausgängen, Flußmündungen und natürlichen Schutz bietenden Plätzen wie Inseln und Bergvorsprüngen. Noch heute nachweisbare Formen, die den Beginn der Landnahme und Seßhaftigkeit kennzeichnen, sind:

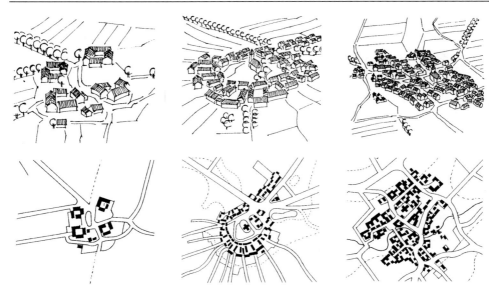

Bild 1.13   Weiler (Rundling)
Gewachsener Hoftyp in Addition, meist eine Sippe oder mehrere Familiengruppen mit organisierter Landwirtschaft und Viehhaltung.

Bild 1.14   Rundplatzdorf
Ausrichtung der Höfe auf einen gemeinsamen Treffpunkt, Dorfplatz, Linde o.ä., später von der Kirche besetzt. Felder radial hinter dem Hof gelegen.

Bild 1.15   Haufendorf
Lose Gruppierung von Einzelhöfen/Weilern mit einer erkennbaren Orientierung auf eine platzartige Ausweitung (gemeinsame Weide, Wasserplatz später Kirche, Friedhof, Schmiede).

a)   der Weiler (Rundling)
b)   das Rundplatzdorf
c)   das Haufendorf
d)   das Straßendorf
e)   das Angerdorf
f)   das Waldhufendorf

Ansiedlungen mit städtischem Charakter, mit einer räumlichen Geschlossenheit und einer betonten Abgrenzung gegenüber dem Umland gab es im germanischen Mitteleuropa nicht. Die Stadt der römischen Herrschermacht war den Germanen unverständlich, verlassene römische Städte nach Abzug der Römer nach 350 n. Chr. mit ihren technisch-zivilisatorischen Einrichtungen wurden von den Germanen zwar aufgrund der Lagegunst weiterbenutzt, die Häuser wurden jedoch als Steinbruch gebraucht (Beispiel Regensburg, Trier). Straßensystem, Plätze, Orientierung und Bezüge wurden nicht aufgenommen, sondern neu interpretiert und angepaßt.

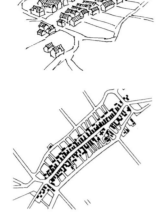

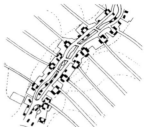

Bild **1**.16   Straßendorf
(nach 12. Jh.)
An einer Straße aufgereihte
Höfe, oft mit einer kaum erkennbaren Aufweitung, Eck-
punkte durch Erweiterungen
schwer erkennbar. Felder-
wirtschaft im Anschluß an
die Hoflagen.

Bild **1**.17   Angerdorf
(13. u. 14. Jh.)
Bewußte Ausweitung der
Siedlungsmitte mit Wiese,
Teich, Kirche, Handwerker-
häusern, einfache bis hin zu
repräsentativen Anlagen.

Bild **1**.18   Waldhufendorf
Reihung von gleichartigen
Hofgruppen als Rodungsdorf
in einer Kolonisierungszeit
und -gegend. Hinter dem
Hofgebäude Acker soweit
gerodet, danach Waldflur.

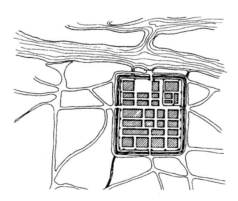
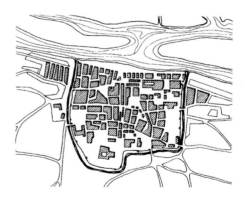

Bild **1**.19   Regensburg um 350

Bild **1**.20   Regensburg um 1100

1.5 Mittelalter

Verdichtete Siedlungsformen am Ende der Völkerwanderungszeit entstehen gleichzeitig mit der Ausbreitung der christlichen Lehre mit kirchlichen Machtstrukturen, die die weltlichen Herrschaftsstrukturen überlagern. Die Germanen hatten ein Verteidigungssystem entwickelt, das gekennzeichnet war durch die Burg, durch Wall und Graben, Mauer und Turm. Sie hatten ein System des Zusammenlebens tradiert, das Versammlungsplätze und Gerichtsorte kannte. Die Verteilung des Landes und die dazu notwendigen Regeln waren allgemein bekannt. Der Handel mit Gütern, die über den Eigenbedarf hergestellt wurden, und der Bedarf an Fremdprodukten erforderte offene oder gedeckte Plätze für den Warentausch. Bei Gefahr konnte sich die Bevölkerung einer Siedlung in der Ebene in die Burg (Fluchtburg) zurückziehen. Oft übernahm der Burgherr eine Schutzgarantie über eine oder mehrere Siedlungen.

Die neuen Machtträger im weltlichen und kirchlichen Bereich setzten eigene Akzente in den Siedlungen oder den Siedlungsverbänden. Regionale Herrschaftsstrukturen, gemeinsame Interessen in Handel und Verteidigung führten zu territorialen Verbänden, in denen Städte eine große Rolle spielten. Der Landesherr war am Ausbau und an der Sicherung seiner Macht interessiert, die Kirche bedeutete Sicherung nach innen durch die Kontinuität gesellschaftlicher und sozialer Ordnung. Das galt für die Stadt als auch für das gesamte „christliche Abendland" des Mittelalters.

Die Stadt des Mittelalters hatte also verschiedene Entstehungs- und Wachstumsansätze:
– ein gewachsener Siedlungskern in strategisch wichtiger Lage
– ein Bischofssitz / eine Klosteranlage mit der zugehörigen kirchlichen und weltlichen Mantelbevölkerung
– ein Herrschersitz als Burg des regionalen Landesherrn mit abhängiger Bevölkerung in einer angelagerten Siedlung
– ein Handelsplatz an einem wichtigen Kreuzungspunkt von Handelsstraßen meist unter dem Schutz des Landesherrn
– ein Stützpunkt des Landesherrn zur Organisation (Pfalz) oder Verteidigung des Machtbereichs (Grenzorte, Paßhöhen etc.)
– Kolonisationsstädte zur Ausweitung des Handels oder territorialer Machtansprüche

Die mittelalterliche Stadt zeigt diese Herrschafts- und Bestimmungssymbole ganz deutlich als spannungsvollen Ausdruck gesellschaftlicher Zusammenhänge.

• Die Verleihung des Rechtes auf eigene Selbstverwaltung, Bildung eines von der Bevölkerung gewählten Rates und Bürgermeisters zeigt sich im Stadtbild durch die Stellung des Rathauses.

• Die Verleihung des Marktrechts zeigt sich im Stadtgrundriß durch die Ausweisung eines Marktplatzes, von Markthäusern (Tuchhallen) oft im Zusammenhang mit dem Rathaus.

• Das Recht, die Stadt zu befestigen, führt zum Bau der Stadtmauer mit Toren, Türen und ist mit dem Recht der Selbstverteidigung verbunden.

• Dazu kamen das beschränkte Recht der eigenen Gerichtsbarkeit, das Recht ein Siegel zu führen, Abgaben zu erheben, Münzen zu prägen etc.

Diese Rechte wurden entweder verliehen (z.B. bei Stadtgründungen und Landnahme), oder die Stadt erkämpfte bzw. erkaufte sich diese Rechte. Reiche Städte konnten dadurch ihren Reichtum und ihren Machtanspruch mehren. Besondere Bedeutung für die Entwicklung bestimmter Orte hatten die Reliquienverehrung und die Wallfahrten.

Tafel **1**.1   Entwicklungsstufen

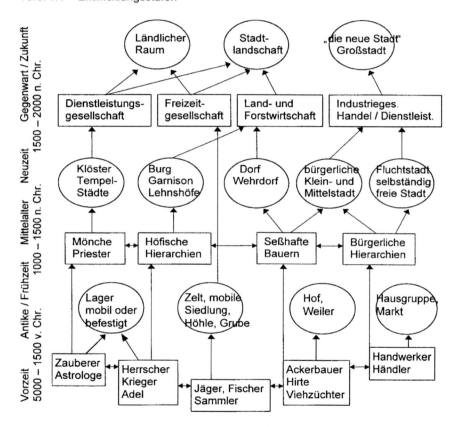

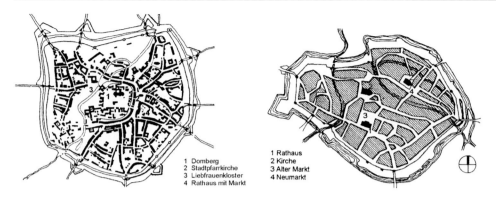

1 Domberg
2 Stadtpfarrkirche
3 Liebfrauenkloster
4 Rathaus mit Markt

1 Rathaus
2 Kirche
3 Alter Markt
4 Neumarkt

Bild **1**.21   Münster i. Westfalen (ca. 1200)   Bild **1**.22   Herford (1150)

Die soziale Hierarchie wird in bauliche Stufung umgesetzt. Das Bild der Stadt erhält durch die baulichen Symbole eine große gestalterische Aussage sowohl in dem äußeren Erscheinungsbild als auch in der Folge von Plätzen und dominierenden Gebäuden im Inneren.

Die Kirche war Mittelpunkt nicht nur des sozialen und gesellschaftlichen Lebens, sie war auch räumlicher Mittelpunkt einer Stadt.

Rathaus und Markt, die Stadtpfarrkirche und die Klöster waren mit der Burg zusammen der typische baulich-räumliche Ausdruck der Gewaltenteilung der mittelalterlichen Gesellschaft.

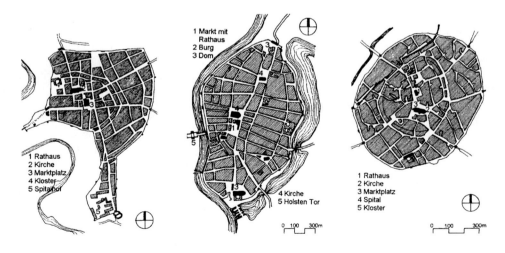

1 Markt mit
  Rathaus
2 Burg
3 Dom

1 Rathaus
2 Kirche
3 Marktplatz
4 Kloster
5 Spitalhof

4 Kirche
5 Holsten Tor

1 Rathaus
2 Kirche
3 Marktplatz
4 Spital
5 Kloster

Bild **1**.23   Rothenburg o.d.T.   Bild **1**.24   Lübeck (1150)   Bild **1**.25   Nördlingen (1290)
(1250)

1.6   Planstädte des Mittelalters

Neben diesen gewachsenen Städten, die sich im Laufe einer positiven wirtschaftlichen oder politischen Entwicklung erweiterten, indem sich neue Stadtviertel mit eigenen Kirchen anlagerten, gibt es im Mittelalter geplante Städte als Kolonisationstädte. So gründen die Zähringer im Gebiet der heutigen Schweiz und des Oberrheins zahlreiche Städte z.B. Bern, Freiburg i. Br., wie auch die Wettiner, die Hohenstaufen und die Welfen.

Typisch für Zähringerstädte ist der Straßenmarkt als Hauptachse, das in die Reihe der Bürgerhäuser eingestellte Rathaus, der gesonderte Bereich der Kirche mit Kirchhof und eine in die Topographie eingefügte Stadtmauer.

Das 12. und 13. Jahrhundert ist die Zeit der Ostexpansion. Treibende Kräfte sind die Machtausweitung des Adels, Christianisierung und Kolonisation durch den Deutschen Orden sowie die Ausweitung des Fernhandels.

Kolonisten werden von den Lokatoren, den Beauftragten des jeweiligen Landesherrn, angeworben. Die Zwänge, die eine ständisch geprägte mittelalterliche Gesellschaft dem einzelnen Bürger auferlegt, waren allmählich unerträglich geworden. So werben die Lokatoren in den westlichen Städten Neusiedler an, mit der Aussicht auf Selbständigkeit, persönliche Privilegien und den Status eines freien Bürgers.

1 Stadtturm mit ehem. Rathaus
2 Kirche
3 Schloß

0   50   150m

1 Rathaus
2 Kirche
3 Kloster
4 Hospital
5 abgebrochene Vorstadt

0   50   150m

1 Rathaus
2 Münster
3 Kloster

0   50   150m

Bild **1**.26   Straubing (11.-14. Jh.) Entstanden aus römischer Ansiedlung. Burg zur Sicherung des Donauübergangs, planmäßige Ergänzung im Mittelalter. Straßenmarkt zwischen Stadttoren mit Rathaus. Pfarrkirche auf eigenem Bereich.

Bild **1**.27   Rottweil (14. Jh.) Auf römischem Lager entstand karolingische Pfalz und Stadt mit kreuzförmigem Straßengrundriß, freie Reichsstadt mit allen Rechten.

Bild **1**.28   Villingen (Stadtgründung 1119) Straßenkreuz mit Stadtpfarrkirche und Platz mit Rathaus. Seit 999 Markt-, Münz- und Zollrecht. Ovale Stadtmauer mit vier Toren und Türmen.

Die Kolonisationsstadt ist das schematisierte Abbild der gewachsenen mittelalterlichen Stadt:

- Marktplatz mit Rathaus – in ostelbischen und polnischen Gebieten bildet sich ein ringförmiger Markt um das Rathaus
- Giebelständige Bürgerhäuser des Patriziats der ratsfähigen Bürger, des „Geld"- und Kirchenadels, der reichen Kaufleute
- Bebauung in den Nebenstraßen für kleine Kaufleute, Handwerker und andere Berufsgruppen, nicht ratsfähige Bürger und städtische Ackerbürger
- An der Mauer die ärmste Bevölkerung, die vom Lande zuzog in der Hoffnung auf bessere wirtschaftliche Lebensbedingungen und Lehnsfreiheit
- Am Tor, oft auch außerhalb der Mauer, sind die Klöster der Bettelorden mit der Armenhilfe, Alten- und Krankenpflege betraut

Hier, wie im Ursprungsland der Siedler, entsteht eine ständisch orientierte Gesellschaftsordnung, die in ihrer Disziplin und ihrer Rechtsordnung die Erweiterung des Machtbereichs abendländischer Herrschaft und Kultur bedeutet. Die Rechtsformen für diese Stadtgründungen wurden im westelbischen Gebiet allmählich entwickelten Vorbildern nachgestaltet. Neu gegründete Städte erhalten Verfassung und Privilegien in einer Zusammenstellung, einem Bündel von Einzelrechten, wie sie eine bekannte Stadt des alt besiedelten Gebietes besaß (Magdeburger Recht, lübisches Recht).

Die Städte bilden ein wohldurchdachtes Netz mit Straßenverbindungen, die Tagesetappen mit den Handelswagen von Stadt zu Stadt erlaubten.

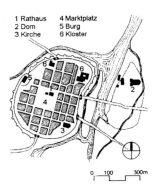

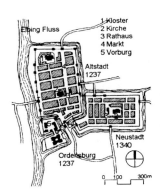

Bild 1.29   Posen
(10.-12. Jh.) An der Warthe neben slavischer Domburg als Kolonialstadt gebaut. Rasterförmiges Straßensystem mit quadratischem Markt mit Rathaus, öffentliche Gebäude in Randlage, starke Befestigungen.

Bild 1.30   Elbing
(13.-14. Jh.) Sicherung des Flußübergangs durch Burg des Dt. Ordens. Planmäßige, befestigte Stadtanlage mit Kirche, Rathaus und Marktplatz. Stadterweiterung nach nur 50 Jahren durch Anlage einer selbständigen Nebenstadt mit gleicher Ausstattung.

Bild 1.31   Krakau
(seit 10. Jh.) Handelsplatz mit alter Burg zur Sicherung des Handelsweges über die Weichsel.
1257 geplante Stadterweiterung mit Rathaus auf quadratischem Marktplatz und geostete Pfarrkirche, starke Befestigung der Gesamtanlage.

1.7   Renaissance und Barock

In der ersten Hälfte des 16. Jahrhunderts erleben Künste und Wissenschaft eine Blüte. Basierend auf dem Wirtschaftsgefüge, gefördert durch Städtebünde wie die Hanse in Kooperation mit seefahrenden Handelsnationen entwickeln sich Handelsplätze und Städte an Fernhandelswegen: über die Alpen nach Italien und dem gesamten Mittelmeerraum und über Kleinasien nach Fernost, über England und über die niederländischen Generalstaaten zum Nordatlantik und in den pazifischen Raum.

Renaissance, Humanismus, Reformation bringen für die städtische Gesellschaft und für die Stadt als deren formaler Ausdruck wesentliche Veränderungen.

Der Wandel in der Geisteshaltung und in der Kräfteverteilung im sozialen und politischen Bereich läßt sich sehr deutlich an den Planungen für *Idealstädte der Renaissance* nachvollziehen.

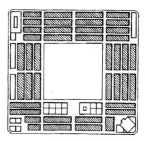

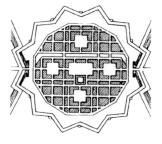

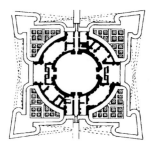

Bild **1**.32   Idealstadt von *Albrecht Dürer* 1527
Der Platz ist unbebaut, an ihm liegen das Rathaus, Kaufhaus und Häuser vornehmer Bürger. Die Kirche ist an einer Ecke plaziert wie andere Gebäude mit öffentlichen Funktionen und gewerblicher Nutzung.

Bild **1**.33   Idealstadt von *Vincenzo Scamozzi* ca. 1615
Schachbrettartiges Straßensystem mit Platzfolge und Stadtteilplätzen, Rathaus am Hauptplatz. Fluß ist durch die Stadt geführt. Verteidigungsanlage mit Bastionen um die gerundete Stadtanlage.

Bild **1**.34   Idealstadt nach *Ducerceau* ca. 1540
Öffentliche Gebäude umschließen einen runden Platz. Die Stadtmauern werden bestimmt durch vier Bastionen, die nur kleine separierte Wohnviertel übrig lassen.

In Italien, Frankreich und Deutschland entstehen aus den Erkenntnissen antiker Vorbilder und den neuen, exakten Wissenschaften geometrisch und mathematisch orientierte Stadtpläne, die die neue Sicht der Welt auf das Zusammenleben der Menschen projizieren. Formales Ebenmaß, die Harmonie der Teile, die sich zu einem Gesamtkunstwerk zusammenfügen, ist höchstes Gesetz. Die Gliederung der Stadt in ständisch geordnete Wohnbezirke, öffentliche Gebäude und Plätze und ihre Verteidigungsmöglichkeiten bestimmen den Grundriß. Bei allen Beispielen dieser Zeit zeigt sich der Stadtmittelpunkt als freier Platz für die Selbstdarstellung und Selbstbestimmung des freien Bürgers.

Die Kirche und das Rathaus sind Teile des geometrischen Systems und erhalten ihre Lage nach ihrer Bedeutung in der Gesellschaft. Burg bzw. Schloß eines weltlichen Herrschers kommt nur in wenigen Idealplänen vor. Die Fürsten regieren von ihren Sitzen auf dem Lande die Städte. Von den Idealstädten ist fast nichts realisiert worden, bis auf Granmichele und Palmanova in Venetien und einigen Festungsstädten zwischen Frankreich und dem deutschen Reich (Neu-Breisach, Longwy, Vitry-le-Francois). Der praktische Städtebau der Zeit ist teils den traditionellen, mittelalterlichen Gedanken verpflichtet, teils wird lediglich durch neuzeitliche Architektur das Stadtbild bestimmt.

Erst über die *Barockzeit* (1600-1750) gewinnen die Ideen, die über fast zweihundert Jahre entwickelt wurden, Eingang in die Realisierung. Die gesellschaftspolitische Veränderung mit dem erstarkenden Adel und der Kirche nach der Gegenreformation führt zu axialen Anlagen und zu Stadtstrukturen, die auf den Herrschaftssitz bezogen sind. Die Fürsten bauen ihre Residenzen außerhalb der Stadt (Versailles, Schönbrunn, Potsdam) und binden Stadt und Umland mit Gärten, Alleen und Kanälen in das Gesamtkonzept ein. Dem barocken Stadtgrundriß liegt wie in der Renaissance ein strenges formalistisches Muster zugrunde, in das Plätze und öffentliche Gebäude eingefügt werden. Alles ist der zum Schloß führenden Achse unterworfen. Versailles und Vaux-le-Vicomte sind Vorbild für jeden mitteleuropäischen Fürsten. Nach dem 30jährigen Krieg eifern alle mit den ihnen zur Verfügung stehenden Mitteln dem französischen Hofe nach. So entstehen in den deutschen Kleinstaaten eine Vielzahl von barocken Residenzen in oder an den Städten, die großzügig und oft übersteigert angelegt werden, um den Erwartungen des Zeitgeistes zu entsprechen (Paris, Rom, Nancy, Mannheim als Übergang, Karlsruhe). Die Zunahme der Bevölkerung auch durch zuwandernde Glaubensflüchtlinge erfordern schnelle und planmäßig angelegte Neu-Städte oder Stadterweiterungen besonders nach dem 30-jährigen Krieg und später in der Zeit des erstarkenden Bürgertums und der beginnenden Industrialisierung. Holländische und französische Vorbilder findet man in den Städten für Glaubensflüchtlinge wie Friedrichstadt, Hanau, Potsdam, Glücksstadt, Freudenstadt, Erlangen, Karlshafen.

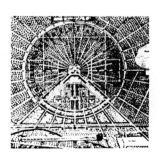

Bild **1**.35   Karlsruhe   Bild **1**.36   Mannheim   Bild **1**.37   Vitry-le-Francois

1.8   Industrielle Revolution

Der wirtschaftliche Aufschwung seit der Mitte des 18. Jahrhunderts in England und Frankreich führt auch in Deutschland vom absolutistischen Merkantilismus zum kapitalistischen Liberalismus. Industrieansiedlung und die Landflucht verwischen die Grenzen der Städte. Um die großen Fabrikanlagen entstehen Siedlungen, in denen der Fabrikherr seine Arbeiter wie Leibeigene hält. Die Industriestandorte haben keinen Bezug zu den gewachsenen Städten, sie bilden sich dort, wo die Standortvoraussetzungen zur Produktion günstig sind. Als Reaktion auf die eklatanten Mißstände im Wohnungsbau entstehen Überlegungen, den Wohnungs- und Städtebau zu reformieren. Einige Fabrikbesitzer versuchen neue Wege zu gehen (Godin in Guise 1859-1877, Salt in Saltaire 1851, Krupp in Kronenberg 1873, Lever in Port Sunlight 1887 und Cadbury in Bournville 1895), zum Teil auch, um die Arbeiter mit ihren Familien an die Fabrik zu binden und Revolutionen vorzubeugen.

In England, das in der technisch-wirtschaftlichen Entwicklung führend ist, sind diese sozialen Ideen weit verbreitet. Ebenezer Howard, ein Parlamentsschreiber, legt in seiner Schrift „Gartenstädte von morgen" 1898 die Vision einer neuen Ordnung vor, um der Landflucht zu begegnen und die Großstädte zu entlasten. Er schlägt die Gründung neuer, selbständiger Orte mit Wohnungen und Eigenheimen in Gärten vor.

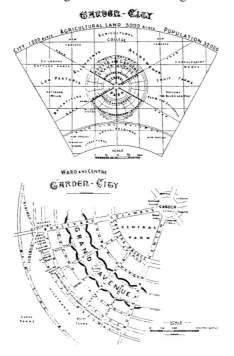

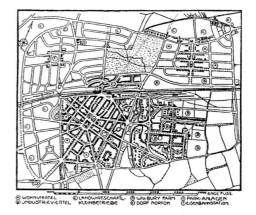

Bild **1**.38 *Ebenezer Howard*: Gartenstadt   Bild **1**.39 Gartenstadt Letchworth

Diese Städte sind durchgrünt mit öffentlichen Parks und Gärten, mit öffentlichen Gebäuden, Kirchen, Schulen und Sportanlagen in sehr ornamentaler Anordnung um eine grüne Mitte. Der äußere Kranz ist Fabriken vorbehalten, die von einer Eisenbahnlinie bedient werden. Hier trifft sich Stadt und Land, die Produkte werden verarbeitet und weitertransportiert. Sechs Gartenstädte mit allen Grundausstattungen und je 25 000 EW gruppieren sich um eine Mittelstadt von etwa 58 000 EW und einer gehobenen Ausstattung. Dazwischen liegt landwirtschaftlich genutztes Land, dessen Produkte im Randbereich der Städte an der umlaufenden Eisenbahn verarbeitet werden. Die wichtigste Voraussetzung ist, daß Grund und Boden Eigentum aller ist, um so der Abschöpfung des Wertzuwachses zu begegnen. Seit 1903 versucht Howard seine Ideen umzusetzen, so entstehen Letchworth und später Welwyn Garden City. In Deutschland werden nach einer ähnlichen Grundidee von Theodor Fritsch mehrere Siedlungen gebaut. So Hellerau bei Dresden, Essen-Magarethenhöhe, Nürnberg-Süd, Berlin-Staaken u.a.m. Die Idee der Gartenstadt als eine neue, von bestehenden Städten unabhängige Stadt setzt sich jedoch nicht durch. In Deutschland entstehen lediglich Vorstädte und Siedlungen, die von der Kernstadt abhängig bleiben. Auch in England liegen die Städte zu nahe an London, um eine Selbständigkeit entwickeln zu können.

Bild **1**.40 Berlin-Kreuzberg (1853)
Rasterförmige Erschließung mit Betonung der Straßenkreuzungen durch platzartige Ausweitungen. Blockrandbebauung mit dichter Hinterhofnutzung für Wohnen und Gewerbe.

Bild **1**.41 Essen-Magarethenhöhe. (Werksiedlung der Fam. Krupp 1906 - 1912, Arch. *Georg Metzendorf*)
Realisierung des Gartenstadt-Ideals mit idyllischen Dorfstraßen, Plätzen mit Brunnen und öff. Gebäuden in ansprechender schmuckreicher Architektur.

Bild **1**.42 Hamburg-Dulsberg (1919 - 1930, Arch. *Fritz Schumacher*.)
Wechsel von hofartig geschlossener Bebauung, offenen Höfen und Zeilen. Kirche und Schule auf platzartigen Ausweitungen. Großzügige Grünflächen mit Sportanlagen.

Als Folge des wirtschaftlichen Aufschwungs zwischen 1870 und 1914 läßt sich in Deutschland spekulatives Bauen in den großen Städten leichter umsetzen, als die Idealvorstellungen von wenigen Intellektuellen und Sozialreformern. Die Mietskaserne der Gründerzeit ist der typische Ausdruck dieser Epoche. Die Idee der Gartenstadt setzt sich als Reaktion auf die enge Blockbebauung der wilhelminischen Zeit nach dem I. Weltkrieg fort in Form von Kriegerheimstättensiedlungen und Selbsthilfesiedlungen, allerdings ohne den Anspruch städtischer Ausprägung.

Es entstehen in den zwanziger Jahren auf sozialdemokratische Initiative große Siedlungen, in denen die Arbeiterfamilien zu günstigen finanziellen Bedingungen angemessen gute Wohnungen erhalten. Siedlungen der Wohnungsbaugesellschaften, zum Teil in Selbsthilfe errichtet, prägen die Stadtviertel dieser Zeit ganz wesentlich (Berlin-Britz und Zehlendorf, Wiener Großsiedlungen, Hamburg-Jarrestadt, München-Borstei u.a.).

Großen Einfluß auf die Entwicklung von Architektur und Städtebau hat das *Bauhaus* (Weimar 1919-25, Dessau 1926-33) durch die entstehenden Beispiele neuzeitlicher Gebäude und Siedlungen (Dessau-Törten, Stuttgart-Weißenhof, Breslau-Zimpel, Prag-Zlin, Wien-Werkbundsiedlung u.a.).

 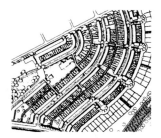 

Bild **1**.43   Berlin-Britz „Hufeisen-Siedlung" (1925, Arch. *Bruno Taut, Martin Wagner*) Hufeisenförmige Bebauung mit Öffnung zur Hauptstraße. Mitte ist eine eiszeitliche Senke mit Teich. Kopfbauten mit Läden und Café. Um diese viergeschossige Bebauung straßenbegleitend zwei- bis dreigeschossige Bebauung.

Bild **1**.44   Frankfurt- Römerstadt (1926, Arch. *Ernst May*) Langgestreckte Baukörper zeichnen die Höhenlinie des hängigen Geländes nach. Strahlenförmige Durchlässe, die auf bastionartigen Terrassen aufgefangen werden. Wohngärten bei Reihenhäusern, Mietergärten für Geschoßwohnungen.

Bild **1**.45   Wien Karl-Marx-Hof (1928, Arch. *Karl Ehn*) Städtebauliche Großform, Gliederung in eine Folge von Höfen mit Einrichtungen wie Kindergarten, Läden, Wäscherei, Badehaus auf genossenschaftlicher Basis. Darstellung der sozialistischen Idee des Arbeiterwohnens mit hoher Dichte bei optimaler Begrünung.

In dieser Zeitspanne wirkt zweifelsfrei die Weltgeschichte auch auf den Städtebau ein. Die russische Revolution von 1917 führt zu Thesen für den Umbau und Neubau der Gesellschaft und auch der Städte. Es sollte ein Neuanfang gegen alle kapitalistischen Ideen sein. Ziel ist es eine gerechte Versorgung der Arbeiter mit Wohnung und allen Gütern möglichst kostenfrei zu gewährleisten. Erschließung und Besiedelung des Landes in Abhängigkeit von den Rohstoffen und ihrer Verarbeitung, Dezentralisierung statt Ballung, Ergänzung von Industriestandorten und Landwirtschaft prägen Städtebau und Landesplanung in der frühen Sowjetunion. Ähnliche Grundideen finden sich in China und auch in Palästina.

Die Entwicklung des Schienenverkehrs und später des motorisierten Verkehrs begünstigt die flächenhafte Ausbreitung der Städte, die nach dem zweiten Weltkrieg 1939-1945 unvorhersehbar die maßstäbliche Überschaubarkeit sprengen.

Bild **1**.46 Hamburg Jarre-
stadt (1928, Arch. *Fritz
Schumacher*)
Blockrandbebauung mit un-
terschiedlich großen Höfen
und alleeartigen Straßen.
Plätze durch Weglassen der
Bebauung mit Sportplätzen
bei Schulen und Spielplätzen
in den Höfen.

Bild **1**.47 Frankfurt-West-
hausen (1929-1931 Arch.
Ernst May)
Bemühen, allen Bewohnern
gleich günstige Bedingungen
(Besonnung, Belüftung,
Freiflächen- und Gartenanteil) zu gewährleisten. Erschließungsstraßen wech-
seln mit Grünstreifen ab.

Bild **1**.48 Wolfsburg-
Wellekamp (1938, Arch.
Peter Koller)
Versuch, die Straßenräume
zu fassen und die Bebauung
in Stichstraßen an Grünzügen zu schließen oder locker
enden zu lassen. Rhythmi-
sche Gliederung der Räume.

Bild **1**.49 Berlin-Siemens-
stadt (1929, Arch. *Walter
Gropius, Hans Scharoun,
Otto Bartning, Hugo Häring*
u.a.)
Werksiedlung vor dem Fa-
briktor in mehrgeschossiger
Bauweise, stark typisiert mit
vielfältigem Wohnungsange-
bot, Waschhäusern, Kindergärten, Läden, Schule.

Bild **1**.50 Helsinki-Tapiola
(1951)
Komposition von Punkt-
Hochhäusern, Scheiben und
Zeilen bis zu Einfamilien-
hausgruppen unter Beach-
tung landschaftlicher und topographischer Gegebenhei-
ten. Die gelungene Synthese
von Städtebau und Natur
wurde zum Vorbild für eine
Vielzahl von Entwürfen dieser Zeit.

Bild **1**.51 Hamburg-Hohner-
kamp (1953, Arch. *H.B.
Reichow*)
Die Straßenführung folgt
dem Prinzip der Verästelung
von der Innenstadt in das
Siedlungsgebiet, Vermei-
dung rechtwinkliger Stra-
ßeneinmündungen. Realisierung der Idee vom „organischen Städtebau". Vom
Fahrverkehr unabhängiges
Wegenetz.

Während die Charta von Athen (1933 maßgeblich von Le Corbusier geprägt) Thesen enthält, die in der Nachkriegszeit die Stadtplanung in der ganzen Welt beeinflussen (Trennung der Funktionen, verkehrsgerechte Stadt u.a.), ist die schnell folgende Orientierung aller Werte an der wachstumsorientierten kapitalistischen Marktwirtschaft die treibende Kraft beim Ausbau der Städte.

Le Corbusiers Ideen einer modernen Stadt sind u.a.:
– Ersatz flacher, dichter Bebauung durch punktförmige, hohe, weiträumige Bebauung
– Verknüpfung der Erdgeschoßzonen der Gebäude mit den Grünräumen, vom Fahrverkehr unabhängige Führung des Fußgängerwegesystems
– Terrassen auf den Dächern, Gärten in den Etagen als „vertikale Gartenstadt"
– Bündelung des Fahrverkehrs durch ein differenziertes Erschließungssystem
– Trennung von Arbeitsstätten, Versorgungsflächen, Bildungseinrichtungen und Wohnen

Alle Veränderungen in den Städten der ganzen Welt entstanden aufgrund dieser Prinzipien. Realisierte Neuplanungen sind Chandigarh (1950) und Brasilia (1958).

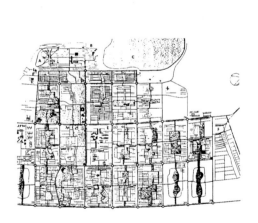

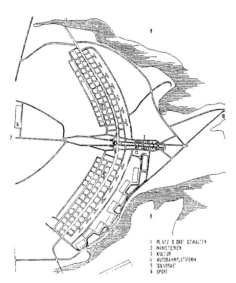

Bild **1**.52   Chandigarh, Indien (1952, Arch. *Le Corbusier*)
Neuplanung einer Provinzhauptstadt mit Regierungsviertel, Wohnquartieren und Gewerbe- und Industriegebieten. Jedes Quartier hat ein eigenes Grünsystem mit Quartiersmitte. Großzügige Verkehrserschließung. Versuch, die Gartenstadtidee neu zu interpretieren. Erweiterungsfähig.

Bild **1**.53   Brasilia, Brasilien (1954 in Bau seit 1957; Arch. *O. Niemeyer, L. Costa*)
Neuplanung der Hauptstadt, sich kreuzende Strukturachsen: Wohnen in Quadras und Verwaltungsbauten zwischen Präsidentensitz, Parlament, Kirche und Erholung.

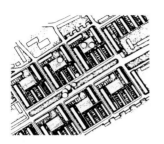

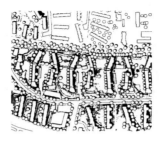

Bild **1**.54   Hengelo-Klein Driene (1956, Arch. *van den Broek, Bakema*) Addition von städtebaulichen Einheiten, durch verschiedene Baukörper um einen platzartigen Mittelpunkt gruppiert. Den Reihenhäusern sind Privatgärten zugeordnet, die Geschoßwohnungen haben Gemeinschaftsgrün.

Bild **1**.55   Berlin-Charlottenburg-Nord (1956-1960, Arch. *Hans Scharoun*) Erweiterung der Siedlung Siemensstadt (vgl. 1.49). Jeweils zwei Baukörper bilden ein „Wohngehöft" und schließen Parkflächen und Gemeinschaftsanlagen ein. Erschließungshof und Grünstreifen wechseln einander ab.

Bild **1**.56   Bremen-Neue Vahr (1957, Arch. *Ernst May* (Planung)) Streng orthogonal gegliedertes Wohngebiet beidseits einer Ausfallstraße. Kleinere Einheiten mit Mietwohnungsblocks fügen sich zu einer Großform zusammen. Erste Nachkriegsgroßsiedlung in serieller Bauweise. Nachverdichtung ab 1985.

Bild **1**.57   Sheffield-Park-Hill (1957, Arch. *Womersly*) Innerstädtischer hochverdichteter Wohnungsbau (Sanierungsprojekt). Alle Gebäude sind durch Laubengänge miteinander verbunden. Aufgrund der Monostruktur des Wohnungsmix in der Folge schwere soziale Probleme.

Bild **1**.58   Frankfurt-Nordweststadt (1961, Arch. *W. Schwagenscheid, T. Sittmann*) Entlastungsstadtteil für Frankfurt. Idee der „Raumstadt", in der eine Gliederung der Wohnumgebung in eine Folge unterschiedlich großer Räume erfolgt. Zentrum mit Erschließung in verschiedenen Ebenen. Die Realisierungsphase hat von der ursprünglichen Idee wenig übrig gelassen.

Bild **1**.59   Berlin-Märkisches Viertel (1963, Arch. *Düttmann, Müller, Heinrichs*) Großprojekt des Berliner Wohnungsbaus. Über 30 Architekten zeigen innerhalb der Planung ihre Auffassung vom Geschoßwohnungsbau. Um Höfe angeordnete Wohnblocks, Bauten für die Versorgung, für Bildung und soziale Einrichtungen. Sozial problematisch.

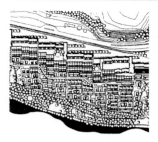  

Bild **1**.60   Puchenau bei Linz (1963-1984, Arch. *R. Rainer*)
Zwischen Bundesstraße und Donau ein Siedlungsstreifen mit Einfamilien- und Mehrfamilienhäusern in einer verdichteten Bauweise mit einem hohen Wohnwert. Wohnwege und kleine Plätze dienen als nachbarschaftlich nutzbare Außenräume. Geschoßwohnungsbau mit passivem Schallschutz gegen Verkehrslärm.

Bild **1**.61   Hamburg-Steilshoop (1965-1976, Arch. *Candilis, Josic, Woods* u.a.)
Ein Versuch die traditionellen Blockstrukturen der 20er Jahre neu zu interpretieren mit aufgeweiteten Höfen, die in Parkpaletten enden. Richtungsversetzte Fußgängerachsen. In diagonal liegenden Plätzen werden die „Seitenstraßen" aufgenommen.

Bild **1**.62   Newcastle upon Tyne-Byker (GB) (1968-1980, Arch. *Erskine, Gracie* u.a.)
Eine 1 km lange „Hausschlange" (Byker-Wall) schützt das Wohngebiet vor dem starken Verkehrslärm. Im „Innenraum" liegen 80 % der Wohnungen in stark differenzierter kleinräumiger Gliederung, meist als typisch englische, zweigeschossige Reihenhäuser.

In Deutschland wird nach 1945 der Zeilenbau Grundthema der meisten neuen Wohngebiete. Die „gegliederte und aufgelockerte Stadt" (Göderitz, Rainer, Hoffmann) sowie die „organische" und „autogerechte" (Reichow) Stadt sind Antwort auf die Stadt der Gründerzeit. Die Kriegszerstörungen werden als Chance begriffen für einen Neuanfang im Sinne der Maximen von Le Corbusier, Hilberseimer und anderen. Bald zeigt sich, daß großflächige Siedlungen durch Zeilenbauweise kaum gegliedert und räumlich gefaßt werden können. Der Versuch, mit „städtebaulichen Dominanten" Identität zu schaffen und aus einer Typenvielfalt räumliche „Ensembles" zusammenzufassen, wird zu einer vordringlichen Gestaltungsabsicht bei allen Neuplanungen. Eine der Lösungen ist die Wiederentdeckung des „Hofes" als städtebauliche Einheit für eine „Nachbarschaft" (Scharoun). Die Übersetzung in Großformen (Sheffield-Park Hill, Hamburg-Steilshoop) gelang jedoch nicht überzeugend. Die Beispiele im Westen wie im Osten Deutschlands entsprechen sich erschreckend. Es ist nur verständlich, daß als heimliches Ideal für alle Deutschen das freistehende Einfamilienhaus geblieben ist und der Städtebau sich dem Konflikt stellen muß, wie dieses Ideal mit den konkurrierenden Zielen des sparsamen Bodenverbrauchs, der kurzen Wege, der guten Infrastrukturausstattung und den niedrigen Herstellungs- und Betriebskosten zu verwirklichen ist. Neue Ansätze zeigen die Internationalen Bauausstellungen (IBA) 1984/88 in Berlin und 1994/99 im Ruhrgebiet. Erstere bietet Lösungen für innerstädtische Bebauung mit hoher Verdichtung und Beispiele von Stadtumbau und „Reparatur". Die IBA Emscher-Park wendet sich dem Problem der Umwandlung und Nutzung von Industriebrachen zu.

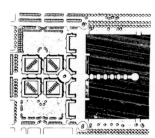  

Bild **1**.63 St. Quentinen-Yvelines (1978-1980, Arch. *R. Bofill*) Inszenierung einer monumentalen Idee, Paläste und Stadtquartiere aus dem Barock zurückzuholen. Axialsymmetrische Anlage mit Schloß Zitat im Wasser. Der Mensch wird in dieser Scheinwelt zur Staffage degradiert.

Bild **1**.64 Gelsenkirchen-Graf Bismarck (1996, Arch. *K. Wachten* u.a.) Wettbewerbspreis IBA-Emscherpark. Revitalisierung einer Industriebrache. Verdichtungszone mit tertiärer Nutzung um den Hafen. Feldstrukturen von Blockbauweise sich auflösend bis zum EF-Haus. Grünkeile als verbindende Elemente.

Bild **1**.65 Mainz Layenhof/Münchwald (1995/96, Arch. *Ackermann* und *Raff.* Wettbewerbspreis) Erschließung und Bebauung einer ehemaligen Militärfläche. Strenges System mit großen Freiheiten bei der Bebauung der Baufelder, kompakte bauliche Struktur. Entwicklung gut in mehreren Baustufen möglich.

Zukünftige Planungs- und Bauaufgaben liegen sicher eher im Stadtumbau als in der Neuplanung von Stadterweiterungen. Dabei sind Planer und Politiker mit alten und neuen Fragen konfrontiert, wie:

- Welchen Wohnbedürfnissen muß man in Zukunft Rechnung tragen bei den sich wandelnden soziologischen und sozialen Strukturen?
- Wie sehen nachhaltige Siedlungsstrukturen aus?
- Welche Folgerungen für den Städtebau haben die Kriterien kostengünstig und flächensparend bei gleichbleibend hohem Wohnwert?
- Ist es in Zukunft wichtiger, Bestand zu verdichten und Flächen aufzufüllen (Militär- und Industriebrachen als Innenentwicklung), als Städte abzurunden und auszuweiten?

Die Antworten werden im nächsten Jahrhundert – also sehr bald – von uns erwartet.

1.9 Literaturverzeichnis

BADISCHES LANDESMUSEUM KARLSRUHE: Planstädte der Neuzeit vom 16. bis zum 18. Jahrhundert, Ausstellungskatalog, Karlsruhe 1990

BUNDESMINISTER FÜR RAUMORDNUNG, BAUWESEN UND STÄDTEBAU (Hrsg.): Versuchs- und Vergleichsbauten und Demonstrativmaßnahmen, Schriftenreihe des Bundesministers für Raumordnung, Bauwesen und Städtebau, Bad Godesberg 1976

BUNDESMINISTERIUM FÜR RAUMORDNUNG, BAUWESEN UND STÄDTEBAU (Hrsg.): Zukunft Stadt 2000, Bonn 1994

CASTAGNOLI, F.: Orthogonal Town Planning in Antiquity, The Massachusetts Institute of Technology 1971

CEJKA, J.: Tendenzen zeitgenössischer Architektur, Kohlhammer Verlag, Stuttgart 1993

CONRADS, U.: Programme und Manifeste zur Architektur des 20. Jahrhunderts, Bauwelt Fundamente, Band 1, Berlin, Frankfurt, Wien, 2. Auflage 1981

EGLI, E.: Geschichte des Städtebaues, Bd. 1-3, Eugen Rentsch Verlag, Erlenbach - Zürich 1959

GÖDERITZ, J.; RAINER, R.; HOFFMANN, H.: Die gegliederte und aufgelockerte Stadt, Hrsg. Deutsche Akademie für Städtebau und Landesplanung, Verlag Ernst Wasmuth, Tübingen 1957

GRASSNICK, M.; HOFRICHTER, H.: Stadtbaugeschichte von der Antike bis zur Neuzeit, Friedr. Vieweg Verlag, Braunschweig 1995

HARTOG, R.: Stadterweiterungen im 19. Jahrhundert, Kohlhammer Verlag, Stuttgart 1962

HECKSCHER, A.: Open spaces: The life of American Cities, Harper and Row, Publishers, New York, Hagerstown, San Francisco, London, 1913

HEINEBERG, H.: Grundriß Allgemeine Geographie, Teil X Stadtgeographie, Ferdinand Schöningh Verlag, Paderborn 1986

HOWARD, E.: Gartenstädte von morgen, Hrsg.: J. Posener, Bauwelt Fundamente 21, Berlin, Frankfurt, Wien 1968

KIRSCHENMANN, J.; MUSCHALEK, C.: Quartiere zum Wohnen, Deutsche Verlags Anstalt, Stuttgart 1977

MÜLLER, W.; VOGEL, G.: dtv-Atlas zur Baukunst: Band 1: Allgemeiner Teil. Baugeschichte von Mesopotamien bis Byzanz, Band 2: Baugeschichte von der Romanik bis zur Gegenwart, Deutscher Taschenbuch Verlag, München 1992

MUMFORD, L.: The city in history, Harcourt Brace Jovanovich, New York 1961

PAPE, R.: Das alte Herford, Maximilian - Verlag, Herford 1971

RADIG, W.: Die Siedlungstypen in Deutschland, Henschelverlag, Berlin 1955

REICHOW, H. B.: Die autogerechte Stadt, Ravensburg 1959

RICHTER, W.; ZÄNKER, J.: Der Bürgertraum vom Adelsschloß. Aristokratische Bauformen im 19. und 20. Jahrhundert, Rowohlt Verlag GmbH, Reinbek bei Hamburg 1988

SCHWAGENSCHEID, K.: Die Raumstadt, Frankfurt 1949

SITTE, C.: Der Städtebau nach seinen künstlerischen Grundsätzen, Wien 1889, Reprint Vieweg, Braunschweig, Wiesbaden 1983

SPENGELIN, F., NAGEL, G., LUZ, H.: Wohnen in den Städten?, Ausstellungskatalog, Druckhaus E. A. Quensen Lamspringe, Berlin 1984

WERNER, P.: Über die Utopien der 60er Jahre oder der Blick vom Berliner Teufelsberg, in: Stadt und Utopie. Modelle idealer Gemeinschaften, Neuer Berliner Kunstverein und Autoren, Verlag Fröhlich und Kaufmann, Berlin 1982

ZOHLEN, G.: „Kurz ihr kommt in die besten Städte. Alles ist seit langem vorbereitet.", in: Stadt und Utopie. Modelle idealer Gemeinschaften, Neuer Berliner Kunstverein und Autoren, Verlag Fröhlich und Kaufmann, Berlin 1982

2 Grundlagen und Verfahren (*M. Korda*)

2.1 Grundbegriffe

Von dem Augenblick an, in dem sich Menschen seßhaft machen, die bis dahin ihren Lebensunterhalt als herumziehende Jäger oder Hirten gesucht haben, beginnen sie um ihren Wohnplatz herum die Landschaft zu verändern. Sie nutzen den Grund und Boden, seinen Bewuchs, die Wasserläufe und später auch die Bodenschätze nach ihren Bedürfnissen. Je dichter die Besiedlung insbesondere bei günstigen Standorten wird, desto wahrscheinlicher ist die Gefahr, daß bestehende „Rechte" beeinträchtigt sind und Konflikte entstehen, und desto notwendiger wird es, Bedürfnisse zu koordinieren und Einigung über die Bodennutzung und die Errichtung von Gebäuden zu erzielen. Im Verlauf der Entwicklung hat sich das Zusammenleben von Menschen zunächst unbewußt, allmählich durch Verfeinerung der Kommunikationsmöglichkeiten jedoch auch bewußt organisiert. Dies geschieht unabhängig voneinander in allen Siedlungsräumen und auf allen Zivilisationsstufen. Bei knapper werdenden Ressourcen entsteht entweder ein Verdrängungsprozeß durch Macht und Gewalt oder aber zur Vermeidung von Konflikten eine friedliche Einigung über die Nutzung des zur Verfügung stehenden Raumes. Diesen letzteren Prozeß kann man als Planung des Lebensraums bezeichnen. Das Zusammenleben von Menschen in besiedelten Bereichen, mit den daraus entstehenden zum Teil konkurrierenden Ansprüchen, wie Bebauung, Nutzung, Ernährung, Bewässerung, Entsorgung, Verkehr, Gestaltung, Kommunikation und daraus resultierende rechtliche Fragen, führt zu Regelungen von Planen und Bauen, die wir als *Städtebau* bezeichnen.

Städtebau und *Stadtplanung* bedeuten also eine vorausschauende Ordnung der baulichen und sonstigen Nutzung von Grund und Boden in Städten, in Ortschaften und Siedlungsbereichen. *Stadtplanung* beschäftigt sich eher mit der Lenkung der räumlichen Entwicklung und der Nutzung der Flächen einer Stadt, Aufgabe des *Städtebaus* ist eher die Umsetzung der Planung und die bauliche Gestaltung städtischen Lebensraumes. Durch das Buch von Camillo Sitte „Der Städtebau nach seinen künstlerischen Grundsätzen" wird der Begriff im deutschsprachigen Raum 1889 erstmals mit diesen Inhalten bekannt. Etwa gleichzeitig erscheint in England in der Stadtgestaltung der Begriff „Urban design" und in der Planung „town planning", im amerikanischen „city planning". Ähnlich differenziert man in Frankreich den Oberbegriff „planification" in „art urbain" und „urbanisme", wobei letzteres wie auch der deutsche Begriff Urbanismus in den Bereich der Stadtforschung hineinreicht.

Allgemein wird in der 2. Hälfte des 19. Jahrhunderts in den industrialisierten Gebieten Mitteleuropas erkannt, daß die beginnenden sozialen und hygienischen Mißstände in den Städten und dichter besiedelten Orten durch Planung und bauliche Maßnahmen gemindert werden können, so z.B. durch die Vorgabe einer baulichen Dichte, durch die technische und soziale Infrastruktur und die Anlage von Grünflächen. Auch erkennt man, daß eine ästhetisch ansprechende Gestaltung der Stadt einen wesentlichen Grund für die Zufriedenheit ihrer Bürger bedeutet. Während Sitte gerade auf diesen künstlerischen Aspekt, die *Stadtbaukunst*, abhebt, beschäftigt sich Ebenezer Howard 1898 in seinem Buch „Garden-Cities of Tomorrow" mit dem Problem der *Bodenordnung* und der Planung eines Idealstadtsystems. Zusammen mit weiteren Veröffentlichungen dieser Zeit und den praktischen Erkenntnissen der schnell wachsenden Großstädte kommt man zu der Erkenntnis, daß eine übergeordnete Planung sich nicht nur auf ästhetische, soziale und hygienische Überlegungen erstrecken darf, sondern auch der regionale und innerstädtische Verkehr, der Grundstücksmarkt und das Bodenrecht, die Wasser- und Energiewirtschaft, die Entsorgung etc. vorausgeplant werden können und müssen. Dabei geht es nicht nur um Neuplanungen sondern ganz wesentlich um *Stadterweiterungen* und um Stadtumbau und *Stadtsanierung*.

Die Erarbeitung baurechtlicher und planungsrechtlicher Festsetzungen für den Einzelfall ist ein Teilgebiet städtebaulicher Arbeit und wird als *städtebauliche Ordnung*, ihr fixiertes Ergebnis als *Bauleitplanung* bezeichnet. Die Summe der Überlegungen, wie sich eine Stadt oder eine Stadtregion sinnvoll entwickeln sollte hinsichtlich ihrer Wirtschafts- und Sozialstruktur, ihrer kulturellen Aufgabe und ihrer Verkehrseinrichtungen – also das anzustrebende Grundkonzept, das der städtebaulichen Arbeit richtungsweisend vorausgehen sollte – bezeichnet man als *Stadtentwicklungsplanung*. Sie wird nach 1960 angeregt und praktiziert und löst die Auffangplanung der unmittelbaren Nachkriegszeit ab. Notwendig ist die Formulierung von Zielvorstellungen und die Abstimmung aller öffentlichen und privaten investiven Tätigkeiten auf ein gemeinsam abgestimmtes *städtebauliches Entwicklungskonzept*, das neben dem räumlichen Aspekt den finanziellen und den zeitlichen Rahmen einschließt. Diese Idee der umfassenden gesellschaftspolitischen Steuerung, die wirtschaftliche, soziale und kulturelle Bedürfnisse gleichwertig neben räumliche Vorgaben und Planungen stellt, hat zwar keinen Eingang in das System der gesetzlich fixierten Planungshierarchie gefunden, führte jedoch von der Auffangplanung zur *Positivplanung*. Der Gedanke der Entwicklungsplanung als Vorordnung der Bauleitplanung ist in der städtebaulichen Arbeit heute selbstverständlich. Da aber Werte sich in unserer Zeit offensichtlich wandeln und die planerische Vorsorge zukünftige Bedürfnisse einschließen und nicht sperren soll, ist man heute zurückhaltender in der Fixierung von Zielen. Sie bleiben eher auf der Ebene der allgemeinen Grundwerte, die weiteren Teilziele sind abhängig von der Konsensfähigkeit der jeweils bestimmenden gesellschaftlichen Gruppen. Das führt zu einer Stadtentwicklung in kleineren Schritten und in überschaubaren Zeiträumen. Sie muß in die Entwicklung der Region eingebunden sein und mit den Nachbargemeinden abgestimmt werden. Städtebau ist auch bei langfristigen Rahmenvorstellungen eine Kunst des Offenhaltens von Planungen für noch nicht vorhersehbare Entwicklungen.

2.2   Aufgaben des Städtebaus

Aufgabe des Städtebaus ist es, den Lebensraum für den Menschen zu schaffen und zu erhalten unter Berücksichtung aller Belange, die Lebensvoraussetzung sind. Dafür ist

Sachkenntnis der lokalen Verhältnisse und des Umfeldes notwendig. Um Veränderungen zu begründen und notwendige Maßnahmen zu priorisieren, ist es wichtig, in einem überschaubaren Bereich:

a) den baulichen Bestand und seine derzeitige Nutzung sowie die landschaftlichen, sozialen und historischen Gegebenheiten festzustellen

b) die Mängel des derzeitigen Zustandes aufzuzeigen, soweit sie für die Allgemeinheit oder einen größeren Personenkreis von Bedeutung sind

c) die rechtlichen und sonstigen materiellen und immateriellen Bindungen festzustellen

d) den baulichen und sonstigen Bestand zu bewerten und konkurrierende Interessen und Ziele aufzuzeigen

e) den gegenwärtigen und künftig zu erwartenden Bedarf an Erweiterungen, Neuanlagen oder Nutzungsänderungen zu ermitteln

f) Neuanlagen, Nutzungsänderungen, Erweiterungen und Mängelbeseitigungen in ihrer grundsätzlichen Anordnung und in ihrer Zuordnung zur Umgebung vorzuschlagen

g) die baulichen Planungen und die Nutzungsabsichten der Beteiligten zu koordinieren mit dem Ziele, für den Einzelnen wie für die Allgemeinheit eine Lösung zu suchen, die weitgehenden Konsens findet

h) die städtebauliche Planung und ihre Durchführung rechtlich zu sichern.

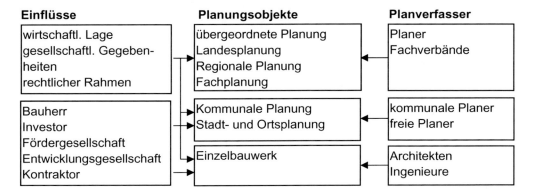

Bild **2**.1   Planungszusammenhänge

Bei allen städtebaulichen Aufgabenstellungen ist nicht der Planer allein gefragt, sondern der Planungsprozeß ist stets eine Abstimmung zwischen Planungsfachleuten unterschiedlicher fachlicher Herkunft, den politischen Gremien mit ihren demokratisch gewählten Vertretern und den positiv oder negativ betroffenen Bürgern. Städtebauliche Planung soll dem Wohl des einzelnen Bürgers genauso dienen wie dem Wohl der Allgemeinheit. Öffentlichkeit der Planung durch Bürgerbeteiligung und Einbindung des Bürgers vereinfachen die Durchsetzung der Planung erheblich und erleichtern dem Bürger die Identifizierung mit dem Ergebnis.

2.3   Planungsebenen

Die Planung des Lebensraumes in der Bundesrepublik Deutschland ist entsprechend ihrem
föderalen Aufbau in mehreren voneinander abhängigen Ebenen organisiert. Der Städtebau
und die kommunale Planung sind eingebunden in das System übergeordneter Planungsebenen der Länder und des Bundes. Bund und Länder haben die Aufgabe, Interessenge-
gensätze und konkurrierende Ziele der Gemeinden und Städte auszugleichen und gemeinsame übergeordnete Ziele zu formulieren und durchzusetzen. Diese Ziele werden in
Kenntnis der Bedürfnisse und Interessen der Bevölkerung, der Ressourcen und deren Verfügbarkeit unter Beachtung der Aussagen des Grundgesetzes von der Konferenz der Ressortminister der 16 Bundesländer aufgestellt und vom Bundestag beschlossen. So wie sich
die Bundesraumordnung auf die Länder abstützt, so ist sie auch gehalten, Ziele und Vereinbarungen auf europäischer Ebene mitzugestalten und in ihren Zielkanon aufzunehmen.

2.3.1   Europäische Raumordnung

Die Zustimmung aller Länder der Europäischen Union zu einer gemeinsamen politischen
Idee und Willensbildung bedeuten für die Einzelstaaten auch die Anerkennung gesamteu-
ropäischer Vorstellungen über die Entwicklung des Lebensraumes. In einer *Europäischen
Raumordnungscharta* (1992) haben sich die zuständigen Minister der Mitgliedsstaaten auf
raumordnerische Leitbilder geeinigt. Diese sollen helfen, die räumliche Struktur Europas
zu verbessern und Lösungen zu finden, die den nationalen Rahmen überschreiten und ein
gemeinsames europäisches Identitätsbewußtsein schaffen. Die Raumordnungscharta hat
vier Leitbilder und nennt die jeweiligen Leitgedanken und räumlichen Perspektiven und
Ziele als deren zentrale Inhalte

Leitbild 1: Grenzüberschreitende Zusammenarbeit
Leitgedanken
- Subsidiäre Ausstattung der Europäischen Raumordnung
- Entwicklung der Grenzgebiete zu einem selbsttragenden Lebensraum
- Etablierung einer verbindlichen, maßstabsetzenden grenzüberschreitenden Raumpla-
  nung
Räumliche Perspektive
- Europäischer Aktionsraum für eine integrierte räumliche Entwicklung
- Ad-hoc Arbeitsgruppen „Grenzüberschreitende Planung"
- Zusammenarbeit mit den Euregios
- Grenzübergreifende Beteiligung, Meß- und Umweltstandards
- Grenzüberschreitender planerischer Erfahrungsaustausch
- Fortschreibungsfähiges Problem- und Vorhabenkataster
- Grenzüberschreitende Öffentlichkeitsarbeit

Leitbild 2:   Raumstruktur, Städte und Siedlungen

Leitgedanken

- Erhaltung einer abwechslungsreichen Raum- und Siedlungsstruktur im zusammen-gewachsenen Europa
- Ökologisch-ökonomische Erneuerung der Städte und Dörfer im Sinne der integrierten regionalen Entwicklung
- Konzentration der Siedlungsentwicklung

Räumliche Perspektive

- Europäische Metropolregionen
- Verdichtungsräume-Ländliche Räume
- Pufferzonen – zur Vermeidung von Siedlungsbändern
- Städtische Agglomerationen und regional bedeutsame Städte
- Grenzüberschreitende Ausdehnung funktionaler Verflechtungsbereiche der städtischen Agglomerationen
- Grenzübergreifende Städtenetze der städtischen Agglomerationen

Grenzübergreifende Raumqualitätsziele

- Angemessene Freiraumanteile in den Verdichtungsräumen sichern
- Mindestausdehnung regionaler Grünbänder gewährleisten
- Stadtinnenentwicklung durch Baulückenschließung und Wiedernutzung von Brach-flächen
- Kontrollierte Siedlungserweiterung in flächensparender und umweltschonender Form
- Neue Siedlungsräume im Anschluß an vorhandene Ansiedlungen in regionaler Ab-stimmung entwickeln

Leitbild 3: Mobilität und Verkehrssystem

Leitgedanken

- Umweltverträgliche Veränderung des Mobilitätverhaltens
- Vereinbarkeit von Lebensqualität und Mobilität
- Sicherstellung multimodaler Verkehrsachsen von europäischer Bedeutung unter Ver-netzung der nationalen Verkehrssysteme

Räumliche Perspektive

- Europäische Transportkorridore
- Mainports
- Transeuropäische Verkehrsnetze
- (Inter-) national bedeutsame Verkehrsachsen
- (Aus-) Bauvorhaben von (inter-) nationaler Bedeutung
- Hauptverkehrsachsen Straße mit Verlagerungsbedarf
- Grenzübergreifend bedeutsame Standorträume für Güterverkehrszentren
- Räume für integrierte grenzüberschreitende Verkehrskonzepte

Fortsetzung Leitbild 3: Mobilität und Verkehrssystem

Grenzübergreifende Raumqualitätsziele

- Bewußte Verkehrsmittelwahl
- Verkehrsinfrastrukturen sollen Rücksicht auf empfindliche Raumfunktionen nehmen
- Räumliche Zuordnung von Wohn- und Arbeitsstätten verbessern
- Attraktiver öffentlicher Schnellverkehr in Verdichtungsräumen
- Umstieg Auto-ÖPNV fördern, Mindestbedienung im öffentlichen Verkehr sichern
- Verkehrs-System-Management und Parkraumbewirtschaftung vor allem in Verdichtungsräumen ausbauen
- Verkehrsinfrastrukturausbau vor -neubau
- Vorrang der Verkehrsmedien Schiene, Wasserweg und Transportleitung vor Straße

Leitbild 4: Landschaft, Freiraum und Umwelt

Leitgedanken

- Erhaltung und Wiederherstellung einer sauberen Umwelt
- Gebietsbezogene Verknüpfung von Raumordnungs- und Umweltschutzaufgaben
- Grenzüberschreitende Vernetzung natürlicher Ressourcen

Räumliche Perspektive

- Schutzgebiete von europäischer Bedeutung
- Großräumig bedeutsame Landschaften
- Räume mit besonderer Bedeutung für den Biotop- und Artenschutz
- Schwerpunkträume zur Entwicklung landschaftsbezogener Erholungsfunktionen
- Gebiete für grenzüberschreitende Biotopverbundkonzepte
- Gebiete für eine integrierte Raum- und Umweltplanung von weiteren Umweltbelastungen freizuhalten oder zu sanieren

Grenzübergreifende Raumqualitätsziele

- Verschlechterungsverbot der ökologischen Ist-Situation
- Landwirtschaft umwelt- und raumverträglicher gestalten
- Grenzüberschreitende Biotopverbundkonzepte ausbauen
- Waldfläche und Laubholzanteil erhöhen
- Waldränder vor störenden Nutzungen schützen
- Grundwasserentnahme an natürlicher Neubildungsrate orientieren
- In lärmempfindlichen Räumen Lärmbelastung auf verträgliches Niveau reduzieren
- Klimaökologische Ausgleichs- und bioklimatisch wertvolle Räume sichern

Die Ministerkonferenz apelliert an die Einzelstaaten, Instrumente zu schaffen, um in den Teilgebieten und im Gesamtgebiet der EU diese Ziele durchzusetzen.

Der Ministerrat der EU hat auf europäischer Ebene einen Ausschuß mit Arbeitsgruppen geschaffen, der die Erreichung der Leitbilder und Ziele beobachten soll.

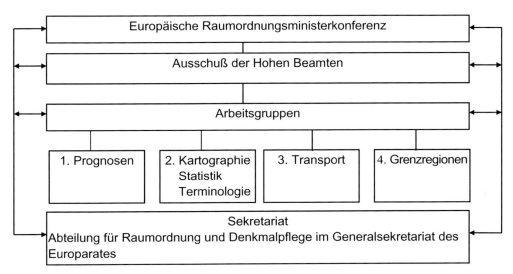

Bild **2**.2   Organisationsschema für die Europäische Raumordnung

2.3.2 Raumordnung des Bundes – Das Raumordnungsgesetz

In Deutschland ergibt sich die Raumordnungskompetenz des Staates aus dem *Grundgesetz* für die Bundesrepublik Deutschland, in dessen Artikeln 1 - 19 die Grundsätze aufgeführt sind wie z. B.
– die Würde des Menschen
– die freie Entfaltung der Persönlichkeit
– die Unverletzbarkeit, Freiheit, Gleichheit, Gleichberechtigung
und durch dessen Artikel 75 der Bund berechtigt ist, die Raumordnung zu regeln. Die Bundesregierung hat damit die Aufgabe, die notwendigen Rahmengesetze vorzubereiten.
Aufgabe der Raumordnung ist es, unter dem Gesichtspunkt einer regionalen und gesamtstaatlichen Strukturpolitik für eine Bündelung der Fachplanungen und der öffentlichen Investitionen zu sorgen. Sie legt materielle Ziele fest, die als zusammenfassendes und übergeordnetes Leitbild für die nachgeordneten Planungsebenen, die Fachplanungen und die raumbedeutsamen öffentlichen Maßnahmen verbindlich sind. Durch die Steuerung der räumlichen Struktur des Bundesgebietes sollen in allen Teilräumen gleichwertige Lebensbedingungen geschaffen werden. Das *Raumordnungsgesetz* des Bundes von 1993 (ROG) enthält u.a. diese zentrale Forderung, die insbesondere vor dem Hintergrund der Integration der neuen Bundesländer von großer Bedeutung ist. Das ROG nennt in § 2 ein Reihe von *Grundsätzen*, nach denen der Gesamtraum der Bundesrepublik entwickelt werden soll.

Tafel 2.1   Stufen der räumlichen Planung in der Bundesrepublik Deutschland

	Plangebiet	Aufgabe	Darstellung Planart	Gesetzliche Grundlagen	Bearbeitung	Parlamentarische Kontrolle
1	Bundesrepublik Deutschland	Raumordnung	Raumordnungspolitischer Orientierungsrahmen	Raumordnungsgesetz ROG	Bundesministerium, Ministerkonferenz der Länder	Bundestag
2	Bundesland	Landesentwicklung, Landesplanung	Landesentwicklungsprogramm und -plan	Landesplanungsgesetz LPl.G	Landesplanungsbehörden beim Ministerpräsidenten	Landtag
3	Teil eines Bundeslandes Reg.Bez. oder Teil davon auch über Landesgrenzen hinaus	Regional-Planung	Regionaler Raumordnungsplan bzw. Gebietsentwicklungsplan GEP	Landesplanungsgesetze, Europäische Gesetzgebung	Bezirksplanungsbehörden Landesplanungsbehörden	Regionale Parlamente (z.B. Bezirksplanungsräte)
4	Kreise Planungsverbände von Städten und Gemeinden (freiwillige Ebene)	Entwicklungsplanung übergreifende Planungen	Entwicklungs-Programm Planungen zu übergeordneten Fachgebieten	Landesplanungsgesetze kommunale Kompetenz	Kreisbehörden Planungsämter freie Planer	Kreistage Stadträte Gemeinderäte
5	Gemeinde Stadt	Vorbereitende Bauleitplanung	Flächennutzungsplan FNP	Baugesetzbuch BauGB	Stadtplanungsamt freie Planer	Rat
6	Teilbereiche der Gemeinde	Stadtteilentwicklung Fachplanungen	Entwicklungspläne Fachpläne	BauGB Richtlinien des Landes	Stadtplanungsamt oder Beauftragte	Rat
		Verbindliche Bauleitplanung	Bebauungspläne	BauGB u.a. Gesetze	Stadtplanungsamt Freie Planer	Rat
7.	Grundstück	Bebauung	Bauplanung	BauGB Bauordnungen	Architekten Hochbauämter	Rat

Dies sind im Wesentlichen:

- Verdichtungsräume und ländliche Räume sollen in einem ausgewogenen Verhältnis stehen.
- Gebiete mit gesunden Lebensbedingungen sollen weiter entwickelt, strukturschwache Gebiete verbessert werden z. B. durch die Stärkung zentraler Orte.
- Förderung der Grenzregionen, auch der Regionen der ehemals innerdeutschen Grenze.
- Sicherung von Freiräumen für die Naherholung und den ökologischen Ausgleich. Dies bedeutet auch eine strukturelle Stärkung ländlicher Regionen in denen die Land- und Forstwirtschaft rückläufig ist.
- Für die sparsame und schonende Inanspruchnahme der Naturgüter, insbesondere von Wasser, Grund und Boden, ist zu sorgen.
- Den Erfordernissen der vorsorgenden Sicherung sowie der geordneten Aufsuchung und Gewinnung von Rohstoffvorkommen soll Rechnung getragen werden.
- Die Erfordernisse der zivilen und militärischen Verteidigung sind zu beachten.
- Die landsmannschaftliche Verbundenheit, die geschichtlichen und kulturellen Zusammenhänge, die Erhaltung von Kultur- und Naturdenkmälern sind zu beachten.
- Die Deckung des dringenden Wohnbedarfs und die Schaffung von Arbeitsplätzen soll in funktional sinnvoller Zuordnung zu bestehenden Einrichtungen gefördert werden.

Die Länder sind aufgefordert, diese Grundsätze für ihre eigenen Belange umzusetzen und zu ergänzen. Natürlich gibt es auch konkurrierende Ziele bei der Ausformulierung der Grundsätze, hier gilt das Gebot der Abwägung, das die Behörden und Planungsträger auf allen Ebenen zu beachten haben.

2.3.3   Der Raumordnungspolitische Orientierungsrahmen (ROPOR)

Die erste Stufe der Umsetzung der im ROG genannten Zielsetzungen ist der *Raumordnungspolitische Orientierungsrahmen* (1993). Er stellt das neue Leitbild für weiteres, räumlich bedeutsames Vorgehen dar und beachtet die Belange der neuen Länder ebenso wie die europäischen Bezüge. Ganz ausdrücklich spricht er als Ziel die Gleichwertigkeit der Lebensverhältnisse an, er weist auf den europäischen Binnenmarkt und die Öffnung nach Osteuropa hin, er verpflichtet zum Schutz der natürlichen Lebensgrundlagen und sieht die Stärke der räumlichen Strukturen in der Dezentralität der Räume und Siedlungen. Der Textteil enthält Aussagen zu den fünf Leitbildern:

- Siedlungsstruktur
- Umwelt und Raumnutzung
- Verkehr
- Europa
- Ordnung und Entwicklung

Die verbalen Aussagen werden durch thematische Karten konkretisiert. Diese sind bewußt so grobkörnig, daß ihre weitere räumliche Umsetzung in der folgenden Planungsebene eine eigene Konzeption nicht vorwegnimmt. Der ROPOR ist als Vorordnung, als Programm zu verstehen, als Konsens aller Beteiligten und als politische Zielsetzung.

Insbesondere das programmatische Leitbild *Ordnung und Entwicklung* (s. Bild 3.5) gibt eine Reihe von Vorgaben für die landespolitischen Planungen. Genannt sei hier der Hinweis auf die notwendige Diskussion über das Ziel der Gleichwertigkeit der Lebensverhältnisse, wo es u.a. heißt:

- Gleichwertigkeit der Lebens-, Arbeits- und Umweltbedingungen ist eine situationsabhängige, dynamische Zielrichtung, kein absoluter Maßstab.
- Stärker als bisher muß mit längerfristigen Übergangszeiten in den neuen Ländern gerechnet werden, ohne daß damit das Ziel der Gleichwertigkeit aufgegeben wird.
- Bei der Verfolgung des Ziels der Gleichwertigkeit ist verstärkt nach sachlicher und zeitlicher Prioritätensetzung zu unterscheiden.
- Der Staat kann die Gleichwertigkeit der Lebensverhältnisse nur in bestimmten Bereichen wie z.B. in der Rechtsordnung und Sicherheit sowie Daseinsvorsorge oder im infrastrukturellen Bereich (Sozial- und Bildungsinfrastruktur, technische Infrastruktur, regionale Standortvorsorge, Umweltvorsorge) unmittelbar sichern.

Das Raumordnungskonzept geht davon aus, daß der ehemals bestehende deutliche Gegensatz zwischen Stadt und Land sich in weiten Teilen des Bundesgebietes abbaut in Form von Städtenetzen, Verstädterungstendenzen und Stadtlandschaften, die mit räumlichen Funktionsänderungen die zukünftige Entwicklung bestimmen werden. Aufgrund der starken Verflechtungen ist die Raumstruktur des Bundesgebietes in hohem Maße durch städtische Formen und urbane Lebensstile geprägt. Städtische Verdichtungsräume und ländliche Regionen sind keine Gegensätze mehr, sondern ergänzen sich. Ihre Lebensverhältnisse gleichen sich mehr und mehr an. Der ländliche Raum ist nicht unbedingt strukturschwach. Probleme weisen lediglich peripher geprägte Räume auf. Diese Räume nehmen meist eine wichtige Rolle für die Landschaftserhaltung, für den ökologischen Ausgleich und für den Ressourcenschutz ein.

2.3.4   Leitbild der dezentralen Konzentration

Die historisch gewachsene dezentrale Siedlungsstruktur hat im internationalen Vergleich zu den guten bis sehr guten Standortvoraussetzungen in Deutschland beigetragen. Eine Stärkung der regionalen Eigenkräfte und eine Verteilung der Aufgaben auf bestehende Zentren füllt auch in agglomerationsfernen Regionen die Raum und Siedlungsstruktur, d.h. Stärkung der dezentralen Struktur, aber Konzentration der Fördermittel auf bestehende Zentren. Diesem *Leitbild der dezentralen Konzentration* dienen die übrigen Leitbilder Verkehr, Umwelt und Raumnutzung. Das Gesamtkonzept ist eingepaßt in den Europäischen Gesamtrahmen.

Die Instrumente zur Durchsetzung der Ziele des Orientierungsrahmens sind zum einen die Förderprogramme des Bundes und die Programme und Investitionen der Einrichtungen des Bundes, zum anderen die Finanzzuweisungen des Bundes und der Länder an die Gemeinden. Die politischen Ziele und die Aussagen des Orientierungsrahmens werden ständig fortgeschrieben. Der Bundestag wird durch die vierjährlichen Raumordnungsberichte über die Entwicklungstendenzen und die im Rahmen der angestrebten räumlichen Entwicklung durchgeführten und geplanten Maßnahmen unterrichtet. Die Ministerkonferenz der Länder läßt sich von einem „Beirat für Raumordnung" beraten, die sich aus Vertretern der kommunalen Selbstverwaltung, der Wissenschaft, der Wirtschaft und der Sozialpartner zusammensetzt.

2.3.5 Landesplanung (Raumordnung der Länder)

Zur Unterstützung und Förderung der räumlichen Entwicklungen der Bundesrepublik und zur Stärkung der infrastrukturellen Maßnahmen kommt der Strukturpolitik der Länder eine wichtige Rolle zu. Die Länder haben in den Bereichen Planung und Entwicklung im Rahmen der übergeordneten Bundeskompetenz hoheitliche Aufgaben aufgrund landesrechtlicher Regelungen. Die Länder haben zu prüfen, in welcher Form die aufgezeigten Aufgaben und Problemstellungen ihren zukünftigen Handlungen zugrunde zu legen sind.

Die Planung in den Bundesländern ist, wie im ROG vorgegeben, zweistufig ausgebildet. Die *Landesplanung* umfaßt die Planung der räumlichen Entwicklung eines ganzen Bundeslandes, die *Regionalplanung* betrifft Teilräume eines Bundeslandes. Landesplanung bzw. Landesentwicklung bedeutet die Wahrnehmung der Ordnungskompetenz und die Durchsetzung der Bundesvorgaben in Programmen und Plänen auf Landesebene. Die Länder haben dafür unterschiedliche Bezeichnungen gewählt, die in den jeweiligen Landesplanungsgesetzen benannt sind.

Die Landesplanungsbehörden haben darauf zu achten, daß die Ziele der Raumordnung und der Landesplanung in der kommunalen Planung umgesetzt werden. Im Gegenstromverfahren nehmen sie Anregungen aus Städten und Gemeinden auf und sind gehalten, die gemeindlichen Entwicklungsziele mit den Landes- und Bundeszielen abzustimmen. Dieses Verfahren soll dazu beitragen, daß die Entwicklungsabsichten der Landesplanung durch die Festsetzungen in der städtebaulichen Planung nicht behindert, sondern unterstützt werden und daß Fehlinvestitionen vermieden werden. Entwicklungsabsichten des Landes finden sich auch in den regionalen und überregionalen Fachplanungen, die in die kommunale Bauleitplanung eingehen müssen (s. Träger öffentlicher Belange), um diese rechtlich zu sichern. Obwohl die Durchsetzungsmöglichkeit der Raumordnung und Landesplanung gegenüber der Gemeinde durch das Gesetz instrumentalisiert ist, sind in der Praxis die Chancen begrenzt, wenn es z.B. um Investitionen und Schaffung von Arbeitsplätzen geht und wenn sich die Landesplanung mit ihren Fachplanungen in der Abwägung gegen Wirtschaftsinteressen durchsetzen muß. Raumforschung und Raumordnung auf Bundes- und Landesebene wird stets am Gemeinwohl orientiert sein und in der Abwägung einen politischen Konsens finden müssen. Eine gerechte und allen dienende Raumordnung und Landesplanung kann nur wirksam werden, wenn ihre Ziele von allen Beteiligten mitgetragen werden.

Tafel **2**.2   Programme zur Raumordnung in den 16 Bundesländern

Baden Württemberg	Landesentwicklungsplan (verbindliche Rechtsverordnung)
Bayern	Landesentwicklungsprogramm (verbindliche Rechtsverordnung)
Brandenburg	Landesentwicklungsprogramm mit Grundsätzen und Zielen (Gesetz) und Landesentwicklungspläne mit weiteren, räumlich konkretisierten Zielen (Beschluß der Landesregierung)
Hessen	Landesraumordnungsprogramm mit Grundsätzen (Gesetz) und Landesentwicklungsplan (Beschluß der Landesregierung)
Mecklenburg-Vorpommern	Landesraumordnungsprogramm (Rechtsverordnung)
Niedersachsen	Landesraumordnungsprogramm Teil I mit Grundsätzen und Zielen zur allgemeinen Entwicklung (Gesetz) und Teil II mit weiteren Zielen (Beschluß des Landesministeriums)
Nordrhein-Westfalen	Landesentwicklungsprogramm mit Grundsätzen und allgemeinen Zielen (Gesetz) und Landesentwicklungspläne mit weiteren Zielen (von der Landesplanungsbehörde aufgestellt)
Rheinland-Pfalz	Landesentwicklungsprogramm mit Einteilung des Landes in Regionen (Gesetz) und den übrigen Zielen (Beschluß der Landesregierung)
Saarland	Landesentwicklungsprogramm mit Grundsätzen (Beschluß der Landesregierung) und Landesentwicklungspläne mit Zielen (von der Landesbehörde aufgestellt)
Sachsen	Landesentwicklungsplan (verbindliche Rechtsverordnung)
Sachsen-Anhalt	Landesentwicklungsprogramm (Gesetz)
Schleswig-Holstein	Landesraumordnungsplan (von der Landesbehörde aufgestellt)
Thüringen	Landesentwicklungsprogramm (Rechtsverordnung)
Berlin, Bremen und Hamburg	keine Ebene der Landesplanung, Regelung der landesplanerischen Bedürfnisse über die Flächennutzungsplanung

2.3.6   Regionale Planung

In den einzelnen Bundesländern sind die Bezeichnungen für die regionalen Planungen und die entsprechenden Planungsinstrumente unterschiedlich. Regionen sind Teilräume eines Landes, die durch ganz bestimmte Merkmale (Landschaft, Wirtschaft, Geschichte) gekennzeichnet sind. In der Planung sind Regionen durch das jeweilige Landesplanungsrecht als solche definiert. Sie sind meist auch durch politisch-administrative Grenzen (Regierungsbezirke, Landesgrenzen, Bundesgrenzen) bestimmt. Seit 1982 verwendet die Bundesraumordnung sog. Raumordnungsregionen, die als Beobachtungsräume aus Kreisen zusammengesetzt sind und meist leistungsfähige Oberzentren als Arbeitsmarkts- und Versorgungszentren aufweisen. Darüber hinaus gibt es aber auch Regionen, die Landes- und Bundesgrenzen überschreiten, dort, wo Einzugsbereiche sich nicht mit politischen Grenzen decken und eine übergreifende Planung notwendig ist (z.B. Zweckverband Groß-Berlin 1912, Siedlungsverband Ruhrkohlenbezirk 1920, das Rhein-Main-Gebiet, die Arbeitsgemeinschaft Mittlerer Oberrhein-Südpfalz, die Euregio-Verbände Aachen-Lüttich-Maastricht, die Region Frankfurt/Oder-Slubice und viele mehr).

Die Aussage der regionalen Planung wird in einem Regionalplan (Karten und Text) niedergelegt. Die Aufgabe eines Regionalplanes ist es, die Zielsetzungen der Landesplanung zu übersetzen in konkrete räumliche Vorgaben für die kommunale Planung.

Die Inhalte des Regionalplanes beziehen sich auf:

- die Stellung der Region und ihre Vernetzung innerhalb des Großraumes
- die Ausstattung und Struktur der Teilräume und die Aufgaben der Kommunen
- die Sicherung und Verbesserung der Umweltqualität
- die sozioökonomische Struktur und deren Fortentwicklung
- die Raumnutzung und Siedlungsstruktur

Die Aussagen sind also nicht lediglich räumliche und funktionale Vorgaben, sondern die Darstellung der regionalen Verflechtung und die sachlich, räumlich und zeitlich sinnvolle Zuordnung der Inhalte.

In enger Abstimmung mit den Städten und Gemeinden des Planungsraumes definiert die Regionalplanung das System der Zentralen Orte (Oberzentren, Mittelzentren, Unterzentren) und deren Einzugsbereiche und trifft Vorsorge für die Verkehrsstruktur, die Freiräume, die Ver- und Entsorgung, die Land- und Forstwirtschaft und die Arbeitsplätze und weist die notwendigen Flächen aus, um die entsprechenden Bedarfe sinnvoll zu decken. Die Regionalplanung ist der kommunalen Planung vorgeordnet.

Das System der Zentralen Orte in der Bundesrepublik Deutschland

Die Theorie der Zentralen Orte wurde 1933 von Walter Christaller entwickelt und emprisch nachgewiesen. Diese Theorie fand nach 1945 Eingang in die Programme und Pläne der Bundesländer und ist inzwischen auch international bei der Gliederung und dem strukturellen Ausbau, insbesondere der sog. Entwicklungsländer wichtig. Nach dieser Theorie kann nicht jeder Ort ein Angebot an Versorgung, Dienstleistung, Verwaltung und Bildung in einem für die gesamte Bevölkerung optimalen Umfang bereithalten. Gliedert man jedoch die vorhanden Orte nach vier Ordnungsstufen je nach deren Ausstattungsstandard und der Bevölkerungszahl in ihrem Einzugsbereich, so erkennt man, daß durch gewisse Steuerung und durch einen Ausgleich von Defiziten in der Ausstattung eine optimale, flächendeckende Versorgung der Bevölkerung erreicht wird.

Unterzentren haben einen Versorgungsbereich von etwa 5000 E, die im ländlichen Raum mit geringer Ausstattung leben. Unterzentren bieten eine angemessene Grundversorgung. Typisch sind Versorgungseinrichtungen für den täglichen Bedarf, Einzelhandel, Arzt, Apotheke, Handwerks- und Dienstleistungsbetriebe, Gemeindeverwaltung bzw. Nebestellen und eine Hauptschule. Unterzentren sind die kleinsten sich selbst versorgenden Einheiten.

Mittelzentren sind ebenfalls sich selbst versorgende Einheiten, sie haben jedoch in ihrer Ausstattung einen Bedeutungsüberschuß, mit dem sie die auf dieses Mittelzentrum oritierten Unterzentren versorgen. Der Einzugsbereich eines Mittelzentrums umfaßt zwischen 20 000 und 50 000 E. Die typische Ausstattung ist auf einen gehobenen Bedarf ausgerichtet in einem spezifisch städtischem Angebot. Es gibt Einkaufsstraßen/ Fußgängerzonen mit wichtigen Fachgeschäften und Kleinkaufhäusern, ein voll ausgebautes Schulsystem bis zur

Hochschulreife mit wichtigen Fach- und Berufsschulen, ein Krankenhaus mit Fachabteilungen, Selbstverwaltung, Behördensitze, Organisation von Handel, Handwerk und Landwirtschaft, Banken und Sparkassen, Versicherungen, einen Theatersaal/Mehrzwecksaal für kulturelle, berufsständische und gesellige Veranstaltungen, Fachärzte, Rechtsanwälte, Steuerberater, Dienstleistungsberufe. Außerdem Sportstätten, Freizeitangebote, Hotels. Den Mittelzentren kommt die Hauptaufgabe in der Versorgung der Bevölkerung mit materiellen und immateriellen Gütern zu.

Oberzentren decken den spezialisierten Bedarf eines Versorgungsbereiches von über 100 000 E und je nach Lage auch bis zu 1 Mio. E. Typischerweise ist das Oberzentrum die Einkaufshauptstadt für den Versorgungsbereich mit größeren Waren- und Kaufhäusern sowie mit Spezialgeschäften mit einem hochwertigem Warenangebot. Es gibt Theater, Museen und Galerien, größere Behörden, Banken, Spezialkliniken. Das Bildungsangebot umfaßt auch die Hochschulen und ein breites Angebot im Sport- und Freizeitbereich. In allen Bereichen hat das Oberzentrum einen Bedeutungsüberschuß, es wirkt zentrierend für die ganze Region und setzt wirtschaftliche und kulturelle Maßstäbe.

Nur wenige Städte in Deutschland ragen mit ihrem Angebot noch über diese Klassifizierung dadurch hinaus, daß sie z.B. als Sitz einer Landesregierung eine Fülle von Folgeeinrichtungen in Wirtschaft und Kultur anziehen, die durch ihre hochwertigen Arbeitsplätze und ihre Bedeutung für Nachfrager den Ort aufwerten. Das wirkt sich auch in der Verkehrsanbindung in Schiene, Straße und im Luftverkehr aus. Diese überregional wichtigen Orte werden **Großzentren** genannt.

Das System der Zentralen Orte spielt beim Ausbau des Bundesgebietes (dezentrale Kozentration) eine große Rolle. Die das Land wie ein Netz überziehenden Zentralen Orte sind in ihrer Klassifizierung durch Landesprogramme definiert. Wenn bestimmte Städte oder Gemeinden noch nicht so ausgestattet sind, wie das die Ziele der Landesplanung vorsehen, dann wird durch bewußte Förderung und investive Maßnahmen versucht, daß diese Städte den vorgegebenen Status erreichen, um ihrer Aufgabe gerecht zu werden. Das System der Zentralen Orte gewährleistet so einen angemessenen Ausstattungs- und Versorgungsstadard und erfüllt das entwicklungspolitische Ziel.

2.3.7   Stadtentwicklungsplanung

Als *Stadtentwicklungsplanung* bezeichnet man alle Überlegungen, die als Zielsetzungen für die wirtschaftlichen, kulturellen und sozialen Erfordernisse langfristig für die Stadt und ihr Umland angestrebt werden sollen. Stadtentwicklungsplanung ist gleichzeitig der Betrag der Stadt zu den Überlegungen der Landes- und Regionalplanung. Der Grundsatz, daß die Planung sowohl für jeden einzelnen Bürger wie für alle gesellschaftlich relevanten Gruppen ein Optimum an Entwicklungschancen zu bieten hat und möglichst gute Wohn-, Arbeits-, Bildungs- und Wirtschaftsbedingungen zu schaffen und zu sichern hat, schließlich

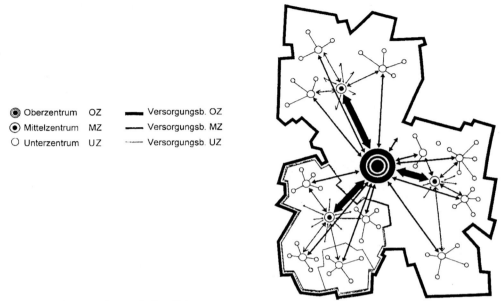

Oberzentrum OZ — Versorgungsb. OZ
Mittelzentrum MZ — Versorgungsb. MZ
Unterzentrum UZ ---- Versorgungsb. UZ

Bild **2**.3 System der zentralen Orte

Ortsbild, Landschaft und Umwelt erhalten und erforderlichenfalls sanieren muß, gilt natürlich auch für die Stadtentwicklungsplanung. Sie ist eine Programmvorgabe für die kommunale städtebauliche Planung. Da sie sehr realistisch sein muß, sollte sie von Anfang an die technische und die finanzielle Machbarkeit berücksichtigen.

Während sich für die Raumordnung ebenso wie für die städtebauliche Planung bestimmte und formale Planarten und Programme durchgesetzt haben und z.T. sogar gesetzlich vorgeschrieben sind, ist der Stadtentwicklungsplan an keine Form gebunden. Es ist den Gemeinden freigestellt, ob ein solcher Plan überhaupt formuliert werden soll. Form und Umfang werden je nach Größe der Stadt, aber auch nach ihrer speziellen Aufgabe, z.B. als Verwaltungsmittelpunkt oder Industriestandort, als Kurort oder Hochschulstadt sehr unterschiedlich sein. In der Regel besteht der Stadtentwicklungsplan aus einer vorausgehenden Bestandsaufnahme, einem Textteil zur Angabe grundsätzlicher Planziele und Leitlinien und einem Planteil. Die Ziele müssen ständig fortgeschrieben und mit der Entwicklung abgestimmt werden. Wichtig ist, daß einerseits Willen und Absichten hinreichend klar formuliert, andererseits detaillierte Festlegungen vermieden werden, die die Bauleitplanung binden und Entscheidungen präjudizieren könnten. Der Stadtentwicklungsplan ist Richtlinie für Behörden und Planer, er bedeutet keine Rechtsbindung, sondern eine Selbstbindung der Gemeinde.

Auch wenn diese Planungsebene nicht formalisiert ist, so ist jede Gemeinde vor der Aufstellung bzw. Änderung und Fortschreibung des Flächennutzungsplanes gehalten, ein Zielkonzept aufzustellen, in das langfristige Planungen in Abstimmung mit den betroffenen

Behörden und den Bürgern eingehen und in dem die finanziellen Mittel mit dem entsprechenden Zeitrahmen erfaßt sind.

Die Entwicklungsplanung ist flexibel und kann schnell an die sich ändernden Bedingungen angepaßt werden. Sie ist bürgernah, da bei entsprechender Öffentlichkeitsarbeit der Bürger einbezogen wird und in sich in den Zielen seine Meinung widerspiegelt.

2.3.8   Träger öffentlicher Belange

Es gibt zahlreiche Dienststellen, Behörden und öffentliche und private Institutionen, die in einem Planungsverfahren beteiligt werden, einmal um ihre Daten und Überlegungen in die Planung einfließen zu lassen, zum anderen um bei Interessenkonflikten ihre Belange gegenüber anderen zu vertreten. Die Zahl der Träger öffentlicher Belange ist nicht begrenzt und in Umfang und Bedeutung jeweils unterschiedlich. Hier seien nur die thematischen Gruppen und die jeweiligen Zuständigkeiten exemplarisch genannt. Die Dienststellenbezeichnungen wechseln von Bundesland zu Bundesland. (vgl. Tafel 2.3)

Wenn eine mit einer Fachplanung betraute Stelle ein größeres Vorhaben mit erheblichen strukturellen Auswirkungen für die Umgebung plant, so muß ein *Planfeststellungsverfahren* durchgeführt werden, gleichgültig ob es sich bei der planenden Stelle um eine Behörde, eine öffentlich-rechtliche Körperschaft oder ein Unternehmen handelt. Vorhaben, die ein Planfeststellungsverfahren benötigen, wären beispielsweise der Bau einer neuen Autobahn oder nur einer zusätzlichen Autobahnauffahrt, eine Ortsumgehung, eine Hochspannungs-Überlandleitung, ein Sportflugplatz oder eine größere Wohnsiedlung. Das Verfahren besteht in der Abstimmung des Vorhabens mit allen etwa sachlich oder räumlich betroffenen Fachplanungen, mit den Gemeinden und kommunalen Verbänden und – durch Planauslegung – mit etwa betroffenen Vertretern privater Interessen. Vorhaben, die ausschließlich im Vollzuge eines rechtskräftigen Bebauungsplanes erfolgen und in ihren raumbedeutsamen Einzelheiten durch den Bebauungsplan bereits eindeutig geklärt und zur Erörterung gestellt worden sind, etwa die Ausfüllung eines Wohngebietes, bedürfen keines gesonderten Planfeststellungsverfahrens.

2.4   Gesetzliche Grundlagen

2.4.1   Staats- und Verwaltungsaufbau

Das Staatsrecht unterscheidet als Funktionen der staatlichen Gewalt die Gesetzgebung (*Legislative*), die vollziehende Gewalt (*Exekutive*) und die Rechtsprechung (*Jurisdiktion*). In demokratischen Staaten sind Träger der gesetzgebenden Gewalt die gewählten Parlamente, Träger der vollziehenden Gewalt die Regierungen aufgrund des ihnen vom Parlament erteilten Auftrages. Diese Teilung gilt sowohl auf der Ebene der Bundesrepublik Deutschland

Tafel **2**.3 Die Träger öffentlicher Belange

1	Die Gemeinde	alle Dienststellen, die von der Planung betroffen sein können
2	Die Nachbargemeinden	zur Abstimmung der Planungen, soweit nicht schon in der übergeordneten Planung erfaßt
3	Der Kreis	mit allen Dienststellen der unteren Behörden, die in der Gemeinde nicht vertreten sind
4	Denkmalpflege	untere Denkmalbehörde in der Gemeinde, obere Denkmalbehörde beim Regierungspräsident bzw. entsprechende Dienststellen und Landesämter
5	Bergbau/Bodenschätze	Landesbergamt, Landesamt für Bodenforschung
6	Forstwirtschaft	staatl. und private Forstämter, Landwirtschaftskammer
7	Gewerbe und Industrie, Wirtschaft, Handel, Handwerk	Gewerbeaufsichtsamt, Industrie- und Handelskammer, Dienststellen für Gewerbeförderung, Handwerkskammer, Arbeitgeberverbände und Gewerkschaften
8	Kirchliche und religiöse Belange	lokale Pfarrämter, regionale oder landeskirchliche Ämter aller Konfessionen und Gemeinschaften des öffentl. Rechts, evtl. auch die nicht öffentlich-rechtlichen Gemeinschaften
9	Jugendförderung	Gemeinde, Kreis, Jugendämter und -dienststelle
10	Landwirtschaft, Winzerverbände, Bauernverbände	Landwirtschaftskammer, Dienststellen bei Kreis- und Bezirksregierung, lokale Dienststellen
11	Natur-, Landschafts- und Umweltschutz	städtische Dienststellen als untere Naturschutzbehörde, Dienststellen beim Kreis
12	Brandschutz	lokale Feuerwehr, Kreisfeuerwehr
13	Schulwesen allgemeinbildende Schulen, Berufsschulen Fach-, Hochschulen	Schulträger der unterschiedlichen Schultypen, Schulaufsichtsbehörde, entsprechende Ministerien, Bildungseinrichtungen, Erwachsenenbildung
14	Verkehr	
a	Straßenverkehr	Landkreis, Landesstraßenbauamt mit entspr. Dienststellen
b	öff. Nah- und Fernverkehr	Deutsche Bahn AG, Privatbahnen, Kreis, Busbetriebe
c	Post, Fernmeldewesen	Post, Telekom, private Dienste
d	Wasserstraßen, Gewässer, Häfen	Wasser- und Schiffahrtsämter, Hafenbehörden
e	ziviler Luftverkehr	Flughafengesellschaft als Träger oder Halter des Flughafens, zuständige Luftfahrtbehörde
15	Versorgung (Elektrizität, Wasser, Gas), Entsorgung (Abwasser, Müll)	entsprechende Versorgungsunternehmen, überregionale Stellen bzw. Zweckverbände
16	Militär. Verteidigung	Wehrbereichsverwaltung
17	Liegenschaften des Bundes	Bundesvermögensamt, staatl. Bauamt, Oberfinanzdirektion, Bau- und Liegenschaftsbetriebe der Länder
18	Sonstige Belange	entspr. lokale, regionale und überregionale Dienststellen und

Ämter, private Träger und Betroffene

(Bundestag und Bundesregierung) wie der einzelnen Bundesländer (Landtag und Landes-regierung) wie in den Körperschaften der Selbstverwaltung (z.b. Gemeindevertretung und Gemeindeverwaltung oder Kreistag und Kreisverwaltung).

Die Aufgaben der vollziehenden Gewalt können entweder durch Organe der staatlichen (hoheitlichen) Verwaltung oder durch Organe der Selbstverwaltung wahrgenommen wer-den. Aufgaben, die der Selbstverwaltung zukommen, liegen verfassungsmäßig fest. Dar-über hinaus können einzelne Aufgaben des hoheitlichen Zuständigkeitsbereichs an Organe der Selbstverwaltung als „Auftragseinheiten" übertragen werden, das trifft zum Beispiel für viele Polizei- und Ordnungsaufgaben, so auch für die Bauaufsicht zu.

2.4.2   Selbstverwaltung

Ihre wichtigste Form ist die *kommunale Selbstverwaltung*, deren Träger in erster Linie die Gemeinden sind, daneben deren regionale Zusammenschlüsse, etwa auf der Ebene der Landkreise. Neben der kommunalen Selbstverwaltung gibt es zum Beispiel die *wirtschaft-liche* Selbstverwaltung, zu der die Industrie- und Handelskammern und die Handwerks-kammern gehören, ferner die *berufsständische* Selbstverwaltung etwa in den Ärztekam-mern, Anwaltskammern und Architektenkammern, die *soziale* Selbstverwaltung mit den Sozialversicherungsträgern u.a..

2.4.3   Staatliche Verwaltung

Sie gliedert sich einerseits nach den Geschäftsbereichen und andererseits nach den drei einander übergeordneten Stufen Zentralbehörde, Mittelbehörde und Ortsbehörde. *Zentral-behörden* der Länder sind die Ministerien sowie für bestimmte Geschäftsbereiche beson-ders eingerichtete obere Landesbehörden, die nicht Teile eines Ministeriums sind, aber meist (mit Ausnahme der Rechnungshöfe) der Aufsicht eines Ministeriums unterstehen. *Mittelbehörden* in den Ländern sind die Verwaltungen der Regierungsbezirke. Die Bun-desländer Brandenburg, Mecklenburg-Vorpommern, Schleswig-Holstein, Saarland, Berlin, Bremen und Hamburg haben auf die Bildung einer Mittelbehörde verzichtet. Man spricht in solchen Fällen von einer „zweistufigen" Verwaltung. Die Bezeichnung der Mittelbehör-den in den einzelnen Ländern weichen etwas voneinander ab (z.B. Regierung in Bayern, Bezirksregierungen in den meisten anderen Ländern).

Unter- oder *Ortsbehörden* sind die Landkreise oder die kreisfreien Städte. Zur Zeit gibt es in der Bundesrepublik, abgesehen von den Stadt-Staaten, ca. 500 Landkreise und kreisfreie Städte. Die Größe der Landkreise liegt zwischen 30 000 und 200 000 Einwohnern. Mit Rücksicht auf die wachsenden Aufgaben der Landkreise, denen nur finanzstarke und per-sonell gut besetzte Verwaltungen gerecht werden können, wurde in den alten Bundesländern seit 1970 eine Gebietsreform durchgeführt, die eine Mindestgröße von 100 000 E je Landkreis anstrebt. In den Bemühungen um leistungsfähigere Gemeinden durch die Bildung von Großgemeinden findet dieses Bestreben eine Parallele. Eine Gebiets- und Funktionalsreform in den neuen Bundesländern steht an.

In den Stadtstaaten Berlin, Bremen und Hamburg ist das Schema etwas vereinfacht, da unter Fortfall der Mittelbehörden sich die Belange der staatlichen Hoheitsverwaltung und die der kommunalen Selbstverwaltung bereits im Bereich der Landesregierung (Senat) treffen.

Es gehört zum Wesen der Mehrstufigkeit der Verwaltung (der sog. Amtshierarchie), daß der höheren Stufe das Weisungsrecht und das Amtsaufsichtsrecht gegenüber der nächst niederen Stufe des gleichen Geschäftsbereiches zusteht.

2.4.4 Gesetzgebung

Die Frage, wer für die Gesetzgebung auf einem bestimmten Gebiet zuständig ist, regelt für das Verhältnis zwischen Bund und Bundesländern das Grundgesetz, für das Verhältnis zwischen Land und Gemeinden die Landesverfassung. Dabei kann die Zuständigkeit in der Form der *ausschließlichen Gesetzgebung* einem der beiden Partner eindeutig zugewiesen sein, oder es kann *konkurrierende Gesetzgebung* vorgesehen sein.

Die vom Bundestag oder von einem Landtag erarbeiteten bindenden Rechtsfestsetzungen heißen *Gesetze*, während die von den Körperschaften der Selbstverwaltung (Gemeinden, Kreistag, kommunale Verbände) erarbeiteten als *Satzung* oder als Statut bezeichnet werden. Zum Zustandekommen eines Bundesgesetzes gehören: Antragstellung (kann durch die Regierung oder eine Fraktion oder einzelne Abgeordnete erfolgen), Beratung im Plenum und in Ausschüssen, Beschluß des Bundestages, Zustimmung des Bundesrates, Verkündigung durch den Bundespräsidenten, Veröffentlichung im Bundesgesetzblatt. Die Gesetzgebung der Bundesländer verläuft entsprechend, wobei die Ebene des Bundesrates entfällt.

Die vollziehende Gewalt, beim Bund mithin die Bundesregierung oder einzelne Bundesminister, erläßt aufgrund einer durch ein Gesetz erteilten und umgrenzten Vollmacht zu dessen Durchführung *Verordnungen*. Diese sind geltendes und allgemein bindendes Recht. Im Gegensatz dazu steht der ministerielle *Erlaß* (Runderlaß, wenn er an einen großen Kreis von Empfängern gerichtet ist), der keine Rechtsfestsetzung, sondern nur eine Verwaltungsanordnung ist. Die von mittleren und unteren Verwaltungsbehörden (Regierungspräsidenten und Kreisverwaltungen) erteilten Verwaltungsanordnungen heißen *Verfügungen*. Die Körperschaften der kommunalen Selbstverwaltung bezeichnen ihre Verwaltungsanordnungen als *Bekanntmachungen*.

Tafel **2**.4   Staats- und Verwaltungsaufbau in der Bundesrepublik und ihren Bundesländern (mit Ausnahme der Stadtstaaten)

		Gesetzgebende Gewalt (Legislative)		Vollziehende Gewalt (Exekutive)	
		Organe	Willensaussage	Organe	Willensaussage
Träger der Staatsgewalt und der hoheitlichen Verwaltung	Bund	**Bundestag** unter Vorsitz des Bundestagspräsidenten	(Bundes-) **Gesetz** beschlossen vom Bundestag, Zustimmung des Bundesrates, Verkündigung durch den Bundespräsidenten	**Bundesregierung** unter Vorsitz des Bundeskanzlers	(Rechts-) **Verordnung** aufgrund eines gesetzlichen Auftrages gültiges Recht, Erlaß und Runderlaß eines oder mehrerer Minister mit Rechtswirkung einer Verwaltungsanordnung
	Bundesländer	**Landtag** unter Vorsitz des Landtagspräsidenten	(Landes-) **Gesetz**	**Landesregierung** unter Vorsitz des Ministerpräsidenten	**Verordnung** **Runderlaß** **Erlaß**
	Regierungs-bezirk [1] [2]			**Regierungspräsident** als Landesbeamter dem Innenminister des Landes unterstellt	**Verfügung** mit der Rechtswirkung einer Verwaltungsanordnung
Träger der Selbstverwaltung	Landkreis	**Kreistag** [2]	**Satzung** (nur im Zuständigkeitsbereich der Selbstverwaltung)	**Kreisverwaltung** geführt vom Landrat bzw. Oberkreisdirektor	**Verwaltungsanordnung** **Bekanntmachung**
	Kreisfreie Stadt	**Stadtparlament** [2] **Stadtrat**	**Satzung** (wie oben) (Ortsstatut)	**Stadtverwaltung** geführt vom Oberbürgermeister bzw. Oberstadtdirektor	wie oben
	Kreisangehörige Gemeinde	**Stadtparlament** [2] **Gemeinderat**	**Satzung** (Ortsstatut)	**Gemeinde- bzw.** **Stadtverwaltung** geführt vom Bürgermeister bzw. Gemeindedirektor	**Verwaltungsanordnung** **Bekanntmachung**
	Verbände der kommunalen Selbstverwaltung	**Verbands-versammlung**	**Satzung** **Verbandsbeschluß**	je nach Satzung verschieden	

[1] Bezeichnung länderweise z.T. abweichend. Entfällt in Schleswig-Holstein und dem Saarland. In Nordrhein-Westfalen als Organe der Selbstverwaltung auf dieser Ebene die beiden Landschaftsverbände Westfalen-Lippe und Rheinland.

[2] Bezeichnung der Organe sowie des darin den Vorsitz führenden länderweise verschieden.

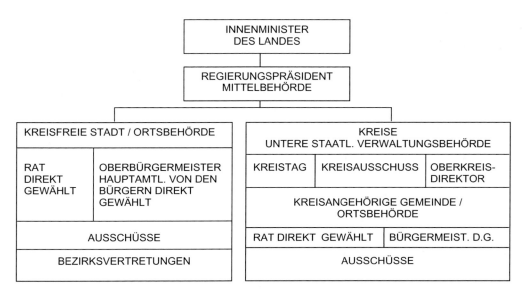

Bild 2.4 Verwaltungsgliederung

2.4.5 Die Gemeindeordnungen

Die Gemeindeordnungen, die sich die einzelnen Bundesländer zwischen 1948 und 1955 schufen, waren vielfach von den Vertretern der damaligen Besatzungsmacht und ihrem jeweiligen Heimatland mitbestimmt. Daraus folgt, daß auch jetzt zwischen den Gemeindeordnungen der einzelnen Bundesländer Unterschiede bestehen. Mehrere Ansätze, die im Bundestag mit dem Ziel einer Vereinheitlichung gemacht wurden, haben bisher zu keinem Ergebnis geführt.

Man unterscheidet hauptsächlich vier Typen von Gemeindeordnungen:
a) Magistratsverfassung in Hessen und Schleswig-Holstein, dort nur in den Städten
b) Bürgermeisterverfassung in kleineren Gemeinden (< 3000 E) in Hessen wahlweise, in Rheinland-Pfalz, dem Saarland und in den Landgemeinden Schleswig-Holsteins
c) Ratsverfassung in Bayern und Baden-Württemberg, mit einem direkt gewählten Bürgermeister als Ratsvorsitzender und Leiter der Verwaltung

In den neuen Bundesländern sind nach 1991 eigene Kommunalgesetze erlassen. In Brandenburg, Sachsen und Sachsen-Anhalt gelten die jeweiligen Gemeinde- und Landkreisordnungen. Thüringen hat eine Kommunalordnung erlassen, die sowohl die Gemeinde- (erster Teil) als auch die Landkreisordnung (zweiter Teil) umfaßt.

Grundsätzlich besteht das Beschluß fassende Gremium aus demokratisch gewählten Vertretern. Im Rahmen der Gemeindeordnung regelt dieses Gremium seine Arbeit und die der

Verwaltung durch eine Hauptsatzung. Gemeinden beschließen zur Regelung der kommunalen Belange ihre verbindlichen Festsetzungen in Form von Satzungen, d.h. von gemeindlichen Gesetzen, so im Bau- und Planungsrecht.

2.4.6   Das Baugesetzbuch (BauGB rechtsverbindlich seit dem 01.01.1998)

Bis zur Mitte des 19. Jh. beherrschten sicherheits- und ordnungsrechtliche Aspekte die Gesetze und Vorschriften über das Planen und Bauen, nicht so sehr die Regelungen über die Nutzung von Grund und Boden. Die Aufsicht über das Bauen hatte eine Abteilung der Polizei. Erst die stark bauliche Entwicklung in der zweiten Hälfte des 19. Jh. führte zu einer vorsorgenden Planung und den Anfängen entsprechender Fluchtliniengesetze in Baden 1868 und Preußen 1875. Bis zum I. Weltkrieg bildete sich neben dem Baupolizeirecht (Aufsicht und Ordnung) ein eigenständiges Städtebaurecht heraus, in dem neben dem Planungsrecht auch die Sicherung der Planung und ihre Durchführung geregelt wurde. Die Gesetzgebung nach dem II. Weltkrieg fußte auf den früheren Erfahrungen und setzte mit dem Bundesbaugesetz 1960 neue einheitliche Maßstäbe für das ganze damalige Bundesgebiet. Durch den raschen Wiederaufbau war dieses Instrument jedoch eher eine Auffangplanung, die für Eigenentwicklung verständlicherweise viel Platz ließ. Die zum Teil sehr umfassenden Sanierungsmaßnahmen erforderten als Instrument ein Städtebauförderungsgesetz (StBauFG 1971), mit dem der Umbau insbesondere innerstädtischer Problemgebiete durch vorbereitende Maßnahmen, Bodenordnung und Realisierung sozialverträglich durchgeführt werden konnte.

Die Verlangsamung der Wirtschaftsentwicklung und bevölkerungspolitischen Veränderungen sowie wachsendes Umweltbewußtsein führten zu veränderten Zielsetzungen auch im Städtebau, wo die Erhaltung der Ressourcen in der Natur, in der Wirtschaft aber auch die Erhaltung bestehender baulicher und sozialer Strukturen einen hohen Stellenwert erhielten.

Die bürgerschaftlichen Bewegungen nach 1968 führten zu einer stärkeren Mitwirkung nicht parteipolitisch gebundener Gruppen und Einzelpersonen, wodurch der Meinungsbildungsprozeß breiter wurde.

Nach einer Novellierung des Bundesbaugesetzes 1976 und des StBauFG 1984 wurde am 08.12.1986 das Baugesetzbuch (BauGB) erlassen, das die bisherigen Gesetze zusammenfaßte und aus den Erfahrungen der Praxis straffte und vereinfachte. Dies geschah in dem Bewußtsein, daß die Zukunftsaufgaben nicht mehr vordringlich in der Flächenausweitung der Städte liegen wird und die Stadtsanierung nicht durch Abbruch und Neubau gelöst wird. Auch wird die Stadtentwicklung nicht unbedingt auf stetiges Wachstum von Bevölkerung, Wirtschaft und auf gemeindlicher Finanzkraft ausgerichtet sein. Vielmehr muß die Gesetzgebung die neuen Ziele unterstützen und Fragen der Stadtökologie, des Umweltschutzes und der Umweltvorsorge, der Wiederverwendung brachgefallener Flächen im Stadtgebiet, der behutsamen Stadterneuerung sowie der Wiederbelebung der Innenstädte einbeziehen. Nicht zuletzt sollten durch eine Gesetzesvereinfachung die Verfahren, die

zum Bauen führen beschleunigt werden, z.B. durch die Verlagerung des Erschließungsbeitragsrechtes auf die Länder. Die Systematik ist jedoch erhalten geblieben.
Seit 03.10.1990 gilt das Gesetz befristet auch in den neuen Bundesländern. Die seit Inkrafttreten des BauGB hinzugekommenen Gesetze (Investitionserleichterungs- und Wohnbaulandgesetz – InvWoBauG und das Maßnahmengesetz zum Baugesetzbuch – BauGB MaßnG) sind in einer Neufassung des BauGB zusammengeführt worden. Der Gesetzgeber verspricht sich von dieser neuen Gesetzesfassung einen einfacheren und schnelleren Weg zur Schaffung von Wohnraum und gewerblichen Bauvorhaben, die dann auch mit öffentlichen Mitteln gefördert werden. Diese neue Gesetzesfassung wurde am 18.08.97 verkündet (BGBl. I S. 2081) und trat am 01.01.98 in Kraft (Berichtigung 1998 BGBl. I S. 137, zul. geänd. 27.07.2001, BGBl. I S. 1950).

Planen und Bauen in der BR Deutschland wird im Baugesetzbuch geregelt. In ihm sind mehrere Vorgängergesetze zusammengefasst worden mit dem Ziel, den Zukunftsaufgaben im Städtebau die notwendigen Instrumente zu bieten. Es gliedert sich in vier Kapitel.

1. Kapitel: Allgemeines Städtebaurecht (§§ 1 - 135)
Die Gemeinde hat das Recht und die Verpflichtung, *Bauleitpläne* aufzustellen, sobald und soweit es für die städtebauliche Entwicklung und Ordnung notwendig ist. Vorbereitender Bauleitplan ist der *Flächennutzungsplan*, der die bauliche und sonstige Nutzung der Flächen des gesamten Gemeindegebietes ordnet. Er bedeutet eine langfristige Selbstbindung der Gemeinde (ca. 10 - 15 Jahre), ist abgestimmt mit der nächst höheren Planungsebene und ist eine Vorgabe für die folgenden Ebenen. Der *Bebauungsplan* als verbindlicher Bauleitplan umfaßt einen Teilbereich der Gemeinde und trifft Festsetzungen, die für die Betroffenen rechtsverbindlich sind. Im BauGB werden das Zustandekommen der Bauleitpläne festgelegt und auch die Punkte aufgezählt (§§ 1, 5, 9 BauGB), die Grundlage und Inhalt der Bauleitpläne sind. Gegenüber früheren Gesetzesfassungen sind politische Reformziele und allgemeine öffentliche Belange als Ziele und Inhalte der Bauleitpläne aufgenommen, wie Umweltschutz und Landschaftspflege, Verkehr, Integration von Randgruppen, gesunde Wohn- und Arbeitsverhältnisse, ausgewogene Lebensbedingungen, Einrichtungen der Infrastruktur, des Denkmalschutzes etc. Die Bürger sollen frühzeitig und umfassend am Planungsprozeß beteiligt werden, sie sollen über die Voraussetzungen und die Auswirkungen der Planung unterrichtet werden. Damit während des Aufstellungsverfahrens der Bauleitplan nicht durch gegenläufige Entwicklungen und Entscheidungen behindert wird, kann die Gemeinde durch Zurückstellung von Baugesuchen und durch eine *Veränderungssperre* die Durchsetzung des Verfahrens sichern (§ 14 ff.).
Wenn auch grundsätzlich die Planungshoheit bei der Gemeinde liegt (§ 2 Abs.1 BauGB), so unterliegt die Planung jedoch der Rechtsaufsicht der höheren Verwaltungsbehörde, die auf die Einhaltung des Verfahrens (vgl. Tafel 5.1) achtet, insbesondere auf die Bürgerbeteiligung, das Gebot der Abwägung (§ 1 Abs. 6) und die Belange der Umwelt.
Zur Sicherung der Bauleitplanung gehören auch die Vorschriften über die Grundstücksteilung, das Vorkaufsrecht der Gemeinde und die Entschädigung.

Teil des allgemeinen Städtebaurechts sind auch Maßnahmen der Bodenordnung wie Umlegung (§§ 45 - 79) und Grenzregelung (§§ 80 - 84) und der Enteignung (§§ 85 - 122). In den Vorschriften über die Zulässigkeit eines Bauvorhabens im Geltungsbereich eines Bebauungsplanes heißt es (§ 30), daß dieser mindestens Aussagen enthalten muß über Art und Maß der baulichen Nutzung, die Überbaubarkeit und die Erschließung. Die Erschließung ist Aufgabe der Gemeinde. Die anfallenden Kosten kann sie auf die Anlieger umlegen teils nach BauGB (§§ 127 - 135), teils nach den Kommunalabgabegesetzen der Länder.

2. Kapitel: Besonderes Städtebaurecht
Im ersten Teil dieses Kapitels hat das früher selbständige Gesetz über *Städtebauliche Sanierungsmaßnahmen* Eingang gefunden. Dieses besondere Städtebaurecht zählt zu den Instrumenten, die die Bauleitplanung ergänzen in Gebieten, wo durch geeignete Maßnahmen städtebauliche Mißstände behoben oder gemildert werden sollen. Voraussetzung ist, daß die Vorbereitung und Durchführung dieser Maßnahmen im öffentlichen Interesse liegen.
Neben der Sanierung ist die *städtebauliche Entwicklung* Zukunftsaufgabe der Gemeinden. Mit besonderen Maßnahmen (§§ 165 - 171 BauGB) sollen Ortsteile und andere Teile des Gemeindegebietes entsprechend ihrer Bedeutung und Lagegunst erstmals entwickelt werden oder einer neuen Entwicklung zugeführt werden. Schwerpunkte sind Wohnungsbau, Schaffung von Arbeitsplätzen sowie kommunale und soziale Infrastrukturmaßnahmen. Wie bei der Sanierung sollen auch hier eine einheitliche Vorbereitung und zügige Durchführung im öffentlichen Interesse liegen. Aussagen zur Erhaltung, zu städtebaulichen Geboten, zum Sozialplan u.a. schließen sich an.

3. Kapitel: Sonstige Vorschriften
Dieses Kapitel enthält Vorschriften mit denen die Aussagen der ersten beiden Kapitel angewandt und durchgesetzt werden können, wie Bestimmungen über die Ermittlung des Verkehrswertes (§§ 192 - 199 BauGB), über die Zuständigkeiten und Verwaltungsverfahren (§§ 200 - 232 BauGB).

4. Kapitel: Überleitungs- und Schlußvorschriften
Aus Anlaß der Herstellung der Einheit Deutschlands und durch den Wegfall früherer Gesetze sind hier Überleitungs- sowie Sonderregelungen aufgeführt für Berlin als Hauptstadt.

2.4.7   Verordnung über die bauliche Nutzung der Grundstücke
(Baunutzungsverordnung-BauNVO vom 23.01.1990 BGBl. I S. 132, zul. geänd. 22.04.1993, BGBl. I S. 466)

Die BauNVO ergänzt und differenziert wesentlich die Aussagen des BauGB

1. Abschnitt (§§ 1 - 15) Art der baulichen Nutzung
Soweit erforderlich, sind die für die Bebauung vorgesehenen Flächen nach der allgemeinen Art ihrer baulichen Nutzung auszuweisen als Wohnbauflächen, Gemischte Bauflächen, Gewerbliche Bauflächen und Sonderbauflächen. Soweit erforderlich, sind sie in den Bau-

leitplänen, insbesondere im Bebauungsplan nach der besonderen Art der Nutzung weiter zu gliedern und entsprechend darzustellen, z.B. sind die Wohnbauflächen zu gliedern als Reines Wohngebiet, Allgemeines Wohngebiet und Besonderes Wohngebiet.

2. Abschnitt (§§ 16 - 21) Maß der baulichen Nutzung

Die Begriffe zur Bemessung der baulichen Nutzung wie Grundflächenzahl, Geschossflächenzahl und Baumassenzahl werden eingeführt und definiert, ihre Höchstgrenzen den einzelnen Baugebiete zugeordnet.

3. Abschnitt (§§ 22 und 23) Bauweise und überbaubare Grundstücksfläche

Definitionen und Festsetzung über offene und geschlossene Bauweise sowie über die Eingrenzung des überbaubaren Teiles eines Grundstücks durch Baulinien und Baugrenzen.

Auch die BauNVO steht zur Überarbeitung an, so sollen z.B. die Aussagen zu reinen Wohngebieten modifiziert werden, um so einer bedarfsgerechten Funktions- und Nutzungsmischung zu entsprechen.

2.4.8 Verordnung zur Ausarbeitung der Bauleitpläne und Darstellung des Planinhalts
(*Planzeichenverordnung* **PlanzV 90 vom 18.12.90 BGBl. 1991 I S. 58)**

Die Verordnung enthält neben der allgemeinen Verpflichtung, in den die Bauleitplanung betreffenden Karten und Plänen den Zustand des Plangebietes genau und vollständig darzustellen vor allem die Auflage, zur allgemeinen Verständlichkeit und leichteren Lesbarkeit bei der Darstellung diejenigen Planzeichen zu verwenden, die in der Anlage zur VO abgedruckt sind. Wo die in der Anlage zur VO angegebenen Zeichen nicht ausreichen, dürfen zusätzliche Zeichen eingeführt werden. Alle im betreffenden Plan verwendeten Zeichen sind in der Legende zu erklären, ein Verweis auf die Anlage zur Planzeichen VO genügt keinesfalls.

Die Planzeichen VO läßt nebeneinander drei Darstellungen zu:

1. Mehrfarbige Darstellung für die Art der Nutzung sowie für Grenzen, Baulinien und Baugrenzen
2. Schwarz-weiß-Darstellung unter Verwendung von Rastern für Flächen deckende Zeichen
3. Schwarz-weiß-Darstellung, bei der alle Zeichen flächendeckend durch Schraffur dargestellt werden.

Die farbige Darstellung hat zwar den großen Vorteil der leichteren Lesbarkeit, insbesondere auch für den Bürger und das fachlich nicht vorgebildete Ratsmitglied, sie ist aber nur aufwendig zu vervielfältigen. Es ist darauf zu achten, daß auch die schwarz-weiße Ausfertigung eindeutig und genehmigungsfähig ist.

2.4.9 Die Landesbauordnungen

Zu allen Zeiten städtischer Zivilisation wurde mit regelnden Vorschriften in die Baufreiheit des Einzelnen eingegriffen, um die Belange der Allgemeinheit, die öffentlichen Sicherheit und die Rechte des Nachbarn zu wahren. Um die Mitte des 19. Jahrhunderts gab es in Deutschland kein Gebiet mehr ohne entsprechende Vorschriften.

Die *Bauordnungen* befaßten sich mit folgenden Sachgebieten: Hinsichtlich der städtebaulichen Ordnung enthielten sie Regeln über Straßenfluchten, Grenzabstände und Abstände von Gebäuden untereinander. Mit der Sicherung der Bewohner, der Nachbarn und der Passanten befaßten sich Vorschriften zum Brandschutz, zur Standsicherheit, zur Belichtung und Belüftung der Räume und zur Verkehrssicherheit. Später wurden auch Vorschriften aufgenommen, die der Baupolizeibehörde einen Einfluß auf die Gestaltung sichern sollten.

Der durch das Grundgesetz konzipierte föderative Aufbau der Bundesrepublik weist für die städtebauliche Ordnung dem Bund richtungsgebende Befugnisse zu, während die Bauordnungsgesetzgebung ausschließlich Ländersache ist.

Tafel **2**.5   Die neuen Bauordnungen (Stand April 2003)

Bundesland	Gültige Fassung	Letzte Änderung	Bundesland	Gültige Fassung	Letzte Änderung
Baden-Württemberg	08.08.1995	2003	Niedersachsen	10.02.2003	
Bayern	04.08.1997	2004	Nordrhein-Westfalen	01.03.2000	2003
Berlin	03.09.1997	2001 *	Rheinland-Pfalz	24.11.1998	2003
Brandenburg	16.07.2003	2003	Saarland	27.03.1996	2001 *
Bremen	27.03.1995	2003	Sachsen	18.03.1999	2003
Hamburg	01.07.1986	2002	Sachsen-Anhalt	09.02.2001	2003
Hessen	18.06.2002		Schleswig-Holstein	15.10.1999	2002
Mecklenburg-Vorp.	06.05.1998	2003	Thüringen	03.06.1994	2004 **

*   Novelle in Vorbereitung

** Änderungsbedarf wird nach Verabschiedung der MBO geprüft

Der Wunsch, wenigstens im inhaltlichen Aufbau und in den wesentlichen Grundgedanken übereinstimmende Bauordnungen in allen Bundesländern zu schaffen, führte zu Erarbeitung einer Musterbauordnung, die den infolge der technischen Weiterentwicklung ohnehin notwendig gewordenen neuen Landesbauordnungen zum Vorbild dienen sollte.

Aufgaben sollten im wesentlichen sein:

- Abwehr von Gefahren
- Beachtung sozialer Erfordernisse zur Wahrung öffentlicher Ordnung
- Sicherung einer einwandfreien Baugestaltung
- Bauaufsichtliche Begleitung des Verfahrens

Ausgehend von der Musterbauordnung erließen die Länder seit 1961 Landesbauordnungen. Hinzu traten zahlreiche Sonderbauverordnungen für Bauvorhaben mit besonderem

Gefährdungspotential z.B. für Geschäfts- und Warenhäuser, Hochhäuser, Versammlungsstätten, Gaststätten, Krankenhäuser, Schulen, Garagen.

Länderspezifische Verordnungen machen das Baurecht nicht einfacher und das Bauen nicht billiger. Die Einhaltung sämtlicher bauordnungsrechtlicher Anforderungen macht das Bauen im Vergleich zu anderen europäischen Ländern mit vergleichbarem Standard eher teurer. Die Harmonisierung der Gesetzgebung in der EU wird Änderungen bringen, um die Investitionshemmnisse im Wohnungs- und Gewerbebau zu beseitigen, u.a. durch die Harmonisierung des Bauproduktenrechtes, die Ökologisierung des Bauordnungsrechtes und Maßnahmen zur Verfahrensbeschleunigung und zur Begünstigung des Wohnungsbaus (s. HBO, LBO Saarland, LBO BW).

Inzwischen sind Bauvorhaben mit geringem Gefährdungspotential, z.T. auch Wohngebäude unterhalb der Hochhausgrenze (BW und NRW) von der Genehmigung durch die örtliche Bauaufsicht freigestellt. Alle Bauordnungen weisen jedoch darauf hin, daß die Bauvorhaben den Festsetzungen des Bebauungsplanes und den sonstigen bauordnungsrechtlichen Anforderungen entsprechen müssen. Die Verantwortlichkeit wird immer mehr von der Bauaufsichtsbehörde auf die Bauherrschaft, die Entwurfsverfasser und die Bauleitung übertragen. Inhaltlich gemeinsam sind den Landesbauordnungen folgende regelungsbedürftige Anliegen:

1. *Bebaubarkeit der Grundstücke.* Voraussetzung ist, daß das Grundstück nach Lage, Form, Größe und Beschaffenheit für eine Bebauung geeignet ist und daß spätestens bei Schlußabnahme des Gebäudes das notwendige Mindestmaß an Erschließungsanlagen (Zuwegung, Entwässerung, soweit örtlich vorgesehen; Wasserversorgung; Elektrizitätsversorgung, soweit örtlich vorgesehen) betriebsfertig ist.

2. *Erschließung der Baugrundstücke.* Grundstücke sind nur dann bebaubar, wenn sie von einem befahrbaren öffentlichen Weg zu erreichen sind. In der Regel heißt das, daß sie an einem solchen Weg liegen oder zumindest durch ein grundbuchlich gesichertes Recht von einem solchen Weg aus über ein fremdes Grundstück hinweg erreicht werden können. Es muß sichergestellt sein, daß dieses Wegerecht auf Dauer besteht. Ferner muß die Zuwegung den ungehinderten Einsatz von Feuerlösch- und Rettungsgeräten ermöglichen.

3. *Mindestabstände* von Gebäuden untereinander und von den Nachbargrenzen. Hier weisen die verschiedenen LBO Unterschiede auf. Auch sind die Bestimmungen zum Teil so umfangreich gefaßt, daß auf ihre Wiedergabe im Rahmen dieses Buches verzichtet wird. Es wird daher auf die Literatur verwiesen.
   Die Gebäudeabstände müssen grundsätzlich die folgenden Kriterien erfüllen:
   a) Sicherung von Belichtung, Belüftung und Besonnung der zum dauernden Aufenthalt von Menschen bestimmten Räume
   b) Sicherung der auf dem Grundstück nötigen Freiflächen für sinnvolle Nutzung des Grundstücks sowie zur Erfüllung wesentlicher hygienischer, sozialer und ökologischer Forderungen, z.B. bei Wohnbebauung für Kinderspielplätze, Erholungsflächen, Kfz-Einstellplätze, Fahrradabstellplätze, bei gewerblichen Bauten, für Lager

und Abstellplätze sowie für Pausenerholung der Beschäftigten und als Ausgleichsflächen

c) Zugänglichkeit der Gebäudefronten für Feuerwehr, Rettungsdienste, Bau-, Unterhaltungs- und Reinigungsarbeiten

d) Zugänglichkeit der Gebäude für den grundstücksinternen Verkehr

e) Sicherung eines Mindestabstandes zum Nachbarn, um Störungen durch Einblick oder Geräuschbelästigung auf ein erträgliches Maß zu beschränken (Intimabstand)

f) Abstandsfläche zur Verminderung der Brandausbreitung im Sinne des vorbeugenden Brandschutzes (vgl. Bild 2.5)

Die Abstandsflächen müssen auf dem eigenen Grundstück liegen. Sie beziehen sich nur auf oberirdische Gebäude oder bauliche Anlagen. Die Abstandsfläche darf auch auf öffentlichen Grün-, Wasser- und Verkehrsflächen liegen, jedoch nur bis zu deren Mitte. Abstandsflächen dürfen sich im Prinzip nicht überschneiden. Sie bestimmen genauso wie die überbaubare Fläche die Bebauungsdichte und die Struktur eines Baugebietes. Im Zuge der Forderung nach sparsamen Umgang mit Grund und Boden haben einige LBO (Bremen, Baden-Württemberg, Rheinland-Pfalz, Saarland und Hessen) die Mindestabstandsflächen reduziert. Im historischen Bestand und in denkmalgeschützten Bereichen gelten besondere, örtliche Bauvorschriften.

4. *Wohngebäude*, Bauanlagen, Bauteile, die Bauausführung, haustechnische und sonstige Anlagen, Stellplätze

5. *Bauprodukte* und Bauarten

6. *Bauaufsichtsverfahren* und -zuständigkeiten

Die *Gestaltung* der Gebäude und Werbeanlagen an öffentlichen Straßen und Plätzen, die Anpassung an die Umgebung und die Rücksichtnahme auf Bau- und Naturdenkmale sind insoweit gefordert, als diese „nicht verunstaltet" wirken sollen. Die bauaufsichtlichen Eingriffe in Gestaltungsfragen beschränken sich jedoch im wesentlichen auf das Bauen im Bereich historischer Gebäude oder Ensembles. Die Landesbauordnungen sind jedoch für die Bebauungspläne die Rechtsgrundlage für die Festsetzung von Gestaltungsvorschriften (s. Abschn. 4).

2.4.10   Sonstige Gesetze und Verordnungen

Landesdenkmalschutzgesetze

Denkmäler sind Sachen und Gebäude, an deren Nutzung und Erhaltung ein öffentliches Interesse besteht, da sie für die Geschichte von Menschen, Städten und Siedlungen bedeutsam sind.

Denkmalbereiche sind eine Summe von Gebäuden und baulichen Anlagen mit einer geschichtlichen Aussage, also auch Stadt- und Ortsbilder, Stadtgrundrisse, Siedlungen, Straßenzüge, bauliche Anlagen und deren enge Umgebung, auch wenn nicht jedes einzelne

Gebäude Denkmalwert besitzt. Zu den Denkmälern gehören auch Garten-, Friedhofs- und Parkanlagen und gestaltete Landschaftsteile, die einen entsprechenden Zeugniswert haben. Die Denkmäler sind in Listen erfaßt, die von der unteren Denkmalbehörde (Städte, Kreise) oder beim Landeskonservator geführt werden. Sie werden von Fall zu Fall ergänzt.

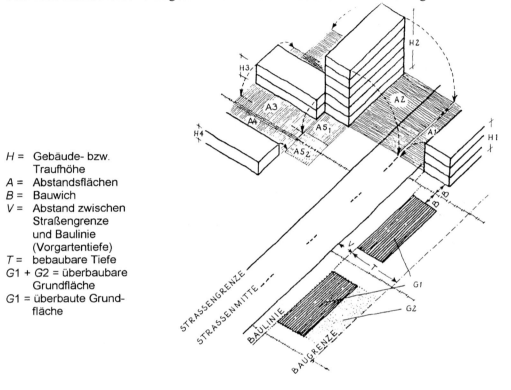

H = Gebäude- bzw.
    Traufhöhe
A = Abstandsflächen
B = Bauwich
V = Abstand zwischen
    Straßengrenze
    und Baulinie
    (Vorgartentiefe)
T = bebaubare Tiefe
G1 + G2 = überbaubare
    Grundfläche
G1 = überbaute Grund-
    fläche

Bild **2**.5   Abstandsflächen, Baugrenzen und Baulinien

Naturschutzgesetze

Naturschutz ist gem. Grundgesetz Bundesangelegenheit und in Gesetzen (BnatSchG in der Fassung der Bekanntmachung v. 21.09.1998) und Verordnungen geregelt. Im Zusammenhang mit der Umweltschutzgesetzgebung und den ökologischen Belangen (Immissionsschutz, Wasserhaushalt, Luftreinhaltung, Erhalt und Pflege von Natur und Landschaft etc.) hat der Naturschutz im Städtebau einen hohen Stellenwert.

- *Naturdenkmale* sind Einzelbäume oder Baumgruppen, große Findlinge, Klippen u.ä.

- *Naturschutzgebiete* sind Landschaftsteile mit besonderer Schutzwürdigkeit, sie sind jeglicher Nutzung entzogen, damit weder Pflanzen- noch Tierwelt geschädigt werden.

- Als *Landschaftsschutzgebiete* sind Landschaftsräume unter Schutz gestellt, die ihrem Charakter nach eine schützenswerte, typische Einheit darstellen, deren Erhalt im öffentlichen Interesse liegt. Der Schutzgrad ist geringer als bei Naturschutzgebieten. Jede Nutzungsänderung, die den Charakter verändert, ist genehmigungspflichtig.

- Als *Naturpark* werden großräumige Landschaftsschutzgebiete bezeichnet, in denen man den Erholungswert fördern und störende Entwicklungen durch Planungsmaßnahmen verhindern möchte. Der Begriff Naturpark ist gesetzlich definiert. Naturparke werden in Listen geführt (s.a Abschn. 9).

Zuständige Behörde für Naturdenkmale und kleinräumige Landschaftsschutzgebiete ist die untere Naturschutzbehörde, d.h. der Landkreis, der die betreffende Verordnung erläßt und eine Liste führt. Für großräumigere Landschaftsschutzgebiete wird diese Liste bei der oberen Naturschutzbehörde des Landes (i. Allg. beim Innenminister) geführt. Naturdenkmale, Naturschutzgebiete und Landschaftsschutzgebiete werden durch Verordnungen zu solchen erklärt. Alle übrigen Gesetze, die Fachplanungen im Rahmen des Städtebaus betreffen, sind unter den einzelnen Sachgebieten aufgeführt.

2.4.11 Literatur

ALBERS, G.: Zur Entwicklung der Stadtplanung in Europa. Bauwelt Fundamente; Band 117, Vieweg, Braunschweig, Wiesbaden 1997

BOUSTEDT, O.: Landesplanung und Regionalplanung in Verdichtungsräumen, Studienheft 27, Städtebauinstitut Nürnberg 1968

CHRISTALLER, W.: Die zentralen Orte in Süddeutschland, Jena, Nachdruck 1968, Wissenschaftliche Buchgesellschaft Darmstadt, 1993

DEPENBROCK, J.; REINERS, H.: Aktuelle Grundlagen der Landes- und Regionalplanung in Nordrhein-Westfalen, Institut für Landes- und Stadtentwicklungforschung des Landes Nordrhein- Westfalen (Hrsg.), Dortmund, 3. Auflage 1996

GILDEMEISTER, R.: Landesplanung, Georg Westermann Verlag, Braunschweig 1973

HOPPE, W.; GROTEFELS, S.: Öffentliches Baurecht: Juristisches Kurzlehrbuch für Studium und Praxis, Beck'sche Verlagsbuchhandlung, München 1995

HOTZAN, J.: dtv – Atlas zur Stadt, Deutscher Taschenbuch Verlag, München 1994

INSTITUT FÜR LANDES- UND STADTENTWICKLUNGSFORSCHUNG des Landes Nordrhein-Westfalen (Hrsg.): Forschungsprogramm 1998, ils Schriften Heft 133

MAUSBACH, H.: Einführung in die städtebauliche Planung, Werner Verlag, Düsseldorf, 4. Auflage 1981

MICHEL, K.-M.; SPENGLER, T. (Hrsg.): Kursbuch 112 – Städte bauen – Juni 1993, Rowohlt Verlag GmbH, Berlin 1993

MITSCHERLICH, A.: Die Unwirtlichkeit unserer Städte. Anstiftung zum Unfrieden, Suhrkamp Verlag, Frankfurt 1965

SEELE, W.: Bauland, in: Handwörterbuch der Raumordnung, Akademie für Raumforschung und Landesplanung, Verlag der ARL, Hannover 1995

UNWIN, R.: Grundlagen des Städtebaues, Berlin 1922

VOGT, J.: Kurswissen, Raumstruktur und Raumplanung, Klett Verlag für Wissen und Bildung, Stuttgart, Dresden, 1. Auflage 1994

3 Bevölkerungsstruktur und Siedlungswesen *(M. Korda)*

3.1 Bevölkerung

Einwohner (E oder eindeutiger EW) sind alle in einem fest umrissenen Gebiet (z.B. in einem Ortsteil , einem Ort, einer Region oder einem Land) ansässigen Menschen ohne Rücksicht auf ihre Staatsangehörigkeit. Von der Zählung ausgenommen werden Angehörige ausländischer diplomatischer Vertretungen sowie ausländischer Stationierungskräfte.

Als *Wohnbevölkerung* zählt man die in einer Gemeinde oder einem Gemeindeteil polizeilich gemeldeten EW. Personen, die an mehreren Orten gleichzeitig polizeilich gemeldet sind, zählen dort zur Wohnbevölkerung, wo sie ihren Beruf ausüben bzw. ihrer Ausbildung nachgehen oder sich sonst überwiegend aufhalten.

Haushalte sind Personengemeinschaften, die zusammen wohnen und eine gemeinsame Hauswirtschaft führen. Die Statistik unterscheidet:

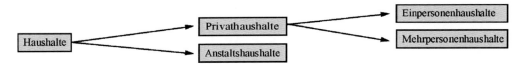

Zu den Anstaltshaushalten gehören z.B. Heime, Internate, Krankenhäuser, Kasernen. Vielfach, auch in amtlichen Zählungen, werden unter „Haushalt" nur die Privathaushalte verstanden.

Die Zahl der Privathaushalte wächst in der Regel mit der Bevölkerungszahl, zur Zeit wächst sie jedoch noch, obwohl die Bevölkerungszahl leicht abnimmt, da die Zahl der Personen pro Haushalt rückläufig ist. Gründe sind: Abnahme der Geburtenzahl je Ehe, Zunahme der Einpersonenhaushalte durch zunehmende Mobilität und durch längere Selbständigkeit im Alter. In der Bundesrepublik zählte man

1900	4,49 Personen/Haushalt
1925	3,98 Personen/Haushalt
1950	2,99 Personen/Haushalt
1975	2,60 Personen/Haushalt
2000	2,16 Personen/Haushalt

Der Unterschied der Haushaltsgrößen ist auch abhängig von der Siedlungsform. Während 2000 in Großstädten durchschnittlich ca. 1,98 Personen/Haushalt gezählt wurden, sind es in Mittelstädten ca. 2,25 und in Landgemeinden ca. 2,39 Personen/Haushalt.

In den neuen Bundesländern werden sich durch den starken Geburtenrückgang nach 1991 die Zahlen erheblich gegenüber den alten Ländern verschieben, was für die Folgeeinrichtungen Konsequenzen haben wird.

Die Gesamtzahl der Privathaushalte in Deutschland betrug 2000 38,1 Mio., davon waren 36,1 % Einpersonenhaushalte, 33,4 % Zweipersonenhaushalte und 30,6 % Drei- und Mehrpersonenhaushalte. Auch hier sind die Anteile in Großstädten entsprechend unterschiedlich (z.T. über 50 % Einpersonenhaushalte).

Für den Städtebau wichtig ist die Zahl der *Erwerbspersonen*, d.h. Personen im erwerbsfähigen Alter, die eine auf Erwerb gerichtete Tätigkeit ausüben. Als *Erwerbsquote* wird der Anteil der Erwerbspersonen an der Wohnbevölkerung bezeichnet. Einbegriffen sind die vorübergehend Arbeitslosen, ferner die Lehrlinge (Auszubildende), jedoch nicht Schüler und Studenten. Dabei werden die kaufmännischen und technischen Lehrlinge bei den Angestellten, die gewerblichen bei den Arbeitern mitgezählt. Die Erwerbsquote betrug in Deutschland 2000 56,6 % (bei den Männern 67 % und bei den Frauen 41,9 %).

In den Nachbarländern betrug sie 1995

Belgien	41,2 %
Frankreich	44,3 %
Großbritannien und Nordirland	49,5 %
Italien	40,1 %
Österreich	48,3 %

3.1.1   Bevölkerungsstatistik und Bevölkerungsprognosen

Die Feststellung der Daten über Bevölkerung, Haushalte und vieler anderer für die Planung wichtigen Fakten erhalten wir durch die *Volkszählung* und deren Fortschreibung. Träger der Bevölkerungsstatistik ist fast ausschließlich der amtliche statistische Dienst (Statistisches Bundesamt, Statistische Landesämter, Statistische Ämter der Gemeinden bzw. der Gemeindeverbände). Die Aktualisierung der Daten erfolgt über die Volkszählung (letztmals 1987). Inzwischen wird die Statistik der Bevölkerungsbewegung und die Fortschreibung des Bevölkerungsstandes durch den Mikrozensus ergänzt. Mikrozensus nennt man eine Datenerhebung anstelle einer Volkszählung, die darauf beruht, daß ein zahlenmäßig geringer, jedoch nach den Methoden der Statistik als repräsentativ für die Gesamtbevölkerung ausgewählter Prozentsatz der Bevölkerung hinsichtlich der gesuchten Daten erfaßt wird. In der Bundesrepublik wird ein Mikrozensus mit 0,1 % der Bevölkerung dreimal jährlich und mit 1 % der Bevölkerung einmal jährlich durchgeführt. Dabei wählt man jeweils unterschiedliche Bereiche, z.B. die Wirtschaftsstruktur, die sozialen Verhältnisse, die Erwerbstätigkeit, die Wohnverhältnisse, die Bautätigkeit usw. zur Untersuchung aus. Diese Erhebungen liefern zuverlässige Planungsdaten, die allerdings nicht tiefer regional gegliedert sind. *Bevölkerungsprognosen* sind wichtig, um die Entwicklung eines Landes, einer

Region oder einer Gemeinde mit den entstehenden Folgeinvestitionen abschätzen zu können. Die Datenbasis ist die Beobachtung der Salden der Bevölkerungsbewegungen, die in den Gemeinden durch die Registrierung von Geburten und Sterbefällen, von Zu- und Fortzügen gesammelt werden.

Tafel **3**.1   Bevölkerungsbilanz

Ausgangsbevölkerung
+   Lebendgeborene
-    Gestorbene

_____

Geburtensaldo   ±
+   Zuzüge
-    Fortzüge

_____

Wanderungssaldo   ±

_____

Endbevölkerung

Die Fehlerquote bei der Fortschreibung liegt unter 1 %. Auch über den Mikrozensus erreichte Daten enthalten eine vernachlässigbare Fehlerquote. Prognosen, die auf diesen Datenbasen aufbauen, richten sich nach der zu erwartenden Geburtenhäufigkeit und der Sterblichkeitsrate, wobei von einer Kontinuität dieser Werte ausgegangen wird. Auch die Wanderungen lassen sich – stabile politische und ökonomische Verhältnisse vorausgesetzt – recht zuverlässig voraussehen. Allerdings sind langfristige Prognosen nur mit einer gewissen Toleranz zu erstellen. Die jüngsten politischen Ereignisse nach der Einheit Deutschlands, die Zuwanderungen aus Osteuropa und die wirtschaftlichen Veränderungen in Deutschland und Europa haben Prognosen schwieriger gemacht. Veränderungen in der Familienplanung, der medizinischen Versorgung und der innereuropäischen Mobilität kommen als Faktoren hinzu. Räumlich sehr differenzierte und detaillierte Aussagen, die in der Stadtplanung häufig erforderlich sind, müssen über Einzelerhebungen gewonnen werden.

3.1.2 Altersaufbau der Bevölkerung, Sozialstruktur

Für Planungen der sozialen Infrastruktur und der Vor- und Fürsorge ist die Kenntnis des Altersaufbaus wichtig. Der Bedarf an Kindergärten und Schulen, an altengerechten Wohnungen und Pflegeplätzen ist von der altersmäßigen Zusammensetzung der Bevölkerung des Untersuchungs- und Plangebietes abhängig. Ebenso sind für Standortentscheidungen bei Gewerbe- und Industrieansiedlung oder bei Betrieben für die Versorgung der Bevölkerung in der Region gerade die altersmäßige und soziale Zusammensetzung der Bevölkerung wichtig (Arbeitskräftepotential, Kaufkraft, Freizeitverhalten, Mobilität etc.).

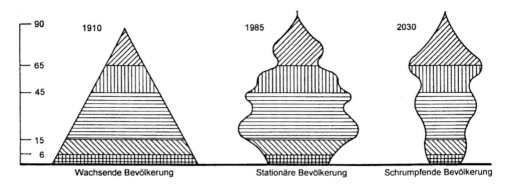

Bild **3**.1   Altersaufbau der Bevölkerung in Deutschland

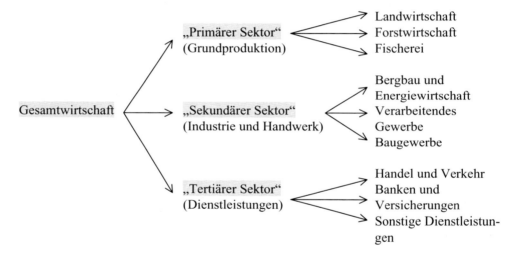

Bild **3**.2   Gliederung der Gesamtwirtschaft in Wirtschaftsbereiche

Die Verteilung der Erwerbspersonen auf die verschiedenen Bereiche und andere bereichsspezifische Faktoren wirken sich stark auf Planungsentscheidungen im Städtebau aus. Die Beschäftigungszahlen verschieben sich im Zeitlauf erheblich.

Bild 3.3 zeigt eine Idealkurve, die der französische Wirtschaftswissenschaftler JEAN FOURASTIÉ aufgestellt hat, um zu zeigen, wie sich der prozentuale Anteil der Erwerbstätigen an den Wirtschaftsbereichen im Trend entwickelt. Die tatsächliche Entwicklung verläuft natürlich in jedem Land bedingt durch geographische, geschichtliche und gesellschaftliche Gegebenheiten weniger stetig, aber doch wohl im Prinzip ähnlich. FOURASTIÉS

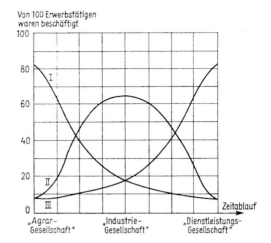

Von 100 Erwerbstätigen waren beschäftigt

Zeitablauf

„Agrar-Gesellschaft"   „Industrie-Gesellschaft"   „Dienstleistungs-Gesellschaft"

Bild 3.3
Schema der Verteilung der Ewerbstätigen auf die volkswischaftlichen Sektoren (FOURASTIÉ-Kurve)

Voraussagen haben sich erfüllt, der Anstieg der Beschäftigten im Dienstleistungssektor ist sogar proportional noch höher, als von ihm vorausgesehen.

3.1.3 **Pendler und Pendlerverkehr** (s. auch Abschn. 6 Verkehr)

Pendler sind Personen, die täglich (bzw. arbeitstäglich) zwischen ihrem Wohnort und einem bestimmten anderen Ort verkehren. Die weitaus größte und wichtigste Gruppe der Pendler sind die *Berufspendler*, also diejenigen, die in einem Ort wohnen, in einem anderen ihren Arbeitsplatz haben. (Als Berufspendler wird aber nur gezählt, wer zur Arbeit immer nur oder ganz überwiegend denselben Ort aufsucht, also nicht Reisevertreter, ambulante Händler u.ä.) In der Bundesrepublik waren 1970 unter rd. 26 Mill. Erwerbstätigen 7,4 Mill. Berufspendler, d.h. rd. 28 %. Hiervon waren ¾ Männer und ¼ Frauen. Die zweite Gruppe der Pendler sind *Ausbildungspendler*, also Personen, die von ihrem Wohnort werktäglich zur Schule oder zum Studium an einen anderen Ort fahren. Die Zahl derjenigen, die aus anderen Gründen (private Einkäufe, Erholung und Freizeitgestaltung usw.) pendeln, ist unerheblich.

Die Pendler werden an ihrem Wohnort als *Auspendler*, an dem von ihnen aufgesuchten Arbeitsort oder Schulort als *Einpendler* gezählt. Die Differenz zwischen Auspendlern und Einpendlern bezeichnet man als (positive oder negative) *Pendlerbilanz* des betreffenden Ortes. Bei richtiger Auswertung kann die Pendlerstatistik in vielerlei Hinsicht (z.B. Verkehrslenkung, Parkraumfragen, Wohnungsmarktpolitik, Industrieansiedlung u.a.) dem Planer Entscheidungshilfen geben. Negative Pendlerbilanz zeigen Orte, die nur wenige Arbeitsplätze im sekundären und tertiären Sektor haben, also ländliche Siedlungen sowie bevorzugte Wohnungsstandorte. Positive Pendlerbilanz weisen Industriestandorte, Städte mit einem großen Arbeitsplatzangebot in der Wirtschaft und Orte mit wichtigen zentralen Funktionen für das Umland sowie wichtige Schulstandorte auf. Hohe Pendlerzahlen signa-

lisieren allgemein eine starke wirtschaftliche Verflechtung der Orte über die Gemeinde-
grenzen der Orte hinweg, sie bedeuten auch, daß die Bevölkerung trotz besseren Arbeits-
platzangebotes in Nachbargemeinden relativ seßhaft am gewohnten Wohnort festhält (geringe Mobilität). Hohe Pendlerzahlen können auch Kennzeichen für starke Konjunkturschwankungen oder für die im Gang befindlichen Umstrukturierungen im betreffenden Bezirk oder für erheblichen Wohnungsfehlbedarf am Arbeitsplatzstandort sein.

Schließlich hängt die Pendlerzahl auch von der Grenzziehung zwischen den Gemeinden
ab, da derjenige, der auf dem Wege zur Arbeit die Gemeindegrenze überschreitet, als
Pendler gezählt wird, während sein unmittelbarer Nachbar bereits jenseits der Gemeindegrenze wohnt und dieser daher auf dem im Übrigen fast gleichen Weg zur Arbeit in seiner
Wohngemeinde bleibt. So kann sich durch eine Eingemeindung im Zuge der kommunalen
Neugliederung die Pendlerbilanz ändern, vielleicht sogar von positiv in negativ verkehren,
ohne daß sich am Arbeitsplatzangebot und den Wohnverhältnissen etwas geändert hat. Die
Pendler-Statistik erfordert also, um aussagekräftig zu sein, in jedem Falle zusätzlich zur
reinen Zahlenfeststellung eine sorgfältige Analyse.

Für die Stadtplanung gilt es, auch die *innergemeindlichen* Pendler zu beobachten, da sie
auf immer gleichen Wegen zur gleichen Zeit (rush-hours) zwischen Wohnung und Arbeits-
bzw. Ausbildungsstätte Verkehr erzeugen. Das Bemühen der Gemeinden insbesondere der
Großstädte, den öffentlichen Nahverkehr zu fördern und den privaten Kfz-Verkehr zu
drosseln, soll die zeitlichen und räumlichen Engpässe entlasten. Dem Fahrradverkehr insbesondere in Verbindung mit Schulzentren und an Hochschulen ist dabei besondere Bedeutung beizumessen. Der derzeitige Trend zur Zentralisierung der Schulsysteme und zur
Errichtung sehr großer Schulen für räumlich sehr ausgedehnte Bezirke vermehrt die Zahl
der Schulpendler sehr. Die Berufspendler verursachen besonders durch den erheblichen
Einsatz von Privat-Pkws zeitlich und räumlich stark gebündelte Verkehrsströme und großen Parkraumbedarf. Sie sind dadurch die wichtigsten Verursacher der meist schwer lösba-
ren Verkehrsprobleme in den Städten. Bei Betrieben, die außerhalb der Stadtkerne liegen,
kann man wenigstens den Parkraumbedarf nach dem Verursacher-Prinzip weitgehend den
Betrieben anlasten. Bei city-nahen Betrieben und Behörden macht das vielfach erhebliche
Schwierigkeiten. Pendler sind Dauerparker, die zudem ihren Parkplatz besetzen, ehe das
Einkaufspublikum eintrifft. Dadurch kann die Attraktivität der Stadt für die Kunden aus
dem Umland stark beeinträchtigt werden. Es wird auch die Konkurrenzfähigkeit der (für
die Urbanität der Stadt erwünschten) Innenstadt-Geschäfte gegenüber den in Außenbezir-
ken gelegenen Shopping-Zentren eingeschränkt. Es besteht demnach ein öffentliches Interesse daran, einen angemessenen Teil des Parkraumes in der Innenstadt für den Besucherverkehr freizuhalten (s. Abschn. 6).

3.1.4   Wirtschaftskraft und Sozialstruktur

Wird die Zahl der Beschäftigten eines Betriebes oder einer Behörde oder die Zahl der Mitglieder einer Hochschule oder einer anderen wichtigen Einrichtung durch eine Planungs-

maßnahme, etwa Vergrößerung, Verlegung oder Schließung, nennenswert verändert, so ändert sich zugleich auch die Zusammensetzung der Wohnbevölkerung und damit die Wirtschaftskraft des Ortes direkt durch die sich verändernde Zahl der Beschäftigten und indirekt durch deren Familienangehörigen. Zusätzlich betroffen sind die Beschäftigten (nebst Familienangehörigen) von Einrichtungen der Versorgung (Einzelhandel, Handwerk, öffentliche Versorgungsbetriebe) und sonstigen Dienstleistungen (Schulen, Verwaltung, Erholung, Gesundheitswesen). Die Gesamtzahl der von einer Maßnahme indirekt Betroffenen nennt man die *Mantelbevölkerung*.

Die Verlegung eines Betriebes von einer Großstadt in eine kleinere Umlandgemeinde bedeutet, falls die Beschäftigten mit ihren Familien nachziehen, daß die kleinere Gemeinde nicht nur um die Zahl der Beschäftigten wächst, sondern um weitere je ein bis zwei Familienangehörige. Für die abgebende Großstadt bedeutet das einen Verlust an Arbeitsplätzen und Kaufkraft, für die aufnehmende Gemeinde möglicherweise die Notwendigkeit einer Ausweisung von Wohnbauflächen, die Erweiterung von Gemeinbedarfseinrichtungen und Maßnahmen zur Deckung der zusätzlichen Versorgungsbedarfe.

Entsprechend ist bei der Schließung einer Arbeitsstätte nicht nur mit dem Verlust von Arbeitsplätzen und einer bestimmten Zahl von Arbeitslosen zu rechnen, sondern eben auch mit der mittelbar von der Arbeitslosigkeit betroffenen Mantelbevölkerung. Da die Familien ortsansässig bleiben, bedeutet für eine Gemeinde hohe Arbeitslosigkeit auch höhere Soziallasten und geringere Kaufkraft bei geringerem Gewerbesteueraufkommen.

Als grober Durchschnitt kann die Mantelbevölkerung mit 220 % der Betriebsangehörigen angenommen werden.

Das *Sozialprodukt* ist einer der wichtigsten Kennwerte für volkswirtschaftliche Untersuchungen. Es gibt den Maßstab für die Beurteilung der Durchführbarkeit von sozialen, verkehrstechnischen oder kulturellen Aufwendungen der öffentlichen Hand und kann auch wichtiger Hinweis für die Förderungsbedürftigkeit von Gemeinden und Gebieten sein. Es ermöglicht den Vergleich des Wohlstandes verschiedener Länder und Landesteile oder der wirtschaftlichen Entwicklung über Jahre hinaus. Das Sozialprodukt wird definiert als der Geldwert aller im Bezugsgebiet jährlich gewerbsmäßig hergestellten Güter und aller dort in Anspruch genommenen Dienstleistungen.

Man hat zu unterscheiden:

Brutto-Sozialprodukt = Geldwert aller Erwerbs- und Vermögenseinkommen, die Personen und Institutionen des Bezugsgebietes zugeflossen sind.

Brutto-Inlandsprodukt = Bruttosozialprodukt abzüglich der Einkünfte von Ausländern aus dem Inland und zuzüglich der Einkünfte von Inländern aus dem Ausland.

Netto-Inlandsprodukt zu Marktpreisen = Brutto-Inlandsprodukt abzüglich der Abschreibungen (Abschreibungen nennt man die buchmäßig jährlich ermittelte Wertminderung von Gebäuden, Maschinen und anderen Produktionsmitteln infolge Verschleiß und Alterung).

Netto-Inlandsprodukt zu Faktorkosten = Netto-Inlandsprodukt zu Marktpreisen abzüglich der indirekten Steuern und zuzüglich etwaiger Subventionen.

Volkseinkommen ist ein anderer Ausdruck (auch ein anderer Aspekt) des Geldwertes des Netto-Inlandsproduktes zu Faktorkosten.

Das *Private Einkommen* berechnet man aus dem Volkseinkommen durch Abzug des Vermögens- und Unternehmereinkommens des Staates und durch Zuzählen der Einkommensübertragung an den privaten Sektor.

Das *Persönliche Einkommen* ergibt sich aus dem Privaten Einkommen durch Abzug der unverteilten Gewinne der privaten Kapitalgesellschaften und Abzug der direkten Steuern der privaten Kapitalgesellschaften.

Das *Verfügbare Einkommen* ist das Persönliche Einkommen abzüglich der direkten Steuern und der Arbeitgeberanteile und Arbeitnehmeranteile zur Sozialversicherung.

Volkswirtschaftliche Rechnungen über Jahre hinaus sind nur vergleichsfähig, wenn sie mit Hilfe eines die Geldwertänderungen berücksichtigenden Umrechnungsfaktors auf den Geldwert ein und desselben Jahres bezogen werden.

Die Ermittlung volkswirtschaftlicher Kennwerte wird um so schwieriger, je enger die Grenzen des zu untersuchenden Bezirks gezogen werden und je enger die Verflechtungen mit den Nachbarbezirken werden. Da sie aber für Stadtentwicklungsplanung und Städtebau von entscheidender Wichtigkeit sind, um die Realisierbarkeit oder auch die Folgen von Planungen zu prüfen und auch, um wirtschaftlichen Mängeln durch Planungen entgegenwirken zu können, werden seit 1957 in etwa dreijährigem Turnus von den statistischen Landesämtern nach einheitlichen Grundsätzen ermittelte Werte für Sozialprodukt und Verfügbares Einkommen für Städte und Landkreise in einer gemeinsamen Veröffentlichung zugänglich gemacht.

3.1.5 Erwerbsstruktur

Die Beteiligung der Bevölkerung am Erwerbsleben wird durch die Erwerbsquote ausgedrückt, d.h. dem Anteil der Erwerbstätigen an der Wohnbevölkerung in Prozent. Arbeitslos ist eine Person, die
– in der Lage ist eine Arbeit aufzunehmen
– aktiv eine Arbeit sucht
– nicht in irgendeiner Form in einer Beschäftigung steht (ILO, Genf).
Das Verhältnis von Arbeitslosen zu allen abhängigen Erwerbspersonen wird als Arbeitslosenquote bezeichnet.

Tafel **3**.2 Arbeitslosenquote in ausgewählten Arbeitsamtsbezirksstädten Deutschlands (2000)

Starnberg (Bayern)	6,3 %
Hochtaunuskreis (Hessen)	8,1 %
Herne (Rheinland-Pfalz)	8,1 %
Herne (Nordrhein-Westfalen)	10,1 %
Stadt Wilhelmshaven (Niedersachsen)	10,3 %
Altenberg (Thüringen)	16,5 %
Dresden (Sachsen)	18,5 %
Neubrandenburg (Mecklenburg-Vorp.)	19,0 %

Regionen und Städte können in unterschiedlichem Maße von Arbeitslosigkeit betroffen sein, je nachdem, ob eine bestimmte Branche überproportional vertreten ist und zudem konjunkturanfällig ist oder ob die Branchenstruktur sehr ausgeglichen ist und wirtschaftlich stabile Zweige aufweist. In den neuen Bundesländern ist der Übergang von der Planwirtschaft in die Marktwirtschaft von Veränderungen begleitet, die zu sehr hohen Arbeitslosenquoten führen (Transformationsarbeitslosigkeit). Der Übergang der Gesellschaft mit Arbeitsplätzen im vorwiegend produzierendem Bereich und in der Landwirtschaft in eine Gesellschaft mit überwiegender Tätigkeit in den versorgenden Bereichen und im Dienstleistungsbereich bringt in Deutschland und Europa Veränderungen mit sich, die von einer erheblichen Arbeitslosigkeit begleitet werden. Neue Wachstumsbranchen können diese Arbeitslosen nicht auffangen (vgl. FOURASTIÉ).

Programme der Bundesländer und Stadtentwicklungsüberlegungen der Städte und Gemeinden haben in den letzten Jahren als zentrales Problem den Abbau der Arbeitslosigkeit und die Reduzierung der sozialen Kosten. Planung im kommunalen Bereich ist daher immer auch auf diese Aufgaben ausgerichtet. Für die 90er Jahre war es die innerdeutsche Mobilität in Ost-West-Richtung, die zu spürbaren Verschiebungen führte. Da diese Wanderungen meist die integrationsfähigen und anpassungsbereiten Bevölkerungsteile betrafen, wurden sie zumindest für die aufnehmende Region selten zum Problem. Dagegen sind die früher begehrten ausländischen Arbeitskräfte und die Umsiedler aus den früheren Ostblockländern im Laufe der 90er Jahre ein planerisches, ökonomisches und soziales Problem geworden. Durch die Öffnung der Grenzen innerhalb der Europäischen Union entsteht eine erhöhte unkontrollierbare Mobilität, die vom Planer nicht mehr vorhersehbar ist und für die nicht mehr vorgesorgt werden kann.

3.1.6 Mobilität

Mobilität (deutsch: Beweglichkeit) bedeutet die Bereitschaft und Fähigkeit des Einzelnen zum Positionswechsel. Die Soziologie kennt „vertikale" Mobilität, d.h. die Möglichkeit zu gesellschaftlichem oder wirtschaftlichem Aufstieg und „horizontale" Mobilität, d.h. die Bereitschaft zum Wechsel der beruflichen, regionalen, politischen oder konfessionellen

Gruppenzugehörigkeit. Im Städtebau ist die *räumliche Mobilität* wichtig, d.h. die Fähigkeit, die Wohnung oder den Wohnort zu wechseln. In statistischen Berichten wird nur dieser Teilbegriff als „Mobilität" bezeichnet und erfaßt. Als Meßzahl dient die *Mobilitätsziffer*, das ist die Anzahl der umgezogenen Personen auf 1000 EW.

Tafel **3**.3   Mobilitätsziffern in der Bundesrepublik Deutschland

Jahr	Zuzüge je 1000 EW			Fortzüge je 1000 EW		
	insgesamt	davon aus		insgesamt	davon nach	
		europäischen Ländern	außereurop. Ländern		europäischen Ländern	außereurop. Ländern
1985	6,6	4,5	2,1	5,9	4,4	1,5
1991	14,8	12,3	2,5	7,3	5,5	1,8
1995	13,7	9,3	3,9	9,1	6,8	2,3
2000	10,2	6,9	3,2	8,2	6,0	1,9

Quelle: Statistisches Jahrbuch der Bundesrepublik Deutschland 2001

Teilweise (so auch im Städtebaubericht der Bundesregierung) wird abweichend von der Zählweise des Statistischen Jahrbuches, als Mobilitätsziffer die Summe aller Zu- und Fortzüge gezählt. Daher werden die Umzüge innerhalb des Bundesgebietes in dieser Zählweise jeweils zweimal gezählt, so daß sich gegenüber der obigen Statistik eine fast doppelt so hohe Zahl ergibt.

Bei den beiden Stadtstaaten Hamburg und Bremen erscheint die Wanderung aus der Kernzone in die Randzone der Stadt vielfach als eine Wanderung zwischen zwei Bundesländern, was die Aussage der Statistik verunklärt. Nach Altersgruppen haben (bedingt durch Berufsausbildung, Wehrdienst, Studium, Eintritt in das Berufsleben, Familienverhältnisse) verständlicherweise die 18- bis 30-Jährigen mit Abstand die höchste Mobilitätsziffer. So liegt diese z.B. für die 25-Jährigen im Durchschnitt 8mal so hoch wie für die 50-Jährigen.

Mobilität als Bereitschaft und Fähigkeit, sich durch Wechsel im Beruf, im Wohnort, in Wohngewohnheiten und wohl auch in Anschauungen den gewandelten Gegebenheiten anzupassen, wird vielfach als Schlagwort verwendet. Zweifellos ist Mobilität des Berufs ein Kennzeichen einer modernen Industriegesellschaft und darf vom Städtebau nicht behindert werden. Da die Wohnmobilität aber andererseits auch mitverantwortlich ist für Sozialschäden in neuen Wohnvierteln, weil sie oft kaum entstandene Kontakte wieder zerreißt und den Willen, in einem Wohnviertel seßhaft zu werden, schwächt, kann sie vom Planer nur mit Vorsicht gefordert und gefördert werden.

Natürlich dürfen diese Promille-Sätze nicht über die absoluten Zahlen täuschen, die dahinter stehen. Wenn z.B. aus einer Großstadt mit 200 000 EW in einem Jahr 1000 Personen in eine als Wohnvorort attraktive Umlandgemeinde umziehen, die ihrerseits 20 000 EW haben mag, so bedeutet das für die Großstadt eine Mobilitätsziffer von 5/1000 EW, für die Umlandgemeinde aber von 50/1000 EW.

Während zu Beginn der 60er Jahre die höchste Mobilitätsziffer die Orte mit weniger als 2000 EW aufwiesen (Landflucht), haben die höchste Mobilitätsziffer heute die Gemeinden um 20 000 EW.

Tafel **3**.4 Einwohnerklassen der Gemeinden in der BR Deutschland

	abs.	%
Orte < 2000 EW	8534	61,6
Orte mit 2000 - 5000 EW	2497	18,0
Orte mit 5000 - 20 000 EW	2141	15,5
Orte mit 20000 - 50000 EW	493	3,6
Orte mit 50000 - 100000 EW	106	0,7
Orte > 100000 EW	83	0,6
Orte in Deutschland insgesamt	13854	100

Quelle: Statistisches Jahrbuch der Bundesrepublik Deutschland 2000

3.1.7 Randgruppen der Bevölkerung

Als *soziale Randgruppen* werden solche Bevölkerungsteile bezeichnet, die aus bestimmten Gründen nicht oder nicht in ausreichendem Maße am normalen Leben der Gesellschaft teilnehmen oder teilnehmen können. Der Begriff faßt sehr viele verschiedene Gruppen zusammen, denen nur gemeinsam ist, daß ihre jeweiligen Angehörigen sich deutlich als Gruppe abzeichnen und daß sie als eine Minderheit offensichtliche Integrationsprobleme aufweisen und dadurch eine besondere Aufforderung an die Gesellschaft zur Hilfeleistung darstellen. Der Begriff darf deshalb nicht als Abwertung gesehen werden. In den meisten Fällen sind die Grenzen zwischen normalem Verhalten und Randgruppenverhalten so fließend, daß statistische Zahlen über die Personenzahl der Gruppe kaum möglich oder kaum aussagekräftig sind. Auch wechseln die Anschauungen über die Zurechnung zu Randgruppen je nach dem eigenen politischen und gesellschaftlichem Standpunkt und auch mit der Zeitanschauung erheblich. Obwohl der Begriff Menschen zusammenfaßt, deren Außenseiterposition nach Ursache, Art und Auswirkung auf die Gesellschaft außerordentlich verschieden ist, läßt die folgende Übersicht doch in etwa erkennen, welche Gruppen zu berücksichtigen sind.

Hilfs- und / oder Betreuungsbedürftige sind z.B.:
− Obdachlose, Nichtseßhafte
− Alte (soweit nicht in Familien integriert)
− psychisch Geschädigte
− Menschen mit körperlichen oder geistigen Behinderungen
− sozial Schwache
− Drogen- und Alkoholabhängige

- schwer integrierbare Ausländer insbesondere aus fremden Kulturkreisen
- Kriminelle, latente Gewalttäter

Nach dem Zusammenbruch des kommunistischen Systems ist der Glaube an die Planbarkeit einer Gesellschaft geschwunden, ein allgemeingültiges Konzept ist noch nicht gefunden. Ob unsere Gesellschaft finanziell oder sozial in der Lage ist, Randgruppen auf Dauer zu integrieren, ist nicht vorhersehbar.

Es ist zu vermuten, daß die Zahl der zu Problemgruppen Gehörigen um so größer ist,
- je weiter die Entwicklung zur Massengesellschaft fortgeschritten ist und die selbstverantwortliche Arbeit geringer wird
- je mehr Ausländer eine Gesellschaft aufnehmen muß, die sie nicht durch geeignete Maßnahmen integrieren kann bzw. die nicht integrierbar sind, weil sie dies auch bewußt nicht wollen
- je weniger Chancengerechtigkeit eine Gesellschaft bietet
- je geringer der verfügbare Sozialetat ist
- je mobiler eine Gesellschaft ist
- je stärker ein Wirtschaftssystem einseitig auf Gewinnstreben ausgerichtet ist
- je mehr traditionelle Bindungen wie Familie oder Religionsgemeinschaften an gesellschaftlicher Relevanz verlieren
- je vielschichtiger eine Gesellschaft wird
- je mehr Jugendliche aus welchen Gründen auch immer ohne Schulabschluß, ohne Berufsausbildung oder ohne Arbeitsplatz bleiben.

Die Wissenschaft sieht auch einen Zusammenhang zwischen gesellschaftlichem Fehlverhalten, Vandalismus und auch Kriminalität einerseits und gebauter Umwelt andererseits. Einheitlichkeit der Erscheinungsform von Wohngebäuden insbesondere in den Großsiedlungen der 60er und 70er Jahre, Addition von Geschoßwohnungsbauten gleichen Typs führen zur Monotonie, d.h. zu sehr geringen visuellen Reizen, die die Psyche des Menschen benötigt, um Identifikationsmerkmale aufzunehmen. Diese Aneignung von Zeichen ist notwendig, sie führt dazu, daß Bewohner sich heimisch fühlen und auch für ihre Wohnumgebung Verantwortung übernehmen.

Für den Städtebauer stellen die Randgruppen eine besondere Herausforderung dar. Notwendig ist bei der Planung städtebaulicher Einheiten
- eine frühzeitige und sorgfältige Beobachtung der gesellschaftlichen Entwicklung und des Gruppenverhaltens in den einzelnen Wohnbezirken,
- eine sorgfältige Programmerstellung,
- die Rücksichtnahme insbesondere auch auf gesellschaftlich Schwächere und Gefährdete und der Versuch planerisch und baulich eine Integration zu ermöglichen,
- eine menschliche und überschaubare Gestaltung,
- die Vermeidung von Gettobildung jeder Art und
- die frühzeitige Einbeziehung und Mitbestimmung der von der Maßnahme Betroffenen oder deren Interessenvertreter.

3.2 Strukturtypen der Gemeinden

Siedlungsgeographie und Statistik haben vielfach versucht, Unterscheidungsmerkmale für die soziale und wirtschaftliche *Struktur der Gemeinden* herauszuarbeiten und nach einem Schema zu gliedern, um Entscheidungshilfen für Raumordnung und Entwicklungsplanung anzubieten. Hauptsächliche Kriterien hierfür sind einerseits die Relation zwischen der Einwohnerzahl und der Zahl der Arbeitsplätze am Ort und andererseits die Verteilung der am Ort befindlichen Arbeitsplätze auf die drei Wirtschaftsbereiche (Landwirtschaft, Waren produzierendes Gewerbe und Dienstleistungen). Daneben sind von Interesse die Pendlerbilanz, die Funktion eines Ortes für das Umland, z.B. als Versorgungszentren, als Ort für Dienstleistungen, Hochschulort, Kurort sowie durch seine Verkehrsbedeutung. Die einfachste Klassifizierung der Gemeinden ist die nach der Einwohnerzahl.

Diese Stadtgrößenklassen verbinden sich mit Stadttypen:

Landgemeinde	2000	-	5000	EW
Kleinstadt	5000	-	20000	EW
Mittelstadt	20000	-	50000	EW
Großstadt	über		100000	EW

Im Zuge der Kommunalen Gebietsreform sind durch Gemeindezusammenlegungen leistungsfähige Verwaltungseinheiten entstanden, die den visuellen Eindruck einer städtischen Einheit nicht entstehen lassen, obwohl die Einwohnerzahl eine Mittelstadt erwarten ließe.

Daher gibt es noch den komplexeren *geographischen Stadtbegriff*, der über die Zahl der Einwohner hinaus weitere Kriterien aufnimmt wie die Geschlossenheit einer Siedlung mit einer differenzierten funktionalen und sozialräumlichen Gliederung, d.h. die gut ausgestattete sich selbst versorgende Einheit mit einer angemessen hohen Wohn- und Arbeitsstättendichte und mit ausreichenden Arbeitsplatzangeboten im sekundären und tertiären Bereich. Dazu wird von einer Stadt ein gewisses kulturelles Angebot in einer spezifisch städtischen Atmosphäre erwartet. Für ein begrenztes Umland sollte eine Stadt eine gewisse zentrale Bedeutung haben und sie sollte verkehrsmäßig gut angebunden sein (Schiene, Straße, öffentlicher Nahverkehr) (nach HEINEBERG).

Man sieht, daß der Begriff Stadt auch unabhängig von seiner Einwohnerzahl im Bewusstsein der Bevölkerung ganz bestimmte Kriterien erfüllen muß, um ihrer Bedeutung gerecht zu werden. (s. Zentrale Orte)

Außer den in der Typologie verwendeten Begriffen gibt es auch gewachsene Begriffe mit der wir ganz bestimmte Siedlungsformen verbinden z.B.:

• Die *Einzel- oder Streusiedlung*, die sich aus einer Reihe von Gehöften oder Wohngebäuden zusammensetzt, die zu einer lockeren räumlichen Einheit verbunden sind. Die Häusergruppen sind durch Feld- oder Waldstreifen voneinander getrennt.

- Der *Weiler* ist eine kleine Gruppe von meist landwirtschaftlich genutzten Anwesen, die baulich aufeinander bezogen sind.
- Das *Dorf* als Gruppe von bebauten Grundstücken in offener, lockerer Bauweise oft landwirtschaftlich genutzt mit Orientierung auf eine Hauptstraße eventuell mit einer Kirche mit Friedhof und gemeinschaftlichen Einrichtungen, auch als Ortsteil einer großen Gemeinde mit eigener Prägung und eigenem Namen und erkennbarem Siedlungskern.
- Die *Stadt* als vom Umland abgrenzbarer, geschlossener Siedlungsraum dessen Einwohnerzahl und Funktion eine Zentralität für den Einzugsbereich bedeuten.
- Die *Großstadt* wird ebenfalls begriffen als eine Stadt mit einer großen Bedeutung für einen erheblichen Einzugsbereich und einem hohen Ausstattungsgrad auch unabhängig von der Einwohnerzahl. Bedeutung erhält eine Großstadt auch als Funktionsträgerin z.B. als Hauptstadt, Sitz der Bezirksregierung, Hochschulstandort, Hafenstadt etc.

Da die kommunalen Gebietsgrenzen oft mit dem erkennbaren Siedlungsgebiet nicht mehr übereinstimmen (z.B. Hamburg, Essen, Frankfurt), spricht man von *Verdichtungsräumen*, in welche *Stadtregionen* aus Städten und Gemeinden eingelagert sind.

Verdichtungsräume sind definiert durch eine Fläche von min. 100 km^2, mind. 150 000 EW mit einer Bevölkerungsdichte des Gesamtraumes von Durchschnittlich 1000 EW/km^2. Die Abgrenzung von Verdichtungsräumen sind nicht überall klar definierbar, sie hängen z.B. auch ab von der Zentralität, der Sozialstruktur, dem Arbeitsplatzangebot, der Güterdistribution, dem Pendlerverhalten und dem Freizeitverhalten, d.h. den Bezügen zwischen besiedelter Fläche und dem Erholungspotential des Umlandes (nach HEINEBERG).

Innerhalb der Verdichtungsräume und innerhalb jeder Stadtagglomeration beobachten wir Zonen unterschiedlicher Nutzung an die bestimmte Begriffe geknüpft sind wie z.B.
- Der *Stadtkern*, die City, die Kernstadt, die Innenstadt, das Central Business District (CBD) ist der Aktivitätsmittelpunkt der Stadt oder der Stadtregion mit Verwaltung, Handel und Dienstleistungen, Bündelung des öffentlichen Nah- und Fernverkehrs. Meist ist der Stadtkern identisch mit der historischen Altstadt, der Entstehungszelle der Stadt.
- Das *Ergänzungsgebiet* legt sich kranzartig um den Stadtkern, es nimmt Funktionen des Stadtkerns auf, insbesondere an den vom Stadtkern hinausführenden Straßen, im Bahnhofsbereich oder an sonstigen Knotenpunkten. Im Ergänzungsgebiet ist auch Wohnen mit hoher Dichte typisch, was eher von 1- und 2-Personenhaushalten genutzt wird als von Familien. Kernstadt und Ergänzungsgebiet werden als Kerngebiet definiert (vgl. Bauleitplanung).
- Die *verstädterte Zone* zeigt eine typische Mischstruktur aus aufgelockertem Wohnen, Gewerbe, Handel an Knotenpunkten mit einer verhältnismäßig guten Infrastrukturausstattung.
- In der *Randzone* im Übergang zum *Umland* löst sich die Stadt als bebaute Siedlungsstruktur langsam auf und verzahnt sich mit landwirtschaftlich genutzten Flächen und flächenintensiven Freizeiteinrichtungen. Hier findet der Städter Wohnungs- und Bodeneigentum, als Arbeitnehmer ist er Pendler zu Arbeitsstätten im Kerngebiet und ist angewiesen auf ein gut ausgebautes öffentliches Nahverkehrsmittel oder den Individualverkehr.

Hier ist auch die sogenannte Vororte-Zone, in der sich Siedlungskerne am Rande des Stadtgebiets zu eigenen Versorgungszentren entwickeln.

Geht man von einem konzentrischen Wachstum der Städte aus, legen sich die einzelnen Zonen wie Zwiebelschalen um den Kern. Das, was aus dem Kern verdrängt wurde (Gewerbe, Industrie), mischt sich mit neuen Wohnsiedlungsflächen der folgenden Besiedlungsperiode. Auch Sanierungsverdrängung, Stadtflucht etc. läßt sich mit diesem Modell erklären. In der Bebauungsdichte wie auch in Bodenpreisen läßt sich die Erscheinungsform der Stadt graphisch darstellen

Bild **3**.4   Schema der Stadtregionen nach
BOUSTEDT

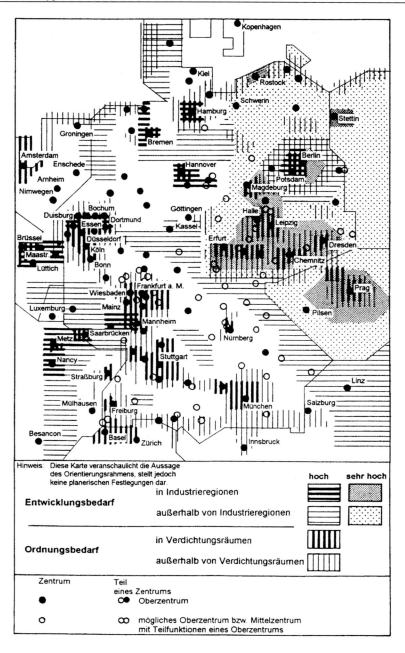

Bild **3**.5 Leitbild Ordnung und Entwicklung
Quelle: Raumordnungspolitischer Orientierungsrahmen Februar 1993
          Bundesministerium für Raumordnung und Entwicklung

Je nach Siedlungs- und Entwicklungsgeschichte und in Abhängigkeit von strukturellen und topographischen Vorgaben kann sich eine Stadt auch sektoral geprägt entwickeln, bedingt z.B. durch eine Randlage am See oder Fluß, an einem Kanal oder einer Autobahn oder in einem Flußtal durch Bedingungen, die die räumliche Entwicklung beschränken.

In städtischen Verdichtungsräumen ist typisch, daß wir aus der Siedlungsgeschichte des Raumes mehrere gleichwertige oder in ihrer Bedeutung gestufte Kerne finden, die sich den Einzugsbereich teilen.

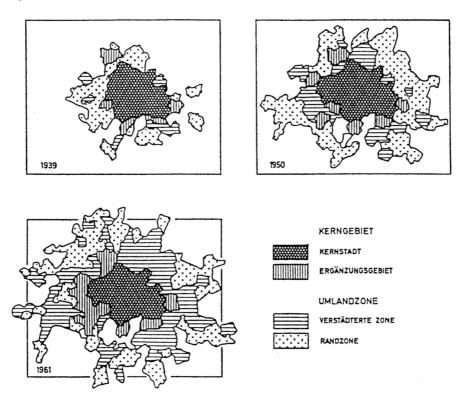

Bild **3**.6   Die Entwicklung der Stadtregion München von 1939 bis 1961 (HEINEBERG)

Außer der dominierenden Kernstadt als Hauptzentrum gibt es in einem städtischen Verdichtungsgebiet auch Nebenzentren, die die Aufgabe der Stadtteil-Versorgung erfüllen, was eine Orientierung der Bewohner auf diese Zentren und ein spezielles Identitätsgefühl im Stadtteil bewirkt. Meist sind diese Nebenzentren integrierte Vororte der früher räumlich abgegrenzten Stadt

Trabantenstädte oder *Satellitenstädte* sind insbesondere in der Mitte des 20. Jahrhunderts geplant und gebaut worden zur Entlastung einer Stadt oder eines städtischen Verdichtungsraumes. Um zu verhindern, daß sich die Stadt ohne Begrenzung in das Umland ausdehnt und Pendlerströme zwischen Wohnstandorten und Arbeitsstätten die Stadt belasten, wurden Trabantenstädte in angemessener Entfernung als Siedlungseinheiten mit einer ausreichenden Zahl von Wohnungen und entsprechenden Arbeitsplätzen geplant. Die Idee kam aus England, wo gleich nach dem zweiten Weltkrieg solche Trabantenstädte hauptsächlich zur Entlastung Londons gebaut wurden (Harlow, Stevenage u.a.). Fast jedes Beispiel von Trabantenstädten in Deutschland zeigt, daß die Hoffnung auf Dezentralisierung von Großstädten zu einer hohen Zahl von Pendlern führte, da die Zuordnung von nachgesuchten Arbeitsplätzen in neuen Siedlungen unmöglich war. So sind solche Siedlungen meist *Schlafstädte* geblieben, die alle soziologischen Folgeprobleme zeigen. (Beispiele: 1955-1965 Nürnberg-Langwasser und Sennestadt bei Bielefeld, beide inzwischen doch mit einem gewissen Anteil gewerblicher Arbeitsplätze). Der Wohnungsmarkt ließ im Umfeld von Stadt-Agglomerationen Satellitenstädte aus ländlichen Gemeinden erwachsen, die in hohem Maße von der Großstadt abhängig geblieben sind und durch den Ausbau der Verbindungen auf Straße und Schiene zentrumsorientiert sind (z.B. Düsseldorf und die Umlandgemeinden, Frankfurt, München, Hamburg als Großräume).

3.2.1   Rechtsstellung der Orte

Rechtlich bestand in mittelalterlicher und nachmittelalterlicher Zeit der wesentliche Unterschied zwischen Städten und Dörfern darin, daß die ersteren das Recht zur Selbstverwaltung durch einen gewählten Rat und gewählte Bürgermeister hatten, während die Dörfer ausschließlich hoheitlich verwaltet wurden. Wenn auch diese Rechte im Kampf mit den Landesfürsten immer weiter verloren gingen, blieben die Dörfer doch immer fremdbestimmt. Die Reform des Freiherrn v. Stein gab 1808 den Städten mit der preußischen Städteordnung ein großes Maß an Selbstverwaltung. In den folgenden Jahrzehnten folgten die meisten deutschen Staaten diesem Beispiel. Aus dem Mittelalter ohne wesentlichen Verlust an Rechten herübergerettet haben ihre Selbstverwaltung nur die Hansestädte Hamburg und Bremen und einige freie Reichsstädte, jedoch nur bis 1803. Die Weimarer Verfassung (1919 - 1933) erkannte grundsätzlich auch den ländlichen Gemeinden ein Recht auf Selbstverwaltung zu, doch blieb die Umsetzung vielfach unvollendet. Im Nationalsozialismus entstand eine einheitliche Deutsche Gemeindeordnung (1935), die aber, dem Wesen der nationalsozialistischen Staatsauffassung entsprechend, auf eine straff von oben geleitete hoheitliche Verwaltung hinauslief. Das Grundgesetz erneuerte 1949 den Anspruch der Gemeinden (ohne Unterschied zwischen Städten und Dörfern) auf kommunale Selbstverwaltung.

Die unterste Stufe der politischen Selbstverwaltung ist heute die *Gemeinde*. Sie erhält ihre Rechtsstellung durch das Grundgesetz (Artikel 28) und darauf aufbauend durch die länderweise verschiedenen Gemeindeordnungen (s. Abschn. 2.4.5). Grundsatz ist, daß der Selbstverwaltung so viele Aufgaben wie möglich und der hoheitlichen (= staatlichen) Verwaltung so wenige Kompetenzen wie unvermeidbar zugewiesen werden sollen. Gemeinden, die nach Einwohnerzahl und Steuerkraft so groß sind, daß sie sämtliche im kommunalen Bereich anfallenden Selbstverwaltungsaufgaben übernehmen können, erhalten die Rechtsstellung einer *kreisfreien Stadt*. Zur sachgerechten Erfüllung dieser Aufgaben ging man früher von einer Größe von 25 000 EW aus. Heute liegt der Schwellenwert in den meisten Bundesländern bei 70 000 – 100 000 EW. In Nordrhein-Westfalen möchte man ihn eher höher, in Bayern eher niedriger annehmen. In den übrigen Gemeinden wird ein Teil der Selbstverwaltungsaufgaben durch den Landkreis wahrgenommen. Man spricht dann von *kreisangehörigen Gemeinden*.(s. Abschn. 2.4.3)

Organe der *Bürgermeister-Verfassung* sind die von den Bürgern gewählte Gemeindevertretung als Beschlußorgan und der Bürgermeister als Ausführungsorgan. Hat dieser Sitz und Stimme in der Gemeindevertretung, spricht man von „echter" sonst von unechter Bürgermeisterverfassung. Organe der *Magistratsverfassung* sind die gewählte Gemeindevertretung als Beschlußorgan, der teils aus ehrenamtlichen, teils aus hauptamtlichen Mitgliedern bestehende Magistrat als Ausführungsorgan und der Bürgermeister als dessen Vorsitzender. Bei der echten Magistratsverfassung werden Beschlüsse der Gemeindevertretung erst wirksam, wenn der Magistrat sie billigt.

Bei der süddeutschen *Ratsverfassung* ist der Bürgermeister als Wahlbeamter gleichzeitig Vorsitzender der Gemeindevertretung (Beschlußorgan) und Leiter der Gemeindeverwaltung. Bei der norddeutschen Ratsverfassung ist der Rat mit einem aus seiner Mitte gewählten Bürgermeister Beschlußorgan, der Stadtdirektor (Wahlbeamter) ist Leiter der Stadtverwaltung (Ausführungsorgan). Durch die Funktionalreformen seit 1975 ist diese Form der „Doppelspitze" ausgelaufen.

3.3 Flächen

3.3.1 Maßeinheiten, Pläne und Kartenunterlagen

Als Maßeinheit der Fläche dient im Städtebau vorzugsweise der Hektar (ha), seltener der Quadratmeter (m^2) und der Quadratkilometer (km^2). Die Landesplanung rechnet vorzugsweise mit km^2.
In alten Plänen und Schriftstücken wird vielfach nach Morgen gerechnet (länderweise verschieden zwischen 2500 m^2 in Preußen und 3400 m^2 in Bayern).

Schon wegen ihrer Rechtsverbindlichkeit benötigt jede Bauleitplanung als unabdingbare Voraussetzung eine rechtlich in ihrer Glaubwürdigkeit nicht anzweifelbare, inhaltlich vollständige und in allen Angaben zuverlässige Kartenunterlage. Wie die Gebiete der meisten Kulturstaaten ist auch die Fläche der Bundesrepublik im Verlauf der letzten 300 Jahre durch gründliche und ständig auf den neuesten Stand ergänzte Landesaufnahme vermessen worden. Die Ergebnisse liegen in amtlichen Kartenwerken vor. Diese Kartenwerke bieten sich als Unterlagen für die städtebauliche Bestandsaufnahme an. Für Verwaltung und Weiterentwicklung der Vermessung und des Landkartenwesens sind in der Bundesrepublik die Bundesländer zuständig. Sie haben hierfür Landesvermessungsämter und als Ortsinstanzen Katasterämter (meist für den Bereich eines Landkreises bzw. einer kreisfreien Stadt) gebildet. Als Kartenwerke unterscheidet man:

Katasterpläne und Kataster-Plankarten (Maßstäbe zwischen 1:500 und 1:5000). Das Wort „Kataster" kommt aus dem italienischen und bezeichnet etwa eine Steuerliste. Die Katasterpläne dienen zum Nachweis des Grundstücksbestandes, des Grundbesitzes und des Gebäudebestandes.
Topographische Karten (Maßstäbe zwischen 1:5000 und 1:200 000). Die Karten 1:100 000 und 1:200 000 werden als topographische Übersichtskarten bezeichnet. Das Wort Topographie bedeutet Ortsbeschreibung.
Geographische Karten (Maßstäbe kleiner als 1:200 000). Geographie läßt sich mit Erdbeschreibung übersetzen. Die geographischen Karten dienen der regionalen Übersicht und der Einordnung des Plangebiets in den Großraum.

Die Topographie stellt die Gegenstände der Kartographierung soweit als möglich grundrißgetreu dar, also z.B. Flüsse, Seen, Straßen, Waldstücke in ihrer tatsächlichen Grundrißform, in den größeren Maßstäben auch Gemeindegebietsgrenzen sowie einzelne Gebäude. Die Ortschaften werden sämtlich in ihrem tatsächlichen Grundrissen abgebildet. Die geographische Karte bedient sich dagegen der Darstellung lediglich durch Symbole. Städte und Ortschaften sind unterschiedlich große Kreise je nach Einwohnerzahl oder Flächengröße.

Neben topographischen und geographischen Karten spricht man noch von thematischen Karten, die durch Farbe, Schraffuren oder Symbole ausgewählte Angaben zu einem bestimmten Thema (z.B. Bevölkerungsdichte) geben.

Für die Aufstellung eines Bebauungsplans sind z.B. die bei den Katasterämtern geführten Katasterpläne 1:500 und 1:1000 von Interesse. In diesen Plänen sind alle Besitzgrenzen sowie alle festen Bauwerke enthalten. Die modernen Vervielfältigungstechniken erlauben auf einfache Weise die Herstellung beliebiger anderer Maßstäbe aus den vorhandenen Standardkarten. Die Katasterämter stellen auf Anforderung durch amtliche Stellen Kartenunterlagen in gewünschten Maßstäben her. Von zahlreichen Gemeinden gibt es z.T. flächendeckend verzerrungsfreies Luftbilder im Maßstab 1:5000 entsprechend der topographischen Kartengliederung. Sie sind als Ergänzung der Bestandsaufnahme sehr hilfreich. Größere Städte unterhalten meistens eigene Vermessungsdienststellen, die die für den Planer benötigten Kartenunterlagen mit der gleichen amtlichen Genauigkeit herstellen wie die staatlichen Ämter.
Eine Voraussetzung für die Verbindlichkeit eines Bauleitplanes ist, daß der Plan den unterschriebenen Vermerk des Vermessungsamtes (ersatzweise eines öffentlich bestellten Vermessungsingenieurs) darüber trägt, daß die kartographische Darstellung und die geometrischen Festlegungen mit der Örtlichkeit übereinstimmen.

Tafel **3**.5   Die wichtigsten Kartenwerke für das Gebiet der Bundesrepublik Deutschland

Art der Karte	Benennung	Maßstab	Zeitraum der Herausgabe	Verwendung
Katasterpläne und Katasterkarten	Katasterplan	1:500 1:1000 1:2000 ältere, z.T. behelfsweise noch verwendete Karten in zahlreichen anderen Maßstäben	Aufnahme seit dem 17. Jahrhundert	In den Maßstäben 1:500 und 1:1000 wichtigste Unterlage für Bebauungspläne
Topographische Karten	Deutsche Grundkarte	1:5000	ab 1973; Kartenwerk noch nicht ganz vollständig; seit 1970 unverzerrte Luftbilder	wichtigste Grundlage für Flächennutzungspläne
	Topographische Karte	1:10 000	meist als Verkleinerung der Grundkarte 1:5000	geeignet für Flächennutzungspläne größerer Orte
	Topographische Karte Meßtischblatt	1:25 000 (sog. „4 cm - Karte")	ab 1875	Übersichtskarte für Flächennutzungspläne sehr großer Städte, ferner für Pläne der Landesregierung über kleiner Räume
	Topographische Karte	1:50 000	ab 1952; Herausgabe noch nicht ganz vollständig	Planungen der Landesplanung
Topographische Übersichtskarten	Topographische Karte, früher als Generalstabskarte bezeichnet	1:100 000	ab 1878; Neuausgabe seit 1952 im Gange	Raumordnungspläne
	Topographische Karte, „Deutsche Generalkarte"	1:200 000	ab 1958	Raumordnungspläne
Geographische Karten	Übersichtskarte von Mitteleuropa Übersichtskarte des Deutschen Reiches und v. a.	1:300 000 1:1 000 000	1890 bis 1930 und seit 1990 1927 bis 1931 und seit 1990	Verkehrsbezüge Landesübergreifende Planung im europäischem Raum

Anmerkung: Fast alle Planwerke liegen inzwischen auch in digitalisierter Form bei den Dienststellen vor. Die Aktualisierung erfolgt durch Satellitenvermessung.

Für Zwecke der Raumforschung und der Förderungsprogramme des Bundes wurden aus der Gesamtfläche der Bundesrepublik sogenannte Gebietseinheiten als statistische Zählgebiete gebildet, deren jedes in sich in etwa homogen bzw. ausgeglichen oder einheitlich strukturiert ist.

Es sind dies die Gebiete:

01 Schleswig	34 Mittelhessen	67 Regensburg
02 Mittelholstein	35 Osthessen	68 Donau-Wald
03 Dithmarschen	36 Untermain	69 Landshut
04 Ostholstein	37 Starkenburg	70 München
05 Hamburg	38 Rhein-Main-Taunus	71 Donau-Iller (Bayern)
06 Lüneburg	39 Mittelrhein-Westerwald	72 Allgäu
07 Bremerhaven	40 Trier	73 Oberland
08 Wilhelmshaven	41 Rheinhessen-Nahe	74 Südostoberbayern
09 Ostfriesland	42 Rheinpfalz	75 Berlin
10 Oldenburg	43 Westpfalz	76 Stralsund-Greifswald
11 Emsland	44 Saar	77 Rostock
12 Osnabrück	45 Unterer Neckar	78 Schwerin
13 Bremen	46 Franken	79 Neubrandenburg
14 Hannover	47 Mittlerer Oberrhein	80 Schwadt-Eberswalde
15 Braunschweig	48 Nordschwarzwald	81 Prignitz
16 Göttingen	49 Mittlerer Neckar	82 Brandenburg
17 Münster	50 Ostwürttemberg	83 Frankfurt
18 Bielefeld	51 Donau-Iller (Ba.-Wü.)	84 Cottbus
19 Paderborn	52 Neckar-Alb	85 Altmark
20 Dortmund-Sauerland	53 Schwarzwald-Baar-Heub.	86 Magdeburg
21 Bochum	54 Südlicher Oberrhein	87 Dessau
22 Essen	55 Hochrhein-Bodensee	88 Halle
23 Duisburg	56 Bodensee-Oberschwaben	89 Leipzig
24 Krefeld	57 Bayerischer Untermain	90 Oberlausitz
25 Mönchengladbach	58 Würzburg	91 Dresden
26 Aachen	59 Main-Rhön	92 Chemnitz
27 Düsseldorf	60 Oberfranken-West	93 Zwickau-Plauen
28 Wuppertal	61 Oberfranken-Ost	94 Nordthüringen
29 Hagen	62 Oberpfalz-Nord	95 Mittelthüringen
30 Siegen	63 Mittelfranken	96 Ostthüringen
31 Köln	64 Westmittelfranken	97 Südthüringen
32 Bonn	65 Augsburg	
33 Nordhessen	66 Ingolstadt	

3.3.2 Nutzung der Flächen in Deutschland

Tafel **3**.6   Flächengliederung in Deutschland 2001

In Tsd ha	absolut		Anteil
Gebäude und dazugehörige Grundstücksflächen	2308,1	Tsd ha	6,5 %
Gewerbliche Betriebsflächen, Halden, Lagerplätze Ver- und Entsorgungsflächen	252,8	Tsd ha	0,7 %
Flächen für Erholung, Sport und Freizeit, Kleingärten, Camping-plätze, parkartige Friedhöfe	265,9	Tsd ha	0,7 %
Verkehrsflächen, Straßen, Wege, Plätze, Schienenwege, Was-serwege, Luftverkehrsflächen, Märkte, Messen	1711,8	Tsd ha	4,8 %
Landwirtschaftlich genutzte Flächen, Moor und Heide	19102,8	Tsd ha	53,5 %
Waldflächen	10531,4	Tsd ha	29,5 %
Wasserflächen	808,5	Tsd ha	2,3 %
Sonstige Nutzungen, Unland, Felsen, Dünen, Abbauland, Fried-höfe	721,9	Tsd ha	2,0 %
Summe	**35703,0**	**Tsd ha**	**100,0 %**

Quelle: Statistisches Jahrbuch der Bundesrepublik Deutschland 2002

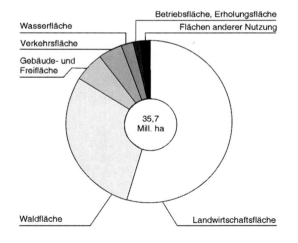

Wasserfläche
Verkehrsfläche
Gebäude- und Freifläche
Betriebsfläche, Erholungsfläche
Flächen anderer Nutzung

35,7 Mill. ha

Waldfläche
Landwirtschaftsfläche

¹) Ergebnis der Flächenerhebung – Deutschland

Bild **3**.7
Bodenfläche der Bundesrepublik Deutschland 2001 nach Nutzungsarten in Prozent
Erstaunlicherweise sind die Anteile der Nutzungsarten der Gesamtfläche Deutschlands 1995 im Vergleich zu den Werten der Bundesrepublik vor der Vereinigung 1991 z.B. mit den Daten von 1968 fast gleich. Signifikant verändert ist lediglich der Gebäude-, Hof- und Industrieflächenanteil, der 1968 in der BRD 4,1 % und 1993 in Deutschland 6,5 % betrug, während der Flächenanteil der landwirtschaftlich genutzten Flächen von 56 % in 1968 (BRD) auf 54,7 % in 1993 (Deutschland) gesunken ist, obwohl die sehr großen agrarisch genutzten Flächen der neuen Bundesländer dazugerechnet worden sind.
Quelle: Statistisches Jahrbuch der Bundesrepublik Deutschland 1996

3.3.3 Kataster und Grundbuch

Kataster und Grundbuch dienen, sich gegenseitig ergänzend, dem Nachweis von Lage, genauen Grenzen, Größen, Eigentumsverhältnissen und Rechtslasten der Grundstücke. Da für die gerechte Festsetzung der Steuer eine genaue Ermittlung von Größe und Wert eines Grundstücks nötig war, ist der Begriff *Kataster* mit dem öffentlichen Vermessungswesen verbunden (s. Abschn. 3.3.1). Als Liegenschaftskataster bezeichnen wir heute das bei den staatlichen Katasterämtern (mancherorts auch Vermessungsämter genannt) geführte und aus der Katasterkarte und den Katasterbüchern bestehende vollständige und die ganze Fläche des Staatsgebietes deckende Verzeichnis aller Grundstücke mit ihren genauen Grenzen und Besitz- und Rechtsverhältnissen. In Nordrhein-Westfalen ist die Katasterverwaltung im Gegensatz zu allen anderen Bundesländern ein Teil der Kreisverwaltung bzw. der Verwaltung der kreisfreien Städte.

Die *Katasterkarte* oder Flurkarte wird in den Maßstäben 1:500 oder 1:1000 oder 1:2000 geführt. Sie enthält alle Grenzen, Gebäude, deren Geschoßzahl, grundbuchmäßige Bezeichnung sämtlicher Grundstücke sowie weitere für die Planung wichtige Angaben zur Stadttopographie, wie größere Bäume, Straßenbahnen, Bordsteinkanten u.Ä. Eine Deckpause zur Katasterkarte stellt die Wertangaben der Bodenschätzung (Wertermittlung nach dem landwirtschaftlichen Nutzwert, nicht z.B. nach dem durch Verkehrslage, Bebaubarkeit usw. bestimmten Verkehrswert) dar.

Als *Katasterbücher* bezeichnet man die Summe der bei den Katasterämtern zur Katasterkarte geführten Listen der Eigentums- und Rechtsverhältnisse der Grundstücke (Liegenschaftsbücher, Flurbuch, Eigentümerverzeichnis u.a.).

Bei den Amtsgerichten bestehen Grundbuchämter. Diese führen auf Grund der Grundbuchordnung vom 1.4.1936 (RGBl. I. S. 1073) das *Grundbuch*. Alle Grundstücke des Bundesgebietes werden durch die Grundbücher erfaßt. Alle Besitzrechte an Grundstücken sind nur dann rechtsgültig, wenn sie im Grundbuch eingetragen sind. Von der Eintragungspflicht ausgenommen sind lediglich fiskalische Grundstücke wie Bahnanlagen, Wasserläufe und öffentliche Wege, die nur auf Antrag des Eigentümers eingetragen werden.

Für jedes vom Grundbuch erfaßte Grundstück wird ein neues Grundbuchblatt angelegt, auf dem in der nachfolgenden Reihenfolge verzeichnet sind:

- Titel, Bezeichnung des Grundbuches, des Grundbuchbandes und des Grundbuchblattes, z.B. Grundbuch von A-Dorf, Amtsgericht B-Stadt, Band 6, Blatt 75.
- Bestandsverzeichnis. Bezeichnung des Grundstücks in der Bezifferung des Katasters, Lage und Flächengröße, z.B. "Flur Nr. 14, Flurstück 1530/19. In der Pollmannsgrund, 8 a 78 m^2", ferner etwa mit dem Grundstück verbundene Rechte.
- Abteilung I enthält Eigentümer, Miteigentümer und sonstige Eigentumsverhältnisse, erfolgte Auflassungen.
- Abteilung II enthält auf dem Grundstück ruhenden Lasten und Beschränkungen, wie Wohnrechte, Vorkaufsrechte oder Wegerechte eines Dritten u. dgl.

- Abteilung III enthält Eintragungen und Löschungen von Hypotheken, Grund- und Rentenschulden.

Für jedes Grundbuchblatt wird eine besondere Grundakte angelegt, bei der sich alle auf dem Grundstück bezogenen und beim Grundbuchamt aufzubewahrenden Schriftstücke befinden wie Auflassungen, Hypothekenbewilligungen, Vollmachten, Kaufverträge, Löschungsbedingungen usw.

3.3.4 Erbbaurecht

Ein besonderes Grundbuch wird für alle diejenigen Grundstücke geführt, auf denen ein *Erbbaurecht* ruht. Dieses besagt, daß der Berechtigte auf dem Grundstück eines anderen ein Bauwerk errichten und nutzen darf, ohne das Grundstück selbst zu erwerben. Die Dauer und Nutzung und die Frage, wie nach Ablauf dieser Dauer zu verfahren ist, werden durch Vertrag so geregelt, daß der Berechtigte die für eine sinnvolle Nutzung (Wohnhaus, Kleinsiedlung) notwendige Rechtssicherheit genießt.

Das Erbbaurecht geht auf alte Rechtsformen, zum Teil schon aus germanischer Zeit zurück, wurde jedoch erst bedeutungsvoll durch die heute noch gültige Verordnung über das Erbbaurecht vom 15.1.1919 (RGBl. S.72). Neben dem Regelungsmuster des „gesetzlichen Erbbaurechts" läßt diese Verordnung einen ziemlich weiten Spielraum für vertragliche Vereinbarungen, die von der Normalform abweichen. Das Anliegen der Verordnung über das Erbbaurecht war vorwiegend ein soziales. Es wollte die Bereitstellung von Bauland, insbesondere auch aus öffentlichem Besitz, für solche Bauwilligen ermöglichen, die durch den käuflichen Erwerb eines Baugrundstückes, besonders dort, wo Baulandverknappung zu hohen Grundstückspreisen geführt hatte, überfordert sein würden. Es wollte ferner solches Bauland für die Bebauung nutzbar machen, das als Kapitalanlage, z.B. einer Kirchengemeinde oder einer Erbmasse, unverkäuflich war. Es kam damit den bodenreformerischen Bestrebungen nach dem I. Weltkrieg, die eine Trennung zwischen Eigentum am Grund und Boden und Eigentum am Bauwerk vorschlugen, entgegen. Es hat stark regulierend auf den Baulandmarkt eingewirkt und Preistreiberei verhindert. Das Erbbaurecht hat ferner auch solches Bauland der Bebauung zugeführt, das dem Grundstückseigentümer als Kapitalanlage zum Schutz vor Währungsverfall dienen sollte. Das Erbbaurecht ist im Bürgerlichen Gesetzbuch detailliert geregelt.

3.3.5 Eigentum an Grund und Boden

Der Eigentumsbegriff des in Deutschland geltenden Rechtes unterscheidet zwischen dem *Eigentum an Grund und Boden* und dem an beweglichen Sachen insoweit nicht, als der Eigentümer über beides grundsätzlich frei verfügen und sein Eigentum verkaufen, verpfänden oder beleihen kann. Die Preisbildung wird nach dem Grundsatz von Angebot und Nachfrage bestimmt. Diese freie Verfügbarkeit über das Eigentum wird durch das Grundgesetz (Artikel 14.1.) geschützt. Nach den Absätzen 2 und 3 des gleichen Artikels sowie nach Artikel 15 kann die freie Verfügbarkeit dann eingeschränkt oder entzogen werden, wenn das zum Wohle der Allgemeinheit erforderlich ist (Sozialbindung) und in solchen Fällen immer nur durch ein Gesetz und immer nur gegen eine angemessene Entschädigung. Wenn bei beweglichen Gütern eine Vermehrung der Nachfrage eintritt, so kommt die Angebotsseite in der Regel dieser Vermehrung durch vermehrte Produktion nach. Dagegen kann der nutzbare Boden in den meisten Fällen so gut wie nicht vermehrt werden, insbesondere nicht an den Stellen, wo stärkere Nachfrage auftritt. Landgewinnung an den Küsten und Ödlandkultivierungen sind in Deutschland kaum noch möglich und entlasten den Markt dort, wo größere Nachfrage nach Bauland besteht, überhaupt nicht. Damit müssen notwendigerweise überall dort, wo die Nachfrage nach Grundstücken steigt, auch die Bodenpreise steigen, solange nicht Eingriffe des Staates oder der Gemeinden diesem Trend entgegenwirken. In Lagen, in denen starke Nachfrage besteht, insbesondere in bevorzugten Geschäfts- und Wohnlagen der größeren Städte, kann ein Grundbesitzer durch Zurückhalten des Angebotes und eventuell durch Vorratskäufe die preistreibende Tendenz spekulativ steigern. Oft geschieht das in einem Maße, das eine sinnvolle Planung der städtebaulichen Ordnung unmöglich macht und darüber hinaus zu erheblicher sozialer Ungerechtigkeit führen kann. Seit etwa 1900 haben sich daher immer wieder Stimmen erhoben, die eine grundsätzliche Änderung des Bodenrechts fordern. Besonders lebhaft war diese Debatte während der Vorbereitungen zum Städtebauförderungsgesetz und zur Novellierung des Bundesbaugesetzes von 1976. Doch hat sich nur ein verhältnismäßig geringer Teil der damals diskutierten und teilweise in die Gesetzesentwürfe eingegangenen Vorschläge durchgesetzt.

Die möglichen Maßnahmen, wodurch sich das Eigentum an Grund und Boden gegenüber dem Eigentum an beweglichen Sachen stärker einengt, lassen sich wie folgt kennzeichnen:

- Als radikalste Maßnahme bietet sich die grundsätzliche Abschaffung des Privateigentums an Grund und Boden an. Diese oder darauf hinauslaufende verwandte Maßnahmen widersprechen zweifellos dem Grundgesetz; sie haben sich im Laufe der Geschichte nicht durchgesetzt.
- Trennung zwischen dem Eigentum am Grundstück und dem an dem darauf stehenden Bauwerk (vgl. Erbbaurecht).
- Abschöpfung (durch Steuern oder durch einmalige Abgabe) der Wertsteigerung, die ein Grundstück ohne eigene Leistung des Besitzers erfährt, z.B. durch Planungsmaßnahmen.
- Eine gemeindliche Bodenvorratspolitik, die es ermöglicht, durch Steuerung des Angebots Spekulationen entgegenzuwirken.
- Steuerliche Maßnahmen und Abgaben, die es uninteressant machen, baureife Grundstücke in spekulativer Absicht zurückzuhalten.

In vielen anderen Staaten gibt es Bodenordnungen, die dem Planer und seinen Absichten weit stärker entgegenkommen als die deutsche Bodenordnung. In Großbritannien gibt es solche Regelungen zumindest als Möglichkeit für Planungsschwerpunkte (Trennung von Grundeigentum und Nutzungsrecht für das Gebiet der „Neuen Städte"). Es ist erklärlich, daß das Grundgesetz nur sehr vorsichtige und schonende Eingriffe zuläßt, nachdem während des nationalsozialistischen Regimes der damalige Rechtsgrundsatz „Gemeinnutz geht vor Eigennutz" durch eine Fülle von Eingriffen, die gegen die Person oder das Eigentum gerichtet waren, zu einem Mittel der staatlichen Willkür gemacht worden war.

Genaue und übersichtliche Darstellung der nach dem derzeitigen deutschen Recht möglichen Maßnahmen zur Bodenordnung, die im Rahmen dieses Buches viel zu umfangreich werden würde, bringen BONCZEK und HALSTENBERG.

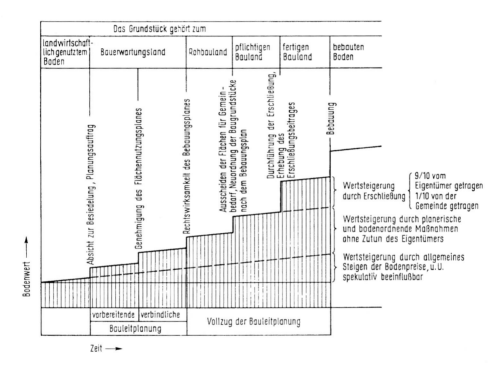

Bild 3.8 Preisentwicklung des Baulandes, abhängig von Zeitlauf und Fortgang des Planungsvorganges nach BONCZEK-HALSTENBERG

3.3.6   Planungsschaden

Wenn sich der Verkaufswert oder die Ausnutzbarkeit eines Grundstücks verringert, weil z.B. infolge einer planerischen Festsetzung Art oder Maß der baulichen Nutzung vermindert werden, so steht dem Grundstückseigentümer ein Ausgleich für diesen Schaden zu, der als *Planungsschaden* bezeichnet wird. Bestand für das Gebiet, in dem sich das Grundstück befindet, bisher noch kein gültiger Bebauungsplan, sondern nur ein Flächennutzungsplan, aufgrund dessen sich der Eigentümer Vorstellungen über die künftig mögliche Bebauung machte, und werden diese Vorstellungen durch den Bebauungsplan enttäuscht, so begründet das noch keinen Entschädigungsanspruch. Entschädigungsansprüche werden jedoch begründet durch die Änderung oder Aufhebung einer baulichen oder sonstigen Nutzung, z.B. durch Änderung eines bestehenden Bebauungsplanes oder durch die Festsetzung einer Bindung für die Bepflanzung. Hat ein Grundstückseigentümer jedoch innerhalb einer Frist von sieben Jahren ab Zulässigkeit seine Rechte nicht wahrgenommen, so besteht bei Änderung oder Aufhebung der Nutzung zu seinem Nachteil nur bedingt ein Entschädigungsrecht (§ 42 BauGB).

3.4   Gebäude und Bebauung

3.4.1   Bauweise

Die Baunutzungsverordnung unterscheidet zwischen geschlossener und offener Bauweise. Kriterium für die *geschlossene Bauweise* ist es, daß das Gebäude zur seitlichen Grundstücksgrenze keinen Abstand läßt. Nachbargebäude werden beidseitig aneinander gebaut. Gebäude in geschlossener Bauweise können bzw. müssen auch bis an die straßenseitige Grundstücksgrenze – die Straßenbegrenzungslinie – gebaut werden. Die Gebäude können über 50 m lang sein. Trifft auch nur eines der drei Kriterien (seitliche Grenzbebauung, Bauen an die Verkehrsfläche und Gebäudelänge über 50 m) zu, dann liegt eine geschlossene Bauweise vor. Die geschlossene Bauweise ist eine typische innerstädtische Bauweise, die ein städtisches Erscheinungsbild vermittelt.

In der *offenen Bauweise* werden die Gebäude mit seitlichem Grenzabstand errichtet. Auch nach vorn müssen sie nach Landesrecht in Abhängigkeit zu ihrer Höhe einen Abstand zur Erschließungsfläche einhalten. Ein Einzelhaus – das typische freistehende Einfamilienhaus – hält also zu allen Grundstücksgrenzen einen Abstand ein. Offene Bauweise steht für eine lockere ein- bis zweigeschossige Wohnbebauung in dörflicher oder kleinstädtischer Lage mit ausreichend großen Grundstücken in ruhiger Umgebung.

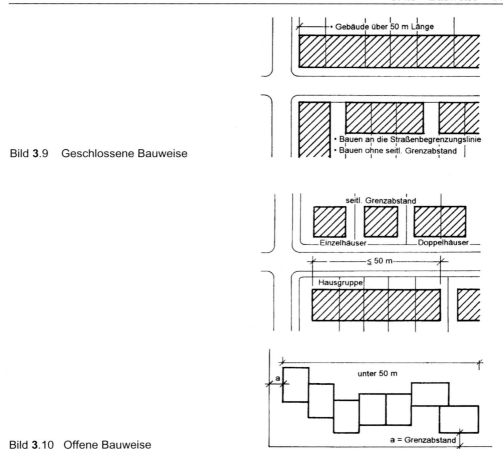

Bild **3**.9 Geschlossene Bauweise

Bild **3**.10 Offene Bauweise

Einzelhäuser sind freistehende Gebäude, die über ein selbständiges Erschließungselement verfügen. Außer den Einfamilienhäusern zählen auch Wohnblocks, Hochhäuser und Fabrikhallen unter 50 m Länge zu den Einzelhäusern und zur offenen Bauweise, unabhängig von ihrer Höhe und ihrer Nutzung. Die offene Bauweise kennzeichnet Siedlungsgebiete für die das freistehende Einfamilienhaus als Einzel- oder Doppelhaus typisch ist.

Doppelhäuser sind zwei selbständige, aneinander gebaute Gebäude, mit eigenem Zugang und Treppenhaus, unabhängig von ihrer Größe und Nutzung. Auch zwei Geschoßwohnhäuser oder zwei Einfamilienhäuser mit Einliegerwohnungen bilden ein Doppelhaus, wenn das Gebäude die übrigen Kriterien der offenen Bauweise einhält.

Hausgruppen sind drei und mehr aneinander gebaute Gebäude mit je eigenem Eingang, wie Reihen- und Kettenhäuser bis zu 50 m Länge. Es ist wie bei Doppelhäusern unerheblich, ob sie auf einem oder mehreren Grundstücken stehen. Hausgruppen müssen am Ende der Zeile einen Abstand zur seitlichen Grundstücksgrenze einhalten. Typisch für Hausgruppen ist die Form der Reihenhäuser und Kettenhäuser.

Abweichende Bauweise. In einem Bebauungsplan kann auch eine von der offenen oder geschlossenen abweichende Bauweise festgelegt werden. Beispiele hierfür sind Gartenhof- oder Atriumhäuser, Gebäude, die mit einer Seite an die Grundstücksgrenze angebaut werden sollen, oder Gebäude, deren Grenzabstände bewußt gegenüber den Vorschriften der Landesbauordnung verringert werden, um eine bestimmte Absicht zu erzielen (kosten- und flächensparendes Bauen, städtische Dichte etc.).

3.4.2 Stellung der Gebäude und überbaubare Fläche

Ein Gebäude wird als *traufständig* bezeichnet, wenn First und Traufe parallel zur Erschließungsstraße verlaufen, *giebelständig* ist es, wenn der Giebel bzw. die Schmalseite des Gebäudes zur Straße zeigt, d.h. der First rechtwinklig zum Straßenverlauf zeigt.

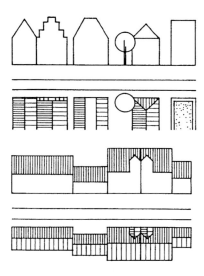

Bild **3**.11
Giebelständige Bebauung als Einzelhäuser und Reihenhäuser in offener Bauweise oder im innerstädtischen Bereich in geschlossener Bauweise

Bild **3**.12
Traufständige Bebauung
Betonung des Straßenverlaufs, der Eindruck des Straßenraumprofils vermittelt ein größere Weite als bei einer Giebelständigkeit bei gleicher Dichte.

Überbaubare Fläche. Sie wird im Bebauungsplan festgesetzt durch Baulinien und Baugrenzen. Das Baugrundstück besteht also aus einem überbaubaren und einem nicht überbaubaren Grundstücksteil. Innerhalb der überbaubaren Fläche kann im vorgegebenen Maß (Grundflächenzahl, Geschoßflächenzahl, Baumassenzahl) gebaut werden. Da die überbaubare Fläche meist bewußt größer dimensioniert ist, als sie ausgenutzt werden darf, gibt der Bebauungsplan einen gewissen Gestaltungsspielraum und im Rahmen der Obergrenzen des vorgegebenen Maßes der Nutzung auch einen Ausnutzungsspielraum. Mit der überbaubaren Fläche werden die Grundzüge des städtebaulichen Entwurfs festgesetzt.

Eine *Baulinie* bezeichnet eine Linie, die zwingend eingehalten werden muß d.h., es muß auf ihr gebaut werden, während eine *Baugrenze* lediglich besagt, daß das Gebäude sie nicht überschreiten darf. Die Baulinie ist also diejenige Handhabe, mit der der Planer den Architekten weit genauer festlegt als nur mit einer Baugrenze. Deshalb wird von Baulinien auch vorwiegend entlang den öffentlich zugänglichen Flächen Gebrauch gemacht, dort, wo es dem Planer darauf ankommt, für das Auge eine mehr oder weniger geschlossene Begrenzung des Straßenraumes zu erzwingen. Für die von der Straße abgekehrte Gebäudefront wird er sich dagegen meist mit der Festlegung einer Baugrenze begnügen. Nicht überbaubar ist auch die seitliche Grenzabstandsfläche bei offener Bauweise, auch wenn sie im Bebauungsplan, der ja keine Parzellengrenzen festlegt, überbaubar erscheint. Die Errichtung von Nebengebäuden, wie Garagen ist, wenn nicht im Bebauungsplan anders festgesetzt, auch in den nicht überbaubaren Grundstücksflächen gestattet.

Liegt kein Bebauungsplan vor und befindet sich das Grundstück in einer im Zusammenhang bebauten Ortslage, dann ergibt sich die überbaubare Fläche aus den Vorgaben der Nachbarbebauung (vgl. § 34 BauGB).

Ältere Bebauungspläne und Festsetzungen sprechen noch von der Fluchtlinie als straßenseitiger Grenze der überbaubaren Fläche. Der Name Fluchtlinie läßt die frühere Vorstellung erkennen, nach der eine gute Bebauung aus fluchtend aufgereihten Gebäuden entlang geradliniger, sich möglichst rechtwinklig schneidender Straßen besteht. Das Aufheben dieses Begriffs der Fluchtlinie und sein Ersatz durch Baulinien und Baugrenzen entspricht der Neigung zu freier Gestaltung in der städtebaulichen Planung. Es soll dagegen nicht dazu verführen, daß der künftigen Einzelplanung dadurch vorgegriffen wird, daß bereits alle Hauptabmessungen der Gebäude durch das Ziehen von Baulinien und das Festsetzen von Maßen bestimmt werden.

Statt der Festsetzung einer rückwärtigen Baugrenze kann auch eine maximal zulässige Bebauungstiefe vorgeschrieben werden, die i.allg. als Maß senkrecht zur Straßengrenze angegeben wird.

3.4.3 Formen der Bebauung

Die Wohnung. Als Wohnung bezeichnet man eine Gesamtheit von Räumen, die zur Führung eines selbständigen Haushaltes bestimmt sind (DIN 283 Bl. 1 und LBO). Die Woh-

nung besteht aus Aufenthaltsräumen und Nebenräumen wie Küche, Bad, WC und Abstell-
räumen und deren Zugangsräume. Sie ist gegenüber anderen Wohnungen abgeschlossen,
verfügt über einen direkten Zugang vom Freien bzw. von einem Treppenhaus oder einem
gemeinsamen Vorraum. Eine Wohnung muß ausreichend groß für die vorgesehene Belegung sein, zweckmäßig in Raumform und Raumanordnung sein, gute Belichtung und Besonnung haben, von Störungen durch benachbarte Wohnungen, benachbarte Gewerbetriebe
oder Verkehrslärm frei sein und über eine eigene Wasserversorgung, Heizmöglichkeit,
Toilette und Wasch-, Dusch- oder Badegelegenheit verfügen. Sie muß schließlich ein Mindestmaß an Abstellraum haben.
Eine Ausrichtung der Aufenthaltsräume nach Süden bis Westen gewährleistet eine gute
Sonneneinstrahlung und den Einsatz von Wärmespeicheranlagen und Wintergärten.

Wohnungsgröße. Sie kann entweder nach Raumzahl gekennzeichnet werden oder als
Wohnfläche angegeben werden. Nach der Zahl der Räume kennzeichnet man eine Wohnung, indem man Räume, mit mehr als 6 m² Wohnfläche zusammenzählt. Man spricht von
Drei-Raum-Wohnung, Vier-Raum-Wohnung usw. oder von 2-Zimmer mit Küche und Bad.
In England und USA wird die Wohnungsgröße mit der Zahl der Schlafzimmer angegeben,
z.B. 3-Bedroom-Apartment. Die Wohnfläche ist die anrechenbare Grundfläche der Räume
einer Wohnung, ihre Ermittlung erfolgt nach DIN 283 Bl. 2.
Die durchschnittliche Wohnfläche [m²/EW] schwankt mit dem Lebensstandard und der
wirtschaftlichen Entwicklung. Sie steigt außerdem umgekehrt proportional zur Personenzahl je Haushalt. Sie ist in Wohnungen für Alleinstehende höher als in Einfamilienhäusern,
in den letzteren wiederum höher als in Familien-Geschoßwohnungen. 1956 betrug die
Wohnfläche/EW im Durchschnitt aller Wohnungen des Bundesgebietes 21,3 m²/EW. Diese Zahl ist seitdem ständig gestiegen und liegt 1996 bei 37,2 m²/EW. 1965 betrug die
durchschnittliche Größe je Wohnung 68,9 m², 1971 war sie auf 83,8 gestiegen. 1996 liegt
die durchschnittliche Wohnungsgröße bei 83,7 m². Die steigende Zahl kleinerer Wohnungen für Ein- und Zweipersonenhaushalte reduziert die Durchschnittsgröße erheblich.

Einfamilienhaus. Grundsätzlich wird jedes Wohnhaus, das nur eine abgeschlossene Wohnung enthält, als Einfamilienhaus bezeichnet, auch wenn es außer dieser einen Wohnung
eine zweite untergeordneter Größe enthält (Einliegerwohnung). Einfamilienhäuser sind
sowohl freistehende Einzelhäuser als auch Doppelhäuser, Reihenhäuser, Bungalows etc.
Mehrfamilienhaus. Erschließt ein Zugang mehrere Wohneinheiten, dann spricht man von
einem Mehrfamilienhaus, unabhängig von der Bauweise und unabhängig ob das Gebäude
mehrere Zugänge und dadurch aus mehreren Einheiten besteht.
Hochhaus. Ein Gebäude, in dem der Fußboden mindestens eines zu dauerndem Aufenthalt
von Menschen bestimmten Raumes mehr als 22 m über Terrain liegt, gilt als Hochhaus.
Solange die Kantenlänge eines Gebäudes unter 50 m bleibt ist es in offener Bauweise errichtet. Die Abstandsflächen richten sich nach den Landesbauordnungen. Obwohl mit
Hochhäusern keine größere Wohndichte erzielt werden kann als mit niedriger Bauweise, so
gewinnt das Hochhaus durch die geringere Inanspruchnahme von Grund und Boden größere Bedeutung. Wirtschaftliche und ökologische und nicht zuletzt gestalterische Belange
liegen daher miteinander in Konkurrenz. Hochhäuser enthalten generell trotz Ausstattung,

Lage, Grundrißzuschnitt und Balkon keine kinderfreundlichen Wohnungen, da das Wohnen in Hochhäusern nicht frei von psychischen Belastungen ist.

Sonderformen

Penthouse-Wohnungen sind Dachgeschoßwohnungen mit Garten, die den Charakter eines Einfamilienhauses erfüllen. Sie sind auf ein Mehrfamilienhaus aufgesetzt.

Appartementgebäude enthalten überwiegend Kleinwohnungen für ein bis zwei Personen als Ein- bis Zweizimmerwohnungen als Miet- oder Eigentumswohnungen.

Stadthäuser sind zwei- bis dreigeschossige Einfamilienhäuser, die auf knappem Grundstück und meist mit reduziertem Verkehrsflächenanteil eine innerstädtische Wohnform darstellen. Stadthäuser gibt es als Reihenhäuser und auch als Solitärgebäude.

Barrierefreies Wohnen, betreutes Wohnen, Behindertengerechtes oder -freundliches Wohnen beschreiben Wohnformen, die den Bewohnern ein Wohnen im Alter und/oder mit Behinderungen erleichtern und eine Betreuung ermöglichen. Rollstuhlgerechte Wohnungen haben gesonderte Vorschriften.

Einige Begriffe im Städtebau werden verwendet, um die Besitzverhältnisse zu kennzeichnen wie:

Eigenheim, d.h. ein Einfamilienhaus, das der Besitzer selbst bewohnt. Mieteigenheim ist eigentlich eine falsche Bezeichnung für ein vom Besitzer vermietetes Eigenheim.

Eigentumswohnung ist eine Wohnung in einem Mehrwohnungshaus, die ebenso wie ein Grundbesitz gekauft, verkauft, beliehen oder vererbt werden kann. Dabei ist der Besitzer der Eigentumswohnung nicht auch zugleich Besitzer der übrigen Teile des Gebäudes; wohl aber eines festgelegten Grundstückanteiles. Er kann daher über seinen Besitz nur insoweit verfügen, als er dadurch Recht dritter, insbesondere der Eigentümer anderer Eigentumswohnungen im gleichen Gebäude, nicht beeinträchtigt. Gesetzliche Vorschriften regeln seine Rechte und Pflichten an dem Grundstück sowie an den gemeinsamen Einrichtungen, an denen er ein Miteigentum hat. Eigentumswohnungen sind eine Form der Kapitalanlage, die zur Belebung des Wohnungsmarktes steuerlich gefördert werden. Die meisten Eigentumswohnungen sind vermietet. Zahlreiche Mietwohnungen in Mehrfamilienhäusern sind insbesondere in Großstädten und in den neuen Bundesländern in Eigentumswohnungen umgewandelt worden.

Mietwohnungen. Die meisten Mehrfamilienhäuser sind als Miethäuser gebaut. Eigentümer sind Einzelpersonen oder Gesellschaften, die Einzelwohnungen vermieten.

Wohnheime können entweder eine Mehrzahl selbständiger (meist recht kleiner) Wohneinheiten umfassen oder Zimmer für eine größere Anzahl Heimbewohner enthalten, die einen gemeinsamen (Heim-) Haushalt bilden. Wohnheime werden für die verschiedensten Gruppen wohnungsbedürftiger Einzelpersonen errichtet, meistens mit einem sozialen Zweck (Schülerheime, Lehrlingswohnheime, Heime für alleinstehende Berufstätige, Studentenwohnheime, Altenwohnheime u.a.).

3.4.4   Gebäudetypologie

Aus der Darstellung der bisher genannten Wohnformen ergeben sich Gebäudeformen, die hier mit einigen überschlägigen Daten Grundlage für die städtebauliche Planung sein sollen.

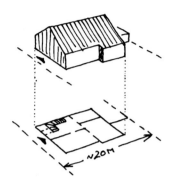

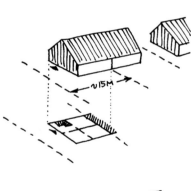

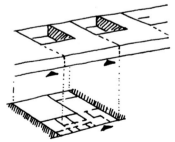

Bild **3**.13   Einfamilienhäuser

Freistehendes Einfamilienhaus
Wichtige Kennzeichen: Gegen beide Nachbargrenzen eine freizuhaltende Fläche. Großer Baulandbedarf, wovon jedoch die in den Vorgarten und die beiden seitlichen Grenzabstände fallenden Teile meistens keinen oder nur geringen Wohnwert einbringen. Vorteile: Unabhängigkeit der Bewohner von ihren Nachbarn, Himmelsrichtungslage des Grundstücks schränkt die Möglichkeit der Grundrißentwicklung kaum ein. Garagen und Stellplätze sind auf dem Grundstück unterzubringen.
Grundstücksbreite: ca. 20m
Grundstücksfläche: ca. 600 m²
Erzielbare Nettowohndichte: 30 - 75 EW/ha

Doppelhäuser.
Wichtige Kennzeichen: Doppelhäuser sind zwei selbstständige, aneinander gebaute Gebäude, die auf den vorgegebenen Abstand zur gemeinsamen Grundstücksgrenze verzichten. Die Zahl der Wohneinheiten in jedem Gebäude ist nicht grundsätzlich beschränkt. Jede Doppelhaushälfte hat ein eigenes Erschließungselement (Zugang, Eingang, Treppenhaus).

Gartenhofhaus (Artriumhaus).
Wichtige Kennzeichen: Zum Wohnbereich gehört ein besonnter und gegen jeden fremden Einblick geschützter Gartenhof, über den auch alle oder doch die meisten bewohnten Räume ihre Belichtung erhalten. Besonders häufig verwendet für dichte Flächenbebauung („Teppichbebauung“). Die in der Mehrzahl der gebauten Typen sind eingeschossige Winkelbauten. Möglich sind aber auch zweigeschossige oder teilweise zweigeschossige Typen sowie Häuser, bei denen nur eine Wand des Gartenhofes vom Haus die anderen von Grenzmauern oder von fensterlosen Wänden der Nachbargebäude gebildet werden. Hauptvorteil: Ungestörtes Wohnen bei relativ geringem Baulandbedarf. Die Atriumbauweise zählt zu den dichtesten Wohnformen im Einfamilienhausbau. Die Lage zur Himmelsrichtung ist ein wichtiges Entwurfskriterium. Größere Typen erfordern allerdings viel innere Erschließungsfläche, oder es ergeben sich „gefangene“ Zimmer.

Garagen und Stellplätze müssen – wenn nicht im Ge-
bäude – auf gesonderten privaten Flächen unterge-
bracht werden.
Grundstücksbreite: ca. 12 - 15 m/WE
Grundstücksfläche: ca. 150 - 250 m²/WE
Mindestgröße des Atriums 5 x 5 m
Erzielbare Nettowohndichte durch Reihung und flächige
Bebauung: 100 - 160 WE/ha

Reihenhaus.
Wichtige Kennzeichen: Wand an Wand gebaute Einfamilienhäuser (häufig, aber nicht notwendig gleiche oder
spiegelgleiche Typen) werden zu einer Zeile in Nord-
Süd oder Nordwest-Südost-Erstreckung gereiht. Ost-
westlich verlaufende Zeilen erschweren die Grundrißbil-
dung, wenn sie von Süden erschlossen werden, da entweder die Erschließung durch den nach Süden orientierten Garten geht oder der Garten an der unbesonnten
Nordseite des Gebäudes liegt. Im Baulandanspruch
sparsam, jedoch liegt Gefahr der gegenseitigen Störung
nahe, besonders bei schmalen Typen („handtuchförmi-
ge" Gartenstreifen). Reihenhäuser, die nicht von Norden
oder Osten erschlossen werden können, erfordern eine
sorgfältige Grundrißplanung, wodurch Besonnungs-
nachteile vermieden werden können (Durchwohnen,
Staffelung, Versatz etc.).
Grundstücksbreite: ca. 7m, Ende ca. 10m
Grundstückstiefe: ca. 25m
Grundstücksfläche: ca. 170 – 220 m²/WE
Erzielbare Wohndichte: 150 – 200 EW/HA

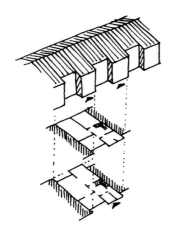

Kettenhaus.
Wichtige Kennzeichen: Eine Form des gereihten Einfamilienhauses, bei dem äußerlich erkennbar in der Haus-
zeile ein immer wiederkehrender Wechsel von zwei oder
drei Baukörpern (z.B. Wohnteil und Wirtschaftsteil oder
Wohnteil und Garage) charakteristisch ist. Kettenhäuser
können in eingeschossiger oder zweigeschossiger Bauweise errichtet werden oder in der Geschossigkeit im
Gebäude wechseln. Endtypen bei Reihen- oder Ketten-
häusern bieten die Möglichkeit individueller Gestaltung.
Grundstücksbreite: Abhängig von der Art der Kettenglie-
der, bei reinen Wohnhäusern > 10 m/WE, öfter
12 - 15 m/WE
bei Kleinsiedlungen u. ä. ca. 12 m/WE
Grundstückstiefe: ca. 30 m/WE
Grundstücksfläche: 300 - 500 m²/WE
Erzielbare Nettowohndichte: 80 - 150 EW/ha

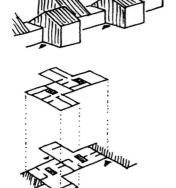

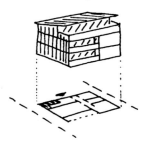

Bild **3**.14   Mehrfamilienhäuser

Mehrfamilienhaus.
Mehrfamilienhäuser zählen insoweit zu den Einzelhäusern, als sie über eine einzige selbständige Erschließungsanlage verfügen. Die häufigste Form ist das Zweifamilienhaus mit zwei Wohneinheiten übereinander. Es ist das typische Vorstadt- und Siedlungshaus, wo offene Bauweise und Zweigeschossigkeit zugelassen ist. Obwohl städtebaulich problematisch; wird es von den Bauherren wegen seiner günstigen Finanzierbarkeit bevorzugt. Die erzielbare Wohndichte liegt bei 100 - 120 E/ha. Neben diesem 2-Wohnungshaus gibt es Mehrwohnungshäuser, die in jedem Vollgeschoß zwei Wohnungen haben (Zweispänner). Liegen drei Wohnungen auf jeder Ebene spricht man von Dreispännern. Meist liegt eine kleinere Wohnung zwischen zwei größeren Einheiten. Die Ausrichtung der Wohnräume nach Süden, Südwesten bis nach Westen ist für den Wohnwert äußerst wichtig, demnach liegen die Erschließungsanlagen und Eingänge optimal im Norden, Nordosten bis Osten. Die Ausrichtung der Gebäude kann durch flexible Grundrisse (Durchwohnen) erhöht werden. Bei Geschoßwohnungshäusern ist auch eine Erschließung von der Gartenseite her möglich, die Lage des Treppenhauses ist der Situation anzupassen. In der Literatur gibt es eine vielseitige Typologie der Grundrisse und der Erschließungsmöglichkeiten.

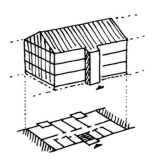

3.4.5   Formen des Geschoßwohnungsbaus und ihre städtebauliche Verwendung

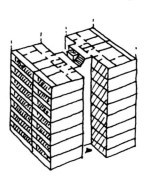

Bild **3**.15   Formen des Geschoßwohnungsbaus

Freistehendes Vielwohnungshaus mit zahlreichen Varianten als 2- bis 8-Spänner in gestalterisch und organisatorisch unterschiedlichsten Formen. Je nach Erschließungsform und Lage des Treppenhauses auch um ein Halbgeschoß versetzte Ebenen.
Beispiel: 3-Spänner als sog. Y-Typ
            4-Spänner als sog. H-Typ
Bei Hochhäusern (Fußboden mindestens eines Aufenthaltsraumes liegt über 22 m über Gelände) ist die Brandschutzsicherung besonders zu beachten.

Freistehende Hochhäuser (Punkthäuser) gewinnen bei Berücksichtigung der Grundsätze des ökologisch orientierten Städtebaus (Sparsamkeit in Umgang mit Grund und Boden) wieder erhöhte Bedeutung, obwohl soziologisch viele Gründe gegen ein Wohnen in Gebäuden über fünf Geschosse sprechen.

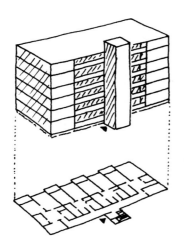

Außenganghaus (Laubenganghaus). Um die Erschließungsflächen und insbesondere Treppenhäuser und Fahrstühle zu reduzieren, wird vor allem bei Kleinwohnungen bis 3 Zi/WE im Geschoß die Form des Laubenganghauses gewählt. Der Laubengang erschließt eine Vielzahl von Wohneinheiten pro Geschoß. Die Zahl der Treppenhäuser ist abhängig von den brandschutzrechtlichen Bestimmungen (max. Entfernung zur Treppe). Der Laubengang liegt meist an der Nord- oder Ostseite des Gebäudes. Die Wohnungen an den Enden des Laubenganges können auch größere Einheiten sein. Zum Laubengang dürfen keine Wohnräume orientiert sein. Daher sind Laubenganghäuser sehr gut an lärmbelasteten Straßen zu verwenden. Die Laubengänge können auch ganz oder teilweise verglast und/oder begrünt werden. Die relativ hohe Zahl kleiner Wohnungen bedingt auch eine hohe Zahl von Stellplätzen auf dem Grundstück. Erzielbare Nettowohndichte 250 - 400 E/ha je nach Zahl der E/WE.

Eine Variante der Laubenganghäuser bringt durch Verwendung von Maisonettetypen eine Ersparnis der Erschließungsflächen (Laubengänge nur in jedem zweiten Geschoß) und die Verwendung von größeren Wohneinheiten. Diese Ersparnis wird durch die Notwendigkeit einer internen Erschließungstreppe relativiert. Auch hier ist die Variationsbreite durch Zuschaltung von Räumen und Ebenen groß.

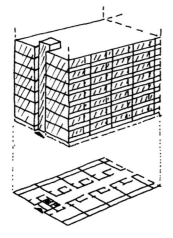

Innenganghaus. Ein Gang in jedem Geschoß erschließt den Zugang zu Klein- oder Kleinstwohnungen, die an ihm beiderseits (i.allg. in größerer Zahl) aufgereiht sind. Sehr wirtschaftliche, aber sehr störungsanfällige und wegen der mangelhaften Querlüftung hygienisch nicht ideale Unterbringung für kleinste Einheiten, insbesondere für Wohnheime oft mit zusätzlichen Gemeinschaftsräumen. Längserstreckung ausschließlich von Nord nach Süd (wegen des für beide Längsfronten gleichen Besonnungsanspruches). Auch hier sind Maisonettetypen verwendbar. Die erzielbare Nettowohndichte von ca. 300 E/ha unterscheidet sich nicht wesentlich von den übrigen Geschoßwohnungsbauten. Mit steigender Geschoßzahl steigt auch die Grundstücksgröße bei gleichbleibender vorgegebener Geschoßflächenzahl.
Beispiele: Unité d´habitation Marseille und Berlin, Park Hill Maisonettes, Sheffield u.a.

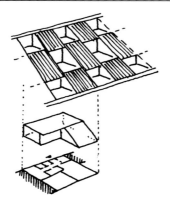

Bild 3.16   Sonderformen

Terrassenhäuser am Hang. Atriumhausartige Wohneinheiten werden entweder auf steilen Hängen (1:2 bis 1:3) oder auf Stahlbetontraggerüsten in mehreren Geschossen so übereinander gestapelt, daß ihre Grundflächen sich teilweise überdecken, jede Einheit aber einen gut besonnten und gegen Einblick geschützten Freiraum (Atrium oder Terrasse) aufweist.

Wohnhügel. Wichtige Kennzeichen: Wohneinheiten ähnlich denen kleiner Gartenhofhäuser mehrgeschossig so angeordnet, daß durch seitliches und rückwärtiges Verschieben der Grundrisse gegeneinander jede Wohnung ihren besonnten Freiraum erhält. Breite Brüstungen mit Pflanzbeet verhindern den Einblick von den oberen in die unteren Wohnhöfe, ohne den Blick in die freie Landschaft zu beeinträchtigen. Wenn das Gebäude nicht als Terrassenhaus an einem natürlichen Hang liegt, entstehen im Gebäudeinneren zu Wohnzwecken nicht nutzbare Räume, die für Kfz- Einstellung, Abstell- und Serviceräume, Büros, Ladenstraße und den Erschließungsflächen genutzt werden. Dieser „tote" Innenraum setzt der möglichen Geschoßzahl seine Grenze bei etwa 5 - 6 Geschossen und macht den Baupreis des Typs durch geringwertig genutzte Kubatur teuer. Belichtung und Belüftung der inneren Gänge und Räume setzen der Hauslänge Grenzen. Teure technische Konstruktion, jedoch hoher Wohnwert. Die Stellung der Gebäude ist auf die Nord-Süd-Richtung beschränkt.

Wohntürme mit primären Tragkonstruktionen und eingehängten Wohneinheiten. Diese als zukunftsweisende Wohnform in den siebziger Jahren erdachten und auf Ausstellungen als Prototypen erstellten Gebäude sollten Ideen für die Sanierung von überalterten Stadtstrukturen (Paris) oder für die Besiedelung von Wasserflächen (Tokio) darstellen. Solange die technischen Probleme groß sind und die Einfügung in den Bestand nicht gelöst ist, werden traditionelle Bauformen wirtschaftlich überschaubarer bleiben.

Die hier aufgeführten Gebäudetypen und Hausformen sind in der Addition und Kombination städtebaulich und räumlich wirksam. Insbesondere die Reihenhaussiedlungen, die zusammen mit verkehrsberuhigenden Maßnahmen in den Niederlanden (Woonerfs) und in Deutschland entstanden sind, verdienen Beachtung. Vorbildliche Beispiele über die Mischung von Wohnformen und die Interpretation unterschiedlicher Nutzungen findet man in der aktuellen Literatur.

3.4.6 Gemeinschaftseinrichtungen im Geschoßwohnungsbau

Außerhalb der Wohnung im Geschoßwohnungsbau sind Räume und Flächen anzusetzen für folgende Nutzungen
- Verkehrsflächen zur Erschließung der Wohnungen, insbesondere Treppenhäuser, Fahrstühle und Flure
- Abstellräume im Keller oder unter Dach, soweit nicht in der abgeschlossenen Wohnung untergebracht
- Gemeinschaftsräume für Fahrräder, Kinderwagen
- Heizraum und Brennstofflagerraum bei Zentralheizung
- Gemeinschaftswaschküche für Münzwaschgeräte, Trockner etc.
- Hausanschlußraum für Wasser, Elektrizität, Gas, Fernwärme
- Raum für Abfallentsorgung bei differenzierter Trennung des Abfalls (Papier, Kunststoff, Glas, Restmüll)
- Von den meisten Geschoßbewohnern wird ein gemeinsames Gästezimmer bzw. Gästeapartement gewünscht, was jeweils vermietbar ist
- In größeren Einheiten Hobby-Räume, Jugendräume

Außerhalb des Gebäudes gehören zur Ausstattung von Mietwohnungsanlagen
- Stellplätze 1 St/WE 2,50 × 5,00 m zzgl. Zufahrt
- Garagen in Garagenhöfen 3,00 × 5,50 m zzgl. Zufahrt. Auf die Möglichkeit von Parklift-Systemen, Unterflurgaragen und Tiefgaragen wird verwiesen. Stellplätze können einzeln oder in Gruppen überdacht werden (Carports).
- Kinderspielplatz insbesondere für Kleinkinder 5 m²/WoE min. 25 m² je nach Vorschriften
- Mülltonnenplätze / Müllschränke die geschützt und ohne direkte Sonneneinstrahlung angelegt werden sollen, insbesondere bei Containern
- Abstellmöglichkeiten für Fahrräder und Kinderwagen

3.4.7 Bewertungskriterien für Wohnanlagen

Wohnungen haben ganz bestimmte Voraussetzungen in bautechnischer Hinsicht zu erfüllen, sie müssen den einschlägigen Vorschriften entsprechen, um genehmigungsfähig und förderungswürdig zu sein, und sie müssen auch langfristig den Bedürfnissen der zukünftigen Bewohner nachkommen in Größe, Ausstattung, Lage und Wirtschaftlichkeit.

Eine Wohnanlage oder eine Siedlung muß darüber hinaus Kriterien erfüllen, die sich auf die Lage im besiedelten Stadtgebiet, die Ausstattung und generell auf die Qualität des Wohnumfeldes beziehen.
Einige Kriterien zur Bewertung von Wohnanlagen seien hier genannt, sie gelten im Umkehrschluß auch als Entscheidungshilfen bei der Siedlungsplanung.

1. Lageeigenschaften
- Verkehrslage für Individualverkehr, Erreichbarkeit des öffentlichen Personen-Nahverehrs (Bus/Straßenbahn, Bahn, Autobahnnetzauffahrt)
- Erreichbarkeit von Arbeitsplätzen in allen Sektoren. Erreichbarkeit von Versorgungseinrichtungen (Einkauf, Kultur, Schulen, soziale Einrichtungen) zu Fuß, per Rad, mit dem Pkw
- Erreichbarkeit von Freiflächen für die tägliche Naherholung (Parks, öffentl. Grünflächen, Kinderspielplätze, Sportanlagen)
- Landschaftlich schöne Lage, Hanglage, optimale Besonnung, Ausschluß von Nebellagen, Kaltluftseen, Windschneisen
- Lage zur Immissionsausrichtung von Verkehrsanlagen, Gewerbe / Industriegebieten

2. Ökologischer Konsens
- Versiegelungsgrad, überbaute Fläche
- Vermeidung von Störungen des Kleinklimas (Luftströme, Wind, Feuchtgebiete)
- Vermeidung von Beeinträchtigung des Grundwassers, Bodenschichten
- Nutzung ökologisch verträglicher Baustoffe
- sinnvolle Einbindung von Grünzügen
- Stellung der Gebäude zur optimalen Himmelsrichtung, Möglichkeiten der Nutzung alternativer Energiequellen (Solartechnik, Photovoltaik etc.) (vgl. Abschn. 8.6.1)
- Blockheizkraftwerk, Fernwärme

3. Sozialer Aspekt
- behindertengerecht, behindertenfreundlich, barrierefrei
- Wohnungsmix Efa/Mefa, Integration von Randgruppen
- Orientierung auf eine Nachbarschaft

4. Erschließung
- Erschließungsaufwand öffentlicher Verkehrsanlagen
- private Erschließungsflächen (Stellplätze, Zuwegungen, Zufahrten)
- Höhenunterschiede zwischen Erschließungsfläche und Wohnebene
- Formen der Erschließung
- Straßenausbau mit Hochbord/Trennung oder Mischung von Verkehrsarten
- (Verkehrsberuhigung) Tempo 30-Zonen, Wohnhöfe
- Zusammenhängendes Fuß-/Radwegesystem, Erreichbarkeit von Schule, Kindergarten, Einkauf, Spielplatz
- Vermeidung von Störungen des Wohnumfeldes durch motorisierten Verkehr
- zumutbare Fußwege vom Stellplatz zur Wohnung, Sammelgarage, Unterflurgarage

5. Gemeinsame Einrichtungen in Wohnanlagen
- Gemeinschaftsstellplätze ebenerdig, Tiefgarage, Unterflurgarage gesichert und gefahrlos zu erreichen
- Carsharing-Angebote
- Gemeinschaftswasch- und Trockeneinrichtungen insbesondere bei Kleinwohnungen
- Wohnungsergänzungsräume bei Verzicht auf Unterkellerung

– Fahrrad- und Kinderwagenräume in Hauseingangsnähe, Abstellmöglichkeiten für Behindertenfahrzeuge
– Müll- und Entsorgungseinrichtungen als Einzel- und Sammelanlage, Schutz vor Sicht und Sonneneinstrahlung

3.4.8 Überlegungen zur Reduzierung des Bodenverbrauchs

Der Anspruch des Wohnungsbaus an das Bauland und an die Erschließungsflächen sind abhängig von Wohnungs- und Gebäudetyp (freistehendes Einfamilienhaus, Reihenhaus, Geschoßwohnungsbau). Soweit die Erschließungskosten nicht auf den Bauherren umgelegt werden, verbleibt insbesondere bei extensiver Bauweise ein erheblicher Kostenanteil bei der Gemeinde. Der Aufwand je EW ist um so größer, je geringer die Wohndichte wird. Mit der Länge der Straßenfront eines Grundstücks wachsen die Betriebs- und Unterhaltungskosten der Versorgungsanlagen, die Kosten der Müllabfuhr, die Aufwendungen für Feuerwehr, Sicherheitsdienste, Sanitätsdienste, Straßenbeleuchtung u.v.a., ohne daß diese Mehrkosten auch von demjenigen finanziert würden, der sie durch seinen höheren Anspruch an Bauland hervorgerufen hat.

Das bedeutet, daß die im Dienste der Allgemeinheit stehende und ihr verpflichtete Stadtplanung nur dann gewissenhaft handelt, wenn sie mit dem ihm anvertrauten Gut „Bauland" mit größter Sparsamkeit umgeht. Selbstverständlich haben gleichwertig weiterhin freistehendes Einfamilienhaus, Reihenhaus, Mietblock und Großwohnhaus ihre Berechtigung. Es muß in jedem Falle unter Beachtung der Tatsache, daß der Grund und Boden in vielen Städten sehr knapp und nicht beliebig vermehrbar ist, sorgfältig geprüft werden, welcher Hausform im Einzelfalle der Vorzug zu geben ist. Bisher wurden sehr häufig, insbesondere in kleineren Gemeinden und im Vorfeld der großen Städte, Parzellen für freistehende Einfamilienhäuser ausgewiesen und vergeben, weil die Verantwortlichen dem Druck des Wohnungsmarktes unkritisch nachgaben und weil man aus Unkenntnis andere Möglichkeiten nicht oder zu oberflächlich prüfte. Mitschuldig an dieser unverantwortlichen Zersiedelung des Raumes um die größeren Städte ist freilich auch die Tatsache, daß man beim Bau von Miethäusern viel zu wenig Sorgfalt darauf verwendete, eine genügende Auswahl von Typen anzubieten und Formen zu erarbeiten, die die berechtigten Forderungen nach ungestörtem, hygienisch und wohntechnisch gutem Wohnen erfüllten. Verschiedene Überlegungen zwingen zu sparsamen Umgang mit dem Bauland und zwingen zur Nachhaltigkeit bei allen planerischen und städtebaulichen Vorgehen.

Unter der Voraussetzung des ungestörten Wohnens in einem angemessenen Wohnumfeld kann der Baulandverbrauch wie auch die Baukosten noch erheblich gesenkt werden. Ein freistehendes Einfamilienhaus benötigt überschläglich eine Straßenfrontbreite von 20 m und eine Grundstückstiefe von 30 m, mithin je WoE $\geq$ 600 m², je EW $\geq$ 150 m² Nettobauland. Um sinnvolle Wohngärten zu schaffen, sind erwünscht und nachgefragt 800 - 1000 m²/WoE. Das freistehendes Einfamilienhaus trägt damit in erheblichen Maße zur Zersiedelung der Städte bei. Eine Reduzierung der Grundstücksfläche, die insbesondere im städtischen Bereich erheblich zur Reduzierung der Gesamtbaukosten beiträgt, führt jedoch bei Grundstücksgrößen unter 400 m² zur Beeinträchtigung der Privatsphäre. Mindestabstände der Häuser bei Reihung an der Straße betragen 6 m wobei dieser Abstand kaum privat nutzbar ist, es sei denn für Garagen, Stellplätze und Carports.

Ein Doppelhaus, das bei guter Grundrißgestaltung eine höhere Privatsphäre bietet, benötigt 300 - 350 m²/WoE und bei 3 - 4 EW/WoE eben nur 80 - 100 m²/EW Grundstücksfläche. Die Frontbreite einer WoE in Einfamilienhäusern liegt je nach Typ und Bettenzahl zwischen 6,00 und 10,00 m, im Mittel von 8,00 m. Die Grundstückstiefe (zusammengesetzt aus Vorgarten mit min. 3,00 m, Haustiefe bei 9,00 m und Garten mit 10,00 - 15,00 m) liegt zwischen 22,00 und 30,00 m; mithin im Mittel 26,00 m, so daß als mittlere Grundstücksgröße 210 m²/WoE und 70 m²/EW angenommen werden können.

Bei Mehrfamilienhäusern muß man mit etwa 150 m² Nettobauland je WoE oder 50 m²/EW rechnen. Hier sind sparsame Lösungen möglich insbesondere durch eine sorgfältige Erschließung.

Kosten- und flächensparende Maßnahmen sind außer der Reduzierung der Baukosten die Ausweisung von kleineren Grundstücken und wohldurchdachten Grundrissen von Hausgruppen mit hohem individuellem Wohnwert sowie der Verzicht auf Garage / Stellplatz / Carport im oder am Haus. Die daraus resultierende Reduzierung der Erschließungsflächen bedeutet eine Erschließung der Wohneinheiten lediglich durch Fußwege, die zur Not befahrbar sind, wobei Müllfahrzeuge nur Sammelplätze bedienen.

Die neuen Beispiele und Wettbewerbsergebnisse mit dem Thema „Wohnen ohne (eigenes) Auto" zeigen hier neue Wege auf. Die Wohnvorstellungen des „Normalbürgers" sehen jedoch noch anders aus. Selbst dort, wo, um Stellplatzflächen auf dem Grundstück zu sparen, die Gemeinde den Bau der notwendigen Stellplätze im Straßenraum gestattet, ist die Akzeptanz eingeschränkt und die Vermarktung der Eigentumswohnungen aber auch der Mietwohnungen erschwert. Das Parken in der Einzelgarage am Haus gehört zum Traum vom Einfamilienhaus.

Unter dem Kostendruck aber auch aus Vorgaben des Umweltschutzes werden Planbeispiele mit ökonomischen und ökologischen Qualitäten gefördert und propagiert.

Zusammenfassend sind folgende Kriterien für eine wirtschaftliche Planung wichtig:
– Einfamilienhäuser möglichst nur als Hausgruppen, Kettenhäuser, Reihenhäuser mit hohem Wohnwert und geringem Außenwandanteil
– Zuwegung als private Verkehrsfläche (Wohnwege, eingeschränkt befahrbar)
– Bündelung der Garagen und/oder Stellplätze an der Erschließungsstraße, Parken für Geschosswohnungen an öffentlichen Straßen, Ersparnis der Bewegungsflächen
– Berücksichtigung von Flächen für Blockheizkraftwerke und weitere ökologische Optimierung
– Müllfahrzeuge müssen nicht jedes Haus erreichen
– Anteil der Besucherstellplätze minimieren
– Im Geschoßwohnungsbau ist eine Grundstücksausnutzung möglich, die einer GFZ von 0,8 - 1,0 entspricht bei kompakten Bauformen und flächensparenden Stellplätzen (offene Unterflurgaragen statt Tiefgaragen)

– Nutzung der unbebauten Grundstücksflächen im Geschoßwohnungsbau als Hausgärten für die Erdgeschoßwohnungen oder Mietergärten
– Reduzierung des Verkehrsflächenanteils am Bruttobauland auf 15 - 18 %

Die experimentellen Wohnformen der 60er und 70er Jahre, die eine Steigerung der Wohndichte versprachen, ohne die Wohnqualität zu mindern, wie der Terrassenhausbau oder die intensive Hangbebauung, haben sich auf Dauer nicht durchgesetzt, überwiegend aus wirtschaftlichen Gründen wegen des hohen technischen und konstruktiven Aufwandes.

3.5   Bedarfszahlen

3.5.1   Städtebauliche Begriffe und Orientierungswerte

Begriffe (Definitionen nach BauNVO)
1. *Bevölkerung*: in einer Gebietseinheit wohnende Menschen
2. *Einwohner*: innerhalb kommunaler Grenzen wohnende Menschen (EW)
3. *Bewohner*: in einem Haus oder einer Wohnung wohnende Menschen
4. *Besiedelte Fläche*: der Teil des Gemeindegebietes, der nicht land- oder forstwirtschaftlich genutzt ist, d.h. die Summe der Bruttobaugebiete inkl. der notwendigen Verkehrsflächen, der siedlungbezogenen Erholungs- und Freiflächen sowie der Flächen für Versorgungsanlagen
5. *Bruttobaugebiete*: das Nettobauland, darin die innere Erschließung, die öffentlichen Grünflächen und die Gemeinbedarfsflächen
6. *Nettobauland*: bebaute und nicht bebaute Grundstücke für verschiedene Nutzungsarten inkl. privater Stellplätze, Freiflächen, Wege und Nebenanlagen
7. *Nettowohnbauland*: Teil des Nettobaulandes der für Wohnungen bestimmt ist bzw. mit Wohngebäuden bebaut ist
8. *überbaute Fläche*: der von baulichen Anlagen überdeckte Teil des Nettobaulandes inkl. Nebenanlagen, Stellplätze, Zufahrten und unterirdischen Anlagen
9. *Geschoßfläche*: Summe der nach den Außenmaßen der Gebäude in allen Vollgeschossen ermittelten Flächen

Dichtebegriffe und Dichtewerte
1. *Bevölkerungsdichte*: gemessen in EW/km² für großflächige Gebietseinheiten
   1997 liegt die durchschnittliche Bevölkerungsdichte in Deutschland bei 230 EW/km², wobei in Ballungsgebieten bis zu 3846 EW/km² (Berlin) vorkommen, während in dünn besiedelten Gebieten die Zahlen bei 78 EW/km² (Mecklenburg – Vorpommern) liegen. Etwa die Hälfte der Fläche Deutschlands weist eine Bevölkerungsdichte von weniger als 100 EW/km² auf (s. Abschnitt Raumordnung).

2. *Siedlungsdichte*: gemessen in EW/ha besiedelte Fläche. Der Bezug zur besiedelten Fläche ist für Dichtevergleiche sinnvoller als der Bezug zum gesamten Gemeindegebiet
   oder einer Stadtregion, die einen großen landwirtschaftlich genutzten Flächenanteil
   einschließt.
3. *Wohndichte*
   Bruttowohndichte: Einwohner bezogen auf das Bruttobaugebiet oder einen bebauter
   oder zur Bebauung vorgesehener Teil einer Gemeinde inkl. Straßen, Versorgungseinrichtungen, Gemeinbedarf und Grün gemessen in EW/ha.
   Nettowohndichte: Einwohner bezogen auf die zur Wohnbebauung vorgesehenen
   Grundstücke (Nettowohnbauland) gemessen in EW/ha.
   Die Bruttowohndichte wird um so kleiner, je umfassender das Bezugsgebiet wird, weil
   immer mehr überörtliche Einrichtungen des Verkehrs, der Erholung, der Produktion
   und des Gemeinbedarfs in die Flächenermittlung einbezogen werden. Bei Einzelhaus-
   bebauung sind Nettowohndichten bis etwa 80 EW/ha erzielbar, bei Einfamilienreihen-
   häusern bis zu 180 EW/ha, bei viergeschossiger Miethausbebauung bis etwa 400
   EW/ha. In altbebauten und intensiv belegten Innenstadtgebieten (Sanierungsvierteln)
   kommen in Deutschland von 600 - 700 EW/ha vor, in Ländern mit viel höheren Kin-
   derzahlen je Familie noch weit mehr, so in Honkong bis zu 1650 (!) EW/ha.

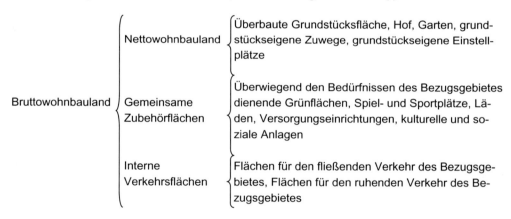

Bild 3.17 Nettobauland + gemeinsame Zubehörflächen + interne Verkehrsflächen = Brutto-
wohnbauland

4. *Wohnungsdichte*: gemessen in Wohneinheiten je ha (WoE/ha) gibt an, wieviele Wohnungen auf einem ha des Bezugsgebietes vorhanden oder als Planungsziel beabsichtigt
   sind. Bei der Wohnungsdichte wird ebenso wie bei der Wohndichte nach Brutto und
   Netto unterschieden.
5. *Belegungsziffer*: Bewohner je Wohnung (EW/WoE) im jeweiligen Bebauungsgebiet als
   Durchschnitt. Sie ist abhängig von der Art der Bebauung und der sozialbedingten Art
   der Wohnungsnutzung im Stadtteil oder im Wohnviertel. In neu errichteten Wohnvierteln, insbesondere in solchen mit einem hohen Anteil von Einfamilienhäusern, Reihen-

häusern und dergleichen, steigt die Wohnungsbelegungsziffer zunächst wegen des Wachsens der jungen Familien. Sie erreicht nach ca. 5 - 10 Jahren ein Maximum, um danach wieder abzusinken in dem Maße wie die heranwachsenden Kinder den elterlichen Haushalt verlassen. In überalterten Stadtteilen ist meist eine verhältnismäßig große Zahl von Wohnungen mit sozial schwachen Familien mit hoher Kinderzahl belegt und daher die Wohnungsbelegungsziffer überdurchschnittlich hoch. In Einfamilienhausgebieten liegt sie bei 4 EW/WoE (Neubau) später bei 2 EW/WoE, in Geschoßwohnungen in neuen Siedlungen bei 3,8 in älteren Siedlungen bei 2,2.

6. *Behausungsziffer*: Einwohner bezogen auf das Gebäude. Dieser Begriff wird wenig verwendet, da er nur für große Gebietseinheiten und Landesteile aussagefähig ist.

7. *Beschäftigungsdichte* oder *Arbeitsplatzdichte*: nach Branchen differenzierbare Zahl der Beschäftigten bzw. Arbeitsplätze bezogen auf eine Gebietsgröße (AP/ha oder km^2), gibt eine Aussage zur Wirtschaftskraft eines Gebietes

8. *Beschäftigtenindex*: Beschäftigte bezogen auf die Einwohner eines Gebietes

9. *Geschoßzahl* (Zahl der Vollgeschosse): Die Zahl der Geschosse kann durch Höchstmaße ggf. in Verbindung mit einem Mindestmaß oder auch zwingend festgesetzt werden. Dabei bindet § 20 (1) BauNVO den Begriff Vollgeschoß an die maßgeblichen Regelungen des jeweiligen Landesrechts. Eine Ergänzung der Festsetzung der Zahl der Vollgeschosse durch Regelungen über die Gebäude- (oder Trauf-) höhe ist sinnvoll.

10. *Geschoßflächenzahl* (Ausnutzungsziffer): Maß der baulichen Nutzung; ist das Verhältnis zwischen der Summe aller Geschoßflächen (m^2) und dem Baugrundstück (m^2) bzw. dem Nettobauland. Die Geschoßflächenzahl (GFZ) in einem Bebauungsplan gibt die Höchstgrenze der Ausnutzung eines Grundstücks an. Die Geschoßflächen werden ermittelt durch addieren der Bruttogrundflächen (Außenmaße) der Vollgeschosse. Die Grundflächen von Dach und Keller zählen nur dann zur Geschoßfläche wenn es sich um Vollgeschosse handelt. Unter Dachschrägen ist nur die Fläche zu berücksichtigen, die eine Höhe von mind. 2,30 m aufweist. Die GFZ wird als Dezimalzahl mit ein oder zwei Dezimalen angegeben. Als Verhältniszahl hat sie keine Dimension.

11. *Grundflächenzahl*: Maß der baulichen Nutzung; das Verhältnis zwischen der überbauten Fläche und der Grundstücksfläche. Die Grundflächenzahl (GRZ) in einem Bebauungsplan gibt an, wieviel m^2 Grundfläche je m^2 Grundstücksfläche von baulichen Anlagen höchstens überdeckt werden darf.

12. *Baumassenzahl*: Maß der baulichen Nutzung; das Verhältnis der Baumasse einer baulichen Anlage gemessen nach den Außenmaßen von Fußbodenoberkante des untersten Vollgeschosses in m^3 zur Grundstücksfläche in m^2. Die Baumassenzahl (BMZ) ist eine Dezimalzahl und bedeutet als Festsetzung im Bebauungsplan die Obergrenze der zulässigen Nutzung.

13. *Freiflächenindex*: Verhältnis von unbebauter Grundstücksfläche in m^2 zur Summe der Geschoßflächen in m^2.

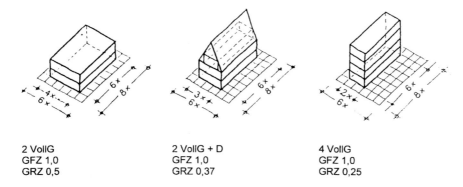

2 VollG	2 VollG + D	4 VollG
GFZ 1,0	GFZ 1,0	GFZ 1,0
GRZ 0,5	GRZ 0,37	GRZ 0,25

Bild **3**.18   Grundflächenzahl, Geschoßflächenzahl, Zahl der Vollgeschosse. Die Kriterien für das Maß der baulichen Nutzung

3.5.2   Flächengliederung im Bauleitplan und in der städtebaulichen Planung

Im Flächennutzungsplan wird nach den voraussehbaren Bedürfnissen der Gemeinde die entsprechende Art der Bodennutzung für das gesamte Gemeindegebiet dargestellt (§ 5 BauGB / BauROG).
Die BauNVO und die PlanZVO haben für die Ausweisung von Flächen im Flächennutzungsplan folgende Festsetzungsmöglichkeiten angeboten (vgl. Abschn. 5.3)

– Bauflächen und zwar:
  – Wohnbauflächen (W)
  – Gemischte Bauflächen (M)
  – Gewerbliche Bauflächen (G)
  – Sonderbauflächen (S)
– Gemeinbedarfsflächen
– Verkehrsflächen
– Grünflächen
– Wasserflächen
– Flächen für Ver- und Entsorgung
– Land- und forstwirtschaftliche Flächen
– Flächen, die mit Rechten bzw. Lasten belegt sind

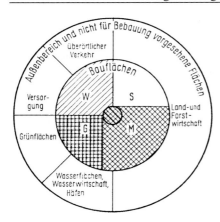

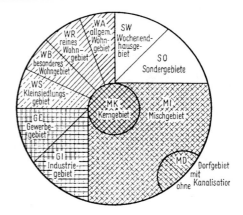

Bild **3**.19
Schematische Gliederung des gesamten
Gemeindegebietes (flächendeckend) nach
Nutzungsgebieten durch den Flächennut-
zungsplan

Bild **3**.20
Schematische Gliederung der Bauflächen
innerhalb des Gemeindegebietes durch den
Bebauungsplan

Im Bebauungsplan können die als Bauflächen ausgewiesenen Teile des Gemeindegebietes
ihrer kurzfristigen Nutzung den Zielen der Gemeindeentwicklung entsprechend näher definiert oder gegliedert werden (§ 1 (2) BauNVO) und zwar (vgl. Abschn. 5.4):

Wohnbauflächen als
− Kleinsiedlungsgebiete (WS)
− Reine Wohngebiete (WR)
− Allgemeine Wohngebiete (WA)
− Besondere Wohngebiete (WB)

Gemischte Bauflächen als
− Dorfgebiete (MD)
− Mischgebiete (MI)
− Kerngebiete (MK)

Gewerbliche Bauflächen als
− Gewerbegebiete (GE)
− Industriegebiete (GI)

Sonderbauflächen als
− Sondergebiete (SO) mit entsprechender Zweckbestimmung nach BauNVO

Tafel 3.7   Art und Maß der baulichen Nutzung (gem. BauNVO)

(Das Maß der baulichen Nutzung kann im Bebauungsplan unter-, aber nicht überschritten werden.)

Bauflächen (Benennung, Kurzzeichen gem. BauNVO § 1(1))	Baugebiete (Benennung, Kurzzeichen gem. BauNVO)	Art der baulichen Nutzung		Höchstzulässiges Maß d. baul. Nutzung	
		Allgemein zulässig	Ausnahmsweise zulässig	GRZ	GFZ BMZ
Wohnbauflächen W	Kleinsiedlungsgebiete WS § 2	Kleinsiedlungen, landwirtschaftliche Nebenerwerbsstellen, Gartenbaubetriebe, die der Versorgung des Gebietes dienenden Läden, Schank und Speisewirtschaften, nicht störende Handwerksbetriebe	Wohngebäude mit nicht mehr als zwei WoE, Anlagen für kirchliche, kulturelle, soziale, gesundheitliche und sportliche Zwecke, Tankstellen, nicht störende Gewerbebetriebe	0,2	0,4
	Reine Wohngebiete WR § 3	Wohngebäude	Läden und nicht störende Handwerksbetriebe, die zur Deckung des täglichen Bedarfs der Gebietsbewohner dienen, kleine Beherbergungsbetriebe s. Text BauNVO § 3 (3)	0,4	1,2
	Allgemeine Wohngebiete WA § 4	Wohngebäude	Beherbergungsbetriebe, nicht störende Gewerbebetriebe, Anlagen für Verwaltungen, Gartenbaubetriebe, Tankstellen	0,4	1,2
	Besondere Wohngebiete WB § 4a	Wohngebäude, Läden, Beherbergungsbetriebe, Schank- und Speisewirtschaften, sonstige Gewerbebetriebe, Geschäfts und Bürogebäude, Anlagen für kirchliche, kulturelle, soziale, sportliche und gesundheitliche Zwecke, mit Wohnen vereinbares Gewerbe	Anlagen für zentrale Einrichtungen der Verwaltung, Vergnügungsstätten, Tankstellen	0,6	1,6
		Wenn städtebauliche Gründe dies rechtfertigen, kann festgesetzt werden, daß oberhalb einer bestimmten Geschoßzahl nur Wohnungen zulässig sind oder ein bestimmter Teil der Geschoßfläche für Wohnungen zu verwenden ist.			
Gemischte Bauflächen M	Dorfgebiete MD § 5	Land- und forstwirtschaftliche Betriebe, Kleinsiedlungen, Wohngebäude, Betriebe zur Verarbeitung land- und forstwirtschaftlicher Erzeugnisse, Einzelhandelsbetriebe, Schank- und Speisewirtschaften, Beherbergungsbetriebe, Anlagen für kirchliche, soziale, gesundheitliche kulturelle und sportliche Zwecke, Tankstellen, Gartenbaubetriebe		0,6	1,2
	Mischgebiete MI § 6	Wohngebäude, Geschäfts- und Bürogebäude, Einzelhandelsbetriebe, Schank- und Speisewirtschaften, Beherbergungsbetriebe, das Wohnen nicht wesentlich störende Gewerbebetriebe, Anlagen für Verwaltung, kirchliche, kulturelle, soziale, gesundheitliche und sportliche Zwecke, Gartenbaubetriebe, Tankstellen, Vergnügungsstätten (mit Einschränkungen)	Vergnügungsstätten	0,6	1,2

Fortsetzung Tafel **3**.7

Bauflächen (Benennung, Kurzzeichen gem. BauN-VO § 1(1))	Baugebiete (Benennung, Kurzzeichen gem. BauN-VO)	Art der baulichen Nutzung Allgemein zulässig	Ausnahmsweise zulässig	Höchstzulässiges Maß d. baul. Nutzung GRZ	GFZ BMZ
Gemischte Bauflächen M	Kerngebiete MK § 7	Geschäfts-, Büro- und Verwaltungsgebäude, Einzelhandelsbetriebe, Schank- und Speisewirtschaften, Beherbergungsbetriebe, Anlagen für kirchliche, kulturelle, soziale, gesundheitliche und sportliche Zwecke, Tankstellen im Zusammenhang mit Parkhäusern und Großgaragen, Wohnung für Aufsichts- und Betriebspersonal, Betriebsleiter und – inhaber oder gem. Festsetzungen. Der Bebauungsplan kann festsetzen, daß oberhalb eines bestimmten Geschosses oder auf einem festzusetzendem Teil der Geschoßfläche nur Wohnungen zulässig sind. Das gilt auch dann, wenn durch solche Festsetzungen der betreffende Teil des Kerngebietes nicht mehr vorwiegend der Unterbringung von Handelsbetrieben der Wirtschaft, Verwaltung und der Kultur dient.	Andere als die nebengenannten Wohnungen, Tankstellen, andere als den nebenstehenden Zwecken dienende Wohnungen	1,0	3,0
Gewerbliche Bauflächen G	Gewerbegebiete GE § 8	Nicht erheblich belästigendes Gewerbe, Lagerhäuser und -plätze, öffentliche Betriebe, soweit alle diese Anlagen für die Umgebung keine wesentlichen Nachteile oder Belästigung zur Folge haben können, Geschäfts-, Büro- und Verwaltungsgebäude, Tankstellen, Anlagen für sportliche Zwecke	Wohnungen für Aufsichts- und Bereitschaftspersonal und für Betriebsführer und -inhaber, Anlagen für kirchliche, kulturelle, soziale und gesundheitliche Zwecke, Vergnügungsstätten	0,8	2,4 10,0
	Industriegebiete GI	Gewerbebetriebe aller Art, Lagerhäuser, Lagerplätze, öffentliche Betriebe, Tankstellen	Wohnungen im Zusammenhang mit den Betrieben wie in Gewerbegebieten, Anlagen für kirchliche, kulturelle, soziale, gesundheitliche und sportliche Zwecke	0,8	2,4 10,0
Sonderbauflächen S	Sondergebiete, die der Erholung dienen SO mit Zusatz der speziellen Bestimmung	Nutzung je nach Zweckbestimmung Wenn festgesetzt: Einrichtungen zur Versorgung und für sportliche Zwecke	Wenn festgesetzt: Einrichtungen zur Versorgung und für sportliche Zwecke		
	Insbesondere:				
	Wochenendhausgebiete SO (Woch)	Wochenendhäuser als Einzelhäuser. Der Bebauungsplan kann Hausgruppen zulassen. Die zulässige Grundfläche je Haus ist im Bebauungsplan bindend zu begrenzen.	Keine Ausnahmen, wenn nicht festgesetzt.	0,2	0,2

Fortsetzung Tafel **3.**7

Bauflächen (Benennung, Kurzzeichen gem. BauN-VO § 1(1))	Baugebiete (Benennung, Kurzzeichen gem. BauN-VO)	Art der baulichen Nutzung		Höchstzulässiges Maß d. baul. Nutzung	
		Allgemein zulässig	Ausnahmsweise zulässig	GRZ	GFZ BMZ
Sonderbauflächen S	Ferienhausgebiete SO (Ferienhäuser)	Ferienhäuser, die nach Lage, Größe und Ausstattung für Erholungsaufenthalt geeignet und dazu bestimmt sind, überwiegend und auf Dauer einem wechselnden Personenkreis zur Erholung dienen. Der Bebauungsplan kann die Grundfläche je Haus festsetzen.	Keine Ausnahmen, wenn nicht festgesetzt.	0,4	1,2
	Campinggebiete SO Campingplatz	Campingplätze und Zeltplätze	Keine Ausnahmen, wenn nicht festgesetzt.	In der BauN-VO nicht angegeben	
	Sonstige Sondergebiete SO (mit Zusatz der speziellen Bestimmung)	Zweckbestimmung und die sich daraus ergebende Art der Nutzung ist anzugeben, das Maß, soweit erforderlich, der Zweckbestimmung entsprechend festzusetzen. Sonstige Sondergebiete sind zum Beispiel: Kurgebiete, Ladengebiete, Gebiete für Einkaufszentren und großflächige Handelsbetriebe, Gebiete für Messen, Ausstellungen und Kongresse, Hochschulgebiete, Klinikgebiete und Hafengebiete. Die Festsetzung von Sondergebieten läßt Lösungen zu, mit denen spezielle städtebauliche Zielsetzungen umgesetzt werden können, wenn diese Nutzungen sich von den Gebietstypen der BauNVO §§ 2 - 10 wesentlich unterscheiden.			

Die Obergrenzen des Maßes der baulichen Nutzung (GRZ/GFZ) können überschritten werden, wenn u.a. städtebauliche Gründe dies erfordern und öffentliche Belange nicht entgegenstehen.

Besondere Hinweise:

- Die Ausweisung von Gartenhofhäusern (eingeschossige Einfamilienhäuser mit einem fremder Sicht entzogenen Gartenhof) erlaubt eine GRZ/GFZ von 0,6.
- In Gebieten, in denen die Tafel 3.7 die BMZ nicht begrenzt, darf dennoch bei Gebäuden mit mehr als 3,50 m Geschoßhöhe die BMZ das 3,5fache der zulässigen GFZ nicht überschreiten.
- Für bestimmte Geschosse, Ebenen oder Teile von baulichen Anlagen kann eine Nutzungsgliederung vorgenommen werden, d.h., bestimmte Nutzungen können festgesetzt werden, allgemein zulässige Nutzungen können als unzulässig oder ausnahmsweise zulässig festgesetzt werden.

Verhältnisrechnungen

GFZ brutto	= Summe der Geschoßflächen bezogen auf das Plangebiet
GFZ netto	= Summe der Geschoßflächen bezogen auf die Summe der Baugrundstücke
GRZ brutto	= höchstzul. überbaubare Fläche bezogen auf das Plangebiet
GRZ netto	= höchstzul. überbaubare Fläche bezogen auf die Summe der Baugrundstücke

Belegungsziffern: Pers/WoE   2,8   BRD 1990
                                      2,6   München
                                      2,4   Stockholm
                     Pers/Wohnraum   0,5   BRD 1990

3.5.3   Orientierungswerte für das Wohnen

Flächen für das Wohnen

Für die Ermittlung des zu erwartenden Bedarfs und der dafür benötigten Flächen stehen städtebauliche Richt- und Orientierungswerte zur Verfügung, die allgemein akzeptiert, aber wertbedingt sind. Im Gegensatz zu den gesetzlich verankerten Richtwerten (z.B. Dichtewerte als Höchstgrenzen) haben Orientierungswerte keinen normativen Charakter. Sie sind in der Regel empirisch ermittelte Durchschnittswerte, die im Rahmen städtischer Entwicklungsaufgaben wichtige Hinweise zur Ermittlung der zu erwartenden Einwohnerzahl und der daraus resultierenden Flächenansprüche liefern.

Der Baulandbedarf für Wohngrundstücke (=Nettobauland) hängt ab vom Wohnflächenanspruch je EW, dem Verhältnis zwischen Wohnfläche und Geschoßfläche und der (in der Bauleitplanung festzusetzenden) Geschoßflächenzahl GFZ.

Mittelwerte für den Wohnflächenanspruch je EW bei Wohnbauten:

in Familienwohnungen in Miethäusern	23 - 30 m²/EW
in Eigenheimen	30 - 40 m²/EW
in Kleinstwohnungen	28 - 35 m²/EW

Er wächst mit sinkender Wohnungsbelegungsziffer und steigt mit dem Lebensstandard. Er ist in den der Bundesrepublik unmittelbar benachbarten Ländern etwa gleich hoch, in süd- und osteuropäischen Ländern wesentlich niedriger.

Das Verhältnis zwischen Wohnfläche und Geschoßfläche ist mit 1 : 1,22 bis 1 : 1,32 anzunehmen, Mittelwert 1 : 1,25
Die Geschoßflächenzahl liegt etwa bei:

in Kleinsiedlungs- und Dorfgebieten	0,1 - 0,4
bei Bebauung mit freistehenden Einfamilienhäusern	0,2 - 0,5
bei zweigeschossigen Einfamilienreihenhäusern	0,5 - 0,6
bei Miethausbebauung mit mehr als zwei Vollgeschossen	0,7 - 1,2

Der Netto-Wohnbaulandanspruch je EW ergibt sich z.B. aus

$$\frac{30 \text{ m}^2 \text{ Wohnflächenanspruch je EW} \times 1{,}25 \text{ Pers/WoE}}{\text{GFZ}} \implies \frac{37{,}5}{\text{GFZ}}$$

Der Nettowohnbaulandanspruch beträgt demnach in Neubauvierteln nach obigen Durchschnittswerten etwa

in Kleinsiedlungs- und Dorfgebieten	100 - 375 m²/EW
in Gebieten mit freistehenden Einfamilienhäusern	75 - 190 m²/EW
in Gebieten mit Einfamilienreihenhäusern	65 - 75 m²/EW
in Gebieten mit Miethausbebauung	32 - 55 m²/EW

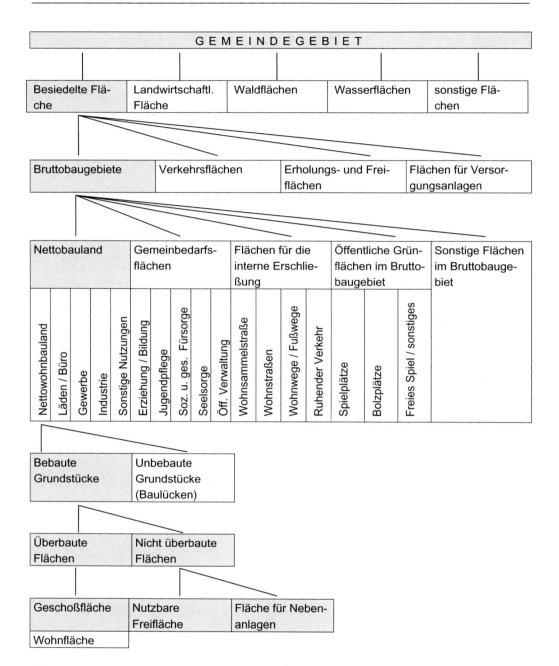

Bild **3**.17   Flächen für das Wohnen

Solange nicht differenziert ist, darf ein Mittelwert von 60 m²/EW angenommen werden. Der Nettowohnbaulandanspruch je EW liegt wesentlich niedriger in Ortsteilen mit überdurchschnittlich hoher Wohnungsbelegungsziffer, also insbesondere in Wohnlagen für kinderreiche Familien und bei hohem Anteil an Einpersonenhaushalten und ähnlich strukturierter mobiler Bevölkerung.

Flächen für den Verkehr (vgl. Abschnitt 6)

In diesem Zusammenhang können nur grobe Werte für die Verkehrserschließungsflächen angegeben werden, die sich auf Siedlungsgebiete beziehen (Wohnwege, Wohnstraße, Wohnsammelstraßen inkl. den ruhenden Verkehr im öffentlichen Bereich) und den überörtlichen Verkehr und den Stadtverkehr unberücksichtigt lassen. Auch hier zeigt sich, daß bei steigender Wohndichte der Flächenaufwand gemessen in m²/EW steigt, gemessen in m²/ha Nettowohnbauland dagegen sinkt.

Tafel **3**.8   Beziehung Wohndichte und Flächenbedarf für fließenden Verkehr in Wohngebieten

Nettowohndichte EW/ha	GFZ	Flächenbedarf für fließenden internen Verkehr		
		in % des überschläglichen Nettowohnbaulandes	in m²/ha	in m²/EW
50	0,2	12	1072	24,0
100	0,2 - 0,4	13	1154	13,0
150 – 200	0,3 - 0,8	14	1228	9,3 - 5,6
300 – 350	0,7 - 1,0	15	1226 - 1305	4,8 - 4,3
400	1,0	16	1380	4,0

Für den *Flächenbedarf des ruhenden Verkehrs* in der Innenstadt sowie für den durch einzelne Betriebe und Gemeinbedarfseinrichtungen verursachten Parkraumbedarf vgl. Abschnitt 5 und die darin gegebenen Formeln und Tabellen.

Der Flächenbedarf für den ruhenden Verkehr belastet in immer stärkerem Maße den öffentlichen Verkehrsraum und beansprucht in immer unerträglicher Weise den Einsatz öffentlicher Gelder. Auch wenn man den Idealzustand annimmt, daß für jedes Kraftfahrzeug ein Einstellplatz auf dem Wohngrundstück des Fahrzeughalters vorhanden ist, benötigt das Fahrzeug doch immer dann, wenn es benutzt wird am Ziel der Fahrt einen weiteren Parkplatz. Für diejenigen Fahrzeuge, die für den Weg von der Wohnung zum Arbeitsplatz und zurück eingesetzt werden, d.h. für etwa 1/6 aller Kfz, und für diejenigen, die täglich zu beruflichen Zwecken unterwegs sind, d.h. für etwa weitere 2/6, bedeutet das überschläglich eine Beanspruchung von Parkraum auf anderem als auf dem eigenen Grundstück von werktäglich zwischen fünf und zehn Stunden. Wenn auch versucht wird, alle diejenigen Dienststellen und Firmen, die durch ihren Besucherverkehr und ihre Beschäftigten einen

Parkbedarf verursachen, zu veranlassen, den benötigten Parkraum auf ihrem Grundstück bereitzustellen, so ist das doch in einem großen Teil der Fälle nicht möglich, insbesondere nicht in altbebauten Innenstadtbezirken. Darüber hinaus hat die Stadt im Interesse ihres Geschäftslebens vielfach den Wunsch, denjenigen, die zum Einkauf kommen, das Parken des Wagens leicht zu machen. Ferner wird Parkraum auf öffentlichen Flächen benötigt für solchen Verkehr, der entweder nicht nur ein bestimmtes Gebäude aufsucht oder nur in größeren unregelmäßigen Abständen auftritt, wie Behördenfahrzeuge, Lieferanten, Ärzte, Fremde. Eine Bedarfsrichtzahl kann nicht allgemeingültig gegeben werden. Überschläglich kann dieser Bedarf in Bezirken mit ausschließlicher Wohnbebauung mit 5 – 15 % der Fläche für den fließenden Verkehr angenommen werden, in Bezirken mit Geschäften und Gewerbegebieten geringerer Bedeutung mit 10 – 20 % und in lebhaften Kerngebieten mit 15 – 25 %.

Trotz der Bewirtschaftung der öffentlichen Flächen für den ruhenden Verkehr und einem verstärkten Angebot öffentlicher Nahverkehrsmittel für den Weg zum und vom Arbeitsplatz ist der Individualverkehr immer noch eine große Belastung für die Innenstädte. Solange die Attraktivität einer Kernstadt für die Besucher in hohem Maße davon abhängt, die Geschäftszone möglichst auf kurzen Fußwegen mit dem privaten Pkw zu erreichen, wird jede Stadt versuchen, durch gezielte Maßnahmen die Parkbedürfnisse zu befriedigen. Der Beginn eines Umdenkens ist allerdings ermutigend. Bei der Planung sollte man diese Entwicklung beachten.

Flächenbedarf für Wohnfolgeeinrichtungen

- **Einrichtungen für Kinder und Jugendliche**

Kinderkrippe (bis 3 Jahre). Bei einem Bevölkerungsanteil dieser Altersgruppe von 2,8 % wird mit einem Einzugsbereich von 10 – 15 000 EW gerechnet. Der Flächenbedarf für das Grundstück beträgt 0,10 - 0,15 m²/EW oder 20 - 25 m²/Kind. Die durchschnittliche Grundstücksgröße liegt bei 800 - 1000 m². Oft werden Kinderkrippen in Geschoßwohnungen mit Bedarfsnähe untergebracht oder sie werden den Kindergärten angegliedert, wobei eine Mehrfachnutzung der Flächen möglich ist.

Kindergarten (3 - 5 Jahre). Bei einem Bevölkerungsanteil von 0,6 - 0,7 % pro Jahrgang liegt der Einzugsbereich bei 2000 - 3000 EW, da der Kindergarten von 75 - 90 % der Kinder wahrgenommen wird. Bei einer Gruppengröße von 20 - 25 Kindern und mindestens drei Gruppen pro Einheit liegt die Grundstücksgröße bei 20 - 25 m²/Kind. Über die Gesamtbevölkerung rechnet man mit 0,6 - 1,3 m²/EW, die Werte differieren stark je nach Altersaufbau und Struktur des Ortsteils. Auch hier wird versucht, den Flächenverbrauch zu reduzieren, z.B. durch Mehrfachnutzung der Freiflächen. Kindergärten können in kommunaler oder in privater Trägerschaft sein. Die Wege sollen gefahrlos zu benutzen sein und max. 600 m betragen.

Kinderhort, Kindertagesheim (für schulpflichtige aber nicht voll von den Eltern versorgte Kinder von 6 - 15 Jahren). Der Anteil liegt bei 0,2 % pro Jahrgang der Gesamtbevölkerung oder ca. 15 % der gleichaltrigen Kinder. Die Grundstücksfläche pro Kind beträgt ca. 20 – 30 m². Wegen der zeitlich versetzten Nutzung ist eine Kombination mit Kindergarten oder

Jugendeinrichtung möglich. Ein Kinderhort liegt im Einzugsbereich mehrerer Grundschulen für ca. 10000 EW. Ein Fuß-/Radweg von 15 Minuten ist zumutbar.

Jugendheim / Jugendhort (für organisierte und nicht organisierte Jugendliche und jungen Erwachsene von 14 - 24 Jahren). Der Flächenbedarf liegt bei 0,1 - 0,2 m²/EW insgesamt bei einem Einzugsbereich von 20 000 - 30 000 EW, also einem Gemeindeverband im ländlichen Raum und einem Stadtteil in einer Großstadt. Jugendheime sind meist mit anderen kommunalen oder kirchlichen Einrichtungen verknüpft, so daß eigene Flächenansprüche nur bedingt entstehen. Je nach Lage und Ausstattung kann der Grundstücksbedarf zwischen 2500 und 5000 m² liegen.

- **Schulen und andere Bildungseinrichtungen**

Grundschule (1. - 4. Schuljahr für Kinder vom 6. - 10. Lebensjahr) oft mit angegliederten Sonderformen (Schulkindergarten, Vorschule). Allgemein rechnet man mit einem Flächenbedarf von ca. 6000 m² (zweizügig) bzw. 12000 m² (vierzügig). Der Einzugsbereich ist entsprechend 4000 EW bzw. 7000 – 10 000 EW je nach Gemeindestruktur. Gerechnet wird mit einem Schulweg (Fuß-/Radweg) von 10 Minuten oder ca. 700 m. Bei Flächengemeinden ist ein Buszubringer nötig.

In der Regel rechnet man mit etwa 1 % Grundschüler bezogen auf die Gesamtbevölkerung. Rechnet man mit einer Klassengröße von 25 Kindern/ Klasse und ca. 25 m²/Kind Grundstücksgröße kann auch überschläglich ein Flächenbedarf ermittelt werden (inkl. Sportflächen ca. 42 m²/Kind).

Hauptschule (5. - 9. Schuljahr, 10. Schuljahr für etwa 20 % der letzten Klassenstärke). Durchschnittswerte sind schwer zu ermitteln, da die Übergangsquoten sehr stark von der Sozialstruktur der Gemeinde abhängen. Bei Zweizügigkeit ist der Einzugsbereich etwa bei 9500 EW und bei Vierzügigkeit etwa bei 20 000 EW. Flächenbedarfe wie bei der Grundschule. Meist liegen Grundschule und Hauptschule in einem räumlichen Verbund und kombinieren Hallen- und Sporteinrichtungen. Dies reduziert den Flächenbedarf.

Realschule (Sekundarstufe I für Schulpflichtige von 10 - 16 Jahren im 5. - 10. Schuljahr). Je nach Angebot ist der Einzugsbereich dieser weiterführenden Bildungseinrichtung ca. 20 000 – 30 000 EW bei Dreizügigkeit oder 15 - 20 Minuten Fuß-/Radwegezeit, bei über 4 km auch Buszubringer und öffentliche Verkehrsmittel. Der Anteil an der gleichaltrigen Bevölkerung liegt bei 20 % oder 0,2 - 0,3 % pro Jahrgang der Gesamtbevölkerung. Flächenbedarfe wie bei Grundschulen.

Gymnasien (Sekundarstufen I und II als Pflicht- und Angebotseinrichtung der weiterführenden allgemeinbildenden Schulen für das 5. - 13. Schuljahr). Der Anteil der Schüler an der gleichaltrigen Bevölkerung liegt in der Sekundarstufe I bei 25 % und bei der Sekundarstufe II bei 35 % oder bei 0,3 bzw. 0,5 % pro Jahrgang der Gesamtbevölkerung. Der Einzugsbereich liegt mindestens bei 20 000 EW je nach Zahl der Züge bis 40 000 EW in Abhängigkeit von der Sozialstruktur und dem Konzept der Bildungspolitik des Landes (ca. 0,5 m²/EW).

Sonderformen sind: Die *Integrierte Gesamtschule*, die die Bildungsangebote der o.a. weiterführenden Schulen kombiniert. Meist sind Gesamtschulen große Einheiten mit einer größeren Schülerzahl und einem entsprechend differenzierten und übergreifenden Bildungsangebot für einen großen Einzugsbereich; die *Sonderschule für Lernbehinderte* oder *Körperbehinderte*, die in der Regelschule nicht integrierbar sind (Flächenbedarf 0,1 - 0,15 m²/EW ab ca. 10 000 EW).

Alle Schulsysteme müssen durchlässig sein, d.h., Übergänge und Rückgliederungen müssen möglich sein.

Berufsschulen, Berufsfachschulen. Hier ist die Größe nach dem örtlichen Bedarf zu ermitteln. Es wird mit einer Regelgröße von ca. 2000 Schülern und einem Flächenbedarf von 25 - 30 m²/Schüler oder 1,5 - 2 m²/EW gerechnet.

Sonstige Schulen der allgemeinen Fort- und Weiterbildung sind Fachoberschulen, Kollegs, Abendschulen u.a. zur Erlangung eines jeweils höheren Bildungsabschlusses. Deren Flächenbedarfe sind nur fallweise zu ermitteln.

- **Flächen für Einrichtungen der Sozial- und Gesundheitsfürsorge**
Hierunter fallen: Sozialstationen für Beratungsdienste aller Altersstufen, Altenbetreuung, ambulante Dienste, Tagesstätten und je nach Bundesland besondere Dienstleistungen, Betreutes Wohnen, Altenheime, Pflegeheime, Krankenhäuser, Rehabilitationszentren, Heil- und Pflegeanstalten, Spezialkliniken u.a.m. Der Flächenbedarf ist, insbesondere wegen der Veränderung der Bezuschussung und der finanzpolitischen Zielsetzungen, nicht langfristig zu bestimmen. Schon allein die Aufenthaltsdauer bei Krankenhäusern als flexible Größe bedeutet einen Schwankungsbereich der notwendigen Bettenzahl als Rechengröße, der sich auf die Flächenbedarfe auswirkt. Auch eine Angabe von 2 m²/EW für den gesamten Sozialbereich ist sehr überschläglich, er kann je nach Zielsetzung der Kommune oder von privaten Trägern bis zu 5 m²/EW erreichen.

- **Flächen für kirchliche Einrichtungen**
Kirchen sind meist mit kirchlichen Gemeindeeinrichtungen verbunden. Der Kirchenraum wird für 6 - 10 Plätze auf 100 EW (katholisch) bzw. 3 - 4 Plätze auf 100 EW (evangelisch) dimensioniert. Für ein Gemeindezentrum (Einzugsbereiche 2000 EW im ländlichen Raum bis 30 000 EW in der Großstadt) rechnet man 4 – 6000 m² oder überschlägig 1,4 m²/EW. Kirchliche Gemeindezentren sind durch ihr Angebot im Bildungsbereich und auf sozialer Ebene ein wichtiger Kristallisationspunkt menschlichen Lebens. Nichtchristliche Glaubensgemeinschaften haben in Deutschland das Recht freier Religionsausübung. Meist haben die religiösen Zentren einen erheblichen Einzugsbereich außer in Ballungsräumen und dort, wo die Zahl der Glaubensmitglieder ausreichend hoch ist. Zu jedem Versammlungs- und Predigtraum gehören Lehr- und Schulungsräume sowie rituelle Einrichtungen und Wohnungen für Geistliche und Helfer mit ihren Familien. Die Bauformen orientieren sich an den Typen in ihren Ursprungsländern (Moscheen, Synagogen, Tempel).
Den religiösen und weltlichen Festen (Hochzeiten, Jahrestage, Trauerfeiern) kommt eine hohe Bedeutung im gemeindlichen Leben zu. Das Einbinden aller religiösen Einrichtungen in das Stadtbild und in das Wegenetz sollte in jedem Fall beachtet werden.

3.5.4 Orientierungswerte für sonstige Flächenbedarfe im Städtebau

Begriffe

Um das Wohnen in der Stadt zu ermöglichen und den Bedürfnissen des Menschen entsprechend zu organisieren, sind zusätzliche Flächen notwendig, die der Allgemeinheit zur Verfügung stehen. Das sind Erschließungsflächen, die Einzelgrundstücke nutzbar machen, es sind Einrichtungen und Anlagen, die der Bevölkerung allgemein oder beschränkt zugänglich sind wie Grünflächen, Friedhöfe, Parkplätze etc. Es sind auch privatwirtschaftlich geführte Einrichtungen, deren Träger öffentliche oder anerkannt öffentliche Aufgaben wahrnehmen. Diese der Allgemeinheit zum *Gemeingebrauch* dienenden Einrichtungen werden ergänzt durch *Einrichtungen des Gemeinbedarfs*, die ein Träger, eine Gebietskörperschaft oder die Gemeinde aufgrund der Verpflichtung zur umfassenden Daseinsvorsorge der Allgemeinheit zur Verfügung stellt bzw. stellen muß. Gemeinbedarfseinrichtungen sind diejenigen Einrichtungen und Anlagen, die erforderlich sind, um eine ordnungsgemäße und angemessene Versorgung und Befriedigung der verkehrstechnischen, kulturellen und zivilisatorischen Ansprüche der Bewohner eines Bezugsgebietes zu gewährleisten. Die Anlagen werden zum Gemeinbedarf gezählt nicht aufgrund von Rechtsansprüchen, sondern aufgrund des anerkannten Bedarfs der Bevölkerung. Zum Gemeinbedarf zählen daher sowohl öffentliche Anlagen, die grundsätzlich dem Gemeingebrauch gewidmet sind, wie auch solche, die von Privatleuten, Firmen oder öffentlich rechtlichen Körperschaften zur Verfügung gestellt werden. Es kann sich dabei um Einrichtungen handeln, die jedermann zur Benutzung unentgeltlich zur Verfügung stehen oder um solche, aus denen der Eigentümer einen wirtschaftlichen Nutzen zieht. An städtebaulichen Anlagen gehören zum Gemeinbedarf Straßen, Wege, öffentliche Parkplätze, öffentliche Grünflächen, Friedhöfe, Freibäder, Versorgungsleitungen, Schulen, Kindergärten, Kirchen, Läden, Theater, Kinos, Gaststätten usw. Während Straßen und Wege uneingeschränkt öffentlich sind können Parkplätze und andere Einrichtungen entgeltlich nutzbar sein und privat unterhaltene Einrichtungen einem eingeschränkten Nutzerkreis zugänglich gemacht werden. In diesem Sinne können auch Flächen für den Einzelhandel als notwendige Versorgungseinrichtungen im öffentlichen Interesse zum Gemeinbedarf gezählt werden, auch wenn sie im Bebauungsplan nicht zu den Flächen für den Gemeinbedarf nach der PlanZVO gezählt werden. Es gehört zu den Aufgaben des Planers, auch diejenigen Anlagen des Gemeinbedarfs bei der Bereitstellung von Flächen und Gebäuden zu berücksichtigen, die von privaten Stellen errichtet werden sollen. Für diejenigen Einrichtungen des Gemeinbedarfs, die auf Dauer für das Wohnviertel erforderlich oder erwünscht sind, aber nicht sofort oder nicht von öffentlichen Stellen errichtet werden, können bei der Planung Flächen reserviert werden, die man als Vorbehaltsflächen bezeichnet.

Flächenbedarf je Einwohner

In den folgenden Abschnitten wird versucht, Anhaltswerte für den Bauland-Aufwand zu geben. Zu berücksichtigen ist natürlich, daß die allgemein gültigen Durchschnittswerte in jedem Einzelfalle durch die örtlichen Eigenheiten mehr oder weniger stark verändert werden. Was in einem Gebiet für den Gemeinbedarf freigehalten werden muß, hängt zunächst einmal weitgehend von der zu versorgenden Bewohnerzahl ab. Darüber hinaus hängt der Einzugsbereich vieler Gemeinbedarfseinrichtungen zusätzlich von der zumutbaren Wegeentfernung der Benutzer ab. So kann ein Kindergarten oder eine Ladengruppe, auch wenn ihre Kapazität nicht ausgeschöpft ist, solche Bewohner nicht mehr versorgen, die von ihrer Wohnung bis zu der Einrichtung einen unzumutbar langen Weg zurückzulegen haben.

Bei geringerer Wohndichte sinkt also die Zahl der von einer Gemeinbedarfseinrichtung versorgten Bewohner, da aber der Flächenbedarf der Einrichtung nicht im gleichen Maße sinkt, wird der Baulandaufwand je Einwohner bei geringerer Wohndichte größer. Bei allen Überlegungen zur Ausstattung einer Gemeinde oder eines Stadtteils ist eine Auseinandersetzung mit der voraussehbaren Eigenentwicklung und der langfristigen Finanzierbarkeit von Einrichtungen unverzichtbar. Die angemeldeten Bedürfnisse der derzeitigen oder zukünftigen Wohnbevölkerung, die Ausstattung vergleichbarer Gemeinden oder Stadtteile und die tatsächlich erbringbaren Leistungen klaffen oft weit auseinander. Das realistische Ausstattungsniveau, Lagekriterien und Dimensionierung von Einrichtungen können nur ein Ergebnis von intensiven Diskussionen der Anbieter und Nachfrager werden auf der Grundlage der Finanzierbarkeit. Dazu zählt auch die Frage der Wohndichte einzelner insbesondere neu zu erstellender Siedlungsgebiete und deren Ausstattung. Stark von der Wohndichte abhängig ist auch der Aufwand an Straßenfläche je Einwohner. Wird ein Gelände von 100 × 100 m mit viergeschossigen Miethäusern bebaut, so wird die Erschließungsanteil vielleicht doppelt so hoch sein, als wenn das gleiche Gelände mit freistehenden Einfamilienhäusern bebaut wird.

Um den Gemeinbedarfsflächenaufwand je Einwohner zu berechnen, kann man immer nur diejenigen Anlagen heranziehen, die den Bewohnern des Bezugsgebietes dienen, nicht aber solche, die zwar im Bezugsgebiet liegen, aber einem weit größeren Bereich zu dienen haben. So ist der Gemeinbedarf einer sehr großen Gebietseinheit auch je EW größer, als der einer kleinen Siedlung, weil viele Einrichtungen erst bei der großen Einheit als deren Gemeinbedarf auftreten, während sie für den Ortsteil, in dem sie zufällig liegen, überwiegend überörtlicher Bedarf sind. Um diesen Überlegungen Rechnung zu tragen und um bei Vorausschätzungen brauchbare Zahlen zu entwickeln, werden im Folgenden Nachbarschaftsstufen unterschieden, die mit steigender Größe jeweils zusätzliche Gemeinbedarfseinrichtungen aufweisen müssen.

Die Angabe für Freiflächen und Sportanlagen inkl. Hallenbäder, Turnhallen, Sportplätze, Dauerkleingärten, Grünflächen, Parks etc. sind im Abschnitt 9 enhalten.

Tafel **3**.9 Gliederung in Nachbarschaftsstufen

Nachbar-schafts-stufe	Benennung	Größe WoE u. EW	Rechen-richtwert (Durch-schnitt) WoE u. EW	Bauformen	Gemeinschafts- u. Gemeinbedarf (jeweils zusätzlich zu dem der vorher-gehenden Stufe)
I	Wohnge-meinschaft	1 WoE 1 - 6 EW	1 WoE 2,6 EW	Einfamilienhaus, Mietwohnung	
II	Treppen-hauseinheit/ Hausgruppe	8 - 12 WoE 15 - 40 EW	10 WoE 25 EW	kleine Wohnhaus-gruppe, Reihen-hauszeile, Whg. an einem Treppenhaus eines Mietshauses	Kleinkinderspiel-platz, Kfz-Einstell-plätze, Einstellmög-lichkeiten für Kin-derwagen und Fahr-räder
III	Wohnblock-einheit	60 - 120 WoE 150 - 350 EW	100 WoE 250 EW	Siedlung, größere Einfamilienhausan-lage, Miethausblock, Vielwohnungshaus	Geräte- Kinderspiel-platz, Sammelgara-ge, Mietwaschkü-che, BHKW
IV	Wohnviertel	250 - 400 WoE 700 - 1500 EW	300 WoE 750 EW	kleines Wohnviertel, Dorf	Ladengruppe für den Tagesbedarf (oder kleiner Verbrau-chermarkt)
V	Grund-schuleinheit	2500 - 4000 WoE 5000 - 9000 EW	3000 WoE 7500 EW	Großes Wohnviertel, erstrebte ländliche Großgemeinde, Landstadt	Läden für Wochen- und Monatsbedarf, Grundschule, Kin-dergarten, Kirche, Gemeindehaus, Gaststätte, Dienst-leistungsbetriebe, Sportplatz, Freibad
VI	Verwaltungs-einheit	10000 - 20000 WoE 20000 - 45000 WE	12000 WoE 30000EW	Stadtteil einer Groß-stadt, kleinere Mit-telstadt, Kleinstadt mit ihrem Umland	weiterführenden Schulen, Kranken-haus, Altersheim, Behörden, Läden für langfristige Versor-gung, Spezialläden, kulturelle Einrichtun-gen, Kino, Volks-hochschule, Hallen-bad, Kampfbahn, Freizeitheim

Einzelhandelsgeschäfte

Der Grundflächenbedarf hängt nicht allein von der EW-Zahl des Bezugsgebietes ab, son-dern wird darüber hinaus maßgeblich beeinflußt vom durchschnittlichen Pro-Kopf-Einkommen im Bezugsgebiet und davon, welchen Anteil ihres Einkaufsbedarfes die Bewohner innerhalb des Bezugsgebietes decken. Die Umsatzmöglichkeiten der Läden des Bezugsgebietes können ferner dann höher liegen als die Durchschnittswerte, wenn die Läden zusätzliche Kundschaft von außerhalb des Bezugsgebietes (Kundschaft aus benachbarten Bezirken und sogenannte Laufkundschaft) erwarten bzw. anwerben können. Mitwirkende Faktoren sind also für die Bemessung der Ausstattung eines Bereiches mit Einzelhandelsgeschäften:

- Einwohnerzahl des Bezugsbereichs (Nachbarschaftsstufe)
- Überörtliche Bedeutung des Bereichs und seine Lage zum Stadtzentrum
- Zentrale Bedeutung der gesamten Stadt
- Soziale Zusammensetzung der Bewohner des Bereichs
- Initiative und Leistungsfähigkeit der Ladeninhaber
- Planerische Qualitäten des Ladengebietes (Verkehrslage im Bereich, Gestaltung, Art der Zusammensetzung der Branchen, Vollständigkeit des Angebotes, Parkplatzangebot)
- Günstige oder ungünstige Beeinflussung der Kaufgewohnheiten der Kundschaft durch den Zeitpunkt der Eröffnung der einzelnen Läden entsprechend der Bezugsfertigstellung der Wohnungen des Bereichs, später durch Ladenöffnungszeiten, Werbung

Aus diesen Gründen schwanken die Bedarfsrichtwerte für Einzelhandelsgeschäfte in weiteren Grenzen als für die übrigen Gemeinbedarfseinrichtungen. Die angegebenen Werte können daher nur einen Anhaltswert für die frühesten Stadien der Vorplanung geben. So früh als möglich muß zur Berichtigung der Bedarfsermittlung Verbindung mit den Fachorganisationen des Einzelhandels aufgenommen werden. In alten Städten mit einerseits durchschnittlich sehr kleinen Läden, andererseits, wegen der rein landwirtschaftlichen Struktur des Umlandes, mit sehr ausgeprägter zentraler Bedeutung entfiel ein Laden bereits auf etwa 50 EW. Heute kann in den Wohnbezirken der Stadt grob ein Laden auf ca. 500 EW / bzw. eine Ladengruppe mit entsprechendem Sortiment auf ca. 2000 EW gerechnet werden. Von der Seite der Versorgung der Bevölkerung gliedern sich die Einzelhandelsgeschäfte in folgende Stufen:

Läden für den *täglichen Bedarf*
mit dem Einzugsbereich eines Wohnviertels. Das Angebot enthält Frischwaren mit geringer Lagerfähigkeit, Lebensmittel kurzlebiger Güte, Zeitschriften, Unterhaltungsartikel mit geringem Prestigewert. Die Verbraucher erwarten diese Güter in der Nähe ihrer Wohnung (fußläufige, d.h. 10-min. Entfernung, Fuß- und Radwege) und möglichst zu Wettbewerbspreisen. In Wohngebieten sind die Bewohner Dauerkunden, es wird lediglich der Tagesbedarf gedeckt, bei hoher Einkaufsfrequenz ist der Umsatz je Einkauf gering. Läden müssen gut belieferbar sein, Störungen mit dem Wohnen sind zu vermeiden. Während das kleine Einzelhandelsgeschäft kaum noch anzutreffen ist, kann eine Ladengruppe mit ca. 1500 m² Verkaufsfläche zzgl. 30 % Nebenfläche mit 4 - 8 Läden zu je 100 - 400 m² brutto durchaus wettbewerbsfähig sein. Bei der Flächenplanung rechnet man mit einer Bruttofläche von 0,6 - 0,7 m²/E und einer Grundstücksfläche inkl. Parkplätze von 1,2 m²/E. Läden für den täglichen Bedarf können nur ebenerdig sein (Einkaufswagen, Rollstuhlfahrer), die verschiedenen Branchen sollten fußläufig miteinander verbunden sein (one-stop-shopping).

Das Angebot und die Zahl der Läden verändern sich, wenn ein großflächiger Laden einer Handelskette bestimmend ist. Ein zusätzliches Angebot ist meist im Dienstleistungsbereich zu finden (Friseur mit breiterem Angebot, Arzt, Apotheke). Der Abstand zur Ladengruppe des nächsten Wohnviertel beträgt erfahrungsgemäß 800 - 1000 m in Abhängigkeit von der Bebauungsdichte und der Nähe zur nächst höheren Versorgungsstufe.

Läden für den *mittelfristigen Bedarf*

Dieses lokale Versorgungszentrum deckt den Bedarf eines Einzugsbereichs mit 5000 – 15 000 Einwohnern ab (Grundschuleinheit) mit einer größten Entfernung von etwa 1500 m. Möglicherweise sind in diesem Bereich schon kleinere Ladengruppen für den täglichen Bedarf angesiedelt. Über diesen Bedarf hinaus bietet dieses kleine Zentrum Lebensmittel mit höherer Qualität, Textilien, Bücher, Drogeriewaren, Schuhe, Gartenbedarf und meist eine Reihe von Dienstleistern wie Bankfilialen, Copyshop, Friseur, freie Berufe, Café / Restaurant / Eisdiele / Schnellimbiß, Haushaltswaren, Unterhaltungsbedarf, Radio, Phono, Elektronikbedarf. Auch hier sind die Maße nur sehr grob anzugeben, da die Abhängigkeit vom Einzugsbereich, der Kaufkraft, den Kaufgewohnheiten und der gewachsenen Struktur des Ortsteils sehr groß ist. Es ist mit einem Brutto-Flächenbedarf von 1,0 - 1,2 m²/E des gesamten Einzugsbereichs zu rechnen. Ein solches Zentrum kann durchaus 20 - 30 Läden unterschiedlicher Größe mit konkurrierenden Angeboten aufweisen.

Läden für den *langfristigen Bedarf*

Hier ist das Stadtteil- oder Ortszentrum gemeint, das je nach der Siedlungsstruktur 20 000 - 50 000 EW im Einzugsbereich umfassen kann.

Dieses Versorgungszentrum ist durchaus städtisch geprägt (Gesamtgemeinde, Verwaltungseinheit). Es bietet außer dem vollen Angebot im Bereich des täglichen und mittelfristigen Bedarfs eben auch Güter des gehobenen Bedarfs, die eine längere Verbrauchszeit haben und nicht häufig gekauft werden, (hochwertige Textilien, Schmuck, Möbel) alles, was man in einem Ortszentrum sucht, und zwar in guter Qualität, reicher Auswahl und in konkurrierenden Preisen. Dazu wird ein breites Angebot im Dienstleistungsbereich erwartet mit allen freien Berufen in spezialisierter Besetzung (Ärzte, Rechtsanwälte, Banken, Versicherungen, Handwerksbetriebe, Firmenvertretungen, Verwaltungsdienststellen).

Ein Stadtzentrum hält je nach Flächenintensität des Einzugsbereichs angemessen viel Parkraum vor, hier treffen die Verkehrswege des Einzugsbereiches zusammen inkl. der des öffentlichen Personennahverkehrs (Haltestellen, Umsteigemöglichkeiten). Die Dimension des Einzugsbereichs sind lokal unterschiedlich, man rechnet mit Wegezeiten von max. 20 Min. (Pkw / Bus) oder ca. 2 km Entfernung. Es wird über die vorgenannten Stufen hinaus mit einer Bruttofläche von 0,75 - 2,5 m²/E gerechnet. Die Lage zu benachbarten Bereichen und ihren Zentren ist sicher starker Beeinflussungsfaktor bei der Dimensionierung.

Über dieses primitive Überschlagsverfahren hinaus gibt es in der Spezialliteratur umfangreich Tabellen, die den Besatz von neuen Wohngebieten oder von ganzen Städten mit Ladengeschäften zusammenstellen sowie Verfahren, die unter Berücksichtigung der Lagefaktoren den Besatz eines geplanten Bereichs mit Läden aus der Kaufkraft der Wohnbevölkerung des Einzugsbereiches genauer ermitteln. Da hierzu aber eine ganze Anzahl von

Erhebungen und Annahmen benötigt wird, muß hier auf die Literatur verwiesen werden. Jeder Investor stellt fundierte Berechnungen aufgrund eigener Erfahrungen an.

Die Angebotsstruktur verändert sich stark, wenn die Region von Fachmärkten und Einkaufszentren beeinflußt wird, deren Einzugsbereich unabhängig von den angrenzenden Flächen Dimensionen erreicht, die nicht vorhersehbar sind und starken Konjunkturschwankungen unterworfen sind. Die Kaufkraftabflüsse aus den traditionellen Einzugsbereichen der Läden und Ladengruppen kann sich ganz erheblich auf die gewachsenen Ortsteile und Ortszentren ausweiten. Sieht man eine Struktur des Einzelhandels von der betrieblichen Seite aus, dann kann man folgende Gliederung erkennen:

- *Fachgeschäfte*, die Waren einer Branche z.T. mit ergänzenden Dienstleistungen anbieten.
- *Spezialgeschäfte*, die einen Sortimentsausschnitt tief gegliedert anbieten.
- *Kaufhäuser* als Einzelhandelsbetriebe mit einem breiten Angebot oder auf bestimmte Angebote beschränkt (Textil-Kaufhaus, Baumarkt, Sanitär etc.) z.B. Warenhäuser mit einem Vollangebot in food- und nonfood-Bereich.
- *Discount-Geschäfte* mit einem auf raschen Warenumschlag ausgerichteten Sortiment zu niedrigen Preisen ohne Dienstleistungsangebot.
- *Supermärkte* (Selbstbedienungseinzelhandel) meist ausschließlich im food-Bereich mit angegliederten aber selbständigen Spezialgeschäften (Backwaren, Blumen, Schnellimbiß etc.) ab ca. 600 m² Verkaufsfläche.
- *Verbrauchermärkte, Fachmärkte* mit warenhausähnlichem Sortiment bzw. spezialisiert (bis je 1500 m², darüber gelten sie als „großflächiger Einzelhandel" und unterliegen besonderen Bestimmungen). Je nach Größe sind sie kaum in gewachsenen städtische Strukturen zu integrieren. Bei erheblichen Einzugsbereichen sind Parkflächen vorzuhalten, die Anschluß an eine gut ausgebaute Verkehrsinfrastruktur, an eine Stadt erheblich Anforderungen stellen und existenzielle Fragen aufwerfen (in Gewerbegebieten).
- *Einkaufszentren* sind gewachsene oder geplante räumliche Konzentrationen von Einzelhandels- und Dienstleistungsbetrieben verschiedener Anbieter und in unterschiedlicher Größenordnung (ab 1500 m²). Das Warensortiment ergänzt sich und konkurriert miteinander. Außer Dienstleistungsbetrieben, (Reisebüros, Friseure, Versicherungen, Banken, Hotels, Läden, Gastronomie, Unterhaltung, Kino/Theater, Disco) gibt es auch nicht störende Handwerksbetriebe, Reparaturdienste und freie Berufe. Dazu kommt noch der Sport- und Unterhaltungsbereich (Squash, Bowling, Kino, Disco) in Verbindung mit der Gastronomie, der die Öffnungs- und Besuchszeiten wesentlich verlängert und die Wirtschaftlichkeit stabilisiert.
- Ein geplantes Einkaufszentrum wird sich einen Standort wählen, der im Einzugsbereich mehrerer großer Städte liegt (Ruhr-Park Bochum, Centro Oberhausen, Saale Park Halle-Leipzig) und etwa mehr als 300 000 E in einen Einzugsbereich von bis zu 100 km aufweist. Da ein Einkaufszentrum trotz notwendiger Anbindung an mehrere Linien des öffentlichen Nahverkehrs ein hohes Maß privatem motorisiertem Verkehr anzieht und auf diesen Käuferkreis angewiesen ist, müssen eine ausreichende Zahl an Pkw-Stellplätzen möglichst nah den Verkaufsflächen zugeordnet werden (Parkplätze, Parkhäuser, Tiefgara-

gen etc.). Auf eine gute Anbindung an den übergeordneten Verkehr ist Wert zu legen. Auf die planungsrechtlichen und bauordnungsrechtlichen Vorschriften ist zu achten. Eine Realisierung ist nur in Kerngebieten (§ 7 BauNVO) oder in speziell ausgewiesenen Sondergebieten (§ 11 BauNVO) möglich: Entsprechendes gilt für vorhabensbezogene Bebauungsplanverfahren (§ 12 BauGB). Eine Abstimmung mit der Regionalplanung ist u.a. wegen des Kaufkraftzuflusses aus den Umlandgemeinden unerläßlich. So kann in einem Bebauungsplan zur Vermeidung eines für betroffene Kernstädte unzuträglichen Kaufkraftabzuges eine Sortimentsbeschränkung oder ein Branchenausschluß festgesetzt werden.

Bezugsgrößen sind sehr schwer abzuschätzen, sie sind nur über die Region und deren vorhandenen oder geplanten Geschäftsflächenbesatz zu entnehmen. Zu der Summe wird ein Flächenbedarf von 1 – 2 m² Verkaufsfläche/E ausreichen.

Dienstleistungsbetriebe und Gewerbebetriebe mit Dienstleistungscharakter zur Versorgung eines Wohnbereichs

Hier sind Betriebe gemeint, die das Wohnen ergänzen und die Einwohner mit notwendigen Dienstleistungen versorgen, sowie gleichzeitig wohnungsnahe Arbeitsstätten bieten. Im Wohnbereich sind (gem. BauNVO) gewerbliche Nutzungen generell oder ausnahmsweise zulässig, soweit sie der Versorgung der Bevölkerung dienen und auf das jeweilige Wohngebiet bezogen sind. Störungen und Immissionen z.B. durch Kunden- und Lieferverkehr sind zu berücksichtigen bzw. zu vermeiden. Für den Nahbereich kann man mit einem Grundstücksbedarf von 0,3 m²/E rechnen, wobei in der größeren Versorgungseinheit nochmals 0,2 m²/E dazugerechnet werden, je nach Größe des mitzuversorgenden Einzugsbereichs.

Sekundäre Arbeitsstätten, Gewerbe- und Industriegebiete

Wohnen und Arbeiten sind die Faktoren, die den Charakter und die Struktur einer Stadt bestimmen. Je sinnvoller Wohnen und Arbeiten aufeinander bezogen sind, desto weniger Verkehr entsteht, desto geringer ist der Zeitaufwand zur Arbeit und entsprechend höher ist die verfügbare Freizeit. Laut BauNVO dienen Gewerbegebiete „vorwiegend der Unterbringung von nicht erheblich belästigenden Gewerbebetrieben". Die Zulässigkeit im Allgemeinen und im Ausnahmefall wird hier geregelt. Entstehende Störungen durch Emissionen (Schall, Verunreinigungen, Erschütterungen) müssen vermieden werden, oder es muß für entsprechenden Schutz gesorgt werden (s. Abschn. 5). Dieser Schutz kann auch als Immissionsschutz dem belasteten Wohngebiet zugeordnet werden.
Die Immissionsschutzrichtlinien und -gesetze (BimSchVO, Abstandserlasse der Länder u.a.) sichern die Qualität der betroffenen, angrenzenden Wohnbereiche, sie bedeuten allerdings auch eine weitgehende Entmischung der Funktionen Wohnen und Arbeiten mit den erwähnten Nachteilen.

Die Maßnahmen, die durch Umweltschutzbestimmungen und Immissionsschutzrichtlinien notwendig sind, um Gewerbe- und Industrieflächen im Zusammenhang besiedelter Flächen und Ballungsgebiete verträglich zu machen, machen es unmöglich, verläßliche Größenordnungen für Betriebe auszuweisen. Gängige Größen für Gewerbeparks liegen je nach Gemeindegröße bzw. Lagequalität zu Versorgungsregionen bzw. notwendigen Infrastruktureinrichtungen zwischen 20 und 200 ha. In diesen Flächen sind Erschließungsmaßnahmen, Emissionsschutz, Grünordnungsmaßnahmen und Ausgleichsflächen enthalten. Die Flächenangaben in allen einschlägigen Veröffentlichungen haben einen sehr breiten Spielraum, weil sie sehr unterschiedliche Randbedingungen einschließen. Jüngste Fachtagungen lassen konkretere Untersuchungsergebnisse und verläßliche Daten erwarten. Wegen der Umstrukturierungen auf dem Arbeitsmarkt und wegen der starken Zunahme der Automatisierung und der Computer–Arbeitsplätze sind auch alle Angaben, die eine Relation zwischen Betriebsart, Beschäftigtenzahl und Flächenanspruch herstellen, nicht mehr relevant. Gewerbebetriebe, Industriefirmen, Handelsketten und Distributionsbetriebe haben eigene Planungsabteilungen, die Entscheidungen aufgrund spezieller wirtschaftlicher und logistisch fundierte Überlegungen treffen.

3.6   Literaturverzeichnis

BONCZEK, W., HALSTENBERG, F.: Bau-Boden, Hamburg 1963

BORCHARD, K.: Städtebauliche Bestandsaufnahme, ARL (Hrsg.) Handwörterbuch der Raumordnung, Hannover 1995

DÜCKERT, D.; MILARG, H.; REINMUTH, U.; SPENGELIN, F.: Mindestanforderungen an Wohnfolgeeinrichtungen in citynahen Stadtteilen, Institut für Landes- und Stadtentwicklungsforschung des Landes Nordrhein – Westfalen (Hrsg.), Verlag für Wirtschaft und Verwaltung, Essen 1977

DURTH, W.: Die Inszenierung der Alltagswelt, Vieweg, Braunschweig, Wiesbaden 1988

FOURASTIÉ, J.: Die große Hoffnung des XX. Jahrhunderts, Köln-Deutz 1954

HEINEBERG, H.: Grundriss allgemeine Geographie, Teil X Stadtgeographie, Ferdinand Schöningh Verlag, Paderborn 1986

INFORMATIONSZENTRUM BETON GMBH (Hrsg.), Zur Wohnsituation der Deutschen, Haushaltsbefragung, Köln 1994

INSTITUT FÜR LANDES- UND STADTENTWICKLUNGSFORSCHUNG des Landes Nordrhein-Westfalen (Hrsg.): Mindestanforderungen an Wohnfolgeeinrichtungen, Dortmund 1977

MEHLHORN, D.-J.: Stadterhaltung als städtebauliche Aufgabe, Werner Verlag, Düsseldorf 1988

SCHÖNING, G.; BORCHARD, K.: Städtebau im Übergang zum 21. Jhdt., Karl Krämer Verlag, Stuttgart 1992

SCHUHMACHER, E. F.: Die Rückkehr zum menschlichen Maß, Rowohlt, Reinbeck 1978

SPENGELIN, F.: Vorlesungsmanuskript „Allgemeine Grundlagen der Stadtplanung", Technische Universität Hannover, 3. verbesserte Auflage 1975/76

STAATSMINISTERIUM BADEN-WÜRTTEMBERG (Hrsg.), Schnitt – Lupen – Szenarien, Architektur und Städtebaukongreß, Stuttgart 1987

STATISTISCHES BUNDESAMT: Statistisches Jahrbuch für die Bundesrepublik Deutschland, Stuttgart 1990 ff.

VOGT, J.: Kurswissenschaften, Raumstruktur und Raumplanung, Klett Verlag für Wissen und Bildung, Stuttgart, Dresden, 1. Auflage 1994

4 Grundlagen für die städtebauliche Planung *(M. Korda)*

4.1 Standortkriterien für Bebauung und Nutzung

4.1.1 Topographie

Die *Geländeform* ist ein wichtiges Kriterium für die Eignung einer Fläche für die Besiedlung. Bewegte Geländeformen bieten für die städtebauliche Gestaltung die Möglichkeit, die Individualität der betreffenden Stadt oder des Stadtteils zu verstärken. Stellung und Höhenstaffelung der Baukörper sollen dazu die Geländeformen nachvollziehen (Längserstreckung der Baukörper parallel zu den Höhenlinien, insbesondere auch die Firste von Satteldächern) und besondere Geländepunkte (Kuppen, Nasen, Geländekanten) betonen. Betonung kann z.B. durch Sonderformen oder durch höher gezogene Baukörper senkrecht zur allgemeinen Firstrichtung erfolgen. Auf einer Geländekante sind Häuser mit versetzten Geschossen und schiefhüftiger Giebelansicht durchaus vorstellbar. In jedem Fall sollte die Chance wahrgenommen werden, die Bebauung in die topographische Situation einzufügen und die natürlichen Gegebenheiten zu nutzen. Eine Hanglage bedeutet möglicherweise eine bessere Besonnung, bessere Aussicht, geringere Störung durch Nachbarbebauung und auch eine Möglichkeit, im baulichen Entwurf die Geländeneigung zu nutzen und dem einzelnen Gebäude wie der Siedlungseinheit einen unverwechselbaren Charakter zu geben.

Dabei sind allerdings auch Nachteile zu beachten, wie aufwendige Fundierungen, einseitige Orientierung des Sockelgeschosses, höhere Baukosten und Herstellungskosten, aufwendigere Erschließung. Rücksicht auf die Topographie und die landschaftstypischen Erscheinungsformen kann im äußersten Fall zu einem Verzicht auf Planung und Bebauung führen.

In der Regel werden bei Ost-, Süd- und Westhängen für Wohnbebauung sich mehr Vorteile als Nachteile ergeben, dagegen überwiegen bei Nordlagen für Wohnbebauung die Nachteile, besonders wenn die Hangneigung steiler als etwa 1:10 wird. Besonders Einzel-, Doppel- und Punkthäuser können in gut besonnten Hanglagen durch deren Ausnützung stark an Wohnwert gewinnen. Reihenhäuser, Laubenganghäuser und Mehrwohnungshäuser der gängigen gereihten Typen (Zweispänner, Dreispänner) können in der Regel nur mit Längsausrichtung parallel zu den Höhenschichtlinien angeordnet werden und verlangen darüber hinaus einen der speziellen Situation angepaßten Entwurf. Ganz besonders gut für Südost, Süd- und Westhänge geeignet sind terrassierte Wohnformen, die auch eine überdurchschnittlich hohe Ausnutzung bei gleichwertig hohem Wohnwert ergeben können.
Mit zunehmender Steilheit des Hanges wird die Bebaubarkeit durch wasserführende oder rutschgefährdete Schichten eingeschränkt. Deshalb muß in jedem Falle, schon ehe die bauliche Nutzung festgesetzt wird, bei hängigem Gelände die Eignung durch Baugrunduntersuchung festgestellt werden.

Mit zunehmender Hangneigung wird auch der Erschließungsaufwand höher, da die zumutbare Steigung der Straßen begrenzt ist.

Sobald Fußwegeverbindungen, die stets den kürzeren Weg zum Ziel (Bus, Schule, Einkauf) sichern, sehr steil, eventuell sogar zu Treppenstraßen werden, sind sie nicht mehr ohne Mühe zu bewältigen insbesondere nicht für Alte und Körperbehinderte sowie Kinderwagen. Die Bebauung eines hängigen Geländes setzt intensive Studien am Modell voraus. Ebenfalls sind Festsetzungen der Besiedlungsdichte in rechtsverbindlichen Plänen bei einer Hanglage umfassend zu prüfen.

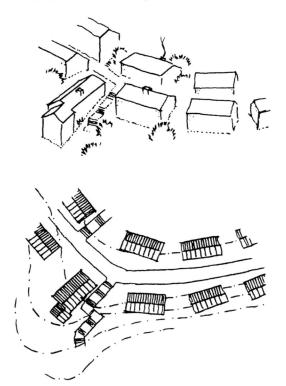

Bild **4**.1   Baukörper und Dachlinien
betonen die natürlich vorhandenen
Geländeformen

Von der Bebauung mit Terrassenhäusern abgesehen verringert sich die erzielbare Wohndichte mit zunehmender Hangsteilheit, und zwar weniger wegen der nur geringen Differenz zwischen der in der Neigung gemessenen Geländefläche und der waagerecht gemessenen Planfläche, als vielmehr wegen des Mehrbedarfs an Erschließungsanlagen und wegen der Unterbringung des ruhenden Verkehrs, insbesondere im Geschoßwohnungsbau.
Bei kurzen Hängen wirkt sich diese Verringerung der erzielbaren Dichte kaum aus. Sie wird voll wirksam erst bei Hängen, die länger sind als zwei Grundstückstiefen, also bei mehr als 60 m Hanglänge.

Wegen der Verschattung und dem Erhalt der gewünschten talseitigen Aussicht sind mehrgeschossige Gebäude am Hang problematisch, sie werden immer im oberen Bereich des Hanges stehen, je nach Erschließungsmöglichkeit. Der gestalterische Vorteil liegt dabei auch in der Überhöhung der topographischen Gegebenheiten und nicht in der Nivellierung von Höhenunterschieden.

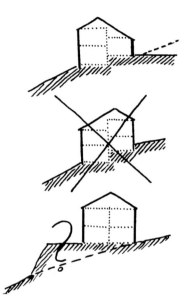

Bild **4**.2
Versetzte Geschosse (gleichgültig ob mit geneigtem oder flachem Dach) sollen das Angebot an gut besonnten und durch Aussicht bevorzugten Räumen erhöhen. Schiefhüftige Häuser am Hang können Geländekanten unterstreichen. Hohe Terrassenschüttungen vergewaltigen das Gelände und trennen zudem den Wohnraum stärker vom Gartenraum.

4.1.2 Klima und Boden (vgl. Abschn. 10.3)

Klima wird gekennzeichnet durch eine Summe von Witterungserscheinungen und Aussagen über atmosphärische Beobachtungen und Erscheinungen, die für einen Landschaftsraum charakteristisch sind. Im Städtebau wichtig sind in Abhängigkeit von der topographischen Situation die Luftbewegungen (Hauptwindrichtungen), die jahreszeitlichen durchschnittlichen und extremen Temperaturen sowie die Sonnenscheindauer und -intensität. Aus den genaueren Aussagen, die sich auf das *Kleinklima* eines örtlich begrenzten Gebietes beziehen, ergeben sich Vorgaben für Planungsentscheidungen in der Stadtentwicklung. Entstehen innerhalb eines besiedelten Gebietes oder einer städtischen Agglomeration Besonderheiten, die sich vom regionalen Klima längerfristig unterscheiden, sprechen wir vom *Stadtklima*. Als Beispiel ist die Besiedlung von Hanglagen dort zu vermeiden, wo kleinklimatische Störungen zu erwarten sind, zum Beispiel bei Kaltluftströmungen, die für eine Stadt in Tallage bei Inversionswetterlagen notwendig sind. Werden diese Ströme durch Bebauung gestört entstehen Hitze- und Dunststau.

Klima und Bodeneigenschaften beeinflussen einzeln und in Abhängigkeit voneinander die Nutzung des *Bodens* z.B. seine Eignung für landwirtschaftliche Zwecke oder als Bauland. In *Bodengütekarten* die bei den Katasterämtern geführt werden, wird in einer Skala von 0 bis 100 eine Bodengütezahl festgelegt und die Eignung als Ackerland oder Grünland gekennzeichnet, wobei die Zahl 0 einen für landwirtschaftliche Nutzung völlig unbrauchbaren Boden, die Zahl 100 einen Boden mit der denkbar besten Nutzbarkeit bedeutet.

Die *Bodengütezahl* beeinflußt die Bewertung von Bodeneigentum bei Besteuerung, Beleihung, Verkauf, Umlegung, Enteignung, Flurbereinigung und Umnutzung. Die Bodengüte umfaßt Kriterien aus der geologischen und geophysikalischen Prüfung, sie berücksichtigt den Wasserhaushalt, die Topographie, kleinklimatische Verhältnisse und Erosionsgefährdungen. Sie wird in regelmäßigen Abständen (10 - 20 Jahren) und bei besonderem Bedarf überprüft und korrigiert. Nutzungsänderungen auch in der näheren Umgebung können z.B. durch wasserwirtschaftliche Maßnahmen oder durch intensive Bebauung die Bodengüte spürbar beeinflussen. (Richtlinien für die Ermittlung der Verkehrswerte von Grundstücken in der Fassung vom 11.06.1991 - WertR 91)

Das Baugesetzbuch sagt in seinem programmatischen § 1 Abs. 5: Mit Grund und Boden soll sparsam und schonend umgegangen werden. Landwirtschaftlich, als Wald oder für Wohnzwecke genutzte Flächen sollen nur im notwendigen Umfang für andere Nutzungsarten vorgesehen und in Anspruch genommen werden.

Bezüglich der Vermeidung oder der Minderung von Nachteilen und der Ersatzmaßnahmen bei Inanspruchnahme von Boden für Baumaßnahmen s. Abschn. 10.

Für die Eignung des Bodens für Bebauung (Wohnen oder Gewerbe) sind sowohl seine Tragfähigkeit als auch die Grundwasserverhältnisse von Bedeutung. Daneben kommt es auch zu einer Wechselwirkung zwischen Klima und von Boden bei der Zusammenstellung von Kriterien für die städtebauliche Entwicklung. Der *Landschaftspflegerische Begleitplan* in der Bauleitplanung nimmt auf diese Kriterien Bezug (vgl. Abschn. 9.4.5).

Bild **4**.3
Klima Untersuchung Neue Stadt Wulfen
Karte der Kaltluftströme.
Dem Abzug der Kaltluft- und Nebelbildungen aus dem Tal des Midlicher Mühlenbaches dient der ca. 100 m breite Freiraum, der von jeglicher Bebauung freigehalten bleibt.

Folgende Hinweise sind bei Planungsentscheidungen zu beachten:

Der für die Lufterneuerung und für die Erholung während der Nacht gesundheitlich wichtige Temperaturunterschied zwischen Nacht und Tag ist im Stadtinneren wesentlich geringer als im Umland.

Ein niedriger Grundwasserstand im Stadtgebiet vermindert den Temperaturausgleich ebenso wie das unmittelbare Abführen des Oberflächenwassers in die Kanalisation. Beides vermindert ein Abkühlen der Luft durch Verdunstung.

Mangelhafter Luftaustausch über den Städten führt bei Inversionswetterlagen zusammen mit einem erhöhten Schadstoffgehalt in der Luft zu der „Dunstglocke" über Städten, zu einer höheren Zahl von Nebel- und Regentagen und zu Gewittertätigkeit.

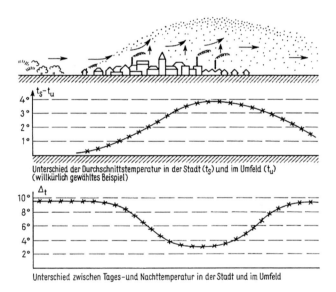

Unterschied der Durchschnittstemperatur in der Stadt (t_S) und im Umfeld (t_u) (willkürlich gewähltes Beispiel)

Unterschied zwischen Tages- und Nachttemperatur in der Stadt und im Umfeld

Bild 4.4 Einfluß der Stadt auf Luftbewegung und Temperatur

Bei vorherrschender Windrichtung aus Südwest bis West sind der Süden und Westen einer Stadt bevorzugte Wohnlagen. Gewerbegebiete bzw. Gebiete mit emittierenden Nutzungen sollten im Norden und Nordosten angesiedelt werden. Bei einer Abstimmung mit den Nachbargemeinden ist eine Bündelung der Interessen anzustreben. Landwirtschaftliche Nutzflächen sollten nicht in einem Immissionsbereich liegen.

Einrichtungen für Kinder, Alte, Kranke sollen in kleinklimatisch begünstigten Gebieten liegen. Lagen mit Kältestau, Nebel, Nordorientierung, kalten Luftströmungen sind zu vermeiden. (vgl. Abschnitt 9 und 10)

4.1.3   Landschaftsschutz und Naturschutz

Die natürliche oder naturbelassene Landschaft und die von Menschen zu einer *Kulturlandschaft* geformte Landschaft stehen unter besonderem Schutz. Die *Landschaftsschutzgebiete* und in noch viel höherem Maße die *Naturschutzgebiete* sind in der Planung ein großer Wert und bieten die Chance, der Region oder der Stadt ein hohes Maß an Identität und Unverwechselbarkeit zu geben. Das verpflichtet den Planer, durch eine Betonung landschaftlicher Gegebenheiten und Besonderheiten zur Wahrung des natürlichen und kulturellen Erbes beizutragen. Dazu zählen, wie bereits erwähnt, die Topographie (auch die vom Menschen veränderte) und Vegetation wie Einzelbäume, Baumgruppen, Waldungen, Straßenführungen, Blickbezüge etc.

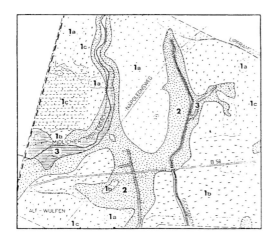

Bild **4**.5
Vegetationsuntersuchung

Neue Stadt Wulfen
Karte der natürlichen potentiellen Vegetation. In dieser Karte ist die Typologie der Vegetation des Planungsgebietes dargestellt.
Ausgehend von der „potentiellen natürlichen Vegetation" wurden Pflanzkataloge für einen standortgemäßen Grünaufbau erarbeitet.

Zu den Aufgaben des Planers gehört es, in der übergeordneten Planung und in der Bauleitplanung auf erhaltenswerte Kultur- und Landschaftswerte Rücksicht zu nehmen, sie insbesondere, soweit erforderlich, durch Ortssatzung zu schützen und sie bei der Planung einzusetzen, so daß das Stadtbild auf sie bezogen wird. Wichtig ist also nicht nur das durch Topographie und Vegetation gestalttypische natürliche Landschaftsbild sondern gleichermaßen das durch den Menschen veränderte und durch technische Maßnahmen geformte Bild der Kulturlandschaft. Beispielhaft für die Aufnahme der von Menschen geprägte Kulturlandschaft ist die Anlage von Grünanlagen auf den Wällen ehemaliger Stadtbefestigungen. Gleiches gilt von vielen Flußufern, Kanälen und von künstlichen und natürlichen Seen. Die Zusammenarbeit mit qualifizierten Freiraumplanern ist unabdingbar. Naturschutzgebiete sowie Naturdenkmale sind Vorgaben für die Planung. Näheres ist in Abschnitt 9 enthalten.

4.1.4   Denkmalschutz, Denkmalpflege

Denkmalschutz ist als öffentlicher Belang gesetzlich geregelt. Gegenstand des Denkmalschutzrechtes ist das *Kulturdenkmal*. Kulturdenkmale sind von Menschen geschaffene Sachen, Sachgesamtheiten oder Sachteile, an deren Erhaltung ein öffentliches Interesse besteht. *Denkmale* sind Kunstwerke und Dokumente mit lokaler, regionaler oder nationaler Bedeutung für die geschichtliche Entwicklung. Neben dem künstlerischen kann auch wissenschaftlicher, städtebaulicher oder volkskundlicher Wert ein Grund sein, ein Objekt oder ein Ensemble von Objekten unter Schutz zu stellen. Ziel ist, die überlieferte historische Substanz möglichst unversehrt und unbeeinträchtigt der Nachwelt zu erhalten. Bauliche Denkmäler, historische Gebäude, denkmalwerte Einzelobjekte und Ensembles sowie Stadtgrundrisse sind einem ständigen Veränderungsdruck ausgesetzt, insbesondere, wenn Gebäude nicht sinnentsprechend genutzt sind. Denkmale sind durch Landesgesetze unter Schutz gestellt. Es ist Sorge zu tragen, daß ihre Aussagekraft und der Informationswert erhalten bleibt. Damit ist nicht nur der Schutz sondern auch die Erhaltung und die Pflege eines Denkmals eine Aufgabe des Staates bzw. der öffentlichen Hand. Die Einbindung eines baulichen Denkmals in ein sich veränderndes gebautes Umfeld ist eine Aufgabe von hoher Sensibilität für Planer und Architekten.

Bodendenkmale geben uns Auskunft über Ereignisse oder Zustände vergangener Epochen und zeigen uns kulturelle und sozialhistorische Zusammenhänge der menschlichen Geschichte. Wenn auch Einzelobjekte Museen übergeben werden, so sind die Fundorte wichtige Teile des kulturellen Erbes, die sichtbar und erfahrbar bleiben sollen. Zu den Bodendenkmalen gehören Siedlungskörper und einzelne Gebäude, Kultstätten und Grabstätten in der freien Flur oder unter bebauten Flächen. Auf solche Fundstätten ist bei städtebaulichen Planungen und Maßnahmen besondere Rücksicht zu nehmen. Die unverzügliche Benachrichtigung der zuständigen Dienststellen bei jeder Planungs- und Baumaßnahme ist gesetzlich vorgeschrieben, wenn ein Verdacht besteht, ein Bodendenkmal zu tangieren.

Eine Zusammenarbeit mit den zuständigen Behörden ist grundsätzlich geboten. Es sind dies in erster Linie die Stellen der unteren Denkmalpflege, die in kreisfreien Städten die Belange der örtlichen Denkmalpflege und Stadtgestaltung wahrnehmen (städtischer Denkmalpfleger oder Stadtkonservator). In Kreisangehörigen Gemeinden ist es die Denkmalbehörde der Kreisverwaltung, die diese Belange vertritt. Übergeordnet, aber nicht unbedingt weisungsbefugt sind die Landesämter für Denkmalpflege (Bayern, Bremen, Rheinland-Pfalz, Schleswig-Holstein), die Landeskonservatoren (Berlin, Hessen, Niedersachsen, Nordrhein-Westfalen und alle neuen Bundesländer) oder das Denkmalschutzamt (Hamburg) bzw. das staatl. Konservatoramt (Saarland).

In der Regel erfolgt die Unterschutzstellung eines Kulturdenkmales durch Eintrag in ein Denkmalbuch oder eine Denkmalliste. Vereinzelt erfolgt die Unterschutzstellung auch durch Satzung.

Die rechtliche Grundlage, für die Denkmalpflege im Bebauungsplanverfahren mitzuwirken, bieten § 1 Abs. 5 BauGB und § 9 Abs. 6 BauGB. Ge- und Verbote, die auch denkmalgeschützte oder für das Stadtbild wichtige Gebäude betreffen, enthalten die §§ 172 ff BauGB.

Die Landesbauordnungen regeln die Beteiligung der Denkmalschutzbehörden bei der Baugenehmigung generell und im Einzelfall.

Folgende Begriffe der Denkmal- und Stadtbildpflege sind im Städtebau wichtig:

Konservierung (Sicherung der vorhandenen Denkmalsubstanz durch chemische oder konstruktive Maßnahmen gegen Schäden durch Immissionen, Erschütterungen, Aggressionen);

Restaurierung umfaßt darüber hinaus auch Wiederherstellung zerstörter oder schadhafter Einzelteile des Gebäudes und Beseitigung von Entstellungen;

Rekonstruktion ist die Wiederherstellung eines (in seinen Einzelheiten genau bekannten) zerstörten oder nur noch zum Teil vorhandenen Baudenkmals;

Anastylose ist die neuerliche Zusammenfügung von Bauteilen eines Baudenkmals, die als Einzelteile erhalten, in ihrem Zusammenhang aber zerstört sind. Das kann sich auch darauf beziehen, daß nur Teile, etwa einzelne Säulen eines Tempels, wieder aufgerichtet werden, um der Phantasie durch Vorgabe des Maßstabes und der Proportion des ehemaligen Bauwerks Hilfestellung zu geben;

Akkumulation nennt man die Weiterentwicklung eines Bauwerks, wobei eine wertvolle Altsubstanz erhalten und sichtbar gelassen wird, etwas Neues künstlerisch einfühlsam, aber nicht stilistisch kopierend angefügt wird. Neues kann notwendig werden, wenn z.B. eine angemessene neue Nutzung für das Baudenkmal ein vergrößertes Bauvolumen erfordert oder die denkmalgeschützte Substanz Veränderungen nicht erlaubt. Dabei zeigt sich das Einfühlungsvermögen von Architekt und Bauherr, historischen Bestand und Architektursprache der Gegenwart miteinander zu verbinden. Die Mehrzahl mittelalterlicher und nachmittelalterlicher Großbauten sind bereits Akkumulationen;

Kopien sind Nachahmungen, die ein Original vortäuschen oder an ein verlorengegangenes Denkmal erinnern. Außer für museale Zwecke sind sie nach heutiger Auffassung umstritten und treten nur in sehr seltenen Ausnahmefällen an die Stelle des Originals.

Translokationen heißen Versetzungen eines Baudenkmals an einen anderen Platz, sei es, um ihren ursprünglichen Platz für andere (meist nicht denkmalpflegerische) Zwecke freizumachen, sei es um Beispiele (z.B. von alten Bauernhäusern verschiedener Gegenden) museal zusammenzustellen, sei es schließlich, daß man in einem Ensemble eine störende Lücke passend schließen will. Translokationen sind meist Notlösungen, wo es Möglichkeiten zu besseren (ehrlicheren) Lösungen nicht gibt. Die oben genannten Gründe treten dabei oft nicht nur einzeln auf.

Ensembles, wie bauliche Gesamtanlagen, Straßen-, Platz- oder Ortsbilder sowie historische Park- und Gartenanlagen, fallen unter die Gruppe der Denkmale, die aus städtebaulichen oder stadtgeschichtlichen Gründen zu schützen sind. Baudenkmale, die an und für sich gepflegt und erhalten sind, können in ihrem Erscheinungsbild oft durch eine veränderte Umgebung erheblich beeinträchtigt werden. Das gilt insbesondere durch die Maßstabsveränderungen, z.B. durch den gegenüber der Erbauungszeit des Denkmals um ein vielfaches gewachsenen Verkehr und notwendigerweise größeren Verkehrsflächen oder durch eine Nachbarbebauung mit mehr Geschossen und einer größeren Geschoßhöhe. Baudenkmale von künstlerischem Wert benötigen eine zurückhaltende, den Maßstab des Denkmals steigernde Nachbarbebauung und einen zur Betrachtung des Denkmals angemessenen Abstand im Straßenraum. Der Trend, Stadtkerne und insbesondere historische Altstädte weitgehend fahrverkehrsfrei zu machen, begünstigt die Ziele der Stadtbildpflege, um so die Begegnung mit baulichen Objekten und städtebaulich wertvollen Ensembles in der historisch gewollten Maßstäblichkeit zu erhalten.

Positiv zu vermerken ist, daß das Bewußtsein der Bevölkerung gegenüber der Stadtgeschichte und dem Einzeldenkmal in seiner Erscheinungsform im Stadtraum gewachsen ist. Ohne das Bewußtsein, daß im Ortsbild ablesbare Geschichte wichtig ist, wäre eine Argumentation im politischen Raum nicht möglich. Die Identifikation des Bürgers mit seiner Stadt bedeutet eine emotionale Bindung an ihre Gebäude und deren Geschichte. Ein schlechter baulicher Zustand eines Denkmals und die Höhe des Erhaltungsaufwandes sollten auf das öffentliche Interesse keinen Einfluß ausüben. Wenn feststeht, daß das Gebäude im ursprünglichen Zustand nicht erhalten werden kann oder wenn sein Erhalt gefährdet ist, kann auch kurzfristig eine Einstufung als Kulturdenkmal erfolgen. Wichtig dabei ist allerdings seine lokale Bedeutung und die Prüfung, wie viele Exemplare dieser Art Kulturdenkmal noch vorhanden sind.

4.2 Städtebauliches Entwerfen

4.2.1 Der Bebauungsentwurf

Jedem städtebaulichen Entwurf geht eine Orientierungsphase voraus, in der die Grundvoraussetzungen und die Einflußfaktoren zu einem Planungsprogramm zusammenzusetzen sind.

- *Abgrenzung* des Plangebietes
- *Einflüsse* aus dem Einzugsgebiet:
Übergeordnete Planung, Fachplanungen; Ausstattung des Einzugsgebietes, Bildung, Einkauf, Ver- und Entsorgung, Arbeitsplätze; Bauweise, Bauformen, Nutzungsstruktur, Blickbezüge, historische Strukturen; Bindungen und Restriktionen
- *Verkehrsanbindung*: Straßen, überörtlicher Verkehr, ÖPNV, Wege, Radwegeverbindungen
- *Landschaft*: Topographie, Bodeneigenschaften, klimatische Bedingungen, Grünzüge, Wasserläufe

- *Merkmale* im Plangebiet: Hangneigung, Himmelsrichtung, Immissionsbelastung, Schutzbereiche, Vegetation (Einzelbäume, Baumgruppen, Hecken), baulicher Bestand
- *Ziele*: Vorstellungen der Planungsträger, der Gemeinde, der politischen Vertreter, der Grundeigentümer, nicht zuletzt eigene, fachlich fundierte Lösungsvorstellungen.

Aus diesen Vorüberlegungen und einer Programmfindungsphase leitet der Planer Eignungskriterien für das Plangebiet ab, wie
- Nicht bebaubare und bebaubare Flächen
- Möglichkeiten der Verkehrsanbindung
- Bindungen: baulicher Bestand, Vegetationsbestand, Wegebeziehungen, Sichtbeziehungen
- Ver- und Entsorgungsleitungen
- Bedarfe an Infrastruktureinrichtungen
- Mängelbeseitigung, öffentliche Interessenlagen

Gleichzeitig mit diesen Überlegungen werden erste Konzepte entstehen, wobei die strukturellen Ebenen sich entwurflich immer überlagern und ergänzen.

1. Bebauungskonzept / Nutzungskonzept / ökonomische und soziale Bedingungen
2. Verkehrskonzept / Wegebeziehungen
3. Grünkonzept / Freiräume / ökologische Bedingungen

Diese Konzepte werden nicht einzeln verfolgt und entwickelt, sondern sie sind funktionale Teilbereiche eines Gesamtkonzepts. Sie werden sich gedanklich durchaus differenzieren und zur Bewertung von alternativen Entwurfslösungen einzeln darstellen.

Beim Entwurfsvorgang fließen auch die Zielvorstellungen ein, die programmatischer Art sein können, aber auch ökonomische, ökologische oder auch politische Gründe haben können, z.B.
- Kosten- und flächensparendes Bauen, kleine Grundstücke, hohe Dichte
- Geschossigkeit, z.B. nicht über zwei oder nicht über acht Geschosse
- Wohnungsmix, z.B. 60 % Geschoßwohnungen, 40 % Einfamilienhäuser (freistehend, Doppelhäuser, Reihenhäuser)
- Starke Durchgrünung, hoher Anteil öffentlicher Grünflächen, geringes Maß der Nutzung, hoher privater Freiflächenanteil
- Energie- und ressourcensparende Bauweise, Ausrichtung der Baukörper nach Süden, eventuell nach Südwesten und Westen
- Sparsame Erschließung, Vermeidung von Durchgangsverkehr, gemeinsamer Verzicht auf eigenes Auto oder zentrales Parken mit längeren Wegen, Unterflur- oder Tiefgaragen, Einzelgaragen, Stichstraßen, Hofbildung

Die meisten der Punkte werden in Gesprächen mit den Gemeindevertretern, der Verwaltung, den Investoren und mit den Bürgern erörtert und führen zu einem Planungsprogramm. Schon bei den ersten Entwürfen sollte eine überschlägige Berechnung zur eigenen Kontrolle erfolgen, um sich nicht frühzeitig festzufahren.

Tafel **4**.1   Beispielsberechnung

Angenommene Dichtewerte		GRZ 0,4 / GFZ 0,6	
Plangebietsgröße		6 ha	= 60 000 m²
Freiflächenanteil	ca.	20 %	= 12 000 m²
Verkehrsflächenanteil	ca.	15 %	= 9 000 m²
Wohnbauland		65 %	= 39 000 m²
Grundfläche (GR)	max.	0,4	= 15 600 m²
Geschoßfläche (GF)	max.	0,6	= 23 400 m²
Überschlägige Zahl der WoE	bei 100 m² / WoE		= 234 WoE
Bei angenommen 2-geschossiger Bauweise ist die überbaute Fläche	0,5 x GF		= 11 700 m²
und die mittlere Grundstücksgröße	39 000 m² : 234 Woe		= 167 m² / Woe

In diesem Beispiel wird das Plangebiet in Abstimmung mit den Programmvorgaben sinnvoll mit 50 % Reihenhäusern, 25 % Einfamilienhäusern und 25 % mit Doppelhäusern bebaut. Überprüft werden müßte, ob die Bebauungsdichte (GFZ 0,6) angemessen ist oder ob die Bebauungsstruktur der Umgebung (Grundstücksgröße, Geschossigkeit, Art der Gebäude- und Wohnformen) eine andere Dichte verlangt.

Alle Gebäude bei den Einfamilienhäusern haben ein ausbaufähiges Dach, das Reihenhaus hat zwei Vollgeschosse. Bei allen Haustypen ist eine Geschoßfläche von ca. 150 m² zu realisieren.

4.2.2   Erschließung (vgl. Bild 4.8)

Von einer Straße (einem Stich oder einer Schleife) ist eine gewisse Grundstückstiefe über Wohnwege o.ä. zu erschließen. Es muß nicht jedes Gebäude und jeder Hauseingang mit dem privaten PKW anfahrbar sein. Entlang einer Straße rechnet man mit einem Streifen von ca. 40 m, der durch die Straße erschlossen ist. Demnach genügt ein Stichabstand von ca. 80 m. Eine Schleife erschließt eine größere Fläche. Sie ist leistungsfähiger, vermeidet Wendeverkehre und erlaubt zügigeres Fahren. Bei einer Mischung von Schleife mit Stichen wird die Schleife immer eine den Stichen übergeordnete Funktion erfüllen. Stiche sollten nicht länger als 100–120 m sein, da sonst das Verkehrsaufkommen unangemessen hoch ist. Da in Stichen nur Quell- und Zielverkehre vorkommen und kein Durchgangsverkehr zu erwarten ist (vgl. Bild 6.2), verspricht eine Erschließung mit Stichstraßen ein ruhiges Wohnen.

Grundstücksgrößen

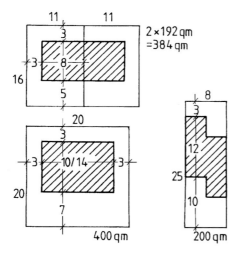

Bild **4**.6   Grundstücksgrößen
Doppelhaus je 180 m²
Atriumhaus ca. 300 m²
Freistehendes EF 400 - 600 m²
Reihenhaus ca. 150 m²
Kettenhaus ca. 200 m²
Die Stellplatzflächen zählen zum Grundstück,
auch wenn sie mit dem Grundstück nicht im
räumlichen Zusammenhang stehen.

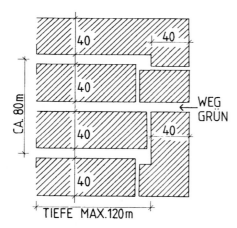

Bild **4**.7   Erschließungsbedarf
Fahrerschließung durch Straßenstiche, Wegeerschließung und Grünverbindung zwischen
den Stichen.

Die Flächen für den ruhenden Verkehr sollten an den Straßen liegen, d.h. auf privaten Flächen, die von der Fahrstraße durch Einfahrten auf kurzen Wegen erreichbar sind. Die Erschließung der Zeilen erfolgt dann durch schmale, nicht oder nur in Ausnahmefällen befahrbare Wohnwege. Die Länge solcher Wohnwege vom letzten mit Kfz erreichbaren
Punkt bis zur Haustür sollte 50, ausnahmsweise 60 m, nicht überschreiten. Wohnwege, die
an beiden Enden an befahrbare Straßen anschließen, können dementsprechend bis 100 m,
ausnahmsweise bis 120 m lang werden. Die Vorschriften für Rettungsfahrzeuge und die
Belange der Menschen mit Behinderungen sind zu beachten.

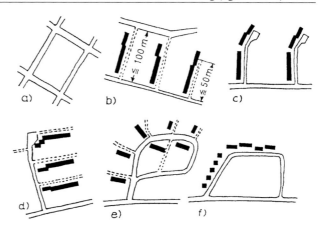

Bild **4**.8   Erschließungssysteme
in Wohngebieten
a) Rastersystem
b) Zeilenbau mit Wohnwegen
c) Stichstraßen
d) Wohnwege mit Zeilenbau von
   Stichstraßen ausgehend
e) Schleifenerschließung
f) Einhang- oder Rucksack-
   erschließung

Das Beispiel c) zeigt, daß die Befahrbarkeit einer Stichstraße eine Wendemöglichkeit am Ende voraussetzt. Der Flächenaufwand für derartige Stichstraßen ist verhältnismäßig hoch, zumal der Wendeplatz unabhängig von der Länge der Stichstraße einen Flächenbedarf von mindestens 110 m², meist um 200 bis 250 m² erfordert. Erfahrungsgemäß ist eine Stichstraße mit einer hohen Anliegerzahl trotz Erfüllung des Stellplatzbedarfs durch Zweitwagen und Besucher „zugeparkt". Eine Stichstraße sollte daher nicht zu knapp bemessen sein, sondern immer großzügig ausgebaut werden, bei größerer Länge noch mit seitlicher Standspur. Schließlich wird der erstrebte Vorteil, daß die Wohnungen vom Lärm des durchfließenden Verkehrs verschont bleiben, zum Teil dadurch aufgehoben, daß das Rücksetzen der Wagen geräuschvoller ist als die Geradeausfahrt. Die Lösung nach Beispiel d) als Stichstraße mit anschließenden kurzen Wohnwegen ist häufig vorzuziehen. Eine Weiterentwicklung daraus ist die von der Wohnsammelstraße abgehende Schleife (Anliegerstraße), an der die Zeilen (auch andere Haustypen, etwa Punkthäuser oder dgl.) an kurzen Wohnwegen liegen.

Nachteile einer Schleife sind die Abgeschlossenheit der innenliegenden Grundstücke und der hohe Erschließungsaufwand.

Zu Erschließungssystemen s.a. Abschn. 6 insbesondere zur sogenannten doppelten Erschließung und verkehrsberuhigtem Ausbau von Wohnstraßen.

Die *äußere Erschließung* bedeutet einen hohen Verkehrsflächenaufwand, aber eine konsequente Trennung von Fahrverkehr und Fuß- / Radverkehr. Die Lage der Einrichtungen ist optimal. Die Anbindung des Systems an die übergeordnete Straße erfolgt an zwei Knotenpunkten, dadurch wird der Verkehr entzerrt. Zur Erreichung der Freiräume außerhalb des Gebietes muß die Straße überquert werden.

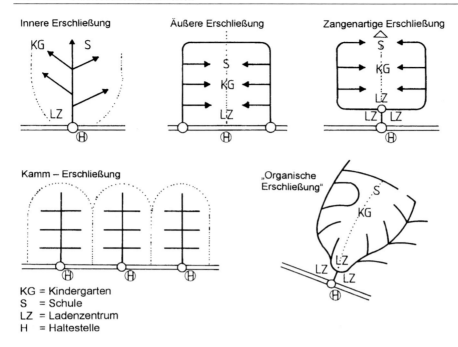

Bild **4**.9   Erschließungsformen (vgl. Bild 6.15)

Die *Zangenerschließung* ist eine Variante der äußeren Erschließung. Die Verkehrsstränge werden an einer oder zwei Stellen mit dem übergeordneten Verkehr verbunden. Die inneren Wege- und Freiräume sind problemlos mit äußeren Freiräumen zu verbinden.

Die *Kammerschließung* ist, je nach Maßstab, ein Stichstraßensystem bzw. eine Addition von Innerer Erschließung mit den dort genannten Kriterien.

Die sog. *Organische Erschließung* betont sehr bewußt topographische und naturräumliche Gegebenheiten. Geradlinige Straßen und Wege werden als nicht menschlich oder nicht organisch vermieden. Das Erschließungssystem erinnert an vegetative Formen, Verästelungen und Blattstrukturen mit Adern und Zellen. Der durch Summierung von „Zuflüssen" stärker werdende Verkehr erhält angemessene Straßenbreiten. Der stärkste Verkehr führt durch die Einkaufszone, was Verkehrsprobleme bereitet. Das konsequenteste Beispiel ist die früher selbständige Gemeinde Sennestadt bei Bielefeld (Architekt H. B. Reichow 1957).

Die *Innere Erschließung* ist sehr flächensparend. Mit einer einzigen Anbindung an den übergeordneten Verkehr und entsprechenden Abzweigungen und Verteilern kann man eine große Fläche für eine Bebauung erschließen. Kindergarten, Schule, Einkauf sind vom

Fahrverkehr erschlossen und gefahrlos für den Fuß-/Radverkehr erreichbar. Nachteilig ist, daß für Fußgänger eine Querung der Straßen sich nicht vermeiden läßt und daß das Ladenzentrum gerade an der Stelle des höchsten Verkehrsaufkommens eine Mischung der Verkehre unumgänglich macht.

Diese Erschließungsformen sind zunächst schematisch zu verstehen, sie werden in ihrer reinen Form kaum verwendet werden, da äußere Abhängigkeiten eine Modifizierung fordern. Wichtig ist jedoch, daß der Bewohner und Nutzer ein Prinzip erkennt und den Verkehr als ordnendes Element im Städtebau spürt.

Geht man von dem Grundsatz aus, daß ein Wohngebiet dem Wohnen und der Kommunikation der Menschen in diesem Gebiet dienen soll und einen Wohnwert wie auch eine Aufenthaltsqualität haben muß, dann hat die Fahrerschließung eine ergänzende Bedeutung, die aber nicht überbetont und überbewertet werden soll. Der Fuß- und Radweg zum Kindergarten, zur Schule, zum Einkauf und zur Haltestelle des öffentlichen Nahverkehrsmittels muß neben der hohen funktionalen Bedeutung auch eine gestalterische Qualität haben.

Von der *Rastererschließung* ist man gewohnt, entlang der Fahrbahn der Straße Fußwege, „Bürgersteige", anzuordnen. Mit steigender Verkehrsdichte und -geschwindigkeit werden diese Bürgersteige besonders für Kinder und alte Leute gefährlicher und für alle Fußgänger durch Verkehrslärm, Staub, Abgase usw. lästiger. Es liegt nahe, Fahrverkehr und Fußgängerverkehr voneinander zu trennen. Man spricht dann von *doppelter Erschließung*, wenn Fußwegerschließung und Fahrerschließung auf grundsätzlich verschiedenen Linienführungen an das Haus herangeführt werden. Man kann dabei beide Erschließungen kammförmig ineinandergreifen lassen, wobei die Stichstraßen ebenso wie die Stichwohnwege von je einem Sammler ausgehen. Nach dem ersten konsequenten Beispiel einer Wohnanlage im Staate New Jersey, USA (Bild 4.10), nennt man dieses System „Radburn System". Man kann die Erschließung entweder in das Innere der Wohnanlage führen und von dem Zentrum radial nach außen ziehen lassen, wobei man von *innerer Erschließung* spricht, oder man kann die Sammelstraße außen um das zu erschließende Gelände herumführen und die Stichstraßen gegen die Mitte zielen lassen, wobei man von *äußerer Erschließung* spricht.

Bei doppelter Erschließung wird man daher gern die Fahrerschließung als äußere und die auf kurze Wege bedachte Fußerschließung als innere Erschließung anordnen. Die innere Fußgängererschließung wird dann zugleich als grüne Zone der Erholung dienen und an ihrem Ende oder ihrem Rande die Einrichtungen des Gemeinbedarfs erreichen (Kirche, Schule, Kindergarten, Laden). Zu bedenken ist bei der Erschließung in jedem Falle, daß eine rationelle Müllabfuhr möglich ist und daß die Gebäude für die Feuerwehr erreichbar sein müssen. In den meisten größeren Städten bestehen hierfür genaue Richtlinien. Hohe Wohnbebauung muß mit Rettungsgeräten unmittelbar erreichbar sein (Fahrbahnbreite für Feuerwehrumfahrten $\geq 3,00$ m). Vielfach wird ein Mindestkurvenradius gefordert. Bei ein- und zweigeschossiger Bebauung kann auf die Befahrbarkeit bis unmittelbar an das Gebäude verzichtet werden. Auf die Belange von Menschen mit Behinderungen ist zu achten.

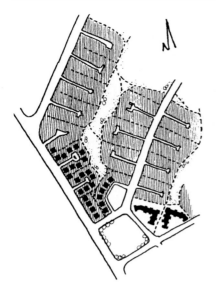

Bild **4**.10
Doppelte Erschließung
Beispiel: Radburn / New Jersey USA, 1928.
Radburn wurde für das System namensge-
bend. Die Planung von Stein und Wright wurde
nur zu einem Teil ausgeführt.
Nettowohndichte 92 EW/ha, 17 % Straßen und
Wege, Bebauung mit überwiegend 2 Vollge-
schossen.

4.2.3   Bebauung

Oberste Maxime für Planer und Architekten ist es, dem Menschen eine Wohnung und eine
Wohnumgebung zu schaffen, in der er sich wohlfühlt und in der er seine Bedürfnisse nach
Schutz, Geborgenheit, Kommunikation, Rekreation erfüllen kann.

So wie die Wohnung diese Forderung erfüllt, so muß auch der Außenraum in seiner Wirkung und seiner Benutzbarkeit diesen Ansprüchen genügen. Für das Erscheinungsbild des
Wohnviertels und für dessen Wohnlichkeit ist die Stellung der Gebäude und ihre Beziehung zueinander wichtig. Durch die Zuordnung der Gebäude werden städtebauliche Räume
gebildet, die unterschiedliche Wirkungen erzeugen und unterschiedliche Aufgaben erhalten.

Beziehungslos nebeneinander gestellte Häuser und eine gleichmäßige und gleichförmige
Reihung gleicher Typen an einer gerade verlaufenden Erschließungsstraße ergeben keine
räumliche Wirkung. Ein Raum verlangt eine seitliche Begrenzung und einen spürbaren
Abschluß des Blickfeldes. Die Erfaßbarkeit des Raumes ist eine Voraussetzung sich in einem Raum wohlzufühlen. Sie hängt von seiner Größe und seiner Begrenzung ab. Innenraum wie Außenraum fördern oder hemmen die Kontaktbereitschaft des Benutzers.

Bild **4**.11   Einzelelemente in Reihung

Reihung gleicher Elemente in gleichen Abständen

Reihung ungleicher Elemente in gleichen Abständen

Reihung gleicher Elemente in rhythmischer Gliederung

Gruppierung von Einzelelementen, einheitliche Abstände und Richtungen, nicht linear, Entstehung von Zwischenräumen

Ordnung durch Strenge und Symmetrie, Gleichheit der Elemente ihrer Richtung und der Abstände zueinander

Gleiche Elemente ohne Bindung an Abstände und Richtung, freirhythmische Gliederung, komplexe Ordnung

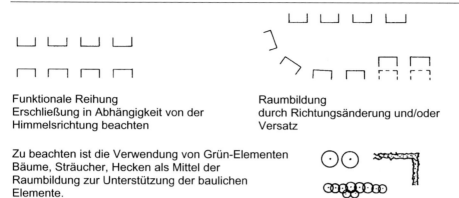

Funktionale Reihung
Erschließung in Abhängigkeit von der
Himmelsrichtung beachten

Raumbildung
durch Richtungsänderung und/oder
Versatz

Zu beachten ist die Verwendung von Grün-Elementen
Bäume, Sträucher, Hecken als Mittel der
Raumbildung zur Unterstützung der baulichen
Elemente.

Neben der Analyse, der Bestandsaufnahme und dem Planungsprogramm (Mischungsverhältnis, Dichtevorstellungen, Bauweise etc.) müssen die Gebäudezuordnung und die Gestaltung der Erschließungsanlagen wichtiges Planungsanliegen sein.

Bild **4**.12   Gebäudezuordnung

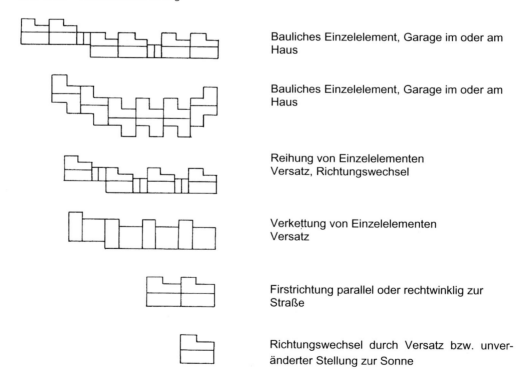

Bauliches Einzelelement, Garage im oder am
Haus

Bauliches Einzelelement, Garage im oder am
Haus

Reihung von Einzelelementen
Versatz, Richtungswechsel

Verkettung von Einzelelementen
Versatz

Firstrichtung parallel oder rechtwinklig zur
Straße

Richtungswechsel durch Versatz bzw. unveränderter Stellung zur Sonne

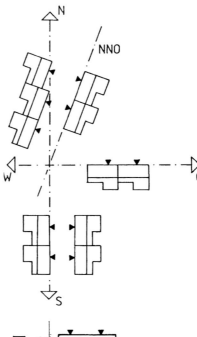

Bild **4**.13   Ausrichtung zur Sonne
Nord-Ost bis reine Westlage,
Winkelform läßt extremere Lagen zu und macht
auch eine Erschließung mit beidseitiger Bebauung möglich.

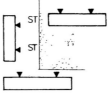

Bild **4**.14
Reihenhäuser und Geschoßwohnungsbau haben bestimmte Eignungskriterien, die ihre Verwendbarkeit einschränken (vgl. Abschn. 3.44).

1. Vermeidung von langen Wegen im Erschlie-
   ßungsbereich
2. Erschließung von Nord bis Ost
3. Hohe Dichte bedeutet viele Stellplätze
   Stellplätze in der Nähe zum Hauseingang
   und zur Erschließungsstraße
4. möglichst keine Verschattung der Gebäude
   untereinander und gegenüber niedrigeren
   Gebäuden

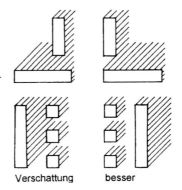

Verschattung   besser

Einige Grundsätze städtebaulicher Gestaltung sind hier zusammengefaßt:

Bild **4**.15   Raumfolgen

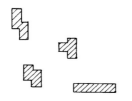

Solitärgebäude
Bilden miteinander keinen auf das menschliche Maß bezogenen Raum, wir sprechen vom offenen Raum, die Elemente
darin suchen Halt, Ordnung, Bezug.

Zur Raumbildung trägt auch *Vegetation* bei: der Einzelbaum,
die Baumgruppe, die Baumreihe, die Allee, Gehölze, Hecken
etc.
Gebäude und Vegetation gemeinsam sind räumliche Gestaltungselemente. Bäume sind transparent. Einen räumlichen Abschluß bietet nur der belaubte Zustand.

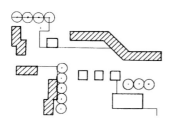

Halboffene, teilbegrenzte Räume werden durch Gebäude mit
Leitfunktionen, aber auch durch Möblierung und Grün gebildet, die über den eng begrenzten Raum in die Landschaft
oder offene Räume überleiten.

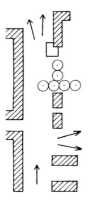

Der sich *öffnende Raum* verlockt zur Bewegung, ein langge-
streckter Raum bringt Tiefe und Länge mit der Gefahr der
Langweiligkeit. Länge muß rhythmisch gegliedert werden,
Merkzeichen bieten und zum Denken anregen. Der glatte zur
Fahrstraße parallele lang gestreckte Baukörper verleitet zur
Geschwindigkeitssteigerung, weil nichts die Aufmerksamkeit
erregt: Gestellte und gegliederte Baukörper machen aufmerk-
sam und bremsen.

Geschlossene Räume laden zum Verweilen ein. Gerade in Wohngebieten müssen die Räume klein dimensioniert sein und sich schließen, ohne zu beengen. Ein Block–Innenbereich kann ruhig und geschlossen sein, er kann aber auch eng sein und bedrückend wirken.

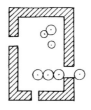

Zeilenbebauung oder Scheibenhäuser und Solitärgebäude brauchen einen schließenden Baukörper, der als Rückrat dient, die offene Seite bietet die Verbindung nach außen. Lange Reihungen müssen vermieden werden oder bedürfen einer Gliederung und einer besonderen Gestaltung der Baukörper. Im allgemeinen empfindet man mehr als fünf gleich gerichtete Baukörper oder Elemente als „viele" oder als lange Reihe (Bäume, Häuser, Autos). Eine Gliederung vieler Elemente sollte nie mittig geschehen, sondern rhythmisch (2:3, 2:4, 2:1, 5:3:3). Eine ungerade Zahl wird meist als „harmonischer" empfunden als eine gerade, auch bei Baukörpergliederungen, Öffnungen und Aufbauten.

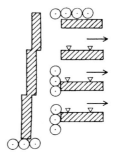

„Gebrochene Baukörper" bilden aus sich heraus Räume, ihre Zuordnung bedarf erhöhter Beachtung der „Rückseiten".

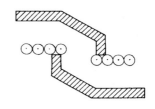

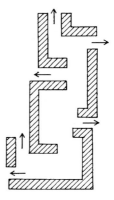

Das Raumerlebnis in der Stadt wird entscheidend bestimmt durch die Raumfolge. Eine mehrfache Wiederholung gleicher Räume ergibt Langeweile. Der Wechsel großer und kleiner, lang gestreckter und dem Quadrat genäherter, längs gerichteter und quer gelagerter Räume belebt und reizt. Räume können sich durchdringen und ergänzen. Die Raumform hängt sowohl vom Grundriß ab wie von den Gebäudehöhen, von der Gliederung oder Ergänzung der Bebauung durch Großgrün.

4.2.4   Überschaubarkeit

In verschiedenen Ebenen des Zusammenlebens sucht der Mensch Sicherheit und Geborgenheit. In der Familie, in der Wohnumgebung, in sozialen Gruppen in der Stadt. Er fühlt sich verunsichert und gefährdet, wenn er sich ein einer Umgebung aufhält, die er nicht überschauen und in der er sich nicht orientieren kann. Die Großstadt wird undifferenziert als eine der Ursachen genannt, wenn es um Zivilisationsschäden und psychische Störungen des Menschen in unserer Zeit geht, genauso wie die Anonymität der Arbeit an der Maschine, am Computer und im Großraumbüro.

Die Perfektionierung der Kommunikationsmedien, die Vernetzung des Menschen im Beruf und im Privatleben darf nicht darüber hinweg täuschen, daß der Mensch auch Rückzugsräume sucht, daß er auch ein Maß an Privatheit braucht, um Distanz von sich und anderen zu gewinnen. Planung versucht, diese Belange im Städtebau zu respektieren. Die Großstadt wird als eine Vielzahl von kleineren Einheiten, Stadtvierteln, Nachbarschaften mit eigener Identität, Geschichte und sozialem Gefüge gesehen. Es ist bemerkenswert, daß Straßenfeste, Kindergeburtstag, Hoffeste, Kaffeeklatsch wieder stattfinden, und zwar auch im öffentlichen Raum, auf Plätzen, Straßen und in Höfen. Das mit Verbreitung des Fernsehens vorhergesagte Ende der Kommunikationsfähigkeit des Menschen und sein Rückzug aus dem städtischen Leben ist nicht gekommen: Kirmes, Kirchweih, Stadtfeste, Schützenfeste, ob kommerziell organisiert oder spontan inszeniert durch Initiative von Bürgern finden mehr und mehr Anklang. Gesellschaftspolitisch am bedeutsamsten sind die stadtviertel- oder nachbarschafts-orientierten Feste, da sie zu einem sozialen Zusammenhalt in der überschaubaren Einheit führen und die Integration von Randgruppen fördern. Die Vielzahl von kleinen Gruppen bilden eine größere Einheit, die auch innerhalb einer Großstadt die Identität bewahren kann, meist ist der Stadtteil Bezugsort oder die Kirchengemeinde oder der Schulbezirk.

Man kann die erwünschte Mindest- und Höchstgröße dieser Stadtzellen nicht in einer einfachen EW-Zahl angeben. Die Grenzen einer Zelle hängen auch von der durchschnittlichen Familiengröße und von der Wohnform ab, die gleichzeitig z.B. die Wegeentfernung zum Zentrum bedingt. Die untere Grenze wird da sein, wo die Ausstattung mit den Einrichtungen des täglichen Gemeinbedarfs gerade noch wirtschaftlich gegeben ist. Die obere Grenze wird gegeben durch die Fußwegeentfernung zwischen Zentrum und Rand der zusammenhängenden Bebauung. Mithin sollte eine solche Stadtzelle nicht weniger als etwa 6000 EW (im Ausnahmefalle 4000 EW) haben, damit sie noch sinnvoll mit Kirche,

Kindergarten, Grundschule, Einkaufsmöglichkeiten ausgestattet werden kann. Sie sollte andererseits keinen größeren Radius um das Zentrum als etwa 1 km haben (sog. Kinder-wagen-Viertelstunde). Das ergibt eine Fläche von maximal 3,5 km² also bei einer Brutto-Wohndichte von 50 EW/ha 1800 EW oder 600 - 700 WoE. Bei mehr als etwa 8000 EW wird eine optisch wirksame Untergliederung erwünscht, wobei sich auch meist schon ein oder zwei kleinere Nebenzentren mit Ladengruppen ergeben. Diese Stadtzelle sollte sich von den benachbarten Stadtteilen klar erkennbar absetzen. Es ist auch dringend erwünscht, daß sie gestalterisch ihr eigenes Gesicht und auch ihre eigenen und unverwechselbaren Gestaltungsmerkmale zeigt. Der Bereich um die Schule oder auch um die Kirche sowie das Einkaufszentrum bieten sich hierfür ebenso an wie etwa vorhandene historische Bauten, Naturdenkmale, Bachläufe, Anhöhen. Schließlich ist es für das Wohlbefinden und das Heimischwerden in einem Stadtteil wichtig, daß das Erschließungsnetz deutlich spürbare Straßen- und Platzräume und in ausreichendem Maße als Orientierungspunkte aufweist.

Die Erfahrung mit Großsiedlungen der letzten 50 Jahre hat gezeigt, daß Einheiten mit mehr als 10 000 Einwohnern ohne deutliche Gliederung in kleinere organisatorische und gestalterische Untereinheiten mit eigenen Bezugspunkten und eigener Identität zu spürbaren Schäden im psychischen und sozialen Bereich geführt haben. Das beginnt schon bei zu großen baulichen Einheiten beim Mehrfamilienwohnungsbau. Aus medizinischer Sicht und aus der Sicht der Verhaltensforscher spricht nichts für ein Wohnen von Familien mit Kindern oberhalb des 6. Geschosses. Wohnen im Hochhaus wird als Sonderform seine Berechtigung haben und seinen Markt finden, meist im innerstädtischen Bereich und dort wo es städtebaulich angemessen ist. Die soziale Entmischung (1- und 2-Personenhaushalte, Doppelverdiener, Alleinerziehende etc.) ist bei dieser Wohnform insbesondere bei gleich großen Wohnungen eine große Gefahr.

4.3 Gestaltung im Städtebau

4.3.1 Was heißt Gestaltung im Städtebau?

Allgemein heißt gestalten, einen Gedanken in greifbare und sichtbare Form umsetzen oder eine ungeformte gegenständliche Masse in eine sinnvolle, angemessene Form, in eine „Gestalt" bringen. Für unsere Zwecke, also für die Gestaltung im Städtebau, wollen wir etwas enger definieren: Städtebauliche Gestaltung heißt, für Gruppierung, Nutzung und Formgebung aller Anlagen und Bauwerke, die eine menschliche Ansiedlung ausmachen, diejenige Form suchen, die den Bedürfnissen der Bewohner am besten entspricht und die den Planungsgedanken ästhetisch ansprechend zum Ausdruck bringt. Gestaltung ist damit weder ausschließlich vom Zweck noch ausschließlich von der Ästhetik bestimmt. Sie kann daher weder die verstandesmäßige Überlegung noch die künstlerische Intuition entbehren. Weil ein wesentlicher Teil der städtebaulichen Gestaltung dadurch geschieht, daß Bauwerke,

Straßen, Plätze, Bepflanzungen usw. in einem Planungsprozeß einander zugeordnet werden, ist ein Zusammenwirken von Stadtplaner, Landschafts- und Freiraumplaner, Verkehrsplaner, Architekt und Bauherr bzw. Bewohner unerläßlich. Räumliche Gestaltung ist das Ergebnis dieser gemeinsamen Planung. Sie ist mangelhaft, wenn die Planung vom Rahmenkonzept bis zur Bauleitplanung nicht vom Verständnis aller Beteiligten für die Absichten, aber auch für die Zwänge der einzelnen Partner getragen wird.

Aufgabe des Städtebaus und Ziel aller Gestaltung ist es, dazu beizutragen, daß die Menschen sich in einem geordneten Lebensraum wohlfühlen, daß sich Kinder körperlich und psychisch gesund entwickeln können und daß junge und alte Menschen, Alleinstehende, sozial Schwache, Menschen mit Behinderungen und Neubürger in die Wohngemeinschaft und in die Stadt eingebunden werden. Dabei spielt die Identität des Ortes eine große Rolle. Die Umgebung, in der ein Mensch sich aufhält, übt einen maßgeblichen Einfluß aus auf seine Stimmung, sein Wohlbefinden, seine Entscheidungen und sein Handeln und beeinflußt das Entstehen einer Verantwortlichkeit für die Wohnumgebung und die Gemeinde. Das, was den Menschen alltäglich umgibt, wirkt sich nachhaltig auf das Unterbewußtsein aus. Das unbewußte Erleben entzieht sich der Kritik durch die von Vernunft bestimmten Überlegungen. Die Psychologen haben die nachhaltige Wirkung des Einflusses der räumlichen Umwelt untersucht. Eine ansprechende baulich-räumliche Gestaltung in der unmittelbaren Wohnumgebung wie im Stadtbild ist eine wesentliche Voraussetzung für das psychische Wohlbefinden des Menschen.

Gestalterische Maßnahmen können einen erhöhten finanziellen Aufwand bedeuten. In vielen Fällen ist dieser Aufwand sinnvoll und gerechtfertigt, solange er sich in einer vernünftigen Relation zum Gesamtaufwand befindet. Gut und schlecht gibt es auch bei gleichem Kostenaufwand. Die verfügbaren Geldmittel, und zwar sowohl für Neuanlage wie für eine Nachbesserung, können und müssen zwar über den materiellen Aufwand der gestalterischen Maßnahmen entscheiden. Die Raumqualität, d.h. die Frage, wie die Gebäude zueinander stehen und welche Proportionen sie haben, ist entscheidend und meist kostenneutral. In keinem Falle kann Mangel an Geldmitteln eine Entschuldigung sein für kreative Trägheit oder für Gleichgültigkeit gegenüber einer stadträumlichen Gestaltung.

Wo die Gliederung im Grundriß nicht ausreicht, kann die Belebung durch eine sinnvolle Höhenstaffelung erreicht werden. Zu viele verschiedenen Geschoßzahlen können aber auch eine Gestaltqualität vermissen lassen. Je nach der Größe der Anlage ist eine Beschränkung auf zwei oder drei unterschiedliche Geschoßzahlen angebracht. Es ist vorteilhaft, die höhere Bebauung an die Nord- oder Ostseite des Raumes zu legen, um den Raum über die niedrige Bebauung der Südseite mit viel Sonne auszustatten. Der besonnte Raum ist (in unserem Klima) wohnlicher als der beschattete.

Der Mensch fühlt sich dort nicht wohl, wo er sich nicht zurecht findet. Blickziele, die die Orientierung erleichtern, und schon von einiger Entfernung erkennbare Markierungen gehören an charakteristische Punkte der Erschließungssystems, insbesondere an Straßeneinmündungen, an Straßenknicken, Mittelpunkt der Gesamtanlage u.ä. Markierungen können dominierende Gebäude oder Bauteile sein, Elemente der Möblierung oder Begrünung wie

Solitärbäume etc. Darüber hinaus sollen alle etwa vorhandenen Möglichkeiten genutzt werden, die geeignet sind, dem einzelnen städtebaulichen Raum oder der ganzen Wohnanlage eine persönliche Eigenart zu geben.

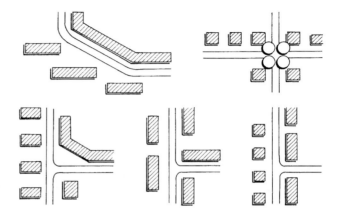

Bild **4**.16   Beispiele für Stellung der Gebäude an Straßeneinmündungen

Gestaltungsregeln aufzustellen ist sicherlich vermessen. Die Literatur über Planen, Bauen und Gestalten läßt erkennen, daß es sehr wohl Erfahrungen gibt, Hinweise, was in diesem oder jenem Beispiel besser oder schlechter gelöst ist. Die Befolgung aller noch so detailliert dargestellten „Regeln" führt nicht zwangsläufig zu einer „Schönheit der Form" im Sinne eines gestalteten städtebaulichen Raumes. Das Suchen und Finden von Erfahrungen oder Gesetzmäßigkeiten, die auf den Studien von Beispielen oder wissenschaftlichen Erkenntnissen beruhen, kann bei der Entscheidung im Einzelfall helfen. Vielleicht können gute Beispiele dazu beitragen, bestimmte Fehler auszuschließen oder bei Unsicherheiten Hilfe bieten. Die schöpferische Leistung läßt sich aber weder erzeugen, noch mathematisch errechnen, noch aus einem Lehrbuch erlernen.

4.3.2   Hinweise zur Überprüfung der eigenen Entwurfsarbeit

Es wurde gesagt, daß der städtebaulichen Gestaltung ebenso wie jeder künstlerischen Leistung bestimmte Grundgesetze innewohnen. Man kann Freude daran haben, diese Gesetze aufzuspüren und man kann sie auch zur Kontrolle einer eigenen Konzeption benutzen, man kann aber nicht durch Anwendung solcher Gesetzmäßigkeiten Lösungen entwickeln, die dann zwangsläufig gut sein müssen.

Möglich erscheint es, sich selbst einfache Forderungen aufzustellen, die bei der Überprüfung einer Konzeption helfen können. Bisweilen sind sie auch geeignet, verstandesmäßig das Entstehen der inneren Vorstellung für die Lösung einer Aufgabe vorzubereiten. Mehr darf man von solchen „Regeln" nicht erwarten.

Ein Teil der grundsätzlichen Forderungen ist bereits in den Abschnitten 4.2 genannt und erläutert worden. Sie sind hier lediglich nochmals kurz aufgezählt.

• Gliederung der Gesamtstadt in Stadtteile bzw. überschaubare Einheiten, Gliederung der Einheiten in Nachbarschaften bzw. Quartiere;

• Ermöglichen von und Anregen zu menschlichen Kontakten durch Bildung von Mittelpunkten und Begegnungsbereichen.

• Mischung aller Altersklassen und sozialen Schichten innerhalb des Wohnviertels durch differenzierte Haustypen und durch angemessene Wohndichte; Vermeidung von Gettobildung durch Mischung von Wohnungsgrößen und Gebäudetypen

• Jeder Stadtteil soll eine gute Grundausstattung mit Gemeinbedarfseinrichtungen erhalten, die Einrichtungen müssen mit dem Bezug der Wohnungen benutzbar sein.

• Die Erschließung soll zweckmäßig und nicht zu aufwendig sein. Die Hierarchie der Straßen muß erkennbar sein. Verkehrsteilnehmer sind Partner in Wohngebieten. Eine Freiraumplanung muß die bauliche Planung ergänzen.

• Dem Menschen und jeder einzelnen Familie soll ein abgeschlossener privater Bereich gesichert werden. Daneben muß jeder einen leicht erreichbaren und bequemen Zugang zum öffentlichen Begegnungsbereich, zum Versorgungsbereich und zu den Arbeitsstätten erhalten.

• Der bebaute Bereich muß geeignete Orientierungspunkte aufweisen, um das Zurechtfinden zu erleichtern und um Sicherheit zu bieten (z.B. durch die Anlage von Quartiersplätzen).

• Aufspüren und Herausstellen von ablesbarer baulicher und naturräumlicher Geschichte des Bereiches, Schaffung einer Identifikationsmöglichkeit für die Bewohner, der Bezug zur umgebenden Landschaft muß spürbar bleiben.

• Straßen, Plätze und Grünanlagen sollen sich optisch zu Räumen fügen und die bauliche Raumbildung unterstützen. Die Räume sollen für das Auge klar ablesbar und überschaubar sein. Die Folge der Räume soll ein anregendes Erlebnis werden, deshalb sollen Raumformen, Raumgrößen und die Richtung der Räume wechseln.

Städtebauliche Gestaltung hat wie die Architektur etwas zu tun mit dem *Maßstab* und der *Proportion*.

Der *Maßstab* der Anlage wie der einzelnen Bauten muß als angemessen empfunden werden. Das gilt zunächst für die Anpassung der räumlichen Situation an den Menschen. Es gilt auch für die Anpassung an den örtlich gegebenen Verkehr. Ein großer Platz ohne Menschen oder eine mehrspurige Straße, auf der nur hin und wieder ein einzelnes Fahrzeug fährt, eine bedeutende Achse, die auf ein kümmerliches Ziel hinführt, wirken unpassend, bisweilen sogar lächerlich.

Die Forderung nach der Angemessenheit des Maßstabs gilt aber auch für das Verhältnis der Bauten untereinander und das Verhältnis zwischen wichtigen Bauten und den ihnen zugeordneten Verkehrsanlagen. Eine Kirche, die sich vergeblich bemüht, ihre Baumasse gegen die weit größeren Miethausblocks rechts und links zu behaupten, wirkt falsch plaziert. Wo die durchschnittliche Bebauung so massiv ist, daß ein öffentliches Gebäude daneben nicht bestehen kann, muß es sich entweder in die Durchschnittsbebauung einordnen oder es muß aus dem direkten Bezug zur Nachbarbebauung herausgerückt werden, z.B. durch trennendes Großgrün. Umgekehrt wirkt es aber auch lächerlich, wenn sich über einer normalen Mietshausbebauung oder über den kleinbürgerlich-behaglichen Häusern einer Kleinstadt ein Hochhaus als Symbol der neuen Zeit aufspielt und eine dominierende Stellung beansprucht, obwohl gerade in diesem Hochhaus die kleinsten Wohnungen untergebracht sind.

Maßstab erkennt man durch den Vergleich der Größe eines Elementes mit der anderer Elemente. Bezugsgröße ist letztendlich der Mensch, der sich im Raum aufhält und auf den der Raum in unterschiedlicher Weise wirkt. Er kann einen Raum nur erfassen und begreifen, wenn er ihn aus Erfahrung oder Anschauung einordnen kann, indem er ihn an anderen Elementen mißt.

Proportionen spielen in der städtebaulichen Gestaltung die gleiche wesentliche Rolle, wie beim Einzelbauwerk. Proportionen, die sich in einfachen Zahlenverhältnissen ausdrücken (z.B. 1:2, 1:5, Kantenlänge zur Diagonalen eines Quadrats) wirken harmonisch. Wird beim gleichen Objekt ein Maßverhältnis oder eine geringe Anzahl von Proportionen spürbar wiederholt angewendet, empfindet der Betrachter das als Zusammenbindung der Einzelelemente der Komposition zu einer Einheit.

Auch die Abmessungen von Straßen- und Platzräumen wirken durch ihre Proportionen, und zwar sowohl durch das Verhältnis zwischen Länge und Breite im Grundriß wie durch das Verhältnis von Bodenfläche zur Platzwand oder von Platzbreite und Gebäudehöhe.

Proportion bedeutet also das Verhältnis zweier oder mehrerer Teile eines Ganzen untereinander und kann in Maßeinheiten ausgedrückt werden. Theorien über Proportionen sollen helfen, die Teile eines Entwurfs einer Ordnung zu unterwerfen.

Bild **4**.17
Maßstabssteigerung eines bedeutenden Bauwerks durch
vorgelagerte Bebauung, besonders solche mit geringen
Fenstergrößen, niedrigen Geschossen, kleingliedriger
Teilung:
Beispiel: Köln, Groß- St. Martin,
Zustand vor der Kriegszerstörung

Durch die Anwendung eines Proportionsschlüssels wird versucht, unsere bauliche und städtebaulich-räumliche Umgebung harmonisch zu gestalten. Die Versuchung, für eine harmonische Gestaltung Systeme zu entwickeln, gab es insbesondere in der Architektur in allen historischen Perioden. Eine beabsichtigte Harmonie mathematisch zu „erzeugen" muß scheitern.

Einige Erfahrungshinweise zur Gestaltung sind als Erfolgskontrolle im Entwerfen nützlich:

• In Außenräumen, Straßen und Plätzen sucht der Betrachter nach Vergleichsmöglichkeiten. Er schätzt die Größe eines Baukörpers, eines Straßenraumes, eines Turmes, indem er ihn mit bekannten Größen, die im Straßenbild vorkommen, vergleicht. Solche Vergleichsgrößen sind z.B. Haustüren, Wohnhausfenster, Menschen, Brunnen, Plastiken; ebenso auch Dachziegel, Treppenstufen, Quader des Mauerwerks oder Ziegel.

• Ein weiter, großer ungegliederter Platz wirkt in seiner Leere übermächtig groß und bedrückend. Auf der anderen Seite kann man einen kleinen Platz größer erscheinen lassen, wenn er keine oder kleinmaßstäbliche „Möblierung" trägt. Eine Unterdimensionierung und Kleinteiligkeit der Bebauung kann Mängel im Maßstab eines Straßen- oder Platzraumes ausgleichen. Ein überdimensionales Gebäude an einem kleinen Raum wirkt bedrückend und stört die harmonische Struktur.

Mit Bäumen vollgestellt, ausgesprochener Vertikalcharakter, schattig

Freie Wiese, ausgeprägter Horizontalcharakter, sonnig

Lockere, körperhaft betonte Einzelelemente, Licht und Schatten

Gerichteter Raum, Licht und Schatten

Geometrische Gliederung, Architekturgarten

Bild **4**.18   Differenzierung durch unterschiedliche Bepflanzung

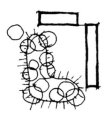  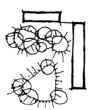

Schließen eines Raumes, unterstrichen durch eine mit der Bodenbewegung konform gehende Bepflanzung.

Öffnen eines Raumes Ebenfalls durch die Bepflanzung unterstrichen.

Stark plastische Gliederung eines Raumes „gehügelter Raum"

Bild **4**.19   Differenzierung von Freiräumen durch unterschiedliche Geländemodellierungen

- Die Straßengrenze bestimmt die Breite des optischen (d.h. für das Auge wirksamen) Straßenraumes weit weniger als der Abstand zwischen den Wänden des Straßenraumes (Gebäude oder Großgrün). Deshalb ist auch ein Raum auch dann rechteckig wirkend, wenn die Fahrbahn eine Kurve beschreibt.

- Die Raumkanten eines Platzes oder einer Straße sind die Gebäudewände, die den Raum bilden. Ein Raumkantenplan ist eine wirksame Kontrolle in der städtebaulichen Entwurfsphase, um die Ausmaße, die Wirkung oder die Geschlossenheit eines Raumes festzustellen. Gestaltungsmängel sind dabei ebenso leicht zu erkennen, z.B. die für die Raumwirkung notwendigen Akzente und die Höhenentwicklung der Randbebauung.

- Bei der Anordnung von Krümmungen in den Straßenraumwänden muß beachtet werden, daß diese vom Betrachter immer stark verkürzt gesehen werden, also weit stärker im Bild des Betrachters mitwirken, als es auf dem gezeichneten Plan (d.h. in der senkrechten Draufsicht) erscheint.

- Ebenso darf man nicht vergessen, daß die Außenseite des gekrümmten Straßenverlaufes immer die Seite ist, auf die der Blick fällt, nie die Innenseite. Eine geringe bauliche Betonung erzielt auf der Außenseite eine deutliche Wirkung.

- Gebäudebreiten und Gebäudeabstände sollten bei offener Bebauung möglichst nicht gleich sein. Das Auge sucht eine Spannung zwischen Baukörper und Öffnung. Ist Kleinteiligkeit für die Raumwirkung nicht angemessen, sollten kleine Einzelbaukörper zu größeren Einheiten zusammengezogen werden.

- Materialkontraste und Farbigkeit können einen Platz mit einheitlichen Raumbegrenzungen lebhafter machen, eine sehr stark plastisch gestaltete Wand sollte durch eine Vielfalt an Material und Farbe nicht überladen werden. Dachformen und Dachaufbauten wirken leicht überformt und setzen die Wirkung des Raumes herab. Die Dachzone sollte den Raum in seiner Gestaltungsabsicht unterstützen, nicht mit ihm konkurrieren und „laut" sein. Einheitlichkeit des Materials erlaubt lebhaftere plastische Gestaltung, Einheitlichkeit der Baukörper, der Dachform und der Dachneigung erlaubt übrige gestalterische Freiheiten.

- Gefälle im Straßenraum sowie konvergierende oder divergierende Platzwände bewirken eine Maßstabsverzerrung. Eine zum Blickziel hin ansteigende Straße und eine gegen das Blickziel konvergierende Stellung der beiderseitigen Baufluchten lassen den Straßenraum länger und ein im Blickziel stehendes Bauwerk größer wirken. Eine zum Blickziel hin fallende Straße und divergierende Wände des Straßenraumes wirken verkürzend und verkleinernd. Renaissance und Barock haben sich dieser Gestaltungsmittel bedient, um Gebäude mächtiger und dadurch den Menschen davor unbedeutender erscheinen zu lassen (z.B. Platz vor der Peterskirche in Rom oder Markusplatz in Venedig).

- Ob ein Straßenabschnitt als Raum wirkt, hängt wesentlich davon ab, ob der Raum durch Elemente markiert und für das Auge deutlich ist. In freiem Felde vermag schon die Stellung von vier einzelnen starken Pfählen, vier Flaggenmasten, vier Bäumen einen optischen Raumeindruck zu ergeben.

• Räumliche Wirkung ist unabhängig von der Frage der strengen Rechtwinkligkeit des Grundrisses. Ungeometrische Linien auf spitzen und stumpfen Winkeln aufgebaute oder gekurvte, „organische" Räume wirken dynamisch, können aber verunsichern, da die Raumbegrenzung und die Lichtführung fließend sind. Hier sind maßstabsgebende Details ganz wichtig. Die Rechtwinkligkeit des Raumes, d.h. parallel und rechtwinklig aufeinander bezogene Raumbegrenzungen geben optischen Halt und sind einfach zu erfassen und in bekannte Muster einzuordnen und wiederzuerkennen.

• Bäume sind als Gestaltungselemente den Gebäuden gleichwertig. Als Einzelbäume, Baumgruppen, Baumreihen oder als Hecken sind sie Raumkanten und Raumbegrenzungen. Als Elemente der Möblierung und Gliederung von Räumen sind sie wichtige Mittel der Gestaltung. Wegen ihres jahreszeitlichen Wandels bleibt die Erscheinungsform sowie die Licht- und Farbwirkung des Raumes nicht gleich. Grünelemente sind transparent und für die Bewegung im Raum durchlässig. In ihrem Größenverhältnis zur umgebenden Bebauung ist die Vegetation veränderlich, sowohl durch natürliches Wachstum als auch durch die Einwirkung des Menschen.

• Für Hangbebauung ist die Führung der Straßen sowie die Stellung der Baukörper parallel oder annähernd parallel zu den Höhenschichtlinien ein selbstverständlicher Hinweis. Hängiges und bewegtes Gelände beugt der Monotonie vor. Die Gefahr langweiliger Straßenbilder ist weniger groß als in der Ebene, um so mehr, als die Kurvenform der Höhenschichtlinien fast immer eine geschwungene Führung der Straßen bedingt. Eine Hauskörperstellung senkrecht zum Hang und eine senkrecht zur Höhenschichtlinie gestellte Firstrichtung, insbesondere bei steilen Dächern, wirken als überdimensionierte Signale. Sie sind daher zu beschränken und nur dort anzuwenden, wo ein Signal sinnvoll ist. Die Bebauung von Hängen und Kuppen sollte immer aus der natürlichen Geländeform ihren besonderen Reiz und ihren Eigencharakter entwickeln. Sie sollte die natürliche Geländeform nachzeichnen und unterstreichen. Das gilt schon für das Straßenbild, es gilt noch mehr für die Wirkung aus der Ferne. Dort, wo man im bewegten Gelände die Bebauung von außen her ganz oder in einem größeren Abschnitt überblicken kann, kommen gestalterische Mißgriffe, aber auch schon eine gewisse Unruhe oder häufiger Wechsel im Dachdeckungsmaterial stärker und unangenehmer zur Wirkung als in ebenem Gelände. Aus der Sicht der Gestaltung ist dies eine Chance, die genutzt werden sollte.

• Räumliche Gestaltung im Städtebau muß an einem Modell erarbeitet und überprüft werden. Ist das Gelände bewegt, so ist ein Modell für die Entwicklung des städtebaulichen Entwurfes noch wichtiger als im ebenen oder gleichmäßig geneigtem Gelände; der Verzicht auf die Arbeitskontrolle durch ein Modell ist dann geradezu leichtfertig.

• Bei Einzelbebauung am Hang ist die Aufschüttung einer Terrasse ein wesentlicher Eingriff, der leicht im Widerspruch zur oben begründeten Forderung steht, die städtebauliche Gestalt aus der Geländeform als deren Steigerung zu entwickeln. Je behutsamer die künstliche Veränderung des Geländes vorgenommen wird, desto besser wird das Ergebnis sein.

4.3.3   Städtebauliche Leitbilder

Leitbilder im Städtebau sind Lösungsvorstellungen, die durch ihre Zeichenhaftigkeit über die konkrete Situation hinaus eine allgemeingültige Aussage besitzen. Sie zeigen meist den Zeitgeist, in dem sich eine Vielfalt von Zielen der Gesellschaft widerspiegelt. Die Anerkennung eines städtebaulichen Leitbildes bedeutet einen temporären Konsens der Beteiligten. Anwendbar ist ein Leitbild nur bei gleichen oder gleichartigen Grundvoraussetzungen. Wenn eine städtebauliche Lösung zum Leitbild wird, so liegt das meist daran, daß ein grundlegendes Ordnungsprinzip überzeugenden Ausdruck gewonnen hat. Oft liegt aber auch das Mißbehagen beim Betrachten von Anlagen, die einem Leitbild allzu bewußt nachstreben darin, daß das Prinzip bis zum Schematismus „zu Tode geritten" wird.

In der Geschichte erkennen wir städtebauliche Leitbilder in der griechischen Antike (das hippodamische System), in der römischen Zeit (das Legionslager), im mittelalterlichen Ordnungsprinzip (Klosterplan von St. Gallen), in der Gartenstadt, die Stadterweiterungen des 19. Jahrhunderts, die Großsiedlungen der 20er Jahre, als „gegliederte und aufgelockerte Stadt", als „autogerechte Stadt", die für Fußgänger und Radfahrer gerechte Stadt oder die „Stadtlandschaft". Kommunikation durch Verdichtung ist ein Prinzip der Großsiedlungen der 60er Jahre, die ökologisch orientierte nachhaltige Stadtentwicklung ein anderes. Die Frage nach richtig oder falsch läßt sich nur aus der Zeit heraus beantworten, ein Studium historischer Beispiele wird einen Kriterienkatalog ergeben, der positive und negative Merkmale enthält, die eine eigene, aus der Einmaligkeit des Ortes entstehenden Lösung ergibt. Dabei können Leitbilder aus Vergangenheit und Gegenwart Anregungen sein, die Entwicklung weiterzuführen und neue Erfahrungen einzubringen. Ein Irrtum ist es, anzunehmen, daß man das Leitbild als gestalterisches Rezept verwenden könnte. In diesem Mißverständnis ist es begründet, daß Leitbilder – mag die zum Leitbild erhobenen Leistung noch so hochwertig sein – in der Nachahmung zu einer Gefahr werden können. Es soll deshalb bewußt davon abgesehen werden, Leitbilder im einzelnen vorzustellen oder gar eine städtebauliche Gestaltungslehre aufzubauen.

Nachhaltige Stadtentwicklung

Zu den Zielen im Städtebau hat man als Folge der Umweltkrisen und Umweltkatastrophen den neuen Begriff der „Nachhaltigen Stadtentwicklung" hinzugefügt. Nachhaltige Entwicklung schließt bei der Entscheidungsfindung und bei der Gesetzgebung sowohl Wirtschaft als auch Ökologie ein, um die Umwelt zu schützen und Entwicklung zu fördern. Die ersten Zeichen sind auf der UN-Konferenz über Siedlungs- und Wohnungswesen, Habitat I in Vancouver 1976 gesetzt worden. Entscheidende Folgerungen sind auf der Konferenz von Aalborg 1991 formuliert worden, später auf der UN-Konferenz über Umwelt und Entwicklung (UNCED) in Rio de Janeiro 1992 und auf der UN-Konferenz Habitat II in Istanbul 1996.

Es besteht die Gefahr, daß der Begriff Nachhaltigkeit oder nachhaltige Siedlungs-, Stadt- und Verkehrsentwicklung sich abnutzt, wie auch die Ökologie in einigen Bereichen zum wirtschaftlichen und politischem Aufkleber geworden ist. Das Niedrigenergiehaus, das Verwenden von natürlichen Baustoffen, Dach- und Fassadenbegrünung oder der Verzicht auf das Auto allein machen eben noch keine Nachhaltigkeit aus.

Nachhaltige Entwicklung bezeichnet eine Entwicklung, in der die Bedürfnisse der heutigen Generation befriedigt werden, ohne zukünftigen Generationen die Möglichkeit zur Befriedigung ihrer eigenen Bedürfnisse zu nehmen. Eine Gemeinde entwickelt sich nachhaltig, wenn sie allen Bewohnern eine Grund-Daseinsvorsorge in umweltbezogener, sozialer, kultureller und wirtschaftlicher Hinsicht gewährt, ohne die Lebensfähigkeit der natürlichen, gebauten und gesellschaftlichen Systeme zu bedrohen, auf denen die Sicherstellung dieser Grund-Daseinsvorsorge beruht. Diese Einstellung ist auch ökonomisch sinnvoll und langfristig eine Chance, das Leben aller Menschen auf einem angemessenen Niveau zu sichern. In dieser Betrachtungsweise haben die Städte eine besondere Aufgabe. Sie sind wirksame Organisationsformen menschlichen Zusammenlebens, gerade weil man Verdichtungsstrukturen als Siedlungsform der Zukunft sieht. Der damalige deutsche Ressortminister Töpfer nannte auf der Konferenz in Istanbul zur Zukunft der Stadt folgende Punkte:
1. Die Stadt bietet die beste Möglichkeit zur Ausschöpfung wirtschaftlicher Potentiale.
2. Die Stadt fördert gesellschaftliche Integration und persönliche Freiheit und Entwicklung.
3. Die Stadt ist ökologisch verträglich, da sie einer großen Zahl von Menschen auf kleinem Raum ein Leben ermöglicht.
4. Die Stadt bietet Vielfalt und Entwicklung kultureller Belange, sie gewährt Toleranz und Solidarität.

Die Aufgabe der Zukunft wird es sein, dieses Potential auszuschöpfen, ohne daß sich die Stadt auf Kosten des ländlichen Raumes entwickelt. (nach: Bundesministerium für Raumordnung, Bauwesen und Städtebau Hrsg.: Nationalbericht Deutschland zur Konferenz Habitat II, 1996).

In Deutschland ist das Prinzip der Nachhaltigkeit seit 1994 als Staatsziel im GG verankert (Art. 20a GG). Damit wird zugleich deutlich gemacht, daß die Erhaltung der natürlichen Lebensgrundlagen nicht nur eine Sache der Umweltpolitik, sondern eine Querschnittsaufgabe allen staatlichen Handelns ist. (Bericht der Bundesregierung zur UN-Sondergeneralversammlung über Umwelt und Entwicklung in New York 1997, Drucksache 13/7054).

Da eine solche Zielsetzung nur auf der untersten politischen Ebene und im Konsens aller Menschen und Institutionen durchsetzbar ist, sind alle Kommunen verpflichtet worden, einen bürgerschaftlichen Konsultationsprozeß einzuleiten und eine lokale „Agenda 21" aufzustellen. Ausgewählte Strategien zur Umsetzung der Teilziele einer nachhaltigen Stadtentwicklung unter den obengenannten Prämissen sind
- haushälterisches Bodenmanagement
- vorsorgender Umweltschutz
- stadtverträgliche Mobilitätssteuerung
- sozialverantwortliche Wohnungsversorgung
- standortsichernde Wirtschaftsförderung

Nachhaltige Stadtentwicklung bejaht die Stadt als zukunftsweisende Siedlungsform. Als Oberziel sind die übrigen Ziele, die Ideen und Leitbilder für den Städtebau der zweiten Hälfte des 20. Jahrhunderts zu überprüfen. Die Vorstellung von der „räumlich – funktionalen Arbeitsteilung", die seit dem Reformgedanken der Jahrhundertwende den Städtebau prägte, hat zum Beispiel zum unökologischen und verschwenderischen Flächenverbrauch in den Ballungszentren geführt mit stadtökologisch negativen Effekten. Der notwendigerweise entstehende Verkehr zur Arbeit und Freizeit ist vermeidbar, wenn dieses Leitbild aufgegeben wird. Auch die unter dem Thema „Haushälterisches Bodenmanagement" genannte Forderung der Innenentwicklung statt Ausweisung von Siedlungsflächen hat gegenläufige Wirkung. Ökologisch notwendige Flächen im Stadtgebiet sind nicht um jeden Preis verfügbar. Das Zusammenführen von Stadt und Natur ist durch eine Verzahnung von Siedlungsflächen und Freiräumen durchaus ökologisch richtig, läuft aber dem Prinzip der vorrangigen Innenentwicklung zuwider.

4.3.4   Neue Wege im Städtebau

Alle Leitbilder für einen Städtebau der Zukunft orientieren sich an den Mißständen und Bedürfnissen der Gegenwart. Sie stärken die Hoffnung, daß die Behebung der Mängel und die Wahrnehmung der erkannten Chancen in eine lebenswerte Zukunft führt.

Das, was die zivilisierte und hochtechnisierte Welt seit mehr als zehn Jahren intensiv beschäftigt, sind zahlreiche komplexe Probleme, die sich auf das Leben und Überleben der Menschen beziehen. Das schließt auch die Stadt als Lebensform ein. Das Wissen um die Endlichkeit der Bodenschätze, die Unvermehrbarkeit von Grund und Boden und die Gefährdung der natürlichen Ressourcen hat zur Erkenntnis geführt, daß die Wirkungszusammenhänge in der Natur nicht gestört werden dürfen. Hier beginnt ein Umdenken auf allen Gebieten, das auch den Städtebau der Zukunft ganz wesentlich verändern wird.

Ganz sicher wird die Stadt der Zukunft nicht eine neue Stadt oder eine neue Form der Stadt sein, sondern die Stadt der Zukunft wird die Stadt von heute sein, die sich im Laufe der Zeit verändert, die umgebaut, umgenutzt, rückgebaut und neu strukturiert werden wird. Großsiedlungen der 60er Jahre haben den dringenden Wohnungsbedarf abgedeckt, sie führten zu vielen Problemen, die uns auch noch längerfristig belasten (3 % der Einwohner der alten und 20 % der Einwohner in den neuen Bundesländern wohnen in solchen Großsiedlungen). Zu den Problemen zählen der Versiegelungsgrad, die Wohnfolgeinrichtungen, der Verkehr, soziale Probleme und die Stadtgestalt. Dies alles muß bei einem Stadtumbau aufgearbeitet werden. Schon die Wandlungen die sich in den 80er und 90er Jahren in den Städten vollzogen, zeigen positive Veränderungen. Sanierung der Kernstädte – nicht als Abriß und Neubau, sondern als Erneuerung des Bestandes unter Hervorhebung historischer bzw. stadtgeschichtlicher Bausubstanz – führte zu einer Erhöhung des Wohnwertes. Stadterneuerung, Innenstadtentwicklung, Arrondierung, Ergänzungen und Lückenbebauung werden auch zukünftig im Vordergrund der Stadtentwicklung stehen. Verkehrslenkungsmaßnahmen, Verkehrsberuhigung, Verträglichkeit von motorisiertem und nicht motorisiertem Verkehr sind Ziele als Ergebnis von intensiven, zwischen Bürgern geführten Diskussionen. So wird die Wohnqualität im Bestand ganz erheblich verbessert, was wiederum zu besseren Resultaten auch in neu geplanten Gebieten führt.

Dennoch bleiben wachsende Flächenansprüche, nicht nur durch das Bevölkerungswachstum (eher durch Wanderungsgewinne als durch natürliche Zuwächse), sondern auch durch höhere Ansprüche an Wohnflächen, Einkaufsflächen, Gewerbeflächen und Freizeiteinrichtungen – Ansprüche, die planerisch und gestalterisch noch nicht beherrscht werden. Welche Ziele wird die Stadt in Zukunft anstreben müssen?

- **Polyzentrische Stadtregionen**

In den letzten Jahren stellt sich immer stärker die Überlastung der Stadtkerne als ein Problem heraus. Gewerbe, Handel und Dienstleistungen haben das Wohnen verdrängt, der Ausbau des Verkehrsnetzes förderte diesen Trend. Weitere Verdichtungen und damit Verteuerung von Grund und Boden werden unerträglich und ökonomisch wie ökologisch unverantwortlich. Ziel wird sein, aus dem Bestand der netzartig regionalen Siedlungsstruktur eine kompakte und polyzentrisch verknüpfte Stadtregion zu entwickeln.

Die Stärkung der Mittelzentren entlastet die Kernstadt und weist ihr ganz bestimmte Aufgaben zu. Dezentralisierung bei gleichzeitiger baulicher und funktionaler Konzentration schafft auch das emotionale Umfeld in dem die meisten Menschen wohnen wollen. Gleichzeitig kommt dieses Ziel der Forderung nach Schonung der Umwelt entgegen. Ein sinnvolles ÖPNV-Konzept kann den Individualverkehr reduzieren und die Verbindung zwischen Kernstadt und Mittelstädten wirtschaftlich leisten.

- **Mischung der Funktionen**

Die Forderung nach Funktionstrennung, ein Leitbild der letzten hundert Jahre, führte zu einer funktionalen und auch baulichen Entmischung in der Stadt mit allen bekannten ökonomisch und ökologisch nachteiligen Folgen. Die Trennung von Wohnen und Arbeiten, Erholung, Bildung und Versorgung führte zu vielfältigen Unverträglichkeiten insbesondere bei der notwendigen Verknüpfung dieser Funktionen durch Verkehr. Das, was früher einmal der Grund zur Auslagerung von Betrieben aus der Stadt war, nämlich produktionsbedingte Emissionen, Flächenansprüche und Lieferverkehr trifft heute für 80 % der Arbeitsstätten nicht mehr zu. Um den Verkehr zu reduzieren und um die emotionale Bindung von Wohnung und Arbeit zu stärken, müssen wir versuchen, wohngebietsnahe Arbeitsplätze zu schaffen. Alle Trends, die dieses Ziel unterstützen, müssen gefördert werden. Der Anteil der in der Produktion Beschäftigten geht immer weiter zurück. Die verstärkte Anwendung von Informations- und Kommunikationstechnologie ermöglichen eine Ansiedlung von Arbeitsplätzen in Wohngebieten. Die Auswirkungen dieses Trends auf die Stadt sind noch nicht absehbar. Dieser Trend kommt dem Ziel „Wohnen und Arbeiten in einem überschaubaren Gemeinwesen" erheblich näher. Weitere Anreize müssen vom Gesetzgeber geschaffen werden. Chancen, neue Konzepte zu initiieren, bieten die zahlreichen großflächigen und innenstadtnahen Konversionsflächen (auslaufende Industrie und freigegebende Militärflächen). Großflächige Produktionsbetriebe und Lagerflächen, Fachmärkte und regionale

Einkaufszentren gehören allerdings auch in Zukunft in Gewerbegebiete und in eine verkehrsgünstige Lage für den angemessenen Einzugsbereich.

- **Neues Bauen**

Arrondierung des Stadtkörpers durch Ergänzung und Innenentwicklung ist ein wichtiges Ziel künftiger Stadtentwicklung. In zahlreichen Städten wird dieses Ziel schon in Programme umgesetzt und zeigt offensichtlich Erfolg. Zu hoffen ist, daß die Wohnfolgeeinrichtungen und die Versorgungskapazitäten vom Markt gesteuert werden. Der Anspruch des Bürgers und die Tragfähigkeit der Siedlungseinheit klaffen oft weit auseinander. Städtebauliche Einheiten, auch neue Baugebiete im Anschluß an den Bestand, sollten insgesamt 4000 Wohneinheiten nicht unterschreiten. Nur dann sind attraktive Angebote vor Ort möglich, die eine organisatorische und räumliche Eigenentwicklung des Ortes ermöglichen. Ein Entwicklungsprozeß in Stufen muß realisierbar sein um soziale Probleme zu mindern und Integration zu fördern. Neues Bauen muß auch qualitätvolle Architektur und anspruchsvolle Bebauungsentwürfe und Bebauungspläne zum Ziel haben. Sparsame Erschließung, günstige Grundstückszuschnitte, wirtschaftliche Bauformen und ein städtebaulich-räumliches Wohnumfeld sind dabei zu beachten.

- **Weitere Ziele**
- Straßen sind mehr als Verkehrsbänder oder Erschließungsflächen. Sie müssen Aufenthaltsqualität erhalten.
- Wohnen muß mit Freiräumen verknüpft werden. Grün ist Teil des Stadtraumes und nicht auf Beete oder Kübel reduziert.
- Sozialverhalten wird nicht nur in der Familie und der häuslichen Privatsphäre gelernt, sondern auch im halböffentlichen und öffentlichen Raum. Dieser beginnt am Wohnungs- bzw. Hauseingang.
- Es muß sowohl flächensparend als auch kostengünstig gebaut werden, damit auch Mehrkinderfamilien sich den notwendigen Wohnraum leisten können. Wohnfläche, Grundstücksgröße, Erschließungsfläche und Infrastrukturausstattung sind Relationen, die mit dem Kostenrahmen vereinbar sein müssen.
- Sonderformen müssen den sozialen und soziologischen Veränderungen Rechnung tragen.

Das Einfamilienhaus im Grünen am Stadtrand mit unverbaubarer Fernsicht als erreichbares Ziel für alle ist keine Ideologie, sondern eine in den letzten 50 Jahren fragwürdig gewordene Illusion. Wir brauchen in Zukunft ein Konzept in dem die Vorteile des Einfamilienhauses sich wiederfinden in einer angemessenen verdichteten Wohnform innerhalb einer Siedlungsstruktur, die ein möglichst hohes Maß an Wohnungs- und Nutzungsmischung zuläßt. Auch bei einer Höhenentwicklung, die vier Geschosse nicht überschreitet, kann eine hohe Dichte erzielt werden, die früheren Großsiedlungen gleichkommt. Mischung bedeutet Mietwohnungen und Wohnungseigentum, Klein- und Großwohnungen, Wohnen und Gewerbe, Geschoßwohnungsbau und Einfamilienhäuser, ebenerdige Gärten und Terrassen im Geschoß. Diese Wohnformen bieten Familien und Singles, Menschen mit Behinderungen, Älteren, Alleinerziehenden, Zuwanderern und Rehabilitationsbedürftigen eine Möglichkeit der Integration.

Es muß in Siedlungeinheiten ein städtebauliches Gefüge entstehen, das das notwendige Identifikationsbewußtsein der Bewohner entstehen läßt. Dazu ist ein angemessenes Maß an sozialer und kultureller Ausstattung notwendig.

4.4 Literaturverzeichnis

BRAND, C.: Die neuen Energiesparhäuser, Callwey, 1998

BRUCKMANN, H.: Die Stadt als Gestalt-Gesamtheit, in: Stadt, Kultur, Natur. Bericht der Kommission „Architektur und Städtebau", erstellt i.A. der Landesregierung von Baden-Württemberg, Stuttgart 1987

BRÜCKNER, C.: Energie, nachhaltig und raumverträglich, in: ILS (Hrsg.), Schriftenreihe Bd. 115, Dortmund 1997

BUNDESFORSCHUNGSANSTALT FÜR LANDESKUNDE UND RAUMORDNUNG (Hrsg. und Verlag): Raumentwicklung in den alten und neuen Bundesländern, Bonn 1991

BUNDESMINISTERIUM FÜR RAUMORDNUNG, BAUWESEN UND STÄDTEBAU: Baukosten Sparfibel Heft Nr. 099, Ruck & Co., Wolfenbüttel 1983

dto. (Hrsg.): Kommission, Zukunft Stadt 2000, Abschlußbericht, Bonn 1993

BUNDESMINISTERIUM FÜR STÄDTEBAU UND WOHNUNGSWESEN: Räumliche Gestaltung in neuen Städten. Untersuchung, Heckners Verlag, Wolfenbüttel 1970/71

COUBIER, H.: Europäische Stadt-Plätze, DuMont, Köln 1985

CULLEN, G.: Townscape, The Architectural Press, London 1985

DITTRICH, G.: Die Stadt. Menschen in neuen Siedlungen, Städtebauinstitut Nürnberg, Deutsche Verlags-Anstalt, Stuttgart 1974

DÜTTMANN, M. UND UHL, J.: Color in Townscape, The Architectural Press London 1981

DURTH, W.: Leitbilder im Städtebau, in: Stadt, Kultur, Natur. Chancen zukünftiger Lebensgestaltung, Bericht der Kommission „Architektur und Städtebau", erstellt i.A. der Landesregierung von Baden-Württemberg, Stuttgart 1987

EBLE, J.: Bauen als Umweltzerstörung oder Kulturaufgabe? In: Stadt, Kultur, Natur. Chancen zukünftiger Lebensgestaltung, Bericht der Kommission „Architektur und Städtebau", erstellt i.A. der Landesregierung von Baden-Württemberg, Stuttgart 1987

EINSELE, M.: Räumlich-funktionale Veränderungen zwischen Wohn- und Arbeitswelt, in: Stadt, Kultur, Natur. Chancen zukünftiger Lebensgestaltung, Bericht der Kommission „Architektur und Städtebau", erstellt i.A. der Landesregierung von Baden-Württemberg, Stuttgart 1987

GIESELMANN, R.: Wohnbau Entwicklungen, Werner Verlag, Düsseldorf 1998

HEINZ, H.: Entwerfen im Städtebau, Bauverlag, Wiesbaden und Berlin 1983

HEISS, E. in: Entwicklungsgesellschaft Wulfen mbH (Hrsg.) – Ausstellungskatalog, Bitter Verlag, Recklinghausen 1980

INSTITUT FÜR LANDES- UND STADTENTWICKLUNGSFORSCHUNG des Landes Nordrhein-Westfalen (Hrsg.): Gestaltung von Gewerbegebieten, Dortmund 1999

dto.: Aktuelle Grundlagen der Landes- und Regionalplanung, Dortmund 1996

ISPHORDING, S.; REINERS, H.: Individuelle Doppelhäuser und Reihenhäuser, Callwey, 1998

JACOBS, J.: Tod und Leben großer amerikanischer Städte, Bauwelt Fundamente, Band 4, Ullstein Verlag, Berlin, Frankfurt, Wien 1963

JANSEN, P. G. u.a.: Planung von Industrie- und Gewerbeparks, ILS (Hrsg.), Dortmund 1979

KORDA, M.; NEUMANN, P.: Stadtplanung für Menschen mit Behinderungen, Arbeitsberichte 28, Arbeitsgemeinschaft Angewandte Geographie Münster e.V., Münster 1997

LAMPUGNANI, V. M.: Architektur als Kultur. Die Ideen und die Formen. DuMont Buchverlag, Köln 1986

LANDSCHAFTSVERBAND WESTFALEN – LIPPE (Hrsg.): Umweltplanung im ländlichen Raum, Münster 1988

dto.: Im Wandel der Zeit, Aschendorff Verlag, Münster 1992

LYNCH, K.: Site Planning, second edition, The Massachusetts Institute of Technology 1971

LYNCH, K.: Das Bild der Stadt, Bauwelt Fundamente, Band 16, Bertelsmann Fachverlag, Gütersloh, Berlin, München 1968

MEHLHORN, D.-J.: Funktion und Bedeutung von Sichtbeziehungen zu baulichen Dominanten im Bild der deutschen Stadt, Rita G. Fischer Verlag, Frankfurt 1979

PETERS, P.: Fußgängerstadt, Callwey, München 1977

PIPEREK: Grundaspekte einer Baupsychologie, Wien 1972

PRINZ, D.: Städtebau. Band 1: Städtebauliches Entwerfen, Band 2: Städtebauliches Gestalten, Kohlhammer Verlag, Stuttgart 1980

REICHOW, H.-B.: Organische Stadtbaukunst, Braunschweig 1948

REINBORN, D., KOCH, M.: Entwurfstraining im Städtebau, Verlag W. Kohlhammer, Stuttgart 1992

REINHARDT / TRUDEL: Wohndichte und Bebauungsform, Stuttgart 1979

SAGE, S.: Ökologie und Stadtplanung, in Stadt, Kultur, Natur. Chancen zukünftiger Lebensgestaltung, Bericht der Kommission „Architektur und Städtebau", erstellt i.A. der Landesregierung von Baden-Württemberg, Stuttgart 1987

SCHALHORN, K.; SCHMALSCHEIDT, H.: Raum – Haus – Stadt. Grundsätze stadträumlichen Entwerfens, W. Kohlhammer Verlag, Stuttgart 1997

SCHIRMACHER, E.: Stadtvorstellungen, Artemis Verlag, Zürich und München 1988

SENNET, R.: Fleisch und Stein, Berlin Verlag, Berlin 1998

SIEVERTS, T. (Hrsg.): IBA Emscher Park / Zukunftswerkstatt für Industrieregionen, Rudolph Müller, Köln 1991

dto.: Zwischenstadt. Zwischen Ort und Welt, Raum und Zeit, Stadt und Land, Bauwelt Fundamente; Band 118, Vieweg, Baunschweig, Wiesbaden 1997

VON NAREDI-RAINER, P.: Architektur und Harmonie-Zahl, Maß und Proportion in der abendländischen Baukunst, DuMont, Köln 1995

WITTKAU, K.: Stadtstrukturplanung: Analysen und Synthesen zur Steuerung der Entwicklung baulicher Gefüge und sozialräumlicher Verbände, Werner Verlag, Düsseldorf, 1. Auflage 1992

5 Bauleitplanung *(M. Korda)*

5.1 Grundbegriffe

Wie in Abschnitt 2.3 im Rahmen der Planungsebenen aufgezeigt wurde, ist die *Bauleitplanung* das rechtliche Instrument, die städtebauliche Entwicklung des Gemeindegebietes zu ordnen. Die Gemeinde übt die *Planungshoheit* aufgrund ihres Rechtes zur Selbstverwaltung aus (Art. 28 GG). Nähere Ausführungen sind im Baugesetzbuch (s. Abschn. 2.4.6) festgelegt. Danach soll die Bauleitplanung eine an den Bedarfsansprüchen gemessene, geordnete und verträgliche Nutzung des Bodens gewährleisten. Sie hat die Aufgabe, sobald und soweit es erforderlich ist, durch vorordnende Maßnahmen und Festsetzungen die räumliche Entwicklung der Gemeinde zu steuern bzw. städtebauliche und sonstige Mißstände und Fehlentwicklungen zu beseitigen oder zu vermeiden.

Die Bauleitplanung darf der Raumordnung und Landesplanung – an deren Zustandekommen die Gemeinde ja mitgewirkt hat – nicht widersprechen (§ 1 Abs. 4 BauGB). Sie hat also zusätzlich die Aufgabe, die raumordnungspolitischen Ziele von Bund und Land auf gemeindlicher Ebene durchzusetzen. Das betrifft z.B. überörtliche Verkehrswege, die Aufgaben in der zentralörtlichen Gliederung, die Wasserwirtschaft, die Verbesserung in der Agrarstruktur oder Aufgaben im Naturschutz und der Landschaftspflege.

Bauleitpläne sind der *Flächennutzungsplan* (vorbereitender Bauleitplan) und der *Bebauungsplan* (verbindlicher Bauleitplan) (s. Abschn. 2.4.3). Ist ein *Landschaftsplan* Bestandteil des Flächennutzungsplans so sind beide zusammen wirksam, gleichermaßen gibt es den Bebauungsplan mit *Grünordnungsplan* als gemeinsam verbindlichen Bauleitplan. Für beide Planarten ist das *Verfahren* für ihr Zustandekommen, ihr sachlicher und formaler Inhalt sowie ihre rechtliche *Verbindlichkeit* im BauGB geregelt und einheitlich vorgeschrieben.

Vorschriften über die Festsetzungen und die Darstellungen in den Bauleitplänen enthält die *Baunutzungsverordnung* (BauNVO vom 23.01.1990) sowie die *Planzeichenverordnung* (PlanzVO 90 vom 18.12.1990 BGBL I 1991 S.58). Beide Gesetze sind wie das BauGB und die Gemeindeordnung Ermächtigungsgrundlagen für die Aufstellung von Bauleitplänen.

Für beide Planebenen der Bauleitplanung ist die Beteiligung der Bürger unabdingbar (§ 3 BauGB). Sie soll nicht erst einsetzen, wenn sich Planer, Verwaltung und politische Gremien untereinander abgestimmt haben. Bürgerbeteiligung soll so *frühzeitig* vorgesehen werden, daß die Problemstellung, die unterschiedlichen Lösungsansätze sowie die ökologischen, ökonomischen und sozialen Auswirkungen der Planung möglichst in Alternativen mit den Bürgern besprochen werden können. Eine Beurteilung der Planentwürfe durch die wichtigsten *Träger öffentlicher Belange* sollte, wegen möglicher Beschränkungen grundsätzlicher Art, vorher erfolgt sein, damit die Lösungsvorschläge in der Öffentlichkeit diskussionsfähig sind.

Die Bürger werden in der Phase der *frühzeitigen Bürgerbeteiligung* öffentlich über das Planungsvorhaben unterrichtet. Die Anhörung der Öffentlichkeit ist dabei nicht auf Bürger der eigenen Gemeinde beschränkt, da auch ortsfremde Bürger an der Planung oder an der Nutzung von Grundstücken interessiert sein können. Für beide Planarten gilt in diesem sog. *Anhörungsverfahren*, daß die Gemeinde dem Bürger die Ziele der Planung und die Planungsabsichten erläutert. Damit sollen die Bürger zur Mitwirkung angeregt werden und um Zustimmung gebeten werden, wo sie sich bei Veränderungen in ihrem Wohnumfeld von der Planung betroffen fühlen. Danach können sich für den Planer und die Planungsbehörde neue Gesichtspunkte und Planungsziele ergeben, die ohne Mitwirkung der Bürger nicht oder zu spät erkannt worden wären. Im Extremfall kann das Ergebnis einer frühzeitigen Bürgerbeteiligung das Aufgeben der Planungsabsicht bedeuten.

Damit der Verwaltungsaufwand durch eine Vielzahl von Änderungsverfahren in der Bauleitplanung nicht unangemessen hoch wird, kann bei einer unwesentlichen *Änderung oder Ergänzung* eines rechtswirksamen Flächennutzungsplans oder bei geringfügigen Änderungen oder Ergänzungen eines Bebauungsplans die Anhörung entfallen. Eine Unterrichtung der Öffentlichkeit durch die Gemeinde kann dann z.B. auch über die Tagespresse oder über Informationsschriften erfolgen. Die Unterrichtungsform muß allerdings der Bedeutung des Vorhabens angemessen sein.

Die Möglichkeit der Rückäußerung der Bürger in der *frühzeitigen Bürgerbeteiligung* muß gewährleistet sein. Dies geschieht meist in Form einer öffentlichen Veranstaltung vor Ort z.B. als Vortrag mit Lichtbildern, Plänen und Modellen. Die Veranstaltung sollte in der Lokalpresse zeitig bekannt gegeben werden, sowie in Bild und Text angemessen vorbereitet werden.

Von einer *förmlichen Bürgerbeteiligung* spricht das BauGB in der nächsten Stufe des Planungsverfahrens (§ 3 Abs. 2 BauGB). Bauleitpläne, die eine genehmigungsfähige Entwurfsfassung erreicht haben, müssen mit dem Erläuterungsbericht zum FNP bzw. mit der Begründung zum BPL nach einem vorausgehenden Ratsbeschluß einen Monat lang öffentlich zur Einsichtnahme zur Verfügung stehen (Auslegung). Während der Auslegungsfrist hat jeder Bürger das Recht seine *Anregungen* schriftlich vorzulegen oder zu Protokoll zu geben. Auch die Träger öffentlicher Belange können während der Auslegung der Pläne Einsicht nehmen. Die Nachbargemeinden werden ebenfalls informiert und können sich mit der Planung vertraut machen. Ort und Dauer der Auslegung sind mindestens eine Woche vorher ortsüblich (d.h. in der Lokalpresse, durch Aushang, im Amtsblatt usw.) bekanntzumachen.

An die Form des Auslegungsverfahrens hat die Rechtsprechung strenge Maßstäbe gelegt (s. Lit.: KUSCHNERUS, HOPPE, GROTEFELS), insbesondere, um die Rechte der Bürger nicht einzuschränken.

Der Rat der Gemeinde hat über alle vorgebrachten Anregungen zu beraten und zu entscheiden, ob ihnen in der Planung gefolgt wird oder nicht. Bei der öffentlichen Beratung und Abwägung der vorgebrachten privaten und öffentlichen Belange (§ 1 Abs. 6 BauGB) bedient sich das zuständige Ratsgremium der Sachkunde der Planungsfachleute. Den Personen und Stellen, die zu der Planung Anregungen gegeben haben, wird die Entscheidung mitgeteilt. Wird einer Anregung nicht gefolgt, so wird der Mitteilung die Begründung des Beschlusses beigefügt. Um auch hier den Verwaltungsaufwand gering zu halten, kann bei mehr als 50 Anregungen mit im Wesentlichen gleichem Inhalt statt einer Vielzahl von Einzelentscheidungen ein einziger Beschluß gefaßt und das Ergebnis mit dem Hinweis auf die Möglichkeit der Einsichtnahme ortsüblich bekannt gemacht werden.

Die Anregungen, denen das Ratsgremium folgt, werden in den Entwurf des Bauleitplanes eingefügt, d.h. der Plan bzw. die entsprechenden zeichnerischen oder textlichen Festsetzungen des Planentwurfs werden geändert. Diese Änderungen werden in dem Auslegungsexemplar kenntlich gemacht. Sind die Änderungen und Ergänzungen so wesentlich, daß die Grundzüge der Planung betroffen sind, so muß die Gemeinde beraten und beschließen, ob der Planentwurf erneut ausgelegt werden muß oder nicht. Dabei kann die Gemeinde gleichzeitig beschließen, daß Anregungen nur zu den entsprechenden Änderungen gegeben werden können und daß die Öffentlichkeit auf die von den Änderungen Betroffenen beschränkt werden soll (§ 3 Abs. 3 BauGB). Betroffene in einem Bauleitplanverfahren sind grundsätzlich Eigentümer, Pächter, Mieter, Arbeitnehmer und sonstige Nutzer. Der Bauleitplan kann über die Grenzen seines Geltungsbereichs Recht berühren. Daher ist eine Eingrenzung der Öffentlichkeit frühzeitig sehr genau zu prüfen.

Die Beteiligung des Bürgers und die Mitwirkung der Träger öffentlicher Belange am Bauleitplanverfahren ist ein wesentlicher Bestandteil der kommunalen Planung, da über das Prinzip der repräsentativen Demokratie hinaus ein breiter Konsens und eine überwiegende Mehrheit der Bürger gefunden werden muß, die die Planung und Entwicklung der Stadt mittragen soll.

5.2   Ziele der Bauleitplanung

Bauleitpläne haben für die Entwicklung der Gemeinde bestimmte Ziele zu erfüllen, wie sie der § 1 Abs. 5 BauGB im Einzelnen nennt.

Die Oberziele sind:
- Herstellung oder Sicherstellung der städtebaulichen Entwicklung und Ordnung
- sozial gerechte Bodennutzung
- Sicherung einer menschenwürdigen Umwelt
- Schutz und Entwicklung der natürlichen Lebensgrundlagen durch eine nachhaltige städtebauliche und räumliche Entwicklung

Zu berücksichtigen sind darüber hinaus weitere Ziele, die sich aus den fachlichen und sachlichen Belangen im kommunalen und politischen Raum herausbilden und im BauGB festgehalten sind:

- Allgemeine Anforderungen an gesunde Wohn- und Arbeitsverhältnisse
- Befriedigung der Wohnbedürfnisse, Förderung von Eigentumsbildung, Vermeidung von sozialer Entmischung
- soziale und kulturelle Bedürfnisse der Bevölkerung, Belange der Familien, der jungen und alten Menschen, der Menschen mit körperlichen und geistigen Behinderungen
- Belange des Bildungswesens, von Sport, Freizeit und Erholung
- Belange der Kirchen und Religionsgemeinschaften
- Erhaltung, Erneuerung und Entwicklung vorhandener Ortsteile sowie der Gestaltung des Orts- und Landschaftsbildes
- Belange des Denkmalschutzes und der Denkmalpflege sowie des Schutzes und der Gestaltung erhaltenswerter Ortsteile, Straßen und Plätze
- Belange der Umweltvorsorge, d.h. des Umweltschutzes, des Immissionsschutzes, des Naturschutzes und der Landschaftspflege
- Belange der Wirtschaft, Erhaltung, Sicherung und Schaffung von Arbeitsplätzen
- Belange des Verkehrs einschließlich des öffentlichen Personennahverkehrs
- Belange der Kommunikation, der verbrauchernahen Versorgung und der Entsorgung
- Belange der Verteidigung und des Zivilschutzes
- sowie weitere lokale, regionale und überregionale Zielsetzungen

Im Fall von Zielkonflikten bei miteinander konkurrierenden Zielen gilt – wie im gesamten Verfahren der Bauleitplanung – das Gebot einer sachgerechten *Abwägung* öffentlicher und privater Belange. Die Fachplaner prüfen die rechtliche Situation sowie die soziale und wirtschaftliche Zumutbarkeit im Gefolge der unterschiedlichen Zielkonstellationen. Danach wird über die Lösung der Zielkonflikte in den politischen Gremien (Rat) entschieden. Die Entscheidung muß für die Öffentlichkeit nachvollziehbar sein (s. Bürgerbeteiligung). Bei wichtigen Belangen, die nicht berücksichtigt werden können, müssen der Erläuterungsbericht zum FNP bzw. die Begründung zum BPL entsprechende Erklärungen enthalten.

5.2.1   Funktionale Aspekte in der Bauleitplanung

Das Zusammenleben der Menschen ist geprägt von Funktionen und Verhaltensweisen, die zurückzuführen sind auf die Bereiche

- Wohnen (Privatheit, Schutz)
- Arbeiten (Produktion für den eigenen Bedarf, Produktion für den eigenen und gesellschaftlichen Wohlstand)
- Freizeit/Erholung (Sport, Naturerlebnis, etc.)
- Bildung, Kultur und Religion
- Versorgung und Selbstorganisation (Handel, Dienstleistungen, Verwaltung)

Wie in Abschnitt 2 erläutert, überlagerten sich diese Lebensbereiche in den Städten und Gemeinden bis zum Beginn der Neuzeit und prägten damit im Wesentlichen das, was wir heute unter *Leben in der Stadt* verstehen und schätzen. In dem Maße wie das Handwerk und das produzierende Gewerbe industriell geprägt wurden, schlossen sich ruhiges Wohnen und emittierendes Gewerbe immer mehr aus. Störungen durch Lärm, Staub, Erschütterungen und Geruch wurden verringert, indem Wohnen und Arbeiten räumlich voneinander getrennt wurden. So entmischten sich mit der Zeit die Funktionen.

- Wohnen: möglichst ungestört in Verbindung mit der Landschaft
- Arbeiten: Produktionsbetriebe außerhalb der Stadt, verkehrsgünstig, mit Erweiterungsmöglichkeiten für Produktion und Lagerung
- Freizeit/Erholung: wohnungsnah im Wohnungsumfeld, wohnungsfern in Siedlungsrandbereichen bzw. als Fernerholung
- Bildung: gewöhnlich zentral, z.T. aber auch dezentralisiert, dem Wohngebiet folgend, von den Wohngebieten gut erreichbar
- Versorgung: dezentral als Stadtteilversorgung, bzw. zentral im Stadtkern (je nach Nahversorgungszweck)

Seit den Bemühungen, die Nutzungen in der Stadt zu regeln, trugen Nutzungsverordnungen und Bauordnungen dazu bei, daß die Funktionen immer strenger getrennt wurden, was zu einer allmählichen Entmischung der Grundfunktionen führte. Die Flächenansprüche für Handel- und Dienstleistungsbereiche wuchsen gewaltig und verdrängten viele Wohnungen aus dem Innenstadtbereich. Verloren ging damit das enge Beieinander und Ineinander der Bereiche, die Überschaubarkeit und die Möglichkeit, alle gewünschten Bereiche der Stadt zu Fuß in kurzer Zeit erreichen zu können. Die Stadt im 20. Jahrhundert zertrennte die Lebensbereiche unter gleichzeitiger starker Ausweitung der Flächen. In bestimmten Kernbezirken der Städte und Gemeinden entwickelte sich ein Handels- und Dienstleistungszentrum („City" oder „Innenstadt") mit einer Vielzahl von Verwaltungsgebäuden, Behörden oder kulturellen Einrichtungen, die am Tage belebt, von den Feierabendstunden an jedoch „tot" sind und der Funktion eines Herzens der Stadt nicht mehr gerecht werden. Die neuen weiter entfernt liegenden großen Wohnviertel wurden, besonders diejenigen, die unter ökonomischem Druck rasch realisiert worden waren, zu reinen „Schlafstädten", in denen sich die Menschen nicht mehr wohl fühlen. Der wachsende Verkehr zwischen den isolierten Lebensbereichen Wohnen, Arbeiten, Bildung und Versorgung der Stadtbewohner stellt Städte und Gemeinden bis heute vor manchmal kaum zu lösende Probleme. Diesen Zustand kritisieren viele moderne Soziologen und Stadtplaner.

Aufgabe der Bauleitplanung ist es zu erkennen, daß ein gestalteter Lebensraum zu den Grundbedürfnissen des Menschen gehört. Wohnen und Arbeit müssen wieder zusammengeführt werden und die Wohnungsumgebung muß wieder zum Mittelpunkt des Lebens werden, um damit der Verödung der städtischen Zentrenbereiche entgegenzuwirken und auch sie wieder zum Wohnen attraktiv zu machen. Ein erstrebenswertes Ziel zukünftiger Planungen muß sein, einerseits eine ständig belebte Stadtmitte zu schaffen, in der Behörden, große Dienstleistungsbetriebe, zentrale kulturelle Einrichtungen sowie Erholungs- und

Vergnügungsstätten mit einer angemessenen Zahl von Wohnungen gemischt sind, in der andererseits die Wohnviertel nicht von Arbeitsstätten frei gehalten werden, soweit diese nicht das Wohnen stören oder durch Emissionen schädigen, und in der drittens Wohnviertel, City und Gewerbegebiete so angeordnet werden, daß gegenseitige Beeinträchtigungen vermieden werden. Zu berücksichtigen ist dabei natürlich, daß Wegelängen auf das unvermeidbare Mindestmaß eingeschränkt werden.

5.2.2   Soziale und gestalterische Aspekte in der Bauleitplanung

Wechselwirkung Privatheit-Öffentlichkeit

Zur Entfaltung seiner Persönlichkeit und zu einem Leben in der Gemeinschaft benötigt der Mensch sowohl einen ungestörten Privatbereich als auch die Möglichkeit, in dessen Umgebung zwischenmenschliche Kontakte aufbauen zu können. Beides ist je nach dem Grad der individuellen Bedürfnisse, nach den lokalen und ethnischen Bedingungen und nach Lebensalter und Bildungsstand unterschiedlich wichtig.
Architekten und Planer müssen demgemäß bemüht sein, beiden Bedürfnissen gerecht zu werden. In jeder Wohnung muß die Möglichkeit bestehen, sich zurückziehen zu können. Zugleich muß das Wohnen seine Orientierung nach außen behalten, über einen Balkon bzw. einen Garten oder den Eingangsbereich. Eine Wohnung sollte in unserem Klima immer die Möglichkeit bieten, einen Teil der Wohnfunktion auf den angrenzenden Freiraum zu übertragen. Solange dieser Freiraum nicht öffentlich einsehbar ist, d.h. geschützt ist zur Straße, zum Wohnweg und zum Nachbarn hin, zählt er zum privat nutzbaren Teil des Wohnbereichs. Die Erschließungsseite des Hauses oder der Wohnung ist zwar rechtlich gesehen ebenfalls Teil der privaten Wohnung, wir bezeichnen sie jedoch als halböffentlich, weil sie funktional und auch gestalterisch Privatheit und Öffentlichkeit miteinander verbindet.

Vorgärten in Einfamilienhausgebieten sind wie auch Hauszugänge, Hausflure und Treppenhäuser von Mehrfamilienhäusern wichtige Bereiche zur informellen Kontaktaufnahme mit dem sozialen Umfeld.
Eine derartige zwangfreie Kontaktaufnahme kann durch gute Bauleitplanung und Bauplanung zwar nicht erzwungen werden, andererseits kann aber durch eine unzureichende Plankonzeption oder durch schlechte Detailplanung eine Kontaktaufnahme erschwert oder ganz und gar verhindert werden. Schlagwörter wie Vereinsamung, Massengesellschaft, Uniformität werden meistens im Zusammenhang mit bestimmten Wohnformen gesehen, in denen Menschen sich unwohl fühlen, z.B. mit Großsiedlungen aus vorgefertigten Bauteilen, mit Ansammlungen von Serienhäusern gleichen Typs und fehlenden räumlichen und funktionalen Bezugspunkten.
Vereinzelung und Vereinsamung, werden Kennzeichen unserer Zeit, heute durch die veränderte Bedeutung der Familie, durch die Entfremdung des Menschen am Arbeitsplatz (Automatisierung, Computer, Rationalisierung) und die fehlende engere Beziehung zwischen Wohnen und Arbeiten noch verstärkt. Gleichzeitig ist aber auch zu beobachten, daß

Perfektionierung und Technisierung von Arbeits- und Wohnbereichen den Wunsch nach persönlicher Entfaltung und Kontakten nicht völlig unterdrückt haben. Die Sehnsucht nach Erfüllung der individuellen Kreativität und Identität des eigenen Standorts läßt sich zu einem wesentlichen Teil in unseren Städten und Gemeinden stillen. Trotz Fernsehen ist das Kino nicht tot, die Sportveranstaltungen sind gut besucht und Gastwirtschaften, die sich auf die Veränderung der Lebensgewohnheiten eingestellt haben, florieren. Lokale und regionale Veranstaltungen finden auf Straßen und Plätzen alter und neuer Städte statt, Marktplätze sind wieder Orte der Begegnung geworden und Ziele von gemeinsamen Aktivitäten und von Gruppenerlebnissen. Politische und gesellschaftliche Meinungsbildung, auch das Austragen von Meinungskonflikten und Störungen finden außer in den Medien auch wieder im öffentlichen Raum statt. Die Selbstdarstellung des Bürgers und der Gruppen unserer bürgerlichen Gesellschaft identifiziert sich mit der räumlichen Vorgabe „Stadt". Alle Bestrebungen und Ansätze, diese Tendenzen weiter zu fördern, müssen von den Planern erkannt und durch die Bauleitplanung begünstigt werden.

Eine Vielzahl von Vorschlägen wird heutzutage von allen Beteiligten gemacht. Darin wiederholen sich die folgenden Gesichtspunkte:
- Vermeidung von Monostrukturen in den Wohngebieten. Mischung der Haustypen, unterschiedliche Wohnungsgrößen und eine angemessene bauliche Dichte ist für die Entstehung von kommunikativem Leben eine Voraussetzung. Monostrukturen fördern die Segregation.

- Bei einer Mischung von Gebäude- und Wohnformen lassen sich Randgruppen unserer Gesellschaft leichter integrieren. „Soziale Mischung" läßt Nischen entstehen, die von ihnen besetzt werden können, z.B. durch die Eingliederung von Wohnungen für Behinderte und Alte, für Wohngemeinschaften oder für Singlehaushalte.

- Die Funktionstrennung von Wohnen und Arbeiten hat seit den Reformbewegungen nach 1900 zu einer funktionalen Entmischung der Stadtviertel geführt. In unserer Zeit, in der Arbeitsstätten immer weniger eine Immissionsbelastung für das Wohnen bedeuten, sollte die Mischung von Wohnen und Arbeiten gefördert werden. Dienstleistungsbetriebe, gewerbliche Kleinbetriebe, Handwerksbetriebe und sonstige Arbeitsstätten sollten, wenn sie nicht wesentlich stören, in Wohnbereiche eingestreut werden. Größere, störende Arbeitsstätten müssen zwar durch vorgeschriebene Abstände von Wohnvierteln getrennt werden, sollten aber über möglichst kurze Wege auch ohne Auto erreichbar sein.

- Wohnviertel sollten mit Einrichtungen des Gemeinbedarfs ausgestattet sein. Bei neuen Wohnvierteln sollte die Gemeinde die Errichtung von Schulen, Kindergärten, Freizeiteinrichtungen etc. mit der Wohnungsfertigstellung koordinieren (Investorenprogramme). Gemeinbedarfseinrichtungen sollten mehrfach nutzbar sein: für Spielplätze, für Vereinssport und vereinsfreien Sport, Einrichtungen auch für Erwachsenenbildung, soziale Betreuung, kulturelle Veranstaltungen etc.
Der Standort von Gemeinbedarfseinrichtungen soll die Mittelpunktsbildung des Stadtviertels begünstigen.

- Alle landschaftlichen, historischen und gebauten Gegebenheiten, die geeignet sind, dem Bereich einen unverwechselbaren Eigencharakter zu geben und die den Neubürgern das Gefühl geben können, sich in dem Viertel zu Hause zu fühlen, stellen ein städtebauliches Kapital dar, das auf keinen Fall vertan werden sollte. Dazu gehört auch die Ermutigung öffentlicher und privater Bauherren zu ungewöhnlichen, zeitgemäßen und persönlichen Einzellösungen in der Bebauung, wenn sie das übrige städtebauliche Ensemble als Maßstab respektieren. Das Zusammenführen von Bauwilligen mit gleichgelagerten Interessen wird zur Nachbarschaftsbildung führen und die Integration fördern. Die gemeinsame Verabredung ökologischer Grundsätze beim Bauen ist nur ein mögliches Beispiel.

- Erfahrungen mit Großsiedlungen der 60er und 70er Jahre haben gezeigt, daß Nachbarschaft und Gemeinschaftsbildung Zeit brauchen zum Wachsen. Zum Zusammenwachsen der Bevölkerung in einer neuen Wohnanlage gehören das Kinderfest des Kindergartens oder die Balgerei von Jungen im Flegelalter, Veranstaltungen des Sportvereins oder des Kegelclubs, der Stammtisch oder die lange Theke in der Eckkneipe, der Plausch der Eltern auf dem Kinderspielplatz ebenso wie Zusammenkünfte in kirchlichen Gemeindeeinrichtungen, Altenclubs, politischen Organisationen oder der Volkshochschule. Unter diesen Umständen kann das heißen, daß eine beim Fußballspiel der Jungen zertretene Wiese, eine Plakatsäule, bisweilen sogar eine beim Spiel zu Bruch gegangene Fensterscheibe für das Zusammenwachsen im neuen Wohnviertel mehr Wert haben können, als eine noch so gepflegte Blumenrabatte oder eine künstlerisch hochbedeutende Plastik.

Wichtig für die Bauleitplanung ist die Entwicklung der Altersstruktur der Bevölkerung einer Siedlungseinheit. Sind bei gleichzeitigem Bezug der Wohnungen junge Familien der Hauptanteil, so entstehen in bestimmten Zeitabschnitten gleiche Probleme und Aufgaben: Kindergarten, Schule, heranwachsende Jugendliche, Überbelegung, Wegzug der jungen Generation, Leerstand von Gemeinbedarfseinrichtungen, Unterbelegung der Wohnungen, Überalterung der Bevölkerung. Jede Zeitstufe hat ein eigenes Bedürfnisprofil. Eine „Durchmischung" der Altersstruktur entsteht erst bei einem Generationswechsel, d.h. nach 30 - 50 Jahren.

In Problemgebieten, in denen Konflikte bestehen oder zu entstehen drohen, d.h. die in gewissem Umfang auch vorhersehbar sind, muß die Gemeinde oder der Bauträger zum Abbau von Spannungen beitragen und integrative Kräfte wecken bzw. fördern. Eine Anlaufstelle vor Ort sollte nicht nur Klagen entgegennehmen, sondern auch Initiative zeigen. Eine derartige Einrichtung kann natürlich nur dann Erfolg haben, wenn ihre Betreuer gut ausgebildet, im Dienst unparteiisch, allen Gruppen und Schichten gleichermaßen zur Verfügung stehen, für ihre Aufgabe persönlich engagiert sind und von der Gemeinde in jeder Weise unterstützt werden. Keine Stadt oder Gemeinde kann sich darauf beschränken Fachleute für die Aufgabe einzusetzen, wenn sie diese dann im Stich läßt. Natürlich sollten auch lokale Vereine, die Kirchengemeinden und die Schulen eng mit diesen Betreuern zusammenarbeiten. Wenn möglich sollten die Betreuer durch eigene Wohnerfahrung im Viertel mit den Menschen und ihren Problemen vertraut sein.

Der Verkehr in der Stadt und in den Stadtteilen ist ein vielschichtiges Problem. Jeder möchte „verkehrsgünstig" wohnen, sowohl in Bezug auf den motorisierten Individualverkehr (MIV) als auch im Hinblick auf den öffentlichen Personennahverkehr (ÖPNV). Jeder lehnt andererseits Verkehrslärm ab und möchte selbst ruhig wohnen. Verkehrsdichte, Passantendichte, Enge, Leben auf der Straße etc. wird von vielen als Urbanität gelobt und gefordert. Eine Stadt muß demgemäß beides zu bieten haben: Ruhe zum Wohnen, Dichte und lebendiges Stadtleben zum Einkaufen, sichere Wege zur Schule, kurze Wege zur Arbeit, Individualverkehr und öffentlichen Nahverkehr. Eine vernünftige Planung und Prozeßbegleitung erhöht die Wohnqualität eines Stadtviertels. (vgl. Abschn. 6)

Exkurs: Urbanität

Das Wort „urban" bedeutet im Lexikon „umgänglich, fein, gebildet, städtisch". Es leitet sich ab von lat. urbs = Stadt, früher einmal vorwiegend für die Stadt Rom als den politischen und geistigen Mittelpunkt der antiken Welt gebraucht. Man muß Urbanität als eine Haltung (des einzelnen Menschen, einer Gesellschaft oder auch einer Örtlichkeit, die eine menschliche Gesellschaft umgibt) verstehen, die auf weltbürgerliche Kontakte und Intensität des städtischen Umfeldes, der Wirtschaft, des geistigen Lebens und sozialer Bemühungen zielt. Will man den Begriff durch sein Gegenteil erklären, so wären seine Gegensätze: Spießbürgertum, Abkapselung, geistige Enge, Langeweile, vielleicht auch noch Traditionspflege um ihrer selbst willen, Gemütlichkeit und Gemächlichkeit. Damit wird deutlich, daß der Städtebau die eine oder andere urbane Verhaltensweise in einem Stadtgebiet wohl ermöglichen oder fördern, nicht aber von vornherein „erzeugen" kann. Auch das Engagement von Politikern und Planern, die die Verhältnisse in Stadt oder Gemeinde verbessern möchten, muß verpuffen, wenn die Bewohner der Urbanität gegenüber nicht aufgeschlossen sind. Versuche, die Bewohner eines neuen Ortsteils gesellschaftlich zu beeinflussen, sind von vornherein zum Scheitern verurteilt, wenn diese Bewohner sich in einer ihnen aufgezwungenen, ihrem Wesen nicht gemäßen neuen Umgebung nicht wohl fühlen und sie diese daher ablehnen. Ein Stadtplaner kann durch seine Maßnahmen die positive Einstellung der Bewohner zur Urbanität fördern, er kann Möglichkeiten zur Pflege von Kontakten anbieten, er kann Räume schaffen in denen sich „Urbanität" entfalten kann. Er kann versuchen die Einstellung der Menschen damit zu beeinflussen. Er kann aber nicht erzwingen, daß die Menschen, für die er plant seinen Ideen folgen. Durch schlechte Planung und mangelhaftes Einfühlungsvermögen und fehlende Erfahrung mit städtischen Räumen kann er „Urbanität" sogar dauerhaft verhindern.

5.3   Der Flächennutzungsplan (vorbereitender Bauleitplan)
(vgl. Abschnitt 1.4.6)

5.3.1   Charakter eines Flächennutzungsplans

Für das gesamte Gemeindegebiet ist im Flächennutzungsplan die an dem voraussichtlichen Bedürfnissen der Gemeinde orientierte Art der Bodennutzung in den Grundzügen darzustellen (§ 5 Abs. 1 BauGB). Der Flächennutzungsplan ist eine zusammenfassende räumliche Planung auf der örtlichen Ebene. Er gibt auch Aufschluß über die Maßnahmen und Nutzungsregelungen anderer Planungsträger, die sich im Gemeindegebiet räumlich auswirken.

5.3.2   Inhalt des Flächennutzungsplans

Der § 5 Abs. 2 BauGB zählt mögliche Aussagen und Darstellungen nicht abschließend auf. Wenn aus den lokalen Gegebenheiten oder aufgrund übergeordneter öffentlicher oder privater Belange eine Ausweisung von weiteren Zielen notwendig ist, so sind diese ebenfalls entsprechend darzustellen. Da der Flächennutzungsplan in der Ausweisung der Flächen und deren Art der Nutzung längerfristige Entwicklungsziele darstellt, müssen seine Aussagen für Festsetzungen auf der Ebene der Bebauungspläne einen gewissen Spielraum lassen. Grundsätzlich werden u.a. Aussagen erwartet für:
– Bauflächen
– Ver- und Entsorgungsanlagen
– Erschließungsanlagen
– Gemeinbedarfsflächen
– Grünflächen, Freiflächen
– Flächen als Schutz gegen schädliche Umwelteinwirkungen sowie Flächen für Natur- und Landschaftsschutz
– Wasserflächen und Flächen für Wasserwirtschaft und Hochwasserschutz
– Aufschüttungen, Abgrabungen, Abbau von Bodenschätzen, belastete Böden
– Flächen für die Landwirtschaft und Wald

Die Darstellungen eines Flächennutzungsplans umfassen auch Kennzeichnungen, die von anderen Planungsbehörden nachrichtlich übernommen werden. Diese dienen als Hinweise auf bestehende, nach anderen gesetzlichen oder übergeordneten Vorschriften getroffene Festsetzungen, die sich auf die Entwicklung der Gemeinde auswirken oder die zum Verständnis der Darstellungen des Planwerkes beitragen (z.B. geplante Trassen und Freihalteflächen für den überörtlichen Verkehr auf Straße, Schiene und in der Luft, Überschwemmungsgebiete, Wasserschutzzonen, Energieversorgung, großflächige Industrieanlagen).

Der Flächennutzungsplan besteht aus einem Planteil (zeichnerische Darstellung) und einem Textteil (Erläuterungsbericht). Damit soll den an der Planung interessierten Bürgern sowie den vorgeordneten und beteiligten Stellen das Leitbild der kommunalen Entwicklung für einen Zeitraum von 10 - 15 Jahre aufgezeigt werden. Der Flächennutzungsplan bindet die Gemeinde und die an der Planung beteiligten Träger öffentlicher Belange, die ihre eigenen Planungen mit den Festsetzungen des Planes abzustimmen haben. Für den einzelnen Bürger ist der Flächennutzungsplan nicht direkt verbindlich, wie auch der Bürger aus dem Flächennutzungsplan keine eigenen Rechte ableiten kann.

5.3.3 Erläuterungsbericht

Der Erläuterungsbericht sollte in der Regel folgende Aussagen enthalten:
- Grundgedanken und Leitziele der Planung
- Aussagen aus der Struktur der Gemeinde und der Aufgabenzuweisung im regionalen Zusammenhang, die sich auf die Entwicklung der Gemeinde auswirken
- Darlegung der Bedarfssituation und der daraus resultierenden Flächenanforderungen
- Alternative Lösungsansätze und Standortvorschläge für Einrichtungen
- Darlegung der Zielkonflikte und der Abwägung der Belange durch die Ratsgremien
- Auswirkungen auf die Umwelt, den Denkmalschutz, die Landwirtschaft, Wasserver- und -entsorgung sowie die Abfallbeseitigung
- Realisierung der Planung, Zeit- und Finanzierungsrahmen
- Evtl. Hinweise zum Landschaftsplan

Der Erläuterungsbericht durchläuft mit dem Plan das Abstimmungsverfahren, insbesondere die öffentliche Auslegung und das Genehmigungsverfahren. Er ist Teil des Flächennutzungsplans, besitzt jedoch keine Verbindlichkeit an sich.

5.3.4 Verfahren zur Aufstellung eines Flächennutzungsplans

1. Aufstellungsbeschluß

Der Rat der Gemeinde beschließt, einen Flächennutzungsplan ggf. zusammen mit einem Landschaftsplan aufzustellen (Aufstellungsbeschluß). Dieser Beschluß wird öffentlich bekannt gegeben. Eine entsprechende Information sollte auch an die Nachbargemeinden und an die Träger öffentlicher Belange ergehen. Gleichzeitig werden Fachleute (Planungsamt, Kreisbauverwaltung oder ein Planungsbüro) beauftragt, die Erarbeitung des Flächennutzungsplans zu übernehmen. Die Honorarordnung für Architekten und Ingenieure (HOAI) in der letztgültigen Fassung benennt die Leistungsphasen, die für die Ausarbeitung eines Flächennutzungsplans zu erbringen sind. Ein wesentlicher Teil (bis zu 23 % des Honorarumfangs) ist die Bestandsaufnahme, zu der eine genaue Formulierung der Aufgabenstellung, der Lösungsvoraussetzungen, der Zustandsanalyse und der Leistungsinhalte gehören.

2. Die städtebauliche Bestandsaufnahme

Städtebauliche Planung und Ordnung dient der Erfüllung von Lebensbedürfnissen der Gesellschaft. Derartige Bedürfnisse wandeln sich ständig und müssen bei der Aufstellung oder Änderungen von Flächennutzungsplänen für die Bewohner der eigenen Gemeinde stets neu ermittelt oder fortgeschrieben werden. Da der Planungsraum nicht erweiterbar ist, müssen die Bedürfnisse in Bezug auf ihren Flächenanspruch und in ihren räumlichen, ökologischen und ökonomischen Auswirkungen unter Berücksichtigung der verfügbaren Potentiale überprüft und für die Erfüllung künftiger Ansprüche aufeinander abgestimmt werden. Da die Auswirkungen der Planung sich möglicherweise nicht auf das engere Gemeindegebiet beschränken, ist schon während der städtebaulichen Bestandsaufnahme die Zusammenarbeit mit den Nachbargemeinden notwendig.

Die städtebauliche Bestandsaufnahme ist die Grundlage für die Flächennutzungsplanung. Jede Gemeinde besitzt einen gewissen Fundus an planungsrelevantem Material (Karten, Daten, Erhebungen, ältere Pläne, Satzungen), der bei den Vorarbeiten zum Flächennutzungsplan zur Verfügung steht. Meist ist die Fülle der vorhandenen Daten sehr groß und die Abrufbarkeit weiterer Daten erscheint unermeßlich. Da die für eine Bestandsaufnahme verfügbare Zeit meist begrenzt ist, ist eine Beschränkung der Planer auf eine problemorientierte Bestandsaufnahme wichtig. Problemstellung und Zielsetzung ermöglichen bereits eine durch die aktuelle Bestandsdaten gestützte Aussage. Eine ständige Beobachtung des Datenmaterials während der Bearbeitungsphase (ca. 2 - 5 Jahre) führt zu einer gelegentlichen Ergänzung und Überarbeitung der Grundlagendaten. Die Ergebnisse der Bestandsaufnahme sollten fortschreibungsfähig sein. Das erleichtert die spätere Überarbeitung der Planung.

Arbeitsschritte der Bestandsaufnahme

Erfassen und Darlegen der Ziele der übergeordneten Planung, der eigenen gemeindlichen Planungsziele und der Vorhaben der Träger öffentlicher Belange

Zusammenstellen und Auswertung der verfügbaren Kartenunterlagen M. 1:5000 oder Verkleinerungen davon bis max. M. 1:25000 auf der Grundlage der Deutschen Grundkarte. (Quelle: Vermessungs- oder Katasteramt der Stadt oder des Kreises, Landesvermessungsamt). Auswertung von Luftbildern (Senkrechtaufnahmen), maßstäblich und verzerrungsfrei, neuester Stand, eventuell neue Befliegungen.

Die Karten sollen in Bezug auf Genauigkeit und Vollständigkeit den Zustand des Planungsgebietes in einem für den Planinhalt ausreichenden Grad erkennen lassen. Vermessungstechnische Genauigkeit ist bei Flächennutzungsplänen nicht erforderlich, da sie in ihrer Aussage nicht „parzellenscharf" sein müssen, sondern eine generelle Aussage darstellen sollen. Höhenlinien sind bei topographisch bewegtem Gelände allerdings unerläßlich. Zumindest von bebauten Bereichen liegen heutzutage meist schon Flurkarten in digitalisierter Form vor, die in die Umgebungskarten eingearbeitet werden können.

Der Flächennutzungsplan sollte ein einziger Plan sein. Details können in einem zusätzlichen Beiblatt mit größerem Maßstab zum besseren Verständnis beigefügt werden. Beipläne und Mitteilungen über Fachplanungen können für die Erläuterung der Bestandsaufnahme nützlich sein. So zum Beispiel:

• Ergebnisse örtlicher Erhebungen bei Ortsbesichtigungen, Photodokumentationen, Ergebnisse von Gesprächen mit Schlüsselpersonen unter Berücksichtigung aller Gegebenheiten, die für die Planung von Bedeutung sind.

• Zusammenfassung aus Gutachten und Textaussagen mit den Einflüssen auf die städtebauliche Entwicklung sowie Beschreibung der Flächenbilanz der Gemeinde auf der Basis statistischer Angaben in Texten, Zahlen, Tabellen, zeichnerischen und graphischen Darstellungen, die den aktuellen Stand der Entwicklung zeigen, sowie ggf. deren Analyse bezogen auf die künftige Flächennutzung.

• Darlegungen über Fachplanungen

• Darstellung einer Übersicht über die sachlichen Ziele von öffentlichen und teilöffentlichen Diensten, z.B. von Bürgern und Gruppierungen in der Gemeinde sowie von den politischen Vertretungen.

Manchmal ist der Aufstellung eines Flächennutzungsplans eine Phase voraus gegangen, in der eine informelle Planung (*Stadtentwicklungsplan, Gemeindeentwicklungsprogramm, städtebauliche Rahmenpläne, Strukturpläne, Stadtteilpläne*) erstellt wurde. Bei derartigen Plänen sind meist allgemeingültige und langfristige Zielvorstellungen der Gemeinde dargestellt. Hin und wieder besitzen diese sogar schon eine Selbstbindung der Gemeinde als Vorgabe für die Bauleitplanung. In Form und Darstellung sind sie oft brauchbare Hilfsmittel für die Beratung der politischen Gremien, bei der Mitwirkung der Träger öffentlicher Belange und bei der Bürgerbeteiligung am Bauleitplanverfahren gem. § 3 Abs. 1 BauGB.

Eine Aufbereitung der Pläne aus informellen Planungsphasen ist zweckmäßig, da sie nur selten bereits auf die Bauleitplanung ausgerichtet waren.

Weitere Sachgebiete und Aspekte einer Bestandsaufnahme:

• *Natürliche Gegebenheiten*:
Topographie (charakteristische Geländeformen, Höhenzüge, Abhänge), Geologie (Bodeneigenschaften, Bodengüte, Baugrundverhältnisse, Lagerstätten, Deponien, Bodenbelastungen), Wasser (Wasserläufe, Wasserflächen, Überschwemmungsgebiete, Wasserwirtschaft), Klima (Hauptwindrichtungen und Windintensität, Nebel- und Feuchtgebiete, Luftstaus, Immissionsbelastungen, Besonderheiten des Kleinklimas)

• *Bevölkerung und Besiedelung*:
Bevölkerungsentwicklung (Altersaufbau, Sozialstruktur, Beschäftigungsstruktur)
Flächenrelevante Aussagen zur Besiedelung (Besiedelungsdichte, Wohnungsdichte, Orientierung der Ortsteile in Nachbarschaften, Schulbezirke, Pfarrbezirke, Versorgungszentren, Einzugsbereiche)

- *Bebauung* (soweit sie relevant für die Flächennutzungsplanung ist)
Übersicht über vorhandene rechtskräftige oder in Aufstellung befindliche Bebauungspläne

- Übersicht über die im Zusammenhang bebauten Ortslagen mit Flächenreserven sowie Streusiedlungen im Außenbereich

- sonstige bestehende Festsetzungen und Satzungen bezüglich der Flächennutzung oder möglicher Rechte und Beschränkungen (z.B. Denkmalschutz, militärische Abschirmzonen etc.)

- *Einrichtungen* des *Gemeinbedarfs* der *sozialen Versorgung*, der *Ver- und Entsorgung*, *Handel* und *Dienstleistungen*
Neben der Kartierung der Einrichtungen und der dazugehörigen Flächen sollte der Bestand mit den Richtzahlen verglichen werden und an der Flächen- und Einwohnerentwicklung gemessen und bilanziert werden (Netto- und Bruttoflächen, Einzugsgebiete, Attraktivität, Flächenansprüche, Bedarfslenkung).

- *Freiflächen*
Landschaftsrahmenplanung, Grünflächenstruktur, Freiflächennutzung, Zusammenhänge zwischen Wohnen und Freiraum, Einbindung in die natürliche Landschaft, Flächen für Landwirtschaft und Wälder, Wasserwirtschaft, naturbelassene Flächen, Rekultivierung, Rückbau, Konversionsflächen, Natur- und Landschaftsschutz, Flächenansprüche durch ökologische Zielsetzungen.

- *Wirtschaft*
Entwicklung und Standorte von Arbeitsstätten und Industrie- bzw. Gewerbeflächen, Branchengliederung, Betriebsgrößen (Fläche/Beschäftigte, Umsatz), Wachstumsbranchen mit Flächenansprüchen, Einpendlerzahlen, Auspendlerzahlen, Umnutzung von brachfallenden Gewerbeflächen, Gewerbeansiedlungspolitik, Forderungen von ansiedlungsorientierten Betrieben etc. (Flächenbilanz, Bedarfsplanung)

- *Verkehr*
Überörtliche und örtliche Verkehrseinrichtungen (Ausbaugrad, Ausbaumängel Knotenpunkte, Planungsstand der Landes- und Regionalplanung), DTV-Angaben, Belastungsprognosen, Netz und Frequenzen des öffentlichen Personennahverkehrs (mit Auslastung), Straßenverkehr, Schienenverkehr, Verkehr auf Wasserwegen, Luftverkehr, ruhender Verkehr

Bemerkungen:
Bestandsaufnahme darf kein Selbstzweck sein, die Raum- und Zeitbezogenheit darf nicht vergessen werden. Die Datenmenge und die Erhebungstiefe ist abhängig von der Größe und Komplexität der Planungsaufgabe. Die Kartierung der Ergebnisse wird bei einer kleineren Gemeinde gering sein, bei größeren in der Region miteinander verflochtenen Gemeinden wird schon die Bestandsaufnahme eine Reihe von Karten ergeben, deren Zusammenfassung und Auswertung bereits ein selbständiger Arbeitsschritt ist.
(vgl. Übersicht: Arbeitsschritte der Bestandsaufnahme)

Tafel 5.1 Verfahren zur Aufstellung eines Flächennutzungsplans

	Gemeinde / Planer	TÖB / Nachbargemeinden	Öffentlichkeit
1.	Aufstellungsbeschluß der Gemeinde Auftragsvergabe		Ortsübliche Bekanntmachung
2.	Bestandsaufnahme	Abgabe von Informationen, die für die Aufstellung eines FNP Bedeutung haben	Befragung von „Schlüsselpersonen"
3.	Vorentwurf FNP Verwaltungsinterne Abstimmung Beschluß über Anhörung	Abstimmung mit den TÖB und Nachbargemeinden	Information der Öffentlichkeit durch Vorträge, Presse, Öffentlichkeitsarbeit Frühzeitige Bürgerbeteiligung (Anhörung)
4.	ggf. Überarbeitung des FNP	Ggf. erneut Beteiligung der TÖB Abstimmung mit den Nachbargemeinden	
5.	Entwurf des Flächennutzungsplans mit Erläuterungsbericht Verwaltungsinterne Abstimmung		Öffentlichkeitsarbeit
6.	Auslegungsbeschluß durch den Rat	Benachrichtigung über die öffentliche Auslegung	Bekanntmachung von Ort und Zeitpunkt der öffentlichen Auslegung (§ 3 Abs. 2 BauGB)
7.	Öffentliche Auslegung (§ 3 Abs.2 BauGB)	Gelegenheit für Anregungen	Gelegenheit für Anregungen
8.	Beurteilung der während der Auslegung abgegebenen Anregungen und Stellungnahmen durch die planenden Stellen, Abwägung		
9.	Beratung und Entscheidung des Rats über das Ergebnis der Beurteilung		Mitteilung über Einzelbeschlüsse (Presse, ggf. Bericht an die betreff. Bürger)
10.	Feststellungsbeschluß durch den Rat		Öffentlichkeitsarbeit
11.	Genehmigung des Flächennutzungsplans (§ 6 Abs. 1 BauGB) Wirksamkeit durch die ortsübliche Bekanntmachung der Genehmigung	Information über das Ergebnis	Ortsübliche Bekanntmachung der Genehmigung, Gelegenheit zur Einsichtnahme
12.	Bei Bedarf (später): Änderung des Flächennutzungsplans nach den den Ziff. 1 - 11 entsprechenden Verfahren		

3. Vorentwurf zum FNP

Das Ergebnis der Bestandsaufnahme und die Einbindung der fachlichen und gemeindlichen Ziele, der räumlichen Entwicklung aus den institutionalisierten und dem nicht organisierten, bürgerschaftlichen Umfeld führen zu einem Vorentwurf. Dabei können und sollen für Teilgebiete durchaus alternative Zielvorstellungen in ihren räumlichen und sonstigen Auswirkungen dargestellt und bewertet werden.

4. Beteiligung der Träger öffentlicher Belange

Bei der Aufstellung des Flächennutzungsplans sollen Behörden und Stellen, die Träger öffentlicher Belange sind und von der Planung berührt werden können, möglichst frühzeitig beteiligt werden (§ 4 BauGB). Es wurde schon darauf hingewiesen, daß eine Vorabinformation nach dem Aufstellungsbeschluß und vor der Bestandsaufnahme an die Träger öffentlicher Belange sowie an die Nachbargemeinden sinnvoll ist (Eine Liste der Träger öffentlicher Belange siehe unter Abschn. 1.3.8). Bei diesen Stellen liegen meist Fachplanungen vor, die grundsätzlich Einschränkungen des Planungsspielraumes bedeuten (Schutzzonen, Lärmbelastungen, Verkehrs- und Leitungstrassen mit Schutzstreifen etc.).

Handelt es sich bei den Trägern öffentlicher Belange um Bündelungsbehörden (Kreis, Landschaftsverband, Landratsamt etc.), so haben diese sicherzustellen, daß alle betroffenen Sachbereiche an der Meinungsbildung beteiligt werden und Einzelstellungnahmen abgeben.

Ziel der Stellungnahmen ist es, die öffentlichen Belange zu koordinieren und sie bei Interessenskonkurrenz in den Abwägungsprozeß einzubeziehen. Die Beteiligung ist nicht nur bei Neuaufstellung der Bauleitpläne notwendig, sondern auch bei deren Änderung, sofern die Träger betroffen sind (§ 13 BauGB).

Nach der folgenden Phase der Planbearbeitung erhalten die Träger öffentlicher Belange die überarbeiteten Planunterlagen und werden um Abgabe einer entsprechende Stellungnahme vor Ablauf eines Monats gebeten.

5. Frühzeitige (vorgezogene) Bürgerbeteiligung (§ 3 Abs. 1 BauGB) (vgl. Abschn. 5.1)

Im Flächennutzungsplanverfahren bedeutet die frühzeitige Bürgerbeteiligung eine umfassende Öffentlichkeitsarbeit mit der Möglichkeit des einzelnen Bürgers aber auch der Interessentengruppen, sich zu äußern und in den Planungsprozeß eingebunden zu werden. Eine unmittelbare Betroffenheit des Bürgers durch den Flächennutzungsplan besteht nicht.

6. Entwurf

Nach der Abstimmung mit allen Beteiligten wird der endgültige Plan erarbeitet. Er wird als Entwurf des Flächennutzungsplans mit dem dazugehörigen Erläuterungsbericht bezeichnet. In diesem Plan sind alle Ziele, Prognosen und Flächenansprüche unter Abstimmung und Abwägung konkurrierender Interessen zusammengeführt worden. Der Entwurf muß sich für die abschließende Abstimmung eignen und auslegungsfähig sein.

Zeichen und Symbole, die im Plan verwendet werden müssen, sind in der Planzeichenverordnung (PlanzVO 90, BGBL I Nr. 3 vom 22.01.1991) vorgeschrieben. Sie können durch weitere Zeichen und Symbole ergänzt werden, soweit es zur eindeutigen Darstellung des Planinhaltes erforderlich ist.

7. Beschluß des Gemeinderates (Auslegungsbeschluß)

Billigt die Gemeinde den Entwurf, so beschließt sie die öffentliche Auslegung des Plans mit dem Entwurf zum Erläuterungsbericht gem. § 3 Abs. 2 BauGB. Durch den Beschluß zur Auslegung billigt der Rat auch den Inhalt der Planung. Kommt bei der parlamentarischen Beratung ein abschließender Beschluß nicht zustande, so müssen die Planer den Plan noch einmal überarbeiten.

8. Öffentliche Auslegung

Der Auslegungsbeschluß wird mit Ort und Dauer der öffentlichen Auslegung unter Hinweis darauf, daß während der Auslegungsfrist Anregungen vorgebracht werden können, ortsüblich bekanntgemacht (s. Abschn. 5.1). Die Phase der öffentlichen Auslegung des Plans heißt auch *formelle Bürgerbeteiligung* (§ 3 Abs. 2 BauGB), s. Abschn. 5.1.

Der Zeitraum der Offenlage wird den Trägern öffentlicher Belange mitgeteilt (§ 3 Abs. 2 BauGB), sie erhalten damit die Möglichkeit zu überprüfen, ob ihre Stellungnahmen bei der Ausarbeitung des Planentwurfes berücksichtigt wurden.

9. Feststellungsbeschluß

Nach der abschließenden Behandlung der Anregungen aus dem Auslegungsverfahren stellt die Gemeinde den Flächennutzungsplan durch Beschluß fest. Bei Mängeln, die über redaktionelle Korrekturen hinausgehen, ist eine erneute Auslegung erforderlich.

10. Genehmigung

Der Flächennutzungsplan mit Erläuterungsbericht und ggf. mit Landschaftsplan wird der zuständigen höheren Verwaltungsbehörde gem. § 6 BauGB zur Genehmigung vorgelegt. Beigefügt werden

– die zum Verständnis notwendigen Fachpläne
– die Stellungnahmen der Träger öffentlicher Belange
– ein Bericht über die frühzeitige Bürgerbeteiligung
– der Nachweis über die öffentliche Auslegung
– die Unterlagen über die Behandlung der Anregungen im Rat, ggf. die Unterlagen über nicht berücksichtigte Anregungen (mit den Mitteilungen an die Bürger bzw. an die zuständigen Dienststellen)
– Nachweis der im Verfahren gefaßten notwendigen Beschlüsse.

11. Bekanntmachung und Inkrafttreten

Die Genehmigung des Flächennutzungsplanes durch die höhere Verwaltungsbehörde wird von der Gemeinde ortsüblich bekanntgemacht (§ 6 Abs. 5 BauGB).

Der Flächennutzungsplan tritt damit in Kraft, d.h., er wird mit dieser Bekanntmachung wirksam. Jedermann kann den Flächennutzungsplan und den Erläuterungsbericht einsehen und über deren Inhalt von den zuständigen Dienststellen der Verwaltung (Planungsamt, Kreisbauverwaltung) Auskunft verlangen.

12. Änderung des Flächennutzungsplans

Da gemeindliche Planung stets ein Prozeß ist, dessen Verlauf nicht bis ins Kleinste vorausgesehen werden kann, muß ein Flächennutzungsplan geändert werden können, um ihn – sofern und soweit es erforderlich ist – den sich ändernden Bedürfnissen anzupassen. Das Verfahren dazu ist in § 13 BauGB geregelt.

5.4   Der Bebauungsplan (verbindlicher Bauleitplan)

5.4.1   Charakter eines Bebauungsplans

Ein Bebauungsplan bezieht sich auf ein Teilgebiet der Gemeinde. Er entwickelt sich aus dem Flächennutzungsplan. In einem Bebauungsplan werden die groben Festsetzungen des Flächennutzungsplans konkretisiert und differenziert. Die Aussage eines Bebauungsplanes hat demgemäß eine andere Qualität als bei einem Flächennutzungsplan. So ist die spezifische Ausprägung oder das Erscheinungsbild eines Wohngebiets mit einem Bebauungsplan durch eine bestimmte Zielsetzung beeinflußbar, etwa in der Festsetzung eines räumlichen Teilbereichs als „Reines Wohngebiet", durch die Forderung „Wohnen ohne (eigenes) Auto", durch den Wunsch nach ökologisch orientierten Bauweisen, durch die gewünschte Geschossigkeit und Wohnungsgröße, durch gewollte Trennung oder Mischung von Funktionen etc. Daher ergibt sich aus den bei der Bestandsaufnahme ermittelten technischen und sozialen Daten, aus den örtlichen Gegebenheiten und den Vorgaben der übergeordneten Planungsebene ein Leistungsprogramm, das von den Planern erfüllt werden muß. Ein rechtskräftiger Bebauungsplan enthält Festsetzungen für die räumliche Ordnung eines Stadtbereichs, die als ein kommunales Gesetzeswerk (Satzung) für jeden Bürger rechtsverbindlich sind.

Enthält ein Bebauungsplan gemäß § 30 Abs. 1 BauGB mindestens Festsetzungen über die Art und das Maß der baulichen Nutzung, die überbaubaren Grundstücksflächen und die örtlichen Verkehrsflächen, so handelt es sich um einen sogenannten *qualifizierten Bebauungsplan*. Er bildet die rechtsverbindliche Grundlage für die bauplanungsrechtliche Zulässigkeit von Vorhaben in seinem Geltungsbereich.

Fehlen in einem Bebauungsplan eine oder mehrere dieser oben genannten Voraussetzungen, so liegt ein sogenannter *einfacher Bebauungsplan* nach § 30 Abs. 2 BauGB vor. Er allein reicht nicht aus, um die planungsrechtliche Zulässigkeit von Vorhaben zu regeln. Über seine Festsetzungen hinaus richtet sich die Zulässigkeit von Vorhaben nach den §§ 34 oder 35 BauGB.

Der Bebauungsplan ist Voraussetzung für Bodenordnungsmaßnahmen wie
- Grundstücksteilungen (§§ 19 ff BauGB)
- Umlegung und Grenzregelung (§§ 33, 45 ff und 80 ff BauGB)
- Bau-, Pflanz-, Rückbau- und Entsiegelungsgebote (§§ 175 ff BauGB)
- Ausübung des gemeindlichen Vorkaufsrechtes (§§ 24 ff BauGB)
- Vorbereitung und Durchführung von städtebaulichen Sanierungs- und Entwicklungs-maßnahmen (§§ 136 ff und 165 ff BauGB)
- Enteignungsmaßnahmen (§§ 85 ff BauGB)
- Erschließungsmaßnahmen (§§ 123 ff BauGB)
- Grünordnungsmaßnahmen (sofern ein Grünordnungsplan vorliegt)

Für Projekte, die in der Hand eines Vorhabenträgers liegen, kann die Gemeinde das Instrument des *„vorhabenbezogenen Bebauungsplans"* benutzen. Dabei entstehen eine Verbindung von Bebauungsplan und Erschließungsvertrag und für den Träger eine unmittelbare Baupflicht. Integriert in diese Planform ist ein Vorhaben- und Erschließungsplan (VEP), der Bestandteil des Bebauungsplans wird. Der Träger muß bereit und in der Lage sein, seinen vereinbarten Pflichten fristgerecht nachzukommen. Er trägt die Planungs- und Erschließungskosten, ggf. auch die Investitionskosten für die technische und soziale Infrastruktur und für die Grünflächen.

In bestimmten Fällen ist auch *Bauen ohne Bebauungsplan* zulässig, jedoch gem. § 34 BauGB nur innerhalb von im Zusammenhang bebauten Ortsteilen einer Gemeinde. Diese kann die Grenzen solcher Ortsteile durch eine Satzung festlegen. Die betreffenden Flächen müssen den Festsetzungen des Flächennutzungsplans selbstverständlich entsprechen. Durch die Ausweisung bebauter und nicht bebaubarer Flächen und Grundstücke im Zusammenhang bebauter Ortsteile begründet eine Gemeinde ihre Absicht, in diesen Flächen ihre bauliche Entwicklung ohne das Instrument des Bebauungsplans zu steuern und die städtebauliche Ordnung zu gewährleisten. Im *Außenbereich*, d.h. außerhalb der ausgewiesenen im Zusammenhang bebauten Ortsteile, sind nur privilegierte Vorhaben zulässig, wie sie in § 35 BauGB genannt werden. Durch diese Regelung sollen eine Zersiedelung der Landschaft verhindert und Folgekosten für die Gemeinde vermieden werden. (vgl. Abschn. 5.9)

5.4.2 Inhalt des Bebauungsplans

Die möglichen Festsetzungen eines Bebauungsplans sind in § 9 BauGB abschließend geregelt. Soweit es erforderlich ist, kann festgesetzt werden:
1. die Art und das Maß der baulichen Nutzung
2. die Bauweise, die überbaubaren und die nicht überbaubaren Grundstücksflächen sowie die Stellung der baulichen Anlagen (vgl. Abschn. 3.4.1)
3. für die Größe, Breite und Tiefe der Baugrundstücke Mindestmaße und aus Gründen des sparsamen und schonenden Umgangs mit Grund und Boden für Wohnbaugrundstücke auch Höchstmaße

4. die Flächen für Nebenanlagen, die auf Grund anderer Vorschriften für die Nutzung von Grundstücken erforderlich sind, wie Spiel-, Freizeit- und Erholungsflächen sowie die Flächen für Stellplätze und Garagen mit ihren Einfahrten
5. die Flächen für den Gemeinbedarf sowie für Sport- und Spielanlagen
6. die höchstzulässige Zahl der Wohnungen in Wohngebäuden
7. die Flächen, auf denen ganz oder teilweise nur Wohngebäude, die mit Mitteln des sozialen Wohnungsbaus gefördert werden könnten, errichtet werden dürfen
8. einzelne Flächen, auf denen ganz oder teilweise nur Wohngebäude errichtet werden dürfen, die für Personengruppen mit besonderem Wohnbedarf bestimmt sind
9. der besondere Nutzungszweck von Flächen
10. die Flächen, die von der Bebauung freizuhalten sind, und ihre Nutzung
11. die Verkehrsflächen sowie Verkehrsflächen besonderer Zweckbestimmung, wie Fußgängerbereiche, Flächen für das Parken von Fahrzeugen sowie den Anschluß anderer Flächen an die Verkehrsflächen
12. die Versorgungsflächen
13. die Führung von Versorgungsanlagen und -leitungen
14. die Flächen für die Abfall- und Abwasserbeseitigung, einschließlich der Rückhaltung und Versickerung von Niederschlagswasser, sowie für Ablagerungen
15. die öffentlichen und privaten Grünflächen, wie Parkanlagen, Dauerkleingärten, Sport-, Spiel-, Zelt- und Badeplätze, Friedhöfe
16. die Wasserflächen sowie die Flächen für die Wasserwirtschaft, für Hochwasserschutzanlagen und für die Regelung des Wasserabflusses
17. die Flächen für Aufschüttungen, Abgrabungen oder für die Gewinnung von Steinen, Erden und anderen Bodenschätzen
18. a) die Flächen für die Landwirtschaft
    b) Wald
19. die Flächen für die Errichtung von Anlagen für die Kleintierhaltung wie Ausstellungs- und Zuchtanlagen, Zwinger, Koppeln und dergleichen
20. die Flächen oder Maßnahmen zum Schutz, zur Pflege und zur Entwicklung von Boden, Natur und Landschaft
21. die mit Geh-, Fahr- und Leitungsrechten zugunsten der Allgemeinheit, eines Erschließungsträgers oder eines beschränkten Personenkreises zu belastenden Flächen
22. die Flächen für Gemeinschaftsanlagen für bestimmte räumliche Bereiche wie Kinderspielplätze, Freizeiteinrichtungen, Stellplätze und Garagen
23. Gebiete, in denen zum Schutz vor schädlichen Umwelteinwirkungen im Sinne des Bundes-Immissionsschutzgesetzes bestimmte luftverunreinigende Stoffe nicht oder nur beschränkt verwendet werden dürfen
24. die von der Bebauung freizuhaltenden Schutzflächen und ihre Nutzung, die Flächen für besondere Anlagen und Vorkehrungen zum Schutz vor schädlichen Umwelteinwirkungen im Sinne des Bundes-Immissionsschutzgesetzes sowie die zum Schutz vor solchen Einwirkungen oder zur Vermeidung oder Minderung solcher Einwirkungen zu treffenden baulichen oder sonstigen technischen Vorkehrungen

25. für einzelne Flächen oder für ein Bebauungsplangebiet oder Teile davon sowie für Teile baulicher Anlagen mit Ausnahme der für landwirtschaftliche Nutzungen oder Wald festgesetzten Flächen

    a) das Anpflanzen von Bäumen, Sträuchern und sonstigen Bepflanzungen

    b) Bindungen für Bepflanzungen und für die Erhaltung von Bäumen, Sträuchern und sonstigen Bepflanzungen sowie von Gewässern

26. die Flächen für Aufschüttungen, Abgrabungen und Stützmauern, soweit sie zur Herstellung des Straßenkörpers erforderlich sind

Durch diese Festsetzungen wird die Baufreiheit eingeschränkt. Soweit es die städtebauliche Ordnung erfordert, kann auch die Gestaltungsfreiheit eingeschränkt werden, sofern die Belange des Einzelnen dadurch nicht unangemessen eingeschränkt werden (Abwägung). Die Grundkonzeption des Flächennutzungsplans ist Vorgabe für die Entwicklung eines Bebauungsplans. Demgemäß werden in einem Bebauungsplan z.B. die Art der baulichen Nutzung, die Zuordnung der Bauflächen, die Lage der Grünflächen und die Führung der Hauptverkehrsstraßen detaillierter dargestellt als im FNP, und Baugebiete nach Art und Maß ihrer künftigen Nutzung parzellenscharf festgesetzt und im Plan dargestellt.

Die *Art der Nutzung* differenziert sich nach den Bestimmungen der Baunutzungsverordnung (§ 1 Abs. 2 und §§ 2 - 11).

Das *Maß der Nutzung* wird bemessen nach der Grundflächenzahl (GRZ), der Geschoßflächenzahl (GRZ), der Baumassenzahl (BMZ), der Zahl der Vollgeschosse (Z) oder nach absoluten Werte (m², m³, Höhen baulicher Anlagen in m). (s. Abschn. 5.4.4)

5.4.3 Begründung

Dem Bebauungsplanentwurf ist der Entwurf einer Begründung (§ 9 Abs. 8 BauGB) beizugeben. Diese ist Grundlage für die Beurteilung der Ziele und Festsetzungen und nähere Erläuterung der Aussagen des Bebauungsplanes. Während der Planaufstellung und der Beteiligung der Bürger und der Träger öffentlicher Belange bietet sie Argumentationshilfe durch sachbezogene Beschreibungen.

Sie soll knapp und allgemein verständlich abgefaßt sein. In der Begründung sind auch die wesentlichen Auswirkungen der Planung darzulegen (§ 9 Abs. 8 BauGB). Je nach den Umständen des einzelnen Falls ist insbesondere einzugehen auf:

- Den Anlaß der Planung und die mit den Festsetzungen verfolgten Ziele.
- Die Einordnung der Planung in die Ziele der Raumordnung (§ 1 Abs. 4 BauGB).
- Die Entwicklung der Planung aus dem Flächennutzungsplan (§ 8 Abs. 2 bis 4 BauGB) sowie gegebenenfalls die Ableitung des Bebauungsplans aus einem Entwicklungs- oder Rahmenplan.
- Die in Betracht gezogenen Alternativen, insbesondere für den Standort von Anlagen und Einrichtungen, die zentrale Funktion haben oder besondere Anforderungen an die Erschließung oder den Immissionsschutz stellen.

- Die maßgeblichen Gründe für die Abwägung bestimmter Zielkonflikte entsprechend § 1 Abs. 6 BauGB; eine besonders sorgfältige Begründung ist erforderlich, wenn von wesentlichen Planungsgrundsätzen abgewichen werden mußte oder wenn gewichtigen öffentlichen Belangen nicht Rechnung getragen werden konnte, wie sie vor allem in den Stellungnahmen der beteiligten Träger öffentlicher Belange zum Ausdruck gekommen sind.
- Die Berücksichtigung des Gebots zum sparsamen und schonenden Umgang mit Grund und Boden (§ 1a Abs. 1 BauGB).
- Maßnahmen, die zur Verwirklichung des Bebauungsplans bald getroffen werden sollen oder für die der Bebauungsplan die Grundlage bilden soll, wie z.B. bodenordnende Maßnahmen und die Herstellung von Erschließungsanlagen (§§ 45 ff. und §§ 123 ff BauGB).
- Vorstellungen zur Vermeidung oder Milderung nachteiliger Auswirkungen, wenn zu erwarten ist, daß die Verwirklichung des Bebauungsplans sich nachteilig auf die persönlichen Lebensumstände der in dem Gebiet wohnenden oder arbeitenden Menschen auswirken wird (§ 180 BauGB).
- Die finanziellen Auswirkungen, die sich für die Gemeinde aus den vorgesehenen Maßnahmen voraussichtlich ergeben werden, insbesondere die überschlägig ermittelten Erschließungskosten (ggf. auch Kosten für Ausgleichsmaßnahmen) und Folgekosten für Gemeinbedarfseinrichtungen.
- Die vorgesehene Finanzierung, ohne daß jedoch die Gemeinde im Rahmen der Begründung des Bebauungsplans zu einer eigenen Finanzplanung verpflichtet ist; es genügt die Bezugnahme auf die gemeindliche Investitionsplanung oder in einfachen Fällen die Darlegung, daß die Bereitstellung der erforderlichen Mittel aus dem Haushalt zu erwarten ist.
- Ggf. den Grünordnungsplan, Eingriffs- und Ausgleichsbilanzierung, Umweltverträglichkeitsprüfung.

5.4.4   Verfahren zur Aufstellung eines Bebauungsplans

Das Baugesetzbuch regelt das Verfahren zur Aufstellung von Bauleitplänen von der Systematik her einheitlich. Bei der Aufstellung von Bebauungsplänen entspricht das Verfahren im Wesentlichen dem bei der Aufstellung von Flächennutzungsplänen, Unterschiede ergeben sich in den Zuständigkeiten sowie in den Maßstäben und der Art der Darstellungen und Festsetzungen.

1.   Aufstellungsbeschluß
Die Gemeinde beschließt, für ein Teilgebiet der Gemeindefläche einen Bebauungsplan ggf. mit Grünordnungsplan aufzustellen. Das Erfordernis der Planaufstellung ergibt sich aus der Notwendigkeit der städtebaulichen Entwicklung und Ordnung (§ 1 BauGB). Die Aufstellung eines Bebauungsplanes beantragen gewöhnlich Ratsmitglieder, die Fraktionen, die Verwaltung oder gelegentlich auch Bürger. Wirtschaftliche Interessen der Gemeinde oder private Interessen Einzelner, z.B. Grundstückseigentümer, können die Aufstellung eines Bebauungsplanes allein nicht begründen. Ein Rechtsanspruch auf die Erstellung eines Be-

bauungsplanes besteht nicht, selbst wenn der Flächennutzungsplan den Rahmen dafür gibt (§ 2 Abs. 3 BauGB).

Der Aufstellungsbeschluß für einen Bebauungsplan wird mit einer möglichst genauen Beschreibung des räumlichen Geltungsbereichs ortsüblich bekanntgegeben.

Gleichzeitig werden die Verwaltung oder ein freies Planungsbüro mit der Ausarbeitung des Bebauungsplans beauftragt. Bei bedeutenden städtebaulichen Aufgaben in problematischen Gebieten ist die Ausschreibung von städtebaulichen Ideenwettbewerben bzw. Realisierungswettbewerben oder die Einholung von Plangutachten als Grundlage für die Bebauungsplanung (Vorentwurfsphase, Entwurfsphase) zu empfehlen. Bei der Auslobung von Wettbewerben sind die „Grundsätze und Richtlinien für Wettbewerbe auf den Gebieten der Raumplanung, des Städtebaus und des Bauwesens-GRW 1995" zu beachten. Auf der Grundlage von Wettbewerben sind in der Vergangenheit schon sehr viel beachtete städtebauliche Lösungen in Bestandsgebieten oder bei der Ergänzung und Erweiterung besiedelter Gebiete entstanden. Kosten von Wettbewerben wie auch von städtebaulichen Leistungen werden auf der Grundlage der *Verordnung über die Honorare für Leistungen der Architekten und Ingenieure (HOAI)* ermittelt. Dabei ist die Verdingungsordnung für freiberufliche Leistungen zu beachten.

2. Bestandsaufnahme

Im Unterschied zur umfassenden städtebaulichen Bestandsaufnahme für den Flächennutzungsplan (s. Abschn. 5.3.4) ist die Bestandsaufnahme für den Bebauungsplan sehr viel detaillierter und sehr stark auf die unmittelbare Umsetzung der Planung ausgerichtet. Die Bestandsaufnahme für einen Bebauungsplan gründet auf den Aussagen des Flächennutzungsplans, in dem Art und Maß der Nutzung für das räumlich exakter begrenzte Gebiet des Bebauungsplans grob dargestellt ist. Da ein Bebauungsplan im Maßstab 1:500 oder 1:1000 sehr genaue rechtsverbindliche Aussage machen soll, muß auch die Bestandsaufnahme tiefer gegliedert durchgeführt werden. Kartengrundlage ist am besten eine amtliche Flurkarte, die die Grundstücksgrenzen und den aktuellen Gebäudebestand enthalten soll. Eine solche Karte ist in den meisten Katasterämtern und Dienststellen (auch in digitalisierter Form) vorhanden. Eventuell ist eine Aktualisierung notwendig.

Die Kartengrundlage muß vom Katasteramt auf ihre Richtigkeit geprüft werden. Kartengrundlage und Planzeichnung sollen so genau sein, daß sich die Festsetzungen in dem Bebauungsplan widerspruchsfrei und mit entsprechender Genauigkeit später in die örtlichen Gegebenheiten übertragen lassen. Im Zweifelsfällen gilt die Maßangabe der zeichnerischen Darstellung. Die Bestandsaufnahme umfaßt im Wesentlichen, außer den besitzrechtlichen Grenzen und Gebäuden, auch deren Geschoßzahl, Bauart, Erhaltungszustand, Dachform und Ausbaustand sowie alle bestehenden rechtlichen Festsetzungen, die für die Planaufstellung und das Abstimmungsverfahren wichtig sein können. Darunter fallen z.B. Straßenausbau und rechtlicher Rahmen, öffentlicher Nahverkehr, nachrichtliche Darstellung von übergeordneten Festsetzungen und Verpflichtungen, Leitungen und deren Schutzstreifen, bei Abwasserleitungen auch deren Höhenlage, Richtfunkstrecken und deren Bedeutung, Festsetzungen und Beschränkungen aus dem zivilen und militärischen Luftverkehr.

Tafel **5**.2   Verfahren zur Aufstellung eines Bebauungsplans

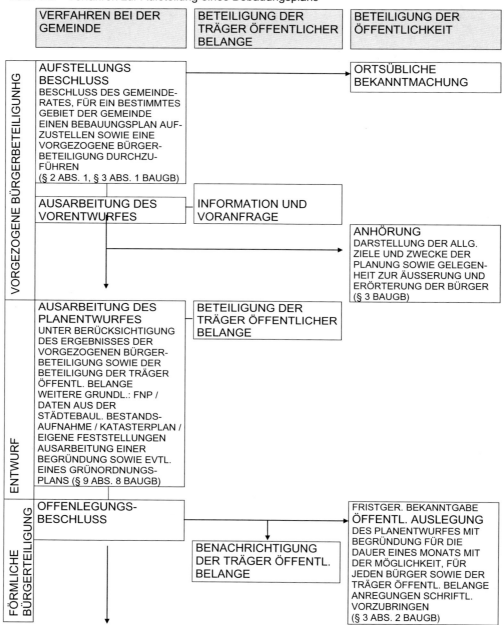

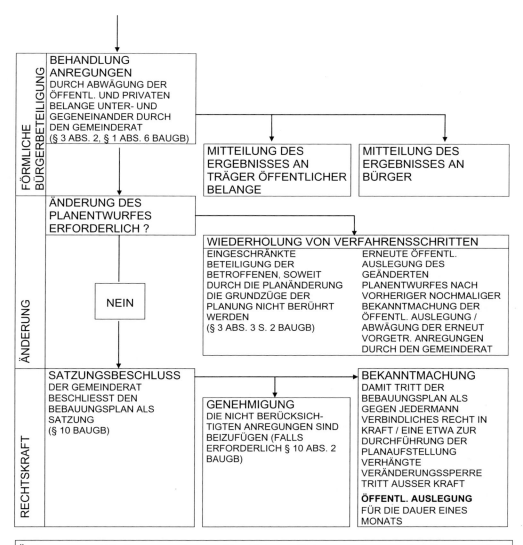

Änderungen und Ergänzungen eines rechtswirksamen Bebauungsplans werden ohne erneute Auslegung und Genehmigung rechtswirksam, wenn sie:
- die Grundzüge der Planung nicht berühren
- für die betroffenen Grundstücke für die Nutzung nur von unerheblicher Bedeutung sind
- wenn die Eigentümer der betroffenen Grundstücke und die Behörden und Stellen, die Träger öffentlicher Belange im betroffenen Bereich sind, zustimmen.

Die Zustandsermittlung ist im Gegensatz zur städtebaulichen Bestandsaufnahme für den Flächennutzungsplan eine Fixierung eines Augenblickszustandes. Da mit einer zeitlich überschaubaren Bearbeitungs- und Verfahrensdauer des Bebauungsplans gerechnet wird, sind Änderungen während der Bearbeitungszeit unwesentlich, zumal sie meist durch *Veränderungssperren* minimiert sind. Eine Aktualisierung ist bei jeder Bebauungsplanänderung bzw. bei der Neuaufstellung eines Plans gegeben.

3.   Beteiligung der Träger öffentlicher Belange
Es empfiehlt sich, daß die Gemeinde schon in der Phase der Bestandsaufnahme die Träger öffentlicher Belange erstmals benachrichtigt und in die Bestandsaufnahme einbezieht. Die Benachrichtigung und Einbeziehung der Nachbargemeinden wird nur bei deren direkter Betroffenheit durch die Planung zur Beteiligung führen.(s. Abschn. 5.1)

4.   Vorentwurf zum Bebauungsplan
Der auf der Grundlage der Bestandsaufnahme und unter Berücksichtigung der Zielvorstellungen erarbeitete Vorentwurf zeigt die städtebauliche Lösung des vorher erarbeiteten Planungsprogramms mit räumlichen Vorstellungen von einer städtebaulichen Ordnung, die dem Stadtganzen wie diesem betrachteten Teilbereich angemessen ist. Vorentwurf im Sinne des Verfahrens kann auch das Ergebnis eines städtebaulichen Ideenwettbewerbs sein. Ein Vorentwurf soll möglichst auch alternative Lösungen aufzeigen, bei deren textlichen Erläuterungen auf die Unterschiede, insbesondere die sozialen, ökonomischen und ökologischen Auswirkungen auf den Baubereich und seine nähere Umgebung sowie die gesamte Gemeinde eingegangen werden soll. Der Vorentwurf ist Grundlage für die Beteiligung der Bürger am Abstimmungsverfahren. Die Plandarstellung sollte zum besseren Verständnis durch ein Modell ergänzt werden.

5.   Frühzeitige Bürgerbeteiligung und Beteiligung Träger öffentlicher Belange
Der Bebauungsplan betrifft den Bürger allein schon durch die Einschränkung seiner Rechte in hohem Maße. Eine frühzeitige Bürgerbeteiligung wird daher nicht nur bei Grundstückseigentümern im Geltungsbereich, sondern auch bei potentiellen Bauwilligen Interesse finden. Die vorgesehene Anhörung zum Vorentwurf wird daher also auch innerhalb des Planungsgebiets oder in seiner Nähe stattfinden (Gemeinderaum, Schule, Gastwirtschaft o.ä.). Grundlegende Aspekte der Bürgerbeteiligung sind in Abschn. 5.1 näher beschrieben.
Nach Erarbeitung eines Vorentwurfs erfolgt außerdem die formelle Beteiligung der von der Planung berührten Träger öffentlicher Belange, die um ihre Stellungnahme in einer angemessenen Frist (in der Regel 4 Wochen) gebeten werden. Eine vollständige Liste der Stellen und Institutionen, die Träger öffentlicher Belange sind, ist unter Abschn. 2.3.8 aufgeführt. Sie kann im Einzelfall noch um lokale Gruppierungen (Teilöffentlichkeit), wie Interessensgruppen, Vereine, Bürgerinitiativen etc., deren Einbeziehung wichtig sein kann, ergänzt werden.
Die Stellungnahmen der Träger öffentlicher Belange unterliegen vor ihrer Übernahme in den Bebauungsplan grundsätzlich der Abwägung nach § 1 Abs. 6 BauGB. Nur zwingende, rechtlich begründete Ausnahmen sind von dieser Abwägung ausgeschlossen.

Bei miteinander verflochtenen Problemstellungen ist es aus Gründen der Zeitersparnis empfehlenswert, zu einer „Fachstellenbesprechung" bzw. einem „Behördentermin" einzuladen, mit dem Ziel, divergierende Stellungnahmen anzugleichen. Das Protokoll über eine solche Besprechung kann als zusammengefaßte Stellungnahme verwendet werden.

Stellungnahmen der Nachbargemeinden werden ggf. auf die gleiche Weise von der planenden Gemeinde erbeten und in den Abstimmungsprozeß mit einbezogen.

Obwohl das Gesetz die Gemeinde nicht verpflichtet, die Träger öffentlicher Belange über das Ergebnis des Abwägungsprozesses zu unterrichten, ist eine entsprechende Mitteilung oder die Übersendung eines Protokollauszuges mit den entsprechenden Beschlüssen an sie in Verbindung mit der Bekanntgabe der öffentliche Auslegung des späteren Planentwurfs sinnvoll.

6. Entwurf zum Bebauungsplan

Während der Vorentwurf als ein erster maßstäblicher Vorschlag für die Bebauung des Plangebiets verstanden werden muß, ist der Entwurf zum Bebauungsplan die Umsetzung der baulich-räumlichen Planungsidee in eine rechtlich eindeutige Darstellung für deren Realisierung. Um eine gewünschte städtebauliche Ordnung zu erzielen, ohne die Freiheit der Bauherrn und Architekten, deren Zahl groß sein kann, zu sehr einzuschränken, müssen die Festsetzungen im Bebauungsplan so eng wie nötig und so weit wie möglich gefaßt sein.

Grundsätzliche Festsetzungen in einem Bebauungsplan (Übersicht)

Für die zeichnerischen und textlichen Festsetzungen gibt es folgende Möglichkeiten:

- **Art der Nutzung von Baugebieten**

Es können gemäß den Zielvorstellungen Arten der Nutzung differenziert festgesetzt werden (s. BauNVO und PlanzVO)

1. Kleinsiedlungsgebiete (WS)
2. Reine Wohngebiete (WR)
3. Allgemeine Wohngebiete (WA)
4. Besondere Wohngebiete (WB)
5. Dorfgebiete (MD)
6. Mischgebiete (MI)
7. Kerngebiete (MK)
8. Gewerbegebiete (GE)
9. Industriegebiete (GI)
10. Sondergebiete (SO)

Nähere Definitionen dazu sind in der BauNVO, §§ 2 - 11, enthalten.

- **Maß der Nutzung** (vgl. Abschn. 3.5)

1. Die Grundflächenzahl (GRZ) oder die Größe der Grundflächen baulicher Anlagen (§ 19 BauNVO). Die Grundflächenzahl gibt das Verhältnis an zwischen bebauter Fläche in m² und gesamter Grundstücksfläche in m². Die Angabe der GRZ bedeutet immer die Festsetzung der Höchstgrenze. Die Werte in § 17 BauNVO sind absolute Höchstwerte. Der Charakter eines Baugebietes wird in hohem Maße durch die Festlegung des zulässigen überbaubaren Flächenanteil bestimmt. Um einen bestimmten Gebietscharakter zu errei-

chen, kann auch eine Mindestgröße für die GRZ festgesetzt werden. Für WR- und WA-Gebiete ist z.B. die höchstzulässige GRZ 0,4 (d.h. maximal 40 % der Nettogrundstücksfläche ist überbaubar). Statt der GRZ kann auch die für eine höchstens zugelassene Bebauung Grundfläche in m² angegeben werden. Es ist nicht sinnvoll, Maße der Nutzung festzusetzen, die als Verhältnis von überbaubarer Fläche und Grundstücksgröße nicht zu erzielen sind.

2. Die Geschoßflächenzahl (GFZ) (§ 20 BauNVO) oder die Größe der Geschoßfläche (§ 19 BauNVO)
Die Geschoßflächenzahl ist ebenfalls eine Zahl, die das Verhältnis angibt zwischen der Summe der Bruttogeschoßflächen der einzelnen Geschosse (gemessen an den Außenmauern) und der Grundstücksfläche. Auch eine derartige Festsetzung ist ein Maßstab für die Dichte. Danach dürfen die in § 17 BauNVO – Maximalwerte, z.B. in WR- und WA-Gebieten, eine GFZ von 1,2 nicht übersteigen. Hier können zur Erreichung einer bestimmten Dichte Mindestwerte festgesetzt werden. Statt der GFZ kann auch die maximale Geschoßfläche in m² festgesetzt werden.

3. Die Zahl der Vollgeschosse (Z) (§ 20 BauNVO)
Die Zahl der Vollgeschosse wird als absolute Zahl ohne Dezimalstellen angegeben. Sie kann als Höchstgrenze festgesetzt werden (z.B. II) oder als Mindest- und Höchstgrenze (z.B: II-IV) oder als zwingend, z.B. III. Der Ausbau von Dach- und Untergeschossen kann von der Gemeinde durch entsprechende Festsetzungen gesteuert werden, z.B. daß Flächen von Aufenthaltsräumen in Nichtvollgeschossen ganz oder teilweise mitzurechnen oder ausnahmsweise nicht mitzurechnen sind (§ 20 Abs. 3 Satz 2 BauNVO).

4. Die Höhe baulicher Anlagen kann festgesetzt werden, wenn ohne diese Festsetzung öffentliche Belange, insbesondere das Orts- und Landschaftsbild beeinträchtigt werden könnte. Dabei können Firsthöhen, Traufhöhen oder Höhen allgemein als Höchstgrenze oder als zwingend einzuhaltendes Maß festgesetzt werden. Die Höhen müssen auf eine Bezugshöhe ausgerichtet sein.

5. Die Baumassenzahl (BMZ) (§ 21 BauNVO)
Die Baumassenzahl gibt an, wieviel Kubikmeter Baumasse gemessen an den Außenkanten des Gebäudes je Quadratmeter Grundstücksfläche maximal zulässig sind. Diese Zahl wird angegeben, wenn die Geschoßhöhe nicht vorhersehbar ist, die Erscheinungsform jedoch definiert werden soll, z.B. bei Kirchen, Kinos, Hallenbauten, gewerblichen Bauten etc.
Statt der Verhältniszahl BMZ kann auch die Baumasse (BM) in Kubikmetern als höchstzulässiges Maß der Nutzung angegeben werden.

Diese Festsetzungen erlauben es der Gemeinde, zusammen mit der Festsetzung der höchstens überbaubaren Grundstücksfläche durch *Baulinien* und *Baugrenzen* (§ 23 BauNVO) sowie über die *Bauweise* (§ 22 BauNVO) und die Stellung der Gebäude, das Nutzungs- und Gestaltungskonzept zu sichern und gleichzeitig die Gestaltungsfreiheit zu erhalten. Zum Mindestinhalt gehört auch die Ausweisung der Erschließungsflächen.

Neben den Festsetzungen über die Baugebiete kann der Entwurf zum Bebauungsplan alle übrigen sich aus § 9 BauGB ergebenden Festsetzungen enthalten, für die in der Planzeichenverordnung Symbole vorgesehen sind. Für alle Flächen im Bebauungsplan muß die Art der Nutzung festgesetzt werden. Das bedeutet auch für den Grundstücksinhaber eine Sicherheit im Umgang mit seinem Eigentum, was sowohl seine Rechte wie auch seine Pflichten und die Duldung der Rechte Dritter betrifft.

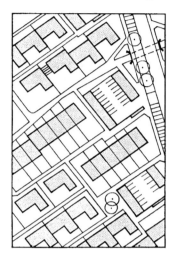
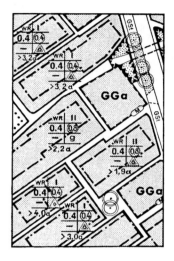

Bild **5**.1   Bebauungsentwurf   Bild **5**.2   Bebauungsplan

Das Beispiel enthält u.a. folgende Planzeichen:
Straßenverkehrsflächen (Fußwege, Verkehrsgrünflächen, Unterführung); Art und Maß der baulichen Nutzung; Gemeinschaftsgarage und -stellplätze; Gemeinschaftsanlage für Mülltonnen; Pflanzgebot; Fläche für Abgrabungen. Quelle: Bihr, Veil, Marzahn

Festsetzungen zur Baugestaltung im Bebauungsplan

Neben den allgemeinen Festsetzungen im Bebauungsplan, die die Nutzung und die Belange Dritter betreffen, wird nach § 1 Abs. 5 BauGB den Gemeinden zur Pflicht gemacht, die Gestaltung des Orts- und Landschaftsbildes als Belange bei ihren Entscheidungen zu berücksichtigen. Der § 9 Abs. 1 BauGB nennt dafür konkrete Möglichkeiten, die dazu dienen, die gestalterische Qualität des Bebauungsentwurfs im Bebauungsplan zu sichern. Der Stadtbildpflege und der räumlichen und baulichen Gestaltung dienen dabei insbesondere folgende Festsetzungen:
– Art und Maß der baulichen Nutzung
– Bauweise und Stellung der baulichen Anlagen
– Mindestgröße, Mindestbreite und Mindesttiefe des Baugrundstücks
– Freihaltung von Grundstücksflächen vom Bebauung
– Öffentliche und private Grünflächen
– Pflanzgebot und Bindungen für Bepflanzungen

Festsetzungen zur Gestaltung bedeuten, wie alle planerischen Festsetzungen, Einschränkungen der privaten Baufreiheit zugunsten öffentlicher Belange. Sie stehen damit unter dem Gebot der gerechten Abwägung (§ 1 Abs. 6 BauGB), d.h., Festsetzungen können nur insoweit getroffen werden, als sie der Verwirklichung städtebaulicher Ziele zum Wohle aller dienen. Der Grundstückseigentümer muß aus diesem Grunde möglicherweise Beschränkungen hinnehmen.

Tafel **5**.3   Rechtsgrundlage für gestalterische Festsetzungen in den einzelnen Bundesländern

Land	Rechtsgrundlage	Land	Rechtsgrundlage
Baden-Württemberg	§ 74 LNO BW	Niedersachsen	§§ 97,98 NBauO
Bayern	Art. 91 BayBO	Nordrhein-Westfalen	§ 86 LBauO NW
Berlin	§ 76 Abs. 6 BauO Bn	Rheinland-Pfalz	§ 86 LbauO Rh.- Pf.
Brandenburg	§ 89 BbgBO	Saarland	§ 93 LBO Saarl.
Bremen	§ 87 BremLBO	Sachsen	§ 83 SächsBO
Hamburg	§ 81 HBauO	Sachsen-Anhalt	§ 87 BauO LSA
Hessen	§ 87 HBO	Schleswig-Holstein	§§ 92 LBO S.-H.
Mecklenburg-Vorpommern	§ 86 LBauO MV	Thüringen	§ 83 ThürBO

Zusätzlich zu diesen bundeseinheitlichen Regelungen gibt das BauGB in § 9 Abs. 4 den Ländern die Möglichkeit, landesspezifische Besonderheiten über Festsetzungen in den Bebauungsplan einfließen zu lassen. Dies betrifft u.a. Festsetzungen über:
– die äußere Gestaltung baulicher Anlagen
– die Notwendigkeit, Art, Gestaltung und Höhe von Einfriedungen
– die Gestaltung unbebauter Flächen der Baugrundstücke
– den Standort und die Gestaltung von Stellplätzen und Garagen
– die Gestaltung von Werbeanlagen.

Das Baugesetzbuch und die Bauordnungen der Länder geben so der Gemeinde eine über die reine „Verunstaltungsabwehr" hinausgehende Ermächtigung im Sinne einer „positiven Gestaltungspflege". Allerdings werden die Regelungen eingeschränkt durch die Berücksichtigung der Rechte des Einzelnen in einem sorgfältig durchgeführten und nachvollziehbar dargestellten Abwägungsprozeß. In diesem werden die öffentlichen Belange z.B. durch die Darstellung der gestalterischen Ziele und der beabsichtigten Verbesserung des Straßenbildes, Orts- und Landschaftsbildes sowie die Auswirkungen dieser Ziele auf die Betroffenen und deren schutzwürdiger Belange sachlich dargestellt und in die Begründung zum Bebauungsplan aufgenommen. Die intensive Erfahrung mit gestalterischen Festsetzungen in Bebauungsplänen der Stadt Münster über einen langen Zeitraum führte zu Grundsätzen für Gestaltungsfestsetzungen, die für alle Bebauungspläne der Stadt als Richtlinien dienen (s. Lit.: Stadt Münster 1998). Grundsätze sind danach:

- Für optisch und räumlich abgrenzbare Bereiche sollte durch eine Mischung von individuell gestalteten Einzelbauten, die durch grundsätzliche Übereinstimmung wie Maßstäblichkeit, Dachform, Material und gleiche Rücksichtnahme auf die Umgebung den Eindruck einer harmonischen Einheit hervorrufen.
- Je größer das Maß der Einheitlichkeit bei den dominierenden Architekturelementen ist, desto mehr Abweichungen im Detail können hingenommen werden bzw. sind notwendig für ein lebendiges Erscheinungsbild der Siedlung und zur Vermeidung von schablonenhaften Wiederholungen gleicher formaler Elemente.
- Je dichter die Bebauung, je mehr Beteiligte bei der Ausführung, desto größer ist der Regelungsbedarf.
- Die vorhandene Bausubstanz und ihre ablesbaren Gestaltungsmerkmale sind nach Prüfung und Bewertung maßstabsgebend für die Planung.
- Landschafts- und ortstypische Materialien sind auch unter ökologischen Gesichtspunkten zu bevorzugen.
- Berücksichtigung kostenrelevanter Auswirkungen bei Festsetzungen zur Gestaltung.
- Beschränkung auf wenige in der Praxis durchsetzbare Regelungen.
- Ausnahmeregelungen nur in Bindung an eindeutige Tatbestände.
- Formulierung von eindeutigen, einprägsamen, auch für den Laien verständliche und nachvollziehbare Festsetzungen.

Diese Grundsätze versuchen, die Ziele
- bauliche Harmonie *und* Abwechslung
- Orientierung *und* Unverwechselbarkeit
- Maßstäblichkeit *und* Spannung
in Einklang zu bringen. Da der öffentliche Raum von den raumbegrenzenden Elementen definiert wird, ist die Gestaltung von Dach, Wand, Einfriedung, Bepflanzung, Haupt- und Nebengebäuden bestimmend für die Erscheinungsform des straßenseitigen Raumes. Dazu zählen die Stellung des Gebäudes, Vor- und Rücksprünge, Erker, Giebel, Aufbauten, Eingänge, Höhenlage und Bauweise.
Festsetzungen über einige dieser Elemente, die in der Summe die Gestaltungsbildung ausmachen, können ein Mindestmaß an Einheitlichkeit sicherstellen und innerhalb dieses Rahmens eine angemessene Vielfalt zulassen. Die Richtlinie gibt zu den Einzelelementen folgende Empfehlungen:

1. *Stellung der Gebäude.* Die Stellung der Gebäude bzw. der Firstrichtung sollte festgesetzt werden. Sie eine wesentliche Gestaltaussage des Bebauungsentwurfs. Sie definiert Traufstellung oder Giebelstellung der Gebäude und parallelen Versatz bei Versprüngen von Bauteilen oder bei Doppel- und Reihenhäusern.
2. *Das Dach.* In Wohngebieten prägt das Dach ein Gebäude am stärksten. Seine gestaltbestimmenden Merkmale sind Neigung, Traufhöhe, Firsthöhe, Dachaufbauten, Staffelgeschosse, Farbe und Material.
Das Ziel, in einem überschaubaren Baugebiet ein hohes Maß an Einheitlichkeit und Harmonie zu erreichen, wird durch die Festsetzung einer verbindlichen Dachform und / oder einer einheitlichen Dachneigung erleichtert. Dabei sind die Fragen nach Staffelge-

schoß, wirtschaftlicher Ausnutzung des Dachraumes, Nutzung alternativer Energien u.a. auch allgemein zu klären und zu regeln. Zur Erzielung einer ruhigen Dachlandschaft insbesondere in Einfamilienhausgebieten sind Festsetzungen zu *Aufbauten* und *Einschnitten* notwendig. Für die Ruhe in der Gestaltung ist auch der Spielraum für die *Dachneigung* eng zu halten (± 3°). Die *Farbe* der Dächer prägen das Erscheinungsbild insbesondere neuer Siedlungeinheiten am Ortsrand ganz entscheidend. Wichtig ist die Einheitlichkeit und der Bezug zum Bestand oder zur offenen Landschaft. Extreme Farbtöne oder Glasuren können z.B. die Harmonie empfindlich stören. Anlagen für die passive Solarnutzung müssen in die Dachfläche integrierbar sein.

3. *Höhenfestsetzungen.* Zur Sicherung der Harmonie in der Gestaltung ist die Proportion von Wandflächen und Dach von großer Bedeutung. Ein zweigeschossig ausgebautes Dach, über einem eingeschossigen Sockel wirkt genauso unproportioniert wie ein Erdgeschoß über einem hervortretendem Kellergeschoß und einem flachgeneigtem Dach über einem hohen Drempel.

   Festsetzbar sind:
   - die Höhenlage des Erdgeschosses des Hauptgebäudes zumindest im straßenseitigem Eingangsbereich, d.h. die Sockelhöhe über der Erschließungsfläche
   - die Traufhöhe, d.h. der Schnittpunkt zwischen aufgehendem Mauerwerk und Dachhaut, da die Höhe der Dachrinne durch den Überstand manipulierbar ist
   - die Firsthöhe, wenn nicht durch die Festsetzung von Traufhöhe und Dachneigung bei etwa gleicher Bautiefe eine gewisse Einheitlichkeit gewährleistet ist.

4. *Außenwände.* Die straßenseitige Fassade des Hauses ist sein Gesicht gegenüber der Öffentlichkeit. Material, Farbe, das Verhältnis von geschlossener Fläche und Öffnungen bestimmt den Charakter des Gebäudes und des öffentlichen Raumes, der durch eine Vielzahl von individuellen Gebäuden gebildet wird. Die in der Geschichte vorgefundene Gesetzmäßigkeit, daß gleiche Farbe und gleiches Material – bedingt durch das lokal verfügbare Angebot – selbst bei unterschiedlichsten Baukörperformen eine übergeordnete Einheitlichkeit bewirken, gilt auch heute noch. Grundsätzlich sollte für zusammenhängende Baugruppen inkl. Garagen und Nebengebäude der Grundsatz gleicher Farbe und gleichen Materials gelten. Für Doppelhäuser und Reihenhäuser gilt es als selbstverständlich. Es ist offensichtlich, daß die praktische Durchsetzung entsprechender im Bebauungsplan getroffener Festsetzungen zunehmend problematisch wird, eine Einheitlichkeit sollte zumindest für Quartiere gebietsweise getroffen werden. Das gilt auch für die Verwendung von Formen und Materialien im Zusammenhang mit Bemühungen um Kostenersparnis und die Verwendung alternativer Energien. Hier können für Teilflächen des Bebauungsplans oder für zusammenhängende Baugruppen aus ökologischen oder energetischen Gesichtspunkten besondere Regelungen für die Verwendung von Material, Farbe und Erschließung getroffen werden. Die rückwärtigen, gartenseitigen Fassaden sind von diesen Regelungen meist nicht betroffen, da die Durchsetzbarkeit von Festsetzungen nicht mit dem öffentlichen Interesse, sondern nur mit dem Nachbarrecht zu begründen ist.

5. *Garagen und überdachte Stellplätze/Carports.* Bei zunehmend geringeren Grundstücksgrößen wird die Garage als gestalterisches Problem desto stärker wirksam, je

mehr sie die Beziehung zum Hauptbaukörper auflöst und sich in ihrer Stellung verselbständigt (z.B. bei Süd- oder Westerschließung). Aus diesem Grund ist es häufig erforderlich, die Stellung der Garagen durch zeichnerische Eintragung im Bebauungsplan festzusetzen.

Bei Festlegung der Garage in Anlehnung an das Hauptgebäude sollten die Flächen für Garagenbauten hinter der Flucht des Hauptgebäudes ausgewiesen werden, um die Dominanz der Wohngebäude im Gesamtbild der Straße zu erhalten. Überdachte Stellplätze sollten in transparenter Ausführung und begrenzter Höhe ausnahmsweise außerhalb der Bauflucht möglich sein.

Bei Süd- oder Westerschließung kann es zweckmäßig sein, die Garage nicht in Anlehnung an die Wohngebäude, sondern in der Nähe der Erschließungsstraße festzusetzen. Da eine Isolierung des Garagenbaukörpers unbefriedigend ist, sollte versucht werden, sie in die Grundstückseinfriedung einzubinden. Ergänzungen durch Pergolen, Gartenhäuser, u.ä. können zu einem positiven Charakter des Straßenrahmens führen.

Werden Garagen, Stellplätze, überdachte Stellplätze oder Tiefgaragenzufahrten mit ihrer Längsseite parallel zur öffentlichen Straße angeordnet, ist ein ausreichender Abstand für die Eingrünung vorzusehen. Tiefgaragen sollten auch in halb abgesenkter Ausführung bepflanzbar sein.

Für Form und Material gilt das zu Punkt 4 Gesagte. Solange der Garagenbaukörper dem Hauptbaukörper bewußt untergeordnet ist, wird sich auch die Dachform einbinden. Die Zusammenfassung von Garagen zu Gruppen erfordert ein Harmonie der Gestaltung (gleiche Höhe, gleiches Material, vordere Flucht).

6. *Vorgärten, Einfriedungen, Nebenanlagen.* Vorgärten sind stadtgestalterisch Teil des öffentlichen Straßenraums und damit Teil des festsetzungsbedürftigen Gestaltungskanons. Die optische Einbeziehung des Vorgartens in den Straßenraum wird am besten gewährleistet, wenn einheitlich auf Einfriedungen verzichtet wird. Dagegen steht das Recht des privaten Bauherrn auf Sicherung seines Eigentums. Daher wird der Verzicht auf eine Abgrenzung zwischen privatem Grundstück und öffentlicher Straße schwer durchsetzbar sein. Die Höhe der Einfriedung sollte aber möglichst gering gehalten werden, damit der Eindruck eines großzügigen Straßenraums nicht verloren geht. Bei einer Süd- oder Westerschließung kommt der Einfriedung besondere Bedeutung zu, sie muß die Privatheit des Gartens gewährleisten, d.h., Material und Höhe der Einfriedung müssen Einsicht verhindern können. Die eigentliche Raumkante, das Wohngebäude tritt weit zurück und wird durch die Einfriedung im Straßenraum nicht mehr wirksam. Darauf ist schon beim Entwurf Rücksicht zu nehmen. Das betrifft in hohem Maße Nebenanlagen, wie Anlagen für Müll- und Entsorgungsbehälter, Garagen, Carports und Stellplätze, die nicht baukörperlich raumbegrenzend wirken sollen, sondern möglicherweise durch Eingrünung optisch zurücktreten sollen.

Im Bebauungsplan sollten für Einfriedungen Materialien baugebietseinheitlich festgesetzt werden, z.B. Holz in waagerechter oder senkrechter Lattung, Mauerwerk in Übereinstimmung mit dem Hauptgebäude, Metallgitterzäune nur im Zusammenhang mit Heckenbepflanzung etc. Eine Höhenfestsetzung ist nur im eindeutigen Vorgartenbereich sinnvoll z.B. 1,0 m.

7. *Werbeanlagen.* Der Wunsch und auch die Notwendigkeit, für Angebote von Handel, Handwerk und Dienstleistungen auch Werbung zu betreiben, wird nicht bezweifelt. Dieser Wunsch muß mit dem Ziel der Erhaltung des Stadtbildes oder Schutzwürdigkeit des Gebietes im Einklang bleiben. Allgemein gilt die Forderung, daß Werbung in Wohngebieten und Dorfgebieten nur am Ort der Leistung zulässig ist. Hier ist auch die Größe und die Art der Werbeanlagen und die Relation zur Gebäudegröße regelbar. Wechselanlagen, lichtintensive Anlagen mit Blinkeffekten etc. können selbst in Gewerbe-, Industrie- und Kerngebieten verunstaltend wirken und können daher untersagt werden. Die Angemessenheit der Werbung wird stets gegen die Schutzwürdigkeit und Schutzbedürftigkeit des Gebietes in Konkurrenz liegen.

8. *Grüngestaltung.* Nach § 9 Abs. 1 Ziff. 25 BauGB können im Bebauungsplan Festsetzungen getroffen werden zum Schutz des Bestandes von Bäumen, Sträuchern und Gewässern als auch für Neupflanzungen. Pflanzungen dienen dem Schutz des privaten Raumes und dem Schutz vor Immissionen. Im öffentlichen Raum sollen sie die stadtgestalterische Wirkung unterstützen. Ein Übermaß an Festsetzungen, insbesondere solche, die von privater Seite erfüllt werden müssen, sind kaum durchsetzbar (Anzahl, Größe, Art, Unterhaltung etc.). Sinnvoll und durch die Betroffenen akzeptierbar sind die Begrünung des Siedlungsrandes auch aus ökologischen Gründen, des Straßenraums (Bäume, Grünstreifen) und dabei auch des Vorgartenbereichs sowie die Begrünung der Stellplatzflächen durch großkronige Laubbäume. Eine sorgfältige Grünplanung für Gewerbegebiete zur Erzielung eines positiven Gesamteindrucks auch als Werbung sollte selbstverständlich werden.

9. *Antennen.* Antennenanlagen, insbesondere Satellitenschüsseln auf den Dachflächen, vor allem über der Firsthöhe oder an der Fassade, sind gestalterisch problematisch. Das grundsätzliche „Recht auf umfassende Information" kollidiert mit der Pflicht, Verunstaltungen entgegenzuwirken. Hier sind Festsetzungen zur Lage und Farbe von Schüsseln möglich. Der Fortschritt der Technik wird hoffentlich neue Lösungen bringen.

7. Beschluß des Gemeinderates und öffentliche Auslegung

Wenn die Gemeinde den Entwurf des Bebauungsplans, einschließlich seiner Begründung, ggf. zusammen mit dem Grünordnungsplan, billigt, beschließt sie meist gleichzeitig, den Entwurf für die Dauer eines Monats öffentlich auszulegen (§ 3 Abs. 2 BauGB) (vgl. FNP – Verfahren). Während der Auslegung kann jedermann schriftlich oder zu Protokoll Anregungen zum Plan und seinen Festsetzungen abgeben.

Die während der Auslegung eingegangenen Anregungen werden wie beim Flächennutzungsplanverfahren (s. Abschn. 5.3.4) unter Beachtung des Abwägungsgebotes einzeln behandelt und vom Rat beschlossen. Jeder Einsender erhält von dem Ergebnis der Beratungen eine Nachricht. Diejenigen Anregungen, denen die Gemeinde zugestimmt hat, werden nach der Auslegung unter besonderer Hervorhebung in den Bebauungsplan eingearbeitet.

8. Satzungsbeschluß

Nach der abschließenden Behandlung der Anregungen aus dem Auslegungsverfahren wird der Bebauungsplan gemäß § 10 BauGB als Satzung, d.h. als gemeindliches Gesetz beschlossen.

9. Bekanntmachen und Inkrafttreten

Wenn der Bebauungsplan auf der Grundlage eines Flächennutzungsplans aufgestellt worden ist, bedarf er nicht der Genehmigung durch die höhere Verwaltungsbehörde wie der FNP.

Ist gemäß § 8 BauGB ein Bebauungsplan jedoch ohne die Vorgaben eines Flächennutzungsplans erarbeitet worden (sog. selbständiger Bebauungsplan) oder zeitlich vor dem in Aufstellung befindlichen Flächennutzungsplan beschlußreif geworden (sog. vorgezogener Bebauungsplan) oder ist die Erarbeitung des Flächennutzungsplans erst zu einem späteren Zeitpunkt vorgesehen (sog. vorzeitiger Bebauungsplan), so ist der Entwurf des Bebauungsplans zusammen mit dem Satzungsbeschluß und allen erläuternden Unterlagen (Begründung, Grünordnungsplan etc.) der höheren zuständigen Verwaltungsbehörde zur Genehmigung vorzulegen. Die Genehmigung kann der Gemeinde auch mit Auflagen erteilt werden. Durch die Bekanntmachung des Satzungsbeschlusses bzw. der Erteilung der Genehmigung wird der Bebauungsplan in Kraft gesetzt und damit rechtsverbindlich gegen jedermann. Er ist nach der Bekanntmachung mit der Begründung zu jedermann Einsicht bereitzuhalten. Über seinen Inhalt insbesondere über die seit der Auslegung eingearbeiteten Änderungen ist auf Verlangen Auskunft zu geben.

Mit dem Satzungsbeschluß treten Beschlüsse, die gem. §§ 14 - 17 BauGB zur Sicherung der Bauleitplanung gefaßt wurden (vgl. hierzu Abschn. 5.6), außer Kraft.

5.5   Zusammenfassung: Unterschiede zwischen Flächennutzungsplan und Bebauungsplan

1. Der FNP umfaßt die gesamte Fläche der Gemeinde.
    Der BPL betrifft nur ein Teilgebiet, in dem die Notwendigkeit einer städtebaulichen Ordnung und Entwicklung besteht.
2. Der FNP ist der vorbereitende Bauleitplan, d.h., er ist eine behördenverbindliche Richtlinie. Aus dem Flächennutzungsplan kann der Bürger keine Rechte ableiten.
    Der BPL ist ein für jedermann verbindliches Recht.
3. Der FNP nimmt die Vorgaben der übergeordneten Planungsebenen auf, er ist die planungs- und entwicklungspolitische Willenserklärung der Gemeinde.
    Der BPL entwickelt sich aus dem FNP, Voraussetzung für die Erarbeitung eines BPL ist normalerweise der FNP.
4. Der FNP hat einen Planungshorizont von 10 - 15 Jahren. Nach etwa 10 Jahren beginnt die Phase der Erarbeitung einer Neufassung.
    Der BPL hat eine unmittelbare Umsetzung zum Ziel. Die Erarbeitung bis zur Rechtskraft kann etwa 1 - 2 Jahre betragen.
5. Der FNP muß mit den Nachbargemeinden abgestimmt sein. Gemeinsame Flächennutzungspläne in Verflechtungsbereichen sind möglich.

Beim BPL werden die Nachbargemeinden benachrichtigt, grundsätzliche Fragen sind jedoch im FNP schon geklärt.

6. Der FNP ist in seinen Aussagen elastisch. Er ist eine planerische Leitlinie, die innerhalb des Zeitrahmens anpassungsfähig sein muß.

   Der BPL ist wegen seiner Verbindlichkeit rechtlich eindeutig und parzellenscharf.

7. Dem FNP kann ein Landschaftsplan als integraler Teil beigegeben werden, er wird mit ihm wirksam.

   Dem BPL kann ein Grünordnungsplan beigegeben werden, dessen Inhalt mit dem BPL Rechtskraft erlangt.

8. Dem FNP ist ein Erläuterungsbericht, der aber keine Rechtsbindungen enthält und der nicht genehmigt wird, beizufügen.

   Dem BPL werden textliche Festsetzungen und eine Begründung beigegeben. Während die textlichen Festsetzungen mit dem Plan im Satzungsbeschluß Rechtskraft erlangen, ist die Begründung notwendiger Bestandteil des Bebauungsplans, wird jedoch nicht mit beschlossen und wird damit auch nicht rechtsverbindlich.

5.6   Sicherung der Bauleitplanung

5.6.1   Zurückstellung und Veränderungssperre

Da erfahrungsgemäß ein Verfahren zur Aufstellung eines Bebauungsplans, trotz aller Möglichkeiten der Beschleunigung, die das BauGB einräumt, einige Zeit in Anspruch nimmt, läuft die Gemeinde Gefahr, daß während dieser Zeit bauliche und sonstige Veränderungen der städtebaulichen Idee des Bebauungsplans der vorgesehenen Erschließungskonzeption oder der Grünordnungsvorstellung zuwider laufen. Zur vorzeitigen Absicherung der Planung für den künftigen Planbereich kann die Gemeinde Maßnahmen ergreifen:

1. Sie kann Baugesuche im Planbereich bis zu 12 Monate *zurückstellen* (§ 15 Abs. 1 BauGB).

2. Sie kann eine *Veränderungssperre* als Satzung beschließen. Dadurch wird die Errichtung baulicher Anlagen für die Dauer einer vorgesehenen Frist nicht gestattet, auch die Änderung bestehender Nutzungen ist untersagt. Ebenfalls sind erhebliche bauliche Veränderungen, insbesondere, wenn damit eine wesentliche Wertsteigerung verbunden ist, sowie Grundstücksteilungen nicht gestattet, auch wenn diese Veränderungen und baulichen Maßnahmen genehmigungs- und anzeigefrei sind (§ 14 Abs. 1 BauGB). Wertsteigernd kann z.B. schon die Umwandlung von Mietwohnungen in Wohneigentum sein. Eine Veränderungssperre gilt normalerweise für die Dauer von zwei Jahren, eine begründete Verlängerung ist möglich. Sie kann zweimal um je ein Jahr verlängert werden (§ 17 Abs. 1 u. 2 BauGB). Da die Veränderungssperre eine erhebliche Einschränkung der Dispositionsfreiheit eines Grundstückseigentümers darstellt, ist das Verfahren an restriktive Voraussetzungen gebunden (§ 17 ff BauGB).

Auf die zeitliche Geltungsdauer einer Veränderungssperre ist der Zeitraum der ersten förmlichen Zurückstellung eines Baugesuchs anzurechnen, so daß sich die Zeit auf maximal 4 Jahre summiert. Dauert die Notwendigkeit einer Veränderungssperre über diese 4 Jahre hinaus, so ist die Gemeinde verpflichtet, eine angemessene Entschädigung in Geld zu zahlen (§ 18 BauGB). Ein erneuter Beschluß über die Veränderungssperre wie auch die Verlängerungen muß von der höheren Verwaltungsbehörde genehmigt werden. Die Absicht, das Bauen zu fördern und die Verfahren zu straffen, widerspricht im Prinzip einer Verlängerung aller das Bauen verzögernden Maßnahmen, darum sollte auf die Verlängerung einer Veränderungssperre möglichst verzichtet werden.

5.6.2 Bodenverkehr

Ein Instrument der Sicherung der städtebaulichen Ordnung ist der Bodenverkehr. Sowohl innerhalb der im Zusammenhang bebauten Ortslagen (§ 34 BauGB) als auch in Außenbereichen (§ 35 BauGB) sowie in Gebieten, die mit einer Veränderungssperre belegt sind (§ 14 BauGB), und innerhalb des Geltungsbereichs eines Bebauungsplans (§ 30 Abs. 1 BauGB) bedarf die Teilung bzw. der Verkauf eines Grundstücks zu ihrer Wirksamkeit der Genehmigung (*Teilungsgenehmigung*). Entspricht die zukünftige Nutzung nicht den städtebaulichen Zielen oder ist eine Entwicklung zu erwarten, die den von der Gemeinde beschlossenen Entwicklungszielen nicht entspricht, so kann die Genehmigung versagt werden.

Tafel **5**.4   Sicherung der Bauleitplanung – Veränderungssperre (§§ 14 - 18 BauGB)

BESCHLUSS DER GEMEINDE ZUR AUFSTELLUNG EINES BEBAUUNGSPLANS	
PLANER, GEMEINDE ODER RAT SCHLAGEN DEN ERLASS EINER VERÄNDERUNGSSPERRE VOR	
BESCHLUSS ÜBER DIE VERÄNDERUNGSSPERRE ALS SATZUNG	
GENEHMIGUNG DURCH DIE ZUSTÄNDIGE AUFSICHTSBEHÖRDE	
BEKANNTMACHUNG DER GENEHMIGUNG DIE VERÄNDERUNGSSPERRE WIRD DADURCH RECHTSKRÄFTIG.	MITTEILUNG AN DIE BAUORDNUNGSBEHÖRDE

NACH ABLAUF VON ZWEI JAHREN TRITT DIE VERÄNDERUNGSSPERRE AUTOMATISCH AUSSER KRAFT § 17 ABS. 1 BAUGB	SOBALD DER BEBAUUNGSPLAN RECHTSKRÄFTIG WIRD, TRITT DIE VERÄNDERUNGSSPERRE AUSSER KRAFT § 17 ABS. 5 BAUGB	SOBALD DIE VORAUSSETZUNGEN NICHT BESTEHEN, MUß DIE SPERRE GANZ ODER TEILW. AUSSER KRAFT GESETZT WERDEN § 17 ABS. 4 BAUGB

VERLÄNGERUNG UM EIN WEITERES JAHR UNTER BESONDEREN BEDINGUNGEN § 17 ABS. 1 BAUGB
VERLÄNGERUNG UM EIN WEITERES JAHR UNTER BESONDEREN BEDINGUNGEN § 17 ABS. 2 BAUGB
WENN DIE VORAUSSETZUNGEN WEITER BESTEHEN, KANN EINE NEUE VERÄNDERUNGSSPERRE BESCHLOSSEN WERDEN § 17 ABS. 3 BAUGB
ENTSCHÄDIGUNGSANSPRUCH DER BETROFFENEN § 18 ABS. 1 BAUGB VIER JAHRE NACH INKRAFTTRETEN DER VERÄNDERUNGSSPERRE BZW. VIER JAHRE NACH DER ERSTEN ZURÜCKSTELLUNG EINES BAUGESUCHES

5.6.3 Vorkaufsrecht

Im Geltungsbereich eines Bebauungsplans bzw. in dem Bereich, für den die Aufstellung eines Bebauungsplans beschlossen worden ist, hat die Gemeinde das Recht, vor anderen Interessenten Grundstücke zu erwerben mit dem Ziel, sie vertragsmäßig an einen Dritten zu veräußern, um damit z.b. die notwendigen Erschließungs- und Infrastrukturaufgaben zu erfüllen oder Flächen für die notwendigen Ausgleichs- und Ersatzmaßnahmen bereitzustellen zu können. Das *Vorkaufsrecht* darf nur ausgeübt werden, wenn das Wohl der Allgemeinheit dies rechtfertigt (§ 24 Abs. 2 BauGB). Die in Frage kommenden Grundstücke sind im Bebauungsplan z.b. als öffentliche Flächen festgesetzt wie Grünflächen, Verkehrsflächen, Gemeinbedarfsflächen, Ver- und Entsorgungsflächen. Eine gleiche Rechtsgrundlage bilden auch ein förmlich festgelegtes *Sanierungsgebiet* (§ 136 BauGB), eine städtebauliche *Entwicklungsmaßnahme* (§ 165 BauGB) oder ein Gebiet mit einer *Erhaltungssatzung* (§ 172 BauGB).

5.7 Bodenordnung

5.7.1 Umlegung

Durch ein *Umlegungsverfahren* (§§ 45 - 84 BauGB) werden, falls nötig, bebaute und unbebaute Grundstücke neu geordnet, so daß nach Lage, Form und Größe für die bauliche und sonstige künftige Nutzung zweckmäßig abgegrenzte Grundstücke entstehen. In der Regel sind Grundstücke im Geltungsbereich eines Bebauungsplans oder in einer im Zusammenhang bebauten Ortslage (§ 34 BauGB) von einer Umlegung betroffen.
Die Eigentümer werden für den Vorteil, der ihnen durch die Baureife ihrer Grundstücke entsteht, zu einer gewissen Flächenabtretung herangezogen. Vorhandene Besitz- und Grenzverhältnisse werden dabei aufgehoben, und die „Umlegungsmasse" wird unter Vorabzug der öffentlichen Flächen für Erschließung, Parkplätze, Grünanlagen, Kinderspielplätze und Flächen für ökologische Maßnahmen neu verteilt. (§ 55 BauGB) Nur so kann die Last, gerecht auf alle die umgelegt werden, die davon profitieren. Die Neuverteilung der Umlegungsmasse an die beteiligten Grundstückseigentümer erfolgt entweder nach dem Verhältnis der Flächen (Flächenmaßstab) oder nach dem Verhältnis des Wertes, in dem die früheren Grundstücke einmal zueinander gestanden haben. Die Differenz zwischen dem Wert der Einwurfs- und der Zuteilungsgrundstücke nach dem Verkehrswert (§194 BauGB) wird als „Umlegungsvorteil" bezeichnet, der bei der Flächenumlegung in neu zugeteilter Fläche und bei der Wertumlegung in Geld abgeschöpft wird. Zur Deckung der entstehenden Kosten wird ein Anteil aus der Wertschöpfung von der planenden Behörde einbehalten.

Tafel **5**.5   Verfahren für eine Umlegung nach §§ 45 – 79 BauGB

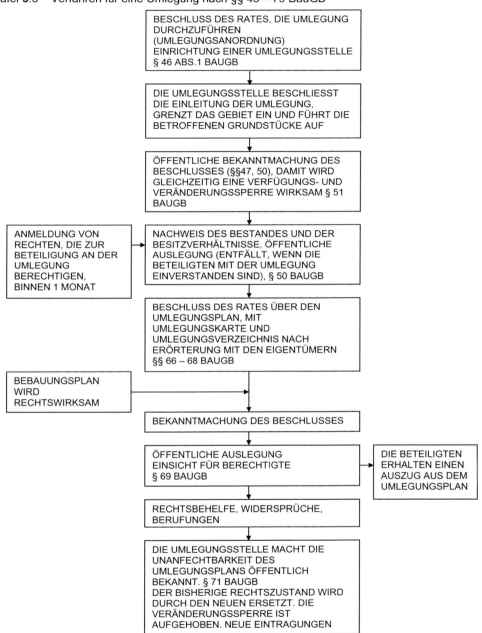

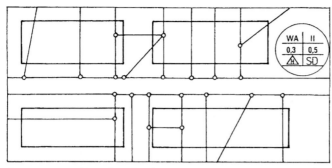

Bebauungsplan; Einwurfgrundstücke

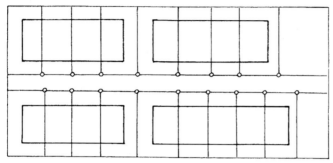

Umlegungsplan; Zuteilungsgrundstücke

Bild **5**.3   Umlegung

Notwendig wird das Verfahren bei der Realisierung eines Bebauungsplans, bei Sanie-rungsvorhaben oder auch in der Flurbereinigung. Zuständig für die Umlegung ist die Ge-meinde, d.h. ein Umlegungsausschuß, der diese Aufgabe hoheitlich wahrnimmt oder eine entsprechend autorisierte gemeindliche Dienststelle (§ 46 BauGB). Der Umlegungsaus-schuß ist nicht an Weisungen des Rates oder der Verwaltung gebunden.

5.7.2   Enteignung

Die Enteignung (§§ 85 - 122 BauGB) ist das die Rechte des Bürgers am meisten ein-schränkende Instrument des Städtebaurechts. Enteignung bedeutet den vollständigen oder einen teilweisen Entzug von Grundeigentum oder dinglicher Rechte. Auch die durch einen Bebauungsplan festgelegte Nutzbarkeit eines Grundstücks kann soviel wie Enteignung be-deuten, wenn statt einer Bebauungsmöglichkeit das Grundstück in dem Plan für Erschlie-ßungsmaßnahmen oder als öffentliche oder private Grünfläche ausgewiesen ist. Durch das Gesetz wird die wirkliche Enteignung auf zwingende Fälle aus *städtebaulichen Gründen* beschränkt, nachdem alle anderen Mittel zur Erreichung eines im *Interesse der Allgemein-heit* notwendigen Zieles ausgeschöpft sind. Im Interesse der Allgemeinheit liegt auch der

Vollzug von Maßnahmen des Umweltschutzes, wie der Erwerb oder die Sicherung von Flächen für Ausgleichsmaßnahmen.

Voraussetzung für die Durchführung eines Enteignungsverfahrens sind
- das Erfordernis des Gemeinwohls
- die Ausschöpfung aller Möglichkeiten des zumutbaren Ausgleichs, wie Bedarfsdeckung aus Grundbesitz der Gemeinde, des Landes oder Bundes oder Kauf des Grundstücks zu vertretbaren Bedingungen
- daß die Enteignung in einer angemessenen Zeit zur Realisierung der Planung führt
- normalerweise das Vorliegen eines Bebauungsplans, einer Erhaltungssatzung oder einer Satzung über einen städtebaulichen Entwicklungsbereich

Die Enteignung wird auf der Grundlage des Verkehrswertes in Geld oder Grundstücksfläche ausgeglichen. Da ein Enteignungsverfahren wegen der schwerwiegenden Eingriffe in die Rechte des Einzelnen sehr lange dauern kann, wird es selten angewendet.

5.8 Erschließung

5.8.1 Erschließungsbeitrag

Der *Erschließungsbeitrag* (§§ 123 - 135 BauGB) wird von den Nutznießern einer Erschließungsmaßnahme erhoben. Erschließung eines Grundstücks ist seine Anbindung an eine öffentliche Verkehrsfläche sowie seine technische Ver- und Entsorgung.

Zu den Erschließungsanlagen gehören (§ 127 BauGB):
- die öffentlichen, zum Anbau bestimmten Straßen, Wege, Plätze und Parkplätze sowie Fußwege, Radwege und Wohnwege
- Sammelstraßen innerhalb der Baugebiete, auch wenn sie nicht anbaufähig sind, soweit sie zur Erschließung des Gebiets notwendig sind
- Parkflächen und Grünanlagen innerhalb der Baugebiete, soweit sie den Bedürfnissen des erschlossenen Gebiets dienen
- Anlagen zur Versorgung mit Wasser und Energie, Ableitung und Entsorgung von Wasser
- Anlagen zum Schutz gegen schädliche Umwelteinwirkungen (Lärmschutz etc.)

Kosten für Erschließungsanlagen, die nicht unmittelbar dem Baugebiet dienen, sind nicht umlagefähig.

Zum Erschließungsaufwand rechnen die Kosten für
- Erwerb und Freilegung der Erschließungsanlagen
- ihre erstmalige Herstellung, inkl. Entwässerung und Beleuchtung
- rechtliche Übernahme durch die Gemeinde.

Die Erschließung ist Aufgabe der Gemeinde. Die Kosten des Erschließungsaufwandes werden zu 90 % auf die Grundstückseigentümer umgelegt. Nicht zu den umlegungsfähigen Erschließungskosten zählen die Kosten für Brücken, Tunnels und Unterführungen mit ihren Rampen sowie unter besonderen Bedingungen die Ortsdurchfahrten von Bundes- und Landesstraßen (§ 128 Abs. 3 BauGB). Sobald die öffentliche Straße befahrbar ist – auch wenn sie nicht endgültig fertiggestellt ist – gilt ein Grundstück an dieser Straße als erschlossen und der Plan für ein Gebäude darauf als genehmigungsfähig (§ 30 BauGB). Eine Erschließung kann auch per Vertrag auf einen Dritten übertragen werden. Sobald die Erschließungsanlagen hergestellt sind, kann die Gemeinde die Kosten abrechnen. Sie kann sie auch nach dem Fortschritt der Arbeiten Zug um Zug einfordern.

5.8.2   Verteilung des Erschließungsaufwandes

Die Verteilung des ermittelten Erschließungsaufwandes auf die erschlossenen Grundstücke kann nach folgenden Kriterien erfolgen (§ 131 BauGB):

1. nach Art und Maß der baulichen Nutzung
2. nach Größe der Grundstücksflächen
3. nach Grundstücksbreite entlang Erschließungsanlage bei Grundstücken gleicher Tiefe

Da die Bemessungsgrundlage bei der Bemessung nach Grundstücksbreiten sehr unterschiedlich ausfallen kann (ein flächenmäßig großes Grundstück hat vielleicht nur 3 m Erschließungbreite, oder ein Mischgebiet hat eine höhere Renditeerwartung gegenüber einer Reihenhausgruppe), können die Verteilungsmaßstäbe miteinander verbunden werden. Lediglich dann, wenn die Grundstücke gleich groß sind oder mit gleicher Breite an der Erschließungsfläche liegen, ist der Grundstücksflächenmaßstab bzw. der Frontlängenmaßstab allein anwendbar.

Der Planer sollte im Bebauungsplan wegen der zu erwartenden Umlegung der Erschließungskosten nicht einfach die höchstmöglichen Maße der Nutzung festsetzen, da nach diesen im Grundsatz höchstzulässigen Ausnutzungsziffern die Erschließungskosten berechnet werden, auch wenn ein Grundstückseigentümer erst zu einem späteren Zeitpunkt baut und dann das mögliche Maß der Nutzung nicht beansprucht.

Zur Verteilung der Kosten wird der Beitrag wie folgt ermittelt:

Erschließungsbeitrag (€) = Beitragssatz (€/m²) × Beitragsfläche (m²),

wobei der Beitragssatz ein Verhältnis zwischen umlagefähigem Aufwand (DM) und beitragspflichtiger Fläche ist und die Beitragsfläche sich aus der Grundstücksfläche und einem Faktor zusammensetzt, in den u.a. die Vorteile der Festsetzungen eingehen.

Ermittlung des Erschließungsbeitrages

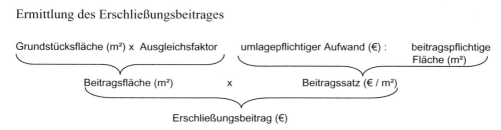

5.9 Bauen im Außenbereich

Neben den beiden Fällen *Bauen im Geltungsbereich eines Bebauungsplans* und *Bauen in einem im Zusammenhang bebauten Ortsteils* (§ 34 BauGB) gibt es den dritten Fall *Bauen im Außenbereich* (§ 35 BauGB). Im Außenbereich gibt es aus der Besiedlungsstruktur und der baulichen und wirtschaftlichen Enstehungsgeschichte der Gemeinde zwar Einzelgebäude, Gebäudegruppen ohne erkennbaren Siedlungszusammenhang und Splittersiedlungen, daraus läßt sich aber kein Siedlungszusammenhang begründen.

Der Außenbereich dient vor allem der Naherholung, der Landwirtschaft und dem klimatischen und ökologischen Ausgleich für die bebauten Gebiete. Eine Bebauung ist daher nur in unbedingt notwendigem Umfang zulässig, und zwar in einer den Außenbereich schonenden Weise (§ 35 Abs. 5 BauGB). Bauvorhaben im Außenbereich sind an besondere Bedingungen gebunden. Ihnen dürfen öffentliche Belange nicht entgegenstehen. Bauvorhaben für die Landwirtschaft (u.a. für Ackerbau, Weidewirtschaft, Tierhaltung inkl. Pensionstierhaltung, Gartenbau, Erwerbsobstbau, Weinbau) gehören zu den privilegierten Vorhaben. Das sind in diesem engen Sinne Wohngebäude, landwirtschaftliche Betriebsgebäude, Wohnungen für Personal und Altenteilwohnungen. Privilegiert sind auch solche Vorhaben, die im Innenbereich wegen der unvermeidbaren Emissionen unzumutbar sind und daher nur im Außenbereich errichtet werden können, wie z.B. Tierkörperverwertungsbetriebe, Schweinezucht, Düngemittelfabrik aber auch Freibäder, Raffinerien, Zementfabriken. Einrichtungen, die eine Erholungsnutzung des Außenbereichs ermöglichen oder fördern, sind auch genehmigungsfähig wie Jagdhütten, Ausflugsrestaurationen, Aussichtstürme, naturkundliche Informations- und Schulungseinrichtungen etc. Eine Abwägung eines Vorhabens mit sonstigen öffentlichen Belangen ist jedoch immer erforderlich. Schon die Beeinträchtigung der natürlichen Eigenart der Landschaft oder die Belastung der Umwelt ist ein Hinderungsgrund. Bestehende Gebäude im Außenbereich begründen ebenfalls keinen Anspruch auf ein zusätzliches Gebäude. Aus einer Splittersiedlung darf kein eigener Ortsteil werden, wenn dies dem Entwicklungsziel der Gemeinde widerspricht (FNP). Jegliches Bauen im Außenbereich ist genehmigungspflichtig, über die Zulässigkeit wird von der Gemeinde oder im Einvernehmen mit der Gemeinde von der Genehmigungsbehörde entschieden (§36 BauGB).

Bauen im Außenbereich ist für viele ein Anreiz, sich im Sinne des Gesetzes für privilegiert zu halten und in landschaftlich bevorzugter Lage zu wohnen. Damit die Auslegung des §35 BauGB nicht zu langwierigen Rechtsstreitigkeiten führt, die letztlich nur durch Kompromisse zu lösen sind oder kommunalpolitisch entschieden werden, hat der Gesetzgeber diesen Paragraphen sehr ausführlich gefaßt. Allerdings ist der Ermessensspielraum groß genug, um Einzelentscheidungen treffen zu können, z.B. um dem Strukturwandel in der Landwirtschaft gerecht zu werden. Die Beschreibung der öffentlichen Belange (§35 Abs.3) ist zu beachten, werden diese auch nur beeinträchtigt, so ist ein Bauvorhaben unzulässig. (Näheres vgl. Kuschnerus, U.: Der sachgerechte Bebauungsplan. Handreichungen für die kommunale Planung, Verlag Deutsches Volksstättenwerk GmbH, Bonn 1997)

5.10   Literaturverzeichnis

BAUGESETZBUCH, C. H. Beck, München, neueste Auflage

BIHR, W., VEIL, J., MARZAHN, K.: Die Bauleitpläne, Krämer Verlag, Stuttgart 1971

BRAAM, W.: Stadtplanung. Aufgabenbereiche – Planungsmethodik – Rechtsgrundlagen, Werner Verlag, Düsseldorf, 3. Auflage 1998

BUNDESFORSCHUNGSANSTALT FÜR LANDESKUNDE UND RAUMORDNUNG (HRSG.): Nutzungsmischung im Städtebau, Bonn 1995

BUNZEL, A., u.a.: Umweltschutz in der Bauleitplanung, Bauverlag, Wiesbaden 1997

DOHRMANN, J.: Materialien zu Grundlagen der Stadtplanung Teil 1: Bebauungsplan, Wohnungsbau, Erschließung, Lehrstuhl für Stadt und Regionalplanung (Hrsg.), Technische Universität Berlin 1976

GROßHANS, H.: Öffentlichkeit und Stadtentwicklungsplanung, Bertelsmann Universitätsverlag, Düsseldorf 1972

HAMMER, G.: Städtebaurecht im Bild, Verlag für Architekten und Ingenieure, Augsburg 1992

HANGARTER, E.: Grundlagen der Bauleitplanung: Der Bebauungsplan, Werner Verlag, Düsseldorf, 3. Auflage 1996

KUSCHNERUS, U.: Der sachgerechte Bebauungsplan. Handreichungen für die kommunale Planung, VHW-Verlag, Bonn, 2. Auflage 2001

dto.: Das zulässige Bauvorhaben, VHW-Verlag, Bonn 2002

HOPPE, W. , GROTEFELS, S.: Öffentliches Baurecht, C. H. Beck, München 1995

INSTITUT FÜR LANDES- UND STADTENTWICKLUNG DES LANDES NRW (HRSG.): Festsetzungen und Festsetzungstiefen in Bebauungsplänen, Dortmund 1996

OBERSTE BAUBEHÖRDE IM BAYERISCHEN STAATSMINISTERIUM DES INNERN (Hrsg.), Planungshilfen für die Bauleitplanung: Hinweise für die Ausarbeitung und Aufstellung von Flächennutzungsplänen und Bebauungsplänen, München, Fassung 1998

SCHWIER, V.: Bauleitplanung für die Praxis, Bauverlag, Wiesbaden und Berlin 1993

STADT MÜNSTER, STADTPLANUNGSAMT: Gestaltungsfestsetzungen in Bebauungsplänen, Münster 1998

6 Verkehr *(K. Habermehl und H. Münch)*

6.1 Verkehrsplanung

6.1.1 Verkehr und Stadt

Stadtentwicklung und Stadtplanung beinhalten das Zusammenspiel von vielen Einzelkomponenten, die sich in dem räumlichen Bereich der Stadt und des Dorfes abspielen (naturräumliche Bedingungen, Bevölkerung, Wirtschaft und Gewerbe sowie Verkehrsnetze und die Einbindung der Gemeinde in die Siedlungshierarchie). Diese einzelnen Komponenten stellen ein kausales Wechselgefüge dar, in dem jede Komponente sowohl Ursache als auch Wirkung sein kann. Verkehrsentwicklung und -planung sind als ein Teil der Stadt deshalb untrennbar mit dem Städtebau und der Stadtentwicklung verbunden. Die mittelalterlichen Handelsstraßen als Mittel und Folge der wirtschaftlichen Tätigkeit des Menschen prägten die grundlegenden Straßennetze, die Straßenräume und Platzfolgen und begründeten die Bedeutung des Marktplatzes als wirtschaftlichen, kulturellen und/oder religiösen Mittelpunkt einer Stadt und bildeten somit eine Grundlage für Städtebau und Stadtentwicklung.

Die technische Entwicklung von Eisenbahn und Automobil haben die Entwicklung der Stadt nachhaltig (jeweils in eine andere Richtung) bis in die heutige Zeit hinein geprägt. Die häufig gebrauchten Begriffe wie Eisenbahnstädte oder „automobilgerechte Stadt" können diesen Zusammenhang nur andeuten.

Stadtverkehr ist der realisierte Ausdruck von wirtschaftlicher Tätigkeit und sozialem Handeln. Der Biorhythmus und die Lebensäußerungen des Menschen (z.B. tags tätig sein, nachts schlafen) spiegeln sich z.B. in der Stärke des Verkehrsaufkommens, in der Häufigkeit der Ortsveränderungen, in der Art der Überwindung der Entfernung oder in der zeitlichen Verteilung der Ortsveränderungen wider. Stadtverkehr wird andererseits durch die städtebaulichen Bedingungen (z.B. Lage der Wohn- und Gewerbegebiete, Stärke und Größe des Stadtzentrums), durch die Größe und Art der unterschiedlichen Verkehrsnetze oder dem Angebot an unterschiedlichen Verkehrsmitteln bestimmt. Die naturräumlichen Bedingungen der Stadt (z.B. Flachland, Gebirge, Küstenregion) sowie soziale und verkehrliche Traditionen üben ebenso Einfluß auf das Verkehrsaufkommen und das Verkehrsverhalten der Menschen aus.

Ortsveränderungen

Verkehr ist vereinfacht *die Ortsveränderung von Personen und Gütern* (und Nachrichten), z.B. von der Wohnung zur Arbeit, vom Hersteller zum Supermarkt, Entsorgung des Müll von den einzelnen Haushalten zur Mülldeponie. Der Ausgangspunkt der Ortsveränderung (OV) wird in der Fachplanung auch als Quelle und der Endpunkt der OV als Ziel benannt.

Ortsveränderung ist die Überwindung von Raum in der Zeiteinheit oder Aufhebung des Raumes durch die Zeit. Der Zeitaufwand zur Überwindung des Raumes besitzt für den Menschen eine fassbare, definierte und begrenzte Größe innerhalb eines Tages. Der Zeitanteil für Ortsveränderungen schwankt zwischen ein bis drei Stunden pro 24 Stunden. Anderseits beeinflußt der erforderliche Zeitaufwand den Städtebau und kennzeichnet die Erreichbarkeit der unterschiedlichen Einrichtungen (z.B. Schule, Kindergarten, Einkaufsgelegenheiten, Rathaus, Freizeiteinrichtungen, Arbeitsstätten). Letztendlich wirkt sich der Zeitaufwand auf die räumliche Begrenzung der Ausdehnung der besiedelten Fläche der Städte aus. So ergibt sich der räumliche Durchmesser einer Stadt (vor allen Dingen für eine kompakte Stadt) als die Entfernung, die man in einer Stunde bewältigen kann.

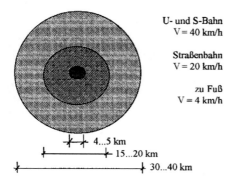

U- und S-Bahn
V = 40 km/h

Straßenbahn
V = 20 km/h

zu Fuß
V = 4 km/h

4...5 km
15...20 km
30...40 km

Für den Fußgänger bedeutet dies einen Stadtdurchmesser von 4 bis 5 km (z.B. das antike Rom), im Zeitalter der U- und S-Bahn in Großstädten einen Durchmesser von 30 bis 40 km (z.B. Berlin, Hamburg). In Städten mit Bus- oder Straßenbahnerschließung gelten ähnliche Proportionen (z.B. Erfurt mit einer Nord-Süd-Ausdehnung von ca. 20 km)
(Die Unschärfen durch die administrativen und räumlichen und Grenzen der kompakten Bebauung sind dabei zu vernachlässigen).

Bild **6**.1   Räumliche Ausdehnung von kompakten Städten

Ortsveränderungen werden direkt durch den Menschen als Fußgänger oder indirekt mit Hilfe eines Verkehrsmittels (Bus, Straßenbahn) bewältigt. Notwendige Voraussetzung für eine Ortsveränderung ist der physische Bestand eines Weges. Sie findet in der Regel ihren Ausdruck in den Gehweg- und Radwegenetzen, dem Strecken- und Liniennetz des öffentlichen Verkehrs sowie dem differenzierten Straßennetz. Diese Netze existieren in ihrer Lage kongruent übereinstimmend oder eigenständig und räumlich getrennt voneinander.
Die Ursachen der Ortsveränderungen begründen sich in der Summe aller materiellen und immateriellen Bedürfnisse an wirtschaftlicher Tätigkeit und sozialem Handeln der Menschen und der räumlichen Verteilung der Orte zur Erfüllung dieser Bedürfnisse.
Mit der zunehmenden Arbeitsteilung in der Wirtschaft und im Handel und der stets zunehmenden Vielfalt menschlicher Tätigkeit (arbeiten, versorgen, einkaufen, erholen usw.) differenziert sich die Struktur der Ortsveränderung immer tiefer und stellt heute ein schwer beschreibbares und vielfältiges Geflecht ineinander und sich gegenseitig überlagernder Verkehrsarten dar.

FHE

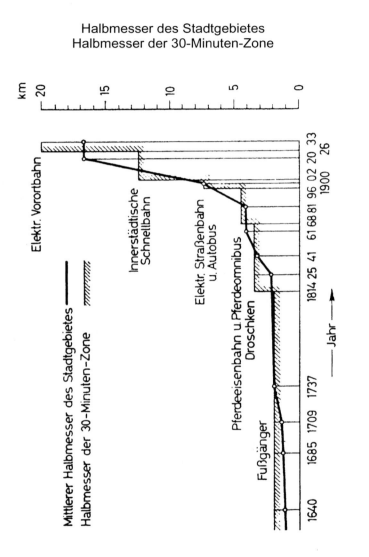

Halbmesser des Stadtgebietes
Halbmesser der 30-Minuten-Zone

Mittlerer Halbmesser des Stadtgebietes ——
Halbmesser der 30-Minuten-Zone ///////////

Stadtausdehnung und Verkehrsmittel

Quelle: Friedrich Lehner: Wechselbeziehungen zwischen Städtebau und Nahverkehr
Heft 29, Schriftenreihe für Verkehr und Technik, Bielefeld 1966

Verkehr ist in der Regel *Mittel zum Zweck*, d.h., die Ortsveränderung wird ausschließlich mit den Ziel durchgeführt, von A nach B, von der Quelle zum Ziel zu kommen, um dort eine Erledigung zu vollziehen oder tätig zu sein. Verkehr kann aber auch selbst *Zweck* sein. Dann ist die Ortsveränderung darauf gerichtet, den Weg selbst zu erfahren, die Bewegung oder das Fahren mit dem Verkehrsmittel als Ereignis zu erleben; das Ziel spielt mitunter eine geringere Rolle. Dazu gehören u.a. das Spazierengehen, Rad fahren im Freizeitbereich, Mofa, Moped oder Motorrad fahren von Jugendlichen und jungen Menschen und auch das Auto fahren.

Charakteristika von Ortsveränderungen

Ortsveränderungen weisen unterschiedliche Merkmale oder Eigenschaften auf. Aus diesen Charakteristika leiten sich unter Hinzuziehung weiterer Merkmale die Inhalte und Bezeichnungen für die einzelnen *Verkehrsarten* ab (siehe dort).

Eine bestimmte Ortsveränderung weist gleichzeitig mehrere Eigenschaften auf. Es wird damit deutlich, daß eine Bewegung von A nach B oder das Verkehrsaufkommen schlechthin von sehr unterschiedlichen Standpunkten aus betrachtet werden kann.

Ortsveränderungen werden charakterisiert durch:

- die Entfernung
- den Zeitaufwand
- die Häufigkeit
- die Regelmäßigkeit
- die zeitliche Verteilung

Die *Entfernung* ist die Länge zwischen der Verkehrsquelle A und dem Ziel B, gemessen in m oder km. Die Entfernung bestimmt grundlegend die Wahl der Verkehrsmittel, z.B. geht man von der Wohnung zum Kindergarten in der Regel zu Fuß (sehr kurze Entfernungen), wogegen man bei anderen Tätigkeiten auch andere Verkehrsmittel ins Kalkül ziehen muß. In bestimmten Entfernungsbereichen ergeben sich unter vergleichbaren Randbedingungen Alternativen für die Benutzung der Verkehrsmittel, so z.B. steht in dem Entfernungsbereich von 3 - 5 km die Entscheidung zwischen öffentlichem Verkehr, Rad oder Pkw.

Der *Zeitaufwand* ist die notwendige Zeit, um von A nach B zu gelangen. Dabei sind die unterschiedlichen Zeitanteile (Fahr-, Warte-, Umsteigezeit) und deren Zusammenfassungen für eine Reise (Reise-, Beförderungszeit usw.) zu berücksichtigen. Die Zeit und damit auch der Zeitaufwand für Ortsveränderungen spielt im Leben des Einzelnen, im städtischen Wirkungsgefüge und damit auch in der Verkehrsplanung eine sehr wichtige Rolle. Der Zeitaufwand wird in indirekter Weise auch für die Angabe von räumlichen Entfernungen genutzt: „...das Erholungsgebiet ist eine Autostunde entfernt; ...die Insel liegt eine Flugstunde von der Hauptstadt entfernt; ...meine Arbeitsstelle erreiche ich in ca. 10 min mit der U-Bahn ".

Häufigkeit bezeichnet den Umfang von Ortsveränderungen (einmalig, öfter, gelegentlich, ständig), wogegen die *Regelmäßigkeit* die Art der Wiederholung von Ortsveränderungen charakterisiert (zu einem bestimmten Zeitpunkt wiederkehrend). So können einige Ortsveränderungen zwar regelmäßig, aber sehr selten auftreten (z.B. Urlaubsfahrten); andere Ortsveränderungen treten auch regelmäßig, aber sehr oft auf (1 x wöchentlich zum Einkauf) oder ständig (täglicher Weg von und zur Arbeit).

Die *zeitliche Verteilung* charakterisiert die unterschiedliche Menge von Ortsveränderungen innerhalb einer bestimmten Zeiteinheit (Tag, Woche, Jahr). Die zeitliche Verteilung der Ortsveränderungen und deren Häufigkeit widerspiegeln sich in den *Ganglinien* des Verkehrsaufkommens (s. a. Verkehrsarten, Tafel 6.1). Dabei ergeben sich Spitzenzeiten, die die Verkehrsanlagen maximal belasten oder überlasten und dann zu überfüllten Verkehrsmitteln bzw. zu den bekannten Stauerscheinungen im Straßennetz führen.

Verkehrsarten

Die Kennzeichnung der Verkehrsarten berücksichtigt die einzelnen Merkmale und Eigenschaften der Ortsveränderung. So wie ein Baum in der Freiraumgestaltung ökologische, gestalterische, orientierende, schützende oder ästhetische Funktionen aufweist, so besitzt auch jede Ortsveränderung verschiedene Merkmale. Man unterscheidet die in Tafel 6.1 aufgeführten Verkehrsarten.

Hinsichtlich der *Entfernung* kann man die Verkehrsarten direkt auf die zurückgelegte Distanz beziehen (Nahverkehr, Fernverkehr, Stadtverkehr, Stadt-Umlandverkehr, Regionalverkehr). Nahverkehr wird in der Regel auf die Stadt und auf den Stadt-Umland-Bereich bezogen und mit einer Entfernung von ca. 50 km angegeben.

Die *entfernungs- oder raumbezogenen Merkmale* werden mit den Begriffen Binnen-, Ziel-, Quell-, Durchgangs-, rückfließender Ziel- und Quell- sowie gebrochener Durchgangsverkehr beschrieben. Diese Verkehrsarten müssen immer zu bestimmten städtischen (Teil-) Gebieten, zur Stadt selbst oder zu größeren territorialen Einheiten in Bezug gesetzt werden (Bundesland, Bundesrepublik) siehe Bild 6.1.

Quell- und Zielverkehr definiert sich auf dieser Basis als ein Verkehrsaufkommen, welches in diesem Gebiet entsteht und dieses Gebiet verläßt (Quellverkehr) bzw. von außen in dieses Gebiet hineingeht oder hineinfährt und dort ein Ziel hat (Zielverkehr).

Binnenverkehr ist das Verkehrsaufkommen, welches nur innerhalb dieses Gebietes Quelle und Ziel hat und das definierte Gebiet nicht verläßt.

Unter *Durchgangsverkehr* versteht man den Verkehr bzw. das Verkehrsaufkommen, welches ein Gebiet durchquert, ohne in dem betroffenen Gebiet ein Ziel aufzusuchen.

Als *gebrochener Durchgangsverkehr* wird das Verkehrsaufkommen bezeichnet, welches wie zuvor beschrieben ein Gebiet durchquert, aber einen kurzen Aufenthalt in diesem Gebiet vorsieht (z.B. Lieferverkehr zum Be- und Entladen, Touristen mit Kurzaufenthalt u. ä.). *Rückfließender Quellverkehr* ist das Verkehrsaufkommen, welches z.B. am Morgen ein Gebiet verlassen hat und am Nachmittag wieder in dieses Gebiet zurückkommt (z.B. nach auswärts verkehrende Berufspendler), rückfließender Zielverkehr kennzeichnet die Umkehrung des Vorgangs wie z.B. Berufspendler, die am Morgen in das Gebiet einpendeln und am Nachmittag aus dem Gebiet wieder auspendeln.

Tafel **6**.1   Verkehrsarten

Verkehrsart	Begriffe, Elemente
auf den Gegenstand bezogen	Güter- und Personenverkehr
auf den Raum oder ein Gebiet bzw. auf die Entfernung bezogen	Stadt-, Stadt-Umland-, Regionalverkehr; Binnen-, Quell-, Ziel-, Durchgangsverkehr, Nah- und Fernverkehr
auf die Zeit bezogen	(Spitzen-) Stunden-, Tagesverkehr werktäglicher-, Sonn- und Feiertagsverkehr, saisonaler Verkehr
nach dem Motiv/Zweck	Einkaufs-, Berufs-, Schüler-, Freizeitverkehr, Urlaubs-, Nah- und Wochenend-Erholungsverkehr Dienstleistungs-, Lieferverkehr
nach dem Zustand	fließender, ruhender, arbeitender Verkehr
nach dem Verkehrsmittel	Fußgänger-, Rad-, öffentlicher Verkehr, Bus, Straßenbahn, U-Bahn, S-Bahn-Verkehr, Kraftfahrzeugverkehr
nach dem Verkehrsweg	Straßenverkehr, schienengebundener Verkehr, Wasserstraßenverkehr, Luftverkehr
nach dem Eigentum bzw. der Zugänglichkeit	individueller (Personen)-Verkehr, öffentlicher Personennahverkehr (ÖPNV), Betriebs- oder Werksverkehr

In der Stadt- und Verkehrsplanung ist es sehr wichtig, daß man die vorgenannten Begriffe immer auf ein bestimmtes Gebiet bezogen definiert und verwendet. So ist das Verkehrsaufkommen, welches ein städtisches Teilgebiet (z.B. Wohngebiet) durchquert, bezogen auf dieses Teilgebiet Durchgangsverkehr, bezogen auf die Stadt jedoch Binnenverkehr. In der Öffentlichkeit werden gerade die Begriffe Durchgangsverkehr, Ziel-, Quell- und Binnenverkehr nicht immer sauber getrennt; häufig wird auch der Anteil Durchgangsverkehr in seiner Größenordnung überschätzt (s. Bild 6. 3).

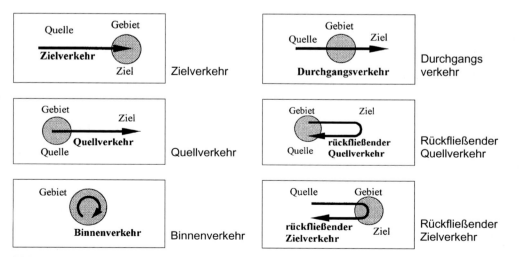

Bild **6**.2   Auf den Raum bezogene Verkehrsarten

Durchgangsverkehre auf regionaler oder Landesebene werden sehr häufig auch als Transitverkehre bezeichnet. Sie belasten das regionale Straßennetz und auch die städtischen Verkehrsnetze, sofern keine Autobahnen oder Ortsumgehungen vorhanden sind. Mit zunehmender Gemeindegröße sinkt der Anteil Durchgangsverkehr und die Anteile Ziel- und Quellverkehr bzw. der Binnenverkehr wachsen. Kleinere Gemeinden im Vorland von Großstädten, von großen Erholungsgebieten oder Wirtschaftsregionen sind davon besonders betroffen.

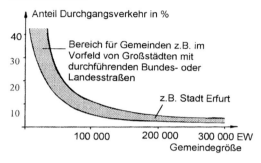

Bild **6**.3   Anteil Durchgangsverkehr am Gesamtverkehr

Auf die Zeit bezogene Verkehrskennwerte werden für die Verkehrsplanung und zur Beurteilung des Verkehrsgeschehens in der Stadt in den Zeiteinheiten Stunde, Tag, Woche und Jahr verwendet. Kleinere Zeitintervalle werden nur bei speziellen Verkehrsanalysen und beim Betrieb der Verkehrsanlagen, z.B. bei der Steuerung von Lichtsignalanlagen angewendet. Die Taktzeiten bzw. Intervallzeiten für die Folge von öffentlichen Verkehrsmitteln kennzeichnen eine bestimmte Qualität des Betriebsablaufes im öffentlichen Verkehr (s. 6.3). Das Verkehrsaufkommen eines Tages wird mit dem Begriff DTV = **d**urchschnittlicher **t**äglicher **V**erkehr gekennzeichnet und für Werktage, Feiertage und Sonntage unterschieden. Der eigentliche Tagesverkehr wird von 6^{00} bis 22^{00} und der Nachtverkehr von 22^{00} bis 06^{00} gerechnet. Innerhalb des Tagesverkehrs prägen sich durch Arbeits- und Dienstbeginn bzw. dessen Ende Zeiträume mit erhöhtem Verkehrsaufkommen aus (Frühspitzenstunde, Nachmittagsspitzenstunde – engl.: rush-hour). Mit diesem Berufsverkehr überlagern sich im Tagesverlauf Wirtschafts-, Schüler-, Dienstleistungs- und andere Verkehre, so dass je nach Art des städtischen Gebietes, Lage eines betrachteten Straßenabschnittes im Netz oder Streckenabschnittes des öffentlichen Verkehrs diese Spitzenstunden in ihrer absoluten Stärke (max. Höhe des Verkehrsaufkommens), der zeitlichen Lage im Tagesverlauf (z.B. von 6^{10} bis 7^{10} oder 7^{50} bis 8^{50}) oder in ihrer Dauer sehr differenziert innerhalb einer Stadt ausgeprägt sind. Arbeitszeit, Öffnungszeiten von Dienstleistungseinrichtungen, vom Handel und anderen Einrichtungen, Schulbeginn und -ende üben neben den Lebensgewohnheiten ebenfalls einen entscheidenden Einfluss auf die Ausprägung von Spitzenbelastungen im Verkehrsablauf aus.

Allgemein kann man formulieren, daß bei einer Tagesganglinie die morgendliche Spitze steiler anwächst und abfällt, höhere Werte aufweist und in der Regel von kürzerer Dauer ist. Die nachmittägliche Spitze nimmt dagegen einen moderateren Verlauf, weist geringere absolute Spitzenwerte auf, die dafür aber über einen größeren Zeitraum z.B. 2 bis 3 Stunden Bestand haben (s. Bild 6.4).

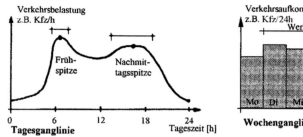
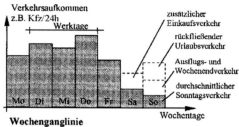

Bild 6.4   Beispiele für Ganglinien

Die Spitzenstunde besitzt für einen bestimmten Querschnitt/Knotenpunkt keinen festen Zeitpunkt, man spricht auch von *gleitender Spitzenstunde*. Straßenzüge oder Linien des öffentlichen Verkehrs von und zu größeren Wohngebieten haben weitgehend sehr ausgeprägte Spitzenstunden, die Zeiten dazwischen weisen ein geringes Verkehrsaufkommen auf. In Straßenzügen oder Netzabschnitten mit übergeordneter Bedeutung (z.B. Straßen des klassifizierten Netzes) oder in zentralen Bereichen (Konzentration der Linien des öffentlichen Verkehrs) ist dagegen ein permanent hohes Verkehrsaufkommen zu verzeichnen, bei denen die eigentlichen Spitzenwerte nur wenig aus dem durchschnittlichen Level herausragen.

Die Spitzenstunde besitzt i.d.R. einen Anteil von 10 % des Verkehrsaufkommens zwischen 6^{00} und 22^{00} Uhr und von 8 % am täglichen Gesamtverkehr (DTV). Diese Werte müssen jedoch immer auf den Ort und den Zeitpunkt verifiziert werden. In der Regel werden die städtischen Verkehrsanlagen nach dem Verkehrsaufkommen der Spitzenstunde bemessen.

Innerhalb einer Woche werden die Wochentage Dienstag, Mittwoch und Donnerstag in der Regel als typische Werktage bezeichnet. Am Montag und Freitag wird das Verkehrsaufkommen durch An- und Abreise von Wochen-Berufspendlern (z.B. Baustellen), durch die Arbeitszeit im öffentlichen Dienst sowie dem Freizeitverhalten in Verbindung mit dem Wochenende beeinflußt. Neue liberalere Ladenöffnungszeiten werden weitere Verschiebungen im täglichen und wöchentlichen Verkehrsablauf nach sich ziehen.

Das Verkehrsaufkommen am Samstag und Sonntag wird weitgehend durch den Einkaufs- und Freizeitverkehr bestimmt. Hier bilden sich örtlich begrenzte Verkehrsspitzen in der Nähe und im dazugehörigen Erschließungsnetz großer Einkaufsgelegenheiten sowie auf den Routen zu den Naherholungsgebieten heraus. Damit können betroffene städtische Teilgebiete zum Teil sehr hoch belastet werden (B 4 Ortslage Arnstadt als „Tor" zum Thüringer Wald bis zum Bau der A71).

Zeitbezogenes Verkehrsaufkommen über den Verlauf *eines Jahres* tritt in Verbindung mit der Nutzung einzelner oder zusammenhängender Feriengebiete auf (Wintersportgebiete, Küsten- und Strandgebiete, Gebirgsregionen). Neben der saisonalen Belastung der Strecken und Verkehrsnetze ist hierbei die zeitbegrenzte Nutzung der Parkplätze und Parkgaragen besonders hervorzuheben. Für die andere oder zweite Saison innerhalb des Jahres besteht dann sehr oft keine Nachfrage, so daß die Dimensionierung, die Flächeninanspruchnahme und die wirtschaftliche Effektivität der Anlagen eine besondere Bedeutung besitzen.

Im städtischen Verkehr sinkt in den Wintermonaten i.d.R. die Nutzung des Fahrrades, aber auch des eigenen Pkw, im Ausgleich dafür steigt der Anteil der Fahrgäste im öffentlichen Verkehr.

Die durch *Motiv oder Zweck* bestimmten Verkehrsarten kennzeichnen das „Warum" einer Ortsveränderung. In den fünfziger und sechziger Jahren war der *Berufsverkehr* dominierend im Verkehrsaufkommen und maßgebend für die Dimensionierung der städtischen Verkehrsanlagen. Mit der Verringerung der wöchentlichen Arbeitszeit von 48 auf 40 oder 35 Stunden und der Erhöhung des Lebensstandards (z.B. verfügbares Einkommen) gewinnen zunehmend *Freizeitverkehr* bzw. *Einkaufsverkehr* an Bedeutung. Diese Entwicklung wird gleichermaßen durch die individuelle Motorisierung und der Entwicklung von den kleinteiligen Handelsstrukturen („Tante-Emma-Läden" um die Ecke) zu den großflächigen Handelseinrichtungen (auf der „Grünen Wiese") beeinflußt. Im städtischen wie auch im Außerortsbereich können in bestimmten Fällen das Verkehrsaufkommen aus Einkaufs- und Freizeitverkehr die Dimensionierung und den Betrieb der Anlagen bestimmen.

Der *Schülerverkehr* resultiert aus den Standortbedingungen der Schulen, der Freiheit der Schulwahl und der Verpflichtung der Kommunen und Regionen, diese Beförderung als eine Form der Daseinsvorsorge abzusichern.

Wirtschafts- und Dienstleistungsverkehr beinhalten Ortsveränderungen (Wege und Fahrten), die sich aus der wirtschaftlichen Tätigkeit der ansässigen Gewerbe- und Handelseinrichtungen ergeben. Neben dem klassischen Transport von Gütern und Produkten von und zu den Herstellerfirmen, den Zwischenhändlern und Konsumenten gehören hierzu auch die Ortsveränderungen der Handwerker und Kleinbetriebe oder von Handelsvertretern sowie der Transport der Baumaterialien, Arbeitsmaschinen und Werkzeugen sowie die Fahrten von Dienstleistern zu Terminen und Kunden.

Der *Zustand von Ortsveränderung* wird mit den Verkehrsarten fließender, ruhender und arbeitender Verkehr beschrieben.

Unter *fließendem Verkehr* versteht man den Kfz-Verkehr auf den Fahrbahnen. Hierzu zählen die Kraftfahrzeuge des Güter- und Personenverkehrs oder in einer anderen Betrachtungsweise der individuelle motorisierte Verkehr (MIV), der Wirtschafts- und Dienstleistungsverkehr und der öffentliche Personennahverkehr (ÖPNV). Sehr häufig wird im allgemeinen Sprachgebrauch der fließende Verkehr mit dem MIV gleichgesetzt, dem ist aber grundsätzlich zu widersprechen (siehe oben).

Der Begriff *ruhender Verkehr* steht für Fahrzeuge, die planmäßig nicht am fließenden Verkehr teilnehmen und am Straßenrand, auf Parkplätzen oder in Hoch- und Tiefgaragen abgestellt sind. Jede Ortsveränderung mit einem Fahrzeug beginnt oder endet auf einem Stellplatz. Ruhender Verkehr kann zu einem wichtigen Instrument der Stadt- und Verkehrsplanung werden. Als Stellglied zwischen fließendem Kfz-Verkehr und Fußgängerverkehr trägt das Angebot oder die Restriktion an Stellflächen bzw. die Bewirtschaftung derselben (zeitlich, räumlich, monetär u. dgl.) zur Steuerung des Umfanges und der zeitlichen Verteilung des Verkehrsaufkommens bei (s. 6.5).

Unter *arbeitendem Verkehr* versteht man die Gesamtheit der Verkehrsvorgänge vorrangig im öffentlichen Straßenraum, die das Be- und Entladen von Gütern beinhalten. Weiterhin kann man die Versorgung mit Baumaterialien bzw. das Entsorgen der Abbruchmaterialien von Baustellen, kraftfahrzeugbezogene Reparatur- und Havariearbeiten oder die städtische Müllabfuhr und die Straßenreinigung (Kehrmaschinen) hinzurechnen.

Lieferverkehr kann man sowohl zum Wirtschafts- als auch zum arbeitenden Verkehr hinzurechnen. Er beinhaltet im engeren Sinne die Versorgung von Handelseinrichtungen, im weiteren Sinne die Versorgung (Belieferung) sehr unterschiedlicher Bereiche (Warenzustellungen, Ausliefern von größeren Haushaltswaren).

Nach dem *Verkehrsmittel* und nach dem *Verkehrsweg* benannte Verkehrsarten berücksichtigen die spezifischen Eigenschaften des jeweiligen Mediums. Nach den Verkehrsmitteln wird in der Regel unterschieden (Aufzählung):

Kraftfahrzeugverkehr	Moped, Krad, Personenkraftwagen (PKW), Lieferwagen (LFW), Güterkraftwagen (GKW), Lastkraftwagen (LKW), Lastzüge (LZ)
Oberleitungsbus	O-Bus
Omnibus	BUS
Straßenbahn (Strab)	Einzelwagen, Gelenkwagen, Traktionen
S-Bahn	Eisenbahn, meist aufgeständert, oberirdisch verkehrend, 4, 6 oder 8 Waggons als Triebwagenzug
U-Bahn, Metro, Subway	Stadtbahn (Straßenbahn), im Stadtzentrum und in der Innenstadt unterirdisch verkehrend, im Außenbereich oberirdisch, auch aufgeständert, 4 oder 6 Waggons als Triebwagenzug
Eisenbahn (Personen- und Güterverkehre)	aus städtischer Sicht Einsatz im Stadt-Umland und Regionalverkehr zur Erschließung der Fläche

Im Rahmen der *Zugänglichkeit und Nutzung* umfaßt die Verkehrsart *individueller Verkehr* alle Ortsveränderungen, die eine Person (Individuum) wahrnimmt, sei es zu Fuß, mit dem Rad, mit dem Krad, dem Pkw oder mit dem öffentlichen Verkehr.

Zum *nichtmotorisierten individuellen* Verkehr (NIV) zählen die Verkehrsarten Fußgänger- und Radverkehr, zum *motorisierten individuellen Verkehr* (MIV) die Ortsveränderung mit dem Kraftrad oder PKW (als Fahrer oder Mitfahrer).

Öffentlicher Verkehr umfaßt das Angebot zur Nutzung von Verkehrsmitteln im städtischen wie auch im regionalen Bereich gegen ein Entgelt. Öffentlicher Verkehr muß im Angebot im minimalen Standard die Bedingungen der Daseinsvorsorge erfüllen (s. Abschnitt 6.3).

Der technische Fortschritt im ausgehenden 19. Jahrhundert führte zur Entwicklung von Straßenbahn, S- und U-Bahn, die mit ihrer neuen Dimension gegenüber der Pferdebahn zu einer Vergrößerung und Strukturänderung der Städte und zu einem anderen Verkehrsverhalten der Menschen führte und damit auch ein neues Zeitalter in der Stadt- und Verkehrsentwicklung einleitete.

Zum städtischen öffentlichen Verkehr gehören im wesentlichen (vgl. ergänzend auch 6.3):
- Taxi, Linientaxi, Sammel- oder Anruftaxi
- Bus, O-Bus, Straßenbahn, Unterpflaster-Straßenbahn
- S-Bahn, Regionale Eisenbahn
- Stadtbahnen, Untergrundbahnen
- Fähren und Fahrgastschiffe

Mobilität

Mobilität kennzeichnet in der Verkehrsplanung außerhäusige Aktivitäten als Ortsveränderungen der Personen von Haustür zu Haustür als eine Folge der unterschiedlichen Tätigkeiten an verschiedenen Orten. Die Mobilität der einzelnen Personen ist Ausdruck ihres Handelns im Rahmen der eigenen sozialen und wirtschaftlichen Bindungen und der städtebaulichen, der verkehrlichen und der wirtschaftlichen Voraussetzungen der Stadt und der Gesellschaft als äußerer Rahmen.

Außer der verkehrlichen Mobilität kann noch unterschieden werden:
- *soziale Mobilität,* Wechsel sozialer Positionen (z.B. vom Studenten zum Spitzenmanager, verbunden mit einer Änderung des Verkehrsverhaltens)
- *wirtschaftliche Mobilität,* als Veränderung der Produktionsfaktoren im Raum mit Auswirkungen auf die Stadt- und Verkehrsentwicklung
- *Wohnmobilität,* auch als Migration bezeichnet, beinhaltet die Änderung des Wohnstandortes und beeinflußt die Bevölkerungsstruktur und die Bevölkerungszahl einer Stadt und damit Größe, Umfang und Struktur des Verkehrsaufkommens
- *Arbeitsplatzmobilität,* auch als Fluktuation, als Wechsel des Arbeitsplatzes aus der Sicht des Arbeitnehmers oder des Arbeitgebers

Alle aufgezählten Arten der Mobilität wirken indirekt oder auch direkt auf das Verkehrsverhalten bzw. auf das Verkehrsaufkommen und damit auf die Verkehrsentwicklung und Verkehrsplanung ein. Mobilität (Ortsveränderungen pro Tag und Einwohner) gehört neben der Motorisierung und dem Modalsplit zu den Kennzeichen einer Stadt als Maßstab zur Beurteilung des Verkehrs.
Ursachen für die Ortsveränderungen pro Tag und Person und damit für die Mobilität liegen in der Arbeitsteilung in der Gesellschaft letztendlich darin, dass alle Aktivitäten und menschlichen Bedürfnisse nicht an einem Ort stattfinden (können), sondern räumlich im Stadtteil, in der Stadt oder in der Region verteilt sind (Standorte für Wohnen, Infrastruktur, Gewerbe, Industrie, Einkaufsstätten usw.).
Der Prozeß der Arbeitsteilung und der ständigen weiteren Differenzierung der menschlichen Aktivitäten ist ein permanenter Prozeß in historischen Dimensionen, einerseits bedingt durch die Entwicklung der Technik und Wirtschaft, der Verkehrsmittel selbst (vom Ochsenkarren zum Auto, zum ICE oder zum Flugzeug), andererseits durch die ständige Erhöhung des Lebensstandards (breiteres finanzielles und zeitliches Budget für Ortsveränderungen). Mobilität bzw. die Mobilitätsstrukturen unterliegen historisch gesehen einem Wandel; Stadtentwicklung, Verkehrsentwicklung und Mobilität sind auf diese Weise mit-

einander verknüpft, beeinflussen sich gegenseitig und sind damit historisch und örtlich konkret.

Tafel **6**.2   Mobilität unterschiedlicher Personengruppen, Stadt Dresden 1991 [29]

Spezifisches Verkehrsaufkommen in Ortsveränderungen pro Person und Tag	Personenalter					Mittel-wert
	bis 18 J NB	18 bis Rentenalt. NB	B	Rentenalter NB	B	
Ohne Pkw-Verfügbarkeit	2,89	2,90	3,33	2,15	3,00	2,89[1)2)]
Fußgängerverkehr	1,74	1,21	1,20	1,16	0,75	1,35[1)]
Radverkehr	0,25	0,19	0,23	0,09	0,25	0,20
öffentlicher Verkehr	0,43	0,90	1,17	0,67	1,25	0,80
motor. Individualverkehr	0,48	0,60	0,73	0,23	0,75	0,53
Mit Pkw-Verfügbarkeit	-	3,65	3,80	4,28	4,96	3,82[1)2)]
Fußgängerverkehr	-	0,91	0,42	2,04	4,96	0,60
Radverkehr	-	0,12	0,19	0,08	0,00	0,17
öffentlicher Verkehr	-	0,72	0,27	0,93	0,00	0,37
motor. Individualverkehr	-	1,90	2,92	1,22	0,00	2,67
Gesamt	2,89	3,08	3,56	2,42	3,10	3,15[1)2)]
Fußgängerverkehr	1,74	1,13	0,82	1,27	0,96	1,14
Radverkehr	0,25	0,17	0,21	0,09	0,24	0,19
öffentlicher Verkehr	0,43	0,86	0,73	0,70	1,19	0,68
motor. Individualverkehr	0,48	0,92	1,80	0,36	0,71	1,14

NB = nicht berufstätig B = berufstätig   [1)] Mittelwert Zeile und Summe [2)] Spalte

Mobilität äußert sich in den Ortsveränderungen
a) zwischen den Wohnstandorten und einzelnen Einrichtungen sowie
b) zwischen diesen einzelnen Einrichtungen
- Arbeitsstätten (Arbeits- oder Berufspendler, Gewerbestandorte)
- Bildungseinrichtungen (Kindergarten, Schule, Universität, ...)
- Einkaufsstätten („um die Ecke", im Zentrum, auf der „Grünen Wiese")
- Erholungsbereichen (Stammkneipe, im Kleingarten, Kino oder Disco, Theater, Sport)
- Versorgungseinrichtungen (Arztpraxen, Krankenhäuser, Seniorenheime)
- Verwaltungseinrichtungen (Rathaus, Bauamt, Arbeitsamt, Botschaften usw.)

Aus dem Nacheinander der Ortsveränderung zwischen den einzelnen Einrichtungen entstehen für bestimmte Personengruppen mehr oder weniger typische so genannte *Wege- oder Aktivitätenketten,* wie z.B.:

1. Berufstätige   ⇒ Wohnung ⇒ Arbeitsstätte ⇒ Wohnung
2. Studierende: ⇒ Wohnung ⇒ Uni ⇒ Einkaufen ⇒ Uni ⇒ Freizeit ⇒ Wohnung
3. Alter Mensch: ⇒ Wohnung ⇒ Arzt ⇒ Einkaufen ⇒ Freizeit ⇒ Wohnung

Mobilität der einzelnen Personen wird einerseits von mehreren sog. *inneren* sozio-demokratischen, sozio-ökonomischen und psychologischen Einflußfaktoren wie Alter, soziale Stellung, Geschlecht, gesundheitliches Befinden, Stellung im Arbeitsprozeß, vom konkreten Wohnstandort oder von der Verfügbarkeit der Verkehrsmittel im Haushalt bestimmt. Andererseits wird Mobilität auch durch *äußere* Faktoren beeinflußt:
- räumliche Entfernung der Ereignisorte (Quelle-Ziel-Beziehungen)

– Stadtgröße und zentralörtliche Bedeutung (Kleinstadt, Oberzentrum, Metropolen)
– Angebot und Qualität des öffentlichen Verkehrs
– Verkehrsinfrastruktur (Wegenetze und Anlagen)
– gesellschaftliche Randbedingungen (z.B. Preise für Benzin, öffentlichen Verkehr)

Hinsichtlich der Mobilität der einzelnen Personen ergeben sich für bestimmte Personengruppen vergleichbare oder ähnliche Verhaltensmuster, man spricht deshalb von *verhaltenshomogenen Personengruppen*. Mit einer solchen Einteilung oder Gruppierung ergibt sich die Möglichkeit, Verkehrsaufkommen planerisch (qualitativ wie quantitativ) zu bewerten und Verkehrsaufkommen zu bestimmen und zu prognostizieren.

Eine relativ hohe Mobilität äußern in der Regel Auszubildende, Studierende, Personen mit hohem Einkommen; oder Personen, die über ein eigenes Verkehrsmittel (PKW) verfügen. Dem gegenüber äußern Kinder und ältere Menschen, Personen mit geringem Einkommen (z.B. Arbeitslose, Sozialhilfeempfänger) oder Personen ohne Verfügbarkeit über ein eigenes Verkehrsmittel (Kinder, bedingt Jugendliche, Haushalte ohne PKW) eine geringere Mobilität (s. Tafel 6.2).

Im Wirtschafts- bzw. im Güterverkehr wird die „Mobilität", d.h. die Ortsveränderung von Gütern bestimmt durch:

• *die Art der Güter* (in der Regel zusammengefasst nach Hauptgütergruppen wie z.B. landwirtschaftliche Erzeugnisse; Nahrungsmittel; Eisen, Stahl und NE-Metalle, Fahrzeuge, Maschinen; Halb- und Fertigwaren)

• *die Verteilung der Standorte* von Produktion und Konsumtion (Herstellerfirmen, Zulieferbetriebe, Zwischenlagerung, Versandhandel, Einzelhandel, Supermärkte, usw.)

• *die Art der Wirtschafts- und Geschäftsbeziehungen* (zwischen selbständigen Wirtschaftsbetrieben, Werkverkehr als Transport innerhalb der Städte und zwischen den einzelnen Werkstandorten)

• *die Art der Produktion* (Gewinnung von Kohle, Baustoffen (Kiese, Sande), Produktkomplementierung, Fertigstellen der Waren und Güter, umfangreiche Lagerhaltung oder keine Lagerhaltung)

• *die Größe und Art der Verkehrsnetze* als Teil des Verkehrsinfrastrukturangebotes wie Eisenbahn- und Straßennetze (bedingt auch Wasserstraßen), die nachhaltig die Stadtentwicklung beeinflussen (Durchfahrten von Gemeinden, Ortsumgehungen)

• *die Standortbedingungen von Umschlagplätzen* und durch die Qualität der Umschlagtechnologien, wie z.B. Güterbahnhöfe, See- und Binnenhäfen, Frachtzentren oder kombinierter Wagenladungsverkehr (KLV), Güterverteilzentren, Güterverkehrszentren

Die verkehrliche Erschließung und Anbindung von Gewerbegebieten oder Umschlagplätzen wirkt direkt auf die Verkehrs- und Stadtentwicklung sowohl bei der Ausprägung der Netze als auch durch die Verkehrsbelastung dieser Netzteile mit ihren Anteilen am Schwerlastverkehr. Einerseits erhöhen steigende Kosten (und Preise) von Bauland und die Bindung von Kapital bei vorhaltender Lagerung die Lagerhaltungskosten, andererseits beeinflussen relativ geringe Transportkosten die Orientierung auf den Straßengüterverkehr.

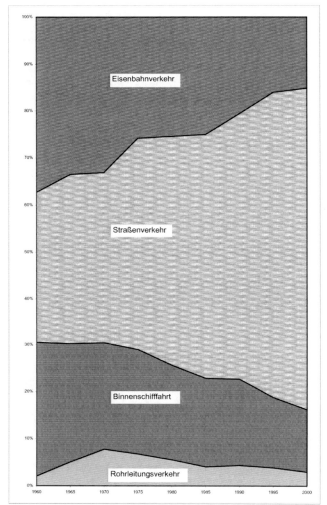

Die Folge ist ein hoher Anteil an Straßengüterverkehr, der in den gegebenen Fällen das Straßennetz erheblich belasten kann. Bestimmte Produktionszweige lassen die anliefernden LKW direkt an das Band heranfahren, und die Halbprodukte fließen ohne jegliche Zwischenlagerung direkt in den Produktionsprozeß ein.

Man spricht in diesem Zusammenhang vom rollenden Lager auf der Landstraße und der dazugehörigen Art der Produktion von „just-in-time-production".

Aus Bild 6.5 geht hervor, welchen Entwicklungsweg der Straßengüterverkehr genommen hat. Dramatische Änderungen in diese Richtung hat es in den neuen Bundesländern nach der Wende 1989/90 gegeben. Von der planwirtschaftlichen Größe von ca. 70 % Anteil auf der Schiene und 30 % auf der Straße hat sich dieses Verhältnis unter marktwirtschaftlichen Bedingungen geradezu umgekehrt (1996), s. Tafel 6.3.

Bild **6**.5 Entwicklung der Güterverkehrsleistung in Deutschland [44], [45]

Die Erhöhung der Belastung des städtischen und regionalen Verkehrsnetzes durch den Straßengüterverkehr resultiert auch aus der immer mehr zunehmenden Arbeitsteilung in der Produktion, dem höheren Anteil des Transportes an Halbfabrikaten sowie aus der Liberalisierung in der Transportwirtschaft, auch im Zusammenhang mit der zunehmenden Erweiterung des europäischen Marktes nach Osteuropa. Auf Grund der billigen Transportpreise spricht man bei der überzogenen Güterverkehrs-Mobilität von *Gütertourismus*, dabei wird Verkehr zum Selbstzweck. Was im personengebundenen Verkehr durchaus seine Berechtigung haben kann (Verkehr als Selbstzweck), wird im Güterverkehr zu einer Belastung der Städte und der Umwelt insgesamt.

Tafel **6**.3   Anteil der Verkehrsbereiche an der Güterverkehrsleistung in tkm [1) [44],[45]

Verkehrsbereich	1977	1991		1996
	ABL	ABL	NBL	gesamt
Eisenbahn	24,0	19,7	50,1	15,9
Binnenschiffahrt	21,2	17,3	02,5	14,4
Straßenverkehr	48,2	58,8	42,2	66,2
Nahverkehr	17,5	16,1	19,7	16,1
Fernverkehr	30,7	42,7	22,5	50,1
Rohrleitungen	6,6	3,9	5,1	3,4

[1) tm = Tonnenkilometer = Transportmenge (t) × Transportweite (km)

Güterverkehr in Städten hat auch noch eine weitere negative Komponente durch die Größe der Fahrzeuge selbst (Länge, Breite, Achslasten). Das mittelalterliche Straßennetz der historischen Bereiche und der Innenstadt mit den begrenzten Straßenräumen (-querschnitten) einerseits und der überwiegenden Aufenthaltsfunktion andererseits stehen im Widerspruch zu den hierzu überdimensionierten Lastkraftwagen, Lastzügen und Containerfahrzeugen zur Belieferung von Handel und Produktionsstätten.

Mit den Überlegungen zur Verlagerung der Güterumschlagplätze an den Rand der Stadt – *City-Logistik* [96] – soll den vorgenannten negativen Erscheinungen begegnet werden.

Stadt und Verkehrsstruktur

Die Stadt kann aus sehr unterschiedlichen Blickwinkeln heraus betrachtet und definiert werden. Die verschiedensten Merkmale sind in der Stadt unterschiedlich räumlich verteilt, besitzen in dieser Verteilung dazu auch eine differenzierte Intensität und bilden damit Strukturen. Die Stadt kann somit u.a. durch ihre *Freiraum- und Landschaftsstruktur* (naturräumliche Voraussetzungen), der *Verkehrsstruktur* (Ausprägung der unterschiedlichen Netze), durch die *Sozialstruktur* (Alter der Bevölkerung, deren Einkommen, Haushaltsgrößen usw.), durch *Baustrukturen* (Bauweisen, Alter der Gebäude), durch die *Wirtschaftsstruktur* (Industrie, Tourismus) und insbesondere durch die *Funktionsstruktur* (Verteilung der Wohngebiete, Industriegebiete usw.) dargestellt werden.

Funktionsstruktur und Verkehrsstruktur prägen in der Überlagerung mit der Baustruktur das Erscheinungsbild einer Stadt und beeinflussen sich wechselseitig. Dieser Charakter einer Stadt bildet die Basis der wirtschaftlichen Tätigkeit und des sozialen Handels.

Für die *Funktionsstruktur* können die Funktionen wohnen, arbeiten und/oder produzieren, Handel, erholen, versorgen, verwalten, bilden oder ausbilden, einkaufen oder kommunizieren unterschieden werden. Alle diese Tätigkeiten sind räumlich verteilt, mehr oder weniger umfänglich und haben auch eine bauliche Entsprechung (s. Tafel 6.4 und 6.5).

Je nach Größe der Konzentration bilden sich Gebiete heraus, in denen bestimmte Funktionen dominieren (Wohngebiete, Gewerbegebiete, der Campusbereich, das Diplomatenviertel usw.). Daraus resultieren die Funktionsstruktur der Stadt, die über die Verteilung und Größe dieser einzelnen Funktionsgebiete Auskunft gibt. Der Flächennutzungsplan ordnet diese Funktionsgebiete als vorbereitender Bauleitplan entsprechend der durch das Baurecht vorgegebenen inhaltlichen und darstellerischen Vorgaben (s. Tafel 6.4). Sind diese einzelnen Gebiete weitgehend monofunktional geprägt, so nimmt das Zentrum oder die City einer Stadt eine besondere Rolle ein. Im Zentrum einer Stadt überlagern sich in der Regel nahezu alle eingangs erwähnten Funktionen (mit Ausnahme der Industrie). Das Zentrum der Stadt ist auch gleichzeitig ein Verkehrsschwerpunkt (Quelle und Ziel; öffentlicher Verkehr, ruhender Verkehr, Fußgängerverkehr).

In den Tafeln 6.4 und 6.5 wird der Versuch unternommen, charakteristische Stadtgebiete zu formulieren, die aufgrund ihrer funktionellen Typik ein bestimmtes Verkehrsaufkommen und ein bestimmtes Verkehrsverhalten erzeugen und gleichzeitig eine spezifische Ausformung der Verkehrsnetze bzw. der Gestaltung der Verkehrsräume erfordern.

Tafel **6**.4   Städtische Funktionen, ihre bauliche und gebietliche Entsprechung

Funktion	Erläuterung	bauliche Entsprechung	gebietliche Entsprechung
wohnen	unterschiedl. Wohnformen; traditionell, klimatisch, religiös oder sozial begründet	Einzel-, Reihenhaus, Ein-/ Mehrfamilienhaus	Wohngebiete in der Innenstadt, am Stadtrand
arbeiten	Produktion, Handels- und Dienstleistungsbereich	Werkstätten, Handwerksbetriebe, Großbetriebe, Dienstleistungseinrichtungen	Gewerbe- und Industriegebiete, Mischgebiete, Stadtkern
erholen	spazieren, promenieren, Besuch von Klub, Theater, Kino, Verein, Sportstätten, Gastronomie	Bibliothek, Kino, Schwimmhalle, Festhalle, Grünanlagen, Sporthalle	Erholungs-, Freizeit- und Naherholungsgebiete, Sportzentren, Stadtkern
versorgen	medizin.: den Grund-, Regel- oder max. Bedarf erfüllen	Arztpraxen, Krankenhäuser, Universitätskliniken	Uniklinikum, Sanatorien, Kuranlagen
versorgen, entsorgen	technisch: Energie, Wärme, Wasser, Abwasser, Information	Leitungen und Einrichtungen für Wasser, Abwasser, Energie, Information	Kläranlagen, Wasserwerke, Stadtwerke
verwalten, regieren	Öffentl. Dienst in den Ämtern, politische Tätigkeiten	(techn.) Rathäuser, Parlamente, Botschaften	Diplomaten-, Regierungsviertel, Stadtzentren
bilden, ausbilden	in den unterschiedlichen Altersstufen, je nach Bedarf	Kindergarten, Schulen, berufl. Bildung, Universitäten	innerorts, am Rand der Stadt, Campusbereiche
kommunizieren	Ortsveränderungen in unterschiedlicher Weise	Straße, Platz, Straßenraum, Haltestellen, Bahnhöfe usw.	Verkehrsflächen, Haupt- und Nebennetzstraßen, Eisenbahnen
einkaufen	aperiodischer, periodischer oder täglicher Bedarf, normaler, spezifischer oder gehobener Bedarf	Laden „um die Ecke", Spezialgeschäfte, Kaufhäuser, Supermärkte, Bau- und Möbelmärkte, Großhandel	Einkaufsmärkte, Sondergebiete, Stadtzentren

Tafel **6**.5   Gebietstypen nach EAE 85/95 [98]

Gebietstyp	Einordnung nach Baunutzungs-verordnung	Charakteristik
Stadtkernge-biete	Mischgebiete, Kerngebiete	mittelalterliche Strukturen, (enge) Straßen und Gassen; Plätze; kleinteilige Nutzungsstruktur
Stadtkernnahe Gebete	Mischgebiete, besondere oder allg. Wohngebiete, Altbaugebie-te, mehrgeschossige Blockrand-bebauung	Stadterweiterungen des 19./20. Jh., Wohnnutzung, Kleingewerbe, Versorgungseinrichtungen
Wohngebiete in Orts- oder Stadt-randlage	reine oder allgemeine Wohnge-biete, seltener Mischgebiete	entstanden nach den Leitbildern der Funktion-strennung, Einfamilienhaussiedlung, teilweise mehrgeschossiger Wohnungsbau
Industrie-, Ge-werbegebiete	Gewerbe- und Industriegebiete	monofunktionale Gebiete, unterschiedliche bauli-che und räumliche Ausdehnung
Dörfliche Gebiete	Dorfgebiet, allg. Wohngebiet	unterschiedl. Ausprägung u.a. als Haufen-, Stra-ßen- oder Angerdorf; Einzelhaus mit Wirtschafts-gebäuden, nur partiell geschlossene Bebauung, typische Gewerbegebiete
Freizeitwohnge-biete	Sondergebiete	Ferienhaussiedlung, Campingplätze, Einbindung in den Landschaftsraum

Die *Verkehrsstruktur* dient innerhalb der Stadt als Verbindung der einzelnen Gebiete un-tereinander und der Erschließung innerhalb der Gebiete selbst. Gleichzeitig müssen die in-ner-städtischen Verkehrsnetze auch die Verbindung zum „Außenbereich", d.h. zum Stadt-Umland-Bereich und zur Region herstellen. Letztlich werden übergeordnete Verbindungen (z.B. Bundes- und Landesstraßen) durch die Gemeinde hindurch- oder als Ortsumgehung vorbeigeführt.

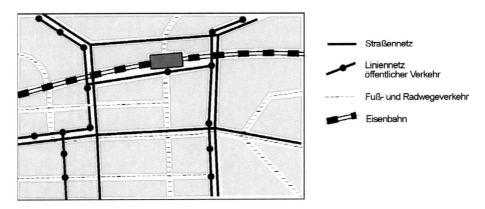

Bild **6**.6   Verkehrsstruktur einer Stadt

Die städtische *Verkehrsstruktur* umfasst die Gesamtheit des Straßennetzes, des Rad- und Fußwegenetzes, des straßengebundenen öffentlichen Verkehrs (Straßenbahn, Bus) sowie die Netze des schienengebundenen Verkehrs (U- und S-Bahn; Eisenbahn in Großstädten).

Für den Städtebau und die Stadtplanung sind weiterhin zentrale Haltestellen, Personen- und Güterbahnhöfe, Güterverkehrszentren, Landeplätze und Flughäfen als Bestandteile der Verkehrsinfrastruktur von Bedeutung (s.a. 6.10). Für Orte an schiffbaren Flüssen und Kanälen und an der Küste müssen Hafenanlagen und Anlegestellen hinzugezählt werden.

Die *heutigen Verkehrsnetze* sind das Ergebnis einer *wechselseitigen Beeinflussung* zwischen Stadtentwicklung und Verkehrsentwicklung einerseits und technischer, wirtschaftlicher und gesellschaftlicher Entwicklung andererseits.

Die „Umformungen" der Stadt durch die Eisenbahn zeigen sich in einer stürmischen Erweiterung der Stadtflächen als Wohn- und Industrieflächen infolge des wirtschaftlichen Aufschwungs. Ausdruck dafür sind u.a. auch die Gründerzeitgebiete, die sich vorrangig im Osten und Norden der Städte entwickelten und u.a. am orthogonalen Straßensystem erkennbar sind. Die ersten Bahnhöfe (Empfangsgebäude) lagen in der Regel außerhalb des (heute historischen) Stadtgebietes, die typischen Bahnhofsstraßen (Hotels, Restaurants, Geschäfte) zwischen Bahnhof und Stadtkern formierten sich erst mit der Entwicklung des Reiseverkehrs.

Die technische Erfindung des Elektromotors hat die Entwicklung der Straßenbahn sowie der S- und U-Bahn forciert und damit eine weitere nachhaltige Stadtentwicklung und Veränderung der Stadtstruktur sowie des Verkehrsverhaltens bewirkt. Die Reichweite einer Ortsveränderung innerhalb einer Stadt in einer begrenzten Zeiteinheit wurde gegenüber der Pferdebahn wesentlich vergrößert (s. Bild 6.1).

Das Automobil hat insbesondere nach dem II. Weltkrieg als Massenverkehrsmittel auf die Entwicklung der Stadtstruktur gewirkt. Nach dem Motto "Auf dem Lande leben und in der Stadt arbeiten" hat ein Suburbanisierungsprozess eingesetzt, der auch heute noch keinen Abschluß gefunden hat. In Zeitraffergeschwindigkeit kann heute dieser Prozeß in den neuen Bundesländern beobachtet werden. Neben den Flächenerweiterungen, die das Automobil hervorbrachte, müssen auch die unwiederbringlichen Verluste an Straßen- und Platzräumen erwähnt werden, die durch den autogerechten Ausbau von Knotenpunkten und Straßenzügen verursacht wurden. Die weitgehend erhaltenen städtischen Strukturen in den östlichen Bundesländern sind nicht Ausdruck einer bewußten Stadt- und Verkehrsplanung, sondern in dem damaligen geringen Motorisierungsgrad und in der unzureichenden Wirtschaftskraft der DDR zu suchen.

Neben den etwas ausführlicher beschriebenen Funktions- und Verkehrsstrukturen kann die Stadt wie eingangs erwähnt noch durch die Freiraum- und Landschaftsstruktur, die Sozial-, Bau- und Wirtschaftsstruktur dargestellt werden. Diese einzelnen Strukturen beeinflussen sich in ihrer Gesamtheit gegenseitig und bringen sich durch ihre Eigendynamik in Widerspruch zu anderen Strukturen, die wiederum mit einer eigenen Entwicklung reagieren. Zum Beispiele reduzierte die Zunahme des motorisierten Verkehrs in den Wohngebieten erheblich die Wohnqualität; die Antwort war auf Druck der Wohnbevölkerung die Ausweisung verkehrsberuhigter Bereiche und der Versuch einer Zurückweisung des Verkehrs auf die Hauptnetzstraßen (siehe Verkehrsberuhigung).

Andererseits überlagern sich bestimmte Strukturen mit sehr typischen Eigenschaften. Im Einfamilienhausgebiet wohnen in der Regel Angehörige der sozialen Mittelschicht mit einem überdurchschnittlichen bis sehr guten Einkommen, einem hohen Motorisierungsgrad und einer nur begrenzten Erschließung durch den öffentlichen Verkehr. Der Bauzustand ist ohne nennenswerte Mängel und diese Gebiete verfügen über einen großen Anteil von begrüntem Freiraum. Das Verkehrsaufkommen wird durch einen hohen Anteil an motorisiertem Verkehr gekennzeichnet. Auf der anderen Seite wohnen in Wohngebieten mit überwiegend Mehrfamilienhäusern bis hin zu den Plattensiedlungen sozial schwächere Schichten, die Bausubstanz ist häufig in einem sanierungsbedürftigen Zustand und die Belegungsziffer sehr hoch. Der Freiraum ist begrenzt und in der Regel öffentlich. Hieraus resultiert u.a. ein Verkehrsaufkommen (bedingt u.a. auch durch eine geringere Motorisierung) mit einem größeren Anteil an öffentlichem Verkehr. Die sehr oft citynahe Lage dieser Gebiete bietet natürlich auch die Grundlage für einen hohen Anteil Fußgängerverkehr und ist nicht sozial begründet.

Mit diesen verkehrlichen, städtebaulichen wie demographischen und sozio-ökonomischen Kriterien lassen sich in gleicher Weise andere städtische Teilgebiete beschreiben, wie z.B. dörfliche Gebiete, Gründerzeitgebiete als stadtkernnahe Gebiete oder die Großsiedlungen (Neubaugebiete) an den Stadträndern. Diese unterschiedlichen Gebiete weisen eine jeweils spezifische Verkehrsstruktur auf (Straßen- und Wegenetz, Anbindung an den öffentlichen Verkehr, Führung überörtlicher Straßen, Gestalt und Erscheinungsbild von Straßenräumen) und sind durch ein unterschiedliches Verkehrsverhalten bzw. -aufkommen der Einwohner gekennzeichnet. Eine Vielzahl konkreter, hier nicht erwähnter Einflussfaktoren bestimmen immer die konkrete Situation vor Ort.

Unter Berücksichtigung naturräumlicher Bedingungen, wirtschaftlicher und gesellschaftlicher und anderer Einflussfaktoren ergeben sich für bestimmte *Stadtformen oder Grundrisse ambivalente Verkehrsstrukturen* (s. Bild 6.7).

So weisen *kompakte Städte* mit monozentraler Ausprägung auf das Zentrum orientierte Verkehrsstrukturen auf. Die einst auf den Markt ausgerichteten alten Handelsstraßen, einschließlich der radialen Erweiterungen seit dem 19. Jh. bilden auch heute noch die Grundlage des Straßennetzes. Der öffentliche Verkehr hat sehr oft diese Grundstruktur für sein Streckennetz übernommen (z.B. Erfurt: alle Straßenbahnlinien führen über den Anger).

In *bandartigen Städten* sind die einzelnen Funktionsgebiete vorrangig entlang der Hauptverkehrsachsen angesiedelt. Teilweise bündeln sich in den Flußtälern Schiene, Straße und Wasser auf sehr engem Raum (z.B. Jena; Städte entlang des Rheines).

Städteagglomerationen mit einer Vielzahl von Funktionsgebieten und Teilzentren (polyzentrisch) werden dagegen durch eine mehr oder weniger netzartige Struktur untereinander verknüpft, bei gleichzeitiger Erschließung der Teilzentren; eine Dominanz in der Richtung oder Stärke ist weniger erkennbar. In den einzelnen Agglomerationen sind noch die historisch übernommenen Verkehrsstrukturen einer einst eigenständigen Gemeinde erkennbar; jedoch heute mit einer neuen Funktion im Gesamtnetz belegt (Ruhrgebiet; Raum Rhein/Main; Oberes Elbtal Meißen/Dresden/Heidenau/Pirna).

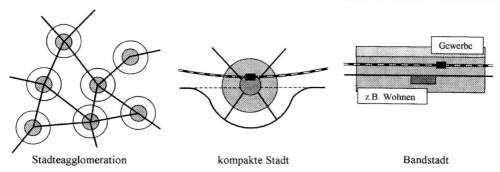

Städteagglomeration   kompakte Stadt   Bandstadt

Bild **6**.7   Stadt und Verkehrsstrukturen

Verkehrsberuhigung

Die enorme Zunahme des motorisierten Verkehrs hat in den 50er und 60er Jahren zu einer wesentlichen Minderung der Aufenthalts- und Wohnqualität von Erschließungs- und Hauptnetzstraßen geführt. Gleichzeitig erhöhte sich das Unfallrisiko für Fußgänger und Radfahrer. Die Verkehrspolitik unter dem Motto „freie Fahrt für freie Bürger" und die daraus abgeleiteten Richtlinien zur Bemessung und Gestaltung von Straßen- und Knotenpunkten waren bis dato auf die bevorrechtigte Abwicklung des Kfz-Verkehrs ausgerichtet. Der Qualitätsverlust v.a. im unmittelbaren (eigenen) Wohnumfeld wurde mit der Forderung der Anwohner/Betroffenen verbunden, den störenden (und fremden) Verkehr (zusätzliche Belastung, hohe Geschwindigkeiten, keine Stellflächen usw.) aus dem Gebiet zu verbannen.

Die negativen Folgen der vermeintlichen Freiheit des Autoverkehrs führten in den hochmotorisierten Ländern zu einem Wertewandel in Stadtverkehrsplanung [36], in dem die bis dahin vernachlässigten Verkehrsarten Fußgänger, Radfahrer und öffentlicher Verkehr gleichberechtigt in die verkehrsplanerischen Zielsetzungen eingeführt wurden. (Eine ausführliche Würdigung der Verkehrsentwicklung der Bundesrepublik (West) s. [28].)

Ergebnisse von Großversuchen (NRW 1976), von Modellvorhaben [6] und die Auswertung ausländischer Erfahrungen führten seit 1980 zur Änderung der StVO und zur Abfassung neuer Richtlinien, die die Grundgedanken einer integrierten Stadtverkehrsplanung und Straßenraumgestaltung unter Berücksichtigung verkehrlicher, städtebaulicher, ökologischer und stadttechnischer Gesichtspunkte aufnahmen [6], [9] und inzwischen fortgeschrieben wurden (EAE 1985/95, EAHV 93, ESG 96). Nach [36] kann Verkehrsberuhigung als eine übergreifende, weitgehend flächendeckende und städtebaulich orientierte Zielstellung verstanden werden, die im Besonderen zur Förderung der Wohn- und Umfeldqualitäten sowohl in den Altbaubereichen der Innenstädte als auch in den Großsiedlungen, insbesondere in ostdeutschen Städten, beiträgt (s. a. [14], [29]). Ziele der Verkehrsberuhigung sind:

- verkehrlich:
– Erhöhung der Verkehrssicherheit, Rücksichtnahme auf Kinder, Alte und Behinderte
– Dämpfung des Geschwindigkeitsniveaus (30 km/h, Schrittgeschwindigkeit)

– Vermeidung unnötigen Verkehrsaufkommens und gebietsfremden Verkehrs
– Minderung oder Aufhebung der Trennwirkung zwischen den Verkehrsarten
– Verringerung der Flächeninanspruchnahme für den Kraftfahrzeugverkehr
– Förderung der Verkehrsarten d. Umweltverbundes (Fußgänger-, Rad- u. öffentl. Verkehr)
• umweltlich:
– Minderung der Lärm- und Schadstoffemissionen
– Erhöhung des Anteils an Großgrün- und Freiraumflächen
– Minderung oder Aufhebung der Trennwirkung zwischen den Verkehrsarten
– Entsiegelung vonVerkehrsflächen
• städtebaulich:
– Förderung der Wohnumfeldqualität („Wohnen beginnt auf der Straße")
– Verbesserung der Aufenthaltsqualität im Straßenraum
– Integrierte Gestaltung von Straßen- und Platzräumen
– Erlebbarkeit und Identifikation von Straßen

Maßnahmen zur Umsetzung dieser Zielstellungen können nach verschiedenen Gesichtspunkten geordnet und in der Planung abgearbeitet werden. Es ist aber in jedem Fall der Grundansatz einer integrierten Planung und Gestaltung zu verfolgen, der alle Aspekte gleichberechtigt in einem Abwägungsprozeß berücksichtigt. Dabei ist es durchaus erlaubt (und notwendig), die Prioritäten für einzelne Aspekte je nach Planungsfall, Stadtgebiet, Straßentyp und Straßenfunktion (Anliegerweg, Sammelstraße, Hauptverkehrsstraße) sowie der Charakteristik des Ortes neu zu besetzen.

Ein Maßnahmenkatalog kann in der Gliederung nach der o.a. Zielstellung aufgebaut werden, kann aber auch für die einzelnen Verkehrsarten abgearbeitet und durch die städtebaulichen Maßnahmen ergänzt werden (Maßnahmen für ÖV, Rad, Fußgänger, ruhenden und fließenden Verkehr). Alternativ dazu kann man politische, planerische, bauliche, rechtliche, organisatorische und Maßnahmen der Öffentlichkeitsarbeit unterscheiden.

Der politische Rahmen wird durch Fördermaßnahmen des ÖPNV (siehe 6.1.3 GVFG), durch differenzierte Besteuerung des Kraftfahrzeuges, der Wegegelder, aber auch durch die Verkehrswegeplanung des Bundes und der Länder und durch die allgemein politische Zielsetzung bestimmt. Weit über den allgemeinen Ansatz der Verkehrsberuhigung hinaus gehen allerdings noch (ohne verkehrspolitischen Konsens) die Beispiele von kleineren Wohnsiedlungen, deren Anwohner freiwillig über kein Auto verfügen [24], [39], [26], [48].

Planerische Maßnahmen werden insbesondere durch die Planungshoheit und die verkehrspolitische Willensbildung der Kommunen fixiert. Die Zielstellungen der Verkehrsentwicklungspläne, die Rangfolge und die Qualität von Radwege- und Parkierungskonzeptionen, von Straßennetz- oder Sanierungsplanungen bestimmen das Anspruchsniveau einer Verkehrsberuhigung in der Stadt. Zu den planerischen Maßnahmen zählen u. a. neue Netzerschließungsvarianten zur Vermeidung gebietsfremden Verkehrs (z.B. Zellenerschließung) oder zur Veränderung der Linienführung des öffentlichen Verkehrs. Dazu zählen auch die Ausweisung von Tempo-30-Zonen, Parkierungskonzepte in Wohngebieten, im Zentrum oder in der Innenstadt.

Bauliche Maßnahmen werden am häufigsten mit dem Begriff Verkehrsberuhigung assoziiert, Fahrbahnverengung, Fahrbahnschwellen, Teilaufpflasterungen, Knotenpunktgestaltung oder Diagonalsperren sollen dafür stellvertretend genannt werden.

In der ersten Stunde der Euphorie der Verkehrsberuhigung wurde auch in Einzelfällen das bauliche Maß überzogen und der Straßenraum übermöbliert, heute ist gestalterisch eine gewisse Ruhe und Ausgewogenheit eingezogen. Als eine wirkungsvolle bauliche Maßnahme kann heute auch der kleine Kreisverkehr gesehen werden, der sich städtebaulich integrieren lässt und wesentlich zur Dämpfung der Geschwindigkeit, zur Verkehrssicherheit und zur Minderung schädlicher Emissionen beiträgt. Zu den baulichen Maßnahmen gehören auch die Umgestaltung von Haltestellen (Haltestellenkaps), die u. a. verbesserte Zugangs- und Einstiegsbedingungen, aber auch die Dämpfung der Geschwindigkeit des fließenden Verkehrs ermöglichen.

Rechtliche Maßnahmen müssen der verkehrsrechtlichen Gesetzgebung ([3], [33], [46]) entsprechen.

Die StVO kennt dazu folgende Verkehrszeichen:

- VZ 325/326 „Verkehrsberuhigter Bereich" (seit 21.07.1980); Fußgänger nutzt die Straße in ganzer Breite, Kfz fahren Schrittgeschwindigkeit, Parken nur auf ausgewiesenen Flächen
- VZ 274 „Tempo-30-Zonen", (seit 01.01.1990), bestimmt Beginn und Ende einer Zone mit zulässiger Höchstgeschwindigkeit von 30 km/h
- VZ 270 „Smog", (seit 01.03.1997), gemäß Bundesemissionsschutzgesetz bzw. entsprechenden Landesverordnungen, verbietet den Verkehr mit Kfz bei bestimmten Wetterlagen
- VZ 250 „Verbot für Fahrzeuge aller Art", (wurde u.a. bis 1980 als Ersatz für Zeichen 325 angewendet), mit Zusatz „spielendes Kind" kann auf der Fahrbahn gespielt oder Sport getrieben werden
- VZ 242 „Fußgängerbereich", nur für Fußgänger, Ausnahmen müssen angegeben werden (z.B. „Lieferverkehr frei", „Bus im Linienverkehr frei", zusätzlich sind Zeitangaben möglich.

Weitere rechtliche Maßnahmen können die Aufhebung der Vorfahrtsregelung zugunsten der *rechts-vor-links-Regelung* sein (StVO §8) oder die Einrichtung von Fußgängerüberwegen (StVO §26, sogenannte Zebrastreifen), Einführung von Einbahnstraßen oder Radstraßen, die zeitliche Einschränkung zur Nutzung der Straßen (z.B. Nachtfahrtverbot für LKW), die punktuelle Begrenzung der Höchstgeschwindigkeiten oder Einfahrverbote für bestimme Fahrzeugarten (z.B. StVO § 40).

Bei der Ausweisung rechtlicher Maßnahmen muß beachtet werden, dass die Erreichbarkeit einzelner Grundstücke oder Straßenzüge für Lieferfahrzeuge, Besucher usw. gewährleistet wird und der Gemeingebrauch der Straße nicht unverhältnismäßig eingeschränkt wird. Netzgestaltung und bauliche Maßnahmen müssen so angeordnet werden, daß die Erreichbarkeit für Notdienste (Feuerwehr, Krankentransport etc.) direkt (ohne Umwege), sinnfällig und ohne Zeitverzug gewährleistet ist. Die Belange des öffentlichen Verkehrs erfordern eine besondere Beachtung, insbesondere bei der baulichen Gestaltung (z.B. Einhaltung der

Fahrgassenbreiten, Berücksichtigung der Begegnungsfälle BUS/BUS, ausreichende Bordausrundungen (> 12 m) und auch bei der rechtlichen Formulierung von Fahrge- und -verboten. Die Führung des ÖPNV innerhalb von Tempo-30-Zonen ist auf kürzeren Strekken mit unbedeutenden Zeitverlusten verbunden (bei 200 m ca. ½ Minute).

Öffentlichkeitsarbeit ist in der Umsetzung verkehrsberuhigender Maßnahmen eine nicht zu unterschätzende Komponente. Die Bürger sind gleichermaßen Betroffene (eingeschränkte Parkmöglichkeiten, langsamer fahren, Umwege fahren usw.) und Nutzer (höhere Sicherheit für die (eigenen) Kinder, geringerer Verkehrslärm, größere Freiräume vor der Haustür).

Die Einbeziehung der Bürger vom Beginn der Planung an läßt eine höhere Akzeptanz in der Realisierungsphase erwarten, als wenn eine vermeintlich „gute Planung" den Betroffenen am Ende übergestülpt wird. Geduld und die Fähigkeit zuzuhören sind bei der Vermittlung unterschiedlicher Interessenlagen mehr gefragt als das alleinige fachliche Faktenwissen. Zu den Maßnahmen der Öffentlichkeitsarbeit gehören u.a.:

- Zeitungsartikel, -anzeigen, Sonderbeilagen, Wiedergabe von Interviews
- Postwurfsendungen, Broschüren, Plakate, (Wohngebiets-)Ausstellungen
- Bürgerversammlungen, Informationsgespräche, Fachveranstaltungen
- Straßenfeste, Foto- oder Malwettbewerbe
- Radio-/Fernsehsendungen, Hörergespräche, Werbespots

Verkehrsberuhigung wird sichtbar durch Gestaltung, beinhaltet aber auch planerische wie verkehrslenkende Maßnahmen. Verkehrsberuhigung wird aus seinem umfassenden Spektrum heraus in vielen Fällen in überzogener Auslegung mit der gesamten Verkehrsplanung gleichgesetzt, andererseits wird der Begriff Verkehrsberuhigung ausschließlich auf die Gestaltung des Straßenraumes oder die Einführung von Tempo-30-Zonen in unzulässiger Weise eingeschränkt. Straßenraumgestaltung (s. 6.2) ist nur ein Teil, wenn auch ein sehr beeindruckender und prägender, Tempo-30 eine sehr wirksame Maßnahme. Wesentlich ist, (nach dem Grundsatz, daß Bau und Betrieb einer Straßenverkehrsanlage übereinstimmen müssen), daß auch dort freiwillig mit einer Geschwindigkeit von 30 km/h gefahren wird, wo die bauliche Gestaltung und das Erscheinungsbild der Straße dies „erzwingen" bzw. verdeutlichen. Maßnahmen der Verkehrsberuhigung wirken sich indirekt auch auf das Verkehrsverhalten der Menschen aus. Aus den unterschiedlichsten Anwendungsfällen kann eine geringe Zunahme des Fußgänger- und Radverkehrs aber auch eine intensivere Inanspruchnahme des Straßenraumes nachgewiesen werden [14].

Die Planung von Verkehrsberuhigungsmaßnahmen kann in der Regel in 8 oder 9 Arbeitsschritten ablaufen, die streng genommen nicht dogmatisch in dieser Reihenfolge abgearbeitet werden müssen. So kann man schon während der Analysephase auch Lösungsansätze formulieren und Planungsvorstellungen entwickeln. Der schrittweisen Einführung der Verkehrsberuhigung über Teilräume eines größeren Plangebietes und einzelner Maßnahmen eines Maßnahmebündels sollte eine große Aufmerksamkeit gewidmet werden.

Die Beteiligung der Nutzer/Betroffenen und Anwohner sollte mindestens in den Arbeitsschritten 3, 4, 5, 7, 8 und insbesondere in 6 berücksichtigt werden. Form und Inhalt dieser

Bürgerbeteiligung richtet sich nach Größe und Struktur des Bearbeitungsgebietes, dem Grad der vorgesehenen Veränderung, der politischen Situation der Stadt und last but not least auch der Bewohnerstruktur.

Tafel **6**.6 Planungsschritte für die Verkehrsberuhigung

Arbeitsschritte	Maßnahmen/Aspekte
1. Erarbeitung einer Aufgabenstellung	Problem- und Zielstellung, Gebietsabgrenzung, Definition von Teilbereichen
2. Fixierung von übergeordneten Rahmenbedingungen	Straßennetzkonfiguration, Erschließung ÖPNV, gesamtstädtische Planungen (Flächennutzungsplan, Teilverkehrskonzepte)
3. Analyse und Bestandsaufnahme	Verkehrsbeobachtungen, Erhebungen, Befragungen, städtebauliche Funktions- und Gestaltanalyse (einschließlich Freiraum)
4. Bewertung der Situation	Wertung und Besichtigung der Situation, Ableitung von Lösungsansätzen
5. Planung und Entwurf	Straßennetzplanung, Führung des öffentlichen Verkehrs, Führung des Rad- und Fußgängerverkehrs, Detailentwurf von Knotenpunkten, Querschnitten, Straßenräumen
6. Diskussion	Diskussion und Wertung der Lösungsvorschläge, Beteiligung der Bürger, Fachplaner, Kommunalpolitiker
7. Realisierung	möglichst in nutzbaren Teilgebieten, ggf. begleitende Beobachtungen
8. Vorher-Nachher-Untersuchung	abschließende Bewertung, Schlussfolgerungen
9. Übertragbarkeit	Änderung, Rücknahme oder Erweiterung der Maßnahmen, Übertragung der Ergebnisse auf andere Bereiche der Stadt

Tempo 30 in Wohngebieten ist wie die Straßenraumgestaltung eine sehr wirksame Maßnahme der Verkehrsberuhigung. Die ersten Untersuchungen zu Tempo 30 gehen in die 80er Jahre zurück (s. [38]). Die Begrenzung der Geschwindigkeit für überschau- und abgrenzbare Teilbereiche auf der Basis VZ 274 der StVO wird zunehmend in fast allen Gebieten der Stadt (i.d.R. Wohn- und Mischgebieten) angewendet, so daß es über die Zonen-Regelung hinaus zu einer gesamtstädtischen, flächenwirksamen Geschwindigkeitsdämpfung in der Stadt mit Ausnahme der Hauptnetzstraßen kommt (z.B. Kaiserslautern) [21]. Zonengeschwindigkeitsregelungen müssen sorgfältig vorbereitet und geplant werden. Die Zonen bzw. Gebiete sollten eine städtebauliche Einheit bilden, für den Kraftfahrer in einer überschaubaren Größe bleiben und insbesondere der Verbesserung der Verkehrssicherheit und der Aufenthaltsqualität dienen. In diesen Zonen gilt das Prinzip „rechts vor links" [29].

In der Fachdiskussion ist die generelle Herabsetzung der Höchstgeschwindigkeit auf 30 km/h innerhalb geschlossener Ortschaften (Änderung der StVO §3 (3)) gegenwärtig, nur im Grundnetz werden danach andere und höhere zulässige Geschwindigkeiten in den Gemeinden ausgeschildert. Außer dem (Neben-) Effekt der Kosteneinsparung für die Aufstellung der Verkehrszeichen ergäben sich wesentliche Wirkungen in der Senkung des Unfallgeschehens, der Minderung schädlicher Luft- und Lärmemission und gegebenenfalls auch in einem verantwortungsbewußteren Verkehrsverhalten [11].

Stadt- und Regionalverkehr

Die Verkehrsbelastung und Verkehrsentwicklung einer Gemeinde hängen u.a. auch von der Stellung dieser Gemeinde in der zentralörtlichen Siedlungshierarchie, der dazugehörigen Siedlungsstruktur und der Einbindung dieser Gemeinde in das regionale oder überregionale Verkehrsnetz ab (Straße, Schiene, Wasserstraßennetz, Luftverkehrsanbindung).

Kleinere Gemeinden im unmittelbaren Umfeld größerer Städte bzw. von Mittel- und Oberzentren haben einen hohen Anteil Durchgangsverkehr zu ertragen, der als Ziel- und Quellverkehr der größeren Orte die betroffenen Gemeinden passiert. Andererseits sind diese „Vororte" sehr gut an den öffentlichen Verkehr angebunden, weil sich die im regionalen Außenbereich verzweigenden Linien in diesen Orten bündeln und sich dadurch eine sehr dichte Zug- oder Busfolge einstellt (s. Abschnitt 6.3 Öffentlicher Verkehr).

Die Städte können einmal *monozentral im regionalen Verkehrsnetz* eingebunden sein, die übergeordneten Straßen führen mehr oder weniger stern- oder strahlenförmig auf diese Städte zu (z.B. Uelzen, Neubrandenburg); der historische Ursprung mittelalterlicher Handelswege ist unverkennbar (Bild 6.8). Zum anderen können Städte *bandartig an eine Verkehrsstruktur* gebunden sein (z.B. Thüringer Städtekette: Eisenach-Gotha-Erfurt-Weimar-Jena-Gera). Solche Städteketten besitzen ökonomische und infrastrukturelle Synergieffekte und können einen gemeinsamen Beitrag zur wirtschaftlichen Entwicklung der einzelnen Städte im Rahmen interkommunaler Zusammenarbeit leisten. Negativ muß jedoch gesehen werden, daß der damit verbundene Suburbanisierungsprozeß entlang dieser Verkehrsachsen den landschaftlichen Raum sehr stark beeinträchtigen kann (siehe z.B. B 7 Erfurt-Weimar oder Gewerbeansiedlung entlang der A 4 in Thüringen).

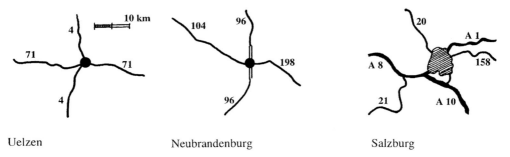

Uelzen   Neubrandenburg   Salzburg

Bild **6**.8   Städte im regionalen Verkehrsnetz

In der dritten Form sind Städte innerhalb von *Städteagglomerationen durch eine Vernetzung ihrer Verkehrsstrukturen* (Straßennetz, öffentlicher Verkehr) untereinander und regional verbunden (z.B. Autobahn- und Straßennetz des Ruhrgebietes bzw. der RRV = Rhein-Ruhr-Verkehrsverbund des öffentlichen Verkehrs).

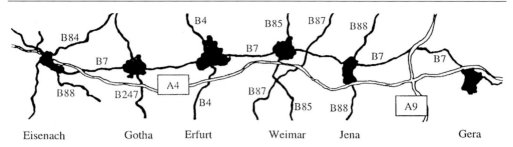

Bild 6.9   Thüringer Städtekette

Eine weitere Form der Verknüpfung zwischen der Stadt und regionalem Verkehr stellen bei Metropolen und Millionenstädten *die äußeren Straßen- bzw. Autobahnringe* dar (z.B. Moskau, Berlin, London). Diese Ringe verteilen den ein- und ausstrahlenden Verkehr und entlasten damit den innerstädtischen Verkehr. Auch wenn der Durchgangsverkehr durch diese Städte teilweise unter 5 % liegt, kann man mit einem solchen Straßennetz den Durchgangsverkehr von innerstädtischen Bereichen weitgehend fernhalten; Tangentensysteme oder Teilabschnitte eines Ringes übernehmen gleiche Aufgaben.

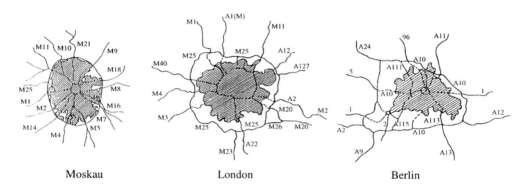

Bild 6.10   Autobahnringe für Metropolen

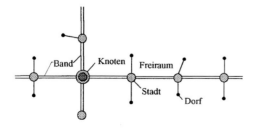

Bild 6.11   Prinzip der Knoten-Band-Struktur

In der Raumordnung existieren verschiedene Modelle, den Stadtverkehr und regionale Verkehrsstrukturen miteinander zu verknüpfen. Die *Knoten-Band-Struktur* versucht Verkehrsbänder und Verkehrsknoten auszubilden, um in den Zwischenbereichen siedlungsstrukturelle Frei- und Ruheräume zu schaffen.

Neben den Netzstrukturen, die die Grundlage der Verkehrsbeziehungen zwischen der Stadt und der Region bilden, sind die Verkehre zwischen der Region und der Stadt von Bedeutung. Hier sind an erster Stelle die Berufspendler zu nennen, die im Umland oder in der Region wohnen und in der Stadt arbeiten.

Diese *Berufspendler* treten als Ziel- bzw. rückfließender Zielverkehr oder als Quell- bzw. rückfließender Quellverkehr auf. Die Einpendler belasten bei Benutzung der PKW sowohl die städtischen Straßen als auch die Parkplätze und spielen eine nicht unerhebliche Rolle in der Stadtplanung. So pendeln nach Erfurt (ca. 220 000 EW) täglich 40 000 Personen. In Deutschland pendeln täglich ca. 13,2 Millionen Berufstätige von und nach anderen Gemeinden. Etwa die Hälfte der Pendler bewältigt einen Entfernungsbereich zwischen 10 und 25 km und noch 7 % über 50 km und mehr (jeweils einfache Entfernung). Bei ca. 3 Millionen Schülern und Studierenden betragen diese Zahlen 42 % und 5,4 % [8].

Bei der Nutzung des öffentlichen Verkehrs (Straßen oder Schienen) spielen die Anordnung und Gestaltung der Haltestellen, der Verknüpfungspunkte zwischen städtischem und regionalem Verkehr, die Linienführung der regionalen wie städtischen Verkehrsmittel sowie die Tarifgestaltung eine besondere Rolle (s. Abschnitt 6.3 Öffentlicher Personenverkehr).

In der Gestaltung des Schienennetzes und der Standorte bzw. der Anordnung der Bahnhöfe als weitere Verknüpfungspunkte zwischen Stadtverkehr und regionalem bzw. überregionalem Verkehr kann man zwei Prinzipien unterscheiden: Zum einen bilden die Eisenbahnstrecken ein durch die Stadt durchgehendes Netz mit einem oder mehreren Bahnhöfen und wenigen abzweigenden Strecken (z.B. Erfurt, Weimar, Münster, Hannover u.a.). Zum anderen enden einzelne oder mehrere Strecken stumpf in der Stadt und bilden sogenannte Kopfbahnhöfe (z.B. Leipzig, Frankfurt/Main, London, Paris, Budapest, Moskau). In den Außenbereichen weisen diese Kopfstrecken dann Teil-Verbindungen untereinander auf; das historische Zentrum der Städte wird in der Regel nicht gequert.

Die Bahnhöfe sind sehr intensiv belastete Verknüpfungspunkte zwischen städtischem, regionalem und überregionalem Verkehr, hier überlagern sich die Fernverkehre, die regionalen und Stadt-Umland-Verkehre sowie die städtischen Verkehre (im Bahnhof, auf dem Bahnhofsvorplatz). Die Ansiedlung von Hotels, Dienstleistungs- und Handelseinrichtungen einschließlich Büro- und Firmensitzen rund um diese Verknüpfungspunkte besitzen eine wichtige städtebauliche und stadtplanerische Funktion.

6.1.2 Verkehrsplanung als Fachplanung

Verkehrsplanung gehört im Rahmen der Stadtplanung zu den Fachplanungen (s. Tafel 6.6), weitere Fachplanungen sind z.B. Freiraum-, Sozial- und Wirtschaftsplanung oder die technischen Planungen der Wasserver- und -entsorgung bzw. der Energieversorgung [16].

Verkehrsplanung hat die Aufgabe, das Verkehrsgeschehen in Qualität und Quantität zu erfassen, zu bewerten und die sich daraus ergebenden Wirkungen aufzuzeigen. Dabei sind die unterschiedlichen räumlichen Ebenen, die verschiedenen Verkehrsarten sowie die verschiedenen zeitlichen Ebenen zu berücksichtigen. Verkehrsplanung wirkt sich positiv oder negativ auf die Stadtentwicklung und in zunehmendem Maße (durch die erhebliche Zunahme der Verkehrsaufkommen im Personen- und Güterverkehr) auch auf die Umwelt (Lärm, Abgase, Trennwirkung, Verkehrsunsicherheit, Absinken der Wohnqualität) aus.

Die zeitlichen Ebenen können wie folgt differenziert werden:

5 Jahre	konkrete Objektplanung, Einzelmaßnahmen, kleinere Teilgebiete;
10 Jahre	größere Einzelobjekte (z.B. Ortsumgehungen, Verkehrsberuhigung);
15 bis 25 Jahre	Verkehrsentwicklungsplanung der Stadt, der Region, langfristige Konzepte im schienengebundenen oder öffentlichen Verkehr.

Verkehrsplanung kann als Bedarfs- und muss auch als Angebotsplanung verstanden werden und steht in einer kausalen Wechselbeziehung zur Stadtentwicklung.

Bei der *Bedarfsplanung* wird der Bedarf an Mobilität/der Umfang der Ortsveränderungen mit Hilfe spezieller Methoden prognostiziert und darauf aufbauend werden die Verkehrsnetze und Verkehrsanlagen konzipiert und ausgebaut. In den sechziger und noch am Anfang der siebziger Jahre wurde der Bedarf nahezu ausschließlich auf der Basis der Motorisierungsentwicklung bestimmt. Daraus resultierte ein (straßen-) verkehrsgerechter Ausbau der Städte mit teilweise irreparablen Eingriffen in die Stadtstruktur [17].

Angebotsplanung versteht sich als eine Verkehrsplanung, die mögliche Angebote zum Ausbau der verkehrlichen Infrastruktur formuliert, um einen bestimmten Bedarf zielgerichtet zu befriedigen bzw. zu entwickeln (z.B. Ausbau eines Radwegenetzes, Verbesserung der Strukturen im öffentlichen Verkehr) und gleichzeitig den *motorisierten* Individualverkehr in seiner Entwicklung auf den notwendigen Umfang zu beschränken. Angebotsplanung orientiert sich an den Zielen eines stadt- und sozialverträglichen sowie umweltfreundlichen Verkehrs, nicht allein an der Motorisierungsentwicklung.

In zunehmendem Maße gehen Stadt- und Verkehrsplanung der Frage nach, *„Wieviel Verkehr verträgt die Stadt"*, weil eine bloße Extrapolation der (motorisierten) Verkehrsbedürfnisse erhebliche Qualitätseinbußen in der Stadtgestaltung, in der Straßenraumgestaltung, in der Wohn- und Aufenthaltsqualität, aber auch in der wirtschaftlichen Entwicklung nach sich ziehen kann [50], [13], [41], [15], [24].

Im Hinblick auf die Umwelt und die Förderung der Verkehrsarten des Umweltverbundes (Fußgänger, Rad- und öffentlicher Verkehr) wird in der Verkehrsplanung und in der Stadtplanung auch das Ziel einer *„Stadt der kurzen Wege"* verfolgt, um Fahrten mit dem MIV und eine unnötige Stellplatznachfrage zu vermeiden. Die sichere und bequeme Erreichbarkeit der Haltestellen und der entsprechende Ausbau des öffentlichen Verkehrs gehören zu den flankierenden Maßnahmen einer solchen Zielsetzung.

Im Hinblick auf die Stadtentwicklung gilt auch die Orientierung, dass der *beste Verkehr der ist, der erst gar nicht entsteht.* Mit dieser Zielrichtung wird für den Städtebau und die Stadtplanung die Forderung verbunden, die Standorte von Wohnen, Arbeiten, Einkaufen usw. miteinander verträglich zu überlagern und zu verzahnen, so dass Verkehrsaufkommen nur in einem begrenzten und notwendigen Umfang auftritt [11]. Die Leitbilder der Charta von Athen mit den Forderungen einer räumlichen Trennung der maßgebenden Funktionen wirken bis in unsere Zeit hinein negativ nach und finden sich auch heute noch in der Gliederung der Bauflächen der Baunutzungsverordnung wieder (siehe 6.1.3).

Der zunehmenden Belastung der Städte durch den Güterverkehr, insbesondere durch Lastzüge und Containerfahrzeuge versucht man mit einem Umschlag der Güter am Rande der Stadt auf kleinere Fahrzeuge und durch eine entsprechende Transporttechnologie zu begegnen. Die entsprechenden Anlagen sind Güterverkehrszentren bzw. Güterverteilzentren; City-Logistik [96] der kombinierte Ladungsverkehr (KLV) ist eine entsprechenden Transporttechnologie.

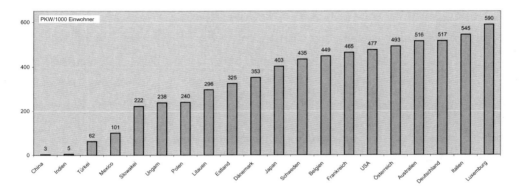

Bild **6**.12 Motorisierung in verschiedenen Ländern

Die Zielsetzungen in der Verkehrsplanung unterliegen dem politischen Willensprozess und ändern sich durch wirtschaftliche, technische und auch städtebauliche Entwicklung sowie durch Änderung und Wandel im öffentlichen Bewusstsein. Die zunehmende Umweltsensibilität der Bevölkerung hat einen nicht unerheblichen Einfluß auf die Zielstellungen in der Verkehrsplanung genommen, ohne jedoch gleich auch das Handeln zu beeinflussen: *„Alle wollen zurück zur Natur, aber keiner ohne Auto“*. War die Zielsetzung früher fast ausschließlich (straßen)verkehrlich orientiert, ist sie heute mehr auf Verträglichkeit zwischen Stadt, Verkehr und Umwelt orientiert.

Das langfristig angelegte Forschungsfeld „Städtebau und Verkehr" [35] untersetzt diese Zielstellung mit den Themenfeldern:

1. Verkehrsaufwand vermeiden bzw. verringern durch Verkehr-vermeidende Siedlungsstrukturen
2. Attraktive Bedingungen zur Verlagerung von Kfz-Verkehr auf stadt- und umweltverträgliche Verkehrsmittel schaffen

Tafel **6**.7 Planungsphasen und rechtliche Grundlagen (Übersicht)

		Verkehrsplanung Planungsphasen	Raumordnung und Städtebau	allgemeine verkehrliche Zielstellung	gesetzliche und andere Vorschriften
Räumliche Ebene	Bundesrepublik Deutschland	Bundesverkehrswegeplan (Straße, Schiene, Wasser, Luft) Projekte Deutsche Einheit	Raumordnungspolitischer Orientierungs- und Handlungsrahmen	verkehrliche Verknüpfung der Räume, Erholungsgebiete und Siedlungszentren untereinander Ausgleich der Differenzen im deutschen Einigungsprozeß Umsetzung politischer Leitbilder	Grundgesetz Bau- und RaumordnungsG Straßengesetz, StVO, StVZO BundesfernstraßenG Investitionserleichterungs- und -beschleunigungsG BundesnaturschutzG
	Bundesland	Landesverkehrsprogramme Landesverkehrspläne generelle Verkehrsplanung	Länderentwicklungspläne Landesentwicklungsprogramm	Ausbau von unterschiedlichen Verkehrsnetzen zur Verknüpfung der zentralörtlichen Siedlungen	Verfassungen der Länder Bau- und RaumordnungsG Straßengesetze der Länder PersonenbeförderungsG
	Region und Kreis	Entwicklung des Kreisnetzes Regionale Verkehrskonzeption für den öffentlichen Verkehr	Regionaler Raumordnungsplan	Verknüpfung der regionalen Siedlungsschwerpunkte, Erholungsgebiete und Gebiete der Wirtschaft	Bau- und RaumordnungsG PersonenbeförderungsG G zum Natur- und Denkmalschutz der Länder
	Stadt/Gemeinde	Verkehrsentwicklungsplanung Teilkonzeptionen für einzelne Verkehrsarten (Rad, ÖPNV) Parkraumkonzeption, Verkehrsberuhigung verkehrliche Teilplanungen zu Einzelobjekten oder der Bebauungsplanung	Flächennutzungsplan Rahmenplanungen Grünordnungspläne Bebauungspläne	Verknüpfung der Funktionsgebiete Führung des Durchgangsverkehrs Umsetzung grundlegender Leitbilder und verkehrspolitischer Zielsetzungen der Kommune Gestaltung der Verkehrsanlagen, Straßenräume, Knotenpunkte, Parkierungseinrichtungen usw. sozial- und umweltverträgliche Verkehrsplanung	Bau- und RaumordnungsG PersonenbeförderungsG GemeindeverkehrsfinanzierungsG Richtlinien und Arbeitspapiere beispielsweise der Forschungsgesellschaft oder anderer verkehrlicher Institutionen Kommunale Satzungen

3. Funktionsfähige und attraktive Stadträume brauchen die stadtverträgliche Bewältigung des Kfz-Verkehrs

4. Schaffung und Förderung einer neuen Planungskultur mit neuen Formen der Konsensbildung zur Unterstützung einer integrierten Stadtverkehrsentwicklung/Raumentwicklung.

Es ist dabei festzustellen, dass sich aufgrund der unterschiedlichen verkehrlichen wie gesellschaftlichen Entwicklung in Ost- wie in Westdeutschland auch eine differenzierte Bewusstseins- und Handlungsweise sowohl bei der Bevölkerung als auch bei den Planern bemerkbar macht. Selbst zwischen Straßen-, Stadt- und Verkehrsplanern in den neuen Bundesländern bestehen unterschiedliche Auffassungen zur Verkehrsentwicklung im allgemeinen und zur Bedeutung des motorisierten Individual- und Güterverkehrs im Besonderen.

Die Verzahnung der Verkehrsplanung in den einzelnen Ebenen und Planungsordnungen zeigt Tafel 6.7 [126a].

Abstimmungsbedarf zwischen der Verkehrsplanung und den anderen Fachplanungen besteht in jeder Ebene und auch zwischen den Ebenen über- und nachgeordneter Planungen.

Arbeitsschritte in der Verkehrsplanung

Die *Arbeitsschritte in der Verkehrsplanung* charakterisieren den Ablauf und die Arbeitsphasen bei der Erstellung von Verkehrsentwicklungsplänen für Städte, können aber sinngemäß auch für räumlich begrenzte Teilgebietsplanungen oder aber auch für die Planung einzelner Verkehrsarten (Radverkehr, ruhender Verkehr, öffentlicher Verkehr) angewendet werden.

Ablauf des Verkehrsplanungsprozesses (s. a. [126a]):

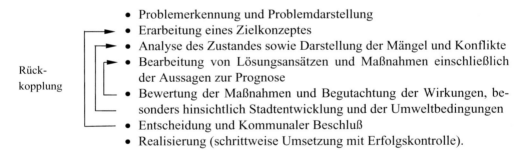

Rück-
kopplung

- Problemerkennung und Problemdarstellung
- Erarbeitung eines Zielkonzeptes
- Analyse des Zustandes sowie Darstellung der Mängel und Konflikte
- Bearbeitung von Lösungsansätzen und Maßnahmen einschließlich der Aussagen zur Prognose
- Bewertung der Maßnahmen und Begutachtung der Wirkungen, besonders hinsichtlich Stadtentwicklung und der Umweltbedingungen
- Entscheidung und Kommunaler Beschluß
- Realisierung (schrittweise Umsetzung mit Erfolgskontrolle).

Verkehrsplanung muss naturräumliche, städtebauliche, gesellschaftliche und wirtschaftliche Rahmenbedingungen berücksichtigen, unterliegt politischer und demokratischer Willensbildung und muß verkehrliche Gesetzmäßigkeiten und Verkehrsgesetze (s. 6.1.3) ebenso wie persönliche Wertvorstellungen und Verhaltensmuster der Bevölkerung anerkennen. Verkehrsplanung ist ein interaktiver Prozeß, der in die verschiedenen Ebenen zurückspringt, um mit einem neuen oder veränderten Ansatz die gestellten Ziele zu erreichen (Rückkopplung).

1. Stufe: neue Lösungsansätze
2. Stufe: zusätzliche Analysen und/oder andere Bewertungen
3. Stufe: Überprüfung der (vielleicht zu hoch gestellten) Zielvorstellungen

Anerkannte und bestätigte Verkehrsentwicklungspläne sollten in Abständen von 8 bis 12, in den neuen Bundesländern aufgrund der enormen Veränderungsprozesse schon nach 4 - 6 Jahren überprüft werden.

Die *Methodik der Verkehrsplanung* beschreibt die Ermittlung des Verkehrsaufkommens und deren Umlegung auf die Netze und Verkehrsmittel und nutzt dazu spezielle Verfahren der Berechnung. Im Endergebnis können die Belastungen für Strecken und Knoten zeitlich die Belastungen für den Tagesverkehr (DTV = durchschnittlicher täglicher Verkehr) und auch für die Spitzenstunde (z.B. Fahrgäste/24 h und Richtung einer Linie) ausgewiesen werden. Notwendige Voraussetzung ist die Abgrenzung eines Untersuchungs- und Bearbeitungsraumes, die Untergliederung in Verkehrsbezirke und die maßstabsgerechte Abbildung der unterschiedlichen Verkehrsnetze (z.B. Straßennetz, Liniennetz ÖPNV). Die Verkehrsbezirke sind weitgehend strukturhomogene Teilgebiete (Wohngebiet, Gewerbegebiet, Sondergebiet oder Teile davon) und werden u. a. durch die Zahl der Einwohner, Zahl der Arbeitsplätze, Verkaufsraumflächen und andere Strukturdaten charakterisiert.

In der Regel wird das Verkehrsaufkommen in 4 Stufen bestimmt (Vier-Stufen-Modell):

Stufe I *Verkehrserzeugung* (Summe der Ortsveränderung aller Einwohner) bestimmt das Verkehrsaufkommen innerhalb eines Verkehrsbezirkes auf der Basis der Strukturdaten und mit Hilfe von spezifischen Mobilitätskennziffern für einen definierten Zeitrahmen (Spitzenstunde, Tagesverkehr)

Stufe II *Verkehrsverteilung* bestimmt die Verteilung des in Stufe I ermittelten Verkehrsaufkommens zwischen den Verkehrsbezirken nach einem Zufallsmodell oder einer stadtplanerisch begründeten Verteilung der Funktionsgebiete (Gravitation)

Stufe III *Verkehrsaufteilung* bestimmt die Verteilung des in Stufe II ermittelten Verkehrsaufkommens auf die zur Verfügung stehenden Verkehrsmittel (ÖPNV, MIV,...). Die Aufteilung hängt wesentlich von der Qualität der Angebote und der Entfernung der Ortsveränderung ab (Modal-Split).

Stufe IV *Umlegung* Verteilung des Verkehrsaufkommens auf das bestehende oder geplante Netz (Straße, Linien des ÖPNV) unter Berücksichtigung der Auswahl verschiedener Wege und der Qualität bzw. Widerstände der Strecken und Knoten.

Die Stufen I bis III werden auch unter dem Begriff *Verkehrsnachfrage* zusammengefaßt. Die Methodik wird sowohl in der Analysephase (Kalibrierung auf das Untersuchungsgebiet) als auch bei der Prognoseberechnung angewandt.

Besondere Schwierigkeiten bestehen bei der Prognoseberechnung in der Vorhersage der Strukturdaten für die einzelnen Verkehrsbezirke. Hier ist in der Verkehrsentwicklungsplanung eine direkte Verzahnung mit der Flächennutzungsplanung, städtebaulichen Rahmenplanungen und den städtebaulichen Leitbildern erforderlich. Auf die Bestimmung des zukünftigen Verkehrsaufkommens wirken auch die Änderungen der Siedlungsstruktur, der Verkehrsstruktur, der Verhaltensweise der Verkehrsteilnehmer, die Motorisierungsentwicklung und andere Faktoren.

Die *Benutzungsstruktur der Verkehrsmittel bzw. der Modal-Split* spielt in der Verkehrs- und Stadtplanung eine besondere Rolle. Mit der Wahl eines bestimmten Verkehrsmittels wird nachhaltig die Stadt- und damit auch die Verkehrsstruktur bestimmt. Gleichermaßen werden die Belastungen (und Überlastungen) im Netz und die Auswirkungen auf die Umwelt gekennzeichnet. Die Stufe III besitzt somit eine Schlüsselstellung im Planungsprozeß. Mit entsprechenden Vorgaben und spezifischen Kennziffern können die Wirkungen von Angebotsplanung und nachfrageorientierter Bedarfsplanung dargestellt werden.

Bezieht man alle Verkehrsmittel ein, spricht man von Benutzungsstruktur, stellt man die Benutzung des motorisierten individuellen Verkehrs und des öffentlichen Verkehrs gegenüber, spricht man im engeren Sinne von *Modal-Split*.

Tafel **6**.8   Benutzungsstruktur der Verkehrsmittel (Beispiele) [Verkehrsamt Stadt Erfurt]

Verkehrsmittel / Städte	Fußgänger	Rad	ÖPNV	MIV	Summe	Modalsplit
Erfurt 1987	41	3	32	24	100	58:42
Erfurt 1991	33	6	21	40	100	36:64
Erfurt Prognose 2098	28	9	19	44	100	30:70
Erfurt Szenario	28	9	25	38	100	40:60
Magdeburg 1991	32	7	22	40	100	35:65
Kassel 1988	29	6	17	48	100	26:74
Freiburg 1989	22	18	16	46	100	26:74

Die *Analyse der Verkehrsstruktur* umfasst Schätzungen, Beobachtungen, Erhebungen und Zählungen. Grundsätzlich werden alle oder ausgewählte Verkehrsarten, die gesamte Stadt oder auch nur Teilgebiete in die analytische Arbeit einbezogen [29], [36].

Beobachtungen und Schätzungen werden für eine erste Bewertung und/oder im Vorfeld größerer Erhebungen und Zählungen vorgenommen, um einerseits die Anzahl der Zählkräfte zu bestimmen und die Zählung zu organisieren, andererseits kann durch Beobachtungen auch Verkehrsverhalten vom Fußgänger und Radfahrer, z.B. in ihrer Längsbewegung oder beim Queren von Straßen, erfaßt werden (Bild 6.13).

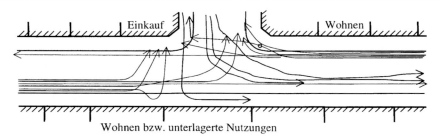

Bild 6.13 Analyse des Verkehrsverhaltens Beispiel Radfahrer

Für den *fließenden Verkehr* stehen Querschnittszählungen (Erfassung der Fahrzeugmenge in Zeitintervallen (z.B. 15 Minuten) und in einem bestimmten Zeitumfang) und Zählungen am Knotenpunkt zur Ermittlung der Abbiegeströme im Vordergrund. Die Querschnitterfassung, getrennt für Richtung und Gegenrichtung, differenziert nach Fahrzeugarten (Rad, PKW, BUS, LKW > 3,5 t; Lastzüge) erfolgt in der Regel zwischen 6^{00} bis 10^{00} und 15^{00} bis 19^{00} Uhr an Werktagen und dient der verkehrstechnischen Bemessung, der Querschnittsgestaltung und als Grundlage der Lärmberechnung. Aufwendiger und damit auch seltener werden so genannte Kordonzählungen durchgeführt. Im Ergebnis können der ein- und ausstrahlende sowie der durchgehende Verkehr für ein durch Zählstellen abgegrenztes Gebiet dargestellt werden.

Erhebungen im *ruhenden Verkehr* dienen in den meisten Fällen der Ermittlung der Parkdauer, der Herkunft der Fahrzeuge, der Auslastung der Parkstellflächen oder der zeitlichen Verteilung der Belegung von Stellflächen. In der Regel werden die verkehrsplanerischen Kennziffern durch das Erfassen der Kennzeichen der Fahrzeuge gewonnen.

Im *öffentlichen Verkehr* interessieren Besetzungsgrad der Fahrzeuge, Ein- und Aussteiger sowie Umsteiger an den Haltestellen, Reisegeschwindigkeit bzw. Reisezeit, differenziert nach notwendiger Fahrzeit, Haltestellenaufenthaltszeiten und unnötigen Wartezeiten an Knotenpunkten und durch Stau auf freier Strecke. Die Merkmale werden von außen oder durch Mitfahren im Verkehrsmittel erhoben.

Befragungen werden hauptsächlich durchgeführt, um äußerlich nicht erkennbare Merkmale zu erfassen: wie z.B. Motiv oder Zweck, Reiseziel und Entfernung pro Ortsveränderung oder Aktivitätenfolgen (-ketten). Die Befragungen können mündlich per Telefon, häufiger jedoch durch Interview oder schriftlich erfolgen.

Bei der Analyse und Erhebung von Daten können in den meisten Fällen nur Stichproben erfasst werden. Zeitpunkt der Zählungen und Beobachtungen und der Umfang der Datenbasis müssen so ausgewählt werden, dass die Ergebnisse nach einer vorgegebenen Wahrscheinlichkeit die erforderliche Repräsentativität besitzen. So wird z.B. bei schriftlichen Befragungen mit einer Rücklaufquote von 20 - 30 % gerechnet. Dies bedeutet, 5000 - 3500 Fragebogen zu versenden, um ca. 1000 Antworten zu erhalten. Für die Kalibrierung von Verkehrsmodellen und zur verkehrstechnischen Berechnung von Signalsteuerungen werden in der Regel einmalige Tageszählungen genutzt.

6.1.3 Rechtliche Grundlagen

Für die Verkehrsplanung sind Rechtsgrundlagen im engeren Sinne die Bundes- und Landesgesetze und Verordnungen mit bindendem Charakter und im weiteren Sinne *Richtlinien*, Empfehlungen und Arbeitspapiere mit fachlich empfehlendem bzw. informativem Charakter sowie *Normen* z.B. DIN- oder EURO-Normen als anerkannte Regeln der Technik.

Die Gesetze können einmal nach ihrem *Geltungsbereich* in Bundes-, Landesgesetze und kommunale Satzungen (im Sinne eines Gesetzes) eingeteilt werden. Bundes- und Landesgesetze werden durch den Bundestag bzw. durch die Landesparlamente auf der Basis der Artikel 72, 73, 74 bzw. 75 des Grundgesetzes beschlossen, kommunale Satzungen durch die Stadtparlamente bzw. Gemeinderäte auf der Basis des Artikels 28 des Grundgesetzes erlassen (Selbstbestimmungsrecht der Kommunen). Zu den Satzungen gehören beispielsweise die Gestaltsatzung, die Grünordnung- oder Baumsatzung, die Erhaltungssatzung oder die Stellplatz-Satzung.

Zum anderen können die in der Verkehrsplanung zu beachtenden Gesetze nach *inhaltlichen* Gesichtspunkten einer groben Differenzierung unterworfen werden (s. a. Tafel 6.6).

- *Städtisches (Bau-)Planungsrecht,* u.a. das Baugesetzbuch, die Baunutzungsverordnung, das Raumordnungsrecht, aber auch das Bauordnungsrecht (z.B. Grundstücks- und Gebäudezufahrten) und das Verwaltungsverfahrensgesetz bzw. die Verwaltungsgerichtsordnung;
- *das Verkehrsrecht*; u.a. das Straßenverkehrsgesetz, Straßengesetze der Länder (z.B ThürStrG), Verkehrswegeplanungsbeschleunigungsgesetz, Planfeststellungsrecht; Luftverkehrsgesetz, Bundeswasserstraßengesetz, gleichermaßen auch die Verwaltungsgesetze, die Straßenverkehrsordnung, die Straßenverkehrszulassungsordnung (z.B. zul. Fahrzeugabmessungen); Personenbeförderungsgesetz bzw. das Allgemeine Eisenbahngesetz, die Eisenbahn-Betriebsordnung bzw. die Betriebsordnung für Straßenbahnen;
- *Andere Gesetze;* weitere zu beachtende Gesetzgebungen sind u.a. die Bundes- und Landesnaturschutzgesetze, die Bundesimmissionsschutzgesetze (z.B. 16. und 24. Bundesimissionsschutzverordnung den Verkehrslärm betreffend) oder das Wasserschutzgesetz [73], [75].

Grundsätzlich ist dabei zu beachten, dass zum einen immer das höherwertige Gesetz gilt (Bundesrecht bricht Landesrecht), zum anderen die Gesetze sich entweder gegenseitig ergänzen bzw. landestypisch untersetzt werden oder sich durch den räumlich-administrativen Bereich auch inhaltlich abgrenzen.

Richtlinien und Empfehlungen des Straßenwesens werden hauptsächlich von Arbeitsgruppen, besetzt mit Verwaltungsfachleuten, Fachexperten und Vertretern der Industrie bearbeitet und von der Forschungsgesellschaft für Straßen- und Verkehrswesen herausgegeben. Sie verkörpern in der Regel ebenso wie die DIN oder EURO-Normen den Stand der Technik. Sie besitzen zwar „nur" empfehlenden Charakter, bei Nicht-Anwendung oder relevanter Abweichung von den Vorgaben muß im Einzelfall jedoch ein schlüssiger Gegenbeweis angetreten werden.

Richtlinien existieren u. a. für die Methodik der Verkehrsplanung, die Planungsprozesse betreffend, für die Verkehrstechnik und funktionelle Gestaltung von Verkehrsanlagen sowie für einzelne Verkehrsarten (s. Literatur zu 6.2).

Das *Baugesetzbuch* (BauGB) als Bauplanungsrecht regelt im Zusammenhang mit der BauNVO in der vorbereitenden und verbindlichen Bauleitplanung die Zuordnung und Nutzung der öffentlichen Flächen und damit auch die Verkehrsflächen in ihrer Erscheinungsform als öffentliche Straßen und Plätze.

Das *Straßenrecht* regelt wiederum Planung, Bau, Unterhaltung und Nutzung der öffentlichen Straßen und ist im Fernstraßengesetz (FStrG) und in den Straßengesetzen der Länder festgehalten. Nach [2] umfasst das Straßenrecht (als Teil des Verkehrsrechts) im weitesten Sinne inhaltlich alle Vorgänge, die mit dem Entstehen der Straße, ihrer Gestaltung, der Sicherung des Bestandes, ihrer Erhaltung und Nutzung und ihrer Verwaltung im Zusammenhang stehen. Das Straßenrecht berührt dabei (wie durch die obige Aufzählung schon angedeutet) andere Rechtsgebiete und gebietet damit eine inhaltliche Verknüpfung (Auslegung) der Rechtsgebiete untereinander.

Das Straßenverkehrsrecht als Sammelbegriff umfaßt das Straßenverkehrsgesetz (StVG), die Straßenverkehrsordnung (StVO) und die Straßenverkehrszulassungsordnung (StVZO) und beinhaltet im weitesten Sinne die Regeln des Verkehrsverhaltens auf öffentlichen Straßen einschließlich der dazugehörigen Verkehrszeichen sowie die Zulässigkeit von Verkehrsmitteln u.a. hinsichtlich ihrer Abmaße und ihrer Antriebsarten. Von besonderer Bedeutung sind in diesem Zusammenhang Verwaltungsvorschriften, die das Anbringen von Verkehrszeichen regeln (z.B. veröffentlicht in den HAV).

Das Baurecht für Straßen wird durch die *Planfeststellung* im Sinne einer Baugenehmigung auf der Basis der Straßengesetze des Bundes und der Länder und des Bundesfernstraßengesetzes (FStr.G) geschaffen. Die Planfeststellung wird durch das Verwaltungsverfahrensgesetz (VwVfG) geregelt (§§ 72 bis 78). Dagegen werden „Baugenehmigungen" im städtebaulichen Sinne durch den Bebauungsplan auf der Basis des Baugesetzbuches (BauGB) und der Landesbauordnungen durch die Bauordnungsämter erteilt.

Für einen bestimmten städtischen Bereich und eine bestimmte Verkehrsbaumaßnahme können somit beide Verfahren jeweils nacheinander, zeitlich parallel zueinander oder zeitlich wie inhaltlich miteinander verknüpft werden.

Das *Gemeindeverkehrsfinanzierungsgesetz* (GVFG) regelt die Möglichkeit, bestimmte Verkehrsvorhaben zur Verbesserung der Verkehrsverhältnisse in den Gemeinden durch eine gemeinsame Finanzierung von Bund, Land und Gemeinde zu fördern. Positiv „betroffen" sind davon insbesondere Maßnahmen im und für den öffentlichen Verkehr.

Für die Verkehrsplanung sind weiterhin von Bedeutung:

- Das *Bundesnaturschutzgesetz* (BNatSchG) mit seinen Regelungen zum Naturschutz und zur Landschaftspflege bzw. die entsprechenden Landesgesetze zum Naturschutz.
- Das *Bundes-Immissionsschutzgesetz* (BImSchG) und hier insbesondere die 16. und 24. Verordnung mit der Festlegung von Immissionsgrenzwerten (s. a. Abschnitt 10).
- Gesetze zum Grundstücksrecht Ost wie z.B. dem *Vermögenszuordnungsgesetz* (VZOG), die die neue Zuordnung von ehemals volkseigenem Vermögen ordnen; wird u.a. bedeutsam bei der Zuordnung von Stellflächen und öffentlichen Straßen in den Plattensiedlungen im Zusammenhang mit der Wohnumweltverbesserung und den Regelungen für den ruhenden Verkehr.

- Das *Verwaltungsverfahrensgesetz* (VwVfG) und die Verwaltungsgerichtsordnung (VwGO) dienen u. a. der Durchsetzung und Umsetzung der spezifischen Bau- und Fachplanungen auf dem rechtlich vorgegebenen Weg.

Tafel **6**.9   Übersicht über wichtige Gesetze

GG	Grundgesetz der Bundesrepublik vom 28.5.1949
BauGB	Baugesetzbuch (BauGB) in der Fassung der Bekanntmachung. vom 27. August 1997 (BGBl. I S. 2141)
BauROG	Bau- und Raumordnungsgesetz (BauROG); gültig ab 1.1.98 (BGBl. I S. 2141)
BauNVO	4. Verordnung über die bauliche Nutzung der Grundstücke, i. d. F. d. B. vom 23. Januar 1980, zuletzt geändert durch Art. 1 Investitionserleichterungs- und WohnbaulandG vom 22.04.93
ROG	in der Fassung der Bekanntmachung vom 18. August 1997 (BGBl. I S. 2081)
FStrG	Bundes-Fernstraßengesetz, Neufassung lt. Bekanntmachung vom 19. April 1994, BGBl. I S. 854
ThürStrG	Thüringer Straßengesetz vom 7. Mai 1993 GVBl S. 273 (als Beispiel für Straßengesetze der Länder)
GVFG	Gemeindeverkehrsfinanzierungsgesetz – Gesetz über Finanzhilfen des Bundes zur Verbesserung der Verkehrsverhältnisse der Gemeinden, i.d.F.d. B. vom 28.Januar 1988, zuletzt geändert durch Änderungsgesetz vom 18. August 1993 (BGBl. I S. 1488)
StVG	Straßenverkehrsgesetz vom 19. Dezember, zuletzt geändert durch Gesetz vom 14.09.1994 (BGBl I S. 2325)
StVO	Straßenverkehrsordnung vom 16. November 1970, zuletzt geändert durch Verordnung vom 07. August 1997 (BGBl. I S, 2028) bzw. 17.11.97 und 25.6.98
StVZO	Straßenverkehrs-Zulassungs-Ordnung, i. d. F. d. B. vom 28. Sept. 1988, zuletzt geändert durch die 15. ÄndVO vom 23.06.1993 bzw. 3.8.2000
VwV -StVO	Allgemeine Verwaltungsvorschrift zur Straßenverkehrs-Ordnung vom 24. November 1970, zuletzt geändert am 07. August 1997 (BAnz S. 10398)
VwVfG	Verwaltungsverfahrensgesetz vom 25. Mai 1976, zuletzt geändert durch Art. 12 Abs. 5 PostneuordnungsG (PTNeuOG) vom 14.09.1994 BGBl I S. 2325
VwGO	Verwaltungsgerichtsordnung, i. d. F. d. B. vom 19.03.1991, zuletzt geändert durch Art. 2 Magnetschwebebahnplanungs-GMBPIG v. 23.11.1994
BNatSchG	Bundesnaturschutzgesetz – Gesetz über Naturschutz und Landschaftspflege, i. d. F. v. 12.03.1987, zuletzt geändert durch Art. 6 des Gesetezs vom 18. August 1997 (BGBl. I S. 2081)
BlmSchG	Bundes-Immissionsschutzgesetz – Gesetz zum Schutz vor schädlichen Umwelteinwirkungen durch Luftverunreinigungen, Geräusche, Erschütterungen und ähnliche Vorgänge, i. d. F. d. B. vom 14. Mai 1990, zuletzt geändert durch Gesetz vom 18. April 1997 (BGBl I S. 805), dort u.a. Verkehrsrechtliche Bestimmungen des Bundes Immissionsschutzgesetzes
16. BlmSchV	Sechzehnte Verordnung zur Durchführung des Bundes-Immissionsschutzgesetzes (Verkehrslärmschutzverordnung – 16. BlmSchV) vom 12. Juni 1990 (BGBl. I S. 1036)
VZOG	Gesetz über die Feststellung der Zuordnung von ehemals volkseigenem Vermögen – Vermögenszuordnungsgesetz; i. d. F. d. B. vom 29. März 1994
PbefG	Personenbeförderungsgesetz vom 8. August 1990 zuletzt geändert d. Art. 5 v. 17.12.1993(BGBl I S. 2123)

Hinweis: Im Anwendungsfall ist die jeweils aktuelle Gesetzslage zu erkunden.

6.2 Stadtstraßennetze

6.2.1 Straßenkategorien und Straßennetzgliederung

Die städtische Verkehrsnetzstruktur umfasst u.a. die Gesamtheit des Wegenetzes für Fußgänger und Radfahrer, das Linien- und Streckennetz des straßen- und schienengebundenen
öffentlichen Verkehrs und das eigentliche Stadtstraßennetz für den Kraftfahrzeugverkehr.
Die einzelnen Teilnetze der Verkehrsarten überlagern sich im klassischen Straßenquerschnitt oder bilden eigenständige Bereiche. Separate Gehwege findet man beispielsweise in
der Querung von öffentlichen Park- und (Klein-)Gartenanlagen, in Form von Fußgänger-
passagen oder in Form schmaler, historischer Gassen bzw. eigentlich dem Brandschutz
gewidmeter Bauwiche. Eigene Verkehrsnetze bilden auch Straßenbahnen auf eigenem
Bahnkörper, d.h. unabhängig vom Straßennetz geführte Schienenwege.

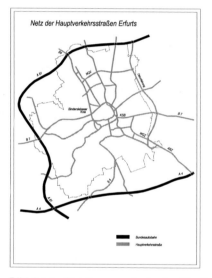

Bild **6**.14   Straßengrundnetz der Stadt
Erfurt

Die *heutigen* Stadtstraßennetze sind das Ergebnis naturräumlicher Bedingungen, historischer
Entwicklung und wirtschaftlicher, gesellschaftlicher und planender Einflußnahme auf die Stadt-
und Verkehrsentwicklung über Jahrhunderte
hinweg. Der Ursprung der Straßennetze ist in
den historischen Altstadtbereichen ablesbar, aber
auch in der Struktur der heutigen Verkehrsver-
bindungen der Stadt mit dem Umland und der
Region nachvollziehbar. Oft überlagern sich hier
die Trassen der Bundes- und Landesstraßen mit
den Trassen früherer Handelswege, z.T. kongruent, z.T. nur geringfügig abweichend durch die
Anpassung an die Forderungen der Linienführung für den Kfz-Verkehr.

Das *zukünftige* Straßennetz muß den Anforderungen einer wirtschaftlichen Stadtentwicklung
genügen und auch den Bedingungen und Grundsätzen einer städtebaulichen Gestaltung folgen.

Die Wechselwirkung zur Flächennutzungsplanung (Nutzungsstruktur einerseits und Kommunikationssystem in Form der Straßen, Schienen- und Wegenetze andererseits) wird u.a.
durch die Darstellung der Haupttrassen und Flächen des Verkehrs im Flächennutzungsplan
angezeigt. Gleichzeitig muß die Ausbildung eines städtischen Straßennetzes die zunehmende Bedeutung einer umweltgerechten und sozialverträglichen Stadt- und Verkehrsplanung reflektieren. Dieser letztgenannte Anspruch realisiert sich (neben verkehrsplanerischen Aspekten) insbesondere in einer differenzierten Straßennetzplanung und einer integrierten Straßenraumgestaltung, bei der grundsätzlich verkehrliche und städtebauliche
Aspekte und Zielstellungen einer ganzheitlichen Abwägung unterzogen werden.

Das Straßennetz kann funktionell und rechtlich gegliedert werden. Die *rechtliche* Gliederung regelt auf der Basis der Straßengesetze des Bundes und der Länder den Besitz und die Zuständigkeit der Straßen zu einzelnen Baulastträgern. Baulastträger sind in der Regel die Eigentümer der Straßen, für die Verkehrssicherungspflicht verantwortlich und besitzen die Planungshoheit für diese Straßen. In Städten mit mehr als 80.000 Einwohner geht die Planungshoheit für Bundesstraßen in die Verantwortung der Kommune über. In der Bundesrepublik findet nachstehende Unterteilung Anwendung (s. Abschn. 6.1.3).

Tafel **6**.10   Baulastträger

Baulastträger	Straßenkategorie
Bund	Autobahnen, Bundesstraßen
Bundesland, Freistaat	Landes- bzw. Staatsstraßen
Kreis	Kreisstraßen
Gemeinde	Kommunalstraßen

Die *funktionelle* Gliederung der Straßen weist den Straßenabschnitten bestimmte Eigenschaften zu. Mit diesem Instrument können die spezifischen Anforderungen systematisiert und darauf aufbauend die planerischen und gestalterischen Maßnahmen bestimmt werden (differenzierte Straßennetzgestaltung, Straßenraumgestaltung, Knotenpunktausbau usw., s.a. Abschn. 6.7). Für die stadtplanerischen und gestalterischen Aufgaben innerorts sind die Verkehrsfunktionen *verbinden, erschließen* und *Aufenthalt bieten* (auf der Straße, im Straßenraum), die Umfeldsituation *angebaut* bzw. *nicht angebaut* zu berücksichtigen.

Straßen mit *Verbindungsfunktion* stellen im innerstädtischen Bereich die Verbindung zwischen den einzelnen Funktionsgebieten, den städtischen Teilräumen, den Teilgebieten bzw. Ortsteilen her, führen den überörtlichen Verkehr durch die Gemeinde und stellen die Verknüpfung mit den Verkehrsschwerpunkten her (Flughäfen, Bahnhöfe, See- und Binnenhäfen, Güterverkehrszentren, Logistikzentren). Diese Straßen bilden in der Regel das Grund- oder Straßenhauptnetz einer Stadt.

Mit der maßgebenden *Verbindungsfunktion* verknüpft sind in der Regel Anforderungen an die Leistungsfähigkeit und die Qualität des fließenden Kfz-Verkehrs sowie an eine möglichst konfliktfreie und bevorrechtigte Führung des öffentlichen Verkehrs.

Die *Erschließung* von städtischen Teilräumen, Stadtteilgebieten, Funktiongebieten usw. wird durch das Erschließungsnetz, auch als Straßennebennetz bezeichnet, gewährleistet. (In der Literatur wird im allgemeinen diese Art der Erschließung etwas irreführend auch als Anbindung bezeichnet, das dazugehörige Straßennetz jedoch wieder als Erschließungsnetz (siehe EAE 85/95)). Die Erschließungsfunktion von Straßen im engeren Sinne sichert die allgemeine Zugänglichkeit zu den einzelnen privaten wie öffentlichen Grundstücken, einschließlich der Zugänglichkeit für angrenzende Nutzungen (vergleiche auch hierzu BauGB z.B. §§ 30, 123ff; Erschließung).

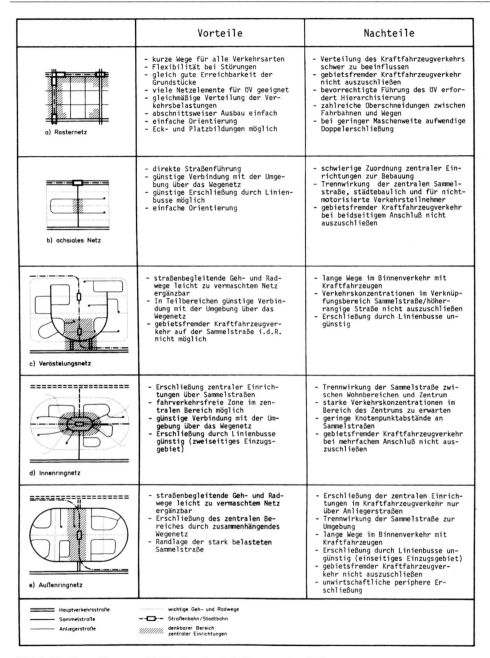

	Vorteile	Nachteile
a) Rasternetz	- kurze Wege für alle Verkehrsarten - Flexibilität bei Störungen - gleich gute Erreichbarkeit der Grundstücke - viele Netzelemente für ÖV geeignet - gleichmäßige Verteilung der Verkehrsbelastungen - abschnittsweiser Ausbau einfach - einfache Orientierung - Eck- und Platzbildungen möglich	- Verteilung des Kraftfahrzeugverkehrs schwer zu beeinflussen - gebietsfremder Kraftfahrzeugverkehr nicht auszuschließen - bevorrechtigte Führung des ÖV erfordert Hierarchisierung - zahlreiche Überschneidungen zwischen Fahrbahnen und Wegen - bei geringer Maschenweite aufwendige Doppelerschließung
b) achsiales Netz	- direkte Straßenführung - günstige Verbindung mit der Umgebung über das Wegenetz - günstige Erschließung durch Linienbusse möglich - einfache Orientierung	- schwierige Zuordnung zentraler Einrichtungen zur Bebauung - Trennwirkung der zentralen Sammelstraße, städtebaulich und für nichtmotorisierte Verkehrsteilnehmer - gebietsfremder Kraftfahrzeugverkehr bei beidseitigem Anschluß nicht auszuschließen
c) Verästelungsnetz	- straßenbegleitende Geh- und Radwege leicht zu vermaschtem Netz ergänzbar - In Teilbereichen günstige Verbindung mit der Umgebung über das Wegenetz - gebietsfremder Kraftfahrzeugverkehr auf der Sammelstraße i.d.R. nicht möglich	- lange Wege im Binnenverkehr mit Kraftfahrzeugen - Verkehrskonzentrationen im Verknüpfungsbereich Sammelstraße/höherrangige Straße nicht auszuschließen - Erschließung durch Linienbusse ungünstig
d) Innenringnetz	- Erschließung zentraler Einrichtungen über Sammelstraßen - fahrverkehrsfreie Zone im zentralen Bereich möglich - günstige Verbindung mit der Umgebung über das Wegenetz - Erschließung durch Linienbusse günstig (zweiseitiges Einzugsgebiet)	- Trennwirkung der Sammelstraße zwischen Wohnbereichen und Zentrum - starke Verkehrskonzentrationen im Bereich des Zentrums zu erwarten - geringe Knotenpunktabstände an Sammelstraßen - gebietsfremder Kraftfahrzeugverkehr bei mehrfachem Anschluß nicht auszuschließen
e) Außenringnetz	- straßenbegleitende Geh- und Radwege leicht zu vermaschtem Netz ergänzbar - Erschließung des zentralen Bereiches durch zusammenhängendes Wegenetz - Randlage der stark belasteten Sammelstraße	- Erschließung der zentralen Einrichtungen im Kraftfahrzeugverkehr nur über Anliegerstraßen - Trennwirkung der Sammelstraße zur Umgebung - lange Wege im Binnenverkehr mit Kraftfahrzeugen - Erschließung durch Linienbusse ungünstig (einseitiges Einzugsgebiet) - gebietsfremder Kraftfahrzeugverkehr nicht auszuschließen - unwirtschaftliche periphere Erschließung

════ Hauptverkehrsstraße	·········· wichtige Geh- und Radwege
──── Sammelstraße	──▭── Straßenbahn/Stadtbahn
──── Anliegerstraße	▨▨▨ denkbarer Bereich zentraler Einrichtungen

Bild **6**.15   Grundformen städtischer Erschließungsnetze [98]

Die *Aufenthaltsfunktion* kennzeichnet Straßen mit einem hohen Anteil sehr unterschiedlicher Aktivitäten im öffentlichen Straßenraum, die sich u.a. aus den angrenzenden Nutzungen ergeben: Kommunikation, Verkaufen und Einkaufen, Verweilen, Kinderspiel, Aufenthalt in Straßencafes usw. In Wohngebieten kann man die Anforderungen an den Straßenraum auch mit der Formulierung *Wohnen beginnt auf der Straße* inhaltlich umreißen.

Die Funktionen Verbinden, Erschließen und Aufenthalt sind einerseits in den einzelnen Straßennetzbereichen unterschiedlich stark ausgeprägt und charakterisieren damit diese Netzteile. Andererseits führt das gleichzeitige Vorhandensein bzw. in der Überlagerung dieser Funktionen zu teilweise erheblichen Zielkonflikten, die nur bedingt durch Gestaltung, mehr jedoch durch planerische Eingriffe (z.B. Verlegung von Verkehrsströmen oder Auslagerung von Nutzungen) kompensiert werden können.

Zu den *Hauptnetzstraßen,* das Grundnetz bildend (mit den Funktionen verbinden und erschließen), gehören Schnellverkehrsstraßen (SVS), Hauptverkehrsstraßen (HVS) und Hauptsammelstraßen (HSS). Eine besondere Rolle nehmen *Hauptverkehrsstraßen* im engeren Sinne ein, bei denen sich städtebauliche (Aufenthalt) und verkehrliche Nutzungsansprüche (verbinden, erschließen) sehr stark überlagern (s. Abschn. 6.2.3).
Die *Nebennetzstraßen* bilden das *Erschließungsnetz* städtischer Teilgebiete und werden in der Regel durch eine hierarchische Differenzierung in Sammelstraßen (SS), Anliegerstraßen (AS) und Anlieferwege (AW) und unabhängig vom Fahrverkehr geführte Fuß-/Radwege gebildet. Im Erschließungsnetz dominieren die Funktionen Erschließung und Aufenthalt. Die Aspekte des fließenden Kfz-Verkehrs finden Beachtung, priorisiert werden die Anforderungen des Fußgänger- und Radverkehrs und, sofern erforderlich, des ÖPNV. Straßenraum- und Knotenpunktgestaltung werden darauf abgestimmt, u.a. kann bei Anliegerstraßen und insbesondere bei Wohnwegen die Trennung der Verkehrsarten (Fahrbahn-Gehbahn-Radbahn) aufgehoben werden (weiche Trennung, siehe auch Abschn. 6.2.2).
Land- und forstwirtschaftliche Wege ergänzen in unbebauten Bereichen das funktionell klassifizierte Straßen- und Wegenetz.

Das System der Haupt- und Nebennetzstraßen bildet in gegenseitiger Ergänzung das Gesamtnetz einer Stadt. Funktionell „höhere" Straßen sind in der Regel auch im verkehrsjuristischen Sinne die übergeordneten Hauptstraßen, die funktionell nachgeordneten Straßen bilden die Nebenstraßen (Vorfahrtsregelung).

Hauptnetzstraßen folgen bestimmten Grundformen, die aus den natürlichen Gegebenheiten (Morphologie, Topographie), aus der Stadtgeschichte sowie der planerischen Einflußnahme resultieren. Die in Bild 6.16 dargestellten Grundformen existieren in der Regel häufig auch in davon abweichenden, ergänzenden Netzkonfigurationen. In [51] und [52] sind entsprechende Ausführungen über Vor- und Nachteile der einzelnen Systeme angegeben. In der Umsetzung von Maßnahmen der Verkehrsberuhigung übernehmen Straßen des Hauptnetzes auch die Funktion der Bündelung von Verkehrsströmen, um das Nebennetz und damit beispielsweise Wohngebiete verkehrsberuhigend zu entlasten. Für das „übergeordnete" Straßenhauptnetz kann eine Maschenweite von ca. 600 - 800 m angegeben werden.

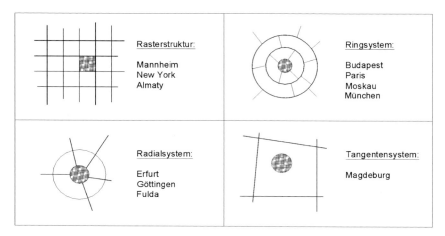

Bild **6**.16   Grundformen städtischer Hauptnetzstraßen

Für das *Straßennebennetz* existieren mit der o.g. hierarchischen Gliederung sehr unterschiedliche Netzformen (s. Bild 6.15), die je nach planerischer Zielstellung, Größe und Nutzungsstruktur des zu erschließenden Teilgebietes angewendet werden.
Die funktionelle Gliederung wird sowohl für das bestehende Straßennetz als auch für neue städtische Teilgebiete (Planung) angewendet (z.B. neue Wohn-, Misch- und Gewerbegebiete). Nebennetzgestaltung und die städtebauliche Nutzungsstruktur der einzelnen Gebiete sind direkt miteinander verbunden und müssen im einem iterativen, *gemeinsamen Prozess* erarbeitet werden.

Für die Straßen des Nebennetzes existieren Belastungsgrenzen im Umfang der Kraftfahrzeuge pro Spitzenstunde bzw. im Tagesverkehr (DTV), in der Länge einzelner Straßen (Anliegerstraßen, Anliegerwege) oder durch eine Begrenzung der anzuschließenden Wohneinheiten (und damit indirekt des Verkehrsaufkommens).

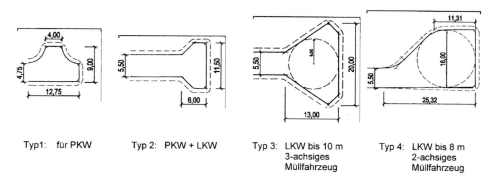

Typ1: für PKW   Typ 2: PKW + LKW   Typ 3: LKW bis 10 m   Typ 4: LKW bis 8 m
                                                   3-achsiges   2-achsiges
                                                   Müllfahrzeug   Müllfahrzeug

Bild **6**.17   Wendeanlagen für Stichstraßen

Stichstraßen sollten eine Länge von 80 - 120 m, *Schleifenstraßen* eine Länge von 200 - 400 m nicht wesentlich überschreiten. Die nachfolgenden Zahlen vermitteln einen Überblick über die Größenordnung von Verkehrsaufkommen für einzelne Straßenkategorien.

- Sammelstraßen $\leq$ 400 - 800 Kfz/Spitzenstunde
- Anliegerstraßen $\leq$ 100 - 200 Kfz/Spitzenstunde
- Anliegerweg $\leq$ 10 - 30 Wohnungen

Spezielle Anwendungsfälle über- und unterbieten diese angegebene Werteskala.

Eine effiziente Erschließung ergibt sich bei einer beidseitigen Anordnung der Grundstükken an die Erschließungsstraßen. Stichstraßen sollten immer mit einer Wendemöglichkeit für Kraftfahrzeuge, insbesonders für Müllfahrzeuge ausgestattet werden.

6.2.2 Flächenanspruch im Straßenraum

Flächenansprüche resultieren einmal aus der physischen Größe (statischer Raumanspruch) und zum anderen aus der virtuellen Größe infolge der Bewegung (dynamischer Raumanspruch).

Einen Überblick über wichtige Abmessungen für Fußgänger und Radfahrer geben die Tafel 6.11 und für Fahrzeuge die Tafel 6.12 an. Die Maße der Fahrzeuge stellen Grundmaße dar, die im Einzelfall durch zusätzliche Angaben (Bewegungsräume bzw. Außenspiegel, Achslänge, Stromabnehmerhöhe usw.) ergänzt werden müssen.

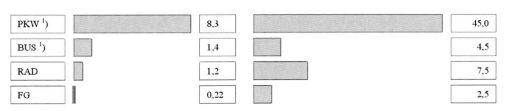

statisch | dynamisch [2])

	statisch		dynamisch [2])
PKW [1])		8,3	45,0
BUS [1])		1,4	4,5
RAD		1,2	7,5
FG		0,22	2,5

[1]) Besetzungsgrad der Fahrzeuge 20% (PKW =1Person Bus = 20 Personen)
[2]) Ergibt sich der Größe des Fahrzeuges und aus dem Abstand der Fahrzeuge zum Vorausfahrenden sowie den Fahrstreifenbreiten

Bild **6**.18   Flächenanspruch unterschiedlicher Verkehrsteilnehmer in m²/Person

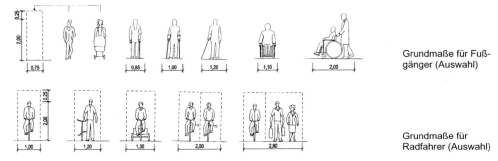

Grundmaße für Fußgänger (Auswahl)

Grundmaße für Radfahrer (Auswahl)

Bild **6**.19   Raumanspruch für Fußgänger und Radfahrer [98]

Tafel **6**.11   Geometrische Abmessungen für Fußgänger und Radfahrer in m

Verkehrsteilnehmer	Länge	Breite	Höhe	Radius
Fußgänger	0,50	0,55	2,00	1,00
Kinderwagen	1,10	0,55	1,00	1,00
Rollstuhl	1,25	0,85	1,10	1,00
Fahrrad	1,90	0,60	2,00	1,50

Tafel **6**.12   Geometrische Abmessungen für Fahrzeuge in m

Fahrzeugart	Länge	Breite	Höhe	Radius
Moped	1,80	0,60	2,00	2,00
Kraftrad	2,20	0,70	2,00	2,50
Personenkraftwagen	4,70	1,75	1,50	5,80
Transporter	4,50	1,80	2,00	6,00
Lieferwagen	6,00	2,10	2,20	6,10
Lastkraftwagen (bis 2,5t)	9,50	2,50	4,00	9,60
Müllfahrzeug (2-achsig)	7,64	2,50	3,30	7,80
Müllfahrzeug (3-achsig)	9,45	2,50	3,30	9,80
Feuerwehrfahrzeug	9,45	2,50	2,80	10,50
Möbelfahrzeug	9,50	2,50	4,00	9,45
Lastzug	18,00	2,50	4,00	10,50
Sattelzug	15,39	2,50	4,00	6,65
Standardlinienbus	11,48	2,50	3,05	11,00
Gliedergelenkbus	17,40	2,50	3.05	12,00
Straßenbahn-Gelenkzug	-	2,40	3,40	25,00
Stadtbahnen	-	2,65	3,40	30,00

Bei der Querschnittsgestaltung von Hauptverkehrsstraßen und Erschließungsstraßen werden in der Regel für die Bemessung zwei geschwindigkeitsabhängige „Lastfälle" für *begegnen, vorbeifahren bzw. nebeneinanderfahren* unterschieden: (Bild 6.20)
a) ohne Einschränkungen der Fahrbewegungen (V = 50 km/h)
b) mit eingeschränkten Bewegungsspielräumen (V < 40 km/h)

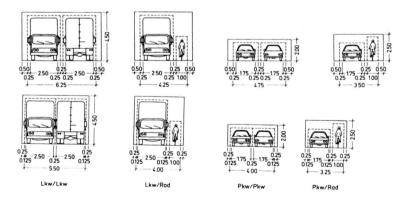

Bild **6**.20   Begegnungsfälle für Erschließungsstraßen [98]

Im Erschliessungsnetz wird das *Begegnen* verschiedener Fahrzeugarten, im Hauptnetz das *Begegnen, das Vorbeifahren bzw. des Nebeneinanderfahren* berücksichtigt und der Bemessung zugrunde gelegt, z.B. Bus/Bus; Lkw/Lkw; Pkw/Pkw oder Pkw/Rad.

Bei der Fahrt in einer Krümme müssen weitere Flächenansprüche geltend gemacht werden, die sich aus der *Schleppkurve* der Kraftfahrzeuge bzw. der Schienenfahrzeuge ergeben (Bild 6.21).

Die Schleppkurven sind bei der Gestaltung von Erschließungsstraßen (Anliegerstraßen oder Anliegerwegen), bei Grundstücks- und Garagenzufahrten und besonders beim Ein- und Ausbiegen an Knotenpunkten (s. Abschn. 6.2.3) zu berücksichtigen. In der Regel gilt als Bemessungsfahrzeug das zwei- oder dreiachsige Müllfahrzeug, sofern nicht andere Fahrzeuge (z.B. Gliedergelenkbus, Lastzüge) maßgebend werden.

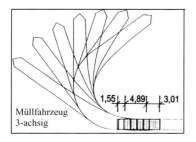
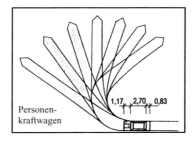

Bild **6**.21   Schleppkurve [98]

Beim städtebaulichen Entwurf sollten bei der Vorplanung die Schleppkurven großzügig angesetzt werden, um nicht bei der Ausführungsplanung bzw. architektonischen Durcharbeitung die städtebauliche Grundidee durch fahrzeugbedingte Flächenansprüche in Frage stellen zu müssen. Bei schienengebundenen Fahrzeugen (Straßenbahn, Stadtbahn) ergeben sich durch die Drehgestell-Lenkung und den starren Wagenkasten (mit entsprechender Länge) ebenfalls erhebliche Flächenansprüche. Orientierungswerte für Fahrbahnbreiten städtischer Straßen sind der Tafel 6.13 zu entnehmen, die konkrete Anwendung erfordert die Berücksichtigung verkehrlicher wie städtebaulicher Bedingungen vor Ort und eine Konkretisierung der Maße.

Tafel **6**.13   Fahrbahnbreiten für Innerortsstraßen nach [98]

Fahrbahn-breiten	Einsatzbedingungen	Maßgeb. Begegnungsfall
7.00	Hauptverkehrsstraßen, hoher Anteil von Schwerlastverkehr	Lastzug/Lastzug
6,50	Regelwert für Hauptverkehrsstraßen, Hauptsammelstraßen, Busverkehr; Sammelstraßen in Gewerbegebieten	Bus/Bus
5,50	Regelwert für (Wohn-)Sammelstraßen, Anliegerstraßen	LKW/LKW
4,75	Regelwert für Anliegerstraßen	LKW/PKW
4,00	Anliegerstraßen und Anliegerwege in Kombination mit ruhendem Verkehr im Straßenraum	PKW/PKW
3.00	Anliegerwege, Nutzung im Notfall (z.B. Feuerwehr)	PKW/Rad

6.2.3 Straßenraumgestaltung

Straßen- und Platzräume sind die wichtigsten öffentlichen Bereiche in Städten und Dörfern. Der Straßenraum ist in seiner Erscheinungsform außerordentlich vielgestaltig und hat unterschiedliche Nutzungsansprüche und Funktionen zu erfüllen. Wesentliche Ansprüche ergeben sich aus dem Verkehr, dem Städtebau, der Ökologie und der Infrastruktur (siehe Bild 6.22) und gelten für Hauptverkehrsstraßen wie auch für Erschließungsstraßen, jedoch mit einer jeweils anderen Wichtung der unterschiedlichen Ansprüche.

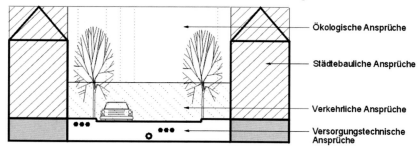

Ökologische Ansprüche

Städtebauliche Ansprüche

Verkehrliche Ansprüche

Versorgungstechnische Ansprüche

Bild **6**.22   Ansprüche an den Straßenraum

Bei den *verkehrlichen Ansprüchen* (dominierend: verbinden und erschließen) sind die einzelnen Verkehrsarten zu berücksichtigen: Fußgängerquer- und -längsverkehr, Radverkehr, öffentlicher Verkehr einschließlich der Anordnung von Haltestellen, fließender, ruhender und arbeitender Verkehr. Dabei spielen die unterschiedlichen Geschwindigkeiten der einzelnen Verkehrsarten, das Sicherheits- und Schutzbedürfnis, die Intensität der Nutzung der einzelnen Teilräume durch den Verkehr sowie die zeitliche Verteilung der Nutzungsintensität über den Tag eine besondere Rolle. Zielstellungen im verkehrlichen Bereich liegen in der Gewährleistung der Sicherheit für alle Verkehrsteilnehmer unter besonderer Berücksichtigung der Fußgänger und Radfahrer sowie der Menschen mit einer eingeschränkten Mobilität, in der Qualität des Verkehrsablaufes für den Kfz-Verkehr, für den öffentlichen Verkehr bzw. für den Rad- und Fußgängerverkehr sowie in der Erschließungsqualität für die unterschiedlichen Verkehrsarten.

Für den *Städtebau* oder (städtebaulichen Raum) resultieren die Ansprüche aus Wohnen, Gewerbe, Handel oder Dienstleistungen, die direkt oder indirekt den öffentlichen Raum beanspruchen (Straßencafés, Handel auf der Straße, Kinderspiel etc.) und die sich in der Gestaltung der Seitenräume widerspiegeln. Weiterhin sind von Bedeutung die Gestalt der den Straßenraum begrenzenden Bebauung (offene oder geschlossene Bauweise, Form der architektonischen Ausbildung, Farbgestaltung usw.), die Länge des Straßenabschnittes sowie das geometrische Verhältnis von Höhe und Breite des Straßenraumes (Raumproportionen). Zielkriterien für die städtebaulichen Anforderungen lassen sich weitgehend auch aus den spezifischen Bedürfnissen, Empfindungen und Ansprüchen der Anwohner und Nutzer ableiten.

Ökologische Ansprüche ergeben sich aus der Notwendigkeit und Zielstellung an ausreichender Belüftung, Besonnung bzw. Schattenbildung, dem erforderlichen Kleinklima, durch Minderung der Lärm- und Luftschadstoffemissionen, der Minderung des Versiegelungsgrades des der Fläche, bzw. der Flächeninanspruchnahme sowie der „Grün"-gestaltung, mittels privater und öffentlicher Freiräume (z.B. Rasen, straßenbegleitende Bepflanzungen).

Versorgungstechnische Ansprüche ergeben sich aus der Notwendigkeit, die Leitungen für Wasser, Abwasser, Energie, Wärme- und Kälteversorgung, Telekommunikation, Stadtbeleuchtung usw. vornehmlich im unterirdischen Bauraum einzuordnen (längs der Straßenachse und querend zu den einzelnen Grundstücken), verbunden mit der Zielstellung einer Bündelung von Leitungstrassen und einer gesicherten Zugänglichkeit in Havariefällen u.ä.

Aus der *Überlagerung der Ansprüche* ergeben sich sowohl innerhalb der Anspruchsgruppen (z.B. im Verkehr: fließender Verkehr „gegen" Fußgängerverkehr) als auch zwischen den Nutzungsgruppen Widersprüche, deren Lösung eine Abwägung in der Zielhierarchie und in der Entwurfsgestaltung erfordert. Neben diesen skizzierten materiellen Ansprüchen müssen in der Straßenraumgestaltung auch immaterielle Bedürfnisse Berücksichtigung finden; dazu gehören u.a. Orientierung, soziale Brauchbarkeit, Identität, Anregung oder Schönheit. Die Querschnittsgestaltung muß in diesem Zusammenhang auch die Folge von unterscheidbaren und eigenständigen Straßenabschnitten und Plätzen im Gefüge eines (Straßen-) Raumnetzes beachten.

Die verkehrliche und städtebauliche Situation (Bestand) und die Planungsabsichten, die politischen und wirtschaftlichen Bedingungen sowie die spezifischen Zielstellungen bestimmen in einem interdisziplinären Planungs- und Entwurfsprozeß den Lösungsansatz und Lösungsweg. „Einheitliche" Entwurfsvorgaben sind nicht möglich und auch grundsätzlich falsch. Grundsätzliche Zielstellung bleibt, in einem *integrierten Straßenraumentwurf* die Verträglichkeit der verschiedenen Nutzungsansprüche zu erreichen bzw. durch Neuzuordnung von Flächen Konfliktpotenziale weitgehend zu mildern. Dies gilt für den Um- oder Neubau und auch für den sogenannten *Rückbau* von Straßen. Kann keine Verträglichkeit hergestellt werden, so müssen Nutzungen verlagert oder Nutzungsansprüche reduziert werden.

Diese gesamtheitliche Betrachtungsweise im Straßenraum, verbunden mit einer Differenzierung der Straßenräume im Netz und einer höheren Bewertung der Verkehrsarten des Umweltverbundes hat ihren Anfang in den frühen siebziger Jahren genommen, als die negativen Folgen der Motorisierung in überdimensionierten Straßenverkehrsflächen und unzureichenden Seitenräumen einen unübersehbaren gestalterischen Ausdruck annahmen und Lärm und Abgasemissionen nicht mehr „überhörbar" waren. Gleichzeitig ergaben sich auch neue Anforderungen aus geänderten Wertvorstellungen zur natürlichen und bebauten Umwelt im allgemeinen und einem höheren Lebensstandard. Die Einrichtung von Fußgängerzonen in den sechziger Jahren markieren den Beginn dieser Entwicklung. Der Konflikt zwischen einem ruhigen und sicheren Einkauf und dem störenden Kfz-Verkehr wurde durch Verlagerung des Kfz-Verkehrs aus dem historischen Stadtgebiet gelöst und fand seinen ersten Niederschlag in neuen Tangentensystemen von Hauptnetzstraßen rund um das historische Zentrum und meist durch und zu Lasten der angrenzenden Innenstadtgebiete. Die Überlastung dieser Gebiete führte dann wiederum zu den Forderungen der Verkehrsberuhigung, verbunden mit der baulichen Gestaltung der Straßenräume zur Verdeutlichung dieser planerischen Absicht. *Rückbau* von Straßen heißt, die einseitig Kfz-orientierte Straßenraumgestaltung dieser Vergangenheit zu überwinden und den heutigen und zukünftigen Anforderungen gerecht zu werden.

Die Arbeitsschritte der Straßenraumgestaltung umfassen im wesentlichen nach ESG 96:

- die Problemerkennung und Formulierung der Zielvorstellung
- die Zustandserfassung und -bewertung
- die Planung und den Entwurf von Lösungen, Maßnahmen
- die Abschätzung der Wirkungen und die Bewertung des Konzepts
- die Bürgerbeteiligung und die Entscheidung
- die bauliche Umsetzung und Realisierung.

In den Richtlinien EAE 85/95, EAHV 93 und ESG 96 werden dazu umfangreiche methodische wie auch gestalterische Hinweise gegeben, diese drei Ausarbeitungen sollten zum Standardrepertoire des Stadtplaners und Städtebauers gehören.

Für die Gestaltung der Straßenräume unterscheidet man heute entwicklungsbedingt zwei Teilbereiche: Hauptverkehrsstraßen und Erschließungsstraßen.

Die Gestaltung von *Hauptverkehrsstraßen* im engeren Sinne berücksichtigt die Überlagerungen aus den verkehrlichen Funktionen „verbinden" und „erschließen", den Verkehrsbelastungen der einzelnen Verkehrsarten sowie aus der städtebaulichen Aufenthaltsfunktion, dem Gebietstyp, dem Straßenumfeld sowie der straßenräumlichen Gesamtsituation. Hauptverkehrsstraßen sind im allgemeinen Ortsdurchfahrten kleinerer Gemeinden und „Haupt"geschäftsstraßen in Klein- und Mittelstädten oder Geschäftsstraßen in Ortsteilen von Großstädten. Es sind die Straßen mit dem höchsten Konfliktpotenzial. Andere Hauptverkehrsstraßen führen nur durch Wohn- oder Gewerbegebiete mit einem geringeren Konfliktpotenzial oder sind anbarfreie Hauptverkehrsstraßen (Straßenkategorie B) mit weitgehend konfliktfreien Bereichen.

Hauptverkehrsstraßen werden auf Grund ihrer Länge in der Regel in einzelne Straßenraumabschnitte unterteilt, die nach den abschnitts- und gebietsspezifischen Anforderungen gestaltet werden, ohne das Gesamtkonzept für den gesamten Straßenzug außer Acht zu lassen. Gegenstand und Maßnahmen der Entwurfsplanung für den Straßenraum von Hauptnetzstraßen sind hauptsächlich:

- Führung des fließenden Verkehrs bei gleichzeitiger Dämpfung der Geschwindigkeit (Gestaltung der Fahrbahnen)
- Sicherung des Parkens und Anliefern ohne Gefährdung/Belästigung des fließenden und Fußgänger- und Radverkehrs
- Gestaltung der Bewegungsräume und Aufenthaltsbereiche für Fußgänger nach den Kriterien sicher und komfortabel
- sichere und direkte Führung des Radverkehrs im Straßenraum einschließlich der Einordnung von Abstellanlagen
- sichere Gestaltung der Überquerungsstellen für Rad- und Fußgängerverkehr
- möglichst sichere und bevorrechtigte Führung des öffentlichen Verkehrs einschließlich einer direkten und konfliktfreien Erreichbarkeit der Haltestellen
- Gesamtgestaltung von Plätzen und Knotenpunkten nach verkehrlichen und städtebaulichen Aspekten in der gleichberechtigten Abwägung
- Ausstattung von Straßenräumen (z.B. Beleuchtung, straßenbegleitendes Grün).

Der Gestaltung und Gliederung des städtebaulichen Raumes unter Berücksichtigung historischer und freiraumgestalterischer Bezüge, der Gestaltung der Seitenräume (Aufenthalt, Fußgänger, Radfahrer, Parken, Anliefern) sowie der sicheren Querung der Fahrbahnen kommen besondere Bedeutung zu.

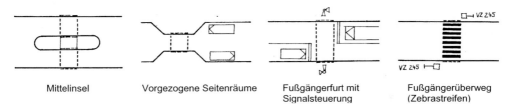

| Mittelinsel | Vorgezogene Seitenräume | Fußgängerfurt mit Signalsteuerung | Fußgängerüberweg (Zebrastreifen) |

Bild **6**.23 Gestaltung von Fussgängerquerungsanlagen im Zuge von Hauptnetzstrassen

Die Spezifika bei der Gestaltung von *Erschließungsstraßen* liegt im wesentlichen in der Umsetzung (Verdeutlichung) der Erschließungs- und Aufenthaltsfunktion in Sammelstraßen (SS) für Wohn- und Gewerbegebiete, in denen auch der öffentliche Verkehr (Bus) geführt wird; in Anliegerstraßen (AS) und in Anliegerwegen (AW), auf denen z.B. die Verkehrsarten gleichberechtigt auf einer Verkehrsfläche agieren können (s.u.). Die Gestaltung wird maßgeblich durch die verschiedenen Gebietstypen bestimmt, die mit ihrem städtebaulichen Erscheinungsbild, ihren Nutzungsstrukturen und ihrer Geschichte sowie den Wegenetzen die Eigenart des Gebietes charakterisieren. Es werden Straßen in Stadtkerngebieten, in stadtkernnahen Altbaugebieten, in Wohngebieten in Orts- und Stadtrandlage, in Industrie- und Gewerbegebieten und in dörflichen Gebieten unterschieden.

Das Entwurfsprinzip gliedert sich in das:
Trennungsprinzip ohne und mit geschwindigkeitsdämpfenden Maßnahmen; Zuordnung von Verkehrsflächen für die unterschiedlichen Verkehrsarten, bauliche Abgrenzung des Fahrverkehrs vom übrigen Verkehr durch Borde oder Bordrinnen, punktuelle Maßnahmen zur Geschwindigkeitsdämpfung (z.B. Fußgängerquerungsstellen gestalterisch/baulich betonen). In der Literatur werden auch häufig die Begriffe harte (Borde u.ä.) und weiche Trennung (höhengleich, aber gestalterisch getrennt) verwendet.

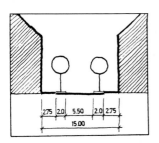

- Trennungsprinzip mit Geschwindigkeitsdämpfung
- Begegnungsfall Bus/Bus bei verminderter Geschwindigkeit
- Verkehrsstärke 400 Kfz/Sph angestrebte $V \leq 30$ km/h
- Längsparken möglich
- Aufenthalt eingeschränkt

Bild **6**.24 Beispiel Anliegerstraße (AS 2) im stadtkernnahen Altbaugebiet [98]

Mischungsprinzip, gleichberechtigte Nutzung einer Verkehrsfläche durch unterschiedliche Verkehrsarten; baulich als höhengleiche Ausbildung des gesamten Straßenraumes oder bei Beibehaltung der Borde eine dichte Folge geschwindigkeitsdämpfender Entwurfselemente (Versätze, Teilaufpflasterungen, Einengungen etc.). Anwendung bei geringer Nutzungsintensität und geringer Überlappung der Nutzungszeiten (z.B. < 200 Kfz/h und < 20 km/h), die unterschiedlichen Nutzungen sind verträglich untereinander.

Mischformen ergeben sich in der Regel in städtebaulich und denkmalpflegerisch bedeutsamen Altbaubereichen (EAE 85/95, s.a. [30] SCHNÜLL).

Der *integrierte Straßenraumentwurf* ergibt sich aus einem intensiven Abwägungsprozeß, in welchem die unterschiedlichen Nutzungsansprüche, die örtliche Spezifik des Raumes und die Entwurfs- und Gestaltungsmaßnahmen zu einem Lösungsansatz geführt werden. Unabhängig von den Beispielen und „Vorgaben" ergibt sich für jede gestaltete Straße eine individuelle Lösung, ein eigenes Gesicht.

Den Zusammenhang zwischen dem Entwurfsprinzip und der Regelung zeigt Bild 6.25.

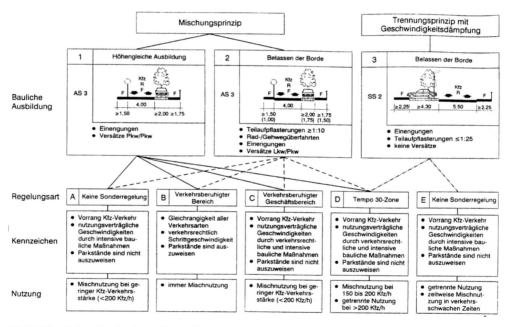

Bild **6**.25   Entwurfsprinzip und rechtliche Regelung [30]

6.2.4 Knotenpunkte

Knotenpunkte bewirken die Differenzierung des Straßen- und Wegenetzes in „freie Strekken" und „Knotenpunkte" und leisten damit einen aktiven Beitrag auch zur funktionellen

Gliederung der Netze, wie in Abschn. 6.2.1 beschrieben. Am Knotenpunkt werden die ankommenden Verkehrsströme aufgegliedert und neu gebündelt „gesammelt" oder „verteilt"; am Knotenpunkt ist auch deren Richtungsänderung möglich. An einem Knotenpunkt überlagern sich die Wegenetze des Fußgänger- und Radverkehrs, die Linien des öffentlichen Verkehrs und die eigentlichen Straßennetze für den Kfz-Verkehr. Die einzelnen Verkehrsarten bilden gleichzeitig auch eigene Knotenpunkte. Aus der Überlagerung der verschiedenen Netze am Knotenpunkt ergibt sich ein sehr großes Konfliktpotenzial zwischen den einzelnen Verkehrsarten und daraus schlussfolgernd eine sehr hohe Anforderung an die Verkehrssicherheit. Konflikte bestehen zwischen den einzelnen Verkehrsarten (z.B. Fußgänger und Kraftfahrzeuge) wie auch innerhalb des Kfz-Verkehrs mit den dazugehörigen Abbiegeströmen (z.B. Geradeaus gegen Linksabbieger).

Hinweis: Die Gestaltung von Knotenpunkten in Bezug auf die Lichtsignalsteuerung wird in Abschn. 6.6 und die Einbindung des öffentlichen Verkehrs an Knotenpunkten wird in Abschn. 6.3 behandelt.

Der Verkehrsablauf am Knotenpunkt unterscheidet sich wesentlich von dem der freien Strecke; für den Kfz-Verkehr sind die Bewegungsabläufe kreuzen, einfädeln und ausfädeln zu beachten. In der Regel ist die Leistungsfähigkeit am Knoten geringer als auf der freien Strecke, weil sich die Verkehrsströme auf einer nur begrenzten Fläche einander durchsetzen müssen. Bei der Gestaltung und Differenzierung der Netze durch Knotenpunkte sind sowohl übergeordnete Bedingungen wie Straßenkategorie (Bundes-, Landes- oder kommunale Straßen), die Verkehrsanforderungen aus der Raumordnung und der Flächennutzung der Kommune als auch die örtlichen Gegebenheiten (Straßenneigungen der Zufahrten, Topografie), das städtebauliche Umfeld und angrenzende Nutzungen sowie die verkehrlichen Bedingungen und Besonderheiten (z.B. Anteil Schwerlastverkehr, Radverkehr, Anzahl der Straßenbahnen pro Stunde, ...) zu beachten. Beim Entwurf von Knoten kommt die Methodik des *Gegenstrom-Prinzipes* zur Anwendung: gleichzeitige Beachtung von „Überordnung" und „Detail".

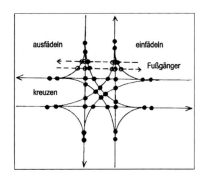

Bild **6**.26 Konfliktpotenzial am Knoten

Knotenpunktformen

Knotenpunkte können in *plangleich*, *teilplanfrei* und *planfrei* eingeteilt werden. Bei *planfreien Knotenpunkten* erfolgt das Kreuzen von Verkehrsströmen in zwei Ebenen, alle anderen Kfz-Verkehrsabläufe realisieren sich durch Ein- und Ausfädeln. Planfreie Knoten werden bei sehr hohem Verkehrsaufkommen und bei der Führung von Bundes- und Stadtautobahnen im Außenbereich von Groß- oder Millionenstädten angewendet; sie beanspruchen sehr viel Fläche. Planfreie Knoten werden deshalb nicht im innerstädtischen Bereich eingesetzt. Die bekanntesten Formen sind das sog. „Kleeblatt" und die „Trompete" (Bild 6.27).

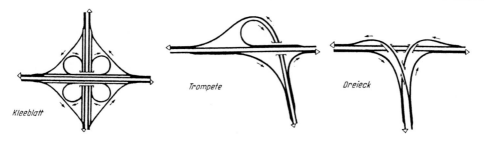

Bild 6.27   Planfreie Knotenpunkte

Bei *teilplanfreien Knoten* werden einzelne, zumeist kreuzende Kfz-Verkehrsströme auf unterschiedlichen Ebenen konfliktfrei geführt. Im weiteren Sinne kann man die Definition teilplanfrei aber auch auf die konfliktfreie Führung *unterschiedlicher Verkehrsarten* ausweiten (z. B. Straßenbahn vom Kfz-Verkehr getrennt über- oder unterführen; gleichermaßen den Fußgängerverkehr und Kfz-Verkehr auf verschiedenen Ebenen führen (Brücken, Tunnel, Fußgängergeschoß)). Teilplanfreie Knotenpunkte können in ihrer unterschiedlichen Ausformung mit Ausnahme der historischen Altstadt und der Innenstadt im weiteren Stadtgebiet Anwendung finden. Im besonderen finden die *Parallel*-Rampen oder auch „*Holländer*-Rampen" genannten Lösungen wegen ihres relativ geringen Platzbedarfes Anwendung (Bild 6.28). In den 60er und 70er Jahren wurden in den Städten zur Bewältigung des Verkehrsaufkommen Hochstraßen eingeordnet, die in der Regel über die so genannten Parallelrampen an das weitere Straßennetz angeschlossen wurden. Städtebaulich gesehen sind Hochstraßen und ihre Knotenpunkte in der Regel ein Störfaktor und eine sehr intensive Lärmquelle (Hochpunkt der Lärmemission).

Bei der Gestaltung von teilplanfreien aber auch von planfreien Knoten sind die Hauptströme bzw. starke *Linksabbiegeströme möglichst konfliktarm und direkt zu führen*, um Rückstauerscheinungen und zusätzliche Flächeninanspruchnahme zu vermeiden.

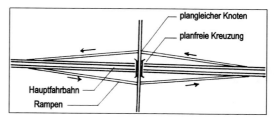

Bild 6.28   Parallelrampenlösung

Bei den *plangleichen Knotenpunkten* spielen sich alle Bewegungsabläufe aller Verkehrsarten auf der gleichen Ebene ab, die Verkehrsfläche (Konfliktfläche) wird nacheinander von den Verkehrsteilnehmern benutzt. Plangleiche Knoten sind die häufigste Art der angewendeten Knoten und reichen von der Anbindung eines Anliegerweges an eine Sammelstraße über eine Einmündung zweistreifiger Straßen ohne zusätzliche Abbiegestreifen bis zur aufgeweiteten Kreuzung zweier vierstreifiger Straßen mit zusätzlichen Abbiegestreifen.

Der Führung des öffentlichen Verkehrs am Knoten muss besondere Aufmerksamkeit geschenkt werden (Einordnung Haltestellen, Maßnahmen zur Beschleunigung). Für die Straßenkategorien des Straßenhauptnetzes und -nebennetzes wird das Trennsystem (Fahrbahn, Rad- und Gehwege durch Borde getrennt) angewendet. In der Straßenkategorie E *Anliegerwege* kann die weiche Trennung angewendet werden; die unterschiedlichen Verkehrsflächen auf einer Ebene können durch Rinnen, Pflasterstreifen oder ggf. durch Poller optisch markiert werden.

Die *verkehrsrechtliche Regelung* an Knotenpunkten unterscheidet nach StVO § 8, in a) die Über- und Unterordnung in Haupt- und Nebenstraße und b) die Gleichrangigkeit der Straßen (Rechts-vor-links-Regelung). Letztere Lösung wird sehr häufig in der Verkehrsberuhigung zur Dämpfung der Geschwindigkeit und zur „Abschreckung" des Schleich- und Durchgangsverkehrs angewendet.

In der Regel werden dreiarmige oder vierarmige Knotenpunkte gestaltet (Einmündung, Kreuzung). Der Kreuzungswinkel sollte zwischen 80 und 120 gon liegen. Besonders in Innenstadtbereichen (Gründerzeitgebieten) sind vorhandene fünf- und mehrarmige Knoten entweder in Kreisverkehre umzugestalten oder auf die oben genannten Grundformen zurückzubauen.

I	Zweistreifige Straßen untereinander	
II	Zwei- und vierstreifige Straßen miteinander	
III	Vierstreifige Straßen untereinander	
IV	Teilplanfreier Knotenpunkt	
V	Knotenpunktversatz hier: Rechtsversatz	
VI	Aufgeweiteter Knotenpunkt	
VII	Drei- oder mehrarmiger Kreisverkehrsplatz	

Bild **6**.29 Plangleiche Knotenpunkte (Übersicht nach [115])

Schiefwinklige Knoten sind durch Änderung der Linienführung bzw. durch Abkröpfen der ungeordneten Zufahrt in eine annähernd rechtwinklige Kreuzung bzw. Einmündung umzuwandeln (z.B. Anbindung einer alten Ortsdurchfahrt an eine neue Ortsumgehung). Ein Linksversatz ist wegen des uneffektiven Flächenaufwandes zu vermeiden (s. Bild 6.29).

Knotenpunktabstände resultieren aus der Straßenkategorie und der Funktion des Netzes, den städtebaulichen Bedingungen und der Flächennutzung sowie den verkehrlichen Bedingungen. Im Besonderen sind die Steuerung der Knoten mittels Lichtsignalanlagen, Führung der Linksabbieger, die Länge der erforderlichen Stauräume sowie die Anordnung von Haltestellen zu berücksichtigen. Im Straßenhauptnetz ergeben sich Abstände zwischen 200 bis 600 m, im Nebennetz kommen Werte zwischen 100 bis 300 m zur Anwendung.

Der *Kreisverkehr* wurde bis in die 50er Jahre hinein angewendet, kam danach aus der Mode, erlebt seit den 80er Jahren auch in Deutschland eine Renaissance. Größere Sicherheit (Verringerung der Schwere der Unfälle), geringere Flächeninanspruchnahme und geringere Lärm- und Schadstoffemissionen durch einen stetigeren Verkehrsablauf bieten wesentliche

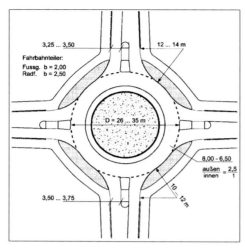

Bild 6.30   Kreisverkehrsplatz [107]

Vorteile zur Anwendung im innerstädtischen Bereich, selbst in beengten Verhältnissen. Städtebauliche Randbedingungen (Bau- und Raumstruktur) können die Anwendung fördern oder einschränken. Kleine Kreisverkehre besitzen einen Außendurchmesser von 26 m bis 45 m. Der Fahrbahnring wird zwischen 8,00 und 6,00 m, aufgeteilt in einen durch Halbbord getrennten Innen- und Außenring ausgebildet, in der Regel im Verhältnis 1:2,5 Pflasterung/Asphalt. Die Zu- und Abfahrten zum/vom Kreisel werden im Innenstadtbereich einstreifig und mit Fahrbahnteilern ausgebildet. Der Radverkehr wird i.d.R. auf der Fahrbahn mitgeführt. Die Mittelinsel ist zu erhöhen und oder zu bepflanzen, um bewußt die Sicht auf die weiterführende Straße zu verhindern und damit eine Dämpfung der Geschwindigkeit zu erreichen.

Anforderungen und Gestaltung

Knotenpunkte müssen nach den Bedingungen der *Verkehrssicherheit*, des *Verkehrsablaufes* der einzelnen Verkehrsarten, der *Umfeldverträglichkeit* und der *Wirtschaftlichkeit* gestaltet und betrieben werden.

Verkehrssicherheit bedeutet, der Knoten muss rechtzeitig als solcher Knoten und Konfliktpunkt *erkennbar* sein (z.B. unterstützende Wirkung der Randbebauung, des straßenbegleitenden Grüns oder der Querschnittsgestaltung). Die verkehrsrechtliche und funktionelle Über- und Unterordnung der sich kreuzenden Straßen muss durch bauliche Maßnahmen optisch wirksam sein. Knotenpunkte müssen in diesem Zusammenhang für alle Verkehrsteilnehmer auch *begreifbar* sein: Verdeutlichung der Wartepflicht, der Konfliktpunkte oder notwendiger Bewegungsvorgänge. *Begehbar* bzw. *befahrbar* heißt u.a., Bordabsenkungen oder rutschfeste Oberflächenbeläge auszubilden bzw. die Einhaltung der Fahrgeometrie für Abbieger oder sich begegnender Fahrzeuge (z. B. gegenseitiges Linksabbiegen) zu gewährleisten. Verkehrssicherheit wird auch durch *Übersichtlichkeit* (Einhaltung von Sichtbeziehungen (Sichtdreiecke) bestimmt (Bild 6.32).

Der *Verkehrsablauf* an Knotenpunkten ist durch juristische, planerische, verkehrstechnische und baugestalterische Maßnahmen so zu regeln, daß eine Minimierung der Wartezeiten und ein geringfügiger Flächenverbrauch erreicht wird, gleichzeitig aber die Verkehrsarten des Umweltverbundes besonders berücksichtigt werden und die Bewältigung der Verkehrsströme gewährleistet werden kann.

Umfeldverträglichkeit am Knoten realisiert sich u. a. in der Vermeidung von Lärm- und Abgasemissionen durch Lage des Knoten in Neigungsstrecken geringer 3 % Längsneigung,

Vermeidung von unnötigen Brems- und Anfahrvorgängen, in der Begrenzung der Trenn-wirkung für Fußgänger und Radfahrer mittels Querungshilfen, fußgängerfreundliche LSA-Steuerung (kein Aufenthalt in der Fahrbahnmitte). Gleichermaßen müssen auch die an-grenzenden Nutzungen an Knotenpunkten (Wohnen, andere sensible Einrichtungen, Han-del usw.), die Maßstäblichkeit der Bebauungsstruktur, die Übereinstimmung von Knoten-form und Randbebauung berücksichtigt werden. Knotenpunkte sollen kompakt ausgeführt werden.

Die *Wirtschaftlichkeit* von Knoten basiert auf niedrigen Bau- bzw. Herstellungskosten und geringen Betriebs- und Unterhaltungskosten (die Installation einer Lichtsignalanlage kostet beispielsweise zwischen 50.000 bis 120.000 €, die jährlichen Betriebskosten dafür liegen zwischen 4.000 bis 8.000 €). Wirtschaftlichkeit muß auch im Hinblick auf niedrige Unfall-folgekosten, der Bevorrechtigung des öffentlichen Verkehrs sowie der Umsetzung ökologi-scher Maßnahmen zur Vermeidung von Lärm- und Abgasemissionen gesehen werden.

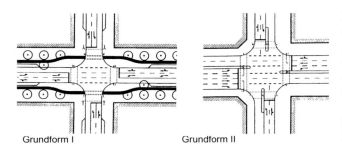

Grundform I   Grundform II

Bild 6.31 Beispiel für einen Knotenpunkt [115]

Die Anzahl und Anordnung der *Fahrstreifen* (Geradeaus-, Abbieger-) bestimmt sich aus der Verkehrsbelastung und der verkehrstechnischen Be-rechnung. Linksabbiegestrei-fen sollten in der Regel, auch bei beengten baulichen Ver-hältnissen und geringem (Linksabbieger-) Verkehrs-aufkommen Berücksichti-gung finden; Rechtsabbie-gestreifen nur bei entspre-chendem Verkehrsaufkommen oder zur Förderung des öffentlichen Verkehrs. Abbie-gestreifen setzen sich aus der Verziehungslänge (Ausklinken des Fahrstreifens) und der eigentlichen Länge des Stauraumes zusammen; die Rückstaulänge sollte, wenn nicht an-ders berechnet, mit mindestens 15 m, in Hauptnetzstraßen besser mit 30 m angenommen werden.

Die Größe der *Eckausrundungen* wird durch die Straßenklassifikation, durch den Anteil Schwerlastverkehr und die Führung des öffentlichen Verkehrs bestimmt. In der Regel wird an Hauptnetzstraßen ein dreiteiliger Korbbogen im Verhältnis $R_1:R_2:R_3 = 2:1:3$ angewen-det, $R_2 = 12$ bis 15 m für Schwerlast- und öffentlichen Verkehr, $R_2 = 6$ bis 8 m für normale Verhältnisse. Einfache Kreisbögen können im untergeordneten Straßennetz angewendet werden. Im städtebaulichen Entwurf sollten zunächst größere Radien Anwendung finden, um bei der späteren verkehrlichen Durcharbeitung noch Spielraum zu besitzen.

Mit Hilfe sogenannter *Schleppkurven* (Bild 6.21) sind die fahrgeometrischen Bedingungen für die Abbiegeströme und der Flächenanspruch zu überprüfen. Bei geringer Verkehrsbe-deutung bzw. -belastung und im untergeordneten Straßennetz kann die Gegenfahrbahn im untergeordneten wie auch im übergeordneten Knotenarm teilweise mitbenutzt werden. Besonderes Augenmerk ist der Fahrgeometrie der Linksabbieger zu widmen. *Fahrbahnteiler* (i.d.R. *b* = 2,50 m) trennen die Fahrtrichtungen, dienen u.a. als Querungshilfe für Fußgänger und verbessern die Übersichtlichkeit. Im innerörtlichen Bereich werden sie weitgehend einheitlich nach Grundmaßen (parallele Bordführung, einfache Ausrundung an den „Köpfen") ausgebildet, im außerörtlichen Bereich als großer oder kleiner Tropfen nach fahrdynamischen Prinzipien.

Die Einhaltung der *Sichtbedingungen* sollte immer angestrebt werden. Unterschieden werden für den Kfz-Verkehr die
– Anhaltesichtweite (ermöglicht das Anhalten vor der Aufstell- oder Sichtlinie)
– Anfahrsichtweite (neu Anfahren und Einbiegen in die übergeordnete Straße)
– Annäherungssichtweite (Entscheidung zum Anhalten oder zur Weiterfahrt über den Knoten ohne Unterbrechung).

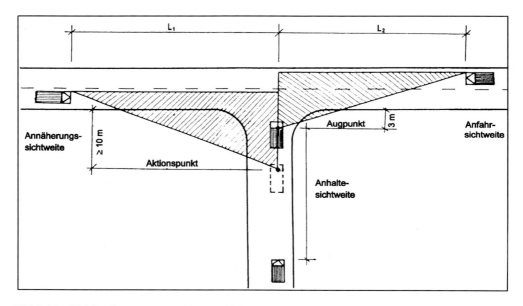

Bild **6**.32   Sichtbedingungen am Knoten (Prinzip [115])

Die entstehenden *Sichtdreiecke* sind von sichtbegrenzenden Hindernissen (Bebauung, Parkflächen, dichter und hoher Bepflanzung u.ä.) freizuhalten, als Augpunkthöhe des Kraftfahrers (im PKW) gilt beispielsweise 1,0 m (Bild 6.32). Die Größe der Sichtflächen ist von der Geschwindigkeit auf den übergeordneten Straßen abhängig L_1 = Annäherungssichtweite; L_2 = Anfahrsichtweite). Für Radfahrer ergeben sich vergleichbare Anforderungen an die Sichtbedingungen.

6.3 Öffentlicher Personenverkehr

6.3.1 Grundaufgabe und Systemkomponenten

Öffentlicher Personennahverkehr (ÖPNV) ist das Angebot von Personenbeförderungsleistungen durch Kommunen und Landkreise (Regionen) zur Absicherung der Mobilitätsnachfrage in den Städten, im Stadt-Umland-Bereich und in der Region. Die Zweckbestimmung liegt in einer entgeltlichen oder geschäftsmäßigen Beförderung, an der Jedermann (Nutzer, Fahrgast) teilnehmen kann.

ÖPNV wird realisiert durch städtische Verkehrsbetriebe und durch private Unternehmen auf der Basis des Personenbeförderungsgesetzes (PBefG) und bei Eisenbahnen auf der Basis des Allgemeinen Eisenbahngesetzes (AEG). Die Mehrzahl der Beförderungsentfernungen liegt im öffentlichen Personen*nah*verkehr in der Größenordnung von bis zu 50 km. ÖPNV befriedigt einen regelmäßig wiederkehrenden Bedarf, ist in der Regel an eine Linienführung und an einen Fahrplan gebunden. Unter Vernachlässigung gesetzlicher Differenzierungen kann man unter dem Begriff öffentlicher Nahverkehr subsummieren: Straßenbahnen, U- und S-Bahnen, Vorortbahnen und Eisenbahnen im Nah- bzw. Reiseverkehr; Kraftfahrzeuge (Bus, Taxi) sowie Wasserfahrzeuge im Linien-, Fähr- und Übersetzverkehr.

Für die Personenbeförderung mit dem Öffentlichen Personennahverkehr bestehen Grundpflichten, die gleichzeitig auch Wesensmerkmale charakterisieren:
Liniengebunden: Öffentlicher Verkehr ist an die einmal vorgegebene Linie und das Anfahren der Haltestellen gebunden (mit Ausnahme von Sonderformen). *Betriebspflicht*: Öffentlicher Verkehr muss das einmal vorgegebene Angebot unter allen Bedingungen aufrechterhalten (ausgenommen Havarien). *Fahrplanpflicht*: Öffentlicher Verkehr muss nach einem Fahrplan verkehren und diesen einhalten (Ausnahme: Taxi, Sonderformen). *Beförderungspflicht*: Jedermann muß im Rahmen der Beförderungsbestimmungen befördert werden, Ausnahmen und Ausschluss regelt das Gesetz. *Tarifpflicht*: Öffentlicher Verkehr muss den einmal festgelegten und genehmigten Tarif einhalten.

Das Betreiben eines öffentlichen Verkehrsmittels bedarf der Genehmigung. Öffentlicher Verkehr umfaßt in der ersten Stufe ein Mindest-Angebot von Beförderungsleistungen, um Personen z.B. ohne Kfz-Besitz oder Kfz-Verfügbarkeit (z.B. Schüler, ältere Menschen) das Grundbedürfnis (und -erfordernis) an Mobilität zu gewährleisten. Die Erfüllung dieser Aufgabe bezeichnet man als *Daseinsvorsorge*, auch primäre Aufgabe oder Grundstrategie genannt. Eine weitere Strategie ist das *Konkurrenzsystem*, in dem mit einem erhöhtem Angebot der ÖPNV in eine Art Wettstreit zum motorisierten Individualverkehr tritt. Beim *Vorrangsystem* erhält der öffentliche Verkehr in bestimmten Bereichen Bevorrechtigung vor dem MIV (motorisierter Individualverkehr), z.B. durch Vorrangschaltung an lichtsignalgesteuerten Knotenpunkten, Busschleusen, Straßenbahn auf besonderem Bahnkörper, Zeitinseln, Grünzeitdehnungen, eigene Busspuren oder Unterstützung des Verkehrsablaufes durch rechnergestützte Betriebsleitsysteme; gleichzeitig stellt der Anbieter des ÖPNV ein höheres Angebot an Kapazitäten und Leistungen bereit.

Aus rechtlichen Gründen (Sicherheitsverpflichtung des Betreibers gegenüber dem Fahrgast z.B. beim Ein- oder Ausstieg direkt auf die Fahrbahn) darf nur an gekennzeichneten Haltestellen ein- oder ausgestiegen werden. Gegenwärtig wird verschiedentlich geprüft, die Bedingungen für zusätzliche Aussteigepunkte zwischen regulären Haltestellen auf Anforderungen in den Nachtstunden zu schaffen.

Der öffentliche Verkehr gehört mit dem Rad- und Fußgängerverkehr zu den Verkehrsmitteln des Umweltverbundes. Förderung des ÖPNV bedeutet u.a. für die Städte einen geringeren Verbrauch an Verkehrsflächen sowie geringere Lärm- und Abgasemissionen. Der Anteil des ÖPNV am Gesamt-Verkehrsaufkommen (Benutzungsstruktur der Verkehrsmittel) unterliegt sehr unterschiedlichen Einflüssen. Grundlegende Einflussfaktoren sind naturgemäß die Stadtgröße und die Stadtstruktur, topographische wie morphologische Bedingungen und das politische Klima. Weiterhin gehören dazu: jahrzehntelange Traditionen im Verkehrsverhalten, der Motorisierungsgrad, Angebot und Zustand der Anlagen und Fahrzeuge,

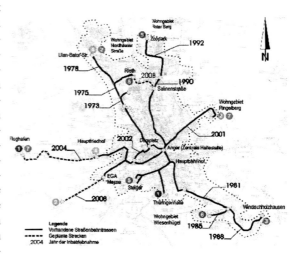

Bild **6**.33   Liniennetzentwicklung der Stadt Erfurt

Tarife und Angebotsstruktur der Verkehrssysteme, soziodemographische Faktoren der Fahrgäste (Alter, Geschlecht, Erwerbstätigkeit), wirtschaftliche Verhältnisse der Länder und Betriebe sowie Einkommensverhältnisse der potenziellen Nutzer. Die sehr unterschiedlichen Faktoren erklären zumindest partiell sehr unterschiedliche Anteile des ÖPNV bei sonst vergleichbaren Parametern einer Stadt. Im Zuge der Wiedervereinigung Deutschlands vollzog sich ein drastischer Wandel in der Benutzerstruktur des ÖPNV in den östlichen Bundesländern zugunsten des motorisierten Individualverkehrs (MIV) (s. Tafel 6.8).

Öffentlicher Verkehr wird wirtschaftlich durch die Haushalte der Länder finanziell gestützt, der durch die Verkehrsbetriebe erwirtschaftete Eigenanteil (Kostendeckungsgrad) liegt in der Größenordnung von 45 bis 55 %.

Die *Planung des öffentlichen Verkehrs* soll sich als Bestandteil „einer integrativen Verkehrsentwicklungsplanung unter Einbeziehung aller Verkehrsysteme in gegenseitiger Abstimmung und Abwägung der gesamtheitlichen Wirkungen" [95] verstehen. Dabei ist von einer *zielorientierten* Strategie (nicht ausschließlich nachfrageorientiert) auszugehen, die eine zweckmäßige umweltorientierte und stadtverträgliche Aufgabenteilung der Verkehrssysteme propagiert. Gleichermaßen soll eine Verkehrsstruktur aufgebaut und weiterentwickelt werden, die die Stadt, das Stadt-Umland und die Region effektiv und nutzerorientiert miteinander verbindet [95].

Öffentlicher Personennahverkehr besitzt damit eine zutiefst soziale, eine wichtige ökologische und eine grundlegende stadtplanerische kommunikative Funktion, die Einordnung der Anlagen und Fahrzeuge in den Straßenraum ist eine *verkehrliche und städtebaulicharchitektonische Aufgabe* von hohem Rang.

6.3.2 Erschließung und Netze

Die Gestaltung des Linien- und Streckennetzes des ÖPNV ist direkt mit der Flächennutzungsplanung und der Entwicklung von Leitbildern für die Stadt verbunden. Dabei ist auf zukünftige Gebietserweiterungen im Rahmen der Bauleitplanung Bezug zu nehmen. In der Regel erfordern neue, größere Gewerbe- oder Wohngebiete die Einrichtung neuer oder eine Verlängerung bestehender Linien. Planung und Entwicklung von öffentlichen Verkehr ist unter Berücksichtigung der städtischen, technischen und wirtschaftlichen Aspekte im wesentlichen eine kommunalpolitische Entscheidung. In zunehmenden Maße sind Förderung und Bevorrechtigung des öffentlichen Verkehrs auch Bestandteile einer umweltorientierten Verkehrs- und Stadtplanung, die Einordnung und Gestaltung der Anlagen zunehmend eine städtebauliche und archtektonische Aufgabe.

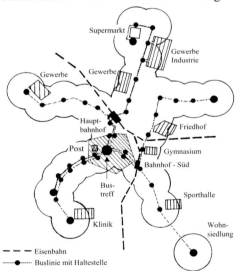

Die meisten öffentlichen Verkehre fahren auf festgelegten Linien mit entsprechenden Haltestellen und Endhaltestellen. Hin- und Rückrichtung verlaufen parallel in den Straßenzügen, die jeweiligen Haltestellen liegen in der Regel funktionell gegenüber. Größere Linienschleifen, die nur in einer Richtung betrieben werden, gehören zu den Ausnahmen.

Endhaltestellen dienen dem Wenden der Fahrzeuge, dem Aufenthalt zum Ausgleich von Fahrplandifferenzen und den vorgeschriebenen Ruhepausen für das Fahrpersonal. Endhaltestellen städtischer Linien sind sehr häufig auch als Verknüpfungspunkte zwischen städtischem und regionalem Verkehr ausgebildet.

Der Flächenbedarf von Endhaltestellen ist relativ groß; er muss in seinen städtebaulichen Auswirkungen berücksichtigt werden und wird u.a. beeinflusst durch den Wendekreisdurchmesser der Fahrzeuge, zusätzliche Wartebereiche für Fahrzeuge, zusätzliche Bus- oder Bahnsteige, notwendige Serviceeinrichtungen, Aufenthaltsräume und Witterungsschutz. Sofern Endhaltestellen gleichzeitig auch der Verknüpfung mit anderen Verkehrssystemen dienen, müssen die Bedingungen der Umsteigetechnologien (z.B. Rendezvous-Technik durch gegenüberliegende Bahn- oder Bussteige) und der Wegebeziehungen der Fahrgäste/Fußgänger (z.B. Park und Ride) berücksichtigt werden.

Bild **6**.34 Erschließungsprinzip (abstrahiert)

Tafel **6.14** Eigenschaften wichtiger Verkehrsarten des öffentlichen Verkehrs

Verkehrs-Mittel	Zug/Traktion	Kapazität [1] (Steh- und Sitzplätze)	Beförd. Menge theoretisch Pers./h Richtung	min. Zugfolgezeit [sec]	Beförd. Menge praktisch [6] Pers./h Richtung	Zugfolgezeiten praktisch [4] [s]	Haltestellenabstand (a) [m]	Einzugsradius (R) [m]	zumutbare Gehzeit [min]	Beförderungsgeschwindigkeit [km/h]
(1)	(2)	(3)	(4)	(5)	(6)	(7)	(8)	(9)	(10)	(11)
Omnibus	Standard	60+40	6 000	60	1 200	300	300/500	200/300	4 - 6	10 - 15
	Gelenkbus	80+60	8 400	60	1 680					
Straßenbahn	1 Einheit	100+40	5 600	90	2 800	180	400/600	300/400	5 - 8	15 - 20
	2 Einheiten	280	11 200	90	5 600					
Stadtbahn	1 Einheit	100 [5]+80	7 200	90	3 600	180 - 300	500/800	300/500	8	20 - 30
	2 Einheiten	360	14 400	90	7 200					
	3 Einheiten	540	21 600	90	10 800					
U-Bahn	1 Einheit	180+80 [2][7]	10 400	90	5 200 [3]	150 - 300	600/1000	750 - 1000	8 - 10	40 - 50
	3 Einheiten	780 [2]	31 200	90	15 600					
S-Bahn	1 Einheit	380+180 [2]	22 400	90	11 200 [3]	150 -300	500/1000 1500/3000 [8]	600 - 1000	10 - 15	40 - 60
	3 Einheiten	1680 [2]	67 200	90	33 600 [3]					

[1] Die Angaben stellen Durchschnittswerte dar, größere Kapazitäten sind in Betrieb

[2] unter der Annahme 0,15 m²/Person

[3] im Normalbetrieb rechnet man auch mit 0,30 m²/Person

[4] praktisch untere Grenze

[5] Grundlage der Bemessung 0,25 m²/Person

[6] ergibt sich aus der Kapazität × Anzahl der Züge pro Stunde

[7] höhere Kapazitäten reichen in die Größenordnung 350 bis 400 Pers./Einh.

[8] 3000 m nur im Außenbereich

Die Linien des öffentlichen Verkehrs sollen in den Schwerpunkten der Nutzungsgebiete mit hohen Arbeitsplatz- und Einwohnerdichten verkehren, sowie das Stadtzentrum mit diesen Gebieten verbinden. Größere Einfamilien- oder Reihenhaussiedlungen eignen sich beispielsweise durch ihre geringe Einwohnerdichte und geringer oder fehlender Arbeitsplätze nur unzureichend für eine effiziente Erschließung durch den ÖPNV.
Eine gute Erschließungsqualität als Angebot liegt vor, wenn ca. 80 - 90 % der Stadtfläche bzw. der Funktionsflächen (Wohn- und Gewerbegebiete) durch die Einzugsbereiche der Haltestellen abgedeckt werden und die Notwendigkeit des Umsteigens auf ein Minimum beschränkt bleibt.
Weiterhin sollen die Linien auch einzelne wichtige Einrichtungen und Institutionen untereinander verbinden und durch die direkte Zuordnung von Haltestellen eine direkte Erschließung sichern (z.B. Bahnhöfe, Universitäten, Betriebseingänge, Zu- und Abgänge von Sportstätten, Kliniken, Friedhöfen, große Einkaufsstätten).

Das Liniennetz für das jeweilige Grundverkehrsmittel einer Stadt kann unterschiedliche Grundformen annehmen. Existieren mehrere Verkehrsarten des öffentlichen Verkehrs in einer Stadt nebeneinander, stellen die *Verknüpfungspunkte* aus stadt- und verkehrsplanerischer Sicht (Erschließungsqualität, Kommunikationssystem), aus städtebaulicher Sicht (z.B. Architektur von Empfangsgebäuden) sowie gestalterischer Sicht (Merk- und Orientierungszeichen) wichtige Elemente des Gesamtsystems dar.
In der *Netzgestaltung* werden unterschieden:

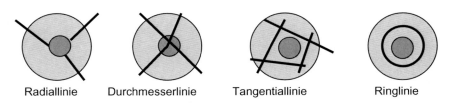

Radiallinie   Durchmesserlinie   Tangentiallinie   Ringlinie

Bild **6**.35   Liniennetzformen des öffentlichen Verkehrs

Die *Radiallinie* verbindet das Zentrum der Stadt mit den einzelnen äußeren Gebieten, sie wird bei geringem Verkehrsaufkommen als Stammlinie und ggf. in Ergänzung in Hauptverkehrszeiten als Entlastung von Durchmesserlinien eingesetzt. Die *Durchmesserlinie* verbindet äußere Gebiete der Stadt untereinander durch das Zentrum hindurch, es besteht kein Umsteigezwang, ist sehr effektiv bei einer gleichmäßigen Verteilung von Verkehrsquellen und Zielen, insbesonders in den Endbereichen.

Die *Tangentiallinie* verbindet in der Regel äußere Gebiete direkt untereinander ohne das Zentrum zu berühren (Wohn- und Gewerbegebiete oder Wohn- und Naherholungsgebiete).

Die *Ringlinie* wird selten und nur bei sehr großer Nachfrage entlang des Ringes eingerichtet, auch in Verbindung mit Radial- oder Durchmesserlinien (z.B. Metronetz in Moskau).
In Abhängigkeit der Gemeinde- oder Stadtgröße wird die Erschließung grundsätzlich oder zusätzlich durch die regionalen und/oder städtischen Linien abgesichert.

Die *Anordnung der Haltestellen* im Stadtgebiet (*Makrostandort*) hängt von der Art des
Verkehrssystems (s.a. Tafel 6.14), von der
Linienführung, von Einzelstandorten mit
hohem Personen-Verkehrsaufkommen, von
den örtlichen Gegebenheiten, den städtebaulichen Randbedingungen, vom grundlegenden Personen-Verkehrsaufkommen, von
der Notwendigkeit der Verknüpfung mit anderen   Verkehrssystemen   (u.a.   auch
Park+Ride-Plätzen) sowie auch von der
Straßennetzstruktur,   dem   KFZ-Verkehrs-
aufkommen oder den naturräumlichen Bedingungen der Stadt ab (z.B. Tallage, Nei-
gungsverhältnisse der Straßen usw.). Haltestellen sollen im Schwerpunkt hoher Ein-
wohner- und Arbeitsplatzdichten liegen und
(s.o.) die einzelnen Einrichtungen direkt anschließen (Bild 6.34 bzw. 6.37). Die häufigsten Wege zur Haltestelle müssen die kürze-
sten sein. Geringe Haltestellenabstände gelten für das Bussystem, für die Innen-

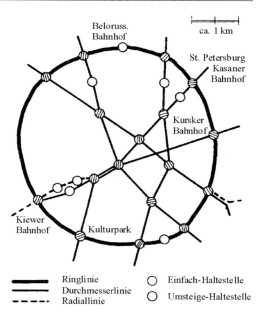

Bild **6**.36   Metronetz in Moskau

stadt und für hohe Einwohner- und Arbeitsplatzdichten, größere Abstände gelten für U-
und S-Bahnen, für Stadtrandbereiche und dünn besiedelte Gebiete.

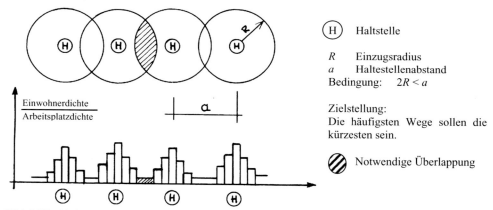

Bild **6**.37   Haltestellenabstand, Einzugsradius und Einwohner- bzw. Arbeitsplatzdichte

Für die Gestaltung des *Mikrostandortes* (örtliche Einordnung) von Haltestellen lauten die
Kriterien: direkte Zugangsbedingungen, Vermeidung unnötiger Querungen von Straßen
bzw. Fahrbahnen, geringe Umwege, keine Überwindung von Höhenunterschieden (vor allen Dingen keine Treppen), ausreichende Beleuchtung, Sichtbarkeit der Haltestellen, ebene
und geradlinige Wegebeziehungen, Schutz vor Witterungseinflüssen und Serviceeinrich-

tungen je nach Größe und Bedeutung der Haltestellen (z.B. Telefon, öff. Toiletten). Gleichermaßen sind auch die verkehrlichen Bedingungen des fließenden Verkehrs für die Querung der Fahrgastströme zu berücksichtigen (Geschwindigkeit, Verkehrsbelastung, Anteil Schwerlastverkehr).

Oberstes Kriterium bleibt unbedingt die Sicherheit beim Fahrgastwechsel und beim Aufenthalt im Haltestellenbereich. Die Haltestellen sind den Haupteingängen von Institutionen, Betrieben, Universitäten oder öffentlichen Einrichtungen direkt und zugewandt zuzuordnen.

Der öffentlicher Verkehr kann als System mit folgenden Teilelementen betrachtet werden: *Fahrweg* (Fahrbahn, Verkehrsführung), *Haltestellen* (Anordnung im Netz, Gestaltung, Fahrgastinformation), *Verkehrsmittel* (Technik, Kapazität), *Betriebsführung* (Dienstplan, Steuerung) und *Angebot* (Linien, Einsatzzeiten, Tarife).

In jeder einzelnen Komponente ergeben sich Ansätze zur Beseitigung von Störquellen und zur Verbesserung der Bedingungen für den öffentlichen Verkehr und werden für den Oberflächenverkehr (Bus Straßenbahn, Taxi) unter dem Begriff „Maßnahmen zur *Beschleunigung* des öffentlichen Verkehrs" subsumiert. Im Hinblick auf die Reisezeit erscheinen beispielsweise Busspuren, besonderer Bahnkörper oder bevorrechtigte Steuerung am Knotenpunkt als sehr wirkungsvolle Maßnahmen.

Verkehrssysteme und Betriebsformen

Bussysteme finden als Grundverkehrsmittel und die Fläche erschließendes Verkehrsmittel in der Regel Anwendung in Städten bis 100000 Einwohnern, sie dienen weiterhin in größeren Städten als Ergänzung für U-Bahn- und S-Bahn-Systeme. Regionale Busangebote erschließen die regionale Fläche und stellen gleichzeitig die Verbindung des Umlandes mit der Kernstadt her. In kleineren Gemeinden, die ohne eigenes Verkehrsangebot sind, übernehmen regionale Buslinien durch Einrichtung von zwei oder mehr Haltestellen (Kirche, Schule, Dorfkrug, Supermarkt oder Rathaus) die innergemeindliche Erschließung mit.

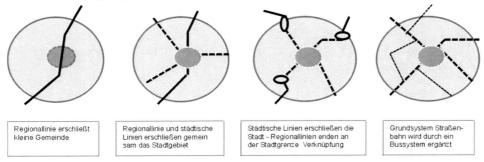

| Regionallinie erschließt kleine Gemeinde | Regionallinie und städtische Linien erschließen gemein sam das Stadtgebiet | Städtische Linien erschließen die Stadt - Regionallinien enden an der Stadtgrenze Verknüpfung | Grundsystem Straßenbahn wird durch ein Bussystem ergänzt |

Bild **6**.38   Verknüpfung von regionalen und städtischen (Bus-)Liniennetzen

Regionale schienengebundene Verkehrssysteme (Eisenbahnen, Sonderformen) dienen insbesondere in verdichteten Siedlungs- und Wirtschaftsräumen sowie im Umfeld von Groß- oder Mega-Städten der Grunderschließung des Umlandes, wobei Reisezeiten von ein bis drei Stunden auftreten können bzw. die Reichweiten des Nahverkehrs (bis 50 km) weit überschritten werden. *Straßenbahn- bzw. Stadtbahnsysteme* als Grundverkehrsmittel sind eine Domäne der Großstädte zwischen 150 000 – 600 000 Einwohner. In Städten über 1 Million Einwohner existieren in der Regel *S- bzw. U-Bahn-Systeme* als Grundverkehrsmittel, Straßenbahn- und Bussysteme fungieren hier als ergänzende Systeme.

Tafel **6**.15   Einsatzbereiche von Verkehrssystemen in Abhängigkeit der Stadtgröße

Stadtgröße	Grundverkehrsmittel	ergänzende Verkehrssysteme
bis ca. 10 000 Einwohner	ohne eigenen Stadtverkehr, regionaler Bus übernimmt in der Regel die gemeindliche Erschließung	Haltepunkte des regionalen Schienenverkehrs als Anbindung zur Erreichung zentraler Orte
10 000 bis 100 000 ab 50 000	Buserschließung als eigenständiges Verkehrssystem auch vereinzelt Straßenbahnen	regionaler Busverkehr (mit zunehmender Gemeindegröße verringert sich die Bedeutung für die innergemeindliche Erschließung)
50 000 bis 500 000	Straßenbahn bzw. Stadtbahn als eigenständiges Verkehrsmittel bilden das Grundnetz	Bus, teilweise gleichrangig zur Straßenbahn; Bus als Zubringer zur Stadtbahn oder zum regionalen Schienenverkehr
500 000 bis 1 Mill.	Stadtbahnen in unterschiedlichen Ausbauformen; im Zentrum als U-Bahn geführt	Straßenbahnen und Bussysteme in den Außen- bzw. in Teilbereichen; regionaler Schienenverkehr
Größer 1 Mill.	U- bzw. S-Bahn bestimmen die Grunderschließung, regionale Eisenbahnen ergänzen die städtische Erschließung	Straßenbahn- und Bussysteme ergänzend bzw. in Außen- und Teilräumen auch eigenständiger Charakter

Eine klare und eindeutige Grenzziehung zwischen „*den typischen*" Verkehrssystemen und Stadtgrößen existiert nicht. Traditionen, bestehende Fuhrparks und Anlagen, wirtschaftliche wie auch topographische Einflußfaktoren bestimmen in der Regel das Angebot und die Entwicklung. Verkehrssysteme in Megastädten wie Tokio, NewYork oder Mexiko-City bestehen aus einer Vermaschung und Vermischung sehr unterschiedlicher regionaler wie städtischer Verkehrssysteme.

Im Einzugsbereich größerer Städte und zentraler Orte ergibt sich für die Gemeinden in unmittelbarer Nähe der Städte durch die Bündelung von städtischen und vor allen Dingen regionalen Linien eine relativ hohe Bedienungshäufigkeit und damit Lagegunst und ein hoher Bedienungsstandard für diese Gemeinden.

Existieren gleichartige (aber durch unterschiedliche Konzessionsnehmer betriebene Verkehrssysteme (z.B. Bus/Bus) oder unterschiedliche Verkehrssysteme (z.B. Bus/U-Bahn) nebeneinander in einer Stadt oder Region, so sind diese Systeme aufeinander abzustimmen, um einen möglichst konfliktarmen, zeitsparenden, leistungsfähigen, kostenneutralen und unkomplizierten Übergang zwischen den Verkehrssystemen durch entsprechende baulich gestaltete Verknüpfungspunkte (als physische Voraussetzung) zu gewährleisten. Die unterschiedlichen Verkehrssysteme können und sollen weiterhin durch die *Tarife* (Fahren auf gemeinsamen Fahrschein), durch den *Fahrplan* (Anschlussbedingungen, geringe Wartezeiten, Taktfahrplan) oder durch den *Betrieb* (gemeinsame Nutzung von Bahn- oder Bussteigen, Betriebsleitsystem) verknüpft werden (Verbund).

Größere Verbundsysteme unterschiedlicher Verkehrssysteme existieren in Deutschland z.B. in Hamburg (Hamburger Verkehrsverbund HHV) oder im Ruhrgebiet (Rhein-Ruhr-Verkehrsverbund RRV). Im Rhein-Ruhr-Verbund sind z.B. die Eisenbahn, U- und S-Bahnen, Stadtschnellbahnen und Busverkehre zu einem einheitlichen Verbund zusammengefügt, der für den Fahrgast benutzerfreundliche Bedingungen im Berufs- und Freizeitverkehr schafft.

Stadtbus-Systeme werden zunehmend in kleineren Mittelstädten angewendet. Zwei, drei oder mehrere Durchmesserlinien verkehren in einem vereinbarten Takt von 20, 30 oder 40 Minuten und die Busse treffen sich alle zur gleichen Zeit (Treff) an einem zentralen Punkt (im Zentrum) der Stadt; es ist ein Umsteigen von allen Linien nach allen Linien (mit dem gleichen Fahrschein) möglich (z.B. in Lemgo, Arnstadt).

Sonderformen des ÖPNV

Zu den *technischen Sonderformen* des öffentlichen Verkehrs gehören Verkehrsmittel, die besondere Verkehrswege erfordern oder über unkonventionelle Antriebsarten oder Konstruktionsprinzipien verfügen. Aus stadtplanerischer Sicht sind es in der Regel punktuelle Ergänzungen im Grundnetz. Zu den Sonderformen gehören Zahnradbahnen, Stand-Seilbahnen, Seil-Schwebebahnen, Kabinen-Bahnen, Einweg- oder Alwegbahnen. Eine Besonderheit stellt die *Wuppertaler Schwebebahn* dar, die über den Fluß Wupper aufgeständert als Hängebahn seit über 100 Jahren dort das Grundverkehrsmittel darstellt und gegenwärtig in einem komplizierten Prozess unter Verkehr (!) vollständig saniert wird. Der *Spurbus* in Essen besitzt seitliche Führungsräder, die auf besonderen Strecken das Lenken durch den Fahrer überflüssig machen und höhere Geschwindigkeit erlauben.

In vielen Städten wird im Rahmen von Beschleunigungsmaßnahmen des ÖPNV zunehmend ein gemeinsamer Fahrweg zwischen Straßenbahn und Bus, insbesondere im Bereich von Haltestellen genutzt. Der gemischte Betrieb zwischen Straßenbahn und Eisenbahn ist in Karlsruhe realisiert. Die Stadtbahn verkehrt in der Innenstadt (einschließlich Fußgängerbereich) als Straßenbahn, wechselt am Stadtrand auf Strecken der Eisenbahn und fährt bis ca. 40 km ins Umland als Regionalbahn. Die Nutzungsdichte/-intensität (Wohnen, Gewerbe) im Einzugsbereich der Umland-Haltestellen (früher nur Haltepunkte kleinerer Dörfer) hat sich in diesen Gemeinden in den letzten Jahren stark erhöht und hat stadt- wie verkehrsplanerisch sehr positive Wirkungen gezeigt (Haltestellen liegen jetzt im Schwerpunkt). Es ist eine Steigerung des Fahrgastaufkommens auf 400 % (!) zu verzeichnen. Dieses Verkehrssystem hat ein neues Denken in der Verkehrs-und Bauleitplanung befördert.

Zu den *betrieblichen Sonderformen* gehören z.B. Bürgerbusse, Fahrgemeinschaften, Diskobusse (um z.B. Jugendlichen eine sichere Heimfahrt zu gewährleisten) und *Telebus* (Beförderung von Menschen mit Behinderungen). Der *Schülerverkehr* wird als gesonderter Verkehr oder im Rahmen des normalen Linienverkehrs durchgeführt und gehört zur Daseinsvorsorge. Hierzu bestehen spezielle Verträge zwischen den Betreibern des ÖPNV und den Kommunen und Landkreisen (Schulämtern). Ein *Linientaxi* ersetzt den Linienbus in verkehrsschwachen Zeiten oder verkehrt von festen Abfahrtshaltestellen zu festen oder variablen Aussteigepunkten (z.T. auf Zuruf zum Aussteigen). In bestimmten Fällen verkehren *Linientaxen* auch zwischen zwei festen Haltestellen und funktionieren als spezielle Zubringer (z.B. Bahnhof-Flughafen, Bahnhof-Messegelände).

Rufbus- bzw. Anrufsammeltaxi verkehren in einem Haltestellensystem (Bindung an eine Linie oder freie Gestaltung der Route in einem vorgegebenen Rahmen) jeweils nur von den Haltestellen ab, die *telefonisch* von Fahrgästen abgefordert wurden.

Das „*klassische*" Taxi hat feste Abfahrtstandorte in der Stadt (Bahnhof, Theater, große Gaststätten, Messen usw.) oder ist zu jedem Standort abrufbar, ist an keine Linie oder Zielhaltestelle gebunden und fährt jede Quelle und jedes Ziel individuell an. *Taxi-Rufsysteme* ermöglichen die Weiterfahrt mit einem im öffentlichen Verkehrsmittel geordneten Taxi.

Beim Betrieb des öffentlichen Verkehrs unterscheidet man an der Größe des Verkehrsaufkommens gemessen die *Hauptverkehrszeit* (HVZ), die in der Regel am Morgen und am Nachmittag auftritt (Spitzenstunden), die *Normalverkehrszeit* (NVZ), die den Tagesverkehr beschreibt und die *Schwachverkehrszeit* (SVZ), die die Abend- und Nachtstunden umfaßt. Die in Tafel 6.14 angegebene Leistungsfähigkeit (theoretisch wie praktisch) geht von einer 100%igen Auslastung aus (alle Steh- und Sitzplätze belegt). In der Regel wird eine solche Auslastung der Strecke und der Verkehrsmittel nur kurzzeitig in den Hauptverkehrszeiten, auf innerstädtischen Strecken und nach Sonderveranstaltungen (Ende von Sport- oder Freiluftveranstaltungen) erreicht. Über 24 Stunden gerechnet liegt der Auslastungsgrad zwischen 20 bis 25 % im regionalen und zwischen 40 und 60 % im städtischen Bereich.

Aus dem Arbeits- und Lebensrhythmus und den daraus resultierenden sozialen und wirtschaftlichen Handlungen der Menschen einerseits und der unterschiedlich intensiven städtischen Flächennutzung andererseits ergeben sich räumlich und zeitlich deutliche Unterschiede in der Verkehrsnachfrage. Diesen Schwankungen kann man durch *Linienführung*, durch die *Zugfolgezeit*, durch den Einsatz unterschiedlich *großer Verkehrsmittel* (z.B. Mini-, Midi- oder Standard- bzw. Gelenkbus, bzw. Triebwagen, Gelenkwagen oder durch Kopplung zu Zugtraktionen) und durch die *Fahrplangestaltung* insbesondere an Verknüpfungspunkten Rechnung tragen.

Eine gleichmäßige und gleichzeitige hohe Auslastung der Linien in beiden Richtungen begründet eine wirtschaftliche effektive Betriebsführung. Monostrukturen am Rande der Stadt üben in der Regel jedoch einen negativen Einfluss aus. Größere Wohngebiete außerhalb der Innenstadt (z.B. Plattensiedlungen wie Berlin-Marzahn, Leipzig-Grünau, Jena-Lobeda oder Erfurt-Nord) besitzen am Morgen eine große Nachfrage an Verkehrsleistungen in Richtung Stadtzentrum, ohne dass in der Gegenrichtung eine Nachfrage in die Wohngebiete besteht. Die Fahrzeuge fahren nahezu leer in das Wohngebiet und müssen dort in großem Umfang für einen kurzen Zeitraum zur Verfügung stehen. Am Nachmittag ist der umgekehrte Vorgang zu beobachten. Die Charta von Athen wirkt mit ihrem Anspruch auf Trennung von Wohnen und Arbeiten (Plattensiedlungen sind reine Wohngebiete) bis in unsere Zeit hinein, und ihr muss deshalb grundsätzlich widersprochen werden.

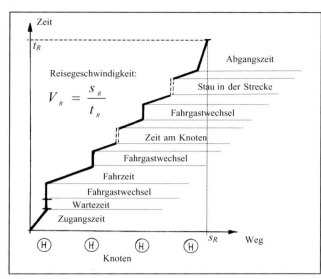

$$V_R = \frac{s_R}{t_R}$$

Reisegeschwindigkeit:

Zeit

t_R

Abgangszeit

Stau in der Strecke

Fahrgastwechsel

Zeit am Knoten

Fahrgastwechsel

Fahrzeit

Fahrgastwechsel

Wartezeit

Zugangszeit

Knoten

s_R Weg

Bild 6.39 Integrierte Reisezeit (Prinzip)

Es besteht die Verpflichtung der Flächennutzungsplanung und der Stadtplanung, die Nutzungen und deren Intensität räumlich so zu verteilen, daß möglichst eine ausgeglichene Bilanz der Auslastungen innerhalb der Linien und zwischen den einzelnen Linien des öffentlichen Verkehrs entsteht.

In der Fahrplangestaltung unterscheidet man *starre, flexible und sogenannte Taktfahrpläne.* Der starre Fahrplan bietet ein „starres" Angebot über den ganzen Tag, ohne auf die Nachfrage zu achten, für den Fahrgast eine einfache merkbare Regel (z.B. alle 10 min fährt eine U-Bahn in Richtung ...). Der flexible Fahrplan paßt sich der Verkehrsnachfrage an. In der Praxis wird in den meisten Fällen eine Mischform angewendet (3 Stunden lang alle 10 min, dann 4 Stunden alle 20 min usw.). Nach *integriertem Taktfahrplan* fahren ermöglicht an Verknüpfungspunkten das Umsteigen von allen Linien nach allen Linien über den ganzen Tag in festen merkbaren Zeiten (z.B. Stadtbussysteme).

Einer größeren Nachfrage in begrenzten Spitzenzeiten wird u.a. durch größere Fahrzeuge oder Traktionen (Kapazitätserhöhung), durch zusätzliche Dienste (Verkürzung der Taktzeiten) bzw. durch zusätzliche Kurzlinien (z.B. als Radiallinie verkehrend) begegnet.

Der Begriff *integrierte oder kombinierte Reisezeit* beschreibt die gesamten Zeitaufwendungen zwischen der Quelle (z.B. Haustür) und dem Ziel (z.B. Eingang Büro) unter Benutzung des öffentlichen Verkehrs. Im Allgemeinen rechnet man hinzu: die Zugangszeit (von der Quelle zur Haltestelle), die Wartezeit auf das Verkehrsmittel (ca. 3 - 5 min), die „reinen" Fahrzeiten zwischen den Haltestellen, die Haltestellen-Aufenthaltszeiten (Fahrgastwechsel 15 bis 45 s), mögliche Umsteigezeiten (Gehzeiten und Wartezeiten) und die Abgangszeit (von der Haltestelle zum Ziel). Hinzu gerechnet werden noch die Zeiten im Stau (Strecke) oder an Knotenpunkten. Diese letztgenannten Zeiten (Systemkomponente Fahrweg) liegen teilweise in der Größenordnung von 20 bis 40 % der eigentlich erforderlichen Reise- oder Beförderungszeit (abschnitts- oder linienbezogen) und führen zu einem erheblichen Attraktivitätsverlust des ÖPNV. Kurze Zu- und Abgangszeiten zu den Haltestellen, keine zusätzlich unnötigen Wartezeiten sowie pünktliche Abfahrzeiten (mit geringeren Wartezeiten) verringern einerseits die Beförderungszeit und steigern andererseits die Attraktivität des öffentlichen Verkehrs. Erhebliche Reisezeitverkürzungen können sich weiterhin ergeben durch *eigene Fahrwege* (Busspuren, eigener oder besonderer Bahnkörper der Straßenbahn), durch eine verbesserte *Abfertigungstechnologie* (Niederflurtechnik, Chipkarten usw.) und durch *Bevorrechtigung an Knotenpunkten* (z.B. Busschleusen). Die kombinierte oder integrierte Reisezeit kann natürlich auch für andere Ortsveränderungsprozesse mit anderen Einzelkomponenten dargestellt werden, z.B. PKW-Verkehr: Zugang zum Parkplatz/zur Garage; Fahrzeug vorbereiten (Gepäck verstauen, Eis kratzen, Fahrzeug anlassen; Fahren, Halt am Knoten usw.).

6.3.3 Gestaltung der Anlagen

U- und S-Bahnen

Diese Bahnen verkehren auf eigenen Bahnkörpern als Rad-Schiene-System, haben in der Regel eine Normalspurbreite von 1435 mm (wie die Eisenbahnen) und werden grundsätzlich niveaufrei gegenüber anderen Verkehrsarten geführt. Betriebstechnisch gesehen gilt für diese Bahnen die Eisenbahn-Betriebsordnung, d.h., sie werden durch eine Signaltechnik in Blockabständen gesteuert (markierte Blockabstände dürfen in der Regel nur von einem Zug befahren werden, erst nachdem der 1. Zug den Block verlassen hat, darf der nächste einfahren). Bautechnisch dominiert das Schotterbett mit den Schwellen und den genagelten oder geschraubten Schienen. Sonderkonstruktionen existieren zumeist bei U-Bahnen, um die Lärmemission zu verringern und um Bauraum zu sparen (feste Fahrbahnen, schwellenlose Bauweise, gummigelagerte Gleise, Gummireifen). S-Bahnen verkehren in Innenstadtbereichen meist in Hochlage auf einem Damm, aufgeständert oder auch in Tunnellage. Die Strecken sind zweigleisig (für Hin- und Rückrichtung) ausgebaut, ein gemischter Betrieb mit der Eisenbahn wird in der Regel ausgeschlossen.

U-Bahnen sind meist unterirdisch angelegte Verkehrswege (engl. *Underground, subway*, russ./franz. *metro*), meist wie die S-Bahnen zweigleisig. Die Tieflage der Strecke (unter OK Gelände) richtet sich nach den topographischen Bedingungen an der Erdoberfläche und den geologischen Bedingungen. Es können Tieflagen bis zu 60 - 80 m erreicht werden. Aufgrund der hohen Kosten für das Bauen im unterirdischen Raum werden U-Bahnen im Außenbereich der Städte ebenerdig oder auch (wie S-Bahnen) aufgeständert geführt. In einigen Städten kann die U-Bahn-Strecke auch für Stadtbahnen genutzt werden (z.B. Hannover, Essen). Die Stadtbahnen fahren im Tunnel dann nach den Regeln der U-Bahn. Bautechnisch werden die parallel geführten Tunnelstrecken im Haltestellenbereich gespreizt und nehmen mittig die Bahnsteige und sonstigen Einrichtungen auf. Bei Kreuzungen von U-Bahn-Strecken und in die Verbindung mit den Zu- und Abgängen werden die einzelnen Geschosse auf Grund der großen Höhenunterschiede meist über Rolltreppen bzw. Rollsteige oder Fahrstühle verbunden. Im II. Weltkrieg dienten die U-Bahn-Schächte, Stationen und Tunnelstrecken in den kriegsbeteiligten Ländern als Luftschutzbunker.

Die Ausbaugeschwindigkeiten liegen zwischen 80 km/h und 120 km/h, die dazugehörigen Radien bestimmen sich aus Sicherheitsgründen zwischen 400 m und 800 m, kleinere Radien sind möglich. In den Krümmen kompensieren Gleisüberhöhungen zusätzlich die Seitenbeschleunigung (Begrenzung des Seitenrucks). Die Längsneigung dieser Bahnen soll 25 ‰, in Ausnahmefällen 40 ‰ nicht übersteigen (25 bzw. 40 m Höhendifferenz auf 1000 m). Die Haltestellen sollten im Aufriss Energie reduzierend in den Hochpunkt eines Neigungswechsels gelegt werden: beim Einfahren bremst die Steigung, beim Ausfahren beschleunigt das Gefälle. Die Züge der U- und S-Bahnen werden elektrisch mittels Strom-schienen betrieben. Neben dem Gleis liegen geschützt Stromschienen, von denen über seit-liche Fühler am Waggon die Energie den Antriebsmotoren zugeführt wird.

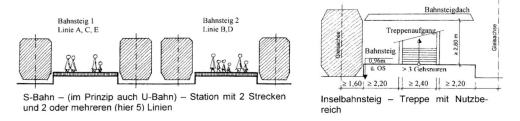

S-Bahn – (im Prinzip auch U-Bahn) – Station mit 2 Strecken und 2 oder mehreren (hier 5) Linien

Inselbahnsteig – Treppe mit Nutzbe-reich

Bild 6.40   Anordnung von U- und S-Bahnen und Bahnsteiggestaltung

In den Haltestellen werden die Bahnsteige in der Regel so ausgebaut, dass keine Höhendif-ferenz zwischen Wagenkasten und Bahnsteig besteht (h = 0,96 m über der Oberkante Schienen). Damit ist ein schneller und sicherer Fahrgastwechsel gewährleistet. Die Züge verkehren im *Wendezugprinzip* und sind deshalb als *Zweirichtungswagen* (beidseitig Tü-ren) ausgebildet. In der Regel wird in Ländern mit Kfz-Rechtsverkehr in Fahrtrichtung von und nach links ein- und ausgestiegen (handlungs- und gewohnheitsorientierte Systemkon-formität). In Spitzenzeiten ermöglicht das Prinzip ‚nach links aussteigen – von rechts zu-steigen' einen noch schnelleren Fahrgastwechsel, erfordert jedoch bestimmte Bahnsteig-anlagen. Die unterirdischen Haltestellen der Metro werden im oberirdischen Straßenraum entweder nur durch das Symbol und einer einfachen Treppenanlage erkennbar oder durch architektonisch gestaltete Empfangsgebäude städtebaulich hervorgehoben. Die unterirdi-schen Haltestellen können mit den Empfangshallen der Flughäfen und Bahnhöfe des über-regionalen Verkehrs sowie mit Warenhäusern oder größeren Institutionen direkt über Roll-steige, Rolltreppen oder Personenaufzüge verbunden werden.
Die Bahnsteiglänge richtet sich nach den mit maximaler Länge verkehrenden Zügen, in der Regel ergeben sich Längen zwischen (120) 150 bis 200 m (s. Tafel 6.14).

Straßenbahnen/Stadtbahnen

Diese Bahnen sind ebenfalls schienengebunden (1435 oder 1000 mm Spurbreite). Man unterscheidet die Führung auf dem *eigenen Bahnkörper* (unabhängig vom Trassenverlauf des Straßenverkehrs), auf *besonderem Bahnkörper* (baulich abgegrenzt durch Hochbord, parallel zu den Fahrbahnen aber unabhängig vom fließenden Kfz-Verkehr in Mittel- oder Seitenlage) oder *im Straßenraum* in Abhängigkeit zum fließenden Verkehr.
Stadtbahnen sollten weitgehend auf eigenem oder besonderem Bahnkörper verkehren. Straßenbahnen nutzen in der Regel den besonderen Bahnkörper oder teilen sich den Fahr-raum mit dem Kfz-Verkehr. Im letzteren Fall kann der Fahrraum ausschließlich der Bahn, der Bahn und dem Bus, ggf. auch der Bahn, dem Bus und dem Taxi zur Nutzung freigege-ben werden. Die Mitbenutzung durch den Kfz-Verkehr muß von Fall zu Fall entschieden werden. *„Dynamische Verkehrsfreigabe"* bedeutet Nutzung des Schienenbereiches auch

für den Kfz-Verkehr, jedoch nachrangig, bildlich gesprochen fährt der PKW der Straßenbahn hinterher. Neben der Abmarkierung des Gleisbereiches hat sich die Abgrenzung durch den Halbbord als effektiv und wirkungsvoll erwiesen, der Gleisbereich kann für sehr unterschiedliche Fahrvorgänge kurzzeitig bzw. punktuell genutzt werden (z.B. Vorbeifahren am Lieferverkehr).

Die Nutzung und die Lage des Gleisraumes bestimmt die *Oberflächengestaltung* dieses Bereiches (Betonplatten, Bitumen/Asphalt, Pflaster, Schotter oder auch Rasen). In innerstädtischen Bereichen macht es Sinn, aus gestalterischer Sicht und aus Gründen der Überquer- und Überfahrbarkeit (z.B. Rettungsfahrzeuge) eine geschlossene und tragfähige Oberfläche vorzusehen.

In Innenstädten und in dicht bebauten Bereichen mit hoher Nutzungsintensität müssen unter Würdigung vorhandener baulicher und verkehrlicher Strukturen Lösungen für Stadt- und Straßenbahnen gefunden werden, die in einer Abwägung alle Nutzungsansprüche an den Straßenraum (ÖPNV, Liefern, Parken, Wohnen, Aufenthalt usw.) integrieren.

Die *Haltestellen* für Stadt- und Straßenbahnen können in *Mittel- und Seitenlage* angeordnet werden. Bei Straßenbahnen in *Seitenlage* werden die dazugehörigen Haltestellenbereiche unabhängig vom Kfz-Verkehr gestaltet, wogegen Straßenbahnen in Mittellage zusätzliche baulich abgegrenzte Inseln ($b \geq 2{,}50$ m) als Haltestellenbereiche für den Fahrgastwechsel benötigen. In Altstadtbereichen reicht in der Regel der Platz für solche Lösungen (Haltestelleninseln) nicht aus. Hier werden Haltestellen gemäß StVO (§ 20 Z 224) betrieben: der Fahrgast muß die Fahrbahn queren, Fahrzeuge haben den Fahrgastwechsel abzuwarten und dürfen erst danach weiterfahren. Sicherer sind jedoch Lösungen, bei denen der Fahrgastwechsel über die Fahrbahn im Schutze von zwei Lichtsignalquerschnitten erfolgt. Man spricht in diesem Falle von einer *Zeitinsel*.

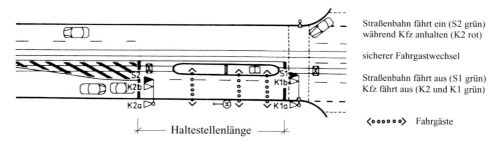

Straßenbahn fährt ein (S2 grün) während Kfz anhalten (K2 rot)

sicherer Fahrgastwechsel

Straßenbahn fährt aus (S1 grün) Kfz fährt aus (K2 und K1 grün)

⟨○○○○○○⟩ Fahrgäste

Bild **6**.41   Zeitinsel [80]

Bei Haltestellen an Knotenpunkten ist die Anordnung vor oder hinter dem Kreuzungsbereich möglich. Die Entscheidung ist von der Führung des ÖV (Richtung und Anzahl der Linien), den Umsteigenotwendigkeiten, der Lage wichtiger Eingangsbereiche (z.B. Supermarkt, Universität, usw.) und der jeweiligen Strategie der Signalsteuerung abhängig. Neben den Maßnahmen zur Beschleunigung des ÖPNV (Verkürzung der Reisezeiten) sind die Sicherheit der Fahrgäste, kurze und direkte Wege sowie keine oder wenig Querungen der Fahrbahn zumindest für die wichtigsten und häufigsten Beziehungen wesentliche Kriterien.

Die *Bahnsteige* werden in der Regel 120 - 150 mm über Oberkante Schiene (normaler Straßenbord), neuerdings auch bis zu 200 mm ausgebildet. Im Bereich planigleich geführter Straßenbahnen (z.B. Fußgängerzonen) kann im Haltestellenbereich ein in seiner Länge begrenzt erhöhter Bereich (mit Hochbord) vorgesehen werden (Erfurt) oder es kann die parallel geführte Fahrbahn des Kfz-Verkehrs im Haltestellenbereich angehoben werden (Jena). Durch niedrige Wagenkastenhöhen (*Niederflurtechnik*) ergeben sich im Einstiegsbereich dann nur noch 280 - 320 mm Differenzhöhen zwischen Fußboden und Schienenoberkante und damit nur noch geringe Einstiegshöhen (80 - 120 mm) für einen sehr bequemen und sicheren Fahrgastwechsel (z.B. für Personen mit Kinderwagen, Gehbehinderte oder ältere Menschen).

Die *Länge der Bahnsteige* beträgt bei Straßenbahnen je nach Länge der Trieb- und Beiwagen bzw. Gliedergelenkwagen für Einfachhaltestellen zwischen 30 bis 60 m (Dreifach-Gliedergelenk-Traktion) und für Doppelhaltestellen 60 m bis 120 m. Bei Stadtbahnen ergeben sich auch noch größere Längen. Die erforderliche Haltestellenbreite ergibt sich aus dem Fahrgastaufkommen (Warten, Ein- und Aussteigen, Umsteigen), die Mindestbreite sollte 2,50 m nicht unterschreiten. Bei starken Umsteigebewegungen (Längsverkehr und gleichzeitig hohem Fahrgastaufkommen) sind Breiten zwischen 3,50 bis 5,00 m oder größer anzustreben.

Bei langen Bahnsteigen (z.B. Doppelhaltestellen) und notwendigen Querungen von Fahrbahnen haben sich Querungshilfen am Anfang *und* Ende der Haltestellen bewährt (Vermeidung von Umwegen).

Nähern sich die Stadtbahnen in ihrem Ausbaugrad den U-Bahnen (Anlagen und Fahrzeuge), dann werden auch die Haltestellen weitgehend systemkonform ausgebaut. Dies kann u.U. bedeuten, daß im städtischen Straßenraum Hochbahnsteige ($h = 0,96$ m) angeordnet werden. Damit wird zwar das System Nahverkehr in der komponente Reisezeit gestärkt, Zu- und Abgangsbedingungen werden aber komplizierter und die städtebauliche Ausstrahlung solcher Elemente bleibt umstritten. „Wenn Nahverkehrsfahrzeuge über Infrastrukturanlagen zu *Eisenbahnen in der Stadt werden*, sind ähnliche Stadtzerstörungen zu befürchten wie in den 70er Jahren durch die kraftfahrzeugorientiert ausgebauten dörflichen Ortsdurchfahrten" [79].

Busse/Oberleitungsbusse

Busse verkehren in der Regel gemeinsam auf den Fahrbahnen des Kfz-Verkehrs. In stark frequentierten Abschnitten des Busverkehrs (Linienhäufung) und im Bereich von Knotenpunkten können Busse auch auf eigenen Fahrstreifen geführt werden (Busspur). Damit ist gleichzeitig auch eine eigene Signalisierung für den Busbetrieb möglich und bedeutet bei einer Vorrangschaltung eine Verkürzung der Reisezeiten (z.B. Erfurt Schmidtsteder-Knoten: rechts Busspur, bei Signalfreigabe nach links abbiegen). An Knotenpunkten erlaubt das Prinzip *Busschleuse* eine besonders effektive Abfertigung und Bevorrechtigung des Busverkehrs (z.B. Wiesbaden). Die Fahrstreifen für Busse haben i.d.R. keine bauliche Eigenständigkeit, sie werden durch Markierungen und durch Verkehrszeichen nach StVO (z.B. Zeichen 245) vom übrigen fließenden Verkehr getrennt. Ausnahmen bilden der Spurbus in Essen oder durch Trennstreifen abgegrenzte Busspuren (z.B. Hannover).

Die *Oberleitungsbusse* sind an die stromführende Oberleitung gebunden (Streckenführung). Der Schwenkbereich der Stromabnehmer ermöglicht eine begrenzte Pendelbreite auf den Fahrbahnen. Das System Fahrdraht-Gleitschuh ist störanfällig, insbesondere bei hohen Geschwindigkeiten und im Bereich von Weichen im Oberleitungsdraht. Diese Bedingungen haben zu einer nur geringen Anwendung in Deutschland geführt, wogegen besonders in osteuropäischen Ländern ganze Stadtnetze betrieben werden (Kiew, Vilnius).

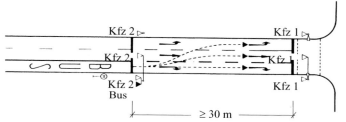

Die Busse fahren über die Busspur in die Schleuse ein, Kfz 2 ist auf Rot geschaltet.
Mit Grün von Kfz 1 fahren die Busse zuerst ab, nachfolgend erhalten Kfz 2 Grün.

Bild **6**.42   Busschleuse [118a]

Haltestellen für Busse werden als Einfach- oder Doppelhaltestellen ausgeführt. Die Länge richtet sich nach den eingesetzten Fahrzeugen (Einfachhaltestelle: für Standardlinienbus L = 12 –15 m, Gliedergelenkbus L = 20 - 25 m). Bei einer festen Zuordnung von Linien zu Haltestellen müssen an Doppelhaltestellen Zuschläge für ein unabhängiges Ein- und Ausfahren berücksichtigt werden (Einfahren > 15 m; Ausfahren > 5 m), im anderen Fall können die Busse bis auf 1 m auffahren.

Die Haltestellen können im Zuge einer *Busbucht* angelegt werden (Ausscheren des Busses aus dem Kfz-Strom). Hier müssen der Haltestellenlänge noch die Verziehungslängen für Ein- und Ausscheren der Busse hinzugerechnet werden. Diese Längen richten sich nach der Geschwindigkeit des Kfz-Verkehrsstromes und den örtlichen Bedingungen. Haltestellen können auch durch einfaches Halten am *Fahrbahnrand* ausgewiesen werden. Im diesem Falle staut sich der Fahrzeugstrom hinter dem Bus, diese Behinderung kann aus restriktiver Absicht gegenüber dem Kfz-Verkehr durchaus beabsichtigt sein. Bei gegenüberliegenden Haltestellen ist zur sicheren Querung der Fahrgäste ein Versatz in Fahrtrichtung sinnvoll.

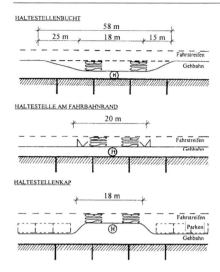

HALTESTELLENBUCHT

HALTESTELLE AM FAHRBAHNRAND

HALTESTELLENKAP

Bild 6.43
Anordnung von Bushaltestellen [86]

Haltestellen-Kaps werden in der Regel im Zuge von Rückbaumaßnahmen, zur Geschwindigkeitsdämpfung, zur Verbesserung der Bedingungen für den öffentlichen Verkehr bzw. bei Maßnahmen zur Gestaltung des Straßenraumes angewendet. Es bedeutet, die Haltestelle in den Straßenraum hineinzubauen und damit den fließenden Verkehr bewusst zu bremsen.

Zur Verbesserung der *Einstiegsbedingungen* werden im Bereich der Haltestellen zunehmend Bordhöhen von 180 - 200 mm und höher vorgesehen. Fahrzeugseitig kommen in größerem Umfang Busse mit Niederflurtechnik zum Einsatz (wie bei Straßenbahnen keine Trittstufen im Einstiegsbereich und im Wageninneren). „Kneeling" senkt die Busse noch zusätzlich an den Haltestellen ab, damit werden die Tritthöhenunterschiede nochmals reduziert und erlauben einen nahezu niveaufreien Ein- und Ausstieg. Die Bordhöhe ist in historischen Bereichen aus städtebaulich-gestalterischen Gesichtspunkten in einigen Fällen umstritten. Der Bordstein selbst ist in der Hohlkehle ausgerundet z.B. (Kasseler Sonderbord oder Dresdner), um ein dichtes Heranfahren an die Haltestelle ohne Beschädigung der Reifenflanken zu ermöglichen.

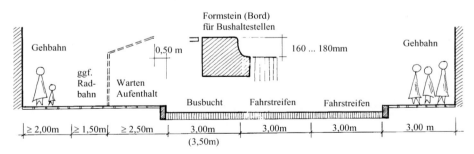

Bild 6.44   Querschnitt Bushaltestelle

Zentrale Omnibusbahnhöfe (ZOB) sind Verknüpfungspunkte zwischen dem regionalen und städtischen Busverkehr, sehr oft auch als Endstation von Linien genutzt. Wesentliche Kriterien beim Entwurf und der Gestaltung sind die Verkehrsanbindung des Busverkehrs an das übergeordnete Straßennetz, ein möglichst vom Kfz-Verkehr unabhängiger Betriebsablauf, sichere, kurze und bequeme Umsteige- bzw. Zu- und Abgangsbedingungen für den Fahrgast [95]. Die städtebauliche Einordnung/Gestaltung solcher Anlagen bedarf in der Überlagerung von Verkehr und Architektur einer sehr sorgfältigen Abwägung und einer abgestimmten Planung. Zur Ausstattung können umfangreiche Serviceeinrichtungen für die Fahrgäste wie Fahrscheinverkauf, Witterungsschutz, Information und Fahrplanauskunft, Lage- und Übersichtspläne, WC, Telefon oder Service für das Personal (Ruhe- und Aufenthaltsräume), Betriebsleitstellen sowie entsprechende Möblierung, Grüngestaltung, ausreichende Beleuchtung und auch Notrufeinrichtungen gehören.

6.3.4 Gesetzliche Grundlagen des ÖPNV

In Tafel 6.16 ist eine Auswahl gesetzlicher Grundlagen zusammengestellt, die im öffentlichen Nahverkehr zum Tragen kommen.

Tafel **6**.16 Gesetzliche Grundlagen

Abkürzung	Gesetz und Inkrafttretung des Gesetzes
AEG	Allgemeines Eisenbahngesetz, vom 27. Dez. 1993
BOStrab	Verordnung über den Bau und Betrieb der Straßenbahnen vom 11. Dezember 1998, (BGBl. Teil I, S. 2648)
EBO	Eisenbahnbau und Betriebsordnung, vom 08. Mai 1967 in der Fassung vom 27. Dez 1993
GVFG	Gemeinde-Verkehrs-Finanzierungs-Gesetz, Gesetz über Finanzhilfen des Bundes zur Verbesserung der Verkehrsverhältnisse der Gemeinden, i.d.F. vom 28. Jan. 1998, zuletzt geändert durch Gesetz vom 13. Aug. 1993, (BGBl. I S. 1488)
PBefG	Personenbeförderungsgesetz vom 11. März 1961, zuletzt geändert durch Gesetz vom 09. Jul.1997 (BGBl. I, S989)
	Gesetz zur Regionalisierung des öffentlichen Personenverkehrs vom 27. Dez. 1993

6.4 Fußgänger und Radverkehr

Die nicht motorisierten Verkehrsteilnehmer Fußgänger und Radfahrer werden in der Verkehrsplanung zunehmend beachtet, die Art der Fortbewegung wird als sehr umweltfreundlich geschätzt. Hervorzuheben ist im Innerortsbereich auch der geringere Platzbedarf.

6.4.1 Spezifische Eigenschaften und Anforderungen

Fußgänger und Radfahrer sind die schwächsten Verkehrsteilnehmer. Im Gegensatz zu den Personen in Kraftfahrzeugen sind sie vergleichsweise ungeschützt und bedürfen deshalb eines besonderen Schutzes und der Aufmerksamkeit in der Verkehrsplanung.

Generell ist der Fußgänger sehr umweg- und steigungsempfindlich. Deshalb versucht er, das Ziel auf möglichst kurzem und bequemem Weg zu erreichen, selbst die eigene Sicherheit und die Straßenverkehrsordnung werden häufig nicht beachtet. Das maximale Verhältnis von tatsächlicher Wegstrecke zur Luftlinie beträgt etwa 1,2 bis 1,3 (Umwegfaktor).

Fußgänger und Radfahrer haben eine begrenzte Reichweite. Die Geschwindigkeit ist von verschiedenen Faktoren abhängig. Das Alter, die persönliche Situation und auch der Fahrtzweck bestimmen die Geschwindigkeit der Fortbewegung. Die Fortbewegungsgeschwindigkeit der Fußgänger wird im Mittel mit 3 bis 5 km/h angenommen (Kleinkinder, ältere Menschen bzw. junge Menschen, Berufsverkehr), die Geschwindigkeiten der Radfahrer variieren stärker, sie betragen in der Regel 10 bis 35 km/h.

Fußgänger sind in aller Regel nicht, Radfahrer nur wenig geschult hinsichtlich der Verkehrsregeln. Kenntnisse der *Straßenverkehrsordnung (StVO)* können nicht vorausgesetzt werden. Andererseits werden anerkannte Verkehrsregeln bewußt mißachtet (schräges Queren der Fahrbahn, Nichtbeachten des Rotlichts an Lichtsignalanlagen). Die Spontanität im Verhalten der Fußgänger und Radfahrer führt häufig zur eigenen Gefährdung und anderen Verkehrsteilnehmern.

Das Fahrrad ist ein Verkehrsmittel für Kurz- und Mittelstrecken (0 bis 5 km) und bestimmt damit den innerstädtischen Verkehr mit. Im Durchschnitt kann davon ausgegangen werden, dass in Deutschland ca. zehn Prozent aller Wege mit dem Rad zurückgelegt werden. Die Entscheidung zur Benutzung des Fahrrades hängt ab von:
- der Qualität der Radverkehrsanlagen
- topographischen Gegebenheiten
- Angebot des ÖPNV
- traditionellen Verhaltensmustern
- fehlenden Parkplätzen in dicht besiedelten Innenstadtbereichen
- Alter der Personen (90 % der Kinder bis 12 Jahre fahren Rad, bis zum Alter von 16 bzw. 18 Jahren haben Jugendliche keine andere Möglichkeit zur schnellen Fortbewegung)
- der Einstellung zur Mobilität (Studenten, Berufstätige, Freizeit, ...)

6.4.2   Anlagen für den Fußgängerverkehr

Wege für den Fußgängerverkehr können unabhängig von der Straßenführung oder als Teil des Straßenraums angelegt werden. Fußgänger sind sehr umwegeempfindlich, häufig auftretende Wunschbeziehungen sind deshalb möglichst direkt und übersichtlich zu führen, jedoch ist wegen wirtschaftlicher Gesichtspunkte und aus Sicherheitsgründen eine Bündelung erstrebenswert. Unter dem Aspekt Sicherheit sind der Schutz vor Unfällen aber auch die „Soziale Sicherheit" (Schutz vor Überfällen) zu beachten. Fußgänger sind auch sehr steigungsempfindlich. Deshalb sind die Wegebeziehungen möglichst ohne Treppen, erforderlichenfalls mit Rampen auszustatten.

Querung von Straßen

Bei hohem Verkehrsaufkommen auf der Straße bzw. im querenden Fußgängerverkehr ist die Anordnung von Fußgängerschutzanlagen aus Sicherheitsgründen sinnvoll. Auf stark befahrenen Hauptverkehrsstraßen erleichtern Mittelinseln („Querungshilfen") das Überqueren der Straße. In Bild 6.45 sind mögliche Querungshilfen im Hauptstraßennetz und Querungen im Erschließungsnetz dargestellt. Nähere Ausführungen enthält Abschn. 6.1.

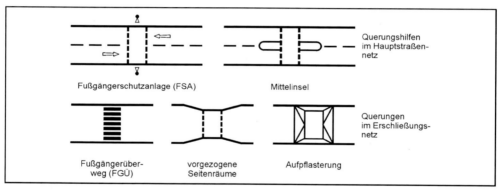

Bild **6.**45   Mögliche Querungen für Fußgänger im Haupt- und Erschließungsstraßennetz

Führung in Knotenpunkten

Im konfliktträchtigen Bereich von Knotenpunkten sind zum Schutze der schwachen Verkehrsteilnehmer besondere Maßnahmen erforderlich. Radfahrer und Fußgänger verstoßen häufiger als Kraftfahrzeugführer gegen die Verkehrsregeln. Oft ist das Streben nach kurzen Verbindungen der Grund. Generell sollten Fußgänger deshalb möglichst direkt geführt siehe hierzu EFA Bild ... direkte und indirekte Führung [104] werden. Die Bedürfnisse von Menschen mit Behinderungen sind bei allen Planungen besonders zu berücksichtigen.

6.4.3 Radverkehrsanlagen

Radwege sollen für die Radfahrer sicher und attraktiv sein. Die Planung muss sich deshalb an den Wünschen und Bedürfnissen der verschiedenen Radfahrergruppen orientieren.

Alltagsradfahrer benutzen das Rad für den täglichen Weg zur Arbeit, zur Schule oder zum Einkaufen. Die Streckenführung soll deshalb möglichst direkt, ohne Umwege, komfortabel, schnell und sowohl tags als auch bei Dunkelheit sicher befahrbar sein. Die Radwege sollen an das inner- und außerörtliche Radwegenetz angeschlossen sein. Die Wegweisung sollte zielorientiert ausgelegt werden.

Freizeitradfahrer nutzen das Rad am Feierabend, am Wochenende oder im Urlaub, um sich zu erholen oder sportlich zu betätigen. Deshalb sollen die Strecken eine reizvolle Wegeführung mit Anbindungen an Nahziele vorweisen. Neben der zielorientierten sollte auch eine routenorientierte Wegweisung vorhanden sein. Radrouten sollen durchgängig und wenn erforderlich, für den Alltags- und Freizeitradverkehr möglichst ganzjährig befahrbar sein. Dazu muß ihre Oberfläche eben und auch bei Nässe griffig bleiben.

Die Bedürfnisse der Nutzergruppen sind ähnlich, werden jedoch häufig unterschiedlich gewichtet.

Für den Entwurf und die Gestaltung von Radwegen wurden von der FGSV 1995 die *Empfehlungen für Radverkehrsanlagen (ERA 95 + Hras - 2002)* [101] herausgegeben.

Tafel **6**.17   Anforderungen an Radverkehrsanlagen

Anforderungen	Alltagsradverkehr	Freizeitradverkehr
Sicherheit	++	++
Soziale Sicherheit	+	0
Fahrbahnbeschaffenheit	++	+
Zeitfaktor	++	-
Wegweisung	0	++
Raumbedarf (Breite)	0	++
Übersichtlichkeit	++	+
Steigungsempfindlichkeit	++	0
Komfort	+	0
Rasten/Verweilmöglichkeit	-	++
Attraktivität	0	++

Wertung:
++ sehr hohe Anforderung   + hohe Anforderung
0   mittlere Anforderung   - geringe Anforderung

Führung des Radverkehrs

Der Radverkehr kann im Mischverkehr auf weniger belasteten Straßen auf der Fahrbahn geführt werden oder bei sehr beengten Straßenraumbreiten können dem Radverkehr durch besondere Kennzeichnung (Markierung, Farbe) Bereiche der Fahrbahn bevorzugt zur Verfügung gestellt werden (Angebotsstreifen). Ebenfalls möglich ist die Führung

– auf Radfahrstreifen durch abmarkierte Flächen auf der Fahrbahn
– als straßenbegleitender Radweg oder gemeinsam mit dem Gehweg, (markiert und höhengleich)
– als straßenbegleitender Radweg von der Straße durch einen Trennstreifen abgesetzt
– als selbständig geführter Radweg (Velorouten, Mitbenutzung landwirtschaftlicher Wege)
– als ausschließlich dem Radverkehr vorbehaltene Fahrradstraße.

Rechtlich kann die Führung in Einbahnstraßen gegen die Hauptfahrtrichtung geregelt werden. Unterschiedliche rechtliche Auffassungen bestehen in der Führung durch Fußgängerzonen.

Die erforderlichen Querschnittsabmessungen werden in Abschn. 6.2 erläutert.

Führung in Knotenpunkten

Wegen der Besonderheiten des Radverkehrs erfordert die Führung in den Knotenpunkten besondere Aufmerksamkeit. Die ERA 95 nennen dafür folgende Grundsätze:

– rechtzeitige und deutliche Erkennbarkeit aller Verkehrsteilnehmer aus den Knotenzufahrten
– ausreichende Sichtbeziehungen zwischen allen Verkehrsteilnehmern
– deutliche Vorfahrtregelung
– kompakte Knotenpunkte mindern die Kfz-Geschwindigkeiten und verkürzen die Wege der Radfahrer
– Vermeiden abrupter Verschwenkungen
– deutliche Führung der linksabbiegenden Radfahrer (direkt bzw. indirekt, s. Bild 6.46)

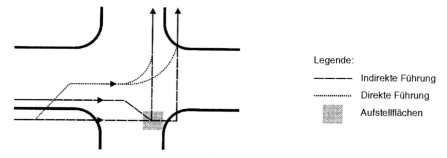

Legende:

——— Indirekte Führung

·············· Direkte Führung

▨ Aufstellflächen

Bild **6**.46   Mögliche direkte und indirekte Führung der linksabbiegenden Radfahrer im Knotenpunkt [101]

Trassierung

Selbständig geführte Radwege im Verlauf von Hauptverbindungen sollen über längere Strecken höhere Fahrgeschwindigkeiten ermöglichen. Für den Entwurf wird deshalb häufig eine Geschwindigkeit von 30 km/h zugrunde gelegt. Auf längeren Gefällstrecken ist auch von höheren Geschwindigkeiten auszugehen. Für diese werden von der ERA 95 Trassierungsrichtwerte empfohlen.

Tafel **6**.18   Trassierungsrichtwerte für selbständig geführte Radwege [101]

Radfahrer-geschwindig-keit [km/h]	Mindestkurven-radius [m] Asphalt/Beton	Mindestkurven-radius [m] Ungeb. Decken	Mindestkuppen-halbmesser [m]	Mindestwannen-halbmesser [m]
20	10	15	40	25
30	20	35	80	50
40	30	70	150	100
50	50	100	300	200

Um möglichst vielen Nutzergruppen gerecht zu werden, sollen die in Tafel 6.19 angegebenen Steigungen nicht überschritten werden.

Steigung [%]	max. Länge der Steigungsstrecke [m]
10	20
6	65
5	120
4	250
3	> 250

Tafel **6**.19
Längen von Steigungsstrecken nach [101]

Aufbau von Radwegen

Für die Befestigung stehen unterschiedliche Materialien zur Verfügung. Kriterien für die Wahl sind: Bedeutung und Nutzung des Radweges, Befahrbarkeit, Herstellungskosten, Unterhaltung. Übliche Oberflächen sind:

Ungebundene Deckschichten bestehen aus abgestuften Sand- und Kiesgemischen, die ohne Bindemittel eingebaut und verdichtet werden. Wegen der Materialien und der Wasserdurchlässigkeit werden sie als sehr umweltverträglich eingestuft. Die Herstellungskosten sind niedrig, bei starker oder mißbräuchlicher Nutzung ist jedoch ein hoher Unterhaltungsaufwand zu erwarten.

Pflaster und Betonplatten werden überwiegend auf innerörtlichen Radwegen eingesetzt. Ein wesentlicher Vorteil dieser Befestigung ist die gute Wiederherstellbarkeit nach Aufgrabungen für Leitungen und Kabel im Untergrund. Die Herstellkosten liegen etwa 50 % höher als bei ungebundenen Wegen. Aus Komfortgründen werden diese Oberflächen gegenüber den ungebundenen Decken bevorzugt. Wegen der Oberflächenrauhigkeit sollte die Querneigung mindestens 3 % betragen. Von sportlichen Radfahrern werden jedoch nahegelegene Asphaltoberflächen bevorzugt.

Bauweisen mit	Bituminöser Decke				Betondecke				Pflasterdecke				Plattenbelag			
Dicke des frostsicheren Oberbaues	20	30	40	50	20	30	40	50	20	30	40	50	20	30	40	50
Frostschutzschicht																
Decke / Frostschutzschicht																
Dicke der Frostschutzschicht	10	20	30	40		18	28	38		19	29	39	11	21	31	41
Kies- oder Schottertragschicht auf Frostschutzschicht																
Decke / Kies- oder Schottertragschicht / Frostschutzschicht																
Dicke der Frostschutzschicht			17	27							14	24			16	26
Kies- oder Schottertragschicht auf Planum																
Decke / Kies- oder Schottertragschicht																
Dicke der Kies- oder Schottertragschicht	12	22	32	42						19	29	39	11	21	31	41
Tragschicht mit hydraulischem Bindemittel auf Frostschutzschicht																
Decke / Tragschicht mit hydraulischem Bindemittel / Frostschutzschicht																
Dicke der Frostschutzschicht	12	22	32							17	27			19	29	
Betonverfestigung auf Frostschutzschicht																
Decke / Betonverfestigung / Frostschutzschicht																
Dicke der Frostschutzschicht	12	22	32							17	27			19	29	

[1] Mit zusätzlichen Maßnahmen zur gezielten Rißbildung (z.B. gemäß ZTVT-StB)

[2] Tragdeckschicht oder eine andere ein- oder zweischichtige bituminöse Befestigung

Bild 6.47   Bauweisen für Rad- und Gehwege [119] [120]

Betondecken werden meist auf landwirtschaftlichen Wegen außerhalb der Ortschaften eingesetzt. Radfahrer nutzen diese Trassen im Zuge angebotener Radrouten.

Asphaltdecken werden von Radfahrerverbänden als Optimum bezeichnet. Die Akzeptanz dieser Radwege ist wegen ihrer Ebenheit und dem damit verbundenen geringen Rollwiderstand sehr hoch. Durch Zusätze lassen sich die Oberflächen aufhellen und in begrenztem Maße der jeweiligen Umgebung anpassen. Die Herstellkosten entsprechen etwa den der Pflasterdecken.

Für dem Rad- und Fußgängerverkehr vorbehaltene Wege enthalten die *Richtlinien für die Standardisierung des Oberbaues von Verkehrsflächen ersetzen (RStO 86/89)* [119] der FGSV empfohlene Bauweisen. Ein gelegentliches Befahren mit Fahrzeugen zur Wegeunterhaltung ist berücksichtigt.

Sonderbauweisen werden nach regionalen Gesichtspunkten aber auch aus wirtschaftlichen Erwägungen angelegt.

Abstellanlagen

An Verkehrsknoten, Freizeiteinrichtungen, Haltestellen im regionalen Bereich, Verknüpfungspunkten, Bahnhöfe, Universitäten, Einkaufsstätten, Schulen und sonstigen wichtigen Radverkehrszielen sollten entsprechende Abstellanlagen vorhanden sein. Bei ihrer Anlage sind folgende Punkte zu beachten:

– unmittelbare Nähe zum jeweiligen Ziel
– diebstahlsicheres Anschließen des Rades
– bequemes Abstellen bzw. Entnehmen beachten
– Auslegung für die gängigen Reifengrößen
– Einpassung in die Umgebung

Die Anlagen können als Bügel, Stangen, Boxen und Abstellplätze in Einzel- oder Gruppenausführung gestaltet werden, bei sehr großem Bedarf an Abstellplätzen können auch reine Fahrradparkhäuser erwogen werden. Für den Entwurf von Abstellanlagen werden in der ERA 95 [101] Maße angegeben (Bild 6.48).

Wegweisung

Durch die steigende Nutzung der Radverkehrsanlagen gewinnt die Wegweisung an Bedeutung. Die für den Kraftfahrzeugverkehr angebrachte Wegweisung erfüllt nicht immer die Anforderungen der Radfahrer. Die Vereinheitlichung und damit die Begreifbarkeit der Beschilderung ist das Ziel des *Merkblattes zur wegweisenden Beschilderung für den Radverkehr* [101a] der FGSV 1998. Sie muß den verschiedenen Nutzergruppen gerecht werden und sollte innerhalb einer Region möglichst einheitlich sein. Die Wegweiser müssen hinsichtlich Form, Inhalt, Farbe und Aufstellungsort einheitlich, leicht auffindbar und gut erkennbar sein.

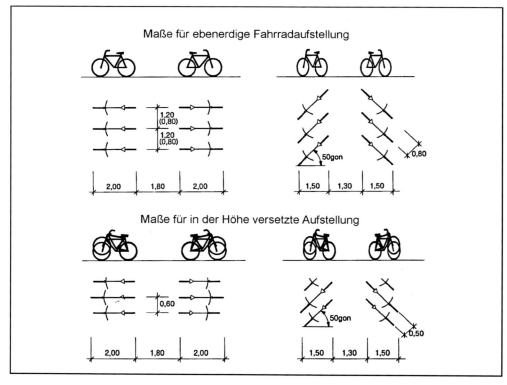

Bild **6**.48   Maße für die Aufstellung in Fahrradabstellanlagen [101]

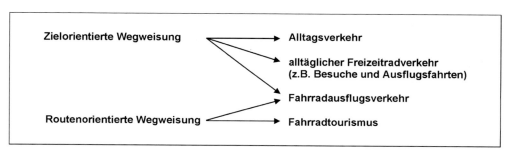

Bild **6**.49   Fahrradwegweisung für verschiedene Nutzergruppen [101a]

Zielorientierte Wegweisung beinhaltet die Angabe eines Zieles, zumeist für den Fahrradausflugsverkehr.
Routenwegweisung beschreibt eine Route mit aneinander gereihten (Ausflugs-)zielen, wobei die Route selbst Ziel/Motiv des Radwanderers ist.

Tafel **6**.20   Vergleich routenorientierter und zielorientierter Wegweisung [122]

Zielorientierte Wegweisung	Routenorientierte Wegweisung
Auch dichte Netze lassen sich durch eine zielorientierte Wegweisung eindeutig und nachvollziehbar ausschildern.	Bei zunehmender Dichte des Routennetzes wird die Beschilderung aufwendig und durch die Vielzahl von Routenkürzeln und Symbolen oft unübersichtlich.
Zielorientierte Wegweisung ist selbsterklärend.	Radfahrern, die sich nicht vorher über die Fahrradrouten informiert haben, erschließt sich der Verlauf der Route schlecht.
Das individuelle Zusammenstellen von Fahrradrouten ist einfach.	Eine individuelle Abwandlung der Route ist ohne Radwanderkarte schwer möglich.
Die zielorientierte Wegweisung erfordert, ähnlich wie bei der Kraftfahrzeug-Wegweisung, eine grobe Kenntnis über die Lage der angegebenen Fernziele.	Einer Fahrradroute kann ohne weitere Ortskenntnis gefolgt werden, wenn sie entsprechend sorgfältig beschildert ist. Kenntnis über Zwischenziele ist nicht erforderlich.

 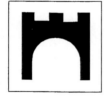  

Bild **6**.50   Beispiele für Zielpiktogramme [101a]

6.5   Ruhender Verkehr

6.5.1   Planung des ruhenden Verkehrs

Die Parkraumplanung ist ein Teil der Verkehrsplanung und damit Teil der Stadtplanung, da der Bedarf an Parkmöglichkeiten und das Aufkommen an abgestellten Fahrzeugen aus der Stadt- und Siedlungsstruktur abzuleiten ist. Besonders in den Innenstädten übersteigen die Flächenansprüche des ruhenden Verkehrs die des fließenden Verkehrs. Vielleicht sollte illegales Parken in seinen Erscheinungsformen (Übertreten Parkverbot, an unübersichtlichen Stellen, Gehwegparken, Grüne Wiese, an Kurven usw.) und in seinen Ursachen (Widerspruch zwischen Angebot [an Stellflächen] und Nachfrage [Menge], zwischen Parkdauer und Dauer der Aktivität [z. B. Geld abholen, Fahrkarten kaufen usw.]) erwähnt werden.

Bei der Planung sind die verschiedenen Nachfragegruppen (Anwohner und Besucher, Berufs- und Ausbildungsverkehr, Einkaufsverkehr, Liefer- und Wirtschaftsverkehr) mit ihrem unterschiedlichen Parkraumbedarf zu berücksichtigen. Die zeitliche Verteilung der Nachfrage im Tagesverlauf (Spitzenbedarf) im Zusammenhang mit der räumlichen Verteilung der Nachfrage innerhalb des Untersuchungsgebiets liefert weitere Angaben für den Planer. Für die Ermittlung des Bedarfs bieten die *Empfehlungen für Anlagen des ruhenden Verkehrs (EAR 91)* [115] der FGSV Verfahren für verschiedene Randbedingungen. Darüber hinaus werden Anhaltswerte für Abschätzungen angegeben. In Tafel 6.21 sind einige Richtwerte dargestellt.

Tafel **6**.21   Richtwerte zum Stellplatzbedarf [97]

Verkehrsquelle	Zahl der Stellplätze (Stpl.)	davon für Besucher [%]
Einfamilienhäuser	1 - 2 Stpl. je Wohnung	-
Mehrfamilienhäuser	1 - 1,5 Stpl. je Wohnung	10
Studentenwohnheime	1 Stpl. je 2 - 3 Betten	10
Altenwohnheime	1 Stpl. je 8 - 15 Betten	75
Büro- u. Verwaltungsräume allg.	1 Stpl. je 30 - 40 m² Nutzfläche	20
Läden, Geschäftshäuser	1 Stpl. je 30 - 40 m² Verkaufsfläche	75
Verbrauchermärkte	1 Stpl. je 10 - 20 m² Verkaufsfläche	90
Versammlungsstätten von überregionaler Bedeutung	1 Stpl. je 5 Sitzplätze	90
Gemeinde, Kirchen	1 Stpl. je 20 - 30 Sitzplätze	90
Freibäder	1 Stpl. je 200 - 300 m² Grundstücksfläche	-
Minigolfplätze	6 Stpl. je Minigolfanlage	-
Gaststätten von überregionaler Bedeutung	1 Stpl. je 8 - 12 Sitzplätze	75
Jugendherbergen	1 Stpl. für 10 Betten	75
Krankenanstalt von örtlicher Bedeutung	1 Stpl. je 4 - 6 Betten	60
Grundschulen	1 Stpl. je 30 Schüler	-
Hochschulen	1 Stpl. je 2 - 4 Studierende	-
Kleingartenanlagen	1 Stpl. je 3 Kleingärten	-
Friedhöfe	1 Stpl. je 2000 m² Grundstücksfläche, jedoch mind. 10 Stellplätze	-

Die Planung läßt sich in die folgenden Abschnitte unterteilen:
- Analyse der vorhandenen Situation (Mengenermittlung, zeitliche Verteilung der Nachfrage im Tagesverlauf, räumliche Verteilung)
- Mängeldarstellung
- Prognose evtl. bei Beachtung von Randbedingungen aus der Stadtentwicklungsplanung
- Ermittlung des zukünftigen Nachfrage, evtl. unter Beachtung politischer Vorgaben
- Untersuchung von Maßnahmen
- Festlegung und Umsetzung der Planungen, gegebenenfalls mit Prioritätenreihung
- Steuerung des Bedarfs durch Parkraumbewirtschaftung

Dicht besiedelte Innenstadtbereiche stellen Problemgebiete dar, hier wird der gewünschte Parkraum in der Regel nicht vollständig zur Verfügung gestellt werden können. Wegen dem in diesen Bereichen guten ÖPNV-Angebot wird die Verkehrsnachfrage teilweise verlagerbar sein. In anderen Bereichen (Klein- und Mittelstädte, Stadtbezirke, Altbaugebiete) wird dies nur schwer möglich sein, hier ist die Nachfrage abzudecken bzw. zu steuern.

In hochverdichteten Wohngebieten (z.B. Plattenbausiedlungen in Ostdeutschland) besteht bereits aus der Vergangenheit ein Nachholbedarf; durch die sprunghaft gestiegene Motorisierung werden die Probleme noch verschärft.

Besondere Maßnahmen erfordern Einrichtungen für Großveranstaltungen wie Sportstadien, Großkinos, Großmärkte, große Freizeitparks, Messeareale usw. Nur selten stattfindende Sonderveranstaltungen (große Feste, Großmessen, Kirchentage, ...) erfordern eine detaillierte Planung und die Abstimmung mit anderen Verkehrsträgern.

Eine weitere Unterteilung der Nachfrage wird in Langzeit- und Kurzzeitparker durchgeführt. Langzeitparker (z.B. Berufspendler) belegen einen Stellplatz über mehrere Stunden, häufig in Gebieten mit hoher Nachfrage. Kurzzeitparker ermöglichen eine mehrfache Nutzung des Stellplatzes über den Tag (Umschlagziffer 6- bis 8mal/Tag und höher), belasten dadurch aber das angrenzende Straßennetz und benachbarte Wohngebiete.

Maßnahmen und Strategien zur Bewältigung der Probleme des ruhenden Verkehrs sind aber auch eng mit der wirtschaftlichen Entwicklung der Kommunen verbunden. Zu stringente und rigide Maßnahmen gegenüber dem fließenden und ruhenden Verkehr schaffen zwar Platz für Fußgänger und Radfahrer, können aber den Einzelhandel an den Stadtrand verdrängen. Ein sehr freizügiges Angebot an Parkraum verschlechtert aber auf der anderen Seite die Umweltbedingungen und den urbanen Charakter insbesondere der Innenstädte mit ebenfalls unerwünschten wirtschaftlichen Folgen.

Rechtliche Grundlagen

Aufgrund von Vorgaben der Landesbauordnungen erstellen die Kommunen Stellplatzsatzungen für ihren Bereich. In diesen Satzungen wird die Größe der Stellplätze, ihre Anzahl in Abhängigkeit von der Gebäudenutzung und ihre Gestaltung festgelegt, häufig in Anlehnung an die EAR 91. Für Stadtgebiete mit vorauszusehenden Problemen in der Erstellung von Stellplätzen wird die Möglichkeit der Ablöse geregelt. Mit einem zu zahlenden Geldbetrag kann die Nachweispflicht abgelöst werden. Für die Kommune wird in der Regel der Verwendungszweck der Ablösebeträge für Stellplätze anderer Stelle vorgegeben.

Für Mischnutzungen von Parkplätzen, z. B. an großen Einkaufszentren in der unmittelbaren Nachbarschaft von Wohngebieten, können im Einzelfall über kommunale und privatrechtliche Verträge die Nutzungen abgesichert werden.

Größe und Gestaltung von Parkplätzen und Parkbauten werden häufig auf der Basis der *Landesbauordnung* und der *Baunutzungsverordnung (BauNVO)* in Bebauungsplänen rechtlich festgelegt. Dies hat Auswirkungen z. B. auf Bepflanzung, Oberflächengestaltung, Sichtschutz und Einfriedungen.

Die Regelung des Parkens erfolgt nach der *Straßenverkehrsordnung (StVO)*. Hieraus ergeben sich z.B. die Einrichtung von Sonderparkzonen, Regelungen zum Anwohnerparken und die Möglichkeit der Gebührenerhebung. Diese rechtliche Umsetzung der planerischen Absichten ist innerhalb der kommunalen Verwaltung abzustimmen.

6.5.2   Anlagen des ruhenden Verkehrs

Flächenbedarf

Die für das Parken zur Verfügung stehenden Flächen haben die Abmessungen und Bewegungen der Bemessungsfahrzeuge zu berücksichtigen. Die Parkstandsbreiten betragen 2,30 m (beengtes Parken) bis 2,50 m (bequemes Parken). Feste seitliche Einbauten erfordern größere Breiten. Weiterer Flächenbedarf ergibt sich aus
- Winkel und Richtung der Aufstellung der Fahrzeuge
- Abstände der geparkten Fahrzeuge zu festen Hindernissen (Grundmaße für den Parkstand)
- Abstände der fahrenden Fahrzeuge zu festen Hindernissen (Fahrgassengeometrie) und
- sonstigen Einbauten (Zu-, Abfahrten, Stützen, Fußwege, Beleuchtung, Bepflanzung, betriebliche Anlagen).

Parken im Seitenraum der Straßen

Im Raum seitlich der Straßen ist das Parken möglich auf längeren Parkstreifen oder auf kurzen Parkbuchten neben der Straße, beide Bereiche sind abzumarkieren. Die einzelnen Stellplätze können durch Markierungen, durch unterschiedliche Befestigungen oder durch Pflasterstreifen gegeneinander abgegrenzt werden. Zu unterscheiden sind:
- Längsaufstellung parallel zum Fahrbahnrand/durchgehenden Fahrstreifen bzw. zur Fahrgasse auf Parkplätzen und in Großgaragen (Aufstellwinkel: 0 gon)
- Schrägaufstellung unter Winkeln von 50 bis 100 gon und
- Senkrechtaufstellung senkrecht zum Straßenrand (Aufstellwinkel 100 gon).

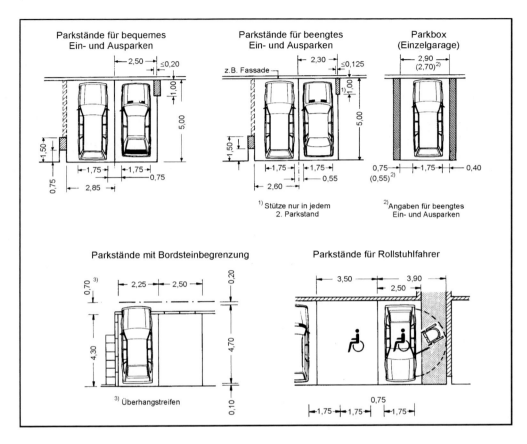

Bild 6.51   Grundmaße für das Abstellen des Bemessungsfahrzeugs PKW [97]

Parkplätze

Parkplätze liegen abseits der Straße und werden über getrennte oder gemeinsame Zu- und Abfahrten an das Straßennetz angebunden. Wegen den erforderlichen Flächen für die Fahrgassen ist je nach Geometrie der zur Verfügung stehenden Fläche und der gewählten Parkstandanordnung mit einem Flächenbedarf von 18 bis ca. 26 m²/Stellplatz zu rechnen.

Parkhäuser, Tiefgaragen

Parkhäuser und Tiefgaragen werden in Bereichen mit hohen Grundstückskosten und knappen Flächenreserven angelegt (Innenstadtbereich, Großbetriebe, Verkehrszentren). Zur Flächeneinsparung werden die Stellplätze in mehreren Ebenen angeordnet, die Erreichbarkeit wird über Rampen sichergestellt. Parkhäuser sind häufig gebührenpflichtig und weisen eine große Fluktuation hinsichtlich der Belegung auf.

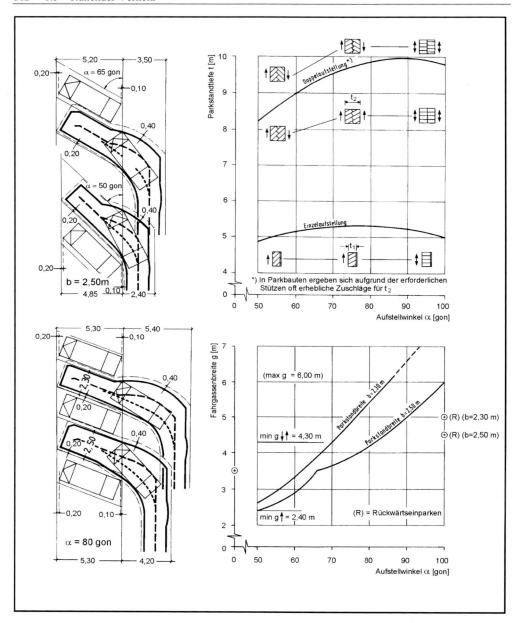

Bild **6**.52   Zusammenhang zwischen Fahrgassengeometrie und Aufstellwinkel [97]

Die Abgrenzung gegenüber den Großgaragen mit besonderen Anforderungen an die Ausstattung (Belüftung, Beleuchtung, Fluchtwege, Brandschutz) erfolgt nach der *Garagenverordnung*.

Mechanische Parksysteme

Mechanische Parksysteme als Parkpaletten oder Parksilos werden bevorzugt in hochverdichteten Quartieren bei sehr geringem Flächenbedarf eingesetzt. Obwohl die Systeme technisch ausgereift sind, werden sie nur selten eingesetzt. Neben den hohen Kosten dürften erwartete Akzeptanzprobleme seitens der Nutzer die Ursache sein.

Gestaltung

Wegen ihrer Größe sind die Anlagen für den ruhenden Verkehr architektonisch in die städtebauliche Umgebung einzupassen. Der Umfang der äußeren Gestaltung wird dabei von den gegebenen Randbedingungen bestimmt. Beispiele dazu sind in der EAR 91 und in der Fachliteratur, z.B. [129a] enthalten. Anspruchsvolle Gestaltungsaufgaben werden häufig durch Architektenwettbewerbe gelöst.

In der Vergangenheit wurde häufig die innere Gestaltung von Parkhäusern und Tiefgaragen bemängelt. Aufgrund vermuteter Mängel in der Sicherheit vor Diebstahl, Beschädigungen usw. wird derzeit bei der inneren Gestaltung verstärkt die Übersichtlichkeit und Helligkeit in den Anlagen berücksichtigt. Für besondere Benutzer (Frauen, Kleinkinder) werden besondere Maßnahmen getroffen. Beispielhaft sollen die offene und übersichtliche Gestaltung der Parkbereiche und kurze Entfernungen (unter 30 m) zu Treppen und Fahrstühlen genannt werden.

6.5.3   Kosten, Betrieb, Bewirtschaftung

Kosten, Betrieb

Die Kosten pro Stellplatz hängen ab von der Größe der Parkanlage, dem Aufbau des Parkstandes, den gewählten Abmessungen, dem angebotenen Komfort und der Betriebsart der Anlage. Sie schwanken zwischen 1000 €/Stellplatz bei sehr einfacher Ausführung (ebenerdig, keine feste Oberfläche) und 40 000 €/Stellplatz bei hohen Ansprüchen an die Gestaltung und in Tiefgaragen. Da an Parkbauten häufig Schäden an der Konstruktion auftreten, soll auf die notwendige besondere technisch-konstruktive Gestaltung der Anlagen hingewiesen werden.

Die Organisation des Parkens in einer Stadt wird häufig von Betriebsgesellschaften, meist in öffentlichem Besitz, durchgeführt und geregelt. Zur besseren Auslastung und wirtschaftlichen Betriebsführung in Zeiten geringerer Nachfrage werden von größeren Städten zunehmend Parkleitsysteme mit statischer oder dynamischer Wegweisung angelegt. Nähere Ausführungen dazu in Abschnitt 6.6.3.

Wegen den entstehenden hohen Kosten für Bau und Betrieb der Parkanlagen werden häufig für das Abstellen der Fahrzeuge Gebühren erhoben. Ziel ist neben der Erzielung von Einnahmen aber auch die effektive Nutzung der bestehenden Parkmöglichkeiten, die Verkehrsberuhigung und auch die Verlagerung von unerwünschtem Verkehr.

Parkraumbewirtschaftung

Um die Parkraumnachfrage zeitlich zu steuern, wird zunehmend eine Parkraumbewirtschaftung vorgenommen. Weitere Ziele sind die Bevorzugung von notwendigem Verkehr in diesen Bereichen (Liefer- und Ladeverkehr, Anwohner) und die eingeschränkte Abdeckung des Bedarfs von Besuchern und Kunden des Gebiets.

Die Parkraumbewirtschaftung hat folgende Regelungsmöglichkeiten:
– Anzahl der Stellplätze auf öffentlichen Flächen
– Dauer des Parkens durch Angabe von Höchstparkdauern, und damit auch Regelungen für bestimmte Nutzergruppen
– Gebühren für das Parken, evtl. nach Lage des Stellplatzes, Tageszeit und Dauer gestaffelt
– Bevorzugung bestimmter Gruppen

Die Einhaltung der getroffenen Regelungen muß überwacht und auch sanktioniert werden. Bei der Planung der Maßnahmen sind das gesamte Stadtgebiet sowie mögliche lokale Verlagerungen zu berücksichtigen.

Park and Ride (P + R)

Durch die Anlage von Park + Ride („Parken und Reisen") soll der aus dem Umland einer Stadt kommende Verkehr zum Umsteigen auf öffentliche Verkehrsmittel bewegt werden. Die Anlagen werden deshalb an wichtigen Verbindungsstraßen mit guten Übergangsmöglichkeiten zum ÖPNV errichtet. Für eine hohe Akzeptanz sollten möglichst keine oder geringe Parkgebühren erhoben werden, der Parkschein gilt häufig auch als ÖPNV-Fahrschein.

Das Verkehrsaufkommen an diesen Anlagen ist gekennzeichnet durch eine ausgeprägte morgendliche und nachmittägliche Belastungsspitze und geringer Fluktuation im Tagesverlauf.

Bei großen P + R-Anlagen wird durch die Anordnung von Serviceleistungen (Information, Fahrzeugservice, Reisebedarf, ...) die Attraktivität gesteigert.

In Anlehnung an das P + R-Prinzip werden auch eingesetzt:
– Bike + Ride / B + R („Radfahren und Reisen") zum Übergang vom Radverkehr auf den ÖPNV
– Kiss + Ride / K + R, Kurzzeitparkplätze zum Absetzen bzw. Abholen von Personen an Bahnhöfen
– Mitfahren + Reisen (M + R) zum Abstellen auf Parkplätzen in der Region zum Umsteigen in Pkw-Fahrgemeinschaften

6.6 Verkehrsmanagement

6.6.1 Grundaufgabe

Unter dem modernen Begriff *integriertes Verkehrsmanagement-System* verbirgt sich schlicht die Steuerung und Beeinflussung des Verkehrsablaufes nach unterschiedlichen Zielorientierungen.

„Integriert" heißt dabei die Steuerungen unterschiedlicher Verkehrsorten in den verschiedenen Teilbereichen teilweise oder gänzlich miteinander zu verknüpfen. Verkehrsbeeinflussung oder „Management" kann durch planerische (Netzgestaltung), juristische (z.B. StVO), bauliche Maßnahmen (Hochbord, Flachbord, Poller u.ä.) oder durch Lichtsignalanlagen sowie flexible Verkehrszeichen (Stauwarnzeichen, Geschwindigkeitslichtsignale usw.) wirksam gemacht werden.

Synonyme für Verkehrsmanagement sind u.a. Verkehrssteuerung, Verkehrsorganisation, Verkehrsbeeinflussung, Verkehrstechnik, traffic-control oder traffic-management. Teilweise kennzeichnen diese Begriffe nur Teilelemente oder sind älteren Ursprungs.

Verkehrsmanagement gewinnt zunehmend an Bedeutung, weil die vorhandenen Verkehrsanlagen nicht unendlich ausgedehnt/erweitert werden können und der weiteren Belastung der Umwelt Grenzen gesetzt werden müssen. Das vorhandene Straßen- und Schienennetz, die eingesetzten Verkehrsmittel sowie die Knotenpunkte und Parkierungsanlagen bedürfen einer zunehmend effektiveren Auslastung; dazu werden immer differenziertere Verkehrstechnologien bzw. „intelligentere" Lösungsansätze notwendig.

Die Zielstellungen des Verkehrmanagement lauten u.a.:

- vorhandene Verkehrsanlagen noch intensiver nutzen, d.h. ihre Leistungsfähigkeit erhöhen (Straßenabschnitte, Knotenpunkte, Parkplätze und -garagen)
- Vermeidung/Verminderung negativer Umweltauswirkungen (Schadstoffemission, Flächeninanspruchnahme, Lärmemission)
- Erhöhung der Verkehrssicherheit, insbesondere für Fußgänger und Radfahrer sowie Menschen mit Mobilitätseinschränkungen
- Verbesserung des Reisekomforts (höhere Reisegeschwindigkeiten, flüssigerer Verkehrsablauf)
- höherer Auslastungsgrad für Fahrzeuge im Personen- und Güterverkehr (z.B. Übereinstimmung zwischen Platzangebot und Platznachfrage, um u.a. Leerfahrten zu vermeiden)
- Verlagerung von individuellem motorisierten Verkehr auf die Verkehrsarten des Umweltverbundes

Im Gegensatz zur Verkehrssteuerung, welche sich mit der Bewältigung der realisierten und prognostizierten (steigenden) Verkehrsnachfrage beschäftigt, zielt die *Verkehrsvermeidung* auf eine Minderung umweltschädigenden Verkehraufkommens insgesamt und absolut ab. „Der beste Verkehr ist der, der erst gar nicht entsteht", weil damit die negativen Wirkungen von vornherein ausgeschlossen werden. Im weiteren Sinne kann deshalb Verkehrsmanagement auch zur Vermeidung von Verkehrsaufkommen bzw. zur Verlagerung des Verkehrsaufkommens auf umweltfreundliche Verkehrsarten beitragen. Hierbei stehen einerseits restriktive Maßnahmen für den fließenden Verkehr (insbesondere für den individuellen Verkehr) und andererseits fördernde Maßnahmen für die umweltfreundlichen Verkehrsarten zur Verfügung. Verkehrsmanagement/Verkehrssteuerung kann einzeln oder im Zusammenhang auf folgende Komponenten angewendet werden:

- *freie Strecke*: Routensteuerung im Netz; Warnung vor Gefahren (Glatteis, Seitenwind u.ä.); wechselseitige Nutzung von Fahrspuren (Tunnel, Brücken, Baustellen, Fähranlagen); Homogenisieren des Verkehrsflusses (Vorgabe einer Mindest- oder Höchstgeschwindigkeit) bzw. Trennung von Verkehrsarten (LKW/PKW); Querungshilfen für Fußgänger und Radfahrer; Einordnung bzw. Separierung des ÖPNV;

- *Knotenpunkte*: wechselseitige Freigabe verschiedener Kraftfahrzeugströme bzw. Freigabezeiten für Rad- und Fußgängerverkehr, Freigabe bzw. Bevorrechtigung des ÖPNV in der Signalsteuerung oder gemäß StVO;

- *Parkierungsanlagen:* Kontrolle und Anzeige des Besetzungsgrades von Stellplätzen; Hinweise auf weitere Parkplätze; Routenbeschreibung/Wegweisung zu den Parkierungsanlagen (starres oder dynamisches Parkleitsystem); Übergangsbedingungen zum öffentlichen Verkehr (P+R-Anlagen);

- *öffentlicher Personenverkehr:* Positionsbestimmung der Fahrzeuge; aktuelle, zeitbezogene Hinweise an Haltestellen; verkehrsabhängige Anweisungen an das Fahrpersonal; Bestimmung von Einsatzfahrzeugen in Havariefällen;

- *Güterverkehr*: Routenführung für Güter- und Spezialtransporte und Transporte gefährlicher Güter; Informationssysteme für die Citylogistik einschließlich der Einbindung in die Umschlagtechnologie von Güterverkehrszentren;

- *Not- und Sonderdienste*: Routenführung für schnelle Transporte bzw. Beförderungen, Freischaltung von Knotenpunkten zur sicheren und schnellen Querung von Einsatzfahrzeugen der Feuerwehr, der Notdienste und anderer Hilfsdienste.

Das Grundprinzip von Verkehrsmanagement besteht darin, diese einzelnen Komponenten in *einer Verkehrsleitzentrale* zusammenzufassen und unter einer einheitlichen Führungsstrategie die Verkehrsbeeinflußung nach den obengenannten Qualitätskriterien vorzunehmen. Dabei gilt folgende Schrittfolge (Prinzip):

- *Erfassung* aktueller Verkehrs- und Umweltdaten über geeignete Sensoren (Fahrzeugstandorte [z.B. Bus, Güterkraftwagen], Fahrzeugmengen pro Zeiteinheit im Querschnitt, unterschiedliche Fahrzeugarten, Geschwindigkeiten, Glatteis, Nebel usw.).

- *Datenübertragung* zu einem stationären Rechnersystem bzw. zur Verkehrsleitzentrale (z.B. per Kabel, per Funk).

- *Aggregierung/Aufbereitung* der Einzel- bzw. Eingangsdaten zu gebräuchlichen anerkannten Verkehrskennwerten.

- *Bewertung* und *Vergleich* dieser Daten mit vorgegebenen Soll- und Schwellwerten.

- *Empfehlung von Maßnahmen* bei Über- oder Unterschreitung dieser Schwellwerte; (z.B. freie Strecke: vorher ungehinderte Fahrt, dann zunehmendes Verkehrsaufkommen, es entsteht Staugefahr (Schwellwert für diese Strecke überschritten), daraus resultiert die Maßnahmeempfehlung: Einschaltung der Stauwarnung und Vorgabe einer niedrigeren Höchstgeschwindigkeit).

- *Datenübertragung* von der Leitzentrale zu den Fahrzeugen (PKW, Bus, LKW, Straßenbahn (sog. Führerstandssignale), zu steuerbaren Warnzeichen (z.B. Nebel, Stau) oder Wegweisungen (Routensteuerung), zu den Lichtsignalanlagen (Signalgebern) an Knotenpunkten, zur Geschwindigkeitsanzeige usw.
- *Durchführung der Einzelmaßnahmen*, Anzeige der neuen Verkehrszeichen und Bilder, damit u.a. Sperrung oder Freigabe von Fahrtrichtungen oder Verkehrsarten, Begrenzung der Geschwindigkeit usw.

Für den Städtebau und die Stadtplanung sind besonders die Steuerung an Knotenpunkten mittels Lichtsignalanlagen (LSA) (verkehrsjuristisch: Lichtzeichenanlage), die Verkehrsbeeinflußung des öffentlichen und ruhenden Verkehrs (rechnergestütztes Betriebsleitsystem bzw. Parkleitsystem) und die Verknüpfung dieser Systeme von Interesse. Zur Lichtsignalsteuerung s. Tafel 6.22:

Tafel **6**.22   Einsatzbereiche für Lichtsignalanlagen

an Knotenpunkten	für Kfz-Verkehr, für Fußgänger und Radverkehr, für den öffentlichen Verkehr,	ohne oder mit Schaltungen zur Bevorrechtigung des öffentlichen Verkehrs
an Querschnitten der freien Strecke	vornehmlich für Fußgänger und Radfahrer, ggf. auch für den querenden öffentlichen Verkehr	sehr häufig wird das Grün für den querenden Verkehr nur auf dessen Anforderung geschaltet, z.B. Schulwegsicherung, vor Altersheimen, Querung von Radtrassen im Außenbereich
an Ein- bzw. Ausfahrten	für Notdienste: Feuerwehr, Krankentransporte, Polizei; für Werkverkehr; in Fährhäfen; für Grundstücke mit extrem schlechten Sichtbedingungen	verschiedene Steuerungsarten sind möglich: z.B. Dunkel-alles Rot-Dunkel Dauergrün-Rot-Dauergrün, (vgl. [92])
für Brücken oder Tunnelstrecken	als Zufahrtsbeschränkung; zur Homogenisierung des Verkehrsflusses, zur Fahrtfreigabe der Schiffahrt	Spur- oder Wechselsignal-Steuerung, bei Hub- oder Drehbrücken
an Baustellen	i.d.R. für den Kfz-Verkehr	wechselseitige Freigabe der Fahrtrichtungen

6.6.2 Steuerung von Knotenpunkten

Zielstellung und Einsatzbereiche

Für die Regelung/Steuerung eines städtischen plangleichen Knotenpunktes bestehen drei Möglichkeiten:
- *rechts-vor-links* nach § 8 der StVO; wird angewendet im untergeordneten Erschließungsnetz zur Verdrängung der durchfahrenden Verkehrsströme (gebietsfremder Durchgangsverkehrs) und zur Dämpfung der Geschwindigkeit (z.B. in verkehrsberuhigten Ge-

bieten). Die Leistungsfähigkeit liegt für 4-armige Kreuzungen bei ca. 250 - 500 Kfz/h und für 3-armige Einmündungen bei ca. 150 - 300 Kfz/h (Summe aller in den Knoten einfahrenden Kraftfahrzeuge).

• Unterteilung in *Haupt- und Nebenstraße* nach §8 StVO; der Hauptstrom ist vorfahrtberechtigt; der Nebenstrom ist wartepflichtig und kann nur die natürlichen Zeitlücken im Hauptstrom nutzen (die verkehrsjuristischen Begriffe *Haupt- und Nebenstraße* sind nicht zu verwechseln mit den funktionalen Begriffen von Hauptnetz- und Nebennetzstraßen). Die Grenzzeitlücke ist der Zeitabstand zwischen zwei Fahrzeugen im Hauptstrom, die nach einer statistischen Auswertung von 50 % der Kraftfahrer im Nebenstrom abgelehnt bzw. gerade noch angenommen wird. Die Größe der Grenzzeitlücke ist von den Fahrvorgängen (kreuzen, abbiegen), den Fahrzeugen (Krad, Lastzug, ...) und vom Alter und der Mentalität der Kraftfahrer abhängig (jung-alt; besonnen-aggressiv). Die Leistungsfähigkeit liegt zwischen 1000 und 1500 Kfz/h. Der untere Wert gilt für beengte geometrische Verhältnisse (z.B. ohne gesonderten Linksabbiegerstreifen), einen hohen Anteil an Fußgängern, an Linksabbiegern und/oder Nutzfahrzeugen.

• durch *Lichtsignalanlagen* (LSA): die einzelnen Verkehrsströme in den unterschiedlichen Zufahrten erhalten eine begrenzte Fahrtfreigabe/Gehzeit = Grünzeit (künstliche Zeitlücke). Die Freigabe (Grünzeit) für die einzelnen Verkehrsströme erfolgt im Verhältnis der Verkehrsstärken und der Sicherheitsbedürftigkeit der Verkehrsteilnehmer. Die Leistungsfähigkeit umfaßt den Bereich von ca. 1500 bis 4000 Kfz/h, je nach Ausbaugrad des Knotens, des Umfanges und der Zusammensetzung der Verkehrsströme [118].

• *Kreisverkehr* mit einer Beschilderung nach §8 StVO: der im Kreis befindliche Verkehrsstrom ist vorfahrtberechtigt, die auf den Kreis zufahrenden Verkehrsströme sind wartepflichtig (wie Haupt- und Nebenstraße). Fehlt diese Beschilderung, löst sich der Kreisverkehr in drei oder vier verkehrsrechtliche Einzelknoten mit der Regel rechts-vor-links-auf. Dies ist ein juristischer wie fachlicher Ansatz, der den Grundgedanken des Kreisverkehrs aufhebt, die Verkehrsanlage unsicher macht und dem Kraftfahrzeugführer unverständlich bleibt. Die Leistungsfähigkeit liegt zwischen 2000 und 2500 Kfz/h und schwankt sehr stark in Abhängigkeit unterschiedlicher Einflußfaktoren, insbesondere bei unsymmetrischen Verkehrsaufkommen (Linksabbieger).

Für Knotenpunkte mit *Lichtsignalanlagen* (auch *Ampelanlagen* genannt) sind folgende Einsatzkriterien von besonderer Bedeutung:
– Gewährleistung der Verkehrssicherheit, Abbau von Unfallschwerpunkten
– Umsetzung des Schutzbedürfnisses für Kinder, ältere Menschen, Menschen mit Geh-, Seh- oder Hörbehinderung
– Bevorrechtigung des öffentlichen Verkehrs
– Reduzierung der Wartezeiten im Nebenstrom des Kfz-Verkehrs
– Erhöhung der Leistungsfähigkeit
– ungehinderte und sichere Durchfahrten für Not- und Rettungsdienste
– zur Kompensation fehlender Sichtbedingungen an unübersichtlichen Knoten.

Lichtsignalanlagen können

- *durchgehend* („rund um die Uhr") in Betrieb sein (es laufen immer Programme)
- nur zu *bestimmten Tageszeiten* in Betrieb sein, z.B. laufen Programme nur von 5^{00} - 21^{00} Uhr
- mit *Gelbblinken* in den Nachtstunden betrieben werden, um auf den tagsüber signalisierten Knoten aufmerksam zu machen (meist nur im übergeordneten Hauptstraßennetz angewendet)
- auf *Anforderung* geschaltet werden, z.B.: Fußgänger drückt sich „sein" Grün oder bei Ausfahrt einer Feuerwehr aus dem Depot wird Signalbild aktiviert.

Steuerungsarten

Innerhalb der Betriebszeiten am Knotenpunkt unterscheidet man verschiedene Steuerungsarten.

Bei der *Festzeitsteuerung* werden durch eine Zeitschaltuhr mehrere zur Auswahl stehende Signalprogramme nach einem fest vorgegebenen Zeitplan in Betrieb genommen. Die Signalprogramme beruhen auf langzeitig ermittelten, mittleren Verkehrsstärken, die täglich mit einer hohen Wahrscheinlichkeit wieder eintreffen. Die Einschaltung der Programme für die bestimmten Zeitabschnitte erfolgt nach der Uhr (zu einem festgelegten Zeitpunkt), bleibt aber ohne jede Rückkopplung der aktuellen Kenntnis der gerade am Knoten herrschenden Verkehrsverhältnisse.

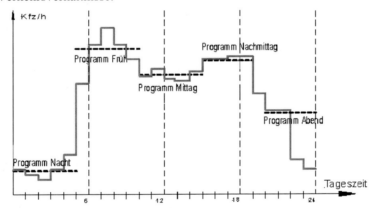

Bild **6**.53   Signalplanauswahl

Signalplanauswahl bedeutet, daß mehrere Signalprogramme vorgehalten, jedoch entsprechend den wechselnden, aktuellen Verkehrsverhältnissen ausgewählt und gesendet werden (per Augenschein durch den Regelungsposten [früher] oder durch automatisch erfaßte Verkehrsdaten [heute]). Es erfolgt eine ständige Datenabfrage über die aktuelle Verkehrssituation z.B. mittels Induktionsschleifen in den einzelnen Fahrstreifen der Knotenpunktzufahrten. Die ermittelten Verkehrsmengen pro Zeiteinheit werden mit Sollwerten verglichen, bei Unter- oder Überschreitung (mit einer plausiblen Verzögerung (Trendanalyse)) erfolgt die Auswahl eines neuen, schon installierten Programmes.

Grünzeit-Dehnung bzw. *bedarfsgesteuerte* Knotenpunkte gehen von einem einfachen Grundprogramm aus. Auf die Kreuzung zufahrende Kraftfahrzeuge werden durch einen Detektor erfaßt (Überfahrung oder Registrierung der Anwesenheit (Staudetektor)). Unter Berücksichtigung der Weg-Zeit-Beziehung zwischen dem Standort des Detektors und der Haltelinie am Knotenpunkt kann dieses Fahrzeug (und ggf. folgende Fahrzeuge) noch bei Grün die Kreuzung passieren. Die Grünzeit-Dehnung je Umlauf ist begrenzt. Die Bedarfssteuerung bzw. die verkehrsabhängige Steuerung ist in der Praxis der häufigste Fall der Anwendung.

Grünzeit-Anforderung ist speziell für den öffentlichen Verkehr bzw. für den Fußgänger und Radfahrer anwendbar. Über Tast-, Berührungs- oder andere Detektoren kann in ein laufendes Programm eingegriffen werden und für den anfordernden Verkehrsteilnehmer das Grün (Freigabe) angefordert bzw. gesendet werden.

Signalplanänderung (Wechsel der Phasenfolge) und *Signalplanbildung* erfordern eine umfangreiche, stets aktuelle Datenbasis und eine entsprechende Rechnerkapazität, um für den aktuellen Verkehrszustand auch die aktuellen, dazugehörigen Programme zu senden. Die Signalprogramme müssen stets aktuell neu berechnet werden. Die Schwierigkeit besteht darin, dass das gesendete Signalprogramm immer (prinzipiell) auf der Basis des vorangegangenen Verkehrsablaufes beruht. Um sporadische, unqualifizierte Änderungen bzw. Sprünge in der Signalplanbildung auszuschalten, werden Trendentwicklungen des aktuellen Verkehrsablaufes z.B. der letzten zehn Minuten mit berücksichtigt.

In speziellen Fällen werden sogenannte *Pförtneranlagen* in den Zufahrtsstraßen von Gemeinden bzw. der Innenstädte betrieben. Das installierte Programm drosselt oder erweitert die Freigabezeiten für die auf die Kommune und zentralen Bereiche zufahrenden Verkehrsströme. Damit kann eine Überfüllung dieser städtebaulich sensiblen Gebiete erreicht werden (keine überstauten Knoten oder Netzabschnitte im Innenstadtbereich). Unstrittiger Nebeneffekt sind geringere Lärm- oder Schadstoffemissionen in sensiblen Bereichen. Der Betrieb von Pförtneranlagen setzt Verkehrsrechner und/oder eine Leitzentrale voraus, an die die einzelnen Knoten angeschlossen sind. Weiterhin sind Datenerfassungsanlagen und ein entsprechendes Strategieprogramm vonnöten.

Die Phase *„Grün für alle Fußgänger"* stellt eine Besonderheit dar: am Knotenpunkt können in dieser Phase die Fußgänger gleichzeitig rechtwinklig wie auch diagonal die Kreuzung passieren. Dieses fußgängerfreundliche Programm bedingt u.U. längere Räumzeiten für die Fußgänger und hat damit eine geringere Leistungsfähigkeit für den Kfz-Verkehr zur Folge.

Signaltechnische Grundlagen

Das Grundprinzip der Signalsteuerung geht davon aus, dass mit der wechselnden Freigabe (Grün) für die einzelnen Verkehrsströme die Möglichkeit besteht, nach einer angemessenen Wartezeit die Konfliktfläche sicher zu queren. Der Verkehrsteilnehmer erwartet bei dem Signalbild Freigabe (Grün), daß andere („feindliche") Ströme nicht aktiv werden bzw. rechtlich eindeutig nachgeordnet sind. Dieser Vertrauensgrundsatz erfordert von dem planenden Ingenieur höchste Sorgfalt und die absolute Absicherung, dass eine gemeinsame Konfliktfläche nicht gleichzeitig für unterschiedliche Verkehrsströme freigegeben wird.

Der Durchsatz von Verkehrsströmen (z.B. rechtsabbiegendes Kfz „contra" querender Fußgänger) muss immer mit dem Kriterium Sicherheit geprüft werden.

Umlaufzeit oder Periode umfaßt die einzelnen Phasen für die unterschiedlichen Verkehrsströme (KFZ, ÖPNV, Fußgänger und Radfahrer, usw.). Die Zeitdauer einer gesamten Um-
laufzeit/Periode (mehrere Phasen) liegt zwischen 30 und maximal 120 Sekunden, danach
wiederholt sich der gleiche Vorgang und die gleichen Verkehrsströme fahren wieder in der
vorgesehen Reihenfolge der einzelnen Phasen. In der Regel liegen die angewendeten Umlaufzeiten zwischen 45 und 90 Sekunden.

Zwischenzeit: Zwischen der Freigabe der einzelnen Verkehrsströme (Phasen) muß ausreichend Zeit vorhanden sein, damit die letzten „räumenden" Fahrzeuge die Konfliktfläche
verlassen haben, bevor die ersten „startenden" Fahrzeuge den Konfliktpunkt erreicht haben.

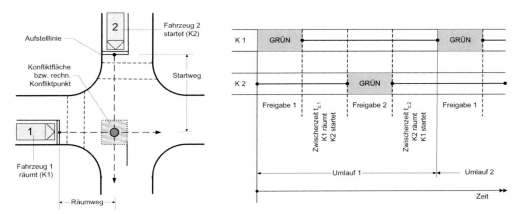

Bild 6.54   Umlauf- und Zwischenzeit

Der Zusammenhang kann wie folgt skizziert werden:
Freigabe Strom 1 - letztes Fahrzeug räumt die Konfliktfläche (Phase 1)
Freigabe Strom 2 - erstes Fahrzeug startet und fährt in den Knoten (Phase 2)

Bei jedem Phasenwechsel entstehen solche unproduktiven, nicht nutzbaren, aber absolut
notwendigen Zwischenzeiten. Je größer die Werte der Zwischenzeiten, um so weniger
Freigabezeit verbleibt für die einzelnen Verkehrsströme innerhalb einer Umlaufzeit. Aus
diesem Grunde sollte die Zahl der Phasen begrenzt bleiben (maximal 4 Phasen) und gleichzeitig sollten die Zwischenzeiten (soweit wie aus Sicherheitsgründen vertretbar) minimiert
werden. Zur Begrenzung der Zwischenzeiten sind beispielsweise die Haltelinien soweit wie
möglich an den Konten heranzuziehen, um kurze Räum- und Startwege zu ermöglichen,
sofern keine anderen Kriterien dagegen sprechen.

Die *Gestaltung* eines signalgeregelten Knotenpunktes muss auf die Art der Signalisierung
ausgerichtet sein, andererseits müssen verkehrliche und örtliche unveränderbare Rahmenbedingungen in der Signalisierung ihre Berücksichtigung finden (Wechselbeziehung).

Jeder Kfz-Strom kann einen eigenen Fahrstreifen erhalten (Linksabbieger = Linksabbieger-streifen, Geradeausfahrer = Geradeausstreifen) oder zwei Ströme können gemeinsam einen Fahrstreifen nutzen (Mischspur: z.B. Geradeausfahrer und Rechtsabbieger = ein Fahrstrei-fen). Werden einer Fahrtrichtung zwei Fahrstreifen zur Verfügung gestellt, dann kann bei gleicher Freigabezeit innerhalb einer Periode/Umlaufzeit die doppelte Menge an Kraftfahr-zeugen den Knotenpunkt passieren (Verdopplung der Leistungsfähigkeit für diesen Ver-kehrsstrom).

Einzelne Fahrstreifen können direkt und nur dem öffentlichen Verkehr gewidmet bzw. vorgehalten werden (ÖV-Streifen, Busspur, Busschleuse, Gleisbereich der Straßenbahn), um ggf. eine vom übrigen Verkehr unabhängige (bevorzugte/bevorrechtigte) Steuerung des ÖPNV zu ermöglichen.

Die *Leistungsfähigkeit* eines signalgeregelten Knotens ergibt sich aus der Gesamtver-kehrsmenge und der pro Fahrstreifen maßgebenden Verkehrsmenge, aus der Summe der möglichen Freigabezeiten der einzelnen Verkehrsströme, aus der Anzahl der Fahrstreifen pro Richtung sowie der Art der Bevorrechtigung des öffentlichen Verkehrs und der Stärke und Zusammensetzung des Fußgängerverkehrs. Begrenzt wird die Leistungsfähigkeit sehr häufig durch die vorherrschenden städtebaulichen Bedingungen (Flächenangebot). Aus diesem Grunde ergeben sich in innerstädtischen Bereichen sehr häufig Rückstauerschei-nungen über mehrere Knoten hinweg, denen man in der Regel nur durch Beschränkungen und Maßnahmen in der Netzverlagerung begegnen kann. Die mittelalterliche Stadt und die Innenstädte sind nicht für den Straßenverkehr in seinem Umfang von heute geschaffen worden.

Für die verkehrstechnische Berechnung signalgesteuerter Knotenpunkte geht man davon aus, dass die Fahrzeuge verteilt nach einem wahrscheinlichkeitstheoretischen Zufallsprin-zip in der Zufahrt ankommen (Zufluss). Nach einer Wartephase (mittlere Wartezeit) fließen die Fahrzeuge bei Freigabe (Grün) mit einem mittleren Zeitabstand von ca. 2 s ab (Zeitbe-darfswert). Bei einer Freigabezeit von beispielsweise 10 s können 5 Kraftfahrzeuge pro Spur und Umlauf die Kreuzung passieren. Überschläglich kann man daraus die Leistungs-fähigkeit eines signalgeregelten Knotens für eine Stunde in der Größenordnung abschätzen.

Im *Signalzeitenplan* werden die Freigabe-, Sperrzeiten und die Zwischenzeiten sekunden-genau mit ihrer Signalbildfolge (s.o.) grafisch zusammengestellt. Der Plan kann von Hand oder durch entsprechende Software erstellt werden. Der Signalzeitenplan ist die Grundlage für die gerätetechnische Umsetzung vor Ort.

In den Signalzeitenplan werden noch die entsprechenden Ein- und Ausschaltpunkte und die Zeitpunkte und die Zeitdauer für die Grünzeitdehnung, für die verkehrsabhängige Steue-rung oder die aktuelle Signalplanänderung angegeben. Aus Sicherheitsgründen wird „feindliches" Grün gegeneinander durch eine gesicherte „Entweder-oder"-Schaltung abge-sichert (Verriegelungsmatrix). Bei Ausfall einer Rotlampe auf der Hauptverkehrsstraße (Gefahrenfall) wird die Kreuzung gänzlich abgeschaltet (*Rotlampen-Überwachung*).

Der Begriff *Zufahrtsignalisierung* sagt aus, daß alle Verkehrsströme einer Zufahrt zur glei-chen Zeit in einer Phase „Grün" erhalten. Für einen dreiarmigen Knoten bedeutet dies u.U. im Maximum ein 4-Phasensystem: 3 Phasen für den Kfz-Verkehr, 1 Phase für die Fußgän-ger in allen Zufahrten.

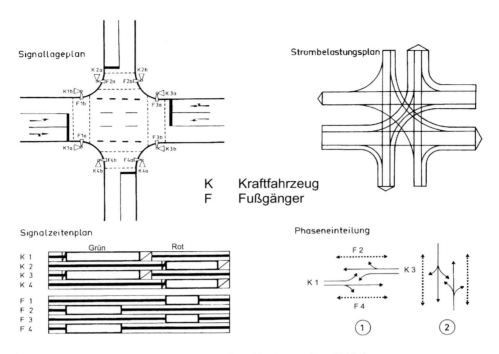

K Kraftfahrzeug
F Fußgänger

Bild **6**.55   Beispiel für die Signalisierung eines Knotenpunktes [118a]

Verkehrsstromsignalisierung bedeutet, daß man einzelne oder mehrere verträgliche Verkehrsströme gleichzeitig fahren läßt. Dominieren in einem solchen System die Geradeaus-Verkehrsströme und sind die Linksabbieger nur gering vorhanden oder gar untersagt, kann man beispielsweise bei einer einfachen 4-armigen Kreuzung mit einem Zwei-Phasen-System auskommen (s. Bild 6.55). Linksabbieger sollten in der Regel und unabhängig von der Verkehrsmenge jedoch immer einen eigenen Fahrstreifen erhalten, bei sehr starken Verkehrsströmen erhalten sie i.d.R. auch eine eigene Phase.

Die Koordinierung von Knotenpunkten in einem Straßenzug (Grüne Welle) dient dem Ziel, die Reisezeiten zu verkürzen, durch wenig/keine Halte Lärm- und Abgasemissionen zu reduzieren sowie die Verkehrssicherheit und die Leistungsfähigkeit zu erhöhen.

Die Installation von sogenannten „Grünen Wellen" setzt starke Verkehrsströme in den Hauptrichtungen, gleiche Umlaufzeiten an allen einbezogenen Knoten (System-Umlaufzeit) und möglichst zwei Fahrstreifen in den Geradeaus-Richtungen voraus. Unbedingt sind Linksabbiegestreifen und wenn möglich, auch für Rechtsabbieger eigene Fahrstreifen vorzusehen.

Eine wesentliche Voraussetzung ist weiterhin der annähernd gleiche Knotenpunktabstand, abgestimmt auf Pulkgeschwindigkeit und Breite des Grünbandes. Im Einzelfall kann die Koordinierung auch nur für bestimmte Verkehrsströme durchgeführt werden, z.B. für starke, abbiegende Verkehrsströme oder bei sehr kurzen Knotenabständen mit nicht ausreichendem Stauraum in den Zufahrten. Richtung und Gegenrichtung sollten sich an den wichtigsten Knotenpunkten zur gleichen Zeit treffen, um für den querenden Verkehr ein Maximum an verbleibenden restlichen Freigabezeiten zu sichern. Wird diese Grundforderung nicht eingehalten, ergeben sich an den betroffenen Knoten nur geringe Zeiträume für querenden Kfz-Verkehr.

Vom Kraftfahrer akzeptierte und effiziente Pulkgeschwindigkeiten liegen zwischen 40 und 70 km/h, nach ca. 500 bis 700 m zerfällt ein Pulk wieder. Damit wird der maximale Knotenpunktabstand für koordinierte Strecken begründet. Die letzten Fahrzeuge fühlen sich grundsätzlich „ihrem" Pulk zugehörig, sie fahren deshalb sehr häufig auch noch nach Grün-Ende über den Knoten (teilweise auch bei rot) und bedingen damit ein hohes Sicherheitsrisiko.

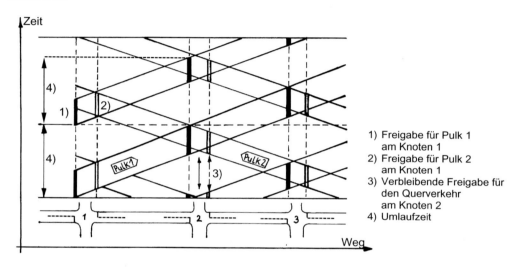

1) Freigabe für Pulk 1 am Knoten 1
2) Freigabe für Pulk 2 am Knoten 1
3) Verbleibende Freigabe für den Querverkehr am Knoten 2
4) Umlaufzeit

Bild **6**.56   Koordinierung von Straßenknoten

6.6.3   Steuerung des öffentlichen Verkehrs und des ruhenden Verkehrs

Will der öffentliche Verkehr seine Aufgaben als Daseinsvorsorge oder Vorrangsystem erfüllen, müssen ihm im öffentlichen Verkehrsraum und bei der Steuerung des Verkehrsablaufes Vorrechte eingeräumt werden.

Dies wird ermöglicht durch separate Fahrspuren getrennt oder gemeinsam für Bus und Straßenbahn, durch eine eigene bevorrechtigte Signalisierung, durch Grünzeit-Dehnung auf Anforderung oder durch Grünzeit-Anforderung. Im Zuge von koordinierten Knotenpunkten soll und kann der öffentliche Verkehr sinnvoll, auch mit Haltestellenaufenthalten, in die Koordinierung eingebunden werden. Die Haltestellen können sowohl vor als auch hinter dem Knoten angeordnet werden, es muß in Abhängigkeit der örtlichen und verkehrlichen Verhältnisse entschieden werden.

RBL bezeichnet das *rechnergestützte Betriebsleitsystem* für Verkehrsbetriebe. Durch eine entsprechende Kommunikation zwischen den im Einsatz befindlichen Fahrzeugen und einer im Verkehrsbetrieb installierten Leitstelle erfolgt eine Überwachung und Steuerung des Betriebsablaufes der Fahrzeuge. Zielstellung ist vorrangig die Einhaltung des Fahrplanes, weiterhin kann bei Havarien schnellstmöglich Ersatz geschaffen werden. Die Fahrgast-Informationen im Bus oder in der Straßenbahn über mögliche oder ausgefallene Anschlussbedingungen oder die Informationen an der Haltestelle über Verspätungen, Ersatzangebote oder zusätzliche Fahrangebote gehören ebenso zum Leistungsumfang eines RBL. So sollte beispielsweise die telefonische Bestellung eines Taxi durch den Fahrer von Bus und Straßenbahn an eine gewünschte Haltestelle zum Standardservice gehören.

Wesentliche Voraussetzung für den effektiven Betrieb eines RBL ist die aktuelle und fehlerfreie Fahrzeug-Standorterfassung als Datengrundlage. Bei größeren Abweichungen vom Fahrplan/Sollstand kann durch das RBL in Kopplung mit der Verkehrsleitzentrale der Kommune auch ein Eingriff in die Programme der lichtsignalgesteuerten Knotenpunkte erfolgen (Verkehrsmanagement). Dynamische Fahrgast-Information-Systeme (FIS) beinhalten im Rahmen von RBL eine Ist-Zeit bezogene aktuelle Angabe von Abfahrtszeiten des ÖPNV an den Haltestellen (Linie A fährt in 3 Minuten, 2 Minuten usw.).

Verkehrsmanagement für den ruhenden Verkehr beinhaltet die Erfassung der Parkstandorte (Hoch- und Tiefgaragen, Parkplätze), die Darstellung des aktuellen Belegungsgrades (durch Differenzbildung der Zu- und Abgänge), die äußerlich für den Parkkunden erkennbare Auslastung der Parkstandorte und die Wegweisung/Zielführung zu den Parkstandorten. Ein *statisches Parkleitsystem* umfaßt eine fest installierte Wegweisung zu den Parkstandorten. Erst vor Ort wird erkennbar, ob freie Plätze im Angebot sind. Das *dynamische Parkleitsystem* gibt schon im Rahmen der veränderbaren Wegweisung die noch freien Standorte bzw. Kapazitäten an und leitet den Parksuchverkehr auf der Basis verkehrstechnischer Strategien an die für den Verkehrsablauf bzw. die Kommune verträgliche Standorte. Die mögliche Routenauswahl kann durch die Verkehrsleitzentrale erfolgen (z.B. Meiden überlasteter Strecken). Mit Hilfe der Telematik wird es beispielsweise möglich sein, für ein gewünschtes Ziel das nächstliegende, freie Parkhaus durch „Führerstandssignale" im PKW angezeigt zu bekommen, einschließlich der Wegeführung.

P + R-Anlagen (s. Abschn. 6.5.2) sind Verknüpfungspunkte zwischen dem Kfz-Verkehr und dem öffentlichen Verkehr. Hier greift die Steuerung des öffentlichen Verkehrs, des fließenden Verkehrs und des ruhenden Verkehrs auf den Punkt ineinander. Moderneres Verkehrsmanagement erlaubt mit Hilfe der Telematik beispielsweise dem auf die Stadt zufahrenden Kraftfahrer über Verkehrsfunk Informationen über Verkehrszustände allgemein, Angebote und Abfahrtszeiten des öffentlichen Verkehrs oder Auslastungen des Parkraumangebotes *vor* der Stadt zu übermitteln und gegebenenfalls Alternativen zur Verkehrsmittelwahl anzubieten. Hier ergibt sich der Ansatz, mit Hilfe des Verkehrsmanagements einen Einfluß auf die Verlagerung von Verkehrsströmen auf umweltfreundliche Verkehrsarten zu nehmen.

6.7   Linienführung von Verkehrswegen

Die Linienführung von Verkehrswegen erfolgt nach festgelegten technischen Regelwerken, die getrennt nach der Verkehrsart aus wissenschaftlichen Untersuchungen und der Erfahrung erstellt werden. Ziel der Entwurfsarbeiten ist die sichere und funktionsgerechte Führung der Verkehrswege. Innerhalb der Verkehrssysteme werden diese Vorgaben differenziert, damit den örtlichen Gegebenheiten und auch den unterschiedlichen Kategorien der Verkehrswege entsprochen werden kann.

Die für die Trassierung von Straßen relevanten Regelwerke wurden in Abschn. 6.2.2 bereits vorgestellt. Für Innerortsstraßen sind dies die *Empfehlungen für die Anlage von Hauptverkehrsstraßen (EAHV 93), berichtigter Nachdruck 1998* [99], die *Empfehlungen für die Anlage von Erschließungsstraßen (EAE 85/95)* [98] sowie für anbaufreie Straßen die *Richtlinien für die Anlage von Straßen (RAS), Teil Linienführung (RAS-L, 1995)* [116]. Schienenwege werden nach den Vorgaben der Deutschen Bahn bzw. von Regionalbahnen trassiert, für Straßenbahnen und U-Bahnen gilt die *Verordnung über den Bau und Betrieb der Straßenbahnen (BOStrab)* [78].

Neben diesen technischen Regelwerken hat der jeweilige Baulastträger (Bund, Land, Kreis, Kommune) in einem öffentlich-rechtlichen Verfahren das Baurecht zu erlangen. Für Außerortsstraßen ist dies in der Regel das Planfeststellungsverfahren. Innerorts kann dies ebenfalls durch ein Planfeststellungsverfahren aber auch durch die Bauleitplanung erfolgen. In diesen Verfahren werden auch die Auswirkungen des Straßenbauwerks auf die Umwelt bewertet und geprüft.

6.7.1   Querschnittsgestaltung

Bestandteile

Der Straßenquerschnitt setzt sich aus verschiedenen Elementen zusammen, die zur Erfüllung der erforderlichen Funktionen notwendig sind. Es sind dies:
– Fahrbahn, bestehend aus den Fahrstreifen und den Randstreifen (außerorts) bzw. Entwässerungsstreifen (innerorts und an Hochborden)
– Standstreifen i.d.R. nur an hochbelasteten Außerortsstraßen
– Bankett an nicht angebauten Straßen ohne Hochbord
– Trennstreifen zur baulichen Trennung von Verkehrsflächen als Mittel- bzw. Seitentrennstreifen
– Geh- und/oder Radweg
– Zusätzliche Flächen für besondere Nutzungen (Busstreifen, Parkstreifen, ...)

Regelquerschnitte

Die innerörtliche Straßenraumgestaltung wurde in Abschn. 6.2.2 behandelt, hier wird deshalb nur auf anbaufreie Querschnitte eingegangen. Wegen der abschnittsweise einheitlich gewünschten Streckencharakteristik werden für anbaufreie Straßen in den *Richtlinien für die Anlage von Straßen, Teil Querschnitte (RAS-Q) 1996* [118] Regelquerschnitte festgelegt. Eine Auswahl an Regelquerschnitten ist in Bild 6.57 dargestellt.

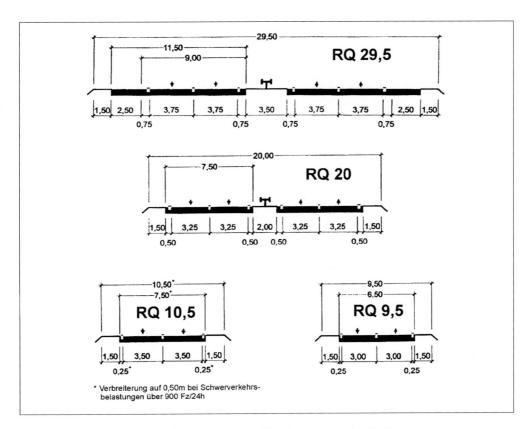

Bild **6**.57   Beispiele für Regelquerschnitte von Straßen (außerorts) [118]

Die wesentlichen Kriterien für die Auswahl eines Regelquerschnitts sind die Straßenkategorie, die Verkehrsbelastung und die Verkehrszusammensetzung. Für eine Vorauswahl sind die Abhängigkeiten in Bild 6.58 zusammengestellt. Für den im späteren Entwurfsprozeß notwendigen Nachweis der Leistungsfähigkeit wird auf Abschn. 6.7.5 verwiesen.

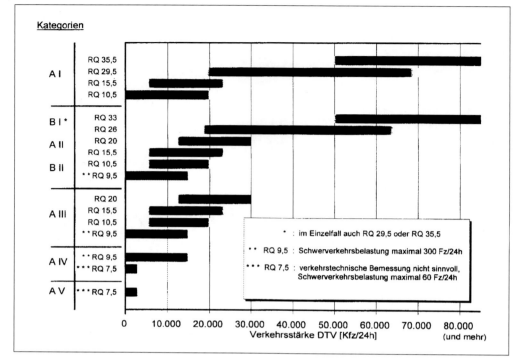

Bild **6**.58   Vorauswahl der Regelquerschnitte [125]

Für den Bereich von Bauwerken (Brücken, Tunnel) und für einzurichtende Baustellen gelten besondere Regelungen. Im Bereich enger Radien ist gegebenenfalls die Fahrspur zu verbreitern, um für lange Fahrzeuge die Befahrbarkeit sicherzustellen.

Schienenwege

Für die Querschnittsgestaltung von Schienenwegen sind die Vorgaben der *Eisenbahn-Bau- und Betriebsordnung (EBO)* [79] für Eisenbahnstrecken und der *Verordnung über den Bau und Betrieb der Straßenbahnen (BOStrab)* [78] zu beachten. Für den freizuhaltenden lichten Raum (Lichtraumprofil) werden unterschieden:

– Regellichtraum
– Erweiterter Regellichtraum und
– Sonderlichträume.

In diesen lichten Räumen dürfen sich keine festen Einbauten befinden. Ähnlich wie für Straßenquerschnitte sind die Randbedingungen an die unterschiedlichen Erfordernisse der Strecken angepaßt.

6.7.2 Linienführung im Lageplan

Die Linienführung von Straßen mit überwiegender Verkehrsbedeutung und deshalb zügig angesetzten Entwurfsgeschwindigkeiten wird aus fahrdynamischen Überlegungen abgeleitet. Nach fahrgeometrischen Gesichtspunkten werden in der Regel die Straßen des städtischen Erschließungsnetzes und auch die Straßen des Grund- und Funktionsnetzes im bebauten Bereich entworfen. Die Trassierung im Lageplan wird aus drei Grundelementen erstellt:

- *Geraden* werden außerorts möglichst vermieden, weil auf ihnen eine erhöhte Ermüdungs- und Blendgefahr besteht. Die Einschätzung von Fahrzeugabständen und Geschwindigkeiten wird auf ihnen ebenfalls erschwert. Sie werden angewandt bei Zwangslagen aus landschaftlichen und insbesondere topografischen wie auch städtebaulichen Vorgaben (Trassenbündelung, Städtebau) und im Bereich von Knotenpunkten. Innerorts sind die genannten Nachteile weniger bedeutend, der Einsatz von Geraden ist dort nicht eingeschränkt.
- *Kreisbögen* dienen der Richtungsänderung, ihre Abmessungen müssen ein ausgewogenes und sicheres Befahren ermöglichen. Auf Straßen der Kategoriengruppe A sind deshalb benachbarte Kreisbögen aufeinander abzustimmen (Relationstrassierung). Im Innerortsbereich verdeutlicht der Straßenraum die Trassierung, eine Abstimmung der Radienfolge ist deshalb nicht notwendig. In Bild 6.59 ist ein Kreisbogen mit den geometrischen Elementen dargestellt.

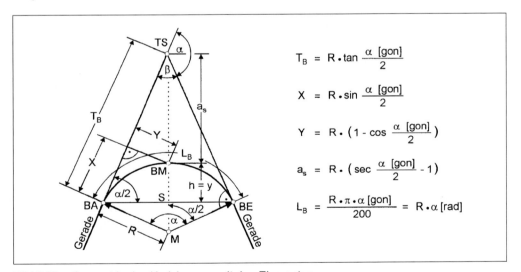

Die dargestellten Formeln lauten:

$$T_B = R \cdot \tan \frac{\alpha \, [gon]}{2}$$

$$X = R \cdot \sin \frac{\alpha \, [gon]}{2}$$

$$Y = R \cdot \left(1 - \cos \frac{\alpha \, [gon]}{2} \right)$$

$$a_s = R \cdot \left(\sec \frac{\alpha \, [gon]}{2} - 1 \right)$$

$$L_B = \frac{R \cdot \pi \cdot \alpha \, [gon]}{200} = R \cdot \alpha \, [rad]$$

Bild **6.**59 Geometrie des Kreisbogens mit den Elementen

- *Übergangsbögen* stellen den Übergang zwischen Gerade (Krümmung = 0) und Kreisbogen (Krümmung = const.) dar. Als Übergangsbogen im Straßenentwurf hat sich die mathematische Form der Klothoide bewährt. Der wesentliche Vorteil besteht in der linearen

Krümmungsänderung in Abhängigkeit von der Bogenlänge. In Bild 6.60 ist die geometrische Form der Klothoide dargestellt, das im Straßenentwurf verwendete Teilstück ist hervorgehoben. Auf anbaufreien Straßen werden zwischen Gerade und Kreisbogen bzw. zwischen zwei Kreisbögen mit unterschiedlicher Krümmung Klothoiden eingeschaltet. Auf Übergangsbögen kann verzichtet werden bei großen Radien bzw. bei niedrigen Entwurfsgeschwindigkeiten wie sie für Innerortsstraßen eingesetzt werden. Werden zwei Kreisbogen mit unterschiedlichen Richtungen durch Klothoiden verbunden, so wird die Form als „Wendelinie" bezeichnet (vgl. Bild 6.61).

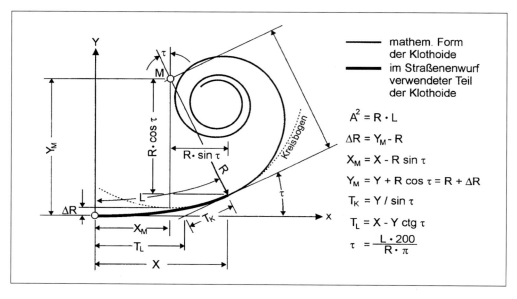

Bild **6**.60   Geometrische Form der Klothoide

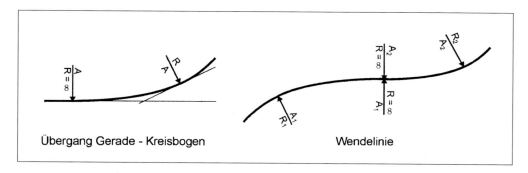

Bild **6**.61   Anlage von Klothoiden

In Abhängigkeit von der Lage der Straße und der angesetzten Entwurfsgeschwindigkeit sind die in Tafel 6.23 angegebenen Grenzwerte der Entwurfselemente einzuhalten.

Tafel **6**.23   Grenzwerte der Entwurfselemente

Entwurfsgeschwindigkeit V_e [km/h]	40	50	60	70	80	90
Geradenhöchstlänge max L [m]	-	-	1200	1400	1600	1800
Kurvenmindestradius min R [m]						
nach RAS-L, 1995	-	80	120	180	250	340
nach EAHV 93	40-45	70–80	120-170	175-200	-	-
Klothoidenmindestparameter min A [m]						
nach RAS-L, 1995	-	30	40	60	80	110
nach EAHV 93	30	50	70	90	-	-

Weitere Angaben und Erläuterungen finden sich bei NATZSCHKA [23].

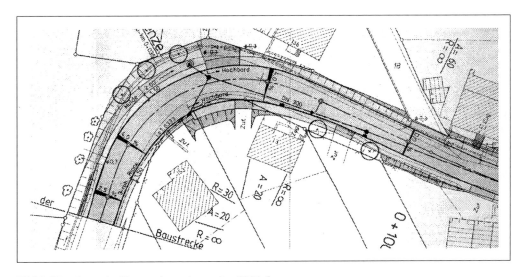

Bild **6**.62   Ausschnitt aus einem Lageplan [121a]

6.7.3   Linienführung im Höhenplan

Der Höhenplan stellt die Abwicklung der Gradienten dar. Die Gradiente entspricht im Regelfall der Straßenachse. Ein Beispiel ist in Bild 6.63 aufgeführt, der zehnfach größere
Maßstab der Höhe (M.d.H.) gegenüber dem Maßstab der Länge (M.d.L.) dient der Wahrnehmung von Höhenunterschieden und der Verdeutlichung von Details.

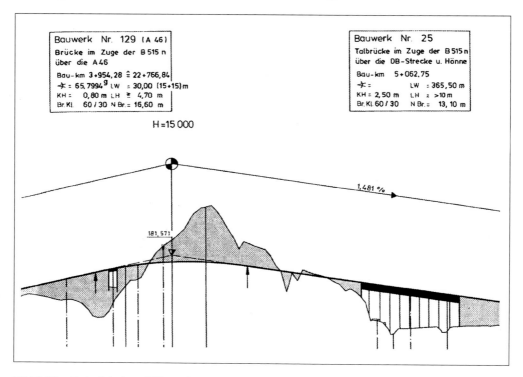

Bild **6.**63   Beispiel eines Höhenplans [121a]

Im Höhenplan werden drei Grundelemente eingesetzt:
- Bereiche mit konstanter Längsneigung s dienen der Höhenüberwindung. Die Längsneigung soll aus Gründen der Verkehrssicherheit, der Energie- und Betriebskosteneinsparung,
der Emissionsminderung und der Qualität des Verkehrsablaufs möglichst niedrig sein. Dies
ist aber wegen der häufig gewünschten Anpassung an die Umgebung nicht immer zu realisieren.
- Kuppenausrundung mit Halbmesser H_K. Als Bemessungskriterien werden Fahrdynamik
und -komfort sowie die Sichtweiten herangezogen. Wegen der bei Berücksichtigung der
räumlichen Wirkung anderen Sichtweiten ist neben der Einhaltung der in Tafel 6.24 angegebenen Kuppenmindesthalbmesser auch der Nachweis der ausreichenden Haltesichtweite
erforderlich (siehe Tafel 6.25).

- Wannenausrundung mit Halbmesser H_W. Bemessungskriterien sind die Sicht bei Unterführungen und bei Abblendlicht. Die Wannenmindesthalbmesser sind in Tafel 6.24 angegeben.

Die Ausrundungen können als Neigungswechsel (Folge Steigung – Gefälle bzw. Gefälle – Steigung) oder als Neigungsänderung (Gefälle – Gefälle bzw. Steigung – Steigung) ausgebildet werden. Als Beispiel ist in Bild 6.64 eine Kuppenausrundung mit den wichtigsten Berechnungshinweisen dargestellt. Die Berechnung der Wannenausrundung erfolgt bei Beachtung der Vorzeichen auf die gleiche Weise. Übergangsbögen werden im Höhenplan nicht eingesetzt. Weitere Angaben und Erläuterungen finden sich bei NATZSCHKA [23].

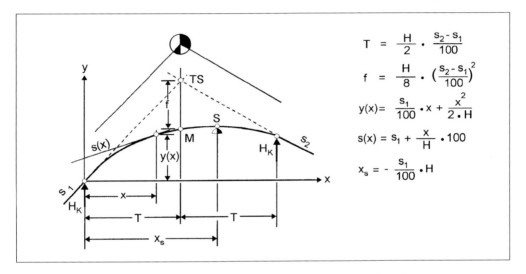

Bild **6**.64   Darstellung und Zusammenhänge für Ausrundungen im Höhenplan

6.7.4   Sichtweiten und räumliche Linienführung

Für die Qualität des Verkehrsablaufs auf Straßen und für die Verkehrssicherheit müssen den Verkehrsteilnehmern ausreichende Sichtweiten zur Verfügung stehen. Die erforderlichen Sichtflächen im Knotenbereich wurden bereits im Abschn. 6.2.3 behandelt.

Haltesichtweiten

Die erforderliche Haltesichtweite soll gewährleisten, daß ein Fahrer vor einem unerwartet auftretenden Hindernis auf der Fahrbahn sicher zum Halten kommen kann. Sie muß auf der gesamten Länge der Straße vorhanden sein und ist abhängig von der maßgebenden Geschwindigkeit und der Längsneigung der Straße. Für die Kategoriengruppe A und die Kategorien BI und BII sind die erforderlichen Haltesichtweiten in einem Diagramm der RAS-L, 1995 [116] dargestellt. Für die Kategoriengruppe B und C sind sie in Tafel 6.25 zusammengestellt.

Tafel **6**.24   Grenzwerte für die Elemente des Höhenplans (Klammerwerte = Ausnahmewerte)

Entwurfsgeschwindigkeit v_e [km/h]	40	50	60	70	80	90
Höchstlängsneigung s [%]						
nach RAS-L, 1995						
• Kat.gruppe A	-	9,0	8,0	7,0	6,0	5,0
• Kat.gruppe B	-	12,0	10,0	8,0	7,0	6,0
nach EAHV 93						
• Kat.gruppe B	-	8,0 (12,0)	7,0 (10,0)	6,0 (8,0)	-	-
• Kat.gruppe C	8,0 (12,0)	7,0 (10,0)	6,0 (8,0)	5,0 (7,0)	-	-
Kuppenmindesthalbmesser H_K [m]						
nach RAS-L, 1995	-	1400	2400	3150	4400	5700
nach EAHV 93	450	900	1800	2200	-	-
Wannenmindesthalbmesser H_W [m]						
nach RAS-L, 1995	-	500	750	1000	1300	2400
nach EAHV 93	250	500	900	1200	-	-

Tafel **6**.25   Erforderliche Haltesichtweiten auf Innerortsstraßen [117]

Straßenkategorie	Geschwindigkeit v_{85} bzw. v_{zul} [km/h]	Straßenlängsneigung s [%]				
		-8	-4	0	+4	+8
B anbaufreie Haupt-verkehrsstraßen	70	95	85	80	75	70
	60	70	65	60	55	55
	50	50	45	40	40	40
C angebaute Haupt-verkehrsstraßen	50			40		
	40			25		
	30			15		

Überholsichtweiten

Die für das sichere Überholen notwendige Überholsichtweite wird nur auf Außerortsstraßen gefordert, für Straßen der Kategorie B sind sie von untergeordneter Bedeutung und in den übrigen Kategorien teilweise sogar unerwünscht. Auf Außerortsstraßen soll der Streckenanteil mit ausreichender Überholsicht etwa 25 % der Gesamtlänge betragen. Diese Überholbereiche sollen etwa gleichmäßig über die Strecke verteilt sein.

Räumliche Linienführung

Mit der Überprüfung der räumlichen Linienführung wird berücksichtigt, daß die Straße in den drei Ebenen Lageplan, Höhenplan und Querschnitt entworfen wird, die Straße tatsächlich aber eine Raumwirkung hat. Durch diesen Entwurfsschritt soll die Einbindung der Straße in die Umgebung (Landschaft, Stadtumfeld) sichergestellt werden, zusätzlich soll dem Verkehrsteilnehmer die Linienführung verdeutlicht und begreifbar gemacht werden. In Bild 6.65 sind Beispiele der RAS-L, 1995 [116] zur räumlichen Linienführung dargestellt.

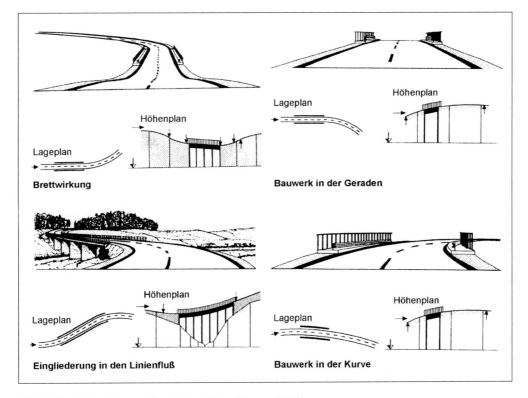

Bild 6.65   Beispiele zur räumlichen Linienführung [116]

6.7.5 Querschnittsbemessung, Verkehrsqualität

Für Außerortsstraßen soll mit der Wahl des Straßenquerschnitts eine planerisch gewünschte Verkehrsqualität für die Verkehrsteilnehmer angeboten werden. Die RAS-Q, 1996 [125] enthalten ein Nachweisverfahren für diese Qualität, vorauszusetzen ist die planfreie oder stets vorfahrtberechtigte Führung an Knotenpunkten. Neben der Verkehrsbelastung und dem gewählten Querschnitt gehen der Schwerverkehrsanteil, die Längsneigung der Straße, die abschnittsweise zu ermittelnde Kurvigkeit und fehlende Überholmöglich-keiten in das Rechenverfahren ein. Bei aufeinanderfolgenden lichtsignalgeregelten Knoten ist das Verfahren nach RAS-Q, 1996 nicht geeignet.

Für Innerortsstraßen wird in der Regel das Verfahren nach RAS-Q, 1996 nicht anwendbar sein, maßgebend für die Verkehrsqualität sind die Verzögerungen, Halte- und Wartezeiten an den Knotenpunkten.

6.8   Straßenbefestigungen

6.8.1   Grundlagen

Die Straßenbefestigungen dienen der Ableitung der unterschiedlichen Verkehrslasten (Fahrzeug-Räder) auf den tragfähigen Untergrund. Der Aufbau ist mehrschichtig, in der Regel kommen bituminöse Bauweisen (Asphalt) und zementgebundene Bauweisen (Beton) zum Einsatz. Im Innerortsbereich werden Pflaster- und Plattenbeläge für gestalterische Aufgaben (Straßen und Plätze) aber auch als Rinnenausbildung zur Abgrenzung von Ver-kehrsflächen und zur Beeinflussung des Verkehrsablaufs (optische Einengung von As-phaltfahrbahnen durch seitliche Pflasterstreifen) verwendet. Ungebundene Oberflächen werden innerorts selten, außerorts auf Wegen häufig eingesetzt. Bei der Wahl der Bauwei-sen ist neben den gestalterischen Aspekten die Verkehrsbelastung, der anstehende Bau-grund sowie die Klimazone von Bedeutung. Für die dauerhafte Haltbarkeit ist bei den Erd-arbeiten auf eine frostfreie Gründung des Straßenkörpers zu achten, bei der Dimensionie-rung der Trag- und Deckschichten sind wirtschaftliche Erwägungen für die Lebensdauer (Abnutzung, Erhaltung, Instandsetzung) der Straße zu berücksichtigen.

Im konstruktiven Aufbau des Straßenkörpers werden unterschieden:
• Der Untergrund als natürlich anstehender Boden, auf dem der Straßenkörper aufgebaut ist.
• Der Untergrund als nachträglich verbesserter Boden.
• Der Unterbau als künstlich hergestellter Dammkörper der Straße. Die obere Zone des Unterbaus wird häufig durch besondere Maßnahmen verbessert. Die Oberfläche ist das Planum.
• Der Oberbau, bestehend aus Tragschichten und Decke.
• Zu den Tragschichten zählen die Frostschutzschicht und die darauf aufliegenden ein oder zwei Tragschichten.
• Die Decke setzt sich bei bituminösen Bauweisen in der Regel aus der Binderschicht und der Deckschicht zusammen. Bei Betondecken entfällt diese Unterteilung.

6.8.2 Belastungen

Die auf den Straßenkörper wirkenden Belastungen resultieren aus:

• Den vertikalen Radlasten, deren Kräfte über die Reifenoberfläche als etwa gleichförmig verteilte Druckspannungen auf die Oberfläche und die Straßenkonstruktion wirken. Sie hängen von der Größe der Radlast, dem Reifendruck und der Aufstandsfläche ab.

• Zusätzlichen dynamischen vertikalen Kräften, die ebenfalls Druckspannungen in der Straßenkonstruktion erzeugen. Sie resultieren aus den Fahrgeschwindigkeiten und den unterschiedlichen Federungen der Fahrzeuge, Fahrbahnunebenheiten und der Anordnung der Räder.

• Horizontalen Kräften bei Beschleunigungs- und Bremsvorgängen. Diese treten besonders stark im Knotenbereich auf. Sie erzeugen im Straßenkörper Schubspannungen, in der Regel sichtbar durch Verformungen in diesen Bereichen.

• Horizontalen Kräften bei der Kurvenfahrt und in starken Steigungen.

• Temperaturunterschieden im Straßenaufbau. Daraus ergeben sich Normal- und Biegespannungen.

• Eng begrenzten Lasteintragungen. Diese führen bei bituminösen Bauweisen zu plastischen Verformungen. Als Spurrinnen beeinflussen sie die Verkehrssicherheit negativ und beeinträchtigen die Straßenentwässerung.

6.8.3 Befestigungen

Für die Dimensionierung des Straßenkörpers entscheidend ist die Belastung durch Lkw und Busse, demgegenüber spielt die Zahl der Pkw nur eine untergeordnete Rolle. Diese Belastung und die zuvor genannten weiteren Belastungen haben dazu geführt, daß in den *Richtlinien für die Standardisierung des Oberbaus von Verkehrsflächen (RStO 86/89)* [119] der FGSV eine *maßgebende Verkehrsbelastungszahl VB* eingeführt wurde. Sie ist entscheidend für die Einordnung in sieben Bauklassen für die verschiedenen Bauweisen. Unterschieden werden die Bauklassen SV (Schwerverkehr) und I bis VI, für Rad- und Gehwege bestehen andere Bauweisen (siehe Abschn. 6.4).

Maßgebende Verkehrsbelastungszahl

Die maßgebende Verkehrsbelastungszahl *VB* wird wie folgt ermittelt:

$$VB = DTV^{(SV)} \cdot f_{sv} \cdot f_p \cdot f_1 \cdot f_2 \cdot f_3$$

mit: $DTV^{(SV)}$ = Durchschnittliche *T*ägliche *V*erkehrsstärke der Fahrzeugarten des Schwerverkehrs (Fz/24 h) bei der Verkehrsübergabe

f_{SV} = Mehrbeanspruchungsfaktor infolge der erhöhten Achslasten im Rahmen der EG-Harmonisierung: $f_{SV} = 1{,}5$

f_p = Faktor für die Änderung des $DTV^{(SV)}$ für alle Straßen außer Bundesautobahnen (geschätzte jährliche Verkehrszunahme 1 v.H.)

f_1 = Fahrstreifenfaktor

f_2 = Fahrstreifenbreitenfaktor

f_3 = Steigungsfaktor

Tafel **6**.26   Fahrstreifenfaktor f_1 [119]

Zahl der Fahrstreifen, die durch den $DTV^{(SV)}$ erfaßt sind	Faktor f_1 bei der Erfassung des $DTV^{(SV)}$	
	in beiden Fahrtrichtungen	für jede Fahrtrichtung getrennt
1	-	1,00
2	0,50	0,90
3	0,50	0,80
4	0,45	0,80
5	0,45	0,80
6 und mehr	0,40	0,80

Tafel **6**.27   Fahrstreifenbreitenfaktor f_2 [119]

Fahrstreifenbreite (m)	Faktor f_2
unter 2,50	2,00
2,50 bis unter 2,75	1,80
2,75 bis unter 3,25	1,40
3,25 bis unter 3,75	1,10
3,75 und mehr	1,00

Tafel **6**.28   Steigungsfaktor f_3 [119]

Höchstlängsneigung (v.H.)	Faktor f_3
unter 2	1,00
2 bis unter 4	1,02
4 bis unter 5	1,05
5 bis unter 6	1,09
6 bis unter 7	1,14
7 bis unter 8	1,20
8 bis unter 9	1,27
9 bis unter 10	1,35
10 und mehr	1,45

Tafel **6**.29   Verkehrsbelastungszahl und zugeordnete Bauklassen [119]

Maßgebende Verkehrsbelastungszahl (VB)	Bauklasse
über 3200	SV
über 1800 bis 3200	I
über 900 bis 1800	II
über 300 bis 900	III
über 60 bis 300	IV
über 10 bis 60	V
bis 10	VI

Aus der Verkehrsbelastungszahl *VB* ergibt sich nach Tafel 6.29 direkt die Bauklasse. Für innerörtlich vorkommende Sonderfälle, für Busverkehrsflächen und für Parkflächen geben die RStO 86/89 Hinweise zur Zuordnung.

Frostsicherheit des Oberbaus

Zum Schutz vor Schäden durch Frosteinwirkungen ist der Oberbau durch eine ausreichende Dicke frostsicher herzustellen. Die Frostschutzschicht soll verhindern, daß Kapillarwasser vom anstehenden Boden aufsteigt und die Tragschichten bei Frost beschädigt, ihr Aufbau besteht deshalb aus kapillarbrechendem Material. Ihre Dicke ergibt sich aus der Einteilung in Frostempfindlichkeitsklassen nach den *Zusätzlichen Technischen Vorschriften und Richtlinien für Erdarbeiten im Straßenbau (ZTVE-StB)* [125]. Für die Frostempfindlichkeitsklasse F1 sind keine besonderen Maßnahmen erforderlich, für die Klassen F2 und F3 sind in Tafel 6.30 Richtwerte für die Dicke des frostsicheren Aufbaus angegeben. Zur Berücksichtigung besonderer örtlicher Verhältnisse werden Zu- bzw. Abschläge angegeben, die in Tafel 6.31 aufgeführt sind. Frosteinwirkungszonen beschreiben die klimatischen Bedingungen der Orte und ergeben sich aus der Dauer und der Intensität des Frostes. Die Frosteinwirkungszonen I bis III sind aus Bild 6.66 ersichtlich.

Tafel **6**.30   Richtwerte für die Dicke des frostsicheren Straßenaufbaues [119]

Frostempfindlich-keitsklasse	Dicke bei Bauklasse		
	SV	I bis IV	V und VI
F 2	60 cm	50 cm	40 cm
F 3	70 cm	60 cm	50 cm

Tafel **6**.31   Mehr- oder Minderdicken des frostsicheren Straßenaufbaues infolge örtlicher Verhältnisse [119]

Frosteinwirkung	Zone I	± 0 cm
	Zone II	+ 5 cm
	Zone III	+ 15 cm
Lage der Gradiente	Einschnitt, Anschnitt, Damm ≤ 2 m	+ 5 cm
	In geschlossener Ortslage und etwa in Geländehöhe	± 0 cm
	Damm > 2 m	- 5 cm
Lage der Trasse	Nordhang, Schattenlage	+ 5 cm
	Übrige Lagen	± 0 cm
Wasserverhältnisse	Ungünstig gemäß ZTVE-StB	+ 5 cm
	Günstig	± 0 cm
Ausführung der Randbereiche (z.B. Seitenstreifen, Radwege, Gehwege)	Außerhalb geschlossener Ortslage sowie in geschlossener Ortslage mit wasserdurchlässigen Randbereichen	± 0 cm
	In geschlossener Ortslage mit teilweise wasserundurchlässigen Randbereichen sowie mit Entwässerungseinrichtungen	- 5 cm
	In geschlossener Ortslage mit wasserundurchlässigen Randbereichen und geschlossener seitlicher Bebauung sowie mit Entwässerungseinrichtungen	- 10 cm

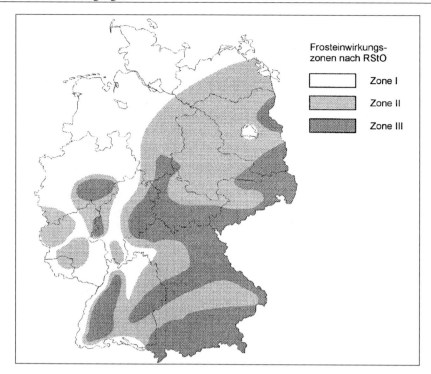

Bild **6**.66   Frosteinwirkungszonen in Deutschland [119]

Bauweisen

Für bituminöse Bauweisen, Betonbauweisen und für die Pflasterbauweise sind in den RStO 86/89 in Abhängigkeit von der Bauklasse Musteraufbauten des Oberbaus angegeben (Bild 6.67 bis Bild 6.69). Für sonstige Verkehrsflächen werden ergänzende Hinweise gegeben.

Bei der Festlegung einer Bauweise sind deren spezifische Vor- und Nachteile zu beachten. Diese betreffen

– Verformungen unter starker Temperatureinwirkung
– Sicherheit für die Verkehrsteilnehmer durch Griffigkeit, Farbe und Rückstrahlwert bei Dunkelheit, Entwässerung (evtl. den Einbau von Drainasphalt prüfen)
– Unterhaltung und Wiederherstellung nach Aufbrüchen bei Tiefbauarbeiten
– Lebensdauer
– Wiederverwendbarkeit, Recyclingfähigkeit
– Resistenz gegen Öl, Benzin
– Kosten, Herstellungsverfahren.

Bauklasse	SV	I	II	III	IV	V	VI
Verkehrsbelastungszahl (VB)	> 3 200	1 800 - 3 200	900 - 1 800	300 - 900	60 - 300	10 - 60	< 10
Dicke des frostsicheren Oberbaues	60 70 80 90	50 60 70 80	50 60 70 80	50 60 70 80	50 60 70 80	40 50 60 70	40 50 60 70

Bituminöse Tragschicht auf Frostschutzschicht

Deckschicht 4 / Binderschicht 8 / bituminöse Tragschicht / Frostschutzschicht

| Dicke der Frostschutzschicht | $26^{2)}$ $36^{1)}$ 46 56 | $30^{1)}$ 40 50 | $34^{1)}$ 44 54 | $28^{2)}$ $38^{1)}$ 44 58 | $32^{1)}$ 42 52 62 | $26^{1)}$ 36 46 56 | 30 40 50 60 |

Bituminöse Tragschicht und Bodenverfestigung auf Frostschutzschicht

Deckschicht / Binderschicht / bituminöse Tragschicht / Bodenverfestigung / Frostschutzschicht

| Dicke der Frostschutzschicht | $15^{3)}$ 25 35 45 | $9^{3)}$ $19^{3)}$ 29 39 | $13^{3)}$ 23 33 43 | $17^{3)}$ 27 37 47 | 21 31 41 51 | $13^{3)}$ 23 33 43 | $15^{3)}$ 25 35 45 |

Bituminöse Tragschicht und Schottertragschicht auf Frostschutzschicht

Deckschicht / Binderschicht / bituminöse Tragschicht / Schottertragschicht $E_{V2} \geq$ 150(120) MN/m² / Frostschutzschicht

| Dicke der Frostschutzschicht | $25^{2)}$ $35^{1)}$ 45 | $29^{2)}$ $39^{1)}$ | $33^{1)}$ 43 | $27^{2)}$ $37^{1)}$ 47 | 31 41 51 | $23^{1)}$ 33 43 | $25^{1)}$ 35 45 |

Bituminöse Tragschicht und Kiestragschicht auf Frostschutzschicht

Deckschicht / Binderschicht / bituminöse Tragschicht / Kiestragschicht $E_{V2} \geq$ 150(120) MN/m² / Frostschutzschicht

| Dicke der Frostschutzschicht | $30^{1)}$ 40 | $34^{1)}$ | $28^{2)}$ $38^{1)}$ | $32^{1)}$ 42 | $26^{2)}$ $36^{1)}$ 46 | $18^{1)}$ 28 38 | $20^{1)}$ 30 40 |

Bituminöse Tragschicht und Kies- oder Schottertragschicht auf Planum

Deckschicht / Binderschicht / bituminöse Tragschicht / Kies- oder Schottertragschicht

| Dicke der Kies- oder Schottertragschicht | $30^{2)}$ $40^{1)}$ 50 60 | $34^{1)}$ $44^{1)}$ 54 | $38^{1)}$ 48 58 | $32^{2)}$ $42^{1)}$ 52 62 | $36^{1)}$ 46 56 66 | $28^{1)}$ 38 48 58 | $30^{1)}$ 40 50 60 |

Bituminöse Tragschicht und hydraulisch gebundene Tragschicht auf Frostschutzschicht

Deckschicht / Binderschicht / bituminöse Tragschicht / hydraulisch gebundene Tragschicht / Frostschutzschicht

| Dicke der Frostschutzschicht | $29^{2)}$ $39^{1)}$ 49 | $33^{1)}$ 43 | $25^{2)}$ $35^{1)}$ 45 | $29^{2)}$ $39^{1)}$ 49 | $33^{1)}$ 43 53 | $23^{1)}$ 33 43 | $27^{1)}$ 37 47 |

[1] Mit rundkörnigen Mineralstoffen nur bei örtlicher Bewährung anwendbar
[2] Nur mit gebrochenen Mineralstoffen und bei örtlicher Bewährung anwendbar
[3] Nur bei Bodenverfestigung im Baumischverfahren ausführbar
[4] Mit zusätzlichen Maßnahmen zur gezielten Rißbildung (z.B. gemäß ZTVT-StE)
[5] Tragdeckschicht

Bild **6**.67 Beispiele für Bauweisen mit bituminöser Decke für Fahrbahnen (Auszug aus RStO 86/89 [119], Tafel 1 / Dickenangaben in cm)

Bauklasse	SV				I				II				III				IV				V				VI			
Verkehrsbelastungs-zahl (VB)	> 3 200				1 800 - 3 200				900 - 1 800				300 - 900				60 - 300				10 - 60				< 10			
Dicke des frostsicheren Oberbaues	60	70	80	90	50	60	70	80	50	60	70	80	50	60	70	80	50	60	70	80	40	50	60	70	40	50	60	70

Tragschicht mit hydraulischem Bindemittel auf Frostschutzschicht

| Dicke der Frostschutz-schicht | - | 29[2] | 39[1] | 49 | - | - | 31[1] | 41 | - | - | 33[1] | 43 | - | - | 33[1] | 43 | | | | | | | | | | | | |

Bodenverfestigung mit hydraulischem Bindemittel auf Frostschutzschicht

| Dicke der Frostschutz-schicht | 19[3] | 29 | 39 | 49 | 11[3] | 21 | 31 | 41 | 13[3] | 23 | 33 | 43 | 13[3] | 23 | 33 | 43 | | | | | | | | | | | | |

Bituminöse Tragschicht auf Frostschutzschicht

| Dicke der Frostschutz-schicht | - | 34[1] | 44 | 54 | - | 26[2] | 36[1] | 46 | - | 28[2] | 38[1] | 48 | - | 28[2] | 38[1] | 48 | - | 34[2] | 44 | 54 | - | 26[1] | 36 | 46 | - | 26[1] | 36 | 46 |

Frostschutzschicht

| Dicke der Frostschutz-schicht | | | | | | | | | | | | | | | | | 30[1] | 40 | 50 | 60 | 22[2] | 32 | 42 | 52 | 24[1] | 34 | 44 | 54 |

[1] Mit rundkörnigen Mineralstoffen nur bei örtlicher Bewährung anwendbar

[2] Nur mit gebrochenen Mineralstoffen und bei örtlicher Bewährung anwendbar

[3] Nur bei Bodenverfestigung im Baumischverfahren ausführbar

Bild **6**.68   Beispiele für Bauweisen mit Betondecke für Fahrbahnen (Auszug aus RStO 86/89 [119], Tafel 2 / Dickenangaben in cm)

Im Innerortsbereich werden aus verschiedenen Gründen häufig Pflasterbauweisen einge-setzt. Neben dem bereits erwähnten Einsatz im Radwegebau (Abschn. 6.4) sind sie auf Plätzen aus gestalterischen Gründen häufig anzutreffen. Im Bereich von Gehwegen werden sie gern gewählt, da nach den häufig erforderlichen Aufbrüchen für Leitungsbaumaßnah-men die Wiederherstellbarkeit der Oberfläche gut möglich ist. Ein weiteres Einsatzfeld sind Maßnahmen zur Verkehrsberuhigung.

Bauklasse	SV				I				II				III				IV				V				VI			
Verkehrsbelastungs-zahl (VB)	> 3 200				1 800 - 3 200				900 - 1 800				300 - 900				60 - 300				10 - 60				< 10			
Dicke des frostsicheren Oberbaues	60	70	80	90	50	60	70	80	50	60	70	80	50	60	70	80	50	60	70	80	40	50	60	70	40	50	60	70

Bituminöse Tragschicht auf Frostschutzschicht
Pflasterdecke / bituminöse Tragschicht / Frostschutzschicht

| Dicke der Frostschutz-schicht | | | | | | | | | | | | | 25[2) | 35[1) | 45 | 55 | 27[2) | 37[1) | 47 | 57 | 19[2) | 29 | 39 | 49 | 19[2) | 29 | 39 | 49 |

Bituminöse Tragschicht und Schottertragschicht auf Frostschutzschicht [6)]
Pflasterdecke / bituminöse Tragschicht / Schottertragschicht / Frostschutzschicht

| Dicke der Frostschutz-schicht | | | | | | | | | | | | | | | 34[1) | 44 | | 26[2) | 36[1) | 44 | | | 26[1) | 36 | | | 26[1) | 36 |

Bituminöse Tragschicht und Kiestragschicht auf Frostschutzschicht [6)]
Pflasterdecke / bituminöse Tragschicht / Schottertragschicht / Frostschutzschicht

| Dicke der Frostschutz-schicht | | | | | | | | | | | | | | 29[2) | 39[1) | | | 31[1) | 41 | | | 21[2) | 31 | | | 21[2) | 31 |

Bodenverfestigung auf Frostschutzschicht
Pflasterdecke / Bodenverfestigung / Frostschutzschicht

| Dicke der Frostschutz-schicht | | | | | | | | | | | | | 19[3) | 29 | 39 | 49 | 24 | 34 | 44 | 54 | 14[3) | 24 | 34 | 44 | 14[3) | 24 | 34 | 44 |

Schottertragschicht auf Frostschutzschicht
Pflasterdecke / Schottertragschicht / Frostschutzschicht

| Dicke der Frostschutz-schicht | | | | | | | | | | | | | | 34[1) | 44 | | 29[2) | 39[1) | 49 | | 24[1) | 34 | 44 | | 24[1) | 34 | 44 |

Kiestragschicht auf Frostschutzschicht
Pflasterdecke / Kiestragschicht / Frostschutzschicht

| Dicke der Frostschutz-schicht | | | | | | | | | | | | | | 29[2) | 39[1) | | | 34[1) | 44 | | 19[2) | 29 | 39 | | 19[2) | 29 | 39 |

Kies- oder Schottertragschicht auf Planum [7)]
Pflasterdecke / Kies- oder Schotter-tragschicht

| Dicke der Kies- oder Schottertragschicht | | | | | | | | | | | | | 39[1) | 49 | 59 | 69 | 39[1) | 49 | 59 | 69 | 29[1) | 39 | 49 | 59 | 29[1) | 39 | 49 | 59 |

Hydraulische gebundene Tragschicht auf Frostschutzschicht
Pflasterdecke / hydraulisch gebundene Tragschicht / Frostschutzschicht

| Dicke der Frostschutz-schicht | | | | | | | | | | | | | 29[2) | 39[1) | 49 | | 34[1) | 44 | 54 | | 24[1) | 34 | 44 | | 24[1) | 34 | 44 |

[1)] Mit rundkörnigen Mineralstoffen nur bei örtlicher Bewährung anwendbar
[2)] Nur mit gebrochenen Mineralstoffen und bei örtlicher Bewährung anwendbar
[3)] Nur bei Bodenverfestigung im Baumischverfahren ausführbar

[6)] Bei zwischenzeitlicher Nutzung der Tragschichten oder bei notwendiger Abdichtung
[7)] Bei zwischenzeitlicher Nutzung der Tragschicht oder bei notwendiger Abdichtung. Anordnung einer bit. Tragschicht von 8 cm Dicke (bei Bauklasse III von 10 cm)

Bild **6**.69 Beispiele für Bauweisen mit Pflasterdecke für Fahrbahnen (Auszug aus RStO 86/89 [119], Tafel 3 / Dickenangaben in cm)

Für Fahrbahnen auf Brücken sind gesonderte Aufbauten erforderlich. Hierzu wird auf die Regelwerke des Brückenbaus verwiesen.

6.8.4   Straßenentwässerung

Die Straßenentwässerung ist ein Teil der Ortsentwässerung die in Abschnitt 7 ausführlich beschrieben wird. Hier soll deshalb nur auf die Besonderheiten der Straßenentwässerung eingegangen werden. Neben den Regelwerken für die Ortsentwässerung sei auf die *Richtlinien für die Anlage von Straßen-Teil Entwässerung (RAS-Ew), 1987* [114] der FGSV hingewiesen.

Wasser fällt auf der Straßenoberfläche und im Straßenkörper an. Dort ist es zu sammeln und für das Bauwerk ohne Schädigungen in den Vorfluter abzuleiten. Im Außerortsbereich ist die Ableitung und Sammlung über den Randstreifen und die Entwässerungsmulde der Regelfall, in Wasserschutzbereichen wird das Oberflächenwasser über Bordrinnen abgeleitet. Innerorts wird diese Aufgabe von Bord-, Muldenrinnen und Sonderformen übernommen.

Die Vorflut besteht in der Regel aus einem Wasserlauf oder der Kanalisation, zu unterscheiden ist nach Trenn- und Mischkanalisation. In Ausnahmefällen ist das Wasser zu versickern. Die Aufbereitung von Straßenabwasser wird nur vereinzelt durchgeführt.

Abflußbeiwert

Für den Abflußbeiwert ψ werden folgende Anhaltswerte angesetzt:
- Fahrbahnen aus Beton und Asphalt $\psi =$ 0,9 ... 1,0
- Pflasteroberflächen   0,8
- Unbefestigte horizontale Flächen   0,05 ... 0,2
- Dammböschungen   0,3
- Einschnittsböschungen   0,3 ... 0,5

Andere Werte können sich aufgrund örtlicher Gegebenheiten anbieten. Generell hängt die Menge des abzuleitenden Wassers vom Aufbau der Oberfläche ab. Für Fahrbahnen werden möglichst dichte Oberflächen gewählt, um den Aufbau vor Frost zu schützen, für Parkplätze u.ä. werden zunehmend wasserdurchlässige Beläge (u.a. „Ökopflaster") verwendet.

Entwässerung der Verkehrsflächen

Damit das Niederschlagswasser ausreichend zügig von den Verkehrsflächen abfließen kann, sind neben den fahrdynamisch erforderlichen Neigungen folgende Mindestneigungen einzuhalten: Abgesehen von Verwindungsbereichen soll die Mindestquerneigung min q

$\qquad$ min $q = 2{,}5\,\%$ (Asphalt- und Betonoberflächen)

$\qquad$ min $q = 3{,}0\,\%$ (Pflasteroberflächen)

nicht unterschritten werden. Ist das nicht zu erreichen, muß an jeder Stelle der Fahrbahn eine Mindestschrägneigung min p

$\qquad$ min $p = 2{,}0\,\%$ (Asphalt- und Betonoberflächen)

$\qquad$ min $p = 3{,}0\,\%$ (Pflasteroberflächen)

vorhanden sein. Nur in Verwindungsbereichen darf die Schrägneigung bis auf $p = 0,5\ \%$ vermindert werden. Für Knotenbereiche und große Plätze empfiehlt sich eine Darstellung mit detaillierten Höhenschichtlinien und Angaben zu den Deckenhöhen.

Neben der reinen Entwässerungsfunktion sind bei der Anlage der Oberflächenentwässerung auch gestalterische und funktionale Aspekte (Begehbarkeit bei Regen) zu berücksichtigen. Besonders bei großen Plätzen (Parkplätze, innerstädtische Freiflächen) sollte die Oberflächengestaltung mit der Funktionsstruktur und der Entwässerung abgestimmt werden.

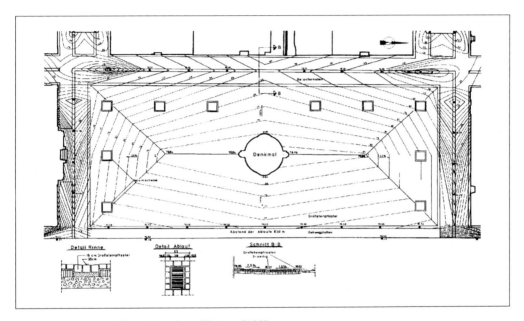

Bild **6**.70   Deckenhöhenplan eines Platzes [123]

Ableitung des Niederschlagswassers

An nichtangebauten Straßen wird das Niederschlagswasser möglichst breitflächig über die Seitenstreifen abgeleitet, um es dort weitgehend zu versickern. Der verbleibende Niederschlag wird in Straßenmulden und Entwässerungsgräben gesammelt und dem Vorfluter zugeleitet.

Im innerörtlichen angebauten Bereich erfolgt die Sammlung des Oberflächenwassers in Straßenrinnen. Durch die Bordrinne wird die Fahrbahn in der Nutzung und in der Höhe vom angrenzenden Geh-/Radweg getrennt. Die Muldenrinne begrenzt ebenfalls Verkehrsflächen ist aber zum Überfahren geeignet. Sonderformen von Straßenrinnen sind Pendelrinne, Spitzrinne, Kastenrinne und Schlitzrinne.

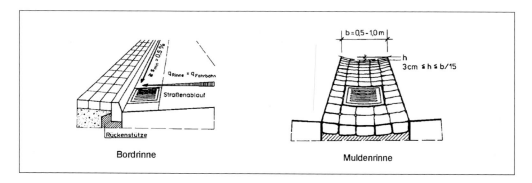

Bild 6.71   Bord- und Muldenrinne [123]

Das gesammelte Oberflächenwasser wird über Straßenabläufe den unterirdischen Leitungen der Ortsentwässerung zugeführt. Weitere Ausführungen erfolgen im Abschnitt 7.

6.8.5   Betrieb und Erhaltung von Verkehrsflächen

Maßnahmen zur Verkehrsabwicklung und zur Erhaltung der Verkehrsflächen haben festgelegte Sicherheitsstandards zu beachten. Zusätzlich sind Komfort- und Qualitätsvorgaben sowie Einflüsse auf das Umfeld der Straße zu berücksichtigen. Gesetzliche Grundlage ist die „Verkehrssicherungspflicht", die sich aus den entsprechenden Straßengesetzen ergibt. Dort werden auch die verantwortlichen „Baulastträger" genannt, die für den Betrieb und die Erhaltung dieser Verkehrsflächen zuständig sind. Diesem Bereich kam in den vergangenen Jahren eine stetig wachsende Bedeutung zu, ein großer Teil der für den innerörtlichen Straßenbau vorhandenen Budgets wird in Zukunft vollständig dafür benötigt werden für:

– Verwaltung der Verkehrsflächen
– Streckenkontrolle und Brückeninspektionen
– Winterdienst
– Grün- und Gehölzpflege des straßenbegleitenden Grüns
– Reinigungsarbeiten, Abfallsammlung
– Unterhaltung und Instandsetzung der Oberflächen
– Markierung, Beschilderung, Leiteinrichtungen
– Verkehrssicherung, Unfalldienst (Straßenräumung, Ölbeseitigung, ...)
– Lichtsignalanlagen, Straßenbeleuchtung

Instandsetzung von Verkehrsflächen

Für die Erneuerung von Verkehrsflächen wurden die *Richtlinien für die Standardisierung des Oberbaus bei der Erneuerung von Verkehrsflächen (RStO-E), Entwurf 1991* [120] aufgestellt. Es werden folgende Erneuerungsarten unterschieden:

- Hocheinbau, d.h., auf eine vorhandene Oberfläche wird eine neue Deckschicht aufgelegt
- Tiefeinbau, d.h., die vorhandene beschädigte Decke wird zuvor entfernt
- Kombination von Hoch- und Tiefeinbau
- Grundhafte Erneuerung, d.h., der vorhandene Aufbau wird bis auf den Untergrund erneuert

6.9 Verkehrssicherheit

Die Verkehrssicherheit wird üblicherweise an ihrem Gegenteil, den Unfällen gemessen. Als nach dem Zweiten Weltkrieg mit der steigenden Motorisierung in Westdeutschland auch die Unfälle zunahmen, wurde das lange Zeit als Nebenwirkung hingenommen. In den sechziger Jahren nahm die negativste Unfallfolge, der Tod durch einen Verkehrsunfall, jedoch immer stärker zu und 1970 wurde mit 19 200 Getöteten ein trauriger Rekord erreicht. In der DDR verliefen diese Zahlen aufgrund der geringeren Motorisierung niedriger, das ungünstigste Jahr 1978 verzeichnete 2600 Verkehrstote. In beiden Ländern erfolgten daraufhin erhebliche Anstrengungen, um die Verkehrssicherheit auf den Straßen zu verbessern. Die Zahl der Getöteten ging aufgrund dieser Maßnahmen zurück, allerdings nahm die absolute Zahl der Unfälle noch leicht zu. Mit der deutschen Einheit stieg die Zahl der Verkehrsunfälle, insbesondere der Fahrunfälle in den östlichen Bundesländern sprunghaft an. Die Ursachen dafür lagen in der jetzt größeren Motorleistung der Fahrzeuge, in den unangepaßten höheren Geschwindigkeiten im Verhältnis zu Ausbaustandard und Linienführung der Straßen, der Überschätzung der eigenen Fähigkeiten, der mangelnden Verkehrsüberwachung und anderen Faktoren. Zur weiteren Verdeutlichung sollen die Zahlen der EU dienen: Pro Jahr werden etwa 60 000 Menschen im Straßenverkehr getötet, etwa 1,8 Mio Menschen werden in Unfällen verletzt und der Sachschaden beträgt etwa eine Milliarde €.

Für die quantitative Bewertung der Unfälle liefern die polizeilichen Unfallaufnahmen die Grundlagen. Die Aufnahme erfolgt nach einem vorgegebenen Muster, dem Unfallmeldebogen. Ungenauigkeiten entstehen während der Aufnahme (Schätzfehler) und auch durch die vorhandene Dunkelziffer. Diese ist besonders bei niedrigen Sachschäden hoch. Für die monetäre Bewertung der Unfallfolgen werden volkswirtschaftliche Verluste durch verlorene Arbeitskraft, Wohlfahrtsverluste, Behandlungskosten, Reparaturkosten und Kosten für die Verwaltung herangezogen. Nicht meßbar – und daher ohne Bewertung, aber vorhanden – sind die sozialen Belastungen durch Not und Leid. Aus den Unfallaufnahmen werden zur besseren optischen Verdeutlichung von der Polizei jährliche Unfallsteckkarten erstellt, derzeit werden diese manuellen Unterlagen auf EDV-Bearbeitung umgestellt. Nähere Angaben enthält das *Merkblatt für die Auswertung von Straßenverkehrsunfällen (1998)* [122] der FGSV.

Unfallkennziffern

Die Bewertung des Unfallgeschehens erfolgt getrennt für Strecke und Knotenpunkte durch

- Absolute Kennziffern, die nicht auf andere Größen bezogen werden. Beispiele sind die Anzahl der Unfälle, die Anzahl bestimmter Unfallfolgen, Unfallkosten, Unfallarten, Unfalltypen, ...).
- Relative Kennziffern, die das Unfallgeschehen auf andere Größen (Fahrleistung, Kollektivgröße) beziehen. Die am häufigsten verwendeten relativen Kennziffern sind:

$$\text{Unfallrate } U_R \quad U_R = \frac{U \cdot 10^6}{365 \cdot L \cdot DTV \cdot a} \left[U / 10^6 \text{Kfz} \cdot \text{km} \right]$$

mit: U: Zahl der Unfälle eines Jahres
      DTV: Durchschnittliche Tägliche
                        Verkehrsmenge [Kfz/24h]
      L: Länge der Untersuchungsstrecke [km]
      a: Dauer Untersuchungszeitraum [Jahre]

Die Unfallrate beschreibt das Risiko, innerhalb einer Fahrstrecke zu verunfallen. Sie ermöglicht den Vergleich von Strecken und Netzen unterschiedlicher Länge und Verkehrsbelastungen. Für detailliertere Aussagen zur Entwicklung der schweren Unfälle ist es üblich, getrennte Unfallraten für Unfallgruppen zu ermitteln (Unfälle mit Toten, mit Toten und Schwerverletzten, mit Verletzten).

$$\text{Unfallkostenrate } U_{KR} \quad U_{KR} = \frac{S \cdot 1000}{365 \cdot L \cdot DTV \cdot a} \left[EUR / (1000 \ \text{Kfz} \cdot \text{km}) \right]$$

mit S: Summe der Unfallschäden [DM] (Personenschäden werden monetarisiert)

Mit der Unfallkostenrate werden die Unfälle hinsichtlich ihrer Schwere gewichtet. Sach- und Personenschäden werden gemeinsam auf die Fahrleistung bezogen. Die Unfallschäden ergeben sich aus der monetären Bewertung des volkswirtschaftlichen Verlustes. Als weitere relative Kennziffern werden die Unfalldichte [Unfälle / (km · a)], die Unfallkostendichte [DM / (km · a)], die Unfallbelastung [Unfälle / (1000 Einwohner · a)] und die Unfallkostenbelastung [DM / (Einwohner · a)] herangezogen. Auch hier ist eine weitere Aufteilung auf die Unfallgruppen möglich.

Durch viele Untersuchungen zur Verkehrssicherheit ist es möglich, für die verschiedenen Straßenkategorien auch mittlere Unfallbelastungen anzugeben. In Tafel 6.32 sind Anhaltswerte für Unfallrate und -kostenrate dargestellt. Sie stehen für das durchschnittliche außerörtliche Straßennetz, regionale und streckenbezogene Besonderheiten sind nicht berücksichtigt. Die Zahlen wurden in Anlehnung an den Entwurf der *Empfehlungen für Wirtschaftlichkeitsuntersuchungen an Straßen (EWS 1997)* [103] der FGSV 1997 zusammengestellt. Es fällt auf, daß die Kennziffern auf verkehrlich bedeutenden Straßen erheblich günstiger sind als z. B. in Wohnstraßen. Neben Einflüssen aus der statistischen Behandlung der Daten aus mathematisch-statistisch „seltenen Ereignissen" spielen hier auch psychologische Faktoren, wie z.B. die Unterschätzung der Gefahr in vermeintlich „sicheren" Wohnstraßen eine Rolle.

Mögliche Maßnahmen zur Verbesserung der Verkehrssicherheit ergeben sich in planerischer, baulicher, rechtlicher aber auch politischer Sicht und werden häufig kontrovers diskutiert. Zu nennen sind Geschwindigkeitsbeschränkungen innerorts und außerorts, Schutzeinrichtungen, Verkehrsberuhigungsmaßnahmen usw.

Tafel **6**.32   Anhaltswerte für Unfallraten und -kostenraten (in Anlehnung an [103], Tab. 16 u. 17)

Straßentyp	Unfallrate U_R [U/(10^6 · Kfz · km)]	Unfallkostenrate U_{KR} [DM/(1000 Kfz · km)]
Autobahn	0,75 1,15	35 ... 45
Bundes-, Landes- und Staatsstraße (außerorts)	1,20 2,10	50 ... 110
Hauptverkehrsstraße (innerorts)	4,20 ... 9,00	80 ... 180
Sammelstraße	6,30 ... 16,50	110 ... 350
Anliegerstraße	10,00 ... 19,00	120 ... 250

6.10   Verkehrsanlagen von übergeordneter Bedeutung

Große Verkehrsanlagen haben eine über den eigentlichen Standort hinausreichende Bedeutung. Sie erfüllen regionale und überregionale Funktionen. Für den Standort haben sie nicht nur eine wirtschaftliche Bedeutung als Verkehrsknoten für den Personenverkehr und Gütertransport, sondern erzeugen auch ein erhebliches Verkehrsaufkommen. Zur Optimierung der Verkehrsfunktion und zur Minimierung der Umweltbelastung ist deshalb eine ausreichende Verknüpfung mit den anderen Verkehrsträgern unerläßlich.

Wegen des zum Teil großen Flächenbedarfs und der relevanten Umweltwirkungen stellen diese Verkehrsanlagen auch ein einflußreiches und prägendes Element für die Stadt bzw. den Stadtbezirk dar. Ihre baulichen Anlagen und die Empfangsgebäude bestimmen durch ihre Architektur das städtebauliche Umfeld, sie sind in der Regel dominant und stellen auch entsprechende Orientierungspunkte dar. Eine Einpassung in das Umfeld sollte entsprechend sorgfältig ausgeführt werden.

6.10.1   Bahnhöfe

Die Eisenbahnen befinden sich derzeit in einem erheblichen Strukturwandel. Das betrifft das Netz der Eisenbahnen aber auch die rechtliche und wirtschaftliche Organisation des Eisenbahnbetriebs. Europaweit ist der Trend zu beobachten, daß die großen ehemals öffentlich-rechtlichen Bahngesellschaften nach privatwirtschaftlichen Gesichtspunkten geführt werden. Häufig ziehen sich diese Gesellschaften dann auf die stark befahrenen Fernstrecken zurück bzw. verlagern ihre Transporte auf das im Entstehen befindliche europäische Hochgeschwindigkeitsnetz und überlassen die weniger ausgelasteten Linien den regionalen Verkehrsträgern. Diese Tendenz hat auch Auswirkungen auf die Bahnhöfe hinsichtlich Betrieb, Funktion und Gestaltung.

Bahnhöfe werden nach ihrem Zweck in
- Personenbahnhöfe
- Güterbahnhöfe und
- betriebliche Bahnhöfe (Rangier-, Abstellbahnhöfe, Bahnbetriebswerke)

unterteilt. Weitere Unterteilungen erfolgen nach ihren verkehrlichen und betrieblichen Aufgaben.

Die ersten Personenbahnhöfe wurden meist außerhalb der historischen Altstadtgebiete angelegt. Häufig befanden sich zwischen Bahnhof und Stadt unbebaute Bereiche. Diese Lücke wurde in der zweiten Hälfte des 19. Jahrhunderts durch die Stadtentwicklung ausgefüllt. Eindrucksvolles Element und Ausdruck für diese prosperierende städtebauliche Etappe sind die heutigen „Bahnhofsstraßen".

Heute liegen diese Personenbahnhöfe in der Innenstadt, nahezu im Zentrum der Stadt. Damit werden für die Reisenden die Wege vom Ausgangsort zum Ziel verkürzt. Um die Altstädte der großen Metropolen in der Mitte des 19. Jahrhunderts nicht zu durchschneiden, wurden rund um die Innenstädte die Bahnhöfe als Kopfbahnhöfe ausgebildet, als Beispiele sollen Paris, London, Moskau, Frankfurt und Leipzig genannt sein. Heute hat das für die Bahn verkehrliche Nachteile und es wird versucht, aus diesen Anlagen wieder Durchgangsbahnhöfe für den Fernverkehr zu schaffen. Als Beispiele seien die Projekte „Stuttgart 21" und „Frankfurt 21" genannt. Neben den verkehrlichen Vorteilen für die Bahnbetreiber und die Fahrgäste stellt die Rückgewinnung freiwerdender Bahnflächen im Innenstadtbereich für eine hochwertige Nutzung einen erheblichen wirtschaftlichen und städtebaulichen Vorteil dar. In Abschn. 6.1 sind weitere Hinweise enthalten.

Städte, die vor Jahrzehnten ihre (Kopf-) Bahnhöfe an den Stadtrand verlagerten, um dort die betrieblichen Vorteile zu gewinnen, stehen heute häufig vor dem Problem der Randlage und damit einer verminderten Attraktivität ihrer Bahnhöfe.

Bahnhöfe für den Güterverkehr werden aus verkehrlichen, städtebaulichen und wirtschaftlichen Gründen zunehmend aus den Städten heraus verlegt. Günstig für die Wahl neuer Standorte sind Anschlüsse zu wichtigen Eisenbahnstrecken und zu den Verkehrsträgern Straßenverkehr und Schienenverkehr.

Zu den Güterverkehrsanlagen gehören die Gleisanlagen, Flächen für den Straßenverkehr, bauliche Anlagen wie z.B. Lagerhallen und die technischen Anlagen für Umschlag und Förderung. Der Güterverkehr läßt sich einteilen in:

- Stückgutverkehr an der Nahtstelle zwischen Nah- (Straße) und Fernverkehr (Schiene), in der Regel werden kleine Einheiten für unterschiedliche Adressaten umgeschlagen.
- Wagenladungsverkehr, bei dem die kleinste Umschlageinheit eine Wagenladung beträgt.

- Kombinierter Ladungsverkehr (KLV) mit dem Antransport von Containern und Hucke-packladungen mit Lastkraftwagen über die Straße, der Sammlung und dem Weitertransport über die Schiene und der Ablieferung durch Lastkraftwagen beim Empfänger.

Größere Anlagen für den Güterverkehr werden zunehmend als Güterverkehrszentrum (GVZ) angelegt, in dem sich Verkehrsbetriebe unterschiedlicher Ausrichtung und selbstän-dige verkehrsbezogene Gewerbebetriebe ansiedeln. Neben dem Transport von Gütern wer-den logistische Dienstleistungen angeboten. Nähere Angaben zu GVZ enthält ein For-schungsbericht der FH Erfurt [68a].

6.10.2 Raststätten, Autohöfe, Groß-P+R-Anlagen

Raststätten, Rastanlagen und Autohöfe dienen dem Verkehr auf Bundesfernstraßen, sie sind im rechtlichen Sinn Nebenbetriebe dieser Straßen. Sie umfassen in unterschiedlicher Weise die Serviceleistungen für die Kraftfahrzeuge wie Tanken, Pannenhilfe, Reparaturen und für die Kraftfahrer wie Rasten, Imbiß, Kleinkindpflege. Besondere Angebote wie Du-schen und Ruheräume gelten dem Berufskraftfahrer, gelegentlich gehören dazu auch Über-nachtungsmöglichkeiten. Regelungen für die Lage dieser Anlagen im Straßennetz, die An-ordnung und Bemessung der Details befinden sich in den *Richtlinien für Rastanlagen an Straßen* (zur Zeit in der Überarbeitung), generell gilt: „Erst tanken, dann rasten". Autohöfe dienen insbesondere dem Berufskraft- und Schwerverkehr.

P+R-Anlagen (Park and Ride) befinden sich in der Regel am Rand größerer Städte und sind mit den Haltestellen des öffentlichen Verkehrs gekoppelt. Zweck der Anlagen sind die Verlagerung des aus dem Umland kommenden Individualverkehrs auf öffentliche Massen-transportmittel im Stadtbereich. Kriterien sind dabei die Transportkapazität und der Takt des ÖPNV. Dadurch soll das Verkehrsaufkommen in der Innenstadt stadtveträglicher und ökologisch verträglicher abgewickelt und dabei u.a. der Flächenbedarf für den Parkverkehr dort vermindert werden. Angesprochen wird besonders der Berufs- und Ausbildungsver-kehr.

6.10.3 Busbahnhöfe

An Busbahnhöfen werden Buslinien verknüpft. Neben der Ein- und Aussteigefunktion werden sie zum Umsteigen genutzt. Eine räumliche Verbindung zu anderen Verkehrsmit-teln (Bahn, Straßenbahn) ist sinnvoll. Bei größeren Anlagen erfolgt häufig eine Trennung von Regional- und Stadtbuslinien.

Wurden in früheren Jahren im Innenbereich der Städte zentrale Omnibusbahnhöfe (ZOB) angelegt, hat sich mit dem Funktionswandel im öffentlichen Verkehr die Bedienungs-struktur geändert. Die Busbahnhöfe werden nun auch am Stadtrand am Endpunkt von lei-stungsfähigen Massentransportlinien angelegt.

In der baulichen Gestaltung ist eine Standardisierung nicht möglich, bei der Planung sind die Kriterien

Verkehrssicherheit und soziale Sicherheit
- Fahrgastkomfort und Attraktivität
- Leistungsfähigkeit und
- Wirtschaftlichkeit

zu beachten. Weitergehende Ausführungen befinden sich in Kap. 5.3 Öffentlicher Personenverkehr und in den *Empfehlungen für Planung, Bau und Betrieb von Busbahnhöfen* [95] der FGSV 1994. In Bild 6.72 ist beispielhaft der Busbahnhof in Flensburg dargestellt.

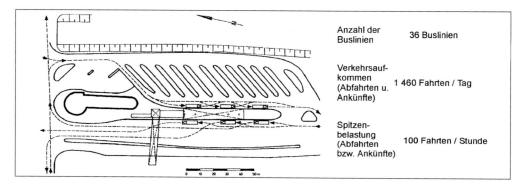

Bild **6**.72   Busbahnhof in Flensburg [95]

6.10.4   See- und Binnenhäfen

In den Häfen wurde bereits frühzeitig eine Spezialisierung durchgeführt. Aufgrund der hohen Kosten für die notwendige Infrastruktur ist dies aus wirtschaftlichen Gründen unumgänglich. Die Bedeutung der Häfen für den Personentransport ist in den vergangenen Jahrzehnten deutlich zurückgegangen, verblieben ist für diesen Bereich der Fährverkehr als Verbindung im Zuge wichtiger Strecken des Straßen- und Eisenbahnverkehrs und der Urlaubsverkehr als Rund- bzw. Kreuzfahrten.

Im Bereich Güterverkehr bieten sich für die See- und Binnenhäfen Vorteile bei dem Umschlag von Massengütern. Weitere typische Wirtschaftszweige sind z.B. Großanlagen der chemischen Industrie und Speditionen. Wirtschaftliche Vorteile ergeben sich für nahegelegene Wirtschafts- und Gewerbezentren, die durch entsprechende Dienstleistungen und Service eine Wertsteigerung der Waren bewirken. Für die Leistungsfähigkeit und damit die Attraktivität eines Hafens ist die Umschlagzeit der Waren und die Anbindung an das Verkehrsnetz von großer Bedeutung.

Eine besondere Bedeutung haben Sonderwirtschaftszonen und Freihafengebiete. Die rechtlichen Besonderheiten wie Grenzfunktion und Zollkontrolle haben erhebliche Auswirkungen auf die städtebauliche und verkehrliche Einbindung dieser Flächen.

6.10.5 Flughäfen

Anlagen des Luftverkehrs (Flugplätze und Flughäfen) ermöglichen dem Geschäfts- und Urlaubsverkehr das schnelle Überwinden großer Entfernungen. Das Luftverkehrsaufkommen hat in den vergangen Jahren stark zugenommen, mit einem weiteren Anstieg wird weltweit gerechnet. Diese Prognosen gelten für den Personen- und den Güterverkehr.

Besonders für die großen Flughäfen wird eine gute Anbindung an die Verkehrsträger Straße (Autobahnanschluß) und Schiene (ICE- oder IC-Halt, S-Bahn) angestrebt. Die dadurch erzielten Vorteile sind die Verkürzung der Gesamtreisezeit sowie der Ersatz von sehr kurzen Inlandsflügen durch Hochgeschwindigkeitszüge der Eisenbahn.

Neben den wirtschaftlichen Vorteilen der Flughäfen für die umgebende Region durch eine attraktive Verkehrsverbindung und die Schaffung von Arbeitsplätzen sind aber auch die Probleme zu berücksichtigen, die durch den Lärm der startenden und landenden Flugzeuge entstehen. Die Entwicklung von Siedlungsflächen in der Umgebung muß deshalb mit der Flughafenentwicklung abgestimmt werden.

Für das direkte Umfeld der Flugbetriebsflächen ergeben sich Sicherheitsabstände und Hindernisfreiheit durch die Vorgaben der International Civil Aviation Organisation (ICAO) [114]. Für den zivilen Flugverkehr sind diese Regelungen verbindlich.

6.11 Lärmschutz

In unserem technisierten Umfeld wird Lärm als eine erhebliche Beeinträchtigung von Gesundheit und Lebensqualität angesehen. Im Hinblick auf das allgemein angestiegene Umweltbewußtsein hat heute die Minderung von Lärm-Immissionen einen hohen Stellenwert. Wegen der hohen Motorisierung und den weiter steigenden Fahrleistungen hat der Schutz vor Verkehrslärm dabei eine sehr große Bedeutung.

Begannen die Lärmschutzmaßnahmen vor etwa 20 Jahren an den hochbelasteten Straßen, so wurde seit einigen Jahren auch der Lärm an Schienenwegen zu einem erheblichen Problem. Lärmquellen sind der Verkehr (Straße, Schiene, Luftfahrt, Wasserstraßen), gewerbliche Betriebe und Industrieanlagen, Freizeit- und Sportanlagen (z.B. Schießanlagen, Stadien), gastronomische und kulturelle Einrichtungen sowie Überlagerungen aus den Einzelbelastungen.

Gesundheitliche Auswirkungen des Lärms sind nur schwer zahlenmäßig auszudrücken, ohne Zweifel aber vorhanden. Es ist allerdings erwiesen, daß die Empfindlichkeit gegenüber Lärm nachts erheblich größer ist als am Tage.

Der Deutsche Arbeitsring für Lärmbekämpfung (DAL) unterscheidet in seinen Richtlinien drei Grade von Lärmschäden:
- Belästigung durch Lärm mit einer Beeinträchtigung des körperlichen und seelischen Wohlbefindens
- Gesundheitsgefährdung durch Lärm, unter Umständen einhergehend mit einer Minderung der Leistungsfähigkeit
- Gesundheitsschädigung mit objektiv nachweisbaren Gesundheitsstörungen

6.11.1 Physikalische und physiologische Grundlagen

Die physikalische Behandlung des Schalls erfolgt in der Akustik. Durch Zustandsänderungen der Luft hinsichtlich ihrer Dichte entsteht Schall. Gleichmäßige Schallschwingungen werden als Ton bezeichnet, mehrere Töne ergeben einen Klang. Unregelmäßige Schwingungen werden als Geräusch empfunden. Störend empfundene Geräusche ergeben Lärm. Der Lärm ist objektiv nicht meßbar, er ist das Ergebnis einer subjektiven Bewertung von Schallereignissen. Die Empfindung der Lärmbelästigung hängt auch ab von der Sensibilisierung und der persönlichen Einstellung zur Lärmquelle. Nach *DIN 1320 „Akustik, Begriffe"* [127] ist Lärm „Hörschall, der die Stille oder eine gewollte Schallaufnahme stört oder zu Belästigungen führt".

Die physikalische Dimension des Schalls ist das Dezibel [dB]. Das Dezibel drückt die Schallstärke im dekadischen Logarithmus aus. Dies entspricht dem logarithmischen Verlauf zahlreicher physikalischer Vorgänge und in der Akustik dem Lautstärkeempfinden des menschlichen Gehörs.

Um die abstrakten Begriffe zu verdeutlichen, sind in Bild 6.73 einige häufig vorkommende Lautstärken dargestellt.

Für die Wirksamkeitsuntersuchungen hinsichtlich der erforderlichen Änderungen der einwirkenden Geräuschquellen zur Verbesserung der Lärmsituation können folgende Faustregeln zugrunde gelegt werden:
- Eine Verdopplung der Zahl gleicher Schallquellen erhöht den Schallpegel um 3 dB. Diese Schallpegelerhöhung kann vom menschlichen Ohr gerade noch wahrgenommen werden. Umgekehrt bewirkt eine Halbierung der Zahl gleicher Schallquellen eine Abnahme des Pegels um 3 dB.
- Eine Verzehnfachung der Zahl gleicher Schallquellen erhöht den Schallpegel um 10 dB. Subjektiv erscheint dies als etwa doppelt so laut.

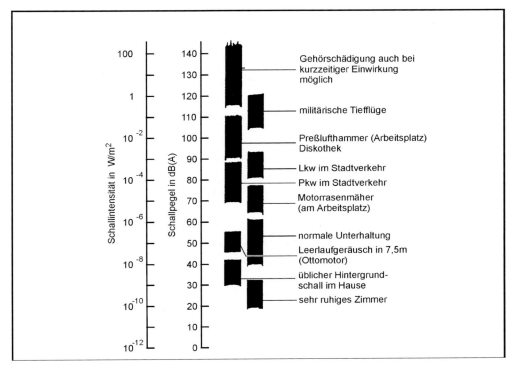

Bild **6**.73   Wahrnehmung von Lautstärken [66a]

Treffen unterschiedliche Schallpegel aufeinander, so sind deren Pegel energetisch zu addieren. In den *Richtlinien für Lärmschutz an Straßen (RLS-90)* [120a] ist ein Diagramm zur Addition zweier Pegel enthalten (Bild 6.74). Gut zu erkennen ist, daß bei größer werdendem Schallpegelunterschied der höhere Pegel dominiert. Bei großen Unterschieden bewirkt die leisere Schallquelle also keine weitere Pegelerhöhung.

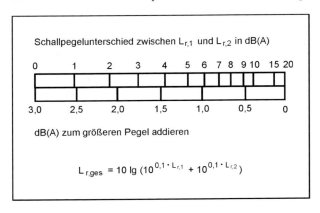

$$L_{r,ges} = 10 \lg (10^{0,1 \cdot L_{r,1}} + 10^{0,1 \cdot L_{r,2}})$$

Bild **6**.74   Diagramm zur Schallpegeladdition [120a]

Aus zahlreichen Versuchen ist bekannt, daß das menschliche Ohr hohe und tiefe Töne weniger laut empfindet als die Töne des mittleren Bereiches. Zusätzlich variiert die Bewertung auch mit der Art des Geräusches. Um den Lärm zahlenmäßig fassen zu können, ist es deshalb notwendig, die Lautstärkeempfindlichkeit bei verschiedenen Frequenzen vergleichbar zu machen. Für Verkehrsgeräusche und die in der Lärmminderungsplanung auftretenden Geräusche wird üblicherweise die Bewertungskurve A gewählt, die entsprechende Dimension ergibt sich damit zu dB(A).

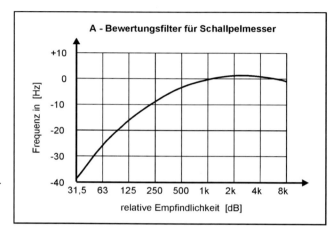

Bild **6**.75 A-Kurve zur Frequenz-
        bewertung nach
        DIN 45633 [131]

Die Schallausbreitung im Freien ist von mehreren Faktoren abhängig:
• Mit zunehmender Entfernung von der Schallquelle nimmt die Schallintensität ab. Das ist geometrisch bedingt, da sich die Schallenergie in einen größeren Raum verteilt.
• Die Luftabsorption ergibt sich durch Energieverluste. Sie nimmt mit steigender Frequenz zu und hängt zusätzlich von der Temperatur und der relativen Luftfeuchte ab.
• Unterschiedliche Temperaturen und/oder Windverhältnisse auf dem Schallausbreitungsweg bewirken gekrümmte Schallwege. So führen z.B. bodennahe Temperaturinversionen ähnlich wie eine starke Bewölkung zu einer teilweisen Spiegelung der Schallwellen.
• Besonders in Bodennähe kann die Schallausbreitung durch absorbierenden Bewuchs u. ä. gedämpft werden. Wesentlich stärkere Einflüsse auf die Schallausbreitung haben feste Hindernisse wie Gebäude, Wände, Wälle usw. Neben einer Absorption können hier auch Reflexionen auftreten.

Störender Schall, d.h. Lärm ist durch eine ungleichmäßige Verteilung gekennzeichnet. Es ist deshalb erforderlich, die schwankenden Pegelverläufe zahlenmäßig zu beschreiben. Zur Kennzeichnung der Lautstärke der Lärmereignisse werden diese deshalb zeitbezogen ausgedrückt. Als Maß dient der „Energieäquivalente Dauerschallpegel", ein Wert der die Energieinhalte aller Geräuschanteile über die Zeit mittelt. Üblich ist die Bezeichnung „Mittelungspegel L_m". Der so ermittelte Wert ist nicht mit dem arithmetischen Mittelwert („Pegelmittelwert") zu verwechseln (vgl. Bild 6.76), wie es gelegentlich geschieht.

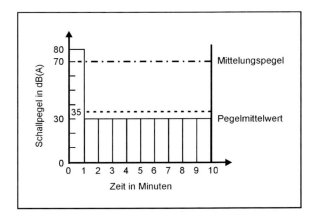

Bild **6.**76
Mittelungspegel und Pegelmittelwert
an einem einfachen Beispiel [16a]

Die rechnerisch oder meßtechnisch ermittelten Mittelungspegel liefern allein jedoch keine ausreichende Beurteilungsgrundlage über die schädliche Wirkung des Lärms. Um die Störung des menschlichen Wohlbefindens zu erfassen, sind deshalb zusätzliche Beurteilungswerte notwendig. Eine Maßnahme zur möglichst objektiven Einbeziehung der subjektiven Einflüsse wurde mit dem A-Bewertungspegel bereits genannt. In den Fällen, in denen er definierte Störwirkungen unter- oder überbewertet, wird er durch Zu- bzw. Abschläge korrigiert. Durch diese Zu-/Abschläge zum Mittelungspegel erhält man den Beurteilungspegel L_r. Als Beispiele für solche Zu- und Abschläge seien genannt:
– Lästigkeitszuschlag bis 3 dB(A) im Bereich lichtsignalgeregelter Straßenknoten.
– Schienenbonus von 5 dB(A) als Abschlag bei Schienenverkehrsgeräuschen (ausgenommen Rangiergeräuschen).

Der Beurteilungspegel ist somit das Maß für die Belastung des Menschen durch Lärm aller Art. Er wird deshalb zum Vergleich mit Ziel-, Richt- oder Grenzwerten herangezogen.

6.11.2 Rechtliche und technische Grundlagen

Ein wesentliches Werkzeug für den Schutz vor Lärm aber auch anderen schädlichen Einflüssen ist die Bauleitplanung. Bei der Aufstellung der Bauleitpläne sind deshalb nach *Baugesetzbuch (BauGB)* [69] § 1 „die Belange des Umweltschutzes, die allgemeinen Anforderungen an gesunde Wohn- und Arbeitsverhältnisse, ... sowie die Erhaltung und Sicherung der natürlichen Lebensgrundlagen zu berücksichtigen".
Das *Bundes-Immissionsschutzgesetz (BImSchG)* [71] verpflichtet in § 50 die Gemeinden bei raumbedeutsamen Planungen und Maßnahmen, dazu gehört auch die Anlage von Verkehrswegen, die für eine bestimmte Nutzung vorgesehenen Flächen einander so zuzuordnen, daß schädliche Einwirkungen für Wohngebiete und sonstige schutzbedürftige Gebiete soweit wie möglich vermieden werden.

Die gesetzliche Grundlage für eine Lärmminderungsplanung ergibt sich nach § 47a des BImSchG. Danach sind „... die Belastungen durch die einwirkenden Geräuschquellen zu erfassen und ihre Auswirkungen auf die Umwelt festzustellen". Die Lärmminderungsplanung wird in Abschn. 6.11.7 näher erörtert.

In Verordnungen zum BImSchG werden für verschiedene Lärmarten die Berechnungsverfahren, Grenzwerte und Maßnahmen konkretisiert. Die 16. Verordnung („*Verkehrslärmschutzverordnung*" [73]) gilt für den Bau und die wesentliche Änderung von Verkehrswegen (Lärmvorsorge). Damit lösen z.B. verkehrsrechtliche Maßnahmen, die zu einer Steigerung der Lärmbelastung führen, allein noch keinen Anspruch auf Lärmschutz aus. Unter einer erheblichen Änderung ist ein erheblicher baulicher Eingriff zu verstehen, der gleichzeitig zu einer deutlich spürbaren Verschlechterung der bisherigen Lärmsituation führt.

Solche wesentlichen Änderung sind z.B.:
- die bauliche Erweiterung einer Straße um einen oder mehrere Fahrstreifen
- die bauliche Erweiterung einer Bahnanlage um ein oder mehrere Gleise
- die Erhöhung des Beurteilungspegels des vom Verkehrsweg ausgehenden Lärms um mindestens 3 dB(A) oder auf mindestens 70 dB(A) am Tage oder 60 dB(A) in der Nacht

Als erhebliche bauliche Eingriffe an Straßen werden z.B. angesehen:
- Anlegen von Verzögerungs- und Beschleunigungsspuren
- Anlegen von Kriechspuren
- Anlegen von Standstreifen
- Deutliche Veränderung der Höhenlage von Verkehrswegen
- Anlegen von Radwegen, falls die Fahrbahn näher an die schutzwürdige Bebauung gerückt wird

Keine erheblichen baulichen Eingriffe sind z.B.:
- Installation von Lichtzeichenanlagen
- Installation von Schilderbrücken
- Ummarkierungen in Straßenquerschnitten
- Anlegen von Abbiegestreifen bei geringem baulichen Aufwand
- Erneuerung der Fahrbahnoberfläche
- Anlegen von Verkehrsinseln
- Anlegen von Bushaltebuchten
- Aufhebung oder Anordnung von Geschwindigkeitsbeschränkungen
- Bau von Lärmschutzanlagen

Eine weitere Quelle für Beeinträchtigungen ist aus Erschütterungen entstehender Körperschall. Erhebliche Erschütterungen sind vor allem im Einwirkungsbereich von Bahnanlagen zu erwarten. Die Beurteilung erfolgt auf der Grundlage der *DIN 4150 „Erschütterungen im Bauwesen"* [129]. In diesem Abschnitt wird darauf nicht eingegangen.

6.11.3 Begriffe, Grenz-, Richt- und Orientierungswerte

Zum besseren Verständnis des im wesentlichen durch physikalische und physiologische Grundlagen beeinflußten Lärmschutzes werden diesem Teil einige Begriffe vorangestellt.

Abschirmung
Behinderung der freien Schallausbreitung durch Hindernisse, beispielsweise durch Lärmschutzwälle, Lärmschutzwände, Böschungskanten oder Häuserzeilen.

Beurteilungspegel L_r
Der Beurteilungspegel einer gerechneten oder gemessenen Situation dient dem Vergleich mit den Immissionsgrenzwerten. Wie der Mittelungspegel bezieht er sich auf abgegrenzte Zeiträume. Er ergibt sich aus Mittelungspegel und bewerteten Zu- bzw. Abschlägen. Meßtechnisch sind diese nicht ermittelbar, sie werden gemäß den geltenden gesetzlichen Bestimmungen und technischen Regelwerken festgelegt und sollen die erhöhte Lästigkeit bestimmter Geräusche zahlenmäßig bewerten. Teilzeiten mit unterschiedlich lauten Pegeln bzw. verschiedenen Zuschlägen werden nach DIN 45645 energetisch gemittelt.

Emissionsort
Der für die Berechnung des Emissionspegels von Straßen maßgebende Emissionsort (Schallquelle) wird in 0,5 m Höhe über Mitte der Straße bzw. des Fahrstreifens angenommen. Für Schienenwege liegt der Emissionsort in Höhe der Schienenoberkante in der Gleisachse.

Emissionspegel $L_{m,E}$
Der Emissionspegel $L_{m,E}$ kennzeichnet die Schallemission einer Geräuschquelle. Er ist ein Mittelungspegel in 25 m Abstand bei freier Schallausbreitung und berücksichtigt Korrekturen durch verkehrliche und bauliche Parameter.

Immissionsgrenzwert (IGW)
Wert für den Beurteilungspegel, der zum Schutz der Nachbarschaft vor schädlichen Umwelteinwirkungen durch Lärm nicht überschritten werden darf. Die Festlegung erfolgt in Abhängigkeit von der Art der Schallquelle und der Schutzwürdigkeit des Immissionsortes. Von den Immissionsgrenzwerten zu unterscheiden sind die schalltechnischen Orientierungswerte für die städtebauliche Planung nach DIN 18005, die keine Grenzwerte darstellen.

Immissionsort
Der Immissionsort wird charakterisiert durch ein Gebiet oder einen Punkt eines Gebietes, auf den Schall einwirkt. Der für die Berechnung des Mittelungspegels maßgebende Immissionsort wird bei Gebäuden in der Höhe der Geschoßdecke (0,2 m über der Fensteroberkante) des zu schützenden Raumes angenommen. Bei Außenwohnbereichen liegt der Immissionsort 2,0 m über der Mitte der genutzten Fläche.

Lärmsanierung

Seit 1978 kann aufgrund haushaltsrechtlicher Regelungen Lärmschutz an bestehenden Bundesfernstraßen durchgeführt werden. Grundlage sind die in Tafel 6.34 genannten Immissionsgrenzwerte. Bei der Lärmsanierung werden, im Gegensatz zur Lärmvorsorge, dem Eigentümer einer zu schützenden baulichen Anlage nur bis zu 75 % seiner Aufwendungen für den notwendigen passiven Lärmschutz erstattet.

Lärmschutzmaßnahmen

Bei den Maßnahmen zum Schutz vor Lärm wird zwischen aktivem und passivem Lärmschutz unterschieden.

Zu den *aktiven Maßnahmen* zählen beispielsweise:
– die den Lärm berücksichtigende Planung (Abrückung von schutzbedürftiger Bebauung, Trassenführung)
– Lärmschutzwälle
– Lärmschutzwände
– Lärmmindernde Fahrbahnbeläge
– Einschnitts- und Troglagen, Hochlagen
– Teil- und Vollabdeckungen (Tunnel)

Passive Lärmschutzmaßnahmen umfassen u.a.:
– Lärmschutzfenster
– Verstärkung an den Außenwänden, Außentüren und Dächern von Gebäuden

Lärmvorsorge

Lärmvorsorge findet beim Neubau und der wesentlichen Änderung von Verkehrswegen Anwendung. Grundlage dafür sind die §§ 41 bis 43 BImSchG und die Verkehrslärmschutzverordnung 16. BImSchV, die am 12. Juni 1990 in Kraft getreten ist.

Mittelungspegel L_m

Der Mittelungspegel L_m bzw. energieäquivalente Dauerschallpegel L_{eq} entspricht für die jeweilige Beurteilungszeit einem konstanten Geräusch, für den in der Frequenzzusammensetzung und Intensität zeitlich schwankenden Schallpegel. In Abhängigkeit vom Geräuschtyp kann der Mittelungspegel differenziert bewertet werden:
– Taktmaximalverfahren (siehe Taktmaximalpegel)
– Impulsbewertung (z.B. Schießlärm, Hammerwerke)

Orientierungswert (OW)

Wert für den Beurteilungspegel, der aus planerischer Sicht als Zielwert anzusehen ist. Orientierungswerte nach DIN 18005 stellen einen anzustrebenden Zustand dar.

Reflexion

Spiegelung von Schallquellen an einer genügend großen Fläche. Durch sie entsteht zusätzlich zu der Originalschallquelle hinter der Fläche eine modellhafte Spiegelschallquelle.

Schallabsorption

Durch das Aufbringen eines geeigneten, schallabsorbierenden Materials wird der von einer Fläche reflektierte Schall verringert. Die Schallabsorption wird entsprechend den *„Zusätzlichen Technischen Vorschriften und Richtlinien für die Ausführung von Lärmschutzwänden an Straßen" ZTV-L$_{SW}$ 88)* [124] beschrieben.

Schallemission

Abstrahlung von Schall aus einer oder mehreren Schallquellen.

Schallimmission

Einwirkung von Schall.

Schallpegel, A-Schallpegel *L*

Der Schallpegel *L* in Dezibel [dB] entspricht dem Schalldruckpegel nach DIN 1320. Der A-bewertete Schalldruckpegel L_A in [dB(A)] – auch A-Schallpegel genannt – ist ein nach DIN IEC 651 frequenzbewerteter Schallpegel. Verkehrsgeräusche werden mit der Bewertungskurve A bewertet. Dadurch wird die frequenzabhängige Empfindlichkeit des Gehörs berücksichtigt.

Schallschatten

Als Schallschatten wird ähnlich dem Lichtschatten das Gebiet hinter einem Körper bezeichnet, in das Schallwellen nicht direkt eindringen.

Taktmaximalpegel

Der Taktmaximalpegel L_{AFTm} in [dB(A)] ist der in einem festgelegten Intervall der Zeitdauer T auftretende maximale Pegel zur Bildung des Mittelungspegels über den gesamten Meßzeitraum.

Überschreitungspegel

Der Überschreitungspegel beruht auf der Häufigkeitsverteilung gemessener Schallpegel. Die wesentlichen Strukturen einer gegebenen Lärmsituation lassen sich damit detaillierter beschreiben als lediglich durch die Angabe des Mittelungspegels.

Für die Beurteilung, ob Lärm schädlich ist, wurden vom Gesetzgeber Immissionsgrenzwerte (IGW) festgelegt. Die IGW sind nicht allgemeingültig, sondern abhängig vom Geräuschverursacher und von der Art der Gebietsnutzung. „Grenzwerte" im engeren Sinn wurden bislang nur für den Verkehrslärm festgelegt. In Tafel 6.33 sind für die Lärmvorsorge die Immissionsgrenzwerte aufgelistet. Die Gebietsbezeichnungen entsprechen der *Baunutzungsverordnung* [70]. Die Grenzwerte werden getrennt ausgewiesen für die

Tageszeit   6 – 22 Uhr

Nachtzeit   22 – 6 Uhr.

Tafel **6**.33 Immissionsgrenzwerte für die Lärmvorsorge [73]

Kategorie	Gebiet, bauliche Anlage	Immissionsgrenzwert in [dB (A)]	
		Tag	Nacht
1	Krankenhäuser, Schulen, Kurheime, Altenheime	57	47
2	Reine und allgemeine Wohngebiete, Kleinsiedlungen	59	49
3	Kerngebiete, Dorfgebiete, Mischgebiete	64	54
4	Gewerbegebiete	69	59

Für die Lärmsanierung an bestehenden Verkehrswegen sind in Tafel 6.34 die Immissionsgrenzwerte dargestellt. Die Bundesländer Hessen und Nordrhein-Westfalen (NRW) haben für die Straßen in ihrer Baulastträgerschaft teilweise niedrigere IGW festgelegt. Für die Baulastträger sind Schallschutzmaßnahmen nur haushaltsrechtlich verbindlich, deshalb wurden Lärmsanierungsmaßnahmen bislang nur an Straßen, nicht jedoch an Schienenwegen durchgeführt.

Tafel **6**.34 Immissionsgrenzwerte für die Lärmsanierung [13a], [64]

Kategorie	Gebiet, bauliche Anlage	Immissionsgrenzwert in [dB (A)]	
		Tag (6 – 22 Uhr)	Nacht (22 – 6 Uhr)
1 / 2	Krankenhäuser, Schulen, Kurheime, Altenheime, reine und allgemeine Wohngebiete, Kleinsiedlungsgebiete	70	60
3	Kerngebiete, Dorfgebiete, Mischgebiete	72 (Hessen, NRW: 70)	62 (60)
4	Gewerbegebiete	75 (NRW: 70)	65 (60)

Im Gegensatz zum Verkehrslärm wurden für andere Lärmquellen keine Grenz-, sondern Richt- oder Orientierungswerte festgelegt. Diese ergeben sich aus technischen Regelwerken wie z.B. der *VDI-Richtlinie 2058 „Beurteilung von Arbeitslärm in der Nachbarschaft"* [135] (Immissionsrichtwerte) und der *DIN 18005 „Schallschutz im Städtebau"* [130] (Orientierungswerte). Auch bei den Richt- und Orientierungswerten ergibt sich die Schutzbedürftigkeit aus der Gebietsnutzung. Ihre Einhaltung bzw. Unterschreitung ist wünschenswert, jedoch nicht zwingend vorgeschrieben. Im Rahmen von Genehmigungsverfahren für gewerbliche Anlagen werden sie jedoch häufig wie Grenzwerte gehandhabt. Die Orientierungswerte der DIN 18005 sind in Tafel 6.35 zusammengestellt.

Tafel 6.35   Orientierungswerte [130]

Gebiet	Orientierungswert in [dB (A)]	
	Tag	Nacht
Reines Wohngebiet, Wochenendhausgebiet, Ferienhausgebiet	50	40 bzw. 35
Allgemeines Wohngebiet, Kleinsiedlungsgebiet, Campingplatzgebiet	55	45 bzw. 40
Kleingärten, Parkanlagen, Friedhöfe	55	55
Besondere Wohngebiete	60	45 bzw. 40
Dorfgebiete, Mischgebiete	60	50 bzw. 45
Kerngebiete, Gewerbegebiete	65	55 bzw. 50
Sonstige Sondergebiete, soweit schutzbedürftig je nach Nutzungsart	65 bis 45	65 bis 35

6.11.4   Berechnungs- und Meßverfahren

Für die unterschiedlichen Schallarten wurden technische Regelwerke erstellt. Diese unterscheiden im Lärmschutz die Bereiche Emission, Transmission und Immission. Bild 6.77 verdeutlicht die Zugehörigkeiten.

Die Verkehrslärmschutzverordnung schreibt vor, daß Lärmemissionen an Straßen und Schienenwegen grundsätzlich rechnerisch ermittelt werden. Dies führt erfahrungsgemäß bei der betroffenen Bevölkerung zu Problemen bei der Akzeptanz von Untersuchungsergebnissen. Diese Bestimmung hat folgende Gründe:

- Bei Neubauten und wesentlichen Änderungen müssen bereits in der Planungsphase Lärmermittlungen durchgeführt werden. Messungen sind jedoch noch nicht möglich.
- Der Beurteilungspegel enthält Elemente, die sich einer Messung entziehen (Zu-, Abschläge für Belästigungen).
- Für den Verkehrslärm liegen inzwischen viele repräsentative Messungen vor.
- Kurzzeitmessungen können nicht zu repräsentativen Messungen führen. Langzeitmessungen im notwendigen Umfang haben einen erheblichen Zeit- und Kostenaufwand.
- Die rechnerische Ermittlung ist Voraussetzung für Ansprüche auf Lärmschutzmaßnahmen.

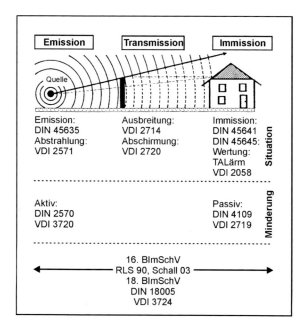

Bild **6.**77   Ausbreitung des Lärms
und zugehörige Tech-
nische Regelwerke [13a]

Vergleiche an bestehenden Straßen zeigen, daß die Berechnung in der Regel eine höhere Lärmbelastung ergibt, als durch Messungen zu belegen ist. Damit ergibt sich für die betroffenen Anwohner eine etwas günstigere Situation.

Für die in der Regel sehr aufwendigen Berechnungen stehen inzwischen entsprechende EDV-Programme zur Verfügung. Für Untersuchungen geringen Umfangs bieten die Regelwerke mögliche Rechen- und Abschätzverfahren an.

Der Emissionsmittelungspegel an Verkehrswegen wird von folgenden Verkehrsparametern bestimmt:
– Verkehrsstärke in [Kfz/h] bzw. Zahl der Vorbeifahrten [Züge/h]
– Verkehrszusammensetzung bzw. Anteil unterschiedlich lauter Fahrzeuge
– Zulässige Geschwindigkeit [km/h] bzw. Vorbeifahrgeschwindigkeit und Zuglänge

Von den baulichen Parametern des Verkehrsweges sind von Bedeutung:
– Fahrbahneigenschaften bezüglich Geräuscherzeugung und -minderung
– Trassierungsparameter
– Starke Steigungen, die erhöhte Antriebs- und Bremsgeräusche erfordern
– Schallreflexionen

Einflüsse auf die Schallausbreitung und damit auf die Immission haben:
– Horizontaler und vertikaler Abstand Emissionsort – Immissionsort
– Topografie, Geländebruchkanten
– Dämpfung durch Bebauung

– Dämpfung durch Bodenbewuchs und Meteorologie
– Hindernisse auf dem Schallweg (Gebäude, Lärmschutzanlagen, ...)

Die Berechnung erfolgt für den Straßenverkehrslärm nach den *Richtlinien für den Lärmschutz an Straßen (RLS-90)* [120a] und für den Schienenverkehrslärm nach den *Richtlinien für die Berechnung der Mittelungspegel bei Schienenwegen (Schall 03)* [121]. Öffentliche Parkplätze werden von den RLS-90 erfaßt.

Im Gegensatz zum Verkehrslärm hat der Gewerbe- und Industrielärm ein sehr differenziertes Spektrum. Deshalb gibt es für diese Lärmart nur in geringem Umfang geeignete Berechnungsverfahren, in der Regel erfolgt die Feststellung der Lärmbelastung durch Messungen. Für noch zu errichtende Anlagen werden im Genehmigungsverfahren Immissionsprognosen von anerkannten Gutachtern erstellt. Für kleinere Gewerbe- und auch Sportanlagen kann häufig auf den Typisierungskatalog des Umweltbundesamtes zurückgegriffen werden.

Unter den Verwaltungsvorschriften stellt die *TA Lärm* [140] die wesentliche Grundlage für Messung und Beurteilung von Lärmimmissionen durch gewerbliche Anlagen dar. Die Auswahl der Meßzeiten sowie die für eine repräsentative Erfassung erforderliche Meßdauer hängen stark vom zeitlichen Verlauf der Immissionen ab.

6.11.5 Planerische und ordnungsrechtliche Möglichkeiten

Die direkte Einflußnahme auf die Schallerzeugung der Fahrzeuge ist im Straßenverkehr begrenzt. Die durch die Fahrzeughersteller erzielten geringeren Lärmemissionen der Fahrzeuge wurden teilweise durch die stärkere Verwendung von breiteren Reifen wieder zunichte gemacht. Es verbleibt die politisch besser durchsetzbare Einflußnahme auf „öffentliche" Fahrzeuge wie z.B. Busse des ÖPNV und Müllfahrzeuge. Hier konnte man in den vergangenen Jahren wirksame Verbesserungen erreichen.

Auf Schienenwegen sind die Fahrzeuge als Lärmquelle besser zu regulieren als im Straßenverkehr. Erhebliche Lärmreduktionen konnten bereits im Fahrzeugbau erzielt werden. Die Maßnahmen konzentrieren sich auf den Rad-/Schiene-Bereich, die Fahrzeughülle und bei Hochgeschwindigkeitszügen auch auf den Bereich der Stromabnehmer. Problematisch bleibt jedoch der besonders im Güterverkehr vorhandene alte Fuhrpark (Güterwagen, Altlokomotiven). Die in Ballungsräumen verkehrenden S-, U- und Straßenbahnen modernisieren derzeit ihren Fahrzeugbestand u.a. auch nach lärmtechnischen Gesichtspunkten.

Aus zahlreichen ausgeführten Lärmschutzmaßnahmen lassen sich generell vier wichtige Folgerungen und Handlungsweisen ableiten:
• Beim Zusammentreffen mehrerer Schallquellen besteht ein verstärkter Handlungsbedarf bei der stärksten Schallquelle. Aufgrund der energetischen Pegeladdition sind hier Minderungsmaßnahmen am effektivsten.
• Der Schallschutz ist nur so gut wie seine schwächste Stelle. Durch Lücken im Schallschutz kann sich die Wirksamkeit erheblich verringern.

- Die Bündelung von Schallquellen führt zu insgesamt günstigen Immissionsverhältnissen, da die energetische Verdoppelung lediglich einen Pegelanstieg von 3 dB(A) bewirkt.
- Je geringer der Abstand zwischen Schutzmaßnahme und Schallquelle ist, desto höher ist die Wirkung.

Für den *Straßenverkehr* bietet die Straßenverkehrsordnung die *folgenden ordnungsrechtlichen Möglichkeiten*:
- Verkehrsverbote, evtl. nur für bestimmte Fahrzeugtypen
- Zeitliche Verkehrsbeschränkungen
- Räumlich eingegrenzte Geschwindigkeitsbeschränkungen

Innerhalb von Ortschaften werden viele dieser Maßnahmen im Rahmen der Verkehrsberuhigung umgesetzt. Ziel ist eine gleichmäßige und geringe Geschwindigkeit. Verkehrsberuhigungsmaßnahmen sollten nicht punktuell, sondern flächendeckend und nach städtebaulichen Gesichtspunkten durchgeführt werden.

Aus *bauleitplanerischer Sicht* können folgende Maßnahmen getroffen werden:
- Einschaltung von Pufferflächen mit weniger störempfindlichen Nutzungen
- Gliederung der Baugebiete durch die Festsetzung von flächenbezogenen Schalleistungspegeln
- Festsetzung von freizuhaltenden Flächen
- Festsetzung von Flächen für Lärmschutzanlagen
- Festsetzung von Abständen
- Festlegungen zur Gebäudeanordnung
- Festlegungen zur Raumanordnung in den Gebäuden und zu baulichen Schallschutzmaßnahmen an den Gebäuden

Aus *verkehrsplanerischer Sicht* können folgende Maßnahmen eine Minderung der Lärmbelastung bewirken:
- Einrichtung von „Grünen Wellen" zur Verringerung von Anfahr- und Bremsgeräuschen
- Verkehrsabhängige Steuerung von Lichtsignalanlagen, nächtliche Abschaltung an schwach belasteten Knoten
- Ersatz von lichtsignalgeregelten Straßenknoten durch Kreisverkehrsplätze
- Bündelung von Verkehrsströmen (Straße/Straße und Straße/Schiene), Unterbindung von Schleichverkehren
- Verkehrsberuhigungsmaßnahmen zusätzlich zu den ordnungsrechtlichen Maßnahmen
- Hoch- oder Tieflage des Verkehrsweges zur besseren Schallabschirmung
- Vermeidung von engen Kurven bei Straßen- und Eisenbahnen – das bekannte „Kurvenquietschen" kann dadurch vermieden werden

6.11.6 Bauliche Maßnahmen

Die Maßnahmen zum Schallschutz an Gebäuden betreffen bereits die Ausrichtung der Gebäude und die Anordnung der Innenräume. Bauliche Maßnahmen am Gebäude („passiver

Lärmschutz") werden in *DIN 4109 „Schallschutz im Hochbau"* [128] behandelt. In der Regel handelt es sich bei diesen Maßnahmen um eine Erhöhung der Schalldämmwirkung von Außenwänden, Außentüren, Fenstern und Dächern.

Bauliche Maßnahmen am Verkehrsweg betreffen die Schallentwicklung. Für Straßen werden seit einigen Jahren lärmmindernde Fahrbahnbeläge mit Erfolg eingebaut. Der Einsatz ist allerdings nur sinnvoll bei Geschwindigkeiten über 60 km/h, in der Regel also im Außerortsbereich. Probleme dieser Entwicklung werden noch in der Dauerhaftigkeit der Lärmminderung und beim Winterdienst gesehen.

An Schienenwegen wird derzeit verstärkt versucht, die Schallabstrahlung zu vermindern. Zu nennen sind das lückenlose Verschweißen der Schienen, die Instandhaltung und das häufigere Schleifen der Gleise. Weitere Maßnahmen sind das „Besonders überwachte Gleis" und der Einbau von Schwingungsdämpfern im Bereich enger Kurven. Die Neuentwicklung „Feste Fahrbahn" hat das primäre Ziel der niedrigeren Unterhaltungskosten, allerdings sind die Lärmemissionen höher als am herkömmlichen Schotterbett. Mit Absorptionselementen im Schienenbereich versucht man eine lärmtechnische Optimierung.

Schallabschirmungen durch Wälle und Wände sind um so wirksamer, je näher ihre Schirmkante am Verkehrsweg oder am Emissionsort liegt. Bei einem Lärmschutzwall wird diese Kante durch die übliche Böschungsneigung entsprechend zurückgesetzt. Dadurch reduziert sich die Abschirmwirkung eines Lärmschutzwalls gegenüber einer Wand gleicher Bauhöhe erheblich. Des weiteren benötigt ein Wall mit beidseitiger Böschung mehr Grundfläche. Wegen der Standsicherheit sind Lärmschutzwände auf bestimmte Höhen begrenzt. Bei größeren Höhen können Kombinationen aus Wall und Wand zweckmäßig sein. Zu empfehlen ist die folgende Reihenfolge der Anlagen:
– Erdwall, mögliche Pegelminderung bis etwa 14 dB
– Erdwall mit aufgesetzter Wand, mögliche Pegelminderung bis zu 15 dB
– Steilwall, mögliche Pegelminderung bis etwa 10 dB wegen der beschränkten Höhe
– Lärmschutzwand, mögliche Pegelminderung bis etwa 12 dB bei 4,0 m Höhe

Für Lärmschutzwände erfolgt eine Unterteilung aufgrund der Oberflächenausbildung in reflektierende (Minderung des reflektierten Schalls von weniger als 4 dB(A)), absorbierende (4 bis 8 dB(A) Minderung) und hochabsorbierende (Minderung über 8 dB(A)) Wände.

In Bild 6.78 sind mehrere Varianten dargestellt.

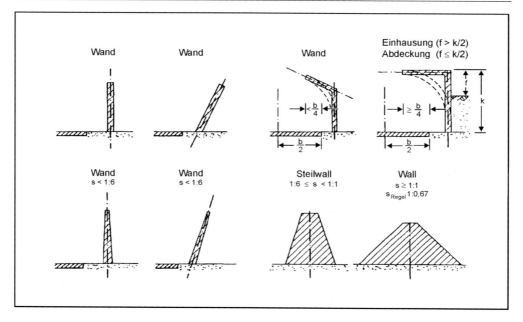

Bild **6**.78   Definition von Lärmschirmen nach der Form ihres Querschnitts [16a] *s* = Neigung
der Außenflächen gegen die Achse

Die Wirkung einer Wand bzw. eines Walls wird durch die Unterbrechung der Schallaus-
breitung von Emissions- zu Immissionsort erreicht. Der Schall kann sich nicht direkt, son-
dern nur durch Beugung an der Oberkante des Hindernisses ausbreiten. Eine wirksame
Minderung hängt vorrangig von folgenden Faktoren ab:
- Abstand Straße – Lärmschutzwand
- Abstand des Immissionsortes zur Wand
- Höhe des Immissionsortes über der Schallquelle
- Höhe der Wandoberkante über der Schallquelle

Die Beugungskante einer Lärmschutzwand sollte um mindestens einen Meter über der
Verbindungslinie Emissionsort – Immissionsort liegen. Es kann zweckmäßig sein, den
Schallschirm an seinem Kopf abknickend auszuführen, um die Schirmkante näher zum
Emissionsort zu bringen.

Sehr aufwendige bauliche Maßnahmen sind die Einhausung von Verkehrswegen und die
teilweise oder vollständige Führung im Tunnel. Beispiele sind in Bild 6.79 dargestellt. Bei
der Planung sind die deutlich höheren Kosten für Bau und Betrieb zu beachten.

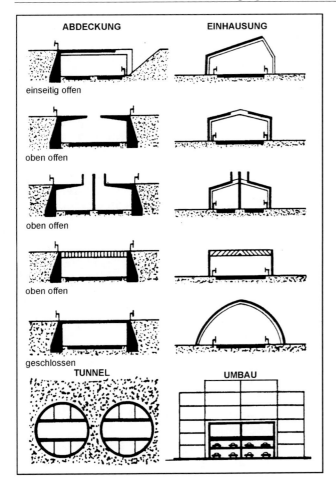

Bild 6.79
Bauliche Möglichkeiten für
Abdeckungen und Einhau-
sungen [13a]

Bauliche Lärmminderungsmaßnahmen sollten stets integrierte Maßnahmen sein. Einseitig technisch ausgerichtete Maßnahmen beeinflussen die Struktur und Gestalt von Ortslagen negativ. Die landschaftliche und städtebauliche Integration hat deshalb ein hohes Gewicht.

6.11.7 Berücksichtigung des Lärmschutzes in der kommunalen Planung

Für die kommunale Planung ergibt sich die Notwendigkeit, die Verminderung der vorhandenen bzw. die Vermeidung der absehbaren Lärmbelastungen als Leitziele der Planung aufzunehmen. Dies gilt gleichermaßen für die räumliche Zuordnung von Flächennutzungen in der Bauleitplanung, die Neuplanung von Anlagen für Verkehr und Gewerbe sowie Industrie als auch für die Umgestaltung der Bereiche in denen bereits Mißstände aufgetreten sind (Lärmminderungsplanung). Die kommunale Planung kann jedoch nur die Einwirkung des Lärms beeinflussen, Minderungen direkt an der Lärmquelle sind vordringliche Ziele der Gesetzgebung und der technischen Entwicklung.

Im Gegensatz zu anderen Planungsverfahren gibt es für den Lärmschutz z.Zt. bundesweit noch kein förmlich festgelegtes Verfahren. Eine entsprechende DIN-Vorschrift ist derzeit in Bearbeitung (*DIN 45682 „Schallimmissionspläne"* [134]). Die Bundesländer haben in Erlassen die Erarbeitung von Lärmminderungsplänen geregelt. Im Prinzip ergibt sich darin folgender Ablauf:

1. Analyse der vorhandenen Belastung (Schallimmissionsplan, „Lärmkataster"). Hierzu gehören auch die aus abgesicherten Planungen zu erwartenden höheren Belastungen.
2. Konfliktplan mit Aufzeigen der Überschreitung von Grenzwerten. Die zulässigen Lärmbelastungen ergeben sich aus der Flächennutzung. Der Konfliktplan stellt die Grundlage für konkrete Maßnahmenplanungen dar.
3. Zusammenstellung möglicher Maßnahmen zur Lärmminderung. Die Beseitigung bzw. Verminderung der schädlichen Einwirkungen erfordert häufig ein abgestimmtes Vorgehen gegen sehr verschiedenartige Lärmquellen.
4. Ermittlung der Wirkung der Maßnahmen und Bewertung der Machbarkeit.
5. Liste der Rangfolge der Minderungsmaßnahmen evtl. mit Berücksichtigung unterschiedlicher Baulastträger. Diese Liste wird in der Regel politisch beschlossen.

In der Lärmminderungsplanung werden einzelne Maßnahmen in ein Gesamtkonzept zur Lärmminderung eingebettet. Die Wirksamkeit einer Einzelmaßnahme hinsichtlich der Geräuschminderung ist in der Regel nicht ausreichend. Erst in der Überlagerung mehrerer Schallschutzmaßnahmen werden häufig die erwünschten Pegelminderungen erzielt. Der Einsatz mehrerer Maßnahmen kann je nach Situation kostengünstiger sein als eine Einzelmaßnahme!

Unter den grundsätzlichen planungsrechtlichen Möglichkeiten für Maßnahmen zur Verbesserung der Lärmsituation kommt der Bauleitplanung und der Verkehrsplanung eine besondere Bedeutung zu. Eine Überplanung unter akustischen Aspekten sollte zu einem Gesamtkonzept der Lärmminderung führen. Die systematische und koordinierte Durchführung der erforderlichen Maßnahmen zur Verminderung der Lärmbelastung wird dadurch ermöglicht.

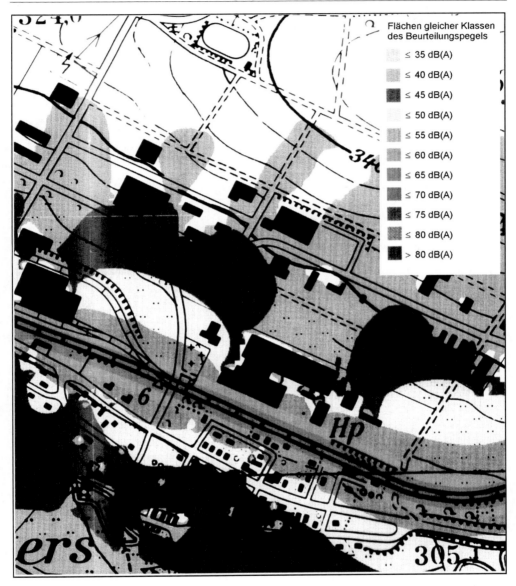

Bild **6**.80 Ausschnitt aus einem Schallimmissionsplan [32]. Im Original sind die Lärmbelastungen farbig dargestellt. Gut zu erkennen ist die Abschirmwirkung von Gebäuden.

6.12 Literatur

Literaturverzeichnis zu 6.1

[1] APEL, HOLZAPFEL, KIEPE, LEHMBROCK, MÜLLER. Handbuch der kommunalen Verkehrsplanung – Loseblattsammlung. Economica Verlag, laufende Ergänzung.

[2] BOUSKA, WOLFGANG. Straßenverkehrsordnung – 17. Auflage – Textausgabe mit Erläuterung. Jehle Verlagsgruppe, Jehle Rehm (1997).

[3] BUNDESFORSCHUNGSANSTALT FÜR LANDESKUNDE UND RAUMORDNUNG. Forschungsvorhaben „Flächenhafte Verkehrsberuhigung". 5. Kolloquium (1990).

[4] BUNDESMINISTER FÜR RAUMORDNUNG, BAUWESEN UND STÄDTEBAU. Tempo-30 Städtebauliche Auswirkungen [TOPP/WILLEKE]. Schriftenreihe „Forschung", Nr. 470 (1989).

[5] BUNDESMINISTER FÜR RAUMORDNUNG, BAUWESEN UND STÄDTEBAU. Zukunft Stadt 2000 (1993).

[6] BUNDESMINISTER FÜR VERKEHR. Einbeziehung von Umweltgesichtspunkten in die Generalverkehrsplanungsmethodik. Forschung Stadtverkehr, Heft 31 (1982).

[7] BUNDESMINISTER FÜR VERKEHR. Verkehr in Zahlen, 23. Jahrgang. Deutsches Institut für Wirtschaftsforschung (DIW), Berlin, 1994.

[8] BUNDESMINISTER FÜR VERKEHR. Verkehr in Zahlen – 26. Jahrgang. Deutsches Institut für Wirtschaftsforschung (DIW), Berlin, 1997.

[9] BUNDESMINISTERIUM FÜR RAUMORDNUNG, BAUWESEN UND STÄDTEBAU. ExWoSt-Informationen zum Forschungsfeld. „Städtebau und Verkehr" Nr. 06.9, Mai 1996.

[10] BUNDESMINISTER FÜR VERKEHR. Verkehrliche Mindestanforderungen an die Regional- und Landesplanung in den neuen Bundesländern. Handbuch 1995.

[11] COLLIN, JÜRGEN. Verkehrsvermeidung-Strategien und Konzepte für eine stadtverträgliche Mobilität. Schriftreihe der Fachhochschule Hildesheim/Holzminden Heft 4/1993.

[12] DEHNE, PETER, SCHÄFER, RUDOLF. Erfolgreiche Vorgehensweisen zur Stadtsanierung und Dorferneuerung unter dem Aspekt der Verkehrsberuhigung. Weka-Verlag (1995), Loseblattsammlung.

[13] DEUTSCHE BAHN. Bahnanlagen entwerfen – Bahnhofsvorplätze und P+R-Anlagen. Drucksache 800 09 (DS 800 09) (01.09.1991).

[14] FÖRSCHNER, U. A.. Sechster Befragungsdurchgang des Systems repräsentativer Verkehrsbefragung (SrV). Entwicklung der Mobilität 1982 - 1994, Teil Jena. TU Dresden, Fak. Verkehrswissenschaften „Friedrich List", 1996.

[15] FORSCHUNGSGESELLSCHAFT FÜR STRAßEN- UND VERKEHRSWESEN, VERBAND DEUTSCHER VERKEHRSUNTERNEHMEN. Öffentlicher Personenverkehr und Verkehrsberuhigung, Beispielsammlung, (1993).

[16] FORSCHUNGSGESELLSCHAFT FÜR STRAßEN- UND VERKEHRSWESEN. Leitfaden für Verkehrsplanung, Ausgabe 1985.

[17] FORSCHUNGSGESELLSCHAFT FÜR STRAßEN- UND VERKEHRSWESEN. Hinweis zur Berücksichtigung rechtlicher Belange bei Verkehrsplanungen, Ausgabe 1991.

[18] FORSCHUNGSGESELLSCHAFT FÜR STRAßEN- UND VERKEHRSWESEN. Empfehlungen für Verkehrserhebung EVE 91, Ausgabe 1991.

[19] FORSCHUNGSGESELLSCHAFT FÜR STRAßEN- UND VERKEHRSWESEN. City-Logistik – Einführung für Stadtplaner und Verkehrsplaner. FGSV – Arbeitspapier Nr. 45, Ausgabe 1997.

[20] HOLZAPFEL, TRAUBE, ULRICH. Alternative Konzepte – Autoverkehr 2000 – 3. Auflage . Verlag C. F. Müller, 1992.

[21] INSTITUT FÜR LANDES- UND STADTENTWICKLUNGSFORSCHUNG. Verkehr der Zukunft (1990).

[22] JUST, ULRICH. Verkehrsberuhigung – Grundsatz und Maßnahmen. in Handbuch der kommunalen Verkehrsplanung. Economica-Verlag, Loseblattsammlung.

[23] KNOFLACHER. Subjetkonzentrierte Verkehrsplanung. in GIESE: Verkehr ohne (W) Ende. Dgvt-Verlag, Tübingen 1997.

[24] KODAL/KRÄMER. Straßenrecht – Eine systematische Darstellung, 5., überarbeitete Auflage. Verlag C. H. Beck, 1995.

[25] LEIBBRAND, KURT. Stadt und Verkehr – Theorie und Praxis der städtischen Verkehrsplanung. Birkenhäuser Verlag, 1980.

[26] METZ/TOPP. Modellvorhaben Stadtverträgliche Kfz-Geschwindigkeit,. Forschungsprojekt der Uni Kaiserslautern, Fachgebiet Verkehrswesen, 1995.

[27] LEHMBROCK, MICHAEL. Möglichkeiten zur Beeinflussung des Kfz-Verkehrs mit Stellplatzverordnungen. und -satzungen. in Handbuch der kommunalen Verkehrsplanung. Economica Verlag, Loseblattsammlung.

[28] Sanfte Mobilität: Stauräume. Wien, Verlag Austria Prers, 1992.

[29] SCHÄFER/BREEDE. Tempo 30 durch Straßengestaltung. Bauverlag 1987.

[30] SCHMUCK. Wege zum Verkehr von heute. Verlagsgesellschaft Grütter Hannover, 1-Auflage 1996.

[31] SCHNABEL/LOHSE. Grundlagen der Straßenverkehrstechnik und der Verkehrsplanung – Band. Band 1 Straßenverkehrstechnik. Band 2 Verkehrsplanung. Verlag für Bauwesen, 1997.

[32] SEIFRIED, DIETER. Gute Argumente: Verkehr – 4. Auflage – Beck'sche Reihe. Verlag C. H. Beck München, 1993.

[33] SHELL-PKW-SZENARIEN. Motorisierung – Frauen geben Gas. Reihe: Analyse und Verträge – Heft 2, 1997.

[34] SMEDDINCK. Verkehrsbeschränkungen nach Straßenverkehrsrecht. In: Handbuch der kommunalen Verkehrsplanung. Economica Verlag, Loseblattsammlung.

[35] SOHN, JÖRG MICHAEL. Autofreies Wohnen-Bericht über ein Pilotprojekt. In Giese: Verkehr ohne (W) Ende. Dgvt-Verlag, Tübingen 1997.

[36] STEIERWALD, GERD; KÜNNE, HANS-DIETER. Stadtverkehrsplanung. Grundlagen, Methoden, Ziele. Springer Verlag, 1994.

[37] THÜRINGER MINISTERIUM FÜR WIRTSCHAFT UND VERKEHR. Verkehr in Thüringen: Fakten – Ziele – Planungen, 1994.

[38] TONNE, HANS-HEINRICH, STEINWEDE, FRANK. Der Beitrag der ÖPNV für eine autoarme Innenstadt. Gemeinde-Stadt-Land, Heft 18.

[39] UMWELTBUNDESAMT (UBA). Erfahrung mit Tempo-30. Planung-Umsetzung-Umweltauswirkungen der Verkehrsberuhigung. Reine Texte, Heft 4/98.

[40] Verband Deutscher Verkehrsunternehmen (VDV). Mobilität in Deutschland, 1991.

[41] Verkehrsberuhigung in der Praxis. Formen für Stadtentwicklungs- und Kommunalpraxis e.V. Boorber-Verlag, 1997.

[42] VERKEHRSCLUB ÖSTERREICH VCÖ. Sanfte Mobilität, Strategien gegen den Verkehrsinfarkt. Verlagspostamt Mödling, 1991.

[43] WIEDENHÖFT, RONALD. Autofreie Innenstädte? – Probleme in den USA. Gemeinde-Stadt-Land, Heft 18.

Literaturverzeichnis zu 6.2

[51] Bausteine für die Planungspraxis in Nordrhein-Westfalen.Teil: Verkehrsberuhigung und Straßenraumgestaltung. Institut für Landes- und Stadtentwicklungsforschung NRW, Heft 12, 1992

[52] FORSCHUNGSGESELLSCHAFT FÜR STRAßEN- UND VERKEHRSWESEN. EAHV 93- Empfehlungen für die Anlage von Hauptverkehrsstraßen, Ausgabe 1993

[53] FORSCHUNGSGESELLSCHAFT FÜR STRAßEN- UND VERKEHRSWESEN. EAE 85/95 Empfehlungen für die Anlage von Erschließungsstrassen, Ausgabe 1985/1995

[54] FORSCHUNGSGESELLSCHAFT FÜR STRAßEN- UND VERKEHRSWESEN. RAS-N Richtlinien für die Anlage von Straßen Teil: Leitfaden für die funktionale Gliederung des Straßennetzes, Ausgabe 1988

[55] FORSCHUNGSGESELLSCHAFT FÜR STRAßEN- UND VERKEHRSWESEN. RAS-K Richtlinien für die Anlage von Straßen; Teil Knotenpunkte, Abschnitt 1 plangleiche Knotenpunkte, Ausgabe 1988

[56] FORSCHUNGSGESELLSCHAFT FÜR STRAßEN- UND VERKEHRSWESEN. ESG 96 Empfehlungen zur Straßenraumgestaltung innerhalb bebauter Gebiete, Ausgabe 1996

[57] FORSCHUNGSGESELLSCHAFT FÜR STRAßEN- UND VERKEHRSWESEN. Merkblatt für die Anlage von kleinen Kreisverkehrsplätzen, Ausgabe 1998

[58] LEIBBRAND, KURT. Stadt und Verkehr – Theorie und Praxis der städtischen Verkehrsplanung. Birkenhäuser Verlag, 1980

[59] MENSEBACH, WOLFGANG. Straßenverkehrstechnik. Werner Verlag 3. Auflage, 1994

[60] PFUNDT, KONRAD. Handbuch der verkehrssicheren Straßengestaltung. Verkehrsblatt-Verlag, 1991

[61] SCHNABEL; WERNER; LOHSE; DIETER. Grundlagen der Straßenverkehrstechnik und der Verkehrsplanung. Verlag für Bauwesen, Berlin 1997, 2 Bände

[62] STEIERWALD; GERD; KÜNNE; HANS-DIETER. Stadtverkehrsplanung, Grundlagen-Methoden-Ziele. Springer-Verlag, Berlin Heidelberg New York, 1994

[63] SCHNÜLL; ROBERT. Entwurf und Gestaltung von Erschließungsstraßen. Straßenverkehrstechnik, Heft 10, 1995

[64] SCHNÜLL, ROBERT; HALLER, WOLFGANG. Städtebauliche Integration von innerörtlichen Hauptverkehrsstraßen – Problemanalyse und -dokumentation. Schriftenreihe „Städtebauliche Forschung des Bundesministers für Raumordnung, Bauwesen und Städtebau", Heft 03.107, 1984

Literaturverzeichnis zu 6.3

[71] ALBERS, ANNETTE, Hannover. Dynamische Straßenraumfreigabe für Nahverkehrsfahrzeuge. Der Nahverkehr, Ausgabe 4/97

[72] BEINHAUER, MANFRED, Kassel. Haltestellenkaps für niederflurige Bus- und Straßenbahnsysteme. Der Nahverkehr, Ausgabe 3/95

[73] BUNDESMINISTER FÜR VERKEHR. Zeitschrift „direkt" – Verbesserung der Verkehrsverhältnisse in den Gemeinden, Heft 51/1997

[74] ELSNER. Handbuch für den Öffentlichen Nahverkehr. Otto-Elsner Verlagsgesellschaft, 1980

[75] DEUTSCHE BAHN, München. Bahnanlagen entwerfen. DS 800 03 S-Bahnen; DS 800 05 Personenver-
kehrsanlagen

[76] FORSCHUNGSGESELLSCHAFT FÜR STRAßEN- UND VERKEHRSWESEN, ARBEITSGRUPPE VERKEHRSPLA-
NUNG. Empfehlungen für die Gestaltung von Bus- und Straßenbahnhaltestellen, Ausgabe 1978

[77] FORSCHUNGSGESELLSCHAFT FÜR STRAßEN- UND VERKEHRSWESEN, ARBEITSGRUPPE VERKEHRS-
PLANUNG. Merkblatt für Maßnahmen zur Beschleunigung des öffentlichen Personennahverkehrs mit
Straßenbahnen und Bussen, Ausgabe 1982

[78] FORSCHUNGSGESELLSCHAFT FÜR STRAßEN- UND VERKEHRSWESEN, ARBEITSGRUPPE VERKEHRS-
PLANUNG. Hinweise für die Bewertung von Maßnahmen zur Beeinflussung der ÖPNV-Abwicklung,
Ausgabe 1991

[79] FORSCHUNGSGESELLSCHAFT FÜR STRAßEN- UND VERKEHRSWESEN, ARBEITSGRUPPE VERKEHRS-
PLANUNG. Empfehlungen für Planung, Bau und Betrieb von Busbahnhöfen, Ausgabe 1994

[80] FORSCHUNGSGESELLSCHAFT FÜR STRAßEN- UND VERKEHRSWESEN. Lichtzeichenanlagen für den Straßenverkehr (RILSA), Ausgabe 1992

[81] HESSISCHES LANDESAMT FÜR STRAßENBAU, erarb. Dorsch Consult, Wiesbaden 1988. Zentrale Omnibusbahnhöfe (ZOB). Grundkonzeption, Planung und Entwurf (Leitfaden)

[82] SCHNABEL; WERNER; LOHSE; DIETER. Grundlagen der Straßenverkehrstechnik und der Verkehrsplanung, Band 1 und 2, Verlag für Bauwesen, 1997

[83] SCHNÜLL, ROBERT, Hannover. Quo vadis ÖPNV? – Immer noch oder bald wieder total sektoral? Der
Nahverkehr, Heft 4, 1997

[84] SCHNÜLL, ROBERT, Hannover. Beschleunigung von Nahverkehrsfahrzeugen. Der Nahverkehr, Heft 3,
1997

[85] STADTVERWALTUNG ERFURT UND ERFURTER VERKEHRSBETRIEBE. Von der Straßenbahn zur Stadtbahn. Informationen, Fakten und Argumente zum ÖPNV in Erfurt, 1. Jahrgang, Heft 1

[86] STEIERWALD; GERD; KÜNNE; HANS-DIETER. Stadtverkehrsplanung, Springer-Verlag, 1993

[87] VERBAND ÖFFENTLICHER VERKEHRSBETRIEBE. VÖV Schriften – Verkehrliche Gestaltung von Verknüpfungspunkten öffentlicher Verkehrsmittel, Reihe Technik, 1981

Literaturverzeichnis zu 6.6

[91] FORSCHUNGSGESELLSCHAFT FÜR STRAßEN- UND VERKEHRSWESEN. Richtlinien für die Anlage von
Straßen; Teil Knotenpunkte (RAS-K), Abschnitt 1 plangleiche Knotenpunkte, Ausgabe 1988

[92] FORSCHUNGSGESELLSCHAFT FÜR STRAßEN- UND VERKEHRSWESEN. Lichtzeichenanlagen für den Straßenverkehr (RILSA), Ausgabe 1992

[93] MENSEBACH, WOLFGANG. Strassenverkehrstechnik. Werner Verlag, 3. Auflage, 1994

[94] SCHNABEL; WERNER; LOHSE; DIETER. Grundlagen der Straßenverkehrstechnik und der Verkehrsplanung. Verlag für Bauwesen, Berlin 1997, 2 Bände

[95] STEIERWALD; GERD; KÜNNE; HANS-DIETER. Stadtverkehrsplanung, Grundlagen-Methoden-Ziele.
Springer-Verlag, Berlin Heidelberg New York, 1994

Literaturverzeichnis zu 6.4, 6.5 sowie 6.7 bis 6.10

Verwendete Literatur

[101] MATTHEWS: Bahnbau. Teubner-Verlag, Stuttgart

[102] NATSCHKA, H.: Straßenbau. Teubner-Verlag, Stuttgart 1997

[103] SCHNABEL, W.; LOHSE, D.: Grundlagen der Straßenverkehrstechnik und derVerkehrsplanung. Bd. 1+2, 2. Aufl., Verlag für Bauwesen, Berlin 1997

[104] STOCK, R.; BSCHORR, CH.: Leitfaden „Radverkehr in Städten und Gemeinden". ADAC, 1998

[105] WEISE, G.; DURTH, W.: Straßenbau – Planung und Entwurf. Verlag für Bauwesen, Berlin 1997

[106] WIEHLER, H.-G.: Straßenbau – Konstruktion und Ausführung. Verlag für Bauwesen, Berlin 1996

[107] Analyse privatwirtschaftlicher Infrastrukturerstellung im Rahmen von BOT-Modellen, FH Erfurt, Abschlußbericht, Leitung: Prof. Dr.-Ing. Münch

Gesetzliche Grundlagen

[108] Straßenverkehrsordnung (StVO)

[109] Bundesfernstraßengesetz (FStrG)

[110] Straßengesetze der Bundesländer

[111] Gemeindeverkehrswegefinanzierungsgesetz (GVFG)

[112] Eisenbahn-Bau- und Betriebsordnung (EBO)

[113] Verordnung über den Bau und Betrieb der Straßenbahnen (BOStrab)

[114] International Civil Aviation Organisation (ICAO): Aerodrome Design Manual

Technische Regelwerke

Ein Großteil der Regelwerke im Straßenwesen wird von der Forschungsgesellschaft für Straßen- und Verkehrswesen (FGSV) erarbeitet und vom Bundesverkehrsministerium als Technisches Regelwerk eingeführt. Die jährlich aktualisierte Übersicht ist erhältlich bei: FGSV-Verlag, Konrad-Adenauer-Straße 13, 50996 Köln.

Für Baustoffe werden die Normen erstellt vom Normenausschuß Bauwesen im DIN, Burggrafenstraße 6, 10787 Berlin

Richtlinien, Rundschreiben, Erlasse des Bundesministers für Verkehr, Bau- und Wohnungswesen, Robert-Schuman-Platz 1, 53175 Bonn.

[115] Empfehlungen für Anlagen des ruhenden Verkehrs EAR 91, berichtigter Nachdruck 1995

[116] Empfehlung für die Anlage von Erschließungsstraßen EAE 85/95. 1995

[117] Empfehlungen für die Anlage von Hauptverkehrsstraßen EAHV 93. 1993

[118] Empfehlungen für Planung, Bau und Betrieb von Busbahnhöfen. 1994

[119] Empfehlungen für Radverkehrsanlagen ERA 95. 1995

[120] Empfehlungen für Wirtschaftlichkeitsuntersuchungen an Straßen (EWS). Entwurf 1997

[121] Merkblatt für die Auswertung von Straßenverkehrsunfällen, Teil 1: Führen und Auswerten von Unfalltypen-Steckkarten (1998)

[122] Merkblatt zur wegweisenden Beschilderung für den Radverkehr. 1998

[123] Richtlinien für die Anlage von Straßen, Teil: Entwässerung (RAS-Ew), 1987

[124] Richtlinien für die Anlage von Straßen, Teil: Linienführung (RAS-L), 1995

[125] Richtlinien für die Anlage von Straßen, Teil: Querschnitte (RAS-Q), 1996

[126] Richtlinien für die Standardisierung des Oberbaues bei der Erneuerung von Verkehrsflächen (RStO-E), Entwurf 1991

[127] Richtlinien für die Entwurfsgestaltung im Straßenbau, 1985 (BMV)

[128] Richtlinien für die Standardisierung des Oberbaues von Verkehrsflächen (RStO 86/89), 1986, ergänzte Fassung 1989

[129] Zusätzliche Technische Vorschriften und Richtlinien für Erdarbeiten im Straßenbau (ZTVE-StB). Fassung 1997

Weiterführende Literatur

[130] BUCHANAN: Verkehr in Städten. Essen 1964

[131] DER ELSNER: Handbuch für Straßen- und Verkehrswesen. Otto-Elsner-Verlag, Dieburg, erscheint jährlich

[132] KOLKS, W.: Verkehrswesen in der kommunalen Praxis. Band 1 und 2, Erich-Schmidt-Verlag, Berlin 1997 und 1998

[133] MENSEBACH: Straßenverkehrstechnik. Werner-Verlag, Düsseldorf

[134] MENTLEIN / EYMANN: Straßenbautechnik. Werner-Verlag, Düsseldorf

[135] OBERSTE BAUBEHÖRDE IM BAYERISCHEN STAATSMINISTERIUM DES INNERN: Arbeitsblätter für die Bauleitplanung, Arbeitsblatt 11: Parkplätze, 1990

[136] OSTERLOH, H.: Straßenplanung mit Klothoiden. Bauverlag, Wiesbaden

[137] RICHARD, H.; ALRUTZ, D.; WIEDEMANN, J.: Handbuch für Radverkehrsanlagen. Otto-Elsner-Verlag, Dieburg

[138] SILL, O.: Parkbauten. Bauverlag, Wiesbaden 1981

[139] STEIERWALD, G.; KÜNNE, H.-D.: Stadtverkehrsplanung. Berlin 1994

[140] Straßenbau von A – Z. Loseblattsammlung, Erich-Schmidt-Verlag, Bielefeld

[141] WENDEHORST: Bautechnische Zahlentafeln. Teubner-Verlag, Stuttgart

Schriftenreihen

[142] Bitumen. Arbeitsgemeinschaft Bitumen (Arbit), Hamburg, erscheint unregelmäßig

[143] Straßenverkehrstechnik. Kirschbaum-Verlag, erscheint monatlich

[144] Straße und Autobahn. Kirschbaum-Verlag, erscheint monatlich

[145] Tiefbau, Ingenieurbau, Straßenbau. Bertelsmann-Verlag, erscheint monatlich

[146] Internationales Verkehrswesen. Tetzlaff-Verlag, Hamburg, erscheint monatlich

[147] Forschung Straßenbau und Straßenverkehrstechnik. BMV, erscheint unregelmäßig

Literaturverzeichnis zu 6.11

Verwendete Literatur

[151] INNENMINISTERIUM BADEN-WÜRTTEMBERG: Städtebauliche Lärmfibel, 1991

[152] KRELL, K.: Handbuch für Lärmschutz an Straßen und Schienenwegen, Otto Elsner Verlag, 1990

[153] UMWELTBUNDESAMT: Lärmbekämpfung '88, Erich Schmidt Verlag, 1988

Gesetzliche Grundlagen

[154] Baugesetzbuch (BauGB), i.d.F. vom 22. April 1993

[155] Baunutzungsverordnung (BauNVO), i.d.F. vom 22. April 1993

[156] Bundes-Immissionsschutzgesetz (BImSchG) vom 14. Mai 1990, geändert am 23. November 1994

[157] Vierte Verordnung zur Durchführung des BimSchG (Verordnung über genehmigungsbedürftige Anlagen – 4. BImSchV), 20. Juni 1990

[158] Sechzehnte Verordnung zur Durchführung des Bundes-Immissionsschutzgesetzes (Verkehrslärm-schutzverordnung – 16. BImSchV), 12. Juni 1990

[159] Achtzehnte Verordnung zur Durchführung des Bundes-Immissionsschutzgesetzes (Sportanlagen-lärmschutzverordnung – 18. BImSchV), 18. Juli 1991

[160] Vierundzwanzigste Verordnung zur Durchführung des Bundes-Immissionsschutzgesetzes (Verkehrswege-Schallschutzmaßnahmenverordnung – 24. BImSchV), 04. Februar 1997

[161] Richtlinie für den Verkehrslärmschutz an Bundesfernstraßen in der Baulast des Bundes (VLärmSchR 97), Juni 1997

[162] Technische Anleitung Lärm (TA Lärm) vom 01. November 1998

Technische Regelwerke, Vorschriften

[163] DEUTSCHE BUNDESBAHN, Zentralamt München. Richtlinien zur Berechnung der Mittelungspegel bei Schienenwegen – Schall 03, April 1990

[164] DEUTSCHE BUNDESBAHN, Zentralamt München. Richtlinien für schalltechnische Untersuchungen bei der Planung von Rangier- und Umschlagbahnhöfen – Akustik 04, April 1990

[165] BUNDESMINISTER FÜR VERKEHR: Richtlinien für den Lärmschutz an Straßen (RLS-90), April 1990, Berichtigung Februar 1992

[166] BUNDESMINISTER FÜR VERKEHR: Richtlinien für den Verkehrslärmschutz an Bundesfernstraßen in der Baulast des Bundes – VLärmSchR 97, 1997

[167] BUNDESMINISTER FÜR VERKEHR: Zusätzliche Technische Vorschriften und Richtlinien für die Ausführung von Lärmschutzwänden an Straßen (ZTV-L$_{SW}$ 88), 1988

Deutsches Institut für Normung (DIN)

[168] DIN 1320 Akustik, Begriffe, Juni 1997

[169] DIN 4109 Schallschutz im Hochbau, November 1989

[170] DIN 4150 Erschütterungen im Bauwesen, Februar 1999 (z.T. als Entwurf)

[171] DIN 18005 Schallschutz im Städtebau, Mai 1987 (Teil 1) und September 1991 (Teil 2)

[172] DIN 45633 Schallpegelmesser, z.Zt. in Überarbeitung

[173] DIN 45641 Mittelungs- und Beurteilungspegel, Mittelung von Schallpegeln, Juni 1998

[174] DIN 45642 Messung von Verkehrsgeräuschen, Entwurf März 1997

[175] DIN 45682 Schallimmissionspläne, Entwurf Juni 1997

Verein Deutscher Ingenieure (VDI):

[176] VDI 2058 Beurteilung von Arbeitslärm in der Nachbarschaft, Bl. 1: September 1985, Bl. 2: Juni 1988, Bl. 3: Februar 1999

[177] VDI 2714 Schallausbreitung im Freien, Januar 1988

[178] VDI 2716 Luft- und Körperschall bei Schienenbahnen des städtischen Nahverkehrs, Entwurf Juni 1992

[179] VDI 2718 Schallschutz im Städtebau; Hinweise für die Planung, Entwurf Juni 1975

[180] VDI 2720 Schallschutz durch Abschirmung im Freien, März 1997. Bl. 1: März 1997, Bl. 2: April 1983, Bl. 3: Februar 1983

[181] FORSCHUNGSGESELLSCHAFT FÜR STRAßEN- UND VERKEHRSWESEN. Empfehlungen für die Gestaltung von Lärmschutzanlagen an Straßen, 1985

Weiterführende Literatur

[182] BAYERISCHES STAATSMINISTERIUM DES INNERN – OBERSTE BAUBEHÖRDE. Arbeitsblätter für die Bauleitplanung, Heft 9: Verkehrslärmschutz, 1995

[183] HABERMEHL, K. (Hrsg.): Lärmminderungsplanung in Hessen. Verlag für Akademische Schriften, 1995

[184] JARASS, H.D.: Bundes-Immissionsschutzgesetz, Kommentar, 3. Aufl., München 1995

[185] SIEGMANN, J.: Was kann der Fahrweg der Bahn zur Lärmreduktion beitragen? In: Eisenbahningenieur, Heft 3/99

[186] STRICK, S.: Lärmschutz an Straßen, Carl Heymanns Verlag, Köln 1988

[187] UMWELTBUNDESAMT: Handbuch Lärmminderungspläne, Erich Schmidt Verlag, 1994

[188] UMWELTMINISTERIUM NIEDERSACHSEN: Sport und Umwelt, Hannover 1987

[189] Zeitschrift für Lärmbekämpfung (Schriftenreihe)

7 Städtische Wasser- und Abwasserwirtschaft
Begriffe und Grundkenntnisse *(W. Bischof)*

7.1 Wasserwirtschaft, Wasserrecht und Gewässer

7.1.1 Gliederung der Wasserwirtschaft

Als Wasserwirtschaft bezeichnet man die planmäßige Bewirtschaftung des ober- und unterirdischen Wasservorrates. Sie gliedert sich in

- *Wassermengenwirtschaft*, der Speicher- und Energiewirtschaft auf der Grundlage des Wasserhaushaltes
- *Wassergütewirtschaft*, mit den Aufgaben Physik und Chemie des Wassers, Reinhaltung der Gewässer im Zusammenhang mit der Wasserversorgung, der Abwasserbeseitigung sowie der Siedlungshygiene und
- *biologische Wasserwirtschaft*, Biologie der Gewässer und ihrer Ufer, Land- und Forstkultur, Fischereiwesen, Naturschutz, Landschaftspflege und -gestaltung.

Das Zusammenwirken dieser drei Teilgebiete ist wichtig für den Erfolg wasserwirtschaftlicher Maßnahmen und für die sinnvolle Raumordnung. Um diese Harmonie zu gewährleisten, ist eine *wasserwirtschaftliche Rahmenplanung* erforderlich, wobei das Wasserdargebot, unterteilt nach Oberflächenwasser und Grundwasser, dem Wasserbedarf gegenüberzustellen ist. Hieraus ergeben sich die Wasserbilanzen als Grundlage für die Wasserbauten und wasserwirtschaftlichen Maßnahmen, die in dem *Wasserwirtschaftlichen Entwicklungsplan* einen Teil des regionalen Raumordnungsplanes bilden. Die Aufgaben der Wasserwirtschaft erstrecken sich im wesentlichen auf vier Teilgebiete:

Der *Siedlungswasserwirtschaft* obliegt die Versorgung der Bevölkerung, des Gewerbes und der Industrie mit Wasser als Lebensstoff (Trinkwasser) und Betriebsstoff (für Wirtschafts- und öffentliche Zwecke) sowie die Ableitung des gebrauchten Wassers und des Niederschlags, die Reinhaltung des Gewässers und die Beherrschung des Grundwassers.

Die *landwirtschaftliche Wasserwirtschaft* dient der Landeskultur und damit der Verbreiterung der Ernährungsgrundlage. Nach Menge und Zeit werden hier sehr große Wasservorräte verbraucht.

Die *Wasserwirtschaft durch Speichern* dient dem Ausgleich zwischen Bedarf und Dargebot.

Die *Wasserkraftwirtschaft* befaßt sich mit der Energieerzeugung in Wasserkraftwerken (Laufwasserkraftwerke, Umleitungs- oder Kanalkraftwerke, Staukraftwerke, Pumpspeicherwerke).

Die *Verkehrswasserwirtschaft* befaßt sich mit den wasserwirtschaftlichen Maßnahmen, die dem Verkehr dienen.

7.1.2 Wasserrecht

Arten der Wasserläufe

Die rechtlichen Bestimmungen über Wasserläufe sind in dem von der Bundesregierung herausgegebenen „Gesetz zur Ordnung des Wasserhaushaltes" (Wasserhaushaltsgesetz, WHG) [21] und in den von den Ländern erlassenen Wassergesetzen enthalten. Für *oberirdische Gewässer, Küstengewässer* und das *Grundwasser* sind jeweils besondere Bestimmungen getroffen. Die oberirdischen Gewässer werden eingeteilt in Gewässer erster Ordnung (Bundeswasserstraßen und die von den Länderregierungen als schiffbare und nichtschiffbare Gewässer erster Ordnung bezeichneten Wasserläufe), Gewässer zweiter Ordnung (alle neben den Gewässern erster Ordnung für die Wasserwirtschaft besonders wichtigen Gewässer) und Gewässer dritter Ordnung (alle anderen Gewässer). Einige Bundesländer unterscheiden nur Gewässer 1. und 2. Ordnung. Dann sind die Bundeswasserstraßen und die in den Landeswassergesetzen ausgewiesenen wichtigen Gewässer in der 1. Ordnungskategorie ausgewiesen, alle anderen in der zweiten. Das WHG macht keinen Unterschied, ob das *Bett* eines fließenden oder stehenden oberirdischen Gewässers *natürlich* oder *künstlich* ist. Die Einführung eines Baches in Rohre, Tunnel oder Düker hebt seine Eigenschaft als Gewässer nicht auf, dagegen gehört das in Leitungen und anderen Behältnissen gefaßte Wasser und Abwasser nicht zu den Gewässern. Das aus einer Quelle *wild abfließende* als auch das in einem Bett abfließende Wasser gehört zu den Gewässern, anderes wild abfließende Wasser (Niederschlags-, Überschwemmungswasser) dagegen nicht.

Unterhaltung der Wasserläufe

Die Vorschriften beziehen sich nur auf die oberirdischen Gewässer. Das Gewässer umfaßt die gesamte bei bordvoller Wasserführung *überströmte Eintiefung der Erdoberfläche.* Die Unterhaltspflicht umfaßt alle zur Erhaltung des Wasserabflusses notwendigen Arbeiten am Gewässerbett einschließlich der Ufer oberhalb und unterhalb der Mittelwasserlinie sowie die Erhaltung der Schiffbarkeit. Letztere erstreckt sich nur auf die der Schiffahrt dienenden Fahrrinnen. Für die Unterhaltung hinsichtlich der *Feststoff-* (Schwebstoffe, Geschiebe) und *Eisabfuhr* sowie für die *Wasser-, Feststoff-* und *Eisrückhaltung* bestehen besondere Vorschriften.

Gewässer im naturnahen Zustand sollen erhalten bleiben. Die nicht naturnah ausgebauten sollen möglichst in einen naturnahen Zustand zurückgeführt werden. In der Regel ist für Herstellung, Beseitigung oder Umgestaltung ein Planfeststellungsverfahren erforderlich (§ 31 WHG). Natürliche Rückhalteflächen, das natürliche Abflußverhalten und typische Lebensgemeinschaften sind zu erhalten. Überschwemmungsgebiete sind Flächen, die bei Hochwasser überschwemmt, durchflossen oder für Entlastung oder Rückhaltung beansprucht werden. Die Länder legen diese Gebiete fest und erlassen die zu ihrem Schutz dienenden Vorschriften (§ 32 WHG).

Träger der Unterhaltungslast sind nach Bundes- und Landesrecht:
– für die Bundeswasserstraßen der Bund
– für die Gewässer 1. Ordnung die Länder (Sonderregelung für den Bodensee)

– für die Gewässer 2. Ordnung die Länder, Bezirke, Landkreise, kreisfreien Städte, Gemeinden, die Eigentümer von Gewässern, die Anlieger und die Eigentümer von Grundstücken und Anlagen, die aus der Unterhaltung Vorteile haben oder sie erschweren nach der in den Wassergesetzen der Länder vorgesehenen Regelung

– für die Gewässer 3. Ordnung (in einigen Ländern fehlt diese Gewässergruppe) wie bei den Gewässern 2. Ordnung

Die Unterhaltungspflicht wird bei mehreren Unterhaltungspflichtigen von Wasser- und Bodenverbänden erfüllt.

Nutzungsrechte an Wasserläufen

Benutzungen. Im Sinne des WHG sind dies:

1. Entnehmen und Ableiten von Wasser aus oberirdischen Gewässern
2. Aufstauen und Absenken von oberirdischen Gewässern
3. Entnehmen fester Stoffe aus oberirdischen Gewässern, soweit dies auf den Zustand des Gewässers oder auf den Wasserabfluß einwirkt
4. Einbringen und Einleiten von Stoffen in oberirdische Gewässer
4a) Einbringen und Einleiten in Küstengewässer
5. Einleiten von Stoffen in das Grundwasser
6. Entnehmen, Zutagefördern, Ableiten, Aufstauen und Absenken von Grundwasser
7. Maßnahmen, die dauernd oder in einem nicht unerheblichen Ausmaß schädliche Veränderungen der physikalischen, chemischen oder biologischen Beschaffenheit des Wassers herbeiführen

Erlaubnis und Bewilligung. Eine Benutzung der Gewässer bedarf der behördlichen Erlaubnis oder Bewilligung. Diese begründen kein Recht auf eine bestimmte Menge oder Beschaffenheit des zufließenden Wassers. Der Inhaber einer Bewilligung kann aber gegen eine Entziehung von Wasser oder eine Verunreinigung, die seine Benutzung beeinträchtigt, Einwendungen erheben, über die nur hinweggegangen werden darf, wenn der von dem Eingriff zu erwartende Nutzen den für den Betroffenen zu erwartenden Nachteil erheblich übersteigt. Auf die Erteilung einer Erlaubnis oder Bewilligung besteht kein Rechtsanspruch.

Für die Anwendung der Landeswassergesetze und die Zuständigkeit der Behörden kommt es auf den *Ort der Benutzung* an, nicht darauf, wo die Wirkungen der Benutzung auftreten. *Entnehmen* erfolgt durch Pump- oder Schöpfvorrichtungen, *Ableiten* durch Gräben, Kanäle, Rohre oder Sickergräben, *Aufstauen* durch Stauanlagen. *Absenken* ist meist eine Folge des Aufstauens, kann aber auch durch Vertiefung oder Verbreiterung des Gewässerbettes entstehen. *Entnehmen fester Stoffe* ist nur dann „Benutzung", wenn es auf den Zustand des Gewässers oder Wasserabflusses einwirkt. *Feste Stoffe* sind Erde, Sand, Kies, Steine, aber auch Eis, Schilf, Rohr und andere Pflanzen. *Einbringen* betrifft feste, *Einleiten* flüssige und gasförmige Stoffe.

Erlaubnis und Bewilligung stehen unter dem Vorbehalt, daß zusätzliche Anforderungen an die Beschaffenheit einzubringender Stoffe gestellt, Maßnahmen zur Beobachtung der Wassernutzung und solche der sparsamen Verwendung des Wassers angeordnet werden können. Eine Anpassung an EU-Beschlüsse kann der Bund durch Rechtsverordnung erfüllen.

§7a WHG besagt, daß für Abwassereinleitungen eine Erlaubnis nur erteilt werden darf, wenn die Schadstofffracht bei den in Betracht kommenden Verfahren so gering ist, wie dies nach dem Stand der Technik (S.d.T.) möglich ist. Für vorhandene Einleitungen können abweichende Forderungen festgelegt werden, wenn sonst die Anpassungsmaßnahmen unverhältnismäßig wären. Für den Bau und den Betrieb von Abwasseranlagen gelten weiter die a.a.R.d.T. (§18b WHG). Auch die Beseitigung von häuslichem Abwasser durch dezentrale Anlagen kann dem Wohl der Allgemeinheit entsprechen (§18a WHG). Die Länder regeln, welche Körperschaften des öffentlichen Rechts zur Abwasserbeseitigung verpflichtet sind, bzw. welche anderen Träger. Die Verpflichteten können sich Dritter bedienen (§18a WHG). Bau und Betrieb sowie Änderungen einer Abwasser-Behandlungsanlage für ≥ 50.000 EGW oder für > 1.500 m³/2 h anorganisches Abwasser bedürfen einer Umweltverträglichkeitsprüfung UVP (§18c WHG).

Für das *Einleiten von Stoffen in das Grundwasser* darf eine Erlaubnis oder Bewilligung nur erteilt werden, wenn eine schädliche Verunreinigung des Grundwassers oder eine sonstige nachteilige Veränderung nicht zu erwarten ist.

Über das *Erlaubnisverfahren* enthält das WHG keine Vorschriften, während für die *Bewilligung* ein förmliches Verfahren vorgeschrieben ist. Die Landeswassergesetze sehen jedoch auch förmliche Verfahren vor für:
1. die Erteilung einer Erlaubnis
2. die Erteilung einer Bewilligung
3. die Planfeststellung für den Gewässerausbau
4. die Feststellung von Wasserschutzgebieten
5. den Ausgleich von Rechten und Befugnissen
6. nachträgliche Auflagen in Zusammenhang mit den Entscheidungen 1. bis 5.

Die Erlaubnis gewährt nur eine *Befugnis* zur Benutzung, die Bewilligung ein *Recht*. Die Behörde ist zum Widerruf der Erlaubnis verpflichtet, wenn durch ihre weitere Ausübung das Wohl der Allgemeinheit beeinträchtigt wird. Der Bewilligung hat eine *öffentliche Bekanntmachung* des Antrages vorauszugehen, damit die Betroffenen und die beteiligten Behörden Einwendungen geltend machen können. Die Bewilligung darf nur erteilt werden, wenn dem Antragsteller die Durchführung seines Vorhabens ohne eine gesicherte Rechtsstellung nicht zugemutet werden kann und die Benutzung einem bestimmten Zweck dient, der nach einem bestimmten Plan verfolgt wird.

Ist zu erwarten, daß die Benutzung auf das Recht eines anderen einwirkt und erhebt dieser Einwendungen, so müssen die nachteiligen Wirkungen durch Auflagen verhütet oder ausgeglichen werden. Ist dies nicht möglich, so darf die Bewilligung trotzdem aus Gründen des Wohls der Allgemeinheit erteilt werden; der Betroffene ist zu entschädigen. Die Bewilligung ist im Grundsatz *nicht widerruflich*, sie kann nur unter bestimmten Voraussetzungen beschränkt oder zurückgenommen werden. Die Bewilligung ist stets zu befristen. Die Höchstgrenze beträgt in der Regel 30 Jahre. Bei der öffentlichen Wasserversorgung ist eine längere Frist gerechtfertigt, weil hier eine langfristige Wasserbenutzung sichergestellt werden muß.

Anträge auf Erteilung einer Erlaubnis oder Bewilligung sind mit den zur Beurteilung erforderlichen Plänen und sonstigen Unterlagen bei der Wasserbehörde einzureichen. Untere Wasserbehörde sind in der Regel die Kreise und Kreisfreien Städte, obere Wasserbehörde ist Regierungspräsident oder Landesregierung.

Erlaubnisfrei kann jedermann *oberirdische Gewässer* in einem Umfang benutzen, wie dies nach Landesrecht als *Gemeingebrauch* gestattet ist, soweit nicht Rechte, Befugnisse anderer oder der Eigentümer- oder Anliegergebrauch beeinträchtigt werden. Der Gemeingebrauch umfaßt das Baden, Waschen, Schöpfen mit Handgefäßen, Viehtränken, Schwemmen, Fahren mit kleinen Fahrzeugen, Eisbahn. Die Schiffahrt ist kein Gegenstand des Wasserhaushaltsrechts. Das Einbringen von festen Stoffen für die *Fischerei* bedarf keiner Erlaubnis, soweit dadurch das Gewässer in seiner Beschaffenheit oder der Wasserabfluß nicht beeinträchtigt werden.

Als Gemeingebrauch wird auch der Zugang der Bevölkerung zu den oberirdischen Gewässern einschließlich der Küstengewässer zum Zwecke der Erholung angesehen (vgl. Wassergesetz Schleswig-Holstein in der Fassung vom 7.6.71). Der Zugang ist auch über nicht öffentliche Wege zulässig. Den Gemeinden wird auferlegt, Wege zu und an den Gewässern anzulegen. Eine Uferzone von 50 m Breite darf nicht bebaut, und nur mit besonderer Genehmigung einseitig genutzt werden (zum Zelten, Fahren, Reiten, Abstellen von Wohnwagen).

Für das *Grundwasser* ist eine Erlaubnis oder Bewilligung zum Entnehmen, Zutagefördern, Zutageleiten oder Ableiten für den eigenen Haushalt, den landwirtschaftlichen Hofbetrieb, das Tränken von Vieh, für die gewöhnliche Bodenentwässerung landwirtschaftlich, forstwirtschaftlich oder gärtnerisch genutzter Grundstücke oder für vorübergehende Zwecke nicht erforderlich.

Die Länder können aber bestimmen, daß in den genannten Fällen eine Erlaubnis oder Bewilligung erforderlich ist oder daß darüberhinausgehende Nutzungen erlaubnisfrei bleiben. Das Einleiten von Niederschlagswasser in das Grundwasser zwecks schadloser Versickerung können die Länder erlaubnisfrei gestalten (WHG, 6. Novelle vom 12.11.96).

Von den Ländern sind *wasserwirtschaftliche Rahmenpläne* aufzustellen, die den nutzbaren Wasserschatz, die Erfordernisse des Hochwasserschutzes und die Reinhaltung der Gewässer berücksichtigen. Die Vorstellungen der Raumordnung (z.B. über das zu erwartende Anwachsen der Bevölkerung oder über die Ausweisung von Industrieflächen) sind der wasserwirtschaftlichen Rahmenplanung zugrunde zu legen. Nach den Rahmenplänen sind Entwicklungspläne und Generalpläne für den Küstenschutz, die Wasserversorgung, die Abwasserbeseitigung, die Abfallbeseitigung usw. aufzustellen.

Für die Gewässer sind Wasserbücher zu führen. Sie enthalten
1. Erlaubnisse, Bewilligungen, alte Rechte und alte Befugnisse
2. Wasserschutzgebiete
3. Überschwemmungsgebiete

Die Wasserbücher werden von den Wasserbehörden geführt. Die Aufgabenverteilung der Wasserbehörden regeln die Wassergesetze der Länder.

7.1.3 Gewässerschutz

Der Schadstoffeintrag in Gewässer kann direkt aber auch indirekt über das Grundwasser, Dränwassereinleitungen oder über die Atmosphäre-Niederschlag-Abfluß (Bild 7.1) erfolgen.

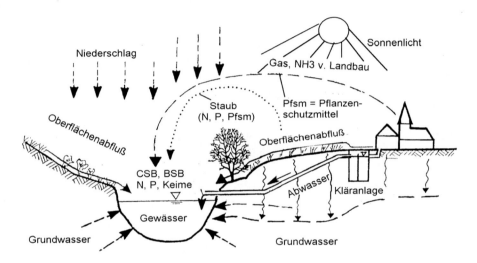

Bild 7.1 Eintragswege der Gewässerbelastung

Stoffbilanzen und Eintragsmengen

Deutschland weist einen Nährstoffüberschuß in der Gesamtbilanz auf. Hierzu trägt u.a. auch der Futtermittelimport für die Fleischproduktion bei. Mit der Entwicklung der künstlichen Handelsdünger konnte die Pflanzen- und Fleischproduktion gesteigert werden. Ertrag und Qualität der Produkte wurden durch Pflanzenschutzmittel gesichert.

Eine wesentliche Steigerung des Verbrauches dieser Produktionsmittel trat seit den 50er Jahren dieses Jahrhunderts ein. Der gesteigerte Import an mineralischen Düngern und Futtermitteln und die Herstellung von synthetischen Düngemitteln hat dazu geführt, daß die Böden und Gewässer in Deutschland einen steigenden Nährstoffgehalt haben. In den intensiv genutzten Böden hat sich z.B. das C/N-Verhältnis von früher 30 bis 40 (extensive Nutzung) auf häufig 10 bis 15 verkleinert. Dieses ermöglicht eine höhere Bioaktivität des Bodens, führt aber auch zu vermehrter Nitratfreisetzung und N-Belastung des Grundwassers.

Gewässergüteklassen

Die Gewässergüte wird durch Parameter beschrieben, die den *Verschmutzungsgrad* des Wassers kennzeichnen. Eine von kurzzeitigen Einflüssen unabhängige Zustandsbeschreibung bietet die biologische Analyse nach dem Saprobiensystem (sapros = Zersetzung, bios = Leben) (KOLKWITZ 1908, 1909 und LIEBMANN 1951). Die biologische Beurteilung eines Gewässers ist durch physiologische, chemische und physikalische Eigenschaften zu ergänzen.

Nach der Belastung mit fäulnisfähiger organischer Substanz und deren erreichtem Abbau werden vier Güteklassen unterschieden, die durch den Sauerstoffhaushalt und die biologische Gewässeranalyse gekennzeichnet sind. In jeder Klasse treten Leitorganismen in charakteristischer Gesellschaft auf.

Güteklasse I (Farbe bei Kartierungen blau):
Reines oder schwach verunreinigtes Wasser, wenige Bakterien, entsprechend wenige Bakterienfresser, artenreicher Besatz mit sauerstoffbedürftigen Makroorganismen, Sauerstoffgehalt hoch, sehr geringe Sauerstoffzehrung.
Güteklasse II (Farbe grün):
Mäßige Verunreinigung, durch Nährsalze bedingte starke Pflanzenentwicklung (Eutrophie), Bakterienzahl erhöht, artenreiche Tierbesiedelung (aber verschieden von I), schwache Sauerstoffzehrung, deshalb relativ hoher Sauerstoffgehalt.
Güteklasse III (Farbe gelb):
Starke Verunreinigung, intensive Abbauprozesse, hoher Bakterienbesatz, viele Bakterienfresser, starke Sauerstoffzehrung, zumindest zeitweilig geringer Sauerstoffgehalt, deshalb eingeschränkte Besiedelung mit Makroorganismen.
Güteklasse IV (Farbe rot):
Sehr stark verunreinigt, Massenentwicklung von Bakterien, intensive Sauerstoffzehrung, Sauerstoffmangel und Fäulnisgifte beschränken das Vorkommen von Pflanzen und Tieren auf wenige Arten, die aber hohe Bestandsdichte erreichen können.

Zwischenklassen sind die Güteklassen I/II, II/III, III/IV.

Folgende Parameter können die angegebenen Güteklassen darüber hinaus charakterisieren: Sauerstoffgehalt, biochemischer Sauerstoffbedarf, chemischer Sauerstoffbedarf, Phosphatgehalt, Stickstoffverbindungen, Metallgehalte, Giftstoffe, Wärme, Säuren, Öle, Treibstoffe u.a. Diese Güteklassen wurden für fast alle Oberflächengewässer kartiert und sind Grundlage der Reinhaltepläne (Bild 7.2).

Gewässernutzungen

Die vielfältigen Nutzungen der Gewässer werden unterschiedlich von der *Gewässergüte* beeinflußt. Während Schiffahrt, Wasserkraftnutzung und das Ableiten von Niederschlägen nahezu unbeeinträchtigt bleiben, sind folgende Nutzungen betroffen:
1. Entnahme für menschlichen und tierischen Gebrauch, landwirtschaftliche Bewässerung, Produktionszwecke, Kühlwasser

2. Wiederaufnahme von gebrauchtem oder z.B. durch Abschwemmungen verunreinigtem Wasser
3. Fischerei
4. Erholung: Baden, Wassersport, Landschaftsschutz
5. Attraktivität für Ansiedelungen
6. Ökologische Funktionen

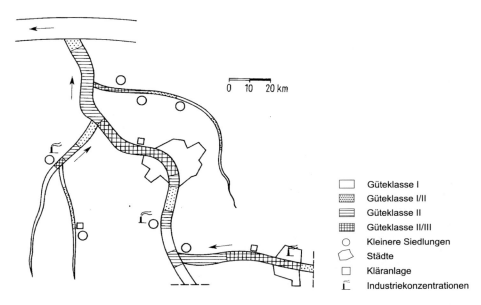

0   10   20 km

☐ Güteklasse I
▦ Güteklasse I/II
⊟ Güteklasse II
▦ Güteklasse II/III
○ Kleinere Siedlungen
⬡ Städte
☐ Kläranlage
Ĩ Industriekonzentrationen

Bild 7.2   Ausschnitt aus dem Bewirtschaftungsplan eines Flußsystems Gewässergüte bei MNQ (mittlerer Niedrigwasserstand)

Trinkwasserversorgung

Die *Trinkwasserversorgung* ist für das menschliche Leben Voraussetzung. Den daran orientierten Güteanforderungen gebührt wegen der Auswirkungen auf die Gesundheit ein besonderer Vorrang. In Deutschland waren 1996 rund 98 % aller Einwohner an ein öffentliches Wasserversorgungsnetz angeschlossen. Der Jahresverbrauch der öffentlichen Wasserversorgung betrug etwa 6 Mrd. m^3. Für Kühlwasser der Wärmekraftwerke, Bedarf der Industrie und Landwirtschaft werden rund 42 Mrd m^3/a genutzt. Rund 95 % des benötigten Industrie-Wassers, einschließlich Kühlwasser, wird durch Eigengewinnung gedeckt und nicht aus der öffentlichen Wasserversorgung entnommen.

In Deutschland stehen aus dem natürlichen Wasserkreislauf $\approx$ 164 Mrd m^3/a zur Verfügung. Davon werden also nur $\approx$ ein Drittel genutzt. 25 % des aus Grundwasser gewonnenen Trinkwassers kann unaufbereitet verwendet werden.

Die biologisch nicht abbaubaren Stoffe beeinträchtigen die Trinkwasserqualität oder erhöhen die Kosten der Aufbereitung. Soweit der Sauerstoffhaushalt intakt ist, gibt der verringerte biochemische Sauerstoffbedarf (BSB_5) noch keinen zuverlässigen Anhalt für die Verbesserung der Wassergüte. Die Restverschmutzung aus den Kläranlagen gewinnt an Bedeutung. Als Alternative für stark belastete Gewässer bietet sich an: Entweder durch physikalisch-chemische Methoden die Restverschmutzung zu verringern oder die Wasseraufbereitungsverfahren zu verbessern, z.B. durch Aktivkohle oder Ozonbehandlung.

Die landwirtschaftliche Bodennutzung

Mit ihrer Intensivierung wurden die Böden und damit die Lösungsfracht der ins Grundwasser transportierten Stoffe verändert. Aber erst die Zunahme von organischen und mineralischen Düngern hat fortschreitende Veränderungen in der Chemie des Grundwassers bewirkt. Es treten jetzt schon Nitratgehalte auf, die über dem Trinkwassergrenzwert von 90 mg/l NO_3^- liegen. In Deutschland fallen 370 Mio. t/a Gülle an.

Gleichzeitig kamen synthetische Wirkstoffe – die Pestizide – zur Anwendung. Als Pflanzenschutzmittel werden erhebliche Mengen an Giftstoffen gegen Insekten (Insektizide), Nichtkulturpflanzen (Herbizide) und Pilze (Fungizide) auf die Ackerböden gesprüht. Die Verfrachtung der Pestizide ins Grundwasser durch Sickerwasser stellt die Grundwassernutzung zur Trinkwasserversorgung in Frage. Fast 30 % des Grundwassers sind mit Pestiziden belastet (Pflanzenschutzbericht der Bundesländer für 1995). Zumindest werden die Aufbereitungsverfahren wesentlich verteuert. In einigen Regionen hat man im Einzugsgebiet der Wasserwerke auf ökologischen Landbau umgestellt, z.B. im Mangfallgebiet südlich von München. Dies ist kostengünstiger als teure Wasserwerke.

Abwassereinleitungen

Von allen Nutzungen der Gewässer hat die Abwassereinleitung die weitreichendsten Folgen. Fast alle Fließgewässer mit ausreichender Wasserführung werden als Vorfluter für die Einleitung kommunaler, gewerblicher und industrieller Abwässer genutzt. Am stärksten sind Fischerei und Trinkwasserversorgung betroffen. Der Transport der Schadstoffe erfolgt durch die Fließgewässer bis ins Meer. Der Einleitungsstopp einzelner Schadstoffgruppen kann sich relativ schnell auf die Wasserqualität auswirken. Innerhalb der letzten Jahre hat die Verschärfung der gesetzlichen Auflagen zu einer deutlichen Verbesserung des Sauerstoffhaushalts und zur Verringerung der Schmutzfrachten geführt. Die hohen Anforderungen zielen auf die Entwicklung neuer Techniken und den sinnvollen Einsatz der bereits vorhandenen. Die Gewässergütewirtschaft bemüht sich, den Gewässern die Fähigkeit zur aeroben Selbstreinigung im Bereich der Güteklasse II zu geben. Der Gewässerschutz ist aber erst ausreichend, wenn die natürlichen Biozönosen wieder entstanden sind.

Eutrophierung

Kohlendioxid, Phosphor- und Stickstoffverbindungen fördern das Wachstum pflanzlicher Organismen, insbesondere in stehenden oder langsam fließenden Gewässern (Photosynthese). Das massenhafte Auftreten von Algen erschwert die Wassergewinnung bei Uferfiltraten oder künstlicher Grundwasseranreicherung. Abgestorbene Algen sinken zu Boden. Bakterien und Mikroorganismen zehren die organische Substanz und wandeln sie unter

Sauerstoffverbrauch wieder in anorganische Stoffe um. Diese dienen z.T. wieder den Pflanzen als Nahrung (Bild 7.3). Die Fähigkeit eines Gewässers, organische Stoffe abzubauen, bezeichnet man allgemein als seine „Selbstreinigungskraft". Durch Stoffwechsel und Zersetzungsprodukte der Organismen wird in Bodennähe eine zusätzliche Sauerstoffzehrung verursacht, die bei ungenügendem Austausch mit den oberen Wasserschichten zu anaerober Fäulnis mit Schwefelwasserstoffbildung, Rücklösung organischer Schmutzstoffe und anorganischer Nährstoffe unter Absterben der Makroorganismen führen kann (Fischsterben). Der Fäulniszustand eines „umgekippten Sees" wirkt durch die im Bodenschlamm gespeicherten Phosphate, auch bei Beendigung der Schmutz- und Nährstoffzufuhr, noch lange nach, bis eine Regenerierung eintritt. Dies stellt einen wesentlichen Unterschied zu Fließgewässern dar, gilt aber auch ähnlich für die Meeresbelastung, z.B. durch die feststellbare DDT-Anreicherung.

Da in Deutschland von der Verminderung der *Phoshatgehalte* für die gefährdeten Gewässer meist ein größerer, begrenzender Einfluß (Minimumfaktor) auf die Eutrophierung zu erwarten ist, sind die Bemühungen vorrangig darauf gerichtet. Nach grober Schätzung gehen je 1/3 der Phosphate auf landwirtschaftliche Abwässer, Wasch- und Reinigungsmittel sowie auf Stoffwechselprodukte in häuslichen Abwässern zurück.

Zusätzlich wird deshalb bei der wachsenden Zahl gefährdeter Gewässer eine *Phosphatfällung* in den Kläranlagen gefordert. Insbesondere als nachgeschaltete 3. Reinigungsstufe wirkt diese zusätzlich auf den Abbau organischer Schwebstoffe. Dies gilt auch für Stickstoffverbindungen (Ammonium- oder Nitrat-Behandlung).

Die Bemühungen um die Gewässerreinhaltung zeigen Erfolge. Die Artenvielfalt der Rheinfauna z.B. nimmt wieder zu. Rheinuferfiltrat ist oft so gut wie Grundwasser. Stark verschmutzte Oberflächengewässer werden immer seltener.

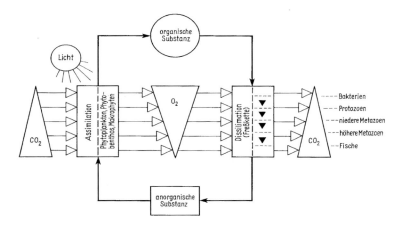

Bild 7.3 Nährstoffkreislauf in einem Gewässer. Ein- und Austräge von CO_2 bzw. O_2

Schadstoffe

Mineralöl, das in das Grundwasser oder in ein oberirdisches Gewässer gelangt, kann weitreichende Folgen haben. Schon geringe Mengen genügen, um dem Wasser einen abstoßenden Geruch oder Geschmack zu geben, der die Verwendung als Trinkwasser ausschließt. *Pestizide* (Land- und Forstwirtschaft) und andere toxische Stoffe (Chemische Industrie, Galvanisierung, Kokereien, Chromgerbereien, Energiewirtschaft) belasten die Gewässer schwer. Die *Radioaktivität* aus Kernkraftwerken hat im Betriebszustand keine Bedeutung. Unfälle können jedoch die Gewässer stark kontaminieren.

Tafel **7**.1   Vorschlag für Standardwerte der Qualität von Oberflächengewässern nach Umweltgutachten 1974

Lfd. Nr.	Parameter (konstante Meßwerte)	Standardwert
1	Temperatur	< 28°C; in der Regel jedoch nicht mehr als 3 K über der natürlichen Gleichgewichtstemperatur des Gewässers
2	pH (Wasserstoff-Ionen-Konzentration)	6,5 - 8,5
3	Sauerstoffgehalt	Tag-Nacht-Mittel > 70 % der Sättigung wenn Abfluß < MNQ: mindestens 60 %
4	BSB_5 (Biochemischer Sauerstoffbedarf)	< 5 mg/l
5	$KMnO_4$-Verbrauch	< 20 mg/l
6	Gelöster organischer Kohlenstoff	< 5 mg/l
7	Biologischer Zustand	ß-mesosaprob (Güteklasse II) und besser
8	Chloride	< 200 mg/l
9	Sulfate	< 150 mg/l
10	Ammonium	< 0,5 mg/l
11	Gesamteisen	< 1 mg/l
12	Mangan	< 0,25 mg/l
13	Gesamt-Phosphat (P)	< 0,2 mg/l
14	Phenole	< 0,005 mg/l
15	Radioaktive Substanzen (Ges.-Aktivität)	< 100 pC/l
16	Toxische Stoffe	Keine Konzentrationen, die über der Toleranzdosis für Trinkwasser liegen, die Selbstreinigung im Gewässer hemmen oder für die Fische schädlich sind

Wärmebelastung

Jede Stromerzeugung wirft das Problem der Abwärmebeseitigung auf. Ein Kernkraftwerk von 1300 MW braucht ungefähr 70 m^3/s Kühlwasser, eine Menge, die nur große Flüsse, z.B. der Rhein oder die Unterelbe, zur Verfügung stellen können.

Wesentliche Einflüsse auf die Gewässer sind:

1. Beschleunigung der biologischen Selbstreinigung; dies kann zu Sauerstoffengpässen führen
2. Verstärkte Algenentwicklung
3. Verminderung des Fischbestandes
4. Verstärkung der Nitrifizierung, größere Sauerstoffzehrung
5. Beschleunigung anaerober Prozesse; Reduktionsprodukte wie Eisen, Mangan oder Schwefelwasserstoff entstehen
6. Beeinträchtigung der Trinkwasserqualität und dadurch aufwendigere Wasseraufbereitung

7.1.4   Gewässer als planerisches Element

Wasserläufe und Wasserflächen sind ein bevorzugtes Element der Gestaltung in Erholungs- und Wohngebieten. Sie verbessern den Erholungswert, den Erlebniswert und die Wohnqualität. Die Gewässerrandzonen nehmen als Landschaftsbereiche einen hohen Stellenwert ein. Gewässer verbessern außerdem das Kleinklima durch Erhöhung der Luftfeuchtigkeit, durch die Luftzirkulation sowie die Kaltluftkanalisierung. Planerische Mittel sind der Bebauungsplan, der Entwässerungsplan, der Gewässerausbauplan und der Grünordnungsplan. Anreicherung des Grundwassers und Abflußverzögerung von Regenwasser sind ökologisch wichtig. Unnötige Versiegelung der Baugebiete durch Asphaltdecken und hart gedeckte Dächer kann durch sinnvolle Bauweisen wie Pflaster, bekieste Dächer und Wege weitgehend vermieden werden.

Wasserläufe sind natürliche Grenz- und Verbindungslinien, welche Landschaft und bebaute Gebiete aufgliedern. Regulierungen können ungünstig auf Flora und Fauna sowie auf die Selbstreinigungskraft wirken. Bild **7.4** veranschaulicht das Schicksal eines kleinen Grabens. Im natürlichen Zustand tritt bei Hochwasser Überschwemmung ein, landwirtschaftliche Schäden enstehen. Folglich wird der Wasserlauf durch Ausbau „gebändigt". Jetzt ist bei Hochwasser das Bett schmal und kontrollierbar. Bei Niedrigwasser jedoch, während der längsten Zeit des Jahres, setzt sich Sand ab und die Pflanzen haben optimale Wachstumsbedingungen: Wasser, Licht, Nährstoffe. Das ausgebaute Gewässer muß mit großem Aufwand unterhalten werden. Um mit Maschinen heranzukommen, werden Bäume

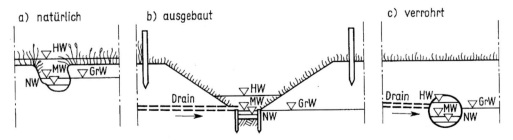

Bild **7.4**   Fließquerschnitte eines kleinen Wasserlaufes
HW ≡ Hochwasser   NW ≡ Niedrigwasser   MW ≡ Mittelwasser   GrW ≡ Grundwasser

und Sträucher gefällt, Rasen wird angelegt und Herbizide eingesetzt: Die ökologische Stabilität ist verringert. Der nächste Schritte ist programmiert: Die Verrohrung. Ergebnis: Ökologische Wirkung völlig abgebaut, Fließgeschwindigkeit erhöht, dafür entfällt die Unterhaltung. Die Lösung ist zwar wirtschaftlich, aber sie wirkt lebenszerstörend. Die Landschaft ist monoton geworden. Bild **7**.5 zeigt die verschiedenen Wirkungen von zwar ausgebauten, aber „kultivierten" Wasserläufen als Beispiele eines sinnvollen Kompromisses zwischen ökologischer Funktion und Unterhaltungsaufwand.

In eintönigen Landschaften kann man den Verlauf der Gewässer durch geeignete Bepflanzung betonen. Damit wird auch Schattenbildung und vermindertes Wachstum erreicht. Der Ausbau der Gewässer mit Drainung des Landes beschleunigt meist den Abfluß (Erosionsgefahr) und senkt den Grundwasserspiegel. Quellen und Brunnen versiegen, Bäume gehen ein, landwirtschaftliche Erträge gehen zurück. Sobald man diese Folgen erkennt, versucht man oft durch künstliche Stauseen den Abfluß wieder zu verlangsamen. Dies führt zu Schlammablagerungen und Geruch.

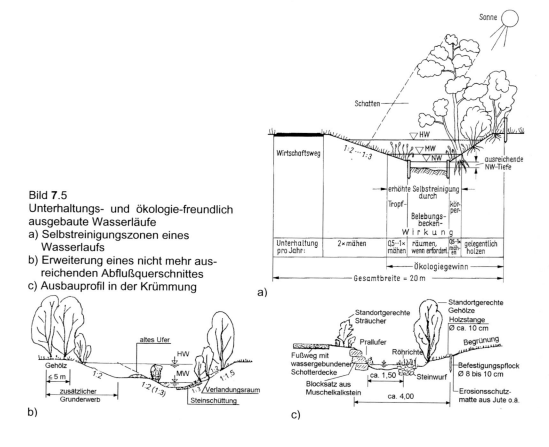

Bild **7.5**
Unterhaltungs- und ökologie-freundlich
ausgebaute Wasserläufe
a) Selbstreinigungszonen eines
   Wasserlaufs
b) Erweiterung eines nicht mehr ausreichenden Abflußquerschnittes
c) Ausbauprofil in der Krümmung

7.2 Wasserversorgung

7.2.1 Bestandteile einer Wasserversorgung

Zur Anlage einer Wasserversorgung gehören als Hauptteile die Wassergewinnung, die Wasseraufbereitung, die Anlagen zum Heben und Fördern des Wassers (Pumpen, Druck- und Saugleitungen), die Speicher und das Rohrnetz (Bild 7.6). Es bestehen hier folgende Möglichkeiten:

– *Wassergewinnung* aus Quellen, Bohrbrunnen, Flüssen, Seen, Talsperren, Zisternen
– *Aufbereitung* durch Einrichtungen zur Entkeimung, Enteisenung, Entmanganung, zum Entsäuern, Enthärten, Entfärben
– *Förderung* durch Pumpen und Antriebsmaschinen, Rohrleitungen, Meß-, Regel- und Steuereinrichtungen
– *Speicher* als Erdhoch- und -tiefbehälter, Wassertürme, Druckwindkessel
– *Rohrleitung* als Zulaufleitung vom Sammelbrunnen zur Pumpe, Druckrohrleitung von der Pumpe zum Speicher, Leitung vom Speicher zum Netz
– *Rohrnetz* mit Verteilerleitungen im Versorgungsgebiet
– *Hausinstallation*, Verteilerleitungen mit Zapfstellen

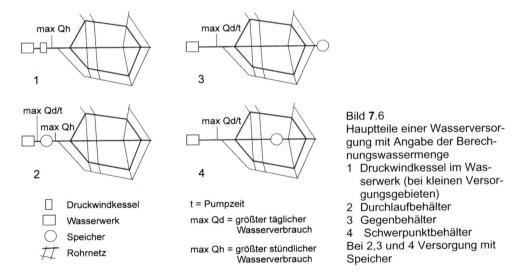

Bild 7.6
Hauptteile einer Wasserversorgung mit Angabe der Berechnungswassermenge
1 Druckwindkessel im Wasserwerk (bei kleinen Versorgungsgebieten)
2 Durchlaufbehälter
3 Gegenbehälter
4 Schwerpunktbehälter
Bei 2, 3 und 4 Versorgung mit Speicher

t = Pumpzeit
max Qd = größter täglicher Wasserverbrauch
max Qh = größter stündlicher Wasserverbrauch

Druckwindkessel
Wasserwerk
Speicher
Rohrnetz

7.2.2 Wasserbedarf [15, 20]

Wasser wird für die Versorgung der Bevölkerung, für Gewerbe und Industrie, Viehhaltung sowie für öffentliche Zwecke, z.B. Straßenreinigung und Feuerschutz gebraucht. Die erforderliche Wassermenge wird durch den Verbrauch nach der Einwohnerzahl und der Größe und Art der angeschlossenen Gewerbebetriebe und Industrieanlagen bestimmt. Klimatische Verhältnisse, der Lebensstandard, die Jahreszeiten, die Tageszeit und der Wasserpreis haben Einfluß auf den Verbrauch.

Tafel **7**.2   Verbrauchswerte in l/d an verbrauchsreichen Tagen bzw. in () im Jahresdurchschnitt

Haushalt				Landwirtschaft		
Trinken mit Kochen	(3) bis	6	2%	Großvieh je Stück und Tag	75	(50)
Körperpflege ohne Baden	(10) bis	15	6%	Kleinvieh je Stück und Tag	50	(10)
Duschen und Baden	(50) bis	75	30%			
Geschirrspülen	(10) bis	20	7%	**Gewerbe und Industrie**		
WC-Benutzung	(20) bis	40	15%	Gaststätte je Gast	20	(15)
Raumreinigen	(5) bis	10	4%	Molkerei je l Milch	6	(4)
Wäschewaschen	(50) bis	100	36%	Brauerei je hl Bier	2000	(500)
Summe Haushalt	(148) bis	266	100%	Zuckerfabrik je 100 kg Rüben	1500	
				Schlachthof je 1 Stück Groß-	400	
Allgemeiner Verbrauch				vieh (= 2,5 Schweine)		
Verwaltungsgebäude je				Gerberei je m² Leder	4000	
Betriebsart und Tag		142	(27)	Kohle je t	3000	
Schulen je Schüler und Tag		39	(15)	Koks je t	5000	
Krankenhaus je Bett und Tag		828	(120)	Stahl je t	20000	
Kaserne je Mann und Tag		250	(150)			
Straßensprengen je m² Straße		1,5				

Tafel **7**.3   Einwohnerbezogener Wasserbedarf in Wohngebäuden unterschiedlicher Bauart, Lage und Ausstattung [20]

Gebäudetyp	Wasserbedarf l/d
Alte Ein- und Zweifamilienhäuser einfachster Bauart	65
Einfache Mehrfamilien-Wohngebäude, errichtet vor 1940	90
Mehrgeschossige Wohngebäude mit Sozialwohnungen, errichtet vor 1960	120
Neuere Einfamilien-Reihenhäuser, mehrgeschossige Wohngebäude	150
Appartementhäuser und Wohnhäuser mit Komfortwohnungen	180
Ein- und Zweifamilienhäuser in guter Wohnlage	200
Moderne Villen in bester Wohnanlage mit Komfortausstattung	275

Tafel **7**.3 zeigt Anhaltswerte für die Planung bezogen auf die Größe der Siedlungen.
- *Wasserverbrauch* ist der tatsächliche Wasserbezug der Anschlußnehmer.
- *Wasserabgabe* ist die tatsächliche Lieferung des Wasserwerkes.
- *Wasserverlust* ist die Fehlmenge zwischen Wasserabgabe und Wasserabnahme
- *Wasserbedarf* ist die Wassermenge, die das Wasserwerk für ein Versorgungsgebiet liefert.

Der Eigenverbrauch der Wasserwerke entspricht in etwa 1,3% der Reinwassermenge.

Schwankungen des Wasserverbrauchs sind in Tafel **7**.4 begründet.

Tafel **7**.4   Schwankungen des Wasserverbrauchs [20]

Zeitraum von	Ursache
Jahr zu Jahr	kühles, niederschlagsreiches Jahr - warmes, trockenes Jahr
Jahreszeiten	Frühjahr - Sommer - Herbst - Winter
unterschiedlichster Dauer	saisonale Produktionsschwankungen
Monat zu Monat	kühle oder warme bzw. nasse oder trockene Monate/Wochen
Woche zu Woche	Ferien- und Urlaubszeit, Fremdenverkehr, gewerbliche Saison-betriebe, Kampagnezeit (z.B. Obst- und Weinverarbeitung, Zuk-kerfabriken)
Tag zu Tag	Arbeitsruhe an Feiertagen und Wochenenden, heiße Tage mit Spitzenverbrauch
Stunde zu Stunde	Tages- und Nachtverbrauch, Morgen-, Mittag- und Abendspitzen

Tafel **7**.5   Spitzenfaktor f_d = max Q_d/Q_d

Zone	N_{so} in mm	< 5.000 E	5.000 bis 20.000 E	20.000 bis 100.000 E	100.000 bis 1.000.000 E	> 1.000.000 E
I	< 200	3,0	2,5	2,0	2,0	1,6
II	200 bis 400	2,7	2,0	2,0	1,8	1,5
III	> 400	2,5	2,0	1,7	1,6	1,45

N_{so} = kleinste Niederschlagshöhe von Mai bis August des trockensten Jahres

Täglicher Spitzenbedarf max $Q_d = f_d \cdot Q_d$ in m³/d

$$f_d = \frac{\text{MaximalerTagesdurchfluß}(m^3/d)}{\text{MittlererDurchfluß}(m^3/d)} \qquad f_h = \frac{\text{MaximalerStundendurchfluß}(m^3/h)}{\text{MittlererDurchfluß}(m^3/h)}$$

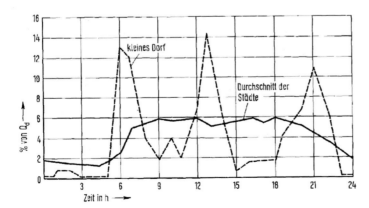

Bild **7**.7
Stündlicher Wasserver-
brauch in % des Tages-
wasserverbrauchs

Der größte tägliche Wasserverbrauch max Q_d beträgt bei geringer Wasserabgabe im Durchschnitt das 2,0fache des mittleren Tagesverbrauchs Q_d. Der größte Stundenverbrauch max Q_h beträgt unter Berücksichtigung der Abgabemenge etwa das 1,8- bis 2,6fache des mittleren Stundenverbrauchs an Tagen mit größtem Wasserverbrauch max Q_h = max $Q_d \cdot f_h$ in l/h.

Bei kleinen Gemeinden ist die Stundenspitze höher, weil sich der Verbrauch durch gleichgeartete Beschäftigung und Lebensgewohnheiten häuft, in größeren Orten verteilt er sich gleichmäßiger wegen des höheren gewerblichen Anteils und der Bevölkerungsstruktur.

q_d = mittlerer Tagesverbrauch im Jahresdurchschnitt in l/(E·d)

max q_d = größter Tagesverbrauch an verbrauchsreichen Tagen in l/(E·d)

Der zukünftige Wasserbedarf wird meist mit Hilfe von Trend-Kurven aus Statistiken vergangener Jahre ermittelt. Die Zunahme des spezifischen Verbrauchs q_d wird gegen 0 gehen, daher sind die Werte obere Grenzwerte. Eine Steigerung des spezifischen Bedarfs ist dort zu erwarten, wo Ausstattung mit WC, Bädern, Wasch- und Spülmaschinen und Pkw nicht gegeben ist.

Tafel **7.6**   Jahresdurchschnittswerte des spezifischen Wasserbedarfs q_d in l/(E·d)[W 410]

Struktur des Versorgungsgebietes	Haushaltsbedarf	Gesamtbedarf
	mittleres q_d in l/(E·d)	
reine Wohngebiete, überwiegend sozialer Wohnungsbau	100 bis 110	120 bis 130
wie vor, mit 1- 2-Familienhäusern, z.T. Komfortwohnungen	110 bis 120	130 bis 145
gemischte Wohngebiete	130 bis 170	155 bis 200

Tafel **7.7**   Anhaltswerte für den Wasserverbrauch einschließlich Gewerbe ohne Industrie

Einwohner (E)	Tageswassermengen		f_h
	größter Tagesverbrauch max q_d in l/(E·d)[1]	mittlerer Tagesverbrauch q_d in l/(E·d)	
< 2.000	150 bis 200	60 bis 150	1/8 = 0,125
2.000 bis 5.000	200 bis 300	100 bis 200	1/10 = 0,1
5.000 bis 20.000	250 bis 350	150 bis 250	1/12 = 0,08
20.000 bis 200.000	300 bis 400	150 bis 270	1/14 = 0,07
> 200.000	350 bis 500	150 bis 300	1/14 = 0,06

[1] (E·d) = je Einwohner und Tag

Bei der Berechnung von max q_h geht man von max q_d in l/(E·d) aus und multipliziert mit f_h (Tafel **7.7**).

Das Wachstum der Bevölkerung ist bei der anzusetzenden Einwohnerzahl zu berücksichtigen.

Die Zunahme der Einwohnerzahlen ist nach der Zinseszinsformel: $E_n = E_0 (1 + p/100)^n$ (E_0 = Einwohnerzahl heute, p = Zuwachs in %, n meist 30 Jahre)

Heute kann man in der Regel den Einwohnerzuwachs nur aus Gebietsentwicklungs-, Flächennutzungs- oder Bebauungsplänen herleiten.

Beispiel: Gebiet mit 18.000 E, n sei 30 Jahre, N_{so} = 430 mm, p = 0,4%.

Berechnung: E_{30} = 18000 $(1 + 0,004)^{30}$ = 20290 E

Q_d = 20290 · 220/1000 = 4464 m^3/d; max Q_d = 2,0 · 4464 = 8928 m^3/d

max Q_h = 1/12 · 8928 = 744 m^3/h

Der Wasserverbrauch der privaten Haushalte (einschließlich Kleingewerbe) betrug 1987 ≈ 4,9 Mrd. m^3, der Verbrauch pro Einwohner 80 m^3 pro Jahr. Die Industrie verbrauchte 9,4 Mrd. m^3, die Wärmekraftwerke 30 Mrd. m^3 als Kühlwasser.

In Deutschland gilt das Gesetz über die Sicherstellung von Leistungen auf dem Gebiet der Wasserwirtschaft für Zwecke der Verteidigung (Wassersicherstellungsgesetz) vom 24.8.1965 [32] und zwei Wassersicherstellungsverordnungen (die 1. vom 31.3. 1970 und die 2. vom 11.9.1973). Sinn des Gesetzes ist die Versorgung oder der Schutz der Zivilbevölkerung und der Streitkräfte im Verteidigungsfall.

Der Mindestbedarf an Reinwasser (lebensnotwendiger Bedarf) beträgt danach:

Trinkwasser: min q_d = 15 l/(E·d)

Normale Krankenhäuser: min q_d = 75 l/Bett und Tag

Spezielle Krankenhäuser: min q_d = 150 l/Bett und Tag

Landwirtschaft: min q_d = 40 l/Großvieheinheit und Tag

Der Löschwasserbedarf wird nach DVGW-W 405 [31] zur Dimensionierung neuer und zur Nachprüfung bestehender Wasserversorgungsnetze angesetzt. Bei Löschwasserentnahme soll der Netzdruck an jeder Stelle des Netzes ≥ 1,5 bar sein. Für kleine ländliche Orte werden unabhängig davon 48 m^3/h angesetzt. Einzelanwesen werden mit Hilfe von Tankfahrzeugen versorgt. Ein Löschwasservorrat von 50 m^3 je Anwesen wird empfohlen.

Tafel **7.8**   Löschwasserbedarf in m^3/h (in ⇒ l/s) für mindestens 2 h nach Pumpenleistung

Motorspritze	m^3/h	l/min	l/s	Anschluß	Saug-stutzen mm	Druckstutzen	
						Anzahl	Nenn-weite mm
Tragkraftspritze TS 4	24	400	6,7	Seitenstränge	75 (B)	1	75 (B)
Tragkraftspritze TS 8	48	800	13,3	Hauptnetz	110 (A)	2	
Löschfahrzeug LF 16	96	1600	26,7	große Orte	110 (A)	4	
Tanklöschfahrzeug TLF 24	144	2400	40,0	große Orte	110 (A)	4	

Tafel **7**.9   Richtwerte für den Löschwasserbedarf m³/h nach DVGW W 405 für den Grundschutz

Bauliche Nutzung nach § 17 der Baunutzungsverordnung	Kleinsied-lung (WS) Wochenend-hausgebiete (SW)	reine Wohngeb. (WR) allg. Wohngeb. (WA) bes. Wohngeb. (WB) Mischgebiete (MI) Dorfgebiete (MD) Gewerbegebiete (GE)		Kerngebiete (MK) Gewerbegebiete (GE)		Industrie-Gebiete (GI)
Zahl der Vollge-schosse	≤ 2	≤ 3	> 3	1	> 1	Bau-massenzahl (BMZ)
Geschoßflächenzahl (GFZ)	≤ 0,4	≤ 0,3 bis 0,6	0,7 bis 1,2	0,7 bis 1,0	1,0 bis 2,4	≤ 9
Gefahr der Brandaus-breitung klein[1]	24 (6,7)	48 (13,3)	96 (26,7)		96 (26,7)	
mittel[2]	48 (13,3)	96 (26,7)	96 (26,7)		192 (53,3)	
groß[3]	96 (26,7)	96 (26,7)	192 (53,3)		192 (53,3)	

Gefahr der Brandausbreitung
[1] klein: feuerbeständige oder feuerhemmende Umfassungen, harte Bedachungen
[2] mittel: Umfassungen nicht feuerbeständig oder nicht feuerhemmend, harte Bedachungen oder Umfassungen feuerbeständig oder feuerhemmend, weiche Bedachungen
[3] groß: Umfassungen nicht feuerbeständig oder nicht feuerhemmend; weiche Bedachungen, Umfassungen aus Holzfachwerk (ausgemauert). Stark behinderte Zugänglichkeit, Häufung von Feuerbrücken usw.

Tafel **7**.10   Löschwasservorrat

Art und Maß der baulichen Nutzung	m³
Einzelanwesen	50
Dorf- und Wohngebiete	100 bis 200
Kerngebiete, Gewerbe- und Industriegebiete	200 bis 400

Bei $Q_d \geq 2000$ m³/d ist ein Löschwasserzuschlag nicht erforderlich. Bei Kleinsiedlungen sollten Trinkwasserbehälter oder Löschwasserspeicher oder -teiche getrennt werden.

7.2.3   Eignung des Wassers [15, 19, 22]

Chemisch besteht Wasser aus 2 Teilen Wasserstoff (H) und 1 Teil Sauerstoff (O). Zum Trinken ist Wasser mit einer Temperatur von 7 bis 12°C gut geeignet. Zu kaltes Wasser kann Magen- und Darmerkrankungen verursachen, zu warmes schmeckt fade. Wasser ist in reinem Zustand klar und farblos; es kann durch feinen Sand, Lehm, Ton, Fasern usw. getrübt sein. Gelb oder bräunlich gefärbtes Wasser enthält oft organische Stoffe, die sich schwer entfernen lassen. Trinkwasser darf keinen unangenehmen Geruch haben. Im Wasser der norddeutschen Tiefebene ist manchmal Schwefelwasserstoff (H_2S) vorhanden. Der Geschmack des Trinkwassers soll frisch und angenehm sein. Im Rohwasser können chemische Stoffe enthalten sein, die eine besondere Behandlung notwendig machen:

1. Kohlensäure, Methan, Sauerstoff, Schwefelwasserstoff, Stickstoff
2. Huminsäure, Kieselsäure, Phoshorsäure, Schwefelsäure
3. Kalziumchlorid, Magnesiumchlorid, Natriumchlorid, Eisen, Mangan, Kalziumbikarbonat, Kalziumnitrat, Kalziumsulfat, Magnesiumbikarbonat, Magnesiumsulfat, Natriumbikarbonat und Natriumsulfat.

Wasser soll einen pH-Wert haben, der ≥ 7 (leicht basisch) ist.

Eine Verunreinigung des Wassers durch menschliche oder tierische Abgänge erkennt man am Ammoniak-, Nitrit- oder Nitratgehalt und an der Keimzahl.

Die *Härte* des Wassers entsteht durch Kalk- und Magnesiumverbindungen. Sie wird in Graden ausgedrückt. 1 deutscher Härtegrad = 1°d entspricht 10 mg CaO bzw. 7,14 mg MgO in einem Liter Wasser. Die durch Magnesium bedingte Härte beträgt selten mehr als 20% der Gesamthärte. Weiches Wasser hat bis 8°d, mittelhartes Wasser 8 bis 16°d, hartes Wasser über 16°d. Bei hartem Wasser ist der Seifenverbrauch groß, es setzt in Dampfkesseln, Kochtöpfen usw. Kesselstein ab und erhöht dadurch den Energieverbrauch.

Organische Substanzen im Wasser sind tierische oder pflanzliche Reste. Ihre Menge kann durch Oxydierbarkeit mit Kaliumpermanganatlösungen gemessen werden. Der Kaliumpermanganatverbrauch soll möglichst nicht über 12 mg/l betragen.

Eisen kommt in Quell- und Grundwasser in Form von doppelkohlensaurem Eisenoxydul gelöst vor. Bei Berührung mit dem Sauerstoff der Luft verwandelt es sich in Eisenhydroxyd, das im Wasser nicht lösbar ist. Der Eisengehalt ist gesundheitlich meist nicht bedenklich. Die Eisenflocken machen das Wasser aber unappetitlich, sie erzeugen Rostflecke in der Wäsche. Wasser mit einem Eisengehalt von $\geq 0,2$ mg/l ist für Wäschereien, Bleichereien und Papierfabriken unbrauchbar.

Mangan ist oft auch in eisenhaltigem Wasser enthalten. In den im Wasser vorkommenden Mengen ist es nicht gesundheitsschädlich, aber bei $\geq 0,1$ mg/l wie das Eisen störend.

Chlor ist in jedem natürlichen Gewässer in Form von Chloriden (Salze) enthalten, der Gehalt an Chlor beträgt meist weniger als 40 mg/l.

Schwefelwasserstoff gibt dem Wasser einen unangenehmen Geruch. Geringe Mengen können durch Belüften des Wassers beseitigt werden.

Gebundene Kohlensäure ist an Kalk und Magnesium gebunden, *halbgebundene Kohlensäure* ist in den Bikarbonaten des Kalziums und Magnesiums gebunden, *freie Kohlensäure* ist im Wasser als Gas oder als Hydrat enthalten. Die doppeltkohlensauren Salze (Bikarbonate) werden von einem Teil der freien Kohlensäure in Lösung gehalten, diese wird *zugehörige freie Kohlensäure* genannt. Der Rest ist *aggressive Kohlensäure*.

Bakterien (Spaltpilze) sind im Wasser immer enthalten. Diese haben in der Natur eine große Bedeutung. Sie zersetzen faulende oder verwesende Stoffe und machen sie dadurch unschädlich, manche von ihnen sind jedoch gefährliche Krankheitserreger. In besonderen Untersuchungsverfahren werden sie nach krankheitserregenden (pathogenen) und harmlosen

Bakterien unterschieden. Bei der bakteriologischen Untersuchung nimmt man an, daß Wasser mit nur wenigen Keimen auch mit Krankheitserregern weniger verunreinigt ist, als keimreiches Wasser. Die Anzahl der entwicklungsfähigen Bakterien bilden den Maßstab dafür, ob ein Wasser gesundheitsgefährdend ist. In einem anderen Wasseruntersuchungsverfahren wird das Vorhandensein von *Bakterium coli* festgestellt. Das ist ein typischer Vertreter der normalen Darmbakterien von Mensch und Tier. Das Bakterium coli selbst ist zwar nicht pathogen, jedoch kann das damit verunreinigte Wasser auch krankheitserregende Keime enthalten.

Für die *Probeentnahmen* zu bakteriologischen Untersuchungen dürfen nur Gefäße benutzt werden, die im Laboratorium sterilisiert sind. Aus frisch gebohrten Brunnen ist frühestens nach 2 bis 3 Wochen Pumpbetrieb ein einwandfreies bakteriologisches Ergebnis zu erzielen. Zapfhähne sollen vorher mit der Spiritusflamme abgebrannt werden. Das Wasser soll vor Entnahme 10 Minuten ablaufen.

Bei der Gewinnung von Trink- und Betriebswasser werden nach Art und Herkunft unterschieden:
- *Oberflächenwasser*, das entweder natürlichen oberirdisch fließenden und stehenden Gewässern (Bäche, Flüsse, Ströme, Stauhaltungen, Seen) oder künstlichen oberirdischen Gewässern wie Bewässerungs- oder Schiffahrtskanälen sowie Speicherbecken (Talsperren) entnommen wird;
- *echtes Grundwasser*, das durch Versickerung von Niederschlägen entsteht;
- *Quellen* als natürliche oder künstlich gefaßte Grundwasseraustritte;
- *uferfiltriertes Grundwasser*, das durch Ufer und Sohle von oberirdischen Gewässern infolge eines Wasserspiegelgefälles in Grundwasserleiter eindringt;
- *künstlich angereichertes Grundwasser*, das aus oberirdischen Gewässern entnommen und nach Versickerung in den Grundwasserleiter (durch Becken, horizontale Versickerungsleitungen oder Schluckbrunnen) nach der Bodenpassage wieder aus Brunnen oder horizontalen Sickerleitungen gewonnen wird (Bild 7.8).

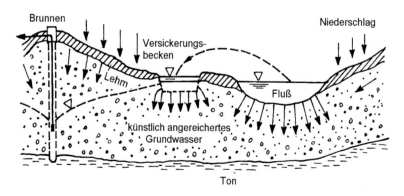

Bild **7**.8   Oberflächenwasserentnahme zur Grundwasseranreicherung, GW-Entnahme durch Vertikalbrunnen

Das nutzbare Volumen an Grundwasser wird von Niederschlag, Abfluß, Verdunstung, Ausdehnung, Mächtigkeit, Durchlässigkeit und Tiefenlage der Grundwasserleiter sowie von den überlagernden Deckschichten bestimmt. Da die verfügbaren Reserven in Deutschland an gefördertem echtem Grundwasser weitgehend ausgeschöpft sind, muß man verstärkt auf die Nutzung von Oberflächenwasser nach Uferfiltration zurückgreifen.

7.2.4 Wassergewinnung [15, 22]

Für die Hauswirtschaft und zum Trinken ist Grundwasser am besten geeignet, jedoch zwingt der ständig steigende Wasserbedarf dazu, auf Oberflächenwasser aus Flüssen, Seen und Talsperren zurückzugreifen. Grundwasser ist in der Nähe von Flußläufen, in den Urstromtälern und sandigen Aufschüttungen aus den Eiszeiten vorhanden. Es unterliegt den Gesetzen der Erdanziehung. Wenn sich ein Spiegelgefälle bilden kann, fließt es ab. Tritt es an die Erdoberfläche, so entstehen Quellen.

Tafel 7.11   Durchlässigkeitsbeiwerte k_f

Bodenart und Korn$\varnothing$	k_f in m/s	Bodenart und Korn$\varnothing$	k_f in m/s
Sand 4 bis 8 mm	0,035	Flußsand bei Münster	
Sand 2 bis 4 mm	0,025 bis 0,03	1 bis 3 mm	0,025
Sand 1 bis 6 mm	0,003 bis 0,008	1 bis 8 mm	0,0088
		Kies (Mannheim, Wieblingen)	0,015
Dünensand (Nordseeküste)	0,002		
Sand (Wermeldinge,	0,00009	feiner Kies 20 bis 40 mm	0,03
Niederlande)		mittlerer Kies 40 bis 70 mm	0,035

Ein *vollkommener* Brunnen (Bild 7.10) in ruhendem Grundwasser mit freiem Spiegel (Grundwassersee) und homogenem Grundwasserleiter, dessen Filterrohr bis zur undurchlässigen Schicht reicht, liefert rechnerisch die entnehmbare Wassermenge

$$Q = (H^2 - h^2) \frac{\pi \cdot k_f}{\ln R / r}$$

Die Geschwindigkeit des Grundwassers beträgt in Sandschichten oft nur wenige Dezimeter am Tage, bei klüftigem Gestein ist sie größer. Für die Durchgangsgeschwindigkeit gilt das Filtergesetz nach DARCY (Tafel 7.11):

$$v = k_f \cdot J$$

Die Reichweite der Absenkung gibt SICHARD empirisch in Abhängigkeit vom Durchlässigkeitsbeiwert und von der Absenkung am Brunnen an mit:

$$R = 3000 \, s \cdot \sqrt{k_f} \qquad \text{in m mit } s \text{ in m und } k \text{ in m/s}.$$

H = Höhe des Ruhewasserspiegels über der Grundwassersohle oder Mächtigkeit der
Grundwasser führenden Schicht in m
h = Höhe des abgesenkten Grundwasserspiegels im Brunnen in m
R = Reichweite der Absenkung in m
s = Absenkung des Ruhewasserspiegels in m
k_f = Durchlässigkeitsbeiwert in m/s
r = $(r_i + r_a)/2$ mit Radius r_i des Filterrohres und r_a des Bohrrohres in m
Q = Wassermenge, die dem Brunnen zuströmt, in m³/s; sie entspricht der Entnahmewassermenge

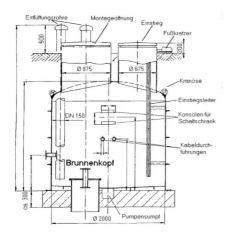

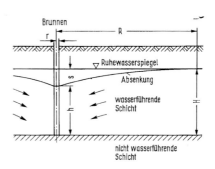

Bild **7**.9 Brunnenkopf mit Fertigschacht-
          abschluß

Bild **7**.10 Schnitt durch einen Verti-
           kalbrunnen mit Grundwasser-
           absenkungstrichter

Da alle hydrologischen Berechnungen unsicher sind, ist bei der Erschließung von Wasservorkommen für größere Siedlungsgebiete ein Pumpversuch erforderlich. Neben der Gewinnung von Wasser für chemische und bakteriologische Untersuchungen werden hierbei festgestellt:

– Wassermenge Q, die dem Brunnen im Beharrungszustand entnommen werden kann
– Absenkung s am äußeren Brunnenrand
– Reichweite R der Absenkung
– Entfernung der unteren Scheitelung (Punkt des Wasserspiegels unterhalb eines Brunnens mit horizontaler Tangente) vom Brunnen = x_0
– Ermittlung des Durchlässigkeitsbeiwertes k_f

Wenn das Wasservorkommen ergiebig genug ist, kann gleich der engültige Brunnen abgeteuft werden, sonst ist zunächst ein Versuchsbrunnen notwendig. Parallel und senkrecht zu den Grundwasserhöhenlinien werden Beobachtungsrohre in 5, 10, 25, 50 und 100 m Abstand gesetzt. Man pumpt zunächst eine kleine Wassermenge (0,2 Q) und steigert bis über die angenommene Menge hinaus. Das abgepumpte Wasser muß über Rinnen oder Rohrleitungen grundwasserstromabwärts in den nächsten Vorfluter geleitet werden, um keinen trügerischen Kreislauf zu erzeugen. Ein Pumpversuch, der in der Regel über mehrere Wochen dauert, ist ohne Unterbrechung solange durchzuführen, bis ein Beharrungszustand bei der Absenkung eintritt.

Grundwasser kann durch Kessel-, Schacht- und Rohrbrunnen (senkrechte Anlagen) oder Sammelrohre, -kanäle oder -stollen (waagerechte Anlagen) gewonnen werden. Der Schacht- oder Kesselbrunnen hat als Sammelbrunnen größere Bedeutung erlangt. In hygienischer Beziehung ist der Rohrbrunnen dem Kesselbrunnen überlegen. Mit ihm kann das Wasser aus tiefen Schichten gehoben werden.

Bei großen Wassermengen werden Brunnenreihen angelegt. Die Absenkung des Grundwasserspiegels soll 3,0 m nicht überschreiten. Bei Gewebefiltern hat sich ein Durchmesser von 200 bis 300 mm als wirtschaftlich erwiesen. Die Brunnenentfernung beträgt 20 bis 30 m, bei Kiesschüttbrunnen $\geq$ 100 m.

Bei geringer Mächtigkeit des Wasservorkommens wird die Förderung mit Vertikalbrunnen unwirtschaftlich. Dann kann eine Sickerrohrleitung aus Steinzeug, Beton, Faserzement oder Stahl (mit Schutzüberzug) in offener Baugrube oder durch Horizontalbohrung über der undurchlässigen Grundwassersohle eingebracht werden.

Bei Grundwasserfassungsanlagen in der Nähe von Flüssen und Seen gelangt auch Fluß- oder Seewasser in die Brunnen, die $\geq$ 50 m vom Fluß entfernt sein sollen. Die Absenkung im Brunnen soll $\leq$ 2 m unter dem Wasserstand des Flusses oder Sees liegen.

Horizontalbrunnen (vertikale Sammelbrunnen mit horizontalen Fassungsrohren) sind bei größeren Wassermengen wirtschaftlich. Die wasserdichte Sohle des Sammelbrunnens liegt 1 bis 2 m unter der Einführung der Fassungsrohre.

Aus *Quellen* fließt zutage tretendes Grundwasser. Fassungsanlagen von Quellen sollen $\geq$ 3 m Überdeckung haben und gegen das Eindringen von Oberflächenwasser gesichert werden. Sickerleitungen werden senkrecht zur Austrittsrichtung des Grundwassers verlegt.

Oberflächenwasser muß in jedem Fall gereinigt werden, ehe es zur Trinkwasserversorgung benutzt werden kann, weil es auf seinem Weg vielfach verunreinigt wird. Flußwasser wird durch menschliche und tierische Abgänge und durch Gewerbe- und Industrieabwasser verschmutzt. Die Selbstreinigungskraft der Flüsse reicht nicht aus, um diese Schmutzstoffe abzubauen. Bei der Entnahme von Seewasser ist eine Stelle zu wählen, an welcher der Untergrund nicht durch Wellen aufgerührt wird. Der große Wasserbedarf von Großstädten und dicht besiedelten Gebieten – z.B. des Ruhrgebietes – zwingen zur Anlage von Talsperren und Stauseen. Die Stauräume gleichen zwischen dem ungleichmäßigen Zufluß durch Regen und Schneeschmelze und dem Wasserbedarf aus. Talsperren erfüllen mehrere Aufgaben: Sie regulieren den Wasserhaushalt, sind Hochwasserschutz, dienen der Landbewässerung, der Energiegewinnung oder der Trinkwasserversorgung.

7.2.5 Wasseraufbereitung

Wasser, das in seiner natürlichen Beschaffenheit nicht für Trink-, Hauswirtschafts- oder gewerbliche Zwecke geeignet ist, muß aufbereitet werden. Im allgemeinen beschränkt sich die Aufbereitung auf folgende Aufgaben:
Ausscheiden ungelöster Schwebstoffe, Entfärben und Ausfällen kolloidaler und gelöster Stoffe, Enteisenung, Entmanganung, Entsäuern, Enthärten und Entkeimen.

Oberflächenwasser enthält meist Schwebstoffe. Es muß dann in *Absetzbecken* vorgeklärt und durch *Filter* gereinigt und entkeimt werden. Man unterscheidet intermittierende (Füllen und Ablassen) und kontinuierliche Klärung (mit ständigem Durchfluß). Die Durchflußgeschwindigkeit soll 2 bis 10 mm/s betragen. Die Beckenlänge muß so bemessen werden, daß das Wasser je nach Verschmutzung 4 bis 24 Stunden im Absetzbecken bleibt. Die Wassertiefe schwankt zwischen 2 und 5 m. Zu- und Abfluß sollen das Wasser gleichmäßig über das Becken verteilen. Schwimm- und Schwebstoffe werden durch Rechen, Tauchwände oder Lamellenabscheider zurückgehalten.

Bei *Langsamfiltern* durchläuft das vorgeklärte Wasser eine Sandschicht, in der die restlichen Verunreinigungen und die Bakterien zurückgehalten werden. Die Filtergeschwindigkeit soll 0,05 bis 0,7 m/h betragen. Die Sandschicht ist 40 bis 100 cm hoch und hat Korngrößen von 0,8 bis 1,2 mm. Sie liegt auf einer Stützschicht mit Korngrößen von 2 bis 40 mm, Abfluß durch Dränrohre. Stützschichten verhindern den Abgang des kleinkörnigen Filtersandes durch den Filterboden bzw. durch die Dränleitung. Die Überstauung des Filters, ≥ 10 cm, steigt durch zunehmende Verschmutzung bis auf 80 cm an. Dann wird das Filter gereinigt. Dazu werden 2 cm Sandschicht abgehoben, in einer Waschtrommel gereinigt und wieder aufgebracht.

Schnellfilter gibt es in offener Bauweise mit freiem Wasserspiegel und geschlossene, in eine unter Druck stehende Leitung eingebaute. Der Filterstoff besteht aus Quarzsand von 0,8 bis 1,2 mm Korndurchmesser. Ein vollkommenes Entkeimen ist nicht zu erreichen; es ist noch eine Entkeimungsanlage notwendig. Die Höhe der Sandfilterschicht soll 1/6 bis 1/7 der Filtergeschwindigkeit in m/h und mindestens 0,80 m betragen. Die Filtergeschwindigkeit v_F soll in offenen Filtern 3 bis 5 m/h, in geschlossenen Filtern 5 bis 20 m/h betragen. Aus Filtergeschwindigkeit v_F und Wassermenge Q ergibt sich die erforderliche Filterfläche $F = Q/v_F$. Diese ist also bei gleichem Q und gewähltem, zweifachen v_F bei geschlossenen Filtern halb so groß als bei offenen. Geschlossene, kreisrunde Filter haben ≤ 30 m^2 Filterfläche, offene, rechteckige Filter bis zu 100 m^2.

Berechnungsbeispiel für einen offenen Schnellfilter
Gegeben: 4.000 Einwohner (E), Wasserverbrauch $q_d = 150$ l/(E·d)
  Insgesamt $Q_d = 4000 \cdot 150/1000 = 600$ m^3/d
      max $Q_d = 1,5 \cdot 600 = 900$ m^3/d
         $Q_h = 900/24 = 37,5$ m^3/h   s. Abschn. 7.2.2
     max $Q_h = 2,0 \cdot 900/24 = 75$ m^3/h
    gewählt $v_F = 10$ m/h bei max Q_h

erforderliche Filterfläche $F = Q/v_F = 75/10 = 7,5$ m^2
    v_F bei $Q_h = 37,5/7,5 = 5$ m/h

Dieses Beispiel berücksichtigt lediglich die Wassermenge. Die Filterbemessung baut jedoch auf der Wasserqualität auf. Der Nachweis für v_E wird nur als Nachrechnung angeschlossen. Filterflächenangaben aufgrund von Einwohnerzahlen lassen sich deshalb nicht
machen.

Bei offenen Schnellfiltern (Bild **7**.11) wie bei Langsamfiltern ist die Zu- und Ablaufmenge
konstant zu halten. Dies erreicht man beim Zulauf durch einen Überlauf, beim Ablauf
durch eine Drosselklappe in der Abflußleitung. Der Filterboden muß eine gleichmäßige
Beanspruchung der Filterfläche gestatten. Im Filterzwischenboden werden $\approx$ 60 bis 90 Düsen je m² vorgesehen. Die sehr gebräuchliche Polsterrohrdüse besteht aus einem seitlich
geschlitzten Düsenkopf und einem am unteren Ende geschlitzten Polsterrohr. Beim Reinigen der Schnellfilter durchströmt Spülwasser und Luft die Filterschicht von unten nach
oben mit größerer Geschwindigkeit.

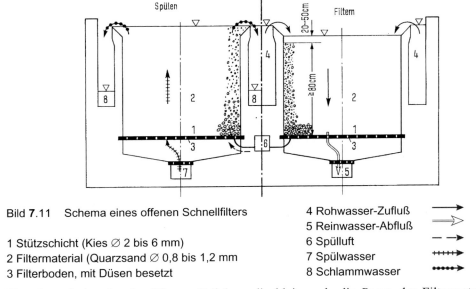

Bild **7**.11   Schema eines offenen Schnellfilters   4 Rohwasser-Zufluß
                                                            5 Reinwasser-Abfluß
1 Stützschicht (Kies $\varnothing$ 2 bis 6 mm)   6 Spülluft
2 Filtermaterial (Quarzsand $\varnothing$ 0,8 bis 1,2 mm   7 Spülwasser
3 Filterboden, mit Düsen besetzt   8 Schlammwasser

Hat ein aufzubereitendes Wasser Teilchen, die kleiner als die Poren der Filtermaterial-
schüttung sind, werden physikalisch-chemische Verfahren eingesetzt, um die Teilchen zu
vergrößern und ihre Oberflächenbeschaffenheit so zu verändern, daß sie durch die nachfol-
gende Filtration aus dem Wasser entfernt werden können. Diese Prozesse nennt man *Flok-
kung*. Die Verfahren werden häufig bei der Aufbereitung von Oberflächenwasser eingesetzt. Durch Flockung werden anorganische, organische (z.B. Algen, Bakterien, Detritus)
und gelöste anorganische und makromolekulare organische Verbindungen filtrierbar. Als
Flockungsmittel werden Aluminiumsulfat, EisenIII-Chlorid, Natriumaluminat, Polyalumi-
niumchlorid eingesetzt. Flockungshilfsmittel stabilisieren die gebildeten Flocken und verändern sie so, daß der Filter optimal arbeiten kann. Eingesetzt werden Polymere und Stär-
keprodukte (Bild **7**.12).

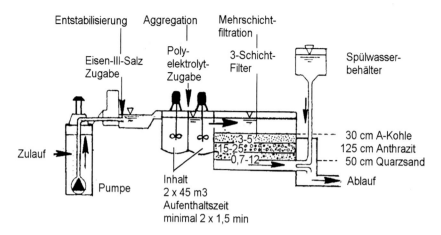

Bild 7.12   Flockenfiltrationsanlage mit Entstabilisierungs- und Aggregations-
stufe, gesteuertem Energieeintrag und nachfolgendem Dreischichtfilter

Die *Enteisenung* und *Entmanganung* soll das im Wasser echt oder kolloidal gelöste Eisen
und Mangan in abfiltrierbare Flocken der Hydroxyde dieser Elemente umwandeln. Dies ist
bei einem Gehalt von $\geq 0,1$ mg/l Fe oder $\geq 0,05$ mg/l Mn notwendig. Bei den *offenen Anlagen*, die für Trink- und Hauswirtschaftswasser vorzuziehen sind, wird das Wasser zunächst
durch Brausen, Siebbleche oder gelochte Wellblechrinnen belüftet, dann läßt man es durch
eine Koksschicht aus faustdicken Stücken von ≈ 2 m Höhe oder bei hohem Eisengehalt ≥ 7
mg/l durch aufgeschichtete Klinker rieseln. An die Stelle dieser *Riesler* tritt mehr und mehr
die Verwendung von Horndüsen. Riesler können mit $\leq 5 m^3/(m^2 h)$ belastet werden. Bei
Horndüsen kommt auf 1 m^2 eine Düse. Ein Absetzbecken von $\approx 2,0$ m Tiefe ist nachge-
schaltet.

Bei *geschlossenen* Enteisenungsanlagen (Bild 7.13) wird in runden Stahlkesseln belüftet
und gefiltert. Als Filterstoff ist bei Nur-Enteisenung Quarzsand von 1 bis 1,5 mm Korn-
größe geeignet. Die Belastung kann bis zu $v_F = 10$ $m^3/(m^2 h)$ betragen.

In gereinigtem Zustand beträgt der Filterwiderstand $\approx 0,5$ m, er steigt durch Verschmutzung auf 4 bis 6 m. Statt über offene Filter kann auch Wasser nach Verrieselung von den
Hauptpumpen durch geschlossene Enteisenungsanlagen dem Hochbehälter zugeführt werden.

Die Wirksamkeit von Filtern kann durch mehrschichtigen Aufbau des Filterbettes verbes-
sert werden. Bei Zweischichtfiltern aus Anthrazit und Sand bildet Anthrazit die obere
Schicht, weil spezifisch leichter. Zum darunterliegenden Sand bildet sich eine klare Trenn-
nebene aus.
Bild 7.14 zeigt einen geschlossenen einstufigen Schnellfilter mit einem Filteraufbau aus
Anthrazit und Filtersand/-kies.

Die Entmanganung findet bei der Enteisenung statt. Da im Koksriesler wenig Mangan zurückbleibt, können Filtergeschwindigkeiten < 5,0 m/h zweckmäßig sein. Das Einarbeiten eines Filters zur Entmanganung kann 10 bis 12 Wochen dauern.

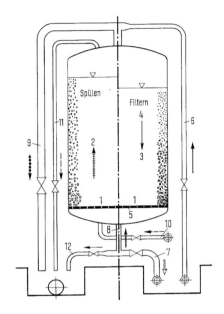

Bild **7**.13   Schema eines geschlossenen Schnellfilters für Enteisenung und Entsäuerung
1 Stützschicht (Kies ⌀ 4 bis 6 mm)
2 Filtermaterial (vermischt durch Spüldruck)
3 Zone der Entsäuerung (Filtermaterial ⌀ 4 bis 6 mm)
4 Zone der Enteisenung (Filtermaterial ⌀ 0,5 bis 2 mm)
5 Filterboden mit Düsen
6 Rohwasser ⟶
7 Reinwasser ⟹
8 Spülwasser ++++⟶
9 Schlammwasser ••••⟶
10 Spülluft − −⟶
11 Entlüftung − −⟶
12 Entleerung ⟶

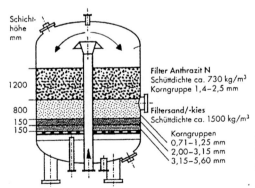

Filter Anthrazit N
Schüttdichte ca. 730 kg/m³
Korngruppe 1,4–2,5 mm

Filtersand/-kies
Schüttdichte ca. 1500 kg/m³

Korngruppen
0,71–1,25 mm
2,00–3,15 mm
3,15–5,60 mm

Bild **7**.14   Geschlossener einstufiger Schnellfilter mit Filteraufbau aus Anthrazit und Filtersand/-kies

Mit Hilfe von Mikroorganismen kann man Eisen und Mangan auch *biologisch eliminieren*. Man benutzt Sand- oder Kiesfilter. Enteisenung und Entmanganung laufen nacheinander ab. Die Redoxspannung (Maß für das organische Milieu) soll > 650 mV betragen (für Mn).

Auch durch *chemisch-katalytische Oxidation* lassen sich Fe- und Mn-Ionen entfernen. Hierzu ist durch offene oder geschlossene Belüftung eines O_2-Anreicherung des Wassers auf ≥ 1 bis ≤ 10 mg/l nötig. Die Oxide des Mangans und danach die des Eisens scheiden sich auf den Sanden des Schnellfilters ab. PH-Werte $\geq 6,2$ im Fe- und $\geq 7,8$ im Mn-Filter sind erreichbar. Filterschichthöhen 1,5 bis 2,5 m, Filtergeschwindigkeit 10 bis 15 m/h (Bild 7.16).

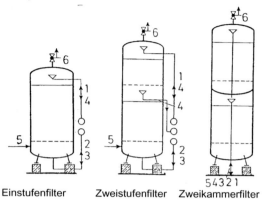

Einstufenfilter   Zweistufenfilter   Zweikammerfilter

Bild 7.15   Ein- und zweistufige Druckfilter

1 Rohwasser   4 Schlammwasser
2 Reinwasser   5 Spülluft
3 Spülwasser   6 Entlüftung

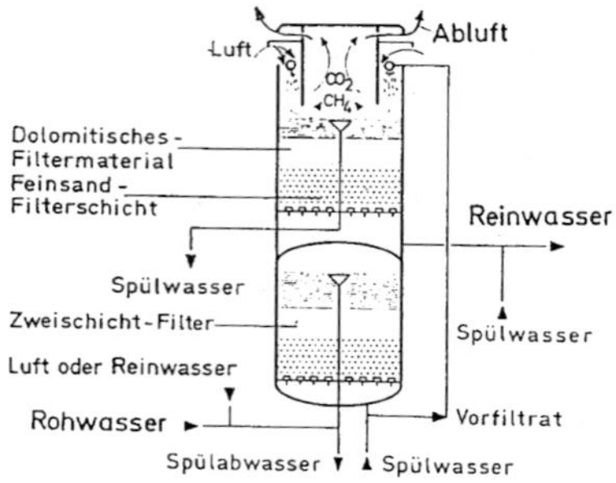

Bild 7.16   Zweistufiger Fallverdüsungs filter

Das *Entsäuern* des Wassers ist nötig, weil die fast in jedem Wasser enthaltene freie Kohlensäure Eisen, aggresive Kohlensäure auch Beton, angreift. Durch Verrieseln oder Versprühen läßt sich Wasser mit mehr als 5 Grad Karbonathärte (5°d) entsäuern, bei geringerer Härte durch Kalkwasser. Bei 2 bis 8°d kann auch dolomitischesFiltermaterial, z.B. Magno-Masse oder Akdorit verwendet werden. Bei offenen Filtern ist eine Filtergeschwindigkeit von 5 bis 10 m/h, bei geschlossenen von 10 bis 50 m/h zulässig.

Es gibt eine Reihe von *physikalischen Entsäuerungsverfahren*. Die erreichbaren pH-Werte liegen bei $\leq 7,8$. Sie arbeiten nach dem Gasaustauschverfahren (*Strippen*).

Enthärten des Wassers wird nur vorgenommen, wo es für gewerbliche Zwecke notwendig ist. Gegen Karbonathärte wird Kalkmilch, gegen bleibende Härte Soda verwendet. Durch Verdampfen läßt sich Wasser vollständig enthärten (Thermische Enthärtung, hohe Kosten).
Bei den chemischen Verfahren kommt Kalkhydrat $Ca(OH)_2$, Natronlauge NaOH, Kalziumkarbonat $CaCO_3$ und dolomitisches Material $CaCO_3$ + MgO zum Einsatz. Da die chemischen Verfahren sehr betriebsintensiv sind, kombiniert man sie oft mit physikalischen Verfahren.

Beim *Entkeimen* des Wassers werden Bakterien durch Abkochen, Chloren, Ozonisieren oder Silberung abgetötet oder durch Filter zurückgehalten. Beim Abkochen genügt minutenlanges Erhitzen auf $\geq 75°C$. Wenig verschmutztes Wasser wird durch langsames Sandfiltern keimfrei. Vorreinigung in Absetzbecken mit Zusatz von Fällungsmitteln kann erforderlich werden. Das einfachste und billigste Verfahren zum Entkeimen von Trinkwasser ist das Chloren.

Chlor ist nach dem Filtern dem Wasser zuzusetzen. Es wird in Form von Chlorkalk oder in wirksamerer Form als Caporit oder Chlorgas verwendet. Für Trinkwasserentkeimung ist in Deutschland meist das Verfahren der Chlorator-Gesellschaft üblich, bei dem das Chlor zunächst einer kleinen Wassermenge zugegeben und diese Lösung dann dem Wasser zugesetzt wird. Die *Ozonisierung* hat zwar gegenüber Chlorgas den Vorteil, keine Geruchs- und Geschmacksstoffe zurückzulassen, ist aber teuer und hat sich in Deutschland nur bei größeren Anlagen durchgesetzt. Das *stromlose Silberungsverfahren (Katadyn)* und *elektrische Silberungsverfahren (Elektrokatadyn, Cumasina)* bringen Silberionen in Lösung, die Bakterien im Wasser abtöten. Beide Verfahren sind wegen der langen Einwirkungsdauer zum Entkeimen großer Wassermengen nicht geeignet.

In den letzten Jahren wurden einige moderne Verfahren zur Wasseraufbereitung eingesetzt.

Das *Ionenaustauschverfahren* kann Wasser enthärten und voll entsalzen. Man benutzt Ionenaustauscher-Massen. Dies sind körnige, feste Kunstharze $\emptyset$ 0,5 bis 2 mm mit hoher Beständigkeit gegen chemische Zersetzung, welche Ionen gegen Salzionen aus dem Wasser austauschen.

Härte-Stabilisierung durch Phosphat. Es wird lediglich der Ausfall der Härtebildner verhindert, dadurch keine Wassersteinbildung, Bildung einer Schutzschicht und Abbau von Inkrustierungen.

Entsalzung. Das Rohwasser wird bis zur Verwendbarkeit als Trink- oder Brauchwasser aufbereitet. Hierzu gehört auch die Entsalzung von Meerwasser in küstennahen Gebieten. In Abhängigkeit vom Rohwasser-Salzgehalt (RS) werden folgende Verfahren eingesetzt: RS = 1 bis 3% = Destillation, mehrstufige Verdampfung, Gefrierverfahren; RS = 0,1 bis 1% = Elektrodialyse, umgekehrte Osmose; RS < 0,1% = Ionenaustausch.

Die *Aufbereitung von Oberflächenwasser* zu Trinkwasser ist nur nach längeren halbtechnischen Versuchen möglich. Neben dem Einsatz von Mikrosieben, Fällmitteln und Kiesfiltern werden Aktivkohlefilter und die Ozonung eingesetzt. *Aktivkohle* verbessert Geruch und Geschmack. Sie wird granuliert oder pulverisiert verwendet, Korndurchmesser 0,5 bis 3 mm. Durch die große Oberfläche besitzt das Pulver starke Adsorptionskräfte, welche Stoffe wie Phenole binden. Eine Vorbehandlung des Wassers ist notwendig, um das Filterbett nicht zu verstopfen. *Ozonung* wird z.B. beim „Düsseldorfer Verfahren" vor dem Aktivkohlefilter eingesetzt (Bild 7.17). Das Ozon O_3 gibt bei Kontakt mit oxidierbaren Substanzen Sauerstoff ab und wird zu O_2. Die Oxidationswirkung ist sehr stark, besonders zur Entkeimung, Enteisenung, Entmanganung geeignet. Ozon wird aus Luft gewonnen, durch welche ein elektrischer Strom von 8 bis 30 kV geleitet wird. Ein Teil des Luftsauerstoffs wird dabei zu Ozon.

Beispiele für die Oberflächenwasseraufbereitung:
1. Donauwasser nach den Leipheimer Versuchen.
   1. Stufe = Chemikalienzugabe, Chlorung, Flockungsmittel ($FeSO_4$)
   2. Stufe = Flockung im Flocomat mit Kalk und Flockungshilfsmittel
   3. Stufe = Ozonung im Kontaktbecken

4. Stufe = Zugabe von Eisensulfat zur Sekundärflockung

5. Stufe = Schnellfilter

6. Stufe = Aktivkohlefilter

2. Bodenseewasser

1. Stufe = Mikrosiebe

2. Stufe = Ozonung in Gaskammern

3. Stufe = Zugabe von Aktiv-Pulverkohle bei Bedarf

4. Stufe = Schnell-Sandfilter

5. Stufe = Chlorung wegen langer Fernleitung

3. Wassergewinnung und -aufbereitung des Wasserwerkes III in Wittlaer (Bild **7**.18).

4. Wasseraufbereitung mit Fallverdüsung im Wasserwerk Blumenthal (Bremen) (Bild **7**.20).

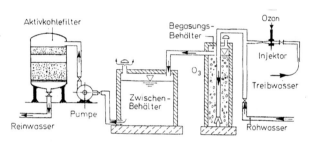

Bild **7**.17
Schema der Aufberei-
tung des durch Uferfil-
tration gewonnene
Rohwassers in Düssel-
dorf

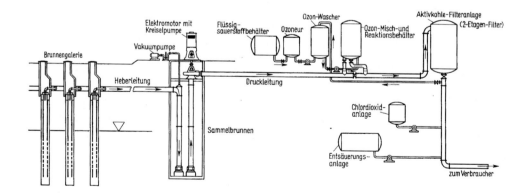

Bild **7**.18   Wassergewinnung und -aufbereitung des Wasserwerkes III Wittlaer

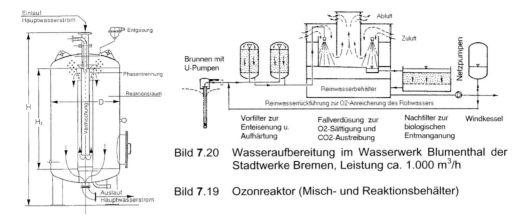

Bild 7.20   Wasseraufbereitung im Wasserwerk Blumenthal der
Stadtwerke Bremen, Leistung ca. 1.000 m³/h

Bild 7.19   Ozonreaktor (Misch- und Reaktionsbehälter)

Fluorzugabe. Ein Fluorgehalt von 1,0 bis 1,3 mg/l soll Zahnkaries verhüten. In den USA erhalten etwa 40% der größeren Gemeinden (> 10000 E) fluoridiertes Trinkwasser. Der DVGW lehnt für Deutschland die Fluorzugabe noch ab.

Dekontimination. Die Radioaktivität des Wassers wird wirkungsvoll durch Ionenaustausch beseitigt. Auf natürlichem Weg geschieht dies durch belebte Bodenschichten, so daß das Grundwasser darunter geschützt ist. Künstlich wird meist in Mischbettfiltern durch Ionenaustausch dekontaminiert. Die Kosten für das Regenerieren der Filter sind hoch. Gut geeignet sind auch Verfahren der Oberflächenwasseraufbereitung mit Grundwasseranreicherung. Hier wird wieder die Ionenaustauschwirkung der Bodenschichten genutzt.

Die Beschaffenheit des Brauchwassers muß laufend durch bakteriologische und chemische Untersuchungen überwacht werden. Das Rohwasser, das Reinwasser im Wasserwerk und das Wasser im Versorgungsnetz ist auf Bakterien zu untersuchen. Bei Werken in der Nähe von Flüssen kann eine tägliche Untersuchung notwendig sein. Selbstversorgungen, bei denen eine Verunreinigung kaum anzunehmen ist, sollten mindestens vierteljährlich überwacht werden. Chemische Untersuchungen sind bei großen Werken monatlich bis vierteljährlich, bei kleinen Werken ein- bis dreimal im Jahr vorzunehmen.

7.2.6   Verteilen des Wassers (Leitungsnetz) [15, 19, 23, 24]

Nach DIN 4046 werden unterschieden:
- Zubringerleitungen = Transportleitungen zu den Versorgungsgebieten
- Fernwasserleitungen = Transportleitungen > 25 km Länge und DN > 500. Sie dienen der überregionalen Bedarfsdeckung und insbesondere dem großräumigen Ausgleich zwischen Wasserüberschuß- und -mangelgebieten, der Versorgung von Verbrauchsschwerpunkten und dem gegenseitigen Verbund.

Eine *Gruppenwasserversorgung* besteht aus mehreren getrennten Siedlungsgebieten mit einem Netz und einer Gewinnungsanlage. Das Hauptnetz ist aus wirtschaftlichen Gründen oft ein Verästelungsnetz. Man sollte bei mehreren, räumlich getrennten, kleinen Versorgungsgebieten diese möglichst immer zusammenfassen.

Hauptleitungen erfüllen innerhalb des Versorgungsgebietes die Aufgabe des Wassertransportes und stellen eine Verbindung zwischen den Behältern, Pumpwerken und den Verbrauchsschwerpunkten her. Von den Hauptleitungen zweigen die *Versorgungsleitungen* ab, die innerhalb des Versorgungsgebietes das Wasser verteilen und von denen die *Anschluß-leitungen* zu den einzelnen Abnehmern bis zum Wasserzähler bzw. der Hauptsperreinrichtung im Grundstück abgehen. Danach folgen die *Verbrauchsleitungen* auf den Grundstük-ken oder in den Gebäuden hinter der Übergabestelle (Wasserzähler oder Hauptsperrarma-tur).

Zur Verteilung des Wassers bedient man sich verschiedener Netzformen:

Im *Verästelungsnetz* fließt das Wasser nur in einer Richtung (Bild 7.21a). Das Netz ist leicht zu berechnen. Bei Rohrbrüchen ist der stromab liegende Netzteil nicht mehr zu versorgen. In den Endsträngen steht das Wasser, daher häufige Spülungen.

Das *Umlaufnetz* ist vermascht (Bild 7.21b). Versorgung beim Rohrbruch fehlt nur zwischen den Nachbarschiebern der Schadensstelle. Anlage ist teurer. Zu geringer Versorgungsdruck in den entfernt liegenden Netzteilen.

Das *Ringnetz* besitzt eine Hauptleitung, die den Kern des Versorgungsgebietes weit umfaßt (Bild 7.21c). Es ist sehr betriebssicher und erweiterungsfähig. Das Netz muß zur Berechnung vereinfacht werden. In einem vermaschten Ringnetz kann das Wasser, abgesehen von wenigen, unvermeidlichen Endsträngen, in jedem Punkt von zwei oder noch mehr Seiten zufließen. Das Wasser ist im Ringnetz stets in Bewegung, da auch bei geringer Entnahme ein Ausgleich erfolgt. Ringnetze bieten die größte Betriebssicherheit und gestatten Erweiterungen des Versorgungsnetzes mit geringem Aufwand.

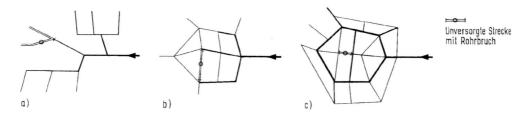

Bild **7**.21   Wasserverteilungsnetze   a) Verästelungsnetz   b) Umlaufnetz   c) Ringnetz

Versorgungsdruck

Als Versorgungsdruck (Pa oder bar) wird der zur ordnungsgemäßen Versorgung der angeschlossenen Verbraucher erforderliche Netzdruck an der Anschlußstelle bezeichnet. Nach den Fließzuständen im Rohrnetz wird zwischen dem statischen, d.h. Ruhedruck, wenn kein Wasser entnommen oder gefördert wird, sowie dem Fließdruck unter Entnahmebedingungen unterschieden (Bild 7.22).

Der erforderliche Versorgungsdruck am Hausanschluß wird aufgrund der topographischen Verhältnisse und Siedlungsstruktur (Geschoßzahl) unter Beachtung der Bebauungspläne bestimmt.

DIN 19630 fordert in Ortsrohrnetzen Rohre und Zubehörteile mindestens für die Druckstu-fe PN 10 auszulegen. Neuzeitliche Werkstoffe lassen Drücke bis 16 bar zu, Mindestversorgungsdrücke sind für Gebäude mit Erdgeschoß 2,00 bar, für Gebäude mit 1 Obergeschoß (OG) 2,35 bar, mit 2 OG 2,70 bar, mit 3 OG 3,05 bar und bei 4 OG 3,40 bar. Die Funktion der Hausinstallationen ist optimal bei $\approx$ 5 bar gewährleistet. Bei größeren topographischen Höhenunterschieden werden die Versorgungsgebiete in verschiedene Druckzonen unterteilt, in denen das Wasser jeweils mit dem erforderlichen Versorgungsdruck zur Verfügung steht.

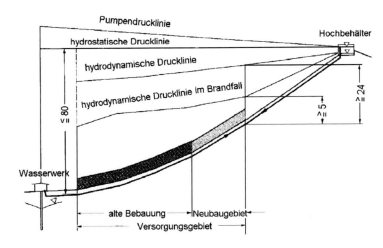

Bild 7.22
Wasserverteilung Versorgung durch Gegenbehälter Versorgungsgebiet in Hanglage

Durchflußgeschwindigkeiten in Rohrleitungen

Bei der Bemessung der Rohrleitungen sind folgende Faktoren zu beachten:
- Aufwendungen für den Bau und Betrieb (wirtschaftlicher Rohrdurchmesser, Betriebssicherheit)
- Hygienische Gesichtspunkte (lange Verweilzeiten ⇒ evtl. Wassertrübung, Verkeimung)

Die üblichen Fließgeschwindigkeiten v betragen:

Für Fernleitungen ≤ 3 m/s, für Pumpendruckleitungen und Hauptleitungen 0,5 bis 1,0 m/s, für Versorgungsleitungen 0,5 bis 1,0 m/s. In Leitungen kleiner Nennweite entstehen bei höheren Geschwindigkeiten große Druckverluste. Bei Hausanschlußleitungen beträgt v = 1,0 bis 2,0 m/s. Bei 3 m/s entstehen bei freiliegenden Armaturen Geräusche.

Hydraulische Berechnung von Rohrleitungen [15, 29]

Je nachdem ob eine Wassermenge im Gefälle fließt oder ob sie durch eine Pumpe gehoben wird, verliert bzw. gewinnt sie an geodätischer Höhe. Außerdem entsteht bei der Fließbewegung ein Reibungsverlust, der als Druckabfall sichtbar gemacht werden kann (Bild **7.22**).

Berechnung des Reibungsverlustes. Hierfür gibt es verschiedene Formeln; nach DARCY-WEISBACH beträgt der Reibungsverlust

$$h_\text{r} = J_\text{r} \cdot l = \frac{p}{\gamma} = \lambda \cdot \frac{l}{d} \cdot \frac{v^2}{2g} \quad \text{in m}$$

$$\lambda = [-2 \cdot \lg \cdot (\frac{2{,}51}{\text{Re}\sqrt{\lambda}} + \frac{k_i}{3{,}71D})]^{-2}$$

p = Druckabfall in N/m^2 l = Rohleitungslänge in m
λ = Reibungsbeiwert d = Innendurchmesser in m
γ = Wichte der Flüssigkeit in N/m^3 g = Erdbeschleunigung in m/s^2
v = mittlere Strömungsgeschwindigkeit   Re = $v \cdot D/v$ für den Übergangsbereich
     in m/s   zwischen rauh und glatt

λ wird nach der Formel von PRANDTL-COLEBROOK berechnet.

Die Grundlagen der Rohrhydraulik enthält das DVGW-Arbeitsblatt W 302 [29], außerdem die bezogenen Druckverlusthöhen (Gefälle J in m/km) für Rohrdurchmesser DN 40 bis DN 1200 (in Form von Tabellen) bzw. bis DN 2000 (grafische Darstellung in Tafeln) mit den Angaben von Volumenstrom Q in l/s und Fließgeschwindigkeit v in m/s. Die Tafeln sind aufgestellt für die Rauhigkeiten k_i = 0,1, 0,4 und 1,0 mm. Durch die Rauhigkeit k_i = 0,4 mm wird näherungsweise der Einfluß starker Vermaschung im Rohrnetz berücksichtigt.

Die *hydraulische Berechnung* von verknüpften (vermaschten) *Rohrleitungsnetzen* erfolgt elektronisch. Gleichungssysteme werden in der praktischen Rohrnetzberechnung durch iterative Lösungsverfahren, z.B. nach der Methode von CROSS gelöst. Die Iterationsverfahren gehen von Schätzwerten für den Wasserdruck in den einzelnen Knoten (Durchflußausgleichsverfahren) oder von geschätzten Volumenströmen in den Leitungen (Druckhöhenausgleichsverfahren) aus. Fließrichtungen, Durchflüsse (Volumenströme) und Druckverluste in den Rohrleitungen sowie die Drücke werden an ausgesuchten Punkten im jeweils zugrunde gelegten geschlossenen System nach den beiden KIRCHHOFFschen Gesetzen (Knoten- und Maschenbedingung) und der o.g. Fließformel von DARCY-WEISBACH ermittelt.

Für vorhandene Netze besteht die Rohrnetzberechnung aus einer Vergleichsrechnung und darauf aufbauender Entwurfsrechnung. Auf der Grundlage der Rohrnetzpläne wird der Rechennetzplan als vereinfachtes Abbild des Rohrnetzes erarbeitet. Dazu sind Durchfluß- und Druckmessungen im zu untersuchenden Rohrleitungsnetz durchzuführen. Die Vergleichsrechnung dient der Ermittlung der vorhandenen Rauhigkeit k_i.

Für Versorgungsleitungen sollte im Hinblick auf die Sicherstellung des Löschwasserbedarfes im Brandfall sowie künftige Steigerungen im Wasserbedarf je nach Art der Bebauung eine Nennweite ≥ DN 100 gewählt werden.

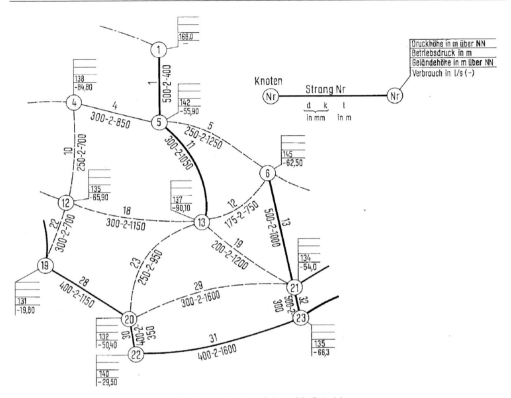

Bild **7**.23 Ausschnitt aus einem Rechennetzplan (ohne Maßstab)

Berechnung von kleineren Umlaufnetzen, z.B. für B-Plan-Gebiete. Der Durchfluß einer Leitung ist nicht allein aus den Entnahmemengen zu bestimmen, da jeder Punkt des Ringes von zwei Seiten her versorgt werden kann. Diese Netze werden deshalb in Verästelungsnetze aufgeteilt. An den theoretischen Trennstellen ist die Fließgeschwindigkeit 0, wenn die Druckhöhenverluste des geschnittenen Rohrstranges von jeder Seite her gleich sind. Die Berechnung beginnt mit dem von der Zuleitung entferntesten Leitungsstück. Man rechnet meist mit dem Metermengenwert m, der auf 1 lfd. m entnommenen Wassermenge.

$$m = \frac{A \cdot E}{l} \cdot \frac{\max q_{\mathrm{h}}}{3600} \qquad \text{in } l/(s \cdot m)$$

A = versorgte Fläche
l = Länge der Versorgungsleitung im
    Gebiet F
q_{d} = mittl. Tagesverbrauch für
    einen Einwohner in l/(E·d)

E = Einwohnerzahl je ha
q_{h} = max. stündliche Wassermenge für
    einen Einwohner in l/(E·h)

Ist z.B. durch 200 m Leitung ein Gebiet von 1,5 ha mit 180 E, q_{d} = 150 l/(E·d), max q_{h} = 1/10 q_{d} erschlossen, so beträgt

$$m = \frac{1,5 \cdot 180 \cdot 150}{200 \cdot 10 \cdot 3600} = \quad 0,0056 \text{ l/(s·m)} \quad \text{(s. auch Tafel 7.12)}$$

Aus der Geschoßflächenzahl GFZ und der Bruttowohnfläche WF läßt sich die voraussichtliche Einwohnerdichte des Nettobaulandes ermitteln:

$$E = 10000 \cdot \frac{\text{GFZ}}{\text{WF}} \quad \text{in E/ha}$$

WF im Mittel = 25 m²/E

Tafel **7**.12   Metermengenwerte für verschiedene Be-bauungsdichten (Anhaltswerte)

E/ha	Geschoßflächenzahl GFZ	m l/(s·m)
80	0,2	0,005
160	0,4	0,01
360	0,9	0,0225
600	1,5	0,0375

Für einen Leitungsabschnitt von l_i m erhält man den Wasserverbrauch

$$q_i = m \cdot l_i \quad \text{in l/s}$$

Die Summierung der Verbrauchswassermengen q_i vom Leitungsendpunkt her liefert die Durchlaufwassermenge, nach der ein bestimmter Leitungsabschnitt dimensioniert wird. Dabei kann die Geschwindigkeit v gewählt werden. Sie soll 0,6 bis 1,0 m/s betragen. Diese Grenzen werden aber oft wegen der wirtschaftlicheren Rohrdimensionierung nicht eingehalten. Die Auswertung der Berechnung erfolgt in einer Liste.

Bau von Rohrleitungen. Der Arbeitsablauf ist folgender: Festlegen der Rohrtrasse (möglichst im Gehweg), Aushub des Rohrgrabens, Aussteifen des Rohrgrabens, Grundwasserhaltung (falls notwendig), Rohrverlegung, Druckprobe, Verfüllen und Verdichten des Rohrgrabens, s. DIN 19630. Die Grabensohle muß eben sein. Krümmer und Abzweige erhalten Stampfbetonwiderlager (wichtig bei nicht zugfesten Rohrverbindungen). Straßen- oder Bahnkörper werden meist durchbohrt oder hydraulisch durchpreßt. Das Versorgungsrohr liegt dann in einem Mantelrohr. Bei Grundwasser kommt offene Wasserhaltung, das Vakuumverfahren oder eine chemische Bodenverfestigung in Frage.

Fertige Rohrstrecken werden bei offener Baugrube einer Druckprobe unterzogen. Die Rohre dürfen keine Luft enthalten. Der Prüfdruck beträgt nach DIN 4279 bei einem zulässigen Betriebsdruck bis 10 bar = 1,5 · Nenndruck (bei PE-Rohren = 1,3 · Nenndruck), bei einem zulässigen Betriebsdruck ≥ 10 bar = Nenndruck + 5 bar. Prüfdruck je nach Länge der Leitung und DN = 0,5 bis 24 Stunden; der Druckmesser darf während der Prüfung nicht mehr als 1 mbar zurückgehen. Vor Inbetriebnahme muß die Leitung gespült, evtl. desinfiziert werden.

Rohrleitungspläne. Man unterscheidet:
Übersichtspläne 1:5000 bis 1:1000 (Bild **7.24**). Sie sollen die Hauptleitungen mit Absperr-schiebern und Hydranten sowie wichtige Anschlußleitungen (Gewerbe, Industrie) enthalten.

Ausführungs- und Aufmaßskizzen enthalten unmaßstäblich alle Maße für die Leitungen, Formstücke usw. sowie Angaben über die Werkstoffe.

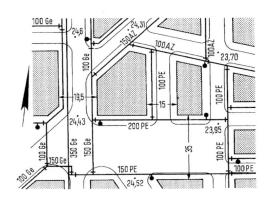

Bestandspläne enthalten alle Einzelhei-ten im Maßstab 1:500 bis 1:1000, insbe-sondere genaue Maße der Leitungen und Lage der Abzweige.

Formstückpläne sind für die Ausschrei-bung, den Bau und die Abrechnung not-wendig.

Bild **7.24**   Ausschnitt eines Stadtplanes
mit Rohrnetz M 1:2000

Anschlußleitungen. Sie verbinden die Anschlußnehmer (Verbraucher) mit der Hauptlei-tung. Bau und Unterhaltung bis einschließlich Wassermesser sind i. allg. Aufgabe der Ver-sorgungsbetriebe, die Installation der Hausleitungen obliegt dem Bauherrn. Verbindungs-glied zum Hauptrohr ist ein T-Stück oder eine Anbohrschelle. Der Anschluß endet im Keller oder in einem Schacht vor dem Hause mit dem zwischen zwei Absperrventilen lie-genden Wassermesser. Es werden meist Stahl-, Grauguß-, Faserzement- oder Kunststoff-rohre (PVC, PE) verwendet.

Für die Berechnung der Anschluß- und Hausleitungen gilt das Arbeitsblatt 308 des DVGW. Man geht von Belastungswerten (1 BW ≡ 0,25 l/s) aus, welche für die einzelnen Entnahmeeinrichtungen festgelegt sind. Daneben wird eine Druckverlustrechnung ausge-führt. Es wird geprüft, ob der Entnahmedruck an der ungünstigsten Entnahmestelle (meist höchster Punkt) ausreicht.

Die Baustoffe der Rohre werden durch Kurzzeichen gekennzeichnet:

Ge	= Grauguß	FZ	= Faserzement
GeZM	= Grauguß mit Zementmörtel-auskleidung	StB	= Stahlbeton
		SpB	= Spannbeton
GGG	= duktiles Gußeisen	St	= Stahl, verzinkt
GGGZM	= duktiles Gußeisen mit Ze-mentmörtelauskleidung	Stis	= Stahl mit Innenschutz aus Bitumen
PEh	= Polyethylen, hart	StZM	= Stahl mit Zementmörtel-auskleidung
PVC	= Polyvinylchlorid		

Eine Auswahl der nach DIN 2425 zu benutzenden Sinnbilder zeigt Tafel **7**.13.

Tafel **7**.13   Sinnbilder für Wasserleitungen nach DIN 2425 (Auszug)

Leitungsabschluß (Blindflansch)	⊐	Unterflurhydrant auf dem Rohr	●─
Absperrorgan (allgemein)	+	neben dem Rohr	●
Wasserzähler	W	seitlich des Rohres	●
Entleerung mit Schieber	O	Überflurhydrant	▲
Be- und Entlüftung	▲	Zapfständer	⚲

7.2.7 Schutz von Wassergewinnungsanlagen [26, 27]

Das Wasserhaushaltsgesetz § 19 sieht die Festsetzung von Wasserschutzgebieten vor. Im Arbeitsblatt W 101 des DVGW I. Teil sind Richtlinien für Schutzgebiete von Grundwasserversorgungsanlagen gegeben. Die Festsetzung bedarf eines förmlichen Verfahrens. Da die Möglichkeiten, Verunreinigungen des Grundwassers durch Aufbereitung zu beseitigen, begrenzt sind, sollen diese von vorneherein ferngehalten werden. Hierzu benötigt man Wasserschutzgebiete. Die Schutzaufgabe besteht darin, gesundheitsgefährdende oder andere Stoffe fernzuhalten, welche die Beschaffenheit beeinträchtigen könnten, Temperaturänderungen zu verhindern und das nutzbare Grundwasservorkommen zu erhalten. Als wassergefährdende Stoffe gelten z.B.: Giftstoffe (Arsen, Blei, Cadmium); chemische Pflanzenschutzmittel; radioaktive Stoffe; Krankheitserreger (Bakterien, Viren, Wurmeier); Abwasser und Abfall; Detergentien; Fette; Straßensalze; Ölprodukte (Heizöl, Mineralölprodukte, Teer); Flüssiggas; Säuren; Laugen; Salze; Farbstoffe; Phenole; Abbauprodukte von Mikroorganismen; Düngemittel; schädliche Bestandteile aus der Luft und aus dem Niederschlag; Verbindungen als Folge anaerober Vorgänge (Eisen-, Mangan-, Ammonium-); aggressive Kohlensäure; Temperaturerhöhungen (Kühlwassereinleitungen).

Gliederung des Wasserschutzgebietes (WSG)

Das WSG umfaßt die Umgebung der Fassungsanlage und das Einzugsgebiet. Bei der Einrichtung müssen folgende Gegebenheiten berücksichtigt werden: Zuflußgrenzen, Bodenarten, geologischer Aufbau, hydrologische Verhältnisse, meteorologische und klimatische Verhältnisse, Wirkungsweise der Fassungsanlage, Entnahmemenge und Reichweite der Absenkung, Beschaffenheit der oberirdischen Gewässer und des Grundwassers, Flächennutzungen (Bebauung, Bewuchs, Abbau von Steinen und Erden, Verkehr), Bergbau, Landschaftsschutzgebiete.

Nach der Art der Deckschichten und der Grundwasserleiter werden hinsichtlich der Schutz- und Reinigungswirkung unterschieden:

1. Günstige Untergrundbeschaffenheit bei
   1.1 schwer oder nicht wasserdurchlässigen Deckschichten,
       (z.B. Ton, Schluff mit homogener Mächtigkeit ≥ 1,0 m, rißfrei)
   1.2 wasserdurchlässigen, gut reinigenden Deckschichten
       (Mächtigkeit ≥ 2,5 m bei Feinsand, bindigen Sanden, ≥ 4,0 m bei Mittelsand, Grobsand).
2. Mittlere Untergrundbeschaffenheit bei Mächtigkeiten kleiner als unter 1, jedoch ausreichender Reinigungswirkung.
3. Ungünstige Untergrundbeschaffenheit bei Deckschichten ohne ausreichende Reinigungswirkung.

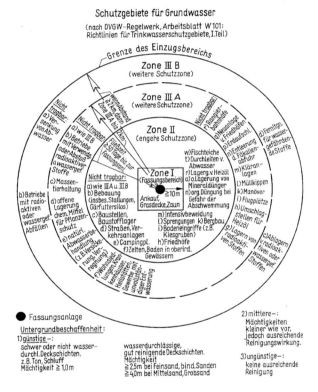

Bild 7.25   Schematische Übersicht der Schutzzonen eines Trinkwasserschutzgebietes mit Angabe der wichtigsten nicht zulässigen Anlagen nach [26]. Idealisierte Form des Schutzgebietes mit ringförmigen Zonen. In der Praxis entsteht meist eine elliptische Form nach der Fließrichtung des GW mit exzentrischer Lage des Fassungsbereiches.

Die Gefahrenherde im Einzugsbereich haben je nach Art, Abstand und Untergrund unterschiedliche Auswirkungen auf die Grundwasserentnahme. Die Gefahr nimmt in der Regel mit zunehmender Entfernung von der Fassungsanlage ab. Im allgemeinen wird das WSG in drei Schutzzonen gegliedert (Bild **7**.25).

Weitere Schutzzone: Zone III $\left.\begin{array}{c} \text{III B} \\ \text{III A} \end{array}\right\}$ bei Reichweite > 2 km.

Schutz vor weitreichender Beeinträchtigung. Zone III reicht von der Grenze der Zone II bis zum Einzugsbereich. Wird die Zone III nicht aufgegliedert (Reichweite $\leq$ 2 km), so gelten die Beschränkungen der Zone III A.

Engere Schutzzone: Zone II
Schutz vor Verunreinigungen und Beeinträchtigungen, die wegen der Nähe zur Fassungsanlage besonders gefährdend sind. Zone II reicht von der Grenze Zone I bis zur Linie der Fließzeit von 50 Tagen bis zur Fassungsanlage. Zone II kann entfallen, wenn bis zur 50-Tage-Linie nur tiefere Grundwasserstockwerke genutzt werden oder solche, die von undurchlässigen Schichten genügender Mächtigkeit abgedeckt sind.

Fassungsbereich: Zone I
Schutz der unmittelbaren Umgebung der Fassungsanlage vor Verunreinigungen. Ausdehnung von der Fassungsanlage $\geq$ 10 m, jedoch mindestens so weit, daß in Zone II organische Düngung zulässig ist. Das Wasserversorgungsunternehmen (WVU) soll die zur Zone I gehörenden Flächen und Rechte erwerben. Flächen sollen Grasdecke erhalten; keine Verletzung der Deckschichten, besser noch Verstärkung; Sicherung gegen Erosionen und Überschwemmungen; Einzäunung. Betrieb des Wasserwerkes so, daß keine Grundwasserbeeinträchtigung möglich. Sorgfältige Ableitung des Rückspülwassers bei Aufbereitungsanlagen. Bei Gewinnung von künstlich angereichertem Grundwasser soll auch das Anreicherungsgebiet im Eigentum des WVU sein.

Für Schutzgebiete von Trinkwassertalsperren gilt das Arbeitsblatt W 102, II. Teil [27], für Schutzgebiete von Seen W 103, III. Teil, des DVGW-Regelwerkes.

Tafel **7**.14   In Wasserschutzzonen zugelassene Formen der Versickerung von Niederschlagsabflüssen nach DVGW W 101, Teil I [26]

Wasserschutzzone	Zulässige Versickerung von Niederschlagsabflüssen
II	– Großflächige Versickerung über die belebte Bodenzone von nicht schädlich verunreinigtem Niederschlagswasser von Dachflächen
III A[1]	– Versickerung von nicht schädlich verunreinigtem Niederschlagswasser
III B	– Versickerung von nicht schädlich verunreinigtem Niederschlagswasser – Die Versickerung von Niederschlagswasser von Verkehrswegen ist in der Regel nicht tragbar, ausgenommen ist eine Entwässerung über die Böschung und eine großflächige Versickerung über die belebte Bodenzone

[1] Wird Zone III in einem Schutzgebiet nicht aufgegliedert, gelten die Ausführungen zur Zone III A

7.3 Abwasser

7.3.1 Abwassermengen [1, 16, 17, 20]

Die Entwässerung der Wohnsiedlungen ist eine selbstverständliche Forderung neuzeitlicher Ortshygiene. Ihre Aufgabe besteht darin, das in einer Siedlung anfallende Schmutz- und Niederschlagwasser zusammenzuführen, abzuleiten und unschädlich zu machen. Zum *Schmutzwasser* gehören häusliches Abwasser, wie Bade-, Spül-, Waschwasser und die Fäkalien sowie gewerbliches Abwasser. *Niederschlagswasser* ist das Regen- und Schmelzwasser.

Die Beschaffenheit des Schmutzwassers ist in den einzelnen Orten verschieden. Sie richtet sich nach dem Wasserverbrauch, der Zahl und Art der gewerblichen Betriebe und der Lebenshaltung der Bevölkerung. Bei bestehenden Entwässerungssystemen werden die Fäkalien nicht immer mit abgeführt. Bei neu zu schaffenden Ortsentwässerungen kann nur eine „vollkommene Entwässerung" befriedigen. Das Schmutzwasser ist sehr konzentriert. Es enthält organische und mineralische Bestandteile und ist schwach alkalisch. Die besondere hygienische Bedeutung einer Ortsentwässerung liegt in der Unschädlichmachung der im Abwasser enthaltenen Schmutzstoffe.

Schmutzwassermenge. Grundsätzlich gilt die Annahme, daß diese etwa so groß ist wie der Wasserverbrauch. Einheit ist der Verbrauch je Einwohner und Tag (l/(E·d)) (Tafel 7.15). Der Wasserverbrauch ergibt sich aus der Förderung der Wasserwerke.

Für die *Bemessung der Entwässerungsleitungen* ist, sofern kein Regenwasser zutritt, der höchste Stundenabfluß maßgebend. Im Abwasserwesen legt man meist 1/14 oder 1/12 des mittleren täglichen Wasserverbrauchs, $Q_{14} = 1/14\ Q_d$ oder $Q_{12} = 1/12\ Q_d$, bei kleineren Ortschaften auch Q_{10} oder Q_8, zugrunde. Das Abwasser der Industrie berücksichtigt man durch Einwohnergleichwerte.

Tafel 7.15 Anhaltswerte für den mittleren Wasserverbrauch Q_d, einschließlich Kleingewerbe, ohne Industrie und die üblichen Tagesspitzen

Siedlungsgröße	täglicher Wasserverbrauch	Tagesspitze $Q_d = \dfrac{1}{x} \cdot Q_d$	
E	Q_d in l/(E·d)	x	Q_d in l/(s·E) ·10^3
< 5.000	150	8	5,2
5.000 - 10.000	180	10	5,0
10.000 - 50.000	220	12	5,1 ≈ 5,0
50.000 - 250.000	250	14	5,0
> 250.000	300	16	5,2

Der *Einwohnergleichwert* (EGW) entspricht der Zahl der Einwohner, deren Abwasser nach Menge oder Verschmutzungsgrad dem Abwasser aus gewerblichen oder industriellen Betrieben oder öffentlichen Einrichtungen gleichzusetzen ist. Verbrauchswerte s. [14, 16].

In Schmutzwasserkanäle dringt unkontrolliert Fremdwasser Q_f ein (meist Sicker- oder Grundwasser). Der Anteil kann bis zu 100% von Q_x ausmachen, er kann durch Vergleich des Schmutzwasserabflusses in Regenzeiten mit dem in Trockenwetterperioden annähernd ermittelt werden. Beim Fehlen von Messungen kann $Q_f = 0{,}05$ bis $0{,}15$ l/(s·ha) eingesetzt werden.

Die *Schmutzwasserkanäle* werden nach $Q_t = Q_x + Q_f$ bemessen. Die Teilwassermengen der einzelnen Sammler berechnet man nach der Gleichung

$$Q_t = q_t \cdot E \text{ oder } Q_t = q'_t \cdot A_E$$

Q_t = Trockenwetterabfluß = TW-Menge eines Sammlers an seinem tiefsten Punkt in l/s
q'_t = Trockenwetterabflußspende = TW-Menge je ha Fläche in l/(s·ha)
A_E = Einzugsgebiet eines Sammlers in ha
q_t = $q_s + q_f$ = Trockenwetterabflußmenge je Einwohner

Tafel 7.16 dient als Hilfsmittel zur Bestimmung der Besiedlungsdichte, falls genauere Angaben fehlen.

Tafel 7.16   Richtwerte für die Besiedlungsdichte

Geschoßflächenzahl	> 1,8	1,4 bis 1,8	0,7 bis 1,4	0,4 bis 0,7	0,3 bis 0,4
Art der Bebauung	sehr dicht	dicht	geschlossen	offen	weiträumig
Besiedlungsdichte in E/ha	> 500	400 bis 500	200 bis 400	100 bis 200	50 bis 100

Tafel 7.17   Jährlich einmal überschrittene Regenspende $r_{15,\,n=1}$ in l/(s·ha) für $T = 15$ min nach Regenauswertungen ATV-A 118 [4]

Flensburg	100	Dieburg	132	Trier	131
Münster	100	Dortmund	120	Saarland	135
Neumünster	111	Essen	96	Tübingen	200
Oldenburg	108	Krefeld	112	Ulm a.D.	140
Lübeck	106	Lampertheim (Hessen)	129	Sprendlingen	133
Hamburg	99	Köln	96,6	Stuttgart	125,7
Hannover	100	Bonn	108	Passau	123
Bremen	108	Gelsenkirchen	120	Rüsselsheim	130
Wilhelmshaven	85	Gießen	120	Ingolstadt	105
Wolfsburg	112	Göttingen	98	München	135
Lingen (Ems)	130	Wetzlar	122	Baden-Baden	120
Braunlage	96	Dresden	102	Konstanz	150
Berlin	94	Frankfurt a.M.	120	Garmisch-Parten-	200
Osnabrück	150	Mainz	117	kirchen	

Regenwassermenge. Zur Bestimmung der Regenwassermenge eines Einzugsgebietes muß man zunächst einen Wert für die auf 1 ha entfallende Regenwassermenge, die *Regenspende r* in l/(s·ha), annehmen. Die *Regenhöhe N* in mm und *Regendauer T* in min wird mit Regenmessern festgestellt, die von Wetterwarten, Wasserversorgungsunternehmen und Entwässerungsämtern aufgestellt sind. Ist

$$i = \frac{N}{T} \quad \text{die Regenstärke,}$$

dann erhält man die Regenspende $r = 166{,}7\,i$ in l/(s·ha) mit i in mm/min.

Da die Regenverhältnisse mit den Regionen wechseln, haben diese auch verschiedene Regenspenden (Tafel 7.17).

Tafel **7**.18   Empfohlene Regenhäufigkeiten für die Bemessung von Regen- und Mischwasserkanälen [4]

Entwässerungsgebiet	Regenhäufigkeit n in 1/a
allgemeine Bebauungsgebiete	1,0 bis 0,5
Stadtzentren, wichtige Gewerbe- und Industriegebiete	1,0 bis 0,2
Straßen, außerhalb bebauter Gebiete	1,0
Unterführungen, U-Bahnanlagen usw.	0,2 bis 0,05

Als Berechnungsregen bezeichnet man die der Querschnittsberechnung der Kanäle zugrunde gelegte Regenspende. Hat man sich für die Häufigkeit n der Überstauungen entschieden, ist die Dauer T des Berechnungsregens anzunehmen. Imhoff empfiehlt, als Regendauer T eine untere Grenze von 5 bis 15 min anzunehmen, wobei 5 min für steiles Bergland gilt. In den meisten deutschen Städten werden $T = 15$ min dem Berechnungsregen zugrunde gelegt. Ein Teil des Niederschlages versickert und wird nicht durch die Entwässerungsleitungen abgeführt. Der abzuleitende Anteil des Niederschlages hängt vom Anteil der Oberflächenbefestigungen, der Geländeneigung, der Regenstärke und der Regendauer ab. Diese Einflüsse werden durch den Abflußbeiwert (Spitzen- oder Scheitelabflußbeiwert) erfaßt (Tafel **7**.19).

$$\Psi_s = \frac{\text{abzuführende Wassermenge}}{\text{Niederschlag}} = \frac{q}{r} \geq 0{,}35$$

In der Grundstücksentwässerung benutzt man häufig einen konstanten Abflußbeiwert, der nur den Anteil der befestigten Flächen berücksichtigt (Tafel **7**.20).

Die abfließende Regenmenge = Abflußmenge ergibt sich mit

$r_{15,\,n=1}$ = Regenspende für den Berechnungsregen in l/(s·ha)

A_E = Einzugsgebiet in ha

zu

$$Q_R = \varphi_t \cdot \Psi_s \cdot r_{15,\,n=1} \cdot A_E$$

und für mehrere Teilgebiete zu

$$Q_R = \varphi_t \cdot \sum \Psi_s \cdot r_{15,\,n=1} \cdot A_E$$

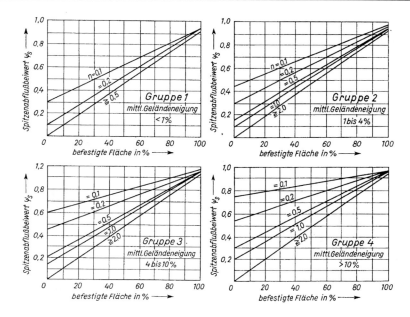

Bild 7.26   Scheitelabflußbeiwerte Ψ_s für verschiedene mittlere Geländeneigungsbereiche J_g der Entwässerungsgebiete in Abhängigkeit vom Anteil der befestigten Fläche. Es entsprechen bei $r_{15,\ n\ =\ 1}$ = 100 l/(s·ha): n = 0,1 = 225; n = 0,2 = 180; n = 0,5 = 130; n = 1,0 = 100; n = 2,0 = 75 l/(s·ha)

Tafel 7.19   Scheitelabflußbeiwerte Ψ_s für verschiedene mittlere Neigungsbereiche der Entwässerungsgebiete in Abhängigkeit vom Anteil der befestigten Flächen

Anteil der befestig- ten Flä- che in %	Gruppe 1 $J_g < 1\%$		Gruppe 2 $1\% \leq J_g \leq 4\%$		Gruppe 3 $4\% < J_g \leq 10\%$		Gruppe 4 $J_g > 10\%$	
	100	130	100	130	100	130	100	$130 = r_{15(n)}$
	1	0,5	1	0,5	1	0,5	1	0,5 = n
0	0,00	0,00	0,10	0,15	0,15	0,20	0,20	0,30
10	0,09	0,09	0,18	0,23	0,23	0,28	0,28	0,37
20	0,18	0,18	0,27	0,31	0,31	0,35	0,35	0,43
30	0,28	0,28	0,35	0,39	0,39	0,42	0,42	0,50
40	0,37	0,37	0,44	0,47	0,47	0,50	0,50	0,56
50	0,46	0,46	0,52	0,55	0,55	0,58	0,58	0,63
60	0,55	0,55	0,60	0,63	062	0,65	0,65	0,70
70	0,64	0,64	0,68	0,71	0,70	0,72	0,72	0,76
80	0,74	0,74	0,77	0,79	0,78	0,80	0,80	0,83
90	0,83	0,83	0,86	0,87	0,86	0,88	0,88	0,89
100	0,92	0,92	0,94	0,95	0,94	0,95	0,95	0,96

Die Werte $r_{15(n)}$ sind bezogen auf $r_{15,\ n\ =\ 1}$ = 100 l/(s·ha).

Tafel 7.20 Konstante Abflußbeiwerte Ψ für Grundstücksentwässerung

Oberflächen	Ψ
Dachflächen, Straßendecken	0,85 bis 1,0
fugendichtes Pflaster	0,8 bis 1,0
gewöhnliches Pflaster	0,5 bis 0,7
Chaussierung und Mosaikpflaster	0,4 bis 0,6
Promenadenbefestigung	0,15 bis 0,3
unbefestigte Flächen	0,1 bis 0,2
Parkanlagen und Gärten	0 bis 0,1

Ein rechnerisches Verfahren zur Ermittlung der Durch-flußmengen ist die Listen-rechnung (Bild 7.28 und Ta-fel 7.21). Man ermittelt für jeden zu berechnenden Lei-tungspunkt den Regen, des-sen Dauer der Fließzeit ent-spricht. Dieser Regen ergibt den größten Abfluß. Man be-dient sich des Zeitbeiwertes φ, der hier stets ≤ 1 ist und mit Q_r multipliziert den durch die Verzögerung des Abflusses verminderten Wert Q_R ergibt (vgl. Bild 7.27). Ergibt sich ein kleinerer Wert Q_R als in der Zeile zuvor (Tafel 7.21, Zeile 6 und 7), dann wurde ein besonders langgestrecktes Ge-biet durchflossen. Man setzt dann den Wert der Zeile vor-her ein.

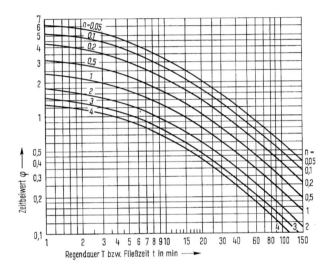

Bild 7.27 Zeitbeiwert in Abhängigkeit von der Fließzeit:
$$\varphi = 24/[n^{0,35}(t + 9)]$$

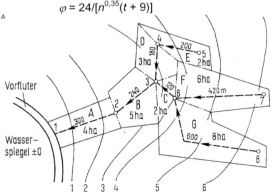

Bild 7.28 Schema eines Entwäs-serungsgebietes (Rechennetzplan)

Tafel 7.21   Listenrechnung zur Ermittlung der Durchflußmengen des Entwässerungsgebietes nach Bild 7.28; $r_{15, n=1}$ = 100 l/(s·ha)

1	2	3	4	5	6	7	8	9	10	11	12	13	14	15	16	17	18	19
Gebiet		Strecke von	bis	Kanallänge in m		Einzugsgebiet in ha		Anteil befestigter Flächen	Geländeneigung	φ_s	Regenwasserabflußspende	Abfluß Zufluß	$A_E \cdot q_r$	$\Sigma A_E \cdot q_r$ = Q_R	Zeitbeiwert Fließzeit t		Q_R = $\varphi \cdot Q_r$	weiter gegeben
lfd. Nr.	Name	Strecke oben	unten	l	Σl	ha A_E	ΣA_E	$A_{E.\,bef.}$ in %	In %		l/s·ha [1]	von Geb.	in l/s	in l/s	min [2]	φ		nach Geb.
1	G	8	6	600	600	8	8	0,40	< 1	0,37	37	-	296	296	10	1	296	C
2	F	7	6	420	1020	6	6	0,40	1 - 4	0,44	44	-	264	264	7	1	264	C
3	C	6	3	120	1140	2	16	0,60	4 - 10	0,62	62	G+F	124	684	12	1	684	B
4	E	5	4	200	1340	2	2	0,60	4 - 10	0,62	62	-	124	124	3,3	1	124	D
5	D	4	3	180	1520	3	5	0,60	4 - 10	0,62	62	E	186	310	6,3	1	310	B
6	B	3	2	240	1760	5	26	0,60	> 10	0,65	65	D+C	325	1319	16,0	0,96	1266	A
7	A	2	1	300	2060	4	30	0,60	> 10	0,65	65	B	260	1579	21,0	0,80	(1263)	Vor- fluter
																	1266	

[1] $q_r = \varPsi_s \cdot r$ [2] geschätzt

7.3.2 Dezentrale Versickerung von Niederschlagswasser [8]

Die Regenwasserversickerung ist ein alternatives Mittel, um bei hohem Entwässerungsanspruch die Nachteile der Ableitung zu vermeiden. Die Möglichkeiten sind an natürliche Verhältnisse gebunden und bestehen in Versickerung, Speicherung und Ableitung. Nach ATV-A 138 ist die Versickerung nur bei nicht schädlich verunreinigtem Niederschlagswasser von Dach- und Terrassenflächen von überwiegend zu Wohnzwecken und ähnlich genutzten Grundstücken – auch im gewerblichen Bereich – zulässig. Es wird vorausgesetzt, daß eine Versickerung in chemischer, physikalischer und biologischer Hinsicht keine nachteilige Veränderung des Grundwassers eintreten läßt. Die Versickerung soll oberflächennah durch die bewachsene und belebte Bodenzone erfolgen, die in einer Mächtigkeit von einigen dm eine gute Reinigungswirkung besitzt. Wegen des Grundwassers ist eine direkte Versickerung zu vermeiden. Die wichtigsten Systeme sind:

• *Flächenversickerung.* Das Regenwasser wird durch die durchlässige Oberfläche versickert, auch bei durchlässigen Pflasterungen. Anwendbar bei Hofflächen, Parkwegen, Campingplätzen und Sportanlagen.

• *Versickerungsmulden und -becken* dienen zur Speicherung und Versickerung. Um die Mulden flach zu halten soll das Wasser möglichst oberflächennah zugeführt werden (Bild 7.29). Für Versickerungsmulden gilt der Durchlässigkeitsbeiwert $k = 5 \cdot 10^{-6}$ m/s als Richtwert um die Entleerungszeiten zu begrenzen. Das Trocknen der Mulden zwischen den Regen erhält die Sickerfähigkeit. Der Flächenbedarf für Mulden, Tiefe $\approx$ 30 cm, liegt je nach Durchlässigkeit bei $\approx$ 10 bis 20% von A_{red} (undurchlässige Fläche). Versickerungsbecken benötigen wegen der größeren Einstauhöhe eine geringere Fläche.

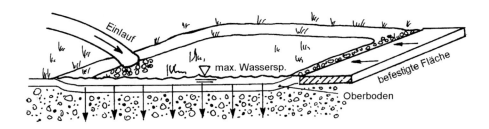

Bild **7**.29 Muldenversickerung

• *Mulden-Rigolen-Elemente* (Bild **7**.30). Das den Mulden als erstem Speicher zugeführte Regenwasser sickert durch eine ≈ 30 cm mächtige Mutterbodenschicht in die Rigole darunter. Diese dient als 2. Speicher. Sie entleert sich durch Versickerung oder durch Abfluß. Mulden-Rigolen werden gebaut, wenn man wegen Platzmangel mit Mulden alleine nicht auskommt. Ein Teil der Speicherung wird so in den Untergrund verlegt.

• Als *Transportelemente* werden Rasenmulden, Gräben, Pflaster- oder Fertigteilrinnen verwendet. Unterirdisch kommen Kanalrohre oder duktile Gußrohre zum Einsatz.

Bild **7**.30 Mulden-Rigolensystem

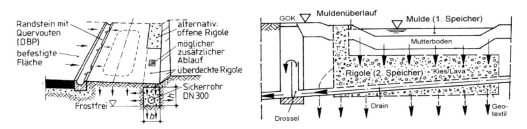

7.3.3 **Entwässerungsentwurf** [1, 2, 14, 16]

Grundlagen [2]

Entwässerungsverfahren. Dieser Begriff umfaßt sowohl die Abwassersammlung auf den Grundstücken als auch die Abwasserableitung in den Straßen. Man unterscheidet die *vollkommene Entwässerung*, bei der Schmutz- und Regenwasser vollständig abgeführt werden, und die *unvollkommene* oder *Teilentwässerung*, bei der nur das Regenwasser und ein Teil des Schmutzwassers abgeführt werden, während der andere Teil, meist Fäkalien, in Gruben oder Trockenaborten – dazu gehören auch Hauskläranlagen – gesammelt und abgefahren wird. Eine Teilentwässerung der Grundstücke ist hygienisch immer unbefriedigend, sie darf nur als Behelf betrachtet werden. Beim Neubau von Ortsentwässerungen ist nur noch die vollständige Entwässerung zulässig. Als Teilentwässerung kann auch die dezentrale Versickerung des Regenwassers auf den Grundstücken oder für bestimmte Siedlungsgebiete gelten, während das Schmutzwasser abgeführt wird.

In größeren Städten erhält der Bauherr oder Architekt eine sog. *Entwässerungsauskunft*, die genaue Angaben über die Entwässerung des zu bebauenden Grundstücks enthält.

Bei den Entwässerungsverfahren unterscheidet man *Mischverfahren* und *Trennverfahren*. Beim Mischverfahren wird mit dem Schmutzwasser auch der größere Teil des Regenwassers in einer Leitung befördert. Daher sind große Querschnitte erforderlich. Die Baukosten sind geringer als beim Trennverfahren, weil nur ein Kanal nötig ist. Die Verschmutzung des Vorfluters bei stärkerem Regen ist jedoch größer als beim Trennverfahren, da auch Fäkalien bei der Entlastung durch Regenüberläufe in den Vorfluter gelangen. Kläranlagen und Pumpstationen sind für große Wassermengen zu bemessen und werden dadurch baulich und betrieblich teurer. Beim Trennverfahren erhält jede Straße in der Regel *zwei* Kanalleitungen. Regenwasser wird gesondert vom Schmutzwasser dem nächsten Vorfluter zugeführt, so daß die Kläranlage kein Niederschlagswasser aufzunehmen hat. Da zwischen der Schmutzwasserleitung und dem Regenwasser-Straßenkanal keine Verbindung besteht, ist die Gefahr der Kellerüberschwemmung durch Rückstau bei starkem Regen beseitigt.

Begrenzung des Entwässerungsgebietes. Sie ergibt sich vorwiegend aus seiner Oberflächengestalt. Die Fläche, deren Abwasser mit natürlichem Gefälle einem Tiefpunkt zugeführt werden kann, ist das *Einzugsgebiet* des Tiefpunktes.

Die Entwässerungsleitungen folgen den Straßenzügen oder liegen im öffentlichen Gelände. Es ist erwünscht, den Hauptsammler in die Schwerlinie des Gesamtgebietes zu legen. Meistens wird er der Linie mit dem kleinsten Gefälle zum Tiefpunkt folgen. Tiefliegende Teile des Gesamteinzugsgebietes müssen über Abwasserhebeanlagen an das Hauptgebiet angeschlossen werden. Für den Entwurf eines Entwässerungsnetzes ist die Höhenermittlung wichtig. Die Meßtischblätter 1:25000 geben zwar gute Anhaltspunkte, müssen aber stets durch ausführliche Höhenmessungen ergänzt werden. In einen Lageplan 1:1000 bis 1:5000 sind die Straßenhöhen einzutragen. Wichtige Höhenpunkte sind Straßenkreuzungen, Endpunkte der Kanäle und Gefällewechsel der Straßenoberflächen. Für die bauliche Ausbildung der Kanäle sind Bodenbeschaffenheit und Grundwasserstand maßgebend. Erforderlichenfalls sind Probebohrungen und Grundwasseruntersuchungen vorzunehmen. Wasserwirtschaftlich günstig ist es, wenn das gesamte Abwasser in einem System gesammelt und gereinigt wird. Der Hauptsammler wird durch die Oberflächengestalt, den Verlauf des Vorfluters und die Lage der Reinigungsanlage festgelegt. Für die Form des Leitungsnetzes gibt es kein bestimmtes Schema, sie richtet sich nach Baugebiet und Geländeform. Charakteristische Formen sind das *Quernetz* mit *Schmutzwasser-Abfangsammler*, das *Verästelungsnetz* (*Bezirksnetz, Teilnetz*) und *Ringnetz* (Bild 7.31).

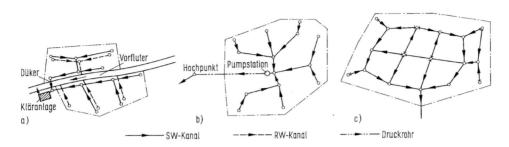

Bild 7.31   Netzformen   a) Quernetz   b) Verästelungsnetz   c) Ringnetz

Querschnittformen der Leitungen. Sie werden von der Wassermenge und -art bestimmt und sollen möglichst günstige hydraulische Eigenschaften haben. Die hauptsächlich im Gebrauch befindlichen Formen sind das Kreis-, Ei- und Maulprofil. Das *Kreisprofil* ist hydraulisch sehr günstig und leicht herstellbar. Die *Eiform* ist der Kreisform bei kleinen Wassermengen überlegen, weil die Füllhöhe bei gleichem Fließquerschnitt größer ist, sie erfordert jedoch eine größere Baugrubentiefe. Das *Maulprofil* gestattet bei geringer Bauhöhe die Ableitung größerer Wassermengen. Für die Leitungsrohre werden meist Fertigteile aus Steinzeug, PVC, PE, Gußeisen, Faserzement oder Beton verwandt [3].

Die Entwässerungskanäle stehen i. allg. nicht unter hydraulischem Überdruck. Die durchfließende Wassermenge ist bei Voll- und Teilfüllung errechenbar. Für die *hydraulische Berechnung* bestehen Tabellen z.B. von KIRSCHMER [18] oder UNGER [18a] nach der Formel von DARCY-WEISBACH:

$$h_r = \lambda \cdot \frac{l}{d} \cdot \frac{v^2}{2g} \quad \text{mit } \lambda \text{ nach PRANDTL-COLEBROOK}$$

In den Tabellen ist λ = Rauhigkeitsbeiwert durch k_b = Betriebsrauhigkeit ersetzt. k_b ist aus dem ATV-Arbeitsblatt A 110 zu entnehmen.

Lage der Leitungen im Straßenkörper. Bei der Festlegung der Leitungsachsen in städtischen Straßen ist zu berücksichtigen, daß der Straßenquerschnitt eine große Zahl von Leitungen aller Art aufzunehmen hat. Da diese Leitungen nach und nach verlegt wurden, sind sie oft nicht planvoll verteilt. Bei Straßenneubauten sind die „Richtlinien für das Einordnen von öffentlichen Versorgungsleitungen" (DIN 1998) zu beachten. Normalerweise wird eine Entwässerungsleitung in die Straßenmitte gelegt (s. Bild 7.32). Ist die Straße breiter als ≈ 20 m, so verlegt man auf jeder Straßenseite eine Leitung.
Wird nach dem Trennverfahren entwässert, so werden Regen- und Schmutzwasserleitungen möglichst nebeneinander in einer Baugrube verlegt. *Einsteigschächte* sind wichtige Betriebseinrichtungen des Kanalnetzes und dienen zum Be- und Entlüften, Reinigen, Spülen und zur baulichen Unterhaltung der Leitungen.

Tiefenlage der Leitungen. Die Mindesttiefenlage der *Schmutzwasserleitungen* des *Trennverfahrens* wird durch den Anschluß der Kellereinläufe bestimmt; i. allg. liegen die Leitungen damit frostsicher. Wenn man auf den Anschluß des Kellerablaufs und anderer Entwässerungsgegenstände im Keller durch Gefällekanal verzichtet oder eine Hebeanlage benutzt, verringert sich die erforderliche Kanaltiefe des Straßenkanals (s. DIN 1986).

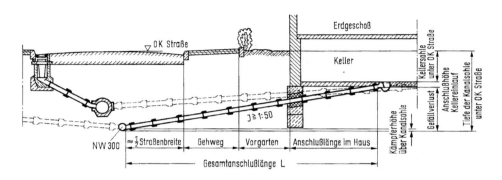

Bild **7**.32   Tiefenlage von Hausanschlußleitungen

Beispiel zu Bild **7**.32

½ Straßenbreite	2,40 m	Kellerfußbodentiefe unter OK-Straße	1,80 m
Gehweg	2,20 m	Tiefe des Kellereinlaufstutzens	0,25 m
Vorgarten	2,00 m	Gefälleverlust = 1/50 L = 1/50·10,10	0,20 m
Anschlußlänge im Haus	3,50 m	Kämpferhöhe über Kanalsohle	0,15 m
Gesamtanschlußlänge L = 10,10 m		Tiefe der Kanalsohle unter OK-Straße	2,40 m
		Richtwert	2,50 m

Die Mindesttiefe der *Regenwasserleitungen* des *Trennverfahrens* wird i. allg. durch den längsten Hofsinkkastenanschluß bestimmt, weil bereits die Regenwasser-Hausanschlußleitungen frostfrei liegen sollen, kommt man in den Anfangshaltungen meist zu Tiefen, die ≈ 0,5 m kleiner sind als die der Schmutzwasser(SW)-Kanäle. Dachfalleitungen und Straßensinkkästen lassen sich dann leicht anschließen.

Mischwasserkanäle erfordern größere Sohlentiefen. Bei gleicher Höhenlage des Kämpfers gegenüber den SW-Kanälen liegen ihre Sohlen wegen der größeren Profile tiefer. Normalerweise haben Kanäle in Straßen folgende Mindesttiefen der Kanalsohle unter Straßenoberkante

Kanäle	SW	RW	MW
breite Großstadtstraßen	2,5 m	2,5 m	2,5 m
Wohnstraßen, Kleinstädte	2,5 m	2,0 m	2,5 m
Landgemeinden und Siedlungen	2,0 m	1,5 m	2,0 m

Ist die Fließgeschwindigkeit des Abwassers zu gering, lagern sich Sinkstoffe am Boden der Kanäle ab; ist sie zu groß, wird die Kanalsohle abgerieben. Maßgebend für diese Vorgänge ist die Schleppspannung. Als Faustformel gilt min $J_s = 1 : n$ mit n = Rohrdurchmesser in mm. Eine Übersicht der Sohlengefälle gibt Tafel 7.22.

Unter dem *Gefälle* einer Entwässerungsleitung wird i. allg. ihr Sohlengefälle verstanden. Für die Abflußleistung ist jedoch das Gefälle des Wasserspiegels maßgebend.

Entwässerungsantrag und Bestandsplan. Für die Grundstücksentwässerungsanlagen gilt DIN 1986, Blatt 1 und 2 [9, 16]. Die zusätzlichen Forderungen der örtlichen Behörden sind in der *Entwässerungsauskunft*, in den *Ortssatzungen* bzw. den Auflagen der Wasserbehörde enthalten.

Tafel 7.22   Sohlengefälle von Entwässerungsleitungen

Leitungen (LW)	Gefälle		
	kleinste	größte	günstigste
Hausanschlüsse	1:100	1:10	1: 50
∅ 200 bis 300	1:200 bis 1:300	1:10 bis 1:15	1: 50 bis 1:200
∅ 300 bis 600	1:300 bis 1:600	1:20	1:100 bis 1:300
∅ 600 bis 1000	1:600 bis 1:800	1:30	1:200 bis 1:400
∅ 1000 bis 2000	1:1000	1:50	1:300 bis 1:800

Zu einem *Entwässerungsantrag* gehören:

1. Lageplan des Grundstücks M 1:500 bis 1:1000 mit Eintragung der Gebäude, Brunnen, Dungstätten, Kläranlagen, Grundstücksgrenzen und -bezeichnungen (Auszug aus Flurkarte), Anschlußkanäle in der Straße, Dränagen des Grundstücks.
2. Grundrisse der Geschosse M 1:100 mit Eintragung der Zapfstellen, Abläufe, Fallrohre. Besonders wichtig ist der Kellergrundriß. Er soll enthalten: Grundleitungen mit Angabe der DN (Nennweite), Werkstoffe, Reinigungsöffnungen, Schächte, Absperrschieber, Rückstauverschlüsse, Fettabscheider, Benzinabscheider, Fäkalienhebeanlagen, Hauskläranlagen.
3. Schnitte der Gebäude M 1:100 durch die Hauptgrundleitungen bis zur Anschlußleitung mit Höhenangaben. Die Höhenzahlen sollen errechnet sein.
4. Beschreibung der geplanten Entwässerung.

Es sind die in DIN 1986 Blatt 1 angegebenen Sinnbilder für die Entwässerungsanlagen zu verwenden.

In Neubaugebieten ist für den Architekten das Auffinden der vorgesehenen Hausanschlußleitungen besonders wichtig. Es werden zu diesem Zweck *Bestandspläne* angefertigt, aus denen Lage und Höhe der Anschlußleitungsenden hervorgeht. Erfahrungsgemäß sollte man beim Aufsuchen der Enden jedoch immer einen kurzen Suchgraben parallel zur Grundstücksgrenze anlegen.

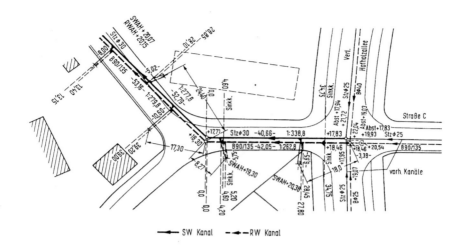

——← SW Kanal   — ← — RW Kanal

Bild 7.33   Ausschnitt aus einem Bestandsplan M 1:1000
SWAH = Schmutzwasseranschlußhöhe   RWAH = Regenwasseranschlußhöhe

7.3.4   Generelle Entwässerungslösung

Die wichtigste Entscheidung im Rahmen einer Entwurfsbearbeitung ist die Erarbeitung der gesamtplanerischen Entwässerungslösung. Der Planer ist aus wirtschaftlichen Gründen gezwungen, so weit als möglich das Geländegefälle auszunutzen. Jedoch werden mehr und mehr Lösungen angestrebt, welche die städtebaulichen Standortüberlegungen hinsichtlich des Klärwerks in den Vordergrund rücken. In diesem Falle sollte man die Kläranlage möglichst nahe beim Schwerpunkt des Entwässerungsgebietes unterbringen. Hauptsammler folgen oft der Linie mit dem kleinsten Gefälle. Dann erfassen sie das größte Einzugsgebiet. Die Frage, ob das Abwasser gehoben werden soll, wird nach wirtschaftlichen Gesichtspunkten entschieden, denn eine Hebeanlage ist immer unauffällig unterzubringen, auch in stark besiedelten Gebieten. Kläranlagen sollten immer einen räumlichen Abstand zu Wohngebieten haben. Die Geruchsbelästigung ist im Normalbetrieb zwar gering, kann aber bei Betriebsstörungen unangenehm werden. Der Ablauf von Kläranlagen ist noch mit einer Restverschmutzung belastet,deshalb sollten Kläranlagen flußabwärts der Ortsgebiete liegen. Als Mindestabstand sollten 1000 m angestrebt werden. Man sollte nie annehmen, daß Wasserläufe hygienisch sauberes Wasser führen, auch wenn das Wasser „klar" erscheint.

Die Frage, ob das *Trenn- oder das Mischverfahren* insgesamt einen Vorfluter stärker belastet, ist offen. Bei seltenem Anspringen der Regenüberlaufbauwerke kann das Mischverfahren vergleichsweise durchaus hygienisch sein. Es wird der Straßenschmutz nach langen Regenpausen mit durch die Kläranlage genommen. Beim Trennverfahren ist eine RW-

Kläranlage erforderlich. Andere Kriterien, z.B. Geländehöhen zum Vorfluter, Kanalquer-
schnitte, Selbstreinigungskraft des Vorfluters, Klärverfahren, Kosten, bestimmen meist die
Wahl des Verfahrens. Eine Hebung von Regen- (RW) oder Mischwasser (MW) sollte man
möglichst vermeiden, weil die Pumpstationen wegen der großen Wassermengen teurer
werden. Die Schmutzwasser(SW)-Hebung ist unproblematisch. Jedoch sollte auch diese
nicht unüberlegt vorgesehen werden. Sehr oft kommt man bei kleinen Einzugsgebieten mit
Gefällekanälen „auf Umwegen" aus. Ein Schema für Entwässerungslösungen gibt es nicht.
Die unterschiedlichsten örtlichen Bedingungen lassen dies nicht zu. In den Bilder 7.34 bis
7.37 sind einige Lösungen dargestellt, welche in die Problematik einführen sollen.

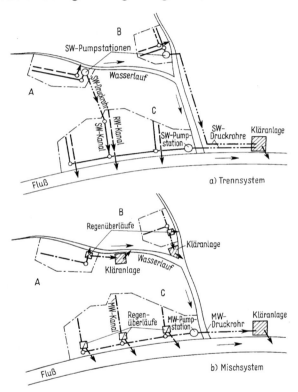

Bild 7.34 stellt für einen Hauptort
mit zwei Nebenorten (Gruppe) die
Lösungen für Trenn- und Mischsystem gegenüber. Bild 7.34a
zeigt das Trennsystem. Die Gruppe erhält eine SW-Kläranlage am
wasserreichsten Vorfluter. Die
Orte haben je eine Pumpstation. A
hebt in das Netz von C, B hebt
das SW direkt zur Kläranlage.
Das Schmutzwasser von A wird
also zweimal gehoben. Die Ne-
benwasserläufe werden nur bei
Regenbeginn mit Schmutzstoffen
belastet. Der am Fluß entwickelte
Ort C hat einen SW-Abfang-
sammler und mehrere RW-Ein-
läufe. Kanalisation teuer, SW-
Hebung teuer, Kläranlage wirtschaftlich, Vorfluterbelastung gering. Bild 7.34b zeigt dieselbe
Gruppe im Mischverfahren. Es
sind drei MW-Kläranlagen unterschiedlicher Größe erforderlich
mit drei dauernd belastenden Einleitungsstellen. Die Orte A und B
haben je einen, der Ort C drei

Bild 7.34   Vergleich einer Entwässerungslösung:
Trennsystem-Mischsystem

parallelgeschaltete Regenüberläufe, die nur bei starkem Regen anspringen. Hierdurch entstehen zeitweilig fünf weitere Einleitungsstellen. Durch RW-Klärbecken vor den Kläranlagen verringert sich die Vorfluterbelastung. Zu untersuchen wäre, ob die kleineren Wasserläufe die Schmutzbelastung überhaupt aufnehmen können. Kanalisation wirtschaftlich;
MW-Hebung nur einmal, jedoch teuer; drei MW-Kläranlagen, teuer; Vorfluterbelastung
bei starkem Regen groß.

Bild **7**.35 zeigt eine Ortschaft am Meer.
Die Entwässerung im Trennsystem ermöglicht wirtschaftlich die Flußkreuzung
durch Hebung und den langen Weg zur
Kläranlage an der Küste. Die Ortschaft
A, ebenfalls an der Bucht gelegen, ist
durch Düker angeschlossen, um nur eine
Einleitungsstelle mit langem Auslaßrohr
ins Meer zu bekommen. Dies ist wegen
der benachbarten Badestrände nötig. Der
Hauptort B erfaßt durch einen Ufer-
Randsammler das gesamte SW. Das RW
geht auf kürzestem Wege in die Meeres-
bucht. Die Lösung erscheint im Hinblick
auf die Reinhaltung der zeitweise kon-
vektionsarmen Bucht zweckmäßig. Die
Kläranlage kann durch weitere Anschlüsse übergeordnete Bedeutung bekommen. Kanalisation zwar teuer, aber
technisch wegen Rückstaugefahr aus der
Bucht dem Mischsystem überlegen.

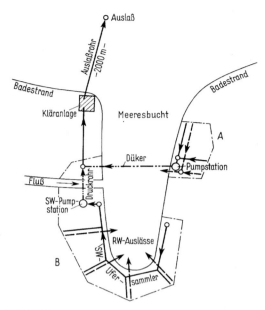

Bild **7**.35   Entwässerungsgebiet am Meer

Kläranlage wirtschaftlich. Langer Auslaß und Düker verteuern die Lösung. SW-
Pumpstation wirtschaftlich.

Bild **7**.36 zeigt Ort mit Misch- und
Nebenort mit Trennsystem. Die Hö-
henverhältnisse und die unterschiedlich starken Vorfluter führen zu dieser
Lösung. Mischsystem in B ist wegen
des guten Gefälles ohne Hebung und
wegen des stark wasserführenden
Flusses möglich. Die zwei hinterein-
andergeschalteten RW-Überlaufbau-
werke entlasten die MW-Kanäle
stark. Die Kläranlage erhält maximal
nur die doppelte oder dreifache Trok-
kenwettermenge. Der Ort A liegt jenseits der Wasserscheide zu B. Mischsystem A scheidet wegen des Grabens mit geringer Wasserführung

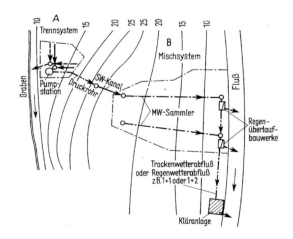

Bild **7**.36   Entwässerungsgebiet mit Mischsystem

aus. Die wirtschaftliche Hebung des Schmutzwassers mit kleiner Station und kurzem
Druckrohr bietet sich an. Falls nötig, müßte man dem RW-Auslauf noch einen Sandfang

oder ein RW-Klärbecken vorschalten. Mischsystem für B unter den o.a. Bedingungen wirtschaftlich möglich. Trennsystem für A aus Gründen des Gewässerschutzes erforderlich.

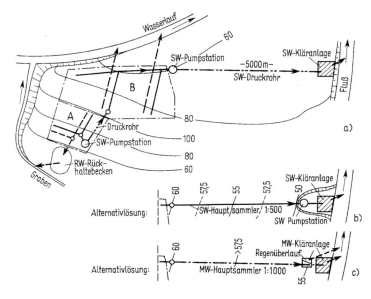

Bild **7.37** stellt eine Ortschaft mit langem Anschluß zur Kläranlage dar. Der Ortsteil A erscheint als eigenes Tiefgebiet, weil die Wasserscheide mit der Quote 100 zwischen A und B liegt. A hat nur einen Graben als Vorfluter zur Verfügung. Dieser ist nicht in der Lage, den durch die Flächenversiegelung der Baugebiete vermehrten Oberflächen-Wasserabfluß aufzunehmen.

Ein RW-Rückhaltebecken nimmt die Ab-

Bild 7.37 Entwässerungsgebiet mit langem Hauptsammler

flußspitzen auf, und gibt diese Wassermengen über einen längeren Zeitraum verteilt an den Graben ab. Das SW wird durch Pumpstation und Druckrohr an den nächsten Kanal in B gehoben. Es fließt durch das SW-Netz von B zur Hauptpumpstation und wird ein zweites Mal gehoben. Da das Gelände zwischen Pumpstation und Kläranlage fast eben ist, wurde der Anschluß zur Kläranlage durch Hebung nahe am Entwässerungsgebiet hergestellt. Dies ist dann zu empfehlen, wenn ein Sammler mit Hebung vor der Kläranlage (Bild **7.37**b) unwirtschaftlich würde. Allerdings sollte dort dann gleich so hochgepumpt werden, daß die Kläranlage vom Abwasser ohne weitere Hebung durchflossen werden kann. Die Alternativlösung c) zeigt den Fall für Mischsystem mit geringerem Gefälle des MW-Hauptsammlers. Hier sollte die Kläranlage im freien Gefälle erreicht oder eine Hebung erst hinter dem Regenüberlauf eingeschaltet werden. Das abgeworfene Überlaufwasser sollte jedenfalls ohne Hebung zum Vorfluter gelangen. Für die Lösungen b) und c) ist aber bei langem Anschluß Geländegefälle nötig, damit die Baukosten der Sammler tragbar bleiben.

7.3.5 Entwurfsbearbeitung

Die Straßenkanäle erhalten ihre Zuflüsse von den Anliegergrundstücken und von der Straßenfläche. Die Abmessungen richten sich nach den genormten Größen der Rohre, so daß meist eine Durchflußreserve vorhanden ist. Es genügt demnach, die Einzugsgebiete der

Kanalstrecken grob zu bestimmen. Bei weitläufiger Bebauung genügt es, als Begrenzung die Gefällewechsel des Geländes (Wasserscheiden für Oberflächenabfluß), bei geschlossenen Bauweisen die Mittellinien und Winkelhalbierenden der Baublöcke anzunehmen. Jedoch sollte man bei bebauten Grundstücken immer die Anschlußstelle der Grundstücksentwässerung mit berücksichtigen. Für die erhaltenen Teilflächen läßt sich der Abfluß berechnen, indem man die Flächengröße mit der Schmutzwasserabflußspende q_s oder der Regenwasserabflußspende q_r multipliziert (s. Abschn. 7.3.1). Die gefundenen Q-Werte legt man der Leitungsbemessung auf der ganzen Teilstrecke zugrunde und erhält hier für den oberen Teil der Kanalstrecke nochmals eine Querschnittsreserve. Erst bei Baublockgrößen > 100 m wird die Fläche weiter unterteilt und das Profil gegebenenfalls abgestuft.

Für Entwurfspläne wählt man den Abstand je nach der Größe des Entwurfsgebietes 1:500 bis 1:5000. Die Längsschnitte werden im Verhältnis 1:5, 1:10 oder 1:20 überhöht gezeichnet. Unter baureifen Plänen versteht man Zeichnungen, nach denen man ausschreiben, bauen und abrechnen kann. Sie haben den Maßstab 1:1000 bis 1:500.

Man geht in der Regel in folgender Reihenfolge vor:

1. Festlegung der Gesamtlösung anhand eines Planes mit kleinem Maßstab und Höhenangaben (Höhenlinien oder Höhenzahlen). Man stellt die Lage der Tiefpunkte fest (dort Kläranlage, Pumpstation oder Ausmündung in den Vorfluter).

2. Eintragen der voraussichtlichen Kanaltrassen in den Lageplan.

3. Geländebegehung und erforderlichenfalls Nivellement. Feststellen von Zwangspunkten für die Trassierung oder Höhenlage der Kanäle wie Straßenkreuzungen, Vorfluter, offene Wasserläufe, vorhandene Kanäle, Kellersohlen, Hanglage von Grundstücken etc.

4. Endgültiges Eintragen der Kanäle mit Schächten, Auslässen, Überlaufbauwerken usw. in den Lageplan.

5. Flächenaufteilung des Entwurfsgebietes. Numerierung der Flächen und Schächte. Ermittlung des Abflußbeiwertes (s. Abschn. 7.3.1).

6. Durchkotieren der Kanalsohlen im Lageplan. Berechnung des Gefälles nach den Höhenzahlen der Kanalsohlen.

7. Listenrechnung oder Flutplan für das Kanalnetz (s. Tafel 7.21), Dimensionierung der Kanäle (s. Abschn. 7.3.1) mit Hilfe von Tabellen.

8. Zeichnen von Längsschnitten für das Kanalnetz (Bild 7.39). Zunächst werden die Sohllinien gezeichnet, dann die Scheitellinien der Kanäle. Erforderliche Korrekturen durch Profilwechsel, Gefällverbesserungen u.a. werden vorgenommen und auch im Lageplan und in der Liste berücksichtigt.

Für 5. bis 8. ist der Einsatz von EDV-Anlagen sinnvoll.

9. Erläuterungsbericht. Er soll zu folgenden Punkten Angaben enthalten [1, 14, 16, 17]:

1	Veranlassung und Aufgabenstellung			- Jahresschmutzfrachten
1.1	Träger der Maßnahme			- Wasserspiegellagen
1.2	Veranlassung			- Überschwemmungswege
1.3	Gegenstand der Planung		3.3	Abwassermenge u. -beschaffenheit bei Regenw.
1.4	Einbindung in andere Planungen		3.4	Abwassermenge u. -beschaffenheit bei Trockenw.
1.5	Erfordernisse des Gewässerschutzes		3.5	Hydr. Kennwerte f. Kanäle u. Sonderbauwerke
1.6	Planungsabstimmung mit		3.6	Berechnungsmethoden
	- Planungsträger			
	- Genehmigungsbehörde		4	Planungs-Ergebnis
	- Technischer Fachbehörde u.a.		4.1	Varianten
1.7	Rechtsfragen		4.2	Bewertung der Varianten
			4.3	Gewählte Lösung
2	Örtliche Verhältnisse		4.4	Technische Auslegung
2.1	Entwässerungsgebiet, Beschreibung			
2.2	Verbindung mit anderen Entwässerungsgebieten		5	Bauliche Gestaltung, Ausrüstung, Betrieb
2.3	Bauleitplanung		5.1	Kanäle
2.4	Bevölkerungsverhältnisse		5.2	Regel- und Sonderbauwerke
2.5	Gewerbe, Industrie, Direkt-, Indirekteinleiter		5.3	Betriebliche Gesichtspunkte
				Personal, Wartung, Unterhaltung, Störmeldungen
2.6	Niederschlagsverhältnisse			Übertragung v. Meßdaten, Rückstandsbeseitig.
2.7	Vorfluterverhältnisse			
2.8	Untergrundverhältnisse		6	Kosten
2.9	Wasserversorgung		6.1	Herstellungskosten
2.10	Vorhandene Abwasseranlagen		6.2	Gesamtkosten
2.11	Bestehende Abwassereinleitungen in Gewässer		6.3	Betriebskosten
2.12	Sonderprobleme		6.4	Kostenvergleiche
	- Natur- und Landschaftsschutz			Jahreskosten, Barwerte [18b]
	- Hochwasserschutz			
	- Streusiedlungen		7	Zeit- und Kostenplanung
	- Campingplätze		7.1	Ausbaustufen
	- Kleingärten		7.2	Dringlichkeiten
	- Verkehrswege		7.3	Bauabschnitte mit Herstellungskosten
	- Bergsenkung		7.4	Zwischenlösungen
3	Technische Grundlagen		8	Zusammenfassung
3.1	Entwässerungsverfahren			
3.2	Sicherheitsvorgaben		9	Schrifttumsverzeichnis
	- Regenhäufigkeit			
	- Überlastungshäufigkeit		10	Verzeichnis der Anlagen und Pläne
	- Entlastungshäufigkeit, -menge, -dauer			

Bild **7**.38 und Bild **7**.39 zeigen als Entwurfspläne 1:1000 Lageplan und Schnittzeichnung der Entwässerung für ein kleines Baugebiet. Aus Übersichtlichkeitsgründen wurde auf die

Höhenzahlen der Kanäle im Lageplan verzichtet. Es handelt sich hier um ein Gebiet mit starken Höhendifferenzen, so daß keine Gefälleschwierigkeiten auftreten. Das maximale Sohlengefälle der Kanäle beträgt J_s = 1:14,21. Die Schächte 5 und 6 erhalten äußere Abstürze, d.h. eine Herabführung des Wasserflusses vor dem Schacht. Aufgrund der Hanglage des ganzen Gebietes und der fallenden Tendenz der beiden Stichstraßen zum Wendeplatz hin, ergibt sich hier eine wirtschaftliche Kanalführung außerhalb des Straßenraumes für die Gebiete E und F. Diese Trassierung ist ungewöhnlich, erfolgte aber in Übereinstimmung mit den Grundstückserwerbern. Normalerweise benutzt man die öffentlichen Verkehrsflächen für die Kanäle.

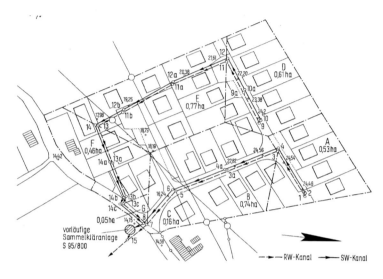

Bild **7**.38   Lageplan eines Baugebietes M 1:1000, im Druckbild M 1:3000

Die Bilder 7.40 und 7.41 geben den baureifen Entwurf M 1:500 von Sammlern im Trennsystem wieder. Die in der Straße C liegenden Kanäle werden im Rahmen der Erschließung des umliegenden Baugebietes im Vorgriff auf die Gesamtentwässerung des Ortes mitgebaut. Der RW-Sammler hat die notwendigen endgültigen Abmessungen und die richtige Höhenlage. Beim Schacht 41 werden später die RW-Kanäle des Ortes angeschlossen. Der SW-Sammler liegt ebenfalls bis zum Schacht 52a endgültig. Von dort führt er später weiter zur Zentralkläranlage des Ortes. Provisorisch führt er zunächst in eine Gebietskläranlage mit Ablauf in den RW-Kanal. Diese wird später ausgeschaltet. Auch bei diesen Kanälen überbrückt man steiles Straßengefälle durch Absturzschächte.

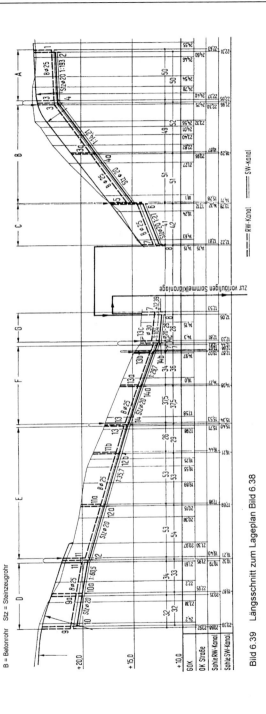

Bild 6.39 Längsschnitt zum Lageplan Bild 6.38

Bild 6.39 Längsschnitt zum Lageplan Bild 6.38

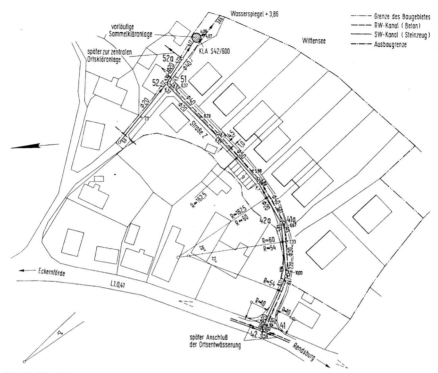

Bild 7.40   Lageplan von Sammlern

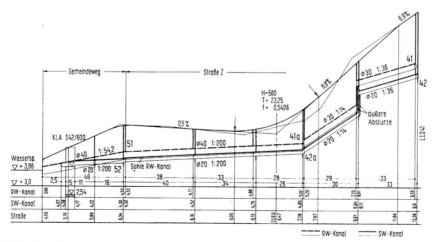

Bild 7.41   Längsschnitt zum Lageplan Bild **7.**40, Höhen zu Längen = 10:1

7.3.6   Abwasserentsorgung in ländlich strukturierten Gebieten

Für die Abwasserentsorgung in *ländlich strukturierten Gebieten* gelten neben den bisher genannten, noch andere Baugrundsätze. Es werden im wesentlichen 4 Verfahren angewandt, die sich mit der Sammlung des Abwassers als dem maßgebenden Kostenfaktor der Ortsentwässerung befassen.

Druckentwässerung. Sie besteht aus einem *Druckrohrnetz*, möglichst in Ringanordnung mit Anschluß-Druckrohrleitungen und *Schmutzwasserförderanlagen* für jeden Anschlußnehmer. Die Regenwasserableitung muß in konventioneller Bauweise oder als dezentrale Versickerung erstellt werden. Ablagerungen werden durch automatische Spülstationen beseitigt. Als Förderaggregate werden pneumatische (Drucklufttheber = Hochdruckentwässerung oder hydraulische (Tauchmotorpumpen = Niederdruckentwässerung wegen der geringeren erreichbaren Förderdrücke) eingesetzt.

Die Druckentwässerung wird im wesentlichen aus wirtschaftlichen Gründen angewandt. Folgende örtliche Bauverhältnisse begünstigen ihren Einsatz:
1. Weitläufige Bebauung (Streusiedlung oder Wohnblocks in großem Abstand).
2. Fehlendes Geländegefälle (Gefälleleitungen würden sehr große Tiefen erreichen, z.B. Siedlungen in der Marsch).
3. Ungünstiger Baugrund (flach verlegte Druckrohre erfordern keine Gründung oder Bodenaustausch).
4. Hoher Grundwasserstand (entscheidende Kostenfrage, meist kann die Grundwasserhaltung bei flachen Druckrohren vermieden werden).
5. Bebauung in Tiefgebieten (Teilgebiete einer Ortsentwässerung werden an das hochliegende Hauptgebiet angeschlossen).
6. Vorteile bei der Baudurchführung (größere Schnelligkeit beim Leitungsbau, geringere Verkehrbehinderung, schmale Rohrgräben, Durchpressung der Hausanschlüsse).
7. Kein Fremdwasser.

Die Nachteile liegen in der Kostenverlagerung vom öffentlichen in den privaten Bereich mit den höheren Kosten für die Förderaggregate gegenüber einer normalen Grundstücksentwässerung.

Unterdruckentwässerung (Vakuumentwässerung). Das System beruht auf dem Prinzip der Vakuumerzeugung in Transportleitungen für Abfälle und Abwasser. Das Leitungssystem erhält durch eine Vakkuumpumpe Unterdruck von 0,6 bis 0,7 bar. Die Schmutzwassermenge wird als Pfropfen in die Leitung gezogen. Der Transport in Kunststoffleitungen DN 65 bis DN 150, PN 10, endet in einem Sammelbehälter (Vakuumtank). Von dort kann das Abwasser dann konventionell, durch SW-Pumpe, weitertransportiert werden. Die Rohre werden mit Hoch- und Tiefpunkten versehen, damit sich Abwasserpfropfen bilden, die dann vom Luftdruck gegen das Vakuum bewegt werden. Verlegung in frostfreier Tiefe. Inspektionsrohre im Abstand von ≈ 50 m vorgesehen (Bild **7.42**).

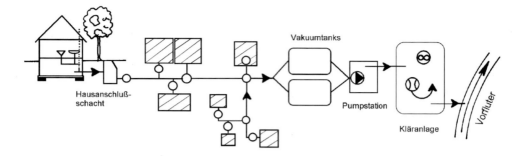

Bild **7**.42   System der Unterdruckentwässerung

Die Hausinstallationen werden normal, wie bei Gefälleentwässerung, ausgeführt. Der Anschluß der Hausanschlußleitung an das Vakuum-Transportnetz erfolgt entweder im Keller des Gebäudes oder in einem Schacht davor.

Regenwasser wird konventionell abgeleitet. Jede Wohneinheit bzw. jede Hauseinheit sollte einen eigenen Anschluß haben.

Das Schmutzwasser läuft im freien Gefälle zu. In einem Vakuumventil wird das Abwasser mit Luft gemischt und tritt als Gemisch aus dem Ventil aus. Das Ventil wird elektronisch geöffnet und durch Federdruck wieder geschlossen.

Anwendungsbereich der Unterdruckentwässerung entspricht dem der Druckentwässerung. Die Kostenvorteile gegenüber einem System mit Gefällekanälen entsprechen etwa denen der Druckentwässerung mit geringerem Aufwand für den Hausanschluß, aber Mehrkosten für die Vakuumanlage und den Sammelbehälter.

Steinka-System (Stufenentwässerung mit einfachem Kanalbau). Dieses benutzt Gefälleleitungen mit geringen Verlegetiefen und kleinen Zwischenpumpwerken.
Sobald die Rohrgrabentiefe von $\approx$ 2 m erreicht ist, wird eine Pumpe eingesetzt, die das Abwasser um $\approx$ 1 m in die weiterführende Freispiegelleitung hebt, Rohr-DN $\geq$ 150, k_b = 0,25 mm, $J_s \geq$ 1,5 ‰. Die Zwischenpumpwerke können aus montagefertigen Pumpenschächten erstellt werden (Bild 7.43).

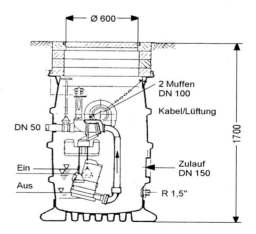

Bild **7**.43   Kunststoffschacht PKS für die Druckentwässerung (im nicht befahrbaren Bereich). Einbautiefe bis 1,72 m

Durch die geringen Rohrtiefen benötigen die Pumpenschächte wenig Bauraum. Ggf. reicht der Seitenstreifen einer Straße aus. Die Hausanschlüsse werden zweigeteilt. Wegen der Sammlertiefe von 1 bis 2 m können nur die Vollgeschosse im Gefälle entwässert werden. Im Kellerbereich liegende Räume werden über Hebeanlagen nach DIN 1986 entwässert. Besonders geeignet ist das System für kellerlose Objekte (Sommerhäuser, Campingplätze u.a.) oder im ländlichen Raum sowie bei hohen Grundwasserständen.

Statt der üblichen Kontrollschächte, l.W. ≥ 1 m, sind auf den Grundstücken und an den Sammlern Spülrohre DN 125 bzw. DN 150 vorgesehen. Der wesentliche Vorteil des Systems liegt in der Baukostenersparnis.

Gefälledruckentwässerung. Das Verfahren sieht vor, das Abwasser über ein Druckrohr mit oder ohne Pumpstation zu transportieren, auch wenn kein ausreichendes Gefälle zur Verfügung steht. Es kann unter Benutzung der Hauskläranlagen oder ohne diese eingesetzt werden. Der Hausanschluß führt direkt zum Hauptrohr oder beginnt hinter der letzten Kammer der Hauskläranlage. In diese kann zusätzlich ein Filterrohr gegen Feststoffaustrag, eine Rückschlagklappe und ein Spülanschluß eingebaut sein. Die Hauptleitung besteht aus handelsüblichen Druckrohren. Bemessung erfolgt als vollaufende Leitung. Fließgeschwindigkeiten $v \geq 0,7$ m/s ohne, 0,3 m/s mit Vorklärung und Filterung um Ablagerungen zu vermeiden. Sonst Einsatz von Pumpen. Die Gefälledruckentwässerung ist nur bei untergeordneten Entwässerungslösungen geeignet, z.B. im ländlichen Raum, auf Campingplätzen o.ä. Als *Vorteile* gelten: Niedrige Baukosten wegen geringer Verlegetiefen mit wenig Schächten (Abstände ≥ 200 m) und kleinen Rohrnennweiten; räumlich weitgehend unabhängige Trassenführung; späterer Umstieg auf das Drucksystem ist möglich.

7.3.7 Bauwerke der Ortsentwässerung

Man unterscheidet zwischen *Normalbauwerken* (Schächten, Straßenabläufe) [14, 16] und *Sonderbauwerken* (Umleitungsbauwerke, Entlastungsbauwerke, Pumpstationen, Hebewerke, Düker, Heber usw.) [14, 16, 17]. Normalbauwerke können ohne eine besondere Konstruktionszeichnung unter vielseitiger Verwendung von Fertigteilen gebaut werden (Bild 7.44), während bei Sonderbauwerken eine Konstruktionszeichnung notwendig wird.

Umleitungsbauwerke sollen große Wassermengen ohne Stau in eine neue Fließrichtung bringen. *Entlastungsbauwerke* trennen beim Mischsystem den unteren Teil des Abwassers ab und leiten ihn weiter, während der obere – oft größere – Teil in den Vorfluter abgeworfen wird. *Düker* und *Heber* sollen in der Abwassertechnik vermieden werden. *Pumpstationen* (Bilder 7.45, 7.46) heben das Abwasser durch mechanisch wirkende Laufräder, sog. Kanalräder, mit großem Durchmesser ≥ 150 mm über längere Strecken. *Hebewerke* (Schnecken, Schraubenradpumpen, Propellerpumpen) heben das Abwasser stufenförmig. Es fließt danach wieder mit freiem Gefälle weiter.

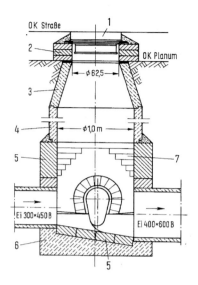

Bild **7**.44   Entwässerungsschacht (Normalbauwerk),
teilweise aus Fertigteilen
1 Schachtabdeckung
2 Schachtdeckeluntermauerung oder Auflagerringe
3 Schachthals (nach DIN 4034)
4 Schachtring (nach DIN 4034)
5 Mauerwerk (Schachtunterteil) oder Betonteile
6 Fundamentbeton
7 Verzogenes Mauerwerk bei eckigem Schachtunterteil

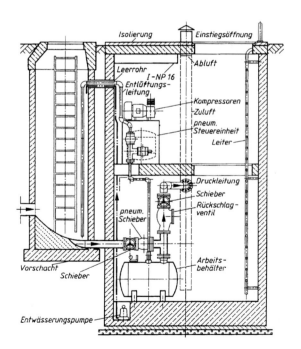

Bild **7**.45   Vertikalschnitt durch eine
pneumatische Hebeanlage

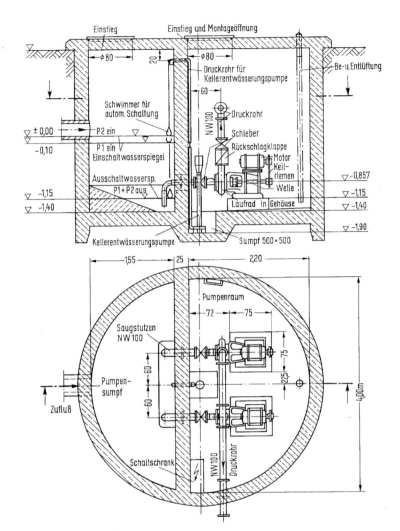

Bild 7.46
Schmutzwasser-
pumpstation (ho-
rizontale Aufstel-
lung)

7.3.8   Abwasserreinigung [5, 6, 7, 11, 14]

Abwasser enthält ungelöste und gelöste Schmutzstoffe. Ein Teil der ungelösten Stoffe hat die Fähigkeit sich abzusetzen. Mit absetzbar bezeichnet man in der Abwassertechnik jedoch nur diejenigen Stoffe, die sich innerhalb von 2 Stunden in ruhigem Wasser zu Boden schlagen; sie machen ≈ 2/3 der gesamten Schwebstoffe (ungelöste Stoffe) aus.

Nach der chemischen Beschaffenheit wird zwischen anorganischen und organischen Stoffen unterschieden. Die letztgenannten bestimmen vor allem den Charakter des normalen häuslichen Abwassers. Faulige Zersetzung organischer Reste entsteht durch Eiweißgehalt und Fäulnisbakterien. Da sich die Bakterien unter günstigen Lebensbedingungen, d.h. bei ausreichender Feuchtigkeit sowie bei Vorhandensein von Sauerstoff und Schmutzstoffen sehr schnell vermehren, kann der Verbrauch an Sauerstoff als Maßstab für die Verschmutzung des Wassers dienen. Verschmutztes Wasser hat einen „biochemischen Sauerstoffbedarf", abgekürzt *BSB*. Städtisches Abwasser enthält unzählige kleinste Lebewesen, vor allem Bakterien. Diese nutzen die organischen Reste als Nahrungsquelle und vermehren sich sehr schnell. Man rechnet mit $\geq$ 1 Mio. Keime je cm^3 Abwasser. Zum Vergleich verschiedener Abwässer benutzt man den biochemischen Sauerstoffbedarf nach 5 Tagen, den BSB_5. Er beträgt 68,4% des Gesamt-BSB (Tafel 7.23).

Tafel **7.**23   Mittelwerte des BSB_5, bezogen auf Einwohner und Tag, bei q_d = 200 l/(E·d)

	Sauerstoffbedarf in 5 Tagen in g/(E·d)	Schmutzmenge in g/(m³·d)
absetzbare Schwebstoffe	20	100
nicht absetzbare Schwebstoffe	10 }	50 }
gelöste Stoffe	30 } 40	150 } 200
insgesamt	60	300

Bei den Abwasserreinigungsverfahren unterscheidet man:
Natürliche Verfahren. Absetzen des Abwassers in Geländemulden oder Erdbecken mit Ausfaulen der am Boden lagernden Sinkstoffe, Versickern des Abwassers auf Rieselwiesen oder Rieselfeldern, Versickern des Abwassers in dränierten Bodenfiltern, Aufenthalt des Wassers in Fischteichen, Verregnung des Abwassers, Teichkläranlagen, Pflanzenkläranlagen (Wurzelraumentsorgung).
Künstliche Verfahren. Flach- und Trichterbecken mit daneben gelagertem selbständigem Faulraum oder zweistöckige Absetzbecken mit unten liegendem Faulraum, Fällungsbecken, Tropfkörper, Belebungsbecken, Belüftete Teiche, Getauchte Festbettanlagen (Biofilmanlagen), Filter.

Künstliche Verfahren brauchen weniger Raum. Sie arbeiten bei fachmännischer Betreuung geruchlos.

Im wesentlichen werden als künstliche Verfahren das Tropfkörper- und das Belebungsverfahren in verschiedenen Varianten verwendet (Bilder 7.47, 7.48).
Kläranlagen können aus Abwasser kein Trinkwasser machen; sie sollen jedoch eine möglichst große Reinigungswirkung erzielen. Selbst wenn wenig Schmutzstoffe verbleiben, belasten diese den Vorfluter. Ohne Kläranlagen würden die Gewässer eine Aufgabe erhalten, der sie nicht gewachsen sind.

Mechanisch-biologische Tropfkörperkläranlage. Die Bestandteile der Anlage zeigt Bild 7.47; sie hat einen Anschlußwert von etwa 100.000 EGW.

Die Kläranlage besteht aus drei Bauwerksgruppen mit jeweils besonderen Funktionen. Die *mechanische* Reinigung des Abwassers (Abfangen, Absetzen und Aufschwimmen ungelöster Stoffe) besteht hier aus dem Grobrechen (einem geraden Stabrechen), einem kreisförmig durchflossenen Sandfang und dem Rechenwolf, der meist zusammen mit einem maschinell betriebenen Feinrechen angeordnet ist. Er zermahlt das Rechengut. Haupteinrichtung der mechanisch wirkenden Bauwerksgruppe ist das Absetzbecken. Bei Aufenthaltszeiten von 0,5 bis 2,5 h werden die flockigen Schlammteile und restlichen mineralischen Bestandteile als Vorbeckenschlamm entfernt. In unserem Beispiel ist außerdem noch eine Vorbelüftung zur Sauerstoffanreicherung des Abwassers vorgesehen. Die *biologische* Stufe besteht hier aus Tropfkörpern, welche meist oberirdisch angeordnet sind. Das Abwasser wird durch Pumpen auf die einzeln oder in Gruppen stehenden Tropfkörper gehoben, durchrieselt sie und wird in Sammelrinnen aufgefangen, welche das Abwasser dem Nachklärbecken zuführen. In den Tropfkörpern werden die gelösten Schmutzstoffe biologisch adsorbiert und mineralisiert. Die ausgespülten Feststoffe des biologischen Rasens sind absetzbar und werden in der Nachklärung zurückgehalten. Aus den beiden Rundbecken fließt das Abwasser über Überlaufkanten dem Denitrifikationsbecken und danach einem Flokkungsfilter zu. Diese Elemente bilden die weitergehende Reinigungsstufe und dienen der N- und P-Elimination (Nachgeschaltete Denitrifikation). Der Schlamm des Nachklärbeckens wird wie bei den Vorklärbecken durch Räumgeräte abgeräumt und zusammen mit dem Vorbeckenschlamm zur *Schlamm- und Gasbehandlung* zurückbefördert. Die anaerobe Ausfaulung des Schlammes geschieht in geschlossenen Faultürmen; das freiwerdende Gas wird gesammelt und verwertet oder abgefackelt. Der ausgefaulte Schlamm wird meist in offenen Beeten oder Becken weiter getrocknet und dann landwirtschaftlich verwertet; er kann auch künstlich getrocknet, verbrannt oder zur Geländeauffüllung abtransportiert werden. Während die Einrichtungen der mechanischen Reinigung und der Schlammbehandlung in den verschiedenen Kläranlagen ähnlich sind, kann die biologische Stufe und die weitergehende Reinigung sehr variabel ausgebildet sein.

Mechanisch-biologische Belebtschlammkläranlage. Anlagen dieser Art sind später als die Tropfkörperanlagen entwickelt worden. Zusammen mit diesen stellen sie die Haupttypen von Kläranlagen dar (Bild 7.48).
Der biologische Teil besteht aus Belüftungsbecken, in welche das Abwasser nach der Vorklärung übertritt und dann mit Hilfe von belebtem Schlamm aus den Nachklärbecken (Rücklaufschlamm) und Luft biologisch gereinigt wird. Die Belebungs- oder Belüftungsbecken verschiedener Anlagen unterscheiden sich durch die Art des Lufteintrages. Dieser kann entweder durch Gebläse (Druckluft) oder durch Oberflächenbelüftung (horizontale Walzen, senkrechte Kreisel) erfolgen. Auch eine Sauerstoffbegasung ist möglich. Durch das reichliche Angebot an Schmutzstoffen vermehrt sich der belebte Schlamm stark, so daß ein Teil als Überschußschlamm in die Faultürme abgeführt werden muß. Hier fault er aus, wird dann in Eindickern und durch maschinelle Schlammentwässerung vom überschüssigen Schlammwasser getrennt und zur weiteren Verwertung oder Beseitigung abgegeben.

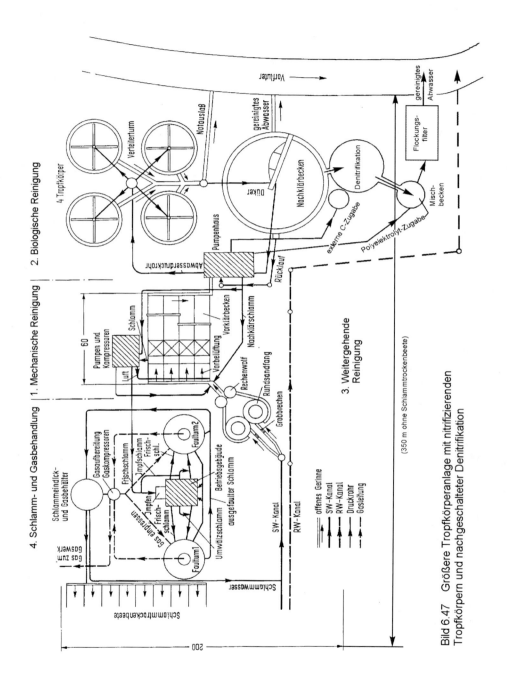

4. Schlamm- und Gasbehandlung | 1. Mechanische Reinigung | 2. Biologische Reinigung

3. Weitergehende Reinigung

Bild 6.47   Größere Tropfkörperanlage mit nitrifizierenden Tropfkörpern und nachgeschalteter Denitrifikation

Der Wirkungsgrad (Abbauleistung) einer Belebungsanlage ist im wesentlichen von der Intensität und der Dauer des Kontaktes zwischen Schmutzstoffen, Luft und Belebtschlamm abhängig. Belebungsanlagen eignen sich wegen der starken Belastbarkeit der Belebungsbecken für größere biologischen Kläranlagen. Bei sachgerechter Betreuung erreichen sie einen hohen Wirkungsgrad.

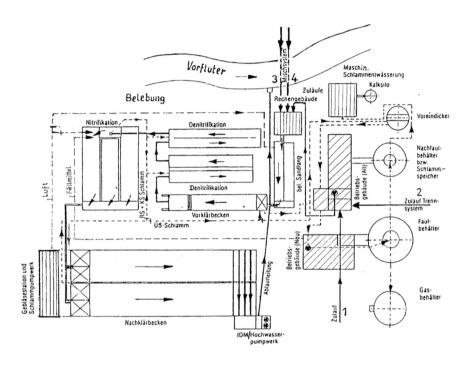

Bild 7.48   Belebtschlammkläranlage mit vier Zuläufen und vorgeschalteter Denitrifikation

In der Kläranlage nach Bild 7.48 wird das Abwasser der Gemeinde und das häusliche Abwasser eines Industriebetriebes gereinigt. Die Anlage ist für 18.000 EGW ausgelegt. Verfahrenstechnisch ist sie eine Belebungsanlage mit Nitrifikation, vorgeschalteter Denitrifikation und simultaner Phosphatfällung. Der Primär- und der Überschußschlamm werden in der Vorklärung eingedickt, dann ausgefault, nacheingedickt und durch eine Siebbandpresse entwässert. Die Ablaufwerte für Ammonium und Nitrat zeigen, daß eine vollständige Nitrifikation erreicht wird. Der Grenzwert für $N_{ges} = 18$ mg/l nach Rahmen-AbwaVerwV wird nicht immer eingehalten. Maßnahmen zur Verbesserung der Denitrifikationsleistung wurden vorgenommen: Verringerung des O_2-Eintrages in die Denitrifikationszone, O_2-Gehalt in der Nitrifikationszone auf $\leq 2{,}0$ mg/l.

Bild **7**.49 zeigt das Funktionsprinzip einer Kläranlage für weitergehende Abwasserreinigung, wie sie nach der Allg. RahmenVwV für Anlagen $\geq$ 5.000 EGW verlangt wird. Danach muß Ammonium-Stickstoff $NH_4N \leq 10$ mg/l, Gesamt-Stickstoff $N_{ges} \leq 18$ mg/l und Phosphor, gesamt P_{ges} auf $\leq 2,0$ mg/l (ab 20.000 EGW) bzw. $\leq 1,0$ mg/l (ab 100.000 EGW) reduziert werden. Die Wasserbehörden können, auch für kleinere Kläranlagen, diese oder noch geringere Ablaufwerte verlangen.

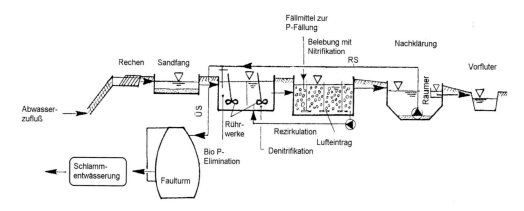

Bild **7**.49   Verfahrensprinzip einer einstufigen Belebungsanlage mit vorgeschalteter Bio-P-Elimination und Denitrifikation

Bild **7**.50 zeigt das Prinzip einer zweistufigen Kläranlage, meist eingesetzt für besonders hohe Reinigungsleistungen. Hier stellt ein Tropfkörper die erste und ein Belebungsbecken die zweite Stufe dar. Es gibt aber auch andere Kombinationen von Verfahrensstufen. Immer sollte auch die N- und P-Elimination erreicht werden. Den Stufen der Anlage sind dabei spezielle Reinigungsleistungen zugeordnet. Neben der Auswahl der technischen Einrichtungen ist die Bemessung der Anlagenteile ausschlaggebend für den Reinigungserfolg.

Kläranlagen in Kombinations- oder Kompaktbauweise. Neben der aufgelösten Bauweise großer Kläranlagen hat man für kleinere Anschlußwerte reinigungstechnisch voll wirksame Anlagen konstruiert, die mehrere Klärelemente in einem Bauwerk vereinigen. Darüberhinaus nutzt man mögliche verfahrenstechnische Vereinfachungen aus, z.B. Belebung bis zur Schlammstabilisierung. Vereinfachung der Schlammfaulung, Anlagen mit direkter Fällung. Dabei ist die Frage der Wirtschaftlichkeit ausschlaggebend.

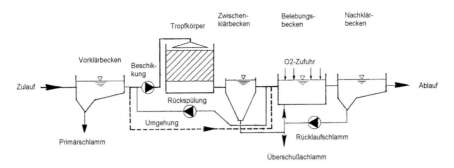

Bild **7**.50   Verfahrensprinzip einer zweistufigen Kläranlage

Die in Bild **7**.51 und **7**.55 schematisch dargestellten Beispiele sind aus einer langen Reihe von Kläranlagen ausgewählt.

Die Hauskläranlagen in der Form der *Mehrkammerkläranlage* haben reinigungstechnisch nur die Wirkung von Entschlammungsbecken, vorausgesetzt, daß sie regelmäßig gereinigt werden. Das hier durchgeflossene Wasser ist keineswegs „geklärt". Die Anlagen dürfen daher nur als Behelf angesehen werden und werden kaum noch genehmigt. Im allgemeinen ist die Nachrüstung mit einer biologischen Stufe vorgesehen.

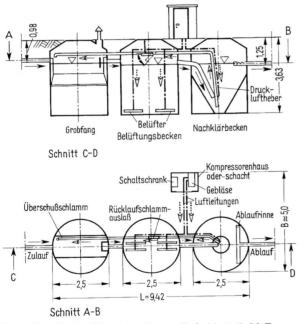

Schnitt C–D

Schnitt A–B

Bild **7**.51   OMS-Kläranlage für ein B-Gebiet mit 60 E

Kleinkläranlagen in Schachtbauweise (Bild **7**.51, **7**.55) benutzen meist die Schlammbelebung als Verfahren. Die biologische Stufe arbeitet mit langen Aufenthaltszeiten, so daß eine Stabilisierung des Schlammes möglich ist. Belüftung durch Druckluft. Verfahrenstechnisch enthält die Anlage alle wichtigen Stufen einer großen Anlage (s. Bild **7**.48). Die Vorklärung ist mehrmals im Jahr zu entschlammen. Diese Anlagen werden vorwiegend für die Abwasserreinigung in Neubaugebieten für 50 bis 500 EGW oder für Einzelhäuser eingesetzt, wenn noch keine zentrale Ortentwässerung besteht. Später erfolgt Aufhebung und Anschluß an die Ortsentwässerung. Vom Betrieb und der Wartung her gelten die Anlagen als Behelf.

Größere Anlagen, jedoch immer noch nach dem Prinzip der kleinen Kläranlagen entworfen, sind z.B. die verschiedenen Typen mit *Umlaufbelebungsbecken*. Als wichtigste Vertreter werden die Oxidations- und Belebungsgräben mit Trapez- oder Rechteckquerschnitt, die Karussel-Reaktoren und das OMS-Kombibecken genannt. Die Belüftung erfolgt hier mit horizontalen Walzen (Rotoren), Kreiseln oder Ejektoren. Bild **7**.52 zeigt den Lageplan einer Anlage mit Belebungsgraben für ca. 3.000 EGW. Das Vorklärbecken entfällt. Die Belebung ist für gleichzeitige aerobe Schlammstabilisierung bemessen. Die Stickstoffverbindungen werden ebenfalls in der Belebung oxidiert (nitrifiziert) und in einem besonderen Becken der Stickstoff freigesetzt (denitrifiziert). Bei entsprechender Bemessung des Belebungsgrabens kann die Denitrifizierung schon simultan in diesem erfolgen.

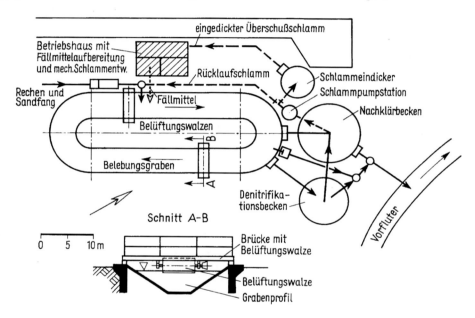

Bild **7**.52   Lageplan einer kleinen Kläranlage für 3000 Einwohner als Belebungsgraben

Die Phosphate werden durch ein Fällmittel simultan (zugleich mit der Abwasserbelüftung) ausgefällt. Diese zusätzliche dritte Reinigungsstufe (chemische) wird wegen der Eutrophierungsgefahr der Vorfluter notwendig. Der eingedickte Überschußschlamm wird durch eine mechanische Schlammentwässerung (hier: Siebbandpresse) entwässert und dann landwirtschaftlich verwertet, kompostiert oder verbrannt.

In den letzten Jahren wurden häufig belüftete (Bild **7**.57) und unbelüftete Teiche (Bild **7**.55) in ländlich strukturierten Gebieten eingesetzt. Der Flächenbedarf ist relativ hoch, bei belüfteten Teichen $\approx 3{,}0$ m^2/E, bei unbelüfteten ≥ 10 m^2/E. Die Werte gelten für die Teichoberflächen, so daß eine große Gesamtfläche für diese Anlagen benötigt wird.

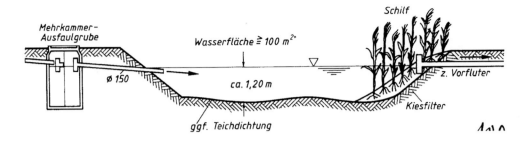

Bild **7**.53   Nachgeschalteter unbelüfteter Abwasserteich (Vertikalschnitt)

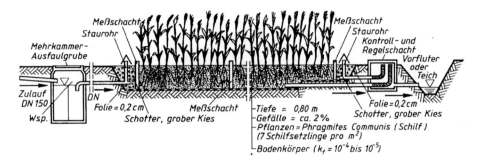

Bild **7**.54   Nachgeschaltete Pflanzenanlage (Vertikalschnitt)

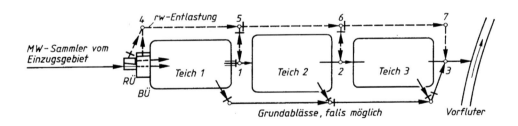

Bild **7**.55   Teichanlage mit Mischwasserbehandlung

Teichumläufe	– – ➤
Schieber	—†—
Drosselstrecke	═══
Regenüberlauf	RÜ
Beckenüberlauf	BÜ

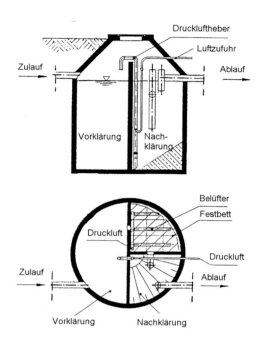

Bild 7.56   Biologische Kleinkläranlage mit belüftetem Festbett

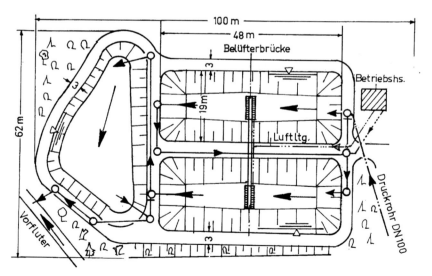

Bild 7.57   Belüftete Teichanlage für 800 EGW, SW-Behandlung

Bei ausreichender Bemessung sind die Reinigungsleistungen gut. Eine Saisonbelastung mit anschließender Entlastung wirkt sich positiv aus. Die Entschlammung ist erst nach mehreren Jahren notwendig. Nitri- und Denitrifizierung können teilweise erreicht werden. In flachen Nachklärteichen erfolgt bei Lichteinstrahlung ein sehr guter Keimabbau. Auch eine Kombination von Teichen mit konventionellen Klärstufen ist möglich.

Tafel 7.24   Bemessungswerte Abwasserteiche

Eingangswerte: 60 g BSB_5/(E·d), 150 l Abwasser/(E·d) Kenngröße	Dimen-sion	Absetz-teiche	unbe-lüftete Teiche	be-lüftete Teiche	Schö-nungs-teiche
$t_R^{1)}$ bei Trockenwetter	d	≥ 1	≥ 20	≥ 5	1 bis 5
$t_R^{1)}$ der Nachklärung	d			≥ 1	
Spezifische Oberfläche A_E Ablauf 35 mg/l BSB_5; 160 mg/l CSB	m^2/E		≥ 10		
Ablauf 45 mg/l BSB_5; 180 mg/l CSB	m^2/E		$\geq 5^{2)}$		
Zusätzlich bei Regenwasserbehandlung	m^2/E		bis zu 5		

[1] nur relevant bei $q \gg 150$ l/(E·d)   [2] nur bei vorgeschaltetem Absetzteich

Als Kleinkläranlagen (Abwassermenge ≤ 8 m^3/d) oder als kleine Kläranlagen (Gebiets-Kläranlagen o.ä.) werden auch Scheibentropfkörperanlagen und Anlagen mit getauchtem Festbett (Bild 7.56) in Kombinationsbauweise eingesetzt. Naturnahe kleine Anlagen sind Teiche (Bild 7.55) und Wurzelraumanlagen (Bild 7.54).

7.3.9 Abwasserabgabegesetz - AbwAG

In einer novellierten Fassung des WHG [21] (Wasserhaushaltsgesetz) hat der Gesetzgeber eine Ausweitung der abgabenrelevanten Schadstoffe und Schadstoffgruppen vorgenommen.

In der Tafel 7.25 sind die Bewertung der Schadstoffe und Schadstoffgruppen sowie die Schwellenwerte gemäß Anlage zu § 3 AbwAG zusammengestellt. Die Bewertung der Stoffe im Abwasser nach ihrer Schädlichkeit, ist von der Problemstellung (z.B. Nutzungsziel) abhängig. Daher wird die Schädlichkeit von Abwasserinhaltsstoffen in den verschiedenen gesetzlichen Regelungen unterschiedlich eingestuft. Als notwendige Voraussetzung für die Auswahl der Schadstoffe, deren Einleitung begrenzt bzw. mit einer Abgabe belegt werden soll, sind zu nennen:
- Der Schadstoff muß eine unerwünschte Wirkung wie Persistenz, Akkumulierbarkeit, Eutrophierung etc. im Gewässer aufweisen (eine dieser Eigenschaften reicht bereits aus).
- Der Schadstoff muß in bedeutsamen Mengen im Abwasser vorkommen. Darüber hinaus muß zu erwarten sein, daß seine mengenmäßige Reduktion auch zu einer Verbesserung der Gewässergüte führt.
- In technischer Hinsicht sollen Vermeidungsmaßnahmen vorhanden sein.
- Es muß ein analytisches Verfahren existieren, das den Schadstoff übereinstimmend mit den gesetzlichen Regelungen abbildet und einen vernünftigen Vollzugsaufwand garantiert.

Tafel **7**.25 Bewertung der Schadstoffe nach AbwAG, i. d. Fassung vom 6.11.1990, Anlage § 3

Nr.	Bewertete Schadstoffe und Schadstoffgruppen	Einer Schadeneinheit entsprechen jeweils folgende volle Meßeinheiten	Schwellenwerte nach Konzentration und Jahresmenge	
1	CSB	50 kg Sauerstoff	20 mg je Liter und 250 kg Jahresmenge	
2	Gesamtstickstoff	25 kg	5 mg je Liter und 125 kg Jahresmenge	
3	Gesamtphosphor	3 kg	0,1 mg je Liter und 15 kg Jahresmenge	
4	Adsorbierbare organisch gebundene Halogene (AOX)	2 kg Halogen, berechnet als Cl	100 µg je Liter und 10 kg Jahresmenge	
5	Metalle und ihre Verbindungen			Jahresmenge
5.1	Hg	20 g	1 µg/l	100 g
5.2	Cd	100 g	5 µg/l	500 g
5.3	Cr	500 g	50 µg/l	2,5 kg
5.4	Ni	500 g	50 µg/l	2,5 kg
5.5	Pb	500 g	50 µg/l	2,5 kg
5.6	Cu	1000 g	100 µg/l	5,0 kg
6	Giftigkeit gegenüber Fischen	3000 m^3 Abwasser geteilt durch G_F	$G_F = 2$	

G_F ist der Verdünnungsfaktor, bei dem Abwasser im Fischtest nicht mehr giftig ist.

Tafel **7**.26 zeigt ein Beispiel für die Berechnung der Abwasserabgabe einer kleinen Gemeinde.

Eine Herabsetzung der Abgabenhöhe auf 25% wird gewährt, wenn die Mindestanforderungen auf Basis der aaRdT eingehalten werden. Bei Einhaltung des Stands der Technik reduziert sich die Abgabe sogar auf 20%. Werden strengere Werte als die Mindestforderungen festgelegt bzw. erklärt und eingehalten, verringert sich die Abgabe in linearer Weise, wobei ab 50%iger Unterschreitung der Mindestanforderungen im Bereich der aaRdT die Abgabe ganz entfällt. Bei Abwasserbehandlungsanlagen, die die Schadstofffracht des Abwassers stärker vermindern, als es den aaRdT entspricht, können die Investitionen für diese Verminderung gegen die Abgabe in einem begrenzten Zeitraum aufgerechnet werden.

Auch für Niederschlagswasser ist eine Abgabe in Höhe von 18 Schadeinheiten je Hektar (ab 3 ha Fläche) und Jahr zu bezahlen. Erklärt der Einleiter gegenüber der Behörde, daß er für mehr als drei Monate weniger Abwasser oder eine geringere Schmutzkonzentration einleiten wird als es dem Wasserrechtsbescheid entspricht, reduziert sich die Abgabe entsprechend. Ab 1.1.97 beträgt der Abgabesatz pro Schadeinheit (SE) 70 DM/SE.

Die Abgabe wird durch die Länder erhoben. Ihre Verwendung ist zweckgebunden und soll der Erhaltung oder Verbesserung der Gewässergüte dienen, dazu gehören folgende Maßnahmen:

1. der Bau von *Abwasserbehandlungsanlagen* (Kläranlagen)
2. der Bau von *Regenrückhaltebecken* und anderen Anlagen zur Reinigung des Niederschlagswassers
3. der Bau von *Ring- und Abfangkanälen* an Talsperren, See- und Meeresufern sowie von Hauptverbindungssammlern, welche den Bau von Gemeinschaftskläranlagen ermöglichen
4. der Bau von Anlagen zur *Klärschlammbeseitigung*
5. *Maßnahmen im und am Gewässer zur Beobachtung und Verbesserung der Gewässergüte*, wie Niedrigwasseraufhöhung oder Sauerstoffanreicherung, sowie zur Gewässerunterhaltung
6. *Forschung und Entwicklung* von Verfahren zur Verbesserung der *Gewässergüte*
7. *Ausbildung und Fortbildung des Betriebspersonals für Abwasserbehandlungsanlagen* und andere Anlagen zur Erhaltung und Verbesserung der Gewässergüte.

Tafel 7.26   Berechnung der Abwasserabgabe einer kleinen Gemeinde

Aktenzeichen: 000ι Bezeichnung: R-Dorf   Abwasserabgabe für 1993

Zugrundeliegende Jahresschmutzwassermenge: 80.000 m³ (JSM)
Bemessungsgröße: 270 kg BSB_5/Tag = 4.500 EG
Abgabegesetz = 60,00 DM/Schadenseinheit, bewertet nach Anhang 01 der Rahmen-Abwasser VwV
Grenzwerte nach den a.a.R.d.T. *CSB* 110 mg/l

Ermittlung des Abgabesatzes   Schwellenwerte

Parameter	Dimension	Bescheidwert	Überwachungswert	Tage - Jahr	Berechnungswert	Minderung Abgabesatz	Abgabesatz festgesetzt	zulässige Schmutzfracht/a	gemessene Konzentrationen i. M	Jahresmenge	Divisor	Schadeinheiten	Festgesetzter Betrag
1	2	3	4	5	6	7	8	9	10	11	12	13	14
Fischgiftigkeit	G_F	2,0	2,0	365	2,0	75%	15 DM	53,33 kg	2,0 G_F	0,0	1 kg	0,00	0,00 DM
CSB Chemischer O_2-Bedarf	mg/l	110,0	110,0	365	110,0	75%	15 DM	8800,00 kg	20,0 mg/l	250,0 kg	50 kg	176,00	2640,00 DM
Gesamtstickstoff	mg/l	60,0	40,0	365	40,0	75%	15 DM	3200,00 kg	5,0 mg/l	125,0 kg	25 kg	128,00	1920,00 DM
Phosphor Gesamt	mg/l	15,0	10,0	365	10,0	75%	15 DM	800,00 kg	0,1 mg/l	15,0 kg	3 kg	266,67	4000,05 DM
Cadmium	µg/l	5,0	5,0	365	5,0	75%	15 DM	400,00 g	5,0 µg/a	500,0 g	100 g	0,00	0,00 DM
Chrom	µg/l	50,0	50,0	365	50,0	75%	15 DM	4,00 g	50,0 µg/l	2,5 kg	500 g	0,00	0,00 DM
Quecksilber	µg/l	1,0	1,0	365	1,0	75%	15 DM	80,00 g	1,0 µg/l	100,0 g	20 g	0,00	0,00 DM
Blei	µg/l	50,0	50,0	365	50,0	75%	15 DM	4,00 g	50,0 µg/l	2,5 kg	500 g	0,00	0,00 DM
Kupfer	µg/l	100,0	100,0	365	100,0	75%	15 DM	8,00 g	100,0 µg/l	5,0 kg	1 kg	0,00	0,00 DM
Nickel	µg/l	50,0	50,0	365	50,0	75%	15 DM	4,00 g	50,0 µg/l	2,5 kg	500 g	0,00	0,00 DM
AOX	µg/l	100,0	100,0	365	100,0	75%	15 DM	8,00 kg	100,0 µg/l	10,0 kg	2 kg	0,00	0,00 DM
												Gesamt	8560,05 DM

Berechnung einzelner Spalten:
Spalte 9 = Spalte 6 x JSM/1000   Spalte 13 = Spalte 9/Spalte 12   Spalte 14 = Spalte 8 x Spalte 13

7.4 Literaturverzeichnis

ATV-A Arbeitsblatt der Abwassertechnischen Vereinigung

[1]   ATV-Arbeitsblatt A 101, 5/96: Planung von Entwässerungsanlagen, Neubau, Sanierungs- und Erneuerungsmaßnahmen

ATV-Arbeitsblatt A 102, 11/90: Allgemeine Hinweise für die Planung von Abwasserableitungen und Abwasserbehandlungsanlagen bei Industrie und Gewerbebetrieben

[2]   ATV-Arbeitsblatt A 105, 1/83: Hinweise für die Wahl des Entwässerungsverfahrens (Mischverfahren/Trennverfahren)

[3]   ATV-Arbeitsblatt A 110, 8/88: Richtlinien für die hydraulische Dimensionierung und den Leistungsnachweis von Abwässerkanälen und -leitungen

ATV-Arbeitsblatt A 115, 10/94: Einleiten von Abwasser in eine öffentliche Abwasseranlage

[4]   ATV-Arbeitsblatt A 118, 7/77: Richtlinien für die hydraulische Berechnung von Schmutz-, Regen- und Mischwasserkanälen

[5]   ATV-Arbeitsblatt A 122, 6/91: Grundsätze für Bemessung, Bau und Betrieb von kleinen Kläranlagen mit aerober biologischer Reinigungsstufe für Anschlußwerte zwischen 50 und 500 Einwohner

[6]   ATV-Arbeitsblatt A 126, 12/93: Grundsätze für die Abwasserbehandlung in Kläranlagen nach dem Belebungsverfahren mit gemeinsamer Schlammstabilisierung bei Anschlußwerten zwischen 500 und 5.000 Einwohnerwerten

ATV-Arbeitsblatt A 131, 2/91: Bemessung von einstufigen Belebungsanlagen ab 5000 Einwohnerwerten

ATV-Arbeitsblatt A 133, 9/96: Erfassung, Bewertung und Fortschreibung des Vermögens kommunaler Entwässerungseinrichtungen

ATV-Arbeitsblatt A 134, 8/82: Planung und Bau von Abwasserpumpwerken mit kleinen Zuflüssen

[7]   ATV-Arbeitsblatt A 135, 3/89: Grundsätze für die Bemessung von einstufigen Tropfkörpern und Scheiben-Tauchkörpern mit Anschlußwerten über 500 Einwohnergleichwerten

[8]   ATV-Arbeitsblatt A 138, 1/90: Bau und Bemessung von Anlagen zur dezentralen Versickerung von nicht schädlich verunreinigtem Niederschlagswasser

[9]   Abwassertechnik 1 (DIN-Taschenbuch 13): Gebäude- und Grundstücksentwässerung, Sanitärausstattungsgegenstände, Entwässerungsgegenstände, Berlin 1995

[10]   Abwassertechnik 2 (DIN-Taschenbuch 50): Rohre und Formstücke für die Gebäudeentwässerung, Berlin 1992

[11]   Abwassertechnik 3 (DIN-Taschenbuch 138): Kläranlagen, Abwasserreinigung, Berlin 1996

[12]   Abwassertechnik 5 (DIN-Taschenbuch 259): Rohre und Formstücke für Abwasserkanäle und erdverlegte Abwasserleitungen, Berlin i. Vorb.

[13]   Abwasserabgabegesetz (AbwAG) vom 3.11.94 (4. Novelle)

[14]   ATV: Handbuch. 6 Bände, 4. Auflage, Berlin, 1994, 1995, 1996, 1997

ATV: Lehr- und Handbuch der Abwassertechnik. 3 Bände, 3. Auflage, Berlin 1982

[15]   DAMRATH, H., CORD-LANDWEHR, K.: Wasserversorgung, 11. Aufl., Stuttgart 1998

[16]   HOSANG, W./BISCHOF,W.: Abwassertechnik, 11. Auflage, Stuttgart 1998

HÜNERBERG, K.: Handbuch für Asbestzementrohre. Berlin 1968

[17]   IMHOFF, K.: Taschenbuch der Stadtentwässerung. 27. Auflage, München 1990

[18]   KIRSCHMER, O.: Tabellen zur Berechnung von Entwässerungsleitungen. Heidelberg 1966

        KIRSCHMER, O.: Tabellen zur Berechnung von Rohrleitungen. Heidelberg 1963

[18a]   UNGER, P.: Tabellen zur hydraulischen Dimensionierung von Abwässerkanälen und -leitungen nach ATV-A 110

[18b]   LAWA (LänderArge Wasser): Leitlinien zur Durchführung von Kostenvergleichsrechnungen. 5. Auflage, München 1994

        LAUTRICH, R.: Der Abwasserkanal. 4. Auflage, Hamburg 1977

[19]   MUTSCHMANN, J. UND STIMMELMAYR, F.: Taschenbuch der Wasserversorgung. 8. Auflage, Stuttgart 1983

[20]   PRESS, H.: Taschenbuch der Wasserwirtschaft. 7. Auflage, Hamburg, 1993

[21]   Wasserhaushaltsgesetz (WHG), Fassung vom 23.9.86, BGBl. I, S. 1529 u. S. 1654, geändert durch UVP (Umweltverträglichkeitsprüfung v. 12.2.1990) und 6. Novelle v. 12.11.96 (BGBl. I, S. 1695)

[22]   Wasserversorgung 1 (DIN-Taschenbuch 12): Wassergewinnung, -untersuchung, -aufbereitung. Berlin 1995

[23]   Wasserversorgung 2 (DIN-Taschenbuch 62): Rohre und Formstücke für die Wasserverteilung. Berlin 1991

[24]   Wasserversorgung 3 (DIN-Taschenbuch 63): Rohrnetz und Zubehör. Berlin 1993

[25]   Wasserwesen (DIN-Taschenbuch 211): Begriffe. Berlin 1996

[26]   W 101 Richtlinien für Trinkwasserschutzgebiete. I. Teil, Schutzgebiete für Grundwasser

[27]   W 102 Richtlinien für Trinkwasserschutzgebiete. II. Teil, Trinkwassertalsperren

[28]   W 111 Richtlinien für die Ausführung von Pumpversuchen für die Wassererschließung

        W 121 bis W 123 Wasserversorgungsanlagen; Sinnbilder, Lage- und Höhenplan

[29]   W 302 Druckabfalltafeln von 40 bis 2000 mm

[30]   W 308 Richtlinien für die Berechnung von Wasserleitungen in Hausanlagen

        W 351 bis 357 Kleinbauwerke der Wasserversorgung

        W 402 Planung einer Wasserversorgung

[31]   W 405 Merkblatt über den Löschwasserbedarf

        Wassergesetze der Länder, veröffentlicht in den Gesetz- und Verordnungsblättern der Länder

[32]   Wassersicherstellungsgesetz (WasSG), BGBl. I S. 503

        Wassersicherstellungsverordnungen, 1. WaSSV und 2. WaSSV der BRD

8 Energieversorgung *(W. Storm)*

Für die biologische Evolution ist die Verfügbarkeit *freier Energie* von existentieller Bedeutung. Das ständige Anpassen an veränderte Umweltbedingungen und die kontinuierliche Nutzung verfügbarer lokaler Energieressourcen, die Nahrungsketten einschließen, sind für das Überleben von biologischen Gattungen unverzichtbar. Unsere natürliche Umwelt liefert eine Vielzahl von lehrreichen Vorbildern, wie Energieprobleme in der Natur durch Mannigfaltigkeit der Nutzung und *Energieumwandlung* gelöst werden. Eindrucksvolle Beispiele aus sehr unterschiedlichen Bereichen sind die Photosynthese der Pflanzen, der Gleitflug der Vögel oder die Mikroorganismen, die allein durch den Abbau polycyklischer aromatischer Kohlenwasserstoff-Schadstoffe ihren Energiebedarf decken.

Die historische Entwicklung der menschlichen Zivilisation ist geprägt von der stetigen Suche nach geeigneten Energieträgern, um orginäre Bedürfnisse durch *Energienutzung* zu befriedigen. Diese Suche nach verwertbaren *Energiesystemen* begann mit der Beherrschung des Feuers und verlief bis in die Gegenwart für die Menschheit grundsätzlich erfolgreich. Temporäre Energieversorgungskrisen blieben bisher regional beschränkt. Trotz aller durch den Menschen sinnvoll erdachten technischen Konzepte der Energieversorgung hat sich an einer Grundaussage nichts geändert:

Energie ist ein knappes Gut.

Die *anthropogene Energieversorgung* hat heute aber keinesfalls nur regional beschränkte technisch-wirtschaftliche oder organisatorische Komponenten, sondern ist gleichzeitig eine globale Herausforderung. Mit der Erkenntnis, dass sich durch anthropogene Energienutzung irreversible Umweltveränderungen anbahnen, deren Folgen zu einer weltweiten existentiellen Bedrohung der Menschheit werden können, erhält das Energieproblem globale Dimensionen. Nachhaltige Handlungskonzepte müssen *ökologische, ökonomische und soziale Ziele* integrierend auch in die Energieversorgung einbringen, um sie mit Hilfe der städtebaulichen Fachplanung umzusetzen.

8.1 Gesetzliche Grundlagen der Energieversorgung

Nach dem *Grundgesetz* unterliegt die *Energiewirtschaft* der konkurrierenden Gesetzgebung des Bundes und der Länder (GG Art. 74 Ziffer 11). Der Bund darf von diesen Zuständigkeiten nur dann Gebrauch machen, wenn ein Bedürfnis nach einer bundeseinheitlichen Regelung besteht. Der Bund kann auf dem Gebiet der *konkurrierenden Gesetzgebung* aber immer dann tätig werden, wenn er es für notwendig erachtet. Macht der Bund von seiner Befugnis zur Gesetzgebung Gebrauch, erlischt insoweit die Gesetzgebungsbefugnis der

Länder, soweit sie sich mit der Materie befassen; denn gemäss GG Artikel 31 geht Bundesrecht dem Landesrecht vor.

Die Beteiligung der *Kommunen* (Städte, Gemeinden) ist in der förderalen Verfassung der Bundesrepublik bei allen Entscheidungen, die die Belange der betreffenden Bürger berühren, festgeschrieben (GG Artikel 28 Absatz 2):

Den *Gemeinden* muss das Recht gewährleistet sein, *alle Angelegenheiten* der örtlichen Gemeinschaft im Rahmen der Gesetze *in eigener Verantwortung* zu regeln.

Seit 1935 wird die Energieversorgung durch das **Gesetz zur Förderung der Energiewirtschaft** (Energiewirtschaftsgesetz – EnWG) [1] geregelt. Der leitungsgebundenen Energieversorgung (Strom, Gas) wird in diesem Energiewirtschaftsgesetz eine besondere Stellung in der Wirtschaft eingeräumt, die der geplanten Liberalisierung des europäischen Energiemarktes widerspricht.

Die Umsetzung der Richtlinie 96/92/EG des Europäischen Parlaments und des Rates vom 19. Dezember 1996, betreffend gemeinsame Vorschriften für den *Elektrizitätsbinnenmarkt*, in nationales Recht machte die Novellierung des Energiewirtschaftsgesetzes unumgänglich. Das **Gesetz zur Neuregelung des Energiewirtschaftsrecht** vom 24. April 1998 [2] sieht auch Änderungen im Gesetz gegen *Wettbewerbsbeschränkungen* (Kartellgesetz) vor.

Die Richtlinie 96/92/EG konzipiert vorrangig drei Ziele für die Vollendung des Elektrizitäts-Binnenmarktes:
- Den freien Handel von Elektrizität auch über nationale Grenzen hinweg.
- Die Erhöhung der *Versorgungssicherheit* durch eine auf breiter Basis beruhenden, flexiblen Versorgung.
- Gesteigerte Wettbewerbsfähigkeit der Energieversorgungsunternehmen (EVU) und schrittweise Öffnung des Elektrizitätsmarktes, der mit der Öffnung des Netzes für Dritte (Third Party Access, „TPA") verbunden ist.

Im Energiewirtschaftsgesetz vom 24. April 1998 werden im §1 die energiepolitischen Ziele wie folgt formuliert:

Zweck des Gesetzes ist eine möglichst sichere, preisgünstige und umweltverträgliche leitungsgebundene Versorgung mit Elektrizität und Gas im Interesse der Allgemeinheit.

Der Artikel 1, das Gesetz über die Elektrizitäts- und Gasversorgung (Energiewirtschaftsgesetz – EnWG), enthält 19 §§. Neben dem Zweck des Gesetzes (§1) sind Begriffsbestimmungen für die Energieträger Elektrizität und Gas, Energieanlagen, Energieversorgungsunternehmen, Umweltverträglichkeit und die Abnahme- und Vergütungspflicht für die Einspeisung von Elektrizität aus erneuerbaren Energien (§2) festgeschrieben. Genehmigungs- und Betriebsmodalitäten der Energieversorgung und der Versorgungsnetze sind in den §§2,3 enthalten. Den Netzzugang und die Offenlegung der Geschäfte regeln die §§5 bis 9. Die öffentliche Bekanntmachung der allgemeinen Bedingungen und Tarife für die Versorgung in Niederspannung oder Niederdruck wird in der Allgemeinen Anschluß- und Versorgungspflicht der §§10, 11 gefordert, in denen auch die Modalitäten für den Anschluß und die Versorgung für jedermann sowie die Sonderstellung der Versorgung von Eigenerzeugern von kleinen Anlagen aus Kraft-Wärme-Kopplung bis 30 kW elektrischer Leistung und aus erneuerbaren Energien geregelt sind.

Enteignung (§12), Wegenutzungsverträge (§13), Konzessionsabgaben (§§ 14, 15), Anforderungen an Energieanlagen (§16), Vorratshaltung zur Sicherung der Energieversorgung (§17), Aufsichtsmaßnahmen, Auskunftspflicht, Betretungsrecht (§18) und Bußgeldvorschriften (§19) sind die übrigen Themenkreise des EnWG.

Die nachfolgenden Artikel 2 bis 5 regeln die Änderung des Gesetzes gegen Wettbewerbsbeschränkungen (Artikel 2), die Änderung des §18 Gerätesicherheitsgesetzes und der §§ 1 bis 4 des Stromeinspeisungsgesetzes (Artikel 3) enthalten Übergangsvorschriften (Artikel 4) sowie in Artikel 5 Inkrafttreten und Ausserkrafttreten betroffener Gesetze.

Neben dem EnWG sind in der Bundesrepublik Deutschland die folgenden Gesetze und Verordnungen für die Energiewirtschaft und die Energieversorgung von erheblicher Bedeutung:

- Das Gesetz gegen *Wettbewerbsbeschränkungen* (GWB) [3]
- Das *Energieeinsparungsgesetz* [4] mit Verordnungen über:

a) Energiesparende Anforderungen an den Betrieb von heizungstechnischen und Brauchwasseranlagen (Heizungsbetriebs-Verordnung) vom 22. 9. 1978, in der Anforderungen an Wartung, Bedienung und Instandhaltung von Heizungsanlagen, Abgasverlustbegrenzung sowie Voreinstellungen an Heizkörpern festgelegt sind.

b) Einen energiesparenden Wärmeschutz bei Gebäuden (Wärmeschutzverordnung [5]), in der Kennwerte des Wärmeschutzes und Mindestanforderungen an den k-Wert von Bauteilen bei der Errichtung von Neubauten definiert werden.

c) Energiesparende Anforderungen an heizungstechnische Anlagen und Brauchwasseranlagen (Heizungsanlagen-Verordnung [6]).

d) Verbrauchsabhängige Abrechnung der Heiz- und Warmwasserkosten (Heizkosten-Verordnung [7])

- Das *Bundesnaturschutzgesetz* [8]
- Das *Stromeinspeisungsgesetz* [9], in dem die Einspeisung und Vergütung von Strom aus erneuerbaren Energien in das Netz von Energieversorgungsunternehmen festgelegt ist.
- Das *Bundes-Immissionsschutzgesetz* (BimSchG) mit 14 Verordnungen zur Durchführung des Bundes-Immissionsschutzgesetzes der ersten Allgemeinen Verwaltungsvorschrift zum Bundes-Immissionsschutzgesetz und der Technischen Anleitung zur Reinhaltung der Luft (TA Luft).
- Das *Raumordnungsgesetz* (ROG), das auf Bundesebene die Belange von raumbeanspruchenden Eingriffen der Energieversorgung von überregionaler Bedeutung regelt (GG Artikel 75 Abs. 4). Nach dem ROG sind von den Ländern:

a) für ihr Gebiet übergeordnete und zusammenfassende Programme und Pläne aufzustellen

b) Rechtsgrundlagen für die Regionalplanung zu schaffen.

Die Gemeinden sind in allen Verfahren der Planaufstellung (Landesentwicklungsplan (LEP), Landesraumordnungsplan, Regionalplanung) gemäss Artikel 28, Abs. 2 GG zu beteiligen. In einigen Ländern enthält der LEP einen Fachplan *Energie* (z.B. in Hessen), in dem die überregionalen Vorhaben und Ziele der Energieversorgung fixiert sind.

- Das *Bundesbaugesetz* und die *Bauordnungen* der Länder, soweit sie bauliche Anlagen der Energieversorgung betreffen. Als bauliche Anlagen gelten im Sinne des Gesetzes insbesondere auch Windenergieanlagen, deren Errichtung in einigen Landesbauordnungen eine privilegierte Stellung zugebilligt wird.
- Gesetze, die dem gestiegenen Umweltbewußtsein Rechnung tragen und die den Bereich der Energienutzung betreffen, wie die *Verordnung über die Kennzeichnung von Haushaltsgeräten* mit Angaben über den Verbrauch an Energie und andere wichtige Ressourcen (Energieverbrauchskennzeichnungsverordnung – EnVK [10]) oder das Gesetz über die *elektromagnetische Verträglichkeit von Geräten* (EMVG) [11].

Tafel **8.**1   Normen, Normenauschüsse und Technische Regeln bzw. Richtlinien

1. Normen	
DIN	Deutsche Norm
DIN ISO,	übernommene internationale Norm
DIN IEC	
DIN EN	übernommene europäische Norm
2. Normenausschüsse	
DIN	Deutsches Institut für Normung e.V., Berlin
DEK	Deutsche Elektrotechnische Kommission im DIN und VDE, Frankfurt
ISO	Internationale Normenorganisation, Genf
CENELEC	Europäische Komitee für Elektrotechnische Normung, Brüssel
3. Technische Regeln bzw. Richtlinien	
ATV	Abwassertechnische Vereinigung e. V.
AGFW	Arbeitsgemeinschaft Fernwärme e.V., AGFW-Richtlinien
AMEV	Arbeitskreis Maschinen und Elektrotechnik, staatlicher und kommunaler Verwaltungen
RAL	Deutsches Institut für Gütesicherung und Kennzeichnung e. V.
DVS	Deutscher Verband für Schweißtechnik e. V.
DVGW (GW, G, W)	Deutscher Verein des Gas- und Wasserfachs Gas und Wasser, Gas, Wasser
TRGI	Technische Regeln für Gas-Installationen
TRF	Technische Regeln Flüssiggas
HVBG(VBG)	Hauptverband der gewerblichen Berufsgenossenschaften
VdTÜV	Verband der Technischen Überwachungsvereine
TRB	Technische Regeln Druckbehälter (Druckbehälterverordnung)
TRD	Technische Regeln für Dampfkessel
VDE	technisch-wissenschaftlicher Verband der Elektrotechnik, Elektronik, Informationstechnik , VDE-Bestimmungen
VDEW	Vereinigung Deutscher Elektrizitätswerke, VDEW-Richtlinien
VDI	Verein Deutscher Ingenieure, VDI-Regeln, VDI-Richtlinien
VDMA	Verband Deutscher Maschinen- und Anlagenbau e. V., VDMA-Einheitsblätter
VSR	Verein Selbständiger Revisionsingenieure e. V., VSR-Prüfrichtlinie
ZVH	Zentralverband Heizungskomponenten e. V., ZVH-Richtlinie
ZVSHK	Zentralverband Sanitär Heizung Klima, ZVSHK-Richtlinien

Darüber hinaus gelten eine Vielzahl von nationalen und internationalen *Normen* und *Richtlinien* von Verbänden und Vereinigungen, die bei der Planung der städtischen Energieversorgung zu beachten sind. Eine Übersicht der einschlägigen Bezeichnungen von Normen sowie *Technischer Regeln* und Richtlinien der Verbände zeigt die Tafel 8.1.

8.2 Energiesysteme

Energie ist eine umfassende allgemeingültige Größe der Natur. Jedes System enthält im Gleichgewichtszustand eine bestimmte Energie, die von seinem Zustand abhängig ist. Es werden je nach physikalischem System unterschiedliche Erscheinungsformen der Energie unterschieden (s. Tafel 8.2). Zwei Grundaxiome der Naturwissenschaft sind für die Nutzung von Energie von Bedeutung:

- Der *erste Hauptsatz* der Thermodynamik, der *Energieerhaltungssatz*, der besagt, dass die Energie in einem abgeschlossenen System unveränderlich ist und die im Sprachgebrauch geläufigen Begriffe der Energieerzeugung und des Energieverbrauches im eigentlichen Sinne nicht zutreffen, sondern die Umwandlung einer Energieart in eine andere bezeichnen.
- Der *zweite Hauptsatz* der Thermodynamik, der eine Aussage über die Richtung von ablaufenden Prozessen zuläßt und bei dem mit der *Entropie* (griech. entrepein = umkehren) eine Zustandsgröße definiert wird, die eine quantitative Wahrscheinlichkeitsaussage über die Richtung einer Zustandsänderung zuläßt.

Für die *Energieerzeugung* bieten sich verschiedene Energieformen an. Diese müssen als freie Energie vorliegen und sich in andere Energieformen, insbesondere in technische Arbeit (mechanische Energie) umwandeln lassen. Der Anteil an umwandelbarer Energie wird als *Exergie*, der Teil der nichtumwandelbaren Energie mit dem Begriff *Anergie* bezeichnet [12].
Die Umwandlungsmöglichkeiten können in Form einer Matrix der Energieformen nach Tafel 8.2 aufgezeigt werden.

Tafel **8.**2   Matrix der Energieformen

	E_1	E_2	E_3	E_4	E_5	E_6	E_7	E_8	E_9	E_{10}
kinetische Energie E_1										
elastische Energie E_2										
Gravitationsenergie E_3										
Wärmeenergie E_4										
elektrische Energie E_5										
magnetische Energie E_6										
chemische Energie E_7										
Strahlungsenergie E_8										
Atomkernenergie E_9										
Ruheenergie der Materie E_{10}										

Als *Energieträger* werden die in Tafel 8.2 an einen Stoff oder an ein physikalisches Feld gebundenen Energieformen bezeichnet, wenn ihre Nutzung im Rahmen der Energieversorgung möglich ist.

8.2.1 Konventionelle fossile Energieträger

Die *fossilen Energieträger* (ET) werden nach ihrem Aggregatzustand in *feste, flüssige* und *gasförmige* ET unterteilt. Sie sind gespeicherte Sonnenenergie und durch *Konversion* organischer Ausgangsstoffe unter dem Einfluß geochemischer und/oder geophysikalischer Vorgänge entstanden. Fossile ET bestehen überwiegend aus Kohlenstoff (feste ET) bzw. aus Kohlenwasserstoffen (flüssige und gasförmige ET) abgestorbener Organismen.

Die energetische Nutzung der chemisch gebundenen Energie erfolgt überwiegend durch eine *exotherme Reaktion* der Kohlenwasserstoffe mit dem Sauerstoff der Luft (Verbrennung). Mit dem *Heizwert* (H_u) bzw. *Brennwert* (H_o) wird die verfügbare Energiemenge pro Masse- bzw. Volumeneinheit eines ET angegeben. In der Energiewirtschaft werden neben der gesetzlich für die Energie festgelegten SI-Einheit *Joule* (J) und *Wattsekunde* (Ws) auch weitere *Energieeinheiten*, wie *Steinkohleeinheit* (SKE), *Öleinheit* (ÖE) und im angelsächsischen Sprachraum *British Thermal Unit* (1 BTU = 1,055 kJ) verwendet. Wichtige Umrechnungen für Energieeinheiten sind in Tafel 8.3 zusammengestellt.

Tafel **8.3**   Umrechnungen für Energieeinheiten

	kJ	kcal	kWh	kg SKE	kg RÖE	m³ EG	barrel
1 Kilojoule (kJ)	-	0,2388	$278 \cdot 10^{-6}$	$34 \cdot 10^{-6}$	$24 \cdot 10^{-6}$	$31,5 \cdot 10^{-6}$	$175 \cdot 10^{-9}$
1 Kilocalorie (kcal)	4,1868	-	$1,163 \cdot 10^{-3}$	$143 \cdot 10^{-6}$	$100 \cdot 10^{-6}$	$130 \cdot 10^{-6}$	$773,7 \cdot 10^{-9}$
1 Kilowattstunde (kWh)	3600	860	-	0,123	$86 \cdot 10^{-3}$	$113 \cdot 10^{-3}$	$630,7 \cdot 10^{-6}$
1 kg Steinkohleeinheit(SKE)	$29,308 \cdot 10^{3}$	7000	8,14	-	0,7	0,923	$5,978 \cdot 10^{-6}$
1 kg Rohöleinheit (RÖE)	$41,868 \cdot 10^{3}$	$10 \cdot 10^{3}$	11,63	1,428	-	1,319	$4,185 \cdot 10^{-6}$
1 m³ Erdgas	$31,736 \cdot 10^{3}$	7580	8,816	1,083	0,758	-	$5,52 \cdot 10^{-6}$
1 barrel Öl (b)	$5,735 \cdot 10^{6}$	$1,29 \cdot 10^{6}$	$1,586 \cdot 10^{3}$	$1,673 \cdot 10^{3}$	$239 \cdot 10^{3}$	$181 \cdot 10^{3}$	-

Der *Inkohlungsgrad* der festen ET steigt in der Regel mit dem geologischen Alter vom *Torf* über die *Braunkohle* zur *Steinkohle* an.

Erdöl als flüssiger Energieträger ist heute der wichtigste Rohstoff der Energiewirtschaft und die Leitenergie der Weltenergiewirtschaft. Diese Funktion hat das Erdöl auch nicht durch die Ölkrisen von 1973 und 1979 am Weltmarkt verloren. Die Vorteile des Öls gegenüber der Kohle oder dem Erdgas sind:

- die hohe Energiedichte (s. Tafel 8.3)
- die weitgehend verlustfreie Lagerung
- der relativ billige Transport über große Entfernungen mittels Pipeline oder Tanker
- das einfache Handling beim Umschlag
- die Vorteile einer umweltschonenderen Verbrennung gegenüber Kohle
- der funktionsfähige Wettbewerb in der Mineralölindustrie

Auch heute orientieren sich die Energiepreise der übrigen Energieträger, insbesondere die Erdgaspreise, am Weltmarktpreis des Erdöls.

Erdgas gewinnt als gasförmiger ET durch seine geringe spezifische CO_2-Emission je Energieinhalt immer mehr an Bedeutung.

Konventionelle fossile Energieträger decken heute ca. 77 % des Primärverbrauches (1995) der Weltenergiewirtschaft. Die Tafel 8.4 veranschaulicht die weltweit verfügbaren Energieressourcen und -reserven.

Energiereserven betreffen explorierte Vorräte, die unter den gegenwärtigen wirtschaftlich-technischen Bedingung zu gewinnen sind.

Tafel **8**.4   Weltweite Reserven und Ressourcen an fossilen Energieträgern

Quellen: Meadows (1972) WEC und PB Statistical Review of World Energie (1991) BMWi Energiedaten (1996) Werte 1990 = *kursiv*	Reserven								Ressourcen	kumulierte Förderung in
	1972 Gt ÖE	Jahre	1980 Gt ÖE	Jahre	1990 Gt ÖE	Jahre	1995 Gt ÖE	Jahre	1995 Gt ÖE	1995 Gt ÖE
Erdöl (konventionell)	73	31	89	30	136	44	146	45	74	*90* 108
Erdöl (unkonventionell)			14		51				*439*	
Erdgas	32	38	67	50	107	61	111	67	175	*42*
Stein- und Braunkohle			485	260	754	340	410	190	5270	*180*
Uran			29	190	46	105			*51*	*12*
Summe			684	107	1094	190			*6488*	

Ressourcen sind entweder vermutete Vorräte oder bekannte Lagerstätten, die zum gegenwärtigen Zeitpunkt aus ökonomischen oder technischen Gründen nicht auszubeuten sind (Beispiel: Ölgewinnung aus Ölschiefer). In Tafel 8.4 sind in den Spalten 3, 5, 7 und 9 die jeweiligen *statischen Reichweiten* angegeben, die mit der aktuellen jährlichen Fördermenge nach Gl. (8.1) berechnet wurden.

$$\text{statische Reichweite in Jahren} = \frac{\text{Reserven}}{\text{aktuelle jährliche Fördermenge}} \qquad \text{Gl. (8.1)}$$

Nach Tafel 8.4 sind seit 1973 weitaus größere Vorräte an fossilen Energieträgern entdeckt als verbraucht worden. Bei einer Erdölförderung auf dem Niveau von 1995 würden die Erdölreserven noch 45 Jahre ausreichen. Es ist davon auszugehen, dass die Welterdölversorgung mindestens für die nächsten 100 Jahre gesichert ist. Noch günstiger sind die Prognosen für die Reichweite von Kohle und Erdgas.

8.2.2 Erneuerbare Energien

Nach den heutigen Erkenntnissen (s. Tafel 8.4) wird eine weltweite Verknappung der fossilen Energien im nächsten Jahrhundert nicht das Hauptproblem sein. Existenzbedrohende nachteilige Folgen für die Menschheit ergeben sich aus der irreversiblen Belastung des *irdischen Ökosystems* durch die nicht recycelbaren Abbauprodukte der Energienutzung, wenn nicht eine einschneidende Senkung des Energieumsatzes erfolgt (s. Abschn. 8.3).

Als zukünftige Energiequellen bieten sich die CO_2-emissionsfreien erneuerbaren Energien an. Unter *erneuerbaren* oder *regenerativen Energien* (engl. renewable energy) werden die Energieressourcen zusammengefaßt, die nach menschlichen Vorstellungen nahezu unerschöpflich sind und die sich durch natürliche physikalische Prozesse ständig erneuern (regenerieren).

Diese natürlichen Quellen sind:

- die Kernfusion in der Sonne, die *Solarstrahlung*
- der Isotopenzerfall im Erdinneren, die *geothermische Energie*
- die Gravitation der Himmelskörper, die *Gezeitenenergie*

Tafel **8.5**   Globale Energieströme

Globale Energieflüsse pro Jahr	Input in TW	Output in TW	% der Solareinstrahlung
Sonneneinstrahlung	178000		100,0
Albedo (Rückstrahlung)		53000	29,8
Umwandlung in Wärme		83000	46,6
Wasserverdunstung		41000	23,0
Wind, Wellen, Meeresströmung		3700	2,4
Photosynthese der Biosphäre,		100	0,06
davon Land- und Forstwirtschaft		2,5	0,0014
Isotopenzerfall (Geothermie)	35		0,02
Planentenbewegung (Gezeiten)	3		0,0017
Technische Energiesysteme (1995)	11		0,0062

Die *Solarenergie* ist die bedeutendste Energiequelle. Die in die äußere Erdatmosphäre eintreffende spezifische Solarstrahlung beträgt $(1{,}353 \pm 0{,}021)$ kW/m^2. Der Betrag und die Größe wird als *Solarkonstante* bezeichnet.

In Tafel 8.5 sind die *globalen Energieflüsse* und die theoretischen Potentiale der erneuerbaren Energien zusammengestellt.

Obwohl das „theoretische" Potential der regenerativen Energiequellen nach Tafel 8.5 ca. vier Zehnerpotenzen über dem anthropogenen Energiebedarf liegt, sind diese Energien am derzeitigen Energieverbrauch nur marginal beteiligt.

Das Bild 8.1 dokumentiert diesen Sachverhalt am Beispiel des Primärenergieverbrauches der Bundesrepublik Deutschlands. Vom Gesamtverbrauch von 14 165 PJ/a werden 328 PJ/a durch regenerative Energien gedeckt. Das entspricht 2,3 % der eingesetzten *Primärenergie* (umgerechnet auf Primärenergieäquivalent). Wird berücksichtigt, dass neben der dominierenden Wasserkraft, die umstrittene thermische Entsorgung, einschließlich Abfallver-

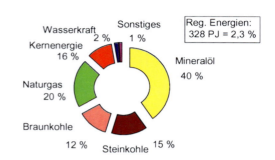

Bild 8.1 Primärenergiestruktur der Bundesrepublik Deutschland 1995 (Verbrauch 14 165 PJ) nach [13]

brennung in Industrieanlagen, mit ca. 19 TWh/a Primäräquivalent in die Bilanz eingehen (s. Bild 8.2), läßt sich abschätzen, dass ein umfassender und bilanzwirksamer Einsatz regenerativer Energien erhebliche Veränderungen auf dem Energiesektor erfordert.

Die Gründe für die derzeitige geringe Verwendung regenerativer Energien sind bekannt und vielfach auch (kontrovers) diskutiert ([14] bis [19]). Die zukünftige Entwicklung wird von den Ergebnissen eines angestrebten gesellschaftlichen *Energiekonsens* abhängen.

Einige thesenhafte Fakten und wissenschaftlich gesicherte Erkenntnisse zur Problematik:

• Die *Energiedichte* regenerativer Energien ist um ein Vielfaches geringer als die chemisch gebundene Energie der fossilen Energieträger oder die der Kernenergie.

• Das Angebot regenerativer Energien ist häufig zeitlichen Schwankungen unterworfen (*fluktuierende Energien*), so dass für eine geforderte Versorgungssicherheit zusätzliche technische Maßnahmen (z.B. Speicherung) und Kapital notwendig sind. Sie werden in diesem Zusammenhang häufig auch als „additive" Energien bezeichnet, die konventionelle Brennstoffkosten substituieren, jedoch keine (vorzuhaltende) Kraftwerkskapazitäten ersetzen.

• Die „Ernte" der geringen Energiedichte erfordert technisch-wissenschaftliche Kenntnisse und wirtschaftliche Voraussetzungen, die derzeit nur in Nischen vorhanden sind und zum heutigen Zeitpunkt in der Regel mit den fossilen Energieträgern wirtschaftlich nicht konkurrieren können.

• Überwindung von Markteingangskriterien. Die regenerativen Energien sind gegenüber der angebotsorientierten Energiepolitik der Energieversorgungsunternehmen, die historisch gewachsen konventionelle Energieträger anbieten, finanziell, personell und institutionell benachteiligt.

• Die vorhandenen Reserven und Ressourcen an fossilen Energieträgern lassen nicht erwarten, dass in den nächsten Jahren ein akuter Mangel an Energieträgern auftritt und die Weltmarktpreise gravierend steigen.

• In den „Erzeugerpreis" fossiler Energieträger sind „*externe*" Kosten [20], [21] nicht oder nur unvollständig enthalten.

• Eine Breitenanwendung regenerativer Energien ist nur in Verbindung mit einer Umgestaltung der vorhandenen konventionellen Energieversorgungswirtschaft möglich, die auf einer nachhaltigen umweltverträglichen Entwicklung in Richtung auf eine *rationelle Energienutzung* ausgerichtet sein muß.

• Auch bei Nutzung regenerativer Energien haben Eingriffe in die natürlichen Stoff- und Energieströme Konsequenzen und Auswirkungen auf die Umwelt, die gerade mit der Substitution der konventionellen Energieträger vermieden werden sollen (s. Abschn. 8.3).

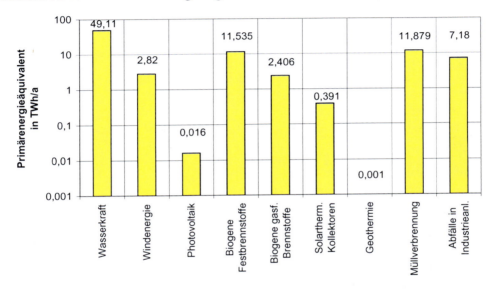

Bild **8.2** Primärenergieanteil der erneuerbaren Energien in Deutschland (1994)

Ein quantitativer Vergleich der in Deutschland im Jahre 1994 genutzten erneuerbaren Energien ist in Bild 8.2 als Blockdiagramm dargestellt (aus Darstellungsgründen ist die *y*-Achse in Bild 8.2 logarithmisch geteilt).

Szenarien der *Enquete-Kommission zum Schutze der Erdatmosphäre* des 12. Deutschen Bundestages [22] sehen für den laissez-faire Referenzfall für 2010 einen Anteil am Primärenergieverbrauch von 3,72 %, unter günstigen Rahmenbedingungen für erneuerbare Energien maximal 6,87 % vor.

Konzepte für eine nachhaltige Entwicklung durch „Vorrang für *rationelle Energienutzung* (REN) und *regenerative Energiequellen* (REG)" [23] prognostizieren Zielwerte für 2010 zwischen 4,75 % bis 6,29 % und für 2030 einen Korridor zwischen 12,83 und 17,08 %.

Der jeweilige untere Zielwert repräsentiert die Mindestbeiträge, die notwendig werden, um den Bedarf der *Energieverbrauchssektoren* zu befriedigen.

Der obere Zielwert geht von optimistischen Erwartungen aus, die sich bei Marktpräsenz der regenerativen Energien durch die einsetzende Eigenmarktdynamik auf höherem Niveau stabilisieren könnten.
Während die Potentiale zur Nutzung der *Wasserkraft* in Deutschland nahezu ausgeschöpft sind, wird erwartet, dass mittel- bis langfristig (bis 2030) *biogene Festbrennstoffe* und die *Windenergienutzung* den größten Anteil an der Deckung des Energiebedarfs erbringen. *Thermische Kollektoren* und v.a. die *photovoltaische Nutzung* werden demnach auch bei Vervielfachung der derzeitigen Steigerungsraten einen eher bescheidenen Beitrag leisten.

Die aufgezeigte Strategie ist vorrangig regional umzusetzen und muß auf die in der Region *nutzbaren technischen Potentiale* an erneuerbaren Energien zugeschnitten werden [24].
Grundsätzlich sollten die regionalen Potentiale für die folgenden erneuerbaren Energien ermittelt werden:

- *Wasserkraft* (für mechanische bzw. elektrische Energieerzeugung) [25]
- *Windenergie* (zur Erzeugung von Elektroenergie) [26], [27]
- *Solarenergie* (für thermische und photovoltaische Nutzung) [16], [28], [29]
- *Geothermische Energie* (Nutzung nur in Verbindung mit geothermischen Anomalien oder als Erdwärmespeicher mit Wärmepumpe) [30]
- *Biomassekonversion* (zur Herstellung von Treib- und Brennstoffen, thermische Verwertung in Kraft-Wärme-Kopplungs- (KWK) Anlagen) [31]
- *Thermische Müllverwertung* (KWK-Anlagen soweit eine Zuordnung möglich)

8.3 Energetische Metamorphose- von der Naturenergie zur Nutzenergie

Die in der Natur vorhandene Energie kann in den seltensten Fällen in ihrem natürlichen Zustand vom Menschen genutzt werden. Vielmehr muß die *Naturenergie* durch eine Reihe von *Umwandlungs-* und/oder *Transportprozesse* in die für den Menschen nutzbare Form gebracht werden.
Diese *Nutzenergie* ist die am Ende der Umwandlungskette (s. Bild **8**.3) bereitgestellte Energieform.

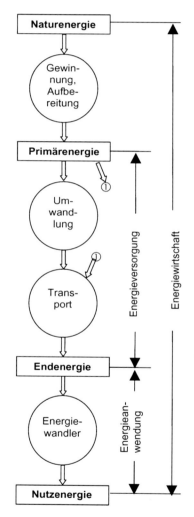

Bild **8**.3   Energetische Reihe

Sie wird auch als *anthropogener Nutzenergiebedarf* bezeichnet und umfaßt im wesentlichen *Wärme, mechanische Energie* und *Licht* sowie Nutzenergie für *Information* und *Kommunikation*.

Zweckmäßig ist die Unterscheidung des *Wärmebedarfs* nach der Bereitstellungstemperatur:

- *Niedertemperaturbereich* ($\vartheta < 200$ °C); Wärme wird vorzugsweise für die Raumheizung, Warmwassererzeugung (erwärmtes Trinkwasser) und Nahrungszubereitung verwendet.
- *Mitteltemperaturbereich* (200 °C $< \vartheta < 400$ °C); Wärme für die Nahrungszubereitung und technologische Prozesse.
- *Hochtemperaturbereich* ($\vartheta > 400$ °C); Wärme ist überwiegend für technologische Prozesse bereitzustellen.

Bei der Verwendung von *mechanischer Energie* wird in der Regel unterschieden zwischen *stationären Antrieben* und *nichtstationären Antrieben* (Fahrzeuge – Schiene, Straße, Wasser, Luft).

Feste Energieträger (Kohle, Holz, Torf)	nicht leitungsgebunden
Flüssige Energieträger (Öl)	nicht leitungsgebunden
Gasförmige Energieträger (Erdgas, Stadtgas)	leitungsgebunden
Elektroenergie	leitungsgebunden
Fernwärme	leitungsgebunden
Erneuerbare Energie	nicht leitungsgebunden

Bild **8.4**   Energetische Teilsysteme

Die *energetische Reihe* [32] charakterisiert die Metamorphosen der Energie von der Naturenergie bis zur Nutzenergie. Für jede Form von Naturenergie lassen sich systematisch Umwandlungsketten entwickeln, die dem Bild 8.3 entsprechen. Durch eine zweckmäßige Unterteilung der energetischen Reihen auf der Ebene der Endenergie können aus dem Gesamtsystem der Energiebedarfsdeckung Teilsysteme (s. Bild 8.4) definiert werden.

Die Teilsysteme *Gas, Strom* und *Fernwärme* sind beim Transport an Netze gebunden, die nur für den spezifischen Energieträger geplant, errichtet und betrieben werden (s. Abschn. 8.5). Die Verteilung von festen und flüssigen Energieträgern im städtischen Bereich erfolgt überwiegend konventionell mittels Behältertransport. Zur Nutzung von erneuerbaren Energien sind autarke Insellösungen oder die Einbindung in bestehende Netze (Gas, Strom, Fernwärme) notwendig.

Jede der in Bild 8.3 angegebenen Umwandlungsstufen und jeder Transportprozeß ist mit Energieverlusten behaftet. Aufgabe der Energietechnik und Energiewirtschaft ist es, diese Energieverluste zu minimieren und solche Energieumwandlungsketten zu konzipieren, bei denen die naturwissenschaftlich begründete Entwertung von Energie (Entropieproduktion) möglichst gering ist.

Die Unterteilung in *Energiebereitstellung* (Rohstoffproduzenten), *Energieversorgung* (Energieversorgungsunternehmen _ EVU) und *Energieanwendung* (Energieanwender, Energieverbrauchssektoren) ist historisch entstanden.

Eine quantitative Aussage der energetischen Effizienz in den unterschiedlichen Ebenen der energetischen Reihe liefern Teilwirkungsgrade: Der *Wirkungsgrad* der Primärenergiebereitstellung η_{EB}, der Energieversorgung η_{EV} und der Energieanwendung η_{EA}.

$$\eta_{EB} = \frac{\text{Primärenergie}}{\text{Naturenergie}} \quad (8.2) \qquad \eta_{EV} = \frac{\text{Endenergie}}{\text{Primärenergie}} \quad (8.3) \qquad \eta_{EA} = \frac{\text{Nutzenergie}}{\text{Endenergie}} \quad (8.4)$$

$$\eta_{ges} = \eta_{EB} \cdot \eta_{EV} \cdot \eta_{EA} = \frac{\text{Nutzenergie}}{\text{Naturenergie}} \quad (8.5)$$

Der gesamtenergetische Wirkungsgrad ist das Produkt der Teilwirkungsgrade: Mit Gl. (8.5) ist leicht zu überprüfen, dass z.B. eine elektrische Direktheizung für die Erzeugung von Wärme für die Raumheizung gegenüber einer fernwärmeversorgten Wohnung (Fernwärmeerzeugung aus Erdgas) in Deutschland gesamtenergetisch ungünstiger ist.

Das Beispiel in Tafel 8.6 zeigt, dass bei einem Vergleich der energetischen Effizienz die gesamte Energiekette von der Naturenergie bis zur Nutzenergie einzubeziehen ist. Der geringe Gesamtwirkungsgrad der elektrischen Direktheizung

Tafel **8**.6   Energetische Effizienz Raumwärmeerzeugung

	Elektrische Direktheizung	FW-vers. Wohnung, FW- Erz. aus Erdgas
η_{EB}	0,90	0,90
η_{EV}	0,33	0,87
η_{EA}	0,98	0,74
$\eta_{ges} = \eta_{EB} \cdot \eta_{EV} \cdot \eta_{EA}$	0,29	0,58

in Tafel 8.6 ist v.a. das Ergebnis des niedrigen Wirkungsgrades der Erzeugung von Elektroenergie in thermischen Kraftwerken (Energiemix der Stromerzeugung in Deutschland [38], s. Abschn. 8.5).

Aus der Energiebilanz für Deutschland (1997) [39] ergeben sich durchschnittliche Umwandlungs- und Transportverluste von der Primärenergie zur Endenergie von 27,8 % (Teilwirkungsgrad = 72,2 %) und ein Nutzungsgrad (Nutzenergie/Endenergie) von 50,7 %.

8.4 Energie und Umwelt

Bei jeder energetischen Nutzung erfolgt ein Eingriff in den natürlichen Energie- und Stoffumsatz. Da die Energieumwandlung nicht in geschlossenen stofflichen Kreisläufen erfolgt, sind neben der Versorgung auch die Entsorgung der Reststoffe und Emissionen zu beachten. Die gesetzlichen Bestimmungen sind in Deutschland in den Verordnungen zum Bundes-Immissionsschutzgesetz (s. Bild 8.5) geregelt.

Durch die 13. Verordnung über Großfeuerungsanlagen (GFAVO) [36], sie gilt für Feuerungsanlagen für feste und flüssige Brennstoffe und einer Wärmeleistung von mehr als 50 MW bzw. für Gasfeuerungen ab 100 MW, konnte in den letzten Jahren (seit 1983) die Emissionsbelastung der Luft mit Schwefeldioxid (SO_2) um ca. 80 % und von Stickoxiden (NO_x) um ca. 75 % gemindert werden.

Die Vorschriften für die Emissionsminderung betreffen nicht nur Neuanlagen. Für bestehende „Altanlagen" wurden emissionsbegrenzende Anforderungen festgelegt, die nach bestimmten Fristen (für SO_2 begrenzt bis 1.4.93) ein Nachrüsten entsprechend dem Stand der Technik vorsahen. Fristüberschreitungen führten zur Stillegung der betreffenden Anlagen. Neben SO_2- und NO_x-Grenzwerten sind in der 13. BimSchV auch Grenzwerte für die Emission von Staub und Schwermetalle festgelegt.

Zur Einhaltung der Grenzwerte für die Schadstoffemissionen (insbesondere SO_2) wurden in die mit festen Brennstoffe befeuerten Altanlagen nachgeschaltete Rauchgasreinigungsanlagen installiert. Die Rauchgasentschwefelungsanlagen basieren in der Regel auf einer Absorption. Das im Abgas enthaltene SO_2 wird in Naßabscheide-, Halbtrocken- oder Trockenadditivverfahren an verschiedenen chemischen Absorbens (Kalk, Dolomit, Ammoniak, Magnesiumhydroxid, Natriumsulfit oder Adsorption an Aktivkohle) gebunden und aus dem Abgas abgeschieden [40].

Die Kosten für die Entschwefelung liegen zwischen 1 Dpf/kWh (in Großkraftwerken) und bis zu 2,5 Dpf/kWh (Kleinkraftwerke in der Spitzenlast).

Neuartige Verfahrensentwicklungen, wie die verschiedenen Systeme der *Wirbelschichtverbrennung*, integrieren die Entschwefelung im Verbrennungsprozeß und erreichen Entschwefelungsgrade von festen Brennstoffen, die der 13. BimSchV genügen.

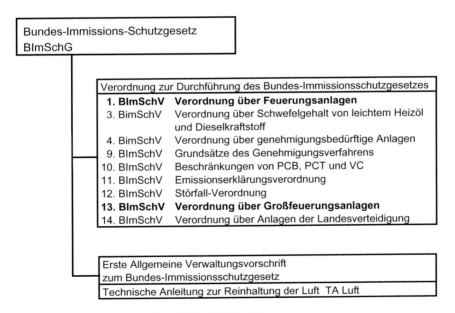

Bild **8.5** Vorschriften des BImSchG [33] bis [37]

Für stationäre atmosphärische Wirbelschichtverfahren wird eine 85 %-ige SO_2-Einbindung bei einem Ca/S-Molverhältnis von 2,5 bis 3,5 ermittelt. Für zirkulierende Wirbelschichtfeuerungen wird diese Abscheidung bei einem Molverhältnis von ca. 1,5 und bei druckbetriebenen stationären Wirbelschichtfeuerungen bereits bei einem Molverhältnis von 1,1 bis 1,4 erreicht.

Der Einsatz von Rauchgasentschwefelungsanlagen ist vorrangig vom Schwefelgehalt der verwendeten Brennstoffe abhängig. Von den deutschen Brennstoffen sind die Salzkohlen der mitteldeutschen westelbischen Braukohlenlagerstätte im Gebiet Halle/Leipzig durch ihren hohen Schwefelgehalt (> 2 % bezogen auf Trockenkohle) als besonders umweltbelastend einzustufen.

Für die NO_x-Bildung sind nach den bisherigen Erkenntnissen drei unterschiedliche Bildungsmechanismen verantwortlich [40, 41]:
- die thermische NO_x- Bildung durch Reaktion des Stickstoffes mit dem Sauerstoff der Luft, wobei mit steigender Verbrennungstemperatur auch die NO_x-Bildung ansteigt.
- die Bildung von NO_x aus dem Brennstoffstickstoff, vorwiegend bei flüssigen und festen Brennstoffen und
- die prompte NO_x-Bildung, der jedoch bei der technischen Verbrennung nur marginale Bedeutung zukommt.

Für die NO_x-Emissionsminderung bieten sich prinzipiell zwei verschiedene Verfahren an:
- Durch *Primärmaßnahmen* wird die Reaktion des Stickstoffes mit dem Sauerstoff der Luft so beeinflußt, dass die thermische NO_x-Bildung möglichst vermieden wird (Absenken der Verbrennungstemperatur, Verringerung der Verweilzeit bei hohen Temperaturen, Rauchgasrückführung, Stufenverbrennung, Eindüsen von Sekundärbrennstoff).
- Durch *Sekundärmaßnahmen* wird das gebildete NO mit geeigneten Reduktions- oder Oxidationsverfahren zersetzt. Die Reduktion des NO erfolgt durch Ammoniak oder geeignete Katalysatoren bzw. die Oxidation durch Radikale oder Ozon, wobei das Oxidationsprodukt NO_2 mit NH_3 zu Ammoniumsalzen umgesetzt und mit konventionellen Entstaubern abgeschieden wird.

Durch die in Wirbelschichtverfahren abgesenkten Temperaturen ist die thermische NO_x-Bildung geringer als bei konventionellen Feuerungen. Die NO_x -Emissionen liegen bei stationären atmosphärischen Wirbelschichtverfahren bei 200 bis 300 mg/m^3, bei der zirkulierenden Wirbelschicht < 200 mg/m^3 und bei der druckaufgelandenen stationären Wirbelschicht unter 150 mg/m^3 Abgas.

Die Schadstoffbelastung der Luft durch SO_2 und NO_x aus energetisch bedingten Quellen kann heute mit geeigneten technischen Verfahren wirkungsvoll gesenkt bzw. vermieden werden. Es wird davon ausgegangen, dass in Deutschland die Emissionen von Schwefeldioxid von 5.326 kt im Jahre 1990 auf voraussichtlich 990 kt im Jahre 2005 reduziert werden kann. Das entspricht einer Emissionsminderung um 81 %.

Kohlendioxid ist mit einem durchschnittlichen Anteil von 354 ppm$_v$ (1 ppm$_v$ = 10^{-6} Volumenanteile) an der Zusammensetzung der Atmosphäre beteiligt, ist im Gegensatz zum SO_2 und NO_x kein Luftschadstoff und für die Photosynthese des Phytoms Erde unerläßlich.

Problematisch ist die Emission des CO_2 deshalb, weil das Gleichgewicht in der Biosphäre durch den Menschen zunehmend gestört wird und der Anstieg der CO_2-Konzentration nachweislich mit dem steigenden Energieverbrauch korreliert. Die Grundlage für diese Aussage sind langjährige Messungen auf Hawaii seit 1960 und Untersuchungen an eingeschlossenen Luftporen im Antarktiseis.

Wie alle mehratomigen Gase ist das Kohlendioxid ein Bandenstrahler, der die physikalische Eigenschaft besitzt, Strahlungsenergie bestimmter Wellenlängen zu absorbieren und zu emittieren. Die emittierte Energie ist von der Konzentration und der Schichtdicke abhängig.

Durch das Kohlendioxid wirkt die Atmosphäre wie die Glasscheiben eines Treibhauses. Die kurzwellige Strahlung der Sonne durchdringt die Atmosphäre und wird auf der Erdoberfläche in Wärme umgewandelt. Diese langwellig Strahlung (Wärmestrahlung) der Erdoberfläche kann nur zu einem kleineren Anteil in den Weltraum wieder abgestrahlt werden. Mit steigendem CO_2-Anteil in der Atmosphäre wird der natürliche „Treibhauseffekt" größer und bewirkt einen Temperaturanstieg, mit Klimaänderungen und möglichen apokalyptischen Folgen für das Ökosystem Erde. Nach dem 2. IPCC (Intergovernmental Panel on Climate Change)-Sachstandsbericht [42] sind die am ehesten wahrscheinlichen Werte für die globale Erwärmung bis zum Jahre 2100 gegenüber dem Basisjahr 1990 von 3 °C (1. IPCC-Bericht) auf 2 °C korrigiert worden, was eine merkliche Abschwächung des bisher angenommenen Gefährdungspotentials bedeutet, aber keinesfalls zu einer Entwarnung und „laissez-faire" Strategie der Energieversorgung ermutigen darf.

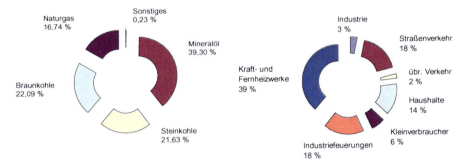

Bild **8**.6 Anteil der Energieträger an der CO_2-Emission in Deutschland (1995)

Bild **8**.7 CO_2-Emissionen nach Sektoren in Deutschland (1995)

Im Jahre 1995 wurden durch fossile Brennstoffe in Deutschland 897 Mt CO_2 emittiert, das waren je Einwohner 10,8 Tonnen und ein Anteil von 4,1 % der weltweiten Emissionen. Die Aufteilung auf die Primärenergieträger ist im Bild 8.6, die Verteilung auf die Energieverbrauchssektoren im Bild 8.7 veranschaulicht.

Nach Bild 8.6 verursachen die festen Brennstoffe ca. 45 % der Gesamtemissions.

Der Anteil der festen Brennstoffe am Primärenergieverbrauch beträgt nach Bild 8.1 jedoch nur 27 %. Dagegen ist Erdgas mit einem Emissionsanteil von 16,7 % mit 20 % am Primärenergieanteil beteiligt. Die Gründe für die Unterschiede liegen in der Elementarzusammensetzung der Brennstoffe. Wird die emittierte CO_2-Menge auf die im Brennstoff vorhandene Energie bezogen (auf den unteren Heizwert H_u), ergeben sich die spezifischen Emissionen in kg CO_2/kWh. Ein Vergleich der im Bild 8.8 ausgewerteten Brennstoffe läßt systematische Beziehungen erkennen. Die festen Brennstoffe (Braun- und Steinkohle) besitzen die höchsten spezifischen Emissionen, das Erdgas die niedrigsten Werte. Flüssige Energieträger (Heizöl L und S, Vergaserkraftstoff) liegen zwischen den beiden Extremwerten. Für Biogas, Biomasse Holz, Methanol und Äthanol ist zu beachten, dass diese Energien „nachwachsende" Rohstoffe sind bzw. durch Konversion aus nachwachsenden Rohstoffen (Biogas, Alkohole) gewonnen werden und sie als CO_2-emissionsneutral gelten können.

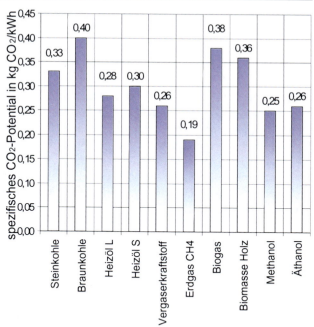

Bild **8**.8   Spezifische CO_2-Emission kohlenstoffhaltiger Brennstoffe in kg CO_2/kWh

Auf die Verbrauchssektoren (s. Bild 8.7) aufgeschlüsselt, liefern Industriefeuerungen sowie Kraft- und Heizwerke mit über 50 % den größten Beitrag zur Gesamtemission.

Zum Abscheiden des Kohlendioxids, das als Endprodukt bei der Verbrennung von kohlenstoffhaltigen fossilen Energieträgern emittiert wird, gibt es derzeit keine wirtschaftlich sinnvolle Lösung. Von den bekannten Möglichkeiten wurden in Machbarkeitsstudien untersucht:
- Verpressen in erschöpfte Erdöl- bzw. Erdgasfelder (Kosten ca. 43 DM/t CO_2)
- Meeresversenken von „verflüssigtem" CO_2 (Kosten ca. 112 DM/t CO_2)
- Aufforsten scheitert daran, dass die natürliche CO_2-Abbaurate (Flächenbedarf) gegenüber der emittierten CO_2-Menge der fossilen Brennstoffnutzung zu gering ist.

Um die energetisch bedingten CO_2- Emission einzuschränken, werden folgende grundsätzlichen Möglichkeiten favorisiert:
- den Energieverbrauch durch rationelle Energienutzung (REN) zu reduzieren
- kohlenstofffreie Energieträger einzusetzen, z.B. erneuerbaren Energien (Wasserkraft, Windenergie, Solarenergie, Geothermie, Gezeitenenergie), Wasserstoff oder Kernkraft
- kohlenstoffreiche Energieträger durch kohlenstoffarme Brennstoffe zu ersetzen (s. Bild 8.8), indem z.B. feste und flüssige Energieträger durch Erdgas substituiert werden oder
- kohlenstoffneutrale Brennstoffe zu verwenden, wie Holz und andere nachwachsende Biomasse, wobei die Abbaurate deren Regenerationsrate nicht überschreiten darf.

Neben dem Kohlendioxid sind *Methan* (CH$_4$), *Fluorchlorkohlenwasserstoffe* (FCKW), *Stickoxide* (N$_2$O) und troposphärisches *Ozon* (O$_3$) *treibhauswirksame Spurengase* in der Erdatmosphäre.

Tafel **8**.7   Treibhauswirksame Spurengase in der Atmosphäre

Gas	Anteil am Treibhaus-seffekt in %	Treibhaus-potential bezüglich CO$_2$	Lebens-dauer Jahre	Steigerung % pro Jahr
CO$_2$	50	1	100	0,4-0,5
CH$_4$	19	32	10	1
FCKW	17	15000	75-100	5
N$_2$O	4	150	150	0,2-0,3
trop. O$_3$	8		kurz	1

In Tafel 8.7 sind diese Spurengase aufgelistet und ihre spezielle Wirkung in bezug auf den Treibhauseffekt (global) und im Vergleich zum Kohlendioxid bewertet.

Von den in Tafel 8.7 aufgeführten Spurengasen sind die chlorierten Kohlenwasserstoffe (Kältemittel R11, R12, R22,) die einzigen Bestandteile, die ausschließlich durch den Menschen in die Atmosphäre gelangen, während die übrigen in Tafel 8.7 enthaltenen Gase auch durch natürliche Quellen entstehen. Nach dem in Deutschland die Produktion von FCKW und Halonen 1991 bzw. 1994 eingestellt wurde, ist der FCKW-Einsatz um über 99 % im Vergleich zu Mitte der 80er Jahre reduziert worden.

Tafel **8**.8   Entwicklung/Prognose der Emissionen von direkten und indirekten Treibhausgasen in Deutschland zwischen 1990 und 2005 [43]

Treibhausgas	1990 in Mg	1995 in Mg	Entwicklung bis 2005 in Mg	Veränderungen 90/95 in %	Veränderungen zwischen 1990 und 2005 in %
CH$_4$	5 682 000	4 788 000	3 004 000	-16,0	-47
N$_2$O	226 000	210 000	159 000	- 7,0	-30
CF$_4$	335	218	105	-16,0	-71
C$_2$F$_6$	42	27	11	-35,7	-74
SF$_6$	163	251	186	+54,0	+14
NMVOC	3 155 000	nicht ermittelt	2 700 000	nicht ermittelt	-14
NO$_x$	2 640 000	nicht ermittelt	2 130 000	nicht ermittelt	-19
CO	10 743 000	nicht ermittelt	5 400 000	nicht ermittelt	-50
H-FKW	200	2 214	7 991	+1 007	+3 896

In Tafel 8.8 sind die Emissionen der Treibhausgase Methan (CH$_4$), Distickstoff (N$_2$O), perfluorierte Kohlenwasserstoffe (FKW – CF$_4$, C$_2$F$_6$), Schwefelhexafluorit (SF$_6$), Wasserstoffhaltige Fluorkohlenwasserstoffe (H-FKW/HFC) und die Ozon-Vorläufersubstanzen Stickoxide (NO$_x$), flüchtige organische Verbindungen ohne Methan (NMVOC) und Kohlenmonoxid (CO) angegeben.

Eine Interpretation der Emissionswerte für die aus energetischer Sicht wichtigen Emittenten in Tafel 8.8:

– Die Methanemissionsminderung zwischen 1990 und 1995 ist zu nahezu 90 % auf die
  rückläufige Kohleförderung, den verringerten Tierbestand in den neuen Bundesländern
  sowie die Sanierung der Gasverteilungsnetze auf der Mittel- und Niederdruckebene in
  den Städten zurückzuführen.
– Der Anstieg der N_2O-Emission aus dem Nahverkehrssektor (Verbrennung fossiler Energieträger) wird durch Emissionsminderung bei Industrieprozessen überkompensiert.
– Durch die Großfeuerungsanlagenverordnung, die TA Luft sowie die Kleinfeuerungsan-
  lagenverordnung werden die Emissionen von stationären Anlagen drastisch gemindert.
  Im Verkehrsbereich wird durch stufenweise Verschärfung der Abgasnormen bis 2005
  ca. 50 % der CO-Emissionen des Jahres 1990 angestrebt.
– Aufgrund der Substitution von FCKW (z. B. als Arbeitsstoffe in Kälteanlagen und
  Wärmepumpen) werden die Substitutemissionen der wasserstoffhaltigen Fluorkohlen-
  wasserstoffe (H-FKW, HFC) deutlich ansteigen.

Deutschland hat sich verpflichtet [43] die CO_2-Emissionen bis 2005 um 25 % gegenüber
1990 zu senken. Ca. 81 % der in Deutschland emittierten Treibhausgase (bewertet mit Hilfe
von CO_2-Äquivalenten) sind auf energetisch bedingte CO_2-Freisetzung zurückzuführen [44].

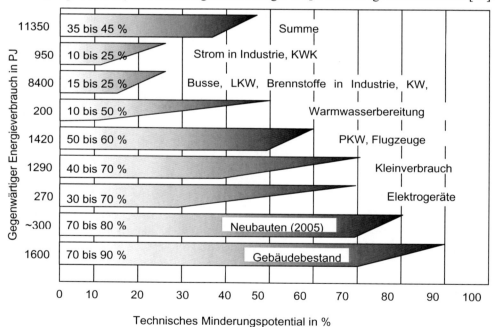

Bild **8**.9 Technisches Minderungspotential des Energieverbrauchs [45]

Einen ersten umfassenden Bericht zur Energieeinsparung sowie rationelle Energienutzung
und -umwandlung in Deutschland enthält die Studie „Energie und Klima" der Enquéte-
Kommission zum Schutze der Erdatmosphäre des Deutschen Bundestag [45].

Aus dem Maßnahmekatalog zur CO_2-Reduktion sind die ermittelten technischen Minderungspotentiale auf der Ebene der Endenergie in wichtigen Anwendungsbereichen vergleichend im Bild 8.9 [45] dargestellt. Das mittlere Energieeinsparpotential beträgt nach Bild 8.9 zwischen 35 und 45 %.

Die höchsten Einsparpotentiale sind beim Energieverbrauch im Gebäudebestand (ca. 70 bis 90 %) und im Neubaubereich (70 bis 80 % bis 2005) vorhanden.

Mit der geplanten Energieeinsparverordnung, die eine Zusammenführung und Verschärfung der Wärmeschutzanforderung der Wärmeschutzverordnung [5] und der Heizungsanlagenverordnung [6] vorsieht, sollten die ausgewiesen Einsparpotentiale bis zum Jahre 2005 zu CO_2-Minderung von ca. 55 Mio t/a führen, wenn die Anhebung der Wärmeschutzanforderungen für den gesamten Altbaubestand auf das Niveau von Neubauten durchgesetzt werden kann.

Die globalen Umweltbelastungen durch die gasförmigen Emittenten fossiler Energieträgern haben gegenwärtig bei der anthropogenen Energieverwendung den höchsten Stellenwert. Doch sind damit die umweltbeeinflussenden Faktoren der Energienutzungsketten nur unvollständig erfaßt. An einigen exemplarischen Beispiele aus unterschiedlichen Bereichen der Energiewirtschaft soll dieser Tatbestand belegt werden:

• *Förderung von Braunkohle*: Die Erschließung von Braunkohletagebauen ist mit einer erheblichen Flächeninanspruchnahme verbunden. Sie ist gekoppelt mit Devastierung von bebauter Umwelt, mit Eingriffen in den natürlichen Wasserhaushalt und großflächiger Störung des Ökosystems durch Verkippen von Abraum. Der neu zu erschließende Tagebau Garzweiler II umfaßt ein Areal von ca. 48 km^2, die Umsiedlung von 7600 Einwohnern aus 11 Ortschaften und eine Absenkung des Grundwasserspiegels um bis zu 200 m. Nach Informationen der Betreiberfirma Rheinbraun werden die Investitionen für den Tagebau bei ca. 4 Mrd. DM liegen.

• *Kernenergienutzung*: Der geplante Ausstieg Deutschlands aus der Kernenergie wird mit den erheblichen zum Teil ungeklärten Umweltrisiken bei der Herstellung und Entsorgung der atomaren Brennstoffe, beim Betreiben der Kernenergieanlagen und der Nähe zur militärischen Nutzung von Kernenergie begründet.

• *Hoch- und Höchstspannungsstromtrassen*: Etwa knapp 1 % der Fläche Deutschlands ist durch Hochspannungsleitungen ≥ 110 kV überspannt. Trassen für Hochspannungsleitungen sind ein typisches und qualitativ bedeutsames Beispiel für die Boden– und Raumbelastung durch Infrastrukturmaßnahmen. Der Flächenverbrauch für Schutzstreifen, Schneisen, Mast- und Seilsysteme sowie die infrastrukturellen Anbindungen von Mastenstandorten durch Schaffen von Zufahrtswegen ist quantitativ zu ermitteln; die Raumwirkung der Trassen jedoch nur schwer erfaßbar. Die Errichtung und der Betrieb von Stromleitungstrassen (Kabel und Freileitungstrassen) werden in [46] in bezug auf die nachteiligen ökologischen Wirkungen nach den Kriterien Flächenverbrauch und Raumwirkungen untersucht und bewertet. Verbindliche Grenzwerte einer schädlichen Umwelteinwirkung durch hoch- und niederfrequente elektromagnetische Felder sind in der 26. BImSchV festgelegt, die für ortsfeste Sendeanlagen, Mittel- und Hochspannungsfreileitungen, Bahnstromanlagen sowie Elektroumspannanlagen gilt.

- *Umweltbeeinträchtigungen bei der Nutzung erneuerbarer Energien*: Bei der Nutzung regenerativer Energien sind technische Systeme zur Umwandlung der natürlichen Energiedarbietung in anthropogene Nutzenergie notwendig. Die energetische „Ernte" ist mit Umwandlungsverlusten, Emissionen und Veränderungen der natürlichen Energieströme verbunden. Auch für die erneuerbaren Energien sind energetische Reihen entsprechend der Systematik des Bildes 8.3 zu entwickeln, aus denen die umweltbeeinflussenden Aspekte ableitbar sind. Die Tafel 8.9 enthält eine Zusammenstellung der heute bekannten Umweltaspekte. Ein Beispiel für die Akzeptanzproblematik erneuerbarer Energien liefert die Windenergie. Während nach den Vorstellungen der Windenergiebefürworter in 10 Jahren (2010) die installierte Windkraftleistung auf ca. 10.000 MW anwachsen soll, um dann 3,5

Tafel **8**.9   Umweltbeeinträchtigungen bei der Nutzung erneuerbarer Energien

Energiequellen		Umweltaspekte
Sonne	dezentrale thermische Nutzung	optische Veränderung
	dezentrale photoelektrische Nutzung	optische Veränderungen, Cadmiumsulfid und Galliumarsenidzellen brennbar mit toxischen Gasemissionen
	zentrale photoelektrische Nutzung (km²-Größe)	Flächenbedarf, Albedoveränderungen, Kleinklimaveränderungen
Wind	Windkraftanlagen	optische Veränderungen des Landschaftsbildes
	Einzelanlage Windpark	Beeinflussung der Fauna (Vogelschlag), elektromagnetischer Felder (Geisterbilder), Schallemission, Landbedarf für Zufahrtswege, Windgeschwindigkeit am Boden geringer
Umweltwärme	Wärmepumpe	„konventionelle" Emissionen der Antriebsenergie (Gas, Strom), kalte Luftsträhnen, Luftfeuchtigkeitsänderung, Mikroklimaveränderung
Biomasse Müll	Verbrennung von Holz und Stroh	Emission von Kohlenmonoxiden, Stickoxiden, Stäuben, Kohlenwasserstoffen, Schwefeloxid
	Energiepflanzen (Energiefarmen)	hoher Dünger- und Schädlingsbedarf
	Müllverbrennung	zusätzlich Furane, Dioxine
Wasser	Kleinwasserkraftwerke (< 1 MW)	kaum negative Auswirkungen Flora und Fauna geringfügig beeinträchtigt
	Nutzung regulierter Flüsse (MW-Bereich)	Verbesserung der ökologischen Funktionen durch Sedimentation infolge kleinerer Fließgeschwindigkeiten, stetigere Bewässerung
	Großkraftwerke (GW-Bereich)	Risiko des Staudammbruches, hoher Flächenbedarf, Umsiedlung, Abfangen von Schlamm für die Landwirtschaft, Entzug von Nährstoffen, Gefahr der Bodenversalzung durch Überbewässerung

% des Stromverbrauches zu decken, sehen die Windkraftgegner eine ökologisch und ökonomisch sinnlosen Ausbau, der das Landschaftsbild zerstört, die Immobilienpreise sinken läßt und Krankheiten wie Herzrhythmusstörungen verursacht [47].

8.5 Energie und Gesellschaft

Ein Grundbedürfnis der Menschen ist die Versorgung mit Energie. Der Energieverbrauch in den verschiedenen Regionen und Ländern der Erde ist jedoch sehr differenziert. Der technische Fortschritt und der hohe Lebensstandard der Bevölkerung (Bruttoinlandprodukt BIP/cap) in den entwickelten Ländern (USA, Europa, Japan) ist durch einen hohen spezifischen Energieverbrauch pro Einwohner (kW/cap) erkauft. In den armen Regionen (überwiegende Teile von Asien, Afrika und Südamerika) müssen die Menschen mit einem Bruchteil an Energie auskommen.

In Bild 8.10 sind für ausgewählte Länder und Regionen aus den Primärdaten des Jahres 1994 [13] die einwohnerspezifischen Werte errechnet und dargestellt.
Von der Energiepolitik werden zunehmend Rahmenbedingungen und Handlungskonzepte erwartet, die dem Leitbild einer nachhaltigen zukunftsverträglichen Entwicklung, einer „sustainable development" [48] und der Forderung nach intra- und intergenerativer Gerechtigkeit entsprechen.

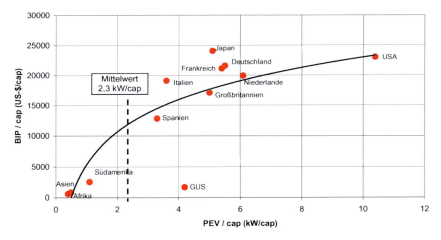

Bild **8**.10   Energieintensität ausgewählter Länder und Regionen

Energieszenarien [49] gehen davon aus, dass bei einer künftigen Bevölkerung der Erde von ca. 10 bis 12 Billionen im Jahre 2060 und einem „Sustained Growth" der mittlere spezifische Energiebedarf von 13 boe (barrels of oil equivalent) 1995 auf ca. 25 boe, das entspricht ca. 4,5 kW/cap, ansteigen wird.
Die Esso-Studie [49] unterstellt in einem zweiten Szenario „Dematerialisation", dass beispielsweise durch Datenautobahnen und virtuale Realität, durch veränderten Lebensstil und Wertewandel neue Werkstoffe und Verfahren der spezifische globale Primärenergieeinsatz im Jahr 2060 nur auf ca. 15 boe (ca. 2,7 kW/cap) anzusteigen braucht.

Volkswirtschaftlich war jahrzehntelang das Wirtschaftswachstum mit steigendem Energieverbrauch verbunden; so wie die rauchenden Schlote der Industrie ein Synonym für den steigenden Wohlstand waren. Der Slogan von der Energie als „Blut der Wirtschaft" galt uneingeschränkt. In der DDR wurde der jährliche Abbau (Raubbau) von 300 Mio t Rohbraunkohle als politischer Erfolg gewertet, und manche Privilegien der deutschen Steinkohleindustrie haben sich aus den Zeiten des extensiven Energieverbrauches bis heute nicht abbauen lassen.

Zwar ist die Entkopplung von *Wirtschaftsentwicklung* und des *Energieverbrauchs* in Deutschland und den meisten OECD-Staaten bereits seit mehreren Jahren gelungen, um aber die Grundbedürfnisse der Ärmsten dieser Welt auch nur annähernd zu befriedigen, muß der steigende Energieverbrauch in diesen Ländern durch die Einsparungen in den entwickelten Länder kompensiert werden. Konsensgespräche der an der Energieversorgung beteiligten Akteure sollen auf nationaler Ebene Handlungsstrategien ausloten.

Zwei grundsätzliche Auffassungen zur künftigen deutschen Energiepolitik sind erkennbar:
• Forderung nach möglichst geringer staatlicher Regulierung in der Energiewirtschaft. Mehr Vertrauen in die marktregulierenden Kräfte. Die *Selbstverpflichtungserklärungen* der Industrieverbände z.B. bei der Umsetzung der CO_2- Emissionsminderung (VDEW, Erdgasindustrie) garantieren wirkungsvolle Beiträge zur *rationellen Energienutzung*.
• Ausweitung der *ordnungspolitischen Rahmenbedingungen* (Gesetze, Verordnungen) und der staatlichen Kontrolle der Energiewirtschaft.

Tafel **8**.10   Preisaufsicht für leitungsgebundene Endenergie

Genehmigungsgegenstand	Elektroenergie	Gas	Fernwärme
Preise der Tarifkundenversorgung	ABV-V; umfassende Preisaufsicht nach BTO	AVB-V; Marginale Preisaufsichtsvorschriften nach BTO	AVB-V.
Preise der Sondervertragskundenversorgung	Kartellaufsicht über Preise und Konditionen	Kartellaufsicht über Preise und Konditionen	Kartellaufsicht
Einkaufspolitik der Versorgungsunternehmen als Weiterverteiler beim Lieferanten	Kartellaufsicht über Preise und Konditionen; Preisaufsicht nach § 12 BTO	Kartellaufsicht über Preise und Konditionen	über Preise und Konditionen
Abgabepreise der großen Erzeugerunternehmen an Weiterverteiler	Preisaufsicht nach § 11 Abs. 2 BTO Elt vom 18.Dez. 1989		

Verschärft wird der Dissens durch die Deregulierungsbestrebungen sowie die geplante und bei Elektroenergie bereits durchgesetzte Öffnung der Energiemärkte in der EU (s. 8.1). Bisher gelten die *Preisaufsichtregelungen* nach § 6 EnWG (alt) bzw. kartellrechtlichen Tarifbedingungen nach Tafel 8.10 für die drei leitungsgebundenen Endenergien *Strom, Gas* und *Fernwärme*. Mit der Umsetzung der EG-Richtlinie zur *Liberalisierung des Strommarktes* wird der Zugang zum Elektrizitätsversorgungsnetz in den §§5 bis 9 EWG für

Strom neu geregelt. Weitere Rechtsverordnungen des Bundesministeriums für Wirtschaft zur Festlegung von *Durchleitungsentgelten* (möglich gemäß §6 Absatz 2) sind bisher nicht erlassen. Eine freiwillige Vereinbarung zwischen dem *Bundesverband der Deutschen Industrie* (BDI), dem *Verband der Industriellen Energie- und Kraftwirtschaft* (VIK) und der *Vereinigung Deutscher Elektrizitätswerke* (VDEW) vom 22. Mai 1998 (Verbändevereinbarung) regelt Kriterien zur Bestimmung von Durchleitungsentgelten.

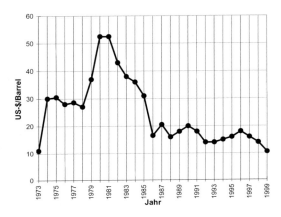

Bild 8.11   Mittlere Rohölpreise von 1973 bis I/99

Seit den beiden *Ölkrisen* in den 70er Jahren wird den Energiepreisen ein besonderes Interesse entgegengebracht.

Mit den Erkenntnissen der Preisbildungsregeln auf den Energiemärkten wird versucht die zukünftige Entwicklung der Energiepreise abzuschätzen, um Antworten auf die strategische Fragen der Energiewirtschaft zu gewinnen.

Ökonomische Modelle zur Nutzung erschöpfbarer Rohstoffe von Gray (1914), Hotelling (1931), Solow (1974) wurden von Erdmann (1992) [19] ausgewertet. Die Preisentwicklung von erschöpfbaren Energien, so die theoretischen Ansätze, wachsen exponentiell mit der Zeitschiene (Hotteling-Regel). Vorhandene Substitutionsmöglichkeiten (Backstop-Technologien) implizieren maximale Preise, bei denen die Nachfrage nach den erschöpfbaren Rohstoffen zusammenbricht, weil die Backstop-Technologie zu günstigeren Konditionen angeboten werden kann.

Die Aussagen der ökonomischen Modelle setzen jedoch eine atomistische Konkurrenz auf einem transparenten Markt voraus, der bei den erschöpfbaren Energien nicht vorliegt. Als weitere Abweichungen von der Hotteling-Regel in der Praxis werden in [19] angegeben:

– Bindung der Marktteilnehmer durch irreversible Entscheidungen (Investitionen der Energiewirtschaft besitzen lange Pay-back-Perioden für Anlagen und Netze)

– Erwartungen und Erwartungsirrtümer (Selbsterfüllende Erwartungen bergen die Gefahr von instabilen Preisentwicklungen in sich)

– Unvollkommene Durchsetzung von Förderrechten

– Fragmentierung der Entscheidungsträger.

Die Entwicklung des *Weltmarktpreises für Rohöl* im Bild 8.11 zeigt, dass die im wesentlichen politisch manipulierten Erdölpreiserhöhungen (Posted Price) durch die OPEC (Organization of Petrol Exporting Countries)[1] in den Jahren 1973 und 1979 durch die Aktivitäten

---

[1] Zu den Gründungsmitgliedern der OPEC (1960) gehörten: Irak, Iran, Kuwait, Saudi-Arabien, Venezuela. Weiter Mitglieder sind: Quatar (1961), Indonesien, Libyen (1962), Vereinigte Arabische Emirate (1967), Algerien (1969), Nigeria (1971), Ecuador (1973) und Gabun (1975).

der Ölimportländer, insbesondere der *OECD-Staaten*, die sich als Reaktion zur *OPEC* in der IEA (International Energy Agency)[1] mit Sitz in Paris zusammenschlossen, zu einem Ölpreis-Zusammenbruch im Jahre 1986 führte. Im ersten Quartal 1999 erreichte der Ölpreis durch das Überangebot an Erdöl auf dem Weltmarkt mit zeitweise knapp über 10 US$/bbl einen historischen Tiefststand seit 1973. Keine der in den Jahren zwischen 1981 und 1991 durchgeführten Expertenschätzungen der Preisprognosen hatte eine solche Entwicklung vorausgesehen.

Langfristig ist jedoch damit zu rechnen, dass aufgrund der regionalen Verteilung der Erdöl- und Erdgasvorkommen (ca. 65 % der Erdöl- und 32 % der Erdgasreserven liegen im mittleren Osten), die Preisbildung durch die „Kern-OPEC" wieder entscheidend beeinflußt wird. Niedrige Energiepreise fossiler Energieträger sind aber auch kontraproduktiv für die Markteinführung von Backstop-Technologien (erneuerbare Energien). Der Energiepreisbildung auf dem nationalen Binnenmarkt kommt deshalb eine besondere Rolle zu. Staatlichen Eingriffe werden durch Einfuhrzölle, Steuern oder Subventionen auf die Energiepreise wirksam.

Mit dem am 3. März 1999 beschlossenen *Stromsteuergesetz* (StromStG) und der Änderung des *Mineralölsteuergesetzes*, gültig ab 1. April 1999, werden fossile Energien und die daraus erzeugte Endenergie mit einer Verbrauchssteuer im Sinne der Abgabeordnung belegt. Die Mineralölsteuer für Kraftstoffe steigt um 6 DPf/l, bei Heizöl um 4 DPf/l und bei Gas um 0,32 DPf/kWh. Eine Stromsteuer wird neu eingeführt. Sie beträgt 20,00 DM für ein Megawattstunde (Artikel 1 §3 StromStG). Steuerbefreiungen und Steuerermäßigungen werden in § 6 StromStG geregelt. Ausgenommen von der Stromsteuer ist Strom aus erneuerbaren Energieträgern: Strom der ausschließlich aus Wasserkraft, Windkraft, Sonnenenergie, Erdwärme, Deponiegas, Klärgas oder aus Biomasse gewonnen wird, ausgenommen Strom aus Wasserkraftwerken, Deponie- oder Klärgasanlagen oder aus Anlagen, in denen der Strom aus Biomasse erzeugt wird, jeweils mit einer installierten Generatorleistung über 5 Megawatt. Die bundesweit einheitlichen Tarife für die Vergütungen von Strom aus erneuerbaren Energien nach dem *Stromeinspeisungsgesetz* [9] sind im Bild 8.12 als Zeitreihen seit Inkrafttreten des Gesetzes 1991 für Strom aus Biomasse und Wasserkraftanlagen (WKA) bis 499 kW, aus WKA zwischen 500 und 4999 kW und aus Sonne und Wind veranschaulicht.

Zwei Regularien, Demarkationsverträge (Gebietsschutzabreden zwischen Versorgungsunternehmen) und Konzessionsverträge (Vereinbarungen über ausschließliche Wegebenutzungsrechte mit kommunalen Gebietskörperschaften), waren Besonderheiten auf dem deutschen Energiemarkt. Durch die in Deutschland bis 1998 geltenden Rahmenbedingungen für die Energieversorgung etablierten sich kommunale Energieversorgungsunternehmen sehr erfolgreich am Markt. Die im Querverbund tätigen kommunalen Unternehmen (Stadtwerke) konnten so die Verluste der chronisch defizitären Bereiche des öffentlichen Nahverkehrs (ÖPNV) ausgleichen. Da die kommunalen Energieversorgungsunternehmen vorrangig als

---

[1] IEA Gründung Nov. 1974 auf Veranlassung von H. Kissinger (Außenm. USA). Mitglieder sind 21 der 24 OECD-Länder.

Endverteiler agieren, ist ihr künftiges Wirkungsfeld auf dem liberalisierten Energiemarkt noch nicht absehbar. Mit der im neuen EnWG vorgesehenen Klausel (§7 EnWG) eines Alleinkäufers (Single-Buyer) für die Versorgung von Letztverbrauchern haben vor allem die Kommunen eine Schonfrist bis zum Jahre 2005, um ihre Netze für Dritte zu öffnen.

Neue Aufgabenfelder der kommunalen Energieversorger könnten mit einer Kundenbetreuung erschlossen werden, bei der die angebotsorientierte Versorgung mit Endenergie ersetzt wird durch eine bedarfsorientierte Energiedienstleistung.

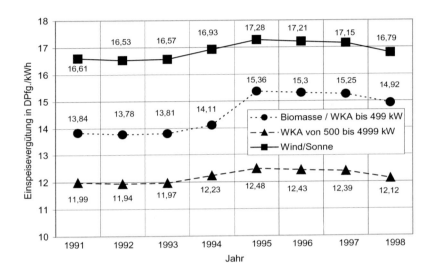

Bild **8**.12   Einspeisevergütung für Strom aus erneuerbaren Energien

8.6 Städtische Energieversorgung

Aktive Stadtentwicklungspolitik kann auch vom Strukturwandel der Energieversorgung profitieren, dass belegen historische Stadtentwicklungen mitteleuropäischer Städte.

So hatte Wien wie andere Städte im Mittelalter in unmittelbarer Nähe einen kommunalen Stadtwald zur Versorgung seiner Einwohner mit Brennholz. Mit der zunehmenden Substitution des Brennstoffes Holz durch Kohle war der ursprüngliche Bestimmungszweck des vorgehaltenen Areals nicht mehr gegeben. Durch die Weitsicht des Bürgermeisters Lueger wurde der Wienerwald und große Flächen im Süden Wiens bereits 1905 unter Schutz gestellt und von einer Bebauung ausgeschlossen. Im „Grüngürtel Wien 1995" [50], vom Gemeinderat Wien im November 1995 beschlossen, bilden Bestandteile des Luegerschen Grüngürtels heute den inneren „Kranz der Gärten".

8.6.1 Energiebewußte Stadtplanung

Die leitungsgebundene Energieversorgung in den Städten nimmt durch ihre kapitalintensiven Netze und Anlagen der Elektroenergie-, der Gas- und Fernwärmeversorgung eine Sonderstellung ein. Eine Beschränkung auf die leitungsgebundenen Energien wird jedoch einer dauerhaft-umweltgerechten Entwicklung der Energieversorgung unserer Städte nicht gerecht.

Eine energiebewußte Stadtplanung darf sich nicht ausschließlich auf die Versorgung mit Energie beschränken, sondern muß die Energieeinsparpotentiale der Energieanwendung als Handlungspotential und strategischen Ansatzpunkt für eine umweltverträgliche Siedlungsentwicklung umfassend erschließen und in der kommunalen Energiepolitik berücksichtigen.

Energiebewusste Stadtplanung			
		Aktion Stadtplanung	Reaktion Städtische Energetik
Stadtstruktur	**Funktion**	• Standortverteilung der Funktionsbereiche	• Rationelle konventionelle Energieversorgung • Nutzung anthropologisch anfallender und regenerativer Energiequellen • Abbau von Mobilitätszwängen
	Bebauung	• Stadtkomposition • Gebäudeform und Orientierung • Formfaktor • Bebauungsdichte • Mikroklima • Thermische Qualität der Gebäudehülle • Energetische Qualität der Energiewandler in den Gebäuden	• aktive und passive Nutzung von Solarenergie • Optimaler Energieeinsatz bei der Raumkonditionierung • Minimierte Energieanwendungsverluste
	Verkehr	• Optimierter Modal-Split • Energetische Qualität der Antriebe von Fahrzeugen	• Minimierter Energieverbrauch für den Verkehr

Bild **8**.13 Energiebewußte Stadtplanung [51]

Verknüpfungen zwischen städtebaulichen und energetischen Aspekten sollten in einer energiebewußten Stadtplanung zusammengeführt werden. Das Bild 8.13 veranschaulicht Ansätze für die komplexe Sicht dieses Anliegens.

8.6.2 Erneuerbare Energien in der städtischen Energetik

Welche Möglichkeiten einer energiebewußten Planung im Flächennutzungsplan und bei der Gebäudeplanung durch passive Solarenergienutzung bestehen, zeigt die nachstehende Auflistung der Einflußgrößen:

- für Flächennutzungsplan, Gebäudeplanung:
  - Beachtung des Mikroklimas
  - Standort und Topographie
  - Zuordnung von Gebäuden und Bepflanzung
  - Siedlungen möglichst im Lee-Bereich von Baumgruppen, Hügeln oder Wälder anordnen
  - Niedrige bis mittelhohe Bebauung in windexponierten Lagen
  - Natürliche Durchlüftung insbesondere von Tälern mit Kaltluftseen
  - Windschutz durch Hecken, Bäume u.a.
  - Konsequente Orientierung des Baukörpers (Südorientierung)
  - Südbereiche zur Solarenergienutzung reservieren (Verschattung beachten)
- für Gebäude:
  - Nutzung der Sonneneinstrahlung durch Fenster, einschließlich Funktionsflächen am oder im Gebäude
  - Verglaste Speicherwände (Trombewand)
  - Vorgelagerte Wintergärten (Zonierung)
  - Doppelfassade oder Luftkollektoren als integrierte Bestandteile des Gebäudes

Zur Einbindung von *erneuerbaren Energien* in die Energieversorgungsstruktur der Städte sind verschiedene Lösungsvarianten denkbar. Die Palette reicht von *energieautarken* Insellösungen für Einzelgebäude – Beispiel Solarhaus Freiburg [52] – bis zur vollständigen *Integration in die vorhandenen Netze* der Energieversorgungsunternehmen.

Im Bild 8.14 sind schematisch und vereinfacht einige der möglichen Verknüpfungen von fossilen konventionellen und erneuerbaren Energien der städtischen Energetik zusammengestellt. Der Bilanzraum ist die administrative Fläche der Stadt.
Konventionelle Energien in Form von Elektroenergie, feste, flüssige und gasförmige Energieträger sowie in einigen Städten auch Fernwärme werden von außen über die Bilanzgrenze dem Stadtgebiet zugeführt. Die aus erneuerbaren Energien in unterschiedlichen *Energieumwandlungsanlagen* erzeugte Endenergie kann grundsätzlich in die konventionellen städtischen Netze für Elektroenergie, Erdgas bzw. Fernwärme eingespeist werden. Aufgrund von Restriktionen, die sowohl von der Netzstruktur als auch von den Netzparametern abhängig sind, wird häufig eine dezentrale Nutzung angestrebt. Nach einer Abfolge von Umwandlungsprozessen wird die Nutzenergie als anthropogene Wärme aus dem Bilanzraum abgegeben.

Bei der *aktiven Solarenergienutzung* ist die direkte Umwandlung von Strahlungs- in Elektroenergie mittels Photovoltaikanlagen (PV-Anlagen) eine besonders herausragende Möglichkeit. Je nach Solarzellentyp liegt der Wirkungsgrad der Umwandlung von Solarstrahlung in elektrische Energie zwischen 5 bis max. 15 %. Die aufwendig herzustellenden *monokristallinen* Zellen erreichen die höchsten, die kostengünstigeren amorphen die niedrigsten Wirkungsgrade. Zwischen beiden ordnen sich sowohl von den Herstellungskosten als auch vom Wirkungsgrad die polykristallinen Solarzellen ein. Im Mittel beträgt die PV-Ernte in Deutschland 100 kWh/(m²·a).

Der im Rahmen der Evaluation des 1000-Dächer-Förderprogramms des Bundes ermittelte durchschnittliche jährliche Ertrag (1995) bezogen auf die installierte Spitzenleistung liegt bei ca. 690 kWh/kWp. Der photovoltaisch erzeugte Strom ist entweder in Verbindung mit einem Batteriespeicher als Gleichstrom im Inselbetrieb (dezentral) oder netzgekoppelt über Wechselrichter im Nieder- bzw. Mittelspannungsnetz zu nutzen. Durch die hohen Kosten der Solarzellen ist photovoltaisch erzeugter Strom gegenüber der konventionellen Stromerzeugung in Großanlagen um den Faktor 3 bis 10 teurer.

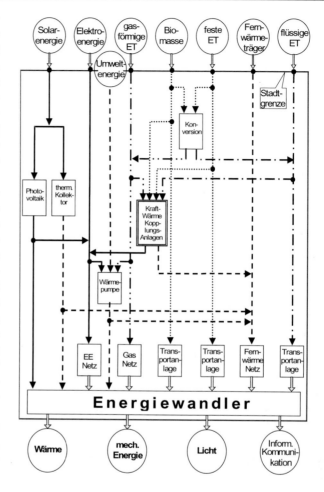

Bild **8**.14   Energieflußbild (schematisch) einer Stadt

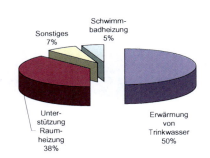

Bild **8**.15   Einsatz thermischer Solaranlagen

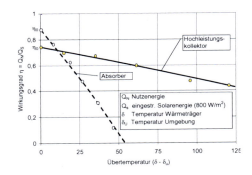

Bild **8**.16   Wirkungsgrad von Absorber und Hochleistungskollektor

Mit *Flach-, Vakuumhochleistungsflach-* oder *-röhrenkollektoren* wird Solarenergie thermisch genutzt. Über einen Wärmeträgerkreislauf (i.d.R. Wasser mit Frostschutzmittel) erfolgt die Nutzung der eingestrahlten Energie vorzugsweise zur Erwärmung von Trinkwasser und zur Unterstützung der Raumheizung (Bild 8.15). Der Energieertrag liegt je nach Einsatz und Kollektorbauart zwischen ca. 580 und 400 kWh/(m^2·a) bezogen auf die Aperturfläche des Kollektors.

Kostengünstige *Absorber* zur Schwimmbaderwärmung haben im Bereich geringer Übertemperatur einen hohen Wirkungsgrad (Bild 8.16). *Hochleistungskollektoren* besitzen durch spezielle optische Eigenschaften der verwendeten Glasabdeckung, der selektiven Absorptionsschichten und der zusätzlichen konstruktiven Wärmedämmung auch bei hohen Übertemperaturen noch hinreichende Wirkungsgrade der aktiven Komponente.

Bei optimaler Auslegung der Anlage und dezentraler Nutzung sind 50 bis 60 % des jährlichen Wärmeenergiebedarfes durch Solarthermie zu decken. Komfortable rechnergestützte Programme sind für eine wirtschaftliche Auslegung von Solaranlagen zu empfehlen [53].

Solare Nahwärmeprojekte ohne und mit *Langzeitwärmespeicher* beschränken sich bisher in Deutschland auf Demonstrationsanlagen [54]. Die „äquivalenten Wärmepreise" aus solarunterstützten Nahwärmesystemen mit Langzeitspeichern liegen zwischen 10 DPf/kWh in Verbindung mit *Niedrigenergiehäusern* (Heizwärmebedarf kleiner 50 bis 80 kWh/(m^2·a)) und 20 bis 40 DPfg/kWh bei einem Wärmedämmstandard entsprechend der geltenden Wärmeschutzverordnung (Heizwärmebedarf 120 bis 150 kWh/(m^2·a)) [55].

Solarthermische Kraftwerke (Parabolrinnen-, Solarturm-, Paraboloid- und Aufwindkraftwerke) zur Elektroenergieerzeugung sind nur in Regionen rentabel, die eine Direktstrahlungssumme von mindestens 2000 kWh/(m^2·a) aufweisen. Die mittlere Einstrahlung in Mitteleuropa liegt dagegen nur bei ca. 800 bis 1000 kWh/(m^2·a).

Durch den Einsatz von *Wärmepumpen* (WP) [56] zur Wärmebedarfsdeckung im Niedertemperaturbereich (Raumheizung, Erwärmung Trinkwasser) wird Umweltenergie auf eine

höhere Temperatur „gepumpt". Die dafür notwendige Energie kann, wie im
Bild 8.17 dargestellt, mit Hilfe eines
Kompressors   (Kompressionswärme-
pumpe) oder als thermischer Verdichter
mit einem Lösungsmittelkreislauf (Ab-
sorptionswärmepumpe) zugeführt werden. Für den Kompressor eignen sich
sowohl elektrische als auch diesel- bzw.
gasmotorische Antriebe. Die *Leistungsziffer*

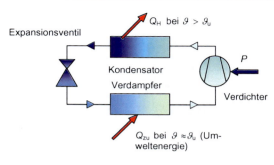

Bild 8.17   Prinzip Wärmepumpe

$$\varepsilon = Q_\mathrm{H}/P \qquad \text{Gl. (8.6)},$$

das Verhältnis von Heizleistung Q_H zur Antriebsleistung des Verdichters P, ist ein Mass
für die energetische Effizienz. Eine elektrisch angetriebene WP ist in Deutschland ökologisch sinnvoll bei $\varepsilon > 3$, weil auch die Umwandlungswirkungsgrade der Stromerzeugung in
eine Gesamtbewertung (s. Gl. 8.5) eingehen. Die Leistungsziffer ist grundsätzlich vom
Temperaturhub der Wärmezu- (Q_zu; T_zu) und Wärmeabführung (Q_H; T_ab) abhängig. Ein geringer Temperaturhub bewirkt eine große Leistungsziffer. Für eine ideale Maschine (links-
drehener Carnotprozeß) gilt die Gleichung:

$$\varepsilon_\mathrm{C} = T_\mathrm{ab}/(T_\mathrm{ab} - T_\mathrm{zu}) \qquad \text{Gl. (8.7)}$$

Die *Arbeitszahl* einer WP ist das Verhältnis von jährlich erzeugter Heizwärme zur aufge-
wendeten Antriebsenergie, einschließlich Hilfsenergie, z.B. für Ventilatoren oder Umwälzpumpen. Je nach Anwendungsfall liegt die Arbeitszahl im praktischen Betrieb zwischen
2,2 und 4,5.

Umweltenergie steht in vielfältigster Weise zur Verfügung. Als *Wärmequelle* ist Außenluft,
Wasser (Grund-, Meer-, Flußwasser), Erdreich, Abwärme oder thermische Solarenergie
nutzbar. Nach den verwendeten Medien der Quelle/Senke erfolgt eine Unterteilung, z. B. in
Luft/Luft- oder Wasser/Luft-WP.

Bei einem *monovalenten* System deckt die WP den gesamten Wärmebedarf, bei einer *bi-
valenten* WP sind zusätzliche Wärmeerzeuger zur Deckung der Spitzenlast installiert.

Nach dem Verbot der Herstellung von FCKW-Kältemittel (s. Abschn. 8.4 und Tafel 8.7)
sind verschiedene Ersatzstoffe als Arbeitsmittel in der technischen Entwicklung. Die Wahl
des Kältemittels hängt wesentlich von den geforderten Temperaturniveaus ab.

Monovalente Elektrowärmepumpen für Einfamilienhäuser mit durchschnittlich 13 kW
Heizleistung kosten zwischen 17 000 bis 30 000 DM ohne Erschließungskosten für die
Wärmequelle [57].

In Ländern die über billigen Wasserkraftstrom verfügen, ist der Einsatz von Wärmepumpen besonders effektiv. So wurde bereits 1943 für die Fernheizung der Eidgenössischen
Technischen Hochschule Zürich in einer Wärmepumpenzentrale drei Wärmepumpen (zwei
Turbokompressoren und eine Kolbenmaschine) mit einer Heizleistung von 1,7 bis 2,9 MW
je Aggregat installiert. Als Wärmequelle dient das Wasser des Limmatflusses.

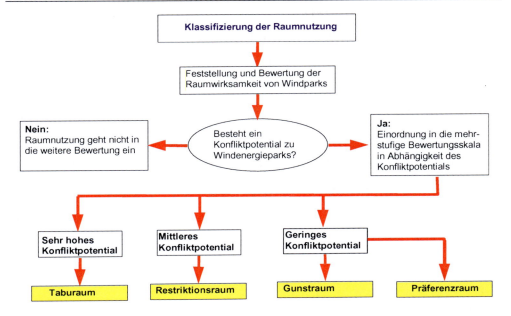

Bild **8**.18   Klassifizierung der Raumnutzung für Windenergieanlagen

In Stockholm wird ein Stadtteil mit Fernwärme aus einer Wärmepumpenanlage versorgt, die das Ostseewasser als Wärmequelle nutzt.

Selten sind in einem Stadtgebiet große Wasserkraftwerke anzutreffen und Präferenzräume für Windenergieanlagen vorhanden (Bild 8.18).

Biomasse kann in konventionellen *Kraft-Wärme-Kopplungsanlagen* (KWK-Anlagen) zur Erzeugung von Strom und Wärme feste fossile Brennstoffe (Torf, Braun- und Steinkohle) substituieren oder ist durch *Konversion* in flüssige oder gasförmige Energieträger umzuwandeln.

8.6.3   Städtischen Energieversorgung mit leitungsgebundener Energie

Die historische Entwicklung der anthropogenen Endenergieformen hat zur Ausbildung von *überregionalen, regionalen* und *städtischen Transport-* und *Verteilungsnetzen* geführt, die in Mitteleuropa de facto für jedermann eine sichere und bedarfsgerechte Energieversorgung mit Elektroenergie sowie eingeschränkt mit Erdgas und Fernwärme garantiert.

Bei der leitungsgebundenen Energieversorgung sind unabhängig von der transportierten Energie grundsätzlich übereinstimmende *Netzkonfigurationen* anzutreffen.

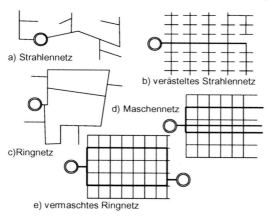

a) Strahlennetz

b) verästeltes Strahlennetz

d) Maschennetz

c) Ringnetz

e) vermaschtes Ringnetz

Bild **8**.19 Netzformen

Von den drei Grundformen: *Strahlen-*, *Ring-* und *Maschennetz* abgeleitet, sind im Bild 8.19 unter (a) bis (e) fünf Varianten veranschaulicht, die sich wesentlich in den *Anlagekosten* und in der *Versorgungssicherheit* unterscheiden.

Eine qualitive Bewertung der Netzformen enthält die Tafel 8.11.

Die einfachste Form eines Netzes ist das Strahlennetz (a) bzw. das verästelte Strahlennetz (b). Bereits eine Störung in der Nähe des Einspeisepunktes führt zum Totalausfall der Verbraucher, die hinter dem Strang liegen. Jeder Punkt im Netz ist nur auf einem Wege zu versorgen.

Beim den Varianten (c) bis (e) ist jeder Punkt auf mehr als einem Wege zu erreichen, wobei das vermaschte Ringnetz durch zwei Einspeisepunkte im Ring von den Varianten in Bild 8.19 die höchste Versorgungszuverlässigkeit aufweist.

Tafel **8**.11 Qualitative Bewertung von Netzkonfigurationen

Netzform	Anlage-kosten	Qualität der Versorgung	Versorgungs-sicherheit	Betriebsführung
a) Strahlennetz	gering	schlecht	gering	einfach
b) verästeltes Strahlennetz	gering	schlecht	mittel	einfach
c) Ringnetz	mittel	mittel	mittel bis gut	mittel
d) Maschennetz	hoch	gut	gut	gut
e) vermaschtes Ringnetz	sehr hoch	sehr gut	sehr gut	sehr gut

Für die Auslegung von städtischen Netzen haben sich ebenfalls vergleichbare Ansätze bewährt, die grundsätzlich vom verwendeten Energieträger unabhängig sind. Die für die Auslegung bestimmende höchste Leistung (P_{max}) des Netzes wird dabei aus der Summe der Anschlußwerte der Einzelverbraucher ($\sum P_i$) unter Berücksichtigung der Gleichzeitigkeit ermittelt. Der Gleichzeitigkeitsfaktor (g) ist entsprechend der Gl. 8.8 definiert. Für die Auslegung muß jedoch P_{max} berechnet werden, wobei der Gleichzeitigkeitsfaktor, z.B. für ein Wohngebiet, von der jeweiligen Versorgungsvariante sowie der Größe und Anzahl der versorgten Wohnungen abhängig ist.

$$g = P_{max}/\sum P$$

Gl. (8.8)

Bei der städtischen leitungsgebundenen Energieversorgung sind aufgrund der Substitutionsmöglichkeiten verschiedene Varianten der Energiebedarfsdeckung möglich.

Eine *einschienige* Versorgung besagt, dass eine *vollelektrische* Versorgung vorliegt, bei derausschließlich Elektroenergie zum Einsatz kommt.

Eine *zweischienige* Versorgung bedeutet Kombinationen zwischen *Strom/Gas* oder *Strom/Fernwärme* als Versorgungsvarianten.

Eine *dreischienigen* Versorgung mit *Strom/Gas/Fernwärme* sollte aus Wirtschaftlichkeitsgründen möglichst vermieden werden.

Die Unterbringung von Leitungen und Anlagen in öffentlichen Flächen regelt die DIN 1998 [58], die für die Anordnung der einzelnen Leitungsarten in öffentlichen Flächen Zonen einräumt. In der Regel sollen Versorgungsleitungen außerhalb der Fahrbahn angeordnet werden. Reicht diese Fläche nicht aus, sind in der Fahrbahn in erster Linie Haupt- und

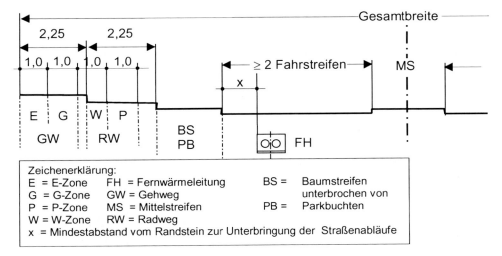

Bild **8**.20   Beispiel für die Unterbringung von Versorgungsleitungen in Zonen nach DIN 1998

Fernleitungen vorzusehen. Das in Bild 8.20 ausgewählte Beispiel der Einordnung von Zonen sieht für die Leitungen der *Elektrizitätsversorgung (E-Zone)* eine Regelbreite von 0,7 m, eine Überdeckung von 0,6 m und eine Tiefe bis zu 1,6 m vor. Innerhalb dieser Zone sollen die Kabel nach Verwendungszweck und Spannungsebenen geordnet werden. An Straßenkreuzungen sind die Kabel so auszuführen, dass ein Auswechseln ohne Aufbrechen der Fahrbahn möglich ist. Bei Übergängen und Unterquerungen ist für späteren Bedarf eine begrenzte Reserve vorzusehen.

Für die *Gasleitungen (G-Zone)* beträgt die Regelbreite ebenfalls 0,7 m und die Überdeckung 0,6 bis 1,0 m.

Bei der Einordnung von *Fernmelde-* und *Signalkabel* sowie *Leitungsanlagen für Kommunikation*, in DIN 1998 als Leitungsanlagen der Deutschen Bundespost (P-Zone) deklariert, gilt für die Regelbreite gleichfalls 0,7 m und für die Überdeckung bei Rohrtrassen 0,7 m, bei Erdkabel 0,6 m. Bei einer Verlegung unter einer Tiefe von 1,1 m muß bis zur nächsten Lage eine Zwischenraum von mindestens 0,3 m Höhe verbleiben, um Kreuzen anderer Leitungen zu ermöglichen.

Für *Fernwärmeleitungen* ist eine Regelbreite von 2,0 m bei einer Überdeckung im Mittel von 1,2 m vorzusehen. Wenn der Raum außerhalb der Fahrbahn nicht ausreicht, sollen Fernwärmeleitungen, wie im Bild 8.20 dargestellt, nicht in Fahrbahnmitte angeordnet werden. Bei Annäherungen und Kreuzung von Fernwärmeleitungen und Wasserleitungen oder Kabel sind solche Abstände einzuhalten, dass keine thermische Beeinflussung auftreten können. Läßt sich das nicht erreichen, sind im gegenseitigen Einvernehmen andere geeignete Maßnahmen zu treffen, die eine Betriebssicherheit der Wasserleitungen bzw. Kabel sicherstellen.

8.7 Elektroenergieversorgung

Mit dem neuen EnWG wird die *Entflechtung* von *Erzeugung* und *Transport* angestrebt, um den Stromtransport wirtschaftlich unabhängig von Erzeuger- und Abnehmerinteressen und damit wettbewerbsneutral zu gestalten.

Die Erzeugung von elektrischen Strom erfolgt in Deutschland überwiegend in *thermischen Kraftwerken* (Bild 8.21), wobei Stein- und Braunkohle mit ca. 52 % den größten Anteil der Brennstoffe ausmachen. Zu-

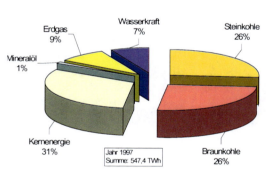

Bild **8**.21   Stromerzeugung aus Energieträger

sammen mit den *Kernkraftwerken* werden die Kohlekraftwerke zur Deckung der Grundlast betrieben. Durch *Wärmeauskopplung* aus thermischen Kraftwerken wird gleichzeitig Fernwärme bereitgestellt (Heizkraftwerke).

Die Erzeugung von Strom (Kraft) und Wärme in einer Anlage ist energetisch sehr günstig, weil sie den Brennstoff besser ausnutzt als in getrennten konventionellen Anlagen, bestehend aus thermischem Kraftwerk und Heizwerk [59]. In *Kraft-Wärme-Kopplungsanlagen* (KWK) liegt der Ausnutzungsfaktor (ω), die Summe von elektrischer Leistung (P_{el}) und ausgekoppelter Heizleistung (Q_H) zum eingesetzten *Brennstoffenergiestrom* (Q_{Br}) je nach Anlage zwischen 0,6 bis 0,9 (s. Tafel 8.12).

Tafel **8**.12 Kennwerte von Kraft-Wärme-Kopplungsanlagen

KWK-Anlagen	Leistungsbereich in MW		Stromkennzahl $\sigma = \dfrac{P_{el}}{\dot{Q}_H}$	Stromausbeute $\beta = \dfrac{P_{el}}{\dot{Q}_B}$	Nutzungsfaktor $\omega = \dfrac{P + \dot{Q}_H}{\dot{Q}_B}$
	thermische Leistung	elektrische Leistung			
Dampfkraftwerk					
- Gegendruckturbine	10 bis 250	7 bis 150	0,3 bis 0,6	0,2 bis 0,33	0,82 bis 0,9
- Entnahme-Kondensationsturbine			0,8 bis 2,5	0,32 bis 0,36	0,55 bis 0,65
Gasturbine mit Abhitzekessel	1 bis 250	0,25 bis 150	0,3 bis 0,7	0,15 bis 0,33	0,7 bis 0,85
Blockheizkraftwerk	0,01 bis 20	0,006 bis 20			
- Gasottomotor			0,3 bis 0,8	0,25 bis 0,35	0,8 bis 0,95
- Dieselmotor			0,6 bis 1,2	0,4 bis 0,45	0,85 bis 0,98
GuD-Kraftwerk	20 bis 200	20 bis 200			
- Gegendruckturbine			0,7 bis 0,85	0,35 bis 0,4	0,8 bis 0,89
- Entnahme-Kondensationsturbine			1,5 bis 2,7	0,35 bis 0,42	0,6 bis 0,75
Brennstoffzellen (PAFC[1], MCFC[2], SOFC[3])	< 0,21	< 0,2	1,5 bis 6,0	0,4 bis 0,60	0,75 bis 0,83

[1] PAFC – Phosphoric-Acid-Fuel-Cells
[2] MCFC - Molten-Carbonat-Fuel-Cells
[3] SOFC – Solid-Oxid-Fuel-Cells

Blockheizkraftwerke (BHKW) mit Verbrennungsmotoren (Gasotto- oder Dieselmotoren) und als Pilotanlagen mit *Brennstoffzellen* [60], die in Umkehrung der Elektrolyse aus Wasserstoff (Erdgas) und Sauerstoff (Luft) auf direktem Wege Elektroenergie und Wasser produzieren, sind als Erzeugeranlagen in die *dezentrale Nahwärmeversorgung* und in Fernwärmenetze integriert.

Wasserkraftwerke als *Lauf-, Speicher-* und *Pumpspeicherwasserkraftwerke* sowie *Windkraft-* und *Müllverbrennungsanlagen* sind mit ca. 7 % (Bild 8.21) an der Stromerzeugung beteiligt. Zur Deckung der *Spitzenlast* sind vorzugsweise *Gasturbinenkraftwerke (GTKW)* im Einsatz.

Der Transport von Elektroenergie vom Erzeuger zum Verbraucher erfolgt in verschiedenen *Spannungsebenen*. Nach VDE werden unterschieden:

– *Niederspannung* bis 1000 Volt mit dem im Haushalt zur Verfügung stehenden 230/400 Volt Wechsel- bzw. Drehstromnetz
– *Mittelspannung* zur örtlichen Versorgung zwischen 1000 Volt und bis 30 kV (kilo Volt)
– *Hochspannung* zur Versorgung auf regionaler Ebene von 30 kV bis 110 kV
– *Höchstspannung* von 220 kV über 380 kV bis 750 kV zum weiträumigen Energietransport großer Leistungen. In Mitteleuropa reicht die Höchstspannung für die Energieversorgung bis zu 380 kV.

Hochspannungsgleichstromübertragung (HGÜ) bietet gegenüber der Drehstromübertragung einige Vorteile. So ist die Anbindung des westeuropäischen *UCPTE[1]-Verbundnetzes* an das nordeuropäische NORDEL-Netz nur über HGÜ-Seekabel von 400 kV wirtschaftlich vertretbar. Bis zu je 600 MW Übertragungsleistung haben die beiden Seekabel zwischen Deutschland und Dänemark (KONTEK) bzw. Deutschland und Schweden (Baltic Cable) [61].

Das westeuropäische Verbundsystem UCPTE [62] ist dezentral strukturiert und weist eine Vielzahl von Regionen mit einer ausgeglichenen Last/Erzeugerbilanz aus. Die Verbundfunktionen: *Belastungsausgleich, Erzeugungsausgleich* und *Störungsausgleich* unterstützen die wirtschaftliche Erzeugung und führen zu einer

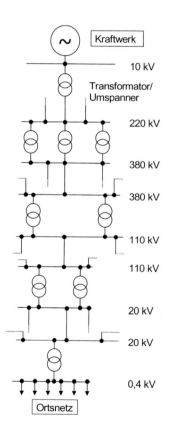

Bild **8.22**   Elektroenergietransport

Kraftwerk
10 kV
Transformator/Umspanner
220 kV
380 kV
380 kV
110 kV
110 kV
20 kV
20 kV
0,4 kV
Ortsnetz

---

[1] Union pour la coordination de la production et du transport de l'électricité, gegründet auf Anregung der OECD 1951. Gründungsmitglieder: Belgien, Deutschland, Frankreich, Italien, Luxemburg, Niederlande, Österreich, Schweiz.

Qualitätssteigerung, wie *Ausfallsicherheit*, *Spannungskonstanz* und *Frequenzstabilität* der Elektroenergie, und garantieren, häufig auch bei außergewöhnlichen Situationen und Störfällen, eine stabile Versorgung der Verbraucher. Eine wirtschaftliche Speicherung von Elektroenergie ist bis heute großtechnisch nicht zu realisieren. Im Verbundnetz wird deshalb durch ein Energiemanagement die Erzeugerleistung und Last ständig angepaßt. Erzeugerkapazitäten werden als Reserve vorgehalten, um im Bedarfsfall aufgeschaltet zu werden (heiße Reserve) oder aber aus der kalten Reserve nach einer längeren Anlaufphase Elektroenergie ins Netz einzuspeisen.

Im Bild 8.22 ist die prinzipielle Einbindung der Spannungsebenen des Elektroenergietransportes und der Energieverteilung von der Erzeugung (Kraftwerk) bis zum Verbraucher dargestellt.

Für den Übergang zwischen den Spannungsebenen sind *Transformatoren* bzw. *Umspanner* in *Hauptumspannwerken* (Hoch- und Höchstspannung), *Umspannwerken* (Übergang von Hoch- auf Mittelspannung) und *Ortsnetzstationen* (Mittelspannung in Niederspannung) notwendig.

Der Elektroenergietransport erfolgt durch *Freileitungen* und *Kabel*. Gegenwärtig umfaßt das Elektroenergienetz ca. 1 500 000 km.

Freileitungen sind die ältesten Transportsysteme und überwiegen auf der Hoch- und Höchstspannungsebene.

Die Vorteile von Freileitungen gegenüber Kabeln sind *geringere Kosten* und *hohe Überlastbarkeit*. Der wesentliche Nachteil ihr Erscheinungsbild in der Landschaft (s. Abschn. 8.4). Die *Nutzungsdauer* von Freileitungen liegt im Durchschnitt bei 30 Jahren. Die *Gittermaste* der Höchstspannungsebene (380 kV) haben je nach Ausführung Höhen von ca. 48 bis 60 m bzw. ca. 26 m (220 kV). Die Breite der entsprechenden Ausleger zur Befestigung der Langstabisolatoren, an denen wiederum die stromführenden Seile befestigt sind, haben Abmessungen von ca. 28 bis 32 m.

Auf der Hochspannungsebene (110 kV) sind 20 bis 30 m Höhe und 15 bis 18 m Breite der Freileitungsmaste anzutreffen. Auf der Verteilerebene (20 und 10 kV) sind Beton- bzw. Holzmasten mit ca. 10 bis 15 m Höhe typische Abmessungen. Die für Hochspannungstras-sen geltenden *Schutzabstände*, insbesondere für Bauten, sind vom Mastbild, der Spannungsebene und Bauart der Leitung abhängig. Den *Koronaverlusten* (Absprühen von Elektronen) wird bei Spannungen über 220 kV durch *Mehrdrahtleiteranordnung* entgegengewirkt.

In den engen Straßen der Städte wurden von Anfang an unterirdische Leitungen bevorzugt. In Berlin und Königsberg waren in den 80er Jahren des 19. Jh. die blanken Leitungen auf Porzellanisolatoren in Betonkästen (Monierkanäle, mit Stahl bewehrter Beton) untergebracht. Die Monierkanäle waren in Berlin als Zweileitersysteme und in Königsberg als Fünfleitersysteme ausgeführt. Die letzten Monierkanäle konnten bis 1927 betriebsfähig gehalten werden. Die BEWAG legte bereits im Jahre 1885 das erste *Starkstromkabelnetz* als Einleiter-Gleichstromkabel, das aufgrund der geringen Spannung von 0,1 kV mit Leiterquerschnitten von 800 und 1000 mm^2 Querschnitt ausgeführt war, um den Spannungsabfall klein zu halten. Durch seine ausgereifte Konstruktion und Herstellung, das Kabel war bereits mit einem

Bleimantel und einer Bandeisenbewehrung versehen, war es bis zur generellen Umstellung auf Drehstrom (aus wirtschaftliche Gründe) fast 80 Jahre lang in Betrieb [63]. Heute sind im Mittelspannungsnetz über 50 % Kabelsysteme und ca. 80 % der neu verlegten Energietransportsysteme sind als Kabel ausgeführt.

Erdkabel verdrängen zunehmend die Freileitungen auch auf der Hoch- und Höchstspannungsebene. Auf der Höchstspannungsebene sind bereits 4 % (ca. 4000 km) der Stromtrassen in Deutschland als Kabel verlegt. Hoch- und Höchstspannungskabel sind zur Stromversorgung in Städten bei dichter Bebauung oder in stadtnahen Bereichen zu finden. So verbindet in Berlin eine etwa 8 km lange Kabeltrasse das 380/110 kV-Umspannwerk Reuter mit der Schaltanlage Teufelsbruch, einem Teilstück der Verbindung zum Zentralen Umspannwerk Wolmirstedt. Die beiden 380 kV-Kabelsysteme bestehen aus sechs Niederdrucködkabeln mit äußerer Wasserkühlung. *Muffenbauwerke* von etwa 9 m Länge, 4,6 m Breite und 5 m Höhe nehmen die großvolumigen *Kabelverbindungsmuffen* auf [64]. *Ölisolierte Kabel*, das Öl dient gleichzeitig als Kühlmittel und Isolator, haben den Nachteil, dass bei Leckagen das Erdreich und Grundwasser verunreinigt werden kann.

In Neuanlagen haben auf der 110 kV-Spannungsebene *kunststoffisolierte Kabel* und *Gasdruckkabel* (Stickstoff oder Schwefelhexafluorid SF_6) die Öldruckkabel vollständig abgelöst. Auf der 220 kV-Spannungsebene werden in Deutschland seit 1988 ausschließlich kunststoffisolierte Kabel verwendet, und die ersten Kabel dieser Art für die 400 kV-Ebene wurden 1993 in Auftrag gegeben.

Erdkabel besitzen gegenüber den Freileitungen den Vorteil, dass die *induktive Leistung* des Netzes durch das Kabel kompensiert werden kann. Die Betriebssicherheit und Nutzungsdauer der Kabel von mindestens 40 Jahren sind weitere Vorteile. Nachteilig sind die geringe Überlastbarkeit und die hohen Kosten, die um den Faktor 10 höher sind als gleichwertige Freileitungsnetze, wobei die *Tiefbauarbeiten* einen beträchtlichen Anteil an den Gesamtkosten ausmachen. Als Belastbarkeit eines Kabels gilt die Höhe des elektrischen Stromes, der maximal durch die leitenden Adern des Kabels fließen darf. Die zulässige Strombelastung ist in VDE-Vorschriften festgelegt und vom Kabeltyp, dem Leiterquerschnitt, der verwendeten Spannungsebene und den Verlegebedingungen abhängig [65]. *Supraleitende Kabel*, die einen verlustlosen Elektroenergietransport ermöglichen, sind in der Entwicklung. Die hohen Kosten und eine aufwendige Kühleinrichtung schränken jedoch die zukünftigen Einsatzmöglichkeiten ein.

Die *Netzverluste* (in Deutschland ca. 5 %) sind bei gleicher Übertragungsleistung abhängig von der Netzspannung. Generell gilt: Je höher die Spannung, desto geringer die Netzverluste. Deshalb sind im Hoch- und Höchstspannungsnetz die Verluste erheblich geringer als im Niederspannungsnetz.

Um die Netzverluste und den Spannungsabfall in den Niederspannungs-Drehstromnetzen (Maschennetze) gering zu halten, müssen die Leitungslängen und Leiterquerschnitte zwischen den Transformatorenstationen und den Verbrauchern nach wirtschaftlichen Kriterien optimiert werden. Abhängig von der Bebauungs- und Lastdichte sind Trafostationen sowie die Nennleistung der Transformatoren so zu planen, dass eine wirtschaftliche und qualitätsgerechte Versorgung der angeschlossenen Kunden gewährleistet ist. Typische Versorgungsradien der Trafostationen in Wohngebieten liegen zwischen 100 bis 200 m. Die Leistung der Transformatorenstationen im Stadtgebiet betragen vorzugsweise 400 kVA bis 1000 kVA. Die Knotenpunkte der Netzkabel werden in EVU-eigenen *Kabelverteilerschränken* meist oberirdisch untergebracht. Die Stränge sind einzeln abgesichert. Die Sicherungen befinden sich ebenfalls in den Kabelverteilerschränken.

Tafel **8**.13 Gleichzeitigkeitsfaktor ausgewählter Verbrauchergruppen

Verbrauchergruppe	Bürogebäude	Krankenhaus	Kaufhaus
Beleuchtung	0,85 bis 0,95	0,7 bis 0,9	0,85 bis 95
Klimaanlage	1	0,9 bis 1	0,9 bis 1
Küchen	0,5 bis 0,85	0,6 bis 0,8	0,6 bis 0,8
Aufzüge/Rolltreppen	0,7 bis 1	0,5 bis 1	0,7 bis 1
Steckdosen	0,1 bis 0,15	0,1 bis 0,2	0,2

Richtwerte für den *Gleichzeitigkeitsfaktor (g)* der Elektroenergieversorgung (Gl. 8.7) einiger *Verbrauchergruppen* für ausgewählte Elektroenergieanwendungsfälle enthält die Tafel 8.13. Bei stationären elektrischen Antrieben (Motoren) sind die Nennleistung und der *Auslastungsfaktor (a)* für die Berechnung des maximalen Leistungsbedarfes und die Bemessung der Netze ausschlaggebend.

Für die öffentliche Beleuchtung gelten die anerkannten Regeln der Technik:
– DIN 5044 für die Verkehrsbeleuchtung durch ortsfeste Beleuchtungsanlagen
– DIN 67523 für die Beleuchtung von Fußgängerüberwegen
– DIN 67528 für die Beleuchtung von Parkflächen und
– Richtlinien für die Beleuchtung in Anlagen für den Fußgängerverkehr

In der DIN 5044 [66] sind die Bestimmungen zur *Beleuchtung* von Straßen für den Kraftfahrzeugverkehr durch ortsfeste Beleuchtungsanlagen innerhalb und außerhalb bebauter Gebiete festgelegt. Über die Notwendigkeit, eine Straße zu beleuchten, entscheidet die hierfür zuständige Behörde, die DIN 5044 enthält darüber keine Festlegungen.

Als *lichttechnische Gütemerkmale* der Straßenbeleuchtung werden die Anforderungen an Leuchtdichte, Beleuchtungsstärke, Gleichmäßigkeit der Leuchtdichte, Gleichmäßigkeit der Beleuchtungsstärke, Blendungsbegrenzung, optische Führung (Lichtpunkte der Leuchtenreihen), Lichtfarbe und Farbwiedergabeeigenschaften sowie Adaption in DIN 5044 festgelegt. Richtwerte für ortsfeste Beleuchtung von Straßen innerhalb bebauter Gebiete-Abschnitte außerhalb von Knotenpunkten enthält die Tafel 8.14. Umfassend werden Straßenbeleuchtungen in [67] behandelt.

Für die *Adaption* an ein anderes Leuchtdichteniveau ist besonders für den Übergang von beleuchteter zu unbeleuchteter Straße ausreichend Zeit vorzusehen. Die Anpassung der Leuchtdichte soll innerhalb einer Adaptionszeit von etwa 10 s so erfolgen, dass die Sehleistung weitgehend erhalten bleibt.

Zur *Beleuchtungsstärke-* und *Leuchtdichteberech-
nung* sind die folgenden geometrischen Angaben
(Bild 8.23, DIN 5044-2) der Beleuchtungsanlagen
notwendig:
- *Lichtpunkthöhe h*, Abstand des Drehpunktes einer Leuchte von der Fahrbahnoberfläche
- *Lichtpunktabstand a* ergibt sich zwischen zwei
  aufeinanderfolgenden Lichtpunkten einer Fahr-
  bahnseite
- *Fahrbahnbreite b* ist der Abstand zwischen den
  Fahrbahnbegrenzungen. Parkstreifen, Rad- und
  Fußwege zählen nicht zur Fahrbahn
- *Lichtpunktüberhang s* ist der Abstand zwischen
  der Projektion des Drehpunktes der Leuchte auf
  die Fahrbahnoberfläche und dem Fahrbahnrand
- *Neigungswinkel ϑ* ist derjenige Winkel, um den
  die Leuchte gegen die Horizontale angestellt ist

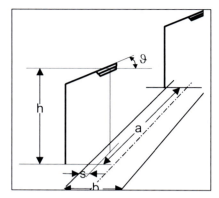

Bild **8**.23   Angaben zur Geometrie
von Beleuchtungsanlagen

Für die Straßenbeleuchtung sind überwiegend Na-Hochdrucklampen installiert, die bei
gleicher Leuchtdichte gegenüber Quecksilberdampflampen geringere Leistungsaufnahmen
aufweisen und damit energetisch günstiger sind.

Um den Einfluß von Alterung und Verschmutzung zu kompensieren, sind bei der Auslegung Zuschläge von 25 % des Nennwertes vorzusehen. Unterschreitet die Leuchtdichte einen Wert von 80 % des Nennwertes sollte eine Anlagenwartung erfolgen [68].

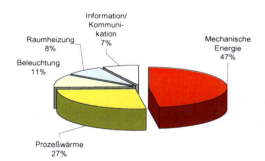

Bild **8**.24   Aufteilung des Elektroenergieverbrauchs nach Bedarfsarten in Deutschland
1997

Aus der Aufteilung des Elektroenergieverbrauchs auf die *Bedarfsarten* für 1997 in
Deutschland [69] (Bild 8.24 und Tafel 8.15) ist ersichtlich, dass der Hauptanteil (ca. 47 %)
zur mechanischen Energieerzeugung genutzt wird, wobei davon über 50 % auf den *Ver-
brauchersektor* Industrie entfällt. Nur ca. 11 % der erzeugten Elektroenergie werden für
Beleuchtungszwecke eingesetzt.

Tafel 8.14 Richtwerte für ortsfeste Beleuchtung von Straßen innerhalb bebauter Gebiete - Abschnitte außerhalb von Knotenpunkten

1	2	3	4	5	6	7	8	9	10	11	12	13	14	15	16	17	18	19	20	21	22	23	24	25	26	27	28
Straßenart	Straßenquerschnitt																										
	mit Mittelstreifen									ohne Mittelstreifen																	
Verkehrsstärke bei Dunkelheit in Kfz/(h·Fahrstreifen)	900			600			200			200			600			300			100			100			100 Anlieger-funktion		
Überschreitungsdauer in h/Jahr	≥ 200			≥ 300			≥ 300			< 300			≥ 200			≥ 300			≥ 300			< 300			< 300		
	L_n	U_l	KB	L_n	U_l	KB	L_n	U_l	KB	L_n	U_l	KB	L_n	U_l	KB	L_n	U_l	KB	L_n	U_l	KB	L_n	U_l	KB	L_n	U_l	KB
5 Ortsstraßen																											
bebaut, ruhender Verkehr auf/an der Fahrbahn	2	0,7	1	2	0,7	1	1,5	0,6	1	1	0,6	2	2	0,7	1	2	0,7	1	1,5	0,6	2	0,5	0,4	1	0,3	0,3	2
6 bebaut, kein ruhender Verkehr auf/an der Fahrbahn	1,5	0,6	1	1,5	0,6	1	1	0,6	2	0,5	0,5	2	2	0,7	1	1,5	0,6	1	0,5	0,6	2	0,5	0,4	2	0,3	0,3	2
7 anbaufrei, kein ruhender Verkehr auf/an der Fahrbahn	1	0,6	1	1	0,6	1	0,5	0,5	2	0,5	0,5	2	1,5	0,6	1	1,5	0,6	1	0,5	0,6	2	0,5	0,4	2	0,3	0,3	2
8 Kraftfahrstraßen (Z. 331 STVO)																											
zul. v > 70 km/h	1,5	0,6	1	1	0,6	1	0,5	0,6	2	0,5	0,5	2	1,5	0,6	1	1	0,6	1	0,5	0,6	2	0,5	0,6	2			
9 zul. v ≤ 70 km/h	1	0,6	1	1	0,6	1	0,5	0,5	2	0,5	0,5	2	1	0,6	1	1	0,6	1	0,5	0,5	2	0,5	0,5	2			
10 Autobahnen																											
zul. v > 110 km/h	1	0,7	1	1	0,7	1																					
12 zul. v ≤ 110 km/h	1	0,7	1	0,5	0,6	1																					

Dabei bedeuten: L_n Leuchtdichte in cd/m², U_l Längsgleichmäßigkeit, KB Klasse der Blendbegrenzung

Bei Leuchtpunktabständen < 30 m ist U_l um den Betrag 0,05 zu erhöhen,
> 40 m kann U_l um den Betrag 0,05 verringert werden.

Für die Gesamtgleichmäßigkeit gilt: $U_0 \geq 0,4$ (ausgenommen Spalte 27)

Tafel **8**.15   Elektroenergieverbrauch (1997) nach Verbrauchersektoren und Bedarfsarten

Bedarfsart \ Verbrauchersektor	Industrie in PJ/a	in %	Verkehr in PJ/a	in %	Haushalt in PJ/a	in %	Klein- verbraucher in PJ/a	in %	Σ Verbrau- chersektoren in PJ/a	in %
Prozeßwärme	179	10,8	0	0,0	161	9,7	99	6,0	439	26,5
Raumwärme	3	0,2	3	0,2	82	4,9	44	2,6	132	7,9
mechanische Energie	448	27,0	47	2,8	132	7,9	167	10,1	794	47,7
Beleuchtung	38	2,3	3	0,2	41	2,5	91	5,5	173	10,5
Information/ Kommunikation	32	1,9	3	0,2	53	3,2	35	2,1	123	7,4
Summe	700	42,1	56	3,4	469	28,2	436	26,3	1661	100,0

Raumheizungen sollten aus energetischen Gründen keinesfalls als *elektrische Direktheizungen* ausgeführt werden. Dagegen ist die Bereitstellung von Strom für Raumwärme in Verbindung mit Wärmepumpen bzw. als Hilfsenergie für thermische Solar- und Wärmerückgewinnungsanlagen sowie zur Klimatisierung in der Regel eine gesamtenergetisch sinnvolle Alternative.

8.8   Gasversorgung

Die erste Gasgesellschaft (Chartered Company) wurde in London 1810 vom Parlament bestätigt. Als Einführungsdatum der öffentlichen Gasversorgung gilt der 1. April 1814. An diesem Tage ließ das Kirchspiel St. Margareths in London seine Öllampen durch Gaslaternen ersetzen. Die Vorzüge des neuen Lichtes führten in wenigen Jahren vor allem in England und Frankreich zu einer rasanten Entwicklung der Gasversorgung.

Erst 1826 errichtete die englische Gasgesellschaft Imperial-Continental-Gas-Association in Hannover und Berlin *städtische Gasversorgungsanlagen.*

1828 wurde von BLOCHMANN in Dresden und von KNOBLAUCH und SCHIELE in Frankfurt am Main die städtische Gasversorgung aufgebaut. Bis zum Ende des 19. Jahrhundert war in den meisten größeren deutschen Städten eine Stadtgasversorgung installiert. Sie diente überwiegend zur Beleuchtung von Straßen und zur Privatbeleuchtung (1896 zur Beleuchtung ca. 88 %) und zu einem geringen Teil als Motor- Heiz- und Industriegas.

In Europas Städten waren Gasnetze die ersten Energieversorgungsnetze. Im Verteilungsnetz (Strahlennetz) kamen bis zu den Gebäuden ausschließlich gußeisernen Rohre mit lichter Weite zwischen 0,075 und 1,0 m zum Einsatz. Die Rohre wurden mit Muffen (mit Blei vergossen) verbunden oder mit Flanschen und dazwischen liegenden Dichtungsringen verschraubt. In den Gebäuden wurden geflanschte Stahlrohre verwendet.

Das *Stadtgas* oder *Kokereigas*, das in städtischen Gasanstalten und Kokereien aus Kohle hergestellt wurde, war anderthalb Jahrhunderte die Energiequelle für die deutsche Gaswirtschaft.

Erst seit Mitte der 60er Jahre konnte der Primärenergieträger *Erdgas* in den alten Bundesländern den Schwellenwert von einem Prozentanteil am Primärenergieverbrauch überschreiten, um sich in Deutschland 1997 mit 20,7 % als drittes Standbein der nichtnuklearen Energieversorgung neben Mineralöl (ca. 40 %) und der Stein- und Braunkohle (ca. 25 %) zu etablieren.

In der *öffentlichen Gasversorgung* erfolgt die Einteilung der *Brenngase* nach verschiedenen Ordnungsprinzipien [70]. Eine Einteilung nach der Herkunft, wie *Hochofengas, Kokereigas, Deponiegas, Biogas* ist für die Gasanwendung wenig geeignet.

Im internationalen Sprachgebrauch sind folgende Bezeichnungen üblich:

CNG	Compressed natural gas (komprimiertes gasförmiges Erdgas)
Cryogenics	Gase, die unter -150 °C flüssig sind
LNG	Liquefied natural gas (durch Kühlung verflüssigtes Erdgas)
LPG	Liquefied petroleum gas (Flüssiggas, Propan, Propan/Butan-Gemische)
NG	Natural gas (Erdgas)
SNG	Substitute (synthetic) natural gas (synthetisches Gas mit Brenneigenschaften von Erdgas)

In vier Gasgruppen nach Brennwertbereichen werden Brenngase in DIN 1340 eingeteilt (Tafel 8.16).

Tafel **8**.16   Einteilung der Brenngase nach DIN 1340

Gruppe	Brennwert H_o in MJ/m^3	Hauptbestandteile	Beispiele	Verwendung als Brennstoff in
1	bis 10	N_2, CO, H_2	Hochofengas Generatorgas	Industrie
2	10 bis 30	CO, H_2, CH_4, N_2	Wasserstoff Stadtgas Deponiegas	Industrie, Gewerbe, Öffentliche Einrichtungen, Haushalt
3	$\approx$ 30 bis $\approx$ 75	CH_4, C_nH_m	Erdgas SNG	wie Gruppe 2, daneben als Rohstoff für chemische Prozesse
4	über 75	C_nH_m	Propan, Butan	

In der DVGW-G 260/1 Richtlinie (Gasbeschaffenheit) werden die Brenngase vier *Gasfamilien* mit festgelegten Anforderungen zugeordnet, deren Einhaltung die sichere Funktion der Verteilungsanlagen und Gasgeräte gewährleisten. In der ersten Gasfamilie werden die wasserstoffhaltigen Gase, Stadtgas und Kokerei-, (Fern-)gas zusammengefaßt. Zur zweiten Gasfamilie mit dem Hauptbestandteil Methan (CH_4) zählen Erdgas L und Erdgas H, die sich im Heiz- und Brennwert unterscheiden. Die dritten Gasfamilie enthält die *Flüssiggase* (Propan bzw. Propan/Butan-Gemische). In der vierten Gasfamilie sind Kohlenwasserstoff/Luftgemische eingeordnet.

Tafel **8**.17 Eigenschaften von Brenngasen

Lfd. Nr.	Brenngas	Mol-masse kg/kmol	Dichte kg/m³	Brennwert im Normzustand $H_{o;\,i.N.}$		Heizwert im Normzustand $H_{u;i.N.}$	
				MJ/m³	kWh/m³	MJ/m³	kWh/m³
1	Wasserstoff (H_2)	2,016	0,0899	12,745	3,540	10,783	2,995
2	Kohlenmonoxid (CO)	28,010	1,2505	12,633	3,509	12,633	3,509
3	Methan (CH_4)	16,043	0,7175	39,819	11,061	35,882	9,968
4	Propan (C_3H_8)	44,096	2,011	101,242	28,123	93,215	25,893
5	Butan (C_4H_{10})	58,123	2,708	134,061	37,239	123,810	34,392
6	Hochofengas	30,5	1,36	3,23	0,90	3,15	0,88
7	Generatorgas	25,6	1,14	5,27	1,46	5,01	1,39
8	Stadtgas	13,4	0,6	18,21	5,06	16,34	4,54
9	Kokereigas	11,5	0,51	19,68	5,47	17,48	4,86
10	Erdgas L	18,5	0,83	35,17	9,77	31,74	8,82
11	Erdgas H	17,5	0,79	41,34	11,48	37,35	10,38
12	Deponiegas		1,2 - 1,29	14,4 - 24,1	4,0 - 6,7	13,0 - 22,0	3,6 - 6,1
13	Klär- und Biogas		0,90 - 1,25	23,8 - 33,5	6,6 - 9,3	23,4 -30,6	6,5 - 8,5

In Tafel 8.17 sind für ausgewählte Brenngase *brenntechnische Kennwerte* zusammengestellt. Bei den ersten fünf Brenngasen handelt es sich um Einstoffsysteme, die in wechselnder Zusammensetzung in den technischen Brenngasen 6 bis 13 enthalten sind. H_2 und CO sind Hauptbestandteile des Stadtgases. CH_4 ist Hauptbestandteil des Erdgases sowie des Deponie- und Biogases. Propan und Butan bzw. deren Gemische sind Hauptkomponenten handelsüblicher Flüssiggase.

Die Werte von Deponie- und Biogasen sind Bandbreiten, wie sie vom DVGW in G 262 als Beispiele angegeben sind.

In der Gasversorgung werden drei Druckstufen unterschieden:
- *Hochdruck* (HD) in Ferngasnetzen mit $p_ü > 0,1$ MPa
- *Mitteldruck* (MD) für die städtische Verteilung (100 mbar bis 1 bar)
- *Niederdruck* (ND) für Ortsnetze bis 100 mbar

Erdgas wird nach der Gewinnung in Hochdruck(HD)-*Ferngasleitungen* bis zu einem Durchmesser von 56 Zoll (1400 mm; DN 1400) und Überdrücken bis maximal 130 bar (offshore-Leitungen) transportiert. Während des Gasflusses fällt der Druck aufgrund der inneren Reibung und der Reibung an den Rohrwänden ab (etwa 0,1 bar/km). Deshalb sind nach ca. 100 bis 200 km an den Ferngasleitungen *Verdichterstationen* installiert, in denen eine Druckerhöhung auf den erforderlichen Druck (67,5 bzw. 80 bar) stattfindet. Älteren HD-Leitungen werden mit Nenndrücken von 20 bis 40 bar betrieben. In Deutschland gibt es 37 Transportverdichterstationen mit einer Gesamtleistung von 900 MW. Beim Übergang vom Hoch- zum Mitteldruck- bzw. Niederdrucknetz ist es möglich bei der Druckreduzierung einen Teil der Verdichterleistung zurückzugewinnen. Die *Energierückgewinnung* mit *Expansionsmaschinen* wird zunehmend zur Stromerzeugung genutzt.

Ende 1997 war das Leitungsnetz der deutschen Gaswirtschaft rund 340 000 km lang [71].

Es besteht zu ca. 30 % aus Hochdruckleitungen, zu 35 % aus Mitteldruckleitungen, überwiegend zwischen 50 und 150 mm Durchmesser und zu 35 % aus Niederdruckleitungen mit Rohrdurchmessern zwischen 80 und 300 mm. Anschlußleitungen für Ein- und Mehrfamilienhäuser haben Durchmesser zwischen 30 und 65 mm.

Die Rohrnetze bestehen aus *Gußrohren* (ca. 8 %, seit ca. 1950 aus duktilem Gußeisen), *Stahlrohren* (ca. 60 %) und *Kunststoffrohren* (ca. 32 %, PVC und PE). Die Rohre werden nach *Nennweiten* (DN) und *Druckstufen* (PN) gekennzeichnet.

Im städtischen Bereich werden 80 % der Kosten für die Gasversorgungsnetze durch Tiefbau- und Rohrbaumaßnahmen verursacht, nur 20 % entfallen auf die Materialkosten. Für den erdverlegten Rohrleitungsbau gelten die Vorschriften des DVGW Regelwerkes GW 301 sowie DIN 19630 bzw. DIN 4124. Die Verlegung eines *Trassenwarnbandes* „Achtung Gasleitung" ist ca. 30 cm über der Gasleitung zu verlegen.

Bei der städtischen Verteilung ist die *Niederdruckversorgung* bis zu 45 mbar vorherrschend. Für Neuanschlüsse ist jedoch aus wirtschaftlichen Gründen zunehmend die Versorgung mit erhöhtem ND (45 bis 100 mbar), MD-Versorgung (bis 1 bar) oder HD-Versorgung (bis 4 bar) üblich. Der Hausanschluß erfolgt aus einem vermaschten Versorgungsnetz. Bei Versorgung mit einem Netzdruck, der höher ist als für den Betrieb der Gasverbrauchseinrichtungen erforderlich ist, wird der Druck innerhalb des Gebäudes durch eine *Gasdruckregeleinrichtung* reduziert. Aus Sicherheitsgründen werden Hausinnenleitungen immer mit ND (bis ca. 25 mbar) betrieben.

Rohrnetzzubehör, wie Schieber, Hähne, Klappen, Absperrorgane, Kondensatabscheider, Wassertöpfe, Dehner, Isolierflansche, Riechrohre, Ausblaseleitungen und Meßstellen sind integrale Bestandteile der Netze und auf die jeweils verwendeten Druckstufen ausgelegt.

Gasdruckregelstationen (GDR) bzw. *Gasdruckregel-* und *Meßanlagen* (GDRM) sind an den Übergangsstellen der Druckstufen (z.B. Hochdruckleitungen in die nachfolgenden Verteilungssysteme bzw. in die Ortsgasnetze) eingebunden. Über 100 mbar bis 4 bar können Gasdruckregelanlagen auch in geschlossenen Räumen errichtet werden. Bei Eingangsdrücken von 4 bis 100 bar sind GDR und GDMR in Wohngebäuden nicht zulässig.

Hinsichtlich der Bauausführung können GDR und GDMR in *Räumen*, in *Schrankgehäusen*, als *Freiluftanlagen* oder als *Grubenanlagen* errichtet werden.

Die DVGW-TRGI ´86 [72] regelt die technischen Anforderungen an *Gas-Installationen*.

Zum Ausgleich der Verbrauchsspitzen unterhalten die Gasversorgungsunternehmen *Gasspeicher* unterschiedlicher Größe und Bauart.

Untertagespeicher (Jahresspeicher) werden jeweils im Sommer mit Erdgas gefüllt und im Winter, wenn ein erhöhter Bedarf vorliegt, wieder entnommen. In Deutschland stehen insgesamt 37 Untertagespeicher (22 Porenspeicher, 14 Kavernenspeicher und ein Speicher in einem stillgelegten Salzbergwerk) mit einer Speicherfähigkeit von 14,5 Mrd m^3 Arbeitsgas zur Verfügung. Weitere 19 Untertagespeicher befinden sich im Bau bzw. Ausbau oder in der Planung.

Tages- und Wochenspeicher mit Speichervolumen von 10^3 bis 10^5 m^3 als *Scheiben-* oder *Kugelgasbehälter* bzw. *Röhrenspeicher* dienen zum Ausgleich von Stunden- und Tagesspitzen.

Die Bemessung der Gasnetze erfolgt nach dem *Spitzenvolumenstrom*, der sich in Anlehnung an die Gl. (8.7) aus dem Produkt der Summe der *Anschlußleistungen* und dem *geräteartbezogenen Gleichzeitigkeitsfaktor* der jeweiligen Verbraucher ergibt [72].

8.9   Fernwärmeversorgung

Leitungsgebundene Versorgung mit Wärme wird seit Beginn des 20. Jahrhunderts als eine Variante der Wärmebedarfsdeckung im Niedertemperaturbereich < 200 °C (Warmwasserbereitung, Heizung, Klimatisierung, Prozeßwärme) technisch genutzt. In Dresden stand das erste *Fernheizwerk* Europas, das Wärme in Form von Frischdampf über eine Entfernung von 1100 m fortleitete.

Als *Fernwärme* wird eine *Energiedienstleistung* bezeichnet, bei der Wärme, von einem zentralen Erzeuger leitungsgebunden und vertraglich geregelt dem Kunden zur Verfügung steht. *Wärmeerzeuger* sind *Heizwerke* oder *Heizkraftwerke*. In Heizkraftwerken wird in einem energetisch sinnvollen Koppelprozeß (KWK) gleichzeitig Elektroenergie und Fernwärme erzeugt. Die Fernwärmeauskopplung nutzt dabei einen Teil der Wärme, die im Kraftwerkskreislauf naturgesetzlich bedingt als Abwärme anfällt.
Bild 8.25 veranschaulicht schematisch ein Fernwärmesystem mit Unterteilung in ein *Transportnetz* und drei *Verteilungsnetze*. Im Verteilungsnetz mit dem Verbraucher VB$_2$ ist eine *Spitzenerzeugung* integriert, die die Rücklauftemperatur wieder auf Vorlauftemperatur anhebt. Im gewählten Beispiel ist das Fernwärmenetz als verästeltes Strahlennetz ausgeführt. Beim Übergang vom Transport- in die Verteilungsnetze ist im Bild 8.25 eine *Drukkerhöhung* vorgesehen. *Zirkulationspumpen* (in der Regel drehzahlgeregelt) werden im Rücklauf eingeordnet. Eine erhöhte Versorgungssicherheit wäre durch Vermaschen der drei Verteilungsnetze zu erreichen.

Für Fernwärmeinseln eines Stadtteiles oder Wohngebietes ist der Begriff *Nahwärme* geläufig. Die Nahwärmenetze werden im allgemeinen von Blockheizkraftwerken (s. Abschn. 8.6) versorgt, die als Brennstoff Erdgas und/oder Heizöl verwenden. Blockheizkraftwerke mit Gasotto- bzw. Gasdieselmotoren werden vorzugsweise als Mehrmotorenanlage mit einem Leistungsbereich der Motoren zwischen 0,2 bis 20 MW$_{ther}$ konzipiert. Der spezifische Flächenbedarf von BHKW-Anlagen liegt zwischen 60 und 100 m^2/ MW$_{ther}$. Blockheizkraftwerke in Wohngebieten erfordern besondere anlagentechnische und bauseitige Maßnahmen zur Schallemissionminderung. *Spitzenkessel* und *Kurzzeitspeicher* decken Spitzenlasten ab. Als *Wärmeträger* dient aus betriebswirtschaftlichen Gründen überwiegend *Wasser* und in einigen Sonderfällen *Dampf*. Heißwassersysteme erfordern eine *Druckhaltung* mit Diktierpumpen oder mit Inertgas (Stickstoff). Nach Abschalten der Umwälzpumpen muß die Druckhaltung einen Überdruck (Ruhedruck) aufrechterhalten, der ein Ausdampfen des *Heißwassers* verhindert. Der Ruhedruck muß so hoch sein, dass er immer über dem *Sattdampfdruck* des Heißwassers liegt. Auch der Betriebsdruck, der sich beim Betrieb der Umwälzpumpen einstellt, muß an jeder Stelle des Netzes größer als der Sattdampfdruck sein.

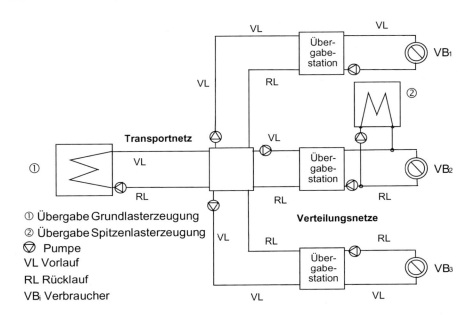

Bild **8**.25   Prinzip eines Fernwärmenetzes mit einem Transport- und drei Verteilungsnetzen

Fernwärmeleitungen werden grundsätzlich als *Zweileitersysteme* ausgeführt, je eine Leitung für *Vor-* und *Rücklauf*. Ausnahmen, etwa *Dreileitersysteme* mit zwei unterschiedlich betriebenen Vorlaufsystemen und einem gemeinsamen Rücklauf, sind möglich.

Die *Nennweite* (DN) von Fernwärmeleitungen wird durch Kostenoptimierungsverfahren ermittelt. Größeren Nennweiten stehen steigende Investitionskosten bei sinkenden Betriebskosten für den Pumpenstrom durch geringere Druckverlust entgegen. Die durchschnittliche Geschwindigkeit in Fernwärmeleitungen liegt bei 0,3 m/s bei kleinen und 4 m/s bei großen Durchmessern. Für Transportleitungen ≥ DN 500 sind Geschwindigkeiten zwischen 3,5 und 4,5 m/s üblich.

In Dampfleitungen gelten Richtwerte von 30 bis 50 m/s. Außerdem sind Dampfleitungen mit Gefälle (mindestens 1:200) zu verlegen. Am tiefsten Punkt der Leitung ist eine Entwässerung vorzusehen, um das Kondensat über besondere Kondensatabführer der *Kondensatleitung* zuzuführen.

Die Nennweiten von Fernwärmerohrleitungen liegen zwischen DN 20 und DN 1200. Der Anteil der Rohrnennweiten ≥ DN 600 beträgt ca. 3 %. Etwa ein Drittel der Fernwärmeleitungen haben Nennweiten bis DN 65.

Fernwärmeleitungen werden in den *Druckstufen PN 10, PN 16* und *PN 25* und in Ausnahmefällen *PN 40* gebaut. Bei der Auslegung der Netze (Druckverlustberechnung mit EDV-Programmen) muß auch an den Stellen des niedrigsten Druckes ein ausreichender Differenzdruck (Vor- und Rücklauf) für *Hausanschlußstationen* bzw. Hausanlagen vorhanden sein. Druck- und Temperaturverhältnissen der Fernwärmenetze bestimmen die Anforderungen an Armaturen (Schieber DIN 3352, Klappen DIN 3354, Ventile DIN 3356, Kugelhähne DIN 3357).

Hinsichtlich der verwendeten *Bautechnik* werden Fernwärmetransportsysteme in *Kanalbauweise* (ca. 9 %), als *Freileitung* (ca. 12 % einschließlich Gebäudeverlegung) und in *kanalfreien Verlegeverfahren* (ca. 77 %) ausgeführt.

Bei den kanalfreien *Mantelrohrverfahren* sind *Kunststoffmantelrohre* mit einem *Mediumrohr* aus Stahl und einem *Mantelrohr* aus *Polyethylen*, die über einen *Polyurethan-Hartschaum* kraftschlüssig miteinander verbunden sind (Verbundrohrkonstruktion) vorherrschend. Kunststoffmantelrohre werden im gesamten Nennweitenbereich in Längen von 6 und 12 m angeboten. Verbindungselemente zwischen den Rohren sind *Schweiß-* oder *Schrumpfmuffen*.

Um die zulässige Scherbelastbarkeit des PUR-Schaumes nicht zu überschreiten, müssen Dehnungen und Spannungen je nach Einsatzfall berücksichtigt werden (AGFW-Richtlinien) [73]. Das wird erreicht durch den Einsatz von *Kompensatoren* und *Dehnungspolster* bzw. durch *thermische Vorspannung*.

Die Überdeckung soll mindestens 0,5 m betragen, geringere Bedeckung erfordern einen Spannungsnachweis gegen Ringbiegebeanspruchung, höhere Werte als 1,5 m einen Nachweis der Scherspannung im PUR-Schaum.

Bis zu Mediumtemperaturen von 130 °C sind PUR-Schaum-Kunststoffmantelrohre ohne Einschränkungen einsetzbar. Nach Angaben der Hersteller sind darüber hinaus bei *gleitender Fahrweise* (Mediumtemperatur variabel je nach Außentemperatur) für eine begrenzte Betriebsdauer höhere Temperaturen zulässig. Durch *Netzüberwachungs-* und *Leckortungssysteme* (bei der Herstellung in die Wärmedämmung eingeschäumt) sind Schadensstellen frühzeitig zu orten.

Hinweise und Empfehlungen zum wirtschaftlichen Einsatz von Fernwärmeleitungen mit Kunststoff-Mediumrohren enthält der Hinweis des AGFW- Regelwerkes FW 421, Ausgabe 4/98.

Bevorzugt als Hausanschlüsse eingesetzt sind im Nennweitenbereich DN 15 bis DN 100 und bis zu 186 mm Außendurchmesser das in Schweden entwickelte flexible Verlegesystem AQUAWARM mit nahtlosen Kupfermedienrohren nach DIN 1754, Glaswolle als Wärmedämmung sowie gewelltes HD-Polyethylen-Mantelrohr gegen mechanische Beschädigung und als Feuchtigkeitsschutz.

Bei der Verlegung als Freileitung auf Stützen und Brückenleitungen, im Gebäude oder in Kanälen sind die entsprechenden Rohrhalterungen wartungsfrei und funktional als *Gleit-* oder *Führungslager* bzw. als *Festpunkte* auszuführen.

Schächte und unterirdische Sonderbauwerke (Armaturenschacht, Kompensatorenschacht, Fernwärmetransportstollen, begehbare Kanäle, Einstieg- und Montageöffnungen, Dücker) nehmen die zum Betrieb und zur Überwachung notwendigen Systemkomponenten der Fernwärmenetze auf.

Bei der Trassenführung ist zu beachten, dass Fernwärmeanlagen durch die Wärmedämmung der Rohrleitungen und Parallelverlegung von mindestens zwei Mediumleitungen eine beträchtliche Grabenbreite erfordern (Mindestbreiten nach AGFW-Merkblatt Nr. 34) und Mindestabstände bei Kreuzung und Parallelführung nach Tafel 8.18 einzuhalten sind [74].

Tafel **8**.18   Mindestabstand von Fernwärmeleitungen bei Kreuzung und Parallelführung

	bis 5 m Länge	über 5 m Länge
1 kV-Signal- oder Meßkabel	30 cm	30 cm
10 kV-Kabel oder ein 30 kV-Kabel	60 cm	70 cm
mehrere 30 kV-Kabel oder Kabel über 60 kV	100 cm	150 cm

Falls Fernwärmeleitungen in Gebieten verlaufen in denen Gleichstromanlagen betrieben werden, sind Maßnahmen zum Korrosionsschutz vor Streuströmen zu treffen (DIN VDE 0150).

Übergabestationen, in oberirdischen Bauten untergebracht, sind zwischen Transportleitung (Primärnetz) und Fernwärmenetz oder Fernwärmenetz und Sekundärnetz bzw. Fernwärmenetz und Abnehmeranlage eingeordnet. Sie haben die Aufgabe die Parameter der Wärmeträger (Temperatur, Druck) der einzelnen Systeme umzuformen. Elemente der Übergabestationen sind *Absperr-, Drossel-, Meß-* und *Regelorgane* sowie *Wärmeübertrager* bei hydraulischer Trennung der Systeme.

1996 betrug die Fernwärmeanschlußleistung in Deutschland 55 625 MW, bei einer Fernwärmetrassenlänge von 17 320 km und 272 680 Hausübergabestationen [75].

In den alten Bundesländern hält die Fernwärme einen Anteil von ca. 9 % am Niedertemperatur-Wärmemarkt. Jeweils ca. 40 % entfallen auf öffentliche Einrichtungen und Privathaushalte, ca. 20 % der Gesamtleistung auf die Industrie. Mit dem Ausbau der Fernwärmeschiene Niederrhein in den Jahren 1980 bis 1983 wurde erstmals in der Bundesrepublik Deutschland *industrielle Abwärme* in einem Großprojekt umweltentlastend als Fernwärme genutzt. Seit dem Auslaufen der Bundesförderung für Fernwärme 1981 stagniert der Fernwärmeausbau in den alten Bundesländern.

In den neuen Bundesländern wurden 1992 ca. 1,6 Mio. Wohnungen mit Fernwärme versorgt. Mit Fördermitteln des Bundes ist die Modernisierung der städtischen Heizwerke nahezu abgeschlossen, wobei eine *Emissionsminderung* der Luftschadstoffe (SO_2, Staub) durch *Brennstoffsubstitution* Rohbraunkohle (RBK) $\Rightarrow$ Heizöl oder RBK $\Rightarrow$ Erdgas und eine höhere Energieeffizienz durch Kraft-Wärme-Kopplung (BHKW-Einsatz) die Umwelt entlastete. In vielen Anwendungsfällen sind bei der Energieträgerumstellung von festen Brennstoffen auf Heizöl und Erdgas auch irreversible Entscheidungen zu Lasten der Fernwärme getroffen worden.

Die Vorteile der Fernwärme gegenüber dezentraler Wärmeversorgung,
- großtechnischen Einsatz der Kraft-Wärme-Kopplung
- Nutzung industrieller Abwärme,
- energetische Effizienz von Großanlagen und
- Abgasreinigung einer Emissionsquelle

wirtschaftlich umzusetzen, erfordern eine ausreichende *Wärmebedarfsdichte* des Versorgungsgebietes (Richtwert $\geq$ 100 MW/km^2), einen möglichst hohen *Sommerwärmebedarf* und geringe Verteilungskosten (Invest- und Betriebskosten des Fernwärmenetzes).

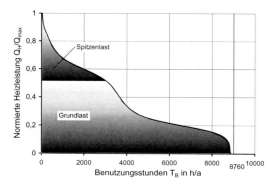

Bild **8**.26   Geordnete Jahresdauerlinie eines Fernwärmeversorgungsgebietes

Die *geordnete Jahresdauerlinie* des Fernwärmeversorgungsgebietes (Bild 8.26), bei der der FW-Leistungsbedarf eines Jahres nach der jeweils erforderlichen Leistung geordnet ist, sollte eine möglichst große Fläche für die Grundlast gegenüber der Spitzenlast aufweisen. Günstig auf die Wirtschaftlichkeit von Fernwärme wirken sich ganzjährige Wärmenachfrage industrieller Abnehmer und eine *Kälteerzeugung* zur Klimatisierung durch Fernwärme aus. Für reine Wohngebiete ist im Sommer nur die Grundlast der Warmwasserversorgung zu decken.

Die zukünftige Stellung der FW-Versorgung ist abhängig von energiepolitischen, energiewirtschaftlichen und technischen Entwicklungen der *Wärmeerzeugung*, der *Wärmeverteilung(-transport)* und der *Wärmeanwendung*. Im Folgenden sind einige ungewichtete Einflußfaktoren zusammengestellt:
- Preisentwicklung der Primärenergieträger
- Liberalisierung des Energiemarktes (Aufheben bzw. Durchsetzen des Anschlußzwanges in FW-Vorranggebieten)
- Entwicklung des Wärmedienstleistungssektors (Wärmecontracting)
- Erhöhter Wärmeschutz von Gebäuden (Energieeinsparverordnung, Niederigenergiehäuser)
- Entwicklung von abwärmearmen Technologien und Anwendung von Energiekaskaden
- Zukünftige Entwicklung und Akzeptanz der thermische Abfallentsorgung
- Einsatz regenerativer Energien (Solarenergie, Geothermie und Biomasse einschließlich Konversation)
- Technische Entwicklung und Einführung kostensparender Verlegeverfahren für FW-leitungen einschließlich Betriebskostensenkung (z.B. Pumpenstrom, Transportverluste)
- BHKW mit Brennstoffzellen, Wärmepumpeneinsatz und KWK-Anlagen kleiner Leistung ($\leq$ 10 kW)
- Weiterentwicklung von Wärmespeichern (Kurzzeit- und saisonale Speicher)

– Technische Entwicklung auf dem Heizungssektor (Brennwertgeräte für dezentrale Wärmeversorgung, Warmluftheizung, Klimatisierung).

Die genannten Faktoren haben häufig ambivalente Wirkungen auf die FW, so dass die zukünftigen Entwicklungen auf dem Wärmemarkt nur schwer einzuschätzen sind.

8.10 Nachrichtennetze

Die städtebauliche Planung von *Fernmeldeortsnetzen* sollte die veränderten rechtlichen Rahmenbedingungen, die mit der Liberalisierung des *Telekommunikationsmarktes* und der Privatisierung der Deutschen Bundespost eingetreten sind, beachten.

Die Leitungen eines *Ortsnetzes* werden heute auch in ländlichen Gemeinden fast ausschließlich unterirdisch in *Erd-* oder *Röhrenkabeln* (Kabelkanäle) verlegt. Selbsttragende *Luftkabel* oder *Blankdrahtleitungen* sind kaum noch anzutreffen.

Fernkabel verbinden *Zentral-* und *Knotenverbindungsstellen*, *Bezirkskabel* sind üblicherweise für die Verbindung von *Ortsvermittlungsstellen* eingesetzt, während *Ortskabel* der Verbindung von *Vermitttlungsstellen* zum *Teilnehmer* dienen.

Das Telekom *Fernsprechnetz* besteht aus einem *sternförmigen Grundnetz* mit vier Netzebenen.
– *Zentralvermittlungsstellen* (ZVSt)
– *Hauptvermittlungsstellen* (HVSt)
– *Knotenvermittlungsstellen* (KVSt) sowie
– *End-* oder *Ortsvermittlungsstellen* (EVSt, OVSt)

Ein Ortsnetz besteht in der Regel aus mehreren OVSt, die als Gruppenvermittlungsstellen (GrVSt), Untergruppen-VSt, Voll-VSt oder Teil-VSt ausgebildet sind.

Bei der *Linienführung* ist zu beachten, dass *Koaxialkabel* in ihrer Länge nicht verändert werden dürfen sowie ein Umlegen nicht statthaft ist und Gefahrenbereiche von Starkstromanlagen umgangen werden.

Durch *Kabelanlagen* werden im innerstädtischen Bereich wiederholte Aufgrabungen bei einer Kabelvermehrung vermieden. Das Einziehen von *Kunststoffleerrohren* (PE bzw. PVC) erleichtert eine spätere Netzerweiterungen. Die Unterteilung der Kabelanlagen erfolgt durch *Kabelschächte*, die in der Regel aus Betonfertigteilen bestehen und je nach Kabelkanalzügen in unterschiedlichen Abmessungen lieferbar sind. Nach DIN 1998 sind Nachrichtenkabel vorzugsweise in der *P-Zone* (Bild 8.20) einzuordnen.

Die derzeitige technische Entwicklung ist geprägt durch die Ablösung der über ein Jahrhundert stetig verbesserten *Analogtechnik*[1] durch die *Digitaltechnik*, den Ausbau der

---

[1] Endstadium: Koaxialleitungen mit 60 MHz-Trägerfrequenz bis zu 10800 Sprachkanäle je Koaxialleitung seit Mitte der 50er Jahre

Richtfunksysteme und deren Anbindung an das Festnetz, der weltweiten Kommunikation über Satelliten sowie die Ablösung der bisherigen an Kupferkabel gebundene *elektrische Nachrichtensysteme* durch *optische Übertragungssysteme*[1].

Die optische Nachrichtenübertragung ist den elektrischen Systemen überlegen und für künftige Breitbandübertragung von Signalen (im Labormassstab mit Datenraten bis 100 Gbit/s) über weite Entfernungen (*Weitverkehr*) aber auch im *Teilnehmeranschlußbereich* geeignet [76]. An den Nahtstellen der Systeme ist die Anbindung an die konventionelle elektrische Übertragungstechnik, das Umsetzen der elektrischen Signale in die optische Form und umgekehrt, technisch problemlos gelöst.

Glasfaserkabel werden als *Luft-, Erdröhren-* oder *Unterseekabel* mit vielschichtigen Armierungen versehen, um die Glasfaser vor Umwelteinflüssen zu schützen und die optischen Eigenschaften über längere Zeit konstant zu halten. Die Fasern werden einzeln oder als Bündel oder Bändchen extrudiert und mit zugfesten Armierungswerkstoffen zu entsprechenden Kabeln komplettiert. *Zugentlastungselemente* können sowohl im Kabelzentrum, der Kabelseele als auch im äußeren Bereich des Kabelmantels aufgebracht werden. Als Werkstoffe kommen Glas- bzw. Kevlargarne oder dünne Stahldrähte in Frage. Die äußere Hülle besteht aus einem Kunststoff-Außenmantel, auf dem die Kabelkennzeichnung gedruckt ist. *Feuchtediffusionssperren* aus *Aluminiumfolie* und Petrolatfüllung der Kabelhohlräume sind mögliche Spezialfertigungen.

Glasfaserkabel werden in konfektionierten Längen von 1 bis 5 km hergestellt. Ausnahmen bilden Unterseekabel, die in möglichst großen Längen gefertigt werden.

Die Brauchbarkeit des elektrischen Niederspannungsnetzes als Datenleitung (*Powerline*) ist in speziellen Feldversuchen positiv verlaufen, mit einer flächendeckenden Markteinführung ist jedoch in naher Zukunft nicht zu rechnen.

8.11 Literatur

[1] Gesetz zur Förderung der Energiewirtschaft vom 13. Dezember 1935 (Energiewirtschaftsgesetz), Reichsgesetzblatt Teil I, Nr. 139, S.1451 Berlin, 1935

[2] Gesetz zur Neuregelung des Energiewirtschaftsrecht vom 24. April 1998, (BGBl. I Nr. 23 S. 730)

[3] Gesetz gegen Wettbewerbsbeschränkungen vom 28. Juli 1957 (Kartellgesetz) (BGBl. I S. 1081), in der Fassung der Bekanntmachung vom 26. August 1998 (BGBl. I Nr. 59 S. 2521)

[4] Energieeinsparungsgesetz vom 22. Juli 1976 (BGBl. I S. 1873), geändert durch Gesetz vom 20. Juni 1980 (BGBl. I. S. 701)

[5] Wärmeschutzverordnung vom 16. August 1994 (BGBl. I S. 2121)

[6] Bekanntmachung der Neufassung der Heizungsanlagenverordnung vom 4. Mai 1998 (BGBl. I Nr. 25 S. 851)

---

[1] Signalquelle: Lumineszenzdioden, Laserdioden; Lichtwellenleiter mit Quarzglasfasern von 0,125 mm Durchmesser; Empfänger: Photodioden

[7] Heizkostenverordnung vom 20. Januar 1989 (BGBl. I S. 115)

[8] Bekanntmachung der Neufassung des Bundesnaturschutzgesetzes vom 21. September 1998 (BGBl. I Nr. 66 S. 2994)

[9] Stromeinspeisungsgesetz vom 7. Dezember 1990 (BGBl. I S.2633), zuletzt geändert am 24. April 1998 (vgl. [2])

[10] Verordnung über die Kennzeichnung von Haushaltsgeräten mit Angaben über den Verbrauch an Energie und andere wichtige Ressourcen vom 30. Oktober 1997 (Energieverbrauchskennzeichnungsverordnung – EnVK) (BGBl. I Nr. 73 S. 2616)

[11] Gesetz über die elektromagnetische Verträglichkeit von Geräten (EMVG) vom 18. September 1998 (BGBl. I Nr. 64 S. 2882)

[12] ELSNER, N.; DITTMANN, A.: Grundlagen der Technischen Thermodynamik Band 1: Energielehre und Stoffverhalten. Akademie Verlag, Berlin 1993

[13] Energiedaten ´96 Nationale und internationale Entwicklung. Bundesministerium für Wirtschaft, Referat Öffentlichkeitsarbeit Bonn Oktober 1996

[14] W. HÄFELE (Hrsg.): Energiesysteme im Übergang. Landsberg/Lech, 1990

[15] NITSCH/LUTHER: Energieversorgung der Zukunft. Berlin, 1990

[16] KLEEMANN, M.; MELIß, M.: Regenerative Energiequellen. Berlin, 1988

[17] VOß, A. (Hrsg.): Die Zukunft der Stromversorgung. Frankfurt am Main, 1992

[18] HORN, M.: Perspektiven der Weltenergieversorgung. München Wien, 1988

[19] ERDMANN, G.: Energieökonomik Theorie und Anwendung. Zürich, Stuttgart, 1992

[20] HOHMEYER, O.: Soziale Kosten des Energieverbrauchs. 2. Auflage, Berlin, Heidelberg, New York, 1989

[21] VDI-Bericht Nr. 1250: Externe Kosten von Energieversorgung und Verkehr. Düsseldorf, 1996

[22] Enquete Kommission „Schutze der Erdatmosphäre" des 12. Deutschen Bundestages (1992, 1994a, 1995)

[23] ALTNER/DÜRR/MICHELSEN/NITSCH: Zukünftige Energiepolitik. Bonn, 1995

[24] VDI-Bericht 1236 und 1406: Regenerative Energieanlagen erfolgreich planen und betreiben. Düsseldorf, 1996, 1998

[25] VDI-Bericht 1127: Aufgaben und Chancen der Wasserkraft. Düsseldorf, 1994

[26] MOLLY, J.P.: Windenergie. Karlsruhe, 1990

[27] RASCH, R. (Hrsg.): Windkraftanlagen. Stuttgart, 1991

[28] SCHMID, J. (Hrsg.): Photovoltaik Strom aus der Sonne. Heidelberg, 1994

[29] KÖTHE, H.K.: Stromversorgung mit Solarzellen. 4. Auflage, Poing, 1994

[30] VDI Reihe: „Regenerative Energien". Teil VIII „Wärmepumpen" Düsseldorf, 1996

[31] VDI-Bericht 1319: Thermische Biomassenutzung. Düsseldorf, 1997

[32] LANGNER, A.: Territoriale Energetik, 3 Lehrbriefe für das Hochschulfernstudium, Freiberg, 1983

[33] VOGEL, J.; HEIGL, A.; SCHÄFER, K. (Hrsg.): Handbuch des Umweltschutzes. Loseblattsammlung, Landsberg (Stand 1999)

[34] Gesetz zum Schutz vor schädlichen Umwelteinwirkungen durch Luftverunreinigungen, Geräusche, Erschütterungen und ähnliche Vorgänge (Bundes-Immissionsschutzgesetz – BImSchG) vom 15. März 1974, zuletzt geändert durch Verordnung vom 26. 11. 1986, BGBl. I, S. 2089, Bonn 1975

[35] Dritte Verordnung zur Durchführung des Bundes-Immissionsschutzgesetzes (Verordnung über Schwefelgehalt von leichtem Heizöl und Dieselkraftstoff – 3. BImSchV) vom 15.1.1975, BGBl. I, S. 264, Bonn 1975

[36] Dreizehnte Verordnung zur Durchführung des Bundes-Immissionsschutzgesetzes (Verordnung über Großfeuerungsanlagen – 13. BImSchV) vom 22.6.1983, BGBl. I, S. 719, Bonn 1975

[37] Erste Verwaltungsvorschrift zum Bundes-Immissionsschutzgesetzes. Technische Anleitung zur Reinhaltung der Luft (TA Luft) vom 27.2.1986 GMBI S. 95, 202, Bonn 1986

[38] DRAKE, F.-D.: Kumulierte Treibhausgasemissionen zukünftiger Energiesysteme. Berlin, Heidelberg, New York, Barcelona, Budapest, Honkong, London, Mailand, Paris, Santa Clara, Singapur, Tokio, 1996

[39] VDI-GET-Jahrbuch 99: S. 267, Düsseldorf, 1999

[40] BAUMBACH, G.: Luftreinhaltung: Entstehung, Ausbreitung und Wirkung von Luftverunreinigungen- Meßtechnik, Emissionsminderung und Vorschriften. Berlin, 1990

[41] FRITZ, W.; KERN, H.: Reinigung von Abgasen. Würzburg, 1990

[42] IPCC-2. Sachstandsbericht Arbeitsgruppe I: Naturwissenschaftliche Erkenntnisse über Klimaänderungen 1995

[43] Vierter Bericht der Interministeriellen Arbeitsgruppe (IMA) „CO$_2$-Reduktion" Bonn, 1996

[44] http://www.umweltbundesamt.de: Umweltbundesamt. Umweltdaten Deutschland 1998. Emissionen von Treibhausgasen in CO$_2$-Äquivalenten nach Emittentengruppen.

[45] Enquéte-Kommission des Deutschen Bundestag: Vorsorge zum Schutze der Erdatmosphäre. Energie und Klima. Energieeinsparung sowie rationelle Energienutzung und -umwandlung. Band 2, Karlsruhe 1990

[46] JARASS, L.; NIEßLEIN, E.; OBERMAIR, G.M.: Von der Sozialkostentheorie zum umweltpolitischen Steuerungsinstrument. Boden- und Raumbelastung durch Hochspannungsleitungen. Baden-Baden, 1989

[47] Stromthemen 3/99: Informationen zu Energie und Umwelt, S. 2, IZE, Frankfurt am Main, 1999

[48] Konzept Nachhaltigkeit. Vom Leitbild zur Umsetzung. Abschlußbericht der Enquete-Kommission „Schutz der Menschen und der Umwelt" des 13. Deutschen Bundestages, Bonn, 1998

[49] Shell Energy Scenario's. 1995

[50] wien online http:// www.magwien.gv.at: Grüngürtel Wien 1998

[51] VOIGT, H.: Energieökonomie im Aufgabenfeld der Stadtplanung: Allgemeine Problemanalyse und ausgewählte Beispiele in Städten der DDR. Weimar, Hochschule für Architektur und Bauwesen. Diss. A, Weimar 1990

[52] VOSS, K.; STAHL, W.; GOETZBERGER, A.: Das Energieautarke Solarhaus, Bauphysik 15(1993),1 u. 3, Berlin 1993

[53] MACK, M.: Simulationsprogramme für Warmwasser und Raumheizung. In: Fraunhofer-Institut für Solare Energiesysteme, Freiburg: Thermische Solarenergienutzung an Gebäuden. Freiburg 1994

[54] STANZEL, B.; GAWANTKA, F.: Betriebserfahrungen mit der solaren Nahwärmeversorgung in Friedrichshafen/Wiggenhausen-Süd in VDI-Bericht 1406: Regenerative Energieanlagen erfolgreich planen und betreiben. S. Düsseldorf, 1998

[55] BINE-Projekt Info-Service. Solare Nahwärmekonzepte. Nr. 13, November 1994, Bonn 1994

[56] VDI-Bericht 1177: Wärmepumpen: Energieeinsparung und Umweltschutz. Düsseldorf, 1995

[57] BINE-Projekt Info-Service. Leistungsgeregelte Elektrowärmepumpen. Nr. 10, November 1994, Bonn 1994

[58] DIN 1998. Unterbringung von Leitungen und Anlagen in öffentlichen Flächen. Richtlinien für die Planung. Mai 1978

[59] SCHMITZ, K. W.: Kraft-Wärme-Kopplung: Anlagenauswahl, Dimensionierung, Wirtschaftlichkeit, 2. Aufl. Düsseldorf, 1996

[60] BRAMMER, F.A.; BIEHLE, P; STEINER, M.: Erfahrungen mit 200-kW-PAFC-Anlagen in Deutschland. VDI-GET-Jahrbuch 99: S. 122, Düsseldorf, 1999

[61] STROMTHEMEN. Informationen zur Energie und Umwelt. Nr. 8, August 1996, S.2, IZE Frankfurt am Main, 13. Jahrg. 1996

[62] HAUBRICH, D.H. U.A.: Entwicklungen zum gesamteuropäischen Stromverbund. VDI-Bericht 1129: GLOBAL LINK-Interkontinentaler Energieverbund: Düsseldorf, 1995

[63] WITTE, H. (Herausgeber): Handbuch der Energiewirtschaft. Band III. S. 396, Berlin 1961

[64] Berlins Stromversorgung wächst zusammen. Von der Inselversorgung zum Verbund. BEWAG, Berlin, Dezember 1994

[65] HEINHOLD, L.: Kabel und Leitungen für Starkstrom. 3. Aufl. Siemens-Aktienges. Berlin, 1987 GLAUBITZ, W.: Teil 2. Tabellen mit Projektierungsdaten für Kabel, Leitungen und Garnituren: Angaben zur Querschnittsbemessung. 4. Aufl. 1989

[66] DIN 5044-1: Ortsfeste Verkehrsbeleuchtung. Beleuchtung von Straßen für den Kraftfahrzeugverkehr Allgemeine Gütemerkmale und Richtwerte. 10.81; DIN 5044-2: Berechnung und Messung 08.82

[67] HÖHNE, L.; SCHRÖTER, H.G.: Straßenbeleuchtung. Band 10 der Reihe „Anlagentechnik für elektrische Verteilungsnetze". 1. Aufl. Frankfurt 1999

[68] HENTSCHEL, H.-H.: Licht und Beleuchtung: Theorie und Praxis der Lichttechnik. 4. Aufl. Heidelberg 1994

[69] VDI-GET-Jahrbuch 99: S. 276, Düsseldorf, 1999

[70] CERBE, G. U.A.: Grundlagen der Gastechnik. Gasbeschaffenheit, Gasverteilung und Gasverwendung. 4. Aufl. München, Wien 1992

[71] http://www.ruhrgas.de/. Branchenreport: Erdgas am Energiemarkt 1997.

[72] DVGW TRGI `86. Ausgabe 1996: Technische Regeln für die Gas-Installation. Bonn 1996

[73] FW 401: Verlegung und Statik von Kunststoff-Mantelrohren (KMR) für Fernwärmenetze. Entwurf 08/97. AGFW Frankfurt 1997

[74] AGFW (Herausgeber):Bau von Fernwärmenetzen. 5. Aufl. AGFW Frankfurt 1993

[75] http://www.agfw.de/. Arbeitsgemeinschaft Fernwärme e.V. – AGFW-bei der VDEW. Frankfurt 1999

[76] Taschenbuch der Nachrichtentechnik: Ingenieurwissen für die Praxis. Alcatel SEL AG. 2. Aufl. Berlin 1994

9 Kommunale Freiraumplanung *(H. Weckwerth)*

9.1 Einordnung der kommunalen Freiraumplanung

9.1.1 Begriffliche Entwicklung der Kommunalen Freiraumplanung

Die Kommunale Freiraumplanung leistet einen wichtigen Beitrag zur städtebaulichen Entwicklung der Gemeinden unterschiedlicher Größenordnung.

Nach überwiegender internationaler Auffassung ist Landschaftsarchitektur der übergeordnete Begriff für den Aufgabenbereich des Landschaftsarchitekten. Landschaftsarchitektur umfaßt die *Landschaftsplanung* im Sinne von Naturschutz und Landschaftspflege (Landscape Planning, planification de paysage), die *Freiraumplanung* (Open Space Planning, planification des espaces ouvertes), den *Objektentwurf,* auch als *Objektplanung* bezeichnet (Landscape Design), und die *Gartenkunst* (Garden Art, Land Art).

Landschaftsplanung erstellt zum einen fachliche *Beiträge zur räumlichen Planung* des Gesamtraumes und zu verschiedenen Fachplanungen auf allen Planungsebenen (im Sinne der Landschaftspflege) mit der Zielsetzung naturgemäßer oder naturnaher Landnutzung, Ausgleich von Eingriffen in die Landschaft, Erhaltung der Leistungsfähigkeit des Naturhaushaltes und schonender Umgang mit Naturgütern.

Zum anderen umfaßt sie eine eigene *Fachplanung für den Naturschutz* mit der Aufgabe allgemeinen Arten- und Biotopschutzes mit speziellem Gebiets- und Objektschutz, neuerdings basierend auf der komplexen *Umweltbeobachtung,* und eine nicht in allen Bundesländern gleich wichtig genommene *Erholungsplanung* insbesondere für den ländlichen Raum, die sich mit der Landschaft als Erlebnis- und Erholungsraum insbesondere in Schutzgebieten, alten Kulturlandschaften, Rekultivierungsflächen und Freizeitanlagen auseinandersetzt.

Freiraumplanung ist der Teil der Landschaftsarchitektur, der Freiraumsysteme (Grün- und Freiflächen) in Stadt und Dorf erarbeitet und die Einrichtung und Ausstattung einzelner Freiräume (Grünanlagen, Freianlagen) plant, um den Aufenthalt der Bevölkerung im Freien zu fördern und zu ihrem körperlichen, geistigen und sozialen Wohlbefinden nachhaltig beizutragen.

Dazu gehören die Planung, Verwaltung und Pflege von *Freiflächen* (Freiräume, die nicht auf bebauten Flächenkategorien im Sinne der Planzeichenverordnung liegen), z.B. ein Volkspark, von *Freiräumen* auf Verkehrsflächen, Ver- und Entsorgungsflächen u.a., z.B. ein Stadtplatz, ein Versickerungsbecken, eine Haldenbegrünung, und von *Freiräumen* (im Sinne der HOAI, 1996), die als *Freianlagen* bezeichnet werden und an und in Bauwerken liegen, z.B. ein Hausgarten, eine Terrasse, ein verglaster Innenhof.

Die Freiraumplanung beachtet dabei gesellschaftliche, individuelle, gesundheitliche, ökologische, kulturhistorische, landschaftsstrukturelle und städtebauliche (stadtstrukturelle) Ziele und setzt sie mit planerischen, gestalterischen, räumlichen, rechtlichen, verwaltungsmäßigen und ökonomischen Mitteln um.

Die **Objektplanung** dient zur Realisierung der geplanten Freiräume und Ausstattungen im Vorentwurf und baureifen Entwurf sowie für Erhaltungs- und Pflegemaßnahmen

Der Begriff **Gartenkunst** wird überwiegend auf alte wertvolle Garten- und Parkschöpfungen angewandt. Neue künstlerische Entwürfe und Objekte von Garten- und Landschaftsarchitekten oder freischaffenden Künstlern können erst nachträglich den Rang eines Kunstwerkes erhalten. Projekte der **Land Art** sind individuelle Schöpfungen im Sinne von Zeichen, Symbolen, überwiegend außerhalb der Siedlungen in Feld und Wald.

Die praktische Umsetzung der freiraumbezogenen Objektplanung erfolgt durch **Objektbau** in den Bereichen Freiraumplanung und Gartenkunst und durch **Landschaftsbau** im Bereich der maßnahmenorientierten Naturschutzplanung (Naturschutz und Landschaftspflege) mit Hilfe von Unternehmen des Garten-, Landschafts- und Sportplatzbaus (Bauleitung, Baudurchführung) oder durch städtische Betriebshöfe in Eigenregie.
Größere Städte verfolgen Planung, Entwurf und Pflege mit Hilfe von *eigenständigen Fachverwaltungen* (Naturschutz- und Grünflächenämter) in Abstimmung mit *übergeordneter* Planung und in Zusammenarbeit mit der *Stadtplanung* (als örtliche Gesamtplanung) und *anderen Fachressorts* (Fachplanungen) sowie den *Planungsbüros* (Planung, Entwurf und Bauoberleitung) als Vertretung des Bauherren bzw. als dessen Berater.

9.1.2 Historische Entwicklung der Freiraumplanung

Kommunale Freiraumplanung ist einerseits eng verbunden mit dem Prozeß der Verstädterung und andererseits mit der Entwicklung der Selbstverwaltung von Gemeinden, in der Regel Städten.
In den befestigten Städten entstehen Vorstädte, die den Zugang der Stadtbevölkerung zu den ländlichen Gebieten immer stärker versperren und die Privatgärten immer weiter hinausdrängen. Durch die *Mitnutzung* der feudalen Prunkgärten, Parks, Waldparks und Jagdgebiete (Berliner Tiergarten unter Friedrich II.) konnte für die Bürger ein gewisser Ausgleich geschaffen werden.
Ende des 18. Jahrhunderts wurde immer deutlicher, daß dem Volke ebenfalls Parks zu seiner Erholung und Erbauung und aus hygienischen Gründen zugestanden werden mußten (EHMKE, HRSG. 1990).
Ein Mittel dazu war die Entfestigung der Städte durch Niederlegung der Stadtmauern und *Schleifung der Wallanlagen* (Leipzig 1785) durch die städtische Bevölkerung, da militärische Gründe zum Erhalt nicht mehr bestanden (BERNATZKY 1960).
Die Städteordnung von 1808 brachte die öffentlich-rechtliche Gewalt der Gebietskörperschaft mit der Wahl des Magistrats und seinen Stadträten durch die Stadtverordnetenversammlung in allgemeiner, direkter und geheimer Wahl (jedoch noch nicht gleicher Wahl, zwei Drittel mußten Hausbesitzer sein!).
Eine eigenständige städtische Parkplanung ist der Friedrich-Wilhelm-Garten in Magdeburg, der 1824 nach Plänen von P.J. Lenné neu gebaut wurde.

Für die Schaffung öffentlicher Freiräume waren die ehrenamtlichen Aktivitäten von Honoratioren, die sich für das Gemeinwohl einsetzten und in Kommissionen und Deputationen und Vereinen mitwirkten, von erheblicher Bedeutung (*Parkdeputation* der Stadtgemeinde Berlin von 1870). Später war es dann die parteipolitisch gebundene Lokalpolitik, die die Grünflächenversorgung der Städte mitbestimmte (ARMINIUS 1874).

Emanzipation, Bürgerstolz und Finanzkraft führte in der zweiten Hälfte des 19. Jahrhunderts zur Gründung von Verschönerungsvereinen und zur Planung und Einrichtung von *Volksgärten und Bürgerparks* wie zum Beispiel in Berlin: Volksgarten Friedrichshain (Ostpark) ab 1846 (nördlicher Teil 1871), ebenso Humboldthain (Nordpark) 1869-1876 von Gustav Meyer (MILCHERT 1980).

Starke Einflüsse auf die Entwicklung der deutschen Städte hatte die *Gartenstadtbewegung* ab 1875 in England mit ihren paternalistischen Vorläufern seit Mitte des 19. Jahrhunderts, Saltaire ab 1851, Bournville ab 1879, mit Gärten, Spielplätzen, Sportplätzen und Parks (POSENER, HRSG. 1968).

HOWARD EBENEZER formuliert 1898 seine Gedanken über die neue *Stadt von Morgen* (Tomorrow), die die Vorteile von Stadt und Land vereinen und die Nachteile beider vermeiden sollte. Jeder Bewohner sollte nicht nur einen Garten besitzen, sondern auch in Fußgängerentfernung zu den öffentlichen Parkanlagen und anderen Einrichtungen wohnen (Beispiele sind die Gartenstädte Letchworth ab 1903 und Welwyn nach 1920). In Deutschland sind Hellerau bei Dresden, gebaut ab 1908 von Riemerschmid u.a., und die „Gartenstadt Staaken" in Berlin, gebaut 1927 von Schmidhenner und Lesser, zu nennen. Auch nach dem 2. Weltkrieg wurden erneut so genannte Gartenstädte errichtet, die aber meistens ökonomisch abhängig von der Gesamtstadt blieben („Gartenstadt" Düppel von Müller/Rhode 1980 in Berlin).

Die Forderungen nach strukturierten Angeboten von Freiräumen wurden aufgrund der Bedürfnislage der Bevölkerung immer differenzierter. Richtwerte zur Freiraumversorgung und Freiraumsysteme wurden erarbeitet (WAGNER 1915). Die Versorgungslage nach dem zweiten Weltkrieg war sehr unterschiedlich, so daß die Städte in gemeinsamen Anstrengungen versuchten im Zuge des wirtschaftlichen Aufschwunges, unterbrochen durch die Wirtschaftskrisen der 60er und der 70er Jahre, auch zerstörte Freiräume wieder neu einzurichten, die Neubaugebiete mit Freiräumen zu versorgen und bei der überwiegenden Kahlschlagsanierung zerstörter Innenstadtgebiete Flächen für Freiräume freizuhalten (SCHINDLER 1972, HALLMANN/MÜLLER Hrsg. 1986).

Eine bedeutende Rolle bei der Ausweisung, Erhalt und Sanierung von Freiräumen spielte ab den 70er Jahren auch die Forderung nach besserer *Umweltqualität* der Städte, verbunden mit ökologischem Wohnen und Energiesparbestrebungen (WORMBS 1974, GILLWALD 1983, NOHL/RICHTER 1988, STICH ET AL. 1992, NOHL 1993, FITGER/MAHLER 1996, ERMER/HOFF/MOHRMANN 1996, STEINEBACH/SCHAADT 1996, AUHAGEN/ERMER/MOHRMANN, HRSG. 2002).

9.1.3 Wahrnehmung des Landschaftsbildes und Freiraumerlebnis

Ein wesentlicher Zugang zum Umgang der Bewohner mit den Freiräumen (NOHL, 1984, und andere sprechen von „Aneignung") verläuft über die *Wahrnehmung der Umwelt* in der wir leben (ländliche und städtische Landschaft) und das daraus abgeleitete *individuelle und gemeinsame Freiraumerlebnis* der realen Landschaftsstruktur.

Hier wird davon ausgegangen, daß die Erlebnisqualität der Freiräume einen Beitrag zur besseren Lebensqualität der Erholungssuchenden leistet. Aufnahme und Verarbeitung der Information durch die *verschiedenen Sinnensorgane* wie Gesichts-, Gehör-, Geruchs-, Geschmacks-, Gleichgewichts- und Tastsinn sowie Muskel- und Hautwahrnehmungen unterliegen unterschiedlichen Einflußfaktoren (PLANUNGSGRUPPE WECKWERTH 1980).

Da alle Ansätze, die komplexe Wahrnehmung zu optimieren, jedoch Mängel zeigen, wird auf das *„objektiv-skriptive" Verfahren* zurückgegriffen, um das Erlebnis der Freiräume in ihrer Existenz oder bei der Nutzung nach verschiedenen Aspekten zu beschreiben (WECKWERTH 1984):

- Aktivitätsspezifische Differenzierung der Wahrnehmung (Spielen, Lagern, Laufen, Fahren)
- Unterschiede der komplexen, individuellen Wahrnehmung (Sozialisation, Ausbildung, Lebensbedingungen, Konstitution, Disposition)
- umweltbezogene Wahrnehmungsveränderungen (Saisonabhängigkeit, Wetterlage, Tageszeit, interne und externe Umweltbelastungen)
- gruppenspezifische Wahrnehmung (Einzelgänger, Paar, Familie, Schulklasse, Verein)
- Kenntnisstand der Wahrnehmung (Bekanntheitsgrad, Informationsdichte, Erfahrung)
- Symbolische Bedeutung des Wahrgenommenen (knorrige Eiche, blühender Apfelbaum, Kirche, Denkmal)
- lage- und entfernungsbezogene Wahrnehmung (Intensität, Differenziertheit, Identifizierbarkeit)

In einer Zusammenschau für eine ganze Stadtlandschaft, ein Freiraumsystem oder einzelne Freiräume trägt die Kenntnis der aufgeführten Aspekte zur Qualitätssteigerung der Freiraumplanung bei (HOISL, R., NOHL, W., ENGELHARDT, P. 1998).

9.1.4 Die sozialökologische Funktion der städtischen Freiräume

Die Beziehungen zwischen städtischen Bereichen (Freiräumen) mit der Vielfalt der darin auftretenden sozialen Erscheinungen und Probleme (z.B. der Nutzung) können relativ gut beschrieben und quantifiziert werden. Zur Minderung *sozialräumlicher* Disparitäten kann die Untersuchung der Stadtteile mit besser situierter Bevölkerung und dort bestehender besserer Freiraumversorgung zum Maßstab für einen *ausgeglichenen Versorgung* für die ganze Stadt werden (BOCHNIG/SELLE, HRSG. 1992, 1993)

Neben ökonomischen haben auch kulturelle Werte und Bewegungen Einfluß auf die Struktur der Stadt – *kulturorientierter Ansatz –*, z.B. erklärt sich die ausdauernde Existenz von städtischen Grünflächen und Friedhöfen vor allem aus der kulturellen Wertschätzung solcher Flächen und weniger aus dem Wettbewerb um Standortvorteile und nicht aus den Bodenpreisen (WÖBSE 1981).

Die *sozialökologischen Funktionen* der städtischen Freiräume lassen sich als unterschiedliche *Umweltqualitäten* für den Stadtbewohner beschreiben:

- Tätige Freizeitgestaltung, einschließlich Ruhe-, Erholungstätigkeiten- und Produktionsaktivitäten (*praktische Aneignung*)
- soziale, kulturelle und kommunikative Nutzungshandlungen der Stadtbewohner in den Freiräumen (*Soziale Aneignung*)
- eigengestalterische Veränderungen der Freiräume und Erlebnis von Vielfalt, Naturnähe, Eigenart der Freiräume (*ästhetische Produktion und rezeptive Wahrnehmung*)
- Stärkung von Ortsbezug und Heimatgefühl durch Erhaltung und Förderung von unverwechselbaren Elementen der natürlichen und kulturellen Stadtstrukturen (*identifikatorische Aneignung*) (NOHL 1993).

9.1.5   Freiraum, Gesundheit und Erholung

Freiraumplanung erhebt den Anspruch, Räume zu planen, zu entwickeln und zu erhalten, die der Gesundheit im weitesten Sinne dienen.

Der *Gesundheitsbegriff* der Weltgesundheitsorganisation WHO vom 22.6.1946 lautet: *Gesundheit ist „ein Zustand vollständigen körperlichen, seelischen und sozialen Wohlbefindens und nicht nur das Freisein von Krankheiten"*. Anzustreben ist hierbei die höchstmögliche erreichbare Form eines solchen Gesundheitszustandes als fundamentales Recht eines jeglichen Menschen ohne Rücksicht auf Rasse, Religion, politische Überzeugung, ökonomische und soziale Bedingungen.

Multikausale beobachtbare oder subjektiv empfundene Beeinträchtigungen der Gesundheit werden durch natürliche, technische, personale, soziale und kulturelle Faktoren sowie die physikalisch-chemische Umwelt (dazu gehört der Freiraum und die einzelnen Haushaltsfaktoren der Landschaft) neben der psychophysischen Disposition des Individuums (hier der Freiraumnutzer) beeinflußt (SRU 1987).

Tafel **9**.1   Übergang v. Gesundheit zu Krankheit (GROSS 1980 n. SRU-, Umweltgutachten 1987)

Statistische Verteilung	sicher normal		fraglich		sicher anormal
Homoiostase	Bereich der steten und „normalen" Oszillationen	Bereich der leichten Gegenregulation		Bereich der massiven Gegenregulation	Bereich des Versagens von Gegenregulationen oder Anarchie
	Unauffällige Befunde	Leichte Störung		Kompensierte Störung	Dekompensierte Störung
	Normbereich Keine Maßnahmen	*Intermediärbereich* Unterstützende Maßnahmen			*Extrembereich* Äußere Hilfe oder Tod

Zu den *hygienisch-gesundheitlichen* Aspekten, die unter dem medizinischen Komplex der Humanökologie für die Freiraumplanung von Bedeutung sind, gehört der *Stress*, der aus den Stressfeldern der städtischen sozialen Umwelt, der städtischen Lebensweise stammt und ein Phänomen der Interaktion und Reaktion im System von Mensch und Umwelt ist. Man spricht von zwei Komponenten des Stress, von *Eustress* (angenehm, anregend, fördernd) und *Disstress* (unangenehm, die Funktion beeinträchtigend, krankmachend). Zwischen beiden Arten sind die Übergänge individuell fließend.

Psychosozialer Stress kann durch physisch-biologische Reize und durch sozial-kulturelle Reize am Arbeitsplatz, im Wohnumfeld, auf den Verkehrswegen und auch im Erholungsbereich entstehen. Die verschiedenen Stressoren haben eine *synergistische* Wirkung, die zusammen mehr ist als ein isolierter oder additiver Effekt. Möglichkeiten des *Stressabbaus* sind Bewegung im Freiraum und Stabilisierung des seelischen und physischen Gleichgewichts durch einen angenehmen Aufenthalt im Freien.

Genesung (Rehabilitation) mit dem Ziel der *völligen Gesundung* ist deshalb das Wieder-Fähig-Machen für eine gesellschaftliche Funktion, d.h. im wesentlichen die Wiedereingliederung in den Arbeitsprozeß. Im Freiraum lassen sich unterschiedliche Genesungsmaßnahmen durchführen (s. 9.3.4 und 9.3.5).

Erholung ist im gesundheitlichen Sinne eine *Vorbeugungsmaßnahme* (Prävention) und wird hier verstanden als Wiederschöpfung (*Recreation*) oder als Wiederbildung (*Regeneration*) der mehr oder weniger stark beanspruchten körperlich-geistig-seelischen Kräfte des Erholungssuchenden (im oben genannten Normbereich der Homöostase), die ihn zur Aufrechterhaltung und Entwicklung seiner gesellschaftlichen und individuellen Leistungen bei voller Gesundheit befähigt. Wege und Mittel, dieses Ziel zu erreichen, sind sehr vielfältig und nicht auf Freiräume (Fitness-Studio) und auch nicht auf Freizeit (Pausenerholung s.a. ERGIN 1977) beschränkt. Die Erholungsmöglichkeiten der städtischen Bevölkerung sicherzustellen und zu verbessern ist ein wesentliches Aufgabenfeld der Freiraumplanung (SCHEMEL HRSG. 1998).

Freiräume verschiedener Art können durch die *physische Struktur*, ihre klimatische Qualität, ihre Lage, Größe, Abschirmung und Relief, ihre Ausstattung mit natürlichen räumlichen Ressourcen wie Vegetation, Wasser, Tierwelt zu den Prozessen der Erholung und Genesung, zum körperlichen, seelischen und sozialen Wohlbefinden und zum Abbau von physisch-biologisch bedingtem Disstress beitragen.

Auch zum Abbau des *psychischen* Disstress durch städtische Umweltbelastungen (s. Abschn. 10) können Freiräume einen fördernden Effekt haben. Dazu gehören u.a. die psychische Wirksamkeit von Licht, Farbe, Temperatur, Geräuschen. Der *angenehme und spannungslösende Reiz* kann von Räumen der Städte ausgehen, die sich auf Naturelemente wie Parks, Flüsse und Seen beziehen, aber auch auf andere erfreuliche und stressarme Teile und Einrichtungen der Stadt.

Kartierungen der *mentalen Wahrnehmung* von Räumen mit streßhafter Belastung und Räumen des Eustress (oder Antistress) und repräsentative Atlanten der städtischen Umwelt mit relevanten sozialgeographischen Karten und geomedizinischen Karten können hier einen Beitrag leisten, „denn man darf annehmen, daß sich Menschen aus Räumen des Disstress nach Möglichkeit in solche des Eustress hineinbewegen" (NESTMANN 1982).

9.1.6 Freiraum und Stadtökologie

Auch die im Abschn. 10 behandelten stadtökologischen Qualitätsziele, die der Verbesserung der gesamten Stadtnatur als Wohn- und Arbeitsplatz der städtischen Bevölkerung und der naturbezogenen Qualität der städtischen Freiräume zum Aufenthalt im Freien im besonderen dienen, sollen hier als *naturökologische Potentiale* (in Anlehnung an Nohl 1993) zusammengefaßt werden:

- Schutz und Entwicklung der ökologisch aktiven Vegetationsflächen und stadttypischen Biotope und Kulturpflanzenflächen, der naturräumlich wertvollen Floren, Faunen- und Landschaftsrelikte (*Biotisches und Naturschutz-Potential*)
- Erhalt und Steigerung des klimatischen und lufthygienischen Leistungsvermögens des Freiraumsystems der Stadt und des Umlandes durch Klimaausgleich, Frischluftentstehung, -filterung und -führung, Verdunstungsförderung, Verhinderung und Reduzierung des Lärmpegels und Aufbau einer Klanglandschaft (*Klima und Luftpotential*)
- Verbesserung und Schutz vor Zerstörung des Bodens als lebender Wuchsstandort, als Wasserreservoir, Aufenthaltsort für Mensch und Tier, Vermeidung von Verunreinigungen, Verdichtungen, Erosion, Unschädlichmachen von Altlasten, Beschränkung von Baugrund und Rohstoffgewinnung (*Bodenpotential*)
- Erhaltung und Schutz und Renaturierung der Gewässer als Lebensstätte sowie des Wasserhaushalts und des Wasserdargebots, Förderung der Wasserreinheit, der Versickerung und Entsiegelung (*Wasserpotential*)

(Weiteres s. Sukopp, H.,Wittig R. 1998)

9.1.7 Freiraum, Landschaft und Stadtstruktur

Die *Landschaft* sowie die einzelnen natürlichen *Landschaftsfaktoren*, die ihre Dynamik prägen, ist einerseits eine Ursache der Stadtentwicklung und wird andererseits im *Gegenstromprinzip* von den *sozioökonomischen Faktoren* zu einer *städtischen Kulturlandschaft* geprägt. Einige Beispiele für die *landschaftliche Lagegunst* sollen hier gegeben werden:

1. Städte am Flußufer, besonders bei Einmündungen von Nebenflüssen, schützten den Ort und stellten die Wasserversorgung sicher, lagen am Wasserweg und waren Anlegestelle, Umladeplatz für den Weitertransport auf dem Landweg und Handelsplatz.
2. Flußufer mit Flußinseln, die Schutz zum Land hin boten und gleichzeitig statt einem großen zwei kürzere Brückenschläge erforderten, erleichterten das Städtewachstum.
3. In gebirgigen Lagen war die Einmündung eines Seitentales Ausgangspunkt für eine günstige Lage der Stadt, da hier sowohl der Seitenfluß mündete als auch die Handelswege zusammenkamen. Meistens liegen die Altstädte etwas höher auf den Schuttkegeln des Seitenflusses.
4. In den Moor- und Sumpfgebieten der Niederungen waren die höhergelegenen Landschaftsteile ebenfalls bessere Standorte für Siedlungen, z.B. die Endmoränenzüge der eiszeitlichen Ablagerungen, die Geestlandschaft und die Dünenrücken am Rande der Fluß- und Seemarschen.
5. An Seeufern waren es eine Engstelle im lang gestreckten See mit einer Fährverbindung zum anderen Ufer, eine Halbinsel oder eine Anhöhe mit guter Übersicht, die die Stadtentwicklung begünstigten.
6. Für herrschaftliche und militärische Stadtgründungen spielte neben der Verteidigungsfähigkeit auch die gute Aussicht und Sichtbarkeit des Standortes weit übers Land aus Kontroll- und Repräsentationsgründen eine Rolle.
7. Die Lage der Marktorte war von der Länge der halbtägigen Anreisen zu Fuß, zu Pferde oder mit dem Fuhrwerk abhängig.

8. Größere Handelsplätze lagen an Kreuzungen von Fernhandelswegen oder waren in Entfernungen von Tagesreisen an diesen aufgereiht. Natürlich spielten die oben genannten landschaftlichen Faktoren ebenso eine Rolle bei der Standortentscheidung und der Geschwindigkeit der Entwicklung.

9. Von Bodenschätzen abhängige Städte lagen entweder in der Nähe der Lagerstätten oder an Orten der Energiegewinnung zur Verarbeitung. Mit Beendigung des Abbaus stagnierte vielfach die Entwicklung.

Viele neuere Stadtgründungen oder -erweiterungen sind nur indirekt auf landschaftliche Gegebenheiten bezogen. Vielfach stehen ökonomische Erschließungsprobleme oder Prestigefragen im Vordergrund:

* Neue Städte entstehen durch das Zusammenwachsen von schon lange existierenden kleinen Orten, wie z.B. die Stadt Marl mit Ergänzungen durch neue Siedlungen und einem neuen Zentrum in den landwirtschaftlichen Zwischenräumen.
* Neue Siedlungen werden am Stadtrand auf Flächen errichtet, die nicht dem Naturschutz unterstehen, aber günstigen Baugrund aufweisen und gut erschlossen sind.

Städtebau reagiert aber auch auf die anthropogen stark veränderte Landschaft:

* So entstehen aus Siedlungskernen von miltärischen Anlagen durch so genannte „Konversion" zivile Stadtgebilde wie Wünsdorf, deren Landschaft erst wieder in eine bewohner- und erholungsfreundliche Landschaft umgewandelt werden muß.
* Stadtteile werden auf aufgelassenen Industriegebieten gebaut, wobei die Altlasten der Umweltverseuchung als Einschränkung wirken.

Bei Stadterneuerungen, Gründung von neuen Städten, Stadtteilen oder kleineren Baugebieten ist es Aufgabe der Freiraumplanung, die Strukturen und Relikte der Kulturlandschaft und das *naturräumliche Grundmodell* des jeweiligen Standortes zu erfassen und in die Planungsvorschläge zu integrieren und damit eine neue, *unverwechselbare Stadtlandschaft* zu entwickeln und die notwendigen Freiräume im städtebaulichen Konzept durchzusetzen.

9.2 Planungsmethodik A: die Phasen im Planungsprozess der Freiraumplanung

9.2.1 Der Planungsprozess der Freiraumplanung als System

Freiraumplanung ist wie jede Raumplanung eine an einem Ergebnis (Produkt) orientierte, *systematische Vorgehensweise.* Deshalb kann man Planung nach Luhmann als ein „*Zweckprogramm"* bezeichnen.

Auch bei der Freiraumplanung lassen sich *vier logische Phasen* im Sinne eines *Zielkonkretisierungsprozesses* unterscheiden: *Problemstrukturierung, Lösungssuche, Lösungsanpreisung und Lösungskonkretisierung* (FEHL 1971). Eingeleitet wird dieser Prozess von einer *Auftragsphase,* in dem öffentliche und latente systemimmanente Zwecke von vornherein die Zielgrößen, die Lösungswege und die Auftragnehmer bestimmen.

Der „Planungsprozess" wird in der *systematischen Durchführung* durch gewisse regelhafte, sich grundsätzlich wiederholende *Phasen* bestimmt:

1. *Aufgabenstellung*
2. *Bestandsbeschreibung*
3. *Situationsbewertung*
4. *Lösungsfindung*
5. *Umsetzung*
6. *Dynamisierung*

Die Phasen des Planungsprozesses werden für die *praktische Durchführung* der Freiraumplanung folgendermaßen gegliedert und dann im einzelnen kurz beschrieben:

Tafel **9**.2   Der Planungsprozess der Freiraumplanung in linearer Darstellung

---

A   *Aufgabenstellung und Leitbild der Freiraumplanung (9.2.3)*

A.1 Entstehung der Planungsaufgabe, Aufgabeneingrenzung und Problembeschreibung

A.2 Ermittlung der Freiraumbedürfnisse

A.3 Zielfindung und Leitbilder der Freiraumversorgung

B   *Freiraumbestand und Freiraumansprüche (9.2.4)*

B.1 Feststellung der Freiraumtypen

B.2 örtliche, problemorientierte Bedürfnisermittlung

B.3 örtliche Freiraumversorgung, räumlich und sachlich

B.4 Ableitung der Bedarfsgrößen (einwohnerbezogene Freiraumrichtwerte)

C   *Bewertung der Freiraumsituation (9.2.5)*

C.1 Kriterien für die Freiraumbewertung

C.2 Entwicklungsmöglichkeiten der Freiräume (Prognosen, Szenarien)

C.3 örtliche und sachliche Zielanpassung

C.4 Konflikte bei der Freiraumnutzung und Nutzungsoptimierung

C.5 Versorgungsanalyse, Ermittlung des Fehlbedarfs

C.6 Freiraumstruktur und -ausstattung

C.7 freirauminterne und -externe Umweltbelastungen

D   *Lösungen für die Freiraumversorgung (9.2.6)*

D.1 Methodische Ansätze zur Freiraumplanung

D.2 Konkretisierung der Freiraumplanung

E   *Umsetzung der Freiraumplanung (9.2.7)*

E.1 Machbarkeit der Freiräume

E.2 Akzeptanz der Lösungen

F   *Dynamisierung der Freiraumplanung (9.2.8)*

F.1 Überarbeitung mit neuen Erkenntnissen

F.2 Freiraummonitoring

F.3 Erfolgskontrolle der gebauten Freiräume

F.4 Gewichtung der Freiraumplanung

9.2.2 Rahmenbedingungen des Planungsprozesses

Der Planungsprozess der Freiraumplanung verläuft entsprechend den Handlungsformen, Konkretisierungsstufen, Mitwirkungs- und Kooperationsmöglichkeiten unterschiedlich differenziert. Vom inhaltlichen Planungsprozess zu unterscheiden ist das formal logische Verfahren der *Aufstellung und Genehmigung* von Planungen.

Der kommunalen Freiraumplanung stehen verschiedene formale Planungsverfahren zur Durchsetzung ihrer Ziele zur Verfügung, die im Abschn. 9.4 abgehandelt werden. *Handlungsformen* können sein:

• streng formalisierter Arbeitsablauf mit speziellen Aufstellungs- und Genehmigungsverfahren (s. 9.4.4 bis 9.4.11)

• Vorgehensweise entsprechend den Leistungsbildern der Honorarordnung für Architekten und Ingenieure, einschließlich gutachterliche Stellungnahmen zu einzelnen Fragestellungen (s. 9.4.12)

• Aktionsplanung, die Planung, Entwurf und Umsetzung nicht trennt (s. 9.4.3)

• ständige Beratung im Sinne eines Treuhänders oder Betreuung des Monitoring für den Auftraggeber (s. 9.2.7, 9.2.8 und 9.4.2).

Die **Konkretisierungsstufe** muß dem Planungsmaßstab ebenso wie Planungsebene, Gebietsgröße, Bearbeitungszeitraum und Termingerechtheit angepaßt sein.

Eine die gesamte Stadt umfassende Freiraumplanung kann nicht denselben Genauigkeitsgrad haben, wie die Freiraumplanung für einen Stadtteil, einen Park oder einen Schulgarten. Die Planungsvorschläge der Freiraumplanung sind abhängig von höherrangigen Planungen. Ökologische, humane, soziale, also altruistische Lösungsansätze haben immer an vorderster Stelle in der Rangordnung der planungspolitisch durchsetzbaren Problemlösungen zu stehen.

Es kann vereinbart werden, bestimmte Planungsaspekte auszuschließen, weil entweder der finanzielle Gürtel zu eng ist oder ein bestimmter Termin einzuhalten ist oder kommunalpolitische Gründe dafür sprechen. Allerdings kann es dadurch zu verkürzten Einsichten in der Situationsbewertung kommen. Spielaktivitäten von Erholungssuchenden sind saison- und witterungsbedingt. Die Kartierbarkeit von Vegetationsbeständen bestimmter Vergesellschaftungen hängt ebenfalls von der Jahreszeit ab.

Auch eine Trennung der Aufgabenbehandlung in sachlich getrennte Teilpläne und zeitlich gestaffelte Bearbeitung von Teilräumen kann eine sinnvolle Lösung sein. Die Freiraumplanung wird dann zweckmässigerweise in *Stufenplänen* erarbeitet.

Die Entwicklung des Planungsprozesses wird stark durch die *Mitwirkenden* bestimmt (s. auch 9.4.2 und 9.4.3):

• die Träger der Planung, die den Planungsauftrag vergeben, die Bauherrenfunktion ausüben und den Planungsrahmen und die Hauptziele festlegen, das Monitoring und die Datenpflege durchführen

• die Planer des Projektes, die das zu bearbeitende Projekt im Auftrage des Trägers/Bauherren fachlich erarbeiten

• die zu beteiligenden Träger Öffentlicher Belange und Öffentlichen Planungsträger und Verbände, deren Beiträge eingefordert werden

- die betroffenen Bürger, deren individuelle oder Gruppenmeinungen berücksichtigt werden sollen (s. auch das Thema „Kommunikation in Planungsprozessen" ausführlich bei BISCHOFF/SELLE/ SINNIG 1996)
- die Aufsichtsbehörden, die die Kontrolle des Aufstellungsverfahrens, der Planungsinhalte und die Genehmigung durchzuführen haben.

Kooperation mit Fachleuten in Gruppen oder Teamarbeit ist meistens notwendig und fördert trotz höherem Aufwand für die Koordinierung die Wahrscheinlichkeit der Umsetzung:

- Oft verlangt diese Arbeitsweise, über die Grenzen einzelner Institutionen hinaus (selbständige Büros, Ämter, Ressorts) zu kooperieren.
- Dabei kann man unterscheiden zwischen: Zusammenarbeit mit *planenden Disziplinen*: Landschaftsarchitekten/Landschaftsplaner mit Städtebauern, Stadt- und Regionalplanern, Architekten, Denkmalpflegern, Verkehrsplanern, Wasserwirtschaftlern, Forst- und Landwirten, Umwelttechnikern.
- Zusammenarbeit mit Fachleuten der *angewandten wissenschaftlichen Grundlagen*: Soziologen, Psychologen, Ökologen, Mediziner, Ökonomen, Philosophen, Historiker, Systemtechniker, Designer, wobei sehr viele *Mischformen* und Fachgrenzen überschreitende Disziplinen zu berücksichtigen sind: Sozialpsychologie, Umweltpsychologie, Umweltökonomie, Landschaftsökologie, Architekturgeschichte, Sozialmedizin, Planungsinformatik.
- Zusammenarbeit mit *problemorientiert organisierten Institutionen*, in denen oft kompetente und erfahrene Laien und auch Fachleute wirken: Berufständische Vereinigungen, Kammern, Interessenverbände, Beiräte, Institute, Betroffenenverbände, Gewerkschaften, Unternehmerverbände, Parteien.

Die Zusammenarbeit mit den *aktuell Planungsbetroffenen* eines Projektes ist sowohl Ziel der Teamarbeit als auch der Gruppen- und Einzelarbeit, um zu einem gemeinsamem Ergebnis (Produkt) der Planung zu kommen. Oft organisieren diese sich in Form einer Interessengruppe oder auch mehrerer Bürgerinitiativen, die unterschiedliche Ziele verfolgen können. Das Gleiche gilt für einzelne Planungsbetroffene, die entsprechend ihrem individuellem Beruf, Familien- und gesellschaftlichen Erfahrungshintergrund agieren (s. a. 9.4.3).

9.2.3 A Aufgabenstellung und Leitbild der Freiraumplanung

A 1 Planungsaufgabe, Aufgabeneingrenzung, Problembeschreibung

Der *Anlaß* für die Kommunale Freiraumplanung kann in der starken städtebaulichen Expansion des Ortes, den Verdichtungstendenzen für bestehende Baugebiete oder auch in der Sanierung von erneuerungsbedürftigen Stadtteilen liegen. Auch die Beziehungen zu benachbarten Gemeinden können die Notwendigkeit einer Freiraumplanung begründen. Von übergeordneten Stellen können als Ausfluß der Rahmenplanung Aufgaben formuliert werden, die in den kommunalen Bereich fallen (s. 9.4.4).

Die Entscheidungen über Art und Umfang der Aufgabenformulierung sind sowohl von den öffentlich *proklamierten Zwecken,* die sich aus ungelösten Konflikten der Beteiligten und Betroffenen ergeben, als auch von den nicht ohne weiteres erkennbaren *systemimmanenten Zwecken* abhängig.

Die Aufgaben, die im Planungsprozeß abgehandelt werden sollen, werden für *öffentliche kommunalen Freiräume* und die übertragenen *institutionellen Freiräume* in der Regel von der für die kommunale Freiraumplanung zuständigen Verwaltung (Naturschutz- und Grünflächenämter, einschließlich Friedhofs- und Kleingartenämtern) oder Umweltämter gestellt. Für Aufgaben, die die gesamte *Freiraumkonzeption* in der Gemeindeplanung betreffen, zeichnet in der Regel das Planungsamt in Abstimmung mit den oben genannten Ämtern verantwortlich. Die Aufgaben der Freiraumplanung für *private und residentielle Freiräume* werden von Einzel- oder juristischen Personen, Baugenossenschaften, Eigentümern, Investoren bearbeitet.

Die von den zuständigen Stellen erkannten Probleme (s. auch Freiraummonitoring) sollen gesammelt und in **Dateien** aufgelistet werden. In gemeinsamer Abwägung mit dem Planer als Stellvertreter des Bauherren und als potentieller Auftragnehmer für die Freiraumplanung sollen dann die im Planungsprojekt akut zur Lösung anstehenden Probleme in einer **Problemliste** zusammengestellt werden.

A 2 Ermittlung der Freiraumbedürfnisse

Erkenntnisse über Bedürfnisse für den Aufenthalt im Freien müssen immer wieder überprüft und an neuen Untersuchungsergebnissen ausgerichtet werden. Die eingesetzten Hilfsmittel der *empirischen Erarbeitung* von Bedürfnissen beim Aufenthalt im Freien lassen sich etwa wie folgt zusammenstellen:

- *Sekundärauswertung* von Statistiken und Aufzeichnungen, *soziographische Analyse* der betroffenen Bevölkerungsgruppen
- *Umfragen und Interviews* über Nutzungsvorlieben und Anspruchshaltungen im *Quellgebiet* von Freiräumen (Einzugsbereich) *oder am Herkunftsort* (Wohnung, Arbeitsplatz, Ausbildungsort) der Freiraumnutzer
- Interviews und Beratung mit *Experten* und Opinion Leader
- Zählungen von *Nutzer*mengen, Nutzerbefragungen und Interviews, Kartierung von Nutzerströmen und räumlichen und zeitlichen Nutzerverteilungen und Nutzerverhalten im *Zielgebiet* (benutzter Freiraum)
- Art und Zuordnung von *Freiraumaktivitäten,* insbesondere Spielen und Sporttreiben sowie Aktionsketten und -verläufe der Freiraumnutzungen mit Hilfe von Kartierungen, Befragungen und Interviews im Quell- und Zielgebiet
- Ermittlung der üblichen *Wegelinien*, real und als mental maps (Erfahrungsschatz)
- Erfassung der *Bewegungsräume,* Verkehrsmengen und -ströme der Fußgänger, Radfahrer, Pkws und öffentlichen Verkehrsmittel (Bus, Bahn, Schiff)
- *wahrnehmungsorientierte* Erhebungen mit Zeichnungen, Fotos, Filmen, Videos.

A 3 Zielfindung und Leitbilder der Freiraumversorgung

Nachdem die zu bearbeitende Aufgabe eingegrenzt und die Probleme beschrieben sind, werden vom Auftraggeber *Leitbilder* der gewünschten Entwicklung für das Freiraumsystem und die Struktur der Freiräume sowie die *übergeordneten Ziele* für die Auftragsvergabe formuliert. Für den Erfolg der Planung ist es sinnvoll, daß der Auftraggeber diese Leitbilder und Ziele mit dem Auftragnehmer abstimmt.

Die Zielfindung ist abhängig von den *gesellschaftlichen Normen* und den *gesellschaftspolitischen Forderungen*, die für die Versorgung mit Freiräumen aufgestellt werden. Diese schlagen sich nieder in:

- gesetzlichen Regelungen mit Kommentaren und Durchführungsbestimmungen
- fach- und gesellschaftspolitischen Zielsetzungen von Experten, Verbänden, Kommunalpolitikern, Verwaltung und Regierung
- übergeordneten Rahmenprogrammen und Richtlinien, Gremienbeschlüssen und Erlassen
- fachlichen Normativen und Standards, technischen Normen und Vorschriften
- Forderungen von Beiräten, Bürgerforen und Initiativgruppen
- gerichtlichen Entscheidungen und Auslegungen von Regeln und Handlungsanweisungen
- berufständischen Regeln und Verhaltenskodex im Planungswesen.

9.2.4 B Freiraumbestand und Freiraumansprüche

B 1 Feststellung der Freiraumtypen

Die Diskussion der *Bedarfermittlung* ist eng mit der Entwicklung von *Freiraumtypen*, der realen *Versorgungssituation* der Gemeinden mit Freiräumen (Grünflächen) und der darauf bezogenen *Versorgungsanalysen* verbunden.

Die städtischen und ländlichen Freiräume werden nach dem Grad ihrer *öffentlichen Zugängigkeit* und ihrer *Betretbarkeit* differenziert:

Tafel **9**.3   Freiraumtypen der städtischen und ländlichen Freiräume, gegliedert nach Zugänglichkeits- und Öffentlichkeitsgrad (s. a. GARBRECHT/MATTHES 1980, NOHL 1993).

I Freiräume
II 1 Städtische Freiräume
II 2 Ländliche Freiräume
III 1 Betretbare städtische Freiräume
III 2 Nicht betretbare städtische Freiräume
III 3 Ländliche Freiräume in Mehrfachnutzung mit anderen Landnutzungen
III 4 Ländliche Freiräume mit überwiegender Freizeitnutzung
IV 1 Öffentlich zugängige, betretbare städtische Freiräume
IV 2 eingeschränkt zugängige, betretbare städtische Freiräume
IV 3 residentelle, betretbare städtische Freiräume
IV 4 institutionelle, betretbare städtische Freiräume
IV 5 private, betretbare städtische Freiräume
IV 6 öffentliche und institutionelle, nicht betretbare städtische Freiräume
IV 7 residentelle und private, nicht betretbare städtische Freiräume
IV 8 öffentliche ländliche Freiräume in Mehrfachnutzung mit anderen Landnutzungen
IV 9 private ländliche Freiräume in Mehrfachnutzung mit anderen Landnutzungen
IV 10 öffentliche ländliche Freiräume mit überwiegender Freizeitnutzung
IV 11 private ländliche Freiräume mit überwiegender Freizeitnutzung

Folgende Freiräume lassen sich den hier entwickelten Kategorien der Freiraumtypen IV 1 bis IV 11 zuordnen:

Tafel **9**.4 Kategorien der Freiraumtypen

IV 1 Öffentlich zugängige betretbare städtische Freiräume

Platz, Stadtgarten, Stadtpark, historischer Park, Festwiese, Allmende, Wallanlagen, Strandbad, Badesee, Flußbadestelle, Spielanlage, Spiel- und Breitensportanlage, Freilichttheater, Rodelberg, Skihang, Loipe, Grün-verbindung, Grünzug, Allee, Fußweg/Bürgersteig, Promenade, verkehrsberuhigte Straße, Spielstraße, Wan-derweg, Radweg, Lehrpfad, Modellfluggelände

IV 2 eingeschränkt zugängige betretbare städtische Freiräume

Botanischer Garten, Zoologischer Garten/Tiergarten, Sondergarten (Apothekergarten, Bauerngarten), Freibad (ohne und mit Hallenbad), Sportstadion (Leistungssport), Verkehrsspielplatz, Kinderbauernhof, Bauspielplatz, ökologischer Lehrgarten, historischer Park, Kurgarten und-park, Friedhof, Gedenkstätte, Freiluftmuseum, Brachflächen, Natur- und Wildwuchsflächen, Stadtgewässer, Fluß, See, Teich

IV 3 residentelle betretbare städtische Freiräume

Vorgarten, Dachgarten, Terrasse, Laubengang, Loggia, Hof, Hofgarten, Hofplatz und -weg, Gemeinschafts-grün, Abstandsgrün, Siedlungsgrün, Leergeschoss, Stellplatzanlage, Notverkehrswege

IV 4 institutionelle betretbare städtische Freiräume

Kindergartenaußenraum, Schulgarten, Schulsportanlage, Schulhof, Kinder- und Jugendheimgarten , Alten-heimgarten, Behindertenheimgarten, Blindenheimgarten, Krankenhausgarten, (Rehabilitationsgarten, Terrain-kuranlage), Museumsgarten, Theatergarten, Außenanlagen an Verwaltungen u.ä. mit Publikumsverkehr, Au-ßenraum geschlossener Anstalten, Kleingartenkolonie, Vereinssportflächen (Fußball, Handball, Tennis, Hok-key, Leichtathletik, Wassersport, Angelsport, Freiluft und Sonnenbad)

IV 5 private betretbare städtische Freiräume

Balkon, Loggia, Terrasse, Wintergarten, Dachgarten, Hausgarten mit Vorgarten, Gemeinschaftsgarten, Mie-tergarten, Kleingarten, Privatpark, Saunagarten, Biergarten, Hotelgarten, Betriebspausengarten, Betriebs-sportfläche, Außenanlagen an Dienstleistungsbetrieben (Handel und Handwerk), Betriebshof

IV 6 öffentliche nicht betretbare städtische Freiräume

Grün an Verkehrsanlagen (Schiene, Straße, Wasserstraße, Flughafen), Begleitgrün an Kanälen und Gräben, Klima- und Sichtschutzgrün, Schutzgrün an Ver- und Entsorgungsanlagen, an Leitungssystemen, Naturdenk-mäler, Wildwuchsflächen, Naturschutz-, Biotop- und Artenschutzflächen, Wasserschutzgebiete, Versicke-rungsflächen

IV 7 private nicht betretbare städtische Freiräume

Rahmengrün, Sichtschutz und Trenngrün an Gewerbe- und Industrieanlagen

IV 8 öffentliche ländliche Freiräume in Mehrfachnutzung mit anderen Landnutzungen

Wirtschaftsweg, Dorfanger, Festplatz, Felddrain, Trift und Heide, Sanddüne, Fluß, See, Teich, Lehrpfad, Waldweg und -lichtung, Altholzbestände, Naturfläche, Brache, Schulwald

IV 9 private ländliche Freiräume in Mehrfachnutzung mit anderen Landnutzungen

Weide, Hutung, abgeerntetes Feld, Mähweide und Streuwiese, Streuobstwiese, Waldweg und -lichtung, Alt-holzbestand, Fischteich, Brache, Naturfläche

IV 10 öffentliche ländliche Freiräume mit überwiegender Freizeitnutzung

Badesee, Badestelle, Bootsanlage, Liegerasen und -wiese, Zeltplatz, Wanderweg, Reitweg, Fahrradweg, Ski-piste und -loipe, Wildgatter, Wildacker, Feldflughafen

IV 11 private ländliche Freiräume mit überwiegender Freizeitnutzung

Badesee, Badestelle, Angelteich und Angelsportgelände, Waldschänke, Golfplatz, Wildpark, Freizeitpark, Campingplatz, Hunderennbahn, Reitanlage, Motocrossgelände, Modellflugplatz, Autorennbahn, Wochenend-haussiedlung, Marina, Bootshafen, Wassersportsiedlung

Anmerkung:
Insbesondere sind auch Räume, die nicht direkt für den Aufenthalt der Bevölkerung im Freien geeignet sind, indirekt durch *raum- und randübergreifende* Wirkungen (komplexe Wahrnehmung s. 9.1.4 und komplexe Haushaltsfaktoren der Landschaft s. Abschn. 10) bedeutsam.

Diese Aufzählung erhebt nicht den Anspruch vollständig zu sein. In ländlichen Gemeinden, einhergehend mit der *Wandlung* der landwirtschaftlich geprägten Dörfer zu Pendleroder Alterswohnsitzen, bestehen auch rudimentär entwickelte, städtische Einrichtungen (Freiraumtypen), jenachdem wie stark die Verstädterung der Ortschaften vorangeschritten ist. Diese Darstellung gibt auch einen komplexen Überblick über das Arbeitsfeld des Landschaftsarchitekten in der kommunalen Freiraumplanung auf der Objektplanungsebene für Freianlagen. In den Abschn. 9.3.1 bis 9.3.14 sind Planungshinweise für Freiräume in den Gemeinden, nach Nutzungsgruppen sortiert, zu finden.

B 2 Örtliche, problemorientierte Bedürfnisermittlung

Wichtig für die örtliche Ermittlung ist der Kontakt mit den Bürgern aller sozialen Gruppen im Planungsgebiet, die neben den für alle gemeinsamen Erwartungen an die Freiräume auch spezielle Wünsche äußern werden, die es zu berücksichtigen gilt.

Mit *sozialen Gruppen* sind hier Bevölkerungsteile gemeint, die *gemeinsame Merkmale* aufweisen: eine ähnliche Sozialisationsstufe, in der Schul- oder Berufsausbildung befindlich, eine gemeinsame Wohnsituation, ähnlichen Arbeitsprozessen unterworfen, ähnliche Beschäftigungsvorlieben in der freien Zeit, vergleichbares Zeitbudget, eingeschränkte Bewegungsfreiheit, eingeschränkte Selbstständigkeit, eingeschränkter Gesundheitszustand.

Solche sozialen Gruppen können sein:

– Familien mit Kleinkindern, mit Kindern im Grundschulalter (alleinstehende Elternteile mit Kindern müssen besonders bedacht werden)
– Kindergruppen mit geringen Altersunterschieden, Säuglinge und Krabbelstubenkinder, Kindergartenkinder, Vorschulkinder, Kinder der 1.-3.Klasse und der 4.-6.Klasse
– jüngere Jugendliche, (13)14-15 Jahre, ältere Jugendliche, 16-18 Jahre (jugendliche Mädchen sollen eigene Berücksichtigung finden)
– jüngere Volljährige oder Heranwachsende, 19- 21 Jahre
– jüngere Erwachsene, 22-26 Jahre
– Erwachsene im mittleren Alter, berufstätig, mit Kindern (s. Familie), 27-60(65) Jahre (hier müssen berufstätige Frauen mit Kindern besondere Aufmerksamkeit finden)
– ältere Erwachsende im Rentenalter, 60(65)-80 Jahre (rüstige Senioren)
– alte Menschen (Greise), über 80 Jahre (u.U. eingeschränkt körperlich und geistig beweglich)
– Körperbehinderte, (eingeschränkt beweglich oder Pflegefall)
– Geistig Behinderte, (eingeschränkt selbstständig oder Pflegefall)
– Rekonvaleszenten (Training der Genesenden mit dem Ziel der Gesundung).

Bei *Gesamtkonzeptionen* der Freiraumentwicklung, die sich auf die gesamte Stadt beziehen, wird man sich im wesentlichen auf *Quellgebietsuntersuchungen* (Befragungen, Interviews, runde Tische, Foren) beschränken. Außerdem können zielgebietsbezogene und transportwegbezogene Bedürfnisermittlungen, die die Ableitung von Bedarfsgrößen und Richtwerten zum Ziel haben, für Analogieschlüsse herangezogen werden.
Bei Untersuchungen, die sich auf *konkrete Einzelprojekte* beziehen, werden neben den *Quellgebiets*untersuchungen (Bedürfnisentstehung) die *zielgebiets*bezogenen (Verhalten im

Gelände) und *transportweg*bezogenen Bedürfnisermittlungen besonders wichtig. Allerdings können dies bei neu zu bauenden Projekten nur Untersuchungen im Einzugsbereich und über die *bisherige Nutzungsqualität* des Planungsgebietes sein.

Nur bei *Erneuerungsvorhaben* (Sanierungen) oder bei *Nachuntersuchungen* von neugebauten Freiräumen ist eine geländebezogene, sorgfältige *Verhaltensanalyse* sinnvoll.

Der *räumliche Zusammenhang* der Bedürfnisentstehung ist von erheblicher Bedeutung, da dieser aus den *unterschiedlichen örtlichen Lebensituationen* entsteht. Hier sind neben der Wohnung der Arbeitsplatz, die Schule, der Kindergarten, die Gemeinbedarfseinrichtung (Einkauf, Verwaltung, Kultur, Gesundheit, Geselligkeit, Unterhaltung, Transportweg) Ausgangspunkte für die Entstehung der Ansprüche an die Freiräume mit daraus abgeleiteten flächen- und ausstattungsbezogenen Bedarfsgrößen. Nur ein Teil der Bedürfnisse kann aber am *Ort der Entstehung* erfüllt werden, weil sonst eine im Interesse der Stadtbewohner liegende städtische Dichte nicht mehr gewährleistet werden kann. Für alle weiteren Ansprüche muß ein *abgestuftes System* der *bedürfnisgerechten Bedarferfüllung* durch Freiräume entsprechend den Freiraumtypen (nach B 1) entwickelt werden, wie unter B 3 im Schema „Die Stadt in der Landschaft" strukturell dargestellt wird.

B 3   Örtliche Freiraumversorgung, räumlich und sachlich

Die Situationsbewertung verlangt eine den örtlichen Fragestellungen angepaßte *Raumbeschreibung*. In dem Schema „Stadt in der Landschaft" werden die wichtigsten Freiraumtypen (s. B.1) nach den Kriterien Freiräume/Freiraumsystem - Stadtstruktur - Sozialstruktur - zugeordnet.

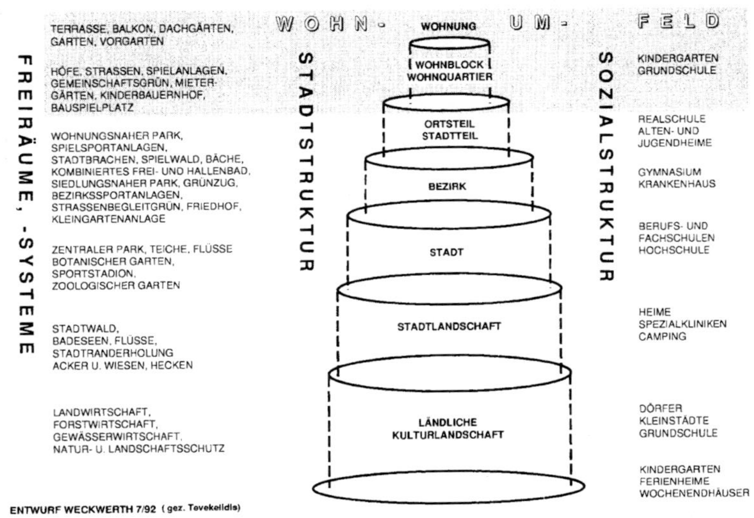

Bild **9**.1   „Die Stadt in der Landschaft" (WECKWERTH in:GÖRLITZ ET AL. HRSG. 1993)

Wird auf der Ebene der *gesamten Gemeinde* oder für *Stadtteile* gearbeitet, so ist es erforderlich, die bestehenden Raumnutzung nach verschiedenen *Kategorien* zu gliedern.

Kategorien der Raumnutzung:

1. nach der *Realnutzung* des Gebietes (Siedlungsstruktur der Gemeinde mit Hilfe einer topographischen Beschreibung, stadtstrukturelle Gliederung, Freiraumeinrichtungen und Ausstattung nach Freiraumtypen, Wohngebiete nach Baustrukturtypen, Verkehrssysteme und Erschließungsformen, Bewirtschaftungsformen)
2. nach den *Strukturen der Landschaft*, (Naturräumliche Gliederung, landschaftsökologische Gliederung, Kleinstrukturen der Landschaft, Landschaftselemente)
3. nach den *Haushaltsfaktoren der Landschaft* (mediale und kombinierte Umweltqualitäten, Ökochoren, Biotoptypen, Bodengesellschaftstypen, Klimaeinheiten/Luftverhältnisse)
4. nach der Ebene der *Erlebnisqualität* (Landschafts- und Ortsbild, Orientierung, Vertrautheit, mentale Karte, andere Sinneswahrnehmungen)
5. nach der *räumlichen Zuordnung* und qualitativen Beschreibung von *Aktivitäten,* Aktivitätsketten und Aktivitätsverläufen im Freiraum
6. nach den *planungsrechtlichen Kategorien* der Flächennutzung (entsprechend dem Baugesetzbuch mit Baunutzungsverordnung und Planzeichenverordnung)
7. nach der Darstellungsebene der *Schutz- und Verbotskategorien* (Natur- und Landschaftsschutz, Biotopschutz, Grundwasserschutz, Gewässerschutz, Klimaschutz, Baudenkmal- und Ensembleschutz, Gartendenkmalschutz, Freihaltungszone)
8. nach der *Veränderungsdynamik* der vorher genannten Kategorien (die Geschwindigkeit und Art und Weise der Veränderungen der Nutzungsarten, -intensität, -verteilung, Größenordnungen und Qualität von Einrichtungen und Ausstattungen).

Die Analyse eines *einzelnen Freiraums* verlangt entsprechend den oben genannten stadt- und umlandbezogenen Kategorien der Raumbeschreibung genauere *Untersuchungen* im Planungsmaßstab. Dabei muß unterschieden werden zwischen den Vorhaben der *Neuplanung* (z.B. ein neues Wohngebiet mit wohnungsnahem Park), auf Gebieten mit ehemals *anderer Realnutzung (*wie Landwirtschaft oder ehemalige Abgrabungsfläche) und den *Erneuerungsvorhaben* innerhalb eines *bestehenden Freiraums*, also die Sanierung eines Stadtparks oder eines Gemeinschaftsgrüns in einem Wohngebiet oder eines Kleingartengebietes.

Realnutzung des Gebietes:

In beiden Fällen ist jedoch eine *differenzierte Geländeanalyse* erforderlich, die in einer **Realnutzungskarte** und einer **Realnutzungsbeschreibung** mündet. Beides dient als Grundlage für die Prüfung, ob die Teilbereiche den Ansprüchen der optimierten Freiraumnutzung entsprechen und daher beibehalten werden können oder aber geändert werden müssen, weil das Gelände und seine Ausstattung an die neuen Ansprüche angepaßt werden müssen.
Ein Freiraum ist stark von seiner *äußeren und inneren Erschließung* abhängig. Die äußere Erschließung kann auch die Form von Grünzügen annehmen (s. Freiraumtypen B.1). Diese bestimmen dann den Einzugsbereich einer Einrichtung oder eines Freiraumsystems. Eine **Erschließungskarte** mit der Angabe über die Vernetzung der verschiedenen Verkehrsarten und Verkehrsmittelverteilung, insbesondere der Fuß- und Fahrradverbindungen, sowie der Erreichbarkeit und der Barrieren ist erforderlich.

Strukturen der Landschaft:

Landschaftselemente der vorgefundenen Kulturlandschaft sollen rechtzeitig erfaßt werden, da sie wertvolle Teile eines neuen Freiraums bilden können. Viel zu oft werden durch rücksichtslose Abräumarbeiten, durch unbedachte Baustelleneinrichtungen oder vorzeitige Baumaßnahmen solche Bereiche zerstört. Das betrifft besondere Geländeformen, Bäume und Gewässer mit Feuchtgebieten. Die qualitativen Erwartungen an das Planungsgebiet sind dann entweder herunterzuschrauben oder der Aufwand für die Minderung oder Beseitigung solcher Einflüsse steigt erheblich. Die Darstellung dieser Landschaftselemente läßt sich oft in die **Realnutzungskarte** und die entsprechende Beschreibung integrieren. Wenn allerdings ein umfangreicher Katalog von natur- und kulturbezogenen Elementen erkennbar ist, so sollte doch eine eigene **Karte der Kleinstrukturen der Landschaft** aufgestellt werden (SCHULTE ET. AL. HRSG.1993, BUNDESAMT FÜR NATURSCHUTZ, HRSG 1995, KRAUSE/KÖPPEL 1996).

Haushaltsfaktoren der Landschaft:

Die Ermittlung und Darstellung der *„internen"* ökologischen Qualitäten eines Geländes sollte nur soweit durchgeführt werden, als sie für die vorgesehene Planung wirksam werden kann. Dagegen wird es immer angebracht sein, die *„externen"*, also nicht aus dem Planungsgebiet heraus änderbaren, *ökologischen Rahmenbedingungen* in einer eigenen **Landschaftshaushalts-Karte** (Haushaltsfaktoren der Landschaft) zu beschreiben oder doch auf bestehende übergeordnete Darstellungen der ökologischen Umweltsituation (z.B. Umweltatlas von Berlin) hinzuweisen. Es können auch mehrere **medial getrennte Karten** (Boden und Versiegelung, Klima, Luftqualität und Lärm, Grund- und Oberflächenwasser, Vegetation und Tierwelt, Biotope und Biozönosen) sinnvoll sein (s.a. 9.1 und Abschn. 10, ERMER/HOFF/MOHRMANN. 1996, SUKOPP/WITTIG HRSG. 1998).

Erlebnisqualität:

Die *Erlebnisqualität* eines Geländes soll nicht nur verbal beschrieben, sondern auch in Karte und Bild festgehalten werden. Das Erlebnis des Freiraums kann in einer eigenen **Erlebniskarte** der Wahrnehmungsqualitäten zusammengestellt werden, wobei in erster Linie die raumbezogenen Analyseergebnisse dargestellt werden können (WECKWERTH 1984a). Das ästhetische Landschaftserlebnis hat an dem subjektiven Raumerleben wesentlichen Anteil. Die Erlebniskarte steht hier stellvertretend für den Teil der Landschafts- und Ortsbildanalyse, der die rein strukturelle Raumbeschreibung überschreitet und subjektive Eindrücke von Wahrnehmungen subjektübergreifend (objektivierend) darzustellen versucht.

Bei einer Neuplanung werden es mehr die Anmutungsqualitäten der *bisherigen Kulturlandschaft* sein, im Sanierungsverfahren sind es jene des *vorgefundenen Freiraums* mit seiner Ausstattung und den Nutzungsstrukturen.

Räumliche Zuordnung der Aktivitäten:

Im letzteren Fall ist auch eine Darstellung der *erkennbaren Spuren* der Freiraumnutzung oder auch Abnutzungen und Zerstörungen der Einrichtung eine **Nutzungsspurenkarte** und der den verschiedenen *Teilräumen zugeordneten Aktivitätsmustern* eine **Aktivitätenkarte** auf der Grundlage der Realnutzungskarte zu empfehlen. Die Aktivitätenkarte soll die jahreszeitlichen Unterschiede des Aufenthalts im Freien berücksichtigen und die verwendeten Hilfsmittel beschreiben.

Planungsrechtliche Kategorien:

Das Freiraumsystem der Gesamtstadt, der Teilräume oder der einzelnen Freiräume muß auch mit den *planungsrechtlichen Kategorien* der Flächennutzung aus der Sicht der Bauleitplanung – Flächennutzungsplan und Bebauungsplan – und denen der Fachplanungen, – insbesondere Naturschutz und Landschaftspflege und anderer Fachplanungen der öffentlichen Planungsträger – beschreibbar und vergleichbar sein (s. 9.4). Deswegen sollte eine **Flächennutzungskarte,** die den

Bestand und die Planungsvorstellungen deutlich differenziert, für das Untersuchungsgebiet im Planungsmaßstab bereitstehen (STEINFORT 1998).

Schutz- und Verbotskategorien:
Auch Schutz- und Verbotskategorien, wie Landschaftsschutzgebiete oder Trinkwasserschutzzonen, sind für die Nutzung von Freiräumen und die Umweltsituation in der Stadt von Bedeutung. Sie können entweder in medialer Zuordnung jeweils in den anderen sachbezogenen Karten dargestellt werden oder aus Gründen der Lesbarkeit und Erklärung von additiven oder sogar kumulativen Wirkungen in einer gesonderten **Schutz- und Verbotskarte** erarbeitet werden.

Veränderungsdynamik:
Eine Beschreibung der Eigenschaft eines Gebietes, wie für die oben genannten Kartierungen und Beobachtungen vorgeschlagen, kann immer nur eine Ist-Darstellung sein. Die Veränderungsdynamik (Intensität und Geschwindigkeit) kommt jedoch nicht zum Ausdruck. Es kann daher sinnvoll sein, Veränderungen vom Plan zum gebauten Objekt, von der ursprünglichen gebauten Einrichtung zum heutigen Bestand, etwa durch Wachstum der Pflanzen oder nachträgliche Umbaumaßnahmen, von den ursprünglichen Nutzungen zu den heutigen Nutzungen zu dokumentieren. Das kann eine **Karte der Gebietsdynamik** sein (s. C 2).

Für die Beschreibung einer differenzierten örtlichen Landschaft ist die Form einer oder mehrerer *Wanderungen oder Rundgänge* durch das Untersuchungsgebiet bei verschiedenen Tageszeiten, Wochentagen und Jahreszeiten und Witterungsverhältnissen für eine möglichst *komplexe Erlebniserfahrung* ratsam. Grundlage dafür sind die oben erarbeiteten Kartierungen aber auch topographische Karten und Luftbilder. Das Erkennen verschiedener Erlebnisqualitäten wird auch durch das Studium verschiedener *vergangener Entwicklungsstadien* des Untersuchungsgebietes bereichert, weil dadurch die Aufmerksamkeit des wahrnehmenden Experten auf solche noch erkennbaren Spuren gelenkt werden kann. Ohne **Rundgangprotokolle** eventuell mit lagebestimmten **Skizzen, Fotos oder Videoaufnahmen** lassen sich die Ergebnisse aber nur schwer verwerten oder auch rechtfertigen und in die konfliktbezogene und planerische Diskussion einbringen.

B 4   Ableitung der Bedarfsgrößen (einwohnerbezogene Freiraumrichtwerte)

Die gesellschaftlich orientierte Planungspraxis und Forschung zur Freiraumplanung stellte, bestärkt durch die Bürgerinitiativbewegung, die *systematische Ableitung von Bedarfsgrößen* aus den erkennbaren Bedürfnissen der Bevölkerung in den Vordergrund ihrer Arbeit.
Die heutigen *Verdichtungstendenzen* der Stadtentwicklung unter dem Schlagwort „Urbanität durch Dichte" verstärken die Schwierigkeiten, freiraumplanerische Richtwerte zu realisieren und gefährden darüber hinaus den Bestand an Freiräumen, insbesondere die nicht eindeutig definierten Flächen, und erschweren die notwendige Vernetzung der einzelnen Freiraumtypen zu *Freiraumsystemen* der Städte (s.a. 9.3.2).

Die laut werdende Kritik (sog. *Richtwertproblematik*) weist zwar auf die Schwächen von Kategorisierungen hin, anerkennt aber trotzdem die Nützlichkeit einer pragmatischen Anwendung im Sinne einer Versorgungsangleichung schlechter ausgestatteter Stadtteile an die besser versorgten sowie Berücksichtigung freiraumplanerischer Interessen bei der planungspolitischen Praxis der Stadterneuerung und städtebaulichen Neuplanung (BECHMANN 1981, SPITTHÖVER 1984).

Die Fachdiskussion führte unabhängig oder trotz der oben beschriebenen Rahmenbedingungen der Planbarkeit von Freiräumen zur weit gehenden Akzeptanz der Notwendigkeit, *Freiraumrichtwerte* in Form von *einwohnerbezogenen Bedarfsgrößen* in Quadratmetern, Größe

Tafel **9**.5 Multifunktionale Freiräume (Grünanlagen) nach NOHL 1993

Kriterien	wohnungs-bezogen	wohnquartier-bezogen	stadtteil-bezogen	stadt-bezogen	stadtlandschafts-bezogen
Entfernung von der Wohnung in Metern	bis 300 m [1]	bis 800 m [1]	bis 1500 m [1]	bis 5000 m	30 000 m
Enfernung von der Wohnung in Minuten	bisbis 4 min. [2]	bis 10 min. [2]	bis 20 min. [2]	bis 15 min. [3]	30 min. [3]
Größe des einzelnen Freiraums	< 1 ha	< 10 ha	< 30 ha	200 ha	500 ha
Freiraumfläche pro Einwohner	4 m²/E	6 m²/E	7 m²/E	8 m²/E	150 m²/E
Einwohnerzahl im Einzugsbereich	etwa 2 500 E	etwa 17 000 E	etwa 45 000 E	etwa 280 000 E	entsprechend Gesamtzahl
Bruttobaugebiet pro E im Einzugsbereich	80 m²/E	100 m²/E	130 m²/E	220 m²/E [4]	entsprechend Einwohnerdichte
Freiraumfläche pro Benutzer (Spitzenwert)	etwa 100 m²/B	etwa 150 m²/B	etwa 155 m²/B	etwa 160 m²/B	etwa 850 m²/B

[1] tatsächliche Weglänge (nicht Luftlinie) [2] zu Fuß [3] mit öffentlichem Verkehrsmittel
[4] besiedelte Fläche anstelle Bruttobaugebiet

der jeweiligen Einrichtungen, ihrer Verteilung, Erreichbarkeit und Ausstattung zu kategorisieren. Betretbare Freiräume (s. Freiraumtypen B.1) werden bei NOHL (1993) nach multifunktionalen und monofunktionalen Freiräumen getrennt, s. Tafel 9.5 und 9.7.

Die Anwendung von *Freiraumrichtwerten* für die Beurteilung der Freiraumversorgung einer Großstadt soll hier am Beispiel des Landschaftsprogramms der Stadt Berlin von 1994 mit gleichzeitig kommunalen und regionalen Funktionen (als Ergänzung des Flächennutzungsplanes) dargestellt werden:

Tafel 9.6   Die Bedarfsstruktur der Freiraumversorgung Berlins nach Freiraumtypen

1 Auf Wohngrundstücken	
1.1 *Private Grünflächen* 11,0 m²/E	Überwiegend Vegetationsflächen (hierin können Dachbegrünungen, Dachgärten u.ä. enthalten sein); eingeschlossen Freizeit- und Bewegungsflächen für Erwachsene. Vorzugsweise Ruhe-, Spiel-, und Sportmöglichkeiten (nutzbar mind. 1m²/E).
1.2 *Spielplätz für Kinder* bis 6 Jahre 4 m²/WE	Gemäß BauOBln (1985) auf dem Grundstück ab drei Wohnungen ein Platz mit mind. 50m² nutzbarer Spielfläche, mind. für Kleinkinder geeignet. Ab 75 WE auch für ältere Kinder geeignet.
2 Siedlungsbereich	
2.1 *Parkanlagen* - wohnungsnah 6 m²/WE - siedlungsnah 7 m²/WE	Bis 500 m Gehbereich mind. 0,5 ha Größe. Für die tägliche Kurzzeiterholung und Feierabenderholung: a) im ca. 1000 m Gehbereich, mind. 10 ha. Im wesentlichen der Stadtteilpark für die Kurzzeiterholung; ökologisch wirksamer Raum b) im ca. 20 Min. Fahrbereich oder ca. 1500 m Gehbereich, mind. 50 ha. Im wesentlichen der Bezirkspark für stundenweise Erholung; halb- oder ganztägige Erholung, mit größerer ökologischer Wirksamkeit.
2.2 *Spielplätze* nutzbar: 1,0 m²/E brutto: 1,5 m²/E - Kleinkinderspielplätze - Allgemeine Spielplätze Pädagogisch betreute Spielplätze	Gemäß Kinderspielplatzgesetz (1979) richten sich Art, Anzahl und Größe der Spielplätze nach der Größe der Versorgungsbereiche, deren Einwohnerzahl, der Art und Dichte der Bebauung und den besonderen örtlichen Verhältnissen. Bei Nichterfüllung der Richtwerte auf Wohngrundstücken sind entsprechende Zuschläge vorzunehmen. Bis 100 m Fußweg; Richtgröße 150 m² nutzbare Spielfläche, können in anderen Grünanlagen angelegt sein. Bis zu 400 m Fußweg für Kinder von 6-12 Jahren und bis 1000 m für Kinder/Jugendliche von 12-18 Jahren, durchschnittliche Fußwegentfernung 500 m; Richtgröße 2000 m² nutzbare Spielfläche. Richtgröße 4000 m² nutzbare Spielfläche.
2.3 *Sportplätze* nutzbar: 3,5 m²/E brutto: 5,0 m²/E	Auf das gesamte Stadtgebiet bezogen, umfaßt öffentliche Anlagen und Vereinsanlagen, einschließlich Freianlagen für den Schulsport, Kernsportanlagen (ungedeckt), nutzbar: 2,5 m²/E.
2.4 *Freibäder* (Badeplätze) 1,0 m²/E	Auf das gesamte Stadtgebiet bezogen. Umfaßt öffentliche und private Bäder. Mind. 0,1 m² Wasserfläche pro Einwohner.
2.5 *Dauerkleingärten* 5,0 m²/E	Auf das gesamte Stadtgebiet bezogen. Parzellen nicht größer als 400 m² (BKleinG 1983/94), Richtwert 250 m² Nettofläche. Allg. Durchgängigkeit, rund 35 % Rahmengrün mit Plätzen, Spielplätzen und Wegen.
2.6 *Friedhöfe* 3,5 m²/E	Auf das gesamte Stadtgebiet bezogen. Landeseigene und konfessionelle Friedhöfe.
3 Im Außenbereich	
3.1 *Naherholungsgebiete* weit gehend naturnahe Landschaft, 100 m²/E	Ca. 30 Minuten Fahrbereich mit öffentlichen Verkehrsmitteln.

Richtwerte für Frei- und Grünflächen (in Anlehnung an die Empfehlungen der Ständigen Konferenz der Gartenbauamtsleiter beim Deutschen Städtetag, 1973, SENSTADTUM 1994)
E = Einwohner, WE = Wohneinheiten

Tafel **9**.7 Richtwerte zu den monofunktionalen Freiflächen nach Nohl 1993

	Kleingarten-anlage	Friedhof	Freibad Becken	Freibad Gewässer	Dauer-campingplatz
Gehentfernung von der Wohnung	bis 1500 m	bis 1500 m	bis 1500 m		
durchschnittliche Größe	2,5 bis 7,5 ha	10,0 bis 15,0 ha	3,0 bis 5,0 ha	10,0 bis 25,0 ha	3,0 bis 4,0 ha
Freiraumfläche pro Einwohner	10-15 m²/E	3 m²/E	0,1 m²/E [1]	0,25-0,50 m²/E [2]	7,0 m²/E
Freiraumfläche pro Benutzer (Spitzenwert)	185 m²/B	-	1 m²/B [1]	5 m²/B [2]	70 m²/B

[1] Wasserflächen   [2] Wasserflächen im 40 m Badebereich

9.2.5 C Bewertung der Freiraumsituation

C 1 Kriterien für die Freiraumbewertung

Um die Qualität der Planung sicherzustellen und die auftretenden Konflikte zu bewerten, die die Entwicklung von Lösungen herausfordern, müssen *Bewertungskriterien* erarbeitet werden, die die verfeinerten Ziele der Planung ausdrücken können. Hierfür bedarf es eines *Zielsystems* und eines *Bewertungsrahmens*.

Das Zielsystem zeigt in einem *Zielbaum* die steigende Differenzierung der Fragestellung in handhabbare Pakete, in denen die Ziele räumlich und sachlich präzisiert werden und danach im einzelnen bewertet werden können. (Zielsystem Freiraumversorgung nach PROGNOS in GARBRECHT/MATTHES 1980).

Bewertungen in der Freiraumplanung sind *subjektive Vorgänge*, die durch Bildung von Teilqualitäten und Herstellung ihres Bezugs zur Gesamtqualität Zusammenhänge und Unterschiede von natur-, gesellschafts-, planungs- sowie ingenieurswissenschaftlichen Faktoren erklären. Die Beurteilung der Qualitäten ist von einem *Wertsystem* abhängig, das die Zielgrößen und das Verständnis des Bewerters sowie die *wertschaffenden Planungsleitbilder* der Einflußnehmenden umfaßt.

Die für die Bewertung eines Planungsprojektes notwendigen Kriterien lassen sich in Form von Qualitäten beschreiben, die einen Bewertungsrahmen darstellen und darin die verschiedenen Funktionen der Freiräume repräsentiert werden. „Wert" wird hier nicht als ökonomische Größe oder im Sinne von Nutzwertanalysen (BECHMANN 1981) verstanden, sondern als Qualitätsbegriff, der den *Freiraumwert für die städtische Lebensqualität* bezeichnet. Dieser Wertbegriff setzt sich von dem Versuch ab, einen generellen „Freizeitwert" zu definieren. Er umfaßt die Teilwerte:

*Sozialwert, *Erlebniswert, *Gesundheitswert, *Stadtnaturwert, *Kulturwert, *Strukturwert und *Geschichtswert (siehe auch 9.3.1). Vorhandene und geplante Freiräume sind nach diesen Kategorien zu beurteilen.

Selbstverständlich lassen sich auch die vorangegangenen und weiteren Arbeitsschritte des Planungsprozesses ohne jeweils wertende Entscheidungen der Beteiligten für die Auswahl methodischer Wege oder sachlicher Hilfsgrößen nicht durchführen.

C 2   Entwicklungsmöglichkeiten der Freiräume (Prognosen und Szenarien)

Die Ermittlung von Veränderungen in der Freiraumversorgung und die Wandlung der Qualitätsmerkmale von Freiräumen ist den verschiedenen Qualitätskriterien unterworfen. Nicht nur die augenblickliche Situation (*status quo*), sondern besonders die zu erwartenden Entwicklungstendenzen sind möglichst in Form von **Trendaussagen** festzustellen. Beispiele sind:

– Häufigkeit des Aufenthalts von Jugendlichen im unmittelbaren Wohnumfeld
– Zunahme der beschatteten Hofflächen mit dem Wuchsalter der Bäume oder
– Entwicklung von Nutzungsspuren auf Rasenflächen und in Strauchflächen.

In den Trendaussagen sollen nicht nur *vorhandene* Situationen bewertet werden können, sondern auch die von verschiedenen Seiten *geplanten* Vorschläge, Eingriffe oder Veränderungen in ihren Auswirkungen auf die Freiräume und die darauf bezogenen Ansprüche geprüft werden. Diese Analysen und Bewertungen können in Form von *Szenarien* dargestellt werden.

Entwicklungsprognosen sind abhängig von der Geschwindigkeit der feststellbaren Veränderungen, dem Anteil verschiedener beteiligter Faktoren und können mindestens in drei Beurteilungsstufen unterteilt werden: breite Streuung, mittlere Streuung und geringe *Streuung* der Entwicklungsmöglichkeiten. Welche davon als Entscheidungshilfe ausgewählt wird, ist in der Regel eine planungspolitische Entscheidung. Wichtig ist die Darlegung der Konsequenzen, die aus der jeweiligen Trendrichtung ablesbar ist.

C 3   Örtliche und sachliche Zielanpassung

Der bisherige Verlauf der Planungsarbeit hat zu einem abgerundeten Kenntnisstand über den Planungsgegenstand geführt. Die örtliche Struktur der *Bedürfnisse*, die maßstabsgerechte *Raumbeschreibung* sowie die abgeleiteten *Bedarfgrößen* ermöglichen es jetzt, die anfangs umrissene *Aufgabenstellung* und die daraus abgeleiteten Leitbilder der Planung und übergeordneten Ziele zu *konkretisieren*. Die Ziele erfahren durch die Anpassung an die örtlichen Bedingungen eine *Präzisierung* und damit eine verbesserte Anwendbarkeit und können die *lokalen Besonderheiten* besser berücksichtigen.

„Der Grad der Operationalisierung von Zielen ermöglicht die Unterscheidung in *Grob-, Richt- und Feinziele*. Ein Ziel ist umso operabler, je eindeutiger ihm eine exakt beschreibbare Handlung zugeordnet werden kann, die unmittelbar zur Zielerreichung führt" (BECHMANN 1981). Ziele lassen sich nach Entscheidungsebenen und sachlichen Bereichen gliedern.

C 4 Konflikte bei der Freiraumnutzung und Nutzungsoptimierung

Nutzungen aus der Sicht der Freiraumplanung lassen sich unterteilen in
- *allgemeine* (nicht einrichtungsgebundene) *Freiraumnutzungen* (wie Spazierengehen)
- *einrichtungsgebundene Freiraumaktivitäten* (etwa Tennisspielen) und
- setzen sich ab von *sonstigen Nutzungen* (etwa gewerbliche Nutzung).

Dieses *Nutzungspotential* sollte nach Nutzbarkeit für die Ansprüche der sozialen Gruppen (wie unter B 2 genannt) unterschieden werden, um daraus im Zusammenhang mit den Bedarfszahlen ein entsprechendes *Einrichtungs- und Ausstattungsangebot* ableiten zu können.

Nutzung ist *nicht konfliktfrei*, wie sich ergibt aus
- der örtlichen Raumbeschreibung
- der Analyse der Bedarfsgrößen des städtischen Freiraumsystems, entsprechend der Freiraumtypisierung, und dem Aktivitätenkanon der Nutzer
- der Erhebung der Nutzungsgewohnheiten in den einzelnen Freiräumen, entsprechend den verschiedenen „Freiraumwerten städtischer Lebensqualität".

Diese *Nutzungskonflikte* können in einer **Konfliktmatrix** dargestellt werden, die auf beiden Koordinaten die gleichen Nutzungen auflisten (s. Tafel 9.8). Hierbei sind die *Wirkungsrichtungen der Konfliktereignisse* zu berücksichtigen. *Verursacher* stehen immer *Betroffenen* gegenüber, wobei die Wirkungen der einzelnen Freiraumnutzungen unterschiedlich stark sein können (s. BIERHALS/KIEMSTEDT/SCHARPF 1974). Ein deutliches Beispiel für eine Unvereinbarkeit ist das Sonnenbaden und das Fußballspielen auf ein und derselben Wiesenlichtung im Park oder Stadtwald. Je nach *Genauigkeit der Auflistung* von Nutzungen und je nachdem, ob die zutreffenden Matrixfelder mit *Beschreibungen* des Konfliktes gefüllt oder durch *Symbole* oder mit Zahlenwerten versehen werden, kann eine Matrix als *Gesamtübersicht* dargestellt werden oder müssen *Teilmatrizes* entwickelt werden.

Nutzungen reagieren auf das benutzte Gelände, und Gelände verändern sich durch die Nutzung. Das *Prinzip der gegenseitigen Beeinflussung* gilt auch für die Freiraumaktivitäten und die Freiräume (WECKWERTH 1984, STÖHR 1992). Für die städtischen Freiräume ist es daher sinnvoll, *Nutzungsspuren* im Gelände zu erfassen. Die Erfassung erfolgt in einer **Konfliktkarte**, die die kartierten *Abnutzungserscheinungen* von Rasenflächen, die Wuchsbeeinflussung von Pflanzen, die Entstehung von Trampelpfaden, offenen Bodenflächen, Erosionsrinnen, bis zu *Zerstörungen* von Belägen und Ausstattungen, das Beschmieren von Wänden und Gegenständen aller Art sowie *Umweltbelastungen*, entsprechend der Verteilung von Schmutz, der Lagerung von Abfall und Müll im Gelände, darstellt. Die Konfliktkarte macht die Intensität der Nutzung deutlich, widerspiegelt aber auch Planungsfehler, Baufehler und Pflegefehler. Die Konfliktkarte ist auch als Instrument des Freiraummonitoring (F 2) einsetzbar.

Tafel **9**.8   Konfliktmatrix der allgemeinen Freiraumnutzungen in einem Stadtranderholungsgebiet (WECKWERTH 1984)

Freiraumnutzungen	15	14	13	12	11	10	9	8	7	6	5	4	3	2	1
1 Gehen, Laufen	○	■	✳	■	<✳	✳^	✳^	✳^	●	✳	●	<■	✳	✳	○
2 Wandern	○	■	✳	●	○	✳^	○	✳^	●	○	■	<■	✳	○	
3 Joggen, Dauerlaufen	○	●	✳	●	○	●	○	■^	●	✳	●	■	○		
4 Radfahren	○	●	✳	●	○	●	✳	■^	■	✳	●	○			
5 Reiten	○	●	✳	●	✳	●	●	●	●	○	○				
6 Ski-Laufen	○	○	○	○	○	○	✳^	✳^	●	○					
7 Motorrad-, Autofahren	○	●	●	●	●	●	●	●	○						
8 Beobachten v. Pflanzen/Tieren	<✳	<✳	<■	●	<✳	<■	<✳	○							
9 Sammeln (Wildfrüchte/Kräuter)	○	<■	○	●	<■	●	○								
10 Selbsternten von Nutzpflanzen	○	■	■	●	✳	○									
11 Spielen, Herumstreifen	○	■	○	✳^	○										
12 Ballspielen	✳^	■	■	○											
13 Drachensteigen	○	✳	○												
14 Lagern, Picknicken	○	○													
15 Baden, Schwimmen	○														
Freiraumnutzungen	15	14	13	12	11	10	9	8	7	6	5	4	3	2	1

○   Es bestehen keine gegenseitigen Beeinträchtigungen mit Ausnahme der Überlastung des Geländes durch die Aktivität selbst (verträglich).

✳   Geringe gegenseitige Störungen treten auf. Eine gemeinsame Nutzung einer Fläche durch die entsprechenden Aktivitäten erscheint aber noch möglich (geringe Störungen)

■   Es treten starke Störungen auf. Es sollte möglichst keine gleichzeitige Nutzung durch die entsprechenden Aktivitäten stattfinden (starke Störungen)

●   Die Aktivitäten schließen einander aus (unverträglich)

< ^   Die Pfeile zeigen die hauptsächliche Richtung der Konfliktwirkung an

C 5   Versorgungsanalyse und Ermittlung des Fehlbedarfs

Die Ermittlung des *Versorgungsgrads mit Freiräumen* baut auf den Richtwerten entsprechend den Freiraumtypen auf. Diese werden für die gesamte Stadt oder für Teile mit dem entsprechenden Bestand in einer **Versorgungsanalyse** verglichen und weisen auf *Fehlbedarf* sowie *Überangebot* hin. Sie dienen als generelle *Argumentationshilfe* für Planungsvorschläge zum Ausgleich von Defiziten in der Versorgung mit öffentlichen Freiräumen. Die Versorgungsanalyse enthält eine *generalisierte Bedarfsbilanz*, die jedoch nicht auf die unterschiedlichen Bedürfnisse der in B 2 beschriebenen einzelnen sozialen Gruppen eingehen kann. In der Bilanz werden *Stufen des Versorgungsgrades* der untersuchten Bereiche ermittelt (ERMER/HOFF/MOHRMANN 1996):

- *versorgt* heißt, daß in zumutbarer Entfernung, ohne unüberwindbare Barrieren, wie Bahnlinien, Kanäle, Gewerbegebiete und Hauptstraßen, Freiräume der untersuchten Kategorie mit einer Mindestgröße und einem quantitativen und qualitativen Mindestangebot an Raumbildung, Bepflanzung, Erholungseinrichtungen und Ausstattungen, an innerer Erschließung und ökologischer Relevanz vorhanden sind

- *unterversorgt* heißt, daß zwar Freiräume in zumutbarer Entfernung vorhanden sind, die aber nicht groß genug sind, um den Richtwerten zu entsprechen, und/oder qualitativ nicht geeignet sind sowie starken Umweltbelastungen unterliegen
- *nicht versorgt* heißt: Die Freiräume liegen außerhalb der zumutbaren Entfernung, sei es nach Wegentfernung oder zu starken Barrieren

Ein festgestelltes *Überangebot* an öffentlichen Freiräumen in einzelnen Stadtteilen kann unter Umständen den Mangel an privaten, residentellen und institutionellen Freiräumen, wenn schon nicht ausgleichen, so doch mildern. Nur wenn alle Freiraumtypen reichlich vorhanden sind, sollte daran gedacht werden, eine Verdichtung der Wohngebiete oder zuallerletzt eine Verkleinerung der Freiräume durchzuführen.

Tafel **9**.9   Städtevergleich der Versorgung mit großflächigen Grünräumen (nach GÄLZER 1987)

ausgewählte Städte	Anteil Frei- flächen %	Rang	Anteil Grün- flächen [1] E,P,Sp,K,F (%)	Rang	m²/Ew Frei- flächen	Rang	m²/Ew Grün- flächen E,P,Sp, K,F	**Rang**
Köln	58,09	3	27,02	1	236,0	4	109,8	**1**
Hannover	60,91	2	23,97	2	228,3	5	89,9	**2**
Bremen	53,43	8	14,04	7	136,0	11	81,4	**3**
München	43,61	16	21,72	4	104,5	14	76,8	**4**
Frankfurt/M.	62,22	1	16,11	6	244,2	2	63,1	**5**
weitere sieben Städte im Mittelbereich								
Berlin	38,55	19	11,28	12	97,6	15	28,6	**13**
Wien	56,26	4	9,40	15	150,0	10	25,1	**14**
Mailand	45,17	15	23,23	3	49,0	17	24,8	**15**
Budapest	49,49	12	9,00	16	121,5	12	22,0	**16**
Brüssel	32,11	20	9,81	14	55,9	16	17,0	**17**

[1] Grünflächen: E = Erholungsgebiete, P = Park, Sp = Sportflächen, K = Kleingärten, F = Friedhöfe

Wie *Vergleichswerte* verschiedener Städte deutlich machen, ist die Versorgung mit öffentlichen Freiräumen in den einzelnen Großstädten Mitteleuropas sehr unterschiedlich. Insgesamt sind bei siebzehn Städten Werte für Freiräume, einschließlich Gewässer, Wald und Landwirtschaftsflächen, von 49 bis 337 m² pro Einwohner festgestellt worden, wobei der Freiflächenanteil an der Gesamtfläche der Stadt (in ihren politischen Grenzen) ebenso stark variiert und daher die Rangfolgen vielfach nicht korrelieren. Dieser Vergleich macht jedoch klar, daß in der Praxis der Freiraumversorgung in allen Städten ein Mindestkanon an Freiräumen für notwendig erachtet wird.

Es bleibt darüber hinaus notwendig, daß jede Stadt, auf ihrer bisherigen Entwicklung aufbauend, den Rahmen für die Anwendung der Richtwerte selbst absteckt, wie sie in B.4 vorgestellt werden. Als Beispiel wird hier die Stadt Berlin gewählt. In einer Untersuchung wurde der *Versorgungsgrad* eines Mittelbereichs (das ist ein Stadtteil, für den eine Bereichsentwicklungsplanung erarbeitet wurde) mit *wohnungsnahen* und mit *siedlungsnahen* öffentlichen Grünanlagen ermittelt und die entsprechenden Defizite dargestellt. Der Untersuchungsmaßstab entspricht dem eines Landschaftsplanes in kleineren Städten (s. Bild 9.2).

C 6   Bewertung von Freiraumstruktur und -ausstattung

Die Struktur einer Stadt wird stark von dem *Verteilungsmuster* seiner unbebauten und bebauten Räume bestimmt.

Für die Bewertung der Strukturqualität der städtischen Freiräume sind also aufbauend auf die Raumbeschreibungen in Realnutzungskarte, Karte der Landschaftselemente und Erlebniskarte, eine *Stadtstrukturbewertung* des städtischen Freiraumsystems und eine besondere **Strukturbewertungskarte** für das jeweilige Planungsgebiet sinnvoll. Auftretende Vorzüge und Mängel können in einer Strukturbewertung gekennzeichnet werden, um eine verbesserte Entscheidungsgrundlage für die planerische Reaktion zu haben:

1. Räumlicher Charakter
Kulturelle, stadtwirtschaftliche, stadtpolitische und selten ökologische Gründe bestimmen die Lage, die Verteilung und den Bestand von Freiräumen und prägen damit wesentlich die Gliederung, den *räumlichen Charakter* einer Stadt. Merkmale dafür sind: Die Integration historischer, feudaler Parks in das Stadtgefüge (Sanssouci in Potsdam), die Erhaltung bürgerlichen Wallanlagen auf geschleiften Stadtmauern und Gräben (s. Bild 9.4 „Münster" in Abschn. 9.3.1), der Bau moderner Parkanlagen auf freigehaltenen Trassen für Verkehrsbauten (Görlitzer Park in Berlin) und innerstädtischen Landwirtschaftsflächen (Britzer Garten in Berlin-Neukölln im Rahmen der Bundesgartenschau 1985), aber auch die Erhaltung und Restaurierung repräsentativer Stadtplätze (Mierendorffplatz in Berlin-Charlottenburg).

2. Zuordnung der Freiräume
Der Bau von *Wohnsiedlungen* des sozialen Wohnungsbaus war stets mit integrierten residentellen Freiräumen verbunden, wenn sie auch öfter zu reinen Abstandsflächen verkamen. Auch in jüngster Zeit entstehen neue Wohnkomplexe im Verbund mit einer zentralen Parkanlage (Gartenstadt Düppel in Berlin-Zehlendorf, Mahrzahner Park).

3. Landschaftliche Eigenart
Landschaftliche Elemente bestimmen die Lage und Entwicklung der Städte. Sie sind vielfach nur noch in Resten in einer Stadt erkennbar, weil sie oft durch übergewichtige Verkehrsanlagen oder andere Bauvorhaben unterdrückt wurden. Nur vereinzelt sind sie noch prägend für die Stadtstruktur (das alte Zentrum Berlins auf der Spreeinsel, der Volkspark Wilmersdorf und Schöneberg entlang einer Urstromtalrinne Berlins, Spektegrünzug in Berlin- Spandau entlang eines Wasserlaufs, die unbebaute Hangkante des Spreetals in Hellersdorf, bekannt als „Berliner Balkon").

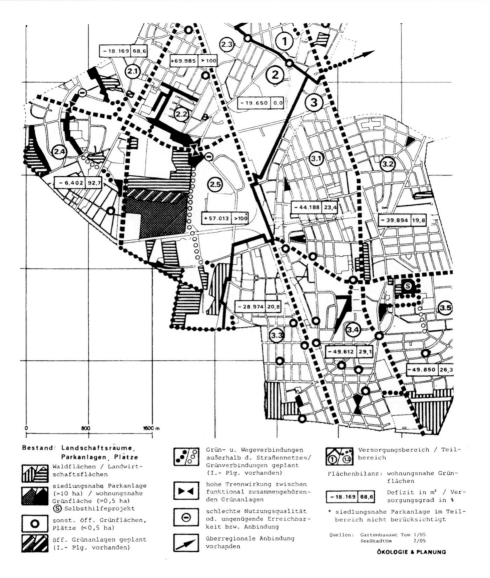

Bestand: Landschaftsräume, Parkanlagen. Plätze

Waldflächen / Landwirt-
schaftsflächen

siedlungsnahe Parkanlage
(>10 ha) / wohnungsnahe
Grünfläche (>0,5 ha)
Ⓢ Selbsthilfeprojekt

sonst. öff. Grünflächen,
Plätze (<0,5 ha)

öff. Grünanlagen geplant
(I.- Plg. vorhanden)

Grün- u. Wegeverbindungen
außerhalb d. Straßennetzes/
Grünverbindungen geplant
(I.- Plg. vorhanden)

hohe Trennwirkung zwischen
funktional zusammengehören-
den Grünanlagen

schlechte Nutzungsqualität
od. ungenügende Erreichbarkeit bzw. Anbindung

überregionale Anbindung
vorhanden

Versorgungsbereich / Teilbereich

Flächenbilanz: wohnungsnahe Grünflächen

| -18.169 | 68,6 | Defizit in m² / Ver-
sorgungsgrad in %

* siedlungsnahe Parkanlage im Teilbereich nicht berücksichtigt

Quellen: Gartenbauamt Tem 1/85
SenStadtUm   2/85

ÖKOLOGIE & PLANUNG

Bild 9.2   Defizite im Versorgungsgrad von Stadtteilen mit wohnungsnahen und siedlungsnahen öffentlichen Grünanlagen (Richtwerte 6 bzw. 7 m²/Einwohner) (Ökologie und Planung 1984)

Gründe für ihre Erhaltung sind oftmals, daß Schäden an der Bausubstanz auftreten und ein hoher Aufwand an Technik und Kosten notwendig wird, wenn diese „natürlichen" Bedingungen nicht be-achtet werden (Pfahlgründungen, Senkkästen für U-Bahnbau, Abriß einsturzgefährdeter Gebäude).

4. Nutzbarkeit der Freiräume

Nicht nur die Größe ist maßgebend für den Grad an Ausstattung, sondern auch die Form bestimmt die Nutzungsmöglichkeiten der *Freiräume*. Sie sind, entsprechend den Funktionen, die sie erfüllen sollen, in bestimmte Teilräume gegliedert (Rasenflächen, Gehölzflächen, Gewässer, Sondergärten, Spielanlagen, Sporteinrichtungen, Rodelberge, Planschbecken und andere Wasserflächen). Menge und Verlauf und Breite der Erschließungswege bestimmen die Bewegungsabläufe und Verteilung der Benutzer auf die Teilstrukturen des Freiraums. Mängel in der Zuordnung und der Abschirmung können den Nutzen der Anlage reduzieren.

C 7   Freirauminterne und externe Umweltbelastungen

Die Bewertung der Umweltqualität der städtischen und ländlichen Gemeinden erfaßt verschiedene Bereiche wie sie in Abschn. 10 (Umweltqualität, Umweltschutz) dargestellt werden. Dazu gehört auch die Gesundheit und das Wohlbefinden der Menschen, wie sie im Abschn. 9.1. charakterisiert werden. Die Bewertungsmethoden sollen die internen ökologischen Qualitäten und die externen ökologischen Rahmenbedingungen nach den *Haushaltfaktoren der Landschaft* (medial: Pflanzen, Tiere, Wasser, Boden, Klima, Luft) und die *kombinierten Umweltqualitäten* sowie *Umweltbelastungen* (Synergismen des Gesamthaushaltes und Teilkomplexen: Ökochoren, Biotoptypen, Bodengesellschaftstypen, Klimaeinheiten u. Luftverhältnisse, Lärmsituation) erfassen. Die Darstellung der Ergebnisse erfolgt entsprechend der Bewertung der Haushaltsfaktoren und komplexen Bewertungen in auf Untersuchungsräume bezogene **ökologischen Bewertungskarten**. Neben Beeinträchtigungen und Belastungen mit entsprechenden Flächenausweisungen sollen auch schutz- und erhaltenswerte Umweltqualitäten beschrieben und räumlich dargestellt werden.

9.2.6   D Lösungen für die Freiraumversorgung

D 1   Methodische Ansätze zur Lösungssuche

Die analytische und bewertende Durchdringung des Planungsfalls ist kein Selbstzweck, sondern ist die Vorbereitung eines *neuen Zustands* des Planungsraumes, der eine zweckorientierte *neue Entwicklungsdynamik* der Freiräume dieses Raumes ermöglicht.

Hilfreich für die Entwicklung von Lösungen sind:
• der Einsatz methodischer Hilfsmittel, um die Vorgehensweise auch bei dieser Phase des Planungsprozesses transparent und nachvollziehbar zu machen
• ein breites Grundlagenwissen, um die Lösung in den gesamtplanerischen Zusammenhang stellen zu können
• ein spezifisches Fachwissen, um die unterschiedlichen Fachgutachten aus Analyse und Bewertung beurteilen zu können und ihre wesentliche Substanz für den Planungsfall herauszufiltern und Lösungsvorschläge auf dem neuesten Stand der Planungswissenschaft und dem Stand der Technik zu bringen
• Erfahrung im Umgang mit den Planungsfällen, zum Beispiel durch vergleichende Studien von guten und schlechten Beispielen, oder/und durch eigene praktische Planungserfahrung

- Identifizieren der Herkunft von Planungsideen und ihrem gesellschaftspolitischem Hintergrund, um ihre Durchsetzbarkeit bzw. Realisierungschancen abzuschätzen
- Bereitschaft, die eigenen Lösungsvorschläge, die monodisziplinär entstanden sind, anderen Fachleuten, den Beteiligten und den Betroffenen vorzustellen und gegebenenfalls zu variieren oder zurückzunehmen
- Aufgeschlossenheit für die erforderliche Teamarbeit unterschiedlicher Fachleute am Planungsprojekt
- Kenntnis über Möglichkeiten der Zusammenarbeit mit den bei der Lösungssuche Mitwirkenden (Beteiligungsinstrumente), z.B. Einsatz von Ideensammlungen (Brainstorming), Rollenspielen, Planungssimulationen
- Beachtung von Forderungen des Bauherren (Auftraggeber), der Beteiligten und betroffenen sozialen Gruppen und von allgemeinen gesellschaftlicher Forderungen, wie Gesundheit, Naturhaushalt, nachhaltige Bewirtschaftung, kulturelle Werte.

D 2 Konkretisierung der Freiraumplanung

In Anlehnung an die Entwicklungsszenarien und Strategien zur Konfliktlösung aufgrund der Bewertung der Freiräume können *mehrere, alternative Lösungen* oder geringer voneinander abweichenden Varianten erwogen, skizziert und formuliert werden.

Kreative Verarbeitung soll hier zur einfallsreichen Schöpfung von räumlich und inhaltlich bestimmten *Lösungsvorschlägen* in Zeichnung, Modell, Bild und Text führen.

Wenn die Entscheidung für die Auswahl von Lösungsvarianten oder -alternativen der Freiraumplanung nicht nur nach pragmatischen Gesichtspunkten erfolgen soll, sondern einer inhaltlichen Begründung folgt, so kann eine vertiefte Auseinandersetzung mit den in Abstimmung mit anderen Planungsschwerpunkten des Städtebaus zu lösenden Problemen in einem erneuten Planungsdurchgang mit Hilfe zusätzlicher Erhebungen und Untersuchungen auf *genauerer Planungsebene* nützlich sein. Bei einer Generalisierung genauerer Daten gehen nicht nur weniger Informationen verloren, sondern die Daten der aggregierten Ebene sind auch besser zu begründen als bei einer mit dem Endergebnis der Generalisierung vergleichbaren gröberen Datenerhebung. Allerdings verlangt dieses Vorgehen einen höheren Aufwand. Es können auch während des Planungsprozesses neue Erkenntnisse in der Auseinandersetzung mit anderen Planungsanforderungen, neue planerische Zielsetzungen aufgrund veränderter Rahmenbedingungen, Zielsetzungen und Finanzierungsmöglichkeiten auftauchen. Eine flexible Reaktion des Landschaftsarchitekten auf die veränderten Gegebenheiten wird erforderlich, um die auch unter geänderten Bedingungen beste Lösung vorzuschlagen.

9.2.7 E Umsetzung der Freiraumplanung

E 1 Machbarkeit der Freiräume

Um die Umsetzung des Planungsvorschlages sicherzustellen, sollte die Lösung verschiedenen Tests unterworfen werden. Machbar ist eine Lösung, die:

1. den Ansprüchen und Erwartungen des Auftraggebers (Bauherren) entspricht
2. von der betroffenen Bevölkerung begrüßt wird
3. rechtlich und organisatorisch durchführbar ist
4. den technischen und normativen Anforderungen entspricht
5. fachlichen und sachlichen Mindestanforderungen der Zielerfüllung nachkommt.
   Dazu gehören Freiräume, die

   – einen *systemaren Zusammenhang* zu der Gesamtstadt und zum Umland herstellen
   – einen durch eigenen *Charakter* prägenden Einfluß auf die Stadtstruktur haben
   – eine am *Bedarf* der Nutzer orientierte Größe, Lage, Form und Ausgestaltung haben
   – als *kulturell* und gegebenenfalls *historisch* bedeutsame Einrichtung einzustufen sind
   – *ökologisch* wirksame Funktionen erfüllen (Stadtklima, Biotope, Boden, Wasser, Pflanzen und Tierwelt)
   – mit einer *nutzerfreundlichen* Ausstattung versehen sind
   – und zugleich den Erwartungen an städtische *Grünoasen* durch den üppigen Einsatz von Kultur-, Zier- und Wildpflanzen entsprechen
6. deren Übersetzung kommunalwirtschaftlich oder privat nachhaltig und finanzierbar ist:
   – Das bedeutet die Sicherung einer privaten, öffentlichen oder kombinierten Finanzierung von Freiraumplanung (einschließlich Öffentlichkeitsarbeit und Verwaltungstätigkeit), Neubau, Umbau, Erneuerungsmaßnahmen durch *Investionsmittel.*
   – Die Bereitstellung von *Personal- und Sachmittel* für die Erhaltungs- und Pflegemaßnahmen (einschließlich der Finanzierung von Parkpflegewerken, von Pflegekosten durch private Unternehmen, von Beratungsverträgen mit Planungsbüros).
   – Dies kann auch die Aufstellung sachlicher oder räumlicher *Teilpläne* und das Strecken der Mittel durch die zeitliche Trennung in *Stufenpläne* oder in Realisierungs- und Bauphasen notwendig machen.

E 2 Akzeptanz der Lösungen

Sind die Planungsvorschläge soweit gediehen, dass sich eine *ausgewählte Lösung* der Freiraumplanung für die Integration in die Gesamtplanung und die anderen Fachplanungen anbietet (s. 9.4.4 bis 9.4.9) oder vom Entwurfsstadium in eine Bauplanung überführt werden kann (s. 9.4.10), so muß dafür geworben werden, dieses Ergebnis auch zu akzeptieren. Der Landschaftsarchitekt wird die anderen mitwirkenden Planer, Behörden und anderen beteiligten Institutionen (s. 9.4.2) mit seiner Lösung mit Hilfe der dafür geeigneten Beteiligungsformen und -verfahren (s. 9.4.3) konfrontieren und Überzeugungsarbeit leisten. Je sorgfältiger die Anpreisung der Lösung durchgeführt wird, um so größer ist die Chance der Durchsetzung. Die Präsentationsmittel oder -medien für die *Lösungsanpreisung* sind vielfältig:
– verbal, textlich, graphisch, bildlich, modellierend oder handelnd
– mit persönlicher, realer oder virtueller Übermittlung
– sich an Einzelne, Gruppen oder die ganze Bewohnerschaft wendend.

Die *Computersimulation* zeitlich aufeinander folgender Wirklichkeiten, soweit sie im Voraus planbar sind, kann eine realitätsnahe Entwicklung eines Freiraums für einen längeren Zeitraum schildern. Der Einsatz von Simulationen bietet die Möglichkeit, die sonst schwierig darzustellenden Veränderungen des Pflanzenbestandes, insbesondere des Baumwuchses, kontinuierlich oder in mehreren künftigen Entwicklungsphasen vorzuführen oder auch die Wirkung jahreszeitlich bedingter Veränderungen von Sichtverhältnissen, Farbgebungen und Wechselpflanzungen zu verdeutlichen. Außerdem kann die Wirkung von Freiräumen bei der Betrachtung aus verschiedenen Gesichtswinkeln und Sichthöhen, etwa bei einer simulierten Begehung der Einrichtung, demonstriert werden. Auch die möglichen Nutzungsarten und die Auswirkungen der intensiven Nutzung können dargestellt werden.

9.2.8 F Dynamisierung der Freiraumplanung

F 1 Überarbeitung mit neuen Erkenntnissen

Freiraumplanung ist ein ziel- und produktorientierter Erkenntnisprozess, der sich folgerichtig aus dem Kenntnisstand der Beteiligten aufbaut und durch viele Rückkopplungsschleifen in der Vorgehensweise, also in der Annäherung an die Lösung, geprägt wird. Der Kenntnisstand über die komplexen Zusammenhänge des zu bearbeitenden Problems wird also nach und nach aufgebaut und führt zu einer neuen Erkenntnisebene, von der man nur noch unter gewollter Vernachlässigung von Fakten herunterkommt.

Diese Vernachlässigung kann in der Anerkennung von finanziellen Schwierigkeiten, von schwieriger Informationsgewinnung, von Verfahrensfragen, von Zeitabläufen, von politischer Opportunität oder von umsetzungsorientierter „Verkaufs"manipulation liegen und zu massiver Beeinflussung des Planungsprozesses führen.

 Ziel einer Prozessoptimierung für die Planung sollte eine *Dynamisierung des Planungsprozesses* sein, die die ständige Reaktion auf alle planerischen, rechtlichen, landschafts- und personenbezogenen Änderungen der Situation erlaubt.

F 2 Freiraummonitoring

Um einen ständigen, hohen Informationsstand zu erzeugen und zu halten, wird es notwendig, die für die Freiraumplanung *relevanten Daten* (Ziele, Bestand, Bewertung, Entwicklungen, Lösungsbeispiele) entweder permanent oder in regelmäßigen Abständen auf den neuesten Stand zu bringen, zu speichern und jederzeit abrufbar zu machen. Beispiele für das auf Freiräume bezogene Monitoring gibt folgende Zusammenstellung:

- Grünflächendateien mit differenzierten Bestandsbeschreibungen und -bewertungen von Freiräumen (Einrichtungen, Ausstattungen, Pflegeschlüssel und -maßnahmen)
- Straßenbaumkataster, Parkpflegewerke
- fortgeschriebenen Umweltdatenbanken nach Medien sortiert und synergistisch aufgearbeitet mit entsprechenden räumlichen Zuordnungen in Kartenwerken
- Plansammlungen mit rechtlich fixierten Aussagen
- Schutzgebietsausweisungen und -beschreibungen
- Haushaltplanung, Finanzierungspläne, Kostenrahmen
- Personalschlüssel und -einsatz, Planungs- und Bauvergabe, Bauleitung
- Beispiels- und Ideensammlungen von Planungen und einzelnen Freianlagen
- Zusammenstellungen von Nutzungsanalysen und Bewertungen von Freiräumen

- Sammlung von Richtwerten, Normativen, Rechtsvorschriften und -entscheidungen
- Auswertungen orts- und einrichtungsbezogener Bedürfnisermittlungen und Bedarfsfeststellungen
- Methodensammlungen für die einzelnen Phasen des Planungsprozesses
- Sammlung von formalisierten Aufstellungs- und Genehmigungsverfahren.

F 3 Erfolgskontrolle der gebauten Freiräume

Neben der Datenbeschaffung für weitere Analysen und Bewertungen dient das Monitoring auch zur *Überprüfung* des Planungsergebnisses und der *Zielerfüllung* des Planungsprojektes. Die oben genannten Daten liegen in einem räumlichen, sachlichen und zeitlichen Zusammenhang vor. Sie ermöglichen die bessere Bestimmung des *Zeitpunktes* eines neuen Eingriffs und des notwendigen *Umfangs* der erforderlichen Maßnahmen zur Erneuerung, Umwandlung, Erweiterung, Reparatur, Nutzungslenkung. Es erfordert eine Menge Disziplin und fachlicher Erfahrung, um einerseits das Sammeln von Informationen auf das notwendigste einzuschränken und keine Datenfriedhöfe zu erzeugen, und andererseits die Notwendigkeit eines erneuten planerischen Eingreifens in die ungeplante oder durch andere Planungen hervorgerufenen Fehlentwicklungen rechtzeitig und sachlich fundiert begründen zu können.

F 4 Gewichtung der Freiraumplanung

Hat das Monitoring mit begleitender Erfolgskontrolle die Notwendigkeit von Änderungen oder von Neuplanungen ergeben, so ist eine Anpassung der Freiraumplanung sinnvoll. Ob es aber tätsächlich zu diesem Vorhaben kommt, hängt von den auftretenden Widerständen ab, die aus gesellschaftspolitischen Gründen, aus der wirtschaftlichen Lage und aus Gewohnheitsänderungen entstehen können. Allerdings sind diese Bereiche eng miteinander verflochten. Gelegentlich kann die (vorübergehende) Begeisterung für bestimmte Sportarten auch den Bau von Einrichtungen wie Golfanlagen oder Spaßbäder oder Inline-Skater-Wippen fördern.

• *Gesellschaftspolitisch* kann die Flächennutzung für Industrie-, Handel- und Gewerbeflächen im Zusammenhang mit der Arbeitsplatzbeschaffung und der Sicherung des Einkommens so in den Vordergrund treten, dass die Freiraum- und Erholungsnutzung als drittklassiges Problem angesehen wird und Freiräume eher reduziert als zusätzlich ausgewiesen oder ihrer stadtökologischen Wirksamkeit beraubt werden.

• *Wirtschaftlich* kann die öffentliche Hand die Gelder für neue öffentliche Freiräume oder die Erneuerung und Erhaltung vorhandener Freiräume nicht mehr in ausreichender Menge aufbringen, so dass Flächenreduzierungen, vereinfachte Pflegekonzepte oder Verlagerung der öffentlichen Aufgabe auf privat finanzierbare und dazu öffentlich geförderte Bereiche wie den Wohnungsbau als Ausweg betrachtet werden.

• *Gewohnheitsänderungen* wie die weiter steigende private Motorisierung, die weitere Entwicklung der virtuellen Multimedia-Landschaft, der stärker werdende Einsatz von Geräten bei der Freiraumnutzung, die wachsende Bedeutung von Innenraumlandschaften – Interiorscape –, verbunden mit einer Kommerzialisierung der Freizeitangebote können Hindernisse für eine konsequente Weiterentwicklung kommunaler Freiräume sein.

Dieser Auffassungswechsel über den Bedarf öffentlicher Freiraumversorgung und die damit verbundene Anspruchsänderung kann auch leicht das sich gerade etablierende Monitoring in der kommunalen Freiraumplanung zum Erliegen bringen und erneut zur Von-der-Hand-in-den-Mund-Planung führen.

9.3 Planung der Freiräume in den Gemeinden

9.3.1 Freiraumkonzepte und -systeme

Die Planung von Freiraumsystemen ist an verschiedenen *Zielgrößen* orientiert, die nur dann eine ausgewogenes *Konzept der städtischen Freiräume* als Beitrag zur städtebaulichen Planung entstehen lassen, wenn die einzelnen B*estimmungsfaktoren* angemessen berücksichtigt werden.

Zielgrößen sind vor allem:
- Optimierung des *Aufenthalts im Freien* für die städtische Bevölkerung, die Berufspendler und die Gäste der Stadt in allen Freiraumtypen entsprechend den zugeordneten Aufgaben (**Erlebniswert, Gesundheitswert**).
- Beitrag zur Verbesserung des *Stadtklimas* in Innen- und Außenräumen zur Erhöhung des Wohnwertes und allgemein der Lebensqualität, des *Lokalklimas* im Nahbereich der Freiräume als externe Wirkung auf die Bevölkerung und des *Mikroklimas* im Freiraum als interne Wirkung auf die Freiraumbenutzer, auch Erholungssuchende genannt, Beitrag zur Reduzierung der Klimabelastungen für Menschen, Tiere und Pflanzen des städtischen Lebensraumes (**Gesundheitswert, Stadtnaturwert**).
- Sicherung der Funktionsfähigkeit und Stabilität des *offenen Ökosystems* der Stadt für die Stadtbewohner und -benutzer, für die Biozönosen von Pflanzen und Tieren, die Bodengesellschaften, Grundwasserhorizonte und Oberflächengewässer (**Stadtnaturwert, Gesundheitswert**).
- Strukturierung des gesamten *Stadtraumes*, Markierung, Trennung und Bindung von Stadtteilen, Verbindung und Verdeutlichung von Besonderheiten und Glanzpunkten der Stadt, Orientierung im Häusermeer, Herausarbeiten der typischen Landschaftsbezüge und Markierung der bedeutsamen Landschaftselemente (**Strukturwert, Sozialwert, Erlebniswert**).
- Bewahrung und Herausarbeiten von erhaltenswerten punktuellen, linienförmigen und flächigen Freiräumen, die die Eigenart, den Charakter der Stadt mitgeformt haben und die langfristig erhalten bleiben sollen (**Kultur- und Geschichtswert, Sozialwert, Erlebniswert**).

Die Zuordnung zu den verschiedenen alltäglichen und nicht alltäglichen Aufenthaltsorten der Bevölkerung, wie Wohnplatz, Arbeitsplatz, Schule, Kindergarten, Kulturzentrum bestimmt

die **Lagegunst** der Freiräume:
- Eine gute *Erreichbarkeit* kann nicht nur durch Reduzierung der Entfernungen von den einzelnen Freiräumen gewährleistet werden, sondern auch durch die Vermeidung von schwer überwindlichen *Barrieren* wie Bahnkörper, vielspurigen Hauptstraßen, Kanälen und schlecht erschlossenen Gewerbegebieten oder wenigstens durch ihre bessere Durchdringung.

• Durch die *Vernetzung* der isolierten Freiräume mit schmalen Verbindungsgrünzügen oder grünen Promenaden kann die Erreichbarkeit verbessert werden. Die Grünzüge können den Einzugsbereich eines Freiraums erweitern oder die Nutzer umleiten und damit die Nutzungsdichte verringern. Sie sollen dorthin gerichtet sein, wo die höchste Wohndichte (potentielle Nutzerdichte) besteht.

• Die *Wahlmöglichkeit* einer größeren Angebotspalette ist entweder durch die Nähe oder die Vernetzung der Freiräume gegeben.

Die *Größe*, die *Form* und die *Ausstattung* der Freiräume haben Einfluß auf die Größe des Einzugsbereiches für die potentiellen Benutzer, die Verweildauer (Aufenthaltsdauer) der Besucher, die Art der Betätigungen, die ökologische und die stadtstrukturelle Wirkungsmöglichkeit.

• Das *Gleichgewicht* zwischen *Freiraumgröße* und *Wohndichte* im Einzugsbereich sollte eingehalten werden. Bei höherer Wohndichte im Einzugsbereich ist eine größere Anlage zweckmäßig. Bei niedriger Wohndichte, die in der Regel mit viel privatem Freiraum am Wohnhaus verbunden ist, ist eine kleinere Anlage ausreichend, die etwa nur mit einem Kinderspielbereich, einer Spielwiese und einem Sitzplatz ausgestattet ist.

Die Erarbeitung von **Freiraumsystemen** in den Städten hat in der kommunalen Freiraumplanung von Anfang an, aufbauend auf gesundheitlich, ökologischen Notwendigkeiten und sozialliberalen Ideen, zur Diskussion verschiedener Modelle geführt, die auf dem Ring, dem Sektor, dem Mosaik, dem Band oder dem Netz aufbauen (Bild 9.3).

• *Ringförmige* Grüngürtel werden als innere und äußere Ringe gebildet, z. B. aus alten Wallanlagen oder ehemaligen Wald- und Landwirtschaftsflächen sowie Rieselfeldern.

• *Sektorale* Freiräume verbinden das Umland mit den zentralen Stadtbereichen, z.B. in die Stadt hineinreichende Wälder oder Schloßparks.

• *Bandförmige* Freiräume begleiten die die Stadt querenden Flüsse und Nebenflüsse mit ihren Talauen oder die Hangkanten von Taleinschnitten.

• *Punktförmige*, über das Stadtgebiet verteilte Freiräume verschiedener Größe entstehen auf Flächen mit schlechtem Baugrund, auf Abbauflächen und Baulücken.

• Die *Vernetzung* der Freiräume innerhalb der Stadt und mit dem Umland bietet sich an, um die Vorteile jeder Struktur zu erhalten und Nachteile zu vermeiden. Grünzüge und grüne Promenaden sowie Wasserläufe übernehmen die Verbindungsfunktionen.

Die *primär integrierten Freiräume* wurden entweder an Orten eingerichtet, die wegen des schlechten Baugrundes von der Bebauung verschont wurden (Flußauen, Moore, Dünen) oder die vorher freie Landschaft am Rand der Städte waren (Ackerland, Grünland, Forsten) und die beim Neubau von Siedlungen in die Stadt integriert wurden.

Die *sekundär geschaffenen Freiräume* entstanden und entstehen auf nicht mehr erforderlichen oder ausgebeuteten Stadtflächen wie Wallanlagen, Industriebrachen, Abraumhalden, ausgeräumte Abgrabungen, Bombenschadensgebieten, Verkehrsbrachen. Sie sind eine Reaktion auf die stark veränderten Nutzungsansprüche an die städtischen Kulturlandschaft. Diese Maßnahmen können sich im wesentlichen nur im Rahmen von Stadterneuerungs- und Stadtentwicklungsmaßnahmen durchsetzen.

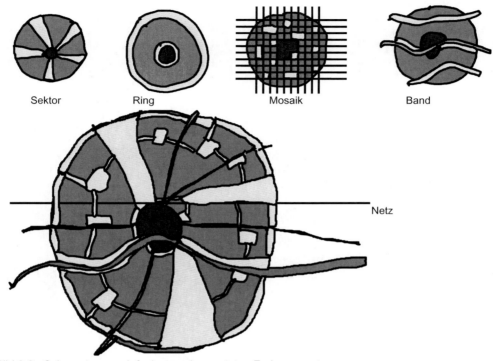

Bild **9**.3   Schemata von einfachen und vernetzten Freiraumsystemen

Die oben aufgeführten Bestimmungsfaktoren für die Entwicklung von städtischen Frei-raumkonzeptionen zeigen am Beispiel von Münster, daß solche formalen Überlegungen den örtlichen, landschaftlichen, funktionellen und kulturhistorischen und städtebaulichen Gegebenheiten in jedem Einzelfall angepaßt werden müssen (Bild 9.4).

Die Nachhaltigkeit (sustainable development) der Stadtentwicklung wird in Münster im Rahmen der „Lokalen Agenda 21" vorangetrieben und führte zur Entwicklung eines raum-funktionalen Konzeptes, das auch die Aspekte der nachhaltigen Landschaftsarchitektur um-faßt (HAUFF 1997).

Weitere Beispiele für die Entwicklung von *Freiraumsystemen* im Rahmen der überörtlichen und örtlichen Gebiets- und Stadtentwicklungsplanung *der letzten Jahre* seien hier genannt:

• Die Vision offener Grünräume als *GrünGürtel-Konzept* d*er Stadt Frankfurt* am Main als Zentrum der Rhein-Main-Region (LIESER ET AL. 1992) und der Umsetzung einer Frankfurter Agenda seit 1996, die sich im ökologischen Rahmenkonzept auch mit den Freiflächen befaßt (WENTZELL 1997).

• Die *Münchner Strategien zur Sicherung von Grünflächensystemen* (ZIMMERMANN/AMMER 1993), einschließlich mehrstufiger Grünausbaumaßnahmen (NOHL 1993, NOHL/ZEKORN-LÖFFLER 1994) sowie als Vorbereitung der Bundesgartenschau und ökologischen Bauausstellung im Jahre 2005 nach den Prinzipien der Agenda 21 ein ökologisches Rahmenkonzept für den Stadtteil Messestadt Riem einschließlich eines 200 ha großen Landschaftsparkes. Im Baustein 1 – Stadtplanung – wird auch ein Freiraumkonzept erarbeitet (GEBHARD/WESINGER 1997).

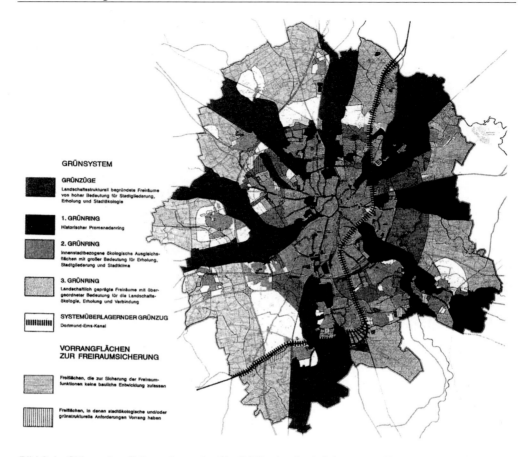

GRÜNSYSTEM

GRÜNZÜGE

Landschaftsstrukturell begründete Freiräume
von hoher Bedeutung für Stadtgliederung,
Erholung und Stadtökologie

1. GRÜNRING

Historischer Promenadenring

2. GRÜNRING

Innenstadtbezogene ökologische Ausgleichsflächen mit großer Bedeutung für Erholung,
Stadtgliederung und Stadtklima

3. GRÜNRING

Landschaftlich geprägte Freiräume mit übergeordneter Bedeutung für die Landschaftsökologie, Erholung und Verbindung

SYSTEMÜBERLAGERNDER GRÜNZUG

Dortmund-Ems-Kanal

VORRANGFLÄCHEN
ZUR FREIRAUMSICHERUNG

Freiflächen, die zur Sicherung der Freiraumfunktionen keine bauliche Entwicklung zulassen

Freiflächen, in denen stadtökologische und/oder
grünstrukturelle Anforderungen Vorrang haben

Bild **9**.4   Skizze des Grünsystems der Stadt Münster (in Anlehnung an TAUCHNITZ 1996)

• Der *doppelte Parkring des Berliner Landschaftsprogramms*, der im inneren Parkring neun neue
Parks und im äußeren Parkring sieben weitere Parks, Landschaftsparks und Erholungsgebiete vor-
sieht und die vorhandenen Parkanlagen ergänzt und durch Grünzüge miteinander verbindet
(SENSTADTUM 1994, ERMER ET.AL. 1996).

• Die aktuellen Planungsansätze zur Sicherung und Fortentwicklung des *Kölner Grün- und Frei-
flächensystems*, die auf dem Landschaftsplan Köln 1991 (für zusammenhängende Außenberei-
che), den Ausbauzielen für größere Grün- und Freiräume des Stadtentwicklungskonzeptes von
1978, dem Konzept „Grün in Köln" (1971/90/93) basieren und die zu einem Grün- und Freiflä-
chenplan einschließlich Ausgleichsräumen weiterentwickelt wurden (BAUER/STRATMANN 1997).

• Der *Emscher Landschaftspark* mit seinen 312 km² großen Fläche und 70 km Länge in Ost-
Westrichtung durch das Ruhrgebiet entlang der renaturierten Emscher als das Herzstück des Freiraumsystems des Kommunalverbandes Ruhrgebiet (KVR) sowie der siebzehn beteiligten Städte
und Kreise, das die nordsüdlich verlaufenden sieben regionalen Grünzüge A bis G miteinander
verknüpft. Die Internationale Bauausstellung Emscher Park-IBA, dezentral 1988/89, Zwischen-
präsentation 1994/95 und Abschluß 1999, ist eines der Vehikel für eine einwohner- und ökologie-

bezogene Gebietsentwicklung. Es entstehen die Parktypen „industriell geprägte Landschaftsparks" (s. 9.3.2), „wilder Industriewald/Brachepark", „Stadtpark in der Industrielandschaft", „Wohnparks und Gewerbeparks", „Halden Deponien/Landmarken", „Park der vorindu-
striellen Kulturlandschaft" und die erholungsorientierte regionale Infrastruktur mit dem „Emscher
Park Radweg", dem „Emscher Park Wanderweg", dem „Grünen Pfad", der „Grünen Bahntrasse"
und der „Erzbahn" (ARBEITSKREIS EMSCHER LANDSCHAFTSPARK 1991, DETTMAR 1997).

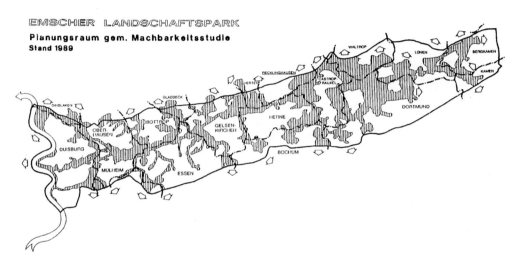

Bild **9**.5   Der Emscher Landschaftspark mit regionalen Grünzügen A bis G (ARBEITSKREIS
EMSCHER LANDSCHAFTSPARK 1991)

9.3.2 Öffentliche Parkanlagen und Plätze

Öffentliche Parkanlagen, Stadtgärten, Westentaschenparks und grüne Stadtplätze sind *multifunktionale Freiräume*, die von der öffentlichen Hand oder neuerdings wieder vermehrt
von privaten Sponsoren auf Dauer bereitgestellt werden, ohne eine andere Hauptnutzung
aufzuweisen. Sie dienen einem *vielfältigen Aufenthalt im Freien* von Fußgängern, von
Nutzern mit nicht motorisierten Kinderfahrzeuge und mit Rollstühlen, eingeschränkt auch
von Radfahrern und Benutzern anderer nicht motorisierter Fahrzeuge und Reitern. Sie sind
Grünanlagen auf Grundstücken, die im wesentlichen *nicht mit Gebäuden überbaut* sind
und für sich selbst als Einrichtung bestehen können. Sie werden einer *Nutzungsordnung*
unterworfen und in vielen Fällen als *geschützte Grünanlage* ausgewiesen. Entsprechend
werden sie als *Grünflächen* in der Bauleitplanung und der Baugenehmigungsplanung ausgewiesen.

In der Landschaftsplanung sind sie je nach Bundesland unter den Begriffen Freiflächen, Freiräume, Grünflächen, begrünte Flächen, Grün- und Erholungsanlagen, Grünbereiche, Grünbestände, Gehölzgrün zu finden.

Diese Freiräume werden als *öffentlich* bezeichnet, wenn sie zumindestens während des Tages für *jedermann als Einrichtung zugänglich* sind. Ein begrifflicher Übergang zu privaten Anlagen besteht einerseits durch das Erheben von Eintrittsgeldern (Beispiel Britzer Garten in Berlin, der durch eine GmbH verwaltet wird, aber öffentliches Eigentum ist) und andererseits durch die Beschränkung auf bestimmte Nutzungszeiten z.B. Schließung für die Winterzeit, die Eingrenzung der Nutzer auf bestimmte Kategorien oder eingeladene Gäste (Garten des Bundespräsidenten am Schloß Bellevue).

Grünanlagen, die als **Park** bezeichnet werden, haben eine eigene *innere Struktur*, die den Benutzern ermöglicht, verschiedenen Aktivitäten nachzugehen, die an die Größe, Form und Strukturierung der Einrichtung, ihre innere Erschließung und die Beschaffenheit und Ausstattung ihrer Teilräume gebunden sind. Sie werden am Beispiel des anläßlich der Bundesgartenschau 1985 im Berliner Süden entstandenen *Erholungsparks*, der trotz seiner Größe von 88 Hektar als „Britzer Garten" bezeichnet wird, mit seinem vielfältigen *Einrichtungsangebot* eines zentralen Freiraumes dargestellt.

Beispiel Erholungspark „Britzer Garten"
- Dieser Park ist vollständig neu auf einer Landwirtschaftsfläche, die von Kleingartenkolonien und einem Friedhof umgeben ist, entstanden. Seine *Gestalt und Ausstattung* entspricht daher den Raum-, Form- und Nutzungsvorstellungen der damals in Berlin tätigen Planer und Landschaftsarchitekten für öffentliche Parkanlagen der frühen 80er Jahre. Die gesamte nur leicht gewellte Fläche wurde vom Oberboden (Mutterboden) befreit, umfangreiche Geländemodellierungen, einschließlich acht ha Wasserflächen und mehreren Hügeln und Mulden wurden herausgearbeitet und die Landflächen wieder mit lebendem Boden abgedeckt.
- Die Größe des Parks erlaubt die Ausgliederung von *extensiv genutzten Flächen*, wie nur optisch erfahrbaren Wasserflächen, Flachwasserbiotopen, Langgraswiesen und Spontanvegetationsflächen und Gehölzflächen. Ökologisch bedeutet dies zusammen mit der Einbettung des Parkes in die umgebenden Kleingartenkolonien eine wesentliche Qualitätssteigerung.
- Die *räumliche Struktur* wird von den Hügeln, der Baum- und Strauchbepflanzung und dem stark gegliederten See im zentralen Bereich bestimmt. Vier große Sichtachsen und verschiedene kürzere Durchblicke in Teilräume sowie Aussichtspunkte steigern die Erlebnisqualität.
- Das Gelände wird durch leicht geschwungene *Hauptwege* mit Brücken über das Gewässer und ein daran angehängtes *Nebenwegsystem* erschlossen. Mit den Wohngebieten ist der Park durch sechs *Eingänge* verbunden, die durch längere schmale *Grünzüge* den Zugang zu dem zentralen Parkbereich erleichtern. Die Wegeanordnung bietet verschieden lange Rundwanderwege oder Spazierwege und Joggingstrecken mit ständig wechselnder Kulisse und Aufenthaltsmöglichkeiten an. Die Wegemodellierung und Informationstafeln, auch mit Blindenschrift, erleichtern die Orientierung.
- Das *Nutzungsangebot* ist sehr vielfältig. Große Rasen- und Wiesenflächen dienen als Spiel- und Liegewiesen für jedermann, zum Teil auch auf hängigem Gelände, das im Winter Rodeln ermöglicht. Einzelstehende Bäume und Baumgruppen bieten Schattenplätze im Hochsommer. Spiellandschaften wurden für die Kinder eingerichtet, darunter ein Kinder- und Jugend-Bauernhof und ein Wasserspielplatz. Modellboothafen, geologischer Garten, Freilandlabor, Kalenderplatz, Karl-Foerster-Pavillon mit Staudengarten, Ökolaube und -kleingarten, Gehölzschau, Lehrpfade am Feuchtbiotop und Brettspielplätze dienen der geselligen Unterhaltung und ungezwungenen

Fortbildung für Jugendliche und Erwachsene. Duftgarten, Hexen(kräuter)garten, Rosengarten, Rhododendronhain, Kopfweidenpfuhl und andere Themengärten mit vielen Sitzmöglichkeiten erfreuen die Besucher. Die Cafés am See und am Kalenderplatz und das Restaurant an der restaurierten Britzer Mühle, Grillplätze und Kioske und Toiletten sorgen für das leibliche Wohl der Parkbenutzer. Die Beleuchtung verlängert die Nutzungszeiten der Anlage.

• Wirtschaftshof, Verwaltungsgebäude und Kassenhäuschen, Busstationen und Parkplätze gewährleisten den Zugang und *geordneten Ablauf der Nutzung* sowie die Unterhaltung eines attraktiven Pflegezustandes der gesamten Anlage zu allen Jahreszeiten. Die Einfriedung des Britzer Garten erlaubt es, Hunde und Fahrräder fernzuhalten, öffentliche Veranstaltungen ohne Probleme zu beenden und die Zerstörungen der Ausstattung einzudämmen.

Zusammen mit den Kleingartenkolonien und Sportplatzanlagen, sowie den Tennisanlagen in den ehemaligen Ausstellungshallen, erfüllt dieser Park die Ansprüche, die an einen siedlungsnahen Park gestellt werden.

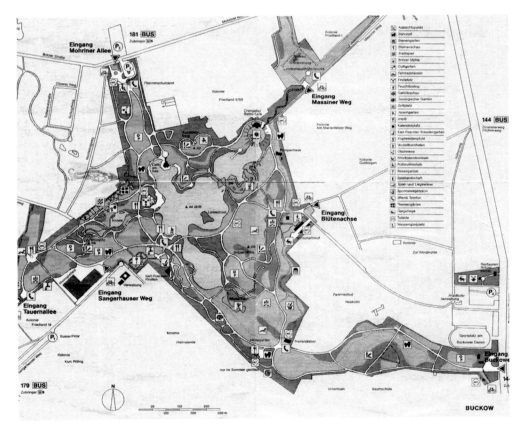

Bild **9**.6   Der Erholungspark „Britzer Garten" in Berlin-Neukölln (nach Geländeplan der Berliner Park und Garten Entwicklungs- und Betriebsgesellschaft m.b.H., o.J.)

Beispiel „Landschaftspark Duisberg- Nord"

Ein Beispiel preisgekrönter Planungen von übergeordneten Parkanlagen, die bis zur Jahrtausend-wende im Rahmen der „IBA Emscherpark" realisiert werden, ist der auf einem ehemaligen Indu-striegelände gelegene *„Landschaftspark Duisburg-Nord"* des Planungsteams Latz + Partner als Teil des Emscher Landschaftsparks. „Im Park von Meiderich, vormals Hütte und Zeche von Au-gust Tyssen, ist die Utopie der neuen Landschaften inmitten der großen Stadtregionen schon Rea-lität. Naturschutz, Denkmalpflege, Landschaftsarchitektur und Spielstätte für Kultur sind hier eine aufregende Symbiose eingegangen". „Natur frißt Stadt ganz sanft mit Kultur im Bunde." (GANSER 1997, FORSSMANN ET AL. 1992). Dieser sorgsame Umgang mit den Qualitäten des Ortes führte zu einer "pragmatischen Strategie für den Umgang mit Geschichte, mit Zerissenheit und Brüchen, Schönem und Abstoßendem, Greifbarem und Ungreifbarem. Indem der Versuch der Harmonisierung gar nicht begonnen wird, findet sich eine neue Ästhetik" (VALENTIEN 1991).

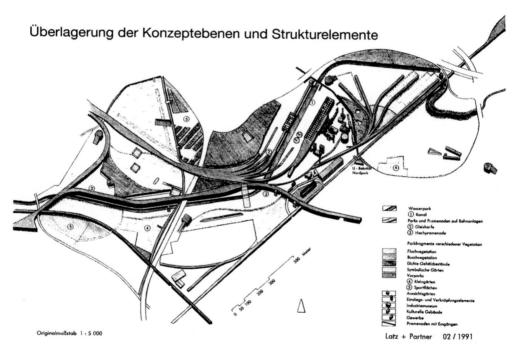

Bild **9**.7 Landschaftspark Duisburg-Nord (PLANUNGSTEAM LATZ + PARTNER 1991)

In der Planung überlagern sich **vier Strukturelemente:**

- *Promenaden auf ehemaligen Bahnanlagen* mit Fuß- und Radwegen, um den ganzen Industrie-Landschaftspark „erfahrbar" zu machen und die umliegenden Stadtteile zu verbinden
- *Wasserläufe*, die als saubere Wasserkanäle an das offene Abwasserkanalsystem der Emscher erinnern und mit Solar- und Windenergie gepumpt werden
- *Gärten* in Form von Symbol- und Aussichtsgärten, die eine Auseinandersetzung mit der Geschichte des Orte wie Hüttenwerk oder selbst entstandene Biotope ermöglichen
- *Vorparks* wie Kleingartenkolonien und Sportanlagen dienen als Pufferzonen zwischen Park und bebauten Flächen.

Dieser Park kann zusammen mit seinen Vorparks die Anforderungen erfüllen, die an einen gesamtstadtbezogenen und einen siedlungsnahen Park gestellt werden.

Im Gegensatz können *wohnungsnahe Parkanlagen* schon wegen ihrer geringeren Größe nicht alle oben geschilderten Aufgaben übernehmen, haben jedoch den Vorteil der leichteren Erreichbarkeit.

Stadtgärten und Stadtplätze haben in der Regel keine größeren Rasen- und Liegeflächen und enthalten keine Sportanlagen. Ihre ökologische Wirksamkeit reduziert sich auf ein eignes Mikroklima im zentralen Bereich. Der Verkehrseinfluß, wie Lärm, Luftverunreinigungen und optische Unruhe, kann nur noch teilweise durch Bauwerke, Erdbewegungen und Abpflanzungen gedämpft werden. Insbesondere der *Stadtplatz* ist überwiegend zum kurzen Aufenthalt, zur ästhetischen Erbauung und zur Repräsentation geeignet, was jedoch durchaus zur mentalen Erholung beitragen kann. Die Raumbildung ist bei abnehmender Größe und Reduzierung der Bepflanzung immer stärker von der umgebenden Bebauung abhängig. Die eigenständige Grünanlage tritt zu Gunsten eines Ensembles von Platzraum und umgebenden Baukörpern mit eigenen Nutzungsschwerpunkten zurück und bildet eine eigene Art von städtischem Ort.

Beispiel Augustusplatz

Als Beispiel wird hier der Augustusplatz (ehemals Karl-Marx-Platz) in Leipzig aufgeführt, für den mit Hilfe eines Realisierungswettbewerbes die alte Bedeutung neu interpretiert werden soll (LEPPERT 1996). Er gehört mit vier Hektar Fläche und einer Längsausdehnung von 210 m zu den großen Plätzen. Die Einbindung von Kultur- und Bildungseinrichtungen sowie der trennenden Straßenbahn mit Haltestellen, der begleitenden Verkehrsbänder und der Tiefgarageneingänge zeigt die typischen Planungsprobleme von innerstädtischen Plätzen (Bild 9.8).

9.3.3 Sondergärten

Sondergärten haben ebenso wie Parks öffentliche Aufgaben zu erfüllen oder wenden sich doch zumindest an die Öffentlichkeit. Durch ihre Orientierung an einem *besonderen Sachthema* wie Pflanzen oder Tiere ist ihre Struktur, Einrichtung und Ausstattung überwiegend auf die Ziele dieser speziellen Nutzung ausgerichtet. Dies bedingt zeitliche und räumliche *Einschränkungen* für die allgemeine Nutzbarkeit durch Erholungssuchende. Sie sind eigenständige Freiräume, die auch zweckbestimmte Bauwerke wie Glashäuser, Tiergehege, Pavillons, Friedhofskapellen umfassen und außerdem vielfach mit größeren Gebäudekomplexen in Verbindung stehen, wie zum Beispiel ein Botanisches Museum oder ein Aquarium.

Bild 9.8 Augustusplatz in Leipzig als Beispiel eines großen Stadtplatzes (Büro WEHBERG, EPPINGER, SCHMIDTKE, 3.Preis 1995)

Sondergärten sind überwiegend mit Bildungsaufgaben, Erhaltungsaufgaben, kulturellen und hygienischen aber in einigen Fällen auch ökonomischen Zwecken verbunden. Vielfach werden mehrere Aspekte gleichzeitig berücksichtigt:
1. Botanischer Garten, Apothekergarten, Kräutergarten
2. Ökologischer Lehrgarten, Naturerfahrungsraum, Gartenarbeitsschule, Sichtungsgarten
3. Zoologischer Garten, Tiergarten, Tierpark, Wildpark
4. Friedhof, Kirchhof, Bestattungsplatz, Gedenkstätte.

Botanischer Garten, Apothekergarten, Kräutergarten
Im Vordergrund der Einrichtung und Unterhaltung von *Botanischen Gärten* steht die wissenschaftliche Arbeit über Pflanzenarten, -verbreitung und -vergesellschaftung sowie ihre Standortansprüche, ihre Systematik und Physiologie und ihr Nutzen, die Bereitstellung von Anschauungsmaterial zur Demonstration und zur Ausbildung von Botanikern, Lehrern und Schülern aber auch Anwendern wie Landschaftsarchitekten und Pharmazeuten sowie Praktikern der Pflanzenverwendung. Eine weitere Aufgabe ist die Erhaltung von genetischer Vielfalt und Wiedereinbürgerung selten gewordener Pflanzen. Der Freiraumaspekt liegt darüber hinaus im Informationswert für interessierte Laien und dem Erholungs- und Erbauungswert sowie der ästhetischen Qualität der als Ensemble komponierten Gesamtanlage. Einige Erwartungen an einen großen Park, zum Beispiel der abwechslungsreiche Spaziergang zu jeder Jahreszeit, können hier erfüllt werden. Um allen diesen Ansprüchen zu genügen, sind Größen von 50 ha nicht selten.

Themengärten wie ein *Apothekergarten* oder ein *Kräutergarten* können besonderen Ansprüchen nach Information über Heilkräuter und nützliche Küchenkräuter und Bereitstellung (in kleinen Mengen) von Material sowie Warnung vor Giftpflanzen genügen. Einige Tausend Quadratmeter reichen dafür aus. Je nach Interessenlage ist eine solche Anlage für intensives Studium und auch kürzere Aufenthalte zur Erholung geeignet.

Ökolog. Lehrgarten, Naturerfahrungsraum, Sichtungsgarten, Gartenarbeitsschule

Ein *ökologischer Lehrgarten* betrifft nicht nur die Pflanzen, sondern die gesamten Lebensgemeinschaften (Biozönosen) von Pflanzen und Tieren und ihrer Umwelt (Biotope) mit Bodenarten und -gesellschaften, Klimaverhältnissen und Wasserhaushalt. Er wird vielfach aus ausgebeuteten Lagerstätten (Lehmgrube, Steinbruch), aber auch auf brach gefallenen Kulturböden oder auf Abraumhalden, Schuttbergen und Deponien entwickelt. Besonders wichtig ist hierbei der persönliche Umgang und die unmittelbare Erfahrung mit dem gesamten Ökotop. Für Kinder und andere Interessierte kann der Aufenthalt, besonders unter sachkundiger Anleitung, Bildung, Erholung und die Entwicklung der Achtung vor den Prozessen des Lebens zugleich bedeuten.

Innerstädtische *Naturerfahrungsräume* sollen für naturnahe Erholungsformen ein Kontrastprogramm zu den oben beschriebenen Parkanlagen und Lehrgärten umfassen und zu ihrer Absicherung unter Naturschutz gestellt werden (z.B. als Landschaftsschutzgebiet wegen ihrer „besonderen Bedeutung für die Erholung", BNatSchG § 26). Hier kann die natürliche Welt in Typen von *Landschafts-Teilräumen*, z.B. Wasserlandschaft, Urwald, Berg und Tal, Offenland, Extremrelief erfahren werden. Die unreglementierte Aneignung kann verschiedene Schwerpunkte haben: Kinderspiel mit den Naturelementen, Natursport, Naturbaustelle, Naturbehausung, Ruheplatz (SCHEMEL 1997).

Eine *Gartenarbeitsschule* (von einzelnen Schulstandorten unabhängiger Garten) für die Benutzung durch die Schüler ist dagegen mehr auf die Produktion von Nutz- und Zierpflanzen ausgerichtet, die den jahreszeitlichen Umgang mit einem eigenen Stück Garten für jeden einzelnen Schüler, der dies will, erfahrbar machen. Sicher wird es je nach Interessenlage der Betreuer alle Übergangsphasen zu einem ökologischen Lehrgarten, wie oben beschrieben, geben.

Sichtungsgärten werden im Rahmen von systematischer Verbesserung der Nutzungsqualität von Pflanzen eingerichtet. *Demonstrationsgärten* sind auch außerhalb von öffentlichen Botanischen Gärten als Schaugärten im schulischen Bereich aber auch bei Baumschulen und Staudengärtnereien oder auch Gartencenter zu finden. Beide Arten von Gärten stehen, wenn auch mit unterschiedlichen Einschränkungen, der Öffentlichkeit für Information aber auch darüber hinaus für Erholungszwecke zur Verfügung.

Zoologischer Garten, Tiergarten, Tierpark, Wildpark

Die Haltung von Tieren ist auch in den Städten weit verbreitet. Neben der Haltung als Nutztiere werden die verschiedensten Tiere zum Vergnügen der Besitzer, selbst in Privatwohnungen gehalten. Darin liegt eine Parallele zu der Haltung von Pflanzen. Diese Privatsammlungen von lebenden Tieren, die zudem noch möglichst exotisch sein sollen, sind eine Wurzel der öffentlichen *zoologischen Gärten* als Ort der Demonstration der unterschiedlichen Tiergattungen und -arten. Eine weitere sind die Jagdparks oder Wildparks der Feudalherren, die zum Ausgangspunkt von Tierparks wurden. Das wissenschaftliche Interesse an der heimischen und weltweiten Tierwelt und ihre systematische Erforschung und in neuerer Zeit auch aus Gründen der Arterhaltung waren weitere Gründe für die Einrichtung von Zoos in den Städten. Mit steigendem ökologischen Verständnis über Lebenräume und erweiterten Kenntnissen über eine artgerechte Tierhaltung wurden auch die *Tiergehege* weiterentwickelt, vielfach vergrößert, mit Pflanzen, Wasser, Steinen und Boden als Biotope ausgestattet, und mit den Winterquartieren verbunden. Dies gilt aber weit gehend nur für Tiere, die unser Klima vertragen. Für alle anderen ist nach wie vor die Innenraumhaltung unter stärkerer Einschränkung des Lebensraums notwendig. Der *Parkcharakter* der Zoologischen Gärten wurde durch diese Erweiterungen betont, während die gartenmäßige Ausstattung mit dekorativen Zierpflanzen meist noch bei älteren Tiergärten erkennbar ist. Die Faszination von Tieren aus der ganzen Welt ist aber weiterhin ein wichtiger Grund für den Besuch der Zoologischen Gärten.

Wildparks sind größere Areale außerhalb der Städte, die wenige Arten, meistens Paarhufer wie Hirsche oder Wildschweine, in Gehegen halten. In Stadtwäldern und großen städtischen Parks sind auch *Wildgatter*, oft nur mit einer Tierart, zu finden.

Friedhof, Kirchhof, Bestattungsplatz, Gedenkstätte

Die *Friedhöfe* erfüllen mit der Bestattung menschlicher Leichen sowohl eine *hygienische Funktion*, die mit dem Begriff *Bestattungswesen* verknüpft ist, als auch ein *kulturelles Bedürfnis*, das an diesem Ort des Gedenkens und der Verehrung der Vorfahren erfüllt werden kann. Friedhöfe haben dadurch eine starke *symbolische Bedeutung* erlangt und mit dem Besuch und der individuellen Pflege durch die Hinterbliebenen, aber auch durch die Nutzung von Spaziergängern gleichzeitig eine *Erbauungs-* und *Erholungsfunktion* bekommen. Der Friedhof kann als kulturhistorische Stätte *denkmalpflegerischen Wert* haben und besitzt ebenfalls die *ökologischen Funktionen* einer städtischen Grünfläche als wertvolles Biotop. Friedhöfe sind Teil eines öffentlichen Grünsystems und umfassen auch Feierhallen und Krematorien.

Der heutigen Friedhofsplanung gingen verschiedene Entwicklungsphasen voraus, die alle noch in den Städten zu finden sind (RICHTER 1981, 1996):
* der mittelalterliche Kirchhof um das Kirchengebäude herum, als sakraler Bereich von dem übrigen Ort durch die Kirchhofsmauer abgetrennt
* Feldbegräbnisplätze seit dem 16. Jahrhundert
* kommunale und konfessionelle Friedhöfe seit der ersten Hälfte des 19. Jh. vor den Mauern der Stadt, vom geometrischen Friedhof zum Parkfriedhof bis zum Waldfriedhof
* der Zentralfriedhof der Gründerjahre, ebenfalls außerhalb der Stadt
* und die kommunalen Bezirksfriedhöfe seit den 20er Jahren, vielfach in stärker architektonischen Formen ausgeführt.

Zur bürgernahen Erfüllung der heutigen friedhofskulturellen Ansprüche bietet sich der *kommunale Stadtteilfriedhof* an. Religionsgemeinschaften sind kaum noch in der Lage eigene Friedhöfe neu zu bauen. Allerdings entsteht durch die Veränderung der Bestattungsgewohnheiten, mehr Feuerbestattungen durchzuführen und anonyme gemeinschafliche Rasenflächen zur Ascheverstreuung nach skandinavischem Vorbild einzurichten, eine Flächenreserve auf den bestehenden Friedhöfen oder vorhandenen Erweiterungsflächen und führt sogar zu Umwandlungen in öffentliche Parkanlagen. Auch die Umwandlung in Baugebiete gehört zu den neusten Diskussionen über die Zukunft zu großer Friedhöfe. Die Stadtplanung schreckte bisher auch nicht vor der Umwidmung von Friedhofsteilen in Verkehrsflächen zurück.

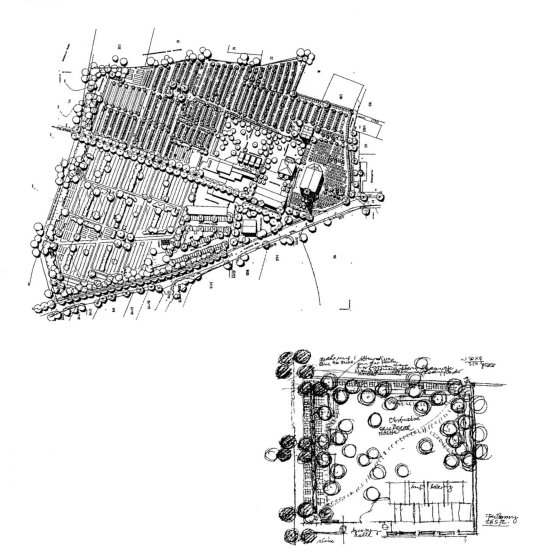

Bild **9**.9   Wettbewerb Friedhof Freilassing (1.Preis Arch. Teutsch 1995)

Für die Ermittlung des städtebaulich erforderlichen Flächenbedarfs sind Richtwerte wie in Berlin mit 3,5 m² pro Einwohner nur bedingt brauchbar. Vielmehr muß der Konflikt zwischen der Anpassung des Friedhofs an die landschaftlichen Gegebenheiten, einschließlich der Bewahrung seiner ökologischen Bedeutung, einerseits und seiner Individualität und dem sparsamen Umgang mit der Stadtfläche und damit verbunden mit mehr architektonischer Ausprägung andererseits jeweils entsprechend den örtlichen Gegebenheiten entschieden werden. Die orts- und landschaftsplanerischen Bezüge des Friedhofs durch Verbindung zum Stadtteil oder Wohngebiet, Vernetzung mit den anderen Freiräumen sollen berücksichtigt werden. Bei der Ausformung der Gesamtstruktur des Friedhofs sollen das Geländerelief, der prägende Vegetationsbestand, bestehende Gewässer, Durchblicke auf Landmarken sowie der Sicht- und Schallschutz beachtet werden.

Die sauerstoffgebundene Verwesung der Leichen verlangt bei Erdbestattung entsprechend lange Liegefristen, einen durchlässigen Boden und einen natürlichen Grundwasserstand von maximal 2,7 m, das sind 0,5 m unter der Grabsohle. Gedränte Böden, Nordhänge, Wasserschutzzonen und Überschwemmungsgebiete sind aus hygienischen Gründen zu vermeiden. Sande bis sandiger Lehm (Korngrößen von 0,2-6,0 mm) sind am besten geeignet. Hänge mit über 7% Neigung sind abzustufen.

Zu unterscheiden sind die Erdbestattungen mit Kinder-, Reihen- und Wahlgrabstätten von den Feuerbestattungen mit Reihen- und Wahlurnengrabstätten, anonymen Urnenbestattungen und Rasen für Ascheausstreuungen. Wahlgrabstätten umfassen mindestens zwei Gräber. Das Nutzungsrecht kann wiedererworben werden.

Funktionsflächen wie Feierhalle, Verwaltungs- und Lagerräume, Hauptwege, Plätze, Wirtschaftshof, Abraum- und Einschlagflächen, Steinmetz- und Blumengeschäfte ergänzen die Grabfelder und bilden die architektonische Grundstruktur.

Gedenkstätten sind überwiegend in die Friedhöfe integriert. Sie sollen erinnernd auf die Toten hinweisen und diejenigen ehren, die im Zusammenhang von Kriegen, Massakern und anderen Greueltaten zu beklagen sind oder die durch kulturelle und andere Leistungen hervorgetreten sind. Die Integration der Gedenkstätten in öffentliche Parks und zentrale Plätze und auch als selbständige Anlagen an zentralen Orten der Stadt bringt sie stärker in das Alltagsleben.

9.3.4 Spiel- und Sportanlagen

Spielen und Sporttreiben ist ein unverzichtbarer Teil der Lebensqualität der städtischen Bevölkerung geworden, dem auch eigenständige räumliche Anteile an der Stadtfläche oder im Umland zugestanden werden.

Die „*Sportstättenentwicklungsplanung*" als kommunale Leitplanung wurde Anfang der 90er Jahre zu einem „Leitfaden für Sportstättenentwicklungskonzeptionen" mit veränderter Planungsmethodik und Bedarfsermittlung weiterentwickelt. Außerdem wurde die Situation in den neuen Bundesländern analysiert und der „Goldene Plan Ost" des Deutschen Sportbundes erarbeitet, der die Grundlagen und Orientierungen für den Aufbau und Ausbau der Sportstätteninfrastruktur enthält. Er greift die schon bekannten Kategorien „Richtlinien" und „Sportstättenentwicklungsplanung" wieder auf und wendet sie auf die neuen Bundesländer an. Die „Städtebaulichen Orientierungswerte" variieren jetzt je nach Gemeindegröße von 2,5 m²/E bei > 500 000 Einwohnern bis 6,0 m²/E bei 4000 Einwohnern. Anlagen für Leistungssport, Breitensport, Schulsport und Freizeitsport sollen untereinander und mit Spielanlagen kombiniert werden. Jede Gemeinde sollte sowohl eine *Spielentwicklungskonzeption* als Vorbereitung eines *Spielanlagenentwicklungsplanes* als auch eine eigene *Sportentwicklungskonzeption* als Vorbereitung eines *Sportstättenentwicklungsplans* erarbeiten. Besonders bei kleineren Städten ist eine Kombination von beiden Aspekten in einem *Spiel- und Sportleitplan* denkbar.

Ähnlich dem Planungsprozeß der Freiraumplanung (s. 9.2.1) ergibt sich auch für die Erarbeitung der Entwicklungsplanung eine sinnvolle Vorgehensweise:
Am besten wird eine *Arbeitsgruppe* von Sportamt, Naturschutz- und Grünflächenamt, Planungs- und Bauamt, Schulamt, Jugendamt, Sozialamt, Statistisches und Katasteramt, Sportvereinen oder -bünde, Bildungs- und Gesundheitsinstitutionen, Naturschutz- und Verkehrsvereinen unter Betreuung von Landschaftsarchitekten gebildet, die dann die kommunalen Gremien (Fachausschüsse, Fraktionen, Gemeindevertretung) beteiligt. Die Sportstättenentwicklungsplanung führt schließlich zu dem Teilplan „(Spiel- und) Sportleitplan" zum Flächennutzungsplan (DEUTSCHER SPORTBUND, HRSG. 1993).

Tafel **9**.10   Ablauf der Sportstättenentwicklungsplanung (DEUTSCHER SPORTBUND, HRSG. 1993)

Grundlagen der Bedarfsermittlung	Versorgungsstand Ergebnisse der Bestandserhebung und Bewertung	Bedarf Ergebnisse der Bedarfsermittlung	Bilanz Vergleich von Bedarf und Bestand	Maßnahmenkonzepte Anlagenprogramme Standortvorschläge Kostenschätzung	Beschlußfassung Weiterführende Maßnahmen
→	→	→	→	→	→
Einwohner	Sportplätze	Sportplätze	Fehlbestand	Sanierung	Beschlußfassung Fachplan
Schulen	Sporthallen	Sporthallen		Umbau	Einbringung in die Bauleitplanung (Flächennutzungs- und Bebauungsplan)
Sportvereine Organisierter Sport	Hallen- und Freibäder	Hallen- und Freibäder	Ausgleich	Erweiterung	
				Neubau	
Gewerbliche Sportanbieter Fremdenverkehr	spezielle Anlagen	spezielle Anlagen	Überhang	Umnutzung/ Abbau	Prioritätssetzung
					Einleitung von Objektplanungen

Für die unumgängliche und rechtlich geforderte Mitwirkung der Kinder am Planungsprozeß wurden verschiedene Methoden, zum Beispiel in Herten und Berlin, erprobt (SCHRÖDER 1995, BONK/HOLTE 1996).

Die *Versorgung* der Bevölkerung mit Spiel- und Sportmöglichkeiten läßt sich nach den im folgenden aufgeführten Gesichtspunkten als wichtiger Teil der kommunalen Freiraumplanung kurz beschreiben:

1. Lebenszyklus und Leistungsziele in Spiel und Sport
2. Spielorte und Spielarten der Kinder und Jugendlichen
3. Spiel- und Sportanlagen, Geländebeanspruchung und Hilfsmittel
4. Zuordnung, Verflechtung und Ausstattung mit Sporteinrichtungen und -anlagen
5. Stadtökologische Freizeit- und Sportstättenentwicklung.

Lebenszyklus und Leistungsziele in Spiel und Sport

Spielen unterscheidet sich von Sport treiben nur graduell und ist abhängig von Sozialisationsstufe, Gesundheitszustand und gesellschaftlichem Status. Das *freie Spiel* der Kinder dient ihrer persönlichen physischen und psychischen Entwicklung und ihrer Integration in die Verhaltensmuster der Erwachsenengesellschaft. Für ältere Kinder und Jugendliche ist der *Schulsport* schon stärker gesundheits- und leistungsbetont als das parallellaufende freie Spiel. Im *Betriebssport* ist neben dem Unterhaltungswert der sportlichen Aktivitäten auch die Erhaltung der Arbeitskraft bedeutsam.

Im *Gesundheitssport* liegt die Betonung auf dem Erholungswert und der Verhinderung (Prävention) von Krankheit, der Förderung von Rehabilitation und Regeneration sozio-psycho-sozialer Kräfte nach Krankheiten, der Verhinderung eines hohen Krankenstandes und allgemein der Förderung des Gesundheitszustandes. Schwerpunkte sind das *Herz-Kreislauftraining*, das *Muskelfunktionstraining* und das *Koordinationstraining*. Das *Fitneßtraining* soll zu einer überdurchschnittlichen Leistungsfähigkeit führen.

Die selbstorganisierten und ungebundenen spielerischen und sportlichen Betätigungen der Erwachsenen, vielfach auch im Erholungsurlaub oder den Ferien ausgeführt, lassen sich unter dem Begriff *Freizeitsport* zusammenfassen. Auch der Begriff *Gesellschaftssport* läßt sich dafür verwenden (HOLDHAUS 1995). Der *Spielsport* ist eine wenig regelbetonte spielerische Variante des Freizeitsports. Der Freizeitsport kann in einer stärker organisierten Form als *Vereinssport* durchgeführt werden.

Je nach Intensität der sportlichen Betätigung läßt sich Sport als *Wettkampfsport* dem Breitensport, dem Leistungssport und in seiner Hochleistungsform dem Spitzensport zuordnen. *Breitensport* ist die jedermann zugängliche sportliche Betätigung, die nach sportlichen Regeln in den verschiedenen Sportarten durchgeführt wird. *Leistungssport* verlangt einen systematischen und intensiven Trainingsaufwand, der den Sportler seine Leistungsgrenzen erreichen läßt. Spitzensportler werden durch Wettkämpfe auf verschiedenen Leistungsebenen ermittelt und bilden die Elite im *Amateursport*. Der *Behindertensport* kann in allen genannten Formen auftreten, verlangt jedoch eigene Regelungen. Der *Berufssport* ist eine Form des Spitzensportes, der vollberuflich ausgeübt wird und daher einer Sportindustrie überlassen werden sollte, die dann auch den Gesetzlichkeiten von Wirtschaftsunternehmen (einschließlich Werbung) unterworfen ist.

Während etwa die Hälfte der Sportaktivitäten in allen Stadtgrößen privat organisiert werden, hat der Vereinssport in kleineren Städten einen deutlich höheren Anteil als in Großstädten.

Spielorte und Spielarten der Kinder und Jugendlichen

Bei dem Spielangebot läßt sich eine Hierarchie der *Spielorte* feststellen. Der eigene Garten und der Sand-, Matsch- und Wasserspielplatz mit Sitzgelegenheiten im unmittelbaren Wohnbereich sind das wichtigste Angebot für kleine Kinder. Der gemeinschaftliche Hauseingang bei Häusern ohne Privatgärten ist für alle Altergruppen, einschließlich der Erwachsenen, bei genügender Größe und Sitzgelegenheit ein gemeinsamer Treffpunkt und Spielort. Das Spielangebot im *Wohnumfeld* liegt im wesentlichen im Gemeinschaftsgrün der Wohnhäuser, einschließlich der darin enthaltenen Liegewiesen, Spiel- und Bolzplätze, Fuß- und Fahrwege, mit Einschränkungen auch auf den umgebenden öffentlichen Fußwegen, Spielstraßen und Stadtplätzen. Sie werden zunehmend von den größeren Kindern aber auch den Jugendlichen benutzt.

Aus einer Vielzahl von Untersuchungen geht hervor, daß mit zunehmendem Alter nicht nur das unmittelbare Wohnumfeld eine Rolle als Spielort übernimmt, sondern die Streifzüge in immer größere *Stadtgebiete* ausgedehnt werden. Der wohnungsnahe Park mit seinen Spiel- und Spielsportangeboten und die nachmittags geöffneten Schulhöfe und Schulsportanlagen sind dabei die erste Station. Bei kleineren Städten wird die umliegende *Kulturlandschaft* mit Wald, Feldflur und Gewässer in das tägliche Spielgeschehen integriert.

In großen Städten muß das *innerstädtische Freiraumsystem* einschließlich der Spiel- und Sportanlagen hierfür Ersatz bieten.

Da das Fahrrad nach wie vor das Hauptbewegungsmittel der Schulkinder und Jugendlichen ist, sind *Fahradwegsysteme* für die Erreichbarkeit von Spiel- und Sportgelegenheiten, aber auch der Schule und anderer Lernorte, von größter Bedeutung.

In *Bewegungsspielen* wird entweder der eigene Körper auf oder an stabilen Gegenständen, oder als Steigerung, selbst beweglichen Teilen trainiert. Auch Tanzen, Gymnastik und Turnen mit und an Geräten kann im Freien durchgeführt werden. Oft geschieht dies im Wettbewerb mit anderen Kindern. Hierbei können fertige *Spiel- und Sportgeräte*, aber auch individuell geformte oder *natürliche Bewegungsangebote* benutzt werden:
1. *Gehen, Laufen, Rennen:* Rasenflächen, Spielflächen, Rundläufe, Sprunganlagen, Wege, Lauf-bahnen, Laufpfade
2. *Springen:* Hochsprunggruben, Weitsprunggräben, Sprungpfähle, Sprungkästen, Tiefsprung von Spielgeräten, Mauern, Kletterbäume
3. *Balancieren:* Balancierbalken, Schwebebalken, Baumstämme, Holzklötze, Trittsteine, Wackel-brücken, Drahtseile, Laufbänder, Wippen, Wasserfahrzeuge
4. *Klettern und Hangeln:* Klettergerüste, Kletterbäume, Kletterberge, Sproßenwände, Reck, Rin-ge, Kletterstangen, Kletterseile, Seilbahnen, Kletternetze
5. *Schwingen:* Rundläufe, Hängeschaukeln, Schaukelbalken, Pendel, Drehscheiben, Seile
6. *Rutschen, Kriechen und Gleiten:* Freistehende und bodenanliegende Rutschen, Röhren, Rutschhänge mit Unterlagen und Gleitgeräten, Stangen, Wasserrutschen
7. *Geräteturnen:* Barren, Stufenbarren, Reck, Stufenreck, Ringe, Schwebebalken, Sprungkästen
8. *Bodenturnen*, Gymnastik, Tanzen, ebene Flächen mit Rasen, elastischem oder festem Belag, Hilfsmittel wie Bälle, Keulen, Bänder

Es können *Rollenspiele* wie Vater-Mutter-Kind, *Regelspiele* wie Fangen und Verstecken, Ballspiele oder auch nach selbstgemachten, kurzfristig wechselnden Regeln durchgeführte *Gruppenspiele* durch entsprechend ausgebildete Spielmulden und Raumbildungen durch Bodenbewegungen und Abpflanzungen gefördert werden. Über die Verwendung von vor-gefertigten Materialteilen zum Konstruieren hinaus (von Bauklötzen bis zu Riesen-steckteilen) kann das Spielen bis zum kreativen *Verarbeiten* von Materialien, sei es Sand, Lehm, Holz, Pappe, Seile, lebende Pflanzen, oder zur *Umnutzung* von Gegenständen wie Kisten, Paletten, Kartons für selbstgeschaffene Bauwerke weiterführen.

In allen Fällen muß je nach Aufsichtsintensität ein *Sicherheitsstandard* eingehalten werden. Freiräume mit *Wasserspielplätzen* sind besonders attraktiv: für Kleinkinder zum Matschen, Formen, für Größere zum Gräben und Brücken bauen, Förderschnecken benutzen. Wasser-rinnen und -becken dienen zum Modellboot fahren lassen, Trogstaken, Luftmatratze oder

Gummitier reiten, die Hand kühlen oder nur zum Anschauen; Wassersprühanlagen dienen zum Spritzen, Plantschen, Springen.

Spielbereiche, die eine reichhaltiges Angebot an Spielmöglichkeiten und ein differenziertes abwechslungsreiches „wildes" Gelände umfassen, werden auch als *Abenteuerspielplätze* bezeichnet. Steht das Bauen von Hütten, Türmen, Kletteranlagen und anderen Konstruktionen im Vordergrund der Aktivitäten, so spricht man von einem *Bauspielplatz*. Dieser verlangt eine ständige handwerkliche und pädagogische Betreuung, auch um regelmäßige Räumaktionen durchzuführen und entstehendes Besitzstanddenken bei den „Bauherren" zu vermeiden.

Die Norm nennt die **Spielbereiche A, B und C,** die dem Wohnumfeld, dem Wohnquartier und dem Stadtteil zugeordnet sind (AGDE 1993):

• *Spielbereich A* ist eine größere im Stadtteil gelegene zentrale Einrichtung mit Freiräumen für Ballspiele, Bauspiele, Abenteuerspiele, mit Spielgeräten, Tierhaltung und Pflanzenanbau, der besonders für die Spiele der größeren Kinder und Jugendlichen und auch Erwachsenen geeignet ist und der einem größeren Park oder Sportpark zugeordnet werden kann, aber nicht täglich aufgesucht werden kann.

• *Spielbereich B* liegt im Wohnquartier etwa im Zusammenhang mit Kindergärten, Schulen und Jugendclubs und verbunden mit einem wohnungsnahen Park. Hier können auch die jüngeren Vorschul- und Schulkinder selbstständig hingehen. Er ist für die tägliche Nutzung geeignet wie im Nachbarschaftsspielplatz in Ludwigshafen (Bild 9.10) abgebildet.

• *Spielbereich C* liegt im Wohnumfeld in unmittelbarer Wohnungsnähe „vor der Haustür" und dient besonders den kleineren Kindern, soll aber auch durch entsprechende Ausstattung zu Aufenthaltsräumen für die übrigen Bewohner erweitert werden.

Die wichtigste Begründung, daß *gesonderte Spielbereiche* für Kinder und Jugendliche in sämtlichen Freiraumkategorien eingerichtet werden, liegt darin, daß dies die einzigen Flächen sind, die ausschließlich für das Spiel vorbehalten sind. Ihre Lage, Struktur, Größe und Ausstattung mit Spieleinrichtungen, Geräten und Materialien kann nur in diesem Fall vollständig darauf ausgerichtet werden, die Spielmöglichkeiten und -abläufe zu optimieren. Für das Spielgeschehen sollen vielseitige Angebote zu Verfügung stehen, die dem Wunsch nach mehreren Spielformen im Laufe einer *Spielaktion* Rechnung tragen. Die Normen im Zusammenhang mit Spielplätzen sind ständigen Überarbeitungen unterworfen. Die normengerechte Ausführung von Spielanlagen und -plätzen reduziert die Unfallgefahr und erleichtert die Einhaltung der Verkehrssicherungspflicht auf kommunalen und privaten Grundstücken (AGDE ET AL. 1996, VAN DER HORST/RICHTER 1997).

Normengerechte Spielanlagen:
• DIN 7926, Teil 1: Kinderspielplätze - Begriffe, Teil 2: Kinderspielgeräte - Schaukeln, Teil 3: Kinderspielgeräte - Rutschen, Teil 4: Kinderspielgeräte - Seilbahnen, Teil 5: Kinderspielgeräte - Karussells, in allen Teilen Maße, Sicherheitstechnische Anforderungen und Prüfungen (künftig: DIN EN 1176-1 bis -7, zusätzlich Wippen - Installation, Wartung, Betrieb)
• DIN 18034: Spielplätze und Freiflächen zum Spielen, Grundlagen und Hinweise für die Objektplanung
• DIN 33942: Barrierefreies Spielen, behinderten- und altersgerechtes Spielen
• DIN 33943: Rollsportgeräte - Skateeinrichtungen, Begriffe, Anforderungen und Prüfung
• DIN 1177: Stoßdämpfende Spielplatzböden.

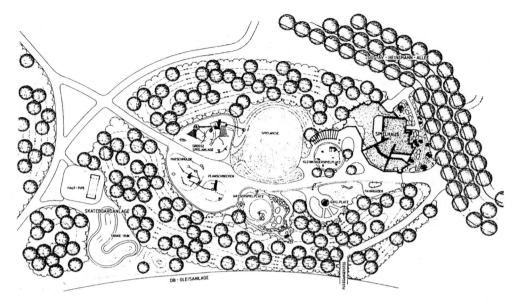

Bild **9**.10   Zentraler Nachbarschaftsspielplatz im Friedenspark Ludwigshafen auf ehemaligem Industriegelände im Stadtteil Nord-Hemsdorf (BUCHHOLZ 1995)

Kinderbauernhöfe in den Stadtteilen sind nur schwer am Leben zu erhalten. Diese verlangen nicht nur Betreuungspersonal, Stallungen für die Tiere und ein Gemeinschaftshaus, sondern auch ein Mindestmaß an Koppeln und Auslauf für die gehaltenen Tiere. Sie erfüllen jedoch die wichtigen Funktionen nicht nur des Kennenlernens der Unterschiede und Bedürfnisse der Tiere in ihrem Lebenslauf, sondern fördern auch das Lernen einer gewissen Verantwortung für ständige Pflege und das Wohlergehen der Tiere.

Spiel- und Sportanlagen, Geländebeanspruchung und Hilfsmittel

Die Sportarten folgen sämtlich bestimmten *Regeln*, die zwar bei internationalen Vergleichswettkämpfen weltweit gelten, aber sonst regionale Abweichungen oder örtliche Ausprägungen kennen. Die Regeln können sich auch verändern. Dies ist besonders wichtig, wenn wie im Freizeitsport, Schulsport oder Spielsport nur ein beschränktes Raumangebot zur Verfügung steht.

Eine *Sportanlage* für ca. 4000 Einwohner umfaßt nach den Forderungen für die neue Bundesländer eine nutzbare Sportfläche von 24 000 m² (6 m²/E), einschließlich Sicherheitsabständen (DEUTSCHER SPORTBUND 1993). Dazu gehören:

– zwei Großspielfelder, mindestens 62 m × 94 m
– zwei Kleinspielfelder, 22 m × 44 m
– Anlagen für Leichtathletik: Kurzstreckenlaufbahn, 4-bahnig, Weitsprung- und Hochsprunganlagen in Verbindung mit einem der Kleinspielfelder, Kugelstoßanlage
– Flächen für Freizeitspielfelder, Spiel- und Gymnastikwiese
– fünf Tennisplätze.

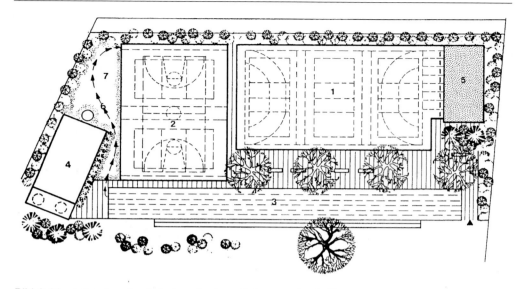

Bild 9.11   Lageplan der Schulsportanlage Schwarzenbeck (BUNDESINSTITUT FÜR SPORTWISSEN-SCHAFTEN 1993)
1 Kleinspielfeld 22 x 44 m, multifunktional nutzbar für Kleinfeldhandball und 3 x Volleyball, gleichzeitig zentrale Anlauffläche für Weitsprung und Hochsprung, **2** Kleinspielfeld 24 x 31 m für Basketball und 2 x Volleyball, **3** 6 x 60-m-Kurzstrecken-Laufbahn, **4** Kugelstoßanlage für Wettkampf und Training, **5** Weitsprunggrube, **6** Konditionslaufbahn, **7** Spiel- und Gymnastikwiese

Zu einer entsprechenden Anlage für 10 000 Einwohner, mit einer Fläche von 45 000 m² (4,5 m²/E) gehören:
– drei Großspielfelder, mindestens 62 m × 94 m
– fünf Kleinspielfelder 22 m × 44 m
– Anlagen für Leichtathletik: Kurzstreckenlaufbahn, 6-bahnig, 400-m-Laufbahn, 4-6-bahnig, jedoch nur an Standorten mit zentralörtlicher Bedeutung, Anlagen für Sprung-, Stoß- und Wurfdisziplinen, gegebenenfalls in den Segmentflächen
– Flächen für Freizeitspielfelder, Spiel- und Gymnastikwiesen
– elf Tennisplätze.

Ein Weg zur Reduzierung der Raumansprüche sind die *Kombinationsspiel- und Sportanlagen*, wie sie zum Beispiel in der *Schulsportanlage* Schwarzenbeck zu finden sind (Bild 9.11).

Neben dem oben geschilderten Ausstattungsangebot für Bewegungsaktivitäten gibt Tafel 9.12 eine Übersicht über die benötigten Flächen für Feldspiele, insbesondere für Freizeitspielflächen (s. auch DIN 18035 - 1, Sportplätze, Tl. 1, Freiraumanlagen für Spiele und Leichtathletik, Planung und Maße).

Tafel **9**.11   Beispiele für Nutzungsmöglichkeiten von Kleinspielfeldern verschiedener Abmessungen (BUNDESINSTITUT FÜR SPORTWISSENSCHAFT 1993)

	Praktisch markierbare Felder				
	32 m × 45 m [1]	27 m × 45 m	22 m × 44 m	15 m × 30 m	7 m × 14 m
Badminton	3	3	3	1	1 [2]
Ball über die Schnur	5	5	3	2	1
Basketball	2	2	2	1	-
Beach-Ball	4	4	4	2	1
Brennball	2	2	1	1	-
Fußballtennis	2	2	2 [3]	1	-
Indiaca	5	4	4	2	1
Kleinfeldhandball	1	1	1	-	-
Kleinfeldhockey	1	1	1	-	-
Kleinfeldfußball	1	1	1	-	-
Minitennis	5	4	4	3	1 [4]
Plattformtennis [5]	4	4	4	1	-
Prellball	3	3	3 [3]	1	-
Ringtennis	3	3	3	1	-
Speckbrett	4	4	4	2	1
Tennis [6]	1	1	1	-	-
Völkerball	3	3	3 [3]	1	1 [7]
Volleyball	3	3	3	1	-

1) Kleinspielfeldabmessung bei Kombination mit Weitsprunganlage
2) Spiel möglich bei erheblich reduzierten Sicherheitsabständen
3) bei verkürzten stirnseitigen Sicherheitsabständen
4) bei verkürzten längsseitigen Sicherheitsabständen
5) Spiel nur möglich, wenn Spezialeinfriedung festeingebaut oder aufstellbar ist
6) Spiel nur möglich, wenn allseitiger Ballfangzaun vorhanden
7) bei Mindestabmessungen von 7 m x 15 m und Sicherheitsabständen, die außerhalb des Spielfeldes liegen

Mehrfach verwendete *Kleinspielfelder* sollten mit kunststoffgebundenem Belag ausgerüstet sein, um die wetterfesten Spielfeldmarkierungen dauerhaft auftragen zu können. Die Kleinspielfelder werden in der folgenden Darstellung in fünf Größen dargestellt, die eine Längs- und Querbespielung für eine Reihe von Spielen ab der Größe 15 m × 30 m erlauben:

Neben Gymnastik, Geräteturnen und Feldspielen, die auf einer *Grundausstattung* von Spiel- und Sportanlagen durchgeführt werden können, gibt es noch eine Reihe von Sportarten, die eigene Einrichtungen verlangen.

Weitere Spiel- und Sportanlagen:
• Tennisanlagen werden vielfach in Spiel-und Sportanlagen integriert (s. Bild 9.12), weil *Tennis* zum Volkssport geworden ist und wegen kleineren Spielfeldabmessungen in innerstädtischen Bereichen untergebracht werden kann.
• Auch *Schwimm-, Sprung- und Wasserballsport* kann in den Freibädern der größeren Sportparks durchgeführt werden, soweit es kein Spitzensport ist (s. auch 9.3.5 - Freibäder).
• Bis auf den Volks-Eislauf, Volksrollschuhplätze und Rollerskating werden für *Eiskunstlauf, Eisschnellauf* und *Eishockey* und *Sommerhockey* eigene Anlagen benötigt.
• Auch *Skateboard* braucht zur sportlichen Ausübung eigene Anlagen (Half-Pipe, Snake-Run, Pool).

Tafel **9**.12 Maße und Ausstattungsdaten für Freizeitspielflächen (nach BUNDESINSTITUT FÜR SPORTWISSENSCHAFTEN 1993 - ohne Belagsarten)

Spielarten	Größe des Spielfeldes in m	Zuzüglich Sicherheitsabstände		Freizeitspielfeld I,II,III	Besondere Einbauten und Ausstattung
Ball über die Schnur	6,0 × 12,0	1,0	1,0		Spielfeldhülsen, Netzpfosten, Netz
Boccia	3,0 × 24,0			II	Einfassung aus imprägn. Holzbohlen 5/20: Kantensteine mit Hartgummikopf
Boule				II	Keine
Brennball (von .. bis ..)	15,0 × 25,0 25,0 × 45,0	2,0	2,0		Keine
Fußballtennis	10,0 × 20,0	X		I	Spielfeldhülsen, Netzpfosten, Netz, Spielfeldmarkierung
Gartenschach	4,0 × 4,0				weiße und schwarze Zementkunststoffplatten
Gartenmühle	4,0 × 4,0				Spielfeldmarkierung mit dauerhafter, wetterfester Farbe
Hufeisenwerfen	4,0 × 10,0				Zielkasten aus Holz, 8 × 1,6 m. Seiten u. Rückwand 15 cm, Vorderwand 18 cm hoch, Zielpfahl im Mittelpunkt des Kastens 43 cm lang, 25 cm mit geringer Neigung über Kastenvorderrand hinausragend, Kastenfüllung: Sand, Lehm, Torf
Indiaca	5,5 × 13,0	1,0	1,0	III	Spielfeldhülsen, Nebenpfosten mind. 0,50 m außerhalb Spielfeld, Netz
Kegeln	1,7 × 28,5	1)		III	Bahnbelag s. Bitumenbelag. Kugelfang: Schlagwände aus Hartholz; Boden Gummibelag. Herstellung des Kegelrücklaufs durch Spezialfirmen.
Kleingolf, Minigolf	500 × 3000 x 2				Spezialbahnen - z.B. Geradschlag, Salto, Drei Keile, Roheberg, Pudding, Doppel-Welle, Schleife, S-Kurve, Winkel, Mausefalle, Wippe, Doppelwinkel, Suppenschüssel, Schlußrampe - aus Fertigbeton, Eternit, Beton
Krocket (von .. bis ..)	4,0 × 20,0 15,0 × 20,0				2 Signalpfähle, 10 Tore
Plattformtennis, Speckbrett	6,1 × 13,42	1,52	2,44		Netzpfosten, Netz, in schneearmen Gebieten: TE, BE, KU-Beläge, in schneereichen Gebieten: Plattform aus Aluminium oder Holzbohlen, Einzäumung aus Metallspezialgeflecht, eingespannt in Rahmenkonstruktion.
Prellball	8,0 × 16,0	2,0	4,0	I	Spielfeldhülsen, Netzpfosten, Spannleine
Pushball	45,7 × 118,0	1,0	2,0		keine
Ringtennis Esp. Dsp.	3,7 × 12,2 5,0 × 12,2	3,0	3,0	I	Spielfeldhülsen, Netzpfosten, Netz
Shuffleboard	3,0 × 17,0			II	Die Zielfläche mit den Zahlen und die Startlinien können auf einem ebenen Belag mit wetterfester Farbe dauerhaft markiert oder die gesamte Spielfläche vorgefertigt werden.
Sommerstock schießen	5,0 × 42,0			II	keine
Tetherball	Durchmesser 6 m				Spielfeldhülsen, Stahlsäule - 8 cm, 3,60 über O.K. Belag, am Kopf der Säule Befestigung einer Pendelschnur
Tischtennis	1,52 × 2,74 OK Tischplatte 0,76	2,24	4,63	I	Platte und Unterbau aus einem Guß, optimale Standsicherheit; Platte aus grünem Betonwerkstein – plangeschliffen, Spielfeldeinteilung, Kanten und Netz aus witterungsbeständiger Metallegierung.
Völkerball (min max)	10,0 × 12,0 10,0 × 20,0			I	

BE = Betonflächen,   KU = Kunststoffgeb. Flächen,   TE = Tennenflächen,   ESp = Einzelspiel,   DSp = Doppelspiel

- Der *Reitsport* (Springreiten, Dressurreiten, Trab-, Galopp- und anderer Rennsport) ist in eigenen Anlagen am Stadtrand und im Umland anzutreffen, ebenso das *Freizeitreiten*, für das der Geländeausritt auf besonderen Reitwegen wichtig ist.
- Zunehmend werden *Golfanlagen* am Stadtrand und in Stadtnähe errichtet. Eine 18 Loch-Anlage benötigt ca. 70 ha. Selbst ein Platz mit 9 Löchern, der für ein regelgerechtes Spiel zweimal durchspielt werden muß, umfaßt mit Übungsgelände, Spielbahnen mit Greens und Hindernissen sowie Klubgelände und Rahmengrün noch 35 ha.
- Größere Seen, Flüße und Kanäle der Stadt können für den *Bootssport* verwendet werden.
- Für *Drachensteigen*, *Modellsegelfliegen* und im Winter *Rodeln* und *Skilaufen* (Nordhänge) sollten größere Hügel oder Hänge freigehalten und nicht bebaut werden.
- Für den vielfältigen *Luftsport* (Segelflug, Motorflug, Fallschirmspringen, Drachengleiten u.ä.) sind städtische Gebiete nicht geeignet.
- Auch *Schießsportanlagen* und *Hunderennbahnen* sollten nicht in der Stadt liegen.
- *Radsport* ebenso wie *Volksläufe* benutzen zeitweise die städtischen Straßen und Wege.
- *Querfeldeinrennen* jeglicher Art sollten nicht in städtischen Freiräumen durchgeführt werden.

Wie andere Verhaltensweisen ist auch die spielerische und sportliche Betätigung *Moden* unterworfen, die stark von der Werbung gefördert werden, weil immer neue Hilfsmittel und Ausstattungen mit dem Trend zu mehr Technisierung oder wenigstens Erneuerung der Geräte erforderlich werden: Inline-Skater folgen auf Skate-boards, Mountain-Bikes auf Rennräder, Carving-Ski auf Snowboards. Angebote der Freiraumplanung sollen daher vielfältig sein und langfristig nutzbar bleiben.

Zuordnung, Verflechtung und Ausstattung mit Sporteinrichtungen und -anlagen
Der Spielort- und Sportstättenleitplan der Gemeinde (s. Tafel 9.10, Ablauf der Sportstättenentwicklungsplanung) sorgt dafür, daß im Wohnquartier, Wohngebiet, Bezirk oder Stadtteil und für die gesamte Stadt die für Spiel und Sport geeigneten Flächen zur Verfügung gestellt werden.

Im Wohnumfeld des *Wohnquartiers* steht das tägliche Spiel und die spielerische Ausübung des Sports mit vereinfachten Regeln und auf kleinen Rasenflächen oder Bolzplätzen und evtl. auf Plätzen und Spielstraßen im Vordergrund. Diese Einrichtungen sind in das Gemeinschaftsgrün integriert.
Im *Wohngebiet* sind es die Schulsportanlagen in Schulnähe oder auch die Spiel- und Sportplätze der Vereine, „der Sportplatz um die Ecke", die durch Grünzüge und Fuß- und Radwegsysteme jederzeit erreichbar und am besten mit den wohnungsnahen Parks, Kindergärten, Jugendclubs vernetzt sind. Ein Beispiel für eine solche Anlage im Wohngebiet ist die Schulsportanlage Schwarzenbeck (s. Bild 9.11).
Als Grundausstattung eines Ortsteils oder als zentrale Anlage einer kleineren Stadt kann ein *Sportpark* gelten, der gleichrangig sowohl Wettkampf- und Übungsanlagen als auch Spiel-, Freizeit- und Erholungsanlagen umfaßt und der für alle Bevölkerungsgruppen offen steht. Eine vielseitige Anlage wie in Rheinbach (Bild 9.12) läßt sich auf ca. 25 Hektar Fläche unterbringen. Die Großstädte haben mindestens ein *zentrales Sportstadion* mit Sportanlagen nach Wettkampfregeln, Zuschauertribünen, Flutlichtanlagen und entsprechendem Verkehrsaufkommen aufzuweisen, das überwiegend vom Leistungssport und Berufssport benutzt wird.

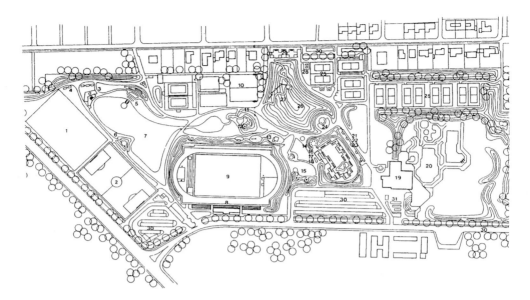

Bild 9.12 Plan des Freizeitparks Rheinbach als Beispiel eines Sportparks für einen Stadtteil (aus BUNDESINSTITUT FÜR SPORTWISSENSCHAFTEN 1993)

1 Bewegungsplatz für Ball- und Rasenspiele, **2** Übungsfeld, **3** Spielplatz am See, **4** Ruheplätze, **5** Seebühne, **6** Aussicht - Hütte am See, **7** Seebühne mit Fontaine, **8** Zuschauertribüne und Umkleidekabine, **9** Kampfbahn Typ B (mit Großspielfeld 73 × 109 m), **10** Kleinspielfelder, **11** Wasserlauf, **12** Wasserspielbereich, **13** Spielplatz, **14** Kneipp-Bereich, **15** Grillplatz, **16** Kasse - Minigolf, **17** Fahrradabstellplatz, **18** Toiletten, **19** Hallenbad, **20** Freibad, **21** Rollschuh- und Eislaufbahn, **22** Seniorentreff, **23** Minigolfanlage, **24** Theatron, **25** Tennisplätze, **26** Aussichtshügel, **27** Rodelhang, **28** Tischtennisplätze, **29** Rosengarten, **30** Parkplätze, **31** Eingangsbereiche

Stadtökologische Freizeit- und Sportstättenentwicklung

Die *Sportstättenentwicklungsplanung* bietet die Chance, ein stadtökologisches Leitbild für die vermehrte Sport- und Freizeitnutzung in der Stadt zu erarbeiten und in das Blickfeld der Öffentlichkeit zu rücken. Hierbei gibt es mehrere Aspekte zu bedenken:

• Stadtökologische Zielsetzungen in Förderungsrichtlinien des Sportstättenbaus verankern, mit einer Positivliste von Kriterien und Maßnahmen etwa zum umweltwirksamen Nebenflächenanteil, Versiegelungsgrad, örtlicher Versickerungsanteil, Dach- und Fassadenbegrünung.

• Aufteilung der Richtwerte zum städtebaulichen Bedarf an Spiel- und Sportstätten in einfache nicht genormte Flächen (2 m²) und Flächen für den Spitzensport.

• Einrichtung von naturnah gestalteten Sportparks in den Stadtteilen.

• Verlagerung zentraler Sporteinrichtungen in schon vorhandene Gewerbegebiete, Feierabendnutzung der gewerblichen Stellplätze für Rollschuh-, Skateboard und andere Spiele sowie Modellfliegerei auf Hartplätzen.

• Verwendung von Altstandorten wie Industrie- und Verkehrsbrachen unter Schonung der Spontanvegetation und Schutz der Benutzer vor Altlasten.

• Verbesserung der nicht motorisierten Verkehranbindung durch verbesserte Zuordnung und Vernetzung mit anderen Freiräumen.

(s. auch WINKELMANN C., WILKEN T. 1998)

9.3.5 Freiräume an Sozial-, Gesundheits-, Kultur- und Unterhaltungseinrichtungen

Viele Freiräume sind eng mit den verschiedenen Baulichkeiten verbunden, die die Gesellschaft für die Erfüllung ihrer sozialen, kulturellen und gesundheitlichen Bedürfnisse geschaffen, erneuert oder neu errichtet hat. Die Freiräume befinden sich in der Regel unmittelbar um diese Baulichkeiten herum auf denselben Baugrundstücken im Sinne der Landesbauordnungen und dienen unmittelbar den Zwecken dieser Einrichtungen. Sie werden in der Bauleitplanung als Gemeinbedarfseinrichtungen bezeichnet, die in verschiedenen Bauflächen bzw. -gebieten liegen können. Sie können öffentlicher, institutioneller und privater Natur sein. Es lassen sich drei Schwerpunkte unterscheiden:

1. **Bildung und Erziehung**
   - Freianlagen mit Spieleinrichtungen an Kinderkrippe, -garten, -hort
   - Schulhof, Schulgarten, Freiluftklassen, Schulgrün, Schulspiel- und Sportanlagen an Grundschule, Hauptschule, Realschule, Gymnasium, Gesamtschule, Sonderschule (Behinderungen von Körper, Geist, Lernen, Sehen und Hören, Sprechen und Verhalten)
   - Pausenhöfe und Lehrgärten an einschlägigen Berufsschulen, Fachschulen
   - Campus mit Freiluftlernorten, Liegewiesen, Sportanlagen, Cafeteriagärten an Fachhochschulen, Wissenschaftlichen und künstlerischen Hochschulen, Universitäten
   - Aufenthalts- und Diskussionsräume im Freien an Akademien, Fortbildungseinrichtungen, Forschungszentren
2. **Soziale und gesundheitliche Fürsorge**
   - Wohn- und Arbeitsgärten, Garten- und Parkanlagen mit Spiel- und Sporteinrichtungen an Heimen, Tagesstätten, geschlossenen Anstalten
   - Gärten und Parkanlag an Krankenhäusern, Rehabilitations- und Kurkliniken
   - Kombinierte Hallen- und Freibadanlagen
3. **Kultur und Unterhaltung**
   - Schloßgarten oder -park
   - Museumsgarten, Theatergarten
   - Freizeit- und Erlebnispark, Vergnügungsparks, Außenanlagen von Spaßbädern
   - Versammlungsplätze, Volkswiesen, Plätze für wechselnde Nutzung: Märkte, Kirmes, Zirkus.

Bildung und Erziehung

Von den verschiedenen Einrichtungen für Bildung und Erziehung können hier nur zwei Bereiche behandelt werden: Kindergarten und Schule.

Die Anforderungen für **Freiräume an Kindergärten** sind nur zum Teil mit den Spielanlagen für Kinder vergleichbar, wie sie weiter oben beschrieben sind (s. Spielorte und Spielarten der Kinder und Jugendlichen und Bild 9.10, Zentraler Nachbarschaftsspielplatz im Friedenspark Ludwigshafen). Allerdings kann die Einrichtung der Außenanlagen der Kindergärten durch die Einfriedung des Grundstücks und die ständige Betreuung durch die ErzieherInnen viel differenzierter auf die Anforderungen unterschiedlicher Altersstufen der Kinder Rücksicht nehmen:

- reichlich bewegbares, natürliches *Material* wie Reisighaufen, Äste, Holzstücke, Stroh bereitstellen

- unterschiedliche *Bodenarten* von Steinen, Kies, Sand und Lehm, und *Wasser* zur Verfügung haben
- *Stoffe* wie Textilien, Pappe, Papier, Bänder und Seile anbieten
- ihnen *Arbeitsgeräte*, Werkzeuge und Gefäße in die Hände geben
- *Tiere* wie Hühner, Kaninchen, Teiche mit Fröschen, Fischen, Molchen und Wasserflöhen halten
- *Pflanzen* wie lebende Weidenzweige, Obst- und Blütensträucher und Wasserpflanzen einsetzen
- einjährige *Kulturpflanzen*, wie Tomaten, Gurken, Kürbisse, Kletterbohnen und Küchenkräuter ihrer Obhut und Pflege anvertrauen

Vor allem ist es wichtig, die Kinder etwas *Sinnvolles tun* zu lassen, was ihr Interesse wach-hält und sie spielerisch mit natürlichen Vorgängen und Materialeigenschaften sowie Gefahren im Umgang mit Geräten, Früchten und beim gemeinsamen Spielen vertraut macht. SPALINK-SIEVERS 1996 fordert deshalb, *Gärten für Kinder* – nicht nur im Kindergarten – zu schaffen und Kinder im Kontrast mit der immer stärker wirksamen virtuellen Welt mit der realen Welt, insbesondere der Natur, vertraut zu machen.

Schulfreiräume sollen hier als weiteres Beispiel für Einrichtungen der Bildung und Erzie-hung erörtert werden. Hier stehen also der *Schulhof* und die *anderen Außenanlagen* auf dem Schulgrundstück im Mittelpunkt der Betrachtung. Die Schulgrundstücke umfassen neben dem Schulgebäude vielfach eine getrennte Turn- und Sporthalle (evtl. mit Lehrschwimmbek-ken), die Stellplätze für Pkw, Motorräder und Fahrräder, den Schulhof, das Rahmengrün und die Spiel- und Sportanlagen. Letztere sind nicht immer unmittelbar an der Schule gelegen, sollten aber nicht weiter als fünf Minuten Fußweg entfernt sein. Ein Beispiel für eine Schul-sportanlage ist weiter oben zu finden (Schulsportanlage Schwarzenbeck, Bild 9.11).

Untersuchungen über *Schulhofumgestaltungen* zeigten folgende *Zielsetzungen* (EDINGER 1988):

- *Öffnung der Schulhöfe* – Ausgleich des Freiraum- und Spieldefizits,
- *Vielfalt an Spiel- und Betätigungsmöglichkeiten* – Aufwertung des Spiels, Aufheben der Tren-nung zwischen Lernen und Spielen
- *Multifunktionale Ausgestaltung* – unterschiedliche Nutzergruppen, Berücksichtigung von Mehrfach- und Umnutzungen, Alternativangebot zu herkömmlichen Spielplätzen
- *ökologisch orientierte Umgestaltung* – Vergrößerung von Artenvielfalt und Phytomasse, Ver-ringerung des Versiegelungsgrades, Verbesserung des Kleinklimas
- *Vielfalt an sinnlichen Wahrnehmungsmöglichkeiten* – optische, akustische, geruchliche, hapti-sche Wahrnehmungsmöglichkeiten, Einbeziehung von „Kopf, Herz und Hand"
- *Schulhofumgestaltung als gemeinschaftliche Aktion* – Förderung der Kommunikation, Verbin-dung zur Außenwelt, Schaffung konkreter Lernsituationen
- *Integration der Schulhofumgestaltung in stadt- und freiraumplanerische Konzeptionen* – funk-tionale Einbindungen, gestalterische (Außen)Wirkung
- *Zusammenarbeit zwischen Planern und Pädagogen* – gemeinsamer Wissens- und Gedanken-austausch.

Bis in die 90er Jahre entwickelte sich die komplexe Zielsetzung der „Schule als ökologi-scher *Lernort*". Der gesamte Unterricht wird in eine *Umwelterziehung* integriert, die durch das *ökologische Bauen* von Gebäuden, die *naturnahe* Gestaltung der *Schulfreiräume* und die Durchführung von fächerübergreifenden *ökologischen Projekten* bestimmt wird. Über die natur- und arbeitswissenschaftliche Ebene hinaus, soll die Umwelterziehung das *Um-*

denken in Kultur, Lebensstil, Ansprüchen und Konsum bewirken. Der Lernort Schule muß auch als *Lebensort* für Lehrende und Lernende den heutigen und möglichst auch künftigen Anforderungen an ökologische Qualität und soziales Verhalten entsprechen.

Einige Anregungen für die Strukturierung und Ausstattung des Schulgeländes für den *Pausenaufenthalt* der SchülerInnen, den *ökologisch orientierten Unterricht* und die *Umweltbildung durch tägliche Anschauung* sollen hier zusammengestellt werden:

• *Untergliederung* der Gesamtfläche in unterschiedlich große Teilbereiche für größere Gruppen und Nischen für kleine Gruppen mit Sitzgelegenheiten (evtl. transportabel). Aufenthalt in den Pausen, Freiluftunterricht, Kleingruppenarbeit und Geländearbeit kann dort stattfinden. Schularbeiten können in Freistunden und am Nachmittag gemacht werden.

• *Differenzierung* und *Markierung* mit Einzelelementen wie Trinkbrunnen, selbstgebaute Skulpturen, Streetballkörbe, Tischtennisplatten, Spieltische markieren die einzelnen Garten(hof)räume. Einige Flächen könnten auch als Obstwiesen zum Lagern, Diskutieren, und Ausruhen angelegt werden. Rundbänke um dicke Bäume könnten im Sommer Schatten bieten.

• Unterstützung der *Strukturierung* erfolgt durch Bepflanzung, Wälle und Muldenbildung, Böschungen, Pergolen (Holz- oder Stahlkonstruktionen), Trenn-, Sitz- und Stützmauern oder Holzkonstruktionen.

• Verbindungswege für kürzere oder längere *Rundgänge*, mit und ohne Treppenanlagen von Platz zu Platz, entlang Wasserläufen, Feuchtbiotopen und Teichen mit Beobachtungsplätzen sind zu schaffen.

• Darin können auch Wegstrecken mit eingestreuten *spielerischen Elementen* enthalten sein, wie Rundlauf, Seilbahn, Kletternetz, wenn vorhanden auch Seile zwischen alten Bäumen und Baumhäuser.

• *Aufenthaltsräume* bei Regen wie Werkszeughütten mit Veranda, Regendächer über Sitzplätzen und Tischtennisplatten, kleine Glashäuser mit Sitzplatz und Pflanzbeeten könnten am Weg liegen.

• Die Bepflanzung mit *Zierpflanzen* (Bäumen, Sträuchern, Stauden, Zwiebeln und Knollen und Sommerblumen) sollte jahreszeitlich deutliche Schwerpunkte setzen: Austrieb, Blüte, Fruchtbildung und -färbung, Herbstfärbung, winterliche Baumkonturen und lebhafte Rindenfärbung sollen bei der Pflanzenauswahl Beachtung finden.

• Die Bepflanzung soll in naturnahen Biotopen *heimische Pflanzen-(und Tier-)welt* bevorzugen.

• *Kulturpflanzen* sollten nach ökologischen Anbaumethoden in gesonderten Gärten mit Hochbeeten, Kräuterspiralen, mit durch Rankgerüste getrennten kleinen Feldern, Kompostplätzen, veränderbaren Wegen und lebenden Zäunen kultiviert werden.

• Pflanzen sollen etikettiert werden, *Erläuterungen* über jahreszeitliche Phänomene und systematische Zusammenhänge könnten an Biotopen und anderen Wuchsorten angebracht werden.

• Bei knappen Schulfreiräumen ist eine *Fassadenbegrünung* und Dachbegrünung wertvoll.

• *Solarzellen* können an Hofleuchten die Benutzungszeiten der Schulhofanlagen besonders im Winter verlängern und die Sicherheit erhöhen oder bei größerem Aufwand zusammen mit Wärmepumpen, Wärmetauschern und besserer Wärmedämmung, Lüftung und Heizluftführung den Energiehaushalt der Gebäude verbessern.

• *Wärmekollektoren* können die Treibhäuser aber auch je nach Aufwand die gesamte Schulanlage heizen und mit Warmwasser versorgen. Sie können Sitzgelegenheiten auch in kühleren Zeiten wärmen und trocken halten.

- *Versickerungsmulden* für das Regenwasser von Dächern und versiegelten Flächen (nicht Stell-plätzen) mit begleitenden Weiden und Erlenpflanzungen sollen mit den Feuchtbiotopen verbun-den werden.
- Durch *Windräder* und *archimedische Schrauben* kann Wasser bewegt und gepumpt werden.
- Getrennte Grauwasserklärung erfolgt durch geruchfreie *Pflanzenklärbeete*. Grauwasser kann in getrennten Rohrsystemen zur Toilettenspülung wiederverwendet werden.

Neben den Schulfreiräumen werden die *Schulgärten* – auch schulferne Gartenarbeitsschu-len – wieder wichtig und es werden Schulbiotope und Freilandlabors eingerichtet (MÜLLER ET AL. 1985, WINKEL HRSG. 1985).

Für *jüngere Schüler* sollen mehr Spiel- und Bauelemente sowie größere Bewegungsräume, wie weiter oben für die Kinder beschrieben, in die Schulfreiräume eingebaut werden. In der *Erwachsenenbildung*, etwa auf dem Universitätscampus, sollte besonderer Wert auf Klein-spielfelder, Liegewiesen, viele Sitzgruppen und abgeschirmte Freiluft-Seminarräume ge-legt werden.

Soziale und gesundheitliche Fürsorge

Im Laufe der Entwicklung der sozialen Absicherung der Bevölkerung wurden eine Reihe von Einrichtungen der staatlichen und kommunalen Fürsorge und Vorsorge geschaffen oder fortentwickelt. Diese wurden schon immer durch konfessionelle und private Angebote ergänzt. Daß mit diesen Einrichtungen auch Freiräume verbunden sind, ist nicht immer selbstverständlich gewesen.

Einrichtungen für das *Wohnen* bestimmter *benachteiligter Gruppen* verlangen spezifische Freiräume. Dazu gehören Kinder- und Jugendheime, Wohnheime für Alleinstehende, Al-tenheime, Heime für Körperbehinderte oder Geistigbehinderte und Blindenheime. Die in die Einrichtung *integrierten Freiräume* sind als Wohn- und Arbeitsgärten mit spezifischen Angebot an Spiel- und Erholungsanlagen, Flächen für die Produktion von Obst, Feld-früchten, Gemüse und Kräutern für den Eigenbedarf auszustatten. Der Aufenthalt in ver-trauter Umgebung und die geschützte Betätigung im Freien sowie der leichte Zugang zu allen Teilflächen muß besonders gewährleistet sein.

Plätze für Nichtseßhafte sollten eine geordnete Aufstellung der Wohnwagen ermöglichen, einen Mindeststandard an Ver- und Entsorgunganlagen und ein Grundstruktur der Frei-raumgestaltung etwa durch ein Baumraster, Versammlungsort mit Sitz- und Spielflächen und eine Einfriedung durch Hecken aufweisen.

Auch die Insassen *geschlossener Einrichtungen* wie Gefängnisse haben das Anrecht auf ausreichende Außenräume, die inbesondere dem Bewegungsdrang der Eingeschlossenen entsprechen müssen, aber auch das Erlebnis von Jahreszeit, Schönheit von Pflanzen und den Umgang mit natürlichen Dingen ermöglichen.

Zur *sozialen Versorgung* der Bevölkerung sind als *Ergänzung* zum privaten Wohnen, zur Ausbildung und zur täglichen Arbeit auch Freiräume an Kindertagesstätten, Jugendclubs, Versammlungshäuser der Erwachsenen, Seniorentreffs oder Räumlichkeiten für Gruppen mit besonderen gemeinsamen Interessen für gemeinsame Aktivitäten im Freien, Spiel und Sport einzurichten (LEPORELLO/NEUMANN 1989, SCHLOSSER 1994 – Behinderte, DEFFNER 1997 – Kindertagesstätte, HAGEDORN/MARQUARDT 1990 – Blindenwohnheim).

Die *Gesundheit* steht im Vordergrund bei der *Standortbestimmung* und *Einrichtung* von Akutkrankenhäusern sowie Rehabilitations- und Kurkliniken. Das *Krankenhaus* sollte entsprechend seiner Kapazität und Behandlungsschwerpunkte einerseits zentral zu den Wohngebieten eingerichtet werden, andererseits auch in sauberer Luft, ruhiger Lage und klimatisch günstig liegen. Diese Forderungen lassen sich leichter in der Nachbarschaft von größeren Parkanlagen erfüllen.

Die zum **Krankenhaus gehörenden Gartenanlagen** sollen
- Aufenthalts- und Erholungsangebote für in Genesung befindliche Patienten anbieten
- psychische Stimulation durch gesteigerten Erlebniswert bieten
- gesellige Aktivitäten im Freien ermöglichen
- Trainingsangebote für Regenerations- und Revitalisierungsmaßnahmen durch unterstützende Bewegungstherapien umfassen
- das Treffen mit Besuchern ermöglichen
- dem Personal Pausenerholung (bei Personalwohnheimen auch Feierabenderholung) gewähren
- für die Patienten, die das Haus nicht verlassen können, schöne, jahreszeitlich wechselnde Gartenszenerien wenigstens von weitem erleben lassen.
- Als Wintergärten bepflanzte Aufenthaltsräume müssen teilweise für die Patienten und ihre Besucher den Freiraumaufenthalt ersetzen.
- Gartenhäuser, überdachte Wandelgänge, Vorhallen und Terrassen in verschiedenen Etagen ermöglichen auch den Aufenthalt im Freien bei schlechtem Wetter.
- Der Eingangsbereich erfordert einen repräsentativen und einladenden Gartenhof.
- Stellplätze für Besucher sollten in Eingangsnähe, aber versteckt liegen. Fahrverkehr soll von den Fußwegen getrennt gehalten werden.
- Der Garten soll auch Wiesenflächen mit einem integrierten Hubschrauberlandeplatz (15×15 m) für Notfälle umfassen. Die Einflugschneisen müssen von Gebäuden und größeren Bäumen freigehalten werden.

Diese Forderungen gelten in erhöhtem Maße für den längerfristigen Aufenthalt der Patienten zur *Nachbehandlung* in Rehabilitationskliniken und zur *Vorbeugung* (Prävention) in Kurkliniken. Eine Kur besteht aus individuell abgestimmtem Anwendung von medizinischen Leistungen unter „Einsatz ortsgebundener und/oder kurortspezifischer Heilmittel mit gesundheitserhaltenden und verhaltensbeeinflussenden Maßnahmen bei Risikofaktoren" (§ 3 Kurarztvertrag, WEBER 1996). Solche Einrichtungen benötigen größere Park- und Terrainkuranlagen und werden deswegen in der Regel am Stadtrand liegen. Ausnahme bilden Städte, die um Kuranlagen entstanden sind wie Bad Soden-Allendorf (s. auch 9.3.7).

Öffentliche *Freibäder* werden überwiegend aus gesundheitlichen Gründen eingerichtet. Sie dienen allen Bevölkerungsgruppen zum Baden und Schwimmen aus Erholungsgründen, da *Naturbäder* (Badestellen an öffentlichen Gewässern mit Badeaufsicht und sanitären Anlagen) in den Städten nicht in genügender Anzahl und Verteilung vorhanden sind und die hygienisch einwandfreie Wasserqualität der Gewässer nicht immer garantiert ist. Die Freibäder haben außerdem im Sommer die Aufgabe, Trainingsmöglichkeiten für den Wassersport im wesentlichen von Schulen und Vereinen zu schaffen und so die Hallenbäder zu ergänzen.

• *Hallenbäder* sind aus der Tradition der öffentlichen Hygiene für die Bevölkerungsteile entstanden, die keine eigenen Dusch- und Bademöglichkeiten in der Wohnung hatten. Heute wird ein

Hallenschwimmbecken von etwa 270 m² Größe empfohlen, wenn wenigstens 10 000 Einwohner im Einzugsbereich der öffentlichen Verkehrsmittel wohnen.

• Die *Orientierungswerte* für die nutzbare Wasserfläche in Hallenbädern schwanken zwischen 0,023 m²/E bei Städten mit 20 000 Einwohnern und 0,01m²/E bei 100 000 und mehr Einwohnern in der Großstadt.

• Die Orientierungswerte für Freibäder liegen bei 0,1m²/E nutzbarer Wasserfläche für eine Stadt mit 20 000 E und bei 0,04m²/E für eine Großstadt von mehr als 100 000 Einwohnern.

• Die notwendige Grundstücksgröße wird mit 10 bis 16 m² pro Quadratmeter Wasserfläche angegeben, ohne die Stellplätze zu berücksichtigen.

• Der Bedarf an Freibädern soll nur zu 25 % durch Naturbäder erfüllt werden, da diese nur einen Teil der wassersportlichen Aktivitäten ermöglichen.

Vielfach sind kombinierte *Hallen- und Freibäder* entstanden, da viele Einrichtungsteile wie Stellplätze für Fahrräder und Motorfahrzeuge, begrünter Vorplatz mit Eingangsbereich als Treffpunkt, Eingangshalle, Umkleideräume, Dusch-, Bade- und Saunaeinrichtungen (einschließlich eines abgeschirmten Saunagartens), Aufsichts- und Verwaltungsräume, therapeutische Einrichtungen, Ruheräume, Restauration und alle technischen Anlagen für den Schwimmbadbetrieb gemeinsam benötigt werden. Zur *Saisonverlängerung* können auch Verbindungen von Hallen- und Freibecken geschaffen werden. Die Konkurrenzsituation verlangt wenigstens teilweise eine Anpassung der öffentlichen Badplanungen an die Unterhaltungs- und Geselligkeitsangebote der privaten Spaßbäder, soweit der sportliche Teil (Schwimmen, Springen, Wasserball) noch durchgeführt werden kann.

Sowohl in der Halle als auch im Freibad können verschiedene *Beckenarten* bereitgestellt werden, die draussen durch entsprechende Freiräume ergänzt werden können:

• flache *Planschbecken* zur Wassergewöhnung und für Wasserspiele der kleineren Kinder, mit Sitzgelegenheiten für die Begleitpersonen, abgetrennte Spritz-, Sand- und Matschflächen mit geschützten Liege- und Spielrasen sowie einzelne Schattenbäume

• *Nichtschwimmerbecken* (bis 1,6 m tief) zur Wassergewöhnung und für Wasserspiele für größere Kinder, zum Baden für alle und Schwimmen für Unsichere und Behinderte mit leichten Einstiegsmöglichkeiten, Halteseilen, Wassersprühern und -rutschen

• *Schwimmerbecken* für freies Schwimmen und Baden, Training und Wettkampf, Schwimm- und Lebensretterunterricht, Wasserballspiele mit Bahnenmarkierungen, Teilungsmöglichkeiten, Startblöcken

• tiefes *Springerbecken* für Sprünge von Brettern und Plattform und Tauchen für freie Nutzung und zum Training und Wettkampf

• *Wellenbecken* mit periodischen Wellengang, zu einer Seite flach auslaufend für Wellenbrechung, für attraktives Baden und Schwimmen und Training für das Schwimmen im Meer

Die Wasserbereiche sind mit Plattenflächen, Holzrosten zum Liegen und Sitzgelegenheiten (auch mobil) zu umgeben, die mit den anderen Flächen durch Schmutzschleusen (Fußbecken und Duschen) verbunden sind und mit undurchdringlichen Pflanzungen abgegrenzt werden.

Ruheflächen als Liegewiesen und Terrassenflächen (auch für Zuschauer bei Wettkämpfen) mit einigen lichten Schattenflächen sollen sich anschließen. Flächen für Gruppen- und Ballspiele sollen als Sportrasen, Sandflächen und befestigten Flächen in Randlagen untergebracht werden und durch Pflanzungen und Netze abgeschirmt werden. Die gesamte Freibadanlage sollte mit einem Rahmengrün umgeben sein und in Teilräumen gegliedert werden, die sich an der Himmelsrichtung und dem Relief orientieren.

Kultur und Unterhaltung

Im Bereich der Gemeinbedarfseinrichtungen für Kultur, Unterhaltung und Geselligkeit gibt es ein Bündel von öffentlichen bis privaten Institutionen, die dem Nutzungsziel angepaßte Freiräume besitzen sollen. Dazu gehören:

- lokal- oder baugeschichtlich bedeutsame historische Gärten oder Parks
- Museumsgärten, Ausstellungsgärten, Freiluftmuseen, Theatergärten, Freilichtbühnen
- Freizeit- und Erlebnisparks, Vergnügungsparks, Spaßbäder
- Plätze für Wechselnutzungen: Märkte, Jahrmarkt, Zirkus, Musikveranstaltungen
- Garten- und Blumenschauen verschiedener Stufen
- Hotel-und Restaurantgärten, Biergärten

Für historisch wichtige *Garten- und Baudenkmäler können* neben dem ursprünglichen Nutzungszweck als Kult-, Wohn- oder Arbeitsplatz (Kirchhof, Klosterhof, Burggarten, Schloßpark, Friedhof, Bauerngarten, Bürgergarten, Wallanlagen, Wasserwerksgelände, Zeche, Stahlwerk) neue Bedeutungen für die alten Zwecke gefunden werden und andere Aufgaben treten, etwa kulturfördernd (Konzerthof), ökologisch (Ökowerk) oder erlebnisorientiert (Bootsfahren im Park).

Gärten an Kultureinrichtungen wie Museumsgärten, Ausstellungsgärten, Freiluftmuseen, Theatergärten, Freilichtbühnen bieten einerseits Platz für die Aktionen, Vorführungen, Präsentationen von Produkten der Darsteller, Musiker, gestaltenden Künstler. Diese können momentan, für einen bestimmten Zeitraum oder dauernd Freiraum beanspruchen. Andererseits sind die Ansprüche der Besucher, Zuschauer, Miterlebenden, Betrachter an dem jeweiligen Garten mit seinem besonderem Angebot und ihre besondere Form des Wahrnehmens zu berücksichtigen:

- Raumgliederung, Geländeausformung, aufgabenunterstützende Pflanzen- und Materialauswahl, angepaßte Belichtung, Betrachtungs-, Wandel- und Sitzgelegenheiten prägen den spezifischen Garten.
- Veränderbare Räume sollen den wechselnden Bedarf der Benutzer berücksichtigen.
- Wandelbare Übergangsbereiche von Drinnen und Draussen können besser den kulturellen Ansprüchen genügen.

Das allerorten formulierte und abfragbare Bedürfnis nach Erlebnissen, die unterhalten und auch Vergnügen bereiten, führt zu Einrichtungen von Gebäudekomplexen mit zugeordneten Freiräumen, die versuchen, diesen Ansprüchen heute in umfassender Weise entgegenzukommen.

Spaßbäder haben nicht mehr den Anspruch, Gesundheit zu fördern und den Körper für den Wettkampf zu trainieren. Sie bauen auf die spielerische Komponente des Badens, Planschens, Röhrenrutschens und auf die lustvolle Geselligkeit auf der Liegewiese, der Terrasse und auf die Versorgung mit einer Vielzahl von leiblichen Genüssen. Entsprechend großzügig sind auch die einzelnen Teilräume zu gestalten. Das Drinnen und Draussen ist an vielen Stellen zu verbinden.

Freizeit- und *Erlebnisparks* entwickeln ihren Reiz durch Zusammenfügung vieler Elemente aus zoologischen und botanischen Gärten, exotischen, zircensischen Aufführungen, Miniaturisierung von Landschaften und berühmten Orten, Verniedlichung von technischen Risiken und Schaffung vermeintlicher Gefahren. Sie vermarkten erlebnisintensive, in rascher Folge wechselnde Angebote drinnen und draussen, die in einer Art Vergnügungs-rausch zu absolvieren sind. Die Planung der zugehörigen Freiräume verlangt eine auf die Planungsziele ausgerichtete totale Veränderung der vorhandenen Gegebenheiten und eine intensive Auseinandersetzung mit dem Programm des Parks.

Die ständig wechselnden Angebote von Unterhaltung und Vergnügen, wie *Jahrmarkt* (Kirmes, Kirchweih, Rummel), *Zirkus*, Freiluft*musik*veranstaltungen benötigen nur ein ge-nügend großes Gelände, das nicht versiegelt ist. Dafür eignen sich krautige oder offene Dauerbrachen mit sandigem Untergrund am Stadtrand, Volkswiesen, z.B. am Rande von Überschwemmungsbereichen oder in großen Parkanlagen, Stadtplätze ohne Baumbepflan-zung, deren Pflaster verändert werden darf.

Regelmäßig wiederkehrende *Wochenmärkte* sollen auf wohngebietsbezogenen zentralen Plätzen durchgeführt werden. Sie sollen gepflastert sein und mit Bäumen bepflanzt sein.

Die *Gartenschauen und Blumenausstellungen* werden nicht nur in Ausstellungshallen durchgeführt, sondern sind überwiegend mit der Einrichtung und Erneuerung von städti-schen Parkanlagen verbunden und dienen nach Rückbau der reinen Ausstellungsteile zur Verbesserung des Freiraumsystems, wie unter 9.3.2 beschrieben.

Gärten für die Gäste der *Restaurants und Hotels* müssen räumlich gut strukturiert sein, in allen Jahreszeiten durch dekorative Bepflanzung und ausgesuchte Materialien die Aufent-haltsqualität steigern und gleichzeitig die Arbeitsabläufe des Betriebs berücksichtigen.

9.3.6 Wohnfreiräume

Wohnen findet nicht nur in umbauten Räumen statt, sondern hat schon seit eh und je die unmittelbar angrenzenden Freiräume oder *Außenräume der Wohnung* mitbenutzt.

Die auf den Freiraum bezogenen Wohnbedürfnisse und -ansprüche beeinflussen das *Wohn-erleben* und *Wohnhandeln*, das heißt das Wohlbefinden beim Wohnen, die Art und Weise des Wohnens und die Reaktion auf die Wohnsituation, nämlich sich entweder zu beschei-den, die Wohnung und zugehörende Freiräume zu verändern, zu ergänzen oder die Woh-nung zu wechseln. Neben dem Vorhandensein, der Größe und Ausstattung von Wohnfrei-räumen ist auch der Grad der Privatheit von ausschlaggebender Bedeutung für die Wohn-zufriedenheit oder Akzeptanz von *Wohnfreiräumen* (BOCHNIG 1985).

Der Freiraumbedarf der vorhandenen oder künftigen Bewohner ist frühzeitig in den Pla-nungsprozeß einzubringen und im städtebaulichen Entwurf, der Gebäudeplanung und der Planung des gesamten Baugrundstücks sowohl bei der Stadterneuerung als auch bei der Entwicklungsplanung zu berücksichtigen (s. auch 9.4.3). Wohnfreiräume sind hierarchisch von privaten über gemeinschaftliche, institutionelle und öffentliche Freiraumtypen dem Wohnen zugeordnet:

1. *Wohnungsfreiräume* als individuelle, auf die Wohneinheit bezogene Freiräume:
   – geschlossene Räume wie grüne Zimmer, Wintergarten, Veranda
   – Loggia, Balkon, Dachgarten, Terrasse
2. *Wohnhausfreiräume* an Einfamilienhäusern oder als gemeinschaftliche Freiräume an ei-nem Mehrwohnungshaus mit gemeinschaftlichem Treppenhaus:
   – Vorgarten, Eingangsbereich

– Hausgarten, Privatpark, Gartenanteil
– Spielplatz, Stellplätze, Carports
3. *Freiräume des Wohnumfeldes* **für mehrere Wohnhäuser oder Aufgänge eines Wohnblocks oder Wohnstraßenbereichs:**
– Gemeinschaftshof, Gemeinschaftsgrün (Siedlungsgrün), incl. Spiel- und Aufenthaltsflächen
– Fuß- und Fahrwege, Wirtschaftswege, Feuerwehrwege, Gemeinschaftsstellplätze
– Dachbegrünung, Entsorgungsflächen (Recycling und Müllplätze, Kompostplätze), Versickerungsflächen, Trockenplätze
– wohnungsnahe Gärten (Mietergärten)
4. **Wohnfreiräume werden vervollständigt durch die öffentlichen Freiräume der drei höheren Hierarchieebenen** (s. a. 9.3.1 bis 9.3.4):
– des Wohnquartiers oder Wohnkomplexes mit *wohnungsnahen Freiräumen*
– der Wohnsiedlung oder des Wohngebietes mit *siedlungsnahen Freiräumen*
– des Stadtteils oder der Stadt mit dem vollständigen Freiraumsystem

Sie werden ergänzt durch die *institutionellen Freiräume* der zugeordneten Sozialstruktur, wie unter 9.3.5 behandelt und die Kleingärten als *wohnungsferne Gärten* (s. 9.3.7).

Wohnungsfreiräume

Pflanzen in den Wohnungen haben eine lange Tradition. Für sie sollte geeigneter Platz mit eingeplant werden. Ihre dekorative Wirkung ziehen sie aus Blattwerk und Blütenpracht auch im Winter. Besonders blattreiche Pflanzen tragen zum angenehmen *Wohnklima* mit ihrer Verdunstung und ihrer Staub- und Schadstoffbindung bei.

Als Zwischenbereich zu den Gärten, Vorgärten und Terrassen lassen sich *Wintergärten* (mit Heizung), geschlossene *Veranden* oder *Anbauglashäuser* errichten, die als Zwischenklimazonen sowohl den Aufenthalt während des Winters und der Übergangszeiten im „Grünen" ermöglichen, als auch im Sommer durch große bewegliche Glasfronten den unmittelbar am Haus liegenden Freiraum erweitern oder sogar die Terrasse ersetzen können. Zugleich vermindern sie die Heizkosten für die übrige Wohnung.

Wohnräume auf oberen Wohnebenen sollen durch *Balkons* oder größere *Dachterrassen* als Freiluftwohnraum ergänzt werden. Diese sollen mindestens Raum für die Aufstellung eines Tisches mit vier Sesseln oder zwei Liegen und noch Platz für Gefäße, Kübelpflanzen, einschließlich Rank, Kletter- und Schlinggewächsen bieten. Dieser private Freiraum soll auch vor Einsicht, Zugluft, Lärm- und Geruchsbelästigung weitgehend geschützt sein.

Bei der Einzelhaus- und besonders der Reihenbebauung sind die *Wohnterrassen* in entsprechender Anordnung oft die einzigen Orte, die ohne Einblicksmöglichkeiten und „Lauschangriffe" von Nachbarwohnungen oder Nachbargärten die Privatsphäre des Wohnens im Freien gewährleisten. Die Abschirmung kann durch Rankgerüste, Schiebewände und bewachsene Brüstungen oder Geländer noch verstärkt werden. Empfehlenswert sind auch Dächer oder Markisen für Schatten und Sichtschutz.

Wohnhausfreiräume

Der *Vorgarten* als Übergangsbereich zum Wohnhaus hat überwiegend repräsentative Funktionen und Gemeinschaftsfunktionen für alle Hausbewohner und umfaßt oder gliedert meistens den *Eingangsbereich,* den *Müllcontainerplatz* und die *Stellplätze* für Spielgeräte,

Fahrräder und Autos oder Garagenauffahrten für die Hausbewohner. Das heißt, er liegt in unserer Klimazone überwiegend an der Nord- oder Ostseite. Wenn bei anderen Himmelsrichtungen auch ein größerer Teil des *Hausgartens* vor dem Haus angelegt wird, soll ein *Carport* mit Rankgerüst oder ein Garagen- und Gartenhäuschen den Schutz zur Wohnstraße bieten und damit größere Fahrwege im Garten vermieden werden. Auch Holzwände, Mauern und Geländestufen oder Bodenwellen, ergänzt durch Bepflanzung, können diese Aufgabenverteilung unterstützen. Die meistens nach Süden oder Westen gelegenen hauptsächlichen Gartenteile werden entweder gemeinschaftlich genutzt oder sind in *Einzelgärten* für die einzelnen Wohnungen aufgeteilt, die auch eigene Sitzplätze mit Veranden haben können. Geschützte Terrassen unmittelbar am Haus sind für die untere Etage empfehlenswert. Das Haus soll auch einen Ausgang vom Treppenhaus über die überdachte Terrasse zum Hausgarten haben.

Der Garten ist ein *Aktionsraum*, in dem man sich u.a. erholt, liest, spielt, Feste feiert, arbeitet, ißt, Schularbeiten macht, sich mit dem Nachbarn unterhält. Obstbäume, Nutzgarten und Kräutergarten sollen nicht fehlen.

Die *Gartennutzung* läßt drei verschiedene Typen erkennen:
– der *Freizeit- und Familiengarten*, der als zusätzlicher Wohnraum betrachtet wird,
– der reine *Erholungsgarten* zur Entspannung und
– der intensiv gepflegte schöne *Ziergarten*, der „fürs Auge" als Kulisse da ist (HARLOFF ET AL. 1993)

Für das Kinderspiel ist auf jeden Fall ein *gemeinsames Spielgelände* mit Sandplatz, Planschmöglichkeit, Klettermöglichkeit (Bäume) und Wiese, Schattenplatz und Regenschutz erforderlich.

Freiräume des Wohnumfeldes

Ein ungetrübtes *Zusammenleben* in Freiräumen des *Reihenhausbaus* bei höherer Wohndichte ist abhängig von der Stellung und Lage der Gebäude sowie der Anordnung von Fenstern und Türen und verlangt zusätzlich nach geräusch- und sichtgeschützten Balkons, Terrassenbereichen oder Gartenteilen. Auch Gartenlauben und Glashäuser können diese Aufgabe übernehmen. Schutzwände mit Berankung und Hecken können nur bedingt einen Schutz bieten. Während die Dachbegrünung aus konstruktiven Gründen nur für die gesamte Hausreihe gemeinsam geplant werden soll, kann die Fassadenbegrünung für jedes Reihenhaus unterschiedlich vorgesehen werden.

Residentelles *Gemeinschaftsgrün* mit gemeinsamen Spielanlagen und Aufenthaltsflächen für die Wohngemeinschaft, z.B. Sitzplätze und Spiel- und Liegewiesen kann zwischen den Hausreihen oder erreichbar über einen rückwärtigen Fußweg (Wirtschaftsweg) eingerichtet werden.

Bei der *Zeilenbauweise* sind mehrgeschossige Wohnhäuser in geschlossener Bauweise mit gemeinschaftlichen Treppenhäusern ausgestattet, an denen die Etagen- oder Maisonette-Wohnungen liegen. Die Hauseingänge liegen am *Wohnweg*, der entweder zwischen den Vorgärten zweier Wohnzeilen liegt und dann zwei Zeilen erschließt oder abwechselnd den Eingangsbereich mit Vorgarten nach der einen Seite und das Gemeinschaftsgrün oder die Mietergärten nach der anderen Seite erschließt. Zum leichteren Erreichen des Gemeinschaftsgrüns und der wohnungsnahen Privatgärten sollen die Treppenhäuser Ausgänge nach beiden Seiten haben.

Die *Vorgärten* sollen im Zusammenhang entwickelt werden und für eine Wohnstraße in der Zeilenbebauung charakteristische Gemeinsamkeiten, zum Beispiel bei Pflasterung, Hecken- oder Baumbepflanzung, aufweisen.

Die gemeinsame Nutzung der Freiräume zwischen den Hauszeilen als *Gemeinschaftsgrün* kann durch die Lage entlang der Hausfronten einerseits in ihren Nutzungsmöglichkeiten eingeschränkt, als auch andererseits störend für die Anwohner sein. Daher sind umfangreiche strukturelle und raumbildende sowie abschirmende Maßnahmen der Freiraumplanung erforderlich. *Hausgärten* sind für die ersten beiden Geschosse mit Zugang über eine Terrasse oder einen Balkon mit Außentreppe möglich. Alle anderen Wohnungen sind auf *wohnungsnahe Gärten* (Mietergärten) auf dem Baugrundstück oder *wohnungsferne Gärten* (Kleingärten) angewiesen

Obwohl Häuserzeilen vielfach geradlinig verlaufen, können sie doch geschwungene oder gewinkelte Formen haben und damit viel zu einer brauchbaren Raumstruktur der Aussenräume beitragen. Ein Beispiel dafür sind die Freiräume der modifizierten Zeilenbebauung am Woltmannweg in Berlin-Lichterfelde.

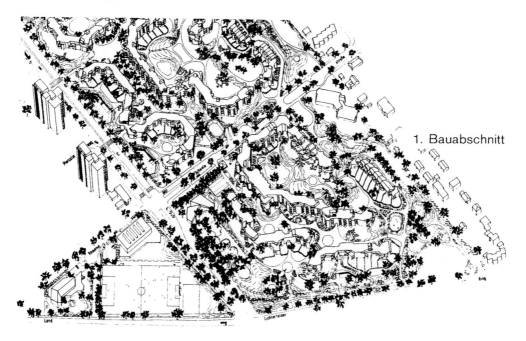

Bild **9**.13   Wohnsiedlung Woltmannweg der GSW, 1. Bauabschnitt (Arch. Schudnagies)

Unterschiedliche Geschosszahlen (bis zu sieben Etagen) erleichtern die Anlage von großen Terrassen und Dachgärten. An den Erdgeschosswohnungen liegen private Terrassen mit kleinen Gärten. Wohnungsnahe Gärten stehen teilweise für die oberen Etagenwohnungen zu Verfügung. Spiel- und Aufenthaltsflächen sowie die innere Wegeerschließung sind in dichte Bepflanzung eingebettet.

Die Erschließungswege sind unterschiedlich gepflastert und durch Leitpflanzungen aus Straßenbäumen differenziert. Sie dienen gleichzeitig für Feuerwehr und anderen Notverkehr. Die Autos werden zum Teil auf versenkten und mit Rankgerüsten versehenen Gemeinschaftsstellplätzen abgestellt, soweit sie nicht in Tiefgaragen untergebracht werden können. Entsorgungsflächen (Recycling- und Müllplätze) werden stark eingepflanzt, Versickerungsflächen sind als Verlandungsteiche ausgebaut (PLANUNGSGRUPPE „GRÜNE 8" 1989, RICHTER 1997).

Der gemeinschaftliche *Blockinnenraum* der Blockrandbebauung soll als *Gemeinschaftsparkanlage* entwickelt werden. Sie soll neben gemeinschaftlichen Rasenflächen und attraktiven Pflanzungen auch unterschiedlich gestaltete gegeneinander abgetrennte Teilräume als Aufenthaltsorte für verschiedene Zielgruppen umfassen. Diese Raumbildung kann durch Bodenbewegungen, Geländestufen, Rankgerüste, Hecken und Mauern unterstützt werden. Der innere Fahrweg sollte nur für den Not- und Feuerwehrverkehr zugänglich sein.

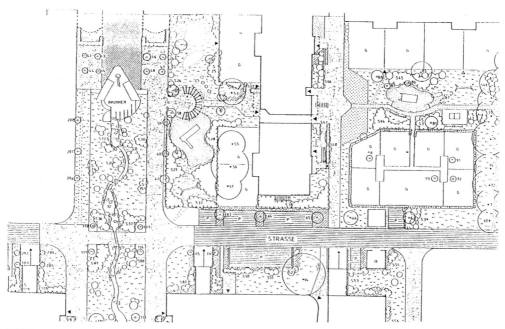

Bild **9**.14   Gartenhöfe an der Berliner Straße 88 in Berlin-Zehlendorf (Bestand 1997) GSW

Das Gemeinschaftsgrün kann auch durch eine zentrale *Mietergartenanlage* für alle Etagenbewohner ersetzt oder ergänzt werden (Gartenstadt Staaken), sofern ein wohnungsnaher Park in der Nähe ist. Wenn der Blockinnenraum nur durch einen Fußweg erschlossen ist, entsteht ein attraktiver *Gartenhof* oder/und private *Hofgärten* (ökologisches Bauen, Siedlung Berliner Str. 88).

Die Treppenhäuser sollen direkte Verbindung zur Straße und zum Gartenhof haben. Die Bürgersteige sollen durch einheitlich gestaltete *Vorgärten* von den Erdgeschosswohnungen abgegrenzt sein. Eine geschickte Aufstellung der Pkws in den Straßenräumen, Fahrbahnverengungen und Einbahnstraßen können in Erneuerungsgebieten dafür Platz schaffen. Erdgeschosswohnungen im Hof können entweder durch innere Vorgärten oder kleine Mietergärten vom Weg getrennt sein. Bei Pflanzung von *Großbäumen* sollte der Schattenwurf dichtlaubiger und breitkroniger Bäume bedacht werden, da eine Hofseite immer schon durch die Randbebauung verschattet ist. Einrichtungen für lärmende *Kinderspiele* sollten in kleinen Höfen vermieden werden und in großen Höfen an weniger beeinträchtigenden Orten angelegt werden.

In den *Gründerzeitblöcken*, die mit vielen Gebäuden, Hinterhäusern und Nebengebäuden um hintereinander gestaffelte überwiegend kleine Höfe angeordnet sind, sind die Chancen für die nachträgliche Schaffung von Wohnfreiräumen reduziert. *Hofbegrünungsprogramme* mit Entsiegelungsmaßnahmen, Regenwasserversickerung, Hofbepflanzung, Fassadenbegrünung und intensive oder extensive Dachbegrünung, kleinere Zieranlagen und eine Rasenfläche mit Sitzplatz für gemeinschaftliche Veranstaltungen der Hausbewohner und einem Spielplatz für die kleineren Kinder können die Bewohnbarkeit und die ökologische Qualität im Zusammenhang mit anderen Modernisierungsmaßnahmen, etwa der Balkonerweiterung und dem hellen Anstrich von Wänden der Innenhöfe, verbessern (URBANES WOHNEN E.V. HRSG. 1983, STATTBAU 1994).

Der Eingangsbereich soll im Fußgängerbereich der Straße genügend Platz für einen Kurzaufenthalt und das Abstellen von Fahrrädern und Kinderfahrzeugen ermöglichen. Vorgärten sollen erhalten oder auf Kosten der Fahrbahn und der Stellplätze neu geschaffen werden. Stadtstraßenangepaßte Baumpflanzungen mit großem unversiegeltem Wurzelbereich oder Rankgerüste für robuste Kletterpflanzen anstelle von Straßenbäumen oder an den Hauswänden sollen vorgesehen werden.

Großsiedlungen aus der Zeit der ehemaligen Bundesrepublik und der DDR sind von *Großstrukturen* mit *Punkthäusern* und langen *Hausscheiben* mit acht und mehr Geschossen geprägt, deren Außenräume in residentelle Gemeinschaftsgrünflächen der Wohnkomplexe und institutionelle Freiräume der eingestreuten Sozialbauten, gelegentlich auch private Mietergärten sowie in öffentliche Freiräume aufgeteilt sind oder werden, um eindeutige Zuständigkeiten und Verantwortung für die Freiraumentwicklung zu schaffen. Insgesamt sind sie wegen der hohen Geschosszahlen mit großen Freiräumen umgeben. Neubaugebiete dieser Art sind relativ selten.

Die starke Einsehbarkeit der Gemeinschaftsflächen durch eine sehr große Anzahl von anonym bleibenden Bewohnern und die oft unangenehmen Windverhältnisse durch Fallwinde und Windpfeifen verlangen nach einer sorgfältigen Raumbildung und Geländeausformung für die einzelnen Freiraumnutzungen, eine Abschirmung durch massive Großbaum- und Großstrauchpflanzungen, Erdwälle, Geländestufen, Mauern und Rankgerüste, um Nischen für die verschiedenen Freiraumaktivitäten zu schaffen.

Die Freiräume werden oft sehr stark von einer inneren Erschließung mit weitläufigen Stellplatzanlagen zerschnitten. Ein eindeutiges Vorne und Hinten bei den Gebäuden ist schwer zu definieren, die Lage der Eingänge ist ziemlich beliebig. Die Treppenhäuser und Fahrstühle sind vielfach nur von einer Seite zugänglich, so daß bei langen Scheibenhäusern

Durchgänge zu schaffen sind. Die Eingangsbereiche müssen besonders großzügig dimensioniert und als Aufenthaltsort ausgestattet sein. Vordächer und Rankgerüste können dies unterstützen. Private Freiräume werden durch den Bau von neuen Balkonen geschaffen. Müllplätze müssen gut abgeschirmt sein. Die Lage von lärmerzeugenden Spielplätzen wie etwa Ballspielplätzen muß sorgfältig ausgewählt werden. Die Einrichtung von wohnungsnahen Mietergärten ist nur in geschützten und nicht einsehbaren Teilen der Außenräume wünschenswert. Die wechselweise Nutzung von Teilen der Freiräume an Kindertagesstätten und Schulen auch für die Bewohner der umliegenden Häuser bedeutet eine Verbesserung des Freiraumangebots und eine bessere Ausnutzung.

9.3.7 Freizeitwohnen

Neben dem ständigen Aufenthalt am Wohnsitz treten besondere Formen des Wohnens auf, die mit Freizeitaktivitäten an einem *wohnungsfernen Ort* verbunden und überwiegend am Stadtrand zu finden sind. Oft sind diese zweiten Lebensschwerpunkte sehr stark auf den Aufenthalt im Freien ausgerichtet. Ihnen gemeinsam ist, daß sie nicht für den dauernden Aufenthalt verwendet werden dürfen.

Verschiedene Formen des *Freizeitwohnens* lassen sich in vier Gruppen zusammenfassen:
1. Kleingartenanlagen
2. Campingeinrichtungen
3. freizeitbezogene Zweitwohnungen
4. Touristisches Wohnen

Hier können nur die Kleingartenanlagen als wichtigstes Beispiel der wohnungsfernen Freiräume erörtert werden.

Kleingartenanlagen

Kleingärten sind privat genutzte *wohnungsferne Gärten*, die als Parzellen auf einem als *Kleingartenanlage* genutzten Grundstück liegen und zu wenigstens einer Kolonie zusammengefaßt sind. Kleingärten fungieren sozialintegrativ, haben familien-, alters- und freizeitpolitische Aufgaben und sind gesundheitsfördernd. Die Produktion von Pflanzen ist heute etwas in den Hintergrund getreten. Die Kleingärtner gehören in der Regel einer (auf Antrag) gemeinnützigen Organisation an, die als Zwischenpächter auftritt, die Unterpachtverträge mit den Kleingärtnern abschließt und für die Durchführung der Gemeinschaftsaufgaben sorgt.

Kleingartenanlagen sind regelmäßig entweder im Eingangsbereich oder in zentraler Lage mit *Gemeinschaftseinrichtungen* ausgestattet. Neuere *Dauerkleingartenanlagen* enthalten zusätzlich auch ein *öffentliches Rahmen- und Gemeinschaftsgrün* sowie ein *öffentliches Wegesystem*. Diese Anlagen können als *Kleingartenpark* in dem städtischen Freiraumsystem integriert sein. Nur wenn es gelingt, die Kleingartenanlagen nicht nur für die Kleingärtner mit ihren Familien (2,7 Personen pro Parzelle in Berlin) und ihre Besucher bereitzuhalten, sondern sie auch für die Öffentlichkeit zu nutzen, besteht die Chance, Kleingärten in der Stadt auch langfristig zu erhalten. Dafür sollen über

- die privat genutzten, unterschiedlich gestalteten Parzellen und die üblichen, gemeinschaftlich genutzten Bereiche wie Vereinshaus, Versammlungsplatz und Festwiese mit Baumpflanzungen und Spielplätzen hinaus
- „Grüne Treffpunkte" mit Gastronomie auch für die Öffentlichkeit zum Feiern angelegt werden
- umgewandelte Parzellen zur öffentlichen Nutzung oder zur ständigen Pflege durch Schulklassen als Demonstrationsgärten und Ökolauben mit naturnahen Gärten freigegeben werden
- viele Bänke mit Tischen und Buddelplätze für Kleinkinder auf Plätzen und in Wegenischen aufgestellt werden
- Durchgangsradwege und Kleingartenlehrpfade eingeplant werden
- gemeinschaftliches oder öffentlich gepflegtes Begleitgrün an den Hauptwegen, Stellflächen, Plätzen, Gräben und Gewässern gepflanzt werden
- sowie Grenz-, Schutz- und Trennpflanzungen zu störenden Bereichen wie Straßen und gewerblich genutzten Flächen vorgesehen werden.

Als Mindestausstattung mit *Gemeinschaftseinrichtungen* und *Rahmengrün* (Tarafläche) sind wenigstens 20 % der Gesamtfläche erforderlich.

Die *Parzellengrößen* schwanken stark. Nach dem Gesetz sollen es weniger als 400 m² sein, die GALK empfiehlt einen Orientierungswert von 300 m² pro Parzelle, die Stadt Berlin schlägt einen Richtwert von 250 m² vor, aber in der Realität liegen die Durchschnittswerte oft darüber. In West-Berlin waren 80 % der Befragten mit der durchschnittlichen Parzellengröße von 344 m² zufrieden.

Bei zusätzlichem Bedarf können, ohne weitere innerstädtische Flächen in Anspruch nehmen zu müssen, zu große Parzellen entweder *geteilt* werden oder von den jüngeren Familien oder Gruppen *mitgenutzt* werden, oder kann durch *Parzellentausch* insbesondere kinderreichen Familien ein größerer Kleingarten zu Verfügung gestellt werden. Für Gemeinschaftseinrichtungen und Rahmengrün können Flächen durch Abgabe von Gartenanteilen direkt von den betroffenen Parzellennachbarn gewonnen werden.

Gleichzeitig könnten auch die Entfernungen zur Wohnung und damit der Fahrverkehr reduziert und die Häufigkeit der Nutzung erhöht werden. Dadurch kann auch die Laube weniger zum Übernachten genutzt werden, und deshalb die gesetzliche Größenbegrenzung für die *Gartenlaube* von 24 m² leichter eingehalten und die Abfindungskosten bei Übernahme durch einen Nachfolger könnten niedriger angesetzt werden

Die kleingärtnerische *Nutzung* der Parzellen für die *Produktion* von Obst, Gemüse, Feldfrüchten, Kräutern und Blumen sowie Kleintieren für den Eigenbedarf soll in einem ausgewogenen Verhältnis zur Nutzung als *Zier- und Erholungsgarten* stehen. Die vielfältige, individuelle private Nutzung erfüllt zusammen mit dem Rahmengrün auch eine öffentliche Funktion.

Für *Dauerwohner* darf langfristig kein Raum in Dauerkleingartenanlagen sein, um den Charakter und die Funktion als Grünfläche nicht zu gefährden. Das spricht nicht gegen eine häufige Übernachtung im Kleingarten. Gegebenenfalls muß das Gebiet in ein Wochenendhausgebiet oder ein Kleinsiedlungsgebiet umgewandelt werde

Auf die *landschaftlichen Eigenarten* muß bei der Neuplanung einer Dauerkleingartenanlage geachtet werden. Die beliebte Ansiedlung auf Restflächen oder ihre Verwendung als Pufferzonen zu Verkehrs- und Gewerbeflächen sollte nur unter strengen *Umweltauflagen* zugestanden werden. Um eine intensiven Autoverkehr zu vermeiden, müssen öffentliche

Verkehrsmittel in unmittelbarer Nähe Haltestellen erhalten, da nicht alle Kleingärtner in Fußgänger- oder Radfahrentfernung wohnen können (RICHTER 1981, WECKWERTH ET AL. 1986, BARTHOLMAI 1993, TESSIN 1995, STEIN 1999).

9.3.8 Freiräume für gewerbliche Nutzungen

Die Forderung nach einem *Freiraumkonzept* für gewerblich genutzte Flächen muß im Zusammenhang einer funktionellen, sozialen und ökologischen Betrachtung gesehen werden. Die bisher dafür zusammengestellten *Anforderungen* müssen im Sinne der Freiraumplanung entsprechend ergänzt werden, um Mensch und Ökologie mit allen Aspekten in die städtebauliche Planung solcher Gebiete einzubringen (BDA/BDLA 1988, ECK 1997):
– baugebietsbezogene, städtebaulich-strukturelle Anforderungen
– standortbezogene, ökologisch-mediale Anforderungen
– erschließungsbezogene, ökologisch-technologische Anforderungen
– nutzungs- und gebäudebezogene, ökologisch-konstruktive Anforderungen
– arbeits- und erholungsbezogene, gesundheitlich-ästhetische Anforderungen

Die gewerblich genutzten Flächen lassen sich vier Kategorien zuordnen:

1. mit Gebäuden überbaute Flächen
• Von den Gebäuden sind für die Freiraumplanung die Dachflächen als Gründächer, Erholungsgärten für die Belegschaft und bei knapper Grundstücksfläche auch Fahrzeugstellplätze für Mitarbeiter- und Gäste (mit Außenrampe) und die Wände zur Fassadenbegrünung wichtig. Dazu kommen die mit Pflanzen ausgerüsteten Innenräumen wie Eingangshalle, Schau- und Verkaufsräume, Warteräume, Büroräume, Fitnessräume.

2. versiegelte Bodenflächen
• Von den versiegelten Bodenflächen im Freien können besonders die Stellplätze, die Verkaufs-, Ausstellungs- und Repräsentationsflächen, die Betriebssportflächen und Pausenplätze mit Wegen, Sitzplätzen, Beleuchtung und Kunstwerken als markante Außenräume gestaltet werden.

3. wasserdurchlässige Bodenflächen ohne Bewuchs
• Wasserdurchlässige offene Bodenflächen können ähnlich verwendet werden, wenn die Gefahr der Bodenverdichtung vermieden wird und Boden- und Grundwasserbeeinträchtigungen ausgeschlossen werden können.

4. offene Bodenflächen mit Bewuchs
• Eine reichhaltige Kombination von Bäumen, Sträuchern, Rank- und Schlinggewächsen, Stauden, Sommerblumen, Bodendeckern und Rasen konzentriert sich hauptsächlich auf die Repräsentations- und die Erholungsflächen.
• Rahmen- und Schutzpflanzungen werden entsprechend ihren Aufgaben überwiegend aus heimischen Gehölzen gewählt.
• Reserveflächen werden entweder dem Wildwuchs (Spontanvegetation) überlassen oder waldbaumäßig angepflanzt. Innere Wachstumsreserven können auch den bisherigen oder vorübergehenden neuen Nutzungen, wie kleingärtnerischer, gärtnerischer oder landwirtschaftlicher Nutzung überlassen werden.

9.3.9 Verkehrsflächen, Erschließungsgrün, Leitungsbahnen

Flächen, die dem *motorisierten* Verkehr gewidmet sind (s. Abschn. 6), können wenigstens zeitweilig Freiraumfunktionen übernehmen (Wasserstraßen s. 9.3.10 Stadtgewässer). Zumindestens werden Verkehrsflächen für Freizeitaktivitäten wie Vergnügungsfahrten und Besichtigungsfahrten mit Pkws, Bussen und Bahnen benutzt. Freizeit- und Vergnügungsparks haben eigene Schienenbahnsysteme.

Für die übrigen Verkehrsteilnehmer (Fußgänger, Radfahrer und Nutzer nichtmotorisierter Fahrzeuge) geht es um die zum Aufenthalt im Freien *benutzbaren* Verkehrsflächen und um das nur indirekt durch seinen Erlebniswert als Freiraum wirksame *nicht betretbare Erschließungsgrün* und Leitungsgrün.

9.3.10 Stadtgewässer

Die Gewässer einer Stadt haben neben ihrer Funktion als städtischer Freiraum *vielfältige Aufgaben*, wie den Oberflächenabfluss ihres Einzugsbereiches, Einfluss auf den Grundwasserstand, Lebensraum für Flora und Fauna, Klimaausgleich, Fischfang, Transportweg für die Schifffahrt, Uferfiltration für die Trinkwassergewinnung und Vorfluter für die gereinigten Abwässer und Erholungsnutzung. Nur bei in Parkanlagen integrierten Teichen oder Wasserläufen oder bei besonders dafür geschaffenen stehenden Gewässer überwiegt die Erholungsnutzung. Die Wasserqualität ist auch für die Erholungsnutzung von wesentlicher Bedeutung und kann zu Nutzungseinschränkungen und -verboten führen.

Öffentliche Freiraumnutzungen der Gewässer sind insbesondere:
1. am Ufer der Gewässer: Lagern, Spielen, Sonnen, Aussicht genießen, Angeln
2. ufernahe Wasserflächen: Baden, Schwimmen, Spielen, Schwimmplattformen, Sprunganlagen, Anlegestege, Bojenfelder und Marinas
3. Gewässerfläche: manuell-, wind- und motorgetriebene Boote und Geräte, Fahrten mit Passagierschiffen

9.3.11 Waldparks und Stadtwälder

Parkanlagen, die dem Typus *Waldpark* zugeordnet werden, können durch die Länder vom Waldbegriff ausgenommen werden, sodaß sie nicht der Waldbewirtschaftung unterstehen, auch wenn sie einen dichten Baumbestand haben und größere Flächen bedecken. Diese Waldparks müssen bei Haftungsfragen wie andere öffentliche Parks behandelt werden. In unmittelbarer Nähe der Städte und am Stadtrand liegende oder in die Stadt hineinragende Wälder werden auch als *Stadtwälder* (Frankfurter Stadtwald, Eilenriede in Hannover) bezeichnet. Stadtwälder und Waldparks sind Teil des städtischen Freiraumsystems, das die innerstädtischen Freiräume mit dem Umland verbindet (SENSTADTUM HRSG. 1994a).

9.3.12 Feldflur als städtischer Freiraum

Für die Erholung und den Aufenthalt des Städters im Freien ist die Feldflur mit *Ackerland* und *Grünland* und *Obstkulturen* von eigenständiger Bedeutung und deshalb nicht durch andere Freiraumtypen oder Nutzungskategorien ersetzbar. Sie dienen zusammen mit den Waldgebieten und Gewässern und den naturnahen aus der Nutzung herausgenommenen Gebieten sowohl als Zielorte für Urlaubsersatz als auch für die Wochenend- und die Feier-abenderholung. Eine Reihe von nicht einrichtungsgebundenen Aktivitäten lassen sich dort durchführen.

Trotz unterschiedlicher Nutzungsansprüche und individueller Wahrnehmungsunterschiede ist die *Erlebnisqualität* abhängig von der Ausgeprägtheit des Reliefs, der Raumstruktur und -größe und den vorhandenen oder zu planenden Landschaftselementen. Die *Augenhöhe* ist eine wesentliche Bewertungsgröße für die Erlebbarkeit des Raumes. Ihre besondere Qualität erhalten die Landwirtschaftsflächen durch typische Landschaftselemente, die sie deutlich einerseits vom Wald und andererseits vom städtischen Parkanlagen unterscheiden:

9.3.13 Naturnahe Flächen als Naturerfahrungsräume

Städtische Freiräume umfassen auch *naturnahe Flächen*. Sie können entsprechend ihrer Lage, Größe und den Entwicklungstadien verschiedene Nutzungskategorien umfassen und durchaus innerhalb des Weichbildes der Stadt liegen. Dazu rechnen nicht mehr bewirt-schaftete Acker-, Grünland- und Gartenbrachen, nicht genutzte Rieselfelder, Deponien und andere städtische Ruderalflächen. Auch geschützte Biotope im Sinne des § 30 BNATSCHG, wie Moore, Heiden, Trockenrasen, Dünen und alpine Rasen gehören dazu.

Es wird dafür plädiert, für die „freie Erholung" in naturnahen Landschaften eine neue Flä-chenkategorie „*Naturerfahrungsraum*"zu schaffen, die nach *Ausstattungscharakter* und *Aktivitätsschwerpunkt* ausgewählt werden soll.

„*Erschlossene Wildnis* im Sinne natürlicher Dynamik ist die geeignetste Ausprägung von Landschaftsteilen, um Natur passiv und aktiv erleben zu können". Das Erleben der städti-schen Bevölkerung von Natur und die ökologische Aufwertung solcher Freiräume sollen einander fördern. Sowohl die Belange von Naturschutz als auch von Erholung können da-durch in der Auseinandersetzung mit anderen, um den knappen Raum konkurrierenden Nutzungsanforderungen gestärkt werden (PROBST 1993, SCHEMEL 1997).

9.3.14 Provisorische oder temporäre Freiräume

Provisorische Freiräume sind nicht mit allen sonst üblichen oder nach Meinung der Be-troffenen, der Planer, Gestalter und Verwalter erforderlichen Ausstattung und Erschließung versehen. Sie bieten aufgrund ihres Zustandes insbesondere für Kinder und Jugendliche interessante Orte zum Aufenthalt und unreglementiertem Spielen. Dazu gehören einerseits nicht mehr genutzte Grundstücke und andererseits Grundstücke, die sich in einem Umnut-zungsprozess befinden, etwa nach einem Gebäudeabriss, als nicht mehr benötigter Lagerplatz, als Räumungsgelände von Kleingärten, die für einen Hausbau vorgesehen sind, dessen Bau sich verzögert, als ruderales Wohnbau- oder Industriegrundstück mit ungeklärten Besitzverhältnissen, als Trasse für eine künftige Straße oder Schienenbahn.

Temporäre Freiräume können Reserveflächen eines Gewerbebetriebes oder einer Wohnungsbaugesellschaft sein, die in voraussehbarem Zeitraum nicht bebaut oder für andere Nutzungen benötigt werden.

Für beide Kategorien von Freiräumen sind bestimmte *Regeln* erforderlich, die in einer „ordentlich" geplanten Stadtlandschaft solche vorübergehenden Nutzungsmöglichkeiten gestatten, ohne der weiteren geplanten Nutzung Steine in den Weg zu legen.

Bedingungen für provisorische Freiräume:

1. Ein Einvernehmen ist mit dem Eigentümer über die Zulassung der provisorischen und temporären Freiräume zu erzielen. Das umfaßt den Zeitraum der Nutzung, (unter Umständen kurzfristig mit Verlängerungen), die Flächenausdehnung (wahrscheinlich ist ein Grenzzaun notwendig) und die minimalen Maßnahmen zur Sicherung der Flächen (Müll, Schadstoffe).
2. Eine öffentliche Übernahme der Haftung auf dem zur Verfügung gestellten Gelände (falls die Haftung des Eigentümers nicht im Sinne des Sponsoring bei ihm bleibt) ist notwendig.
3. Die kostenlose Überlassung des Geländes für die Freiraumnutzung soll sichergestellt werden und die minimalen Pflege- und Kontrollkosten müssen zugeordnet werden (eventuell ebenfalls durch Sponsoring). Werbung mit dieser sozialen Leistung soll erlaubt sein.
4. Die im Überlassungszeitraum entstandenen natürlichen Qualitäten des Geländes (Wildwuchs im Sinne des Naturschutzes) oder die inzwischen aufgebauten Einrichtungen (Hütten, Teiche, Spielvorrichtungen) müssen auf Verlangen des Eigentümers zu beseitigen oder zu verändern sein, ohne rechtliche Probleme zu erzeugen (Naturschutz, Medialer Umweltschutz, Stadtplanung, Bauordnung, Enteignung).
5. Eine Institution (öffentlich oder privat) muß sich mit dem Auffinden und dem Management dieser Stadtflächen befassen und auch darauf achten, daß während der Nutzung keine unüberwindlichen Rechtshindernisse entstehen. Sie muß auch die vertraglichen Formalitäten regeln und überwachen.

Dieser hier zusammengestellte Regelungsbedarf zeigt, daß es nur mit Mühe und eventuell sogar notwendigen, rechtlichen Anpassungen möglich ist, provisorische und temporäre Freiräume im Stadtgebiet als zusätzliches Nutzungsangebot bereitzustellen. Trotzdem sollte man darauf nicht verzichten.

9.4 Planungsmethodik B: Zuordnung/formale Instrumente der kommunalen Freiraumplanung

9.4.1 Freiraumplanung im Planungsverbund

Da die Freiraumnutzungen und die Wirkungen der anderen Freiraumqualitäten nicht an der Gemeindegrenze haltmachen, ist es nützlich, die *örtlichen und überörtlichen Verflechtungen* der verwaltungsmäßig und staatlich differenzierten Verwaltungseinheiten darzustellen und die entsprechenden Organisationsformen zu kennen oder zu initiieren, wie z.B der *Landesplanungsverbund* zwischen dem Land (der Region, der Gemeinde) Berlin und den umliegenden Gemeinden (Ämtern, Kreisen) des Landes Brandenburg.

Modell zentrale Stadt

Die Umlandgemeinden übernehmen im *Stadt-Umland-Verbund* verschiedene Funktionen einer zentralen Stadt mit über 100 000 Einwohnern: neben raumbeanspruchenden Gewerbegebieten vor allem Wohngebiete geringer Dichte mit Hausgärten, Kleingartenkolonien, spezielle Sporteinrichtungen wie Modellfluganlagen, Hunderennbahnen, und Ausflugsziele wie Biergärten und Gartenwirtschaften. Sie haben überwiegend den Charakter von ländlichen Gemeinden verloren, partizipieren dafür an den Leistungen der zentralen Stadt mit Verwaltung, Ausbildungsstätten, Gesundheitseinrichungen, Kultur, Unterhaltung und Geschäftswelt und Freiraumangeboten wie Botanischer Garten, Tiergarten, historische Parkanlagen, zentraler Erholungspark (s. a. Tafel 9.3: Freiraumtypen der städtischen und ländlichen Freiräume). Städte zwischen 20 000 und 100 000 Einwohner, die den Status einer „Kreisfreien Stadt" besitzen und damit die Funktionen eines Kreises und einer Gemeinde wahrnehmen, können nicht alle zentralen Freiraumfunktionen für die Umlandgemeinden übernehmen, sondern müssen einige dieser Angebote wie Botanischer oder Zoologischer Garten an die übergeordnete Großstadt abgeben.

Modell städtischer Verdichtungsraum

Verdichtungsräume wie das Gebiet des Kommunalverbandes Ruhr – KVR – oder der Umlandverband Frankfurt /Main bestehen aus mehreren Städten verschiedener Größe und Einwohnerzahlen, die sich entsprechend der historischen Entwicklung die Aufgaben der zentralen Freiraumversorgung teilen und wegen der großen Entfernung zu den ländlichen Räumen oft auch interne Naherholungsgebiete geschaffen (Revierparks) oder erhalten haben (Frankfurter Stadtwald). Aber auch sie sind auf die Freiraumangebote der umgebenden ländlichen Gebiete angewiesen.

Beitrag der ländlichen Gemeinde

Die ländlichen Gemeinden sind aus Effizienzgründen in Ämtern mit jeweils einer Amtsgemeinde oder ähnlichen Gruppen zusammengefaßt und sind einem Landkreis mit einer zentral gelegenen Kreisstadt zugeordnet, die oft unter 20 000 Einwohner hat. *Urlaub- und ferienbezogene Freiraumangebote* in dörflichen Gemeinden wie historische Dorfkerne, Bauernhöfe mit Ferienwohnungen, Dorfschenken und -teiche sowie typische Kulturlandschaften mit ortsüblichen Kulturpflanzenanbau und Viehwirtschaft, mit Feldfluren, Grünland, Wäldern, Gewässern und Naturgebiete mit wertvollen Biotopen sind dort als Erholungsangebote für die städtische Bevölkerung zu finden.

Wenn sich größere Freizeiteinrichtungen wie Wochenendhausgebiete, Campingplätze und Bootssiedlungen an Gewässern, Wild- und Freizeitparks, Golfanlagen, Sportflugplätze, Motorsportflächen in den ländlichen Gemeinden ausbreiten, die außerhalb der städtisch geprägten Randgemeinden der Städte liegen, so ist damit eine weitgehende *Auflösung der dörflichen Lebensform* verbunden.

Freiraumplanung in der ganzen Vielfalt seiner Freiraumtypen im städtischen und ländlichen Raum kann also nur wirksam werden, wenn die Gemeinden sich durch *vertraglich geregelten überörtlichen Verbund* die Pflichten einer angemessenen Freiraumversorgung teilen.

9.4.2 Partner der kommunalen Freiraumplanung

Wie schon in der Definition der Freiraumplanung angesprochen (s. 9.1.1) sind für die Freiraumplanung in den Gemeinden *verschiedene öffentliche Verwaltungen und private Institutionen zuständig.* Dies gilt erst recht für die verschiedenen Ebenen der übergeordneten Planung, auf denen gemeindeübergreifende Inhalte der Freiraumplanung behandelt werden sollen.

Kommunale Verwaltungen

Das *Grünflächenamt*, traditionell auch Gartenamt oder *Gartenbauamt* genannt, ist wichtiger Träger der *Funktion Freiraumversorgung.* Die Grünflächenämter und, soweit die Aufgaben von anderen Ämtern wahrgenommen werden, die entsprechenden Abteilungen, sind bundesweit in der „Ständigen Konferenz der Gartenamtsleiter beim Deutschen Städtetag" – GALK-DST – zusammengeschlossen. Die GALK arbeitet eng mit der *„Kommunalen Gemeinschaftsstelle für Verwaltungsvereinfachung"* – KGSt – in Köln zusammen. Im *Aufgabengliederungsplan* werden Aufgabengebiete der *Landschafts- und Freiraumplanung* und des *Grünflächenmanagements* folgendermaßen zusammengefaßt:
– *übergeordnete Freiraumplanung, Landschaftsplanung*
– *Naturschutz und Landschaftspflege*
– *Planung, Entwurf, Bau von kommunalen Freiflächen*
– *Verwaltung, Pflege von kommunalen Freiflächen, Förderung der Gartenkultur (Gartendenkmalpflege)*
dazu kommen:
– *Bestattungs- und Friedhofswesen*
– *Forstwesen*
– *Kleingartenwesen*
– *betriebliche Aufgaben der Produktion, Dekoration, Anlage und Pflege*

Vielfach sind Naturschutz und Landschaftspflege mit der Freiraumplanung in einem *Naturschutz- und Grünflächenamt* vereinigt. Dies hat den Vorteil, daß alle freiraumplanerischen Aspekte, die der Absicherung durch die Landschaftsplanung (s. 9.4.6) bedürfen, auf dem kurzen Behördenwege unter einem Behördenleiter eingebracht und entschieden werden können. Der Nachteil könnte sein, daß die Bedeutung der Freiraumversorgung zugunsten des Biotop- und Artenschutzes und des Flächen- und Objektschutzes sowie der Eingriffsregelung in den Hintergrund gedrängt werden könnte. Die kommunale Freiraumplanung und der Naturschutz und die Landschaftspflege könnten auch einem *Umweltamt* zugeordnet sein. Hier tritt der *mediale Umweltschutz* (s. Abschn. 10) oder auch technischer Umweltschutz in den Vordergrund der Aufgabenschwerpunkte. Der Vorteil eines solchen komplexen Amtes liegt in der relativ leichten Abstimmung zwischen den fachlichen Teilaspekten des biologischen und technischen Umweltschutzes. Damit wird auch eine verbesserte Durchsetzbarkeit der Forderungen der Freiraumverorgung, soweit im Kompromiß akzeptiert, erreichbar sein. Wieweit sich in der so breiten hausinternen Abstimmung die Belange der Freiraumplanung aber im notwendigen Umfange durchsetzen können, ist zu hinterfragen.

Das vom KGST vorgeschlagene *Steuerungsmodell* der dezentralen Ressourcenverantwortung zusammen mit der angestrebten *Produktorientiertheit* der Grünflächenämter sieht eine pyramidenförmige Produkthierarchie vor.

Tafel **9**.13   Steuerungsmodell für die Verwaltungsebenen der Produktbearbeitung
(nach SCHMITHALS 1994)

Steuerungsmodell

Verwaltungsführung -------- Produktbereiche

Dezernat/Referat ------------------------ Produktgruppen

Fachbereichsleitung --- Produkte

Abteilungen --- Leistungen

Durch die Aufteilung der Kompetenzen der öffentlichen Verwaltungen in *Fachämter*, z.B. *Grünflächenamt* (einschließlich Naturschutzamt, Forstamt, Kleingartenamt und Friedhofsamt), Sport- und Bäderamt, Gesundheitsamt, Stadtreinigungsamt mit fachlicher Verantwortung und *Querschnittsämter*, z.B. Hauptamt für Stellen, Personalamt für Personal und Stadtkämmerei für Finanzen mit Ressourcenverantwortung, werden die Aktionsspielräume der Fachämter hinsichtlich organisatorischer, personeller und finanzwirtschaftlicher Entscheidungen stark eingeschränkt.

Durch so genanntes *Business-Reengineering* werden daher vorher fragmentierte Unternehmensprozesse zu einer *neuen Gesamtheit*, in diesem Fall der Geschäftsbereich „Natur, Raum, Bau", in Wuppertal zusammengeführt, die zur Stärkung von Individualität, Eigenständigkeit, Risikofreudigkeit, Wandlungsfähigkeit und damit verstärkten Motivation und Leistungsfähigkeit der Mitarbeiter führen soll. Durch die kunden- und produktorientiertere Betrachtungsweise sollen Vorstellungen wie weniger Leitung, weniger Kontrolle, einfachere Delegation von Verantwortung und vereinfachte Überwachung bei verringerten Durchlaufzeiten zu einer *Verbesserung der Bearbeitungsprozesse* führen. Dies führte zu neuer Organisation (Tafel 9.14) anstelle des ehemaligen Garten- und Forstamtes, dem auch die Untere Landschaftsbehörde angehörte (SCHMIEDECKE 1995).

Tafel **9**.14   Stadt Wuppertal: Natur - Raum - Bau, Ressort 3: Natur und Freiraum (SCHMIDT 1995 nach SCHMIEDECKE)

Ressort-management	Freiraumplanung, Stadtöko-logie, Landschaftspflege	Wasser, Abfall, Altlasten	Betrieb, Grün- und Freiflächen	Forsten und Wald-bewirtschaftung
Finanzen Budget	Objekt- und Ausführungsplanung	Abfallwirtschaft	Freiflächenunterhal-tung intern/extern	Forst
Vermögens-bewertung	Freiraumplanung	Gesetzliche Aufgaben nach Abfallgesetz	Stadtgärtnerei, Floristik	Umsetzung der Forsteinrichtung
An- und Ver-kauf von Grundstücken	Umweltverträglichkeits-prüfung (UVP)	Altlasten (Erfassung und Sanierung)	Werkstatt für Spezialmaschinen	Forstwirtschaftspläne (Aufstellen und Durchführen)
Ausschuß-betreuung	Umweltinformations-system	Gewässerschutz (gesetzliche Aufgaben nach Landeswasser-gesetz, Wasserhaus-haltsgesetz)	Friedhofswesen	Waldbewirtschaftung (Pflege)
Vertragswe-sen, Rechts-fragen, Ord-nungsrecht	Baugenehmigung (Fachbeitrag)		Kleingartenwesen	Privatwaldbetreuung
Organisati-ons- und Per-sonalangele-genheiten	Baumschutz(satzung), Land-schafts- und Naturschutz, Aufgaben nach Landschafts-gesetz, Beteiligung an Ge-nehmigungsverfahren		Station Natur und Umwelt	Erholungsvorsorge
Controlling, Revision	Landschaftspflege		Zivildienst im Umwelt-schutz	
ADV	Landschaftsplanung			
Umweltberat-ung/Umwelt-bewußtseins-Förderung	Abgrabungen Jagd- und Fischereiwesen			

Andere Fachämter

Viele Inhalte im Zusammenhang mit der Erfüllung des Freiraumbedarfs der Bevölkerung sind in unterschiedlich zusammengefaßten Ressorts *anderer Fachämter* zu finden. Sozial-amt, Jugendamt, Sportamt, Schulamt bedürfen einer ständigen inhaltlichen Abstimmung mit den für die Freiraumplanung zuständigen Ämtern.

Ein wesentlicher Teil der Freiraumplanung wird durch den *Träger der Bauleitplanung* im Flächennutzungsplan und Bebauungsplan erarbeitet. Hierfür ist das *Stadtplanungsamt* oder falls keine gesonderte Behörde dafür vorhanden das Bauamt zuständig. Zur Beschreibung der Aufgabenstruktur dieser kommunalen Ämter wird auf Abschn. 2 verwiesen.

Die planungsrechtliche Integration der Freiräume in die Bauleitplanung und andere städte-baulichen Planungen (s. 9.4.5) durch das kommunale Planungs- oder Bauamt ist durch die Beteiligung der Naturschutz- und Grünflächenämter als *Träger öffentlicher Belange* si-chergestellt (soweit die Kompetenzen wegen der Kleinheit der Gemeinde nicht an eine ge-meinsame Amtsverwaltung oder auch die Kreisverwaltung delegiert wurden).

Direkte und indirekte Bürgermitwirkung

Grundsätzlich sind die Bürger und Einwohner im Sinne eines stellvertretenen Handelns durch die öffentlichen Einrichtungen von Staat und Gemeinde von den täglichen Entscheidungen zur Planung ihrer Umwelt und damit auch der Freiräume entlastet (Träger öffentlicher Belange als Verwaltungsressorts: fachlich stellvertretend, gewählte Gremien und Ausschüsse: politisch stellvertretend, Straf- und Ziviljustiz: als Kontroll- und Ahndungsorgan und rechtinterpretierend). Ausnahme sind ein Teil der Entscheidungen über die privaten Grundstücke. Da dieses stellvertretende Handeln nicht immer die Interessen des Einzelnen oder von Gruppen ausreichend berücksichtigt, sind verschiedene Formen von Bürgerbeteiligung offiziell eingerichtet worden oder zur Diskussion gestellt.

Direkt und formal beteiligt ist ein Bürger oder Einwohner (dieser hat nur Wohnsitz, kein Wahlrecht) an der Freiraumplanung als Eigentümer und als Pächter oder Betreiber, wenn derjenige selbst der Bauherr ist oder sein Grundstück oder das Nachbargrundstück von einem Plangenehmigungverfahren, Raumordnungsverfahren oder Baugenehmigungsverfahren betroffen oder er sonstwie zu beteiligen ist, z.B. bei einer Erschließungsmaßnahme mit Verkehrsgrün oder einer Abwasserbeseitigung (*Betroffenenbeteiligung*).
Eine *direkte, formale Beteiligung* ist auch gegeben, wenn seine Lebensqualität zum Beispiel als Mieter, als Stadtbewohner, als Benutzer von Einrichtungen, als Verkehrsteilnehmer betroffen ist und ein *Beteiligungsverfahren* in dem Planungsverfahren vorgesehen ist (*Jedermann- bzw. Popularbeteiligung*). Das hierher gehörende Aufstellungs- und Genehmigungsverfahren der *vorbereitenden* und *verbindlichen Bauleitplanung* (wird in Abschn. 5 behandelt) ist eine wichtiges Transportmittel für freiraumplanerische Forderungen. Die in die Bauleitplanung so genannte *integrierte Landschaftsplanung* ist in einigen Bundesländern Teil dieses Verfahrens.

Die für die Freiraumplanung bedeutsame *Landschaftsplanung* kennt auf örtlicher Ebene nur in einigen Bundesländern eine direkte, formale Beteiligung zum einen als *einfache Bürgerbeteiligung*, die unabhängig von dem Beteiligungsverfahren der Bauleitplanung verläuft (Berlin, Bremen, Hamburg, Hessen, Schleswig-Holstein) und zum anderen eine *frühzeitige oder vorgezogene Beteiligung* mit einer später im Verfahren folgenden *Anhörung von Bedenken und Anregungen* im zweiten Schritt (sind nur in Berlin, Nordrhein-Westfalen, Thüringen vorgesehen).

Im allgemeinen ist bei allen übergeordneten Planungsebenen der Landschaftsplanung nur eine *indirekte, formale Beteiligung* durch sogenannte *anerkannte Vereine* (nach §§ 58-61 BNatSchG) vorgesehen, die auch die Aspekte der Landschaftspflege einschließlich Erholungsvorsorge neben den Naturschutz- und Biotopschutzfragen zu behandeln haben.

Andere indirekte, formale Beteiligungen aufgrund von Naturschutz- und Landschaftspflege im Sinne von Beratung, Kontrolle sind die *Sachverständigenbeiräte* (in Nordrhein-Westfalen Interessenbeiräte) und die *Beauftragten für Naturschutz und Landschaftspflege* auf verschiedenen Planungsebenen.

Eine indirekte und formale Beteiligungsform ist auch die Beteiligung der *Träger öffentlicher Belange* im Abwägungsprozess der Planungs- und Genehmigungsverfahren. Bürgermeister, Amstdirektor, Landrat, Hauptausschüsse, Gemeindevertretung und Kreistag sowie die Fraktionen bestimmen letztlich, wer in den entsprechenden Behörden (s. oben), öffentlichen Unternehmen, Kammern, Gemeinschaften und den Nachbargemeinden tätig ist und Entscheidungen vorbereitet oder vorbereiten läßt und amtlich werden läßt.

Die Rolle des Landschaftsarchitekten

Der freischaffende Landschaftsarchitekt ist *Vertragspartner* des öffentlichen oder privaten Auftraggebers (bei Bauvorhaben des Bauherren), dessen Interessen er entsprechend dem vereinbarten Leistungskanon gegenüber anderen (das gilt auch für die ausführenden Unternehmen) *treuhänderisch* wahrnimmt und daher auch ein Honorar auf Vertragsbasis erhält. Als Rechtsform für ein Büro für Landschaftsarchitektur kommen in Frage:

– das Einzelbüro
– die Sozietät; Gesellschaft bürgerlichen Rechts GbR
– die GmbH
– die Partnerschaft nach dem Partnerschaftsgesellschaftsgesetz PartGG

Als Mitarbeiter eines gewerblichen Unternehmens, das kombinierte Planungs- und Bauleistungen anbietet, ist er voll in den gewerblichen Ablauf integriert und kein Freiberufler.

9.4.3 Kommunale Freiraumplanung als öffentliche Aufgabe

Tafel **9**.15 Verortung der Freiraumplanung im Raumplanungssystem

A Freiraumplanung durch Gesamtplanung
Freiraumplanung und übergeordnete Planungen (s. 9.4.4)
Kommunale Freiraumplanung und Bauleitplanung sowie Entwicklungsplanung (s. 9.4.5)

B Freiraumplanung durch Fachplanungen
durch Naturschutz- und Landschaftspflege (s. 9.4.6)
im Kleingartenwesen und Friedhofs- und Bestattungswesen (s. 9.4.7)
durch Garten- und Baudenkmalpflege (s. 9.4.8)
andere Fachplanungen wie Forst- und Waldplanung, Gewässernutzung, Verkehrsplanung (s. 9.4.9)

C Freiraumplanung durch Bauplanung (s. 9.4.10)

D Freiraumplanung und Umweltschutz (s. 9.4.11)

E Freiraumplanung im zivilrechtlichen Baugeschehen und bei Nutzung des Eigentums an Grund und Boden (s. 9.4.12)

Das formelle Instrumentarium der Raumplanung mit der Kompetenz für *Gesamtplanung* und der *Fachplanungen* hat in Deutschland in seinem mehrstufigen Planungssystem (s. Abschn. 2) keine eigenständige Freiraumplanung etabliert, wie schon aus Abschn. 9.1.1 und Tafel 9.15 ersichtlich wird. Vielmehr gibt es inhaltliche Integrationsmöglichkeiten der Freiraumplanung auf den verschiedenen Planungsebenen bzw. sie müssen erst geschaffen werden. Zum dazugehörigen Planungsprozess s. Abschn. 9.2.

Die Mitwirkungsmöglichkeiten in den verschiedenen Gesamtplanungen (9.4.4 und 9.4.5) und Fachplanungen (9.4.6 - 9.4.11) mit ihren zum Teil unabhängigen Aufstellungs- und

Genehmigungsverfahren werden in den folgenden Unterabschnitten mit Betonung der kommunalen Planungsebene angesprochen.

9.4.4 Freiraumplanung und übergeordnete Gesamtplanungen

Für alle raumbedeutsamen Planungen und Maßnahmen, die Raum (Grund und Boden) in Anspruch nehmen, gelten folgende **Grundsätze der Raumordnung**, die für Freiraumplanung besonders wichtig sind. Die Grundsätze sind nach dem *Gegenstromprinzip* der gegenseitigen Rücksichtnahme von Staat und Kommune abzuwägen. Räumliche und sachliche Teilpläne sind zulässig (Raumordnungsgesetz – ROG).

Freiraumbezogene Grundsätze:

• Entwicklung der ausgewogenen *Siedlungs- und Freiraumstruktur* im Gesamtraum und Sicherung der *Funktionsfähigkeit* des Naturhaushaltes im besiedelten und unbesiedelten Bereich, ausgeglichene wirtschaftliche, infrastrukturelle, soziale, ökologische und kulturelle Verhältnisse in den jeweiligen Teilräumen (Nr.1).

• Entwicklung und Erhaltung der großräumigen und übergreifenden *Freiraumstruktur* mit Sicherung und Erhaltung und Wiederherstellung funktionsfähiger Böden, des Wasserhaushalts, der Tier- und Pflanzenwelt sowie des Klimas, Gewährleistung der ökologisch angepaßten wirtschaftlichen und sozialen Nutzungen des Freiraums (Nr.3).

• Flächendeckende Sicherstellung der Grundversorgung (Ver- und Entsorgung), Bündelung der sozialen Infrastruktur in Übereinstimmung mit der Siedlungs- und Freiraumstruktur (Nr.4).

• Sicherung von verdichteten Räumen (Wohnen, Produktion und Dienstleistungen) als Dienstleistungsschwerpunkte, Steuerung der Siedlungsentwicklung durch integrierte Verkehrsysteme (ÖPNV- Verbünde) und *Freiraumsicherung*. „Grünbereiche sind als Elemente eines Freiraumverbundes zu sichern und zusammenzuführen. Umweltbelastungen sind abzubauen."(Nr.5).

• Berücksichtigung der *Wechselwirkungen* bei der Sicherung und Entwicklung der ökologischen Funktionen und landschaftbezogenen Nutzungen (Teil von Nr.8).

• Schutz der Allgemeinheit vor Lärm und Sicherung der Reinhaltung der Luft (Teil von Nr.8).

• Wahrung von *geschichtlichen* und *kulturellen Zusammenhängen* und regionaler Zusammengehörigkeit, Erhaltung der prägenden Merkmale der gewachsenen Kulturlandschaften, einschließlich der Kultur- und Naturdenkmäler (Nr.13).

• Sicherung geeigneter Gebiete und Standorte für *Erholung* in Natur und Landschaft sowie für *Freizeit* und *Sport* (Nr.14).

Im Raumordnungsverfahren wird eine *Raumverträglichkeitsprüfung* eingeführt, die den überörtlichen Gesichtspunkten der oben aufgeführten Grundsätze zu Freiraumstruktur und Freiraumfunktion Rechnung trägt.

Die *hochstufige Landesplanung* entspricht einem hohem Abstraktionsgrad der räumlichen und sachlichen Aussagen und weitmaschigen Zielen zur Freiraumversorgung. Die Ziele werden landesweit durch Ausfüllung der Raumordnungsgrundsätze in den **Raumordnungsplänen** der Länder, einschließlich Begründung, dargestellt. Außerdem soll hier die *Freiraumstruktur* festgelegt werden (Landesplanungsgesetze der Bundesländer):

Die strikte *Freiraumsicherungspolitik* neben der Politik der Minimierung der Ressourcenbeanspruchung und der energetischen Kreisläufe muß zu erheblich reduzierten Flächenansprüchen für Bauvorhaben und zu veränderten Nutzungsprogrammen von Kommunen und

Fachplanungen führen. Dazu gehören Themen wie Innenverdichtung vorhandener Siedlungsflächen, Umwidmung alter Industrieflächen und -brachen, Flächenrecycling bei Altlasten und Militärflächen (Konversion) und Schließung von Baulücken. Alles sind herausfordernde Themen für die Freiraumplanung. Diese Ausrichtung entspricht dem heute international diskutierten „sustainable development", einer langfristig sich selbst tragenden Entwicklung des menschlichen Lebensraums.

Für die stadtstrukturell, freiraumbezogen und ökologisch aufzuwertende künftige **Regionalplanung** mit gemeindeübergreifenden, konzeptionellen Steuerungsaufgaben sind die Handlungsträger in einer Region zu *kooperativem zielbezogenen Handeln* zu vereinen.
Die Vertreter der Freiraumplanung können an einem solchen Konzept mitwirken, das z.B. für Berlin-Brandenburg ein gemeinsames Landesentwicklungsprogramm (LEPro) und einen gemeinsamen Landesentwicklungsplan für den *engeren Verflechtungsraum Brandenburg/Berlin* vorsieht (LEPeV) (ERMER 1996).

Beispiel Verflechtungsraum Berlin (VO 1998:- LEPeV - Festlegungen, Erläuterungsbericht):
2.1.-2.3: Freiräume mit großflächigem Ressourcenschutz und mit besonderem Schutzanspruch sowie Entwicklungsraum Regionalpark
3.1-3.2: Übergeordnete Grünverbindungen und Grünzäsuren.
Unter Einbeziehung Berliner Stadtflächen ist im engeren Verflechtungsraum ein *Grüngürtel* durch eine Kette von *Regionalparks* zu sichern, der die Aufgaben Gliederungs-, Durchlüftungs- und Erholungsfunktion und den Schutz natürlicher Ressourcen zugewiesen bekommt und ein Baustein im Konzept der *dezentralen Konzentration* Brandenburgs und Berlins darstellt.

Seit der Neufassung des Raumordnungsgesetzes (BAUROG 1997) kann künftig in verdichteten Räumen oder sonstigen raumstrukturellen Verflechtungen wie oben beschrieben, ein **regionaler Flächennutzungsplan** erarbeitet werden, der sowohl Regionalplan als auch Flächennutzungsplan ist. Die Zusammenarbeit maßgeblicher öffentlicher und privater Stellen soll *regionale Entwicklungskonzepte* und *Städtenetze* zur Stärkung teilräumlicher Entwicklungen, auch mit Hilfe vertraglicher Vereinbarungen, fördern.

9.4.5 Kommunale Freiraumplanung und Bauleitplanung

Die Elemente der Freiraumplanung können direkt als Aussagen der Bauleitplanung formuliert werden, ohne daß sie ausdrücklich durch eine Fachplanung eingebracht werden müssen (Baugesetzbuch – BauGB). Städtebaulich relevante Inhalte der Landschaftsplanung (s. 9.4.6) können direkt in der Bauleitplanung dargestellt oder festgesetzt werden (Berlin, Bremen, Hamburg, Mecklemburg-Vorpommern, Nordrhein-Westfalen, Rheinland-Pfalz, Saarland).
Jedoch müssen solche Planungsvorschläge mit den einzelnen Fachplanungen einvernehmlich oder wenigstens „im Benehmen" entstanden sein.

Planungsinstrumente für die Integration freiraumplanerischer Forderungen:

– *Örtlicher, gemeinsamer Flächennutzungsplan* (vorbereitende Bauleitplanung) durch Nachbargemeinden
– Flächennutzungspläne eines Planungsverbandes (Verbandsgemeinden, Ämter oder ähnliche Zusammenschlüsse nach Landesrecht) mit Vereinbarungen über sachliche und räumliche *Teilbindungen*
– Flächennutzungsplan einer Gemeinde, auch mit fachlichen Zurückstellungen oder mit vorgezogenen Fachlichen Teilplänen
– teilörtliche Gemeindeplanung durch mindestens „*qualifizierten*" *Bebauungsplan* (verbindliche Bauleitplanung) aus dem Flächennutzungsplan entwickelt
– *selbstständigen Bebauungsplan* ohne FNP
– Bebauungsplan im *Parallelverfahren* mit FNP und
– *vorzeitigen* Bebauungsplan vor FNP
– *städtebaulicher Vertrag* zur Durchführung städtebaulicher Maßnahmen *mit vereinfachtem Verfahren* auf eigene Kosten Privater nach BauGB
– *Vorhabenbezogener Bebauungsplan* der Gemeinde mit *Vorhaben- und Erschließungsplan* und *Durchführungsvertrag* nach BauGB

Freiraumplanung durch Satzungen:

– *Erhaltungssatzung von Ortsteilen*
– *Satzung* über *Grundsätze der Ausgestaltung* von Ausgleichsmaßnahmen
– *Flächen- und Maßnahmenfestsetzung* zum Ausgleich
– *Ersatzmaßnahmen* nach Landesnaturschutzgesetzen
– *Vertrag mit Sanierungsträger*
– *Sanierungssatzung, förmliche Festlegung* des Sanierungsgebietes und *Ersatz- und Ergänzungsgebiete* für städtebauliche Sanierungsmaßnahmen nach BauGB
– Festlegung als Entwicklungsbereich nach BauGB
– *Entwicklungssatzung* für Entwicklungsmaßnahmen, Neuordnung, Anpassungsgebiete
– *Erschließungsvertrag* der Gemeinde mit Dritten
– *Erschließungssatzung* für Baugebiete einschließlich Erschließungsgrün
– *Abgrenzungssatzung* für im Zusammenhang bebaute Ortsteile
– *Abrundungssatzung* für im Zusammenhang bebaute Ortsteile
– *Ergänzungssatzung* über Bebauung als neuer Innenbereich
– *Außenbereichssatzung* für Wohnbebauung im Außenbereich
– *Sicherungssatzung* von Fremdenverkehrsgebieten

Freiraumplanung durch städtebauliche Gebote der Gemeinde:

– *Pflanzgebot, Baugebot, Rückbau- oder Entsiegelungsgebot* (nach BauGB)
– Schutz des Mutterbodens (nach BauGB)

Als Beispiel für die Darstellung von freiraumplanerischen Inhalten der örtlichen Gesamtplanung kann hier nur der verbindliche Bauleitplan vorgeführt werden. Die im **Bebauungsplan** *rechtsverbindlichen Festsetzungen* der städtebaulichen Ordnung und Entwicklung sind entsprechend den Grundsätzen des Baugesetzbuches in seinen festgesetzten Grenzen aus dem Flächenutzungsplan und gegebenenfalls anderen übergeordneten Planungen zu entwickeln. Neben den Plänen und Text der festgesetzten *Satzung* ist auch eine *Begründung* über Ziel, Zweck und wesentliche Auswirkungen beizufügen. Aus einer 26 Punkte umfassenden Liste, für die *Festsetzungen zulässig* sind, werden hier in Verbindung mit der Baunutzungsverordnung die für die Freiraumplanung wesentlichen Punkte zusammengefaßt. Die Festsetzung von entsprechenden Planzeichen ist in der Planzeichenverordnung – PlanzV – zu finden.

Verbindliche örtliche Festsetzungen für die Freiraumplanung:

• Art und Maß der baulichen Nutzung, die offene oder geschlossene Bauweise, die nicht überbaubaren Grundstücksflächen oder die Grundfläche sowie die Stellung der baulichen Anlagen; die Mindest- und Höchstmaße der Grundstücksgröße, -breite und -tiefe, der Geschoßfläche, der Geschoßflächenzahl, der Zahl der Vollgeschosse und der Höhe baulicher Anlagen; die Höchstzahl der Wohnungen im Wohngebäude, auch mit besonderem Wohnbedarf, bestimmen auch *Größe, Form, Lage und Nutzungsqualität der Freiräume.*

• Individuelle *Festsetzungen für Teile* der Gesamtflächen, der Grundstücke oder der baulichen Anlagen, auch über unterirdischen Bauvorhaben, z.B. Garagen- und Kellerdecken, sind möglich.

• Die *Höhenlage* kann bestimmt werden. *Besondere städtebauliche Gründe* können in dem besonderen Nutzungszweck von Flächen liegen, der die örtlichen Verhältnisse, z.B. Topographie, Hauptwindrichtung oder die städtebaulichen Ziele wie gute Erreichbarkeit, Orts- und Landschaftsbild oder die Freihaltung von Schutzflächen für baulichen und technischen Umweltschutz (z.B. Lärm- und Klimaschutzwälle) umfaßt oder die eine *vertikale Gliederung* rechtfertigen. *Verschiedene Ebenen* oder Geschosse können gesonderte Ausweisungen erhalten, z.B. Terrassen, offene Zwischengeschosse, überdachte Höfe, begrünte Dächer und Dachgärten, Fassadenbegrünung.

• Nutzung der Grundstücke durch *Nebenanlagen zu baulichen Anlagen* lt. anderen Vorschriften (z.B. nach Bauordnungsrecht), wie Spiel-, Freizeit- und Erholungseinrichtungen, Müllplätze, Wäscheplätze sowie Stellplatzflächen, Garagen und Einfahrten, Erschließungswege, insbesondere Feuerwehrwege, Lagerflächen auf dem Baugrundstück.

• Flächen für *Gemeinschaftsanlagen* für bestimmte räumliche Bereiche wie *Kinderspielplätze, Freizeiteinrichtungen*, Stellplätze und Garagenhöfe im Wohngebiet oder am Arbeitsplatz.

• Flächen für den *Gemeinbedarf*, dazu gehören Freiräume an entsprechenden Baulichkeiten *(Freianlagen* im Sinne der HOAI wie Botanischer Garten oder Krankenhausgarten) sowie Flächen für *Spiel-, Freizeit- und Erholungsanlagen* (bauliche Anlagen mit Außenräumen wie kombiniertes Frei-und Hallenbad, Freiluftmuseum).

• Die *öffentlichen und privaten Grünflächen*, wie Parkanlagen, Dauerkleingärten, Sport-, Spiel-, Zelt- und Badeplätze sowie Friedhöfe.

• Flächen für Ver- und Entsorgung, Abfall- und Abwasserbewirtschaftung mit den ergänzenden Freianlagen.

• Von der Bebauung freizuhaltende Flächen und ihre Nutzung mit städtebaulich und umweltschützend begründeten Nutzungen (zum Teil überschneidend mit anderen Punkten, stadtstrukturell, ästhetisch, geschichtlich, ökologisch, gesundheitlich).

• Die Flächen für Aufschüttungen (Halden, Deponien), Abgrabungen, Gewinnung von Bodenschätzen (Restlöcher, devastierte Flächen) können zu wertvollen Freiräumen im Zuge der Primärnutzung durch Pläne für geordneten Abbau oder Deponie (Berg-, Wasser- und Bodenrecht beachten!) umgebaut oder nachträglich rekultiviert werden.

• *Wasserflächen* und *wasserwirtschaftliche Flächen*, zum Beispiel Trinkwassergewinnungsanlagen, Deichanlagen für Hochwasserschutz, Flächen zur Wasserabflußregelung und Regenwasserversickerung (soweit nicht nach anderen Vorschriften) als extensiv oder indirekt erlebbare Freiräume.

- *Verkehrsflächen*, auch solche mit besonderer Zweckbestimmung wie Fußgängerbereiche, Fahrradwege, weiter Abstellflächen für Fahrzeuge und Zufahrten, Verbindungswege; Aufschüttungen, Abgrabungen, und Stützmauern zur Herstellung des Straßenkörpers und die dazugehörigen Grünstreifen (s. Abschn. 6).
- Flächen für Maßnahmen *zum Schutz, zur Pflege und Entwicklung* von Natur und *Landschaft*, sowie die entsprechenden Maßnahmen selbst, soweit sie nicht durch andere Vorschriften festgesetzt werden.
- *Wald* und *Landwirtschaftsflächen* z.B. Stadtwald, Flächen für Ackerbau- und Grünlandwirtschaft als Freiräume mit Mehrfachnutzung.
- Außerhalb von Feld und Wald *Bepflanzungen* sowie *Bindungen für vorhandene Pflanzungen* von Bäumen, Sträuchern, (Gehölzen), und sonstigen Bepflanzungen auf der gesamten Fläche des Bebauungsplans, seinen Teilen sowie für Teile baulicher Anlagen.
- *Nachrichtliche Übernahme* von Festsetzungen nach anderen gesetzlichen Vorschriften, soweit städtebaulich erforderlich, oder aus Verständnis- oder Denkmalschutzgründen.

9.4.6 Freiraumplanung durch Naturschutz- und Landschaftspflege

Innerhalb der Planung für Naturschutz und Landschaftspflege (BNatSchGNeuregG v. 25.3. 2002) ist die **Landschaftsplanung** das hauptsächliche Instrument, um Inhalte der Freiraumplanung darzustellen, einzufordern und festzusetzen (s. Begriffe - 9.1.1). Aber auch durch
- die *Eingriffsregelungen* und *landschaftspflegerischen Begleitpläne* als allgemeine Schutz-, Pflege- und Entwicklungsmaßnahmen
- den *Flächen- und Objektschutz* durch Schutz, Pflege und Entwicklung bestimmter Teile von Natur und Landschaft
- den *Arten- und Biotopschutz* zum Schutz und zur Pflege wildlebender Tier- und Pflanzenarten sowie schließlich
- die Betretungs- und Nutzungsregeln zur *Erholung in Natur und Landschaft*
kann Einfluß auf die Nutzungsmöglichkeiten und Versorgung mit Freiräumen und den Erlebniswert der Freiräume genommen werden. Hier wird jedoch nur das *Instrument Landschaftsplanung* behandelt (s.a. AUHAGEN, A.V., ERMER, K., MOHRMANN, R., HRSG., 2002).

Folgende **Grundsätze** sind, soweit sie *zur Verwirklichung der Ziele* im Einzelfall erforderlich sind und in der Formulierung die Ziele ausfüllen, *auf Bundesebene* heranzuziehen und haben außerdem auf Bundesbehörden *unmittelbare Wirkung*. Sie werden auf *Landesebene* ergänzt oder ausgefüllt und beide sollten bei der Zusammenstellung von **landesweiten Landschaftsprogrammen** oder den **Landschaftsrahmenplänen für Landesteile** Beachtung finden und als raumbedeutsame Ziele von Raumordnung und Landesplanung nach Abwägung mit anderen raumbedeutsamen Planungen und Maßnahmen in die örtliche Gesamtplanung übernommen werden (Landesgesetze für Naturschutz und Landschaftspflege).

Für die Freiraumplanung relevante überörtliche Ergänzungen:
- Nach ihrer natürlichen Lage und Beschaffenheit *geeignete Flächen für die Erholung* der Bevölkerung (Naherholung, Ferienerholung und Freizeitgestaltung) sowie ihr Zugang sind zu erschließen, zweckentsprechend zu gestalten und zu erhalten (solche Flächen werden entweder für andere Nutzungen verwendet, oder die mögliche Mehrfachnutzung wird verhindert).
- Die besondere *Eigenart* von *Kulturlandschaften* und -teilen sowie die *Eigenart und Schönheit* einer entsprechenden Umgebung geschützter oder schützenswerter *Kultur-, Bau- und Boden-*

denkmäler sind zu erhalten (der hohe Erlebniswert und Kulturwert solcher Gebiete oder Einrichtungen wird vielfach nicht genug gewürdigt).

• Nach ihrer Beschaffenheit für die *Erholung der Bevölkerung geeignete Grundstücke*, soweit es mit deren öffentlicher Zweckbindung vereinbar ist, sollen von Bund, Ländern, Gemeinden, Gemeindeverbänden und sonstige Gebietskörperschaften in angemessenem Umfang zur Verfügung gestellt werden (Ufergrundstücke, Grundstücke mit schönen Landschaftsbestandteilen, oder über die der Zugang zu Wäldern, Seen und Meeresstränden ermöglicht wird, werden oft an private Träger für bauliche Zwecke abgegeben und damit der öffentlichen Nutzung entzogen).

• Für die Erholung der Bevölkerung sollen insbesondere in der Zuordnung zu den Siedlungsbereichen sowie zu den verdichteten Räumen in ausreichendem Maße *Erholungsgebiete und Erholungsflächen* geschaffen und gepflegt werden. *Grünflächen und Grünbestände* sollen im Siedlungsbereich weitgehend erhalten werden, Grünbestände sollen Wohn- und Gewerbebereichen zweckmäßig zugeordnet werden (§§ 2, 11, 13) NatSchG B-W, ähnlich auch die anderen Bundesländer bis auf Bayern. (Schleswig-Holstein fordert sogar, daß nicht für Grünflächen vorgesehene oder geeignete innerörtliche unbebaute Flächen vorrangig für Bebauung Verwendung finden sollen.)

• Landschaftsteile, die sich durch ihre Schönheit, Eigenart, Seltenheit oder ihren *Erholungswert* auszeichnen, sollen von der Bebauung freigehalten werden (§ 2,14. B-W-NatSchG, LSA, Sch-H., Thür.).Thüringen will Steinbrüche, Gruben und nichtgenutzte Flächen vorrangig einer naturverträglichen Erholung zuführen.

• Als bayerische Spezialität wird im Zusammenhang mit dem bundesweit vorgesehenen *Betretungsrecht* zur Erholung in der Freien Natur ein *Recht auf Naturgenuß und Erholung* postuliert, das neben Wandern (mit Vorrang) und Benutzen von nichtmotorisierten Fahrzeugen (Fahrräder, Kutschen) in Wald und Flur auch die sportlichen Betätigungen wie Skifahren, Schlittenfahren, Reiten, Ballspielen u.ä. zuläßt (Art.22 ff.BayNatSchG).

Besondere Ziele der Planung für die kommunalen Landschafts- und Grünordnungspläne (zur Durchsetzung der Ziele s. GRUEHN D., KENNEWEG H. 1998), die die Ziele und Grundsätze der Länder präzisieren oder verdeutlichen, sind im folgenden länderübergreifend zusammengestellt.

Besondere örtliche Ziele von freiraumplanerischer Bedeutung:

• In Landschaftsplänen sollen die Zweckbestimmung von Flächen, die nicht im Bebauungsplan festgesetzt werden sowie Schutz- Pflege- und Entwicklungsmaßnahmen des Naturschutzes und der Landschaftspflege (im besiedelten und unbesiedelten Bereich), einschließlich der Grün- und Erholungsanlagen festgesetzt werden (Hmb, Bbg).

• Grünordnungspläne sollen in besonderem Maße Darstellungen von Zustand, Funktion, Ausstattung und Entwicklung der Frei- und Grünflächen enthalten (Bln, Hmb, Saar).

• Die Anlage oder Anpflanzung von Flurgehölzen, Hecken, Büschen, Schutzpflanzungen, Alleen, Baumgruppen und Einzelbäumen (einschließlich Arten und Pflanzweise) (Bln, Bbg, Brem, Hmb).

• Die Herrichtung und Begrünung von Abgrabungsflächen, Deponien und anderen geschädigten Grundstücken (Veränderungen der Bodenhöhe) (Bln, Bbg, Brem, Hmb).

• Die Beseitigung (oder Freihaltung) von (nicht ortsgebundenen baulichen) Anlagen, die das Landschaftsbild beeinträchtigen (Erhaltung typischer Ortsbilder, aus landschaftsgestalterischen Gründen) und auf Dauer nicht mehr genutzt werden (Bln, Bbg, Brem, Hmb, H).

• Maßnahmen zur Erhaltung und Pflege von Baumbeständen (Gehölzbeständen) und Grünflächen (Bln, Bbg, Brem, Hmb).

- Die Ausgestaltung und Erschließung von Uferbereichen, einschließlich der Anpflanzung von Röhricht (und anderem) (Bln, Brem, Hmb).
- Die Begrünung und Erschließung der innerstädtischen Kanal- und Uferbereiche (Bln, Hmb).
- Die Anlage von Grün- und Erholungsanlagen, (landschaftsgebundener, landschaftsgrechter und naturgemäßer Ausbau) von Sport-und Spielflächen -(plätzen), Wander-, Rad- und Reitwegen sowie Parkplätzen (Bln, Bbg, Brem, Hmb).
- Die Anlage von Kleingärten und die Maßnahmen zu ihrer Sanierung (Bln, Bbg, Brem, Hmb),
- Gestaltung von Grünflächen, Erholungsanlagen und anderen Freiräumen zur Vorbereitung und Ergänzung der Bauleitplanung (Nds, LSA).
- Maßnahmen zum Schutze und zur Pflege wildwachsender Pflanzen (naturnaher Vegetationsflächen) und wildlebender Tiere sowie ihrer Lebenstätten (Biotopverbund- und -entwicklungsflächen) (Bln, Bbg, Brem, Hmb, H).
- Flächen, die in besonderem Maße der Erholung oder Freizeitnutzung dienen (Ausbau der Landschaft für die Erholung, Nutzungsänderungsverbot für Regenerations- und Erholungsraum, bestehende oder vorgesehene Erholungsgebiete, Sicherung einer naturverträglichen Erholung) oder dafür besonders entwickelt werden (H, NW, Rh-PF, Saar, Sch-H).
- Grünbestände und Freiflächen zur Sicherung der Erholungsfunktion und zur Funktionsfähigkeit des Naturhaushaltes (Saar).
- Schutz und Pflege historischer Kulturlandschaften und -teile von besonders charakteristischer Bedeutung (Sch-H).
- Freiflächen zur Erhaltung oder Verbesserung (Freihaltung von baulichen Anlagen) des örtlichen Klimas (Bln, Bbg, H, Rh-Pf).
- Die Ausgestaltung, Erschließung und Nutzung (Renaturierung, Nutzungsänderungsverbot) von Wasser- und Feuchtflächen (Brem, Bbg, H, Rh-Pf).
- Die Vermeidung von Bodenerosion und Regeneration von Böden und Bodenzustand (Bbg, H, Rh-Pf).
- Flächen, die wegen ihrer besonderen Lage, Größe, Schönheit oder Funktion im besiedelten Bereich für den Naturhaushalt, für das Orts- und Landschaftsbild oder für die Naherholung zu schützen und zu entwickeln sind (H).
- Flächen mit geplanten oder absehbaren Eingriffen oder für Ausgleichs- und Ersatzmaßnahmen (für den Verlust von Frei- und Grünflächen) (H, Saar).

Auch die Frage, wann ein Landschaftsplan oder Grünordnungsplan *erforderlich* ist, wird in den einzelnen Ländern in Anlehnung an das Bundesnaturschutzgesetz unterschiedlich ausführlich begründet.

In der Freiraumplanung begründete Erforderlichkeit:
- Planung und Erhaltung von Erholungslandschaften (-gebiete, -bereiche), für die besondere Pflege- und Entwicklungsmaßnahmen notwendig sind (B-W, Bay, Bln, Bbg, Brem, Hmb)
- die Festlegung oder der Schutz von Grünbeständen, notwendigen Freiflächen zur Erholung (B-W, Bbg)
- wenn wesentliche Belange der Grünordnung berührt sind (Bln, Hmb)
- als ökologische Grundlage der Bauleitplanung (Sachs)

Die Landschaftsplanung in Ländern, Länderteilen und Gemeinden ist nach *Trägerschaft* (Zuständigkeit) und *Aufstellungsmodus* (Primär- und Sekundärintegration) unterschiedlich stark mit der Gesamtplanung verknüpft. Hier wird nur die Kommunale Planungsebene beschrieben:

Tafel 9.16 Varianten der Trägerschaft in Verbindung mit dem Aufstellungsmodus der Landschaftsplanung (ergänzt bis Mai 2003 in Anlehnung an SCHÜTZE 1994)

von der Naturschutzverwaltung aufgestellte selbständige Landschaftsplanung (Parallelplanung zur Gesamtplanung durch den Träger von Naturschutz und Landschaftspflege)	
Landschaftsplan für Gemeinden	Nordrhein-Westfalen (für grenzübergreifende Gemeindeteile von Kreisen rechtsverbindlich, nicht auf B-Plan-Gebiet – Ausnahmen möglich - oder für Innenbereich und Fachbeitrag durch Landesamt), Thüringen (von Kreisen u. kreisfreien Städten, verbindlich, wenn kein FN-Plan), in den Stadtstaaten Berlin (auch vor dem Landschaftsprogramm), Bremen, Hamburg (rechtsverbindlich für Stadtteile)
Grünordnungsplan für Teile von Gemeinden	Berlin (für besiedelten Bereich, real: Landschaftsplan), Hamburg (rechtsverbindlich parallel zu B-Plänen, dann Verfahren durch Gesamtplanung).
vom Träger der räumlichen Gesamtplanung aufgestellte selbstständige Landschaftsplanung (Parallelplanung zur Gesamtplanung durch den Gesamtplanungsträger)	
Landschaftsplan für Gemeinden	Baden-Württemberg, Bayern (falls kein FNP), Brandenburg, Hessen, Mecklenburg-Vorpommern, Niedersachsen, Saarland, Sachsen, Sachsen-Anhalt, Schleswig-Holstein,
Grünordnungsplan für Teile von Gemeinden	Baden-Württemberg, Bayern (falls kein B-Plan), (Berlin und Hamburg auch als Grün- oder Huckepack-Bebauungsplan möglich), Brandenburg (Satzung, wenn kein B-Plan nötig), Hessen, Mecklenburg-Vorpommern, Niedersachsen, Sachsen, Sachsen-Anhalt, Schleswig-Holstein, Thüringen (verbindlich, wenn kein B-Plan).
vom Träger der räumlichen Gesamtplanung aufgestellte unselbstständige Landschaftsplanung (in die Gesamtplanung integrierte Planung durch den Gesamtplanungsträger)	
Landschaftsplan für Gemeinden	Bayern (auch für Teile oder anstelle des FNP), Rheinland-Pfalz
Grünordnungsplan für Gemeindeteile	Bayern (auch für Teile oder anstelle des B-Plans), Rheinland-Pfalz, Saarland.

9.4.7 Freiraumplanung im Kleingartenwesen und Friedhofs- und Bestattungswesen

Sowohl Kleingartenkolonien als auch Friedhöfe sind traditionell Teile des städtischen Freiraumsystems.

Ein **Kleingarten** ist nach dem *Bundeskleingartengesetz* (vom 28.2.1983, letzte Änderung 13.9.2001) ein Garten, der

1. dem Nutzer (*Kleingärtner*) zur nichterwerbsmäßigen *gärtnerischen Nutzung*, insbesondere zur Gewinnung von Gartenbauerzeugnissen (einschließlich Kleintierhaltung in den neuen Bundesländern), für den Eigenbedarf und zur *Erholung* dient (*kleingärtnerische Nutzung*) *und*

2. in einer Anlage liegt, in der mehrere Einzelgärten mit gemeinschaftlichen Einrichtungen, zum Beispiel Wegen, Spielflächen und Vereinshäusern, zusammengefaßt sind (*Kleingartenanlage*).

Keine Kleingärten sind Eigentümergärten, Wohnungsgärten (Mietergärten), Arbeitnehmergärten, Vertragsanbauflächen und Grabeland (§ 1 BKleingG).

Die Kleingärten werden vom Eigentümer über eine gemeinnützige Kleingärtnerorganisation durch Zwischenpachtvertrag als einzelne Parzellen innerhalb der Kleingartenkolonien an die Kleingärtner weiterverpachtet und einer *Kleingartenordnung* unterworfen, die das Verhältnis untereinander und der Gemeinschaft regelt.

Ein **Dauerkleingarten** ist ein Kleingarten auf einer *Grünfläche* mit *besonderer Zweckbestimmung*. Die Pachtverträge der Kleingärtner in Dauerkleingartenanlagen gelten unbefristet. Da Kleingartenanlagen *keine Baugebiete*, wie etwa Kleinsiedlungsgebiete oder Sondergebiete, wie Wochenendhausgebiete, Ferienhausgebiete, Campingplatzgebiete, Kurgebiete und Fremdenbeherbergungsgebiete sind, die ein ähnliches Erscheinungsbild haben können, sondern *Grünflächen*, findet die Baunutzungsverordnung keine Anwendung, sondern das *Bundeskleingartengesetz* im Zusammenhang mit dem Baugesetzbuch. Es setzt als *Parzellenobergröße* 400 m² und als *Laubengröße* 24 m² Grundfläche fest. Der Altbestand und die berechtigten Dauerwohner genießen Bestandschutz bei größeren Einheiten.

Diese Fläche wird entweder im Flächennutzungsplan dargestellt (§ 5 BauGB) oder im Bebauungsplan festgesetzt (§ 9 BauGB) oder in Form der Bereitstellung oder Beschaffung von *Ersatzland* bei Aufhebung des Kleingartenpachtvertrages im Rahmen einer Erhaltungssatzung (§ 185 BauGB) oder bei Kündigung aus anderen städtebaulichen oder übergeordneten Planungsgründen (§ 14 BKleingG) ausgewiesen oder festgesetzt. In Landschaftsplänen und Grünordnungsplänen können die *Anlage von Kleingärten* und die *Maßnahmen zu ihrer Sanierung* mit besonderer Berücksichtigung von Schutz-, Pflege- und Entwicklungsmaßnahmen von Naturschutz und Landschaftspflege bestimmt werden (Bln, Bbg, Brem, Hmb).

Kleingartenentwicklungspläne können entweder als *Vorbereitungsplanung* der Bauleitplanung vorgeschaltet werden oder auch als *fachliche Teilpläne* in diese integriert werden.

Arbeitsschritte des Kleingartenentwicklungsplanes:

- bisherige Flächenausweisung in Bauleitplänen oder fortgeltenden Plänen
- gesamtstädtische Bestandsaufnahme der Kleingartenkolonien, einschließlich Dauerkleingartenanlagen, nach Anzahl, Lage, Größe, Verteilung zur Wohnbevölkerung, Erreichbarkeit, Einbindung ins Freiraumsystem, Eigentumsverhältnisse, Name und Vorstandsadresse, Entstehungszeit und -geschichte, Lage in Schutzgebieten
- funktionelle Bestandsaufnahme der Kleingartenanlagen nach Parzellenstruktur, -größe, inneres Erschließungssystem, Gemeinschaftsanlagen mit baulichen Einrichtungen, Ver- und Entsorgung, Grünflächenkonzepte (im Kleingartenpark, mit öffentlichem Erschließungsgrün und Rahmengrün, privates Gemeinschafts- und Rahmengrün), Nutzungszustand, Fluktuation, Ablösesummen
- Erfüllungsgrad der örtlich differenzierten städtebaulichen oder Freiraumrichtwerte (m²/E), Beachtung der rechtlichen Anforderungen (Parzellen-Teilung) und Sonderregelungen (z.B. Dauerwohnrecht, übergroße Lauben)
- funktionelle Anforderungen unter Berücksichtigung struktureller, kultureller, hygienischer, ökologischer, ästhetischer und historischer Aspekte und eine darauf ausgerichtete Bewertung des Bestandes

- Ausweisungen von Kleingartenneuanlagen, Umwandlung in Dauerkleingärten und Teilungsprojekte, Entwicklung neuer Nutzungsmuster nach den in Analyse und Bewertung angewendeten Kriterien, Modernisierung bestehender Anlagen (Öffnung f. Öffentlichkeit, Erweiterung des Rahmengrüns, Nachklärung), Entwidmung von Kleingärten aus vorrangigen städtebaulichen Gründen
- Integration in ein gesamtstädtisches Freiraumgesamtkonzept, Standortabsicherung, Realisierungsstufen für Maßnahmen
- Finanzierungsabsicherung in einer mittelfristigen Finanzplanung für Grunderwerb und Ausbau
- Begründung und Integration in die Bauleitplanung.

Friedhöfe sind Einrichtungen von Gemeinden und Kirchen (oder von anderen Religionsgesellschaften, alle sind juristische Personen des öffentlichen Rechts), die in der Bauleitplanung ebenfalls als *Grünflächen mit besonderer Zweckbestimmung* sowohl im Flächennutzungsplan als auch im Bebauungsplan ausgewiesen oder festgesetzt werden sollen. Die sogenannten Träger dieser „öffentlichen Anstalt" können *Friedhofssatzungen* über die Bedingungen der Anlage und der Nutzung erlassen (s. a. 9.3.3). Jeder Bürger hat Anspruch auf Nutzung eines Friedhofs.

Die *Bundesländer* haben die *Rechtsetzungskompetenz* für das Friedhofs- und Bestattungswesen (RICHTER 1981, 1996).

Die Friedhofsplanung umfaßt im wesentlichen folgende Aussagen:
- Die Gemeinden sind verpflichtet, Friedhöfe anzulegen und zu unterhalten
- Friedhöfe sind öffentliche Einrichtungen
- Friedhöfe dienen der Bestattung und Pflege der Gräber
- Verstorbene sind auf öffentlichen Friedhöfen zu bestatten
- Grabstätten und Friedhöfe müssen so beschaffen sein, daß eine Gefährdung ausgeschlossen ist
- Bestattungen dürfen nur nach Genehmigung durchgeführt werden
- Friedhöfe müssen sich städtebaulich und landschaftlich einfügen
- Ruhezeiten sind nach Anhörung des Gesundheitsamtes festzulegen
- Vorschriften über Schließung und Entwidmung sind zu beachten

Zweckmässigerweise wird diese Planung in Form einer *Friedhofsleitplanung* der Bauleitplanung vorgeschaltet. Sie kann auch als fachlicher Teilplan in die vorbereitende Bauleitplanung integriert werden.

Arbeitsschritte der Friedhofleitplanung:
- gesamtstädtische Bestandsaufnahme (alle Arten von Friedhöfen, Ehrenmalen, Kriegsgräberstätten) nach Lage, Entstehungsgeschichte, Größe, Verteilung zur Wohnbevölkerung, Erreichbarkeit, Einbindung ins Freiraumsystem und Bestattungskapazität nach einzelnen Belegungsarten
- funktionelle Bestandsaufnahme der Friedhöfe nach Belegungsflächen, -art und -grad, der Erschließungssysteme, baulichen Einrichtungen, Grünflächenkonzepte, Nutzungszustand, Nebenanlagen zur Versorgung
- Erfüllungsgrad der örtlich differenzierten Freiraumrichtwerte (m²/E) für Friedhoffflächen und der notwendigen Belegungsfläche (Bestattungsziffer in ‰, Einwohnerzielzahl, Ruhefristen, Bruttograbgrößen und Prozentanteil der verschiedenen Grabtypen wie Reihen-, Wahl-, Urnenreihen- und Urnenwahlgrabstätten sowie Felder für anonyme Bestattung, Ehrengräber u.ä.)

- funktionelle Anforderungen unter Berücksichtigung struktureller, kultureller, hygienischer, ökologischer, ästhetischer und historischer Aspekte und eine darauf ausgerichtete Bewertung des Bestandes
- Friedhofsneuanlagen und -erweiterungen entsprechend den in Analyse und Bewertung angewendeten Kriterien, Modernisierung bestehender Anlagen, Umwidmung stillgelegter Friedhöfe in Parkanlagen, Entwidmung von Friedhofsteilen aus vorrangigen städtebaulichen Gründen
- Integration in ein gesamtstädtisches Freiraumgesamtkonzept, Standortabsicherung, Realisierungsstufen für Maßnahmen
- Finanzierungsabsicherung in einer mittelfristigen Finanzplanung für Grunderwerb und Ausbau
- Begründung und Integration in die Bauleitplanung

Die Verwirklichung einer Friedhofsplanung bedarf der *Genehmigung* der Friedhofsanlage durch die kommunale Aufsichtsbehörde.

9.4.8 Freiraumplanung durch Garten- und Baudenkmalpflege

Gartendenkmalpflege ist eng mit der Baudenkmalpflege verbunden, z.B. im Ensembleschutz, jedoch soll hier der *Freiraumaspekt* im Vordergrund stehen.

Denkmalpflegerische Grundsätze:
- Die *geschichtlichen und kulturellen Zusammenhänge* sowie die regionale Zusammengehörigkeit sind zu wahren und die *gewachsenen Kulturlandschaften* sind in ihren prägenden Merkmalen sowie mit ihren *Kultur- und Naturdenkmälern* zu erhalten (Raumordnungsgesetz in dem Grundsatz 13).
- Historische Kulturlandschaften und Kulturlandschaftsteile von *besonderer Eigenart* sind zu erhalten. Dies gilt auch für solche, die eine besondere Bedeutung für die *Eigenart oder Schönheit* geschützter und schützenswerter Kultur,- Bau- und Bodendenkmäler haben (Punkt 14 der Grundsätze des BNatSchGNeuregG).

Bislang existieren von Gartendenkmalpflege und Naturschutz gemeinsam entwickelte und abgestimmte Handlungskonzepte nur in den Ansätzen, obwohl die Charta der Historischen Gärten von 1981 des gleichnamigen Internationalen Kommitees ICOMOS-IFLA, genannt auch „Charta von Florenz", sich im Artikel 14 für die Erhaltung der angemessenen Umgebung des historischen Gartens und der Vermeidung der Gefährdung des ökologischen Gleichgewichts im Umfeld einsetzt.

Die Freiraumplanung kann durch den *gemeindlichen Denkmalschutz* für *Teile des Ortes* oder für ein *Einzeldenkmal* Regelungen treffen (Landesdenkmalgesetze).

Berücksichtigung denkmalpflegerischer Inhalte:
- Ziele und Grundsätze der Bauleitplanung sind Erhaltung, Erneuerung und Fortentwicklung vorhandener Ortsteile sowie unter Berücksichtigung des Denkmalschutzes und der –pflege, die Gestaltung des *Orts- und Landschaftsbildes*, der *erhaltenswerten* Ortsteile, Straßen und Plätze aus geschichtlicher, künstlerischer oder städtebaulicher Sicht.
- Nach Landesrecht *„denkmalgeschützte* (oder in Aussicht genommenen) *Mehrheiten von baulichen Anlagen"* sollen in den Flächennutzungsplan nachrichtlich übernommen werden.
- Festsetzungen von Denkmälern durch Denkmalschutzgesetze der Länder sollen *nachrichtlich in den* Bebauungsplan übernommen werden, soweit dies städtebaulich oder aus Verständnis- oder Denkmalschutzgründen erforderlich ist.
- Versagung oder Auflagen und Bedingungen einer *Veränderungsgenehmigung* aus Gründen des Denkmalschutzes können auch durch Baugenehmigung (Beispiel DSchGBln) wirksam werden.

Beispiel: Schema/Stadt	Merkmale	Beispiele in den neuen Ländern				
		Brandenburg	Mecklenburg-Vorpommern	Sachsen-Anhalt	Sachsen	Thüringen
Perleberg	Landschaft Direkte Verbindung Altstadt/ Stadtzentrum mit Landschaft	Gransee Jüterbog Perleberg Wittstock	Bad Doberan Boizenburg	Annaburg Freyburg/U. Stolberg	Augustusburg Geising Grimma Schwarzenberg Wolkenstein	Dornburg Eisenach Sömmerda
Weißenfels	Gewässer I. Altstadt am Fluß	Brandenburg Cottbus Perleberg Potsdam	Grabow Rostock Wolgast	Bernburg Freyburg/U. Halle Havelberg Magdeburg Quedlinburg Tangermünde Weißenfels Wittenberg	Bautzen Dresden Görlitz Meißen Torgau Zschopau	Erfurt Meiningen Neustadt/O. Rudolstadt Saalfeld Wasungen Weimar
Schwerin	II. Altstadt am See/Meer	Neuruppin Rheinsberg Templin	Neubrandenburg Prenzlau Ribnitz-Damgarten Schwerin Stralsund Waren Wismar Zinnowitz			
Gotha	Parkanlagen Unmittelbare Verbindung mit Altstadt/ Stadtzentrum	Altlandsberg Bad Freienwalde Neuruppin Oranienburg Perleberg Potsdam Rheinsberg	Bad Doberan Grevesmühlen Güstrow Ludwigslust Neustrelitz Putbus Schwerin	Aschersleben Ballenstedt Blankenburg Magdeburg Merseburg Oranienbaum Quedlinburg	Dresden Leipzig	Altenburg Arnstadt Dornburg Gotha Meiningen Rudolstadt Sondershausen Weimar
Neubrandenburg	Wallanlagen I. Ringförmig geschlossen	Gransee	Neubrandenburg	Aschersleben	Zittau	
Güstrow	II. Fast vollständig oder in größeren zusammenhängenden Teilen erhalten	Angermünde Beeskow Belzig Dahme Herzberg Jüterbog Neuruppin Perleberg Wittstock	Boizenburg Greifswald Güstrow Parchim Rostock Teterow Triebsees Wismar	Naumburg Stendal Tangermünde Wittenberg Zeitz	Bautzen Freiberg Waldenburg	Bad Langensalza Eisenach Mühlhausen Nordhausen Saalfeld

Grafik: IRS

| | | Historische Altstadt/ Stadtzentrum   Grün- und Freiflächen   Schlösser/Burgen/ Befestigungsanlagen   Gewässer |

Bild 9.15 Merkmalstypen schutzwürdiger Ensembles historischer Stadtkerne/Stadtzentren mit Freiraumanschluß (aus der Untersuchung Bauer 1996)

9.4.9 Freiraumplanung mit anderen Fachplanungen

Freiraumplanung mit Forst- und Waldplanung

Die freiraumplanerischen Aspekte werden im *Bundeswaldgesetz* im Rahmen der „Schutz-und *Erholungsfunktionen*" beschrieben, nämlich das Landschaftsbild und die Erholung der Bevölkerung durch ordnungsgemäße Waldbewirtschaftung zu erhalten, erforderlichenfalls zu mehren und nachhaltig zu sichern (Bundes- und Landeswaldgesetze).

Freiraumplanung für Waldgebiete des gesamten Landes oder seiner Teile erfolgt durch verschiedene Maßnahmen:
- *Umwandlungsverbot* von Schutz- und Erholungswald durch Länder
- Ausweisung von Schutz- und *Erholungswald* in forstlichen Rahmenplänen (mit Waldfunktionen) und in Landeswaldprogrammen
- *Fachplan Landschaft* für den Wald als Teil der Forsteinrichtungsplanung (mittelfristige Betriebsplanung und forstlicher Gesamtplan)
- Duldung von Erholungseinrichtungen im Wald durch Länderregelung

Näheres über die Erklärung zum *Erholungswald* regeln die Länder in Vorschriften über:
- die Bewirtschaftung nach Art und Umfang
- Beschränkung der Jagdausübung zum Schutze der Waldbesucher
- die Duldung des Baus, der Errichtung und der Unterhaltung von Wegen, Bänken, Schutzhütten u.ä. Anlagen und Einrichtungen durch die Waldbesitzer und die Beseitigung von störenden Anlagen und Einrichtungen
- das Verhalten der Waldbesucher.

Die Gemeinden und anderen Träger öffentlicher Vorhaben haben die Waldfunktionen bei Inanspruchnahme von Waldflächen angemessen zu berücksichtigen. Die Gemeinden sollen deshalb sowohl im Flächennutzungsplan als auch im Bebauungsplan die Bodennutzung Wald darstellen bzw. feststellen und Flächen (FNP) und Maßnahmen (B-Plan) zum Schutz, zur Pflege, und Entwicklung von Natur und Landschaft auch im Wald entweder nachrichtlich aus der forstlichen Planung übernehmen oder in Abstimmung mit der Forstbehörde selbst bestimmen (s. auch SPITZER 1995).

Freiraumplanung bei der Gewässernutzung

Das Wasserrecht unterscheidet nach dem *Wasserhaushaltsgesetz* zwischen *oberirdischen Gewässern* (ständig oder zeitweilig in Betten fließende oder stehende oder aus Quellen wild abfließende Wasser), *Küstengewässern* und *Grundwasser*. Als für die Erholung unmittelbar und mittelbar nutzbare Räume sind besonders die ersten beiden unmittelbar für die städtebauliche Lagegunst und die Freiraumplanung wichtig und von großer Attraktivität für die Bevölkerung (s. a. Landeswassergesetze).

Die *Beschaffenheit und Nutzung* der Gewässer wird *europaweit* durch Vorschriften der EU und entsprechender *Richtlinien der Bundesregierung* geregelt unter Abwägung des Wohls der Allgemeinheit und dem Nutzen einzelner. Die Länder stellen *wasserwirtschaftliche Rahmenpläne* für die Flußgebiete oder Wirtschaftsräume und gegebenenfalls *Bewirtschaftungspläne* auf, die auch den Nutzungserfordenissen der Freiraumplanung für Gewässer oder -teile dienen sollen, wie etwa saubere Badegewässer und Flußbadestellen.

Nicht nur Naturschutz und Landschaftspflege sollen die Belange des Wassers besonders berücksichtigen, *Wasserflächen* und *Gewässer* erhalten (z.B. Röhrichtschutz, Regenerationsflächen, Ausweisung von Schutzflächen) und vermehren (Rekultivierung von Restwasserlöchen und Baggerseen), sondern auch die Bauleitplanung auf vorbereitender und verbindlicher Planungsebene sieht Darstellungen bzw. Festsetzungen von *Wasserflächen* und von *Badeplätzen* als Grünflächen mit besonderer Kennzeichnung vor. Auch können *Sonderbaugebiete Wassersport* z.B. eine Marina geplant werden.

Die Ausweisung von auf Wasserfahrzeuge bezogenen Regelungen für Teilflächen von Gewässern 1., 2. und 3. Ordnung erfolgt über das gewässerbezogene *Verkehrsordnungsrecht.* Dazu gehören Fahrverbote, Geschwindigkeitsregelungen, Vorbehaltsflächen für Fahrzeugtypen, Ausweisung von Badegebieten, der Fahrrinne, Verkehrslinien der Passagierschiffe. Im *Fischereirecht* werden Laichschongebiete von jeder weiteren Nutzung gesperrt und die Sportfischerei geregelt.

Freiraumplanung in der Verkehrsplanung

Freiraumplanung in der Verkehrsplanung am Beispiel Straße bezieht sich auf Freiräume als Teile der Verkehrsflächen, wie sie im Abschn. 6 behandelt werden. Die Verkehrsplanung der Gemeinden für das *örtliche Straßensystem* erfolgt durch Widmung, Umwidmung, Entwidmung im Fachplan oder Bauleitplan mit dem zugehörigen Funktions- und Begleitgrün. Auch die Regelungen nach der *Straßenverkehrsordnung* (Kategorisierung, Verkehrsberuhigung, Spielstraße, Sperrung für Verkehrsarten, Richtungsverkehr, Verkehrsartenzulassung, ÖPNV-System) sind für den Aufenthalt im Freien von Bedeutung.

9.4.10 Freiraumplanung durch Bauplanung

Die Bauplanung auf den einzelnen Grundstücken wird durch die *Bauordnungen der Bundesländer* geregelt. Sie ist bei genehmigungsbedürftigen und anzeigepflichtigen Vorhaben der Baugenehmigungsbehörde der Gemeinde vorzulegen. Für die Freiraumplanung sind insbesondere relevant:
1. die Anforderungen an das *Grundstück und seine Bebauung* durch Lage und Höhenanschluß, Zugänglichkeit, Abstandsregeln und durch Aussagen über die nichtüberbauten Grundstücksanteile einerseits und
2. die Anforderungen an die baulichen *Anlagen zur Baugestaltung* andererseits.

Freiraumplanung auf dem Baugrundstück:

Alle nicht für Gebäude, sonstige bauliche Anlagen und Nebenanlagen wie Garagen, Waschhäuser, zentrale Heizanlagen und Erschließung benötigten Grundstücksteile sollen „begrünt" bzw. gärtnerisch angelegt und als Spielplätze oder Bewegungsraum für Erwachsene gestaltet werden.

Gärtnerische Anlagen können als Vorgarten, Garten, Terrasse, Hoffläche, Gemeinschaftsgrün (auch über unterirdischen baulichen Anlagen) ausgeführt sein. Bepflanzung mit Bäumen und Sträuchern bilden die Grundstruktur.

Die Zufahrten zu den Grundstücken, die Stellplätze, *Fahr- und Fußwege* insbesondere *Feuerwehrwege,* Wirtschaftsflächen, Arbeits- und Lagerflächen auf den Grundstücken sollen möglichst unversiegelt (wasserdurchlässig soweit ökologisch verantwortbar) sowie für die Nutzung behinderungsfrei in das landschaftsarchitektonische Konzept einbezogen werden. Dazu gehören *Kinderspielplätze* (für Kleinkinder und Spielbereiche für ältere Kinder) und *Bewegungsraum für Erwachsene.*

Auch auf und an Gebäuden, den Ebenen der Gebäude (wenn der Bebauungsplan dieses zuläßt) sind freiraumplanerische Maßnahmen möglich. Dazu gehört die *Fassadenbegrünung*, die Pflanzung auf Terrassen, Loggien, Freietagen, überdachten Höfen und *Klimazwischenzonen* (Wintergärten, Interioscape) bis zur extensiven *Dachbegrünung* und Dachgärten.

Regeln über bauliche Anlagen:

Die für die Freiraumplanung wichtigen baulichen Anlagen wie Aufschüttungen und Abgrabungen, Lagerplätze und Ausstellungsplätze, Sportplätze, Stellplätze, Camping-, Wochenend- und Zeltplätze „sind so anzuordnen, zu errichten, zu ändern und zu unterhalten, daß die öffentliche Sicherheit und Ordnung, insbesondere Leben oder Gesundheit nicht gefährdet werden. Sie müssen *ihrem Zweck entsprechend ohne Mißstände zu nutzen* sein. Bauliche Anlagen sollen das Straßen-, Orts- oder Landschaftsbild nicht verunstalten. Sie sind mit der Umgebung so in Einklang zu bringen, daß sie deren erhaltenswerte Eigenarten berücksichtigen (Bauordnung Berlin 1997).

Die *anerkannten Regeln der Baukunst* (auch die technischen Bestimmungen) sind Hilfsmittel oder Beweislastregeln, die in den bauaufsichtlichen Verfahren der Gemeinden als Entscheidungsgrundlage anerkannt werden. Der *baurechtliche Nachbarschutz* muß dabei Berücksichtigung finden (Nachbarrechtsgesetz).

In örtlichen Bauvorschriften können in einer *Gestaltungssatzung*, z.B. nach der Bauordnung für Schleswig-Holstein, *Regeln zur äußeren Gestaltung* baulicher Anlagen, Gemeinschaftsanlagen, Lager- und Zeltplätzen, Stellplätzen für Fahrzeuge und Abfallbehälter, nicht überbauten Grundstücksanteilen wie Vorgärten und Regeln über besondere Anforderungen an bauliche Anlagen zum Schutz in bebauten und unbebauten Gemeindeteilen aus geschichtlichen, denkmalpflegerischen, künstlerischen und städtebaulichen Gründen aufgestellt werden.

9.4.11 Freiraumplanung und Umweltschutz

Das Thema „Umweltqualität und Umweltschutz" im Verhältnis zum Städtebau wird im Abschn. 10 abgehandelt. Freiraumplanung ist überwiegend auf die gleichen Flächen angewiesen, die auch für den biologischen Teil des Umweltschutzes genutzt werden und den gleichen ökologischen Wirkungen ausgesetzt. Umweltauflagen aufgrund von Verfahren der Umweltplanung dienen auch freiraumplanerischen Zielen:

• *Umweltverträglichkeitsprüfung*en werden im Rahmen von verwaltungsbehördlichen Verfahren als *unselbständiger Teil* von Planfeststellungsverfahren (lt. UVPG und Anlagen) durchgeführt.

• *Ausgleich und Ersatzmaßnahmen von Eingriffen* in die Landschaft werden nach Naturschutzrecht in *Fachplänen* und auch durch *landschaftspflegerische Begleitpläne* vorgenommen.

• Eingriffsregelungen können im *Bauleitplanungsverfahren* nach § 1a BauGB und § 21 BNatSchGNeuregG getroffen werden.

Ein Beispiel zur *Konfliktlösung* von Freiraumplanung und Wohngebietsplanung sind die Schutzmaßnahmen in der 18. BImSchV bei Umweltbelastungen durch Sportanlagen *(Sportanlagenlärmschutzverordnung von 1991)*. Der Lärm durch Bau, Betrieb und Sportausübung unterliegt verschiedenen *Immissionsrichtwerten* in den Baugebieten.

Diese Richtwerte sollen nicht wesentlich überschritten werden (in dB A):
- *tags außerhalb der Ruhezeiten*: GE 65; MK, MD und MI 60; WA und WS 55; WR 50; SO (Kur), Krankenhäuser und Pflegeanstalten 45
- *tags innerhalb der Ruhezeiten*: GE 60; MK, MD und MI 55; WA und WS 50; WR 45; SO (Kur), Krankenhäuser und Pflegeanstalten 45
- *nachts*: GE 50; MK, MD und MI 45; WA und WS 40; WR 35; SO (Kur), Krankenhäuser und Pflegeanstalten 35

Verschiedene *Maßnahmen zur Lärmeindämmung* entsprechend der Schutzbedürftigkeit sollen getroffen werden.

9.4.12 Freiraumplanung im zivilrechtlichen Baugeschehen

Freiraumplanung wird auf der Basis des *Privatrechts* in Form von Einzelvorhaben nach Planungs-, Entwurfs- und Bauaufsichtsleistungen entsprechend der HOAI – *Honorarordnung für Architekten und Ingenieure* – durchgeführt. Leistungsverzeichnisse und Angebote werden nach der VOB – *Verdingungsordnung für Bauleistungen* – erstellt. Beteiligung an *Wettbewerben* erfolgt nach den Wettbewerbsordnungen der Europäischen Union und der Länder. Bei Planung, Entwurf und Erhaltungsmaßnahmen soll das *Bürgerliche Gesetzbuch* und des *Nachbarrecht* der Länder beachtet werden.

Die *Leistungen* der Landschaftsarchitekten werden in Leistungsbildern mit Leistungsgruppen bzw. -phasen getrennt nach *Grundleistungen* und *Besonderen Leistungen* erfaßt und regeln damit die vertraglichen Beziehungen zwischen Bauherrn (Auftraggeber) und Landschaftsarchitekten (Auftragnehmer), aber auch zwischen letzterem als Interessenvertreter des Bauherren und den ausführenden Unternehmen.

Die *Leistungsbilder* beschreiben insofern das Aufgabenspektrum der Freiraumplanung als sie Objektplanung für Freianlagen, landschaftsplanerische Leistungen und städtebauliche Leistungen umfassen.

Freiraumplanung entsprechend den Leistungsbildern:
- *Freianlagen* sind (nach § 3,12.HOAI) planerisch gestaltete Freiflächen und Freiräume sowie entsprechend gestaltete Anlagen in Verbindung mit Bauwerken oder in Bauwerken (s. auch 9.4.10).
- *Landschaftsplanerische Leistungen* umfassen nach der HOAI folgende Leistungsbilder (s. auch 9.4.6 und 9.4.11 und Abschn. 10): Grünordnungspläne auf der Ebene der verbindlichen Bauleitplanung, Landschaftspläne auf der Ebene der vorbereitenden Bauleitplanung, Landschaftsrahmenpläne auf überörtlicher oder regionaler Ebene, Umweltverträglichkeitsstudien, landschaftspflegerische Begleitpläne, Pflege- und Entwicklungspläne, Parkpflegewerke.
- *Sonstige* landschaftsplanerische Leistungen. Hierzu gehören: Gutachten zu Einzelfragen der Planung, zu ökologischen Fragen, zu Baugesuchen, Beratungen bei Gestaltungsfragen, besondere Plandarstellungen und Modelle etwa für eine Ausstellung, Ausarbeitungen von Satzungen, Teilnahme an Verhandlungen mit Behörden und an Sitzungen der Gemeindevertretungen nach Fertigstellung der Planung, Beiträge zu Plänen der Landes- und Regionalplanung.

9.5 Empfehlungen zur Freiraumplanung im städtebaulichen Zusammenhang

9.5.1 Voraussetzungen für eine Projektbearbeitung der Freiraumplanung

❑ Vorhandensein eines methodischen Rüstzeuges über Planungsprozess und Planungsverfahren
❑ einschlägiges Kenntnis- und Fähigkeitsspektrum der Bearbeiter
❑ Übersicht über das Arbeitsfeld
❑ Übereinstimmung mit der beruflichen Ethik
❑ Erfahrungen in Lösungsanpreisung, Informationsvermittlung
❑ Zugriff auf technisch-analytische, planerisch-gestalterische Hilfsmittel sowie
❑ Zugriff auf Informationsdateien
❑ Prüfung des Auftragsvolumens, Finanzrahmens, im Verhältnis zu Zeitaufwand und Zeitrahmen, Integration in den Büroarbeitsablauf, den Büroschwerpunkt

9.5.2 Prüfliste der projektbezogenen Freiraumplanung

• Feststellen von Konkretheit und Maßstab der Planungsaufgabe
• Feststellung von Kooperationsmöglichkeiten und Mitwirkenden an der Planung
• Ermittlung der nutzbaren Planungsinstrumente
• Beschaffungsmöglichkeiten von notwendigen Informationen
• Vorhandensein von Problemdatei, Problemliste
• Überprüfung übergeordneter Leitbilder
• Beachtung gesellschaftlicher Normen und gesellschaftspolitischer Forderungen
• Bestimmung des Umfangs und der Schwerpunkte der empirischen Arbeit
• räumliche und qualitative – sozial bezogene – Differenzierung der Versorgungssituation mit Hilfe von Freiraumtypen und einwohnerbezogenen Bedarfsgrößen (Freiraumrichtwerte)
• Für die auf das Freiraumsystem einer Stadt oder Ortsteils bezogenen notwendigen Analysen, Konfliktbeschreibungen und Bewertungen der
• *Realnutzung des Planungsgebietes, *Strukturen der Landschaft, *Naturhaushaltsfaktoren der Stadt, *Erlebnisqualität des Landschafts- und Ortbildes, *räumliche Zuordnung von Aktivitäten, *planungsrechtlichen Kategorien der Flächennutzung, *Schutz- und Verbotskategorien, *Veränderungsdynamik aller relevanten Kategorien oder
• für Untersuchungen im Planungsmaßstab einzelner Freiräume
  – Realnutzungskarte mit -beschreibung
  – Erschließungs- und Leitungskarte
  – Karte der Kleinstrukturen der Landschaft, Landschaftselemente
  – Landschaftshaushaltskarte oder Hinweis auf vorhandene Karten
  – medial getrennte Karten für Schwerpunkte (Vegetation, Wasser, Boden)
  – Erlebniskarte, Anmutungsqualitäten
  – Rundgangprotokolle, Skizzen, Fotos, Videoaufnahmen der Erlebniserfahrungen

- Karte der erkennbaren Nutzungsspuren
- Aktivitätenkarte nach teilräumigen Aktivitätsmustern
- Flächennutzungskarte nach planungsrechtlichen Kategorien
- Anforderungen anderer Planungsträger und Träger öffentlicher Belange
- Anforderungen von Bürgern, Verbänden, gesellschaftlichen Institutionen
- Schutz- und Verbotskarte verschiedener Fachaspekte unter Beachtung kumulierender Wirkungen
- Karte der Gebietsdynamik, einschließlich vergangener Entwicklungsstadien
- Festlegung des Wertesystems und der werteschaffenden Planungsleitbilder
- Szenarien von Situationsveränderungen durch Entwicklungstrends und Einwirkung von städtebaulicher und anderer Fachplanung
- örtliche und sachliche Zielverfeinerung
- Konfliktmatrix (auch Teilmatrizes) der Nutzungen nach Ereignissen und Wirkungsrichtungen
- Konfliktkarte mit Nutzungsspuren, Abnutzungserscheinungen, Zerstörungen, Umweltbelastungen und Fehlerbeschreibung bei Erneuerungsvorhaben (Planung, Bau, Pflege)
- Versorgungsanalyse mit Ermittlung und Bewertung von Fehlbedarf bzw. Anspruchserfüllungsgrad
- Strukturbewertungskarte des Freiraumsystem oder/und
- Ausstattungsbewertung des einzelnen Freiraums
- ökologische Bewertungskarte für Gesundheit, Pflanzen und Tiere und andere natürliche Ressourcen: – nichtplanbare, externe Umweltqualitäten – ‚beeinflußbare, interne Umweltqualitäten
- Vorlage alternativer Lösungen oder Lösungsvarianten
- inhaltlich begründete Auswahl der Lösung
- Prüfung der Machbarkeit
- Prüfung der Akzeptanz
- Dynamisches Eingehen auf veränderte Planung, Nutzungs- und Umweltbedingungen
- Laufende Überprüfung des Erfolges der Freiraumplanung
- Erneute Anpassung der Freiraumplanung aus gesellschaftspolitischen oder wirtschaftlichen Gründen oder Gewohnheitsänderungen.

9.6 Literatur

AGDE, G.: Planungsgrundsätze für Freiflächen zum Spielen. In: Freiräume für die Stadt. Band 2. Instrumente der Freiraumentwicklung. S.207-210, 1993.Wiesbaden, Berlin: Bauverlag.

AGDE, G., BELZIG, G., NAGEL, A., RICHTER, J.: Sicherheit auf Spielplätzen. Spielwert und Risiko, sicherheitstechnische Anforderungen, Rechts- und Versicherungsfragen. 4. Auflage, 1996. Berlin: Bauverlag.

ARBEITSKREIS EMSCHER LANDSCHAFTSPARK: Leitlinien Emscher Landschaftspark. 1991, Essen: KVR.

ARMINIUS (Pseudonym für Gräfin Adelhaid von Dohna-Poninski): Die Großstädte in ihrer Wohnungsnot und die Grundlagen einer durchgreifenden Abhilfe. 1874, Leipzig.

AUHAGEN, A.V., ERMER, K., MOHRMANN, R., HRSG.: Landschaftsplanung in der Praxis. 2002, Stuttgart: Eugen Ulmer.

BARTHOLMAI, G.: Naturnahe Kleingärten. Modellanlagen in Regensburg und in Schweinfurt. In: Das Gartenamt. Heft 3. S. 158-162. 1993.

BAUER, J., STRATMAN, U.: Das Kölner Grün- und Freiflächensystem. Historische Entwicklung und aktuelle planerische Ansätze zu seiner Sicherung und Fortentwicklung – Teil 1. Problemaufriß. In: Stadt und Grün. Heft 8. S. 543-551. 1997.

BAUER, J.: III – Entwicklung städtischer Freiflächensysteme als integraler Bestandteil des Städtebaus 1850 - 1930. In: Nachhaltige Freiraumentwicklung. Mat. d. IRS, 10, Graue Reihe. S. 37-44, 1996. Berlin, Eigenverlag.

BDA + BDLA (HRSG.): Gewerbegebiete. 1988. Stuttgart.

BECHMANN, A.: Grundlagen der Planungstheorie und Planungsmethodik. 1981.Stuttgart.

BERLINER PARK UND GARTEN ENTWICKLUNGS- UND BETRIEBSGESELLSCHAFT M.B.H.. Der Erholungspark "Britzer Garten" in Berlin-Neukölln, Geländeplan 1985. O.J., Berlin.

BERNATZKY, A.: Von der mittelalterlichen Stadtbefestigung zu den Wallgrünflächen von Heute. 1960. Berlin, Hannover, Sarstedt: Patzer.

BIERHALS, E., KIEMSTEDT, H., SCHARPF, H.: Aufgabe und Instrumentarium ökologischer Landschaftsplanung, Raumforschungen und Raumordnung 1, 1974, Hannover.

BISCHOFF, A., SELLE, K., SINNING, H.: Informieren, Beteiligen, Kooperieren: Kommunikation in Planungsprozessen; eine Übersicht zu Formen, Verfahren, Methoden und Techniken. 2. Auflage. 1996, Dortmund: Dortmunder Betrieb für Bau- und Planungsliteratur.

BOCHNIG, S.: Verfahren zur Bewertung der Freiraumqualität städtischer Altbauquartiere – als Grundlage für die kommunale Freiraumplanung. Beiträge zur räumlichen Planung 11, Schriftenreihe des Fachbereichs Landespflege der Universität Hannover. 1985, Hannover: Institut für Freiraumentwicklung und Planungsbezogene Soziologie.

BOCHNIG, S. SELLE, K., (HRSG): Freiräume für die Stadt. Sozial und ökologisch orientierter Umbau von Stadt und Region. Band 1: Programme, Konzepte, Erfahrungen, 1992. Band 2: Instrumente der Freiraumentwicklung, 1993, Wiesbaden, Berlin: Bauverlag.

BONK, M., HOLTE, M.: Kinder planen mit. Berlin Forschungsprojekt: Die Wahrung kindgerechter Spiel- und Aufenthaltsräume in den ehemaligen Innenstadt-Randbezirken Berlins. – Erprobung eines Verfahrens für die Beteiligung von Grundschulkindern an der kommunalen Stadt- und Landschaftsplanung. Abschlußbericht und Handbuch zur Durchführung eines Beteiligungsverfahrens für Grundschulkinder im Rahmen der kommunalen Stadt- und Landschaftsplanung. Leitung: H.J. Harloff, H. Weckwerth, TU Berlin 1996: FU Berlin Eigenverlag.

BTE-FUB (HRSG.): Bestimmung von Gebieten mit besonderer Bedeutung für Freizeit und Erholung unter besonderer Berücksichtigung der stadtnahen Erholungsanforderungen der Bewohner Berlins sowie der

Bewohner der Ober- und Mittelzentren des Landes Brandenburg. Tourismusmanagement und Regionalentwicklung und Institut für Tourismus, FUBerlin, 1997.

BUCHHOLZ, H.-F.: Spielen im Ludwigshafener Friedenspark. In: Stadt und Grün, Heft 8. S. 550-554. 1995.

BUNDESAMT FÜR NATURSCHUTZ, HRSG.: Systematik der Biotoptypen und Nutzungstypenkartierung (Kartieranleitung). Standard-Biotoptypen und Nutzungstypen für die CIR-Luftbild gestützte Biotoptypen und Nutzungskartierung für die Bundesrepublik Deutschland, AG Naturschutz der Landesämter, Landesanstalten und Landesumweltämter- Arbeitskreis CIR Bildflug. Schriftenreihe für Landschaftspflege und Naturschutz, H.45. 1995. Bonn-Bad-Godesberg.

BUNDESINSTITUT FÜR SPORTWISSENSCHAFTEN (HRSG.): Sportplätze. Schriftenreihe: Sport- und Freizeitanlagen. Planungsgrundlagen. P2/92. 1993. Köln.

DEFFNER, A.: Beteiligung von Kindern. Diplomarbeit am Fachbereich 7/8 der TU Berlin. 1997.

DETTMAR, J.: Gestaltung der Industrielandschaft. In: Garten + Landschaft. Heft 6. S. 9-15. 1997.

DEUTSCHER BUNDESTAG:18. BImSchV (Sportanlagenlärmschutzverordnung) von 1991, Bonn: Bundesgesetzblatt I.

DEUTSCHER SPORTBUND: Goldener Plan Ost, Teil 1: Memorandum S.161-170, Teil 2: Richtlinien für die Schaffung von Erholungs- und Spiel- und Sportanlagen, In : Sportstättenbau + Bäderanlagen, S. 240-250. 1993.

DIN 18035-1 Sportplätze, Teil 1, Planung und Maße, Berlin: Beuth Verlag.

ECK, K.: Der Bioflächenfaktor als flächenbezogener ökologischer Standard. Diplomarbeit TUB Berlin. 1997, Berlin.

EDINGER, S.: Schulhofumgestaltung. Unter freiraumplanerischen und städtebaulichen Gesichtspunkten. Dissertation. Universität Kaiserslautern. 1988.

EHMKE, F. (HRSG.): Hirschfeld, C.C.L.: Theorie der Gartenkunst. 1779. 1. Aufl. 1990, Berlin (DDR): Union.

ERGIN, S.: Möglichkeiten und Grenzen des Ausgleichs von Arbeitsbelastungen durch die Freiraumplanung an der Arbeitsstätte. Dissertation D 83 Nr. 26. Berlin. 1977. TUBerlin.

ERMER, K., HOFF, R., MOHRMANN, R.: Landschaftsplanung in der Stadt. 1996. Stuttgart: Eugen Ulmer.

ERMER, K., HOFF, R., MOHRMANN, R.: Regionalparks in Berlin und Brandenburg. In: Stadt und Grün. S. 873-878. 1997.

FEHL, G.: Informationssysteme, Verwaltungsrationalisierung und die Stadtplaner. SBV 13. S.47-65. 1971. Bonn: Stadtbauverlag.

FITGER, C., MAHLER G.: Ökologische Vorrangflächen in der Bauleitplanung – ein neues Konzept zur Realisierung ökologische Forderungen., 3. überarb. Aufl. 1996. Magdeburg. Westarp Wissenschaften.

FORßMANN ET AL.: Landschaftspark Duisburg-Nord. Das Projekt. Der Oberstadtdirektor – Stadt Duisburg – und Planungsgemeinschaft Landschaftspark Duisburg - Nord (Hrsg). 1. Auflage. 1992. Duisburg.

GÄLZER, R.: Vergleich der Grünsysteme europäischer Großstädte mit jenen von Wien. Beiträge zur Stadtforschung, Stadtentwicklung und Stadtgestaltung. Band 17. 1987. Wien: Magistrat der Stadt Wien.

GANSER, K: Natur frißt Stadt. In: Deutsches Architektenblatt, Ausgabe Ost 9. S. 1249-1250. 1997.

GARBRECHT, D., MATTHES, U.: Entscheidungshilfen für die Freiraumplanung. Planungshandbuch. ILS - Schriftenreihe Landes- und Stadtentwicklungsforschung des Landes Nordrhein-Westfalen. 1980. Dortmund: ILS.

GEBHARD, A., WESINGER, W.: Ökologische Bausteine. In: Garten und Landschaft Heft 9. S. 24-26. 1997.

GILLWALD, K.: Umweltqualität als sozialer Faktor. – Zur Sozialpsychologie der natürlichen Umwelt. Arbeitsberichte Wissenschaftszentrum Berlin. 1983. Berlin, Frankfurt, New York. Campus.

GRUEHN, D., KENNEWEG, H.: Berücksichtigung der Belange von Naturschutz und Landschaftspflege in der Flächennutzungsplanung. Angewandte Landschaftsökologie Heft 17, 1998, Bonn-Bad Godesberg: Bundesamt für Naturschutz.

HAGEDORN, S., MARQUARDT, A.: Wohnfreiräume auch für Blinde. Diplomarbeit am Fachbereich 14 der TU Berlin. 1990.

HALLMANN, H.W., KUHN, J., PREIßMANN, R.: Freiraumplanung und interdisziplinäre Zusammenarbeit. In: Landschaftsarchitekten: Standorte und Perspektiven. BDLA. S. 2-18. 1983, Bonn, Hamburg: Christians + Rhein.

HALLMANN, H.W., MÜLLER, J.N.(HRSG.): Freiraumarchitektur. Band 2 Vom Hinterhof zum Park. 1986. TU Berlin.

HARLOFF, H.J. ET AL.: Bedeutungen von Übergangszonen und Zwischenbereichen für Wohnerleben und Wohnhandeln. In: Psychologie des Wohnungs- und Siedlungsbaus. S. 149-153. 1993. Göttingen: Verlag für Angewandte Psychologie.

HAUFF, TH.: Nachhaltige Stadtentwicklung in Münster - Münster als Modellstadt im ExWoSt-Vorhaben „Städte der Zukunft". In: Oberstadtdirektor der Stadt Münster (Hrsg.): Nachhaltige Stadt- und Regionalentwicklung. Von Rio über Istanbul zur Lokalen Agenda 1997, Beiträge zur Stadtforschung, Stadtentwicklung, Stadtplanung 2/1997, Münster.

HOAI: Honorarordnung für Achitekten und Ingeniure in der Fassung ab 1.Januar 1996 gültigen Fassung. Textausgabe mit Amtlicher Begründung. Hrsg. BDLA. 1996, Stuttgart: Kohlhammer.

HOISL,R.; NOHL,W., ENGELHADT,P.: Naturbezogene Erholung als Motor der Landschaftsbildentwicklung. In: Natur und Landschaft. Heft 5, S. 207 - 212. 1998.

HOLDHAUS, H.: Sportliche Vielfalt und Infrastruktur in der Stadt. In: Sport in der Stadt. Beiträge zur Stadtforschung, Stadtentwicklung und Stadtgestaltung. Band 57. Magistrat der Stadt Wien (Hrsg.). S. 132-146. 1995. Wien.

KRAUSE, C. L., KÖPPEL, D.: Landschaftsbild in der Eingriffsregelung, Angewandte Landschaftsökologie. Heft 8, 1996, Bonn-Bad Godesberg, Bundesamt für Naturschutz.

LEPPERT, S.: Augustusplatz in Leipzig. In: Garten und Landschaft. Heft 2, S. 4-5, 1996.

LIESER ET.AL. Das Grüngürtel-Konzept der Stadt Frankfurt am Main. In: Bochnig, S., Selle, K. (Hrsg.). Freiräume für die Stadt. Band I. 1992. Wiesbaden, Berlin.

MILCHERT, J.: 200 Jahre städtische Grünflächenpolitik. In: Garten und Landschaft. Heft 9. S. 703-716 und S. 795-796. 1980.

MILCHERT, J.: Tendenzen der städtischen Freiraumentwicklung in Politik und Verwaltung. Arbeiten zur sozialwissenschaftlich orientierten Freiraumplanung, Band 5, 1984. München: Minerva Publikation Saur.

MÜLLER, U. ET AL.: Grün macht Schule – Hundert grüne Lernorte. 1985. Berlin. Eigenverlag.

NESTMANN, L.: Überlegungen zum Komplex des Stress in Grosstädten – ein Beitrag zur medizinischen Ökologie und zur „Ökologie des Geistes" -. In: Der Mensch und seine städtische Umwelt – humanökologische Aspekte. Laufener Seminarbeiträge 1. S. 14-29. 1982. Laufen/Salzach.

NOHL, W.: Städtischer Freiraum und Reproduktion der Arbeitskraft – Einführung in eine arbeitnehmerorientierte Freiraumplanung. 1984, München: IMU-Institut.

NOHL, W.: Kommunales Grün in der ökologisch orientierten Stadterneuerung – Handbuch und Beispielsammlung. Studien 19. München. 1993: IMU-Institut für Medienforschung und Urbanistik.

NOHL. W., RICHTER, U.: Umweltverträgliche Freizeit, freizeitverträgliche Umwelt. – Ansätze für eine umweltorientierte Freizeitpolitik im Rahmen der Stadtentwicklungspolitik. ILS Schriften 16. 1988. Dortmund: ILS.

NOHL, W., RICHTER, U.: Der Beitrag von Sport- und Freizeitanlagen zu einer ökologisch orientierten Stadtentwicklung. In: Das Gartenamt. Heft 2. S. 77 - 84. 1993.

ÖKOLOGIE UND PLANUNG: Landschaftsplanerischer Beitrag zur -BEP – Räumliche Bereichsentwicklungsplanung für Berlin-Tempelhof 2+3, 1986. SenStadtUm Berlin.

PLANUNGSGRUPPE „GRÜNE 8": Ökölogisches Planen, Bauen und Wohnen. ILS-Schriften 29. 1. Aufl. 1989.
Dortmund: ILS.

PLANUNGSGRUPPE WECKWERTH: Planungswissenschaftliche Teiluntersuchung zum Gutachten über die
Erholungssituation im Bereich des Landschaftsplans Gatow in Berlin-Spandau. Teil II. Erholungsan-
sprüche der Berliner Bevölkerung an das Untersuchungsgebiet (UG) Landschaftsplan Gatow. 1984,
Berlin.

POSENER, J. (HRSG.): Ebenezer Howard: Gartenstädte von morgen. Das Buch und seine Geschichte. Bauwelt Fundamente 21, 1968, Berlin, Frankfurt/M., Wien: Ullstein.

PROBST, W.: Naturerlebnisräume in der Stadt – mehr Freiheit für die Natur, mehr Freiheit für kreatives
Spielen. Geobotanische Kolloquien 9. S. 59-67. 1993.

RICHTER, G.: Handbuch Stadtgrün – Landschaftsarchitektur im städtischen Freiraum. 1981. München,
Wien, Zürich. BLV.

RICHTER, G.: Friedhof und Grabfeld. In: Stadt und Grün. Heft 11. S. 755-760. 1996.

RICHTER, G.: Ansprüche im Wohnumfeld. In: Stadt und Grün. Heft 11. S.793-797. 1997.

SCHEMEL, H.-J.: Naturerfahrungsräume – Flächenkategorie für die freie Erholung in naturnahen Landschaften. In: Natur und Landschaft. Heft 2. S. 85-91. 1997.

SCHINDLER, N.: Das Berliner Grün der Nachkriegszeit. In: Das Gartenamt. Sonderdruck. 1972.

SCHLOSSER, D.: Barrierefreies Bauen in der Freiraumplanung. In: Das Gartenamt. Heft 1. S. 24-28. 1994.

SCHMIDT, K.R.: Organisation und Verwaltung städtischer Grünflächen in Deutschland. In: Stadt und
Grün. Heft 10. 1995.

SCHMIDTHALS, E.: Weiterführende Überlegungen zum neuen Steuerungsmodell. In: Das Gartenamt. Heft
12. S. 808-810. 1994.

SCHMIEDICKE, A.: Business Reengineering. In: Garten und Landschaft. Heft 7. S. 14-16. 1995.

SCHRÖDER, R.: Kinder reden mit! Beteiligung an Politik, Stadtplanung und -gestaltung. 1995. Weinheim,
Basel.

SCHULTE, W. ET AL. (HRSG.): Flächendeckende Biotopkartierung im besiedelten Bereich als Grundlage
einer am Naturschutz orientierten Planung. Programm für die Bestandsaufnahme, Gliederung und Bewertung des besiedelten Bereichs und dessen Randzonen. Überarbeitete Fassung 1993. In: Natur und
Landschaft. Heft 10. S. 491-526. 1993.

SCHÜTZE, B.: Aufgabe und rechtliche Stellung der Landschaftsplanung im räumlichen Planungssystem.
Schriften zum Umweltrecht. Band 45. 1994. Berlin: Duncker & Humblot.

SENSTADTUM (HRSG.): Landschaftsprogramm – Artenschutzprogramm 1994, Begründung und Erläuterung. 1994. Berlin.

SENSTADTUM, (HRSG.): Ein neuer Umgang mit dem Wald. Berliner Waldbaurichtlinien. 2. Auflage.
1994a. Berlin.

SPALINK-SIEVERS, J.: Gärten für Kinder. In: Stadt und Grün. Heft 3. S. 195 - 201. 1996.

SPITTHÖVER, M.: Anmerkungen zur Richtwertproblematik in der Freiraumplanung. In: Das Gartenamt.
Heft 1. S. 27-32. 1984.

SRU: Umweltgutachten 1987. Unterrichtung durch die Bundesregierung. Drucksache 11/1568. 1987.

STATTBAU: Der Block 103 in Berlin-Kreuzberg. Städtebau und Architektur, Bericht 28. Berlin. 1994.
SenBauWohn.

STEIN, H.: Inseln im Häusermeer. 1999. Frankfurt/M. Perter Lang Verlag.

STEINFORT, F.: Baugesetzbuch für Planer graphisch umgesetzt. 1998. Köln.

STEINEBACH, G., SCHAADT, D.: Stadtökologie in neuen Gewerbegebieten. - Stadtplanung - Rechtsgrundlagen - Praxiserfahrungen - . 1996. Wiesbaden und Berlin. Bauverlag.

STICH, R. ET AL.: Stadtökologie in Bebauungsplänen. 1992. Wiesbaden, Berlin: Bauverlag.

STÖHR, M.: Landschaft und Information. 1992. TUBerlin, FB 14. Unveröffentlichtes Manuskript.

SUKOPP, H., WITTIG, R. (HRSG.): Stadtökologie. Ein Lehrbuch für Studium und Praxis. 2. überarb. u. ergänzte Aufl. 1998. Stuttgart: G. Fischer Verlag.

TAUCHNITZ, H.: Aaseitenweg in Münster. In: Stadt und Grün. Heft 11. S. 785-789. 1996.

TEUTSCH, G.: Die eigene Formensprache.(Wettbewerb Friedhof Freilassing, 1.Preis TEUTSCH 1995). In: Garten und Landschaft. S. 9-15. 1995.

TESSIN, W.: Der Kleingarten. Sozialeinrichtung, Freizeitspaß oder Grundrecht. In: Stadt und Grün. Heft 5. S. 325-330. 1995.

VALENTIEN, D.: Ein Park des 21. Jahrhunderts? In: Garten und Landschaft. S. 25-30. 10/1991.

VON DER HORST, R., RICHTER, J.: Sicherheit von Spielräumen: Fallschutz vermindert Verletzungsgefahren. In: Spielraum. 18. Jahrgang, S. 40-45. 1997.

WAGNER, M.: Das sanitäre Grün der Städte. Dissertation. 1915. Berlin.

WEBER, A.: Top-Themen für Heilbäder und Kurorte. Das Interne Qualitätsmanagement des Deutschen Bäderverbandes. In: Deutsches Seminar für Fremdenverkehr Berlin (DSF). 1996, Berlin.

WECKWERTH, H.: Ansätze zur Quantifizierung der Wechselwirkung von Erholungsnutzung und Landschaftsstruktur. In: Ökosystemorientierte Landschaftsplanung. Landschaftsentwicklung und Umweltforschung, Nr. 22. S.103-157. 1984. TU Berlin.

WECKWERTH, H.: Kinderorientierte Freiräume. In: GÖRLITZ ET AL. (HRSG.): Entwicklungsbedingungen von Kindern in der Stadt. Praxisbeiträge der Herten-Tagung. S. 116 - 135. 1993. Berlin/Herten.

WECKWERTH, H.: Planungswissenschaftliche Teiluntersuchung zum Gutachten über die Erholungssituation im Bereich des Landschaftsplans Gatow in Berlin-Spandau. Teil II. Erholungsansprüche der Berliner Bevölkerung an das Untersuchungsgebiet (UG) Landschaftsplan Gatow. 1984a, Berlin.

WECKWERTH ET AL.: Kleingärten in Berlin-West. Die Bedeutung einer privaten Freiraumnutzung in einer Großstadt, Nachfrage nach Kleingärten, Planungskonsequenzen, 2 Bände, Bericht zur Berlin-Forschung an der TUBerlin. Förderprogramm FUBerlin. 1986: FUB-Eigenverlag.

WENTZELL, I.: Frankfurter Lokale Agenda. In: Garten und Landschaft. Heft 9. S. 21 - 24. 1997.

WINKEL, G. (HRSG.): Das Schulgartenhandbuch. 1985. Seelze: Friedrich.

WINKELMANN, CH., WILKENS, TH.: Sportaktivitäten in Natur und Landschaft - Rechtliche Grundlagen für Konfliktlösungen, Forschungsbericht (01 06 080 UBA- FB 97-050 im Auftrag des Umweltbundesamtes. Berichte 3/98. 1998. Berlin, Erich Schmidt Verlag.

WÖBSE, H.: Landschaftsästhetik – Gedanken zu einem zu einseitig verwendeten Begriff. In: Landschaft und Stadt 13, (4). S. 152 - 160. 1981.

WORMBS, B.: Über den Umgang mit der Natur. 1974, München.

ZIMMERMANN, W., AMMER, H.: Strategie zur Sicherung von Grünflächensystemen. In: Das Gartenamt. Heft 3. S. 145-152.

10 Umweltqualität und Umweltschutz *(B. Braun)*

10.1 Umwelt, Umweltschutz

10.1.1 Der Begriff Umwelt

Der Mensch hat von Anbeginn die Natur für seine Zwecke genutzt und umgestaltet. Dieser gesellschaftliche Stoffwechsel, in der die Nutzung der natürlichen Ressourcen mit den wachsenden Bedürfnisqualitäten und -quantitäten (u.a. durch Bevölkerungsdruck) sowie steigenden technischen Fähigkeiten und wissenschaftlichen Erkenntnissen ständig intensiviert wird, ist Voraussetzung für das Entstehen von Umwelt. Der Konflikt zwischen menschlichen Eingriffen in die Natur und deren Regenerationsvermögen ist nicht erst eine Erscheinung des Industriezeitalters. Solange die Auswirkungen dieses Aneignungsprozesses gering blieben, wurde die Umwandlung von Welt in Umwelt nahezu uneingeschränkt begrüßt. Gerade die Erfolge des Industriezeitalters führten bis in die Mitte dieses Jahrhunderts zu einem naiven Fortschrittsglauben an eine immer bessere und schönere Welt.

In der Gegenwart ist der ganze Planet zu einem Feld aktiver Naturaneignung geworden. Immer öfter und schärfer treten dabei Konflikte zwischen politisch-ökonomischen Interessen und „technischen Zwängen" einerseits und der Belastbarkeit der Natur andererseits („Ökonomie – Ökologie – Konflikt") offen zu Tage. Die Lösung dieses Konfliktes erweist sich als grundlegendes Erfordernis, um die Existenz des Menschen auf lange Zeit zu sichern. Für die „Grundsätzliche Sanierung des Verhältnisses zur Natur" ist es notwendig, daß die Gesellschaft die Kontrolle über den Produktionsprozeß wiedererlangt. Gleichzeitig muß der Mensch lernen, sich als Teil eines Ganzen zu verstehen und nicht als Herrscher der Natur, menschliche Aktivitäten zu „ökologisieren" und Regeln und Mechanismen natürlicher ökologischer Systeme auf menschliche Lebenssysteme anzuwenden (ADAM/ GROHE 1984).

Obwohl diese Probleme bereits in den 50er und 60er Jahren gesehen und auch thematisiert wurden, blieb es bis etwa 1970 bei einer sehr sektoralen Problemsicht. Innerhalb eines sehr kurzen Zeitraumes wurde die Kehrseite des immens gesteigerten Stoffwechsels mit der Natur sichtbar:

- der Übergang von Beeinträchtigungen *einzelner Teilelemente* auf *ganze Systeme*
- das Sichauswachsen von Schäden in *lokalem und regionalem Maßstab* zu *weltumspannenden* Dimensionen
- das *Überschreiten von kritischen Grenzen* bei stofflichen Veränderungen von Boden, Wasser und Luft, bei Beeinträchtigungen der Landschaft, Übernutzung von Rohstoffen und Landschaftsverbrauch für Siedlung, Verkehr und Produktion

In diesen Zusammenhang gehört auch die Einführung und Verbreitung des Begriffs *Umwelt* und *Umweltschutz* (SUMMERER, 1989 in HdUVP).

Der Begriff Umwelt wurde 1800 von dem deutsch-dänischen Dichter Baggensen erstmals verwendet, ab 1816 auch von Goethe. Bei Jakob von Uexküll, dem ersten Naturforscher, der den Begriff „Umwelt" in systematischer Absicht benutzte, ist *die Umwelt der auf das Subjekt bezogene Ausschnitt der Welt.* Da die Umwelt immer auf ein Subjekt als Mittelpunkt bezogen ist, verwendet die Ökosystemforschung lieber Begriffe wie **Naturhaushalt** oder **Naturraumpotentiale**, um damit objektiver vorgehen zu können.

Umwelt umfaßt neben der Natur (die vom Menschen angeeignete Natur) auch immer die soziale und technische Umwelt. Natur existiert auch ohne den Menschen, durch die „Umarbeitung" der vorgefundenen Natur ins Lebensdienliche, durch Umgestaltung von Landschaften, Züchtung von Pflanzen und Tieren wird sie zur Umwelt. Dabei kann die kultivierende Arbeit des Menschen durchaus positive Auswirkungen haben. Die bäuerliche Kulturlandschaft vergangener Jahrhunderte z.B. bot mehr Arten Lebensraum als die vormittelalterlichen geschlossenen Wälder.

Geläufig wurde der Begriff *Umwelt* durch den seit Ende der 60er Jahre eingeführten Politikbereich *Umweltschutz*, der sich zunächst auf klar abgegrenzte *„Umweltsektoren"* wie Luft, Wasser, Boden, Pflanzen- und Tierwelt und die Landschaft richtete. Die sektorale Betrachtungsweise spiegelt sich noch heute im *Umweltrecht* und in der Struktur der Umweltbehörden wider. Wenn aber Problemverlagerungen von einem Umweltmedium in ein anderes vermieden werden sollen, sind sektorenübergreifende Umweltschutzkonzepte erforderlich, die von einem nachsorgenden, reparierenden zu einem vorsorgenden Umweltschutz übergehen.

Umwelt. Gesamtheit der Faktoren, die auf einen Organismus von außen einwirken und ihn beeinflussen. Die Umwelt-Lehre wurde von v. Uexküll (für das einzelne tier. Individuum) begründet.

Umweltfaktoren. Ökologische Faktoren, alle Gegebenheiten der belebten (biotische Umweltfaktoren) und der unbelebten (abiotische Umweltfaktoren) Umwelt eines Organismus, die sein Leben ermöglichen und beeinflussen. Wegen der überragenden Bedeutung der Nahrung für die Organismen unterscheidet man als dritte Gruppe die trophischen Umweltfaktoren.

Umweltschutz. Bezeichnung für alle Maßnahmen, die schädigende Einflüsse auf die gesamte Umwelt, d.h. auf den irdischen Lebensraum (Biosphäre) als ausgewogenes ökologisches Gefüge, verhindern oder vorhandene Schadfaktoren minimieren; basiert auf ökologischer Grundlagenforschung, vorbeugender Umweltschutztechnologie und gesetzgeberischen Maßnahmen. Aufgaben sind u.a.: Reinhaltung von Luft, Wasser, Boden; Lärm- und Strahlenschutz; Abfallbeseitigung und -verhinderung; Lebensmittel- und Arzneimittelkontrolle; Naturschutz, Landschaftspflege.

Subjektive Umweltwahrnehmung

Jedem Lebewesen ist seine ganz spezifische, nur ihm eigentümliche Umwelt zugeordnet. Als Beziehungsbegriff kann Umwelt deshalb nicht unabhängig von Lebewesen und ihren Habitaten verwendet werden.

• Der Begriff Umwelt ist für die Naturwissenschaft problematisch, da er sich allein auf die Umwelt des Menschen bezieht.

• Es gibt keine objektive Umwelt. Umwelt ist so strukturiert, daß sie die Interessen und Gestaltungsmöglichkeiten ihres Subjektes widerspiegelt.

• Umwelt ist nie scharf abgrenzbar, weder räumlich noch zeitlich fixiert. Umweltwahrnehmung ist abhängig von einem aufgeklärten und speziell entwickelten Umweltbewußtsein.

10.1.2 Umwelt als System

Auch die technisch, ökonomisch und sozial überformte Umwelt ist Teil des Gesamtsystems der Natur. Die vom Menschen gestaltete künstliche Umwelt enthält eine Vielzahl natürlicher Bestandteile. Künstliche Bestandteile wurden eingefügt oder an die Stelle der natürlichen Bestandteile gesetzt. Indem die natürliche Umwelt reagiert, verändert sie sich und zieht somit meist wieder menschliche Eingriffe nach sich.

Natürliche Systeme sind gekennzeichnet durch die Prinzipien:
1. *Kreislauf und Ganzheitscharakter*, d.h. Weiterentwicklung in fortlaufender Prozeßwiederholung, Wachstum und Rückbildung im Gleichgewicht
2. *Gesetzmäßigkeit*, d.h., die Leistungsfähigkeit des Systems wird durch Regeln erhalten und optimiert
3. *Offenheit*, d.h., Aufnahme und Assimilation von Einwirkungen bis zu gewissen Toleranzwerten lassen Wiederstabilisierung des Gleichgewichtes zu, Umkippen des Systems bei zu intensiven systemfremden Einwirkungen
4. *Anordnung in Systemhierarchien*, d.h., jedes System ist Teil eines anderen, gegenseitige Ergänzung der Systeme, Ordnung nebeneinander und übereinander

Vom Menschen geschaffene künstliche Systeme weisen demgegenüber prinzipielle Unterschiede auf:
1. *Geschlossenheit*: Assimilation systemfremder Einwirkungen ist nicht möglich; hohe Störanfälligkeit
2. *Unvollständigkeit*: Nichtberücksichtigung der Wirkung auf andere Systeme, isoliertes Ausschnittbehandeln
3. *Finalität*: Anlegen der Systeme – auch bei Prozeßwiederholung – auf Ergebnisse und Ziele; Begrenzung, bewußte Erneuerung und Steuerung von außen ist zur Gleichgewichtserhaltung notwendig

Weil der Mensch die Natur zwar umformen, aber nicht negieren kann, muß er seine selbstgeschaffenen künstlichen Systeme **bewußt** in die natürlichen Systeme mit ihren Grenzen, Hierarchien und Belastbarkeiten einsteuern. Dazu sind *Rahmenbedingungen aus übergeordneten Systemzusammenhängen abzuleiten* und zu analysieren. Das Überschreiten der Rahmenbedingungen kann das Zusammenbrechen des natürlichen Systems nach sich ziehen, was augenblicklich auch die Lebensbedingungen des Menschen verschlechtert. Ist das künstliche System nicht oder nur bei starker Schädigung des übergeordneten Systems integrierbar, sollte darauf verzichtet werden. Dabei sind auch Möglichkeiten der Kompensation systemfremder Einwirkungen zu prüfen. Dies entspricht dem *Grundansatz der Umweltverträglichkeitsprüfung* und der *Eingriffsregelung nach BNatSchG*.

Natürliche Umwelt im städtebaulichen Planungsprozeß

Im städtebaulichen Planungsprozeß sind Lösungsvarianten zu erarbeiten und somit Entscheidungen systematisch vorzubereiten. In dieser gedanklicher Vorwegnahme von Handlungen müssen vielfältige wissenschaftliche Erkenntnisse einfließen, um die Voraussetzungen und die Folgen einer Realisierung möglichst genau benennen zu können. Die wachsende Komplexität der Aufgaben, die Zunahme des Wissens und die Akzeptanz der Begrenztheit der Regulationsfähigkeit der Natur erhöhen die Anforderungen an die Qualität des Planens und die Zusammenarbeit der verschiedenen Planungsdisziplinen.

In der Stadtplanung sind die Möglichkeiten von Interesse, die zur Verringerung der negativen Auswirkungen und zur Stabilisierung des „Ökosystems Stadt" beitragen.

10.1.3 Umweltschutz in Deutschland

10.1.3.1 Umweltpolitik

1969 entschied die damals sozial-liberale Koalitionsregierung der Bundesrepublik, den Umweltschutz als eigenständigen Politikbereich einzuführen. 1970 wurde in Bonn das Umweltkabinett gegründet, ähnliche Aufgaben übernahm in der DDR das Ministerium für Umweltschutz und Wasserwesen. Am 14.05.1970 wurde das Landeskulturgesetz der DDR und am 29.09.1971 das 1. Umweltprogramm der Bundesregierung veröffentlicht. In beiden Gesetzen erfolgte die Klarstellung, daß Umweltpolitik sich von der auf Schäden reagierenden zur Schäden verhindernden und vermeidenden Politik entwickeln müsse.

Das oberste Ziel des 1. **Umweltprogrammes:** „Maßstab jeder Umweltpolitik ist der Schutz der Würde des Menschen, die bedroht ist, wenn seine Gesundheit und seine Zukunft jetzt oder in Zukunft gefährdet sind." (Umweltprogramm der Bundesregierung 1971) ist nur zu erreichen, wenn die Sicherung der Umweltgüter bzw. der Schutz der natürlichen Lebensgrundlagen vor schädlichen Wirkungen menschlicher Aktivitäten sowie die Beseitigung bereits entstandener Schäden gesichert sind. Ziele sind von daher:

1. physischer und psychischer Schutz des Menschen
2. Schutz der natürlichen Lebensgrundlagen des Menschen
3. Schutz künftig lebender Generationen

Dem Umweltprogramm liegt somit ein Anthropozentrismus zugrunde, für den Umwelt auch Quelle geistig-seelischer Austauschprozesse und nicht lediglich Ressource materieller Bedürfnisse ist, wenn auch der Schutz künftiger Generationen eher Hintergrundphilosophie bleibt.

Zusammenfassende **Thesen des Umweltprogramms**:

1. **Umweltpolitik** ist die Gesamtheit aller Maßnahmen, die notwendig sind,
   - um dem Menschen eine Umwelt zu sichern, wie er sie für seine Gesundheit und ein menschenwürdiges Dasein braucht,
   - um Boden, Luft und Wasser, Pflanzen- und Tierwelt vor nachteiligen Einwirkungen menschlicher Eingriffe zu schützen und
   - um Schäden und Nachteile aus menschlichen Eingriffen zu beseitigen.
2. Kosten der Umweltbelastungen hat immer der Verursacher zu tragen (**Verursacherprinzip**).

3. Die **Leistungsfähigkeit** der Volkswirtschaft wird bei Verwirklichung des Umweltprogramms nicht überfordert werden. Der Umweltschutz soll durch finanz- und steuerpolitische Maßnahmen sowie durch Infrastrukturmaßnahmen unterstützt werden.

4. Der Zustand der Umwelt wird entscheidend bestimmt durch die Technik. **Technischer Fortschritt** muß umweltschonend verwirklicht werden. „Umweltfreundliche" Technik, die durch die Anwendung die Umwelt nur wenig oder gar nicht belastet, ist ein Ziel dieses Programms. Technischer Fortschritt und wirtschaftliches Wachstum brauchen dabei nicht beeinträchtigt werden.

5. Umweltschutz ist Sache jedes Bürgers. Die Bundesregierung sieht in der Förderung des **Umweltbewußtseins** einen wesentlichen Bestandteil ihrer Umweltpolitik.

6. Die Bundesregierung wird sich für ihre Entscheidung in Fragen des Umweltschutzes verstärkt der wissenschaftlichen Beratung bedienen. Sie wird hierfür u.a. einen **Rat von Sachverständigen** für die Umwelt berufen.

7. Alle Umweltbelastungen und ihre Wirkungen sind systematisch zu erforschen. Die notwendige **Forschungs- und Entwicklungskapazität** für den Umweltschutz wird ausgebaut und die Koordinierung der Forschungsarbeit verstärkt. Ferner ist eine Erfassung aller auf die Umwelt bezogenen Daten sowie ihre Zusammenfassung und Aufbereitung in einem Informationssystem erforderlich, das der Öffentlichkeit, der Wissenschaft und der Wirtschaft zur Verfügung steht.

8. Die Möglichkeiten der **Ausbildung** für Spezialgebiete des Umweltschutzes sollen, u.a. durch interdisziplinäre und praxisbezogene Aufbaustudien an Hoch- und Fachschulen, vermehrt und verbessert werden.

9. Wirksamer Umweltschutz bedarf enger **Zusammenarbeit** zwischen Bund, Ländern und Gemeinden untereinander und mit Wissenschaft und Wirtschaft.

10. Der Umweltschutz verlangt **internationale Zusammenarbeit**. Die Bundesregierung ist hierzu in allen Bereichen bereit und setzt sich für internationale Vereinbarungen ein.

Im **zweiten Umweltprogramm** 1976 wird dem Vorsorgeaspekt durch die Einführung des **Vorsorgeprinzips** als 3.Grundprinzip der Umweltpolitik (neben dem *Verursacherprinzip* und dem *Kooperationsprinzip*) stärker Rechnung getragen.

Zum ersten Mal in aller Klarheit findet sich das Ziel des Schutzes und der Erhaltung von Tieren, Pflanzen und Ökosystemen auch um ihrer selbst willen in der *„Bilanz des Bundesministers für Umwelt, Naturschutz und Reaktorsicherheit"* 1987.

10.1.3.2 Umweltrecht

Im **rechtlichen Sinne** kann Umwelt nur der vom Menschen für seine Lebensinteressen in Anspruch genommene Teil der Welt sein. Außerdem kann nach dem Grunddogma des Rechts nur der Mensch Träger von Rechten sein. Dies fixiert das Umweltrecht noch deutlicher als die Umweltpolitik auf ein *anthropozentrisches Grundverständnis*. Ob im BImSchG, WHG, AbfG, BauGB, überall steht der Mensch im Vordergrund. Selbst im BNatSchG überwiegt das menschliche Nutzungs- und Verwertungsinteresse. Natur wird geschützt, damit keine „erheblichen Gefahren oder erhebliche Nachteile für die Allgemeinheit herbeigeführt werden". Die Aufnahme einer Staatszielbestimmung zugunsten der Umwelt in die Verfassung, die dokumentieren würde, daß Mensch und Umwelt gleichberechtigt nebeneinander stehen und der Anthropozentrismus umfassend und an einem ganzheitlichen Verständnis des Menschen orientiert ist und nicht nur die Sicherung der natürlichen Ressourcen für die heute lebende Generation betreibt, fehlt noch im deutschen Recht.

Die Gesetzgebung regelt den Umweltschutz durch eine Vielzahl von Rechtsvorschriften, in denen die umweltpolitischen Gesamtziele mehr oder weniger rechtlich fixiert und operationalisiert sind. Dies sind z.B.:

- Abfallbeseitigungsgesetz
- Abwasserabgabengesetz
- Altölgesetz
- Benzin-Blei-Gesetz
- Bundesberggesetz
- Bundes-Immissionsschutzgesetz
- Bundesnaturschutzgesetz
- Bundeswaldgesetz
- Chemikaliengesetz
- Fluglärmgesetz
- Gesetz über die Umweltverträglichkeitsprüfung
- Raumordnungsgesetz
- Tierkörperbeseitigungsgesetz
- Waschmittelgesetz
- Wasserhaushaltsgesetz in der jeweils gültigen Fassung.

Eine konkrete Fixierung von Umweltschutzanforderungen unmittelbar im Gesetz ist ziemlich selten. Diese werden durch Rechtsverordnungen oder allemeine Verwaltungsvorschriften konkretisiert. Teilweise werden den Bundesländern nur die umweltpolitischen Ziele vorgegeben. Ein bedeutsames Instrument rechtlicher Fixierung und Operationalisierung umweltpolitischer Teilziele in Anpassung an die jeweiligen Nutzungserfordernisse und räumlichen Verhältnisse stellen die zumeist von den Ländern aufzustellenden „Pläne" dar.

Im einzelnen sind dies z.B.:

- *Bewirtschaftungspläne* für oberirdische Gewässer nach § 36b, überörtliche *Abwasserbeseitigungspläne* nach § 18a Abs.3, Wasserwirtschaftliche *Rahmenpläne* nach § 36 Wasserhaushaltsgesetz
- *Luftreinhaltepläne* in Belastungsgebieten nach § 47 i.V.m. § 44 BimSchG
- Überörtliche *Abfallbeseitigungspläne* nach § 6 Abfallbeseitigungsgesetz
- Überörtliche *Tierkörperbeseitigungspläne* nach § 15 Tierkörperbeseitigungsgesetz
- *Landschaftsprogramme*, *Landschaftsrahmenpläne* und *Landschaftspläne* nach § § 5-7 Bundesnaturschutzgesetz
- *Forstliche Rahmenpläne* nach § § 6, 7 Bundeswaldgesetz

Das **rechtliche Instrumentarium** besteht zum größten Teil aus Instrumenten, die dem Recht der ordnenden Verwaltung zuzurechnen sind (unmittelbar durch Gesetz oder Rechtsverordnung begründete *Gebote, Verbote* bzw. *Beschränkungen*). Das ordnungsrechtliche Instrument der *nachträglichen Anordnung* gewinnt bei Sanierungen stärker an Bedeutung.

10.1.3.3 Organisation des Umweltschutzes

Der für Grundfragen des Umweltschutzes zuständige **Bundesminister** für Umwelt und Strahlenschutz ist für die Bereiche Luftreinhaltung, Lärmbekämpfung, Wasser- und Abfallwirtschaft, Umweltchemikalien und Strahlenschutz federführend. Den Bundesministerien, die Aufgaben auf dem Gebiet des Umweltschutzes zu erfüllen haben, stehen verschiedene nachgeordnete Behörden, Anstalten und Dienststellen zur Verfügung, darunter das Umweltbundesamt, das Institut für Wasser-, Boden- und Lufthygiene als Teil des Bundesgesundheitsamtes, die Bundesanstalt für Gewässerkunde u.a.

Für die Zusammenarbeit mit den Bundesländern sowie die Klärung von Fragen des Vollzugs der Umweltvorschriften wurden verschiedene Instrumente und Gremien geschaffen, u.a. die Umweltministerkonferenz, der Abteilungsleiterausschuß für Umweltfragen, der Länderausschuß für Immissionsschutz, die Länderarbeitsgemeinschaft Wasser, die Länderarbeitsgemeinschaft Abfallbeseitigung, die Länderarbeitsgemeinschaft Naturschutz, Landschaftspflege und Erholung u.a.

Das **Umweltbundesamt** als selbständige Bundesoberbehörde wurde 1974 geschaffen. Es hat keine Vollzugsbefugnisse. Die Hauptaufgabe des Amtes besteht darin, wissenschaftliche und technische Erkenntnisse für das administrative und legislative Handeln des Bundes aufzubereiten. Weiterhin sind Bürgern, Organisationen und der Wirtschaft als Betroffenen oder Verursachern von Umweltbelastungen Handlungshilfen zu geben (Umweltaufklärung, Umweltbildung).

Der **Rat von Sachverständigen für Umweltfragen** (ein unabhängiges Gremium aus zwölf berufenen Mitgliedern) soll die jeweilige Situation der Umwelt und deren Entwicklungstendenzen, Fehlentwicklungen sowie Möglichkeiten zu deren Vermeidung oder Beseitigung aufzeigen.

10.1.4 Internationale Umweltpolitik

Eine wirkungsvolle Umweltpolitik muß im internationalen Verbund betrieben werden, weil Umweltbelastungen vor den Ländergrenzen nicht halt machen und weil unterschiedliche Umweltschutzanforderungen zu Handelshemmnissen und Wettbewerbsverzerrungen führen können. Deshalb wird ein internationaler Erfahrungsaustausch, eine Harmonisierung der Ziele und Maßnahmen durch Abkommen sowohl für den Bereich der **EU** als auch der **Vereinten Nationen** angestrebt.

Zur Durchführung der Umweltaktionsprogramme werden durch den Rat Richtlinien und Entscheidungen beschlossen, die dann jeweils innerhalb einer angemessenen Frist durch die Mitgliedsstaaten in nationales Recht umzusetzen sind. Während der Inhalt einiger Richtlinien bereits bei deren Erlaß durch deutsches Recht abgedeckt war (z.B. Abfallrichtlinie oder Richtlinie zur Begrenzung von Blei im Benzin), haben andere Richtlinien Anstöße für die Weiterentwicklung des deutschen Umweltrechtes gegeben (z.B. Schaffung des Chemikaliengesetzes oder des UVP-Gesetzes).

Die 1972 gegründete **Umweltorganisation der Vereinten Nationen (UNEP)** koordiniert weltweit die Umweltaktivitäten und gibt Anstöße für neue Umweltschutzmaßnahmen. Inhaltliche Schwerpunkte der Mitarbeit Deutschlands sind die Erhaltung gefährdeter Tierarten, der Schutz wandernder Tierarten, der Kampf gegen die Ausbreitung der Wüsten, die Erhaltung der Ozonschicht, die Verbesserung der Meßnetze und Informationssysteme und die Weiterentwicklung des Internationalen Umweltrechts.

Seit Jahren unterstützt die Bundesregierung die Arbeit der **Weltgesundheitsorganisation (WHO)** zur toxikologischen Bewertung chemischer Stoffe und nimmt am zwischenstaatlichen Programm der Organisation der Vereinten Nationen für Erziehung, Wissenschaft und Kultur (**UNESCO**) „Der Mensch und die Biosphäre" teil.

10.2 Stadtökologie, Ökosystem Stadt

10.2.1 Ökosysteme, städtische Ökosysteme

Ein Ökosystem ist ein ganzheitliches Wirkungsgefüge von Lebewesen und deren anorganischer Umwelt, das zwar offen, aber bis zu einem gewissen Grad zur Selbstregulation befähigt ist. Ökosysteme sind nach der Energiequelle, von der sie abhängig sind, **in natürliche und naturnahe Ökosysteme** (in ihrer Existenz ausschließlich von der eingestrahlten Sonnenenergie abhängig, wie z.B. Meere, Flüsse, Seen, Moore, Wiesen und Wälder sowie eingeschränkt die vom Menschen veränderten Systeme im ländlichen Kulturbereich, wie Äkker, Forste und Weiden) und in **städtisch-industrielle Ökosysteme**, deren Energiebedarf zum größten Teil durch zusätzliche Quellen gedeckt werden muß, aufzugliedern.

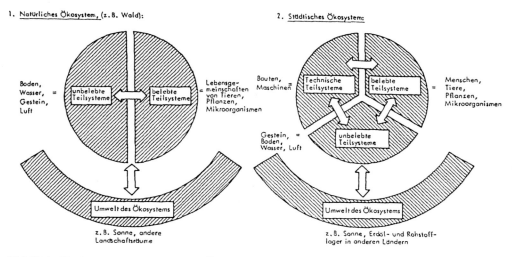

Bild **10**.1   Natürliches und städtisches Ökosystem nach TOMASEK 1996

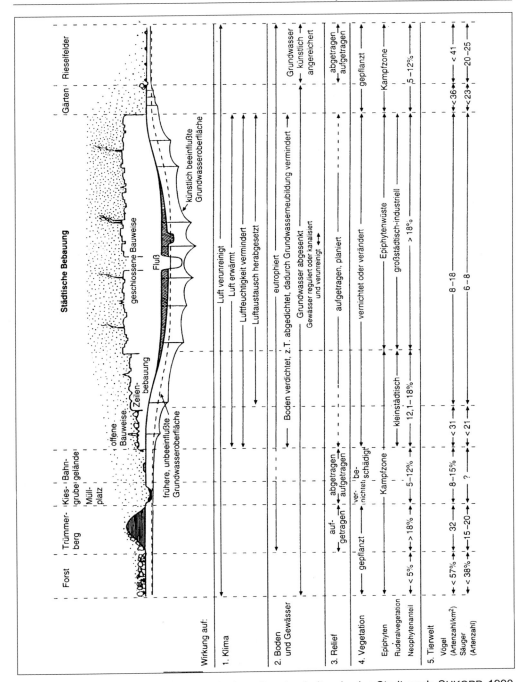

Bild **10**.2 Veränderungen der ökologischen Gegebenheiten in der Stadt nach SUKOPP 1990

Die Stadt ist dementsprechend als ein vom Menschen als Ergebnis der wechselseitigen Durchdringung und technischen Überprägung natürlicher Systeme geschaffenes künstliches Ökosystem zu betrachten. Es ist nicht vollständig, nur durch Energie- und Stoffzufuhr von außen und die Entsorgungsfunktion des Umlandes in einem (labilen) Gleichgewicht zu halten und funktioniert im Vergleich zum Stoffkreislauf natürlicher Ökosysteme wie ein stoffliches Durchflußsystem, dem die Stadtplanung Rechnung zu tragen hat. Eine Stadt, besonders eine Großstadt, ist nicht ein einziges Ökosystem, sondern ein ganzer *Ökosystemkomplex*. Vernetzungen untereinander und zum Umland beziehen sich nicht nur auf die ökologischen Faktoren und den Energie- und Stoffumsatz, sondern auf die jeweiligen ökonomischen und sozialen Gegebenheiten. Um zu erreichen, daß sich der Ökosystemkomplex Stadt in Richtung auf ein überlebensfähiges System entwickelt, muß sich die Planung mit den Regeln natürlicher Systeme beschäftigen, mit dem Ziel, die Handlungsweise diesen Regeln anzupassen.

10.2.2 Ökologisches Modell der Stadt – Stadtökologie – Sozialökologie

Der von den beiden griechischen Worten *oikos* (Haus) und *logos* (Lehre) abgeleitete, von Ernst Haeckel geprägte Begriff **Ökologie** bezeichnet die Lehre vom Naturhaushalt, von den gegenseitigen Beziehungen und Abhängigkeiten zwischen den Organismen untereinander und zu ihrer unbelebten Umwelt. Dementsprechend gehört die Erforschung der gesamten *Lebensgemeinschaft* und des *Lebensraumes* auch bereits zur klassischen Ökologie neben einer Beschäftigung mit den Organismen. Zum Lebensraum zählt man in erster Linie die abiotischen Standortfaktoren Boden und Klima, die zusammen für einen weiteren wichtigen Standortfaktor, die Wasserversorgung, verantwortlich sind. Wichtige Standortfaktoren können auch geomorphologische Gegebenheiten sein. Ökologische Forschung kann sich auf Individuen einer Art (*Autökologie*), Populationen (*Populationsökologie*) oder Lebensgemeinschaften (*Synökologie*) beziehen. **Ökosystemforschung** (Erforschung der Lebensgemeinschaften in ihrer Beziehung zur Umwelt) ist nicht allein durch Biologen zu leisten, sondern bedarf der Unterstützung durch Bodenkundler, Klimatologen, Hydrologen, Geologen, bei bestimmten Fragestellungen Chemiker, Physiker und Mathematiker.
In der politischen Terminologie werden unter Ökologie eher praktische Fragen, Handlungsprogramme, Wertungen oder Normen subsumiert.

„Stadtökologie"
Die Stadtökologie umfaßt eine Vielzahl von Wissenschaften aus verschiedenen Bereichen. Untersuchungen zum Stadtklima, zur Ökologie der Stadtfauna und Stadtflora usw. geben Ausschnitte im Sinne einer *sektoralen Stadtökologie* wieder. Erst durch das Zusammenwirken vieler Wissenschaften unter ökologischen Fragestellungen entsteht eine wirklich *integrale Stadtökologie*. Zur ökologischen Erforschung der Stadt, die ein Werk der menschlichen Gesellschaft ist und nach deren Vorstellungen gestaltet wird, sind neben den Naturwissenschaften Kontakte zu Sozial-, Kultur- und Humanwissenschaften zu suchen.

Als Wissenschaftsgebiet soll die Stadtökologie unter ökologischen Systemaspekten Planungsgrundlagen für die territoriale und städtebauliche Planung entwickeln helfen, ist also zum überwiegenden Teil eine angewandte Wissenschaft.

Hauptanliegen ist die Beantwortung der Frage, wie sich die ökonomische und ökologische Funktionsfähigkeit der Stadt optimal verbinden läßt mit der Absicherung biologischer und sozialer Grundbedürfnisse der Menschen. Aus der dominierenden Stellung des Menschen im Ökosystem Stadt und seinen vielfältigen sozialen und ökonomischen Beziehungen ergibt sich, daß bei der Untersuchung des Systemverhaltens gesellschaftliche, ökologische und ökonomische Gesetzmäßigkeiten in ihrer wechselseitigen Beeinflussung zu betrachten sind.

Tafel **10.**1   Richtungen der Stadtforschung im 20. Jahrhundert. (SUKOPP 1993)

	Statistik	Gesellschafts-wissenschaften	Umweltforschung	Stadtgeographie
2. Hälfte 19. Jh.	Bevölkerungs-, Medizinalstatistik Stadtstatistik	Wohnungsfrage Sozialpolitik Sozialhygiene	Sozialhygiene Sozialmedizin/Sozial-psychologie	Kulturkreislehre
1900		←——— Sammelwerk: Die Großstadt (Petermann 1903) ———→		
	Migration	Soziale Schichtung Mobilität	Thurnwald (1904) Umweltlehre Effekte der städt. Umwelt auf Bewohner	Hassinger (1916) Stadtlandschaft als phys. Struktur räuml. Organisation Gesellsch. Nutzungen Denkmalschutz
Erster Weltkrieg				
Zwischen-kriegszeit und Zweiter Weltkrieg		Stadtökologie (Park 1925)	Hellpach (1939) Biologie der Groß-stadt (1940)	Wohnbauforschung Sukzession von Nutzun-gen und Sozialgruppen
Nach-kriegs-zeit		Sozialraumanalyse (Shevsky u. Bell 1955)		Innerstädtische ZO-Theorie
	Datenbanken		«Naturgeschichte der Großstadt»	Standorttheorie Faktorialökologie (Berry 1970)
	Umweltstatistik	kritische Stadtsozio-logie	Stadtökologie (vgl. Abb. 2-1)	Stadt-Umwelt-Forschung

Die **Geschichte der stadtökologischen Forschung** ist noch recht jung, menschliche Siedlungen lagen lange außerhalb des Interesses der Ökologen, Umweltaspekte außerhalb des Interesses der klassischen Stadtforschung.

Frühe Untersuchungen gab es zur städtischen Flora und Fauna durch NYLANDER 1866, ARNOLD 1891, HOEPPNER u. PREUSS 1926, SCHEURMANN u. WEIN 1938, FITTNER 1946, frühe Überblick durch WEIDNER (1939), RUDDER und LINKE (1940) und PETERS (1954). Spezielle Untersuchungen der Trümmerflora der Städte liegen z.b. von SALISBURY (1943) und KREH (1955) vor.

Von den abiotische Faktoren ist das „Stadtklima" seit der Veröffentlichung von KRATZER 1936 ein Begriff, die Böden einer Großstadt sind erstmals in Berlin systematisch untersucht worden, mit Grundwasser und Stadtgewässern beschäftigt man sich erst seit wenigen Jahren. Die eigentliche Begründung der Stadt-ökologie im Wortsinne der „Bioökologischen Forschung in der Stadt" erfolgte in Mitteleuropa, und hier zuerst in Berlin durch SUKOPP (1973, 1990). Die Verbindung der Biotopkartierung mit einem zunächst deskriptisch-analytischen, dann normativ- kulturhistorischen Zonenmodell zählt inzwischen zum Lehrgut ökologischer Stadtforschung.

Die Verknüpfung der Stadtökologie und einer sozialwissenschaftlich orientierten Stadtgeographie ist bisher kaum gelungen (vgl. LICHTENBERGER, E: in SUKOPP 1993), während Literatur zur Teilaspekten der Stadtökologie bereits sehr umfangreich vorliegt.

Die **Sozialökologie** (Sozialökologische Schule von Chicago) entwickelte sich nach dem 1. Weltkrieg in Nordamerika und hat mit der Verzögerung von einer Generation auch die stadtsoziologische Forschung in Deutschland mitbestimmt. Mit ihrer Theorie und ihren Modellen beherrscht sie als klassisches Lehrgut die Lehrbücher der Stadtsoziologie im englischen Sprachraum. Sie basiert auf zwei Konzepten:

• Nach dem Prinzip des Privatkapitalismus wird Stadtentwicklung als ein sich selbst steuernder Vorgang aufgefaßt.

• Nach der Ideologie des Sozialdarwinismus werden gesellschaftliche Änderungen durch das „Recht des Stärkeren" bestimmt, d.h., die besten Positionen in der Stadt werden von den sozial stärksten Schichten besetzt, die schwächere Schichten abdrängen.

Wichtige, in der Stadtplanung gebräuchliche Begriffe wurden von der Sozialökologie geprägt:
– *Expansion*, d.h. Wachstum der Stadt
– *Segregation* von Bevölkerungsgruppen, Betrieben und Flächennutzungen
– *Zentralisation* bzw. *Dezentralisation* von Gruppen und Einrichtungen, besonders in Bezug auf die Stadtmitte

Aus der „plant ecology" wurde folgende Begriffe und Konzepte übernommen:
– *Sukzession* als Abfolge von Gruppen auf einem Standort
– *Invasion* als Eindringen von anderen Bevölkerungsgruppen in einen Stadtraum bzw. Änderung der Nutzungsform (z.B. Wohnungen zu Büros)
– bei *Dominanz* einer Gruppe kann diese die Kontrollfunktion im Areal übernehmen

In der amerikanischen Sozialökologie wurden bis 1945 drei Modelle entwickelt:
1. das Zonenmodell von PARK und BURGESS (1925)
2. das Sektorenmodell von HOYT (1939)
3. das Mehrkernemodell von HARRIS und ULLMANN (1945)

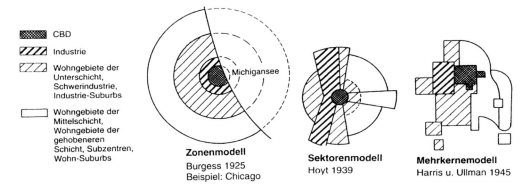

CBD

Industrie

Wohngebiete der
Unterschicht,
Schwerindustrie,
Industrie-Suburbs

Wohngebiete der
Mittelschicht,
Wohngebiete der
gehobeneren
Schicht, Subzentren,
Wohn-Suburbs

Zonenmodell
Burgess 1925
Beispiel: Chicago

Sektorenmodell
Hoyt 1939

Mehrkernemodell
Harris u. Ullman 1945

Bild **10**.3   Sozialökologische Modelle der Schule von Chicago zwischen 1925 und 1945

10.2.3 Erwartungen an die Stadtökologie – Ökologische Prinzipien der Stadtplanung

Sollen aus der Stadtökologie Planungshinweise für eine anzustrebende Stadtstruktur und Umweltqualität abgeleitet werden, dann nur unter Beachtung der beiden Regelgruppen:
1. die *„Regeln der Stadt-, Bau- und Planungskunst"*, die alles einbeziehen, was wir aus Wissenschaft und Praxis über die Technik, Gestaltung und Planungsmethoden wissen
2. die *„Regeln des Ortes"*, die durch Analyse des Bestandes und dessen Interpretation und Bewertung jeweils neu ermittelt werden müssen

Sachaussagen der beschreibenden Wissenschaft Ökologie müssen durch gesellschaftliche Maßstäbe interpretiert und gewichtet werden, um daraus Planungsziele und Handlungsstrategien ableiten zu können. Dabei sind die Maßstäbe für ein Urteil, was ökologisch „gut" oder „schlecht" ist, nicht aus der Ökologie zu gewinnen, sondern nur aus der menschlichen Ethik. Die Vielfalt dieser Erde wird von der Ökologie nur in ihren Zusammenhängen beschrieben, daß sie erhaltenswert ist, ist aus der Ökologie nicht herzuleiten.

Nahezu alle Prognosen gehen davon aus, daß die **Stadt** auch in Zukunft für eine wachsende Anzahl von Menschen Lebensraum sein wird. Damit einhergehend werden soziale und Umweltprobleme gleichermaßen zunehmen, und zwar wegen der zu erwartenden Verdichtung sogar in völlig neuen Qualitäten. Mit der Idee der *„Gartenstadt"* versuchten Stadtplaner zu Beginn diesen Jahrhunderts einen Weg aus dem Umweltproblem der Industriestädte aufzuzeigen. Die Grundwidersprüche von damals sind die gleichen geblieben, zwischen Kapital und Arbeit, zwischen Privatinteressen und objektiven Interessen der Gesellschaft, zwischen privatem Eigentum an Grund und Boden und einem gesellschaftlichen Planungserfordernis und Planungsauftrag.

Will man heute für die überwiegende Mehrheit der Bevölkerung die Qualität der Umwelt – und damit einen wesentlichen Teil der Lebensbedingungen – verbessern, muß es darum gehen, die bestehenden Städte und Siedlungen und vor allem die Großstädte *ökologisch umzubauen, zu „revitalisieren"*. Ökosiedlungen auf der grünen Wiese können nur für einen

Bruchteil der Betroffenen ein Lösungsansatz sein. Dabei geht es im Kern darum, Funktionen der Stadt völlig neu zu definieren, Grundsätze des BNatSchG zu Grundsätzen der gemeindlichen Bauleitplanung zu machen.

Dabei sind vorhandene Strukturen aufzunehmen und zu integrieren, die unter anderen Leitgedanken entstanden sind als dem ökologischen. Diese Leitbilder haben die Städte deutlich geprägt, z.B. die Leitbilder in der zweiten Hälfte des 20. Jahrhunderts:

- *Wiederaufbau* zerstörter Städte auf Grundlage der alten Stadtgrundrisse, mit Grundstückszusammenlegung, Nutzungsverdichtungen, Verkehrsverdichtung und Verdrängungseffekten für die Wohnfunktion
- *Leitbild der gegliederten und aufgelockerten Stadt* (1950 - 1960) entsprechend der „Charta von Athen" mit rigoroser Trennung der Grundfunktionen Wohnen, Erholung, Bildung und Arbeit, was zur Erhöhung von Pendlerströmen, Verlust an städtischer Vielfalt, sozialer Entflechtung der Bevölkerung und wachsender Zersiedlung des Stadtumlandes führte.
- *Leitbild der autogerechten Stadt* (1960 - 1975) als Reaktion auf das Anwachsen des Individualverkehrs, was zur Zerstörung gewachsener Stadtstrukturen und schwerwiegenden Beeinträchtigungen der Lebens- und Umweltqualität führte, parallel zur Idee der
- *massenverkehrsgerechten Stadt* mit der Folge erheblicher Bevölkerungsverdichtungen in der Einzugsbereichen von ÖPNV und der Zusammenballung der Versorgungseinrichtungen.
- Die Verfolgung der Idee von *„Urbanität durch Dichte"* verdrängte die individuelle Wohnnutzung aus den Stadtzentren, die zu umsatzstarken Kommerzzentren umgebaut und mit Wohnhochhauskomplexen bestückt wurden. Es fehlen wohnungsnahe Grün- und Freiräume, es dominieren Anonymität und Häßlichkeit.
- Als Antwort darauf entstand etwa ab 1970 *das Leitbild der „Verbesserung der Stadtgestalt und des Wohnumfeldes"*, welches den sozial nutzbaren Stadtraum (Fußgängerbereiche, Verkehrsberuhigung, Entkernung von Hinterhöfen, Attraktivierung des Wohnens in der Stadt) wieder in den Blickpunkt rückte. Dies hatte aber auch die Verdrängung einkommensschwacher Schichten sowie Verkehrsverlagerung in bisher wenig belastete Gebiete zur Folge.

Kann der „**Ökologische Stadtumbau**" ein neues Leitbild sein?

Prinzipien für Ökologischen Stadtumbau:

1. *Optimierung des Energieeinsatzes* (Erhöhung des Ausnutzungsgrades der Energie, Einsatz alternativer Energie, Vermeidung von Energieverlusten, verkehrsvermeidende Siedlungsentwicklung, Prinzip der kurzen Wege, Begünstigung der Dekonzentration)
2. *Vermeidung unnötiger und Zyklisierung unerläßlicher Stoffflüsse* (Reduzierung von Verpackungsmaterial, wiederverwendbare Baustoffe und Verpackungsmaterialien, Mehrwegpackungen und -behälter, dezentrale Kompostierung organischer Abfälle, Entwicklung eines umfassenden Wassermanagements, Förderung der Grundwasserneubildung

Schutz aller Lebensmedien (Luft, Boden, unterirdische und oberirdische Gewässer) durch überwachende, vorbeugende und sanierende Maßnahmen; Ermöglichung der Regeneration von Grundwasser und Stadtluft und damit Verbesserung der Gesundheit der Stadtbewohner

3. *Kleinräumige Strukturierung und reichhaltige Differenzierung* von Biotopen, Infrastruktur und Stadtteilen, die neben der Förderung einer artenreichen Tier- und Pflanzenwelt durch individuelle Gestaltung der Stadtquartiere Identifikation und Verantwortungsbewußtsein erhöhen

4. *Erhaltung und Förderung von Natur*
   - Prinzip der Vorranggebiete für Umwelt- und Naturschutz (Ökotop- und Artenschutz)
   - Prinzip der zonal differenzierten Schwerpunkte des Naturschutzes und der Landschaftspflege
   - Prinzip der Berücksichtigung der Naturentwicklung in der Innenstadt
   - Prinzip der historischen Kontinuität
   - Prinzip der Erhaltung großer, zusammenhängender Freiräume
   - Prinzip der Vernetzung von Freiräumen
   - Prinzip der Erhaltung von Standortunterschieden
   - Prinzip der differenzierten Nutzungsintensitäten
   - Prinzip der Erhaltung der Vielfalt typischer Elemente der Stadtlandschaft
   - Prinzip der Unterbindung aller vermeidbaren Eingriffe in Natur- und Landschaft
   - Prinzip der funktionellen Einbindung von Bauwerken in Ökosysteme

Auch Ökologische Stadtplanung ist anthropozentrisch, das Wohlbefinden der Menschen im weitesten Sinne steht im Mittelpunkt und beinhaltet neben der Reparatur von Umweltschäden die langfristige Sicherung der natürlichen Lebensgrundlagen. Alle Aktivitäten bauen auf der Kenntnis der ökologischen Wirkungszusammenhänge auf. Alle Maßnahmen sind neben dem Nutzen für den Menschen mit den bisher bekannten Naturgesetzen in Einklang zu bringen und dürfen keine schädlichen Eingriffe in den Naturhaushalt darstellen.

Alle Aktivitäten sollen zur Umweltentlastung und Umweltverbesserung beitragen und die Ursachen für die Belastung beseitigen: Städte müssen vielfältigste Nutzungsmöglichkeiten gewährleisten.

1. Städte müssen klimagerecht sein.
2. Städte müssen emissionsarm sein.
3. Städte müssen rohstoffsparend und platzsparend sein.
4. Städte müssen den sozialen Erfordernissen gerecht werden.
5. Städte müssen in einem demokratischen Entscheidungsprozeß geplant und erneuert werden, was zur Identifikation und Akzeptanz führt.
6. Stadterneuerung orientiert sich an den drei Grundprinzipien des Umweltschutzes: Verursacherprinzip, Vorsorgeprinzip, Kooperationsprinzip.

Städtebau und Gesundheit. Wegen der neuartigen Problemstellungen in der Umweltbelastung, vor allem wegen des sich fortentwickelnden Umweltbewußtseins der Bevölkerung, haben sich Kommunen der Bundesrepublik zu einem „Gesunde-Städte-Netz" zusammengeschlossen, um im Rahmen der Gesundheitsförderung in den Kommunen die Einzelziele „Gesundheit 2000" der WHO aufzugreifen und umzusetzen.

Instrumente einer ökologischen Stadtentwicklung

Für die koordinierte Steuerung von Planungen und Maßnahmen hin zu einem umweltverträglicheren, ökologisch orientierten Städtebau gibt es nicht *das Instrumentarium*. Vielmehr gilt es mit Hilfe einer Vielzahl von Rechtsvorschriften und sonstigen Steuerungsinstrumenten, die meist nur unverbindlich und sehr allgemein formulierten umweltpolitischen Zielvorstellungen praktisch umzusetzen.

Neben den Spezialgesetzen, wie dem Bundesimmissionsschutz-, dem Wasserhaushalts-, dem Abfallbeseitigungs- und Bundeswaldgesetz oder den Rechtsvorschriften für Fachplanungen, sind für die kommunale Handlungsebene vor allem folgende Instrumente von Bedeutung:
– vorbereitende und verbindliche Bauleitplanung (Baugesetzbuch – BauGB) (vgl. Abschn. 10.9)
– Bodenordnung (BauGB)
– Baugenehmigungsverfahren (BauGB, Baunutzungsverordnung, Länderbauordnungen)
– Landschafts- und Grünordnungsplanung (Naturschutzgesetze des Bundes und der Länder)
– Eingriffsregelung (Naturschutzgesetze)
– Unterschutzstellungsverfahren (Naturschutzgesetze)
– Umweltverträglichkeitsprüfung (UVP-Gesetz und Ländergesetze)
– städtebauliche Sanierungen und Entwicklungsmaßnahmen (BauGB und Ländervorschriften)
– kommunale Satzungen

Neben diesen regulativen Instrumenten sind Förderungs- und Finanzierungprogramme von Bedeutung.

10.3 Luftqualität und Stadtklima

In Städten verändern die dreidimensionale und stark versiegelte Oberflächenstruktur, vermehrte Luftschadstoffe und Vegetationsarmut den physikalischen Zustand und die chemische Zusammensetzung der bodennahen Luftschicht. Diese Symptome können durch die morphologische Struktur des Geländes (Relief, Bodenoberfläche und oberflächennaher Untergrund), durch Freiflächenanteil und geographische Lage (maritimer Einfluß schwächt die Wirkungen) noch erheblich modifiziert werden.

10.3.1 Ursachen des Stadtklimas

Urbane Siedlungsräume weisen gegenüber dem nicht bebauten Umland klimatische Besonderheiten auf, die unter dem Begriff „Stadtklima" zusammengefaßt werden. Die wesentlichen Ursachen hierfür liegen in der Veränderung des Wärme- und Strahlungshaushaltes und des örtlichen Windfeldes durch:
1. die Anreicherung der Atmosphäre mit Schadstoffen durch Verbrennungen (Dunstglocke)
2. die Häufung von Baumassen mit Veränderungen der Wärmekapazität, Wärmeleitung und Reflexion (Albedo)
3. die Zuführung von Energie durch anthropogene Wärmeproduktion

4. die Reduzierung verdunstender und mit Vegetation bedeckter Oberflächen, die Erhöhung des Oberflächenabflusses (Versiegelung) und Einschränkung der Wasserspeicherung

5. die durch Bebauung verursachte Erhöhung der Rauhigkeit und damit verbundene negative Beeinflussung des bodennahen atmosphärischen Austauschs

Im Sommer sind vor allem die klimahygienischen, im Winter die lufthygienischen Bedingungen schlechter als im Umland.

Tafel **10**.2 Klimatische Unterschiede von Stadt und Umland (KUTTLER 1987, HORBERT 1983 u.a.)

Faktoren	Veränderungen zum Umland	Faktoren	Veränderungen zum Umland
Luftverschmutzung		**Niederschlag**	
Kondensationskerne	10mal mehr	Gesamtbetrag	10 - 20 % mehr
gasf. Verunreinigungen	5 - 25mal mehr	Tauabsatz	65 % weniger
Strahlung		**Verdunstung**	
Globalstrahlung	6 - 37 % weniger	Gesamtbetrag	30 - 60 % weniger
UV-Strahlung Winter	30 - 70 % weniger		
UV-Strahlung Sommer	5 - 30 % weniger	**Relative Luftfeuchte**	
Strahlungsbilanz mittags	11 % mehr	Jahresmittel	2 - 6 % weniger
Strahlungsbilanz abends	47 % mehr	Wintermittel	2 % weniger
Gegenstrahlung	10 % mehr	Sommermittel	8 - 10 % weniger
		an Strahlungstagen	30 % weniger
Sonnenscheindauer			
sichtbares Licht Winter	8 % weniger	**Windgeschwindigkeit**	
sichtbares Licht Sommer	10 % weniger	Jahresmittel	10 - 25 % weniger
		Spitzenböen	15 % weniger
Lufttemperatur		Windstille	5 -20 % mehr
Jahresmittel	1 - 2°C höher		
an Strahlungstagen	2 - 10 °C höher	Verlängerung der Vegetationsperiode	8 - 10 Tage
Winterminima	1 - 3°C höher		

Die **atmosphärische Grenzschicht** (unterster Teil der Erdatmosphäre) ist durch mechanisch und thermisch induzierte Turbulenzvorgänge charakterisiert, die i. allg. für eine gute Durchmischung der Luft sorgen. Während sie im ebenen Gelände in die bodennahe Grenzschicht (bis etwa 100 m) und eine darüber liegende Mischungsschicht unterteilt wird, läßt sich die Stadtatmosphäre in die Stadthindernisschicht (in den Bebauungszwischenräumen), Übergangsschicht (unmittelbar über der Bebauung), Stadtgrenzschicht und Mischungsschicht einteilen.

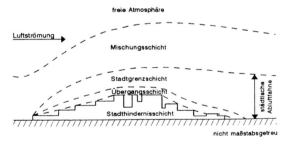

Bild **10**.4 Aufbau der städtischen Atmosphäre

Für die **städtische Überwärmung** ist besonders die Kombination und Wechselwirkung der o.g. Faktoren wichtig: Die *Trübung der Atmosphäre* bewirkt eine Schwächung der Globalstrahlung, eine Absorption großer Anteile der kurzwelligen und UV-Strahlung (u.a. durch das bodennah gebildete Ozon), die hohe *Versiegelung* bringt neben der direkten Erwärmung und Reflexion die Reduzierung der direkten Verdunstung sowie der Evapotranspiration (und damit des Wärmeentzuges) mit sich, die anthropogene *Wärmeproduktion* produziert gleichzeitig hohe Mengen CO_2 und erhöht somit den Treibhauseffekt doppelt. Die *Bebauung* selbst reduziert die Luftbewegungen und reagiert durch ihre Masse träger gegenüber den Lufttemperaturen als das Umland (Temperaturhalteeffekt). Der Überwärmungseffekt und die Stadtgröße, charakterisiert durch die Einwohnerzahl, stehen dabei untereinander in Beziehung.

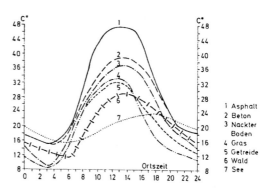

Bild **10**.5   Tagesgang der Temperatur verschiedener Materialien und Oberflächen an einem Hochsommertag (nach FEZER 1975)

Die **Intensität der städtischen Wärmeinsel** ist sowohl von räumlichen Gegebenheiten als auch von zeitlichen Einflußgrößen abhängig. Für die *horizontale Ausdehnung* ist eine enge Bindung an die bestehende Baukörperstruktur feststellbar. Größere Parks z.B. zeichnen sich deutlich als kühlere Flächen im Stadtgebiet ab. Kaltluftströme können Veränderungen in der Gestalt der Wärmeinseln verursachen. Tal- oder Kessellagen begünstigen das Stadtklima. Für Strahlungswetterlagen und nachts läßt sich eine typische *vertikale Strukturierung* der Lufttemperatur nachweisen.

Das **Windfeld einer Stadt** unterliegt im Vergleich zum Umland deutlichen Veränderungen seiner Horizontal- und auch Vertikalkomponenten.

Wind kann durch Gebäude bis zu 75% an Geschwindigkeit verlieren, was zu vermindertem Luftaustausch führt. Störungen über einem Stadtgebiet erstrecken sich bis in 500 m Höhe, während über dem ebenen Umland eine weitgehend unbeeinflußte Gradientwindgeschwindigkeit in weniger als 300 m über Grund feststellbar ist. Die Böigkeit nimmt durch Wirbelbildung an hohen Gebäuden zu. Luftwirbel können sowohl Staub vom Boden aufwirbeln, als auch Schadstoffe oberer Luftschichten in Bodennähe verfrachten.

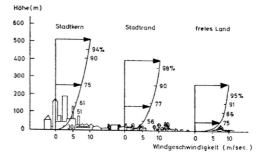

Bild **10**.6   Vertikale Windprofile über der Innenstadt, dem Stadtrand und dem Freiland (n. FRANKE 1977)

Bei ruhiger Wetterlage und starker Überhitzung im Stadtkern können die thermischen Unterschiede zwischen einem Stadtkörper und seinem Umland voll zur Geltung kommen. Nachts ist im Umland bei *Strahlungswetterlagen* meist eine **Bodeninversion** ausgebildet, während die städtische Wärmeinsel in der Stadthindernisschicht zu neutralen oder eher labilen Schichtungsverhältnissen führt. Bei Vorhandensein einer die Austauschverhältnisse begünstigenden Topographie entwickelt sich eine *zum Stadtkern gerichtete Windbewegung*, in der Kaltluft aus dem Umland stadteinwärts fließt und Warmluft über der Stadt aufsteigt. Dieses bodennahe Austauschregime ist vom übergeordneten Windfeld abgekoppelt. Derartige **Flurwinde** spielen durch die mögliche *Frischluftzufuhr* eine wichtige Rolle. Sie treten nicht gleichmäßig auf, sondern sind vom *thermischen Unterschied*, von *der Kaltluftproduktion im Umland* (deshalb vorwiegend nachts) und *geeigneten Ventilationsbahnen* abhängig.

Sowohl auf die Möglichkeit der Kaltluftproduktion als auch auf das Freihalten von Frischluftbahnen muß bei der *Stadtplanung Einfluß* genommen werden. Luftleitbahnen können Ein- und Ausfallstraßen, Bahntrassen, Grünflächen/Parkanlagen sowie Fließ- und Stillgewässer sein. Während auf Verkehrsstrassen die einströmende Luft aber die dort vorhandenen Luftverunreinigungen aufnimmt, lassen Frischluftbahnen über Grünflächen und Gewässern eine **Verbesserung der Luftqualität** in der Stadt erwarten.

Hinsichtlich der **Auswirkungen des Stadtklimas** auf den Stadtmenschen lassen sich Nachteile und Vorteile ableiten. Der *thermische Komfort* (Reduzierung der Heiztage, Verkürzung der Schneedeckendauer, Abnahme der Frost- und Eistage, Verlängerung der warmen Sommerabende) ist vorteilhaft, jedoch der *Hitzestau* abends und nachts nach starker Sonneneinstrahlung, sowie das gleichzeitige Auftreten von Überwärmung mit hoher Luftfeuchtigkeit (*Schwülebelastung*) wird als lästig empfunden, beeinflußt das Wohlbefinden und die Gesundheit negativ. (Von Schwüle spricht man bei Äquivalenttemperatur über 49 °C. Äquivalenttemperatur = Temperatur + doppelter Wert des Dampfdruckes.)

10.3.2 Verunreinigungen der Stadtluft

Luftverunreinigungen im Sinne des BImSchG und der TA Luft sind Veränderungen der natürlichen Zusammensetzung der Luft, insbesondere durch Rauch, Ruß, Staub, Gase, Aerosole, Dämpfe oder Geruchsstoffe. *Emissionen* sind die von einer Anlage oder einem anderen Verursacher *ausgehenden* Luftverunreinigungen, *Immissionen* sind die auf Menschen, Tiere, Pflanzen oder andere Sachen *einwirkenden* Luftverunreinigungen. Die in urban-industriellen Ballungsräumen freigesetzten Luftverunreinigungen entstammen im wesentlichen den Quellengruppen **Kraftfahrzeugverkehr, Hausbrand, Kleingewerbe und Industrie.** Die Konzentration der Luftverunreinigungen führt zur Ausbildung der städtischen Dunstglocke, die wiederum mitverantwortlich für die Ausbildung des Stadtklimas ist.

Bild **10**.7 Schema der städtischen Dunstglocke

10.3.2.1 Wichtige Luftverunreinigungen, Grenzwerte und Wirkungen

Zum Schutz vor Gesundheitsgefahren sind folgende Immissionswerte festgelegt:

Tafel **10**.3 Grenzwerte nach TA-Luft

Schadstoff	IW 1	IW 2	
Schwebstaub (ohne Berücksichtigung der Staubinhaltsstoffe)	0,15	0,30	mg/m³
Blei und anorganische Bleiverbindungen als Bestandteile des Schwebstaubes – angegeben als Pb –	2,0	-	µg/m³
Cadmium und anorganische Cadmiumverbindungen als Bestandteile des Schwebstaubes – angegeben als Cd –	0,04	-	µg/m³
Chlor	0,10	0,30	mg/m³
Chlorwasserstoff – angegeben als Cl –	0,10	0,20	mg/m³
Schwefeldioxid	0,14	0,40	mg/m³
Stickstoffdioxid	0,08	0,20	mg/m³
Kohlenmonoxid	10	30	mg/m³

Die **Immissionsgrenzwerte der TA-Luft** sind festgelegte Höchstwerte für Immissionskonzentrationen und gelten in Zusammenhang mit den dort beschriebenen Meß- und Ermittlungsverfahren. Der Immissionswert IW 1 charakterisiert die *Langzeitbelastung*, IW 2 (98Perzentiel-Wert) entspricht der Konzentration, die von 98 % der Einzelmeßwerte unterschritten wird (VDI-Richtlinien 2306 und 2310). Die Grenzwerte sollen nach dem jetzigen Erkenntnisstand Werte angeben, unterhalb derer Mensch, Tier, Pflanze und Sachgüter geschützt sind. Die TA Luft enthält außerdem allgemeine Grundsätze zu *Genehmigungsverfahren, Bemessungsdiagramme* für Schornsteinhöhen und die Anforderungen an die verschiedenen Industrieanlagen hinsichtlich der spezifischen Emissionen, *Emissionsgrenzwerte* sowie *standardisierte Verfahren* zur Berechnung der Ausbreitung von Emissionen. Maximale Immissionswerte (IW) können durch maximale Immissionskonzentrationen (MIK in mg/m³ oder ppm = ml/m³) bzw. durch maximale Immissionsraten (MIR in mg/(m²h)) oder in Masse pro Objektsubstanz pro Zeiteinheit ausgedrückt werden. MAK-Werte geben maximale *Arbeitsplatzkonzentrationen* an, die regelmäßig aktualisiert werden.

In der Fachliteratur (vgl. KÜHLING 1989 UVP-Handbuch) werden seit längerem härtere Forderungen für Luftqualitätsstandards diskutiert, besonders im Hinblick auf ihre Verwendung bei der UVP. In den letzten drei Spalten der folgenden Tabelle sind die von KÜHLING vorgeschlagenen Werte eingetragen.

Tafel **10**.4   Richt-, Leit- und Grenzwerte nach KÜHLING 1989 in µg/m³

Schadstoff		TA Luft	MI-Wert	Leitwerte WHO	EG	Grenzwerte EG	Wohnen	Kurorte	Wald
SO₂	IW1	140	-	50	40 - 60	80 - 120	50	25	25
	IW2	400	-	-	-	250 - 350	140	70	175
	24 h	-	300	125	100 - 150	-	100	50	-
	½ h	-	1000	-	-	-	200	100	250
NO₂	IW2	80	-	-	50	-	50	25	-
	IW2	200	-	-	135	200	140	70	-
	24 h	-	100	150	-	-	100	50	-
	½ h	-	200	400 (1h)	-	-	200	100	-
O₃	IW1	-	-	-	-	-	50	-	-
	½ h	-	120	150 (1h)	-	-	150	-	300
Stb.	IW1	150	-	-	40 - 60	80	75	40	-
	IW2	300	-	-	-	250	150	-	-
	24 h	-	300	120	100 - 150	-	150	75	-
	½ h	-	500	-	-	-	-	-	-
CO	IW1	10 000	10 000	-	-	-	10 000	5 000	-
	IW2	30 000	-	-	-	-	14 000	7 000	-
	24 h	-	10 000	-	-	-	-	-	-
	½ h	-	50 000	60 000	-	-	20 000	10 000	-

Die wichtigsten Luftschadstoffe

Schwebstaub: Hauptemittenten mit einem Anteil von über 75 % sind Kraftwerke und Industrie. Grobstäube bleiben nur sehr kurze Zeit in der Atmosphäre, Feinstäube dagegen bis zu 14 Tage. Umweltschädliche Inhaltsstoffe der Stäube sind giftige Metalle (Blei, Cadmium, Arsen, Nickel) oder polyzyklische aromatische Kohlenwasserstoffe. Sehr gefährlich sind faserförmige Stäube wie Asbest wegen ihrer kanzerogenen Wirkung. Stäube können eingeatmet und in den Lungen abgelagert werden und werden deshalb bei Smogsituationen doppelt gewichtet. Über den Regen gelangen Schadstoffe in Boden und Gewässer. Die Belastung ist durch die Auswirkung der Grenzwerte der TA-Luft und den verstärkten Einsatz von Staubabscheidern in der Industrie leicht rückläufig.

Chlorwasserstoff ist ein farbloses Gas mit stechendem Geruch. In seiner wäßrigen Lösung (Salzsäure) ist Cl eine der bedeutendsten Grundchemikalien, z.B. für die Herstellung von PVC. Es wird aus Müllverbrennungsanlagen und anderen Feuerungsanlagen an die Umwelt abgegeben, wirkt ätzend auf die Atmungsorgane, korrodiert Metalle und schädigt pflanzliche Kulturen.

Schwefeldioxid: Die Emission stieg von 1900 bis etwa 1980 ständig an. Hauptursache sind Verbrennung von schwefelhaltiger Kohle und Heizöl und daneben industrielle Prozesse. Schwefeldioxid wirkt besonders in Kombination mit Staub auf die Atemwege, verursacht bei Pflanzen Absterben von Gewebepartien durch Abbau von Chlorophyll. In der Atmosphäre wird Schwefeldioxid z.T. zu Schwefelsäure oxidiert und ist am „Sauren Regen" und der Versauerung von Böden beteiligt, in Zusammenhang mit Stickoxiden wesentliche Ursache für das Waldsterben. Gegenmaßnahmen: Prozeß-Änderungen, Rauchgasentschwefelung, Brennstoffentschwefelung, Abgaswäsche.

Stickstoffoxide: Stickstoffmonoxid wird in erster Linie bei Verbrennungsprozessen gebildet und an der Atmosphäre relativ schnell zu dem gesundheitsschädlichen Stickstoffdioxid umgesetzt. Aus diesem kann sich Salpetersäure bilden, die eine wesentliche Ursache für den sauren Regen darstellt. Stickoxide verursachen Atemwegserkrankungen sowie Pflanzenschäden, besonders an stickstoffarmen Pflanzenformationen, wie z.B. Mooren. Hauptverursacher ist der Straßenverkehr, gefolgt von Heizkraftwerken und der Industrie bei wachsendem relativen Anteil der Industrie. Gegenmaßnahmen: Stufenverbrennung, Abgasreinigungsverfahren, 3-Wege-Katalysatoren.

Kohlenmonoxid: Entsteht bei unvollständiger Verbrennung organischer Verbindungen und wird an der Luft relativ schnell zu Kohlendioxid umgewandelt. Kohlenmonoxid blockiert die Sauerstoffaufnahme im Blut, wirkt erstickend und gefährdet bei Spitzenkonzentrationen in Verkehrsstoßzeiten oder Smog – Wetterlagen insbesondere Herz-/Kreislaufkranke. Hauptverursacher sind der Fahrzeugverkehr, die Schwerindustrie sowie die Gebäudeheizung.

Ozon: Entsteht überwiegend durch Einwirkung ultravioletter Strahlung in der Stratosphäre 20 - 45 km über der Erdoberfläche und gelangt durch atmosphärische Transportvorgänge auch in erdnahe Schichten. Daneben bildet es sich in der unteren Atmosphäre durch luftchemische Reaktionen aus Stickstoffoxiden und Kohlenwasserstoffen. Es stellt die Leitkomponente des photochemischen Smogs dar. Ozon ist sehr reaktiv, kann Schäden an Materialien und Pflanzen und bereits in geringen Konzentrationen Funktionsstörungen der Lunge, funktionell- biochemische Wirkungen, Schleimhautreizeffekte und Geruchsbelästigungen hervorrufen. (MIK-Wert: $120 \ mg/m^3$ für eine halbe Stunde.) In der Stratosphäre übt Ozon eine wichtige Schutzfunktion aus, indem es die gefährliche UV-B Strahlung der Sonne ausfiltert.

	µg Ozon/m³	
Bronchialschäden	600	
Zunahme von Husten- und Asthmaanfällen	500	
	400	
Augenreizungen	300	
	200	MIK 1h Mittel
Pflanzenschäden	100	MIK 24h Mittel

Bild **10**.8   Auswirkungen von Ozon

10.3.2.2 Quellen der Luftverunreinigungen

Industrie: Die Luftverschmutzung durch die Industrie ist einem ständigen Wandel unterworfen. Besonders in der *Stahl- und Hüttenindustrie*, bei *Kraftwerken, Müllverbrennungsanlagen, Zementwerken* und *Kohleverarbeitenden Industrie* hat sich die Emissionssituation in den letzten Jahren durch Umstellung auf andere Verfahren, Einsatz von Staubabscheidern, Rauchgaswäsche usw. deutlich verbessert. Z.T. wird den verschärften Forderungen aber auch durch Standortwechsel in Länder ohne oder mit geringen Umweltauflagen ausgewichen.

Die *Chemieindustrie* emittiert ein vielseitiges, wechselndes Gemisch organischer und anorganischer Substanzen, die durch die große Anzahl von Emissionsauslässen, hohe Drücke, Vielfalt der Konstruktion der Abscheideanlagen und Stoffe Probleme hat. Für einen Teil der Emissionen gibt es wegen der geringen Konzentrationen in großen Abluftmengen noch keine Abscheideverfahren. In *chemischen Reinigungsanlagen* zur „Trockenreinigung" von Textilien werden ebenfalls nicht unerhebliche Mengen organischer Lösungsmittel freigesetzt, die mit einem Anteil von 34 % an den org. Verbindungen wichtiger Ansatzpunkt sind.

Verkehr: *Der Kfz-Verkehr* ist wegen der Abgabe der Emissionen in Atemhöhe des Menschen besonders in verkehrsreichen Innenstädten der Hauptverursacher der Luftverschmutzungen. Trotz des starken Rückganges von Blei und Ruß in den Abgasen sowie der ständigen Verbesserung von Motoren und Katalysatoren ist durch Erhöhung der Verkehrsmenge keine Entlastung eingetreten (70 % der NO_x, 50 % der CO-Emissionen). Besonders an strahlungsreichen Sommertagen ist die Ozonbelastung in den Innenstätten problematisch. Die Luftverschmutzung aus dem *Flugverkehr* ist direkt immissionswirksam nur im Bereich der Flugplätze bis zu einer Höhe von 900 m. Während durch verbesserte Triebwerke der Ausstoß von Feststoffen, CO und Kohlenwasserstoffen im Verhältnis zur Vergrößerung des Verkehrsaufkommens geringer wächst, vergrößert sich der Ausstoß von NO_x überproportional. Die Wirkungen sehr hoch fliegender Flugzeuge auf die Stratosphäre sind noch nicht abschließend einzuschätzen, jedoch ist eine negative Auswirkung auf die schützende Ozonschicht sehr wahrscheinlich.

Haushalte: Emissionen durch Hausbrand sind noch immer ein wesentlicher Faktor der Luftverschmutzung, doch durch die fast völlige Ablösung der Kohlefeuerung und verbesserte Technik der Gas- und Ölheizungen spürbar zurückgegangen. Ein weiteres Sinken der Luftverunreinigungen ist durch die Auswirkungen der Wärmeschutzverordnung sowie den spürbaren Trend zur alternativen Energien (Windkraftwerke, Solarenergie) zu erwarten.

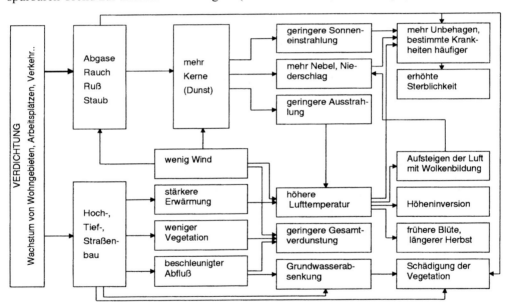

Bild **10**.9 Schema der wesentlichen Beziehungen und Beeinflussungen im Stadtklima
aus: Städtebauliche Klimafibel

10.3.2.3 Maßnahmen zu Luftreinhaltung

Maßnahmen zu Luftreinhaltung werden über das BImSchG und die zugehörigen Verwaltungsvorschriften geregelt.

1. *Anlagenbezogene Maßnahmen*: z.B. durch die „Verordnung über Großfeuerungsanlagen", „Störfallverordnung", „Emissionserklärungsverordnung", „Verordnung über Kleinfeuerungsanlagen", Filter, Katalysatoren ...

2. *Gebietsbezogener Immissionsschutz*: Nach BImSchG § 44 ff. und 4. und 5. BImSchVvV sind für Belastungsgebiete Immissions- und Emissionskataster sowie Luftreinhaltepläne aufzustellen. Diese Kataster bilden eine wichtige Grundlage für die Standortplanung von emissionsstarken Anlagen bzw. immissionsempfindlichen Nutzungen.

3. *Produktbezogene Maßnahmen*: Über die Möglichkeit zur Regelung der Beschaffenheit von Stoffen und Erzeugnissen können bestimmte Inhaltsstoffe verringert oder ganz ausgeschlossen werden; z.b. wird der Schwefelgehalt in leichtem Heizöl und Dieselkraftstoff begrenzt.

4. *Finanzielle Zuschüsse und steuerliche Anreize*: Über eine Vielzahl von Bundes- und Länderregelungen werden Fördermittel sowie günstige Kredite für Umweltschutzinvestitionen vergeben, Umweltschutzinvestitionen können steuerlich geltend gemacht werden.

10.3.3 Ausgewählte Begriffe und Aspekte der Stadtklimatologie

Inversionen. Bei starken Luftbewegungen ist der Klimaunterschied zur freien Landschaft nur sehr gering. Problematisch ist die Sachlage bei Hochdruckwetter und Windstille, d.h. bei austauscharmen **Inversionswetterlagen**.

Temperaturzunahme innerhalb einer Luftschicht mit zunehmender Höhe führt dazu, daß sich am Boden kältere und damit schwerere Luft befindet. Der obere Warmluftkörper blockiert den *vertikalen Luftaustausch*. Dies hat zur Folge, daß sich auf verhältnismäßig kleinem Raum die emittierte Luftverunreinigung anreichert. Stabile Inversionswetterlagen treten hauptsächlich im Winter auf und können einige Tage andauern, da der kurze und wenig intensive Sonnenschein die bodennahe Luft nicht entscheidend erwärmt. Besonders betroffen sind Städte in Tal- und Bekkenlage, in denen meist auch konzentriert städtische und industrielle Ansiedlungen vorhanden sind.

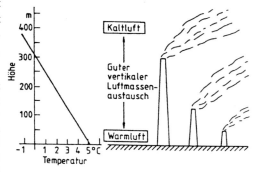

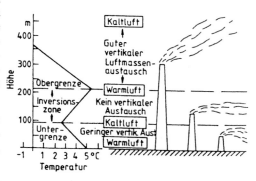

Bild **10**.10   oben: guter vertikaler Luftaustausch; unten: Inversionswetterlage

Je höher die Untergrenze der Inversion, um so größer ist der Durchmischungsraum. Die Inversionswetterlage bildet die Voraussetzung für die Entstehung einer Smogsituation (London-Typ). Sie wird dann aufgehoben, wenn aufkommende Luftströmungen den Kalt- und Warmluftkörper durchmischen.

Belastungsgebiete: Nach BImSchG sind von den Landesbehörden alle Gebiete auszuweisen, in denen die Luftbelastung durch häufiges Auftreten, Dauer und Konzentrationen schädliche Umweltauswirkungen hervorrufen können. Je höher die durchschnittliche

Windgeschwindigkeit und je seltener Windstillen, um so stärker ist die Luftdurchmischung und um so weniger kann sich das Stadtklima ausprägen.

Klimaaktive Flächen sind Flächen mit thermischen (starke nächtliche Abkühlung in Abhängigkeit von Bewuchs, Bodenart und Nutzung) oder reliefbedingten (Hangneigung, Hangform, Oberflächengestaltung) Voraussetzungen, die zur Ausbildung lokaler, thermisch induzierter Windsysteme beitragen und dabei eine durchaus aktive Rolle übernehmen. Grünes Freiland erreicht Spitzenwerte nächtlicher Kaltluftproduktion von $12m^3/(m^2 \cdot h)$. Waldluft erreicht nicht die tiefen Temperaturen des Grünlandes, kann jedoch sogar tags Kaltluft erzeugen (günstig an Nord- und Osthängen).

Frischluftzufuhr: Da die kühlere Luft stets zu den tieferen Stellen des Geländes fließt, sind damit die natürlichen Bahnen für die Frischluftzufuhr vorgegeben. Hindernisse für den Kaltluftstrom können sein: Talverengungen, Dämme, Baumriegel quer zum Talverlauf, größere Gebäude oder gar geschlossene Siedlungskörper. Hinter diesen staut sich die Kaltluft, bis die Hindernisse überflossen werden können. Das Hindernis führt in diesem Staubereich zu erhöhter Bodenfrostgefahr, die Kaltluft wärmt sich auf und vermindert damit ihre Reichweite und Wirkung

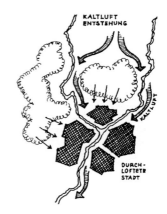

Bild **10**.11   Schema einer durchlüfteten Stadt

10.3.4 Klimawirksame Stadtplanung

10.3.4.1 Ziele einer Klimawirksamen Stadtplanung

Ziel der überörtlichen und gemeindlichen Planung sollte es sein, unter Berücksichtigung der jeweiligen Standortvoraussetzungen die negativen Effekte von Stadtklima und Luftverunreinigungen zu vermindern:

1. Gewährleistung von Frischluftproduktion, Frischluftzufuhr und Luftaustausch
2. Verbesserung der lufthygienischen Situation
3. Verminderung der Aufheizung
4. Verminderung des Schadstoffanfalls
5. Verminderung des Regenwasserabflusses, Erhöhung der Luftfeuchtigkeit

10.3.4.2 Maßnahmen

Die Maßnahmen zur Erreichung o.g. Ziele lassen sich in *Ökologische Maßnahmen* durch Bereitstellen und Sichern von Flächen für Kaltluftproduktion, Kaltlufttransport, Luftaustausch sowie Verbesserung des Mikro- und Bioklimas, *Räumliche Maßnahmen* (Standort-

überlegungen von Emittenten, Flächen als Pufferzonen, Festsetzung von Luftreinhaltege-
bieten), *Projektbezogene Maßnahmen* sowie *Technologische Maßnahmen* einteilen:

- Standortwahl: Stark emittierende Betriebe sollen ausreichenden Abstand zu Siedlungsfläche
  haben und nicht im Luv (windabgewandte Seite) liegen, empfindliche Nutzungen wie Wohngebiete, Krankenhäuser, Kurgebiete und Sportanlagen nicht im Lee von dichtbesiedelten Gebieten, dabei jedoch nicht nur Hauptwindrichtung, sondern auch austauscharme Wetterlagen
  beachten!
- Erhaltung von *ausreichend Grünflächen* nahe der Innenstadt, Anstreben einer möglichst inni-
  gen Verzahnung von zusammenhängenden Grünflächen mit dem bebauten Stadtgebiet, die
  wie Finger bis ins Zentrum reichen und gleichzeitig die Belüftungsachsen sind
- Sicherung von *klimawirksamen Freiflächen* in Stadtrandlage, auch vor Aufforstung, Erhaltung
  von Abstandsflächen zum Wald, um tagsüber das Abfließen von Kaltluft aus dem Wald zu ermöglichen
- Sicherung von *Frischluftbahnen*, möglichst Freihalten von starken Verkehrsströmen. In Luft-
  austauschbahnen darf Bebauung oder Aufforstung nur gestattet werden, wenn sie hinsichtlich
  Ausdehnung und Anordnung die lokale Strömung bodennaher Luftschichten nicht behindert
- Ermöglichen der *freien Durchlüftung* von Straßen und Plätzen bei gleichzeitigem Schaffen von
  windgeschützten Bereichen
- *Reduzierung der baulichen Nutzung* zum Stadtrand hin, um den Wind beim Überströmen des
  Stadtgebietes nicht vorzeitig von der Erdoberfläche abzudrängen (erst Windgeschwindigkeiten
  über 5 m/s, gemessen über den Dächern, führen zur völligen Durchlüftung einer Straßenachse)
- *sparsamer* Verbrauch von Fläche
- Reduzierung des *Kfz-Verkehrs* in Innenstädten, Tieflegen von Straßen, Bepflanzung und damit
  Beschattung der Straßen
- Veränderung der *Wärmespeicherfähigkeit* der Außenbauteile
- Veränderung der *Reflexions- bzw. Absorptionseigenschaften* durch Farbgebung (heller Kies auf
  Dächern, Dachbegrünung, keine weißen, sondern eher getönte Außenbauteile)
- Verändern der hydraulischen *Bodenrauhigkeit* durch aufgelockerte Bebauung
- Schaffung von *Verdunstungsflächen* und Reduzierung der Versiegelung

Flächen, die unter Beachtung der weiteren Entwicklung der Stadt für die Verbesserung des
Klimas erforderlich sind, sind über die **Bauleitplanung rechtzeitig zu sichern.**

10.3.5 Rechtliche Grundlagen

Rechtliche Grundlagen für einen wirksamen Immissionsschutz sind in der Bundesrepublik
Deutschland das Bundes-Immissionsschutzgesetz (BImSchG) vom 15. März 1974, das seitdem mehrmals novelliert wurde, und die dazu erlassenen Rechts- und Verwaltungsvorschriften, z.B. die Technische Anleitung zur Reinhaltung der Luft (TA Luft).
Nach dem BImSchG, § 7, müssen
1. genehmigungsbedürftige Anlagen bestimmten technischen Anforderungen entsprechen
2. dürfen die von diesen Anlagen ausgehenden Emissionen bestimmte Grenzwerte nicht
   überschreiten

3. müssen die Betreiber der Anlage Messungen von Emissionen oder Immissionen vornehmen oder vornehmen lassen.

Zu einem Genehmigungsverfahren nach BImSchG sind folgende Unterlagen vorzulegen:
1. Beschreibung zu Art und Kapazität der Anlage, Betriebs- und Verfahrensbeschreibung, Werksanlagen, Material- und Abgasführung, Menge und Art der Roh- und Endprodukte, Temperatur der Verarbeitungsvorgänge, Bemessungsdaten der Schornsteine, Schallpegel von lärmintensiven Anlagenteilen, Betriebszeiten und Werksverkehr, geplante Maßnahmen zur Luftreinhaltung und zum Lärmschutz, Meßgeräte zur Registrierung von Emissionen
2. Schema der Anlage mit Emissionsquellen und geplanten Emissionsschutzmaßnahmen
3. Lageplan der Anlage mit umliegender Flächennutzung
4. Gutachten zur Schornsteinhöhenberechnung, zu den meteorologischen Standortverhältnissen und zu den erwarteten Immissionen im Einwirkungsbereich

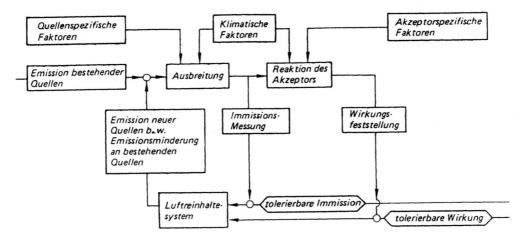

Bild **10**.12   Regelkreis des Immissionsschutzes (Quelle: VDI 2310)

Nach wie vor sind Anstrengungen für eine Trendwende bei den Schadwirkungen durch Immissionen erforderlich. Dazu werden wahrscheinlich Instrumente für Vorsorgeaufgaben zur Verbesserung der Luftqualität weit unterhalb der Werte bestehender Schwellenwerte ansetzen müssen. Hier kommt wegen der fachübergreifenden Herangehensweise der UVP ein herausragender Stellenwert zu.
Entsprechend UVP-Gesetz sind eine Vielzahl immissionsschutzrechtlich genehmigungsbedürftiger Anlagen UVP-pflichtig. Diese Prüfungs- und Genehmigungsverfahren können Vorhaben ablehnen bzw. technische Auflagen machen, um einen belästigungsfreien Betrieb zu erreichen.

Tafel **10**.5 „Abstandserlaß NW"

Abstände zwischen Industrie- bzw. Gewerbegebieten und Wohngebieten gemäß "Abstandserlaß NW)

Abstandsliste

Abstandsliste

Abstands klasse	Abstand in m	Lfd. Nr.	Betriebsart	Abstands klasse	Abstand in m	Lfd. Nr.	Betriebsart
I	1500	1	Kokereien			58	Anlagen zur Herstellung seltener Metalle
		2	Anlagen zur Herstellung von Kupfer mit Röstung			59	Walz-,Hammer- und Preßweke für Leichtmetalle
		3	Blei- und Zinkhütten			60	Anlagen zur Herstellung von Eisen- und Stahlkonstruktionen in geschlossenen Hallen
		4	Elektrometallurgische Betriebe zur Herstellung von Chrom, Mangan, Karbiden, Korund			61	Anlagen zur Herstellung von Schienenfahrzeugen
		5	Erdölraffinerien mit chemischer Weiterverarbeitung			62	Anlagen zur Herstellung und Vorfertigung von Dampfkesseln und Rohrleitungen
		6	Fabriken der chemischen Industrie mit mehr als 10 Produktionsanlagen			63	Anlagen zur Herstellung von Stahlbehältern in geschlossenen Hallen
II	1200	7	Anlagen zur Herstellung von Viskosekunstfasern			64	Anlagen zur Herstellung von Bremsbelägen
		8	Stahlwerke (ausgenommen Stahlwerke mit Induktionsöfen oder Lichtbogenöfen unter 50t Gesamtabstichgewicht)			65	Drahtlackierfabriken
III	1000	9	Erdölraffinerien ohne chemische Weiterverarbeitung			66	Einzelbetriebe der chemischen Grundstoffindustrie
		10	Massentierhaltung, soweit genehmigungspflichtig nach BImSchG, aber mehr als 100 000 Stück Mastgeflügel und/oder Legehennen oder 2000 Schweine			67	Anlagen zur Herstellung von Chlor- und Salzsäure
		11	Anlagen zur Steinkohlevergasung			68	Schwefelsäurefabriken
		12	Schlackenaufbereitungsanlagen			69	Anlagen der pharmazeutischen Grundindustrie
		13	Kraftwerke (Kohle, Öl, Gas) ab 500 Gcal/h (ca 220 MW)			71	Anlagen zur Kunststoffherstellung
		14	Hochofenwerke			72	Anlagen zur Herstellung von Kunststoffteilen aus Phenolharzen
		15	Aluminiumfabriken			73	Anlagen zur Herstellung von Kunstleder, Linoleum, Linkrusta und Wachstuch
		16	Anlagen zur Herstellung von Eisen- und Stahlkonstruktionen im Freien			74	Anlagen zum Beschichten und Tränken mit Kunststoffen unter Verwendung von Phenolharzen
		17	Anlagen zur Herstellung von Stahlbehältern im Freien			75	Glashütten für maschinelle Hohlglasherstellung
		18	Anlagen zum Bau von Schiffskörpern im Freien			76	Papierfabriken (ohne Zelluloseherstellung) mit Holzschliff
		19	Fabriken der chemischen Industrie mit höchstens 10 Produktionsanlagen			77	Lederfabriken
		20	Anlagen zur Herstellung von Flußsäure und Flußsäureverbindungen			78	Großschlachthäuser und Schlachthöfe
		21	Anlagen zur Herstellung von Schwefelkohlenstoff			79	Anlagen zur Trockenmilchherstellung
IV	800	22	Tierkörperbeseitigungsanlagen, Anlagen zur Verarbeitung von tierischen Abfällen			80	Ölmühlen mit Raffinerien
		23	Deponien	VI	300	81	Rübenzuckerfabriken
		24	Massentierhaltung, soweit genehmigungspflichtig nach BImSchG, aber weniger als 100 000 Stück Mastgeflügel und/oder Legehennen oder 2000 Schweine			82	Aufbereitungsanlagen für bituminöse Straßenbaustoffe
		25	Erzröst- und Sinteranlagen			83	Schrotthandelsbetriebe mit Kabelabbrennöfen und Fallwerken sowie Autoverwertungsbetriebe mit Verschrottung und Autoshredderanlagen in geschlossenen Hallen
		26	Anlagen zum Rösten, Schmelzen und Sintern mineralischer Stoffe einschließlich Mineralwollherstellung			84	Autokinos
		27	Zementfabriken			85	Betriebshöfe für Straßenbahnen
		28	Anlagen zur Aufbereitung und zum Brennen von Kalkstein			86	Speditionsbetriebe mit Reinigung von Fahrzeugbehältern
		29	Anlagen zur Herstellung von Betonformsteinen im Freien			87	Umladestationen für Abfall
		30	Anlagen zur Herstellung von mineralischen Isoliermitteln und Filtern sowie von Schlackenerzeugnissen			88	Steinbrüche
		31	Stahlwerke mit Induktionsöfen oder Lichtbogenöfen unter 50 t Gesamtabstichgewicht			89	Ton - und Lehmgruben
		32	Schmiede- und Hammerwerke			90	Anlagen zum Mahlen oder Blähen von Ton, Schiefer und Perlit
		33	Stahlgießereien			91	Steinmahlwerke, -sägereien, -schleifereien, -poliereien
		34	Anlagen zur Herstellung von Kupfer ohne Röstung			92	Gewinnung und Aufbereitung von Sand und Kies (ohne Flußkiesgewinnung)
		35	Metallschmelzwerke			93	Anlagen zum Mahlen von Zement und zementähnlichen Bindemitteln
		36	Automobil- und Motorradfabriken sowie Fabriken zur Herstellung von Verbrennungsmotoren			94	Gewinnung von Kalkstein
		37	Anlagen zur Teerverwertung			95	Anlagen zur Herstellung von Gipserzeugnissen für Bauzwecke
		38	Rußfabriken			96	Anlagen zur Herstellung von Ziegelei- und anderen grobkeramischen Erzeugnissen, von Grobsteinzeug für Gewerbe und Landwirtschaft sowie von säurefesten Keramikerzeugnissen
		39	Anlagen zur Herstellung von Mineraldünger			97	Anlagen zur Herstellung von Betonformsteinen in geschlossenen Hallen
		40	Anlagen zur Herstellung von organischen Farben			98	Anlagen zur Herstellung von künstlichen Steinerzeugnissen und Terrazzowaren
		41	Anlagen zur Herstellung von Leim und Gelantine			99	Anlagen zur Herstellung von Betonfertigteilen
		42	Anlagen zur Hertsellung von technischen Ölen und Fetten			100	Anlagen zur Herstellung von Kalksandsteinen
		43	Anlagen zur Herstellung von Glaswolle			101	Gewinnung von Rohbims und Anlagen zur Herstellung von Bimsbaustoffen
		44	Sperrholzwerke und Holzfaserplattenwerke			102	Anlagen zur Herstellung von Asbestzementwaren
		45	Fabriken zur Fischmehlerzeugung und -verarbeitung			103	Schlackenmahlanlagen
		46	Müllverbrennungsanlagen für Hausmüll und hausmüllähnliche Abfälle über 6t/h Durchsatz			104	Gaserzeugungsanlagen
V	500	47	Intensivtierhaltung, soweit nicht genehmigungspflichtig nach BImSchG, aber mehr als 5000 Stück Mastgeflügel und/oder Legehennen oder 300 Schweine			105	Gasverdichterstationen mit Fernleitungen
		48	Erzaufbereitungsanlagen			106	Preßwerke
		49	Schotterwerke			107	Stab- und Präzisionsrohrziehereien, Drahtziehereien
		50	Anlagen zur Herstellung von Fertigbeton und Mörtel			108	Anlagen zur Herstellung von Bolzen, Nägeln, Nieten, Schrauben, Kugeln oder ähnlichen metallischen Normteilen durch Druckumformen auf Automaten
		51	Kraftwerke (Kohle, Öl, Gas) unter 500 Gcal/h (ca. 220 MW)			109	Eisen- und Tempergießereien bis 6t Schmelzleistung
		52	Umspannwerke als Freiluftanlagen über 110 KV Unterspannung			110	Metallhalbzeugwerke, Walz-, Hammer- und Preßwerke für Kupfer, Blei und sonstige Metalle (ohne Leichtmetalle); Metalldrahtziehereien
		53	Fernheizkraftwerke ab 200 Gcal/h			111	Metallgießereien, Schwer- und Leichtmetallgießereien
		54	Strangguß- und Flammanlagen			112	Anlagen zur Herstellung von Lüftungsanlagen
		55	Warmwalzwerke und Rohrwerke			113	Maschinenfabriken (Großbetriebe)
		56	Kaltwalzwerke			114	Anlagen zum Bau von Kraftfahrzeugkarosserien und -anhängern
		57	Eisen- und Tempergießereien über 6t Schmelzleistung				

10.4 Stadtböden/Bodenschutz/Bodendenkmale/Abfallwirtschaft

Der Boden ist der belebte Teil der obersten Erdkruste. In ihm treffen die Lithosphäre, die Hydrosphäre, die Atmosphäre und die Biosphäre aufeinander. *Minerale und Humus* (verrottete abgestorbene organische Substanz) bilden ein Bodengefüge mit einem Hohlraumsystem, welches wiederum mit *Bodenwasser* oder *Bodenluft* gefüllt ist. Gemische unterschiedlich großer Primärteilchen kennzeichnen die *Bodenart*. Durch *Bodenlebewesen* wird totes organisches Material zersetzt und mineralisiert. Die Lebensgemeinschaft dieser Lebewesen wird als *Biozönose* bezeichnet.

Die Ausbildung des Bodens ist von Ausgangsgestein, Klima, Wasserhaushalt, Belebung, Bewuchs und Nutzung abhängig. *Bodenbildende Prozesse* sind insbesondere Verwitterung, Verbraunung, Verlehmung, Gefügebildung, Verlagerung, Belebung durch Pflanzen und Tiere, Verrottung abgestorbener organischer Substanz, Anreicherung mit Humus.

Tafel **10**.6 Schematischer Aufbau eines Bodens, Eigenschaften der Bodenhorizonte

	Gehalt an organischer Substanz	Mikro-organismen-besatz	Tongehalt	Kalkgehalt	Wasser-haushalt	Tempe-ratur
A-Horizont „Mutterboden"	hoch	extrem hoch	mittel	gering bis keiner	ungesättigt	stark schwankend
B-Horizont	gering	mittel bis gering	mittel bis hoch	mittel	ungesättigt	schwankend
C-Horizont	sehr gering	sehr gering	mittel bis hoch	mittel bis hoch	ungesättigt bis gesättigt	konstant

Typische, wiederkehrende Merkmale in bestimmten Tiefenabschnitten kennzeichnen einen *Bodenhorizont*. Die Abfolge der verschiedenen Bodenhorizonte ergibt ein *Bodenprofil*. Das Vorhandensein charakteristischer Horizonte bestimmt den *Bodentyp* (Namen des jeweiligen Bodens, z.B. Parabraunerde, Gley).

Der Boden ist als „Drittes Umweltmedium" der Umweltpolitik im wesentlichen durch die Bodenschutzkonzeption der Bundesrepublik von 1985 profiliert worden. Als komplexes Gut steht der Boden in einem besonderen Spannungsverhältnis von natürlichen und gesellschaftlichen Leistungen und Funktionen. Im folgenden wird hauptsächlich der Charakter des Bodens als belebtes, ökologisches Medium angesprochen.

Leistungen und Funktionen des Bodens sind

1. Boden als belebtes Substrat (Genpotential, Wirkungsraum der Destruenten)
2. Boden als Bodentyp, Betrachtungseinheit für standörtliche Vielfalt des Bodens
3. Boden als Träger landschaftsökologischer Leistungen und Funktionen (s. 10.5.1)
4. Boden als Träger unmittelbarer Leistungen für Produktion von Nahrung, Energie, Rohstoffen, Wasser sowie zur Erhaltung der Arten
5. Boden als Fläche oder Raum für andere gesellschaftliche Ansprüche wie Erholung, Wohnen, Verkehr, Industrie, Gewerbe, Entsorgung, als Standort für Bauwerke.

Im Gegensatz zu Wasser und Luft sind Böden meist Privatbesitz. Umgang mit Boden, Eingriffe und Veränderungen gelten als Gewohnheitsrecht. Nach Landesbaurecht dürfen relativ große Bodenkörper anzeige- und genehmigungsfrei abgegraben oder aufgeschüttet werden.

Der Schutz des Bodens wurde in seiner Bedeutung für die Erhaltung der natürlichen Lebensgrundlagen später als der Schutz anderer Umweltmedien erkannt. Im allgemeinen Bewußtsein ist deshalb der Gedanke, daß Boden ein schutzwürdiges Gut ist, in dem sich Schäden zumeist über lange Zeit akkumulieren, noch wenig verankert.

Boden beeinflußt jedoch Lebensqualität und Umweltverträglichkeit in erheblichem Maße.

10.4.1 Funktionen der Böden in der Stadt

Entsprechend der jeweiligen Eigenschaften des Bodens verfügt der Boden über ein „Bodenpotential", nach dem der Boden für die Ansprüche des Menschen „Leistungen" erbringen kann. Es werden grundsätzlich drei Potentiale unterschieden:
1. Das *biotische Potential* (a. *Regelungsfunktion* – Regelung von Stoff- und Energieflüssen im Naturhaushalt – Filterfunktion, Pufferfunktion, Transformationsfunktion, b. *Produktionsfunktion* – Produktion von Biomasse, einschließlich Wurzelraum und Verankerung der Pflanzen, c. *Lebensraumfunktion* – Gewährung von Lebensraum für Bodenlebewesen). (Die Transformationsfunktion beinhaltet auch die jedoch begrenzte Fähigkeit der Abfallbeseitigung durch Mineralisation, wobei vom Menschen produzierte chemisch-organische Stoffe sich z.T. im Boden anreichern und zu bedrohlichen Konzentrationen führen können.)
2. Das *abiotische Potential* (Nutzung der anorganischen Produkte, Bestandteile oder Eigenschaften, wie Rohstoffe, Filter- und Speichereigenschaften).
3. Das *Flächenpotential* (Nutzbarkeit des Bodenuntergrundes als Baustandort).

Die Bodenschutzkonzeption der Bundesrepublik geht von der Gleichrangigkeit dieser Funktionen aus, wobei diese jedoch unter sich im Widerspruch stehen. Ein grundsätzlicher Vorrang der ökologischen Belange wird nur bei Überlastung, vermutlich erheblicher Gefährdung oder absehbarer Vernichtung von Böden eingeräumt.

In den städtischen Verdichtungsräumen sind besonders die biotischen, aber auch die abiotischen Funktionen stark eingeschränkt, weil hier die Böden vor allem als Unterlage für Gebäude und bauliche Anlagen dienen. Die Böden sind versiegelt, verdichtet und werden zur Deponierung bzw. Entsorgung fester und flüssiger Abfälle herangezogen. Die Böden in den verbleibenden städtischen Freiflächen sind durch Bodenabtrag, -auftrag und Anhäufung technogener Substanzen stark verändert.

Tafel **10**.7 Versiegelungsgrad von Stadtböden (Flächenanteile)

Agrarland, Park, Gärten, Friedhöfe, Sportplätze	gering	0 -15 %
Einfamilienhäuser mit Garten, Villengebiete	mäßig	10 - 50 %
Zeilenbebauung mit Gemeinschaftsgrün, öffentliche Gebäude	mittel	40 - 75 %
Blockbebauung der Gründerzeit, Gewerbe- und Industrie	stark	70 - 90 %
Stadtkerngebiete, z.T. Industrie	sehr stark	80 -100 %

Bodendenkmale

Entstehung und Genese urbaner Böden und ihre Rolle im Ökosystem Stadt weisen vielfältige, eng mit der Geschichte der Stadt verknüpfte Aspekte auf.

Bei historischen Stadtgründungen spielte die Eignung als Baugrund oft eine nachrangige Rolle, bautechnische Hindernisse wurden durch Pfahlgründungen, Drainagen, Aufschüttungen usw. gelöst. Die Einfuhr von Substanzen und Materialien in die Städte übertraf in allen Siedlungsepochen die Ausfuhr. Dies führte zum erhöhten Niveau der Städte. Die städtische Bodenentwicklung wurde neben der Bautätigkeit vor allem beeinflußt durch Baustoff – und Baulandgewinnung; Kriegszerstörungen, Brände, Naturkatastrophen (oft sichtbar durch mächtige Boden-Schichten); durch „vor Ort" stattfindende Abfallentsorgung.

Im Untergrund der Städte sedimentiert die Stadtgeschichte. Dementsprechend haben die Böden auch eine hohe Bedeutung als „Archive der Stadtentwicklung". Viele geschichtliche Informationen erhalten wir über Ausgrabungen, wobei bodenökologisch gesehen oftmals die „Altlasten" – (Müllplätze, Grabstätten, Sickergruben, vorindustrielle Handwerksstätten) kulturgeschichtlich besonderen historischen Wert haben.

10.4.2 Bodenformen in der Stadt und deren Eigenschaften

Eine Klassifikation der Böden bedeutet eine Einteilung aufgrund einer oder einiger Eigenschaften. Da die Genese urbaner Böden noch nicht hinreichend untersucht ist, gibt es für diese Klassifikation nur Ansätze. Bei Stadtböden kann nach dem Ausgangssubstrat, dem Natürlichkeitsgrad, der Art der Umlagerung (Anteile von anthropogen verändertem Gestein) oder nach der Art der Bodengenese klassifiziert werden (PIETSCH 1991).

Einteilung in Bodengruppen
- **veränderte Böden natürlicher Entwicklung**: Natürliche Böden, zumeist vorher bereits landwirtschaftlich genutzt und durch Bearbeitung, Düngung, Wasserregulierung usw. verändert. Stadtspezifische Veränderungen sind *tiefere Grundwasserstände* (Grundwasserabsenkung, geringere Grundwasserneubildung), *Störung der Horizontierung* durch Mischen, Planieren, Abtrag oder geringfügigen Auftrag bis 30 cm, *Verdichtung* durch Tritt, Befahrung, Baumaßnahmen; *Eutrophierung und Alkalisierung* infolge der Kontamination durch

Stäube, Abfälle, Abwasser, Regen; *Schadstoffbelastung* durch Hausbrand, Gewerbe, Industrie und Verkehr.

- **Böden anthropogener Aufträge** natürlicher, technischer oder gemischter Substrate: Bei einem anthropogenen Auftrag wurde künstlich ein neues Gestein geschaffen, welches dann einer Bodenentwicklung unterliegt. Es sind zu unterscheiden: Böden *aus umgelagerten, natürlichen Bodensubstraten oder Sedimenten* (z.B. Sand, Lehm, Ton, Mergel, Kies, Schotter usw., auch Aufträge aus Gartenböden) und *Böden aus technogenen Substraten* (z.B. Asche, Bauschutt, Müll, Schlacke usw). Oft liegen *Mischungen* oder Schichtungen verschiedener Substrate vor. Aufträge werden in der Regel mit humosem Oberbodenmaterial (Mutterboden) abgedeckt.

- **Versiegelte Böden** wurden vorher meist z.T. stark abgetragen. Während bei „poröser" Versiegelung viele *Bodenfunktionen wenigstens teilweise* erhalten bleiben und der Boden z.B. als Wurzelraum für Straßenbäume dienen kann, wird unter total versiegelten Flächen der *Boden fossilisiert*. Auch auf total versiegelten Flächen kann Boden künstlich aufgebracht oder als Staub akkumuliert werden.

Tafel 10.8 Kurzzeichen und zeichnerische Darstellung von Bodenarten nach DIN 4022

Benennung (Bodenart)	Benennung (Beimengung)	Kurzzeichen (Bodenart)	Kurzzeichen (Beimengung)	Zeichen
Kies	kiesig	G	g	
Grobkies	grobkiesig	gG	gg	
Mittelkies	mittelkiesig	mG	mg	
Feinkies	feinkiesig	fG	fg	
Sand	sandig	S	s	
Grobsand	grobsandig	gS	gs	
Mittelsand	mittelsandig	mS	ms	
Feinsand	feinsandig	fS	fs	
Schluff	schluffig	U	u	
Ton	tonig	T	t	
Torf, Humus	torfig, humos	H	h	
Mudde (Faulschlamm)	organische Beimengung	F	—	
		—	o	
Auffüllung		A	—	
Steine	steinig	X	x	
Blöcke	mit Blöcken	Y	y	
Fels, allgemein		Z	—	
Fels, verwittert		Zv	—	

Benennung	Kurzzeichen	Zeichen
Mutterboden	Mu	
Verwitterungslehm, Hanglehm	L	
Hangschutt	Lx	
Geschiebelehm	Lg	
Geschiebemergel	Mg	
Löß	Lö	
Lößlehm	Lol	
Klei, Schlick	Kl	
Wiesenkalk, Seekalk, Seekreide, Kalkmudde	Wk	
Bänderton	Bt	
Vulkanische Aschen	V	
Braunkohle	Bk	

Benennung	Kurzzeichen	Zeichen
Grobkies, steinig	gG. x	
Feinkies und Sand	fG + S	
Grobsand, mittelkiesig	gS. mg	
Mittelsand, schluffig, humos	mS. u. h	
Schluff, stark feinsandig	U. fs	
Torf, feinsandig, schwach schluffig	H. fs. u	
Seekreide mit organischen Beimengungen	Wk. o	
Klei, feinsandig	Kl. fs	
Sandstein, schluffig	Sst. u	
Salzgestein, tonig	Sast. t	
Kalkstein, schwach sandig	Kst. s	

10.4.3 Verändernde und belastende Einwirkungen auf urbane Böden

Durch den Menschen werden die Funktionen des Bodens gezielt oder zufällig verändert. In der Stadt haben belastende Einflüsse auf den Boden zwei prinzipielle Ursachen.

- Mechanische Einwirkungen auf die Bodenstruktur, die wesentlich die Eigenschaften und Entwicklung von Böden bedingt, konzentrieren sich im urban-industriellen Bereich räumlich und zeitlich.
- Böden sind Stoffsenken: Die meisten der Stoffe, die in Hydrosphäre oder Atmosphäre emittiert werden, gelangen als Sedimente in terrestrische Böden. Zusätzlich gelangen nutzungsspezifische (Schad-)stoffe durch Bewirtschaftung sowie durch Unfälle in die Böden.

Nutzungsaktivitäten und Emissionen konzentrieren sich im Stadtgebiet. Verändert werden durch die Stoffe, deren Umsetzungen und durch mechanische Einwirkungen die *Bodenchemie* (pH-Wert, Mobilität von Stoffen), die *Bodenphysik* (neue Substrate, Wasser- und Lufthaushalt), die *Bodenbiologie* (Veränderung der Lebensbedingungen für Flora und Fauna), die *Ökologie des Standortes* (Boden als Basis für Biotope).

10.4.3.1 Schadstoffe in urbanen Böden

Böden können nicht oder nur sehr begrenzt von aufgenommenen Stoffen befreit oder gereinigt werden. Einige organische Verbindungen sind kurz- oder mittelfristig biologisch abbaubar. Einen wichtigen Austragungspfad stellt die Belastungsverlagerung in das Grund- und Oberflächenwasser dar. Versalzung, Schwermetallanreicherungen und andere Verbindungen lassen sich ohne enormen technischen Aufwand nicht wieder aus den Böden entfernen. Diese persistenten, d.h. im Boden nicht oder nur in langen Zeiträumen abbaubaren, problematischen Stoffe reichern sich mit fortschreitendem Eintrag an, die bei Überschreiten bestimmter Belastungsgrenzen zu deutlichen Beeinträchtigungen von Bodenflora und -fauna bis zur akuten Gefährdung des Menschen durch Direktkontakt oder über die Nahrungskette führen kann.

Tafel **10**.9   Ursachen und Eintragungsformen von Schadstoffen in urbane Böden (PIETSCH 1991)

Quelle	Dauer	Eintragungsform	Konzentration	Kontamination
Immissionen	sehr lang	diffus	sehr gering	Oberfläche
Ablagerung	mittelfristig	lokal	Hoch	Oberfläche/Tiefe
Kanalisation	sehr lang	linear	Hoch	Tiefe
Defekte Tanks, Leitungen	mittelfristig	lokal	sehr hoch	Tiefe
Unfälle	kurz	lokal	sehr hoch	Oberfläche
Bewirtschaftungsmaßnahmen	mittelfristig	lokal	Gering	Oberfläche

Schwermetalle : Die Schwermetallgehalte in Böden setzen sich aus einer natürlichen und einer anthropogenen Komponente zusammen, wobei in urbanen Böden die anthropogene Komponente überwiegt und in ländlichen Gebieten in den Hintergrund tritt. Hohe Schwermetallgehalte rufen Störungen des Bodenlebens und des Pflanzenwachstums hervor, bewirken eine verstärkte Aufnahme in die Pflanzen und gelangen so in die Nahrungskette. Sie können zu akut toxischen Wirkungen bei hohen kurzzeitigen Aufnahmemengen sowie zu chronischen Schädigungen bei Langzeitanreicherung führen. Schwermetalle gehören zu den persistenten Stoffen im Boden (werden nicht abgebaut).

Tafel **10**.10   Beispielwerte für Schwermetallkontaminationen in urbanen Böden (Angaben verschiedener Autoren in mg/ kg). Ergänzt nach: FÖRSTER 1988

Nutzung / Element	Cadmium	Blei	Zink	Kupfer	Chrom	Hg	Arsen
Normalbereich	0,1-1	1-20	3-50	1-20	2-50	0,01-1	2-20
Städt. Gartenböden	0,9-2,1	300-700	140-600	1-97	-	0,4-1,1	-
Abwasserrieselböden	16	6610	1435	182	-	6,5	-
	144	7200	7600	5600	8400	-	-
	61	2470	3050	1415	2020	2	59
Deponieflächen	-	640	-	-	28	1,8	40
	50	16000	4500	440	-	2,2	35
	16	5100	9500	11000	-	3,8	80
	43	34000	-	-	39	150	
Schrottplätze	110	30700	7900	7080	-	9	-
	1550	20000	15000	10000	-	3,5	40
EG-Direktive	1-3	50 -300	150 -300	50-140	-	1 -1,5	-
Niederländische Bezugswerte Sand	0,3	33	60	10	42	0,1	10
Ton	1,2	133	240	40	170	0,4	40
Moor	3	330	600	100	480	1	100

Organische Schadstoffe bilden den Großteil der vom Menschen in die Umwelt freigesetzten Stoffe. Einige sind schon bei geringsten Konzentrationen (Dioxine, Furane), andere erst in höheren Dosen oder gar nicht toxisch oder gesundheitsschädlich. Besonders bedenkliche Stoffklassen sind

– Biozide auf Chlorwasserstoffbasis
– polychlorierte Biphenyle
– polycyclische aromatische Kohlenwasserstoffe
– Detergentien und flüchtige Kohlenwasserstoffe (technische Lösungsmittel).

Ähnlich den Schwermetallen erfolgt eine Anreicherung im Boden, wobei das langfristige Gefährdungspotential, chemische und biologische Abbaubarkeit, Toxizität usw. noch wenig geklärt sind. Organische Schadstoffe werden sowohl diffus (über Luft) als auch konzentriert und nutzungsspezifisch eingetragen. Wesentliche Einträge sind Klärschlämme, Komposte, Anwendung von Pestiziden, branchenspezifischer Eintrag über industrielle Produktion und Abfälle, Unfälle bei Produktion und Transport, Eintrag über Ab- und Oberflächenwasser.

Bei folgenden urbanen Flächen kann von Belastungen ausgegangen werden:

– Polycyclische aromatische Kohlenwasserstoffe (PAH): Industriegelände (Kokereien, Verbrennungsanlagen, Raffinerien, Hütten u.ä.), Straßenrandbereiche, Eisenbahnanlagen, Flughäfen, Hafenanlagen, Kleingärten und Hausgärten.
– Polychlorierte Biphenyle (PCB)(wird in Bundesrepublik nicht mehr hergestellt oder eingesetzt) Industriestandorte, Eintrag auch über Klärschlämme und Müllkomposte
– Biozide: Gleisanlagen der Bundesbahn, Grünanlagen, Haus- und Kleingärten

Salze/Auftaumittel: Das vom Winterdienst eingesetzte Streusalz führt zu Schäden an Böden, Gewässern und straßenbegleitender Vegetation. Während die Chloride größtenteils ausgewaschen werden, wird das Natrium teilweise vom Boden sorbiert, verschlechtert physikalische Eigenschaften wie Porenvolumen, kapillare Leitfähigkeit und Krümelstruktur, erhöht den pH-Wert des Bodens sowie verändert insgesamt das Artenspektrum.

Saure Depositionen: Säurebildner, wie SO_2 und NO_x, Fluor und Chlor, gelangen durch Verbrennungsprozesse aller Art in die Atmosphäre und werden dem Boden großräumig verteilt trocken oder mit dem Niederschlag zugeführt. Teilweise werden Säurebildner durch Flugaschen bereits neutralisiert. Dennoch überschreiten die eingetragenen Säuremengen bei weitem die Pufferkapazität der meisten Böden. Bei pH-Werten unter 4,2 brechen bei verschiedenen Böden die Filterfunktionen zusammen, da der Boden selbst vorher gebundene Stoffe mobilisiert. Besonders betroffen sind Forstböden, da die dichten Baumbestände mehr Schadstoffe aufnehmen und die Waldböden nicht regelmäßig gekalkt werden, wie z.B. Äkker und Wiesen. In städtischen Gebieten puffern die jungen, meist kalkhaltigen Böden die Versauerung zunächst ab. Betroffen sind hier in erster Linie die naturnahen, wenig veränderten Böden in Stadtwäldern und Parkanlagen.

Nährstoffe: Bei zu hohen Konzentrationen erweisen sich für das Pflanzenwachstum unentbehrliche Stoffe als Schadstoffe. Besonders Nitrat – Stickstoff, der über Luftverunreinigungen, mineralische und organische Düngung in den Boden gelangt. Bereits die „Düngung aus der Luft" reicht aus, um Magerstandorte zu verändern.
„Bodenverbesserer", wie Klärschlämme, Garten- und Friedhofsabfälle, Schnittgut, Komposte usw., sind sehr beliebt. Während in der Landwirtschaft der Stickstoff-Entzug durch die Ernte der Zufuhr entsprechen kann, ist bei urbanen Nutzungen der Stickstoffentzug gering und eine Nitrat-Verlagerung ins Grundwasser wahrscheinlich.

Radioaktive Stoffe: Durch Unfälle in Reaktoranlagen, aber auch durch Freisetzung in Kohlekraftwerken, Zementfabriken, Bergwerken u.a. werden radioaktive Stoffe freigesetzt und verteilt. Während bei Unfällen besonders auch kurzlebige Spaltprodukte, wie Jod 131, wirksam sind, und mit dem Regen aus der Luft in den Boden ausgewaschen werden, stellen bei Industrie und Bergbau die Halden eine besondere Problematik dar (Rn 222, Rn 226, Pb 210).
Je nach Vorkommen bestimmter Gesteinsarten sind wir auch einer ständigen, natürlichen Strahlung ausgesetzt. Das natürliche Edelgas Radon (Rn 222) wird ständig freigesetzt und kann in geschlossenen Räumen zu einer nicht unerheblichen jährlichen Organdosis der Lunge bis zu 100 mSv führen. Die Durchschnittswerte für die natürliche Radioaktivität von Böden liegen bei 1 - 30 Bq/m^2, die terrestrische Bodenstrahlung ohne Radon summiert sich auf 0,3 - 1,5 mSv pro Jahr.

Stadtgas- und Erdgas: Aus Erdleitungen austretendes Gas verdrängt den Sauerstoff aus dem Boden, der CO_2-Gehalt steigt. Wurzeln ersticken bei einem Sauerstoffgehalt in der Bodenluft unter 12 %. Schäden von Gasaustritten haben nur lokale Bedeutung.

10.4.3.2 Belastungen der Bodenstruktur

Verdichtungen: Verdichtung durch *Betreten und Befahren* führen zur Verschlechterung des Bodenluft- und Bodenwasserhaushaltes (unterschiedliche Ausprägung abhängig von vorhandenen Bodeneigenschaften), häufig bereits während einer Bauphase zur tiefreichenden Zerstörung der natürlichen Bodenstruktur, die durch oberflächliches Bodenlockern und das Auffüllen von Mutterboden nicht behoben werden kann.

Bodenaustausch: Mit den Böden werden auch deren strukturelle Eigenschaften ausgetauscht. Übergangsbereiche zwischen dem verbliebenen Boden und dem Austauschsubstrat bilden Grenzen für den Transfer von Stoffen und die Ausbreitung des Bodenlebens. Wenn die Sohle der Baugrube unterhalb der Grundwasseroberfläche liegt und während der Bauzeit Wasserhaltung notwendig wird, entsteht ein Grundwassertrichter, der die angrenzenden Böden mit entwässert.

Tafel **10**.11 Erosionsgefährdungsziffer nach Körnung und Gefüge im Oberboden unter Berücksichtigung von Vegetationsdecke und Hangneigung. Nach SUKOPP 1990

Bodeneigenschaften								
Humusgehalt	humos			humos			humusarm		
Gefüge	krümelig			grießig			singulär		
Bodenart	lehmiger Sand - Lehm			Sand - sandiger Lehm			Sand		
Vegetationsbedeckung	0 - 10 - 30 - 100			0 - 10 - 30 - 100			0 - 10 - 30 - 100		
Hangneigung in Grad									
kleiner 4	2	1	0	3	2	0	4	3	1
4 - 16	4	3	1	5	4	2	6	5	3
16 - 35	6	5	3	7	6	4	8	7	5
größer 35	8	7	6	9	8	6	10	9	7

Gefährdungsstufen:
0 u.1 nicht, 2 kaum, 3 etwas, 4 mäßig, 5 mittel, 6 mittel stark, 7 stark, 8 sehr stark, 9 u. 10 extrem

Zu Veränderungen der *Bodenoberfläche* kommt es, wenn
- Vegetation gerodet wird: Die Fläche wird gegen Wind- und Wassererosion anfälliger.
- Oberboden abgeschoben wird: Unterboden wird freigelegt, der gegen Schadstoffeinträge wesentlich empfindlicher ist. Das Risiko einer Grundwassergefährdung erhöht sich.
- Mutterboden zwischengelagert wird: Die Zwischenlagerung soll neben Schutz vor Verunreinigung und Durchmischung mit anderer Bodenmaterialien die Funktionsfähigkeit des Mutterbodens sichern.

10.4.4 Altstandorte und Altlasten

Seit der Industrialisierung fielen immer mehr Stoffe an, die nicht an Ort und Stelle verwertet werden können, die nicht aus dem Raum stammen, in dem sie verwendet wurden und die ungeordnet abgelagert oder in den Boden eingetragen wurden. Dies führt zu Flächen, die mit „Alt"stoffen überfrachtet sind, auf denen Belastungsgrenzen überschritten sind. Es handelt sich dabei sowohl um natürlich gelagerte Böden (Kontaminationen) als auch um anthropogene Umlagerungen und Verfüllungen (Altablagerungen). Die Altlasten stellen, bezogen auf die potentielle Gefährdung von Menschen durch Kontakt mit den in ihnen enthaltenen Schadstoffen, eine besondere Problematik in den Stadtbereichen dar. Altlastenkataster werden von den dafür zuständigen Stellen geführt, die die Gefährdungen einschätzen sowie Konzepte für die mögliche Sanierung der Standorte erarbeiten. In der Bauleitplanung sind diese Standorte zu kennzeichnen. Bei der pfadbezogenen Bodenbewertung wird überprüft, über welche *Aufnahmepfade* (Transfermöglichkeiten) diese Stoffe in den menschlichen Körper gelangen können (z.B. Boden – Mensch als orale oder kutane Aufnahme; Boden – Luft – Mensch als pulmonale, inhalative Aufnahme; Boden – Grundwasser – Mensch als orale Aufnahme oder Boden – Pflanze – Mensch als orale Aufnahme über die Nahrungskette).

Für die Festlegung möglicher Nutzungsarten werden über den Ansatzpunkt bestimmter *Nutzergruppen* und die Aufnahmepfade Nutzungsszenarios erstellt.
Bei *Kinderspielplätzen* sind die empfindlichste Nutzergruppe Kleinkinder (geringes Körpergewicht, durch orale Aufnahme z.T. größere Aufnahmemengen möglich). An ihnen ist die Beurteilung der toxischen Merkmale des Bodens zu orientieren. Weitere empfindliche Nutzergruppen sind z.B. in *Haus- und Kleingärten* auch Erwachsene (gartenspezifisch ausgeprägter, häufiger und direkter Kontakt zum Boden). Bei *Sport- und Bolzplätzen* stehen die Sportler selbst im Vordergrund. Hier ist der dominierende Aufnahmepfad die Inhalation. Bei Industrie- und Gewerbeflächen steht der Grundwasserpfad im Mittelpunkt der Betrachtung.

Technische Lösungen der Bodensanierung umfassen unterschiedlichste Verfahren. Das Qualitätsziel „Sauberer Boden" ist jedoch nicht erreichbar und würde unerschöpfliche Mittel voraussetzen, da nicht alle potentiellen Schadstoffe „verschwinden", behandelte Böden jedoch in ihren ökologischen Funktionen oft irreversibel zerstört werden. Sowohl nutzungsorientierte als auch an Belastungspfaden orientierte Oberziele für die Sanierung sind noch in der Diskussion. Es kann jedoch für die anzustrebenden Bodeneigenschaften keine Standards geben (vgl. PIETSCH 1991).

10.4.5 Ziele des Bodenschutzes

Bodenschutz wird zumeist verstanden als Schutz seiner Potentiale. Dabei steht für den Menschen die Sicherung von Trinkwassergewinnung und Nahrungsmittelerzeugung im Vordergrund.

Nach dem *Vorsorgeprinzip* ist der gewachsene Aufbau und das natürliche Gleichgewicht einer möglichst großen Vielfalt von Böden als Bestandteil von Ökosystemen zu erhalten. Kriterien für den Bodenschutz sind nach dem Vorsorgeprinzip ihre *Seltenheit* und ihre *Naturnähe*. Unabhängig von ihrer Seltenheit bzw. Gefährdung sind Böden auch als Naturkörper, d.h. als Teil der belebten Umwelt an sich schützenswert. Die Bodenschutzkonzeption der Bundesrepublik 1985 nennt zwei zentrale Handlungsansätze:

- die Minimierung von qualitativ oder quantitativ problematischen Stoffeinträgen aus Industrie, Gewerbe, Verkehr, Landwirtschaft und Haushalten
- eine Trendwende im Landschaftsverbrauch

Dies bedeutet, 1. die Abgabe von unerwünschten Stoffen über Luft und Wasser oder direkt in den Boden durch Kreislaufführung und Reststoffmanagement zu ersetzen und Vermeidungs- und Verwertungsstrategien zu entwickeln (*Schutz vor Schadstoffeinträgen*) und 2. natürliche und naturnahe Flächen grundsätzlich zu sichern, flächensparendes Bauen, innergemeindliche Instandhaltung, Lückenschließung und Minimierung neuer Baulandausweisung. Dazu sind bei allen planerischen Abwägungsprozessen ökologische Anforderungen stärker zu gewichten. – *Erhaltung des Bodenkörpers, Schutz des Bodengefüges, Erhaltung und Sicherung unversiegelter Flächen.*

Bodenschutz beim Planen und Bauen

Die nachhaltigsten Auswirkungen von Baumaßnahmen auf die Bodenverhältnisse – bei Neubau auf bisher unbebauten Flächen – ergeben sich durch das Gebäude oder Bauwerk selbst. Bisher ungestörte Bodenverhältnisse werden unwiederbringlich verändert.

Vorbereitende Bauleitplanung (Flächennutzungsplanung): Schützenswerte Böden sind von Bebauung freizuhalten oder durch entsprechende Nutzungszuweisung ist ihre Inanspruchnahme möglichst gering zu halten. Standortgerechte Nutzungen: Wohnflächen, Kinderspielplätze, Gärten, Sportflächen usw. nicht auf evtl. verunreinigte Böden zuordnen.

Verbindliche Bauleitplanung: Durch räumliche Konzentration der Baumassen innerhalb enger Baugrenzen die Bebauung wertvoller Bodenflächen ausschließen, durch Vorgaben für Umfang und Art der Befestigung Versiegelung einschränken, durch Festlegung der Gründungstiefe Einfluß auf hydrologische Verhältnisse abstimmen, durch Berücksichtigung der Topographie aufwendige Bodenprofilierungen vermeiden – Standortgerechte Planung.

Ausführungsplanung: In Wahl der Bauverfahren und -materialien Potential möglicher Gefahren einschränken (konstruktiver Holzschutz statt Chemie, Verzicht auf Drainagen und Außenbeschichtung durch Ausführung des Kellers als wasserdichte Wanne bei Druckwasser, geschickte Planung der Baustelleneinrichtung, Baustraßen dort, wo später Straßen sein werden, befahrene Flächen konzentrieren usw).

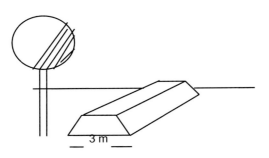

Bauausführung: Regelungen zum Bodenschutz im Bauvertrag nach VOB (DIN 18300, DIN 18320); schonender Umgang mit Mutterboden, Begrenzung der Verkehrslasten, Schutz von Pflanzenbeständen und Vegetationsflächen, schonende Techniken bei Abbrucharbeiten, Entfernen aller Schadstoffe vor Herrichten der Außenanlagen und Verfüllung der Baugrube, durch Ordnung auf Baustelle „Pannen" vermeiden, mit traditionellen Gewohnheiten brechen.

Bild **10**.13   Bodengerechte Lagerung von Mutterboden; Miete im Schatten, vor Austrocknung schützen (Rasenplatte), jährlich einmal umsetzen

10.4.6 Rechtliche Grundlagen für den Bodenschutz beim Bauen

Das geltende Recht enthält eine Vielzahl von für den Schutz des Bodens beim Planen und Bauen bedeutsamen Regelungen, jedoch bestehen bei Betrachtung der Rechtswidrigkeiten noch Regelungslücken (tatsächliche Verhältnisse auf dem Bau, Nachweis der Unbedenklichkeit für Baustoffe bei Eintrag in den Boden).

A. *Bodenschutzgesetze*: Besondere Bodenschutzgesetze sind z.B. in Baden-Württemberg (BodSchG), Sachsen (EGAB – Erstes Gesetz zur Abfallwirtschaft und zum Bodenschutz) und Berlin in Kraft. Ein Bundes-Bodenschutzgesetz, welches bundeseinheitliche Werte für die Gefahrenabwehr festlegen soll und eine Vorsorgepflicht einführt, ist in Vorbereitung. Zweck der Gesetze ist es, den Boden als Naturkörper und Lebensgrundlage für Menschen, Tiere und Pflanzen in seinen Funktionen zu erhalten und vor Belastungen zu schützen.

B. *Bauplanung- und Bauordnungsrecht*: Rechtsgrundlage der Bauleitplanung ist das Baugesetzbuch (BauGB). Allerdings sind hier die Belange des Bodenschutzes nur ein Teil bei der Abwägung aller für die Bauleitplanung relevanter Belange. Das Bauordnungsrecht der verschiedenen Länder enthält keine unmittelbaren Bestimmungen zum Bodenschutz.

In § 1 Abs.5 Nr.7 BauGB sind Belange des Bodenschutzes im Leitziel integriert, daß bei Aufstellung von Bauleitplänen die Belange des Umweltschutzes, des Naturschutzes und der Landschaftspflege, insbesondere des Naturhaushaltes, des Wassers, der Luft und des Bodens zu berücksichtigen sind. Konkretisiert wird der Bodenschutz mit der Forderung in § 1a Abs.1 Satz 3, daß mit Grund und Boden sparsam und schonend umgegangen werden soll. Nach § 202 BauGB ist „Mutterboden, der bei der Errichtung und Änderung baulicher Anlagen sowie bei wesentlichen Veränderungen der Erdoberfläche ausgehoben wird, in nutzbarem Zustand zu erhalten und vor Vernichtung und Vergeudung zu schützen."

C. *Abfallrecht*: Das Abfallgesetz (AbfG) in Verbindung mit den Gesetzen der Länder stellt klar, daß Baurestmassen, d.h. alle Stoffe, die bei den einzelnen Bauleistungen übrig bleiben und nicht weiterverwendet werden können und sollen, *Abfälle* sind und wie Bauschutt und Aushub als wesentliche Voraussetzung vorbeugenden Bodenschutzes vom Grundstück zu entfernen sind (Unterstellung von Baurestmassen unter das Abfallrecht!).

Nach einem Abfallartenkatalog (Länderarbeitsgemeinschaft 1992) sind die Abfälle zu *klassifizieren*, um jeweils geeignete Wege der Entsorgung bestimmen zu können. Das umweltpolitische Gebot der *Abfallvermeidung* (§ 1a Abs 1AbfG) hat für das Bauwesen wenig konkrete Ausformung gefunden. Dagegen ist die Pflicht zur Abfallverwertung in der Bauwirtschaft wegen der großen Mengen an Erdaushub von besonderer Bedeutung. Unbelasteter Bauschutt und Erdaushub (Grenz- und Richtwerte dürfen nicht überschritten werden) ist gemäß dem Vorrang der Verwertung vor der sonstigen Entsorgung nach §§ 1a Abs.2,3, Abs.2 AbfG einer Verwertung zuzuführen. Baustellenabfälle sind allgemein von der öffentlichen Entsorgung ausgeschlossen. Der Abfallbesitzer selbst hat die Abfallentsorgungspflicht. Diese wird von einer nach Landesrecht zu bestimmenden Behörde überwacht.

D. *Immissionsschutzrecht*: Zweck des Bundes-Immissionsschutzgesetzes ist es, Menschen, Tiere und Pflanzen, den Boden, das Wasser, die Atmosphäre sowie Kultur- und sonstige Sachgüter vor schädlichen Umwelteinwirkungen zu schützen und dem Entstehen schädlicher Umwelteinwirkungen vorzubeugen (§ 1 BImSchG). Neben dem Immissionschutzgesetz sind die Chemikalien-Verbotverordnungen sowie die Gefahrenstoffverordnung für den Bodenschutz relevant.

E. *Wasserrecht*: Das öffentliche Gewässerschutzrecht (Wasserhaushaltsgesetz (WHG) sowie landesrechtliche Bestimmungen) hat den Bodenschutz lediglich mittelbar zum Ziel.

10.4.7 Siedlungsabfälle

Über § 6 AbfG (Gesetz zur Vermeidung und Entsorgung von Abfällen – Abfallgesetz) sind die Länder verpflichtet, *Abfallentsorgungspläne* zu erstellen. Wesentlicher Bestandteil dieses Planes ist ein in vier Teilkonzepte gegliedertes Abfallwirtschaftskonzept:

- Vermeidungskonzept
- Verwertungskonzept
- Behandlung und Entsorgung des Restabfalls
- systematische Standortsuche

Nachfolgend sind für Abfallentsorgungsanlagen, die zur Ablagerung oder Behandlung von Abfällen bestimmt sind, nach § 6a ROG (Raumordnungsgesetz) *Raumordnungsverfahren* zur Standortermittlung durchzuführen. Das *Planfeststellungsverfahren* ist das dritte planerische Instrument, das zu einer geordneten abfallwirtschaftlichen Entwicklung beiträgt. Es stellt das eigentliche Zulassungsverfahren dar. Die Durchführung von Planfeststellungsverfahren ist in den Verwaltungsverfahrensgesetzen des Bundes und der Länder geregelt. Maßgeblich sind die § § 73 bis 78 VwVfG und das entsprechende Landesrecht.

Zur ordnungsgemäßen Durchführung der Abfallentsorgung wurde zum Abfallgesetz die „Allgemeine Verwaltungsvorschrift zum Abfallgesetz (TA Abfall)" erlassen, deren erster Teil (Technische Anleitung zur Lagerung, chemisch/physikalischen, biologischen Behandlung, Verbrennung und Ablagerung von besonders überwachungsbedürftigen Abfällen) seit 1991 gilt. Der zweite Teil, TA Siedlungsabfälle, ist seit 1993 in Kraft. Damit wurde ein bundesweit einheitlicher Rahmen für die Vermeidung, Verwertung und Entsorgung von Siedlungsabfällen hergestellt.

Sammlung und Transport der Siedlungsabfälle sind besonders bei Planung und Bau von Wohnsiedlung zu berücksichtigen. Die Entsorgungsfahrzeuge müssen die Standorte der Mülltonnen anfahren können, möglichst ohne rückwärts zu stoßen. Der Weg vom Transportfahrzeug zur Mülltonne ist kurz zu halten (max. 15 m). Der Weg von den Häusern zur Mülltonne sollte max. 30 - 40 m betragen. In den Städten oder Kreisen werden in Abfallsatzungen festgelegt, welche Fahrzeuge zum Einsatz kommen, was bei der Einrichtung von Müllsammelplätzen zu berücksichtigen ist und wie Müll zu sortieren ist. Deshalb empfiehlt es sich, bei der Planung eines Wohngebietes mit dem zuständigen Müllverwertungsunternehmen Kontakt aufzunehmen (u.a. für notwendige Wenderadien).

Abfälle sind zu sortieren nach Papier und Pappe, Glas (farbig sortiert), recycelbarem Material im Kreislaufsystem „grüner Punkt" („gelbe Tonne"), kompostierbaren Abfällen („braune Tonne") Sperrmülle, Sondermüll und Restmüll. Für Papier, Pappe und Glas sind in den Wohngebieten an zentralen, gut erreichbaren Stellen Sammelmüllcontainerplätze vorzusehen.

Gut bewährt haben sich Mülltonnenschränke. Für die sachgemäße Unterbringung der Mülltonnenschränke gelten VDI-Richtlinien 2160 (Anlage von Mülltonnenstandplätzen) und 2161 (Mülltonnenschränke). Standplätze sollten so liegen, daß das Straßenbild nicht beeinträchtigt und niemand durch Geruch, Staub und Lärm belästigt wird. Weitere Forderungen sind: Keine direkte Sonneneinstrahlung, keine Aufstellung in Garagen, Treppenhäusern oder Heizungskellern, keine Vertiefung der Aufstellungsplätze, Transportwege stufenfrei oder mit Rampen, Durchgänge mindestens 2,0 × 1,0, feststellbare Türen.

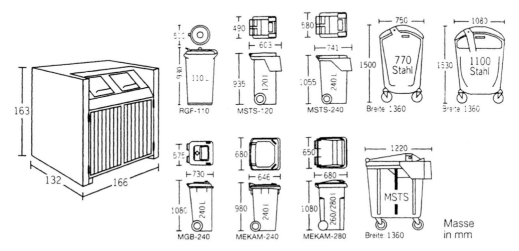

Bild **10**.14 Platzbedarf für Müllbehälter

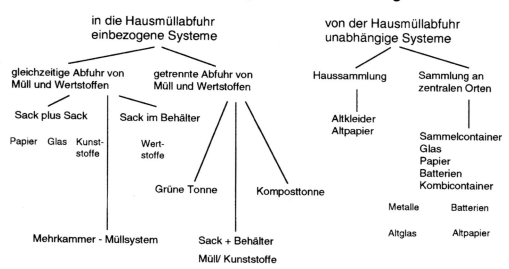

Bild **10**.15   Systeme der getrennten Sammlung

10.5 Wasserhaushalt urbaner Böden, Stadtgewässer

In urbanen Gebieten sind eine Reihe von Wirkungskomplexen durch anthropogene Eingriffe in den Grundwasserhaushalt zu unterscheiden:
- Umwandlung von Vegetationsflächen mit ungestörten Böden in Verkehrs-, Siedlungs-, Industrie- u.a. Nutzflächen, Versiegelung und Verdichtung mit ihrer Wirkung auf die Grundwasserbildung
- Wasserentnahmen, z.T. mit Überbeanspruchung der Grundwasserneubildung
- zeitweilige Wasserhaltungen von Baugruben und Tiefbaustellen
- als Staukörper wirkende Bauwerke und Verdichtungen im Grundwasserleiter
- entwässernde, drainierende Wirkung von Tiefbauten und Infrastruktur
- Bewässerung einiger Nutzungen, Maßnahmen zur Versickerung von Regenwasser
- Stillegung oberflächennaher Brunnen oder Flutung ehemaliger Abbauflächen
- Grundwasserfreilegung durch Bodenaushub und Gesteins- oder Erdabbau
- Wasserbauten

Der Anteil der Siedlungsfläche an der Gesamtfläche der Bundesrepublik beträgt ca. 12 %. Es ist davon auszugehen, daß jährlich etwa 500 km² hinzukommen und etwa ein Drittel dieser Flächen versiegelt wird. Durch diese Veränderungen werden wichtige Regelungsgrößen des Bodenwasser- und Grundwasserhaushaltes beeinflußt.

10.5.1 Wasserhaushalt urbaner Böden

10.5.1.1 Wichtige hydrologische Bodeneigenschaften

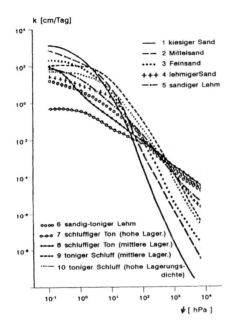

Die Regelungsgrößen des Wasserhaushaltes, wie Evapotranspiration, Wasserspeicherung, Versickerung, Grundwasserneubildung, kapillarer Aufstieg, Oberflächenabfluß und Stoffverlagerung, werden vor allem durch zwei bodenhydrologische Basisbeziehungen bestimmt:

1. der Beziehung zwischen Wasserhaushalt und Wasserspannung
2. der Beziehung zwischen Wasserdurchlässigkeit und Wasserspannung

Bild **10**.16 Beziehung zwischen Wasserleitfähigkeit (k) und Wasserspannung in Abhängigkeit von Bodenart und Lagerungsdichte
Quelle: SUKOPP 1993

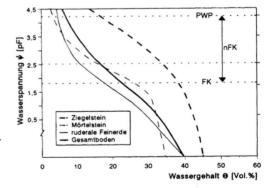

Bild **10**.17 Beziehung zwischen Wasserhaushalt und Wasserspannung der Skelett- und Feinerde-Fraktionen von Ruderalböden aus Bauschutt (nach RUNGE 1978)

Die wichtigen bodenökologischen Kennwerte *Feldkapazität* (FK), *Luftkapazität* (LK*), nutzbare Feldkapazität* (nFK) und *Permanenter Welkepunkt* (PWP) lassen sich aus diesen Beziehungen ableiten. Die Höhe des potentiell verfügbaren Wassers (nFK) wird entscheidend von der Bodenart und dem Gehalt an organischer Substanz bestimmt. Der Ausnutzungsgrad des nFK nimmt mit abnehmender Größe der Skelettanteile und zunehmender Durchwurzelung zu. Die höchsten nFK-Werte treten bei schluffreichen, die geringsten bei grobsandigen Böden auf. Aus Bild 10.17 ist z.b. ersichtlich, daß die Skelettanteile von Böden aus Bauschutt ein hohes potentielles Wasserspeichervermögen besitzen.

10.5.1.2 Wasserhaushaltskomponenten

Die Komponenten der Wasserhaushaltsgleichung sind innerhalb der Stadt durch die Auswirkungen der urbanen Flächennutzungen gegenüber dem ländlichen Raum stark verändert.

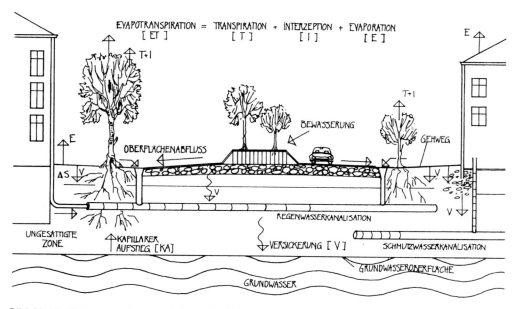

Bild **10**.18   Schematische Darstellung der Wasserhaushaltskomponenten urbaner Böden

$$N = T + I + E + V - kA + S + A_O$$

N = Niederschlag, T = Transpiration, I = Interzeption, E = Evapotranspiration, V = Versickerung, kA = kapillarer Aufstieg, S = Wassergehaltsänderungen, A_O = Oberflächenabfluß

Obwohl insgesamt in der Stadt eine Erhöhung des Oberflächenabflusses sowie eine Verringerung der Grundwasserneubildung und der Evapotranspiration zu verzeichnen sind, ist z.B. die Evapotranspiration von innerstädtischen Grünflächen aufgrund der stärkeren Erwärmung höher als bei außerstädtischen Grünflächen (schnellere Austrocknung).

Die *Verringerung von Grundwasserneubildung* (Versickerung minus kapillarer Aufstieg) und des Basisabflußwertes urbaner Gewässer führt im Extremfall zum Trockenfallen von Teilabschnitten urbaner Gewässersysteme. Durch die *Ableitung des Regenwassers* von Straßen und Gebäuden über Kanalsysteme direkt in den Vorfluter verliert der Boden wichtige Funktionen bei der Regelung des Wasserhaushaltes.

Mit zunehmendem *Versiegelungsgrad* nimmt die Grundwasserneubildung ab. Daneben haben vor allem die *Art der Versiegelung* sowie der *Fugenanteil* und der *Aufbau des Untergrundes* großen Einfluß auf die Grundwasserneubildung.

Im Vergleich zu natürlichem Boden mittlerer Lagerungsdichte (**1.0**) kann man von folgender Porosität und Durchlässigkeit typischer Belagsarten ausgehen: Wassergebundene Decke (Schotterrasen, Kiesflächen, Tennenflächen) und Rasengittersteine auf natürlichem Boden: **0,6**; Mosaik- und Kleinpflaster mit großen, offenen Fugen: **0,4**; Mittel- und Großpflaster mit offenen Fugen und Sandunterbau: **0,3**; Verbundpflaster, Kunststein- und Plattenbeläge mit 16 cm Kantenlänge und größer: **0,2**; Asphaltdecken, Pflaster und Plattenbeläge mit Fugenverguß oder gebundenem Unterbau: **0,1**; Dachoberflächen von Gebäuden unter und über Gelände: **0,0**.

10.5.1.3 Belastungen und Beeinträchtigungen des Grundwassers

Der Versickerung direkt zugängliche, oberflächennahe Grundwasserleiter sind verschiedenen Belastungen ausgesetzt. In Abschn. 10.5.3 werden ausführlich typische Schadstoffe und ihre Eintragungswege in städtische Böden beschrieben. Die Mobilität und Verlagerung dieser Schadstoffe in den Grundwasserbereich wird von zwei Prozessen bestimmt:
1. der Interaktion von Schadstoffionen und -verbindungen zwischen der Festphase und der löslichen Phase, die auch als *Retardation* bezeichnet wird
2. der *Transportgeschwindigkeit* der gelösten Stoffe

Die *Retardation* ist von Bodeneigenschaften abhängig, die auch die Filterungs-, Pufferungs- und Transformationsprozesse im Boden bestimmen: vom pH-Wert, Tongehalt, Humusgehalt, Oxid- und Hydroxidgehalt, Redoxpotential. Die *Transportgeschwindigkeit* der gelösten Stoffe hängt im ungesättigten Bodenbereich in erster Linie von der Versickerungsrate und der Feldkapazität, im Grundwasserbereich von der Fließgeschwindigkeit ab.

Aus der Trinkwasserverordnung der BRD und den EG-Richtlinien ergeben sich Grenzwerte, die häufig im Sickerwasser und Grundwasser überschritten werden, wenn in Böden oder im Grundwasserbereich ungünstige Filtereigenschaften oder besonders hohe Schadstofffestphasengehalte auftreten.

Zur Eignung des Wassers als Trinkwasser, Wassergewinnung und Aufbereitung s. 7.2.3.

10.5.1.4 Auswirkungen von Grundwasserstandsänderungen

Grundwasserstandsänderungen in Stadtgebieten haben drei wesentliche Ursachen:
1. Kanalisierung der Gewässer
2. Baumaßnahmen
3. Grundwasserentnahmen

Für eine gute Wasserversorgung von geschlossenen Pflanzenbeständen ist in unseren Klimabedingungen ein kapillarer Aufstieg von 5mm/Tag ausreichend. Unter 2 mm/Tag ist er für die Pflanzen bedeutungslos. Addiert man diese Aufstiegshöhen mit der jeweiligen Durchwurzelungstiefe, die wie der kapillare Aufstieg von der Bodenart abhängig ist, erhält man 1. die Grundwasserflurabstände für eine „gute Wasserversorgung" und 2. den Grundwasserabstand, bei dem eine Eigenversorgung der Pflanzen aus dem Grundwasser nicht mehr möglich ist („Grenzflurabstand").

Tafel **10**.12   Kapillare Aufstiegshöhe und erforderlicher Grundwasserflurabstand verschiedener Bodenarten bei Rasen

Bodenart (tiefgründige Standorte mit mittlerer Lagerungsdichte, Lockersedimente)	kapillare Aufstiegshöhe in dm bei Aufstiegsraten von		Grundwasserflurabstand in dm unter Geländeoberfläche für eine kapillare Aufstiegsrate von	
	5 mm / Tag	0,2 mm / Tag	5 mm / Tag	0,2 mm / Tag
Mittelsand	4	8	7	11
feinsandiger Mittelsand	4,5	9	8,5	13
Feinsand	5	10	10	15
lehmiger Sand	6	13	11	18
Lehm	5	17	12	24
toniger Schluff	7	19	14	26

Grundwasserstandsänderungen beeinflussen aber nicht nur die Vegetation. Durch den verringerten *Grunddurchfluß* werden die enormen Schwankungen der Wasserläufe zwischen Ausschwemmen und Austrocknen noch erhöht. *Auswirkungen auf die Bausubstanz* treten vor allem bei sehr alten Gebäuden auf, deren Gründungstiefe geringer ist als bei modernen Bauwerken. Das wesentliche Absinken des Grundwassers führt zu verändertem Setzungsverhalten des Baugrundes.

10.5.2 Stadtgewässer

Stadtgewässer sind ein gutes Beispiel dafür, wie der Mensch Ökosysteme ändert, indem er sie seinen Aktivitäten zuführt. Fließgewässer (Bäche, Flüsse) einerseits und Stillgewässer (Seen, Weiher, Tümpel, Teiche, Kanäle) andererseits unterscheiden sich grundsätzlich in ihren ökologischen Bedingungen. In der Stadt sind sie zusätzlich den charakteristischen Einflüssen von Siedlungsräumen unterworfen.

Zu allen Zeiten war die *Verfügbarkeit von Wasser* die entscheidende Voraussetzung für die Gründung von Siedlungen. Gewässer wurden für die Bereitstellung von Trinkwasser, als Produktions- und Transportmittel und als Energiequelle genutzt. Eingriffe in die Gewässerökosysteme blieben jedoch punktuell und führten erst mit dem Industriezeitalter (Trinkwasserleitungssysteme überlagern den natürlichen hydrologischen Kreislauf) zu einer weitreichenden Zerstörung der natürlichen Strukturen des Lebensraumes. Damit einher ging die Entwicklung von Wasserbau und Siedlungswasserwirtschaft zu technischen Disziplinen, die gewaltige Ingenieurleistungen vollbrachten, um Trinkwasser über große Strecken zu transportieren, Regenwasser möglichst schnell abzuleiten, offene Gewässer einzuengen oder zu kanalisieren, Abwasser vor der Einleitung in die „Vorfluter" (aufnehmende Fließgewässer) zu behandeln.

10.5.2.1 Fließgewässer

Fließgewässer sind die Transportwege zwischen den beiden Speichern im großen Wasserkreislauf Grundwasser und Meer. Unregelmäßig gefallenes Regenwasser tritt kontinuierlich über die Quelle an die Oberfläche. Die Niederschlagsmenge bestimmt die spezifische Abflußspende ($m^3/(s \cdot km^2)$)) und die Flußdichte, d.h. die Gesamterstreckung aller Gerinne (km/km²). Vorherrschender ökologischer Faktor ist die *Strömung*. Sie wirkt unmittelbar auf Substrat und Organismen und bewirkt mittelbar eine gleichmäßige Temperaturverteilung sowie eine annähernde Sauerstoffsättigung. Gleichzeitig bewirkt die Strömung das Fehlen eines eigenständigen Fließplanktons.

Fließgewässer haben keinen Stoffkreislauf, sondern sie transportieren Stoffe. *Fließwassertiere* sind an die Strömung als dominierenden Faktor angepaßt und deshalb auf weitgehend sauerstoffgesättigtes Wasser angewiesen. Zum natürlichen Fließgewässer gehört die *Aue*, der wechselfeuchte Bereich mit der an zeitweilig hohen Wasserstand angepaßten Vegetation, die seitliche Stoffeinträge sowie Sonneneinstrahlung (bei kleineren Gewässern) abhält, weswegen die Primärproduktion von Bächen gering ist.

Urbane Fließgewässer

1. *Veränderungen an Gewässerlauf und -bett*: In der Vergangenheit wurden an Stadtflüssen und -bächen viele natürliche Bestandteile entfernt, wie üppige Wasservegetation, Flußwindungen mit Sandbänken, Inseln, tiefe bewegte Stellen, seichte Abschnitte, ruhige Buchten, Bäume und Gebüsche am Ufer. Der typische Stadtbach ist begradigt, in seinem Lauf verkürzt, unnatürlich eingetieft, mit Beton oder Pflaster befestigt. Durch Staustufen und Absturzbauwerke wird das Gefälle gemeistert, die gleichzeitig eine Besiedlung durch die Mehrzahl der Fließwasserarten verhindern. Durch die weitgehende Reduktion der Aue ist ein natürlicher Retentionsraum aufgegeben, es fehlen wichtige Ressourcen für Besiedler des Wassers und des Umlandes. Mit der Aue verliert ein Fluß auch weitgehend seine Funktion als Wanderstraße für Tiere in die Landschaft sowie für den Kaltluftfluß.

2. *Abwasserbelastung*: In Städten werden Flüsse und Bäche mit verschiedenen Stoffen verschmutzt, die ihre Ökologie grundlegend beeinträchtigen. Dazu zählen *häusliche Abwässer* (Fäkalien, Spülwasser, Waschmittel, Salze), die durch ihren hohen Gehalt an P, N und anderen Pflanzennährstoffen in überwiegend komplexen organischen Verbindungen für deren Oxidation den Sauerstoff verbrauchen, gleichzeitig die Primärproduktion fördern, was wiederum einen erheblichen Sauerstoffverbrauch zur Folge hat. Industrielle Abwässer können bezüglich pH-Wert und Stoffbelastung sehr einseitig sein. Trotz moderner Abwassertechnik ist eine Eutrophierung und Anreicherung mit (z.T. toxischen) Fremdstoffen nach wie vor gegeben.

3. Die Fähigkeit zur *Selbstreinigung* ist durch die vorgenannte Beeinträchtigungen herabgesetzt. Sie ermöglicht im Anschluß an die Einleitungsstelle die Oxidation leicht abbaubarer Stoffe, die Festlegung von Trübstoffen im Sediment oder in Biomasse, das Umsetzen von Nährstoffen in Pflanzenmasse. Obwohl flußabwärts das Sauerstoffdefizit durch diese Selbstreinigung wieder aufgehoben wird, spiegelt sich die spezifische Erhöhung des Produktionspotentials insgesamt in der Zusammensetzung der Lebensgemeinschaften wider.

4. *Hydrologie und Hydraulik*: Natürlicherweise entspricht die Wasserführung eines Fließgewässers weitgehend dem Quellabfluß aus dem zugehörigen Grundwasserreservoir. Im Stadtgebiet gibt es folgende Spezifiken:

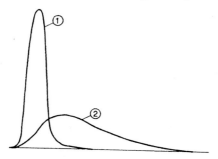

Bild 10.19 Hochwasserabfluß in einem technisch ausgebauten Bach mit weitgehend versiegeltem Einzugsgebiet (1) und unter natürlichen Bedingungen (2)

- Die Quellschüttung wird durch Grundwasserentzug verringert.
- Das entzogene Wasser wird als Abwasser über Wasserscheiden hinweg anderen Einzugsgebieten zugeführt.
- Versiegelung und Kanalisation führen zu kurzzeitigen Hochwasserspitzen mit einem um das Vielfache erhöhten Abfluß und erfordern aufwendige Schutzbauten.
- Es kommt zum Austrocknen vieler Quellbäche durch die reduzierte Grundwasserschüttung. Der Verlust an Fließwasserstrecke durch Austrocknung und Kanalisation kann bis 80 % betragen.

5. *Regenwasserentlastung*: Im städtischen Raum tritt bei Regen die Notwendigkeit ein, das Kanalsystem von kurzzeitig rapide vergrößerten Abwassermengen zu entlasten, da das Kanalsystem meist nur das zwei- bis dreifache des Trockenwasserabflusses schafft. Die plötzliche Hochwasserwelle reißt Wassertiere mit sich, lagert Substrat um, auf Grund des ammoniakhaltigen Feinmaterials und der Abbauprozesse wird das Lückensystem verstopft sowie der biochemische Sauerstoffbedarf erhöht. Besonders empfindlich auf Regenwasserentlastung sind Bachbiozönosen; je höher die Ordnung des Gewässers, um so größer ist der aufzunehmende Abfluß.

10.5.2.2 Stillgewässer

Stehende Gewässer sind im Gegensatz zu Fließgewässern weitgehend geschlossenen Systeme mit Wasserverweilzeiten von Wochen bis zu Jahren. Da die Strömung kaum eine Rolle spielt, kann sich bei tieferen Gewässern das Wasser entsprechend der temperaturbedingten Dichteunterschiede in Schichten lagern.
- Die warme Oberflächenschicht (*Epilimnion*) hält in der warmen Jahreszeit das kalte Tiefenwasser (*Hypolimnion*) vom Kontakt mit der Atmosphäre fern: Es sinkt der Sauerstoffvorrat in Abhängigkeit von den Zehrungsprozessen.
- In flachen Gewässern (bis zum Grund durchlichtet und durchwärmt, mit Pflanzen bestanden, eutroph) kann der Sauerstoffgehalt tagnächtlich stark schwanken.
- In Seen und Baggerseen mit lichtloser, kalter und primärproduktionsloser Tiefe ist der Sauerstoffgehalt ausgeglichener, jedoch unterschiedlich im Epilimnion und Hypolimnion.

Als *Trophie* wird die Intensität der Primärproduktion bezeichnet. *Oligotrophe* Gewässer sind gering produktiv, der Sauerstoffgehalt ist meist ganzjährig größer als der Bedarf. *Eutrophe* Gewässer sind hochproduktiv, z.T. werden in der Stagnationsphase die bodennahen Wasserschichten anaerob.

Stillgewässer unterliegen natürlicherweise einer allmählichen Steigerung der Primärproduktion im Verlaufe von Jahrhunderten und Jahrtausenden mit der Tendenz zur Verlandung.

Urbane Stillgewässer

Städtische Stillgewässer sind meist Sekundärbiotope, während urbane Fließgewässer extrem verändert, aber ursprünglich sind. Eingriffe in Stillgewässer haben deshalb keine so
weitreichenden Folgen wie in Fließgewässer, die z.T. ein gesamtes Gewässernetz verändern
können. Urbane Stillgewässer sind größtenteils Park- oder Gartenteiche, Kanäle oder Häfen, gestalterisch oft in größere Grünflächen eingebunden. Auch bei ständigem Zufluß
durch kleinere Fließgewässer ist die Wasserverweilzeit ausreichend groß.
Charakteristisch sind eine *eutrophe* Entwicklung, unverhältnismäßig großer *Fischbesatz*, intensiver Besuch durch *Wasservögel* (besonders Stockenten), *Vogel- und Fischfütterung*, z.T.
stoffliche Belastung durch Zulauf oder in Kanälen und Häfen nutzungsspezifische Einträge.

- *Fischbesatz*: Remobilisierung von Nährstoffen durch Gründeln, übermäßiger Fraßdruck auf
Zooplankton und dadurch Vernichtung der Hauptkonsumenten des Phytoplanktons (Algen).
- Intensive *Konzentration von Wasservögeln*, besonders von Schwänen und Enten: Diese eliminieren durch Vertritt und Verbiß die in konzentrischen Gürteln angeordneten Röhricht-,
Schwimmblatt- und Tauchblattbestände und zerstören dieses Refugium für Insekten und Kleinvö-
gel sowie gleichzeitig den Puffer gegen Einschwemmung und Einwehung. Der Kot dieser Tiere
bedeutet eine enorme zusätzliche Düngung des Gewässers!
- *Vogel- und Fischfütterung*: Anlocken weiterer Tiere. Eintrag großer Nährstoffmengen direkt
oder über Kot.

Durch diese Charakteristiken wird die natürliche Tendenz zur Eutrophierung und Verlandung enorm beschleunigt.

10.5.3 Planungshinweise

Das Ziel bei der Planung im städtischen Raum sollte die Erhaltung bzw. die Ermöglichung
einer möglichst naturnahen Strukturvielfalt der Gewässer sowie ein ausgeglichener Boden-
wasserhaushalt sein:
- Reduktion von Schadstoffeinträgen in Boden, Grundwasser oder direkt in Gewässer bzw.
deren Neutralisation
- Verringerung bzw. Minimierung der Versiegelung
- Erhöhung der Versickerungsanteils am Niederschlagswasser, u.a. durch Versickerungsri-
golen und Regenwasserrückhaltebecken sowie deren gezielten Einbau als aquatische
Biotope in den städtischen Biotopverbund
- Vernetzung von Parkteichen durch Ausbreitungskorridore (Parkanlagen sind in den stark
versiegelten Innenstadtbereichen oft die einzigen potentiellen Trittsteinbiotope und sind
auch in dieser Hinsicht sorgfältig zu gestalten und zu entwickeln.)
- Ökologisch orientierte Maßnahmen der Gewässerunterhaltung
- Wiederherstellung von standortgerechten Habitaten in Zusammenarbeit mit Limnologen
- Einleitung von Regenwasserentlastungen der Kanalisation soweit unten im Gewässerlauf
wie möglich

10.6   Pflanzen- und Tierwelt in der Stadt

Für die Landschaftsgestaltung der meisten öffentlichen Plätze in Städten, für Parkanlagen, Friedhöfe, Grünanlagen in Wohn- und Industriegebieten ist gegenwärtig der allgemein akzeptierte Standard das Vorbild der Parklandschaften des 18. Jh. Dieser *gartenkünstlerische Gestaltungstyp* muß unter hohem Aufwand erhalten werden: große Rasenflächen müssen gemäht, Sträucher beschnitten, Bäume gepflanzt, Unkraut gejätet, abgestorbenes Pflanzenmaterial und Laub entfernt und Beetränder exakt angelegt werden.

In den Stadtzentren dominiert der *technische Landschaftstyp*, in dem innerhalb künstlicher, harter Oberflächen eine Bepflanzung mit einem kleinen Spektrum besonders widerstandsfähiger, teurer Arten erfolgt und der funktionelle Charakter im Vordergrund steht.

Der dritte Gestaltungstyp, dessen man sich in letzter Zeit wieder stärker bewußt wird, besteht aus *relativ naturnahen Flächen*, deren Erhaltung billig und mit geringem Pflegeaufwand verbunden ist. Dies können Reste alter Kulturlandschaften sein, neu geschaffene Biotope oder Ruderalflächen, in denen sich die Natur durchgesetzt hat.

- Im *technischen Landschaftstyp* sind natürliche Elemente größtenteils durch künstliche Elemente ersetzt.
- Im *Gartentyp* sind die biologischen Elemente nur unter ständiger Pflege funktionsfähig.
- Im *ökologischen Landschaftstyp* kann die Natur unbeeinflußt vom Menschen funktionieren.

Diese drei Biotoptypen ergänzen sich in der Stadt und bieten dadurch einer größeren Vielfalt von Pflanzen und Tieren Lebensraum. Zu den Eigenschaften von Wildpflanzen und -tieren in der Stadt zählt, daß die überwiegende Mehrheit der Arten optimal an den Standort angepaßt ist.

10.6.1   Rolle der natürlichen Elemente in der Stadt – Funktionen von Grünflächen

Durch eine bessere Verbindung zwischen Mensch und Natur soll ermöglicht werden, daß Stadtmenschen die Natur aus erster Hand erleben. Noch ist unklar, welche Art die beste Methode ist, wilde Pflanzen und Tiere zu präsentieren. Kenntnisse von Städteplanern, Landschaftsarchitekten und Ökologen reichen nicht aus, Soziologen, Siedlungsgeographen und Umweltpsychologen müssen in die Planung einbezogen werden.

In dem Beziehungsdreieck (Bild 10.20) werden die Funktionen von Grünflächen dargestellt. Friedhöfe, Sportflächen sowie Ruderalflächen sind in diesem Überblick ausgeklammert. Grünflächen können als Teil der baulichen Gestaltung der Stadt *Repräsentationsaufgaben* besitzen, können als Teil der Ideologie soziale *Wohlfahrtsfunktionen* wahrnehmen und sie können schließlich *stadthygienische Aufgaben* bis hin zur *Bioindikation* von Schadstoffen erfüllen. Während die Repräsentationsfunktion seit der Antike die Geschichte des Stadtgrüns begleitet hat, ist die soziale Wohlfahrtsidee relativ jung und beschränkt auf die früheren kommunistischen Staaten sowie Sozialstaaten.

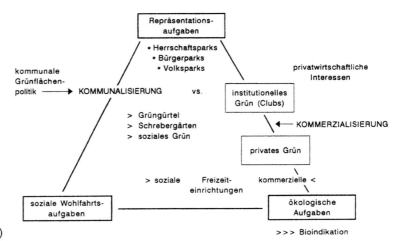

Bild **10**.20 Funktionen des Stadtgrüns (nach: SUKOPP 1993)

Mit der Grünbewegung ist die *„spontane Vegetation"* gleichzeitig mit der *Bioindikationsmethode* zur Messung von Schadstoffbelastungen in das obige Beziehungsdreieck eingerückt.

Die Integration einer kommunalen Grünflächenpolitik in die Stadtentwicklungsplanung ist über das Instrument der Bauleitplanung in der Bundesrepublik gesichert. Dennoch unterliegen Grünflächen im Stadtraum, insbesondere Ruderal- und Brachflächen, durch die Regeln des kapitalistischen Bodenmarktes als renditeschwache Nutzungen dem kontinuierlichen *Verdrängungsprozeß*. Sie können jedoch durch Restriktionen (ähnlich wie Baudenkmale) aus dem Markt herausgenommen und durch den Gesetzgeber geschützt werden.

10.6.2 Vegetation

Eine systematische Untersuchung der Stadtflora unter ökologischen Gesichtspunkten findet erst seit wenigen Jahrzehnten statt (vgl. WITTIG in SUKOPP 1993).

Verbreitungstypen: Man kann die Stadtflora in folgende Pflanzenarten unterteilen:
- Zahlreiche Arten meiden den urbanen Bereich: *stadtfliehende* (extrem oder mäßig *urbanophobe*) Arten wegen ihrer Empfindlichkeit auf mechanische Störungen oder wegen fehlender geeigneter Standorte (z.B. nährstoffarme, unverschmutzte Gewässer, magere Böden).
- Andere *stadtbevorzugende* Arten haben einen deutlichen Verbreitungsschwerpunkt in der Stadt (mäßig *urbanophil*) oder sind ausschließlich dort anzutreffen (extrem *urbanophile* Arten). Die extrem urbanophilen Arten sind meist auf bestimmte, stadttypische Standortfaktoren angewiesen (z.B. hoher Störungsgrad, warmtrockenes Klima). Zu ihnen zählen *holourbane* Arten (im gesamten Stadtgebiet); *industriophile* Arten (Verbreitung auf Industriegebieten und Verkehrsanlagen) und *orbitophile* Arten (fast ausschließlich auf Bahn- und Hafengelände beschränkt).

- Die dritte Gruppe kommt in Stadt und Umland gleichermaßen vor (*urbanoneutrale* Arten), z.B. viele Hackfrucht-Wildkräuter, Trittpflanzenarten, Arten der Parkrasen, Pioniergehölze.

Zusammensetzung der spontanen Stadtflora : Zur *spontanen Flora* gehören alle nicht angepflanzten Arten eines Gebietes, d.h. die Wildpflanzen und die verwilderten Nutz- und Zierpflanzen. Jede Stadt weist neben der „Stadtflora" auch Arten der Umlandflora auf.

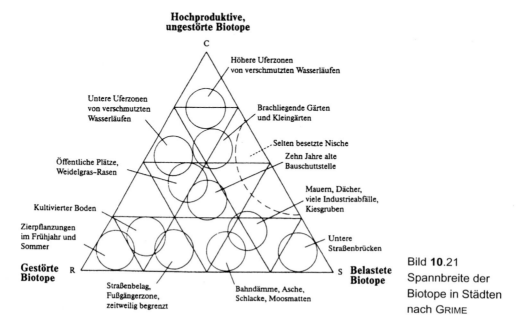

Hochproduktive, ungestörte Biotope

C

Höhere Uferzonen von verschmutzten Wasserläufen

Untere Uferzonen von verschmutzten Wasserläufen

Brachliegende Gärten und Kleingärten

Öffentliche Plätze, Weidelgras-Rasen

Selten besetzte Nische
Zehn Jahre alte Bauschuttstelle

Kultivierter Boden

Mauern, Dächer, viele Industrieabfälle, Kiesgruben

Zierpflanzungen im Frühjahr und Sommer

Untere Straßenbrücken

Gestörte Biotope R

S **Belastete Biotope**

Straßenbelag, Fußgängerzone, zeitweilig begrenzt

Bahndämme, Asche, Schlacke, Moosmatten

Bild **10**.21 Spannbreite der Biotope in Städten nach GRIME

Von den systematischen Großgruppen der Stadtflora, den *Pilzen* (z.T. als Parasiten), *Flechten* (Symbiose aus einer Pilz- mit einer, selten zwei Algenarten, die das Bild einer einzigen Art vermitteln; werden wegen ihrer Empfindlichkeit gegen Luftverschmutzung als Bioindikatoren verwendet), *Moosen* (auf luft- oder bodenfeuchte Standorte angewiesen), *Farnen* (z.B. Mauerfarne, auf Mauerfugen angewiesen) und *Samen pflanzen,* sind die Samenpflanzen am besten an das Stadtleben angepaßt. Sie sind nämlich bei Städten über 50 000 Ew die einzige Gruppe, deren Artenzahl im Stadtzentrum größer ist als in der (äußeren) Randzone. Während z.B. Korbblütler (*Asteraceae*) und Süßgräser (*Poaceae*) besonders häufig; Kreuzblütler (*Brassicaceae*), Knöterichgewächse (*Polygonaceae*), Nachtkerzengewächse (*Onagraceae*), Lippenblütler (*Lamiacae*) und Gänsefußgewächse (*Chenopodiaceae*) relativ häufig vorkommen, fehlen Lilien- und Orchideengewächse (*Liliaceae* und *Orchidaceae*) fast völlig.

Städte haben eine größere Artenvielfalt auf vergleichbar großen Flächen als auf dem Land. Dies ist nur z.T. auf die nicht einheimischen Pflanzen zurückzuführen. Überträgt man das Dreiecksmodell von GRIME (1979)(Bild 10.21) in ein Standortdiagramm, sieht man, daß fast das gesamte *Spektrum an Standorten* in einer Stadt zu finden ist.

Pflanzengesellschaften: Da die Verteilung der Pflanzenarten eine Folge der Standortansprüche ist, treten Arten mit ähnlichen ökologischen Ansprüchen oft in für bestimmte Standorttypen charakteristischen Artenkombinationen auf, die als *Pflanzengesellschaften* bezeichnet werden.

Die bedeutsamsten Pflanzengesellschaften im Stadtbereich sind die Trittgesellschaften und die einjährigen und ausdauernden Ruderalfluren. Ebenfalls großflächig vertreten sind rasen- und wiesenähnliche Gesellschaften. Wenn Flächen längere Zeit ungestört sind (größere Industriegelände, Bahnbereiche), können sich Gebüsche oder sogar Pionierwälder entwickeln. Selten geworden sind Mauergesellschaften.

Angepflanzte Arten: Die Mehrzahl der **Bäume** in der Stadt ist angepflanzt. Neben den Straßenbäumen gibt es besonders in alten Villengebieten und Mehrfamilienhaussiedlungen, auf Friedhöfen und in Stadtparks größere „Bauminseln". Die Artenzusammensetzung des Stadtbaumbestands ist neben der gärtnerischen Erfahrung vor allem von Modetrends abhängig. Stadt-, besonders Straßenbäume, müssen zahlreichen *Streßfaktoren* standhalten: Immisionen, Streusalz, Bodenverdichtung und -versiegelung, Gas (defekte Leitungen), Trockenheit, mechanische Schädigung. (vgl. 10.5.3 – Bodenbelastungen).

Am widerstandsfähigsten gegen diese Streßfaktoren erweisen sich der Götterbaum *(Ailanthus altissima)*, Westlicher Zürgelbaum *(Celtis occidentalis)*, Samt-Esche *(Fraxinus velutina)*, Lederhülsenbaum *(Gleditsia triacanthos)*, Platane *(Platanus x acerifolia)*, Scharlach-Eiche *(Quercus coccinea)*, Stieleiche *(Quercus robur)*, Robinie *(Robinia pseudacacia)* und Japanischer Schnurbaum *(Sophora japonica)*, von denen nur *Quercus robur* eine Mitteleuropäische Art ist. Am empfindlichsten sind Tannen, Fichten, Weiß-Kiefer und Douglasie. Die Anpflanzung einheimischer Arten soll dennoch nicht unterlassen werden. Zur Zeit stellen die einheimischen Gattungen Linde und Ahorn vielerorts noch den Hauptanteil der Straßenbäume, gefolgt von Platane, Roßkastanie und Robinie, die zwar nicht einheimisch, jedoch seit langem für Mitteleuropa als Park- und Alleebäume typisch sind. Zu den häufigsten Parkbäumen (Beispiel Köln) zählen Sand-Birke, Berg-Ahorn, Hainbuche, Robinie, Schwarzkiefer, Eibe, Buche und Roßkastanie, gefolgt von Stiel-Eiche, Feld-Ahorn, Spitzahorn, Vogelbeere, Winter-Linde, Esche und Sommer-Linde. (KUNICK 1983)

Bei den **Ziersträuchern** in unseren Städten stammt die Mehrzahl der Arten (ca. 50 %) aus Ostasien, 20 % aus dem Mittelmeerraum, 15 % aus Nordamerika und nur 10 - 15 % sind einheimisch. Die häufigsten davon sind Liguster, Latschen-Kiefer und Hasel. Mit Flieder und Forsythie stehen zwei zwar nicht einheimische, aber „klassische" Ziersträucher auf der Hitliste. Die häufigsten **Kletterpflanzen** unserer Städte sind Wilder Wein der Gattung *Parthenocissus*, z.B. der nordamerikanische *Parthenocissus inserta* und der japanische *Parthenocissus tricuspidata*. In alten Villengebieten trifft man noch oft den einheimische Efeu *(Hedera helix)*. Die lichtliebenden *Parthenocissus*- Arten eignen sich besonders zur Berankung der südexponierten Hausseiten und lassen im Winter die wärmende Sonne durch, während der Efeu auf der Nordseite ganzjährig schützt. Weitere gern angepflanzte Kletterer sind *Polygonum aubertii*, Blauregen *(Wisteria sinensis)* und Vertreter der Gattung *Clematis*. Als **Bodendecker** werden z.Z. besonders *Cotoneaster* – Arten, sowie *Symphoricarpus chenaultii, Lonicera pileata* und *nitida, Euonymus fortunii, Pachysandra terminalis* und *Hedera helix* gepflanzt.

Auch bei den **Krautigen Zier- und Nutzpflanzen** spielen Modetrends bei der Artenzusammensetzung eine größere Rolle als die Bodenbeschaffenheit. Nutzpflanzen sind seit Ende des Zweiten Weltkrieges stark zurückgegangen, oftmals werden pflegearme, mehrjährige Arten bevorzugt. Im Zuge der Modewellen wie „ökologische Ernährung" und „Biogarten" sind aber auch gegenläufige Trends zu beobachten.

Funktionen der Vegetation in der Stadt

1. *Ökosystemare Funktion*: Die Vegetation wirkt auf das *Stadtklima* durch Transpiration kühlend, wirkt als Wasserspeicher, fungiert als Staubfilter und beeinflußt als Fassaden- und Dachgrün das Innenklima der Häuser. Die Vegetation ist für *Boden*bildung, Vorkommen von Bodentieren, Wasserhaushalt und Belüftung des Bodens von Bedeutung. Für zahlreiche Tierarten sind die Pflanzen Nahrungsquelle, Versteck, Nist- und Schlafplatz. In der *Bedeutung für die Tierwelt* sind einheimische Pflanzen den Exoten weit überlegen. Manche fremde Arten stellen sogar eine Gefahr für die einheimische Flora dar.

2. *Indikatorfunktion*: Bioindikatoren sind Organismen oder -gemeinschaften, deren Lebensfunktionen sich mit bestimmten Umweltfaktoren so eng korrelieren lassen, daß sie als Zeiger verwendet werden können (vgl. ARNDT,U., STEUBING,L.).

Zur Biondikation von **Luftverunreinigungen** werden am häufigsten *Flechten* benutzt. Zur Vereinheitlichung der Vielzahl unterschiedlicher Verfahren und Kartierungsmethoden wurden 1986 vom VDI Richtlinien entworfen (Richtlinie 3799, Blatt 1und 2). *Moose* sind sehr gut zur akkumulierten Indikation von Schwermetallen und Kohlenwasserstoffen geeignet. *Höhere Pflanzen* sind gegen Luftverschmutzungen unempfindlicher als Flechten und Moose. Als Akkumulationsindikatoren für Schwermetalle werden Blätter und Borke von *Laubbäume*n verwendet. Von den *Wildpflanzen* finden z.B. die Kleine Brennessel (*Urtica urens*) und das Kleine Rispengras (*Poa annua*) für die Bioindikation von PAN und Ozon Verwendung. Die Indikation der **Temperaturverhältnisse** erfolgt über die Kartierung des Blüh- und/oder Blattentfaltungsverhaltens einer oder mehrere Arten. Zahlreiche Pflanzenarten sind gute Zeiger für Nährstoff- (besonders Stickstoff-)gehalt und die Bodenreaktion. Zur Indikation dieser **bodenchemischen Verhältnisse** in Städten werden hauptsächlich Gräser verwendet. Die **Störungsindikation** (Grad der *Hemerobie* als Gesamtheit aller Wirkungen, die beim Einwirken des Menschen in Ökosystemen stattfinden) erfolgt anhand der Einordnung von Pflanzenbeständen in eine neunstufige Hemerobieskala (vgl. SUKOPP 1976).

3. *Soziale und pädagogische Funktion*: Vegetationsbestandene Flächen besitzen einen hohen Freizeit- und Erholungswert, sind Bereich für soziale Kontakte und Erlebnisspiel, erwecken das Interesse für Natur. Je mehr positive Erfahrungen man als Kind mit Natur gemacht hat, um so verantwortungsvoller wird man als Erwachsener mit ihr umgehen.

10.6.3 Tierwelt – Die Stadt als Lebensraum für Tiere

Die Rolle der Tiere im Stadtbereich wird gegenüber den Funktionen der Vegetation oftmals unterschätzt. Obwohl die Biomasse wesentlich geringer ist als die der Pflanzen, ist ihre Artenzahl wesentlich höher. Die Beziehungen zum Menschen sind vielfältig, z.B. durch ihre bodenbiologische Bedeutung, Bioindikation, durch die Begegnung mit Tieren, durch ihre Wirkung als Schädlinge oder Krankheitsüberträger, als Produzenten von störenden Abfällen (Kot) usw.

Flöhe leben wahrscheinlich seit der Entstehung des Menschen mit ihm zusammen, *Vorratsschädlinge* wurden durch Anbau und Lagerung von Getreide begünstigt und durch den Handel weltweit verbreitet. Das Angebot von Nischen in der Stadt durch Nahrung, Substrate und klimatische Besonderheiten bedingte eine Anpassung, die bei einigen Insektenarten (besonders Schädlingen) dazu führt, daß die *Synanthropie* die ausschließliche Lebensweise wird, d.h. eine Rückkehr in die alten Umweltbedingungen wird für diese Arten unmöglich (vgl. KLAUSNITZER 1989, 1993).

Bei vielen Tiergruppen in der Stadt zeigt sich ein großer Artenreichtum, z.T. entspricht die Zahl der nachgewiesenen Arten der der umgebenden Landschaft, sie kann sogar höher sein. **Haustiere** spielen in Städten eine große Rolle. Für den Menschen sind sie Beute, Ware, Ersatzpartner. Für urbane Ökosysteme wirkt sich der Besatz mit Haustieren im allgemeinen nachteilig aus.
Das Aussetzen und Entweichen führt zur Verdrängung einheimischer Arten. Haustiere bedingen die Existenz zahlreicher Parasiten, Hunde- und Taubenkot ist von parasitologisch-hygienischer Bedeutung, verwilderte Hauskatzen üben in der Stadt die Funktion von Gipfelraubtieren aus.

Bodentiere treten in bestimmten Stadtgebieten durch die oft hohe Humusauflage oft in großer Dichte auf (z.B. Regenwürmer, Asseln, Hundertfüßer und Doppelfüßer). Bei den Schnecken sind nur wenige Arten durch die Spezifik der Stadt begünstigt.

Die typischen **Nahrungsketten** der Stadt sind gegenüber dem Umland modifiziert. Sie schließen sich meist an solche Insektenarten an, die in Städten häufig vorkommen. Als Beispiel kann der Blattlausfeindkreis genannt sein (Blattlausschlupfwespen, Marienkäfer, Schwebfliegen) oder die an den in großer Dichte vorkommenden Regenwurm anschließenden Ketten (Amsel, Star, Igel). Steinmarder und Füchse z.B. jagen in Stadtgebieten besonders Vögel, auch Ratten, Mäuse, Schnecken. Im Vergleich zu den Artgenossen in naturnahen Waldgebieten nehmen die Tiere im urbanen Lebensraum wesentlich mehr Pflanzennahrung auf. **Urbane Populationen** und spezifische **urbane Mortalitätsfaktoren** sind noch wenig untersucht. Die Wirkung des *Straßenverkehrs* ist wohl am genauesten bekannt. Hinzu kommen Beeinträchtigungen von Tierpopulationen durch *Verinselung* von Habitaten, Einsatz von *Pestiziden*, *Toxizität* von Pollen und Nektar hemerochorer Pflanzen, Konkurrenz- und Feinddruck durch verwilderte Haustiere.
Städtische Habitate sind relativ stark voneinander isoliert **(Inseleffekt)**. Dies führt zur Veränderung von Dominanzstrukturen, Differenzierung von Faunen benachbarter vergleichbarer Stadthabitate. Die Schaffung von „*Trittsteinhabitaten*" und „*Ökologischen Korridoren*" kann zur Rücknahme dieser Verinselungseffekte beitragen. Die Nutzung des Wissens über die Stadtfauna zur **Bioindikation** steckt noch in den Anfängen.

Die Herausbildung charakteristischer Zoozönosen ist ähnlich wie die Bildung von Pflanzengesellschaften vom jeweiligen Standort und der **Flächennutzung** abhängig. Die Intradomalfauna („Hausbewohner") ist an einen besonderen Lebensraum, das Innere von Gebäuden, gebunden. Hier sind besonders Vorratsschädlinge, Materialschädlinge und Gesundheitsschädlinge zu nennen.

10.6.4 Städtische Biotope

Stadtgliederung und Entwicklung von Stadtbiotopen

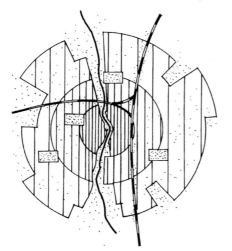

Verzahnung mit dem Außenraum

Stadtzonen mit spezifischen Kleinlebensräumen

Äußerer Stadtrand mit offener Bebauung

Innerer Stadtrand mit halboffener Bebauung

Innenstadt mit geschlossener Bebauung

Größere siedlungsspezifische Lebensräume

Parks / Kleingärten / Friedhöfe

linienförmige Biotope an Bahntrassen, Kanäle usw.

Bild **10**.22
Schematische Gliederung einer Stadt in Lebensräume (nach: Arbeitsgruppe Artenschutzprogramm Berlin 1984)

Die ökologischen Bedingungen in der Stadt unterscheiden sich wesentlich von denen im Umland. Die Stadt ist 1 - 3°C wärmer, durch die hohe Versiegelung und den erhöhten Wasserabfluß trockener und grundwasserferner, die Immissionsbelastung ist höher, die Böden sind stofflich verändert, verdichtet und z.T. durch Auftausalze versalzen.

Deshalb kommen viele einheimische Arten mit diesen Bedingungen nicht mehr zurecht. Flechten, aber auch viele Nadelbäume fehlen in den Innenstädten oft ganz. Gleichzeitig finden einige fremdländische Arten hier sehr günstige Lebensbedingungen, so daß in den Städten das *Neuentstehen von Lebensgemeinschaften* zu beobachten ist.

Die Siedlungsgebiete in Stadt und Dorf sind in ökologischer Hinsicht zu unterscheiden. Natürliche Ökosysteme in Städten sind äußerst selten. Deshalb müssen die Naturschutzziele für städtische Biotope und die hier lebenden Arten eigenständig und siedlungsbezogen entwickelt werden.

Die Städte werden aufgrund unterschiedlicher Bebauungsdichte, das Alter der Bebauung, der zugehörigen typischen Freiflächenform und ihrer spezifischen Pflege in Stadtzonen mit typischen Lebensraumspektren gegliedert. Dazu kommen weitere linien- und bandartige Strukturen durch Bahntrassen, Straßen, Kanäle, aber auch durch Flüsse und Bäche, deren Biotope noch eine gewisse Eigendynamik besitzen.

(Literatur zur ökologischen Stadtforschung insbesondere SUKOPP 1980, SUKOPP, BLUME, ELVERS u. HORBERT 1990, ARBEITSGRUPPE ARTENSCHUTZPROGRAMM 1984; KAULE 1991)

Ökologische Zonen der Stadt

Die ideale konzentrische Anordnung dieser Zonen ist in keiner Großstadt verwirklicht, da Vororte mit ebenfalls geschlossener Bebauung ebenso in locker bebaute Bereiche eingeschlossen sind wie andere inselartige Nutzungen (Sport- und Schulnutzungen, Industrieanlagen, Enklaven natürlicher Bereiche wie Seen, Parkanlagen, Waldflächen usw. – Mehrkernemodell). Wegen der Schwierigkeiten, das konzentrische Stadtmodell im realen Fall wiederzufinden, gehen die meisten stadtökologischen Arbeiten in Anlehnung an SUKOPP von einer stadtökologischen Gliederung nach Nutzungstypen aus. In der folgenden Tabelle werden sechs Hauptnutzungstypen und ihre ökologischen Charakteristika aufgeführt, wobei die bebauten Gebiete noch differenziert unterteilt werden:

1. bebaute Gebiete (exkl. Industriebebauung)
2. Industriestandorte, Speicherstandorte, Großmärkte
3. Verkehrsflächen, Straßen, Plätze, Eisenbahngelände
4. Brachflächen
5. Grünflächen, Parks, Friedhöfe
6. Mülldeponien

Planungshinweise

Die Kenntnis der in einer Stadt vorhandenen Biotoptypen und Biotope sowie des Arteninventars ist eine wichtige Grundlage für den Schutz von Natur in der Stadt. Voraussetzung für eine *ökologische Stadtplanung* ist daher die Durchführung einer *Biotopkartierung*.
Dabei ist die

- *selektive Kartierung* (nur schutzwürdige Bereiche bzw. potentiell schutzwürdige Bereiche erfaßt, dazu muß bereits Bewertungsrahmen vorliegen)
- repräsentative Kartierung (exemplarische Untersuchung einiger Flächen der relevanten Biotoptypen und Übertragung der Ergebnisse auf Flächen gleicher Biotopstruktur)
- flächendeckende Kartierung (erfaßt ausgewählte biologisch/ökologische Merkmale aller Biotope des gesamten Untersuchungsraumes; Erfassung ist unabhängig von der anschließenden Bewertung)

Die Zusammensetzung des Baumbestandes von Parkanlagen, Stadtgebieten oder Straßen ist oft ein charakteristisches Merkmal des jeweiligen Anlagen- oder Siedlungstyps. Bei Nachpflanzungen sollte darauf geachtet werden, daß es nicht zu Nivellierungen des differenzierten Baumbestandes kommt.

Förderung von Tieren in der Stadt:
Erhaltung und Vernetzung möglichst großer Freiräume (Waldreste, Parks, Ödländer), Erhaltung naturschutzrelevanter Kleinstrukturen (Strukturvielfalt), Erhaltung einer artenreichen, standortgerechten Flora, Unterlassen vermeidbarer Eingriffe und Schutz von Lebensmedien, Begrünung von Baukörpern, Differenzierung von Nutzungsintensitäten, Erhaltung einer Vielfalt stadttypischer Elemente in der historischen Kontinuität (hohle Bäume, ungenutzte Dächer, Nistplatzangebote), Schaffung von Schutzgebieten.

Flächennutzung	Klima und Luftverunreinigung	Boden und Gewässer	Folgen für Tiere und Pflanzen	Neue Arten; gefährdete Arten	Ziele der Stadtplanung
Innenstadt (City)	starke Erwärmung, Schadstoff- u, Staubbelastung, geringe Luftfeuchte	Verdichtung, Abdichtung, Trockenheit, schnelle Wasserableitung, Bodenversalzung, Gewässer versiegelt	kurzlebige Kübel- und Rabattenbegrünung, Absterben der Straßenbäume, Rückgang der einheimischen Arten	bewußtes Anpflanzen von Zierpflanzen, keine Ausbreitungszentren	Rücknahme der Versiegelung, Vermeidung von Störung im Wurzel- und Kronenbereich, Dach- und Fassadenbegrünung
Blockbebauung der City-Randzone (Gründerzeit)	Hohe Dichte, Schadstoff- u, Staubbelastung, z.T. feuchte Mauern und Höfe	hohe Verdichtung, wenig Licht, z.T. feuchte Mauern, Verwahrlosung, Schuppen, Holz- und Steinhaufen	Standort für alte Bäume, überrankte Schuppen, verwilderte Gärten, Moose, Mauerfugengesellschaften	Vogelfutterarten, einige Zierpflanzen	Entsiegelung, Verbesserung der Besonnung (vorsichtige Entkernung), Erhaltung der Vielfalt der Standorte
Hochhäuser und mehrgeschossige Zeilenbebauung der 60er - 80er Jahre	starke Erwärmung, doch besseres Mikroklima (Freiflächen)	sterile Freiflächen, „Abstandsgrün" Humusarmut, viele Freiflächen als Stellplätze versiegelt	artenarme Zierrasen, pflegeleichte Strauchpflanzungen, Zwergkoniferen, selten große Bäume, hohes Potential für Verbesserungen	Vogelfutterarten, einige Zierpflanzen	Rasen in Wiesen wandeln, Entwicklung von Baumstandorten, Tolerierung von Ruderalstandorten
Dichte Einfamilien- und Reihenhausstandorte (äußere Stadtrandzone)	günstiges Mikroklima (Freiflächen) Luft z.T. noch belastet	Gärten intensiv gepflegt, hoher Dünger- und Chemieeinsatz, reichliche zusätzliche Bewässerung	kaum Toleranz für Futterpflanzen wilder Tiere und Raupen, Zwergkoniferen, selten große Bäume, Begünstigung feuchte- und wärmeliebend. Arten	Vogelfutterarten, einige, z.T. exotische Zierpflanzen; schutzwürdige Lebensräume sind nicht selten (Reste alter Obstbestände, erhaltene alte Bäume	Potential für Verbesserungen, Entwicklung von Baumstandorten, Trokkenmauern, nichtimprägniertes Holz, Tolerierung von Ruderalstandorten
Villengebiete mit großen Gärten, alte Parkanlagen, Friedhöfe	günstiges Mikroklima, Ablagerung und Bindung von Luftverunreinigungen	Bei Übernutzung Trittverdichtung, Humusreich, z.T. tiefgründige Bodenbearbeitung, Wasserzufuhr	nährstoffliebende, feuchteliebende Arten, Alte Bäume und Baumruinen, Gehölzränder, Busch- und Hölenbrüter	Ausbreitungszentren für fremde Arten, Refugium durch Wald- und Wiesenpflanzenrelikte	Erhaltende Pflege, Ergänzung mit Pflanzungen ähnlicher Zusammensetzung, Störungen unterlassen
Industrie- und Gewerbegebiete (Stadtrandzone)	z.T. hohe produktionsspezifische Schadstoffbelastung, starke Erwärmung	Verdichtung und Schadstoffimmission des Bodens, über Boden Verunreinigung des Grundwassers	Konkurrenzarme Pioniervegetation, Nischenstandorte auf Brachen und durch geringe Störungen	dauerhafte Ansiedlung von Arten südlicher Herkunft möglich, z.T. Lebensräume von hohem ökolog. Wert	„Biotope auf Zeit", für junge Lebensräume „Rotationsprinzip" schaffen, große Flächen ungestört lassen
Verkehrsstandorte, Bahnanlagen	Erwärmung, geringe Luftfeuchte, Staub-, Schadstoff- und Lärmbelastung	Verdichtung, Eutrophierung, Salz-,Pb- und Cd-belastung	Absterben von Bäumen, Saumbiotope, ruderale Unkrautfluren, Vernetzung	Einwanderung fremder Arten, Neuankömmlinge Lebensraum für Einjährige	offene Baumscheiben, begleitendes Grün ermöglicht inienförmige Biotope
Innerstädtische Brachflächen	relativ günstiges Mikroklima, Ablagerung u. Bindung von Luftverunreinigung	Bildung stein-, kalk- u. schwermetallreicher, schwer benetzbarer Ruderalböden	Ausbreiten von konkurrenzschwacher Pioniervegetation große Bedeutung für städt. Fauna	lange ungestörte Flächen, dauerhafte Ansiedlung von südl Arten möglich	Brachflächen wenn möglich erhalten, „Rotationsprinzip" ermöglichen
Grünflächen, Parks, Friedhöfe Kleingärten	günstiges Mikroklima, Ablagerung u. Bindung von Luftverunreinigung	Humusanreicherung bei Übernutzung Trittverdichtung	Ausbreitung von Waldarten, spezifische Parkfauna	Ausbreitung von Zierpflanzen, Grassamenankömml. u. deren Begleitern	oft waldähnliche Strukturen, vor Übernutzung sichern Vernetzen
Mülldeponien	Überwärmung, Geruchs- und Staubbelästigung	Bodenverdichtung, -versiegelung, -vergiftung, Eutrophierung	Wuchshemmung, spezifische Pionierfauna	lange ungestörte Sukzession	negative Auswirkung auf Boden und Luft vermeiden

10.7 Umweltbewertung, Umweltverträglichkeitsprüfung

10.7.1 Die Umweltverträglichkeitsprüfung UVP

Die UVP-Grundidee geht auf den 1970 in Kraft getretenen „National Environmental Policy Act" (NEPA) zurück. Eine zunächst unbedeutsam erscheinende Klausel -section 102- wurde zur rechtlichen Grundlage für die US-amerikanische Umweltverträglichkeitserklärung „Environmental Impact Statement" bzw. „Environmental Impact Assessment". Die Europäische Gemeinschaft verabschiedete am 27. Juni 1985 die „Richtlinie über die Umweltverträglichkeitsprüfung bei bestimmten öffentlichen und privaten Projekten, die durch die Bundesrepublik mit dem Gesetz über die Umweltverträglichkeitsprüfung (UVPG) sowie Änderungen verschiedener anderer Umweltgesetze am 12. Februar 1990 in deutsches Recht umgesetzt wurde. Die im deutschen Sprachgebrauch eingebürgerte Bezeichnung „Umweltverträglichkeitsprüfung" ist eine Übersetzung, die Glauben macht, es gäbe „verträgliche" Eingriffe. Doch hat eigentlich jede Maßnahme, die nach EG-Richtlinie, UVP-Gesetz § 3a - 3f sowie Anlage 1 zum UVPG UVP-pflichtig ist, auch in ihrer ökologisch günstigsten Variante negative Auswirkungen auf die Umwelt.

Der Begriff UVP wird in unterschiedlichen Bereichen und unterschiedlicher Bedeutung verwendet, bezogen auf *Anwendungsbereich, Betrachtungsebene, Verfahrens-, methodische* bzw. *inhaltliche* Aspekte (CUPEI 1986). Die Definition aus dem Gesetz über die Umweltverträglichkeitsprüfung (UVPG) vom 12.Februar 1990 zuletzt geändert am 27.7.2001 (BGBl. I S.1950) besagt:
„Die **Umweltverträglichkeitsprüfung** ist ein unselbständiger Teil verwaltungsbehördlicher Verfahren, die der Entscheidung über die Zulässigkeit von Vorhaben dienen. Die Umweltverträglichkeitsprüfung umfaßt die Ermittlung, Beschreibung und Bewertung der unmittelbaren und mittelbaren Auswirkungen eines Vorhabens auf:
1. Menschen, Tiere, Pflanzen,
2. Boden, Wasser, Luft, Klima und Landschaft
3. Kultur- und sonstige Sachgüter sowie
4. die Wechselwirkungen zwischen den vorgenannten Schutzgütern.
Sie wird unter Einbeziehung der Öffentlichkeit durchgeführt. Wird über die Zulässigkeit eines Vorhabens im Rahmen mehrerer Verfahren entschieden, werden die in diesen Verfahren durchgeführten Teilprüfungen zu einer Gesamtbewertung aller Umweltauswirkungen zusammengefaßt."
In der UVP fällt noch keine Entscheidung über Zulässigkeit oder Unzulässigkeit. Sie liefert die Beurteilungsgrundlagen für die Prüfung eines Vorhabens am Maßstab der materiell-rechtlichen Anforderungen in den einschlägigen Fachgesetzen.

Begriffe:
- **UVP** – Umweltverträglichkeitsprüfung: Gesamtverfahren (systematisch, rechtlich geordnet, formalisiert), besteht meist aus zwei Stufen, der
- **UEP** – Umwelterheblichkeitsprüfung: Vorprüfung des Vorhabens auf evtl. erhebliche (d.h. näher zu untersuchende) Umweltauswirkungen und, bei festgestellter Umwelterheblichkeit, der
- **UVU** – Umweltverträglichkeitsuntersuchung (Hauptteil der UVP): systematische Analyse des Zustandes und Bewertung der Zustandsänderung des Prüfgegenstandes bzw. -bereiches.

- **scoping** – Festlegung des Untersuchungsrahmens bereits im Vorfeld der detaillierten Prüfung,
- **UVE** – Umweltverträglichkeitserklärung, **UVB** – Umweltverträglichkeitsbericht – kurzgefaßte Ergebnisdarstellung, enthält Empfehlungen für Beschlußfassung, zeigt Kompensationsmöglichkeiten auf,
- **PFA** – Planungsfolgen(vor)abschätzung: Abschätzung von wirtschaftlichen, politischen, sozialen und umweltbezogenen Auswirkungen von Planungen, beschränkt sich nicht auf die Umwelt,
- **SVP** – Sozialverträglichkeitsprüfung: Prüfung der sozialen und gesellschaftlichen Auswirkungen,
- **TFA** – Technikfolgenabschätzung: Abschätzung der Auswirkungen erstmalig angewandter oder noch in Entwicklung befindlicher Technologien, nicht auf ökologische Wirkungen beschränkt

Eine **Systematisierung der UVP** erfolgt nach dem *Anwendungsbereich*: volkswirtschaftliche, territorial-räumliche oder betriebliche Maßnahmen, oder nach der *Art der Maßnahmen:* UVP von Vorhaben (Projekt-UVP), UVP von Plänen und Programmen, UVP zu Entwürfen von Rechts- und Verwaltungsvorschriften.

Bei der UVP zu städtebaulichen Plänen (B-Plan, F-Plan) ist das Ziel, die ökologische Belastbarkeit des Raumes zum Maßstab für zulässige Nutzungen (Form und Intensität) zu machen, um so die nachhaltige Leistungsfähigkeit des Naturhaushaltes zu sichern.

Bei einer UVP wird festgestellt,

- unter welchen Natur- und Umweltauflagen eine Planung genehmigt werden kann
- ob Alternativen oder Varianten möglich und Auflagen notwendig sind
- ob der Standort oder die Trasse sogar gänzlich ungeeignet sind „Null-Variante".

Die Plan-UVP erfolgt in mehreren Stufen (vgl. Bild 10.23)

I.   **Vorfeld der Prüfung**: grundsätzliche Randbedingungen und ökologische Rahmensituation feststellen, scoping und Koordinationsgespräche mit Behörden durchführen;

II. **Umwelterheblichkeitsprüfung (UEP)**: meist Prüfung anhand von Checklisten, ob negative Umweltauswirkungen zu erwarten sind. Bei Ausschluß erfolgt Genehmigung, bei potentiell signifikanten, bei zu erwartenden oder nicht genau bekannten Effekten ist die UVU zu veranlassen.

III. **Umweltverträglichkeitsuntersuchung (UVU)**:

1. *Problemidentifikation* und *Bestandsaufnahme*: detaillierte Angaben zum Vorhaben, denkbarer Alternativen und der Nutzungsansprüche an den Raum, Beschreibung der historischen Entwicklung und Grundbelastung des Raumes, Analyse und Darstellung der Potentialfunktionen im Untersuchungsraum, Bestimmen von Empfindlichkeiten, Seltenheiten, Qualitäten;
2. Aufstellen eines *Zielrahmens* für die Stadt- und Raumentwicklung inkl. ökologisch orientierter Güteziele, Szenario einer möglichen *Weiterentwicklung des Raumes ohne das Vorhaben*;
3. Prognose der *Umweltauswirkungen* des Vorhabens und der Alternativen, Wirkungsabschätzung, Aufdeckung von *Zielwidersprüchen;*
4. Bewertung der zu erwartenden *Folgewirkungen* der Maßnahme sowie der Alternativen, Rangfolge von Maßnahmen;
5. Prüfung von Abhilfen und *Ausgleichsmaßnahmen;*
6. *Empfehlungen* zur Durchführung des Vorhabens, Alternativenauswahl, Modifikation einschließlich der Null-Variante.

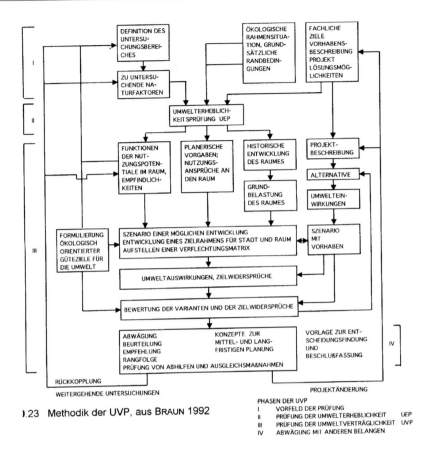

).23   Methodik der UVP, aus BRAUN 1992

PHASEN DER UVP
I   VORFELD DER PRÜFUNG
II   PRÜFUNG DER UMWELTERHEBLICHKEIT   UEP
III   PRÜFUNG DER UMWELTVERTRÄGLICHKEIT   UVP
IV   ABWÄGUNG MIT ANDEREN BELANGEN

Bild **10**.23   Methodik der UVP, aus BRAUN 1992

10.7.2   Bewertung und Bewertungsmethoden

Das Kernstück der Umweltverträglichkeitsuntersuchung ist die **Bewertung**. Bewertung als Teil der Entscheidungsvorbereitung ist ein notwendiger Bestandteil des Erkenntnisprozesses, um das gewonnene Wissen über Umweltzustand und potentielle Beeinträchtigungen hinsichtlich der zu erreichenden Zielstellung einzuschätzen. Sie macht eine Qualifizierung der Entscheidung möglich und kann zur Verbesserung ihrer Transparenz und somit Akzeptanz beitragen, führt jedoch nicht mit Notwendigkeit zur Entscheidung für die als ökologisch günstigste bewertete Variante, da gleichzeitig ein Abwägungsprozeß abläuft. Die Anwendung eines Bewertungsverfahrens erleichtert die Suche nach Alternativen und zeigt Mängel und Schwachstellen der Einzelvarianten auf (vgl. BECHMANN, A.1988).

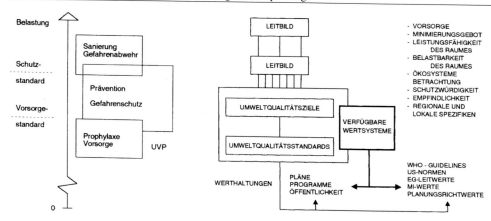

Bild **10**.24   Phasen der Umweltplanung und der dazugehörigen
Bewertungsmaßstäbe orientiert an
Vermeidung, Verminderung, Ausgleich (Ersatz) (s. KÜHLING 1989)

Bild **10**.25   Entwicklung von Bewertungsmaßstäben aus
Leitbildern

Wertmaßstäbe, Grenz- und Richtwerte als Wertmaßstäbe, Umweltqualitätsziele

Die „Zulässigkeit" bestimmter Umweltbeeinträchtigungen nach gesetzlichen Grenzwerten
ist nicht gleichzusetzen mit einer „ökologischen Verträglichkeit". Das UVP-Ideal ist die
Prüfung ohne außerökologische Belange nur anhand des Vorsorgemaßstabs. Bewertungsmaßstäbe für eine Umweltvorsorge müssen eigentlich über rechtlich normierte, einem prä-
ventiven Gefahrenschutz entsprechende Grenzwerte hinaus gehen (vgl. Rat der Sachverständigen 1987, KÜHLING 1986, HÜBLER/ZIMMERMANN 1989). Das UVP-Gesetz indes
sperrt den unmittelbaren Zugriff auf den Vorsorgemaßstab, da die Umweltverträglichkeit
einer Maßnahme anhand gesetzlich festgelegter Wertmaßstäbe (DIN-Normen, VDI-
Richtlinien) zu beurteilen ist.

Diese Standards haben in einem Prozeß der Normierung und Konsensbildung bereits ökonomische
und soziale Belange aufgenommen und verkörpern das „Technisch Machbare" und dem Betreiber
„Zumutbare". Da nach gesetzlicher Definition die UVP zur Entscheidung über die Zulässigkeit bestimmter Vorhaben dient, sind dort die gesetzlichen Maßstäbe zwingend zur Beurteilung heranzuziehen, gewährleisten dann aber nicht mehr die Erfüllung der *Vorsorgefunktion*. Dies gilt nicht für
die freiwillige Plan-UVP.

Wertebildung, Umweltqualitätsstandards: Aus dem *Vorsorgecharakter* der UVP, der
Betrachtung der *Leistungsfähigkeit* und *Belastbarkeit* des Raumes (sowohl in ökologischer
als auch in nutzungsspezifischer Hinsicht), dem *Minimierungsgebot*, dem komplexen, *me-
dienübergreifenden* Charakter ergibt sich für die praktische Durchführung der UVP, daß die
jeweiligen Bewertungsmaßstäbe, den örtlichen Gegebenheiten, Ansprüchen und Möglichkeiten entsprechend, für jede Aufgabe neu zu entwickeln bzw. zu aktualisieren sind.

Bewertungsmethoden geben operationalisierte methodische Regeln für das Bewertungshandeln vor und ermöglichen eine vergleichende, ordnende und qualifizierende Einstufung verschiedener Objekte nach Wertgesichtspunkten. Der Bewertung wird ein vereinfachtes *Modell des Wertträgers* zugrunde gelegt, dessen Eigenschaften nach vorgegebenen Regeln klassifiziert und der Grad ihrer Ausbildung auf *Skalen* abgebildet. Die Art der verwendeten *Skalen* ist wichtig für die Wahl der Bewertungsmethode, die diese Ergebnisse weiterverarbeitet werden.

1. *Nominalskala*: Zahlenwerte werden im Sinne von Namen gebraucht, die Zuordnung einer Zahl läßt keine Rückschlüsse auf Wertigkeiten zu. Rechenoperationen mit nominal skalierten Werten sind unsinnig.
2. *Ordinalskala*: Sachverhalte werden in Ordnungsrelationen dargestellt, die Reihenfolge in einer Skala entspricht der Stärke der Merkmalsausprägung. Je größer z.B. eine Zahl, um so größer der Zielerreichungsgrad. Den Intervallen zwischen den Zahlen kommt jedoch keine Bedeutung zu, Güteklasse I ist nicht doppelt so gut wie II, die Abstände zwischen Klassen können unterschiedlich sein. Die vier Grundrechenarten ergeben kein sinnvolles Ergebnis. (Viele Umweltparameter werden auf Ordinalskalen abgebildet, z.B. Gewässergüteklasse.)
3. *Kardinalskala*: Die Differenz zwischen den Zahlenwerten hat eine Bedeutung, die Differenz zwischen 5 und 10 entspricht der Differenz zwischen 10 und 15. Nur mit Kardinalskalen ergeben die vier Grundrechenarten einen Sinn.

Anforderungen an Bewertungsmethoden für den Umweltbereich sind: *Eignung* für den Umweltbereich (Verarbeitung völlig unterschiedlich strukturierter Daten), *Transparenz, Kontrollierbarkeit* und *Nachvollziehbarkeit* des Verfahrens, Möglichkeit *der zusammenfassenden Aussage*, „Richtige Verknüpfungen" entsprechend der *tatsächlichen Abläufe, Repräsentativität, Vollständigkeit*, Aufbau auf möglichst genauen Sachmodellen, Umsetzung der geltenden Normen und von *Umweltgütezielen, Handhabbarkeit und Pragmatismus*. Um Bewertungen im Umweltbereich durchzuführen, muß in der Regel auf Indikatorsysteme zurückgegriffen werden, die den Gegenstand der Bewertung möglichst vollständig beschreiben. Durch **Aggregationen** von Teilaussagebereichen und ihrer Indikatoren werden *Informationen verdichtet* und Situationen vereinfacht. Da dabei Informationen verlorengehen, ist eine Aggregation über Schutzgüter und Aussagebereiche hinweg zu vermeiden.

Checklisten in Form von Listen und einfachen Verflechtungsmatrizen werden hauptsächlich eingesetzt, um Konfliktbereiche aufzudecken. Die Prüfung einer Planungsmaßnahme auf Umwelterheblichkeit ist mit diesem Instrumentarium möglich und sinnvoll, den komplexen Zusammenhängen in Natur und Gesellschaft und deren Wechselwirkungen kann jedoch nicht entsprochen werden. Die Verwendung von Checklisten unter dem Anspruch einer umfassenden Umweltverträglichkeitsuntersuchung stellt die Funktion der UVP in Frage.

Grenzwertansätze sind ein einfacher und eindeutiger Ansatz zur Situationsbeurteilung. Grenzwerte setzen Obergrenzen, z.B. für Schadstoffemissionen, und bieten dort, wo diese Grenzen noch nicht erreicht sind, einen Spielraum („Auffüllcharakter"). Sie sind zum Schutz eines Mediums festgelegt und beachten nicht die Belastungsverlagerung in andere Medien. Sie orientieren sich an menschlicher Gesundheit und Wohlbefinden und können nicht regionale und lokale Besonderheiten berücksichtigen. (Grenzwerte der TA-Luft sind z.B. unverträglich für die Funktionsfähigkeit des Naturhaushaltes – Waldsterben.) Viele Bewertungsverfahren, besonders die, die mit Kardinalskalen arbeiten, bauen auf Grenzwertansätze auf.

Tafel **10**.13   Checkliste berührter Umweltfaktoren, ergänzbar

Boden	**Grundwasser**	**Fauna**	**Lärm**
Schadstoffbelastung	Schadstoffbelastung	Arten	Lärmemissionen
Schadstoffanreicherung	Temperatur	Repräsentanz des Ar-	Lärmimmissionen
Nährstoffüberangebot	Fließrichtung	tenspektrums	Lärmausbreitung
Versiegelung	Fließgeschwindigkeit	Ausbreitungsmöglichkeit	
Bodenaufbau	Grundwasserstand	Vernetzung	**Landschafts-/ Ortsbild**
Wasserspeicherfähigk.	Grundwasserfreilegung	Massierung von Arten	Relief
Winderosion	Kombinationen	Artenverlust	Geomorpholog. Struktur
Wassererosion		Arealgröße	Vegetationsausstattung
Filterkapazität	**Vegetation**	Kombinationen	Vegetationsanteile
Pufferwirkung	Potentielle natürl. Veget.		Strukturvielfalt
Tragfähigkeit	Reale Vegetation	**Klima / Luft**	Bebauungsstruktur
Kombinationen	Arten	Schadstoffemissionen	Bebauungsdichte
	Repräsentanz des Ar-	Schadstoffimmissionen	Funktionale Zusammen-
Oberflächenwasser	tenspektrums	Staubimmission	hänge
Nährstoffbelastung	Ausbreitungsmöglichkeit	Geruchsbelästigung	Sichtbeziehungen
Schadstoffbelastung	Vernetzung	Kaltluftbildung, -fluß	Räumliche Trennwirkung
Temperatur	Massierung von Arten	Luftaustausch	Gewässerbild
Wassermenge	Artenverlust	Nebelhäufigkeit	Uferausstattung
Abflußgeschwindigkeit	Arealgröße	Strahlungshaushalt	Landschafts- und Orts-
Natürlichkeitsgrad		Temperatur, Abwärme	bildprägende Elemente
Überschwemmungsgefahr		Besonnung	
Versieglung im Über-		Frosthäufigkeit	**Lebensqualität**
schwemmungsbereich		Luftfeuchte	Soziale Faktoren
		Kombinationen	

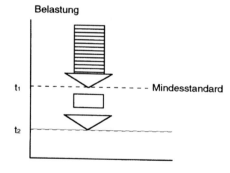

Bild **10**.26 Ge-
genläufige Zielrich-
tung zwischen
Grenzwerten und
Mindeststandards,
aus KÜHLING 1980

In der **Nutzwertanalyse (NWA)** werden die Ergebnisse (Nutzen) als dimensionslose Zahl angegeben. Werturteile werden in eine Reihe nachvollziehbare Teilurteile zerlegt, die Zielerfüllungsgrade multiplikativ gewichtet zu Teilnutzwerten und additiv zum Gesamtnutzwert verknüpft.
Nutzwertanalysen werden auf kardinalem und ordinalem Skalenniveau durchgeführt, so daß
schwer quantifizierbare Aspekte mit berücksichtigt werden können. Dieses Verfahren ist leicht
handhabbar und nachvollziehbar, allerdings ist die Unterstellung der Substituierbarkeit und der
Unabhängigkeit der Teilnutzen untereinander (durch die Summation) bei ökologischen Zusammenhängen nicht begründbar, ja sogar unsinnig.

Die **Ökologische Risikoanalyse (ÖRA)** untersucht die Belastungen des Raumes getrennt in einzelne Konfliktbereiche, die Naturraumpotentiale, und verzichtet auf eine zusammenfassende Aggregation zu einer Gesamtbelastung. Jeweils ein Naturfaktor und eine Grundlagenqualität (z.B. Erholungseignung) wird in dem Konfliktbereich zusammen mit den Verursachern von Beeinträchtigungen und den davon betroffenen Nutzungsansprüchen als Wirkungskomplex gesehen.

1) Problemformulierung

2) Aufstellung eines Zielsystems

3) Angabe der zu bewertenden Alternativen $A_1, \ldots A_m$

4) Bestimmung der Bewertungskriterien $K_1, \ldots K_n$ aufgrund eines Zielsystems und der (Objekt-)Alternativen

5) Messung der Zielerträge $k_{11}, \ldots k_{ij}, \ldots k_{nm}$

6) Skalierung, d. h. hier Umformung (Abbildung) der Zielerträge in die Zielerfüllungsgrade $e_{11}, \ldots, e_{nm}$

7) Festlegung der konstanten Kriteriengewichte $g_1, \ldots, g_n$

8) Berechnung der Teilnutzen N_{ij} nach der Formel $N_{ij} = g_i \cdot e_{ij}$

9) Addition der Teilnutzen einer Alternative zum Nutzwert N_j dieser Alternative (d. h. $N_j = \sum_{i=1}^{n} N_{ij} = \sum_{i=1}^{n} g_i \cdot e_{ij}$)

10) Angabe der Rangordnung der Alternativen aufgrund der Nutzwerte.

Bild **10**.27 Arbeitsschritte in der Nutzwertanalyse

Arbeitsschritte:

1. Zusammenfassung der Nutzungsansprüche mit beeinträchtigender Wirkung zur Intensität der potentiellen Beeinträchtigung, Ordnung nach Intensitätsstufen

2. Zusammenfassung ökologischer Eignungs- und Interpendenzkriterien zur Empfindlichkeit gegenüber Beeinträchtigungen

Ermitteln des Risikos der Beeinträchtigung durch in Beziehung setzen von Empfindlichkeit und Intensität potentieller Beeinträchtigung.

Bild **10**.28 Bewertungsbaum der Grundbelastung

Weitere Bewertungmethoden (vgl. u.a. RATH, STORM)

10.7.3 UVP im Bauleitplanverfahren

Tafel **10**.14   Inhaltliches Arbeitsprogramm der UVP

Fachbeiträge	Analyse des Zu-standes	Prognose ohne Vorhaben	Prognose bei Realisierung	Bewertung der Ein- und Auswir-kungen	Empfehlungen für die Planung
Städtebauli-cher Fachbeitrag	Flächennutzung, Verkehr, Erho-lung, Ortsbild, Baurecht, Lärm, Wohnumfeld usw.	Auswirkungen bestehender Raum- u. Fach-planungen (Lärm, Flächen-verbrauch)	Flächenver-brauch, Verkehr, Ver- u. Entsor-gung, Ortsbild, Lärmprognose	Bilanzierung von Be- u. Entla-stungen, Ge-fährdungen, Chancen, Belä-stigungen	Restriktionen, Art u. Maß der baul. Nutzung, Standorteignung Ortsbild, Grünordnung
Landschafts-haushalt, Flora, Fauna, Boden	Relief, Vegeta-tion, Biotop-struktur, Fauna, Arten, Land-schaft	Auswirkung von Raum- u. Fach planungen auf Landschafts-haushalt u.-bild	Wirkung auf Biotope, Le-bensräume, Ar-ten u. Land-schaftsbild	Schutzwürdigk./ Empfindlichkeit von Funktionen und Potentialen	Vermeidung, Er-satz u. Aus-gleich von Ein-griffen, Schutz-maßnahmen
Wasserhaus-halt, Boden und Geologie	Geologie, Hydrogeologie, Wasserrechte, Entnehmer, Alt-lasten	Auswirkung von Raum- u. Fach-planung auf Bo-den und Was-serhaushalt	Wirkung durch Überbauung, Versiegelung, Stoffeintrag usw.	Empfindlichkeit und Schutzwür-digkeit des Landschaftsdar-gebotes	Art u. Maß von Versieglung, Si-cherung u. Sa-nierung von Alt-lasten
Klima und Luft	(Mikro)klima, Emissionen, Immissionen, Belastungen	Auswirkung von Raum- u. Fach-planungen auf Mikroklima, Wir-kungsabschät-zung	Mikroklimabe-einflussung, Emissionspro-gnose, Wir-kungsab-schätzung	Bewertung von Gefahren, Belästigungen, bioklimatischen Einflüssen	Klimatypisches Bauen, Emissi-onsvermeidung, -minderung, Schutz
Andere Fachbeiträge	z.B. Denkmal-schutz		Störfallrisiko Altlasten		Andere Vorsor-gemaßnahmen

Wichtige umweltrelevante Vorentscheidungen werden auf örtlicher Ebene, vor allem durch die vorbereitende und die verbindliche Bauleitplanung (Flächennutzungsplan, Bebauungs-plan) getroffen. Deshalb enthält das UVP-Gesetz in den § § 2,8 und 17 spezielle Regelun-gen für die Bauleitplanung (zu beachten auch BauGB § § 1a (2) und 2a Umweltbericht):

• Die Feststellung, daß die UVP integrierter (unselbständiger) Teil des jeweiligen Verfahrens ist, gilt auch für die Verfahren zur Aufstellung der Bauleitpläne.

• Die Verfahrensvorschriften über die Durchführung der UVP sind bei der Aufstellung von Bau-leitplänen nicht anzuwenden, da eine besondere Bewertung der Umweltauswirkungen im Sinne einer UVP im Rahmen der bauleitplanerischen Abwägung erfolgt.

• Deshalb ist die UVP als integrierter Teil des Bauleitplanverfahrens nach den Vorschriften des BauGB für die Aufstellung von Bauleitplänen durchzuführen.

• Eine besondere Bedeutung hat die UVP in solchen Bauleitplanverfahren, die die Grundlage für die Zulassung UVP-pflichtiger Vorhaben sind (insbesondere B-Pläne, die Standorte für UVP-pflichtige Vorhaben festsetzen oder die eine Planfeststellung ersetzen). Der Umfang der Prüfungen beurteilt sich nach den materiell rechtlichen Anforderungen an die Bauleitplanung. Dies bedeutet, daß die im Sinne des UVP-Gesetzes erforderliche Berücksichtigung der Umweltbelange inhaltlich im Rahmen der Bauleitplanung sicherzustellen ist. Damit werden an den inhaltlichen und planeri-schen Abwägungsprozeß nach den Vorschriften des BauGB hohe Anforderungen gestellt.

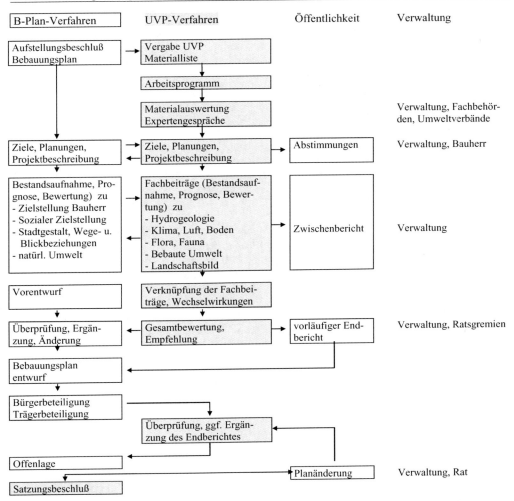

| B-Plan-Verfahren | UVP-Verfahren | Öffentlichkeit | Verwaltung |

Bild **10**.29   UVP im Bebauungsplanverfahren

10.7.4 Die Eingriffsregelung im Bauleitplanverfahren
Bewertung als Maßstab für Ausgleich und Ersatz

Sind aufgrund der Aufstellung, Änderung, Ergänzung oder Aufhebung von Bauleitplänen
Eingriffe in Natur und Landschaft zu erwarten, ist gem. § 8a Abs.1 Satz 1 Bundesnaturschutzgesetz über die Belange des Naturschutzes und der Landschaftspflege im Bauleitplan
in der Abwägung nach § 1 Abs.6 des BauGB zu entscheiden. Die Eingriffsregelung ist Teil
der in § 1 Abs.6 Nr. 7 sowie § 1a Abs.2 und 3 BauGB genannten Belange von Natur und
Landschaft.

Die Prüfung der **Eingriffsregelung** ist durch das Investitionserleichterungs- und Wohnbaulandgesetz vom 28.04.93 in das Bauleitplanverfahren sowie durch Ergänzung des § 1a in das BauGB bei der Novellierung 2001 verfahrensrechtlich und materiell integriert worden, ist damit Bestandteil im *Abwägungsverfahren* und weder gesondert noch vorrangig vorzunehmen. Von besonderer Bedeutung ist die abschließende und ausschließliche Anwendung der Eingriffsregelung auf der Ebene der Bauleitplanung und nicht mehr − wie bisher − im Baugenehmigungsverfahren. Mit der ebenfalls beschlossenen Neuregelung, daß Vorhaben im Innenbereich gemäß § 34 BauGB nicht als Eingriffe anzusehen sind, wird erkennnbar, daß eine flächendeckende Anwendung der Eingriffsregelung innerhalb der Gemeindegebiete nicht mehr als erforderlich angesehen wird − wohl kaum ein Beitrag zur „Ökologisierung" kommunaler Planungen! Nach wie vor uneingeschränkt gilt die Eingriffsregelung im Außenbereich.

Für die **Abwägung** gelten die in der Rechtssprechung des Bundesverwaltungsgerichtes entwikkelten Grundsätze. Dabei sind die Elemente der Naturschutzrechtlichen Eingriffsregelung − *Vermeidungs- und Minimierungsgebot vor Ausgleichspflicht und vor Ersatzpflicht* − zu berücksichtigen.

Eine **Abwägung** muß *sachgerecht* sein, *alle Belange* berücksichtigen, die nach Lage der Dinge in sie eingestellt werden müssen, die Bedeutung der Belange muß *richtig erkannt* werden und der *Ausgleich* zwischen den von der Planung berührten öffentlichen Belangen muß so vorgenommen werden, daß er zur objektiven Gewichtigkeit aller Belange nicht außer Verhältnis steht. Dabei ist das Vorziehen oder Zurücksetzen bestimmter Belange eine elementare Entschließung, die zum Ausdruck bringt, in welcher Richtung sich eine Gemeinde städtebaulich geordnet fortentwickeln will. Die Gemeinde muß das erforderliche Material für die Abwägung selbst zusammenstellen. In der *Gewichtung* der Abwägungsbelange steht der Gemeinde ein weiter Spielraum zu, jedoch ist zu berücksichtigen, daß den Belangen zur Sicherung einer menschenwürdigen Umwelt sowie zum Schutz und zur Entwicklung der natürlichen Lebensgrundlagen ein *erheblicher Stellenwert* beigemessen werden muß. Nach § 8a Abs.1 BNatSchG ist in der Abwägung auch darüber zu entscheiden, wie die zu erwartenden Beeinträchtigungen ausgeglichen, ersetzt oder gemindert werden können.

Eingriffe sind bei der Aufstellung von F-Plänen regelmäßig zu erwarten, ebenso bei B-Plänen, die erstmalig die bauliche oder sonstige Nutzung für Bereiche festsetzen, die zur erheblichen oder nachhaltigen Beeinträchtigung der Leistungsfähigkeit des Naturhaushaltes oder des Landschaftsbildes führen können. Eine rein verbal-argumentative Beschreibung der Eingriffstatbestände reicht nicht aus, um den Belangen von Naturschutz und Landschaftspflege im Bauleitplanungsprozeß eine sachgerechte Beachtung zukommen zu lassen. In den einzelnen Ländern gibt es deshalb standardisierte Bewertungs- und Bemessunghilfen und -anleitungen, um die ökologischen Belange für den politischen Entscheidungsprozeß *transparent , vergleichbar und nachvollziehbar* darzustellen.

Ausgleichsmaßnahmen sind alle Maßnahmen, die unvermeidbare Beeinträchtigungen des Naturhaushaltes oder des Landschaftsbildes in *funktional gleichartiger Weise* so ausgleichen, daß nach Beendigung des Eingriffs keine erhebliche oder nachteilige Beeinträchtigung des Naturhaushaltes zurückbleibt und das Landschaftsbild wiederhergestellt oder neu gestaltet ist. Bei Ermittlung der festzusetzenden Ausgleichsmaßnahmen wird der Zustand vor Beginn des Eingriffs mit dem Endzustand (nach drei Vegetationsperioden bei fachgerechter Pflege) anhand einer naturschutzrechtlichen Bilanzierung vergleichend beurteilt.

Ersatzmaßnahmen werden angeordnet, wenn und soweit unvermeidbare Beeinträchtigungen nicht in funktional gleichartiger Weise ausgeglichen werden können. Ersatzmaßnahmen können auf mehrere Flächen verteilt und verschiedenartig ausgestaltet sein. Der naturräumliche Bezug zum Eingriffsort ist hierbei durch eine Bevorzugung von funktional abhängigen gegenüber funktional unabhängigen Standorten zu verwirklichen.

Ausgleichsabgaben werden festgesetzt, soweit Ausgleichs- und Ersatzmaßnahmen nicht oder nicht vollständig möglich sind. Diese werden sowohl nach dem Wert der in Anspruch genommenen Flächen als auch nach dem Vorteil für den Verursacher (z.B. bei der Gewinnung von Bodenschätzen) berechnet.

Sind **Ausgleichsmaßnahmen** erforderlich, können diese auf der Eingriffsfläche oder auf anderen Flächen im Geltungsbereich des Planes festgesetzt werden: (vgl. § 1a BauGB). Für die Berechnung der Kompensationsflächen und -maßnahmen sind drei Arbeitsschritte erforderlich:

1. Ermittlung und Bewertung der Eingriffsflächen nach standardisierten Wertfaktoren für die einzelnen Biotoptypen,
2. Ermittlung und Bewertung der Kompensationswerte für die Eingriffsmaßnahmen bzw. -flächen im Plangebiet,
3. Ermittlung und Bewertung der evtl. noch verbleibenden Kompensationsmaßnahmen bzw. -flächen auf externen Flächen.

Beispiel für Sachsen entsprechend der Naturschutz-Ausgleichsverordnung (NatSchAVO) vom 30.03.1995:

Verfahren nach der Wertigkeit der Flächen:

1. Die durch den Eingriff beeinträchtigten Flächen sowie die für Ausgleichs- und Ersatzmaßnahmen vorgesehenen Flächen sind zu erfassen und als Gesamtfläche festzustellen.
2. Die Gesamtfläche ist nach ihren Teilflächen den Flächennutzungstypen A0 bis A10 zuzuordnen.
3. Für jede Teilfläche ist die Wertigkeit durch Summenbildung der Wertzahl des Flächennutzungstyps A0 bis A10 und einer oder mehrerer Wertzahlen der Flächenfunktionen (B1 bis B7) festzustellen.
4. Für jede Teilfläche ist die jeweilige Wertigkeit mit der Flächengröße in Quadratmetern zu multiplizieren. Das Produkt stellt den Teilflächenwert dar.
5. Für die Gesamtfläche ist die Summe der Teilflächenwerte als Gesamtflächenwert vor dem Eingriff zu werten.
6. Die Schritte 2 - 5 sind zur Ermittlung des Gesamtflächenwertes für den Endzustand erneut durchzuführen.
7. Der Eingriff gilt als ausgeglichen, wenn der Gesamtflächenwert nach 6 größer oder gleich dem Gesamtflächenwert nach 5 ist. Für die Berechnung der Ausgleichsabgabe wird die Differenz gebildet und mit 10 multipliziert. Das Ergebnis entspricht der in Deutschen Mark zu entrichtenden Ausgleichsabgabe vorbehaltlich weiterer, in o.a. Gesetz angegebener Grenzwerte.

Beeinträchtigungen des Landschaftsbildes können je nach Schwere und Dauer der Beeinträchtigung bis 5 vom Hundert der Baukosten und bis 0,30 Euro pro Kubikmeter des entnommenen Materials als Ausgleichsabgabe festgesetzt werden.

Die parallele Erarbeitung eines **Landschaftsplanes** bzw. **Grünordnungsplanes** ist zur Sicherstellung der ausreichenden Berücksichtigung der ökologischen Belange erforderlich. Darstellungen im F-Plan werden nach § 5 Abs.2 BauGB sowie Festsetzungen im B-Plan nach § 9 Abs.1 BauGB und nach § 8a Abs.1 Satz 4 BNatSchG übernommen (ausführlich vgl. 10.9). Nach § 2a BauGB ist in die Begründung zum Bebauungsplan bei UVP-pflichtigen Vorhaben ein **Umweltbericht** aufzunehmen, der die Angaben enthält, die für die Durchführung einer UVP erforderlich sind.

Tafel **10**.15   Katalog d. Flächennutzungstypen (A) u. Flächenfunktionen (B) mit jew. Wertzahl

A0	Bebaute oder wasserundurchlässig versiegelte Flächen (etwa Bauwerke, Asphalt- und Betonflächen, Betonbecken, Deponien)	0,0
A1	Wasserdurchlässig befestigte oder begrünte Flächen (etwa Schotter-, Pflaster-, Rasengitterflächen, begrünte Deponien, übererdete Tiefgaragen, Rasenansaaten)	0,1
A2	Begrünte Flächen (Grünanlagen) in der Nähe von Bauwerken, Dachbegrünung, Straßen- und Eisenbahnanlagen, z.T. isoliert, ohne Vernetzungen	0,2
A3	Intensiv bewirtschaftete Äcker (auch zeitweilige Ackerbrachen	0,3
A4	Sonstige Flächen mit intensiver Landnutzung (Gärten, Obstplantagen, Baumschulen, Intensivweinbau, Intensivgrünland, Grünanlagen ohne alten Baumbestand mit Vernetzungen)	0,4
A5	Strukturarme Fließ- und Stillgewässer einschließlich Ufervegetation (etwa begradigte oder künstlich befestigte Fließgewässer, Staugewässer mit gering ausgeprägter Flachwasser- und Ufervegetation)	0,5
A6	Waldflächen mit naturferner Baumartenzusammensetzung	0,6
A7	Flächen mit extensiver Landnutzung (etwa Extensivgrünland, Extensivweinbau, langfristig extensiv bewirtschaftete Äcker, Sukzessionsflächen)	0,7
A8	Waldflächen mit naturnaher Baumartenzusammensetzung, Waldflächen bis 100 ha in waldarmen Landschaften, Gehölze in der freien Landschaft, Grünanlagen mit altem Baumbestand, Parks, Alleen, Einzelbäume	0,8
A9	Strukturreiche Fließ- und Stillgewässer einschließlich Ufervegetation	0,9
A10	Biotope im Sinne § 26 SächsNatSchG (oder § 20 BNatSchG)	1,0
B1	Landschaftsbildprägende Flächen und Objekte sowie naturraumprägende Landschaftselemente (etwa Grünlandflächen in Flußauen, Teichlandschaften in Urstromtälern)	0,2
B2	Flächen mit geringer Repräsentanz im betroffenen Naturraum/Verinselung (etwa Waldinseln in ausgeräumten Agrarlandschaften)	0,2
B3	Flächen mit hoher Bedeutung für den Biotop- und Artenschutz einschließlich funktionaler Beziehungen zu Schutzgebieten	0,2
B4	Biotope, die in ihrer Entwicklung mehr als 30 Jahre benötigt haben	0,2
B5	Flächen mit hoher Bedeutung für den lokalen und regionalen Klimaschutz (etwa Luftaustauschbahnen, Kaltluftentstehungsgebiete) oder für den Schutz von natürlichen Ressourcen (z.B. Grundwasser, Oberflächenwasser, Boden)	0,2
B6	Kulturhistorisch bedeutsame Flächen und Objekte (etwa Nieder- und Mittelwälder)	0,2
B7	Dachbegrünung innerhalb der im Zusammenhang bebauten Ortsteile nach § 34 BauGB	0,2

10.8   Sicherung des Umweltschutzes im Städtebau durch Bauleitplanung

10.8.1   Handlungsfelder von ökologischer Bedeutung in der Bauleitplanung

Die Planung des Städtebaus ist ihrem Wesen nach handlungs- und damit umsetzungsorientiert. Inhalt, Zielrichtung und Umfang des Handlungsbedarfs orientiert sich vorrangig an den Defiziten. Hinsichtlich der *städtebaulichen Aufgaben im Umweltschutz* ist durch das BauGB sichergestellt, daß die Bauleitplanung den Zielen des Umweltschutzes verpflichtet ist. Diesbezüglich sind zahlreiche Darstellungsmöglichkeiten im Flächennutzungsplan und Festsetzungsarten im Bebauungsplan vorgesehen.

Nach den allgemeinen Planungsleitsätzen des § 1 Abs.5 BauGB sollen die Bauleitpläne
- eine geordnete städtebauliche Entwicklung herbeiführen
- eine dem Wohl der Allgemeinheit entsprechende sozialgerechte Bodennutzung gewährleisten
- eine menschenwürdige Umwelt sichern
- die natürlichen Lebensgrundlagen schützen und entwickeln.

Weiterhin enthält § 1a Abs.1 BauGB die gesetzliche Verpflichtung, mit Grund und Boden sparsam umzugehen. Diese sog. Bodenschutzklausel soll die verstärkte Innenentwicklung und flächensparende Bauweisen bewirken. Mit der ausdrücklichen Benennung von Naturschutz und Landschaftspflege werden außerdem die Ziele des § 1 Abs.1 BNatSchG relevanter Teil der Bauleitplanung. Danach sind Natur und Landschaft im besiedelten und unbesiedelten Bereich so zu schützen, zu pflegen und zu entwickeln, daß
- die Leistungsfähigkeit des Naturhaushaltes
- die Nutzungsfähigkeit der Naturgüter
- die Pflanzen- und Tierwelt sowie
- die Vielfalt, Eigenart und Schönheit von Natur und Landschaft
    nachhaltig gesichert sind.

Die Frage nach dem Inhalt zielkonkreter ökologischer Forderungen im Rahmen der Bauleitplanung und des ökologischen Stadtumbaus (vgl. 10.2.) muß den Menschen als Gegenstand ökologischer Betrachtung ebenso berücksichtigen wie Tiere, Pflanzen und den Naturhaushalt. Die in 10.2. formulierten Zielvorstellungen werden konkretisiert:

1. *Schutz der Gesundheit und städtischen Lebensweisen der Menschen* – Erhaltung des körperlichen, geistigen und sozialen Wohlbefindens der Menschen (Gesundheit im Sinne der WHO) und seiner gesellschaftlichen Beziehungen,
2. *Bodenschutz* – Erhaltung der natürlichen Bodenfruchtbarkeit sowie Vermeidung des Schadstoffeintrags zur Sicherung des Bodens als Lebensgrundlage für Menschen, Flora und Fauna,
3. *Gewässerschutz* – Sicherung des Oberflächen- und Grundwassers vor Veränderungen ihrer physikalischen, chemischen und biologischen Eigenschaften,
4. *Luftreinhaltung/ Klimaschutz/ Lärmschutz* – Sicherung und Verbesserung der Luftqualität durch Reduzierung von Emissionen und Immissionen in Belastungsräumen auf ein die Gesundheit von Menschen und die standorttypische Entwicklung von Pflanzen und Tieren gewährleistendes Maß, Sicherung und Wiederherstellung eines für das Wohlbefinden der Menschen und als Standortanforderung für die heimische Flora und Fauna erforderlichen Bioklimas, Minderung der Lärmbelastung für Mensch und Tier.
5. *Pflanzen- und Tierschutz* – Sicherung der auf den einzelnen Standorten charakteristischen und höchstmöglichen Arten- und Strukturvielfalt.

10.8.2 Darstellungen im Flächennutzungsplan

Entsprechend seiner rahmenartigen Struktur sollen im Flächennutzungsplan nur generelle Aussagen getroffen werden. Neben der Erhaltung natürlicher Nutzungsformen für die entsprechenden Flächen und der Reduzierung bei der Neuausweisung von Bauflächen (Null-Variante bzw. Minimallösung) ergibt sich insbesondere durch die Darstellung von Flächen für Maßnahmen zum Schutz, zur Pflege und zur Entwicklung von Natur und Landschaft die Möglichkeit, Ausgleich- und Ersatz für die städtebauliche Inanspruchnahme von Boden zu anzubieten.

Im Flächennutzungsplan empfehlen sich auch Standortausweisungen für die Gewinnung sich erneuernder Energie, z.B. für Windkraftanlagen. Hierbei ist sorgsam zwischen den Belangen des Natur- und Landschaftsschutzes und dem Anliegen der „sauberen" Energiegewinnung abzuwägen. Sinnvoll ist die geordnete Ausweisung von sog. Energieparks in Verbindung mit Gewerbegebieten, da dann die Einzelanträge nicht privilegiert behandelt werden und eine Verunstaltung des Landschaftsbildes vermieden wird.

Für die **Darstellung im F-Plan** kommen insbesondere in Betracht:
− Grünflächen (§ 5 Abs. 2 Nr.5 BauGB)
− Wasserflächen (§ 5 Abs.2 Nr.7 BauGB)
− Flächen für die Landwirtschaft (§ 5 Abs.2 Nr.9a BauGB)
− Wald (§ 5 Abs.2 Nr.9b BauGB)
− Flächen für Maßnahmen zum Schutz, zur Pflege und zur Entwicklung von Natur und Landschaft (§ 5 Abs.2 Nr.10 BauGB)

10.8.3 Verbindliche Bauleitplanung, Festsetzungen im Bebauungsplan

Die Handlungsfelder der Bebauungsplanung sind durch die zulässigen Festsetzungen im Bebauungsplan nach § 9 Abs.1 BauGB begrenzt. Eine weitere Eingrenzung erfolgt nach den Kriterien:

1. Die stadtökologischen Festsetzungen müssen geeignet sein, zur Berücksichtigung der in 10.9.1 genannten stadtökologischer Forderungen beizutragen.
2. Die Maßnahmen müssen sich auf die sonstige Nutzung als nichtbauliche Nutzung im Sinne des § 1 Abs.1 BauGB beziehen.
3. Hinsichtlich der ökologischen Wirkung muß es sich um stabilisierende/verbessernde Maßnahmen für Gesundheitsschutz und Naturhaushalt handeln.

Für die **Festsetzung im Bebauungsplan** kommen im allgemeinen folgende Festsetzungen in Betracht:
− Flächen, die von Bebauung freizuhalten sind (§ 9 Abs.1 Nr. 10 BauGB)
− Grünflächen (§ 9 Abs.1 Nr.15 BauGB)
− Wasserflächen (§ 9 Abs.1 Nr.16 BauGB)
− Flächen für die Landwirtschaft (§ 9 Abs.1 Nr.18a BauGB)
− Wald (§ 9 Abs.1 Nr.18b BauGB)
− Maßnahmen zum Schutz, zur Pflege und zur Entwicklung von Natur und Landschaft (§ 9 Abs.1 Nr.20 BauGB)
− Flächen für Maßnahmen zum Schutz, zur Pflege und zur Entwicklung von Natur und Landschaft (§ 9 Abs.1 Nr.20 BauGB)
− Anpflanzen von Bäumen, Sträuchern und sonstigen Bepflanzungen (§ 9 Abs.1 Nr.25 BauGB)
− Bindungen für Pflanzen und für die Erhaltung von Bäumen, Sträuchern und sonstigen Bepflanzungen sowie von Gewässern (§ 9 Abs.1 Nr. 25 BauGB)

Folgende Maßnahmen sollen mit Hilfe dieser Festsetzungsmöglichkeiten umgesetzt werden:
1. Anpflanzung und Erhaltung von Bäumen, Sträuchern und sonstigen Bepflanzungen
2. Fassaden- und Dachbegrünung
3. Schaffung und Erhaltung von Grünflächen,
4. Sicherung und Entwicklung von flächenhaften Biotopen
5. Begrenzung der Bodenversiegelung in Baugebieten
6. Erhaltung und naturnahe Gestaltung von Gewässern
7. Rückhaltung von gefaßtem Niederschlagswasser
8. Ausschluß bzw. beschränkte Verwendung von luftverunreinigenden Brennstoffen

Sobald sich diese Festsetzungen auf andere als Gemeindegrundstücke beziehen, erhebt sich die Frage nach dem Verhältnis der gemeinschaftsbezogenen Zielsetzung und dem Verfassungsrecht, soweit es das Eigentum und die freie Entfaltung der Persönlichkeit gewährleistet (Art. 14 und 2 GG). Stadtökologische Festsetzungen müssen daher nicht nur für sich genommen rechtlich und fachlich gerechtfertigt sein, sie müssen auch überzeugend schriftlich begründet sein (vgl. STICH u.a. 1992).

10.8.3.1 Anpflanzung u. Erhaltung v. Bäumen, Sträuchern u. sonstigen Bepflanzungen

A. *Fachliche Grundlagen*: Gehölze bilden die eigentlichen qualitativen Bestandteile flächenhafter Bepflanzungen, haben bei Einbindung in ein grünes Verbundsystem ökologische Verbesserungen und Stabilisierungseffekte größerer räumlicher Reichweite zur Folge, wirken ausgleichend und anregend auf das menschliche Wohlbefinden und stellen das klassische, unverzichtbare Gestaltelement eines umweltgerechten Städtebaus dar. Sie sind meist mit der baulichen und sonstigen Nutzung von Grundstücken gut vereinbar.

B. *Rechtliche Festsetzungsmöglichkeiten*: Nach § 9 Abs.1 Nr.25 BauGB, in Überschneidung mit § 9 Abs.1 Nr.20 („Maßnahmen"). Die Festsetzungen können in einen einfachen Bebauungsplan (§ 30 Abs.3 BauGB), in einen qualifizierten Bebauungsplan (§ 30 Abs.1 BauGB) sowie in Innenbereichssatzungen (§ 34 Abs.4 u. 5 BauGB) aufgenommen werden. Es ist zulässig, ein gewisses Maß an Bepflanzungen vorzuschreiben, die Festsetzungen räumlich differenziert zu treffen und dabei zwischen Bäumen, Sträuchern und sonstigen Bepflanzungen zu unterscheiden. Verfassungsrechtlich bedenklich ist die Festsetzung von Pflanzlisten mit zwingendem oder abschließendem Inhalt, sofern es sich nicht z.B. um die Festsetzung von Alleebäumen handelt.
Die größte Bedeutung für die Begrünung von Baugebieten haben Festsetzungen in bezug auf die nicht überbaubaren Flächen von Baugrundstücken.

10.8.3.2 Fassaden- und Dachbegrünung

A. *Fachliche Grundlagen*: Fassadenbegrünung hat stadtökologisch eher geringe, jedoch nachweisbare bauphysikalische Effekte für das Innenklima der Gebäude, Werterhaltung und Energieeinsparung und (stadt-)gestalterische Effekte im Straßen- und Platzraum. Dachbegrünung eröffnet (unter Abkopplung von natürlichen Bodenprozessen) eine bedeutende Bepflanzungsreserve, führt zur Rückhaltung von Niederschlagswasser und ist mit bauphysikalischen Vorteilen verbunden. Durch hohe Auflast und zahlreiche bautechnische Sicherheitsvorschriften ist die tatsächliche Verbreitung bisher noch eher begrenzt.

B. *Rechtliche Festsetzungsmöglichkeiten*: Grundlage für die Festsetzung von Maßnahmen der Fassaden und Dachbegrünung ist § 9 Abs.1 Nr.25 BauGB. Daneben gibt es landesrechtliche Vorschriften, die die Anordnung von Fassaden- und Dachbegrünung aus ortsgestalterischen Gründen zulassen (gem. § 9 Abs. 4 BauGB). In der Abwägung ist zu berücksichtigen, daß die Festsetzungen bei geringstmöglichen Nachteilen für den einzelnen die größtmöglichen Vorteile auf sich vereinen sollen.

10.8.3.3 Schaffung und Erhaltung von Grünflächen

A. *Fachliche Grundlagen*: Grünflächen bilden die bedeutsamste Fortsetzung von Freiraum- und Landschaftsstrukturen in der Stadt. Neben planmäßig angelegten „Anlagen" sind brachliegende Grundstücke hinzuzurechnen, die Raum für spontane Pflanzengesellschaften bieten. Zunächst ist die *flächenmäßige Bestandssicherung* und Hinzugewinnung neuer Flächen bedeutsam, daneben stehen Bemühungen um eine *verbesserte Grünausstattung* mit standortgerechten Artengesellschaften. Hauptsächliche Bedeutung erlangen Grünflächen durch Offenhaltung größerer Bodenflächen mit spürbaren klimatischen und wasserhaushälterischen Positivwirkungen. Allerdings bestehen meist Konflikte zwischen Erholungsdruck auf die Grünflächen in der Stadt sowie dem Biotop- und Artenschutz.

B. *Rechtliche Festsetzungsmöglichkeiten*: Nach § 9 Abs.1 Nr.15 BauGB können im B-Plan „öffentliche und private Grünflächen, wie Parkanlagen, Dauerkleingärten, Sport-, Spiel-, Zelt- und Badeplätze, Friedhöfe" festgesetzt werden. Nach § 1 Abs.5 Satz 1 BauGB können auch größere Teilflächen privater Grundstücke aus Gründen der Erhaltung des vorhandenen Bewuchses an Bäumen und Sträuchern als Grünflächen festgesetzt werden.
Weitere Festsetzungsmöglichkeiten für Flächen mit Pflanzenwuchs bestehen auch bei anderen Flächenfestsetzungen nach § 9 Abs.1 BauGB (Nr. 2,4,5,10,11,17,20,22,24,26). Auch wenn dies keine Grünflächen im Sinne des BauGB § 9 Abs.1 Nr.15 sind, kann die stadtökologische Bedeutung wesentlich sein. Bei „Flächen für den Gemeinbedarf sowie für Sport- und Spielanlagen" nach Nr.5, bei Lärmschutzwänden und Lärmschutzwällen als Erschließungsanlagen nach § 127 Abs.2 Nr.5 BauGB oder für Straßenbegleitgrün können Festsetzungen nach § 9 Abs.1 Nr. 25 BauGB getroffen werden.

10.8.3.4 Sicherung und Entwicklung flächenhafter Biotope

A. *Fachliche Grundlagen*: „Wertvolle" Stadtbiotope sind vor allem Reste natürlicher Ökosysteme. Stadtökologische Forderungen zielen auf grundsätzliche Optimierung der Lebensverhältnisse für Pflanzen und Tiere in der Stadt durch Vernetzung dieser Relikte natürlicher Landschaft mit Brachen und anderen Grünflächen,
B. *Rechtliche Festsetzungsmöglichkeiten*: Zuerst ist die Ausweisung von Grünflächen nach § 9 Abs.1 Nr.15 BauGB zu prüfen. Diese kann verbunden werden mit der Festsetzung des Anpflanzens von Bäumen, Sträuchern und sonstigen Gewächsen, der Bindung für Pflanzungen und die Erhaltung von Bäumen, Sträuchern und sonstigen Gewächsen und von Ge-

wässern nach § 9 Abs.1 Nr.25 BauGB sowie der Festsetzung von Wasserflächen nach § 9 Abs.1 Nr.16 BauGB. Wenn diese nicht ausreichen, dem Ziel der Sicherung und Entwicklung flächenhafter Biotope Rechnung zu tragen, sollten weiterhin Maßnahmen nach § 9 Abs.1 Nr.20 in Betracht gezogen werden (wenn dahingehende Festsetzungen nicht nach anderen Vorschriften getroffen werden können, vgl. §§ 13-18 BNatSchG zum Flächenschutz und § 20c BNatSchG und die Landesnaturschutzgesetze zum Biotopschutz). Schutzmaßnahmen sowie Pflege und Entwicklungsmaßnahmen in bezug auf flächenhafte Biotope mit konkretem Flächenbezug können ebenfalls festgesetzt werden.

10.8.3.5 Begrenzung der Bodenversiegelung in Baugebieten

A. *Fachliche Grundlagen*: Die Versiegelungswirkung einer Einzelfläche mit ihren negativen Effekten auf Boden, Wasser und Klima verschärft sich zu weitreichenden Negativwirkungen auf den städtischen Naturhaushalt, je höher der Gesamtanteil an versiegelter Fläche innerhalb eines Siedlungsraumes ist. Zahlreiche Untersuchungen belegen die erzielbaren stadtökologischen Verbesserungen bei der Begrenzung des Versiegelungsgrades. Während bei Neuplanungen ein „Freihaltegrundsatz" für bestimmte Grundstücksanteile gelten muß, sind im Bestand vor allem Änderungen der Belagsarten anzustreben. Hierzu entwickelte Planungs- und Berechungsverfahren (z.B. Biotopflächenfakor, Grünvolumenzahl) bieten eine der GRZ- Festsetzung ähnliche Ziffer als konkretisiertes Umweltqualitätsziel an. Dabei ist die städtebauliche Forderung nach Innenentwicklung um den Begriff der „qualifizierten ökologischen Dichte" (vgl. STICH, R. u.a. 1992) zu erweitern.

Biotopflächenfaktor BFF ist das Verhältnis der Biotopfläche eines Grundstückes zur Gesamtgrundstücksfläche. Unter Biotopfläche werden die Teilflächen verstanden, die für den Naturhaushalt Lebensraum-, Wasserhaushalts-, Klima und Bodenfunktionen besitzen. *Die Grünvolumenzahl GVZ* ist das durchschnittliche Grünvolumen einer Flächeneinheit in cbm von 0,0 (ohne Grün) bis 30,0 (Stadtwald). vgl. dazu BOETTICHER/FISCH 1988 sowie Behörde für Bezirksangelegenheiten, Naturschutz und Umweltgestaltung Hamburg 1983

B. *Rechtliche Festsetzungsmöglichkeiten*: Beschränkungen zur Bodenversiegelung sind nur für die nicht überbaubaren Flächen der Grundstücke möglich. Nach § 16 BauNVO wird das Maß der baulichen Nutzung unter anderem durch die Grundflächenzahl (GRZ) oder Größe der baulichen Anlage bestimmt. Aus der GRZ ist der Flächenanteil zu ermitteln, der vom Baukörper (sowie von Garagen, Stellplätzen und ihren Zufahrten) überdeckt werden darf. Obergrenzen sind in § 17 BauNVO bestimmt. Die unbebaut bleibenden Restflächen können durch die Festlegung der Baufelder, die Beschränkung der Zulässigkeit von Nebenanlagen, durch Festsetzungen aufgrund Landesrecht nach § 9 Abs.4 BauGB vor einer weiteren Verfestigung, z.B. als Lager- oder Arbeitsflächen bewahrt werden.

Die Verpflichtung zur Versickerung des Niederschlagswassers als Maßnahme nach § 9 Abs.1 Nr.20 BauGB ist ein wichtiges Hilfsmittel zur Minderung der Versiegelung.

10.8.3.6 Erhaltung und naturnahe Gestaltung von Gewässern

A. *Fachliche Grundlagen*: Gewässer sind Ökosysteme einer hohen Integrationsstufe. Aus stadtökologischer Sicht wird zunehmend die Erhaltung bestehender natürlicher bzw. die naturnahe Umgestaltung der ausgebauten Gewässer als bedeutsamer Beitrag zur Stabilisierung und Verbesserung des städtischen Naturhaushaltes gefordert. Dabei ist die Intensität der angrenzenden städtischen Nutzungen und der davon ausgehenden Belastungen einzubeziehen. Besonders Fließgewässer bringen durch die netzartige Verknüpfung mit dem Stadtumland neben der Wirkung auf Wasserhaushalt und Klima spürbare Beiträge für den Arten- und Biotopschutz der Stadt. Demgegenüber steht ein relativ hoher Kostenaufwand für Rückbau, Umbau und laufende Pflegemaßnahmen sowie notwendige Einschränkungen für die Erholungsnutzung bei naturnahen Gewässerzügen.

B. *Rechtliche Festsetzungsmöglichkeiten*: Für die Erhaltung und naturnahe Gestaltung von Gewässern durch Bebauungsplan ist Rechtsgrundlage § 9 Abs.1 Nr.16 BauGB, der es ermöglicht, die Wasserflächen selbst sowie die erforderlichen Flächen für Maßnahmen der Wasserwirtschaft, des Hochwasserschutzes sowie zur Regelung des Wasserabflusses festzusetzen, soweit diese Festsetzungen nicht nach anderen Vorschriften (Bundes- und Landeswasserrecht) getroffen werden können. Weiterhin kann § 9 Abs.1 Nr.20 in Frage kommen, mit der gleichen Einschränkung (Subsidiaritätsklausel). Aufgrund § 31 WHG sind für den Ausbau von Gewässern wasserrechtliche Planungsfeststellungen durchzuführen und ggf. Genehmigungen einzuholen. Zum Zwecke der naturnahen Gestaltung können Uferbepflanzungen nach § 9 Abs.1 Nr. 25 festgesetzt werden, wenn sie nicht unter den Begriff „Ausbau von Gewässern" fallen. Grundsätzlich ist die Erhaltung von Gewässern nach § 9 Abs.1 Nr. 25 möglich, wobei diese Festsetzung im Bebauungsplan wegen des Vorrangs des Wasserrechtes einen nachfolgenden Ausbau des Gewässers nicht verhindern kann.

10.8.3.7 Rückhaltung von gefaßtem Niederschlagswasser

A. *Fachliche Grundlagen*: Die Praxis des Ableitungsprinzips, die Behandlung der Niederschlagswässer als „Abwässer" sowie die hohe Bodenversiegelung bedingen hohe Abflußmengen und -spitzen, verminderte Grundwasserneubildung sowie die Belastung der Gewässer. Aus stadtökologischer Sicht ist eine verstärkte Speicherung und/oder Versickerung bzw. Wiedernutzung der relativ gering belasteten Niederschlagswässer von Dach- und Terrassenflächen zu fordern.
Selbst bei Einrechnung von Wasserspareffekten ergeben sich für den privaten Grundstücksbesitzer oft höhere Bau- und Unterhaltungskosten. Wesentliche Effekte sind: hydraulische Entlastung und Güteverbesserung der Oberflächengewässer durch flächenhafte Verzögerung und Speicherung der Niederschläge, positive Beeinflussung der Grundwasserneubildung bei Versickerung, klimatische Wirkung durch höhere Verdunstung. Besonders wirksam sind Verknüpfungen von begrünten Dächern und naturnahen Grünflächen für natürliche Versickerung sowie Regenwassermehrfachnutzung.

B. *Rechtliche Festsetzungsmöglichkeiten*: § 9 Abs.1 BauGB erlaubt es nicht, ganz allgemein die Rückhaltung von gefaßtem Niederschlagswasser auf den Grundstücken vorzuschreiben.

Die Fläche für eine zentrale Regenwasserrückhaltung kann als „Fläche für die Abwasserbeseitigung" nach § 9 Abs.1 Nr. 14 BauGB festgesetzt werden, bedarf aber zu ihrer Herstellung einer Planfeststellung nach § 31 WHG sowie einer Erlaubnis nach § 7 WHG oder einer Bewilligung nach § 8 WHG für die Einleitung des vorgeklärten Regenwassers in den Vorfluter. Für die Festsetzung dezentraler Kleinspeicher auf Privatgrundstücken zur unmittelbaren Speicherung und späteren Verwendung gibt es in § 9 Abs.1 BauGB ebenfalls keine Rechtsgrundlage. Sollen diese Anlagen jedoch zum Zwecke der Verminderung des Wasserabflusses in Vorfluter und Kanalisation sowie zur Anreicherung des Grundwassers Versickerungsmöglichkeiten schaffen, kann es sich um Festsetzung nach § 9 Abs.1 Nr.20 (Maßnahmen) handeln. Diese Festsetzung bedarf durchweg der Zustimmung der Gemeinde, da durch eine Regelung in der gemeindlichen Abwasserbeseitigungssatzung eine Ausnahme hergestellt werden muß.

10.8.3.8 Ausschluß/beschränkte Verwendung von luftverunreinigenden Brennstoffen

A. *Fachliche Grundlagen*: Neben der direkten Wirkung von Luftverunreinigungen auf Mensch, Tier und Pflanze wird auch das Regenwasser bereits in der Atmosphäre verunreinigt und trägt diese Schadstoffe in Boden und Grundwasser ein. Aus Gründen des Umweltschutzes, aus besonderen städtebaulichen Gründen und zum Schutz vor schädlichen Umwelteinwirkungen im Sinne des BImSchG besteht die stadtökologische Forderung, in besonders empfindlichen Gebieten (Kurorte, Tallagen usw.) und in bereits hoch belasteten Gebieten sog. Luftreinhaltegebiete im Bebauungsplan festzusetzen, in denen bestimmte luftverunreinigende Stoffe nicht oder nur beschränkt verwendet werden dürfen.

B. *Rechtliche Festsetzungsmöglichkeiten*: Diese Festsetzungen sind nach § 9 Abs.1 Nr. 23 BauGB möglich. Sie müssen einen städtebaulichen Bezug haben und begründet sein (Smoggebiete, Talkessellage usw., kein allgemeiner Klimaschutz). Bei Ausschluß bestimmter Brennstoffe, wie Holz oder Kohle, muß die Versorgung des betreffenden Gebietes mit anderen Wärmeenergieträgern sichergestellt sein. Die generelle Möglichkeit zur Festsetzung von sog. Niedrigenergiehäusern besteht nicht. Im Rahmen der Luftreinhaltung kann es bei besonderen Standortbedingungen zulässig sein, für die Gebäudehülle zur Erzielung eines besseren Wärmeschutzes (Einsparung von Heizenergie) den Wärmedurchgangskoeffizienten (k-Wert) festzusetzen. Dagegen gibt es im BauGB keine Rechtsgrundlage zur planungsrechtlichen Festsetzung umweltverträglicher Baustoffe oder Produkte.

10.9 Literatur

10.1 Umwelt, Umweltschutz und 10.2 Stadtökologie, Natur in der Stadt

ADAM, K./GROHE, T.: Ökologie und Stadtplanung. Deutscher Gemeindeverlag und Kohlhammer, Köln 1984

BUCHWALD, K./ENGELHARD,W: Handbuch für Planung, Gestaltung und Schutz der Umwelt. 4 Bände 1980

DORNIER SYSTEM: Handbuch zur ökologischen Planung. i.A. des Umweltbundesamtes Berlin 1980

ELLENBERG, H. (Hrsg.): Ökosystemforschung. Springer, Berlin 1973

GROHE, T./RANFT,: Ökologie und Stadterneuerung

KAULE, G.: Arten- und Biotopschutz, 2. Auflage, Stuttgart 1991

KLIMNICH/LERSNER/STORM: Handbücher des Umweltrechts: Bd.1 1986 / Bd. 2 1988

KUENZLEN, M.: Ökologische Stadterneuerung

SUKOPP, H.: Ökologische Bedeutung der Biotope. Ökologische Grundlagen der Stadtplanung

10.3 Stadtklima, Luftverunreinigungen

BUSCH, P., Kuttler, W.: Klimatologie, Teil I, 2.Aufl. Schöningh, Patterborn 1990

FRANKE, E. (Hrsg.): Stadt-Klima. Stuttgart 1977

GEIGER, R.: Das Klima der bodennahen Luftschicht. 4. Aufl. Braunschweig 1961

HORBERT, M., KIRCHGEORG, A., STÜLPNAGEL, A.: Ergebnisse stadtklimatischer Untersuchungen als Beitrag zur Freiraumplanung. Umweltbundesamt Berlin. Texte 18/83. Berlin 1983

KUTTLER,W.: Stadtklimatologie; eine Bildmediensammlung zur Westfälischen Landeskunde. Grundlagen und Probleme der Ökologie. 4. Landschaftsverband Westfalen-Lippe, Münster 1987

RODENSTEIN, M.: „Mehr Licht, mehr Luft". Gesundheitskonzepte im Städtebau seit 1750. Frankfurt/Main, New York 1988

SCHIRMER; H.; KUTTLER, W.; LÖBEL, J., WEBER, K.(HRSG.) Lufthygiene und Klima. Ein Handbuch zur Stadt- und Regionalplanung. VDI-Verlag, Düsseldorf 1993

10.4 Boden/Bodenschutz/Abfallwirtschaft

BLUME, H.-P. (HRSG): Handbuch des Bodenschutzes. Landsberg/Lech 1990

BREBURDA, J.: Kleines Lehrbuch der Bodenkunde, Frankfurt/M 1969

BUNDESMINISTER DES INNEREN (BMI)(Hrsg): Bodenschutzkonzeption der Bundesregierung. Stuttgart 1985

FIEDLER, H.J. REISSIG, H.: Lehrbuch der Bodenkunde. Jena 1964

GREIFF, R./KRÖNING, W.: Bodenschutz beim Bauen. Karlsruhe 1993

PIETSCH, J. UND KAMIETH, H.: Stadtböden. Entwicklungen, Belastungen, Bewertung, Planung. Taunusstein 1991

SUKOPP, H.(HRSG.): Stadtökologie. Das Beispiel Berlin. Berlin 1990

10.5 Wasser, Gewässer

SCHUHMACHER, H.; THIESMEIER, B.(HRSG.): Urbane Gewässer. Westarp Wissenschaften, Essen 1991

UHLMANN, D.: Hydrobiologie – Ein Grundriß für Ingenieure und Naturwissenschaftler. G. Fischer, Stuttgart 1982

10.6 Pflanzen- und Tierwelt in der Stadt

ARBEITSGRUPPE ARTENSCHUTZPROGRAMM: Grundlagen für das Arbeitsschutzprogramm Berlin. Landschaftsentwicklung und Umweltforschung 23, 3 Bde, TU Berlin 1984

ARNDT, U., NOBEL,W; SCHWEIZER, B.: Bionidikatoren: Möglichkeiten, Grenzen und neue Erkenntnisse. Ulmer, Stuttgart 1987

KAULE, G.: Arten- und Biotopschutz, 2. Aufl., Ulmer, Stuttgart 1991

KUNICK, W: Köln: landschaftsökologische Grundlagen – Teil 3, Biotopkaritierung. Grünflächenamt Köln 1983

KUNICK, W: Gehölzvegetation im Siedlungsbereich. Landschaft und Stadt 17: 120 - 133

KLAUSNITZER, B.: Verstädterung von Tieren. 2.Aufl. A. Ziemsen, Wittenberg Lutherstadt, NBB Nr. 579, 1989

KLAUSNITZER, B.: Ökologie der Großstadtfauna.. 2.Aufl. G. Fischer, Jena/Stuttgart, 1993

STEUBING, L.: Wirkungen von Luftverunreinigungen auf Pflanzen, Pflanzen als Bioindikatoren. In: BUCHWALD, K., ENGELHARD, W. Handbuch 1980

SUKOPP, H.: Naturschutz in der Großstadt, Naturschutz und Landschaftspflege in Berlin, Berlin 1980

SUKOPP, H., BLUME, P., ELVERS, H., HORBERT, M.: Beiträge zur Stadtökologie von Berlin (West). Landschaftsentwicklung und Umweltforschung 3, TU Berlin 1990

SUKOPP, H.: Dynamik und Konstanz in der Flora der Bundesrepublik Deutschland. Schr.R. Vegetationskunde.10: 9 - 27; 1976

WITTIG, R.: Ökologie der Großstadtflora. G. Fischer, Stuttgart 1991

10.7 UVP, Methoden der Umweltbewertung

BECHMANN, A: Nutzwertanalyse, Bewertungstheorie und Planung, Bern – Stuttgart 1978

BECHMANN, A: Grundlagen der Bewertung von Umweltauswirkungen. In: HdUVP 1988

BRAUN, B.: Die Umweltverträglichkeitsprüfung als Instrumentarium zur Qualitätsverbesserung der kommunalen Bauleitplanung, Dissertation, TU Dresden 1991

CUPEI, J.: Umweltverträglichkeitsprüfung (UVP) – Ein Beitrag zur Strukturierung der Diskussion, zugleich eine Erläuterung der EG – Richtlinie, Köln, Berlin, Bonn, München 1986

HÜBLER, K.H./ZIMMERMANN, O. (Hrsg.): Bewertung der Umweltverträglichkeit. Blottner, Taunusstein 1991

KÜHLING, W.: Planungsrichtwerte für die Luftqualität – Entwicklung von Mindeststandards zur Vorsorge vor schädlichen Immissionen als Konkretisierung der Belange empfindlicher Raumnutzungen. Institut für Landes- und Stadtentwicklungsforschung des Landes Nordrhein-Westfalen (Hrsg.), Materialien Bd.4.045, Dortmund 1986

KÜHLING, W.: Grenz- und Richtwerte als Bewertungsmaßstäbe für die Umweltverträglichkeitsprüfung. In: HÜBLER, K.H./ ZIMMERMANN, O. (HRSG.): Bewertung der Umweltverträglichkeit. Taunusstein 1991

RATH, U.: UVP – Spezial Bd.5, Kommunale Umweltverträglichkeitsprüfung, Verfahren, Methodik und Inhalt eines Ökologischen Planungsinstruments, Dortmund 1992

SCHEMEL, H.J.: Zehn Thesen zur Glaubwürdigkeit von UVP-Gutachten. In: HÜBLER, K.H. UND ZIMMERMANN, M. (HRSG): UVP am Wendepunkt. Economica, Bonn 1992

STORM, P. CHR./BUNGE, T. Handbuch der Umweltverträglichkeitsprüfung, Loseblattsammlung, Berlin ab 1991

RAT DER SACHVERSTÄNDIGEN FÜR UMWELTFRAGEN: Umweltgutachten 1987. Deutscher Bundestag, Drs. Nr. 11/1568, S.54 ff., Bonn 1987

10.8 Sicherung des Umweltschutzes im Städtebau

BEHÖRDE FÜR BEZIRKSANGELEGENHEITEN, NATURSCHUTZ UND UMWELTGESTALTUNG HAMBURG (HRSG.): Grünvolumenzahl und Bodenfuktionszahl in der Landschafts- und Bauleitplanung, Hamburg 1983

BOETTICHER/FISCH: Zur Einführung des Biotopflächenfaktors (BFF) in die Landschafts- und Bauleitplanung, Das Gartenamt 1/1988

HINZEN, A.: Umweltschutz in der Flächennutzungsplanung. Hrsg. Umweltbundesamt, Bauverlag Gmbh 1995

LOTZ, K.E.: Einführung in die Bau- und Wohnökologie. Ulmer 1991

SCHMIDT, W.A./HERSPERGER, A.M.: Ökologische Planung und UVP. Lehrmittel. Hochschulverlag AG Zürich 1995

STICH/STEINEBACH/PORGER/ JAKOB: Stadtökologie in Bebauungsplänen, Bauverlag 1992

TOMM, A. Ökologisch planen und bauen. Wiesbaden, Vieweg 1994

BATTIS/ KRAUTZBERGER/LÖHR: BauGB – Kommentar, 8. Auflage, München 2001

KUSCHNERUS, U.: Der Sachgerechte Bebauungsplan, 2. Auflage vhw – Verlag GmbH, Bonn 2001

MITSCHANG, S.: Umweltverträglichkeitsprüfung in der Bauleitplanung – Neue Impulse durch die EG – Änderungsrichtlinie (Teil 1), ZfBR 2001, 239 ff.

SCHLIEPKORTE, J./STEMMLER, J.: Das Baugesetzbuch und die Umweltverträglichkeitsprüfung. vhw – Verlag GmbH, Bonn 2001

Sachwortverzeichnis

Printed by Books on Demand, Germany